环保设备
设计与应用手册

刘　宏　主编
赵如金　许小红　副主编

化学工业出版社
·北京·

内 容 简 介

本手册系统阐述了污水处理设备、废气治理设备、固体废物处理及处置设备、噪声控制设备等环保设备的原理、设计及应用等方面知识以及典型常用设备选型资料。每种设备介绍都尽可能结合国内外先进的环保工艺，给出设备特点、适用范围、设计参数、运行原理等知识点，并结合实际应用提供了部分工程实例，在保证基本内容科学性、系统性的同时，力求突出知识的应用性。针对部分典型常用设备提供了工作原理示意图、性能参数、处理效果等选型资料。本手册结构严谨，逻辑性强，内容翔实，较为系统、科学地梳理了环保领域的主要设备。全书文字通俗易懂、图文并茂，在兼顾实用性的同时尽可能准确地体现国内外环境污染治理领域的先进技术和发展趋势。

本手册可供从事环保设备设计制造、环境工程设计与施工、环境工程建设管理等环保产业相关技术人员阅读，可作为高等学校环境科学与工程类专业师生教学参考书，也可作为相关专业学生课程设计、毕业设计指导用书。

图书在版编目（CIP）数据

环保设备设计与应用手册/刘宏主编；赵如金，许小红副主编. —北京：化学工业出版社，2022.7
ISBN 978-7-122-41043-6

Ⅰ.①环… Ⅱ.①刘… ②赵… ③许… Ⅲ.①环境保护-设备-技术手册 Ⅳ.①X505-62

中国版本图书馆 CIP 数据核字（2022）第 048825 号

责任编辑：董　琳　　　　　　　　　　　　装帧设计：刘丽华
责任校对：赵懿桐

出版发行：化学工业出版社（北京市东城区青年湖南街 13 号　邮政编码 100011）
印　　装：三河市航远印刷有限公司
787mm×1092mm　1/16　印张 47¼　字数 1185 千字　2022 年 9 月北京第 1 版第 1 次印刷

购书咨询：010-64518888　　　　　　　　售后服务：010-64518899
网　　址：http://www.cip.com.cn

前言

改革开放 40 余年来，中国经济社会建设取得了举世瞩目的巨大成就，已经成为世界第二大经济体。与此同时，经济建设与生态环境之间的矛盾日益突出，资源紧缺、环境污染、生态失衡等一系列问题已成为制约我国经济社会发展的瓶颈。人民对于"青山绿水"的需求已成为重要的民生问题。党的十九大对生态文明建设提出了一系列新理念、新要求、新目标、新部署，明确要求推进绿色发展、着力解决突出环境问题、加大生态系统保护力度，并把"壮大环保产业"作为推进绿色发展的重要抓手。

作为环保产业链的上游，环保装备制造业是实现污染治理与低碳转型的重要物质基础和技术保障。目前我国生产和经营的环保设备已达 5000 多种，在大气污染治理设备、水污染治理设备和固体废物处理设备三大领域已经形成了一定的规模和体系。环保设备在战略性新兴产业中居于重要位置。为贯彻落实《中华人民共和国国民经济和社会发展第十四个五年规划和 2035 年远景目标纲要》以及《"十四五"工业绿色发展规划》，针对目前中国环保设备设计制造质量不高、环保设备的配套集成能力较弱、环保设备产业发展较为落后等问题，工业和信息化部、科学技术部、生态环境部三部门于 2022 年 1 月 13 日联合发布《环保装备制造业高质量发展行动计划（2022—2025 年）》的通知，以全面推进环保装备制造业持续稳定健康发展，提高绿色低碳转型的保障能力。

为助力全面推进环保装备制造业持续稳定健康发展，满足环保产业相关技术人员对环保设备设计与应用方面的需求，我们组织编写了《环保设备设计与应用手册》。

本手册系统阐述了污水处理设备、废气治理设备、固体废物处理及处置设备、噪声控制设备等环保设备的设计理论基础、设计计算方法及工程应用实例，并列出了部分典型常用设备选型资料。特别针对当前大气污染治理的热点问题，在可吸入颗粒物及挥发性有机物治理设备方面进行了针对性描述。本手册文字精练，图文并茂，在编写时兼顾实用性和阅读性，通过大量设计实例和若干典型设备进行较细致的分析，使读者能够掌握其设计思想，为创造性的工作打下基础，同时尽可能准确地体现国内外环境污染治理领域先进技术和装备。本手册可供从事环保设备设计制造、环境工程设计与施工、环境工程建设管理等环保产业相关技术人员阅读，可作为高等学校环境科学与工程类专业师生教学参考书，也可作为相关专业学生课程设计、毕业设计指导用书。

本手册由刘宏主编，参加手册编写的人员有江苏大学赵如金、许小红、杜彦生、艾凤祥、李维斌、依成武、依蓉婕、吴云涛、何玉洋、张波、解清杰、刘军、李潜，镇江华东电力设备制造厂有限公司蒋仁宏，麦王环境技术股份有限公司陈卫玮，镇江生态环境科技咨询中心张宝林，江苏蓝潮环境工程设备有限公司毛澍洲。

对于江苏大学环境与安全工程学院各位领导与老师对本手册编写工作的支持和帮助表示诚挚的谢意。特别鸣谢中国能源建设集团镇江华东电力设备制造厂有限公司总经理蒋仁宏先生、麦王环境技术股份有限公司市场总监陈卫玮女士、江苏蓝潮环境工程设备有限公司总经理谢志明先生对本手册编写工作的大力支持。

本手册引用了教学、科研、环保产业技术同行撰写的论文、著作、教材、手册等列在参考文献中，在此表示深切的谢意。

限于编者的学术水平与工程经验，手册中的疏漏和不足之处在所难免，欢迎读者不吝指正。

编者

2022 年 3 月于江苏大学

目录

第七章　废气净化设备 / 493

第一章

物理法污水处理设备

第一节　预处理设备

一、格栅

1. 格栅的构造与分类

格栅是一种最简单的过滤设备，由一组或多组平行的金属栅条制成框架，斜置于污水流经的渠道中。格栅设于污水处理厂所有处理构筑物前，或设在泵站前，用于截留污水中粗大的悬浮物或漂浮物，防止其后处理构筑物的管道阀门或水泵堵塞。

（1）按栅面形状

格栅可分为平面格栅和曲面格栅两种。

平面格栅由栅条与框架组成，基本形式见图1-1。A型栅条布置在框架外侧，适用于机械清渣或人工清渣；B型栅条布置在框架内侧，顶部设有起吊架，可将格栅吊起，进行人工

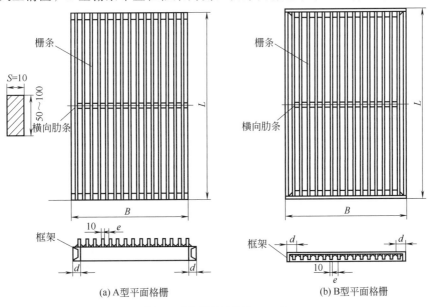

(a) A型平面格栅　　　　　　　　(b) B型平面格栅

图1-1　平面格栅（单位：mm）

清渣。

平面格栅的基本参数与尺寸包括格栅宽度 B、格栅长度 L、栅条间隙净宽 e，基本参数与尺寸见表 1-1，可根据污水渠道、泵房集水井进口尺寸选用不同数值。当格栅长度 $L>$ 1000mm 时，框架应增加横向肋条。

表 1-1 平面格栅的基本参数及尺寸

名　　　称	数值/mm
格栅宽度 B	600,800,1000,1200,1400,1600,1800,2000,2200,2400,2600,2800,3000,3200,3400,3600, 3800,4000，用移动除渣机时 $B>4000$
格栅长度 L	600,800,1200,…，以 200 为一级增长，上限值取决于水深
栅条间隙净宽 e	10,15,20,25,30,40,50,60,80,100

曲面格栅栅面呈弧状，有固定曲面格栅与旋转鼓筒式格栅两种，如图 1-2 所示。固定曲面格栅利用渠道水流速度推动清渣桨板；旋转鼓筒式格栅污水从鼓筒内向外流动，被截留的栅渣由冲洗水管冲入渣槽内排出。

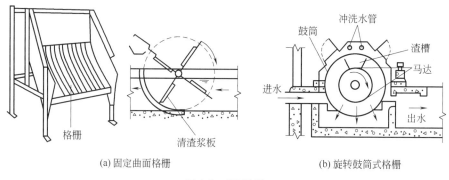

(a) 固定曲面格栅　　　　　　　(b) 旋转鼓筒式格栅

图 1-2　曲面格栅

（2）按栅条间隙净宽大小

格栅可分为粗格栅（50～100mm）、中格栅（10～40mm）和细格栅（3～10mm）三种。粗格栅一般是设在泵前的第一道格栅，细格栅则一般设在提升水泵后、沉砂池之前。新设计的污水处理厂一般采用粗、中 2 道格栅，甚至粗、中、细 3 道格栅。

（3）按清渣方式

格栅可分为人工清渣格栅和机械清渣格栅 2 种。人工清渣格栅又称普通格栅，适用于处理流量小或所截留的污染物量较少的场合。为了使工人易于清渣作业，避免清渣过程中栅渣掉回水中，格栅安装倾角以 45°～60°为宜。格栅过水面积应留有较大的余量，一般不小于进水管渠有效面积的 2 倍，以免清渣过于频繁。如果只有一套格栅时，应设置溢流旁通道（见图 1-3）。

机械清渣格栅简称机械格栅，主要适用于栅渣量大（$>0.2\text{m}^3/\text{d}$）的大中型污水处理厂，安装倾角一般为 60°～75°，格栅设计面积一般应不小于进水管渠有效面积的 1.2 倍。

机械格栅除污机的类型很多，形式分类如表 1-2 所示。总的可分为前清式（前置式）、后清式（后置式）、自清式（栅片移行式）三大类。前清式机械格栅除污机的除污齿耙设在格栅前（迎水面）以清除栅渣，市场上该种型式居多，如三索式、高链式等；后清式机械格栅除污机的除污齿耙设在格栅后面，耙齿向格栅前伸出清除栅渣，如背耙式、阶梯式等；自清式机械格栅除污机无除污齿耙，但能从结构设计上自行将污物卸除，同时辅以橡胶刷或压力清水冲洗，如网算式清污机、梨形齿耙固液分离机等。

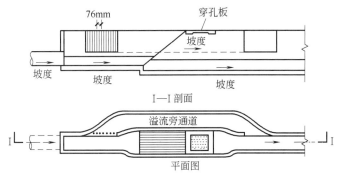

图 1-3　带溢流旁通道的人工清渣格栅

表 1-2　格栅除污机的形式分类

分类	传动方式	牵引部件工况	格栅形状	安装方式		代表性格栅除污机
前清式（前置式）	液压	旋臂式	弧形	固定式		液压传动伸缩臂式弧栅除污机
	臂式	摆臂式				摆臂式弧形格栅除污机
		回转臂式				旋臂式格栅除污机
		伸缩臂式	平面格栅	移动式	台车式	移动式伸缩臂格栅除污机
	钢丝绳	三索式				钢丝绳牵引移动式格栅除污机
					悬挂式	葫芦抓斗式格栅除污机
		二索式		固定式		三索式格栅除污机
		干式				滑块式格栅除污机
	链式					高链式格栅除污机
						耙式格栅除污机
后清式（后置式）		湿式				回转式多耙格栅除污机
自清式（栅片移行式）						背耙式格栅除污机
						回转式固液分离机
	曲柄式		阶梯形			阶梯式格栅除污机
	螺旋式		鼓形			鼓形螺旋格栅除污机

2. 格栅的设计计算

（1）格栅的选择

1）格栅的栅条间隙

当格栅设于污水处理系统之前时，采用机械清除栅渣时，栅条间隙为 16～25mm；采用人工清除栅渣时，栅条间隙为 25～40mm。当格栅设于污水泵前时，栅条间隙采用数据见表 1-3。

表 1-3　污水泵型号与栅条间隙的关系

污水泵型号	栅条间隙/mm	栅渣量/[L/(人·d)]	污水泵型号	栅条间隙/mm	栅渣量/[L/(人·d)]
$2\frac{1}{2}$PW、$2\frac{1}{2}$PWL	≤20	4～6	6PW	≤70	0.8
			8PW	≤90	0.5
4PW	≤40	2.7	10PWL	≤110	<0.5

2）格栅栅条断面形状

栅条断面形状与尺寸可按表 1-4 选用。圆形断面水力条件好，水流阻力小，但刚度差，一般多采用矩形断面。

3）清渣方式

栅渣的清除方法，一般按所需清渣的量而定。每日栅渣量大于 0.2m³ 时，应采用机械格栅除渣机。为了改善劳动条件，目前，一些小型污水处理厂也采用机械格栅除渣机。

表 1-4　栅条断面形状与尺寸

栅条断面	正方形	圆形	矩形	带半圆的矩形	两头半圆的矩形
尺寸 /mm	20 20 20	20 20 20	10 10 10 50	10 10 10 50	10 10 10 50

机械格栅除渣机的类型很多，常用几种类型除渣机的适用范围及优缺点见表 1-5。

表 1-5　不同类型格栅除渣机的比较

类型	适用范围	优点	缺点
链条式	深度不大的中小型格栅，主要清除长纤维、带状物等生活污水中杂物	①构造简单，制造方便 ②占地面积小	①杂物进入链条和链轮之间时容易卡住 ②套筒滚子链造价高、耐腐蚀性差
移动式伸缩臂	中等深度的宽大格栅，耙斗式适于污水除杂质	①不清渣时，设备全部在水面上，维护检修方便 ②可不停水检修 ③钢丝绳在水面上运行，寿命长	①需三套电动机、减速器，构造较复杂 ②移动时耙齿与栅条间隙的对位较困难
圆周回转式	深度较浅的中小型格栅	①构造简单、制造方便 ②动作可靠、容易检修	①配置圆弧形格栅，制造较难 ②占地面积大
钢丝绳牵引式	固定式适用于中小型格栅，应用深度范围广，移动式适用于宽大格栅	①适用范围广 ②无水下固定部件的设备，维护检修方便	①钢丝绳干湿交替易腐蚀，需采用不锈钢丝绳，货源困难 ②有水下固定部件的设备，维护检修需停水

（2）设计参数

1）格栅截留的栅渣量

栅渣量与栅条间隙、当地的污水特征、污水流量、排水体制等因素有关。当缺乏当地运行资料时，可按下列数据选用。

格栅间隙 16～25mm，栅渣量 0.05～0.10m³ 栅渣/10³m³ 污水。

格栅间隙 30～50mm，栅渣量 0.01～0.03m³ 栅渣/10³m³ 污水。

栅渣的含水率一般为 80%，容重约 960kg/m³。

栅渣的收集、装卸设备，应以其体积为考虑依据。污水处理厂内贮存栅渣的容器，不应小于一天截留的栅渣量。

2）水流通过格栅的水头损失

可通过计算确定，一般采用 0.08～0.15m，栅后渠底应比栅前相应降低 0.08～0.15m。栅前渠道内水流速度一般采用 0.4～0.9m/s，污水通过栅条间隙的流速可采用 0.6～1.0m/s。

3）格栅的倾角

一般采用 45°～75°，人工清除栅渣时取低值。格栅设有栅顶工作台，其高度高出栅前最高设计水位 0.5m，工作台设有安全装置和冲洗设备，工作台两侧过道宽度不小于 0.7m，工作台正面过道宽度按以下标准选择：当人工清除栅渣时，不应小于 1.2m；当机械清除栅渣时，不应小于 1.5m。

（3）计算公式

格栅计算草图见图 1-4。

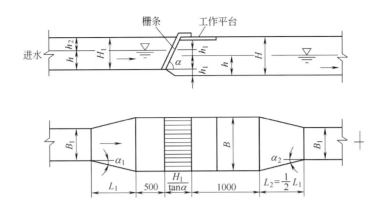

图 1-4 格栅计算草图

1) 格栅槽的宽度 B

$$B = s(n-1) + bn \tag{1-1}$$

$$n = \frac{Q_{\max}\sqrt{\sin\alpha}}{bhv} \tag{1-2}$$

式中　B——格栅槽的宽度，m；

　　　s——栅条宽度，m；

　　　n——栅条间隙数量；

　　　b——栅条间隙，m；

　　$Q_{\max}$——最大设计流量，m^3/s；

　　　α——格栅的倾角；

　　　h——栅前水深，m；

　　　v——过栅流速，m/s。

2) 通过格栅的水头损失 h_1

$$h_1 = kh_0 \tag{1-3}$$

$$h_0 = \xi \frac{v^2}{2g}\sin\alpha \tag{1-4}$$

式中　h_1——通过格栅的水头损失，m；

　　　h_0——计算水头损失，m；

　　　k——系数，格栅受栅渣堵塞时，水头损失增大的倍数，一般取 $k=3$；

　　　g——重力加速度，$9.81m/s^2$；

　　　ξ——阻力系数，其值与栅条的断面形状有关，可按表 1-6 选用。

表 1-6　格栅间隙的局部阻力系数 ξ

栅条断面形状	公　式	说　明	
矩形	$\xi = \beta\left(\dfrac{s}{b}\right)^{4/3}$	形	$\beta=2.42$
圆形		状	$\beta=1.79$
带半圆的矩形		系	$\beta=1.83$
两头半圆的矩形		数	$\beta=1.67$
正方形	$\xi = \left(\dfrac{b+s}{\varepsilon b}-1\right)^2$	ε 为收缩系数，一般取 0.64	

3）栅后槽总高度 H

$$H = h + h_1 + h_2 \tag{1-5}$$

式中　H——栅后槽总高度，m；

　　　h——栅前水深，m；

　　　h_2——栅前渠道超高，m，一般取 0.3m。

4）栅槽总长度

$$L = L_1 + L_2 + 1.0 + 0.5 + \frac{H_1}{\tan\alpha} \tag{1-6}$$

$$L_1 = \frac{B - B_1}{2\tan\alpha_1} \tag{1-7}$$

$$L_2 = \frac{L_1}{2} \tag{1-8}$$

$$H_1 = h + h_2 \tag{1-9}$$

式中　L——栅槽总长度，m；

　　　L_1——格栅前部渐宽段的长度，m；

　　　L_2——格栅后部渐窄段的长度，m；

　　　H_1——栅前渠中水深，m；

　　　α_1——进水渠渐宽段展开角度，(°)，一般取 20°；

　　　B——格栅槽宽度，m；

　　　B_1——进水渠宽度，m。

5）每日栅渣量 W

$$W = \frac{Q_{max} W_1 \times 86400}{K_z \times 1000} \tag{1-10}$$

式中　W——每日栅渣量，m^3/d；

　　　W_1——栅渣量，m^3 栅渣/$10^3 m^3$ 污水；

　　　K_z——生活污水流量总变化系数，见表 1-7。

表 1-7　生活污水流量总变化系数 K_z

平均日流量/(L/s)	4	6	10	15	25	40	70	120	200	400	750	1600
K_z	2.3	2.2	2.1	2.0	1.89	1.80	1.69	1.59	1.51	1.40	1.30	1.20

[例 1-1]　某城市最大设计污水流量 $Q_{max} = 0.2 m^3/s$，$K_z = 1.5$，试设计格栅与栅槽。

解：格栅计算草图见图 1-4。设栅前水深 $h = 0.4m$，过栅流速取 $v = 0.9m/s$，采用中格栅，栅条宽度 $s = 10mm$，栅条间隙 $b = 20mm$，格栅安装倾角 $\alpha = 60°$。

① 栅条的间隙数

$$n = \frac{Q_{max}\sqrt{\sin\alpha}}{bhv} = \frac{0.2\sqrt{\sin 60°}}{0.02 \times 0.4 \times 0.9} \approx 26 \text{（个）}$$

② 栅槽宽度

$$B = s(n-1) + bn = 0.01 \times (26-1) + 0.02 \times 26 = 0.8 \text{（m）}$$

③ 进水渠道渐宽部分长度

设进水渠道宽 $B_1 = 0.65m$，渐宽部分展开角 $\alpha_1 = 20°$，此时进水渠道内的流速为 0.77m/s。

$$L_1 = \frac{B - B_1}{2\tan\alpha_1} = \frac{0.8 - 0.65}{2\tan 20°} \approx 0.22 \text{（m）}$$

④ 栅槽与出水渠道连接处的渐窄部分长度

$$L_2 = \frac{L_1}{2} = \frac{0.22}{2} = 0.11 \text{（m）}$$

⑤ 通过格栅的水头损失

采用栅条断面为矩形的格栅，取 $k=3$，由式(1-3)、式(1-4) 得

$$h_1 = kh_0 = k\xi\frac{v^2}{2g}\sin\alpha = k\beta\left(\frac{s}{b}\right)^{4/3}\frac{v^2}{2g}\sin\alpha$$

$$= 3 \times 2.42 \times \left(\frac{0.01}{0.02}\right)^{4/3} \times \frac{0.9^2}{2 \times 9.81}\sin 60° = 0.097 \text{（m）}$$

⑥ 栅后槽总高度

取栅前渠道超高 $h_2 = 0.3\text{m}$，栅前槽高 $H_1 = h + h_2 = 0.7\text{m}$，而

$$H = h + h_1 + h_2 = 0.4 + 0.097 + 0.3 \approx 0.8 \text{（m）}$$

⑦ 栅槽总长度

$$L = L_1 + L_2 + 1.0 + 0.5 + \frac{H_1}{\tan\alpha} = 0.22 + 0.11 + 1.0 + 0.5 + \frac{0.7}{\tan 60°} = 2.24 \text{（m）}$$

⑧ 每日栅渣量

取 $W_1 = 0.07\text{m}^3$ 栅渣$/10^3\text{m}^3$ 污水，由式(1-10) 可得

$$W = \frac{Q_{max}W_1 \times 86400}{K_z \times 1000} = \frac{0.2 \times 0.07 \times 86400}{1.5 \times 1000} = 0.8 \text{（m}^3/\text{d）}$$

（4）回转阶梯式格栅

回转阶梯式格栅的形状与自动扶梯相似，区别是自动扶梯无间隔。而阶梯式格栅，栅条之间留有空隙，以供水流通过。栅条与栅槽设计可参考前述。其优点是可以自动将截留的悬浮物和漂浮物输送到指定的地方，省去了清渣机械。缺点是结构比较复杂，增加了格栅的成本，常用于工业污水处理之中。

3. 格栅选型

（1）PLS、PLW 型人工平板格栅、格网

PLS、PLW 型平板格栅、格网主要用于给水工程中的取水口处，拦截较大漂浮物，保护后续处理构筑物正常运行。水下渣物采用"T"形耙人工清渣。若前部加设渣斗并配备吊具，则可进行水上清理。当配备电动式自动化控制系统时，可实现自动化切换捞渣及冲刷功能。多台格栅（网）互用一个吊具时应配备抓落机构，吊耳形状与所用吊具有关。洞口使用与渠道使用的区别主要由承压水头确定。渠（洞）较深场合可考虑叠加组合形式。

PLS、PLW 型平板格栅、格网结构简单，使用寿命长，适用性广；操作容易，检修更换方便；规格齐全，材料任选。

型号说明：

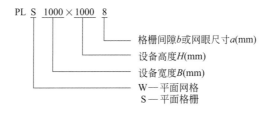

PLS、PLW 型平板格栅、格网主要技术参数见表 1-8，外形及安装尺寸见图 1-5 和表 1-9。

表 1-8 PLS、PLW 型平板格栅、格网主要技术参数

栅隙 b/mm	网眼/mm	耐压水头/mm	过水面有效率/%
15,20,25,30,40,50,100	5,6,8,10	约 300	格栅≥70
			格网≥80

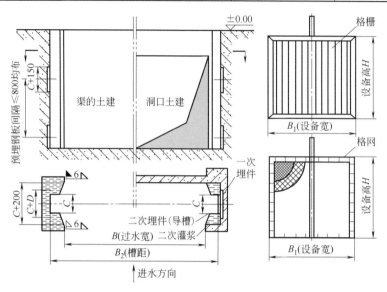

图 1-5 PLS、PLW 型平板格栅、格网外形及安装尺寸（单位：mm）

表 1-9 PLS、PLW 型平板格栅、格网外形尺寸

型号	规格	B/mm	B_1/mm	B_2/mm	C/mm	D/mm	H/mm
PLS、PLW	B 和 H 尺寸每 100mm 一个档	700～1200	$B+100$	$B+130$	100	50	不注明表示与 B 相同
		1300～1600		$B+130$	140		
		1700～2000		$B+150$	180	80	

（2）RSD 型人工格栅

RSD 型人工格栅是污水处理中的一道前级拦污设备。栅隙在 50mm 以上的用于给水工程中的取水口处，或污水处理中的最前端，拦截大的漂浮物，保护后续处理设备正常运行；栅缝在 50mm 以下的用于备用沟渠，作为自动机械粗、细格栅维护时的备用拦污设备。RSD 型人工格栅常用于给排水泵站、污水处理厂、自来水厂的最前端拦污，当用于二级拦污时，常常安装于备用格栅渠。RSD 型人工格栅构造简单，寿命长；制造容易，价格便宜。

型号说明：

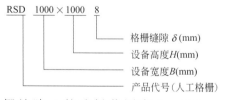

RSD 型人工格栅的格栅缝隙 δ 的选择范围在 $1 \sim 100$mm，一般可取 1mm、3mm、5mm、8mm、10mm、15mm、20mm、50mm、100mm。RSD 型人工格栅结构见图 1-6，RSD 型人工格栅基础见图 1-7，RSD 型人工格栅外形和安装尺寸见表 1-10。

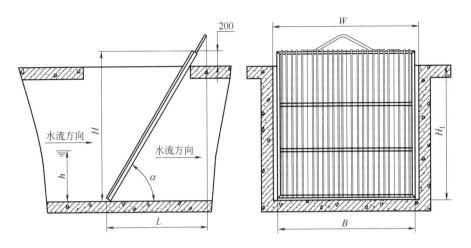

图 1-6　RSD 型人工格栅结构

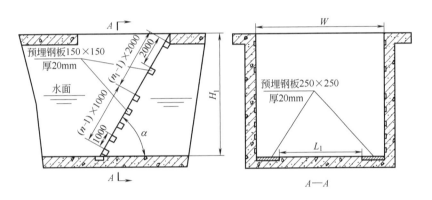

图 1-7　RSD 型人工格栅基础

水面下的预埋钢板间距为 1000mm，水面上的预埋钢板间距为 2000mm；

L_1 不大于 1000mm，大于 1000mm 时则增加预埋钢板，并均匀分布

表 1-10　RSD 型人工格栅外形尺寸和安装尺寸

项目	尺寸名称	数值范围和计算方法
外形尺寸	格栅宽度 B/mm	300～4000
	格栅高度 H/mm	500～15000
	格栅倾角 α/(°)	通常为 70,根据需要可在 60～90 范围内选择
基础和安装尺寸	渠沟宽度 W/mm	400～4100,计算方法:$B+100$
	渠沟高度 H_1/mm	300～14800,计算方法:$H-200$
	安装后总投影长 L/mm	计算方法:$H\cot\alpha+100$
	过流水深 h/mm	100～14600,比 H_1 低 200 以上

（3）链条回转式格栅除污机

链条回转式格栅除污机一般是前耙式平面格栅，典型结构如图 1-8 所示，主要由传动系统、耙齿、链条、主栅等组成。

RQG 型链条回转式格栅除污机电机功率见表 1-11。GH 型链条回转式格栅除污机规格型号见表 1-12。

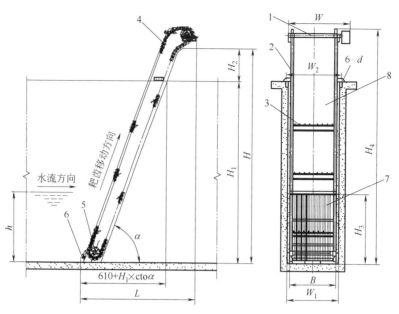

图 1-8 链条回转式格栅除污机

1—传动系统；2—机架；3—耙齿杆；4—牵引链条；5—水下导向轮；6—附栅；7—主栅；8—挡渣板

表 1-11　RQG 型链条回转式格栅除污机电机功率

井宽/m	井深/m				
	2.5	5.0	7.5	10	12
0.8	0.75				
1.0					
1.5			1.1		
2.0					
2.5	1.5				
3.0		2.2			
3.5					
4.5			3		

表 1-12　GH 型链条回转式格栅除污机规格型号

型号	格栅宽度/mm	格栅净距/mm	安装角/(°)	过栅流速/(m/s)	电动机功率/kW
GH-800	800				0.75
GH-1000	1000				1.1~1.5
GH-1200	1200				1.1~1.5
GH-1400	1400				1.1~1.5
GH-1500	1500	16,20,25,40,80	50~80	<1	1.1~1.5
GH-1600	1600				1.1~1.5
GH-1800	1800				1.5
GH-2000	2000				1.5
GH-2500	2500				1.5~2.2
GH-3000	3000				2.2

　　链条回转式格栅除污机广泛用于城镇与规划小区雨污水的预处理，自来水厂、污水处理厂、电厂、钢厂等进水中，特别适用于漂浮物多而且过流水深较深的沟渠。牵引链条依靠传动系统动力带动耙齿回转运动，耙齿在背面下行后经水下导向轮改向后往上将被栅条拦住的漂浮物提升到出渣口处，排入输送带上或垃圾车中。

链条回转式格栅除污机材质为全不锈钢或者耙齿杆、牵引链条、挡渣板、主栅、附栅和水下导向轮为不锈钢制造。其主要特点是：

① 采用等距分布多组耙齿杆自动连续进行拦污排渣，可防止大量垃圾堵塞栅条；

② 耙齿特殊分布型式，可防止耙齿上行运动时大块拦截物脱落，捞渣彻底，分离效率高；

③ 现场安装简便，运行平稳可靠，坚固耐用。

（4）自清式格栅除污机

自清式格栅除污机没有固定的栅条和清污装置，而是自身特殊耙齿结构的连接使二者融为一体，典型结构如图 1-9 所示。

自清式格栅除污机运行原理见图 1-10，其特殊耙齿结构见图 1-11。

由尼龙或不锈钢制成的耙齿按一定的排列次序装配在链条轴上形成封闭式的环形耙齿链，整个耙齿链在传动链轮的驱动下自下而上做连续循环运动，将截留在耙齿上的固体悬浮物从污水中输送到地面或平台上方，

图 1-9　自清式格栅除污机

并在耙齿旋转啮合的过程中将物料清除，广泛应用于城市污水、给水及工业上的固液分离。

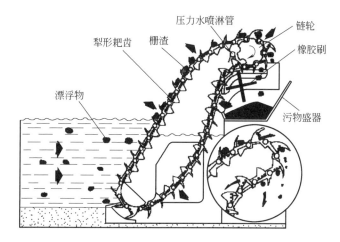

图 1-10　自清式格栅除污机运行原理

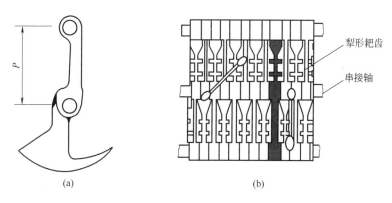

(a)　　　　　　　　(b)

图 1-11　自清式格栅除污机的特殊耙齿结构

常用材质组成：机架采用碳钢防腐或不锈钢；耙齿采用尼龙或不锈钢；其余与水接触的零部件采用不锈钢。其主要特点是：

① 栅面整体运动；

② 到出渣口时耙齿具有自清功能。

自清式格栅除污机主要技术参数见表 1-13，常用规格型号见表 1-14。

表 1-13 自清式格栅除污机主要技术参数

格栅主要	B	300～500	500～1000	500～1600	1600～3200	1600～3200
尺寸范围/mm	H	1000～2000	2000～3000	3000～4000	4000～6000	6000～12000
电机功率/kW		0.37	0.75	1.1	2.2	3.0
栅面线速度/(m/min)		2.0				
电源		380V 50Hz IP55				
耙齿材料		尼龙、不锈钢(选用时电机功率加大 1 倍)				
耙齿节距/mm		100		100 或 150		

表 1-14 自清式格栅除污机规格型号

型号	有效栅宽/mm	设备宽度/mm	沟渠宽度/mm	栅条间隙/mm	除污耙速度/(m/min)	格栅倾角 α/(°)	电机功率/kW	总高 H/mm
HZG800	800	1030	1100	12～50	5.9	70～80	1.1	
HZG1000	1000	1230	1300	12～50	5.9	70～80	1.1	
HZG1200	1200	1430	1530	12～50	5.9	70～80	1.1	$H = H_1 + H_2 + 1600$
HZG1500	1500	1730	1830	12～50	5.9	70～80	1.1	
HZG1800	1800	2030	2130	12～50	5.9	70～80	1.5	
HZG2000	2000	2230	2370	12～50	5.9	70～80	1.5	

（5）钢丝绳牵引式格栅除污机

图 1-12 为钢丝绳牵引式格栅除污机现场图。典型钢丝绳牵引式格栅除污机由耙斗、格栅面、撇渣机构、耙斗启闭机构、起升机构、机架等组成。

图 1-12 钢丝绳牵引式格栅除污机

钢丝绳牵引式格栅除污机一般采用三根钢丝绳牵引耙斗的形式，连杆的一端与耙斗作可动连接并作为耙斗的支承点，连杆的另一端带有滚轮，沿两侧的导轨作耙斗升降的导向，耙斗须与小车为铰接，两根钢丝绳固定于耙斗两端的内侧，一根钢丝绳固定于耙斗底面的中间，并将此钢丝绳通过开合用齿轮减速电机的输出轴上双臂式端部滑轮的十字扭转，而改变钢索的行程长度，使中间钢索与两侧升降钢丝绳在牵引上产生差动，实现耙斗的张合。当耙斗上升时，齿耙与栅条保持啮合状态，齿耙插入栅条间的啮合力大于 100kg/m（耙长）；当耙斗下降时，耙斗呈拉开状态，三索须同步收放。除渣耙斗处于张开位置并沿轨道下降至底部，在控制部件的作用下，完成合耙，将拦截的栅渣、杂物等捞入耙中，然后提升部件动作，使耙斗上行，至出渣口处借助除污推杆将栅渣卸出，耙斗停止上行并张开，完成一个动作循环，等待下一个循环动作的指令。其主要特点是：

① 特别适用于较大悬浮物、漂浮物和渠深较深场合；

② 无须水下检修，维护管理方便。

SG 型钢丝绳牵引式格栅除污机主要技术参数见表 1-15。

表 1-15 SG 型钢丝绳牵引式格栅除污机主要技术参数

型号	井宽 B /m	栅条间距 /mm	提升功率 /kW	张耙功率 /kW	过栅流速 /(m/s)	卸渣高度 /mm
SG1.5	1.5		1.5	0.37		
SG2.0	2.0		2.2	0.55		
SG2.5	2.5	15,20,25,30,40,50,60,70,	2.2	0.75	≤1	750(1000)
SG3.0	3.0	80,90,100	3.0	0.75		
SG3.5	3.5		4.0	1.1		
SG4.0	4.0		4.0	1.1		

（6）高链式格栅除污机

图 1-13 为高链式格栅除污机。高链式格栅除污机是由一种独特的耙齿装配成一组回转格栅链，一般栅板、长耙臂和齿耙采用不锈钢 304 制造，其余采用碳钢防腐。在电机减速器的驱动下，耙齿链进行逆水流方向回转运动。耙齿链运转到设备的上部时，由于槽轮和弯轨的导向，使每组耙齿之间产生相对自清运动，绝大部分固体物质靠重力落下，另一部分则依靠清扫器的反向运动把黏在耙齿上的杂物清扫干净。按水流方向耙齿链类同于格栅，在耙齿链轴上装配的耙齿间隙可以根据使用条件进行选择。当耙齿把流体中的固态悬浮物分离后可以保证水流通畅流过。整个工作过程可以是连续的，也可以是间歇的。

高链式格栅除污机在城市污水、城市给水、工业给水处理等领域得到广泛应用，也常用于造纸、制革、皮革加工、纺织、食品等工业废水的前处理，其主要特点是：

① 自动化程度高、在无人看管的情况下可保证连续稳定工作。设置了过载安全保护装置，在设备发生故障时会自动停机，可以避免设备超负荷工作。可以根据用户需要任意调节设备运行间隔，实现周期性运转；可以根据格栅前后液位差自动控制；具有手动控制功能，以方便检修。

② 分离效率高、自身具有很强的自净能力，不会发生堵塞现象，日常维修工作量很少。

③ 除格栅栅板、耙臂和齿耙外，其余部件均在水面之上，便于维护保养，耐腐蚀性能好。

④ 滚柱和销轴组成的销齿齿条固定不动，而驱动链轮在上面滚动，具有磨损小、运行平稳可靠、动力消耗小、噪声低等特点。

⑤ 安装简便，占地面积小。

常用高链式格栅除污机规格型号见表 1-16。

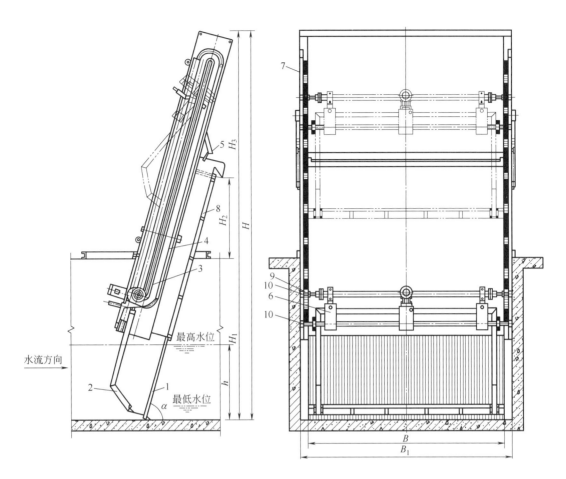

图 1-13 高链式格栅除污机

1—格栅栅板；2—长耙臂和齿耙；3—销齿齿条；4—环形轨道；5—刮污板；

6—驱动装置；7—机架；8—挡板；9—驱动链轮；10—导轮

表 1-16 高链式格栅除污机规格型号

参数	GSLY-300	GSLY-500	GSLY-800	GSLY-1000	GSLY-1200
安装角度/(°)	60~75	60~75	60~75	60~75	60~75
耙齿节距/mm	100	100	100	100	100
电机功率/kW	0.75	0.75	1.1	1.5	2.2
过水流量/(t/h)	405	1125	3600	4500	6300
液体流速/(m/s)	>0.3	>0.5	>1	>1	>1
有效宽度 k_1/mm	300	500	800	1000	12000
水槽宽度 k_3/mm	550	750	1050	1250	1450
设备总宽 k_4/mm	880	1080	1380	1580	1780
水槽深度 H/mm	1000~8000	1000~8000	1000~8000	1000~8000	1000~8000

（7）阶梯式格栅除污机

图 1-14 为阶梯式格栅除污机现场图。阶梯式格栅除污机主要由减速机、动栅片、静栅片及偏心旋转机构等组成，偏心旋转机构在减速机的驱动下，使动栅片相对于静栅片做自动交替运动，从而使被拦截的漂浮物交替由动、静栅片承接，犹如上楼梯一般，逐步上移至卸料口而被清除。阶梯式格栅除污机设有特殊的传动机构和专用的阶梯片装卡机构，在运行过

程中，一方面使栅面自我清理，另一方面把固体杂物输送到卸料口。

阶梯式格栅除污机是一种典型的细格栅，适用于井深较浅，宽度不大于2m的场合，其水下无传动件，结构合理，寿命长。其主要特点是：

① 动静栅片有多种材质可供选择，适用范围广；

② 采用独特的阶梯式清污原理，可避免杂物卡阻及缠绕；

③ 传动件均布于水面支架上，水下无运转部件，检修方便；

图 1-14　阶梯式格栅除污机

④ 采用液位或时间控制，实现自动工作。

阶梯式格栅除污机主要技术参数见表 1-17，流量选型见表 1-18。

表 1-17　阶梯式格栅除污机主要技术参数

型号	有效宽度/mm	设备宽/mm	电机功率/kW	进水口深度/mm	允许流速/(m/s)	耙齿间隙/mm
XJT-500	350	500	≤0.75	1000~2000	0.5~1.0	2~16
XJT-600	450	600	≤0.75			
XJT-800	650	800	≤1.1			
XJT-1000	850	1000	≤1.1			
XJT-1200	1050	1200	≤1.1			
XJT-1500	1350	1500	≤1.5			
XJT-1800	1650	1800	≤2.2			
XJT-2000	1850	2000	≤2.2			

表 1-18　阶梯式格栅除污机流量选型

型号		500	600	700	800	900	1000	1100	1200	1300	1400	1500	1600	1700	1800	1900	2000
水深/m		0.5															
流速/(m/s)		0.5															
栅隙/mm	2	3432	4464	5496	6528	7560	8568	9600	10632	11664	12696	13656	14736	15768	16800	17832	18864
	3	4320	5544	6864	8160	9400	10704	12024	13248	14568	15864	17112	18408	19728	21048	22272	23592
	4	4920	6360	7800	9360	10800	12240	13656	15216	16656	18192	19632	21072	22512	24048	25488	26928
	5	5400	6936	8616	10152	11808	13368	15024	16680	18240	19776	21312	22992	24648	26328	27864	29544
	6	5712	7392	9096	10800	12648	14328	16032	17712	19416	21264	22800	24504	26352	28056	29736	31440
	8	6377	8434	10285	12137	13988	15840	17691	19542	21540	23400	25270	27140	29010	30880	32750	34610
	10	6685	9000	10800	12857	14914	16714	18771	20828	22780	24750	26730	28710	30660	32660	34630	36610
	12	7097	9252	11355	13268	15428	17588	19440	21600	23690	25750	27800	29850	31910	33960	36020	38070
	14	7380	9576	11700	13680	15840	18000	20160	22320	24390	26500	28620	30730	32850	34960	37080	39190
	16	7405	9874	11931	13988	16292	18514	20571	22628	24940	27100	29260	31430	33590	35750	37920	40080

（8）转鼓式格栅除污机

图 1-15 为转鼓式格栅除污机现场图。

转鼓式机械格栅由格栅片按栅间隙制成鼓形栅筐，待处理水从栅筐前流入，通过格栅过滤，流向水池出口，栅渣被截留在栅面上，当栅内外的水位差达到一定值时，安装在中心轴上的旋转齿耙回转清污，当清渣齿耙将污物扒集至栅筐顶点位置时，开始卸渣（能靠自重下

图 1-15 转鼓式格栅除污机

坠的栅渣卸入栅渣槽);而后又后转 15°,黏附在耙齿上的栅渣被栅筐顶端的清渣齿板自动刮除,卸入栅渣槽。栅渣由槽底螺旋输送器提升至上部压榨段,压榨脱水后由输送带或垃圾车外运。转鼓式格栅除污机一般采用不锈钢制造,其主要特点是:

① 格栅和水流形成约 35°,由于折流的作用,即使厚度小于格栅隙缝的许多污物也能被分离出来;

② 过滤面积大,水力损失小;

③ 集打捞、输送、压榨处理等功能于一体,结构紧凑,减少后续处理费用。

常用转鼓式格栅除污机规格型号见表 1-19。

表 1-19 转鼓式格栅除污机规格型号

型号	栅框直径 ϕ /mm	适用渠宽 W /mm	适用渠深 H_1 /mm	适用流量/(m³/h)		电机功率 /kW	质量 /kg
				栅隙 $\delta = 5mm$	栅隙 $\delta = 10mm$		
RZG1021	1000	1050	1200	550	800	1.5	1700
RZG1222	1200	1250	1300	800	1200	1.5	2000
RZG1423	1400	1450	1400	1300	1700	2.2	2600
RZG1624	1600	1650	1500	1800	2300	3.0	3000
RZG1825	1800	1850	1600	2400	2900	3.0	3200
RZG2026	2000	2050	1700	3400	3900	4.0	4600

(9) 移动式格栅除污机

移动式格栅除污机适用于多台平面格栅或超宽平面格栅,一般用作中、粗格栅使用。通常布置在同一直线或弧线上,在轨道(侧双轨和跨双轨)上移动并定位,以一机代替多机,依次有序地逐一除污。

SGY 移动式格栅除污机清污面积大,捞渣彻底,降速后甚至可捞积泥或砂;移动及停位准确可靠,效率高,投资省;水下无传动件,整机使用寿命长;设备有过极限及过力矩保护,使用安全;可按设定的时间间隔运行,也可根据格栅前后水位差自动控制。

型号说明:

SGY 移动式格栅除污机主要性能参数见表 1-20,外形及安装尺寸见图 1-16。

(10) 弧形格栅除污机

弧形格栅除污机广泛应用于中小型污水处理厂或泵站水位较浅的水槽,拦截和清除污水中较小的垃圾和漂浮物。主要有旋臂式、摆臂式和伸缩耙式三种结构形式,基本上都由弧形栅条、转动齿耙及驱动机构组成。

1) 旋臂式弧形格栅除污机

旋臂式弧形格栅除污机如图 1-17 所示,主要由机架、带电机的减速器、旋臂、传动轴、耙齿、弧形格栅和刮渣板等组成。两端带耙齿的旋臂在电机减速器驱动下,以 1.5~3.0r/min

表 1-20　SGY 移动式格栅除污机主要性能参数

型号	井宽 B /m	设备宽 W/mm	栅条间隙 b/mm	提升功率/kW	张耙功率/kW	行走功率/kW	行走速度 /(m/min)	耙斗运动速度 /(m/min)	过栅流速/(m/s)	卸料高度/mm
SGY2.0	2.0	1930	40,50,60,70,80,90,100,110,120,130,140,150	2.2~3.0	0.55~1.1	0.75	约1.5	≤6	1	750
SGY2.5	2.5	2430								
SGY3.0	3.0	2930								
SGY3.5	3.5	3430								
SGY4.0	4.0	3930		3.0~4.0	1.5~2.2	1.1				

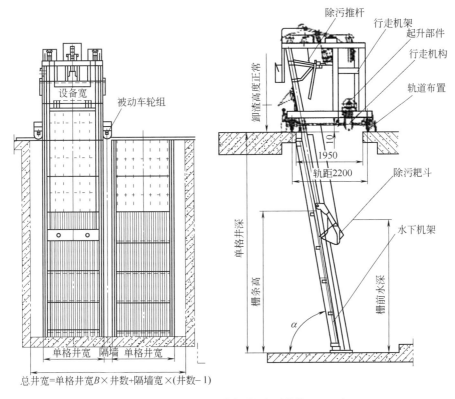

图 1-16　SGY 型移动式格栅除污机（单位：mm）

的速度绕固定传动轴做 360°回转运动。格栅片依耙齿回转的圆弧运动轨迹制成弧形，设于过水渠的横截面上，截留过流水体中的污物。工作时，耙齿插入栅片间隙内，自下而上回转，扒除栅渣。旋臂每旋转一周扒污两次，同时将栅条上拦截的栅渣扒集至栅顶的卸料口，经除污器的清扫（或带缓冲装置的刮渣板），使栅渣落入垃圾小车或栅渣输送机中。

　　旋臂式弧形格栅除污机结构简单、紧凑，动作单一、规范，运行中故障少，维护简易。旋臂式弧形格栅除污机主要性能参数见表 1-21。

表 1-21　旋臂式弧形格栅除污机主要性能参数

型号	栅条圆弧半径/mm	水槽宽度/m	设备宽度/m	电机功率/kW	栅条净间距/mm	运转速度/(r/min)	栅前流速/(m/s)
HGZ-300	300	<2	<2	0.37~0.75	10~30	2	0.8~1.0
HGZ-500	500						
HGZ-1000	1000						
HGZ-1500	1500						
HGZ-2000	2000						

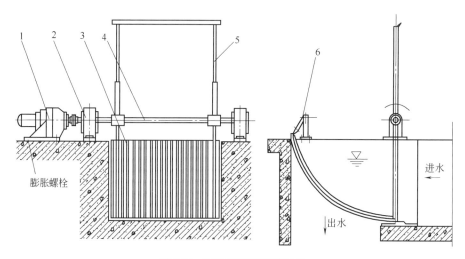

图 1-17　旋臂式弧形格栅除污机

1—驱动装置；2—轴承座；3—栅条；4—主轴；5—耙齿；6—卸料机构

2）摆臂式弧形格栅除污机

摆臂式弧形格栅除污机如图 1-18 所示，主要由机架、栅条、除污耙、清扫装置、偏心摇臂和驱动装置等组成。双输出轴减速器的曲柄通过摆臂与机座上的摇杆组成四连杆机构，使摆臂下端的齿耙运行呈曲线轨迹。

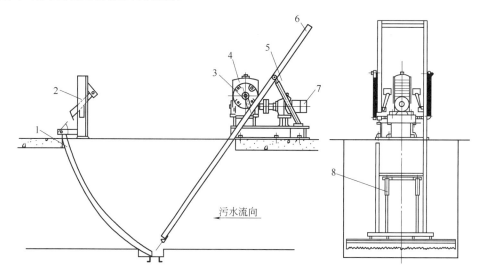

图 1-18　摆臂式弧形格栅除污机

1—弧形格栅；2—刮渣板架；3—曲柄；4—双输出轴减速器；5—摇杆；6—摆臂及齿耙；

7—电机减速器；8—齿耙缓冲器

除污耙在电动机和减速器的作用下，经偏心摇臂驱动，使除污耙上行插入栅条间隙，此时偏心摇臂继续转动，使除污耙退出栅条，并使除污耙处于上行初始位置，从而进入下一个清捞循环。

卸污时，曲柄转入内半径运转，摆臂将耙齿推出栅片，随即下行复位。曲柄每回转一周除污一次。摆臂式弧形格栅除污机占用空间少。

3）液压传动伸缩耙式弧形格栅除污机

液压传动伸缩耙式弧形格栅除污机如图1-19所示，由电动液压装置、耙臂、弧形格栅、齿耙和除污器等组成。总体布置如图1-19（a）所示；电动液压驱动机构传动装置如图1-19（b）所示，包括液压动力装置、液压旋转传动器、液压缸三个主要元件。

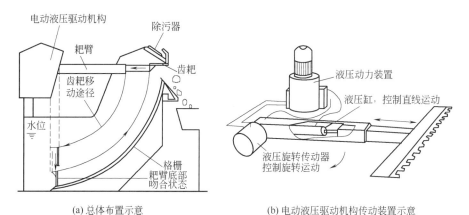

(a) 总体布置示意　　　　　　　(b) 电动液压驱动机构传动装置示意

图1-19　液压传动伸缩耙式弧形格栅除污机

耙臂在工作循环开始或完成时，都处于水平位置，耙齿收缩与栅片脱开。启动时，按动开机按钮，液压驱动机构运作，液压马达内的压力下降，耙臂在重力作用下沿旋转轴缓慢下降，直至垂直（如图1-19中虚线位置）。联动元件使耙臂内的双作用液压缸动作，将齿耙外伸，插入栅片间隙内，到位后液压马达启动，耙臂自下而上徐徐旋升除污；将要到达最高点时，耙齿与除污器刮渣板相交，随耙齿上升，刮渣板将栅渣外推，卸入污物盛器内，此时耙齿到达最高点，驱动液压缸，齿耙收缩复位，完成一个工作循环。

该设备具有让耙功能，当齿耙上行扒污受阻，转矩大到一定值时，液压马达因内部压力升高而自行关闭，齿耙在液压缸的作用下自动收缩；而后液压马达再次启动，耙臂向上旋转运动约数秒行程（由可调延时继电器控制，通常时间调整值为2～4s），接着齿耙在液压缸的作用下再度伸出，插入栅片间隙内，重新旋升扒污。若齿耙不能插入到位，以上动作程序会重复执行，确保安全运行。

二、沉砂池

沉砂池的作用是去除污水中密度较大的无机颗粒，如泥砂、煤渣等。一般设在泵站、倒虹管、沉淀池前，以减轻水泵和管道的磨损，防止后续处理构筑物管道的堵塞，缩小污泥处理构筑物的容积，提高污泥有机组分的含量，提高污泥作为肥料的价值。常用的沉砂池有平流式沉砂池、曝气沉砂池、多尔沉砂池和钟式沉砂池等。

1. 平流式沉砂池

平流式沉砂池由入流渠、出流渠、闸板、水流部分及沉砂斗组成，见图1-20。平流式沉砂池具有截留无机颗粒效果较好、工作稳定、构造简单、排沉砂较方便等优点。

（1）平流式沉砂池的设计要求及参数

平流式沉砂池的设计参数按去除相对密度2.65，粒径大于0.2mm的砂粒确定。主要参数有以下几个。

① 沉砂池的座数或分格数不得少于2个，并宜按并联系列设计。当污水量较小时，可

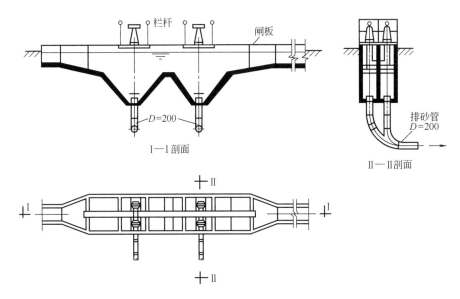

图 1-20 平流式沉砂池

考虑单格工作，一格备用；当污水流量大时，则两格同时工作。

② 设计流量的确定。当污水以自流方式流入沉砂池时，应按最大设计流量计算；当污水用水泵抽送进入池内时，应按工作水泵的最大可能组合流量计算；当用于合流制处理系统时，应按降雨时的设计流量计算。

③ 最大设计流量时，污水在池内的最大流速为 0.3m/s，最小流速为 0.15m/s。这样的流速范围可基本保证无机颗粒沉降去除，而有机物不能下沉。

④ 最大设计流量时，污水在池内停留时间不少于 30s，一般为 30~60s。

⑤ 设计有效水深应不大于 1.2m，一般采用 0.25~1.0m，每格池宽不宜小于 0.6m，超高不宜小于 0.3m。

⑥ 沉砂量的确定。生活污水的沉砂量按每人每天 0.01~0.02L 计；城市污水按 $10^6 m^3$ 污水产生沉砂 30m³ 计；沉砂含水率约为 60%，容重 1500kg/m³，贮砂斗的容积按 2d 以内的沉砂量考虑，斗壁与水平面倾角为 55°~60°。

⑦ 池底坡度一般为 0.01~0.02，并可根据除砂设备要求，考虑池底的形状。

（2）平流式沉砂池的设计计算

① 沉砂池水流部分的长度 L

沉砂池两闸板之间的长度即为水流部分的长度。

$$L = vt \tag{1-11}$$

式中　L——沉砂池水流部分的长度，m；

　　　v——最大设计流量时的流速，m/s；

　　　t——最大设计流量时的停留时间，s。

② 沉砂池过水断面面积 A

$$A = \frac{Q_{max}}{v} \tag{1-12}$$

式中　A——沉砂池过水断面面积，m²；

$Q_{\max}$——最大设计流量，m^3/s。

③ 沉砂池总宽度 B

$$B = \frac{A}{h_2} \tag{1-13}$$

式中　B——池总宽度，m；

h_2——设计有效水深，m。

④ 沉砂斗所需容积 V

$$V = \frac{Q_{\max} t X \times 86400}{K_z \times 10^6} \tag{1-14}$$

式中　V——沉砂斗所需容积，m^3；

t——清除沉砂的时间间隔，d；

X——城市污水的沉砂量，m^3 沉砂$/10^6 m^3$ 污水，一般取 $30 m^3$ 沉砂$/10^6 m^3$ 污水；

K_z——生活污水流量总变化系数。

⑤ 沉砂池总高度 H

$$H = h_1 + h_2 + h_3 \tag{1-15}$$

式中　H——沉砂池总高度，m；

h_1——超高，m，取 0.3m；

h_3——贮砂斗的高度，m。

⑥ 最小流速 $v_{\min}$

核算最小流量时污水流经沉砂池的最小流速是否在规定的范围内。

$$v_{\min} = \frac{Q_{\min}}{n\omega} \tag{1-16}$$

式中　$v_{\min}$——最小流速，m/s；

$Q_{\min}$——最小流量，m^3/s；

n——最小流量时工作的沉砂池座数；

ω——最小流量时沉砂池中水流断面面积，m^2。

$v_{\min} \geqslant 0.15 m/s$，则设计符合要求。

（3）平流式沉砂池的排砂装置

平流式沉砂池常用的排砂方式与装置主要有重力排砂与机械排砂两类。

图 1-20 为砂斗加底闸，进行重力排砂，排砂管直径 200mm。图 1-21 为砂斗加贮砂罐及底闸，进行重力排砂。砂斗中的沉砂经碟阀进入钢制贮砂罐，贮砂罐中的上清液经旁通水管流回沉砂池，最后沉砂经碟阀入运砂车。这种排砂方法的优点是排砂的含水率低，排砂量容易计算；缺点是沉砂池需要高架或挖小车通道。

图 1-22 为机械排砂法的一种单口泵吸式排砂机。沉砂池为平底，砂泵、真空泵、吸砂管、旋流分离器均安装在行走桁架上。桁架沿池长方向往返行走排砂。经旋流分离器分离的水分回流到沉砂池，沉砂可用小车、皮带运送器等运至晒砂场或贮砂池。这种排砂方法自动化程度高，排砂含水率低，工作条件好，池高较低。机械排砂法还有链板刮砂法、抓斗排砂法等。中、大型污水处理厂应采用机械排砂。

［例 1-2］　设计人口数为 130000 人，最大设计流量 200L/s，最小设计流量 100L/s，每2d 除砂 1 次，每人每日沉砂量为 0.02L，超高取 0.3m。试设计平流式沉砂池。

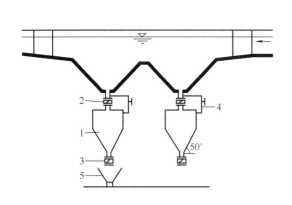

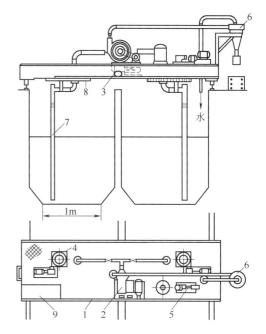

图 1-21　平流式沉砂池重力排砂法

1—贮砂罐；2,3—手动或电动碟阀；4—旁通水管；5—运砂车

图 1-22　单口泵吸式排砂机

1—桁架；2—砂泵；3—桁架行走装置；4—回转装置；5—真空泵；6—旋流分离器；7—吸砂管；8—齿轮；9—操作台

解： 取设计流速 $v = 0.3 \text{m/s}$，最大流量时停留时间 $t = 30\text{s}$。

① 沉砂池长度 L

$$L = vt = 0.3 \times 30 = 9 \text{（m）}$$

② 沉砂池水流断面面积 A

$$A = \frac{Q_{\max}}{v} = \frac{0.2}{0.3} = 0.67 \text{（m}^2\text{）}$$

③ 沉砂池有效水深 h_2　采用 2 个分格，每格宽度 $b = 0.6\text{m}$，总宽度 $B = 1.2\text{m}$。

$$h_2 = \frac{A}{B} = \frac{0.67}{1.2} = 0.558 \text{（m）（} < 1.2\text{m，合理）}$$

④ 沉砂斗所需容积 V

$$V = \frac{130000 \times 0.02 \times 2}{1000} = 5.2 \text{（m}^3\text{）}$$

⑤ 沉砂斗各部分尺寸计算

沉砂池的每一分格设 2 个沉砂斗，则共有 4 个沉砂斗。每个沉砂斗容积 V_1 为

$$V_1 = \frac{V}{4} = \frac{5.2}{4} = 1.3 \text{（m}^3\text{）}$$

设砂斗中贮砂高度为 h_3，斗底尺寸为 $0.5\text{m} \times 0.6\text{m}$，斜壁与水平面夹角为 $55°$，则有

$$V_1 = \left[\left(\frac{2h_3}{\tan 55°} + 0.5 \right) + 0.5 \right] \times \frac{h_3}{2} \times 0.6 = 1.3 \text{（m}^3\text{）}$$

解得 $h_3 = 1.44\text{m}$。

沉砂斗的实际高度应比贮砂高度大些，取砂斗实际高度为 1.84m。

沉砂斗上部尺寸为 3.1m×0.6m。

⑥ 验算最小流速 $v_{\min}$

$$v_{\min}=\frac{Q_{\min}}{n\omega}=\frac{0.1}{1\times0.6\times0.558}=0.3\ (\text{m/s})\ (>0.15\text{m/s},合格)$$

⑦ 沉砂池的进水部分

沉砂池一般设置细格栅，格栅间隙 0.02～0.025m。沉砂池按远期流量一次设计，施工时，为避免因近远期水量的变化，或提升水泵的剩余水头等因素，造成池内水量小、扬程高的现象，应考虑在沉砂池进水部分采取消能和整流措施。

当沉砂池采用进水井进水时，可取进水井流速 $v_0\geqslant0.2$m/s，则可得进水井断面面积，即得进水井宽度 b_1，此即为栅前渠道的宽度。

沉砂池有效宽度 B 即为格栅栅槽宽度。按格栅计算公式，可求得沉砂池进水格栅尺寸。

⑧ 贮砂池计算与布置

贮砂池直接设于高架沉砂池的下面，池底为 5% 斜坡，坡向一端设有不锈钢格栅，以利沉渣脱水。脱水后的沉渣用车定期外运。

平流式沉砂池计算草图见图 1-23。

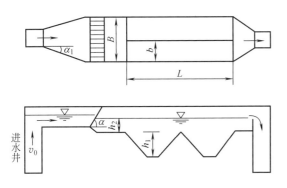

图 1-23　平流式沉砂池计算草图

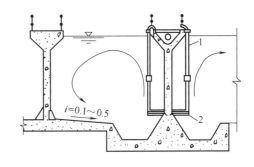

图 1-24　曝气沉砂池剖面图

1—压缩空气管；2—空气扩散板

2. 曝气沉砂池

普通平流式沉砂池的主要缺点是沉砂中约夹杂 15% 的有机物，对被有机物包覆的砂粒截留效果也不佳，沉砂易于腐化发臭，增加了沉砂后续处理的难度。日益广泛使用的曝气沉砂池则可以在一定程度上克服这些缺点。图 1-24 为曝气沉砂池剖面图。

曝气沉砂池的水流部分是一个矩形渠道，在沿池壁一侧的整个长度距池底 0.6～0.9m 处安设曝气装置，曝气沉砂池的下部设置集砂槽，池底有 $i=0.1～0.5$ 的坡度，坡向另一侧的集砂槽，以保证砂粒滑入。

（1）曝气沉砂池的设计参数

① 污水在曝气沉砂池过水断面周边的最大旋转速度为 0.25～0.30m/s，在池内的水平前进流速为 0.08～0.12m/s。如考虑预曝气的作用，可将曝气沉砂池过水断面增大 3～4 倍。

② 最大设计流量时，污水在池内的停留时间为 1～3min。如考虑预曝气，则可延长池身，使停留时间为 10～30min。

③ 有效水深取 2～3m，宽深比取 1.0～1.5，长宽比取 5。若池长比池宽大得多，则应考虑设置横向挡板，池的形状应尽可能不产生偏流或死角，在集砂槽附近安装纵向

挡板。

④ 曝气装置安装在池的一侧,距池底 $0.6 \sim 0.9 \mathrm{m}$,空气管上应设置调节空气的阀门,曝气穿孔管孔径为 $2.5 \sim 6.0 \mathrm{mm}$,曝气量为 $0.2 \mathrm{m}^3 / \mathrm{m}^3$ 污水或 $3 \sim 5 \mathrm{m}^3 /(\mathrm{m}^2 \cdot \mathrm{h})$。

⑤ 曝气沉砂池的进水口应与水在沉砂池内的旋转方向一致,出水口常用淹没式,出水方向与进水方向垂直,并宜考虑设置挡板。

(2) 曝气沉砂池的设计计算

① 曝气沉砂池总有效容积 V

$$V = Q_{\max} t \times 60 \tag{1-17}$$

式中　V——曝气沉砂池总有效容积,m^3;

　　$Q_{\max}$——最大设计流量,$\mathrm{m}^3 / \mathrm{s}$;

　　t——最大设计流量时的停留时间,min。

② 水流断面面积 A

$$A = \frac{Q_{\max}}{v_1} \tag{1-18}$$

式中　A——水流断面面积,m^2;

　　v_1——最大设计流量时的水平流速,m/s。

③ 池子总宽度 B

$$B = \frac{A}{h_2} \tag{1-19}$$

式中　B——池子总宽度,m;

　　h_2——设计有效水深,m。

④ 沉砂池长度 L

$$L = \frac{V}{A} \tag{1-20}$$

⑤ 每小时所需的空气量 q

$$q = d Q_{\max} \times 3600 \tag{1-21}$$

式中　q——每小时所需空气量,$\mathrm{m}^3 / \mathrm{h}$;

　　d——每立方米污水所需空气量,m^3。

空气量也可按单位池长所需的空气量进行计算。单位池长所需的空气量见表 1-22,供参考。

表 1-22　单位池长所需的空气量

曝气管水下浸没深度/m	最低空气用量/[m³/(m·h)]	达到良好除砂效果的最大空气量/[m³/(m·h)]	曝气管水下浸没深度/m	最低空气用量/[m³/(m·h)]	达到良好除砂效果的最大空气量/[m³/(m·h)]
1.5	12.5~15.0	30	3.0	10.5~14.0	28
2.0	11.0~14.5	29	4.0	10.0~13.5	25
2.5	10.5~14.0	28			

[例 1-3]　某污水处理厂最大设计流量 $Q_{\max} = 1.2 \mathrm{m}^3 / \mathrm{s}$,含砂量为 $0.02 \mathrm{L}/\mathrm{m}^3$ 污水,污水在池中的停留时间 $t = 2.0 \mathrm{min}$,污水在池内的水平流速 $v_1 = 0.1 \mathrm{m}/\mathrm{s}$。若每 2d 排砂 1 次,试确定曝气沉砂池的有效尺寸及砂斗尺寸。

解： ① 曝气沉砂池的容积

$$V = Q_{max}t \times 60 = 1.2 \times 2.0 \times 60 = 144 \text{（m}^3\text{）}$$

② 沉砂池设计成 2 格，每格容积

$$V_1 = \frac{1}{2}V = 72 \text{（m}^3\text{）}$$

③ 每格沉砂池水流断面面积

$$A = \frac{Q_{max}}{2v_1} = \frac{1.2}{2 \times 0.1} = 6.0 \text{（m}^2\text{）}$$

④ 设曝气沉砂池过水断面形状如图 1-25 所示，池宽 2.4m，池底坡度 0.5，超高 0.6m，全池总深 3.9m。

⑤ 曝气沉砂池实际过水断面面积

$$F = 2.4 \times 2.0 + \left(\frac{2.4 + 1.0}{2}\right) \times 0.7 = 6.0 \text{（m}^2\text{）}$$

⑥ 池长

$$L = v_1t = 0.1 \times 2.0 \times 60 = 12 \text{（m）}$$

⑦ 沉砂斗容量（砂斗断面为矩形，长度同沉砂池）

$$V' = 0.6 \times 1.0 \times 12 = 7.2 \text{（m}^3\text{）}$$

⑧ 每格沉砂池实际沉砂量

$$V'_1 = \frac{0.02 \times 0.6}{1000} \times 86400 \times 2 = 2.1 \text{（m}^3\text{）} < 7.2 \text{（m}^3\text{）}$$

⑨ 设曝气管浸水深度为 2.5m，查表 1-22 可得单位池长所需空气量为 28m³/(m·h)，所需空气量

$$28 \times 12 \times (1 + 15\%) \times 2 \times \frac{1}{60} = 12.9 \text{（m}^3\text{/min）}$$

式中 （1+15%）——考虑到进出口条件而增加的池长。

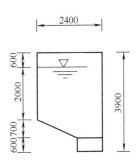

图 1-25 曝气沉砂池设计断面（单位：mm）

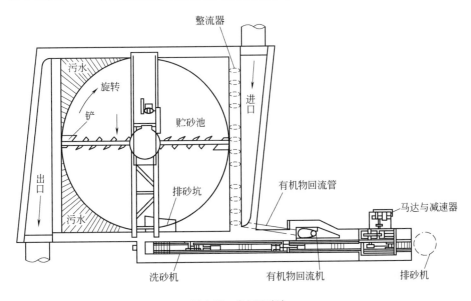

图 1-26 多尔沉砂池

取供气量为 $13m^3/min$，则每格沉砂池供气量为 $6.5m^3/min$。

3. 多尔沉砂池

多尔沉砂池是一个浅的方形水池，如图 1-26 所示。在池的一边设有与池壁平行的进水槽，并在整个池壁上设有整流器，以调节和保持水流的均匀分布，污水经沉砂池使砂粒沉淀，在另一侧的出水堰溢流排出。沉砂池底的砂粒由刮砂机刮入排砂坑。砂粒用往复式刮砂机械或螺旋式输送器进行淘洗，以去除有机物。刮砂机上装有桨板，用以产生一股反方向的水流，将从砂上洗下来的有机物带走，回流到沉砂池中，而淘净的砂粒及其他无机杂粒，由排砂机排出。

多尔沉砂池的面积根据要求去除的砂粒直径和污水温度确定，可查图 1-27。最大设计流速为 0.3m/s。多尔沉砂池的设计参数见表 1-23。

4. 钟式沉砂池

钟式沉砂池是一种利用机械力控制水流流态与流速，加速砂粒沉淀，并使有机物随水流带走的沉砂装置，如图 1-28 所示。污水由流入口切线方向流入沉砂区，利用电动机及传动装置带动转盘和斜坡式叶片，由于所受离心力的不同，把砂粒甩向池壁，掉入砂斗，有机物

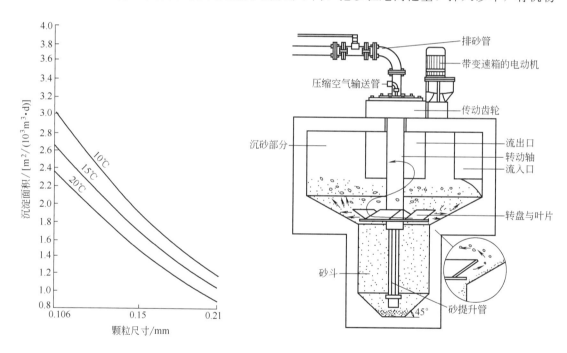

图 1-27　多尔沉砂池计算面积　　　　　　图 1-28　钟式沉砂池

表 1-23　多尔沉砂池的设计参数

沉砂池直径/m		3.0	6.0	9.0	12.0
最大流量/(m³/s)	要求去除砂粒直径为 0.21mm	0.17	0.70	1.58	2.80
	要求去除砂粒直径为 0.15mm	0.11	0.45	1.02	1.81
沉砂池深度/m		1.1	1.2	1.4	1.5
最大设计流量时的水深/m		0.5	0.6	0.9	1.1
洗砂器宽度/m		0.4	0.4	0.7	0.7
洗砂器斜面长度/m		8.0	9.0	10.0	12.0

则被送回污水中。调整转速，可达到最佳沉砂效果。沉砂用压缩空气经砂提升管、排砂管清洗后排出，清洗水回流至沉砂区。

根据污水处理量的不同，钟式沉砂池可分为不同型号。各部分尺寸见图 1-29 及表 1-24。

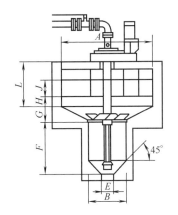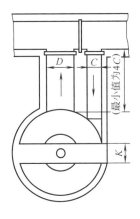

图 1-29 钟式沉砂池各部分尺寸

表 1-24 钟式沉砂池型号及尺寸

单位：mm

型号	流量 /(L/s)	A	B	C	D	E	F	G	H	J	K	L
50	50	1830	1000	305	610	300	1400	300	300	200	800	1100
100	110	2130	1000	380	760	300	1400	300	300	300	800	1100
200	180	2430	1000	450	900	300	1350	400	300	400	800	1150
300	310	3050	1000	610	1200	300	1550	450	300	450	800	1350
550	530	3650	1500	750	1500	400	1700	600	510	580	800	1450
900	880	4870	1500	1000	2000	400	2200	1000	510	600	800	1850
1300	1320	5480	1500	1100	2200	400	2200	1000	610	630	800	1850
1750	1750	5800	1500	1200	2400	400	2500	1300	750	700	800	1950
2000	2200	6100	1500	1200	2400	400	2500	1300	890	750	800	1950

5. 比氏沉砂池

比氏（PISTA）沉砂池是美国 Smith&Loveless 公司的专利产品，已发展至第二代的池型结构，代表了当今圆形旋流沉砂池的先进水平。比氏沉砂池的应用集中在美国及世界其他国家，我国较少见。唐山北郊污水处理厂、广州大坦沙污水处理厂、河南平顶山污水厂等采用的是比氏沉砂池，均为国外进口。

（1）设备组成

比氏沉砂池设备包括轴向螺旋桨搅拌器及驱动装置、吸砂泵、真空启动装置、涡流砂粒浓缩器、螺旋砂水分离输送机、电控系统等，其系统平面布置如图 1-30 所示。

（2）工作原理

比氏沉砂池采用涡流原理，含砂废水在经过平直进水渠道后，使得水的紊流减到最低，

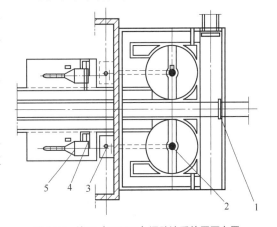

图 1-30 比氏（PISTA）沉砂池系统平面布置

1—闸门；2—轴流式螺旋桨；3—吸砂泵；

4—水力旋流浓缩器；5—砂水分离器

进水渠末端是一个能产生附壁效应的斜坡，可使部分已经沉降于渠道内的砂粒顺坡进入沉砂池。进水口处有一阻流板，使冲出板上的水流下折到分选区的底板上。轴向螺旋桨则将水流导向池心，以相对较快的速度带动水流从池心向上移动，由此形成一个涡形水流。较重的砂粒从靠近池心的环形孔口落入集砂区，较轻的有机物由于螺旋桨的作用与砂粒分离，最终引向出水渠。

（3）设备选用注意事项

1）流态

比氏沉砂池是为某一特定的流态而设计的。一般而言，流量低时不会出现问题，但在流速过低的情况下，砂粒有可能会沉降在进水渠内，因此进水渠内的流速应保证每天有部分时间高于 0.61m/s，以防止砂粒沉积。流量过高会引起沉砂池的除砂效率降低，此时应另外加设沉砂池，用降低水位的方法来减小高流量的影响。

2）螺旋桨

螺旋桨驱动部分的速度是恒定的，但螺旋桨叶的位置可升高或降低。可同时有效去除砂粒及有机物的最佳位置为螺旋桨叶距池底 75mm 处，每个叶片的倾角为 45°，若有机物较多则可适当降低叶片，但这样会降低细砂的去除率；若砂粒及有机物的含量均较高则可将叶片略为调高。

3）排砂

推荐用砂泵排砂，可与第二级旋流浓缩器装置配套。

6. 螺旋式砂水分离器

（1）LSF 型螺旋式砂水分离器

LSF 螺旋式砂水分离器主要由驱动装置、无轴螺旋、锥形容器、支架等组成。含砂废水从锥形容器上端切向进入，在容器中形成涡流，在重力及离心力的作用下，砂粒快速沉淀到容器底部，由旋转的螺旋叶片推至上端的排砂口排除。

LSF 型螺旋式砂水分离机结构示意图、基础图分别如图 1-31 和图 1-32 所示，其技术参数见表 1-25。

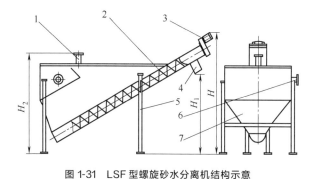

图 1-31 LSF 型螺旋砂水分离机结构示意

1—进水口；2—无轴螺旋；3—驱动装置；4—出渣口；
5—支架；6—出水口；7—机体

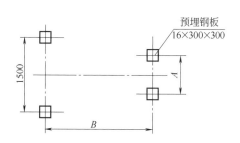

图 1-32 LSF 型螺旋砂水分离
机基础（单位：mm）

表 1-25 LSF 型螺旋砂水分离机技术参数

型号	处理水量 /(m³/h)	螺旋直径/mm	电机功率/kW	A /mm	B/mm	H/mm	H_1 /mm	H_2 /mm	进水口法兰 DN_1/mm	进水口法兰 DN_2/mm
LSF-250	18～40	250	0.55	350	2600	2100	1500	1600	DN150 (PN1.0)	DN250 (PN1.0)
LSF-300	40～70	300	0.55	400	2700	2300	1700	1800		
LSF-350	70～95	350	0.75	450	3900	3000	2400	2500		

（2）HGS 型螺旋砂水分离器

图 1-33 为 HGS 型螺旋砂水分离器现场图。HGS 型螺旋砂水分离器是沉砂池除砂系统的配套设备，它由进料沉淀斗、螺旋体、螺旋槽、支撑架和驱动装置组成，其作用是将沉砂池底部排出的混合液进行砂水分离，广泛用于城市污水处理厂沉砂池底部砂水混合物处理。砂水混合液进入进料沉淀斗后经过斜板沉淀，水从溢流槽排出经外接管道回流至集水池，螺旋体将沉砂从水中提升出水面一定高度后下卸。一般采用不锈钢制造，防腐性能好，使用寿命长。主要特点是：

图 1-33 HGS 型螺旋砂水分离器

① 分离效率高，对粒径≥0.2mm 的砂粒分离效率达 98％；
② 结构紧凑，安装方便，维护简单；
③ 砂水入口处增设缓冲空腔和排气管，大大减少了含气砂水对设备的冲击振动；
④ 驱动装置采用轴装直接驱动方式，运行平稳可靠，能耗省。

螺旋砂水分离器常用主要技术参数见表 1-26，常用外形及安装尺寸见表 1-27。

表 1-26 HGS 型螺旋砂水分离器主要技术参数

型号	规格（螺旋直径 D）/mm	螺旋转速 /(r/min)	处理能力 /(排砂 m³/h)	功率 /kW	重量/kg
HGS-225	225	5.8	0.5	0.55	～1300
HGS-250	250	5.8	0.6	0.55	～1500
HGS-320	320	5.8	0.8	0.75	～1700
HGS-360	360	5.8	0.9	1.1	～1900
HGS-400	400	5.8	1.0	1.5	～2100

表 1-27 HGS 型螺旋砂水分离器外形尺寸和安装尺寸　　　　　　单位：mm

型号	H	H_1	H_2	H_3	L	L_1	L_2	L_3	W	D_i	D_o
HGS-225	2300	1400	1300	1000	5300	950	2700	1100	900	100	150
HGS-250	2390	1460	1370	1100	5410	975	2750	1150	970	100	150
HGS-320	2460	1500	1500	1230	5580	1000	2800	1255	1360	150	200
HGS-360	2530	1600	1600	1390	6550	1100	3000	1500	1400	200	250
HGS-400	2550	1700	1650	1410	6550	1150	3000	1500	1450	200	250

7. HXS 系列桥式吸砂机

图 1-34 为 HXS 桥式吸砂机现场图。HXS 系列桥式吸砂机由主梁、驱动装置、潜污泵、撇渣装置、轨道和控制箱等组成。

桥式吸砂机结构原理见图 1-35。吸砂机在置于池顶的钢轨上根据设定的周期自动往返运行，将池底部砂水混合液提升并排至池边的集水渠，当顺水流行驶时，撇渣耙下降刮集浮渣并送至池末端的渣槽；反向行驶时，撇渣耙提

图 1-34 HXS 桥式吸砂机

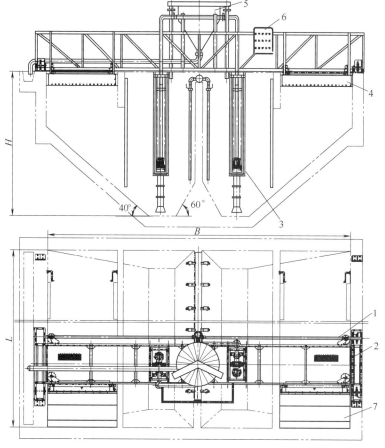

图 1-35　桥式吸砂机结构原理

1—提耙装置；2—驱动行驶装置；3—潜污泵组成；4—撇渣耙；5—砂水输送管；6—控制箱；7—工作桥

升，离开液面以防浮渣逆行（亦可根据工艺要求，反向撇渣）。

　　HXS 系列桥式吸砂机用于污水处理厂沉砂池和曝气沉砂池，将沉降在池底的泥砂、煤渣等密度较大的颗粒和污水的混合液提升并输送至与砂水分离器连接的渠道。其主要技术参数见表 1-28，其主要特点是：

　　① 用潜水无堵塞涡流泵提升和输送砂水混合液，及空气提升砂水混合液两种方式；

　　② 撇渣耙的提升可采用电动（液压）推杆驱动及撞块等多种型式。

表 1-28　HXS 系列桥式吸砂机主要技术参数

参数	型号					
	HXS-2	HXS-4	HXS-6	HXS-8	HXS-10	HXS-12
池宽 L/m	2	4	6	8	10	12
池深 H/m	1～3					
潜水泵型号	AV14～4(潜水无堵塞泵)					
潜水泵特性	扬程:5.8m;流量:22m³/h;功率:1.4kW					
提耙装置功率/kW	0.55(单耙)					
驱动装置功率/kW	≤2×0.37					
行驶速度/(m/min)	2～5					
钢轨型号	15kg/m GB11264					
预埋件断面尺寸/mm	($b1$～20)60×10　　($b1$:沉砂池墙体壁厚)					
预埋件间距/mm	1000					

　　注：1. 除表中参数外，可根据用户特殊要求的参数尺寸设计制造。

　　2. 撇渣板的宽度位置根据曝气布置由用户决定。

三、调节池

1. 调节池的类型

无论是工业污水还是城市污水，其水量和水质随时都有变化。工业污水的波动比城市污水大，水量和水质的变化将严重影响水处理设施的正常工作。为解决这一矛盾，在水处理系统前一般都要设调节池，以调节水量和水质。此外，酸性污水和碱性污水还可以在调节池内中和，短期排出的高温污水也可利用调节池以平衡水温。

调节池在结构上可分为砖石结构、混凝土结构、钢结构。如果除了水量调节外，还需进行水质调节，则需对池内污水进行混合。混合的方法主要有水泵强制循环、空气搅拌、机械搅拌、水力混合。

目前常用的是利用调节池特殊的结构形式进行差时混合，即水力混合。主要有对角线出水调节池和折流调节池。图 1-36 为对角线出水调节池。其特点是出水槽沿对角线方向设置，同一时间流入池内的污水，由池的左、右两侧经过不同时间流到出水槽。从而达到自动调节、均和的目的。为防止污水在池内短路，可以在池内设置若干纵向隔板。池内设置沉渣斗，污水中的悬浮物在池内沉淀，通过排渣管定期排出池外。当调节池容积很大，需要设置的沉渣斗过多时，可考虑将调节池设计成平底，用压缩空气搅拌污水，以防沉砂沉淀。空气用量为 $1.5\sim3m^3/(m^2\cdot h)$。调节池有效水深为 $1.5\sim2m$，纵向隔板间距为 $1\sim1.5m$。

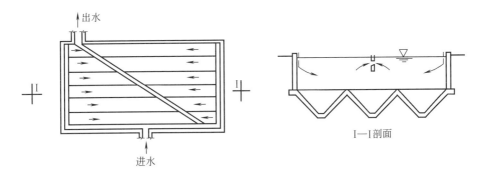

图 1-36　对角线出水调节池

如果调节池利用堰顶溢流出水，则只能调节水质的变化，而不能调节水量的波动。若后续处理构筑物要求处理水量也比较均匀，则需要使调节池内的工作水位能够上、下自由波动，以贮存盈余，补充短缺。若处理系统为重力自流，调节池出水口应超过后续处理构筑物的最高水位，可考虑采用浮子等定量设备，以保持出水量的恒定。若这种方法在高程布置上有困难，可考虑设吸水井，通过水泵抽送。

图 1-37 为折流调节池。池内设置许多折流隔墙，使污水在池内来回折流。配水槽设于调节池上，通过许多孔口溢流投配到调节池的各个折流槽内，使污水在池内混合、均衡。调节池的起端（入口）入流量可控制在总流量的 $1/4\sim1/3$。剩余流量可通过其他各投配口等量地投入池内。

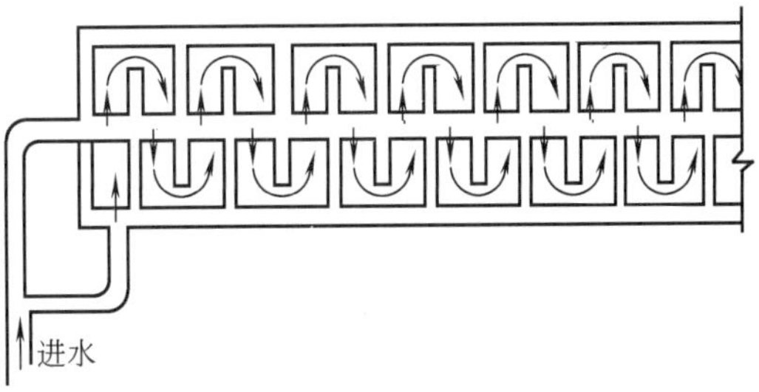

图 1-37　折流调节池

2. 调节池的设计计算

调节池的容积主要是根据污水浓度和流量的变化范围以及要求的均和程度来计算。

计算调节池的容积，首先要确定调节时间。当污水浓度无周期性地变化时，则要按最不利情况即浓度和流量在高峰时的区间计算。采用的调节时间越长，污水越均匀。可假设一个调节时间，计算不同时段拟定调节时间内的污水平均浓度，如高峰时段的平均浓度大于所求得的平均浓度，则应增大调节时间，直到满足要求为止。如计算出初拟调节时间的平均浓度过小，则可重新假设一个较小的调节时间计算。

当污水浓度呈周期性变化时，污水在调节池内的停留时间即为一个变化周期的时间。

污水经过一定时间的调节后，其平均浓度可按下式计算：

$$C = \sum_{i=1}^{n} \frac{C_i q_i t_i}{qT} \tag{1-22}$$

式中 C——T 小时内的污水平均浓度，mg/L；

q——T 小时内的污水平均流量，m^3/h；

C_i——污水在 t_i 时段内的平均浓度，mg/L；

q_i——污水在 t_i 时段内的平均流量，m^3/h；

t_i——各时段时间，h，其总和等于 T。

所需调节池的容积为

$$V = qT = \sum_{i=1}^{n} q_i t_i \tag{1-23}$$

若采用对角线出水调节池时

$$V = \frac{qT}{1.4} \tag{1-24}$$

式中 1.4——考虑污水在池内不均匀流动的容积利用经验系数。

[例 1-4] 某化工厂的酸性污水日平均流量为 $1000m^3/d$，污水流量及盐酸浓度见表 1-29。求 6h 的平均浓度和调节池的容积。

表 1-29 某化工厂污水流量与浓度的变化

时间/h	流量/(m³/h)	浓度/(mg/L)	时间/h	流量/(m³/h)	浓度/(mg/L)
0～1	50	3000	12～13	37	5700
1～2	29	2700	13～14	68	4700
2～3	40	3800	14～15	40	3000
3～4	53	4400	15～16	64	3500
4～5	58	2300	16～17	40	5300
5～6	36	1800	17～18	40	4200
6～7	38	2800	18～19	25	2600
7～8	31	3900	19～20	25	4400
8～9	48	2400	20～21	33	4000
9～10	38	3100	21～22	36	2900
10～11	40	4200	22～23	40	3700
11～12	45	3800	23～24	50	3100

解：将表 1-29 中的数据绘制成浓度和流量变化曲线，见图 1-38。

从图 1-38 可看出污水流量和浓度较高的时段在 12～18h 之间。此 6h 的污水平均浓度为：

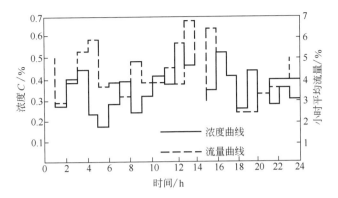

图 1-38　某化工厂酸性污水浓度和流量变化曲线

$$C = \frac{5700 \times 37 + 4700 \times 68 + 3000 \times 40 + 3500 \times 64 + 5300 \times 40 + 4200 \times 40}{37 + 68 + 40 + 64 + 40 + 40}$$

$$= 4340 \text{（mg/L）}$$

采用对角线出水调节池，其容积为

$$V = \frac{1}{1.4} \sum q_i t_i = \frac{1}{1.4} \times (37 + 68 + 40 + 64 + 40 + 40) = 206 \text{（m}^3\text{）}$$

调节池有效水深取 1.5m，面积为 137m^2，取池宽 6m，池长 23m，纵向隔板间距为 1.5m，将池宽分为 4 格，沿调节池长度方向设 3 个沉渣斗，宽度方向设 2 个沉渣斗，共 6 个沉渣斗。沉渣斗倾角取 45°。

四、除油装置

1. 隔油池

隔油池是利用自然上浮法进行油水分离的装置。常用的主要类型有平流式隔油池、平行板式隔油池、倾斜板式隔油池、小型隔油池等。

（1）平流式隔油池

图 1-39 为使用较为广泛的传统平流式隔油池（API）。

污水从池的一端流入，从另一端流出。在隔油池中，由于流速降低，相对密度小于 1.0 而粒径较大的油珠上浮到水面上，相对密度大于 1.0 的杂质沉于池底。在出水一侧的水面上设集油管。集油管一般用直径为 200～300mm 的钢管制成，沿其长度方向在管壁的一侧开有切口，集油管可以绕轴线转动。平时切口在水面上，当水面浮油达到一定厚度时，转动集油管，使切口浸入水面油层之下，油进入管内，再流到池外。

大型隔油池还设置由钢丝绳或链条牵引的刮油刮泥设备。刮油刮泥机的刮板在池面上的移动速度取与池中水流速

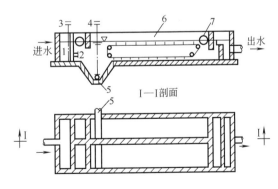

图 1-39　平流式隔油池

1—配水槽；2—进水孔；3—进水间；4—排渣阀；
5—排渣管；6—刮油刮泥机；7—集油管

度相等，以减少对水流的影响。刮集到池前部污泥斗中的沉渣，通过排泥管适时排出。排泥管直径一般为 200mm。池底应有坡向污泥斗的 0.01～0.02 的坡度，污泥斗倾角为 45°。

隔油池表面用盖板覆盖，以防火、防雨和保温。寒冷地区还应在池内设置加温管，由于刮泥机跨度规格的限制，隔油池每个格间的宽度一般为 6.0m、4.5m、3.0m、2.5m 和 2.0m。采用人工清除浮油时，每个格间的宽度不宜超过 3.0m。

平流式隔油池可去除的最小油珠粒径一般为 $100～150\mu m$。此时油珠的最大上浮速度不高于 0.9mm/s。这种隔油池的优点是构造简单，便于运行管理，除油效果稳定。缺点是池体大，占地面积多。

隔油池的设计计算一般有两种方法。

1）按油珠上浮速度进行设计计算

隔油池表面面积可按下式计算。

$$A = \alpha \frac{Q}{u} \tag{1-25}$$

式中　A——隔油池表面面积，m^2；

　　　Q——污水设计流量，m^3/h；

　　　u——油珠的设计上浮速度，m/h；

　　　α——对隔油池表面积的修正系数，该值与池容积利用率和水流紊动状况有关。

表 1-30 为 α 值与速度比 v/u 值的关系（v 为水流速度）。

表 1-30　α 值与速度比 v/u 值的关系

v/u	20	15	10	6	3
α	1.74	1.64	1.44	1.37	1.28

设计上浮速度 u 值可通过污水净浮试验确定。按试验数据绘制油水分离效率与上浮速度之间的关系曲线，然后再根据应达到的效率选定设计上浮速度 u 值。

此外，也可以根据修正的 Stokes 公式计算求得。

$$u = \frac{\beta g d^2 (\rho_w - \rho_0)}{18 \mu \psi} \tag{1-26}$$

式中　u——静止水中直径为 d 的油珠的上浮速度，m/s；

　　　ρ_w——水的密度，kg/m^3；

　　　ρ_0——油珠的密度，kg/m^3；

　　　d——可上浮最小油珠的粒径，m；

　　　μ——水的绝对黏度，$Pa \cdot s$；

　　　g——重力加速度，m/s^2；

　　　ψ——污水中油珠非圆形的修正系数，一般取 $\psi \approx 1.0$。

　　　β——考虑污水悬浮物引起的颗粒碰撞的阻力系数，其值可按下式计算。

$$\beta = \frac{4 \times 10^4 + 0.8 S^2}{4 \times 10^4 + S^2} \tag{1-27}$$

式中　S——污水中悬浮物浓度。一般 β 值可取 0.95。

隔油池的过水断面面积为

$$A_c = \frac{Q}{v} \tag{1-28}$$

式中 A_c——隔油池的过水断面面积，m^2；

v——污水在隔油池中的水平流速，m/h，一般取 $v \leqslant 15u$，但不宜大于 $15mm/s$，一般取 $2 \sim 5mm/s$。

隔油池每个格间的有效水深和池宽比（h/b）宜取 $0.3 \sim 0.4$。有效水深一般为 $1.5 \sim 2.0m$。

隔油池的长度应为

$$L = \alpha(v/u)h \tag{1-29}$$

隔油池每个格间的长宽比（L/b）不宜小于 4.0。

2）按污水在隔油池内的停留时间进行设计计算

隔油池的总容积为

$$W = Qt \tag{1-30}$$

式中 W——隔油池的总容积，m^3；

Q——隔油池的污水设计流量，m^3/h；

t——污水在隔油池内的设计停留时间，h，一般采用 $1.5 \sim 2.0h$。

隔油池的过水断面面积 A_c 为

$$A_c = \frac{Q}{3.6v} \tag{1-31}$$

式中 Q——隔油池的污水设计流量，m^3/h；

v——污水在隔油池中的水平流速，mm/s。

隔油池格间数 n 为

$$n = \frac{A_c}{bh} \tag{1-32}$$

式中 b——隔油池每个格间的宽度，m；

h——隔油池工作水深，m。

按规定，隔油池的格间数不得少于 2 个。

隔油池的有效长度 L 为

$$L = 3.6vt \tag{1-33}$$

式中符号意义同前。

隔油池建筑高度 H 为

$$H = h + h' \tag{1-34}$$

式中 h'——隔油池超高，m，一般不小于 $0.4m$。

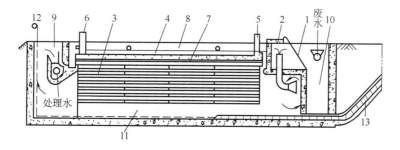

图 1-40 平行板式隔油池

1—格栅；2—浮渣箱；3—平行板；4—盖子；5—通气孔；6—通气孔及溢流管；7—油层；
8—净水；9—净水溢流管；10—沉砂室；11—泥渣室；12—卷扬机；13—吸泥软管

（2）平行板式隔油池

平行板式隔油池（PPI）是平流式隔油池的改良型，如图 1-40 所示。在平流式隔油池内沿水流方向安装数量较多的倾斜平板，不仅增加了有效分离面积，也提高了整流效果。

（3）倾斜板式隔油池

倾斜板式隔油池（CPI）是平行板式隔油池的改良型，如图 1-41 所示。该装置采用波纹形斜板，板间距为 20～50mm，倾斜角为 45°。污水沿板面向下流动，从出水堰排出。水中油珠沿板的下表面向上流动，然后用集油管汇集排出。水中悬浮物沉到斜板上表面并滑入池底经排泥管排出。该隔油池的油水分离效率较高，停留时间短，一般不大于 30min，占地面积小。波纹斜板由聚酯玻璃钢制成。

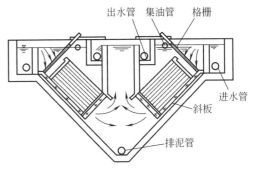

图 1-41 倾斜板式隔油池

上述 3 种隔油池的性能比较见表 1-31。

表 1-31 API、 PPI、 CPI 隔油池的性能比较

项　　目	API	PPI	CPI
除油效率/%	60～70	70～80	70～80
占地面积（处理量相同时）	1	1/2	1/3～1/4
可能去除的最小油珠粒径/μm	100～150	60	60
最小油珠的上浮速度/(mm/s)	0.9	0.2	0.2
分离油的去除方式	刮板及集油管集油	利用压差自动流入管内	集油管集油
泥渣去除方式	刮泥机将泥渣集中到泥渣斗	用移动式的吸泥软管或刮泥设备排除	重力
平行板的清洗	—	定期清洗	定期清洗
防火防臭措施	浮油与大气接触，有着火危险，臭气散发	表面为清水，不易着火，臭气也不多	有着火危险，臭气比较少
附属设备	刮油刮泥机	卷扬机、清洗设备及装平行板用的单轨吊车	—
基建费	低	高	较低

（4）小型隔油池

小型隔油池用于处理小水量的含油污水，有多种池型，图 1-42 和图 1-43 为常见的两

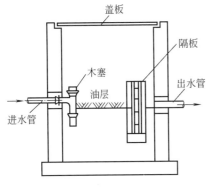

图 1-42 小型隔油池（一）

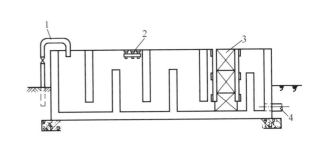

图 1-43 小型隔油池（二）

1—进水管；2—浮子撇油器；3—焦炭过滤器；4—排水管

种。前者用于公共食堂、汽车库及其他含有少量油脂的污水处理。这种形式已有标准（S217—8—6）。池内水流速度一般为 0.002～0.01m/s，食用油污水一般不大于 0.005m/s，停留时间为 0.5～1min。废油和沉淀物定期人工清除。后者用于处理含汽油、柴油、煤油等污水。污水经隔油后，再经焦炭过滤器进一步除油。池内设有浮子撇油器排除废油，浮子撇油器如图 1-44 所示。池内水平流速为 0.002～0.01m/s，停留时间为 2～10min，排油周期一般为 5～7d。

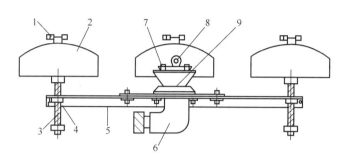

图 1-44 浮子撇油器

1—调整装置；2—浮子；3—调节螺栓；4—管座；5—浮子臂；6—排油管；7—盖；8—柄；9—吸油口

2. 除油罐

除油罐为油田污水处理的主要除油装置。它可去除浮油和分散油，其构造如图 1-45 所示。含油污水通过进水管配水室的配水支管和配水头流入除油罐内，污水在罐内自上而下缓慢流动，靠油水的密度差进行油水分离，分离出的废油浮至水面，然后流入集油槽，经过出油管流出。污水则经集水头、集水干管、中心柱管和出水总管流出罐外。

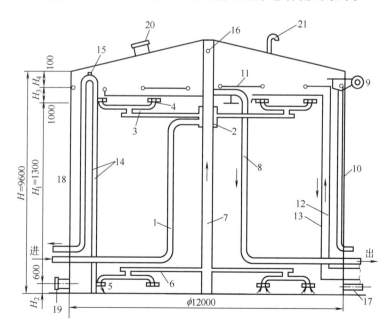

图 1-45 一次立式除油罐结构（单位：mm）

1—进水管；2—配水室；3—配水管；4—配水头；5—集水头；6—集水管；7—中心柱管；8—出水管；
9—集油槽；10—出油管；11—盘管；12—蒸汽管；13—回水管；14—溢流管；15—通气管；
16—通气孔；17—排泥管；18—罐体；19—人孔；20—透光孔；21—通气孔

为防止油层温度过低发生凝固现象，在油层部位及集油槽内均设有加热盘管，热源可用蒸汽或热水，见图 1-46。在罐内还设有 U 形溢流管，以防污水溢罐。为防止发生虹吸作用，在 U 形管顶和中心柱上部开设小孔。

（1）配水和集水系统

为配水和集水均匀，可采用如下两种方式。

1）穿孔管式

根据罐体的大小设若干条配水管和集水管。这种方式孔眼易堵塞，造成短流，使污水在罐中的停留时间缩短，降低除油效果。

2）梅花点式

将配水或集水的喇叭口设计成梅花形。配水喇叭口朝上，集水喇叭口朝下，集水管与配水管错开布置，夹角呈 45°，见图 1-47。这种方式不仅配水或集水比较均匀，而且不易堵塞，目前使用较广泛。

（2）出水方式

为控制出水水质，出水系统常采用以下两种方式。

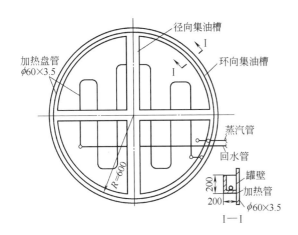

图 1-46　集油槽和加热盘管（单位：mm） 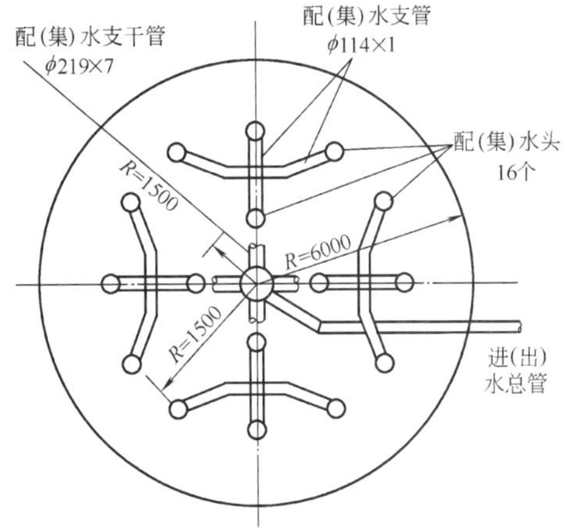　　　图 1-47　梅花点式配（集）水系统（单位：mm）

1）管式

为控制液面，出水经中心柱向上，至一定高度后，由出水管引至下部排出，见图 1-45。按这种方式出水，出水管内水面至集油槽上沿的距离，按下式计算。

$$h = \left(1 - \frac{\gamma_o}{\gamma_w}\right) h_1 + \Delta h \qquad (1-35)$$

式中　h——出水管内水面至集油槽上沿的距离，m；

　　　γ_o——污油的密度，kg/m^3；

　　　γ_w——水的密度，kg/m^3；

　　　h_1——油层厚度，m；一般取 1～1.5m；

　　　Δh——出水管系统水头损失，m。

2）槽式

槽式出水方式如图 1-48 所示。出水水位可根据现场情况用可调堰进行调节，从而保证油层的高度，目前使用较为广泛。

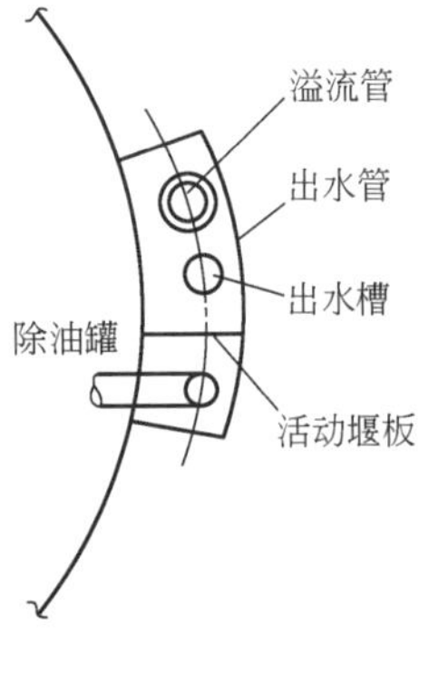

图 1-48　槽式出水方式示意

除油罐内可加斜板或斜管来提高除油效率。

3. 典型除油装置

（1）YSF 型高效油水分离装置

图 1-49 为 YSF 型高效油水分离装置现场图。

YSF 型高效油水分离装置采用了油水分离工艺最简便、经济、实用的全物理法分离工艺，针对众多工况复杂的油水混合体系的分离要求及分离难度，巧妙地发挥了油水混合体系的重力分离特性、不同分离结构材料的浸润特性因素，适用于不含表面活性剂的油水混合体系的分离，也可适用于相对密

图 1-49　YSF 型高效油水分离装置

度小于水且不溶于水的有机物与水混合体系的分离，且适用于陆地及海田含油废水的处理。装置具有足够高的油水分离率，而且由于针对分离出水中剩余油浓度的严格标准设置了相应的深度处理级，可以确保分离出水中含油浓度低于排放标准，一般条件下可稳定在 5mg/L 左右，比国内《污水综合排放标准》（GB 8978—1996）一级和二级排放标准、《汽车维修业水污染排放标准》（GB 26877—2011）间接排放标准等相关排放标准所规定石油类污染物的最高允许排放浓度 10mg/L 低。

YSF 型高效油水分离器规格型号见表 1-32。

表 1-32　YSF 型高效油水分离器规格型号

型号	水量 /(m³/h)	外形尺寸 /mm	进出水管径 /mm	进自来水管 /mm	水泵功率 /kW
YSF-0.5	0.5	1500×700×1800	25	25	1.1
YSF-1	1	1600×800×1800	32	32	1.1
YSF-2	2	1800×900×1850	40	40	1.5
YSF-5	5	2200×1200×2150	50	50	2.2
YSF-10	10	3000×1700×2550	65	50	5.5
YSF-20	20	4500×1900×2550	80	65	7.5
YSF-30	30	5200×2100×2650	100	65	15
YSF-50	50	6200×3000×2650	150	65	22
YSF-100	100	8200×3600×3300	200	65	45

图 1-50　MWDS 系列转鼓收油器工作
原理现场示意

1—污油附着于旋转的转鼓表面；2—刮油板把污油
从转鼓表面刮下；3—污油自流到污油暂存区；
4—污油输送泵把污油从暂存区内输送至池外

（2）MWDS 系列转鼓收油器

MWDS 系列转鼓收油器是一个浮于液面之上专用于收集浮油的除油装置。浮在液面的污油附着于旋转的转鼓表面，随着转鼓的转动，刮油板将污油从转鼓表面刮下，污油自流到污油暂存区，由污油输送泵把污油从暂存区域内输送至池外，从而完成污油池水面的除油。

图 1-50 为 MWDS 系列转鼓收油器工作原理现场示意图。图 1-51 为 MWDS 系列转鼓收油器工作原理示意图。

MWDS 系列转鼓收油器的优点：操作简单，适用于所有类型的含油污水；转鼓收油时浸入污水

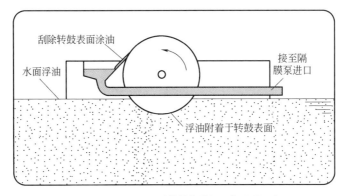

图 1-51 MWDS 系列转鼓收油器工作原理示意

液面 80mm，有效去除表面污油；没有需要更换的外壳，可吸除粒径大的油泥，刮油板更换工作简便。

MWDS 系列转鼓收油器广泛应用于食品加工厂、机械加工厂、化学品加工厂、防爆区域、棕榈油加工厂、钢铁企业、紧急事故处理等。

MWDS-5 型转鼓收油器性能参数见表 1-33。

表 1-33　MWDS-5 型转鼓收油器性能参数

项目	参数	项目	参数
操作环境	工业、生活等除油环节	转鼓吃水深度/mm	80
收油能力/(m³/h)	5	转鼓材质	高分子
外形尺寸(L×W×H)/mm	1160×1000×445	驱动方式	气动、电动、液压
重量/kg	46		

（3）高精度油水分离器

1）MHOI 系列高精度油水分离器

MHOI 系列高精度油水分离器运用润湿凝结粗粒化的原理，水中细小的油滴在特殊材料的作用下润湿、凝结、聚集长大，长大的油滴从材料表面自动脱离，上升到水体表面，实现油水分离。

其核心技术及特点：纤维材料的分子改性技术；改性纤维材料具有亲油疏水的表面特性；不需要加化学药剂；去除效率高，出水油精度高，经多级处理后，出水油可小于 0.5mg/L。

2）MFRC 系列旋转聚结过滤器

图 1-52 为 MFRC 系列旋转聚结过滤器工作原理示意图。

根据离心分离的原理，含油污水在通过旋转的聚结过滤材料时，大的悬浮物被甩向过滤器内壁，水和油滴通过过滤材料，并且由于油的密度较小，在向心力的作用下聚结。同时，含油污水通过材料时，油滴与材料碰撞润湿聚结。含油污水从设备上部进入，水和油类通过旋转聚结材料后，从底部出水，SS 聚集在罐体内壁，并由于重力的原因沉降在设备底部。定期开启排污阀排泥。

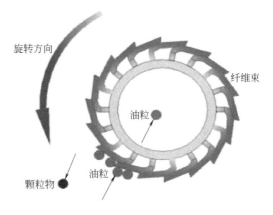

图 1-52　MFRC 系列旋转聚结过滤器
工作原理示意

旋转聚结过滤器核心技术和特点是：处理对象包括废水中的油-固体物质，进水 SS、石油类浓度可高达 500mg/L，单级处理效率约 90%；二级处理出水油和 SS 均小于 5mg/L；亲水疏油的改性纤维球滤料；在线自动反冲洗，用水量少、过滤精度高、占地小。

第二节　沉　淀　池

沉淀池是分离悬浮物的一种主要处理构筑物，用于水及污水的处理、生物处理的后处理以及最终处理。沉淀池按其功能可分为进水区、沉淀区、污泥区、出水区及缓冲层五个部分。进水区和出水区是使水流均匀地流过沉淀池。沉淀区也称澄清区，是可沉降颗粒与污水分离的工作区。污泥区是污泥贮存、浓缩和排出的区域。缓冲区是分隔沉淀区和污泥区的水层，保证已沉降颗粒不因水流搅动而再行浮起。

常用沉淀池的类型有平流式沉淀池、辐流式沉淀池、竖流式沉淀池和斜板（管）沉淀池四种。各类沉淀池的优缺点及适用条件见表 1-34。

表 1-34　各类沉淀池的优缺点及适用条件

类　型	优　　点	缺　　点	适　用　条　件
平流式	①沉淀效果好； ②对水量和水温的变化有较强的适应能力； ③处理流量大小不限； ④施工方便； ⑤平面布置紧凑	①池子配水不易均匀； ②采用多斗排泥时，每个泥斗需单设排泥管排泥，操作工作量大。采用机械排泥时，设备和机件浸于水中，易锈蚀	①适用于地下水位较高和地质条件较差的地区； ②大、中、小型水厂及污水处理厂均可采用
竖流式	①占地面积小； ②排泥方便，运行管理简单	①池深大，施工困难； ②对水量和水温变化的适应性较差； ③池子直径不宜过大	适用于小型污水处理厂（站）
辐流式	①对大型污水处理厂（＞50000m³/d）比较经济适用； ②机械排泥设备已定型化，排泥较方便	①排泥设备复杂，要求具有较高的运行管理水平； ②施工质量要求高	①适用于地下水位较高的地区； ②适用于大、中型水厂和污水处理厂

一、平流式沉淀池

1. 平流式沉淀池的结构设计

平流式沉淀池是污水从池的一端流入，从另一端流出，水流在池内做水平运动，池平面形状呈长方形，可以是单格或多格串联。池的进口端底部或沿池长方向，设有一个或多个贮泥斗，贮存沉积下来的污泥。图 1-53 是使用比较广泛的一种平流式沉淀池。

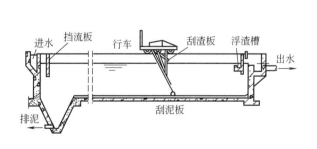

图 1-53　设行车刮泥机的平流式沉淀池

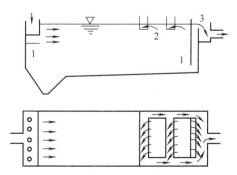

图 1-54　平流式沉淀池的进出口装置形式

1—挡板；2—淹没堰；3—自由堰

本书主要介绍平流式沉淀池的入流装置、出流装置和排泥装置的形式和特点。

（1）入流装置和出流装置

沉淀池的入流装置由设有侧向或槽底潜孔的配水槽、挡流板组成，起均匀布水与消能作用。配水槽侧面穿孔时，挡流板是竖向的（见图1-53），挡流板入水深不小于0.25m，高出水面以上0.15～0.2m，距流入槽0.5m。配水槽底部穿孔时，挡流板是横向的，大致在1/2池深处（见图1-54）。

出流装置由流出槽与挡板组成。流出槽设自由溢流堰，溢流堰严格水平，既可保证水流均匀，又可控制沉淀池水位。为此溢流堰常采用锯齿形堰（见图1-55）。这种出水堰易于加工及安装，出水比平堰均匀，常用钢板制成，齿深50mm，齿距200mm，直角，用螺栓固定在出口的池壁上。池内水位一般控制在锯齿高度的1/2处为宜。溢流堰最大负荷不宜大于2.9L/(m·s)（初次沉淀池）、2.0L/(m·s)（二次沉淀池）。为了减少负荷、

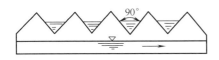

图1-55　出口锯齿形溢流堰

改善出水水质，溢流堰可采用多槽沿程布置（见图1-54），如需阻挡浮渣随水流走，流出堰可采用潜孔出流。出流挡板入水深0.3～0.4m，距溢流堰0.25～0.5m。

（2）排泥装置与方法

沉淀池的沉积物应及时排出。排泥装置与方法一般有以下几种。

1）静水压力法

利用池内的静水位，将污泥排出池外，如图1-56所示。排泥管直径通常取200mm，下端插入污泥斗，上端伸出水面以便清通。静水压力 $H=1.5$m（初次沉淀池）、0.9m（二次沉淀池）。为使池底污泥能滑入污泥斗，池底应有0.01～0.02的坡度。为减小池的总深度，也可采用多斗式平流沉淀池，如图1-57所示。

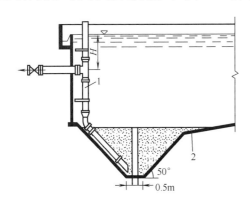

图1-56　沉淀池静水压力排泥
1—排泥管；2—集泥斗

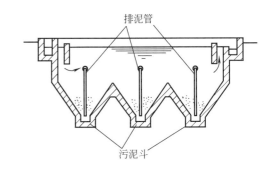

图1-57　多斗式平流沉淀池

2）机械排泥法

图1-53为设行车刮泥机的平流式沉淀池。行车沿池壁顶的导轨往返行走，刮板将沉泥刮入污泥斗，浮渣刮入浮渣槽。整套刮泥机都在水面上，不易腐蚀，易于维修。

图1-58为设链带刮泥机的平流式沉淀池。链带装有刮板，沿池底缓慢移动，速度约为1m/min，将沉泥缓慢推入污泥斗，当链带刮板转到水面时，又可将浮渣推入浮渣槽。链带刮泥机的缺点是机件长期浸于污水中，易被腐蚀，难以维修。被刮入污泥斗的沉泥，可用静

水压力法或螺旋泵排出池外。

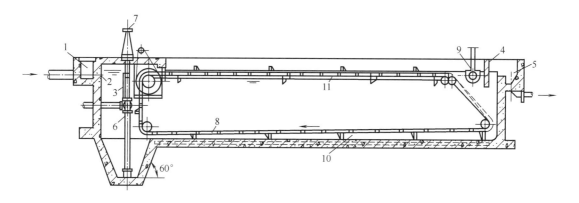

图 1-58　设链带刮泥机的平流式沉淀池

1—进水槽；2—进水孔；3—进水挡板；4—出水挡板；5—出水槽；6—排泥管；
7—排泥闸门；8—链带；9—排渣管槽（可转动）；10—刮板；11—链带支撑

　　上述两种机械排泥法主要适用于初次沉淀池。对于二次沉淀池，由于活性污泥的密度小，含水率高达 99% 以上，呈絮状，不可能被刮除，可采用单口扫描泵吸式排泥机，使集泥和排泥同时完成，如图 1-59 所示。采用机械排泥，平流式沉淀池可采用平底，可大大减小池深。

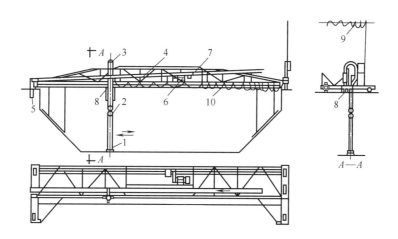

图 1-59　单口扫描泵吸式排泥机

1—吸口；2—吸泥泵及吸泥管；3—排泥管；4—排泥槽；5—排泥渠；6—电机与驱动机构；
7—桁架；8—小车电机及猫头吊；9—桁架电源引入线；10—小车电机电源引入线

　　PHX 型行车式吸泥机由工作桥、驱动行走装置、吸泥系统、撇渣装置（可选）、电控柜、虹吸发生器（可选）等组成。一般用于平流式沉淀池或斜管沉淀池，排除沉降在池底的污泥和撇除池面的浮渣。如果在斜管沉淀池中使用时，还需另外安装一些附件。驱动行走装置带动工作桥和吸泥系统在沉淀池中来回行走，将池底污泥刮集至各吸泥管口，污泥被污泥泵或虹吸管排出池外，同时池面浮渣被撇渣装置刮到位于池端的浮渣槽排出。其主要特点是：

　　① 采用无堵塞潜污泵提升污泥，具有无堵塞、噪声低、能耗小、安装维修方便等特点；

② 行走方式有轨道式和无轨式。

PHX 型行车式吸泥机主要技术参数见表 1-35。

表 1-35　PHX 型行车式吸泥机主要技术参数

型号	吸泥机轮距 A/m	行走功率/kW	行走速度/(m/min)	虹吸式虹吸泵/kW	泵吸式潜污泵/kW	排泥量/(m^3/h)	斜管池	
							H_1/mm	L_1/mm
PHX-4	4	0.18				20～40	800	500
PHX-6	6					30～60		
PHX-8	8					40～70	950	600
PHX-10	10	2×0.18				100～140		
PHX-12	12					100～140	1050	
PHX-14	14		～1.0	0.75	1.5～2.2	100～140	1100	650
PHX-16	16					150～210	1200	
PHX-18	18					150～210		750
PHX-20	20	2×0.25				200～280	1650	850
PHX-22	22					200～280		850
PHX-25	25					250～350		850

2. 平流式沉淀池的设计与计算

平流式沉淀池设计的主要内容有：确定沉淀区、污泥区的尺寸；池总高度；流入、流出装置以及排泥设备等。

（1）沉淀区尺寸计算

1）第一种计算方法

当没有原水的沉淀试验资料时，按沉淀时间和水平流速或选定的表面负荷进行计算。

① 沉淀池的总面积

$$A = Q_{max}/q \qquad (1-36)$$

式中　A——沉淀池总面积，m^2；

　　　Q_{max}——最大设计流量，m^3/h；

　　　q——表面负荷，m^3/(m^2 · h)，城市污水一般可取 1.5～3.0m^3/(m^2 · h)。

② 沉淀池长度

$$L = 3.6vt \qquad (1-37)$$

式中　L——沉淀池长度，m；

　　　v——最大设计流量时的水平流速，mm/s，一般为 5～7mm/s；

　　　t——沉淀时间，h，一般初次沉淀池为 1～2h，二次沉淀池为 1.5～2.5h。

③ 沉淀区有效水深

$$h_2 = qt \qquad (1-38)$$

式中　h_2——沉淀区有效水深，m，一般采用 2～4m，长度与有效水深之比不小于 8。

④ 沉淀区有效容积

$$V_1 = Ah_2 = Q_{max}t \qquad (1-39)$$

式中　V_1——沉淀区有效容积，m^3。

⑤ 沉淀池总宽度

$$B = \frac{A}{L} \qquad (1-40)$$

式中　B——沉淀池总宽度，m。

⑥ 沉淀池的座数或分格数

$$n = \frac{B}{b} \tag{1-41}$$

式中　n——沉淀池的座数或分格数；

　　　b——每座（或分格）池的宽度，m，一般要求池的长宽比不小于 4，长度与深度之比多采用 8～12 左右。若采用机械排泥，池的宽度应考虑结合机械桁架的跨度确定。

2）第二种计算方法

如已做过沉淀试验，取得了与所需去除率相对应的最小沉速 u_0 值，则沉淀池的设计表面负荷 $q = u_0$，其他计算公式同前。

沉淀池尺寸确定后，可用弗罗德数的大小复核沉淀池中水流的稳定性。其计算公式如下。

$$F_r = \frac{v^2}{Rg} \tag{1-42}$$

$$R = W/P$$

式中　F_r——水流稳定性指数，一般控制在 $1 \times 10^{-4} \sim 1 \times 10^{-5}$；

　　　v——平均水平流速，cm/s；

　　　g——重力加速度，cm/s²；

　　　R——水力半径，cm；

　　　W——水流断面面积，cm²；

　　　P——湿周，cm。

（2）污泥区计算

按每日污泥量和排泥的时间间隔设计。

每日产生的污泥量为

$$W = \frac{SNt}{1000} \tag{1-43}$$

式中　W——每日污泥量，m³/d；

　　　S——每人每日产生的污泥量，L/(人·d)，生活污水的污泥量见表 1-36；

　　　N——设计人口数，人；

　　　t——2 次排泥的时间间隔，d。

表 1-36　生活污水沉淀产生的污泥量

沉淀时间/h	污 泥 量		污泥含水率/%
	g/(人·d)	L/(人·d)	
1.5	17～25	0.4～0.66	95
		0.5～0.83	97
1.0	15～22	0.36～0.6	95
		0.44～0.73	97

如已知污水悬浮物浓度与去除率，污泥量可按下式计算。

$$W = \frac{Q(c_0 - c_1) \times 100}{\gamma(100 - p)} t \tag{1-44}$$

式中　Q——每日污水量，m³/d；

c_0，c_1——进、出水悬浮物浓度，kg/m^3；

γ——污泥容重，kg/m^3，当污泥主要为有机物且含水率很高时，可近似取 $1000kg/m^3$；

p——污泥含水率，%，一般城市污水为 $95\%\sim97\%$；

t——排泥时间间隔，d。

污泥斗的容积为

$$V=\frac{1}{3}h_4\left(f_1+f_2+\sqrt{f_1f_2}\right) \tag{1-45}$$

式中　V——污泥斗的容积，m^3；

h_4——污泥区高度，m；

f_1——污泥斗的上口面积，m^2；

f_2——污泥斗的下口面积，m^2。

（3）沉淀池的总高度

$$H=h_1+h_2+h_3+h_4 \tag{1-46}$$

式中　H——沉淀池的总高度，m；

h_1——沉淀池超高，m，一般取 $0.3m$；

h_2——沉淀区有效水深，m；

h_3——缓冲区高度，m，非机械排泥时，取 $0.5m$；机械排泥时，缓冲层的上缘应高出刮泥板 $0.3m$；

h_4——污泥区高度，m，根据污泥量、池底坡度、污泥斗高度及是否采用刮泥机决定。

（4）沉淀池数目

沉淀池数目不少于 2 座，并应考虑 1 座发生故障时，另 1 座能负担全部流量的可能性。

［例 1-5］ 某城市污水排放量 Q 为 $10000m^3/d$，悬浮物浓度 c_0 为 $250mg/L$。试设计一平流式沉淀池，使处理后污水中悬浮物浓度不超过 $50mg/L$，污泥含水率为 97%。通过试验得到如图 1-60 所示的沉淀曲线。试设计平流式沉淀池。

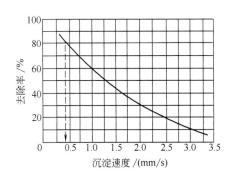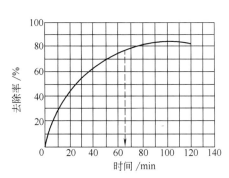

图 1-60　沉淀曲线

解：（1）设计参数的确定

1）应达到的沉淀效率

$$\eta = \frac{250-50}{250} \times 100\% = 80\%$$

2）表面负荷及沉淀时间

根据沉淀曲线，当去除率为80%时，应去除的最小颗粒的沉速为0.4mm/s（1.44m/h），即表面负荷为 $q_0 = 1.44 \text{m}^3/(\text{m}^2 \cdot \text{h})$，沉淀时间 $t_0 = 65 \text{min}$。

3）设计表面负荷与设计沉淀时间

为使设计留有余地，将表面负荷缩小1.5倍，沉淀时间放大1.75倍。即

$$q = \frac{q_0}{1.5} = \frac{1.44}{1.5} = 0.96 \ [\text{m}^3/(\text{m}^2 \cdot \text{h})]$$

$$t = 1.75t_0 = 1.75 \times 65 = 113.75(\text{min}) = 1.9 \ (\text{h})$$

设计处理的污水量为

$$Q_{\max} = \frac{10000}{24} = 416.7(\text{m}^3/\text{h})$$

（2）沉淀区各部分尺寸的确定

1）沉淀池总有效沉淀面积

$$A = \frac{Q_{\max}}{q} = \frac{416.7}{0.96} = 434.06 \ (\text{m}^2)$$

采用2座沉淀池，每个池的表面积为 $A_1 = 217\text{m}^2$，处理量为 $Q_1 = 208.35\text{m}^3/\text{h}$。

2）沉淀池有效水深

$$h_2 = qt = 0.96 \times 1.9 = 1.82 \ (\text{m})$$

3）沉淀池长度

每个池宽 b 取6m，则池长为

$$L = \frac{A_1}{b} = \frac{217}{6} = 36.17 \ (\text{m})$$

取 $L = 36.5\text{m}$

长宽比 $\frac{L}{b} = 6 > 4$，符合要求。

（3）污泥区尺寸计算

1）每日产生的污泥量

$$W = \frac{Q_{\max}(c_0 - c_1) \times 100}{\gamma(100-p)} = \frac{10000 \times (250-50) \times 100}{1000 \times 1000 \times (100-97)} = 66.7 \ (\text{m}^3)$$

每个沉淀池的污泥量为 $W_1 = \frac{W}{2} = 33.3\text{m}^3$。

2）污泥斗的容积　取污泥区高度 $h_4 = 2.8\text{m}$，则污泥斗容积

$$V = \frac{1}{3}h_4(f_1 + f_2 + \sqrt{f_1 f_2}) = \frac{1}{3} \times 2.8 \times (36 + 0.16 + \sqrt{36 \times 0.16}) = 36(\text{m}^3) > 33.3 \ (\text{m}^3)$$

即每个污泥斗可贮存1d的污泥量，设2个污泥斗，则可容纳2d的污泥量。

（4）每个沉淀池的结构尺寸

1）沉淀池的总高度（采用机械刮泥设备）

$$H = h_1 + h_2 + h_3 + h_4 = 0.3 + 1.82 + 0.6 + 2.8 = 5.52 \ (\text{m})$$

2）沉淀池的总长度

流入口至挡板距离取 0.5m，流出口至挡板的距离取 0.3m。则沉淀池总长度为

$$L'=0.5+0.3+36.5=37.3（m）$$

平流式沉淀池设计计算见图 1-61。

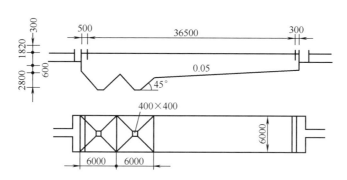

图 1-61 平流式沉淀池设计计算图（单位：mm）

二、竖流式沉淀池

1. 竖流式沉淀池的构造

竖流式沉淀池水流方向与颗粒沉淀方向相反，其截留速度与水流上升速度相等。当颗粒发生自由沉淀时，其沉淀效果比平流式沉淀池低得多。当颗粒具有絮凝性时，则上升的小颗粒和下沉的大颗粒之间相互接触、碰撞而絮凝，使粒径增大，沉速加快。另外，沉速等于水流上升速度的颗粒将在池中形成一悬浮层，对上升的小颗粒起拦截和过滤作用，因而沉淀效率比平流式沉淀池更高。

竖流式沉淀池多为圆形或方形，直径或边长为 4～7m，一般不大于 10m。沉淀池上部为圆筒形的沉淀区，下部为截头圆锥状的污泥斗，两层之间为缓冲层，约 0.3m，见图 1-62。

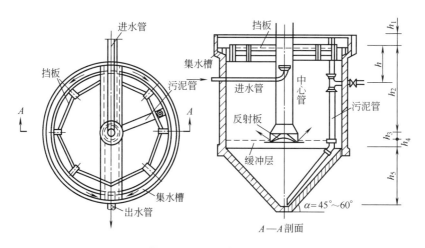

图 1-62 圆形竖流式沉淀池

污水从中心管自上而下流入，经反射板向四周均匀分布，沿沉淀区的整个断面上升，澄清水由池四周集水槽收集。集水槽大多采用平顶堰或三角形锯齿堰，堰口最大负荷为 1.5L/（m·s）。如池径大于 7m，为集水均匀，可设置辐射式的集水槽与池边环形集水槽相通。沉

淀池贮泥斗倾角为 $45°\sim60°$，污泥可借静水压力由排泥管排出，排泥管直径应不小于 200mm，静水压力为 $1.5\sim2.0$m。排泥管下端距池底不大于 2.0m，管上端超出水面不小于 0.4m。为了防止漂浮物外溢，在水面距池壁 $0.4\sim0.5$m 处设挡板，挡板伸入水面以下 $0.25\sim0.3$m，伸出水面以上 $0.1\sim0.2$m。

竖流式沉淀池中心管内的流速对悬浮物的去除有很大影响。无反射板时，中心管内流速应不大于 30mm/s；末端设有喇叭口及反射板时，可提高到 100mm/s。具体尺寸见图 1-63。污水从喇叭口与反射板之间的间隙流出的速度不应大于 20mm/s。为保证水流自下而上做垂直运动，要求径深比 $D:h_2\leqslant3:1$。

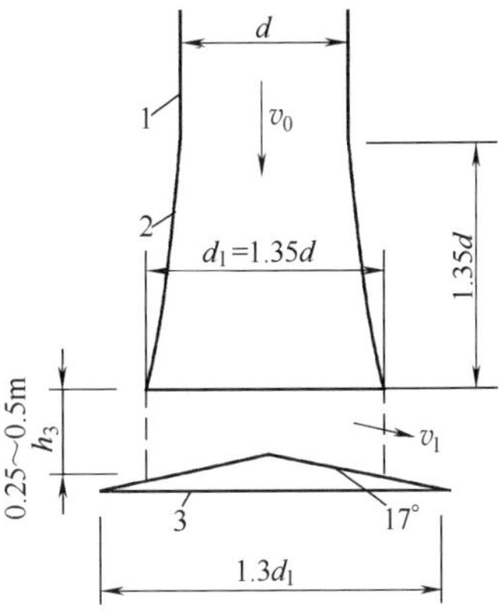

图 1-63 中心管及反射板的结构尺寸

1—中心管；2—喇叭口；3—反射板

2. 竖流式沉淀池的设计与计算

竖流式沉淀池的设计计算与平流式沉淀池相似，污水在池中的上升速度 v 等于或小于指定去除效率颗粒的最小沉速 u_0，过水断面面积等于池表面积与中心管的面积之差。中心管的有效面积按最大设计流量计算。

（1）最小沉速 u_0 和沉淀时间 t 的确定

根据污水中悬浮物的浓度 c_1 及排放污水中允许含有的悬浮物浓度 c_2，求出应当达到的去除率 η_0，然后根据沉淀曲线确定与去除率相应的最小沉速 u_0 及所需要的沉淀时间 t。

（2）中心管面积与直径

$$A_1=\frac{q_{\max}}{v_0} \tag{1-47}$$

$$d_0=\sqrt{\frac{4A_1}{\pi}} \tag{1-48}$$

式中　A_1——中心管有效面积，m^2；

$\quad q_{\max}$——每池的最大设计流量，m^3/s；

$\quad v_0$——中心管内流速，m/s；

$\quad d_0$——中心管有效直径，m。

（3）沉淀池的有效水深，即中心管的高度

$$h_2=3.6vt \tag{1-49}$$

式中　h_2——沉淀池的有效水深，m；

$\quad v$——污水在沉淀区的上升流速，mm/s，如有沉淀试验资料，v 等于拟去除的最小颗粒的沉速 u，如无沉淀试验资料，则取 $0.5\sim1.0$mm/s；

$\quad t$——沉淀时间，h，一般取 $1.0\sim2.0$h。

（4）中心管喇叭口到反射板之间的间隙高度

$$h_3=\frac{q_{\max}}{v_1\pi d_1} \tag{1-50}$$

式中　h_3——中心管喇叭口到反射板之间的间隙高度，m；

$\quad v_1$——污水从间隙流出的速度，m/s，一般不大于 0.02m/s。

$\quad d_1$——喇叭口直径，m，$d_1=1.35d_0$。

（5）沉淀池有效断面面积，即沉淀区面积

$$A_2 = \frac{q_{max}}{v} \tag{1-51}$$

式中　A_2——沉淀池有效断面面积，m^2。

（6）沉淀池总面积和池径

$$A = A_1 + A_2 \tag{1-52}$$

$$D = \sqrt{\frac{4A}{\pi}} \tag{1-53}$$

式中　A——沉淀池总面积，m^2；

　　　D——沉淀池的直径，m。

（7）截头圆锥部分容积

$$V_1 = \frac{\pi h_5}{3}(R^2 + Rr + r^2) \tag{1-54}$$

式中　V_1——截头圆锥部分容积，m^3；

　　　h_5——污泥室截头圆锥部分高度，m；

　　　r——截头圆锥下部半径，m；

　　　R——截头圆锥上部半径，m。

（8）沉淀池总高度

$$H = h_1 + h_2 + h_3 + h_4 + h_5 \tag{1-55}$$

式中　H——沉淀池总高度，m；

　　　h_1——超高，m，一般取 0.3m；

　　　h_4——缓冲层高度，m，一般取 0.3m。

[例 1-6]　某污水处理厂最大污水量为 100L/s，由沉淀试验确定设计上升流速为 0.7mm/s，沉淀时间为 1.5h。试确定竖流式沉淀池各部分尺寸。

解：① 采用 4 个沉淀池，每池最大设计流量为

$$q_{max} = \frac{1}{4} \times 0.100 = 0.025 \ (m^3/s)$$

② 中心管内流速 v_0 取 0.03m/s，则中心管面积为

$$A_1 = \frac{q_{max}}{v_0} = \frac{0.025}{0.03} = 0.83 \ (m^2)$$

中心管直径为

$$d_0 = \sqrt{\frac{4A_1}{\pi}} = \sqrt{\frac{4 \times 0.83}{\pi}} = 1.0 \ (m)$$

喇叭口直径为　$d_1 = 1.35d_0 = 1.35 \ (m)$

反射板直径为　$d_2 = 1.3d_1 = 1.3 \times 1.35 = 1.76 \ (m)$

③ 沉淀池有效水深，即中心管高度

$$h_2 = 3.6vt = 3.6 \times 0.7 \times 1.5 = 3.8 \ (m)$$

④ 中心管喇叭口至反射板之间的间隙高度（v_1 取 0.02m/s）

$$h_3 = \frac{q_{max}}{v_1 \pi d_1} = \frac{0.025}{0.02 \times \pi \times 1.35} = 0.3 \ (m)$$

⑤ 沉淀池总面积及沉淀池直径

每个沉淀池沉淀区面积为

$$A_2 = \frac{q_{max}}{v} = \frac{0.025}{0.0007} = 35.7 \ (m^2)$$

每个沉淀池总面积为

$$A = A_1 + A_2 = 0.83 + 35.7 = 36.5 \ (m^2)$$

每个沉淀池直径为

$$D = \sqrt{\frac{4A}{\pi}} = \sqrt{\frac{4 \times 36.5}{\pi}} = 6.82 \ (m)$$

取 $D = 7.0m$。

⑥ 污泥斗高度及污泥斗容积

取截头圆锥下部直径为 $0.4m$，污泥斗倾角为 $45°$，则

$$h_5 = \frac{7.0 - 0.4}{2} \tan 45° = 3.3 \ (m)$$

污泥斗容积为

$$V_1 = \frac{\pi h_5}{3} (R^2 + Rr + r^2) = \frac{\pi \times 3.3}{3} \times (3.5^2 + 3.5 \times 0.2 + 0.2^2) = 44.87 \ (m^3)$$

⑦ 沉淀池的总高度

$$H = h_1 + h_2 + h_3 + h_4 + h_5 = 0.3 + 3.8 + 0.3 + 0.3 + 3.3 = 8.0 \ (m)$$

⑧ 集水系统

为收集处理水，沿池周边设排水槽并增设辐射排水槽，槽宽为 $b' = 0.2m$，排水槽内径为 $D = 7.0m$。

槽周长为 $\quad C = \pi D - 4b' = \pi \times 7.0 - 4 \times 0.2 = 21.2 \ (m)$

辐射槽长为 $\quad L' = 4 \times 2 \times (7.0 - 1.0) = 48 \ (m)$

排水槽总长为 $\quad L = C + L' = 21.2 + 48 = 69.2 \ (m)$

排水槽每米长的负荷为

$$q_{max}/L = 25/69.2 = 0.36 \ [L/(m \cdot s)] < 1.5 \ [L/(m \cdot s)]$$

符合设计要求。

三、辐流式沉淀池

1. 普通辐流式沉淀池

（1）普通辐流式沉淀池的构造

普通辐流式沉淀池呈圆形或正方形，直径（或边长）一般为 $6 \sim 60m$，最大可达 $100m$，中心深度为 $2.5 \sim 5.0m$，周边深度为 $1.5 \sim 3.0m$。污水从辐流式沉淀池的中心进入，由于直径比深度大得多，水流呈辐射状向周边流动，沉淀后的污水由四周的集水槽排出。由于是辐射状流动，水流过水断面逐渐增大，而流速逐渐减小。

图 1-64 为中心进水周边出水机械排泥的普通辐流式沉淀池。池中心处设中心管，污水从池底进入中心管，或用明槽自池的上部进入中心管，在中心管周围常有用穿孔障板围成的流入区，使污水能沿圆周方向均匀分布。为阻挡漂浮物，出水槽堰口前端可加设挡板及浮渣收集与排出装置。

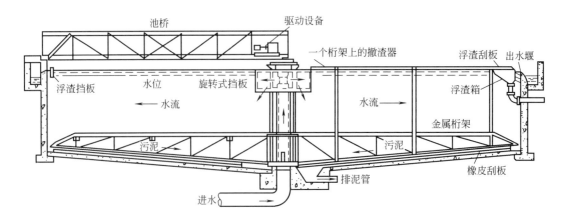

图 1-64 中心进水周边出水机械排泥的普通辐流式沉淀池

普通辐流式沉淀池大多采用机械刮泥（尤其是池径大于 20m 时，几乎都用机械刮泥），将全池沉积污泥收集到中心泥斗，再借静压力或污泥泵排出。刮泥机一般为桁架结构，绕池中心转动，刮泥刀安装在桁架上，可中心驱动或周边驱动。池底坡度一般为 0.05，坡向中心泥斗，中心泥斗的坡度为 0.12～0.16。

除机械刮泥的辐流式沉淀池外，常将池径小于 20m 的辐流式沉淀池建成方形，污水沿中心管流入，池底设多个泥斗，使污泥自动滑入泥斗，形成斗式排泥。

（2）普通辐流式沉淀池的设计

① 每个沉淀池的表面积和池径

$$A_1 = \frac{Q_{\max}}{nq_0} \tag{1-56}$$

$$D = \sqrt{\frac{4A_1}{\pi}} \tag{1-57}$$

式中　A_1——每个沉淀池的表面积，m^2；

　　$Q_{\max}$——最大设计流量，m^3/h；

　　n——池数，座，不少于 2 座；

　　q_0——表面负荷，$\mathrm{m}^3/(\mathrm{m}^2 \cdot \mathrm{h})$，可通过试验确定，无试验时，一般初次沉淀池采用 $2 \sim 4\mathrm{m}^3/(\mathrm{m}^2 \cdot \mathrm{h})$，二次沉淀池采用 $1.5 \sim 3.0\mathrm{m}^3/(\mathrm{m}^2 \cdot \mathrm{h})$；

　　D——每个沉淀池的直径，m。

② 沉淀池有效水深

$$h_2 = q_0 t = \frac{Q_{\max} t}{nA_1} \tag{1-58}$$

式中　h_2——沉淀池有效水深，m；

　　t——沉淀时间，h，一般初次沉淀池采用 1～2h，二次沉淀池采用 1.5～2.5h。

池径与水深比宜取 6～12。

③ 沉淀池总高度

$$H = h_1 + h_2 + h_3 + h_4 + h_5 \tag{1-59}$$

式中　h_1——沉淀池超高，m，取 0.3m；

　　h_2——有效水深，m；

h_3——缓冲层高度，m，与刮泥机有关，可采用 0.5m；

h_4——沉淀池坡底落差，m；

h_5——污泥斗高度，m。

[例 1-7] 某城市污水处理厂的最大设计流量为 $Q_{max}=2450\mathrm{m^3/h}$，设计人口为 $N=34$ 万人，采用机械刮泥，试设计普通辐流式沉淀池。

解： 普通辐流式沉淀池设计计算草图见图 1-65。

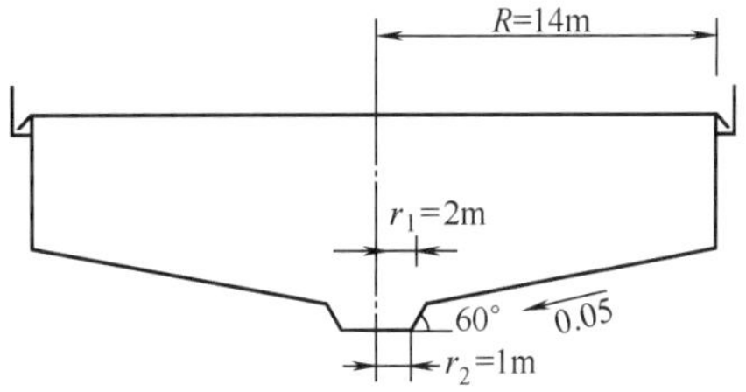

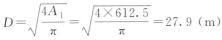

① 表面负荷

取表面负荷 $q_0=2\mathrm{m^3/(m^2 \cdot h)}$，池数 $n=2$ 座。

$$A_1=\frac{Q_{max}}{nq_0}=\frac{2450}{2\times2}=612.5 \ (\mathrm{m^2})$$

图 1-65 普通辐流式沉淀池设计计算草图

沉淀池直径为

$$D=\sqrt{\frac{4A_1}{\pi}}=\sqrt{\frac{4\times612.5}{\pi}}=27.9 \ (\mathrm{m})$$

取 $D=28\mathrm{m}$。

② 沉淀池有效水深

取沉淀时间 $t=1.5\mathrm{h}$

$$h_2=q_0 t=2\times1.5=3(\mathrm{m})$$

径深比为 $D/h_2=28/3=9.3$，符合要求。

③ 沉淀池总高度

每池每天的污泥量为

$$W_1=\frac{SNt}{1000n}=\frac{0.5\times34\times10^4\times4}{1000\times2\times24}=14.2 \ (\mathrm{m^3})$$

取 $S=0.5\mathrm{L/(人 \cdot d)}$，采用机械刮泥，污泥在斗内贮存时间 $t=4\mathrm{h}$。

污泥斗高度为

$$h_5=(r_1-r_2)\tan\alpha=(2-1)\times\tan60°=1.73 \ (\mathrm{m})$$

坡底落差为

$$h_4=(R-r_1)\times0.05=(14-2)\times0.05=0.6 \ (\mathrm{m})$$

污泥斗容积为

$$V_1=\frac{\pi h_5}{3}(r_1^2+r_1 r_2+r_2^2)=\frac{\pi\times1.73}{3}(2^2+2\times1+1^2)=12.7 \ (\mathrm{m^3})$$

池底可贮存污泥的体积为

$$V_2=\frac{\pi h_4}{3}(R^2+Rr_1+r_1^2)=\frac{\pi\times0.6}{3}(14^2+14\times2+2^2)=143.3 \ (\mathrm{m^3})$$

沉淀池共可贮存污泥体积为 $V_1+V_2=12.7+143.3=156 \ (\mathrm{m^3}) > 14.2 \ (\mathrm{m^3})$，符合要求。

沉淀池总高度为

$$H=h_1+h_2+h_3+h_4+h_5=0.3+3.0+0.5+0.6+1.73=6.13 \ (\mathrm{m})$$

④ 沉淀池周边处的高度为

$$H'=h_1+h_2+h_3=0.3+3.0+0.5=3.8 \ (\mathrm{m})$$

2. 向心辐流式沉淀池

（1）向心辐流式沉淀池的结构特点

普通辐流式沉淀池为中心进水，中心导流筒内流速达 100mm/s，作为二次沉淀池使用时，活性污泥在其间难以絮凝，这股水流向下流动的动能较大，易冲击底部沉泥，池子的容积利用系数较小（约 48%）。向心辐流式沉淀池是圆形，周边为流入区，而流出区既可设在池中心［图 1-66（a）］，也可设在池周边［图 1-66（b）］。由于结构上的改进，在一定程度上可以克服普通辐流式沉淀池的缺点。

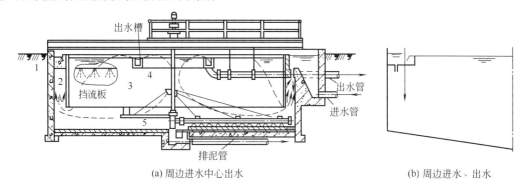

图 1-66　向心辐流式沉淀池
1—配水槽；2—导流絮凝区；3—沉淀区；4—出水区；5—污泥区

向心辐流式沉淀池有 5 个功能区，即配水槽、导流絮凝区、沉淀区、出水区和污泥区。

① 配水槽　配水槽设于周边，槽底均匀开设布水孔及短管。

② 导流絮凝区　作为二次沉淀池时，由于设有布水孔及短管，使水流在区内形成回流，促进絮凝作用，从而可提高去除率；该区的容积较大，向下的流速较小，对底部沉泥无冲击现象。底部水流的向心流动可将沉泥推入池中心的排泥管。

出水槽的位置可设在 R 处、$R/2$ 处、$R/3$ 处或 $R/4$ 处。根据实测资料，不同位置出水槽的容积利用系数见表 1-37。

表 1-37　出水槽不同位置的容积利用系数

出水槽位置	容积利用系数/%	出水槽位置	容积利用系数/%
R 处	93.6	$R/3$ 处	87.5
$R/2$ 处	79.7	$R/4$ 处	85.7

可见向心辐流式沉淀池的容积利用系数比普通辐流式沉淀池有显著提高。最佳出水槽位置设在 R 处（即周边进水、出水），也可设在 $R/3$ 或 $R/4$ 处。

（2）向心辐流式沉淀池的设计

1）配水槽

采用环形平底槽，等距离设布水孔，孔径一般取 50～100mm，并加 50～100mm 长度的短管，管内流速为 0.3～0.8m/s。

$$v_n = \sqrt{2t\mu}\, G_m \tag{1-60}$$

$$G_m^2 = \left(\frac{v_1^2 - v_2^2}{2t\mu}\right)^2 \tag{1-61}$$

$$v_1 = v_n/\varepsilon$$

$$v_2 = Q_1/f$$

式中　v_n——配水孔平均流速，m/s，一般为 0.3～0.8m/s；

t——导流絮凝区平均停留时间，s，池周有效水深为 $2 \sim 4m$ 时，取 $360 \sim 720s$；

μ——污水的运动黏度，与水温有关；

G_m——导流絮凝区的平均速度梯度，一般可取 $10 \sim 30s^{-1}$；

v_1——配水孔水流收缩断面的流速，m/s；

ε——收缩系数，因设有短管，取 $\varepsilon = 1$；

v_2——导流絮凝区平均向下流速，m/s；

Q_1——每池的最大设计流量，m^3/s；

f——导流絮凝区环形面积，m^2。

2）导流絮凝区

为了施工安装方便，取宽度 $B \geqslant 0.4m$，与配水槽等宽，并用式（1-61）验算 G_m 值。若 G_m 值在 $10 \sim 30s^{-1}$ 之间，为合格。否则需调整 B 值重新计算。

3）沉淀区

向心辐流式沉淀池的表面负荷可高于普通辐流式沉淀池的 2 倍，即可取 $3 \sim 4m^3/(m^2 \cdot h)$。

4）出水槽

可用锯齿堰出水，使每齿的出水流速均较大，不易在齿角处积泥或滋生藻类。

其他设计同普通辐流式沉淀池。

[例 1-8] 某城市污水处理厂最大设计流量为 $50000m^3/d$，曝气池回流污泥比为 0.5，水温为 20℃，试计算周边进水、出水的向心辐流式沉淀池的参数。

解： ① 采用 2 座池，表面负荷取 $3m^3/(m^2 \cdot h)$，沉淀区面积为

$$A_1 = \frac{Q}{2q_0 \times 24} = \frac{50000}{2 \times 3 \times 24} = 347 \; (m^2)$$

沉淀区直径为

$$D = \sqrt{\frac{4A_1}{\pi}} = \sqrt{\frac{4 \times 347}{\pi}} = 21 \; (m)$$

② 设计流量应加上回流污泥量，即 $50000 + 0.5 \times 50000 = 75000m^3/d$。设配水槽宽 $B = 0.6m$，水深 0.5m，配水槽流速为

$$v = \frac{75000}{2 \times 24 \times 0.6 \times 0.5 \times 3600} = 1.45 \; (m/s)$$

导流絮凝区停留时间取 600s，$G_m = 20s^{-1}$，水温为 20℃ 时，运动黏度 $\mu = 1.06 \times 10^{-6} m^2/s$，配水孔平均流速为

$$v_n = \sqrt{2t\mu} \, G_m = \sqrt{2 \times 600 \times 1.06 \times 10^{-6}} \times 20 = 0.71 \; (m/s)$$

孔径取 $\phi 50mm$，每池配水槽内的孔数为

$$n = \frac{75000}{2 \times 0.71 \times \frac{\pi}{4} \times 0.05^2 \times 86400} = 312 \; (个)$$

孔距为

$$l = \frac{\pi(D+B)}{n} = \frac{\pi(21+0.6)}{312} = 0.214 \; (m)$$

③ 导流絮凝区的平均流速为

$$v_2 = \frac{Q}{N\pi(D+B)\times B \times 86400} = \frac{75000}{2\pi(21+0.6)\times 0.6 \times 86400} = 0.011 \ (\text{m/s})$$

式中　N——池数，座。

用式（1-61）核算 G_m 值，则

$$G_m = \left(\frac{v_1^2 - v_2^2}{2t\mu}\right)^{1/2} = \left(\frac{0.71^2 - 0.011^2}{2\times 600 \times 1.06 \times 10^{-6}}\right)^{1/2} = 19.9 \ (\text{s}^{-1})$$

G_m 值在 $10\sim30\text{s}^{-1}$ 之间，符合要求。

四、斜板（管）沉淀池

1. 斜板（管）沉淀池的工作原理

设原有沉淀池长度为 L，宽度为 B，高度为 H，池表面积为 $A = LB$。若将沉淀池分为 4 层，则每层高度为 $H/4$。设水平流速（v）和沉速（u_0）不变，则分层后的沉降轨迹线坡度不变。由图 1-67 可见，沉淀池长度可缩小到 $L/4$。如仍保持原来的沉降效率，则池体积可缩小到原来的 1/4。设沉淀池长度（L）不变，由图 1-68 可见，流速可增加至 $4v$，即分层后的流量可增加 4 倍。

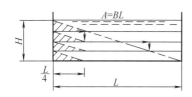

图 1-67　沉淀池分层后长度缩小

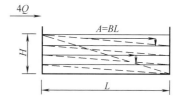

图 1-68　沉淀池分层后流速增加

设颗粒沉速（u_i）和流量（Q）不变，沉淀池分层后沉淀面积增加 4 倍，其斜板沉淀效率（η_E）为

$$\eta_E = \frac{u_i}{Q/nA} = n\frac{u_i}{Q/A} = n\eta$$

式中　n——分层数；

　　　　η——水平隔板沉淀效率。

为了解决排泥问题，可用 4 层斜板代替水平隔板，如图 1-69 所示。则水平投影总面积也为 $4A$，而沉降间距为 $H/4$，沉淀效率增加 4 倍。

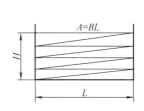

图 1-69　斜板分层沉淀效率的提高

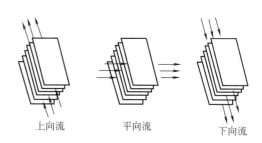

图 1-70　斜板沉淀池水流方向示意

斜板沉淀池水力半径大大减小，从而雷诺数 Re 大为降低，弗罗德数 Fr 大为提高，改善了沉淀池水流稳定条件。斜板沉淀池的 Fr 值一般为 $10^{-3}\sim10^{-4}$，Re 值为 $100\sim1000$，

可满足水流的稳定性和层流的条件。

斜板（管）沉淀池按水流的流向，一般可分为上向流、平向流和下向流三种，见图1-70。

下向流水流方向与沉泥滑动方向相同，亦称同向流。上向流水流方向与沉泥滑动方向相反，亦称异向流。本书主要介绍异向流斜板（管）沉淀池的构造与设计。

2.斜板（管）沉淀池的构造

图1-71为斜管沉淀池的布置。斜板（管）与水平面呈60°角。斜管断面形状呈六角形并组成蜂窝状斜管堆。水由下向上流动，颗粒沉于斜管底部，颗粒积累到一定程度后便会自行下滑。清水在池上部由穿孔管收集，污泥则由设于池底部的穿孔排泥管排出。

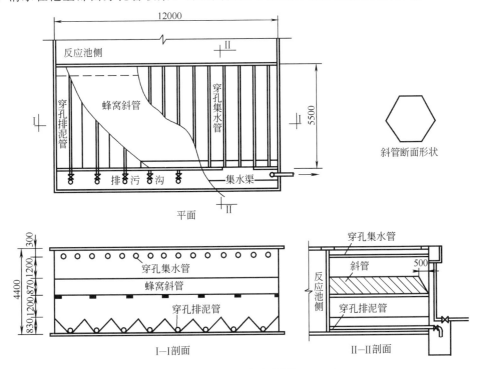

图 1-71　斜管沉淀池的布置（单位：mm）

工程上常采用异向流斜板（管）沉淀池。异向流斜板（管）长度通常为1.0m，斜板净距（或斜管孔径）一般为80～100mm，倾角为60°，斜板（管）区上部水深为0.7～1.0m，底部缓冲层为1.0m。

斜板可用塑料板、玻璃钢板或木板。斜管除上述材料外，还可用酚醛树脂涂刷的纸蜂窝。

3.斜板（管）沉淀池的设计

（1）设计要求与参数

1）进水方向

升流式异向流斜板（管）沉淀池的进水方向有三种，如图1-72所示。其中（b）、（c）两种进水方向较好。而图1-72（a）的进水方向直接冲击沉淀颗粒，不利于颗粒下沉。

2）整流配水墙

为使水流能均匀进入斜板（管）

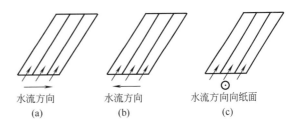

图 1-72　斜管进水方向

下的配水区，在入口处应考虑采取整流措施。可采用缝隙栅条配水，缝隙前狭后宽，也可用穿孔墙。整流配水孔的流速一般小于 0.15m/s。

3）倾斜角 θ

倾斜角越小，沉淀面积越大，效果越好。据理论分析，当 $\theta=45°$ 时，效果最好。在实际运用时，为使排泥通畅，倾斜角应取 60°。

4）斜管长度 l

斜管长度分为两段，进口处段为过渡段，过渡段以上为分离段。过渡段长度为

$$l_1 = 0.058\frac{vd^2}{\mu}$$

式中　l_1——斜管过渡段长度，mm；

　　　　v——水流速度，mm/s；

　　　　d——斜管直径，mm；

　　　　μ——水的运动黏度，mm^2/s。

通常 $l_1=200mm$。分离段长度为

$$l_2 = \left(\frac{Su_0 - u_0\sin\theta}{u_0\cos\theta}\right)\times d$$

式中　l_2——斜管分离段长度，mm；

　　　　u_0——最小颗粒沉降速度，mm/s；

　　　　S——水力特征参数。

斜管长度 $l=l_1+l_2$，通常取 1.0m。

5）斜板间距、斜管管径及断面形状

从沉淀效率上考虑，斜板间距越小越好。但从施工安装和排泥方面考虑，斜板间距不宜小于 50mm 和大于 150mm。斜管管径（多边形内切圆直径）一般大于 50mm。

斜管断面形状对水流影响不大。生产上多采用正六角形、圆管形、波形石棉瓦（玻璃钢）拼成椭圆形等。

（2）异向流斜板计算

设斜板长度为 l，倾斜角为 θ（见图 1-73）。当颗粒以 v 的速度上升 $(l+l_1)$ 的距离所需时间和以 u_0 的速度沉降的距离所需时间相同时，颗粒从 a 点运动到 b 点，有

$$\frac{l_2}{u_0} = \frac{l+l_1}{v} \tag{1-62}$$

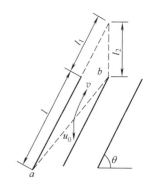

图 1-73　颗粒在异向流斜板间的沉降轨迹

设有 n 块斜板，则每块斜板的水平间距为 $\frac{L}{n}$，L 为起端斜板到终端斜板的水平距离。

$$\frac{\frac{L}{n}\tan\theta}{u_0} = \frac{l+\frac{L}{n}\sec\theta}{v} \tag{1-63}$$

斜板中的过水流量为与水流垂直的过水断面面积乘流速，即

$$Q = vW = vLB\sin\theta \tag{1-64}$$

则

$$v = \frac{Q}{LB\sin\theta}$$

代入式（1-63）移项得

$$u_0 = \frac{\dfrac{L}{n}\tan\theta \times Q}{\left(l + \dfrac{L}{n}\sec\theta\right)LB\sin\theta} = \frac{Q}{nBl\cos\theta + LB} \tag{1-65}$$

式中　$nBl\cos\theta$——全部斜板的水平断面投影；

　　　　LB——沉淀池的水表面积，即异向流斜板沉淀池中，处理水量与斜板总面积的水平投影及液面面积之和成正比。

$$Q = u_0(A_{斜} + A_{原}) \tag{1-66}$$

在实际应用中，由于进出口构造、水温、沉积物等影响，不可能全部利用斜板的有效容积，设计沉淀池时应乘以斜板效率 η（一般取 $0.6 \sim 0.8$）。

$$Q_{设} = \eta u_0(A_{斜} + A_{原}) \tag{1-67}$$

[例 1-9]　某污水处理站最大设计流量为 $300\text{m}^3/\text{h}$，采用斜板沉淀池。由沉淀试验曲线可知，要求悬浮物去除率为 70% 时，颗粒截留速度为 $u_0 = 1.7\text{m/h} = 0.47\text{mm/s}$。斜板内水流的上升速度采用 $v = 4\text{mm/s}$，斜板倾角 $\theta = 60°$。试设计斜板沉淀池。

解：（1）沉淀池的长度与宽度

由式 $Q = \eta v LB\sin\theta$

式中，η 为斜板效率，取值 0.6，代入上式得

$$\frac{300}{3600} = 0.6 \times 0.004 LB\sin60°$$

$$LB = 40 \ (\text{m}^2)$$

取沉淀池长度 $L = 8\text{m}$，宽度 $B = 5\text{m}$。

（2）斜板净间距与块数

斜板长度 l 取 1m，将 $l_1 = \dfrac{l_2}{\sin\theta}$ 代入式（1-62）得

$$l_2 = \frac{lu_0}{v - \dfrac{u_0}{\sin\theta}} = \frac{1 \times 0.47}{4 - \dfrac{0.47}{\sin60°}} = 0.137 \ (\text{m})$$

每块斜板的水平间距 x 为

$$x = \frac{l_2}{\tan\theta} = \frac{0.137}{\tan60°} = 0.08 \ (\text{m})$$

为便于安装，取 $x = 0.1\text{m}$。

斜板块数 n 为

$$n = \frac{L}{x} + 1 = \frac{8}{0.1} + 1 = 81 \ (\text{块})$$

（3）沉淀时间

即水流流经斜板所需的时间

$$t = \frac{l}{v} = \frac{1000}{4} = 250(\text{s}) = 4.17 \ (\text{min})$$

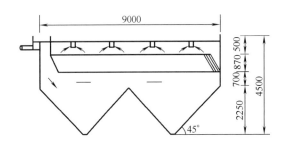

图 1-74 斜板沉淀池计算草图（单位：mm）

沉淀池前端进水部分长度取 0.5m，后端死水区长度取 $1 \times \cos\theta = 1 \times \cos 60° = 0.5m$，如果不计斜板厚度，则沉淀池总长度为 $L' = 0.5 + 8 + 0.5 = 9m$。斜板下部配水区及缓冲层高度之和取 0.7m，斜板上部清水区高度取 0.5m，超高取 0.18m，沉淀池采用 2 个贮泥斗，底坡为 45°，采用 4 条出水槽，槽距为 2m。计算草图见图 1-74。

（4）斜板沉淀池水力条件复核

① 断面水力半径 R

$$R = \frac{过水断面面积（沉淀单元）}{湿周（W）} = \frac{\frac{B}{2} \cdot x}{2 \times \left(\frac{B}{2} + x\right)} = \frac{\frac{500}{2} \times 10}{2 \times \left(\frac{500}{2} + 10\right)} = 4.8（cm）$$

② 雷诺数 Re

由于 $v = 4mm/s = 0.4cm/s$，20℃ 时，水的运动黏度 $\mu = 0.0101cm^2/s$

$$Re = \frac{vR}{\mu} = \frac{0.4 \times 4.8}{0.0101} = 190 < 200$$

③ 弗罗德数 Fr

$$Fr = \frac{v^2}{Rg} = \frac{0.4^2}{4.8 \times 981} = 0.34 \times 10^{-4}$$

斜板沉淀池的弗罗德数一般在 $10^{-3} \sim 10^{-4}$ 之间，可以满足水流的稳定性和层流的条件。

五、沉淀池排泥设备

吸泥机和刮泥机是排泥设备中最主要的两种设备。排泥设备是在水处理中配合沉淀使用的专用设备，主要用于废水处理过程初沉池、二沉池、浓缩池以及澄清池。排泥设备的形式随工艺的条件与池型的结构而有所不同，目前常用的排泥设备通常可分为平流式（矩形）排泥机和辐流式（圆形）排泥机两大类。排泥设备中，吸泥机是利用压力差收集底泥，刮泥机是利用机械传动收集底泥。沉淀池排泥设备的分类见表 1-38。

表 1-38　沉淀池排泥设备分类

平流式	行车式	吸泥机	泵吸式	单管扫描式
				多管扫描式
			虹吸式	
			虹吸泵式	
		刮泥机	翻板式	
			提板式	
	链板式		单列链式	
			双列链式	
	螺旋输送式		水平式	
			倾斜式	

辐流式	中心传动式	垂架式	刮泥机	双刮臂式
				四刮臂式
			吸泥机	水位差自吸式
				虹吸式
				空气提升式
		悬挂式		
	周边传动式	刮泥机		
		吸泥机		

吸泥机排泥的方式主要有虹吸、泵吸和空气提升三种。行车式吸泥机主要采用虹吸排泥、泵吸排泥两种形式。

（1）虹吸排泥

运转前水位以上的排泥管内的空气可用真空泵或水射器抽吸或用压力水倒灌等方法排除，从而在大气压的作用下，使泥水充满管道，开启排泥阀后形成虹吸式连续排泥。吸泥管路布置方式如图 1-75 所示。

（2）泵吸排泥

主要由泵和吸泥管组成。与虹吸式的差别是各根吸泥管在水下（或水上）相互连通后再由总管接入水泵，吸入管内的污泥经水泵出水管输出池外。泵吸式吸泥管路布置示意如图 1-76 所示。

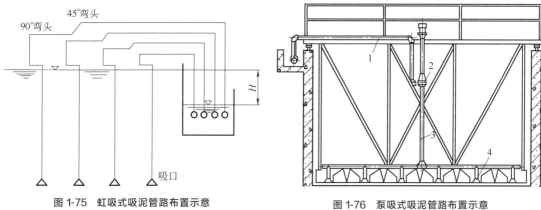

图 1-75　虹吸式吸泥管路布置示意

图 1-76　泵吸式吸泥管路布置示意

1—排泥管；2—吸泥泵；3—吸泥总管；4—吸泥口

1. 行车式吸泥机

行车式吸泥机按吸泥的形式可分为虹吸、泵吸和泵/虹吸三种类型。

行车式吸泥机主体构成基本相同，主要组成部分为：行车钢结构、驱动机构（包括车轮、钢轨及端头立柱）、吸泥系统（虹吸或泵吸）、配电及行程控制装置。

图 1-77 为平流式沉淀池行车式虹吸式吸泥机示意，图 1-78 为平流式沉淀池行车式泵吸式吸泥机示意，图 1-79 为平流式沉淀池泵/虹吸式吸泥机示意，图 1-80 为斜管沉淀池泵/虹吸式吸泥机示意。

2. 链条牵引式刮泥机

链条牵引式刮泥机主要由驱动装置、传动链与链轮、牵引链与链轮、刮板、导向轮、张紧装置、链轮轴和导轨等组成。

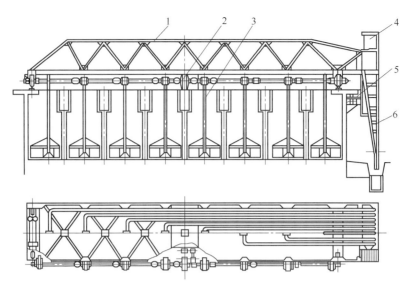

图 1-77 平流式沉淀池行车式虹吸式吸泥机

1—桁架；2—驱动机构；3—虹吸管；4—配电箱；5—集电器；6—虹吸出流管

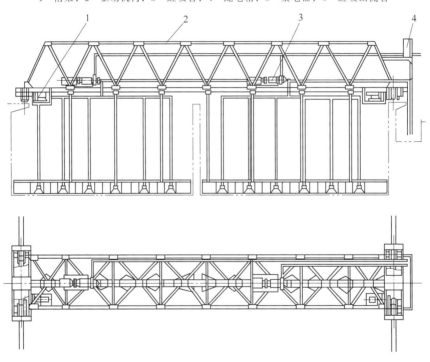

图 1-78 平流式沉淀池行车式泵吸式吸泥机

1—驱动机构；2—桁架；3—吸泥泵；4—配电箱

链条牵引式刮泥机适用于废水处理厂的沉砂池、初沉池、二次沉淀池、隔油池等矩形池排砂、排泥；对于有浮渣的沉淀池可在底部刮泥的同时在池面撇渣。链条牵引式刮泥机的特点：

① 刮板块数多，刮泥能力强，刮板的移动速度慢，对废水扰动小，有利于泥砂沉淀。

② 刮板在池中做连续的直线运动，不必往返换向，因而不需要行程开关。驱动装置设在池顶的平台上，配电及维修都很简便。

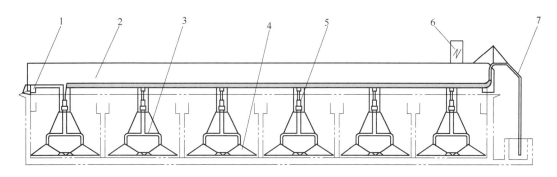

图 1-79 平流式沉淀池泵/虹吸式吸泥机

1—驱动机构；2—桁架；3—吸泥管；4—集泥板；5—泵；6—电控箱；7—排泥管

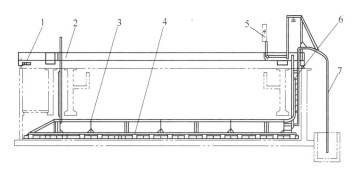

图 1-80 斜管沉淀池泵/虹吸式吸泥机

1—驱动机构；2—桁架；3—吸泥管；4—集泥板；5—电控箱；6—泵；7—排泥管

③ 不需要另加机构，可同时兼作撇渣机。

LG 型链条牵引式刮泥机主要技术参数见表 1-39。

表 1-39　LG 型链条牵引式刮泥机主要技术参数

型号	池宽 L/m	刮板速度/(m/min)	驱动功率/kW	池长(深)/m
LG-3000～LG-5000	3000～5000	0.6～0.8	0.75	用户自定
LG-6000～LG-8000	6000～8000	0.6～0.8	1.5	用户自定

3. 垂架式中心传动吸泥机

垂架式中心传动吸泥机主要由工作桥、驱动装置、中心支座、传动竖架、刮臂、集泥板、吸泥管、中心高架集泥槽及撇渣装置等组成，结构形式基本上与垂架式中心传动刮泥机相似。

沿两侧刮臂对称排列吸泥管道，每根吸泥管自成系统，互不干扰，从吸口起直接通入高架集泥槽。通过刮臂的旋转，由集泥板把污泥引导到吸泥管口，利用水位差自吸的方式，一边转一边吸。吸入的污泥汇集于高架集泥槽后，再经排泥总管排出池外。水面上的浮渣则由撇渣板撇入池边的排渣斗。垂架式中心传动吸泥机采用自吸式排泥，水池的液位应与吸泥管出口保持一定的高差。吸泥管从中心集泥槽槽底接入。采用吸泥方式是为了克服活性污泥含水率高、难以刮集的困难。

CX-A 型中心传动吸泥机见图 1-81，主要技术参数见表 1-40，土建条件见图 1-82，安装尺寸见表 1-41。

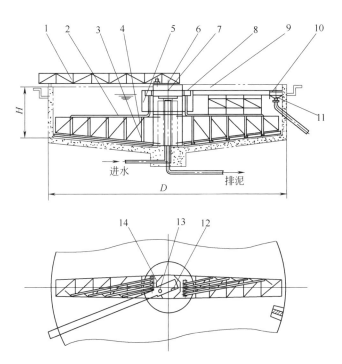

图 1-81 CX-A 型中心传动吸泥机

1—工作桥；2—刮臂；3—刮板；4—吸泥管；5—导流筒；6—中心进水柱管；7—中心集泥槽；8—摆线减速机；
9—涡轮减速器；10—旋转支撑；11—扩散筒；12—转动竖架；13—水下轴承；14—撇渣板

表 1-40 CX-A 型中心传动吸泥机主要技术参数

型号	池径 D/m	池深 H/m	周边线速度/(m/min)	电机功率/kW
CX-20A	20		2.0	1.1
CX-25A	25		2.0	1.5
CX-30A	30	2.5～3.0	2.0	1.5
CX-35A	35		2.0	1.1×2
CX-40A	40		2.5	1.1×2
CX-45A	45	3.5～4.0	2.5	1.1×2
CX-50A	50		2.5	1.5×2

表 1-41 CX-A 型中心传动吸泥机安装尺寸

型号	D/m	D_1/mm	H/m	H_1/mm	H_2/mm	H_3/mm	B/mm	n/个
CX-20A	20	1800		1855	550	505	400	123
CX-25A	25	2000	2.5～3.0	2020	600	670	400	153
CX-30A	30	2200		2680	650	830	450	183
CX-35A	35	2400		2850	700	1000	500	218
CX-40A	40	2600		3510	750	1160	550	253
CX-45A	45	2800	3.5～4.0	4170	800	1320	550	278
CX-50A	50	3000		4340	850	1490	600	313

NG-D 型中心传动悬挂式刮泥机（浓缩机）见图 1-83，半跨式周边传动刮泥机（可动臂式）见图 1-84。

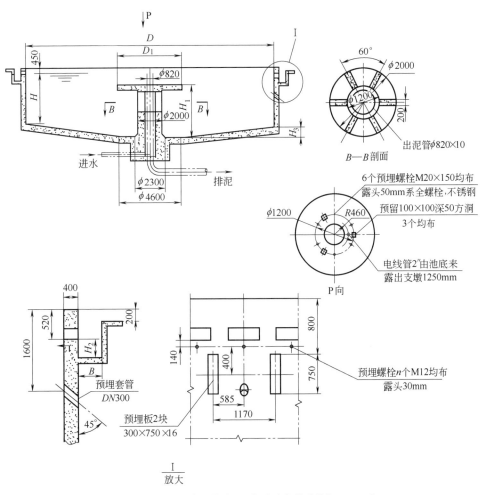

图 1-82　CX-A 型中心传动吸泥机土建条件（单位：mm）

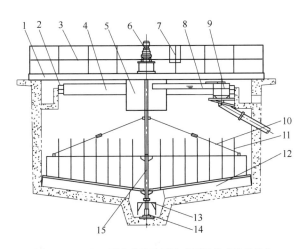

图 1-83　NG-D 型中心传动悬挂式刮泥机（浓缩机）

1—钢梁；2—溢流堰板；3—栏杆；4—浮渣挡板；5—紊流筒；6—驱动装置；7—电箱；
8—浮渣收集装置；9—浮渣漏斗；10—拉紧调整系统；11—竖向栅条；12—刮泥装置；
13—小刮板；14—水下轴承；15—主轴

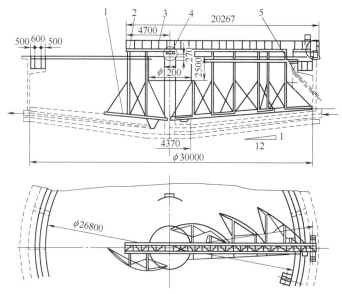

图1-84 半跨式周边传动刮泥机（可动臂式）（单位：mm）

1—刮臂；2—可动臂；3—桥架；4—旋转支架；5—撇渣装置

第三节 气浮装置

一、气浮技术的基本原理

气浮技术的基本原理是向水中通入空气，使水中产生大量的微细气泡，并促使其黏附于杂质颗粒上，形成密度小于水的浮体，在浮力作用下，上浮至水面，实现固-液或液-液分离。

关于微细气泡和颗粒之间的接触吸附机理通常有两种情况。一是絮凝体内裹带微细气泡，絮凝体越大，这一倾向越强烈，越能阻留气泡。例如，稳定的乳化液中油珠带负电较强，一般需投加混凝剂，压缩油珠双电层，使油珠脱稳，容易与气泡吸附在一起。二是气泡与颗粒的吸附，这种吸附力是由两相之间的界面张力引起的。根据作用于气-固-液三相之间的界面张力，可以推测这种吸附力的大小。图1-85为气-固-液三相体系的平衡关系，在三相接触点上，由气-液界面与固-液界面构成的θ角称接触角（以对着水的角为准），$\theta > 90°$者为疏水性物质，$\theta < 90°$者为亲水性物质，这可从图1-86中颗粒与水接触面积的大小看出。

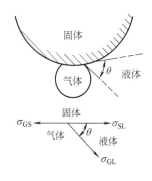

图1-85 气-固-液体系的平衡关系

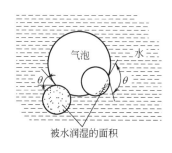

图1-86 亲水性和疏水性物质的接触角

若以 σ_{SL} 代表固-液界面张力，σ_{GL} 为气-液界面张力（即表面张力），σ_{GS} 为气-固界面张力，根据三相接触点处力的平衡关系，有

$$\sigma_{GS} = \sigma_{SL} + \sigma_{GL}\cos\theta$$

当 $\theta = 0°$ 时，固体表面完全被润湿，气泡不能吸附在固体表面；当 $0° < \theta < 90°$ 时，固体与气泡的吸附不够牢固，容易在水流的作用下脱附；当 $\theta > 90°$，则容易发生吸附。对于亲水性物质，一般需加浮选剂，改变其接触角，使其易与气泡吸附。浮选剂的种类很多，如松香油、煤油产品，脂肪酸及其盐类等。为降低水的表面张力，有时还加入一定数量的表面活性剂作为起泡剂，使水中气泡形成稳定的微细气泡，因为水中的气泡越细小其总表面积越大，吸附水中悬浮物的机会越多，有利于提高气浮效果。但水中表面活性剂过多会严重地促使乳化，使气浮效果明显降低。

二、电解气浮

1. 电解气浮装置

电解气浮是在直流电的作用下，采用不溶性的阳极和阴极直接电解污水，正负两极产生氢和氧的微细气泡，将污水中颗粒状污染物带至水面进行分离的一种技术。此外，电解气浮还具有降低 BOD、氧化、脱色和杀菌的作用，对污水负荷变化适应性强，生成污泥量少，占地少，无噪声。常用处理水量一般为 $10 \sim 20 m^3/h$。由于电耗及操作运行管理、电极结垢等问题，较难适应处理水量大的场合。

电解气浮装置可分为竖流式和平流式两种，如图 1-87 和图 1-88 所示。

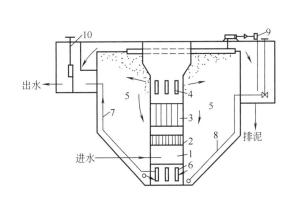

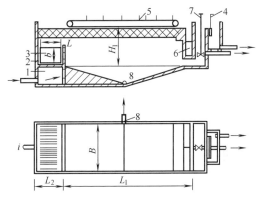

图 1-87 竖流式电解气浮池

1—入流室；2—整流栅；3—电极组；4—出流孔；
5—分离室；6—集水孔；7—出水管；8—排沉
泥管；9—刮渣机；10—水位调节器

图 1-88 双室平流式电解气浮池

1—入流室；2—整流栅；3—电极组；4—出口水位
调节器；5—刮渣机；6—浮渣室；
7—排渣阀；8—污泥排出口

2. 平流式电解气浮装置的工艺设计

电解气浮池的设计包括确定装置总容积、电极室容积、气浮分离室容积、结构尺寸及电气参数。以双室平流式电解气浮池为例，介绍其工艺设计与计算。

（1）池宽与刮渣板宽度

对不同处理能力的装置，沉淀池池宽与刮渣板宽度可按表 1-42 选用。

表 1-42　沉淀池宽度与刮渣板宽度

处理污水量 /(m³/h)	宽度/mm		处理污水量 /(m³/h)	宽度/mm	
	单池	刮渣板		单池	刮渣板
<90	2000	1975	120~130	3000	2975
90~120	2500	2475			

（2）电极板块数 n 按下式计算

$$n = \frac{B - 2l + e}{\delta + e} \tag{1-68}$$

式中　B——电解池的宽度，mm；

　　　l——极板面与池壁的距离，mm，取 100mm；

　　　e——极板净距，mm，$e = 15 \sim 20$mm；

　　　δ——极板厚度，mm，$\delta = 6 \sim 10$mm。

（3）电极作用表面积 S 按下式计算

$$S = \frac{EQ}{i} \tag{1-69}$$

式中　S——电极作用表面积，m²；

　　　Q——污水设计流量，m³/h；

　　　E——比电流，A·h/m³；

　　　i——电极电流密度，A/m²。

通常，E、i 值应通过试验确定，也可按表 1-43 取值。

表 1-43　不同污水的 E、i 值

污水种类		E/(A·h/m³)	i/(A/m²)
皮革污水	铬鞣剂	300~500	50~100
	混合鞣剂	300~600	50~100
皮毛污水		100~300	50~100
肉类加工污水		100~270	100~200
人造革污水		15~20	40~80

（4）极板面积 A 按下式计算

$$A = \frac{S}{n-1} \tag{1-70}$$

式中　A——极板面积，m²。

极板高度 b 可取气浮分离室澄清层高度 h_1，极板长度 $L_1 = A/b$（m）。

（5）电极室长度 L

$$L = L_1 + 2l \tag{1-71}$$

电极室的总高度 H 为

$$H = h_1 + h_2 + h_3 \tag{1-72}$$

式中　H——电极室的总高度，m；

　　　h_1——澄清层高度，m，取 $1.0 \sim 1.5$m；

　　　h_2——浮渣层高度，m，取 $0.4 \sim 0.5$m；

　　　h_3——超高，m，取 $0.3 \sim 0.5$m。

（6）气浮分离时间 t 由试验确定，一般为 $0.3 \sim 0.75$h。

电极室容积为 $$V_1 = BHL$$
分离室容积为 $$V_2 = Qt$$
电解气浮池容积为 $$V = V_1 + V_2$$

三、布气气浮

1. 叶轮气浮装置及其计算

（1）叶轮气浮设备构造

叶轮气浮设备构造如图 1-89 所示。

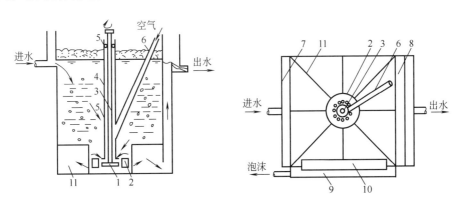

图 1-89　叶轮气浮设备构造

1—叶轮；2—盖板；3—转轴；4—轴套；5—轴承；6—进气管；7—进水槽；
8—出水槽；9—浮渣槽；10—刮渣板；11—整流板

气浮池底部设有叶轮叶片，由池上部的电机驱动，叶轮上部装设带有导向叶片的固定盖板，叶片与直径成 60°角，盖板与叶轮间有 10mm 的间距，而导向叶片与叶轮之间有 5～8mm 的间距，盖板上开有 12～18 个孔径为 20～30mm 的孔洞，盖板外侧的底部空间装有整流板。

叶轮在电机驱动下高速旋转，在盖板下形成负压，从进气管吸入空气，污水由盖板上的小孔进入。在叶轮的搅动下，空气被粉碎成细小的气泡，并与水充分混合形成水气混合体甩出导向叶片之外，导向叶片可使阻力减小。再经整流板稳流后，在池体内平稳地垂直上升，形成的泡沫不断地被缓慢转动的刮板刮出槽外。图 1-90 为叶轮盖板构造。

叶轮直径一般采用 200～400mm，最大不超过 700mm，叶轮转速一般采用 900～1500r/min，圆周线速度为 10～15m/s，气浮池充水深度与吸入的空气量有关，通常为 1.5～2.0m。叶轮与导向叶片间的间距也会影响吸气量的大小，该间距若超过 8mm，则会使进气量大大降低。

叶轮气浮设备适用于处理水量不大，污染物浓度较高的污水。除油效率可达 80% 左右。

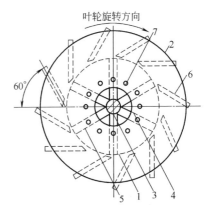

图 1-90　叶轮盖板构造

1—叶轮；2—盖板；3—转轴；
4—轴套；5—叶轮叶片；6—导
向叶片；7—循环进水孔

（2）叶轮气浮池的设计计算

① 气浮池总容积

$$W = \alpha Q t \qquad (1\text{-}73)$$

式中　W——气浮池总容积，m^3；

　　　Q——处理污水量，m^3/min；

　　　t——气浮延续时间，min，一般为 $16\sim20min$；

　　　α——系数，一般取 $1.1\sim1.4$，多取较大值。

② 气浮池总面积

$$F = \frac{W}{h} \qquad (1\text{-}74)$$

式中　F——气浮池总面积，m^2；

　　　h——气浮池的工作水深，m，可用下式求得。

$$h = \frac{H}{\rho}$$

$$H = \phi \frac{u^2}{2g}$$

式中　H——气浮池的静水压力，m；

　　　ϕ——压力系数，其值为 $0.2\sim0.3$；

　　　u——叶轮的圆周线速度，m/s；

　　　ρ——气水混合体的容重，kg/L，一般为 $0.67kg/L$。

气浮池多采用正方形，边长不宜超过叶轮直径的 6 倍，即 $l = 6D$（D 为叶轮直径）。因此，每个气浮池的表面积一般取 $f = 36D^2$。

③ 平行工作的气浮池数目（或叶轮数）

$$m' = \frac{F}{f} \qquad (1\text{-}75)$$

式中　m'——平行工作的气浮池数目；

　　　F——气浮池总面积，m^2；

　　　f——每个气浮池的表面积，m^2。

一个叶轮能够吸入的水气混合体量为

$$q = \frac{Q \times 1000}{60m'(1-\alpha)} \qquad (1\text{-}76)$$

式中　q——吸入的水气混合体量，L/s；

　　　α——曝气系数，可根据试验确定，一般取 0.35。

④ 叶轮转速

$$n = \frac{60u}{\pi D} \qquad (1\text{-}77)$$

式中　n——叶轮转速，r/min。

⑤ 叶轮所需功率

$$N = \frac{\rho H q}{102\eta} \qquad (1\text{-}78)$$

式中　N——叶轮所需功率，kW；

　　　η——叶轮效率，一般取 $0.2\sim0.3$；

H——气浮池中的静水压力，m；

q——单个叶轮所吸入的水气混合体量，L/s。

电机功率可取 $1.2N$。

2. 其他布气气浮装置

（1）扩散板曝气气浮

压缩空气通过具有微细孔隙的扩散板或微孔管，使空气以微小气泡的形式进入水中，进行气浮。扩散板曝气气浮装置如图 1-91 所示。

该方法简单方便，但缺点较多，主要是空气扩散装置的微孔易于堵塞，气泡较大，气浮效果不好等。

（2）射流气浮

射流气浮是采用以水带气的方式向污水中混入空气进行气浮的方法。射流器构造如图 1-92 所示。

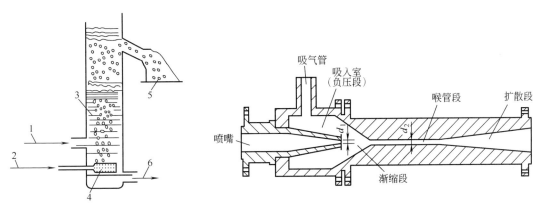

图 1-91　扩散板曝气气浮装置

1—进水；2—进气；3—分离柱；4—微
孔陶瓷扩散板；5—浮渣；6—出水

图 1-92　射流器构造

由喷嘴射出的高速水流使吸入室内形成真空，从而使吸气管吸入空气。气水混合物在喉管内进行激烈的能量交换，空气被粉碎成微细的气泡。进入扩散段后，动能转化为势能，进一步压缩气泡，增大了空气在水中的溶解度，随后进入气浮池。射流器各部分尺寸的最佳值一般通过试验确定。当进水压力为 $3\sim5kg/cm^2$ 时，喉管直径 d_2 与喷嘴直径 d_1 的最佳比值为 $2\sim2.5$。

射流器主要技术参数如表 1-44 所示。

表 1-44　射流器主要技术参数

参数	规格					
进出水口外径/mm	DN8	DN15	DN20	DN25	DN40	DN50
进气口外径/mm	DN8	DN8	DN8	DN15	DN15	DN32
输入水压力/(kg/cm²)	1.0～2.0	2.5～4.0	2.5～5.0	2.5～5.0	2.5～6.0	3.0～7.0
水流量/(t/h)	0.05～0.25	0.1～1	1～3	3～10	10～25	30～50
吸气量/[m³(标)/h]	1～3	4～7	7.5～10	11～15	22～30	37～49
总长度/mm	50	95	152	225	275	295

（3）溶气泵气浮

在泵的入口处空气与水一起进入泵壳内，高速转动的叶轮将吸入的空气多次切割成小气泡，小气泡在泵内的高压环境下迅速溶解于水中，形成溶气水，然后进入气浮池完成气浮过程。

溶气泵产生的气泡直径一般在 20~40μm，吸入空气最大溶解度达到 100%，溶气水中最大含气量达到 30%，泵的性能在流量变化和气量波动时十分稳定，为泵的调节和气浮工艺的控制提供了极好的操作条件。图 1-93 为德国埃杜尔多（EDUR）多相流泵气浮系统工作原理示意图，在系统中的安装要求如图 1-94 所示，外形尺寸如表 1-45 所示。

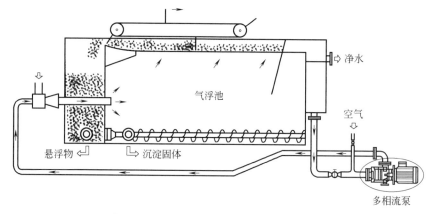

图 1-93　EDUR 多相流泵气浮系统工作原理示意

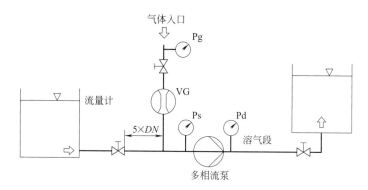

图 1-94　EDUR 多相流泵在系统中的安装要求

Pg—气压表；Ps—泵入口压力；Pd—泵出口压力；VG—气体流量计

表 1-45　EBu 系列 EDUR 多相流泵外形尺寸

EBu 泵 2900r/min	电机功率 /kW	电机机座	三相感应电机/mm			泵尺寸/mm							净重/kg	
			L(约)	M(约)	ϕ_{a_1}	A	B	C	F_1	F_2	H_1	N	带电机	无电机
EB3u	1.5	90S	282	150	160	115	119	—	144	160	100	156	34	21
EB4u	1.5	90S	282	150	160	140	119	—	144	160	100	156	36	23
EB14u	2.2	90L	282	150	160	161	142	—	172	190	120	172	43	27
EB15u	3.0	100L	312	158	160	190	153	316	172	190	120	172	48	27
EB16u	3.0	100L	312	158	160	219	153	316	172	190	120	172	51	30

四、溶气气浮

1. 溶气气浮简介

溶气气浮是使空气在一定压力作用下，溶解于水中，并达到过饱和的状态，然后再突然使溶气水在常压下将空气以微细气泡的形式从水中逸出，进行气浮。溶气气浮形成的气泡细小，其初粒度为 80μm 左右，而且在操作过程中，还可以人为地控制气泡与污水的接触时间。因此，溶气气浮的净化效果较好，特别在含油污水、含纤维污水处理方面已得到广泛应用。

根据气泡在水中析出所处压力的不同，溶气气浮可分为加压溶气气浮和溶气真空气浮两种类型。前者，空气在加压条件下溶入水中，而在常压下析出；后者是空气在常压或加压条件下溶入水中，而在负压条件下析出。加压溶气气浮是国内外最常用的气浮法。

(1) 溶气真空气浮

图 1-95 为溶气真空气浮池。由于在负压条件下运行，溶解在水中的空气易于呈过饱和状态，从而大量地以气泡形式从水中析出，进行气浮。析出的空气数量取决于水中溶解的空气量和真空度。

溶气真空气浮的主要优点是：空气溶解所需压力比压力溶气低，动力设备和电能消耗较少。其最大缺点是：气浮在负压条件下运行，一切设备部件都要密封在气浮池内，使得气浮池构造复杂，运行、维护及维修极为不便。此外，该方法只适用于污染物浓度不高的污水。

溶气真空气浮池多为圆形，池面压力多取 29.9~39.9kPa，污水在池内的停留时间为5~20min。

(2) 加压溶气气浮

加压溶气气浮工艺由空气饱和设备、空气释放设备和气浮池等组成。其基本工艺流程有全溶气流程、部分溶气流程和回流加压溶气流程三种。

1) 全溶气流程

全溶气气浮工艺流程如图 1-96 所示。该流程是将全部污水进行加压溶气，再经减压释放装置进入气浮池进行固液分离。其特点是电耗高，气浮池容积小。

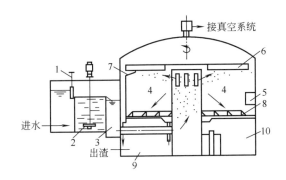

图 1-95　真空气浮池示意

1—入流调节器；2—曝气器；3—消气井；4—分离区；
5—环形出水槽；6—刮渣板；7—集渣槽；8—池底
刮泥板；9—出渣室；10—操作室（包括抽真空设备）

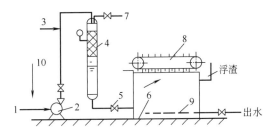

图 1-96　全溶气气浮工艺流程

1—原水进入；2—加压泵；3—空气进入；4—压力溶气
罐（含填料层）；5—减压阀；6—气浮池；7—放气阀；
8—刮渣机；9—集水系统；10—化学药剂

2) 部分溶气流程

部分溶气气浮工艺流程如图 1-97 所示。该流程是将部分污水进行加压溶气，其余污水直接送入气浮池。其特点是电耗少，溶气罐的容积较小。但因部分污水加压溶气所能提供的空气量较少，若想提供与全溶气相同的空气量，则必须加大溶气罐的压力。

3) 回流加压溶气流程

回流加压溶气气浮工艺流程如图 1-98 所示。该流程是将部分出水进行回流加压，污水直接送入气浮池。该方法适用于含悬浮物浓度高的污水处理，但气浮池的容积较前两者大。

2. 加压溶气气浮法的主要设备

(1) 溶气释放器

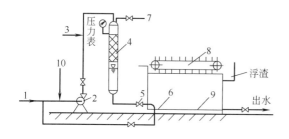

图 1-97 部分溶气气浮工艺流程

1—原水进入；2—加压泵；3—空气进入；4—压力溶气
罐（含填料层）；5—减压阀；6—气浮池；7—放气阀；
8—刮渣机；9—集水系统；10—化学药剂

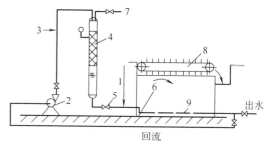

图 1-98 回流加压溶气气浮工艺流程

1—原水进入；2—加压泵；3—空气进入；4—压力溶气
罐（含填料层）；5—减压阀；6—气浮池；7—放气阀；
8—刮渣机；9—集水管及回流清水管

目前国内最常用的溶气释放器是获得国家发明奖的 TS 型溶气释放器及其改良型 TJ 型溶气释放器和 TV 型专利溶气释放器。其主要特点是释气完全，在 0.15MPa 以上即能释放溶气量的 99％左右；可在较低的压力下工作，在 0.2MPa 以上时即能取得良好的净水效果，电耗低；释出的气泡微细，气泡平均直径为 20～40μm，气泡密集，附着性能良好。

1）TS 型溶气释放器

TS 型溶气释放器外形见图 1-99，性能见表 1-46。

2）TJ 型溶气释放器

为扩大单个释放器出流量和作用范围，

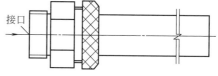

图 1-99 TS 型溶气释放器外形

以及克服 TS 型溶气释放器较易被水中杂质所堵塞而设计了 TJ 型溶气释放器。该释放器堵塞时，可通过上接口抽真空，提起器内的舌簧，以清除杂质。TJ 型溶气释放器外形见图 1-100，性能见表 1-47。

表 1-46 TS 型溶气释放器性能

型 号	溶气水支管接口直径/mm	不同压力（MPa）下的流量/(m³/h)					作用直径/cm
		0.1	0.2	0.3	0.4	0.5	
TS-Ⅰ	15	0.25	0.32	0.38	0.42	0.45	25
TS-Ⅱ	20	0.52	0.70	0.83	0.93	1.00	35
TS-Ⅲ	20	1.01	1.30	1.59	1.77	1.91	50
TS-Ⅳ	25	1.68	2.13	2.52	2.75	3.10	60
TS-Ⅴ	25	2.34	3.47	4.00	4.50	4.92	70

表 1-47 TJ 型溶气释放器性能

型号	规格	溶气水支管接口直径/mm	抽真空管接口直径/mm	不同压力（MPa）下的流量/(m³/h)								作用直径/cm
				0.15	0.2	0.25	0.3	0.35	0.4	0.45	0.5	
TJ-Ⅰ	8×(15)	25	15	0.98	1.08	1.18	1.28	1.38	1.47	1.57	1.67	50
TJ-Ⅱ	8×(15)	25	15	2.10	2.37	2.59	2.81	2.97	3.14	3.29	3.45	70
TJ-Ⅲ	8×(25)	50	15	4.03	4.61	5.15	5.60	5.98	6.31	6.74	7.01	90
TJ-Ⅳ	8×(32)	65	15	5.67	6.27	6.88	7.50	8.09	8.69	9.29	9.89	100
TJ-Ⅴ	8×(40)	65	15	7.41	8.70	9.47	10.55	11.11	11.75	—	—	110

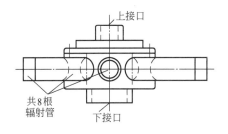

图 1-100　TJ 型溶气释放器外形

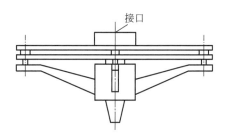

图 1-101　TV 型溶气释放器外形

3）TV 型专利溶气释放器

TV 型溶气释放器布水均匀，接通压缩空气即可使下盘下移，增大水流通道而使堵塞物排出，为防止腐蚀而采用了不锈钢材质。其外形见图 1-101，性能见表 1-48。该产品专利号为 86206538。

表 1-48　TV 型溶气释放器性能

型号	规格 /cm	溶气水支管接口直径/mm	不同压力（MPa）下的流量/（m³/h）								作用直径 /cm
			0.15	0.2	0.25	0.3	0.35	0.4	0.45	0.5	
TV-Ⅰ	φ15	25	0.95	1.04	1.13	1.22	1.31	1.4	1.48	1.51	40
TV-Ⅱ	φ20	25	2.00	2.16	2.32	2.48	2.64	2.8	2.96	3.18	60
TV-Ⅲ	φ25	40	4.08	4.45	4.81	5.18	5.54	5.91	6.18	6.64	80

（2）压力溶气罐

压力溶气罐有多种形式，推荐采用能耗低、溶气效率高的空气压缩机供气的喷淋式填料罐。其构造如图 1-102 所示。其特点如下。

① 该压力溶气罐用普通钢板卷焊而成。但其设计、制作需按一类压力容器要求考虑。

② 该压力溶气罐的溶气效率与无填料的溶气罐相比约高出 30%。在水温 20～30℃ 范围内，释气量约为理论饱和溶气量的 90%～99%。

③ 可应用的填料种类很多，如瓷质拉西环、塑料斜交错淋水板、不锈钢圈填料、塑料阶梯环等。阶梯环具有较高的溶气效率，可优先考虑。不同直径的溶气罐需配置不同尺寸的填料，填充高度一般取 1m 左右。当溶气罐直径超过 500mm 时，考虑到布水的均匀性，可适当增加填料高度。

④ 由于布气方式、气流流向等因素对填料罐溶气效率几乎没有影响，因此，进气的位置及形式一般无须多加考虑。

⑤ 为自动控制罐内最佳液位，采用了浮球液位传感器，当液位达到了浮球传感器下限时，即指令关闭进气管上的电磁阀；反之，当液位达到上限时，指令开启电磁阀。

⑥ 溶气水的过流密度（溶气水流量与罐的截面

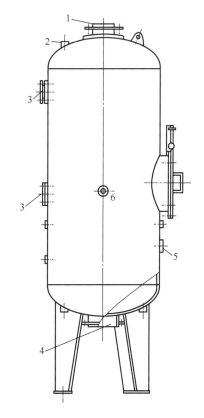

图 1-102　喷淋式填料罐

1—进水管；2—进气管；3—观察窗（进出料孔）；4—出水管；5—液位传感器；6—放气管

积之比）有一个优化的范围。根据同济大学试验结果所推荐的 TR 型压力溶气罐的型号、流量的适用范围及各项主要参数见表 1-49。

表 1-49　压力溶气罐的主要参数

型号	罐直径/mm	适用流量/(m³/h)	使用压力/MPa	进水管管径/mm	出水管管径/mm	罐总高(包括支脚)/mm
TR-2	200	3~6	0.2~0.5	40	50	2550
TR-3	300	7~12	0.2~0.5	70	80	2580
TR-4	400	13~19	0.2~0.5	80	100	2680
TR-5	500	20~30	0.2~0.5	100	125	3000
TR-6	600	31~42	0.2~0.5	125	150	3000
TR-7	700	43~58	0.2~0.5	125	150	3180
TR-8	800	59~75	0.2~0.5	150	200	3280
TR-9	900	76~95	0.2~0.5	200	250	3330
TR-10	1000	96~118	0.2~0.5	200	250	3380
TR-12	1200	119~150	0.2~0.5	250	300	3510
TR-14	1400	151~200	0.2~0.5	250	300	3610
TR-16	1600	201~300	0.2~0.5	300	350	3780

（3）气浮池

气浮池的布置形式较多，根据待处理水的水质特点、处理要求及各种具体条件，目前已经建成了许多种形式的气浮池，其中有平流与竖流、方形与圆形等布置，同时也出现了气浮与反应、气浮与沉淀、气浮与过滤等工艺一体化的组合形式。

平流式气浮池在目前气浮净水工艺中使用最为广泛，常采用反应池与气浮池合建的形式，如图 1-103 所示。污水进入反应池（可用机械搅拌、折板、孔室旋流等形式）完成反应后，将水流导向底部，以便从下部进入气浮接触室，延长絮体与气泡的接触时间，池面浮渣刮入集渣槽，清水由底部集水管集取。该形式的优点是池身浅、造价低、构造简单、管理方便；缺点是与后续处理构筑物在高程上配合较困难、分离部分的容积利用率不高等。

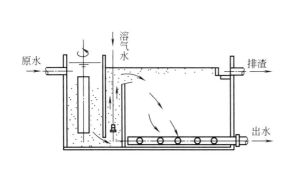

图 1-103　平流式气浮池

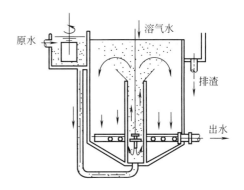

图 1-104　竖流式气浮池

较常用的还有竖流式气浮池，如图 1-104 所示。其优点是接触室在池中央，水流向四周扩散，水力条件比平流式单侧出流要好，便于与后续构筑物配合；缺点是与反应池较难衔接，容积利用率低。

综合式气浮池常分为三种：气浮-反应一体式；气浮-沉淀一体式；气浮-过滤一体式。

由此可见，气浮池的工艺形式是多样化的，实际应用时需根据原污水水质、水温、建造条件（如地形、用地面积、投资、建材来源）及管理水平等方面综合考虑。

此外，常用气浮设备还有加压泵、空气压缩机、刮渣机等。常用空气压缩机型号及性能见表1-50。桥式刮渣机规格及主要技术参数见表1-51；行星式刮渣机规格及主要技术参数见表1-52。

表 1-50　常用空气压缩机型号及性能

型　号	气量/(m³/min)	最大压力/MPa	电动机功率/kW	配套适用气浮池范围/(m³/d)
Z-0.036/7	0.036	0.7	0.37	<5000
Z-0.08/7	0.08	0.7	0.75	<10000
Z-0.12/7	0.12	0.7	1.1	<15000
Z-0.36/7	0.36	0.7	3	<40000

表 1-51　桥式刮渣机规格及主要技术参数

型号	气浮池净宽/m	轨道中心距/m	驱动减速机型号	电机功率/kW	电机转速/(r/min)	行走速度/(m/min)	轨道型号
TQ-1	2～2.5	2.23～2.73		0.75	—	—	—
TQ-2	2.5～3	2.73～3.23		0.75	1000	5.36	8kg/m
TQ-3	3～4	3.23～4.23	SJWD 减速器附带电机	0.75	—	—	—
TQ-4	4～5	4.23～5.23		1.1	—	—	—
TQ-5	5～6	5.23～6.23		1.1	1500	4.8	11kg/m
TQ-6	6～7	6.23～7.23		1.1	—	—	—
TQ-7	7～8	7.23～8.23		1.5	—	—	—
TQ-8	8～9	8.23～9.23		1.5	—	—	—

表 1-52　行星式刮渣机规格及主要技术参数

型号	池体直径 D/m	轨道中心圆直径/m	电机型号及功率/kW	电机转速/(r/min)	行走速度/(m/min)
JX-1	2～4	$D+0.1$	AO-5624,0.12	1440	—
JX-2	4～6	$D+0.16$	AO-6314,0.18	1440	4～5
JX-3	6～8	$D+0.2$	AO-6324,0.25	1440	—

3. 加压溶气气浮法的设计计算

（1）设计要点

① 充分研究探讨待处理水的水质条件，分析采用气浮工艺的合理性和适用性。有条件的情况下，应进行小型试验或模型试验，并根据试验结果选择适当的溶气压力及回流比（指溶气水量与待处理水量的比值）。通常溶气压力取 0.2～0.4MPa，回流比取 5%～25%。

② 根据试验选定的混凝剂及其投加量和完成絮凝的时间及难易程度，确定反应形式和反应时间，一般较沉淀反应时间短，取 5～10min 为宜。

③ 确定气浮池的池型，应根据对处理水质的要求、净水工艺与前后构筑物的衔接、周围地形和建筑物的协调、施工难易程度及造价等因素，综合加以考虑。反应池宜与气浮池合建，为避免打破絮体，应注意水流的衔接。进入气浮池接触室的流速宜控制在 0.1m/s以下。

④ 接触室必须为气泡与絮体提供良好的接触条件，其宽度还应考虑易于安装和检修的要求。水流上升速度一般取 10～20mm/s，水流在室内的停留时间不宜小于 60s。接触室内的溶气释放器应根据确定的回流量、溶气压力及各种型号释放器的作用范围选定。

⑤ 气浮分离室需根据带气絮体上浮分离的难易程度选择水流（向下）流速，一般取 1.5～3.0mm/s，即分离室的表面负荷率取 5.4～10.8m³/(m²·h)。

⑥ 气浮池的有效水深一般取 2.0～2.5m，池中水流停留时间一般为 10～20min。

⑦ 气浮池的长宽比无严格要求，一般以单格宽度不超过 10m、长度不超过 15m 为宜。

⑧ 浮渣一般采用刮渣机定期排除。集渣槽可设置在池的一端、两端或径向。刮渣机的行车速度宜控制在 5m/min 以内。

⑨ 气浮池集水应力求均匀，一般采用穿孔集水管，集水管的最大流速宜控制在 0.5m/s 左右。

⑩ 压力溶气罐一般采用阶梯环做填料，通常填料层高度取 1~1.5m。这时罐直径一般根据过水截面负荷率 100~200m³/(m²·h) 选取，罐高为 2.5~3.0m。

（2）设计计算（不包括一般处理构筑物的常规计算）

1）气浮所需空气量

$$Q_g = QR'\alpha_c\psi \qquad (1-79)$$

式中　Q_g——气浮所需空气量，L/h；

　　　Q——气浮池设计水量，m³/h；

　　　R'——试验条件下的回流比，%；

　　　α_c——试验条件下的释气量，L/m³；

　　　ψ——水温校正系数，取 1.1~1.3（主要考虑水的黏度影响，试验时水温与冬季水温相差大者取高值）。

2）加压溶气水量

$$Q_p = \frac{Q_g}{736\eta p K_T} \qquad (1-80)$$

式中　Q_p——加压溶气水量，m³/h；

　　　p——选定的溶气压力，MPa；

　　　K_T——溶解度系数，可根据水温查表 1-53；

　　　η——溶气效率，对装阶梯环填料的溶气罐可查表 1-54。

表 1-53　不同温度下的 K_T 值

温度/℃	0	10	20	30	40
K_T	3.77×10^{-2}	2.95×10^{-2}	2.43×10^{-2}	2.06×10^{-2}	1.79×10^{-2}

表 1-54　阶梯环填料罐（层高 1m）的水温、压力与溶气效率间的关系表

水温/℃	5			10			15		
溶气压力/MPa	0.2	0.3	0.4~0.5	0.2	0.3	0.4~0.5	0.2	0.3	0.4~0.5
溶气效率/%	76	83	80	77	84	81	80	86	83
水温/℃	20			25			30		
溶气压力/MPa	0.2	0.3	0.4~0.5	0.2	0.3	0.4~0.5	0.2	0.3	0.4~0.5
溶气效率/%	85	90	90	88	92	92	93	98	98

3）接触室的表面积

选定接触室中水流的上升流速 v_c 后，按下式计算。

$$A_c = \frac{Q+Q_p}{v_c} \qquad (1-81)$$

式中　A_c——接触室的表面积，m²。

接触室的容积一般应按停留时间大于 60s 进行复核，接触室的平面尺寸如长宽比等数据的确定，应考虑施工的方便和释放器的合理布置等因素。

4）分离室的表面积

选定分离速度（分离室的向下平均水流速度）v_s 后，按下式计算。

$$A_s = \frac{Q + Q_p}{v_s} \tag{1-82}$$

式中　A_s——分离室的表面积，m^2。

对矩形池子分离室的长宽比一般取（1～2）：1。

5）气浮池的净容积

选定池的平均水深 H（一般指分离室深）后，按下式计算。

$$W = (A_c + A_s)H \tag{1-83}$$

式中　W——气浮池的净容积，m^3。

同时以池内停留时间 t 进行校核，一般要求 t 为 10～20min。

6）溶气罐直径

选定过流密度 I 后，溶气罐直径按下式计算。

$$D_d = \sqrt{\frac{4 \times Q_p}{\pi I}} \tag{1-84}$$

式中　D_d——溶气罐直径，m。

一般对于空罐 I 选用 1000～2000$m^3/(m^2 \cdot d)$，对填料罐 I 选用 2500～5000$m^3/(m^2 \cdot d)$。

7）溶气罐高度

$$Z = 2Z_1 + Z_2 + Z_3 + Z_4 \tag{1-85}$$

式中　Z——溶气罐高度，m；

　　　Z_1——罐顶、底封头高度（根据罐直径而定），m；

　　　Z_2——布水区高度，m，一般取 0.2～0.3m；

　　　Z_3——贮水区高度，m，一般取 1.0m；

　　　Z_4——填料层高度，m，当采用阶梯环时可取 1.0～1.3m。

8）空压机额定气量

$$Q'_g = \psi' \times \frac{Q_g}{60 \times 1000} \tag{1-86}$$

式中　Q'_g——空压机额定气量，m^3/min；

　　　ψ'——安全系数，一般取 1.2～1.5。

[例 1-10]　某厂电镀车间酸性污水中重金属离子含量为：$c(Cr^{6+}) = 14.4mg/L$，$c(Cr^{3+}) = 5.7mg/L$，$c(Fe_{总}) = 10.5mg/L$，$c(Cu) = 16.0mg/L$。现决定采用的处理工艺是先向污水中投加硫酸亚铁和氢氧化钠生成金属氢氧化物絮凝体，然后用气浮法分离絮渣。根据小型试验结果，经气浮处理后，出水中各种重金属离子含量均达到了国家排放标准。浮渣含水率在 96% 左右。试验时压力溶气罐采用 0.3～0.35MPa 压力，溶气水量占 25%～30%。试设计加压溶气气浮池。

解：（1）设计原则与设计依据

为充分利用电镀车间原有的污水调节池，并考虑可占用的面积有限，故处理设备必须尽量紧凑，并尽可能竖向发展。为此，拟采用立式反应气浮池，并将气浮设备置于调节池之上。加药设备放在气浮池操作平台上。由于出水中含盐量较高，影响溶气效果，故采用镀件冲洗水作为溶气水。

（2）确定基本设计参数

处理污水量 Q 取 20m³/h；分离室停留时间 t_s 取 10min；反应时间 t 取 6min；回流比 R 取 30%；接触室上升流速 v_c 取 10mm/s；溶气压力取 0.3MPa；气浮分离速度 v_s 取 2.0mm/s；填料罐过流密度 I 取 3000m³/(m²·d)。

（3）设计计算

1）反应-气浮池

采用旋流式圆台形反应池及立式气浮池。计算草图见图 1-105。

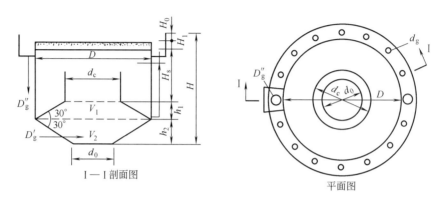

图 1-105 反应-气浮池计算草图

① 气浮池接触室直径 d_c 选定接触室上升流速 v_c=10mm/s，则接触室表面积为

$$A_c = \frac{Q(1+R)}{v_c} = \frac{20(1+0.30)}{3600 \times 10 \times 10^{-3}} = 0.72 \ (\text{m}^2)$$

$$d_c = \sqrt{\frac{4 \times A_c}{\pi}} = \sqrt{\frac{4 \times 0.72}{\pi}} = 0.96 \ (\text{m})$$

取 1.0m。

② 气浮池直径 D 选定分离速度 v_s=2.0mm/s，则分离室表面积为

$$A_s = \frac{Q(1+R)}{v_s} = \frac{20(1+0.30)}{3600 \times 2.0 \times 10^{-3}} = 3.61(\text{m}^2)$$

$$D = \sqrt{\frac{4 \times (A_c + A_s)}{\pi}} = \sqrt{\frac{4 \times (0.72 + 3.61)}{\pi}} = 2.35(\text{m})$$

取 2.40m。

③ 分离室水深 H_s 选定分离室停留时间 t_s=10min，则

$$H_s = v_s t_s = 2.0 \times 10^{-3} \times 10 \times 60 = 1.20(\text{m})$$

④ 气浮池容积 W

$$W = (A_c + A_s)H_s = (0.72 + 3.61) \times 1.20 = 5.20(\text{m}^3)$$

⑤ 反应池容积 V

$$V = V_1 + V_2$$

其中圆台 V_1 的高度 h_1 为

$$h_1 = \frac{D - d_c}{2} \times \tan 30° = \frac{2.4 - 1.0}{2} \times 0.577 = 0.40(\text{m})$$

取圆台 V_2 的底径 d_0=0.8m，则其高度 h_2 为

$$h_2 = \frac{D - d_0}{2} \times \tan 30° = \frac{2.4 - 0.8}{2} \times 0.577 = 0.46 (\text{m})$$

$$V = V_1 + V_2 = 0.96 + 1.00 = 1.96 (\text{m}^3)$$

根据基本设计参数，反应时间 $t = 6\text{min}$，反应池体积 V' 应为

$$V' = \frac{Qt}{60} = \frac{20 \times 6}{60} = 2 (\text{m}^3)$$

现 V 略小于 V'，其实际反应时间为

$$t' = \frac{60V}{Q} = \frac{60 \times 1.96}{20} = 5.88 (\text{min})$$

⑥ 反应-气浮池高度　浮渣层高度 H_1 取 5cm，干舷 H_0 取 15cm，则其总高度 H 为

$$H = H_0 + H_1 + H_s + h_1 + h_2 = 0.15 + 0.05 + 1.2 + 0.40 + 0.46 = 2.26 (\text{m})$$

⑦ 集水系统　气浮池集水采用 14 根均匀分布的支管，每根支管中流量 q 为

$$q = \frac{Q(1+R)}{14} = \frac{20(1+0.30)}{14} = 1.86 (\text{m}^3/\text{h}) = 0.000516 (\text{m}^3/\text{s})$$

查有关的管渠水力计算表可得支管直径 d_g 为 25mm。管中流速为 0.95m/s，支管内水头损失为

$$h_{\text{支}} = \left(\xi_{\text{进}} + \lambda \frac{L}{d_g} + \xi_{\text{弯}} + \xi_{\text{出}} \right) \frac{v_{\text{支}}^2}{2g} = \left(0.5 + 0.02 \times \frac{1.80}{0.025} + 0.3 + 1.0 \right) \times \frac{0.95^2}{2 \times 9.81} = 0.15 (\text{m})$$

出水总管直径 D_g 取 125mm，管中流速为 0.54m/s。总管上端装水位调节器。反应池进水管靠近池底（切向），其直径 D'_g 取 80mm，管中流速为 1.12m/s。气浮池排渣管直径 D''_g 取 150mm。

2）溶气释放器

根据溶气压力 0.3MPa、溶气水量 6m^3/h 及接触室直径 1.0m 的情况，可选用 TJ-Ⅱ型释放器 1 只，释放器安装在距离接触室底部约 5cm 处的中心。

3）压力溶气罐

按过流密度 $I = 3000\text{m}^3/(\text{m}^2 \cdot \text{d})$ 计算溶气罐直径 D_d

$$D_d = \sqrt{\frac{4 \times Q_p}{\pi I}} = \sqrt{\frac{4 \times 6 \times 24}{3.14 \times 3000}} = 0.25 (\text{m})$$

选用标准直径 $D_d = 300\text{mm}$，TR-Ⅲ型压力溶气罐 1 只。

4）空气压缩机所需用释气量 Q_g

$$Q_g = QR'\alpha_c\psi = 20 \times 30\% \times 53 \times 1.2 = 381.6 (\text{L/h})$$

式中，R'、α_c 值均为 20℃试验时取得。因试验温度与生产中最低水温相差不大，故 ψ 取 1.2。所需空气压缩机的额定气量为

$$Q'_g = \psi' \frac{Q_g}{60 \times 1000} = 1.4 \times \frac{381.6}{60 \times 1000} = 0.009 (\text{m}^3/\text{min})$$

选用 Z-0.025/6 空压机间歇工作。

5）刮渣机

选用 TX-Ⅰ型行星式刮渣机 1 台。

五、新型气浮设备

1. GQF 型浅层气浮设备

浅层气浮技术发明于 20 世纪 70 年代，目前已广泛应用于水处理行业。浅层气浮技术在气浮理论上有三大突破。

（1）零速原理

气浮设备以与进水流速相同的速度沿池体旋转，使得水体相对进出水保持零速，避免了由于水体的扰动对悬浮颗粒与水分离的影响。

（2）浅池理论

传统气浮池分离区的有效水深一般为 2~2.5m，因而水体的停留时间一般控制在 10~20min；而浅层气浮分离区的有效水深一般只需 0.4~0.5m，停留时间只需 2~3min。

（3）新的溶气机理

溶气系统配备的是溶气罐，若按溶气罐的实际容积来计算，其水力停留时间为 2~4min；浅层气浮装置中，溶气系统采用的是溶气管，取消了填料，使溶气管的容积利用率达 100%，其水力停留时间只有 10~15s。

工作原理：待处理的原水经原水泵提升至中心进水管，同时也将溶气水及药液一起打入中心进水管与之混合，再通过与之相连的布水管均匀布水到气浮池内，布水管的移动速度和出水流速相同，方向相反，由此产生了“零速度”。使进水的扰动降至最低，颗粒絮体的悬浮和沉降在一种静态下进行。浮渣的收集通过螺旋污泥斗的不断旋转，并且与主机行走机构同步移动，边旋转边移动，再通过中央泥罐排走。气浮池中的清水通过清水收集管从中央排走，该收集管也与主机行走机构同步移动，清水管与布水管之间被布水机构隔开，彼此互不干扰。池底的沉积物通过连在旋转布水机构上的刮板将其刮入泥斗中，定期排放，从而实现了去除悬浮物（密度接近水的细微颗粒）的目的。

浅层气浮设备主要由池体、支架、驱动机构、传动机构、布水系统、集泥排泥系统等组成。其主体结构如图 1-106 所示，工艺系统组成如图 1-107 所示。

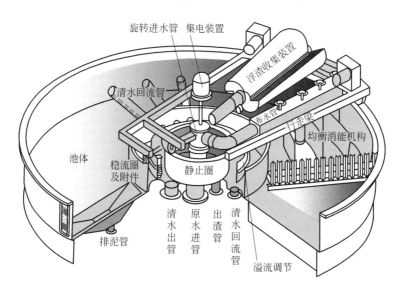

图 1-106　浅层气浮设备主体结构

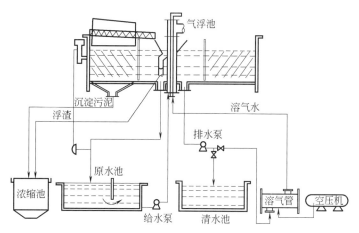

图 1-107 浅层气浮设备工艺系统组成

GQF 型浅层气浮设备主要技术参数见表 1-55。

表 1-55 GQF 型浅层气浮设备主要技术参数

型号	池径/mm	池深/mm	池高/mm	立柱高/mm	占地面积/m²	处理能力/(m³/h)	总功率/kW
GQF2300	2300	600	850	1800	31	24	9.2
GQF3200	3200	600	850	1800	36	45	10.7
GQF4100	4100	650	900	1800	46	75	13.46
GQF4800	4800	650	900	1800	50	105	13.46
GQF5500	5500	650	950	1800	53	135	23.86
GQF6300	6300	650	950	1800	65	180	23.86
GQF6600	6600	650	950	1800	67	210	23.86
GQF7400	7400	650	950	1800	74	250	30.86
GQF8600	8600	650	950	1800	108	330	32.86
GQF10200	10200	650	950	1800	126	510	50.86
GQF10400	10400	650	950	1800	147	550	50.86
GQF11300	11300	650	950	1800	155	650	50.86
GQF12100	12100	700	1000	1800	183	720	58.36
GQF13200	13200	700	1000	1800	196	850	67.76
GQF14300	14300	700	1000	1800	221	1000	67.76
GQF15300	15300	700	1000	1800	233	1150	97.76
GQF16400	16400	700	1000	1800	264	1350	97.76
GQF17500	17500	700	1000	1800	274	1505	112.76

2. CAF 涡凹气浮设备

涡凹气浮是一种新型机械碎气气浮技术,是美国 Hydrocal 公司的专利产品。废水进入装有涡凹曝气机的小型曝气段,涡凹曝气机底部散气叶轮的高速转动在水中形成一个真空区,从而将液面上的空气通过抽风管道输入水中,由叶轮高速转动而产生的三股剪切作用把空气粉碎成微气泡,空气中的氧气也随之溶入水中。固体悬浮物与微气泡黏附后上浮到水面,浮渣通过刮泥机排到污泥排放管中,再由螺旋输送器排出气浮池。净化后的废水经由溢流槽排出。开放式的回流管路从曝气段沿气浮池的底部伸展,涡凹曝气机在产生微气泡的同时,也会在有回流管的池底形成一个负压区,这种负压作用会使废水从池底回流至曝气段,重新进入气浮段,这个过程确保了 30%～50% 的废水回流,即整套系统在没有进水的情况下仍可工作。涡凹气浮特点是:

① 通过专利曝气机产生微气泡，不需要压力溶气罐、空压机、循环泵等设备，因而设备投资少、占地面积小；

② 耗电量仅相当于溶气气浮系统的 1/8～1/10，节约运行成本约 40%～90%；

③ 产生的微气泡是溶气气浮系统的 4 倍，SS 去除率可超过 90%。通过投加适合的化学药剂，对 COD 和 BOD 的去除率有可能达到 60% 以上。

涡凹气浮设备主要由曝气装置、刮渣装置和排渣装置组成，其中曝气装置主要是带有专利性质的涡凹曝气机，刮渣装置主要由刮渣和牵引链条组成，排渣装置主要为螺旋推进器。涡凹气浮设备结构见图 1-108。涡凹气浮设备性能规格和外形尺寸见表 1-56。

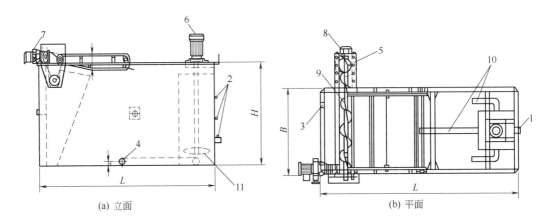

(a) 立面　　　　　　　　　　　　　　　(b) 平面

图 1-108　涡凹气浮设备结构

1—进水口；2—药剂加入口；3—出水管；4—放空管；5—排渣管；6—曝气机电机；7—刮泥机；
8—螺旋推进器电机；9—螺旋推进器；10—回流管；11—曝气机叶轮

表 1-56　涡凹气浮设备性能规格和外形尺寸

型号	外形尺寸/mm			进水管管径/mm	出水管管径/mm	排渣管管径/mm	总功率/kW	曝气机/台
	L	B	H					
CAF-5	2400	900	1200	50	50	150	1.87	1
CAF-10	3000	1200	1200	50	50	150	1.87	1
CAF-20	4500	1200	1200	80	80	150	1.87	1
CAF-30	4300	1500	1800	150	150	150	2.94	1
CAF-40	5300	1500	1800	150	150	150	2.94	1
CAF-50	5300	1800	1800	150	200	200	2.94	1
CAF-60	6500	1800	1800	200	200	200	2.94	1
CAF-75	6500	2400	1800	200	200	200	2.94	1
CAF-100	7700	2400	1800	200	250	250	2.94	1
CAF-150	11100	2400	1800	250	300	250	2.94	1
CAF-200	15100	2400	1800	2×200	300	300	5.43	2
CAF-250	16600	2400	1800	2×200	300	300	5.43	2
CAF-320	15100	3100	1800	3×200	300	300	7.80	3
CAF-400	16700	3600	1800	4×200	300	300	10.10	4
CAF-500	20900	4300	1800	4×200	300	300	10.10	4

3. SAF 序进式气浮系统

序进气浮是综合了涡凹气浮与溶气泵气浮的优点而开发的设备。在低能耗、易操作的前提下，一台设备的功效相当于传统的两级气浮的组合。序进气浮的曝气装置、溶气泵（多相流泵）、电机等均采用国际先进的设备。

图 1-109 为 SAF 序进式气浮系统设备结构示意图。前段采用涡凹原理，后段采用多相流原理，将气和回流水经泵进口一起吸入，再经泵的叶轮交切形成细小的溶气水，再通过减压阀释放成乳白色的溶气水，使絮凝体上浮。

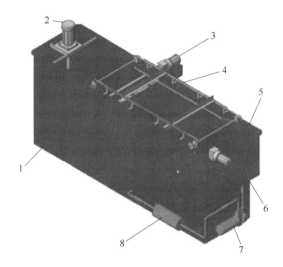

图 1-109　SAF 序进式气浮系统设备结构示意
1—箱体；2—曝气机；3—螺旋排渣机；4—刮渣系统；5—溢流堰；6—出水口；7—溶气泵；8—扩张管

SAF 序进式气浮系统的优点：集约型设计，融合 CAF 与 DAF 的优点，占地面积节省 20%；运行成本低，节约 25% 的能耗；投资省，两套设备组合在一起，节约设备成本约 25%；性能稳定，安装方便，维护简单，运行噪声低；结构简单，用多相流泵取代传统溶气系统；运行管理方便，槽内无维修部件，低压运行，并采用自动控制。该系统广泛应用于石化、纺织、印染、食品、造纸、皮革加工、乳品加工等行业。

SAF 序进式气浮系统设备规格参数见表 1-57。

表 1-57　SAF 序进式气浮系统设备规格参数

型号	流量/(m³/h)	长/m	宽/m	高/m	总功率/kW
SAF-3	3	3.50	0.90	1.20	3.74
SAF-5	5	4.55	0.90	1.20	3.74
SAF-10	10	5.00	1.20	1.50	4.44
SAF-15	15	6.00	1.20	1.50	5.24
SAF-20	20	7.20	1.20	1.50	5.24
SAF-30	30	8.80	2.00	1.84	7.12
SAF-50	50	10.90	2.40	2.00	8.62
SAF-75	75	14.60	2.40	2.00	8.62

第四节　过滤装置

一、快滤池

1. 工作原理

（1）工艺流程

图 1-110 为普通快滤池的透视图。滤池本身包括滤料层、承托层、配水系统、集水渠和洗砂排水槽五个部分。快滤池管廊内有原水进水、清水出水、冲洗排水等主要管道和与其相配的控制闸阀。

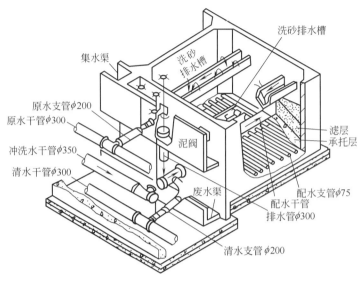

图 1-110　快滤池透视图

快滤池的运行过程主要是过滤和冲洗两个过程的交替循环。过滤是生产清水的过程，待过滤进水经来水干管和洗砂排水槽流入滤池，经滤料层过滤截留水中悬浮物质，清水则经配水系统收集，由清水干管流出滤池。在过滤中，由于滤层不断截污，滤层孔隙逐渐减小，水流阻力不断增大，当滤层的水头损失达到最大允许值时，或当过滤出水水质接近超标时，则应停止滤池运行，进行反冲洗。一般滤池一个工作周期应大于 8～12h。

滤池反冲洗时，水流逆向通过滤料层，使滤层膨胀、悬浮，借水流剪切力和颗粒碰撞摩擦力清洗滤料层并将滤层内污物排出。反冲洗水一般由冲洗水箱或冲洗水泵供给，经滤池配水系统进入滤池底部反冲洗；冲洗污水由洗砂排水槽、污水渠和排污管排出。

（2）过滤机理

快滤池分离悬浮颗粒涉及多种因素和过程，一般分为三类，即迁移机理、附着机理和脱落机理。

1）迁移机理

悬浮颗粒脱离流线而与滤料接触的过程就是迁移过程。引起颗粒迁移的原因主要如下。

① 筛滤　比滤层孔隙大的颗粒被机械筛分，截留于过滤表面上，然后这些被截留的颗粒形成孔隙更小的滤饼层，使过滤水头增加，甚至发生堵塞。显然，这种表面筛滤没能发挥整个滤层的作用。但在普通快滤池中，悬浮颗粒一般都比滤层孔隙小，筛滤对总去除率贡献不大。

② 拦截　随流线流动的小颗粒，在流线会聚处与滤料表面接触。其去除率与颗粒直径的平方成正比，与滤料粒径的立方成反比。

③ 惯性　当流线绕过滤料表面时，具有较大动量和密度的颗粒因惯性冲击而脱离流线碰撞到滤料表面上。

④ 沉淀　如果悬浮物的粒径和密度较大，将存在一个沿重力方向的相对沉淀速度。在

净重力作用下，颗粒偏离流线沉淀到滤料表面上。沉淀效率取决于颗粒沉速和过滤水速的相对大小和方向。此时，滤层中的每个小孔隙起着一个浅层沉淀池的作用。

⑤ 布朗运动　对于微小悬浮颗粒（如 $d<1\mu m$），由于布朗运动而扩散到滤料表面。

⑥ 水力作用　由于滤层中的孔隙和悬浮颗粒的形状是极不规则的，在不均匀的剪切流场中，颗粒受到不平衡力的作用不断地转动而偏离流线。

在实际过滤中，悬浮颗粒的迁移将受到上述各种机理的作用，它们的相对重要性取决于水流状况、滤层孔隙形状及颗粒本身的性质（粒度、形状、密度等）。

2）附着机理

由上述迁移过程而与滤料接触的悬浮颗粒，附着在滤料表面上不再脱离，就是附着过程。引起颗粒附着的因素主要有以下几种。

① 接触凝聚　在原水中投加凝聚剂，压缩悬浮颗粒和滤料颗粒表面的双电层后，但尚未生成微絮凝体时，立即进行过滤。此时水中脱稳的胶体很容易与滤料表面发生凝聚，即发生接触凝聚作用。快滤池操作通常投加凝聚剂，因此接触凝聚是主要附着机理。

② 静电引力　由于颗粒表面上的电荷和由此形成的双电层产生静电引力和斥力。悬浮颗粒和滤料颗粒带异号电荷则相吸，反之则相斥。

③ 吸附　悬浮颗粒细小，具有很强的吸附趋势，吸附作用也可能通过絮凝剂的架桥作用实现。絮凝物的一端附着在滤料表面，而另一端附着在悬浮颗粒上。某些聚合电解质能降低双电层的排斥力或者在两表面活性点间起键的作用而改善附着性能。

④ 分子引力　原子、分子间的引力在颗粒附着时起重要作用。分子引力可以叠加，其作用范围有限（通常小于 $50\mu m$），与两分子间距的 6 次方成反比。

3）脱落机理

普通快滤池通常用水进行反冲洗，有时先用或同时用压缩空气进行辅助表面冲洗。在反冲洗时，滤层膨胀一定高度，滤料处于流化状态。截留和附着于滤料上的悬浮物受到高速反冲洗水流的冲刷而脱落；滤料颗粒在水流中旋转、碰撞和摩擦，也使悬浮物脱落。反冲洗效果主要取决于冲洗强度和时间。当采用同向流冲洗时，还与冲洗流速的变动有关。

（3）过滤效率的影响因素

过滤是悬浮颗粒与滤料的相互作用，悬浮物的分离，效率受到这两方面因素的影响。

1）滤料的影响

① 粒度　过滤效率与粒径 d^n（$1<n<3$）成反比，即粒度越小过滤效率越高，但水头损失增加也越快。在小滤料过滤中，筛分与拦截机理起重要作用。

② 形状　角形滤料的表面积比同体积球形滤料的表面积大，因此，孔隙率相同时角形滤料的过滤效率高。常用滤料的比表面积见表 1-58。

表 1-58　常用滤料的比表面积

滤料种类	粒径 d/mm	比表面积 S/(cm²/g)
石英砂滤料	0.15~1.2	174~25.5
无烟煤滤料	0.15~1.2	208~30.4
石榴石滤料	0.15~1.2	203~37.1
陶粒滤料	0.5~2.0	$(10\sim5)\times10^3$

③ 孔隙率　球形滤料的孔隙率与粒径关系不大，一般都在 0.43 左右。但角形滤料的孔隙率取决于粒径及其分布，一般为 0.48~0.55。较小的孔隙率会产生较高的水头损失和过滤效率，而较大的孔隙率提供较大的纳污空间和较长的过滤时间。但悬浮物容易穿透。

④ 厚度　滤床越厚，滤液越清，操作周期越长。

⑤ 表面性质　滤料表面不带电荷或者带有与悬浮颗粒表面电荷相反的电荷，有利于悬浮颗粒在其表面上吸附和接触凝聚。通过投加电解质或调节 pH 值可改变滤料表面的动电位。

2）悬浮物的影响

① 粒度　几乎所有过滤机理都受悬浮物粒度的影响。粒度越大，越易被筛滤去除。向原水投加混凝剂，待其生成适当粒度的絮体或微絮体后进行过滤，可以提高过滤效果。

② 形状　角形颗粒因比表面积大，其去除效率比球形颗粒高。

③ 密度　颗粒密度主要通过沉淀、惯性及布朗运动机理影响过滤效率，因这些机理对过滤贡献不大，故影响程度较小。

④ 浓度　过滤效率随原水浓度升高而降低，浓度越高，穿透越易，水头损失增加越快。

⑤ 温度　温度影响密度及黏度，进而通过沉淀和附着机理影响过滤效率。降低温度对过滤不利。

⑥ 表面性质　悬浮物的絮凝特性、动电位等主要取决于表面性质，因此，颗粒表面性质是影响过滤效率的重要因素。常通过添加适当的絮凝剂来改善表面性质。凝聚过滤法就是在原水加药脱稳后尚未形成微絮体时进行过滤。该方法投药量少，过滤效果好。

2. 装置与滤料

（1）装置

1）滤床种类

用于给水和污水过滤的快滤池，按所用滤床层数分为单层滤料、双层滤料和三层滤料滤池，如图 1-111 所示。

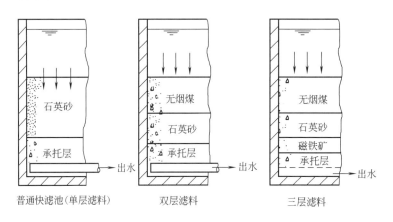

图 1-111　快滤池不同类型

① 单层滤料滤池　一般单层滤料普通快滤池适用于给水，在污水处理中仅适用于一些清洁的工业污水处理。经验表明，当用于污水二级处理出水时，由于滤料粒径过细，短时间内会在砂层表面发生堵塞。因此适用于污水二级处理出水的单层滤料滤床应采用另外两种形式。一种是单层粗砂深层滤床滤池，特别适用于生物膜硝化和脱氮系统，滤床滤料粒径通常为 1.0～2.0mm（最大使用 6mm），滤床厚 1.0～3.0m，滤速达 3.7～37m/h，并尽可能采用均匀滤料。由于所用滤料粒径较粗，即使污水所含颗粒较大，当负荷很大时也能取得较好的过滤效果。另一种是采用单层滤料不分层滤床。粒径大小不同的单一滤料均匀混合组成滤床与气水反冲洗联合使用。气水反冲洗时只发生膨胀，约为 10% 左右，不使其发生水力筛

分分层现象，因此，滤床整个深度上孔隙大小分布均匀，有利于增大下部滤床去除悬浮杂质的能力。不分层滤床上滤料的有效粒径与双层滤料滤池上层滤料粒径大致相同，通常为1～2mm，并保持池深与粒径比为800～1000。

一般单层砂滤池的滤料规格和运行设计参数见表1-59。

表1-59 单层砂滤池的滤料规格和运行设计参数

滤池类型		滤料规格		运行设计参数		
		滤料粒径/mm	滤层厚度/cm	滤速/(m/h)	反冲洗强度/[L/(m²·s)]	反冲洗时间/min
给水处理中		0.5～1.2	70	8～12		
重力沉降后	粗滤料滤池	2～3	200	10	12～15	7～5
	大滤料滤池	1～2	150～200	7～10		
	中滤料滤池	0.8～1.6	100～120	5～7		
	细滤料滤池	0.4～1.2	100	5		
生化处理后	大滤料滤池	1～2	100～150	5～7	12～15	7～5

② 双层滤料滤池 组成双层滤料滤床的种类如下：无烟煤和石英砂，陶粒和石英砂，纤维球和石英砂，活性炭和石英砂，树脂和石英砂，树脂和无烟煤等。以无烟煤和石英砂组成的双层滤料滤池使用最为广泛。双层滤料滤池属于反粒度过滤，截留杂质能力强，杂质穿透深，产水能力大，适于在给水和污水过滤处理中使用。

新型普通双层滤料滤池，一种是均匀-非均匀双层滤料滤池，将普通双层滤池上层级配滤料改装均匀粗滤料，即可进一步提高双层滤池的生产能力和截污能力。上层均匀滤料可采用均匀陶粒，也可采用均匀煤粒、塑料372b、ABS颗粒。均匀-非均匀双层滤料的厚度与普通双层滤池相同。另一种是均匀双层滤料滤池，上层采用1.0～2.0mm的均匀陶粒或煤粒，下层采用0.7～0.9mm的石英砂。滤床厚度与普通双层滤池相同或稍厚一些，床深与粒径比大于800～1000。均匀双层滤料滤池也属于反粒度过滤，截留杂质能力可提高1.5倍左右。

③ 三层滤料滤池 三层滤料滤池最普遍的形式如表1-60所示，上层为无烟煤（相对密度为1.5～1.6），中层为石英砂（相对密度为2.6～2.7），下层为磁铁矿（相对密度为4.7）或石榴石（相对密度为4.0～4.2）。这种借密度差组成的三层滤料滤池更能使水由粗滤层流向细滤层呈反粒度过滤，使整个滤层都能发挥截留杂质作用，减少过滤阻力，保持很长的过滤时间。

表1-60 三层滤料滤池的滤料规格

方案Ⅰ					方案Ⅱ			
层次	滤料名称	密度/(kg/m³)	粒径/mm	厚度/cm	层次	滤料名称	密度/(kg/m³)	粒径/mm	厚度/cm
1	无烟煤	1.5～1.6	0.8～1.6	42	1	无烟煤	1.5～1.6	1.0～2.0	45
2	石英砂	2.6～2.7	0.5～0.8	23	2	石英砂	2.6～2.7	0.5～1.0	20
3	磁铁矿砂	4.75	0.25～0.5	7	3	石榴石	4.0～4.2	0.2～0.4	10

当然滤层层数并非越多越好，虽然可能接近理想滤层，但容易出现混层，而且压头损失变大，目前常使用的是双层滤料滤池。

应该指出，上述三种类型都是针对普通滤池的下向流过滤而言的。实际上，污水的滤池过滤可分为上向流、下向流和双向流三种（见图1-112）。

在上向流过滤中，水流向上通过滤料；反冲洗后，滤料将会分层，导致滤池底部滤料粒

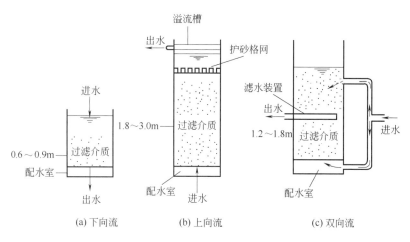

图 1-112　滤池中的过滤方向

度较大而上部滤料粒度较小，因此上向流过滤是一种"反粒度"过滤，可以截留较多的悬浮固体（含污量大），延长滤池的工作周期。当滤速较高时，为防止滤料层膨胀，表层应设置格网或格栅。这种过滤的缺点是反冲洗时滤层膨胀受格网限制，且反冲洗水与过滤水流方向一致，影响反冲洗效果。双向流过滤可将下向流与上向流过滤的优点结合起来，滤出水可通过设在池中部的集水装置而引出池外，反冲洗时，仅需增加池底部的进水速度。

2）承托层

承托层的作用，一是防止过滤时滤料从配水系统中流失；二是在反冲洗时起一定的均匀布水作用。承托层一般采用天然砾石，其组成见表 1-61。

表 1-61　大阻力配水系统承托层

层　　次		粒　　径/mm	厚　　度/mm
上 ↓ 下	1	2～4	100
	2	4～8	100
	3	8～16	100
	4	16～32	100

承托层多采用不同粒径的卵石分层码放构成。几种承托层材料的性能参数见表 1-62。

表 1-62　几种滤池支承层用卵石的性能参数

粒径/mm	外观质量	物理化学性质	产地
2～4 4～8 8～16 16～32 32～64	呈圆形,无裂纹,天然河卵石经人工洗选	堆密度 $1.85t/m^3$,SiO_2 含量 ≥98.8%,Fe_2O_3 含量 0.038%,盐酸可溶率<0.3%,含泥量 0.1%,抗压强度 103.4MPa	湖南省岳阳市
2～4 4～8 8～16 16～32 32～64	呈类圆形,无裂缝,无杂质,人工筛洗选	SiO_2 含量 98.8%,Fe_2O_3 含量 0.038%,堆密度 $1.85t/m^3$,抗压强度 103.4MPa	福建省晋江市
2～4 4～8 8～16 16～32 32～64	天然海卵石,呈类圆形,无裂纹,无杂质	真密度 $2.65t/m^3$,堆密度 $1.85t/m^3$,SiO_2 含量 98.8%,抗压强度 103.5MPa	福建省晋江市

（2）滤料的选择

滤料的种类、性质、形状和级配等是决定滤层截留杂质能力的重要因素。滤料的选择应满足以下要求。

① 滤料必须具有足够的机械强度，以免在反冲洗过程中很快地磨损和破碎。一般磨损率应小于4%，破碎率应小于1%，磨损破碎率之和应小于5%。

② 滤料化学稳定性要好。不少国家对滤料盐酸可溶率的上限值有所规定，如日本规定不大于3.5%，美国规定不大于5%，法国规定不大于2%，并且对不同滤料其值有所不同。

③ 滤料应不含有对人体健康有害及有毒物质，不含对生产有害、影响生产的物质。

④ 滤料的选择应尽量采用吸附能力强、截污能力大、产水量高、过滤出水水质好的滤料，以利于提高水处理厂的技术经济效益。

此外，选用滤料宜价廉、货源充足和就地取材。

具有足够的机械强度、化学稳定性好和对人体无害的分散颗粒材料均可作为水处理滤料，如石英砂、无烟煤粒、矿石粒以及人工生产的陶粒滤料、瓷料、纤维球、塑料颗粒、聚苯乙烯泡沫珠等，目前应用最为广泛的是石英砂和无烟煤。

（3）滤池配水系统

配水均匀性对反冲洗效果影响很大，如果配水不均匀，局部反冲洗水量过大，滤料流化程度高，将会使部分滤料转移到反冲洗水量小的地方。滤层的水平移动使滤料分层混乱，局部滤料厚度减薄、出水水质恶化、反冲洗阻力减小，在下一次反冲洗时，单位面积上的反冲洗水量进一步增大，更进一步促使滤料平移。如此恶性循环，会造成漏砂（料）现象，甚至导致滤池无法正常工作。

配水系统分为大阻力配水系统、中阻力配水系统和小阻力配水系统。国内20世纪80年代以前建造的滤池配水系统大多采用丰型管（大阻力配水），陶瓷、混凝土、塑料滤砖（中阻力配水），多孔水泥板（小阻力配水）。

穿孔管大阻力配水系统如图1-113所示。

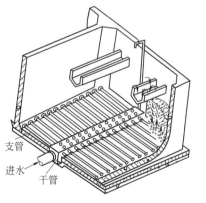

穿孔支管孔口位置

45° 45°

支管
进水
干管

图1-113 穿孔管大阻力配水系统

大阻力配水系统由一条干管和多条带孔支管构成，外形呈"丰"字状。干管设于池底中心，支管埋于承托层中间，距池底有一定高度，支管下开两排小孔，与中心线呈45°角交错排列。孔的口径小，出流阻力大，使管内沿程水头损失的差别与孔口水头损失相比非常小，从而使全部孔口的水头损失趋于一致，以达到均匀布水的目的。另外，若使集水室中的水头损失与配水系统本身相比很小，也可实现均匀布水。管式大阻力配水系统干管和支管设计参数见表 1-63。

表 1-63 管式大阻力配水系统设计参数

项目	数值	项目	数值
干管进口流速/(m/s)	1.0~1.5	支管进口流速/(m/s)	1.5~2.5
总开孔率/%	0.2~0.5	孔口流速/(m/s)	5~6
孔口直径/mm	9~12	支管间距/m	0.2~0.8
孔口间距/mm	75~300	支管直径/mm	75~100

中阻力配水系统开孔率一般为 $0.6\%\sim0.8\%$，配水系统形成有管板式和双层滤砖形式，其中多采用双层滤砖形式。

小阻力配水系统则是指采用多孔滤板、滤砖、格栅、滤头等方式配水。由于传统滤池工艺陈旧，耗能耗水量大、反冲成本高、效果差，因而当今滤池设计已普遍采用小阻力配水系统的滤头/滤板气水联合反冲洗、滤头/滤板单水反冲洗工艺。

3. 设计与计算

（1）滤速与滤池面积

普通快滤池用于给水和清净污水的滤速可采用 5~12m/h；粗砂快滤池用于处理污水时流速可采用 3.7~37m/h；双层滤料滤池的滤速采用 4.8~24m/h；三层滤料滤池的滤速一般可与双层滤料滤池相同。

滤池面积按式（1-87）计算。

$$F=\frac{Q}{vT} \tag{1-87}$$

$$T=T_0-t_0-t_1$$

式中　F——滤池总面积，m^2；

　　　Q——设计日污水量，m^3/d；

　　　v——滤速，m/h；

　　　T——滤池的实际工作时间，h；

　　　T_0——滤池的工作周期，h；

　　　t_0——滤池停运后的停留时间，h；

　　　t_1——滤池反冲洗时间，h。

（2）滤池个数及尺寸

滤池的个数一般应通过技术经济比较来确定，但不应少于 2 个，每个滤池面积按式（1-88）计算。

$$f=\frac{F}{N} \tag{1-88}$$

式中　f——单个滤池面积，m^2；

　　　N——滤池的个数。

单个滤池面积≤30m^2 时，长宽比一般为 1∶1；当单个滤池面积＞30m^2 时，长宽比为 $(1.25∶1)\sim(1.5∶1)$。当采用旋转式表面冲洗措施时，长宽比为 1∶1、2∶1 或 3∶1。

　[例 1-11]　设计日处理污水量为 2500m^3 的双层滤料滤池。

　解：（1）设计污水量

污水量 $Q=1.05\times2500=2625m^3/d$。其中考虑了 5% 的水厂自用水量（包括反冲洗用水）。

（2）设计参数

滤速 $v=5\text{m/h}$，冲洗强度 $q=13\sim16\text{L/(s·m}^2)$，冲洗时间为 6min。

（3）计算

1）滤池面积及尺寸

滤池工作时间为 24h，每次冲洗 6min，停留 40min，滤池实际工作时间为

$$T=T_0-t_0-t_1=24-\frac{40}{60\times2}-\frac{6}{60\times2}=23.62(\text{h})$$

$$F=\frac{Q}{vT}=\frac{2625}{5\times23.62}=22.227(\text{m}^2)$$

采用 2 个滤池，则每个滤池面积为

$$f=\frac{F}{N}=11.114(\text{m}^2)$$

设计滤池长宽比 $\dfrac{L}{B}=1$，滤池尺寸为

$$L=B=\sqrt{11.114}=3.33(\text{m})$$

校核强制滤速
$$v'=\frac{Nv}{N-1}=10(\text{m/h})$$

2）滤池总高

承托层高度：H_1 采用 0.45m；

滤料层高度：无烟煤层取 450mm，砂层取 300mm，滤料层高度 $H_2=750\text{mm}=0.75\text{m}$；

滤料上水深：H_3 采用 1.5m；

超高：H_4 采用 0.3m；

滤板高度：H_5 采用 0.12m。

滤池总高：$H=H_1+H_2+H_3+H_4+H_5=3.12(\text{m})$

3）滤池反冲洗水头损失

① 管式大阻力配水系统水头损失为

$$h_2=\left(\frac{q}{10\alpha\mu}\right)^2\times\frac{1}{2g}$$

设计支管直径 $d=75\text{mm}$，壁厚 $b=5\text{mm}$，孔眼 $d=9\text{mm}$，孔口流量系数 $\mu=0.68$，配水系统开孔比 $\alpha=0.25$，$q=14\text{L/(s·m}^2)$，代入上式得 $h_2=3.5\text{m}$。

② 经砾石承托层水头损失计算如下（式中 H_1 为层厚）
$$h_3=0.022H_1q=0.022\times0.45\times14=0.14(\text{m})$$

③ 滤料层水头损失及富余水头为
$$h_4=2.0(\text{m})$$

④ 反冲洗水泵扬程 $H=$ 滤池高度＋清水池高度＋管道、滤层水头损失
$$H=3.12+3+(3.5+0.14+2.0)=11.76(\text{m})$$

二、其他类型滤池的设计与计算

1. 无阀滤池的设计与计算

（1）进水系统

当滤池采用双格组合时，为使配水均匀，要求进水分配箱两堰口标高、厚度及粗糙度尽

可能相同。堰口标高可按下式确定。

$$堰口标高=虹吸辅助管管口标高+进水及虹吸上升管内各项水头损失之和$$
$$+保证堰上自由出流的高度(10\sim15cm)$$

为防止虹吸管工作时因进水中带入空气而可能产生提前破坏虹吸现象,宜采取下列措施。

① 在滤池即将冲洗前,进水分配箱应保持有一定水深,一般考虑箱底与滤池冲洗水箱相平。

② 进水管内流速一般采用 $0.5\sim0.7m/s$。

③ 为安全起见,进水管 U 形存水弯的底部中心标高可放在排水井井底标高处。

(2) 无阀滤池

无阀滤池面积和冲洗水箱高度可按下式计算

$$F=\alpha\frac{Q}{v} \tag{1-89}$$

$$H_冲=\frac{60Fqt}{1000F'} \tag{1-90}$$

$$F'=F+f_2$$

式中　F——滤池的净面积,m^2;

　　　F'——冲洗水箱净面积,m^2;

　　　f_2——连通渠及斜边壁厚面积;

　　　Q——设计水量,m^3/h;

　　　v——滤速,m/h;

　　　α——考虑反冲洗水量增加的百分数,%,一般取 5%;

　　　q——反冲洗强度,$L/(s\cdot m^2)$;

　　　t——冲洗历时,min;

　　　$H_冲$——冲洗水箱高度,m。

2. 虹吸滤池的设计与计算

(1) 虹吸滤池平面布置

虹吸滤池可以设计成圆形、矩形或多边形。

(2) 分格数及滤池面积

每座虹吸滤池由若干格组成,分格数、滤池面积可按下式计算。

$$n\geqslant\frac{3.6q}{v}+1 \tag{1-91}$$

$$F=\frac{\frac{24}{23}Q_处}{v} \tag{1-92}$$

$$Q_处=1.05Q_净 \tag{1-93}$$

$$f=\frac{F}{n} \tag{1-94}$$

式中　n——分格数,个,一般取 6~8 个;

　　　F——滤池总面积,m^2;

　　　$Q_处$——滤池处理水量,m^3/h;

　　　$Q_净$——净产水量,m^3/h;

　　　v——设计滤速,m/h;

f——单格面积，取 $f < 50 m^2$；

q——反冲洗强度，L/(s·m²)。

（3）进水虹吸管设计流速

取 0.4～0.6m/s。

（4）排水虹吸管设计流速

取 1.4～1.6m/s。

（5）滤池深度

$$H = H_1 + H_2 + H_3 + H_4 + H_5 + H_6 + H_7 + H_8 \tag{1-95}$$

式中　H_1——滤池底部空间高度，m，采用 0.3～0.5m；

H_2——配水系统结构高度，m；

H_3——承托层高度，m；

H_4——滤料层高度，m；

H_5——排水槽顶高出砂面距离，m；

H_6——排水槽顶与出水堰顶高差，m；

H_7——最大允许水头损失，m；

H_8——滤池超高，m，一般取 0.2～0.3m。

（6）真空系统

包括抽真空设备（真空泵、水射器等）、真空罐、管道、闸门等，设计真空系统时应能在 2～5min 内使虹吸管投入工作。

（7）自动冲洗装置

虹吸滤池的冲洗操作和冲洗后自动投入过滤运行易于实现自动控制。可采用电动控制，也可采用水力自动控制，后者使用较多。

3. 移动冲洗罩滤池的设计与计算

（1）滤池总面积和分格数

$$F = 1.05 \frac{Q}{\overline{v}} \tag{1-96}$$

$$f = F/n \tag{1-97}$$

$$n < \frac{60T}{t+s} \tag{1-98}$$

式中　Q——净产水量，m³/h；

$\overline{v}$——平均滤速，m/h；

f——每一滤格净面积，m²；

T——滤池总过滤周期，h；

n——分格数；

t——各滤格冲洗时间，min；

s——罩体移动和两滤格间运行时间，min。

（2）每一滤格反冲洗流量

$$q_格 = fq \tag{1-99}$$

式中　$q_格$——滤格的反冲洗流量，L/s；

q——反冲洗强度，L/(s·m²)。

（3）流速

出水虹吸管流速一般采用 $0.9\sim1.3\mathrm{m/s}$；反冲洗虹吸管流速一般采用 $0.7\sim1.0\mathrm{m/s}$。

（4）泵

冲洗泵一般可选用农业灌溉水泵、油浸式潜水泵或轴流泵等。

（5）出水虹吸管管顶高程

出水虹吸管管顶高程 G 是影响滤池稳定的一个控制因素。高程 G 应控制在液面到液面以下 $10\mathrm{cm}$ 范围内。

（6）自控系统

滤池一般配有自动控制系统。目前采用的自控系统有：①PMOS 集成电路程序控制系统，采用 CHK-2 型程控器作为控制元件；②采用时间继电器作为指令元件。

4. 上向流滤池的设计与计算

（1）滤速

过滤过程中，滤料在水中的重力大于水流动力时，滤床是稳定的。当滤速超过某一数值时，滤层就会出现膨胀或流化现象，此时的水流速度称为初始流化速度。清洁滤层的初始流化速度可按下式计算（$Re<10$ 时）

$$v_{\mathrm{f}}=\frac{(\rho_{\mathrm{s}}-\rho)gd^2}{1980\mu\alpha^2}\times\frac{m_0}{1-m_0} \tag{1-100}$$

式中　v_{f}——清洁滤层初始流化速度，$\mathrm{cm/s}$；

　　　ρ_{s}——滤料的密度，$\mathrm{g/cm^3}$；

　　　ρ——污水的密度，$\mathrm{g/cm^3}$；

　　　d——滤料的粒径，cm；

　　　g——重力加速度，$\mathrm{cm/s^2}$；

　　　μ——污水的动力黏度，$\mathrm{P}(1\mathrm{P}=10^{-1}\mathrm{Pa\cdot s})$；

　　　m_0——清洁滤层孔隙率；

　　　α——滤料的形状系数。

上向流滤池的设计滤速 $v<v_{\mathrm{f}}$。

（2）上向流滤池的滤料配级　上部石英砂层粒径 d 采用 $1\sim2\mathrm{mm}$，厚度 $1.0\sim1.5\mathrm{m}$；中部砂层 d 采用 $2\sim3\mathrm{mm}$，厚度 $300\mathrm{mm}$；下部粗砂 d 采用 $10\sim16\mathrm{mm}$，厚度 $250\mathrm{mm}$。

上部设遏制格栅时，格栅开孔面积按 75% 计算。

三、滤池的反冲洗

（1）反冲洗水的供给

供给反冲洗水的方式有两种：冲洗水泵和冲洗水塔。前者投资较低，但操作较麻烦，在冲洗的短时间内耗电量大，往往会使厂区内供电网负荷陡然骤增；后者造价较高，但操作简单，允许在较长时间内向水塔输水，专用水泵小，耗电较均匀。如有地形或其他条件可利用时，建造冲洗水塔较好。

1）冲洗水塔

水塔中的水深不宜超过 $3\mathrm{m}$，以免冲洗初期和末期的冲洗强度相差过大。水塔应在冲洗间隙时间内充满。水塔容积按单个滤池冲洗水量的 1.5 倍计算。即

$$V = \frac{1.5Ftq \times 60}{1000} = 0.09Ftq \qquad (1\text{-}101)$$

式中　V——水塔容积，m^3；

t——冲洗历时，min；

q——冲洗强度，$L/(s \cdot m^2)$；

F——滤池面积，m^2。

水塔底高出滤池排水槽顶的距离按下式计算。

$$H_0 = h_1 + h_2 + h_3 + h_4 + h_5 \qquad (1\text{-}102)$$

式中　h_1——从水塔至滤池的管道中总水头损失，m；

h_2——滤池配水系统水头损失，m；

h_3——承托层水头损失，m；

h_4——滤料层水头损失，m；

h_5——备用水头，m，一般取 $1.5 \sim 2.0m$。

$$h_2 = \left(\frac{q}{10\alpha\beta}\right)^2 \times \frac{1}{2g} \qquad (1\text{-}103)$$

式中　q——反冲洗强度，$L/(s \cdot m^2)$；

α——孔眼流量系数，一般为 $0.65 \sim 0.7$；

β——孔眼总面积与滤池面积之比，采用 $0.2\% \sim 0.25\%$；

g——重力加速度，$9.81m/s^2$。

$$h_3 = 0.022qH \qquad (1\text{-}104)$$

式中　H——承托层厚度，m。

$$h_4 = (\gamma_s - 1)(1 - m_0)l_0 \qquad (1\text{-}105)$$

式中　γ_s——滤料相对密度；

m_0——滤料膨胀前孔隙率；

l_0——滤料膨胀前厚度，m。

2）水泵冲洗

水泵流量按冲洗强度和滤池面积计算。水泵扬程 H 为

$$H = H_0 + h_1 + h_2 + h_3 + h_4 + h_5 \qquad (1\text{-}106)$$

式中　H_0——排水槽顶与清水池最低水位之差，m；

h_1——从清水池至滤池的冲洗管道中总水头损失，m。

其余符号同前。

（2）反冲洗工艺参数

1）冲洗强度

砂滤层的冲洗强度可根据冲洗所用的水量，以及冲洗时间和滤池面积来计算。

$$\text{冲洗强度 } q = \frac{\text{冲洗水量}}{\text{滤池面积} \times \text{冲洗时间}}$$

当用水塔冲洗时，可根据水塔的水位标尺算出冲洗所用的水量。当用水泵冲洗时，测定冲洗强度的方法与测滤速时一样，就是测定滤池内冲洗水的上升速度，再换算成冲洗强度。但应在水位低于洗水槽口时测定。

2）滤层膨胀率

开始反冲洗后，滤料层失去稳定而逐渐流化，滤料层界面不断上升。滤池中滤料层增加的百分率称为膨胀率，膨胀率可由下式表示。

$$e = \frac{L - L_0}{L_0} \times 100\%\tag{1-107}$$

式中　e——膨胀率；

L_0——过滤时稳定滤层厚度，cm；

L——反冲洗时流化滤层厚度，cm。

滤料层膨胀过程中滤料颗粒间孔隙不断加大。在某一反冲洗强度时，流化滤料层的孔隙率与膨胀率的关系可由下式决定。

$$\varepsilon = 1 - \frac{1 - \varepsilon_0}{1 + e}\tag{1-108}$$

式中　ε_0——稳定滤层（洁净滤料）的孔隙率；

ε——膨胀率为 e 时滤层的孔隙率。

反冲洗时，为了保证滤料颗粒有足够的间隙使污物迅速随水排出滤池，滤层膨胀率应大一些。但膨胀率过大时，单位体积中滤料的颗粒数变少，颗粒碰撞和摩擦的机会也减少，对清洗不利。设计时根据最佳反冲洗速度下的膨胀率来控制反冲洗较为方便。一般情况下，单层石英砂滤料滤池的膨胀率为 20%～30%，上向流滤池为 30% 左右，双层滤料滤池为 40%～50%。

3）冲洗历时

滤池反冲洗必须经历足够的冲洗时间。若冲洗时间不足，滤料得不到足够的水流剪切和碰撞摩擦时间，则清洗不干净。一般普通快滤池冲洗历时不少于 5～7min，普通双层滤料滤池不少于 6～8min。

（3）辅助清洗

1）表面冲洗

过滤含有机物质较多的原水时，滤层表面往往生成由滤料颗粒、悬浮物和黏性物质结成的泥球。为了破坏泥球，提高冲洗质量，常用压力水进行表面冲洗。表面冲洗装置主要有固定喷嘴表面冲洗器和悬臂式旋转冲洗器两种。冲洗器置于滤层之上，压力为 $(24.5 \sim 39.2) \times 10^4$ Pa 的水由喷嘴喷出，砂粒受到喷射水流的剧烈搅动，使表面附着的悬浮物脱落，随冲洗水排出。

固定冲洗器结构简单，但清洗效果不佳。旋转冲洗器距滤层表面 50mm，转速为 5r/min，冲洗强度为 0.5～0.8L/(s·m²)，喷嘴处水流速度可达 30m/s，能射入滤层 100mm。喷嘴与水平面倾角为 24°～25°，孔嘴相距 200mm。

为使深层滤料也能清洗得更为洁净，也可在滤层表面下设冲洗器。采用表面冲洗或表面和表面下联合冲洗时，应与反冲洗同时进行。

2）空气辅助清洗

到目前为止，还没能从理论上推导出水-气联合冲洗的最佳空气冲洗强度。根据经验，对单一滤料的石英砂及无烟煤滤池，采用的空气冲洗强度范围为 160～270L/(s·m²)，冲洗历时 3～4min。

（4）冲洗水的排除　滤池的冲洗污水由洗砂排水槽和集水渠排出。过滤时，它们往往也是均匀分布进滤水的设备。

1）洗砂排水槽

底部呈三角形断面的洗砂排水槽如图 1-114 所示。通常设计始端深度为末端深度的一半。洗砂排水槽的排水流量 Q 按下式计算。

$$Q = qab \qquad (1-109)$$

式中　Q——排水流量，L/s；

　　　q——反冲洗强度，$L/(s \cdot m^2)$；

　　　a——两洗砂排水槽间的中心距，m，一般为 1.5～2.2m；

　　　b——洗砂排水槽的长度，m，一般不大于 6m。

槽底为三角形断面，断面模数 x 按下式计算。

$$x = \frac{1}{2}\sqrt{\frac{qab}{1000v}} \qquad (1-110)$$

式中　x——排水槽断面模数，m，见图 1-114；

　　　v——排水槽出口流速，一般取 0.6m/s。

槽底距砂面高度为

$$H_e = eL + 2.5x + \delta + 0.075 \qquad (1-111)$$

式中　H_e——槽底距砂面高度，m；

　　　e——滤层最大膨胀率；

　　　L——滤层厚度，m；

　　　δ——槽底厚度，m。

2）集水渠

各洗砂排水槽的冲洗污水汇集于集水渠中。洗砂排水槽底位于集水渠始端水面上，高度不小于 0.05～0.2m，如图 1-115 所示。

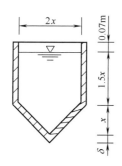

图 1-114　洗砂排水槽

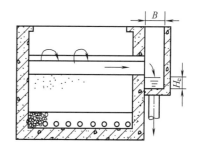

图 1-115　集水渠

矩形集水渠渠底距排水槽底高度 H_e 可按下式计算。

$$H_e = 1.73\left(\frac{q_x^2}{gB^2}\right)^{\frac{1}{3}} \qquad (1-112)$$

式中　q_x——滤池冲洗流量，m^3/s；

　　　B——渠宽，m，一般不大于 0.7m；

　　　g——重力加速度，$9.81m/s^2$。

图 1-116　钢制重力式无阀过滤器

四、滤池产品

1. 钢制重力式无阀过滤器

钢制重力式无阀过滤器广泛应用于地表水净化、地下水除铁除锰、循环水旁流过滤、生产废水去除悬浮杂质、有机污水经生化处理和二次沉淀处理之后过滤以及室内游泳池水的过滤。

钢制重力式无阀过滤器进水、出水、冲洗及排水均不用阀门,靠水力作用自动运行,运行费用低,管理方便,安全可靠,运行自动化,设备一体化,进水箱、过滤器、反冲洗水箱等组装一体,结构紧凑,用户只需按要求做设备基础和接通进出水管即可投入运行。

图 1-116 为钢制重力式无阀过滤器结构外形。

表 1-64 为钢制重力式无阀过滤器规格参数。

表 1-64　钢制重力式无阀过滤器规格参数

规格	每组产水量及过滤面积(每组)/(m³/m²)	长×宽×高/(mm×mm×mm)	充水运行时重量/(t/组)	填料体积和重量/(m³/t)	反冲洗排水流量/(L/s)
CBL20-Ⅱ-1700	20/2.13	2000×1100×4340	16.2	2.07/3.62	18.75
CBL30-Ⅱ-1700	30/3.19	2000×1630×4402	23.1	3.09/5.42	28.03
CBL40-Ⅱ-1700	40/4.24	2165×2000×4442	29.9	4.11/7.20	37.40
CBL50-Ⅱ-1700	50/5.33	2710×2000×4442	36.5	5.17/9.05	46.88
CBL60-Ⅱ-1700	60/6.39	2600×2500×4502	44.2	6.20/10.85	56.25
CBL80-Ⅱ-1700	80/8.50	3600×2900×4547	58.8	8.25/14.43	75.00

注:每组含两座合建,期终水头损失 1700mm。

2. 高效流砂过滤器

高效流砂过滤器是一种创新的设计独特的高科技环保产品,能替代传统的固定床过滤系统,可应用于给水处理、废水处理、废水的深度处理和回用处理。系统采用升流式流动床过滤原理和单一均质滤料,过滤与洗砂同时进行,能够 24h 连续自动运行,无须停机反冲洗,巧妙的提砂和洗砂结构代替了传统大功率反冲洗系统,能耗极低。系统无须维护和看管,管理简便。

图 1-117 为高效流砂过滤器结构示意图,图 1-118 为其工作原理示意图。

高效流砂过滤器的运行可分为原水过滤和滤料清洗再生两个相对独立又同时进行的过程。二者在同一过滤器的不同位置完成,前者动力依靠高位差或泵的提升,而后者则通过压缩空气完成。

(1)原水过滤

当原水由高位槽自流或提升泵泵入过滤器底部的配水环,经导流槽和锥形分配器均匀向上逐渐逆流经过滤床,原水中的杂质被不断截留、吸附,最终滤液从过滤器顶部的溢流堰排放,完成过滤过程。

(2)滤料清洗和再生

当过滤不断进行时,原水中的杂质也不断地被累积和截留在滤料表面,而截污量最大的是底部的滤料。设在过滤器底部的压缩空气提砂装置，首先将此部分滤料通过特殊材质的洗砂管分批定量提送至顶部的三相（水、气和砂）分离器中，空气排放，水和砂再进入相连的洗砂器中清洗，洗砂水由单独的管道排放，洗干净的砂又重新散落分布到整个滤床表面，实现了滤料的清洗和循环流动的过程。

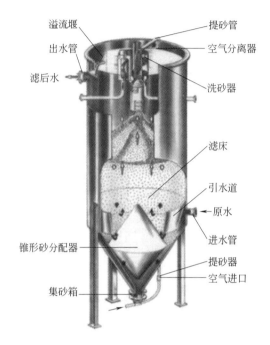

图 1-117　高效流砂过滤器结构示意

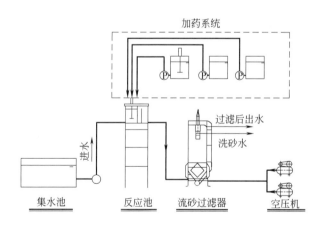

图 1-118　高效流砂过滤器工作原理示意

高效流砂过滤器应用于城市污水回用处理（PAC 加入量 8mg/L）效果见表 1-65；应用于工业废水回用处理（PAC 加入量 10～30mg/L）效果见表 1-66。

表 1-65　高效流砂过滤器应用于城市污水回用处理效果

原水				出水			
浊度/NTU	SS/(mg/L)	COD_{Cr} /(mg/L)	BOD_5 /(mg/L)	浊度/NTU	SS/(mg/L)	COD_{Cr} /(mg/L)	BOD_5/(mg/L)
9～35	41.0	24.0	14.0	0.7～4.0	2.5	15	2.2

表 1-66   高效流砂过滤器用于工业废水回用处理效果

原水			出水		
SS/(mg/L)	COD_{Cr}/(mg/L)	BOD_5/(mg/L)	SS/(mg/L)	COD_{Cr}/(mg/L)	BOD_5/(mg/L)
44	60	18	5	42	14

高效流砂过滤器主要参数见表 1-67。

表 1-67   高效流砂过滤器主要参数

型号	过滤面积/m^2	直径 ϕ/mm	池高/mm	处理水量/(m^3/h)	配套空气量/(L/min)
P-10	1.0	1150	4340～4840	6～10	50
P-15	1.5	1400	4590～5090	9～15	70
P-20	2.0	1600	5000～5500	12～20	100
P-30	3.0	2000	5400～5900	18～30	120
P-40	4.0	2260	5760～6260	24～40	150
P-55	5.5	2650	6110～6610	33～55	180

五、滤池配水器材

1. 滤头

滤头（见图 1-119 和图 1-120）是滤池的关键设备，充当出水配水及反冲洗配水（或气水联合）的作用，以便高效率排除滤池中截留的污染物，保障滤池的正常工作。

图 1-119   滤头

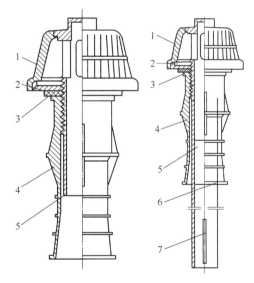

图 1-120   滤头结构

1—滤帽；2—滤帽座；3—密封圈；4—预埋套管；
5—滤杆；6—排气孔；7—进气长条缝

滤头一般采用工程塑料制造，有各种形状，例如圆柱形、梅花形等，一般可以分为长柄滤头和短柄滤头，前者应用于滤池气水反冲洗的普通快滤池、V 形滤池等；后者应用于单独水反冲洗的滤池。典型滤头的规格型号见表 1-68。

2. 滤板

滤板（见图 1-121）也是滤池的关键设备，充当承托滤料过滤、出水配水、反冲洗配水（或配气配水）的作用。污水处理厂和自来水厂的长期运营技术经济指标与滤板有直接关系。

表 1-68 典型滤头的规格型号

型号	滤帽形式	材质	总长度/mm	缝隙宽度/mm	缝隙面积/(cm²/个)
LC-Q1(长柄)			335	0.25	2.5
LC-Q2(长柄)			292	0.28	2.8
LC-D(短柄)	蘑菇形		150	0.30	3.0
QS-1(长柄)			292	0.25	2.5
QS-2(短柄)		ABS	146		
V 型	圆柱形		284	0.25	1.8
HL-1(长柄)			292		
HL-1(短柄)	蘑菇形		146	0.25	2.5
HL-2(长柄)			292		
HL-2(短柄)			146		
FHQS-Ⅰ	圆柱形	PP	304	0.40	3.0
QS-Ⅰ	半球形		400		2.5
QS-Ⅱ	柱形		335		2.52
QS-Ⅲ	半球形		255		2.5
QS-Ⅳ,Ⅴ			92		2.5
QS-Ⅵ	柱形		92		1.8
QS-Ⅶ	半球形	ABS	246	0.25	2.8
QS-Ⅷ			250~270		2.5
QS-Ⅸ	柱形		324		1.8
QS-Ⅹ			292		1.8
QS-Ⅺ	半球形		108		2.5
QS-Ⅻ			50		2.5

滤板有预制和现场现浇两种施工方法。预制滤板造价低，施工灵活，施工机械要求低，但在接缝时容易漏气、接缝高差大、平整度控制困难。现场现浇滤板可以遵循《气水冲洗滤池整体浇筑滤板及可调式滤头技术规程》（CECS 178—2009），没有板间接缝，不需要做接缝的密封及防水措施；可以连续浇筑混凝土成整体，且和滤池池壁连为一体，能提升气水反冲滤池配水系统配水布气的均匀性和可靠性，但是造价高，施工机械

图 1-121 滤板

要求高，要满足泵送商品混凝土和吊架式工作平台浇筑，需要专业厂家提供的 ABS 预制模块等。常见滤板规格和外形尺寸见表 1-69。

表 1-69 常见滤板规格和外形尺寸

类型		外形尺寸/mm			材质性能
		$L \times B \times \delta$	$L \times B \times H$	$L \times B \times H \times \delta$	
混凝土滤板		—	975×975×100		GB/T 50107
		—	980×980×100		
		—	1140×975×100		
整体浇筑塑料模板	A 型			1138×617×100×5	CECS 178
	B 型			963×467×80×5	
	C 型			964×950×40×4	

第五节　离心分离设备

一、水力旋流器

1. 压力式旋流分离器

（1）工作原理

压力式旋流分离器上部呈圆筒形，下部为截头圆锥体，如图 1-122 所示。含悬浮物的污水在水泵或其他外加压力的作用下，从切线方向进入旋流分离器后发生高速旋转，在离心力的作用下，固体颗粒物被抛向器壁，并随旋流下降到底部出口。澄清后的污水或含有较细微粒的污水，则形成螺旋上升的内层旋流进入出流室，由出水管排出。

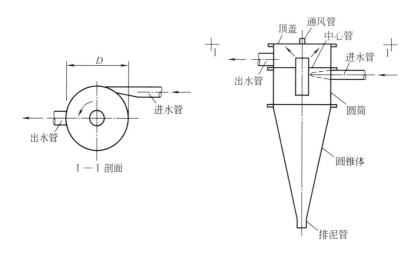

图 1-122　压力式旋流分离器

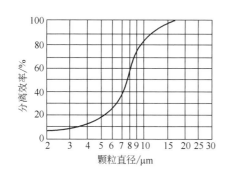

图 1-123　颗粒直径与分离效率的关系曲线

压力式旋流分离器可用于去除密度较大的悬浮固体，如砂粒、铁屑等。该设备的分离效率与悬浮颗粒直径有密切关系。图 1-123 为某一污水颗粒直径与分离效率的关系曲线。

由图 1-123 可以看出，颗粒直径 $\geqslant 20\mu m$ 时，其分离效率可接近 100%；颗粒直径为 $8\mu m$ 时，其分离效率只有 50%。一般将分离效率为 50% 的颗粒直径称为极限直径，它是判别水力旋流器分离程度的主要参数之一。由于悬浮颗粒的性质千差万别，计算极限直径的经验公式很多，计算结果相差亦较大。为了准确计算与评价，应对污水进行可行性试验。

（2）设计与计算

1）压力旋流分离器的设计

通常先确定分离器的几何尺寸，然后求出该设备的处理水量及分离颗粒极限直径，最后选定设备台数。旋流器的直径一般在 $500mm$ 左右，这是由于离心速度与旋转半径成反比的缘故。流量较大时，可采用几台旋流器并联工作。

2）压力旋流分离器的几何尺寸

① 圆筒高度 H_0：$1.70D$，D 为圆筒直径。

② 器身锥角 θ：$10°\sim15°$。

③ 进水管直径 d_1：$(0.25\sim0.4)D$，一般管中流速取 $1\sim2\mathrm{m/s}$。

④ 进水收缩部分的出口宜做成矩形，其顶水平，其底倾斜 $3°\sim5°$，出口流速一般在 $6\sim10\mathrm{m/s}$ 之间。

⑤ 中心管直径 d_0：$(0.25\sim0.35)D$。

⑥ 出水管直径 d_2：$(0.25\sim0.5)D$。

3）处理水量

$$Q=KDd_0\sqrt{\Delta pg} \tag{1-113}$$

式中　Q——处理水量，L/min；

　　　K——流量系数，$K=5.5d_1/D$；

　　　Δp——进、出口压差，Pa，一般取 $0.1\sim0.2\mathrm{Pa}$；

　　　g——重力加速度，$\mathrm{cm/s^2}$；

　　　D——分离器上部圆筒直径，cm；

　　　d_0——中心管直径，cm。

2. 重力式旋流分离器

（1）工作原理

图 1-124 所示为某钢铁厂处理轧钢污水的重力式旋流分离器。污水利用进、出口的水位差压力，由进水管沿切线方向进入旋流器底部形成旋流，在离心力和重力作用下，悬浮颗粒被甩向器壁并向器底集中，使水得到净化。污水中的油类则浮在水面上，可用油泵收集。

重力式旋流分离器的设备容积较大，但电耗比压力式旋流分离器低。

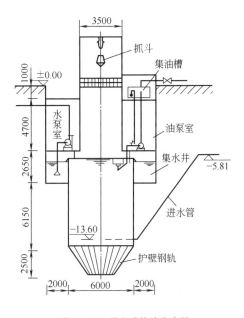

图 1-124　重力式旋流分离器

（2）设计与计算

① 重力式旋流分离器的表面负荷大大低于压力式旋流分离器，一般为 $25\sim30[\mathrm{m^3/(h\cdot m^2)}]$。

② 进水管流速：$1.0\sim1.5\mathrm{m/s}$。

③ 污水在池内停留时间：$15\sim20\mathrm{min}$；

④ 池内有效深度：$H_0=1.2D$，进水口到渣斗上缘应有 $0.8\sim1.0\mathrm{m}$ 保护高，以免冲起沉渣。

⑤ 池内水头损失 ΔH 可按下式计算。

$$\Delta H=1.1\left(\sum\xi\frac{v^2}{2g}+li\right)+\alpha\frac{v^2}{2g} \tag{1-114}$$

式中　ΔH——进水管的全部水头损失，m；

$\Sigma\xi$——总局部阻力系数和；

v——进水管喷口处流速，m/s；

l——进水管长度，m；

i——进水管单位长度沿程损失；

α——阻力系数，一般取4.5。

二、离心机

1. 离心机类型

离心机类型可按分离方式、转鼓形状、转鼓数目、操作原理、卸料（渣）方式、操作方式等加以分类，如表1-70所示。

表1-70　离心机分类

按分离方式分类	按操作方式分类	按其他方式分类		
过滤式	间歇式	三足式		上卸料
				下卸料
		上悬式		重力卸料
				机械卸料
	连续式	卧式刮刀卸料		
		卧式活塞推料	单鼓	单级
				多级
			多鼓(轴向排列)	单级
				多级
		离心卸料		
		振动卸料		
		进动卸料		
		螺旋卸料		
沉降式	间歇式	撇液式		
		多鼓(径向排列)		并联式
				串联式
		管式		澄清型
				分离型
	连续式	碟式		人工排渣
				活塞排渣
				喷嘴排渣
		螺旋卸料		圆柱形
				柱-锥形
				圆锥形
组合式		螺旋卸料沉降-过滤组合式		

（1）过滤式离心机

过滤式离心分离机构造如图1-125所示。过滤式离心机转鼓上开有孔，鼓内覆盖滤布或其他过滤介质（滤网等），当转鼓高速旋转时（＞1000r/min），鼓内料液在离心力的作用下透过过滤介质，而固体颗粒则被截留在过滤介质上。

过滤式离心机对颗粒和液体的密度差没有要求，但不适宜于小颗粒、纤维状或胶体可压缩固体物质的分离（例如废水中污泥的处理）。因为这些物质会堵塞过滤介质，只适用于悬浮液浓度较高（可达50%～60%）、粒度适中以及母液较黏的情况，如用于结晶类食品（如砂糖）的精制、脱水蔬菜制造的预脱水过程、淀粉的脱水，也可用于水果蔬菜的榨汁、回收植物蛋白及冷冻浓缩的冰晶分离等。属于间歇操作的过滤式离心机有三足式、上悬式和卧式刮刀卸料过滤式离心机，属于连续操作的过滤式离心机有卧式活塞推料、离心力卸料、卧式螺旋卸料过滤式离心机。

1）三足式过滤离心机

三足式过滤离心机如图 1-126 所示。该机由底部封闭的圆管形转鼓、垂直的主轴以及驱动装置组成。悬浮液从顶部加入，滤液受到离心力作用穿过过滤介质，在转鼓外收集，而固体颗粒则截留在过滤介质上，形成一定厚度的滤饼，由人工去除。其优点是：对物料适应性强，结构简单，机器运转平稳，密封防爆。其缺点是：间歇式分离，周期循环操作，生产能力低，劳动强度大，操作条件差，只适用于中小型生产。

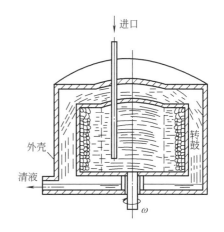

图 1-125　过滤式离心分离机构造

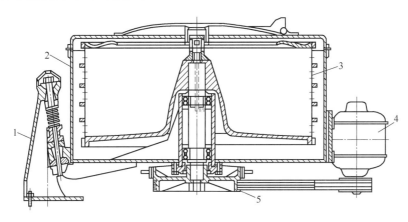

图 1-126　三足式过滤离心机

1—支脚；2—外壳；3—转鼓；4—马达；5—皮带轮

三足式过滤离心分离机适用于分离固相颗粒大于 0.01mm 的悬浮液，其参数为：转鼓直径 255～2000mm，主轴转速 500～3000r/min，分离因数 225～2100，转鼓容量 3.4～1800L。

2）卧式刮刀卸料离心机

卧式刮刀卸料离心分离机是一种连续运转、间歇操作的过滤式离心机，其主要特点是利用刮刀卸除滤渣，适用于处理中、小颗粒（<5mm）的物料，也可用于短纤维状的物料（长度<4mm），对悬浮液浓度和进料量的变化不敏感，过滤时间、分离时间和卸料时间均可自由调节，滤渣较干，各操作段可在全速或不同转速下进行，操作周期短，生产能力大。主要缺点是：电机负荷不均匀，刮刀无法刮尽转鼓上的滤渣，加料和卸料时机器振动严重。

3）卧式活塞推料离心机

卧式活塞推料离心机是一种连续加料、脉动卸料的过滤式离心机。在离心力场的作用下，料液沿布料斗周边均匀地甩到滤网上，大部分经过滤网缝隙和转鼓小孔甩出转鼓外，由管道引走。利用推杆在转鼓内的往返运动推动滤网上的滤饼前移，形成脉冲卸料。

卧式活塞推料离心机具有效率高、产量高、生产连续化、操作稳定可靠的特点，但只能分离中粗颗粒，对悬浮液的浊度比较敏感，容易发生跑料现象，应用上有一定的局限性。卧式活塞推料离心机适用于含固相颗粒大于 0.25mm 的结晶状和纤维状物料的悬浮液，并且要求固相含量大于 30%，推杆往复次数 30～70 次/min，分离因数 300～1000，生产能力为每小时几十千克至 70t。

4）离心力卸料过滤离心机

离心力卸料过滤式离心机又叫惯性卸料离心机或锥篮离心机，是一种无机械卸料装置的自动连续卸料离心机，滤渣在锥形转鼓中依靠自身所受的离心力克服与筛网的摩擦力沿筛网表面向着转鼓大端移动，最后自行排出。在连续操作过滤式离心分离机中结构最简单，脱水效率很高，物料能在较短的停留时间内获得含湿量较低的滤饼，还具有产量高、制造运转及维修费用低的特点。其缺点是：对物料的性质和溶液浓度的变化非常敏感，适应性差，不易控制物料的停留时间，从而限制了其应用，主要用于大于 0.1mm 的结晶颗粒或无定形物料以及纤维状物料的分离。其技术参数：转鼓直径 500～1020mm，分离因数 1600～2100，转鼓锥角 50°～70°。

（2）沉降式离心机

沉降式离心机的转鼓壁上没有孔，用于不易过滤的悬浮液，分为卧式螺旋卸料沉降离心机、碟式沉降离心机、管式超速分离机等。

1）卧式螺旋卸料沉降离心机

卧式螺旋卸料沉降离心机（简称卧螺沉降离心机）主要由转鼓、螺旋输送器、差速单元、溢流板等组成。在离心力作用下，进入转鼓内的悬浮液中密度大的固相颗粒沉降在转鼓内壁上形成固相层，因呈环状而称为固环层；密度小的水分则只能在固环层内圈形成液体层，称为液环层。高速旋转的转鼓内装有螺旋输送器，其旋转方向与转鼓相同，但两者之间存在一定的速度差。固环层在螺旋输送器的推移下，被输送到转鼓的锥端（小端），经出口连续排出；液环层由转鼓的圆柱端（大端）堰口溢流，经可调溢流板借助重力排至转鼓外。溢流板决定了液层深度，液层深度越大，液相澄清越高。一般将卧螺沉降离心机分为逆流式和顺流式两类。

逆流式是由于物料从转鼓中部适当的部位给入转鼓内腔，经脱水后的沉淀物与澄清溢流的运动方向相反而得名。逆流式卧螺沉降离心机结构示意图如图 1-127 所示。

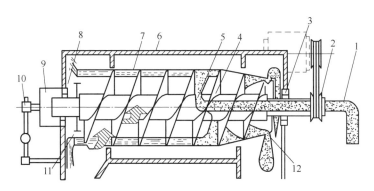

图 1-127　逆流式卧螺沉降离心机结构示意

1—悬浮液入口；2—三角皮带轮；3—右轴承；4—螺旋输送器；5—进料孔；6—机壳；
7—转鼓；8—左轴承；9—行星齿轮差速器；10—过载保护装置；11—溢流孔；12—排渣孔

高速离心机常采用逆流式设计，进料在转鼓中部的圆柱-圆锥交接处附近，但进料管从转鼓的大端或小端引入均可。由于颗粒停留时间和沉淀过程较短，进料和螺旋输送器较快的转速有可能把已分离的固相颗粒扰动浮起。

　　顺流式（又称并流式）则是物料从转鼓的大端给入，溢流和沉淀物同向转鼓的小端运动，但当达到溢流管管口时开始折回，再沿着溢流管向转鼓大端的溢流口流动。低速离心机常采用顺流式设计，由于进料口位于转鼓的大端，转鼓全长都起到了净化作用，使微细颗粒能较好地沉淀下来，因此能产生含水率低的高密度沉积物和更清澈的液体。但也有人认为，当澄清液从转鼓中部被抽走时，也会引起该处的液流扰动，所以目前尚无充分证据证实并流式离心机的优越性。

　　卧螺沉降离心机的主要技术参数如下。

　　① 转鼓直径和有效长度　转鼓的直径越大，离心机的处理能力也越大；转鼓的长度越长，悬浮液在机内停留时间越长，分离效果也越好。但转鼓直径和长度的取值往往受到结构强度的限制，常用转鼓直径在 $160\sim1600$mm 之间，长径比 $L/D=1\sim4.2$。

　　② 转鼓的半锥角　半锥角是转鼓锥体母线与转鼓轴心线的夹角，锥角大则悬浮液受到的离心挤压力大，利于脱水。通常半锥角 $\alpha=8°\sim20°$。但转鼓的半锥角大，螺旋输送器的推料扭矩也需增大，叶片的磨损也会加大，若磨损严重会降低脱水效果。新型脱水机采用耐磨合金镶嵌在螺旋外缘，提高了使用寿命。

　　③ 转差和扭矩　转差是转鼓与螺旋输送器的转速差。转差大，输渣量大，但也致使转鼓内液体受到的搅动量大，悬浮液停留时间缩短，分离液中固相含量增加，出渣含湿量增大。转差降低必然会使螺旋输送器的推料扭矩增大，通常卧螺沉降离心机的推料扭矩在 $3500\sim34000$N·m 之间。

　　实现转鼓与螺旋输送器转速差的方式较多，目前已经从早期的行星齿轮差速器、液压差速器、电磁差速器，发展到现在的双电机同步驱动式差速器。

　　④ 沉降区和干燥区的长度调节　转鼓的有效长度为沉降区和干燥区长度之和。沉降区长，则悬浮液停留时间长，分离液中固相含量少，但干燥区停留时间短，排渣中的含湿量高。

　　卧螺沉降离心机的主要优点是能连续自动操作和长期运转，结构紧凑，维修方便，操作费用低；单机生产能力大，分离质量较高；占地面积小，能分离的固相颗粒范围较广（$0.005\sim2$mm），并且在颗粒大小不均匀的条件下也能正常分离，能适应各种浓度悬浮液的分离（悬浮物容积浓度 $1\%\sim5\%$），浓度的波动不影响分离效果。主要缺点是出渣含湿量一般比过滤式离心机稍高，同时设备的加工制造精度要求较高。

　　目前还出现了卧式螺旋卸料沉降过滤一体化机，同时将沉降、过滤、洗涤等功能融为一体，因此不但具有连续运行、自动卸料、澄清度好、固相脱水率高的特点，可以简化甚至省却干燥程序，从而使物料热干燥的能耗大为降低，而且结构紧凑、占地面积小，便于操作维修。

　　2）碟式离心机

　　碟式离心机在各个领域中应用数量最多，其分离因数 K_c 一般大于 3500，用于高度分散相物系的分离，如重度近似于液体的乳浊液和微细悬浮物。碟式离心机又分为离心分离机和离心澄清机两种。依靠离心沉降速度的不同，将轻重不同或互不溶解的两种液体分开的离心机称作离心分离机；依靠离心沉降速度的不同，将悬浮液中的固-液相分开的离心机称作离心澄清机。图 1-128 所示为液-液分离用碟式离心分离机的结构示意图。

　　要分离的液体混合物由空心转轴顶部进入，通过碟片半腰的开孔通道进入各碟片之间，并同碟片一起转动，在离心力的作用下，密度大的液体趋向外周，到达机壳外壁后上升到上方的重液出口流出；密度小的液体则趋向中心向上方较靠近中央的轻液出口流出。各碟片的作用在于将液体分成许多薄层，缩短液滴沉降距离；液体在狭缝中流动所产生的剪切力也有助于破坏乳浊液。碟式分离机的转鼓直径一般为 $150 \sim 1000mm$，转速为 $6000 \sim 10000r/min$，分离因数 K_c 为 $5000 \sim 14000$；在转鼓内有 $50 \sim 100$ 片平行的倒锥形碟片，斜面与垂直面的夹角为 $30° \sim 50°$，间距一般为 $0.5 \sim 12.5mm$。其当量沉降面积达 $30000m^2$，生产能力最高达 $100m^3/h$。

固-液分离用的碟式离心澄清机没有自动排渣装置，只能间歇操作，待沉渣积累到一定厚度后，停机打开转鼓底部清除沉渣。因此，要求悬浮液中固体含量不超过 1%，以免经常拆卸除渣。自动除渣碟式离心澄清机是在有特殊内壁形状的转鼓壁上开设若干喷嘴（或活门），喷嘴数一般是 $8 \sim 24$ 个，孔径 $0.75 \sim 2mm$，喷嘴总截面积取决于悬浮液中固体的含量。由于喷嘴始终处于开启状态，因此常使连续排出的残渣中含有较多的水分而成浆状。如果喷嘴以活门取代，则活门平时处于关闭状态，当鼓壁上积累一定量的沉渣后，活门在沉渣的推力下被打开而排出沉渣。自动排渣碟式离心澄清机适合处理较高固体含量的料液，其分离因数 K_c 一般为 $6000 \sim 10000$，能分离的最小微粒为 $0.5mm$。

3）管式超速离心机

管式超速离心机的分离因数 K_c 一般高达 $15000 \sim 60000$，转速高达 $8000 \sim 50000r/min$。管式超速离心机结构示意图如图 1-129 所示。

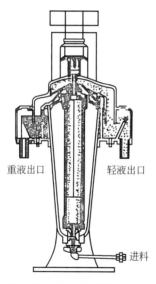

图 1-128　液-液分离用碟式离心
分离机结构示意

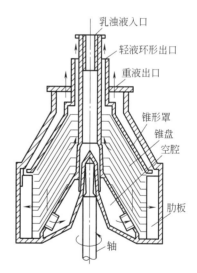

图 1-129　管式超速离心机结构示意

为了减小转鼓所受的应力，转鼓被设计成细长形竖直管状，直径 $\phi 0.1 \sim 0.2m$，高 $0.75 \sim 1.5m$。乳浊液从下部引入，在转鼓内自上而下运行过程中，在离心力作用下，由于密度不同而分成内外两层，外层走重液出口，内层走轻液出口，都从顶部的溢流口流出。若从液体中分离出极小量极细的固体颗粒则需将重液出口堵塞，只留轻液出口，附于转鼓壁上的小颗粒可被间歇地清除。

离心机设备紧凑、效率高，但结构复杂，只适用于处理小批量的污水、污泥脱水和很难用一般过滤法处理的污水。

2. 离心机设计与计算

污泥离心脱水设计与计算的主要数据是离心机的水力负荷（即单位时间处理的污泥体积，m^3/h）和固体负荷（即单位时间处理的固体物质量，kg/h）。现行采用的设计方法有三种：经验设计法、实验室离心机试验法和按比例模拟试验法。一般认为最后一种方法较好，介绍如下。

按比例模拟试验法应用几何模拟理论，将原型离心机按比例模拟成模型离心机进行试验，并将模型离心机的机械因素及试验所得的工艺因素按比例放大成原型离心机。模拟理论有两个：一个是根据离心机所能承担的水力负荷进行模拟，称为 Σ 理论；另一个是根据离心机所能承担的固体负荷进行模拟，称为 β 理论。

（1）Σ 理论模型机与原型机的关系

$$\Sigma = \frac{\omega^2}{g \ln \frac{r_2}{r_1}} \tag{1-115}$$

$$Q = \Sigma v V \tag{1-116}$$

$$\frac{Q_1}{Q_2} = \frac{\Sigma_1}{\Sigma_2} \tag{1-117}$$

式中　Σ_1，Σ_2——模型机和原型机的 Σ 值，按式（1-115）计算；

$\qquad Q_1$，Q_2——模型机和原型机的最佳投配速率，m^3/h；

$\qquad v$——污泥颗粒沉降速度，m/s；

$\qquad V$——液相层体积，m^3；

$\qquad \omega$——旋转角速度，s^{-1}；

$\qquad r_1$，r_2——离心机旋转轴到污泥顶面及离心机底面的半径，m。

（2）β 理论模型机与原型机的关系

$$\beta = \Delta \omega S N \pi D Z \tag{1-118}$$

$$\frac{Q_{S1}}{\beta_1} = \frac{Q_{S2}}{\beta_2} \tag{1-119}$$

式中　β_1，β_2——模型机和原型机的 β 值，按式（1-118）计算；

$\qquad Q_{S1}$，Q_{S2}——模型机和原型机的最佳投配速率，m^3/h；

$\qquad \Delta\omega$——转筒和输送器间的转速差，s^{-1}；

$\qquad S$——螺旋输送器的螺距，cm；

$\qquad N$——输送器导程数；

$\qquad D$——转筒直径，cm；

$\qquad Z$——液相层厚度，cm。

按两种理论模拟计算的结果，如果都与实际相近似，此时，水力负荷与固体负荷都达到了极限值，离心机可发挥出最大效用。

第六节　磁分离设备

一、磁分离原理

一切宏观的物体在某种程度上都具有磁性，但按其在外磁场作用下的特性可分为三类。

（1）铁磁性物质

这类物质在外磁场作用下能迅速达到磁饱和，磁化率大于零并和外磁场强度成复杂的函数关系，离开磁场后有剩磁。

（2）顺磁性物质

磁化率大于零，但磁化强度小于铁磁性物质，在外磁场作用下表现出较弱的磁性，磁化强度和外磁场强度呈线性关系，只有在温度低于4K时，才可能出现磁饱和现象。

（3）反磁性物质

磁化率小于零，在外磁场作用下，逆磁场磁化，使磁场减弱。

各种物质磁性差异正是磁分离技术的基础。物质的磁性强弱可由磁化率表示。一些物质的磁化率见表1-71。

表 1-71　一些物质的磁化率

物质名称	温度/℃	磁化率/$\times 10^{-6}$	物质名称	温度/℃	磁化率/$\times 10^{-6}$
Al	常温	+16.5	PbO	常温	-42.0
Al_2O_3	常温	-37.0	Mg	常温	+13.1
$Al_2(SO_4)_3$	常温	-93.0	$Mg(OH)_2$	288	-22.1
Cr	273	-180	Mn	293	+529.0
Cr_2O_3	300	+1960	MnO	293	+4350
$Cr_2(SO_4)_3$	293	+11800	Mn_2O_3	293	+14100
Co	—	铁磁性	$MnSO_4$	293	+13660
Cu	296	-5.46	Mo	293	+89.0
CuO	289.6	+238.9	Mo_2O_3	常温	-42.0
Fe	—	铁磁性	Ni	—	铁磁性
FeO	293	+7200	$Ni(OH)_2$	常温	+4500
Fe_2O_3	1033	+3586	Ti	293	+153.0
Pb	289	-23.0	Ti_2O_3	293	+125.6

水中颗粒状物质在磁场里要受磁力、重力、惯性力、黏滞力以及颗粒间相互作用力的影响。磁分离技术就是有效地利用磁力，克服与其抗衡的重力、惯性力、黏滞力（磁过滤、磁盘）或利用磁力和重力，使颗粒凝聚后沉降分离（磁凝聚）。

二、磁分离器

磁分离设备按工作原理可分为磁凝聚分离、磁盘分离和高梯度磁分离三种；按产生磁场的方法可分为永磁磁分离和电磁磁分离（包括超导电磁磁分离）；按工作方式可分为连续式磁分离和间断式磁分离；按颗粒物去除方式可分为磁凝聚沉降分离和磁力吸着分离。

1. 高梯度磁分离器

（1）高梯度磁分离器的工作原理

磁过滤分离是依靠磁场和磁偶极之间的相互作用。磁偶极本身会按磁场内的磁力线取向，与磁力线不平行时，磁偶极就受到转矩的作用，如果磁场存在梯度，偶极的一端就会比另一端处于更强的磁场中并受到较大的力，其大小和磁偶极矩及磁场梯度成正比。

磁场中磁通变化越大，即磁力线密度变化越大，梯度越高。高梯度磁分离过滤就是在均匀磁场内，装填表面曲率半径极小的磁性介质，靠近其表面就产生局部性的疏密磁力线，从而构成高梯度磁场，如图 1-130 所示。

产生高梯度磁场不仅需要高的磁场强度，而且需要有适当的磁性介质。可用作介质的有不锈钢毛及软铁制的齿板、铁球、铁钉、多孔板等。对介质的要求如下。

① 可产生高的磁力梯度。以不锈钢毛为例，某根钢毛附近产生的磁力梯度与钢毛直径成反比，因此钢毛直径要细，捕集粒径 $1\sim10\mu m$ 的颗粒，不锈钢毛的最佳直径为 $3\sim30\mu m$。

② 可提供大量的颗粒捕集点。钢毛越细，捕获表面积越大，捕集点也越多。当钢毛半径为颗粒半径的 2.96 倍时，磁力对磁性颗粒的作用力最大。

③ 孔隙率大，阻力小，以便于水流通过。钢毛一般可使孔隙率达到 95%。

④ 矫顽力小，剩磁强度低，退磁快，使外磁场除去后易于将吸着在介质上的颗粒冲洗下来。

⑤ 应具有一定的机械强度和耐腐蚀性，以利于长期过滤。冲洗后不应产生折断、压实等妨碍正常工作的形变。

（2）高梯度磁分离器的设计与计算

高梯度磁分离器结构见图 1-131。

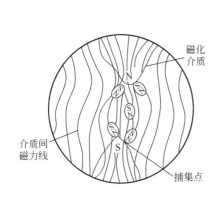

图 1-130 高梯度磁场对颗粒的作用

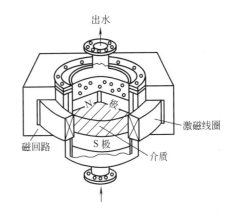

图 1-131 高梯度磁分离器结构

高梯度磁分离器是一个空心线圈，内部装置一个圆筒状容器，其内填充介质以封闭磁路，在线圈外又作为磁路的轭铁，轭铁用厚软铁板制成，以减少直流磁场产生的涡流。为使圆筒容器内部形成均匀磁场固定填充介质，在介质上下两端装置磁片。

为了正确地设计和使用高梯度磁分离器，应注意以下几个问题。

1）磁场强度

所需的磁场强度应根据处理水中悬浮物的磁性而定。对于钢铁污水，磁场强度为 0.3T 左右，铸造厂污水为 0.1T 左右，而处理河水或其他弱磁性物质，则要求磁场强度至少达到 0.5T 以上，投加磁性种子则要求 0.3T 左右。

2）介质

按梯度大、吸附面积大、捕集点多、阻力小、剩磁低的要求，以钢毛最好。钢毛直径为 $10\sim100\mu m$。几种钢毛的质量组成见表 1-72。

表 1-72　几种钢毛的质量组成　　　　　　　　　　　　　　单位：%

组分		铬	锰	硅	碳	硫	钴	镍	钼	铜	铁
种类	1	9～20	0.01～1.0	0.01～3	0.01～0.04	0.15～1.0	0.02～1.0	—	—	—	其余
	2	16.8	0.55	0.46	0.075	0.015	—	—	—	—	其余
	3	29.10	0.64	0.29	0.28	—	—	<0.10	<0.05	0.11	其余

3）介质的悬浮物 SS 负荷

随着分离器工作时间的增长，磁性颗粒会逐渐聚积在介质内，堵塞水流通道，减少捕集点，使分离效率下降。分离效果降到允许的下限值时，捕集颗粒的总量（干燥时的质量）和介质的体积比称为介质的 SS 负荷（Q）。

$$Q = \frac{捕集的悬浮物总量(g)}{介质体积(cm^3)}$$

当颗粒为强磁性物质时，Q 为 $5\sim7g/cm^3$；颗粒为顺磁体时，Q 为 $1\sim1.2g/cm^3$。

4）滤速

一般可采用 $100\sim500m/h$。

5）电源

采用硅整流直流电源，电源功率由所需的磁场强度决定。

高梯度磁分离器的计算可按下列步骤进行。

① 根据悬浮物的比磁化率，选定滤速。处理强磁性颗粒可选用较高滤速，如 $500m/h$；对顺磁性颗粒应选用较低滤速，如 $100m/h$。

② 根据处理水量和滤速选定过滤器筒体内径，同时确定线圈内径。介质孔隙率取 95%。

③ 根据污水的悬浮物浓度、处理水量和介质体积核算介质负荷。如果负荷高于适宜值，应适当增加过滤器直径或长度，以便增加介质体积。

④ 根据要求达到的磁场强度，确定可选用的导线。磁场强度小于 0.2T 时，一般可用实心扁铜线，强迫风冷；大于 0.2T 时，宜用空心铜导线，水冷却。然后根据技术经济条件，初步确定可供选用的电源，并对电源容量和导线规格进行选择。如方形外包双玻璃丝空心铜导线电流密度为 $5A/mm^2$。当自然通风冷却时，电流密度不大于 $1.5A/mm^2$。确定电源容量的同时可选定导线截面。

⑤ 线圈圈数可按下式计算

$$N = \frac{B\sqrt{4r^2 + L^2}}{10\mu_0 I} \tag{1-120}$$
$$B = \mu_0 H$$

式中　N——线圈的圈数；

I——电流强度，A；

r——线圈半径，cm；

L——线圈长度，cm；

μ_0——磁介质磁导率，H/m；

B——线圈内中心所要求的磁感应强度，T；

H——磁场强度，$(1000/4\pi)A/m$。

⑥ N 确定后，根据所需的绕线高度及导线外径，算出每层线圈数、层数及线圈外径。

2. 磁凝聚装置

磁凝聚装置由磁体、磁路构成，磁体可以是永久磁铁或电磁线圈，因此可分为永磁凝聚装置和电磁凝聚装置两种。永磁凝聚装置每一侧的磁块同极性排列，以构成均匀的磁场；电磁凝聚装置是用导线绕制成线圈，通直流电，产生磁场。工作时，污水通过磁场，水中磁性颗粒物被磁化，形成如同具有南北极的小磁体。由于磁场梯度为零，因此颗粒所受合力为零，不被磁体捕集，但颗粒间却相互吸引，聚集成大颗粒；当污水通过磁场后，由于磁性颗粒有一定的矫顽力，因此能继续产生凝聚作用。为了防止磁体表面大量沉积，堵塞通路，污水通过磁场的流速应大于 1m/s，在磁场中仅需停留 1s 左右。磁凝聚常用来作为提高沉淀池或磁盘工作效率的一种预处理方法。

3. 磁盘分离机

磁盘分离机结构示意图如图 1-132 所示。

在磁盘不锈钢底板的两面，按极性交错、单层密排的方式黏结数百至上千块永久磁块，然后再用铝板或不锈钢板覆面，磁块的层数根据盘面两场强的不同要求，常为 2~4 层。磁盘转动时，盘面下部浸入水中，磁性颗粒被吸到盘面上，当这部分盘面转出水面后，上面的泥渣由刮刀刮下，落入 V 形槽中排走。

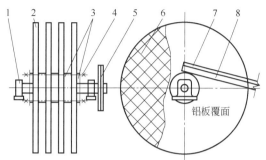

图 1-132　磁盘分离机结构示意

1—轴承座；2—磁盘；3—铝挡圈；4—紧固螺钉；
5—皮带轮；6—永磁块；7—刮泥刀；8—V 形输泥槽

在磁盘的磁场强度、磁力梯度一定的条件下，只能依靠增大颗粒粒径来提高颗粒的去除效率，因此，在实际污水处理中，常将磁盘与磁凝聚或药剂絮凝联合使用。

4. 超导磁分离机

超导磁分离机的工作原理与普通电磁分离基本相同，只是其载流导线是用超导材料制成，导线中允许通过的电流密度要比普通导体高 2~3 个数量级，因此只需较小的体积就能产生 2T 以上的磁场，大大节省了电能。目前已制成直径 4.3m、日处理水量 38.93m^3 的超导磁分离机。

三、两秒钟分离机

日本在 20 世纪 70 年代开发了两秒钟分离机的磁分离技术。该方法是在水中投入粒径为 10μm 以下的微细磁性铁粉，投量约为水中悬浮物的同量或两倍，均匀混合，投入混凝剂，必要时调整 pH 值，缓慢搅拌，进行反应，以磁性铁粉为核心，与非磁性的悬浮物一起凝聚成团，然后用装有永久磁铁块的若干块旋转圆盘组成的两秒钟分离机（见图 1-133），用磁力将凝聚体瞬时吸附，水即清澈透明。

吸有凝聚体的圆盘以 1/4~1r/min 的速度从水中转

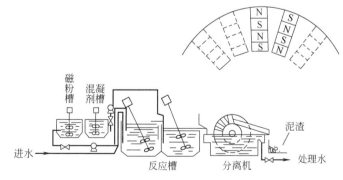

图 1-133　两秒钟分离机

出水面。凝聚体自动脱水，成为含水率低的泥渣，用刮刀将其从圆盘上刮落。磁性铁粉可以用离心法从泥渣中回收。永久磁铁的磁场强度约为 0.15T。每块圆盘处理水量为 1~2m^3/h。该方法以特有的极快速分离的特点在生产上得到了实际应用。

第二章

化学法污水处理设备

第一节　混　凝　设　备

一、混凝剂的投配方法及设备

1. 调配方法与设备

混凝剂的投配分干法和湿法。干投法是将经过破碎易于溶解的药剂直接投放到被处理的水中。干投法占地面积小，但对药剂的粒度要求较严，投配量较难控制，对机械设备的要求较高，劳动条件较差，目前较少采用。湿投法是将药剂配制成一定浓度的溶液，再按处理水量大小定量投加。

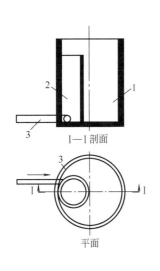

图 2-1　混凝剂的水力调制

1—溶液池；2—溶药池；
3—压力水管

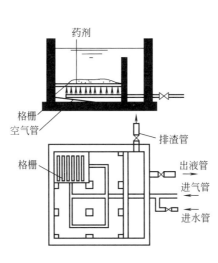

图 2-2　混凝剂的压缩空气调制

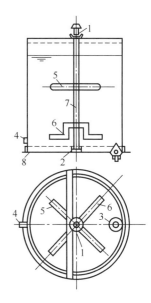

图 2-3　混凝剂的机械调制

1,2—轴承；3—异径管箍；
4—出管；5—桨叶；6—锯齿
角钢桨叶；7—立轴；8—底板

在溶药池内将固体药剂溶解成浓溶液。其搅拌可采用水力调制、压缩空气调制或机械调制等方式，如图 2-1～图 2-3 所示。一般投药量小时用水力搅拌，投药量大时用机械搅拌。溶药池体积一般为溶液池体积的 0.2～0.3 倍。

溶液池应采用两个池交替使用。其体积可按下式计算。

$$W=\frac{24\times100aQ}{1000\times1000\times bn}=\frac{aQ}{417bn} \tag{2-1}$$

式中　W——溶液池的体积，m^3；

　　　a——混凝剂最大用量，mg/L；

　　　Q——处理水量，m^3/h；

　　　b——溶液浓度，%，以药剂固体质量分数计算，一般取 10%～20%；

　　　n——每昼夜配制溶液的次数，一般为 2～6 次，手工操作时不宜多于 3 次。

设备及管道应考虑防腐。

2. 投药设备

投药设备包括投加和计量两部分。

（1）投加方式及设备

1）高位溶液池重力投加装置

依靠药液的高位水头直接将混凝剂溶液投入管道内。

2）虹吸定量投加装置

利用变更虹吸管进口、出口高度差 H 控制投配量。虹吸定量投加装置见图 2-4。

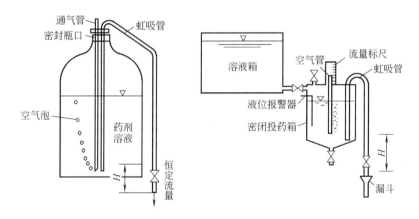

图 2-4　虹吸定量投加装置

3）水射器投加装置

该系统利用射流原理，将压力水喷入混合室形成真空，吸入配好的药液，其设备简单，使用方便，工作可靠，常用于向压力管内投加药液和药液的提升。图 2-5 为水射器的结构。

4）水泵投加

可用耐酸泵与转子流量计配合使用，也可采用计量泵，不另设计量设备。

（2）计量设备

1）孔口计量装置

苗嘴和孔板见图 2-6，孔口计量见图 2-7。利用苗嘴和孔板等装置使恒定水位下孔口自由出流时的流量为稳定流量。可改变孔口断面来控制流量。

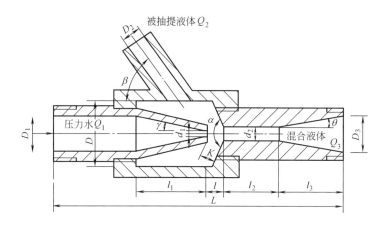

图 2-5　水射器结构

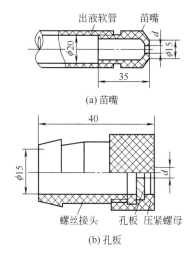

(a) 苗嘴

(b) 孔板

图 2-6　苗嘴和孔板

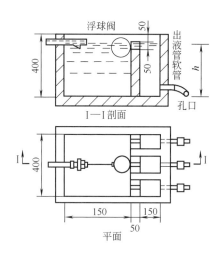

I—I 剖面

平面

图 2-7　孔口计量

2）浮子或浮球阀定量控制装置

浮子定量控制装置见图 2-8，浮球阀定量控制装置见图 2-9。因溶液出口处水头 H 不变，流量也不变，可通过变更孔口尺寸来控制投配量。

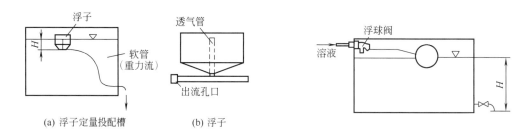

(a) 浮子定量投配槽　　　　(b) 浮子

图 2-8　浮子定量控制装置　　　　　　图 2-9　浮球阀定量控制装置

3）转子流量计

根据水量大小选择成套转子流量计的产品进行测量。

二、混合与搅拌设备

混合设备是完成凝聚过程的重要设备。它能保证在较短的时间内将药剂扩散到整个水体，并使水体产生强烈紊动，为药剂在水中的水解和聚合创造了良好的条件。一般混合时间约为 2min 左右，混合时的流速应在 1.5m/s 以上。常用的混合方式有水泵混合、隔板混合和机械混合等。

混合设备的类型及特点见表 2-1。

表 2-1　混合设备类型及特点

混合方式		特点	适用条件
利用水泵叶轮混合		①药剂投加在取水泵吸水管或吸水喇叭口处；②无须额外能量，运行费用低；③使用三氯化铁等腐蚀性较强的药剂会腐蚀水泵叶轮；④水泵和吸水管较多时需增加投药设备；⑤吸水管中加药时，混凝剂浓度宜稍高，否则在水封箱中会因稀释、水解而降低混凝作用	①适用于各种水量的水厂；②投药点距絮凝较近（一般在 100m 之内），否则结成的絮体可能在管道中沉淀或在进入絮凝池前破碎；③应设水封箱，以防止空气进入水泵吸水管
利用压力水管混合		①无须增添设备；②混合效果常不能保证，特别是在管内流量变化较大时；③加药管需插入压力水管内 $1/3 \sim 1/4$ 管径处；④压力水管中加药时，混凝剂溶液必须用网筛滤，以防堵塞水射器和转子流量计	①适用于流量变化不大的管道及各种水量的水厂；②投药口至压力管道末端距离应不小于 50 倍进水管径
管式静态混合器		①投资省，在管道上安装，容易维修，工作量少；②能快速混合，效果良好；③产生一定的水头损失，管内流速一般采用 $0.9 \sim 1$m/s	①适用于流量变化较小的水处理工程；②混合器内采用 $1 \sim 4$ 个分流单元
扩散混合器		①混合器构造是锥形帽后加孔板，管道流速为 1.0m/s 左右。锥形帽的投影面积为进水管面积的 1/4；②孔板开孔面积为进水管面积的 3/4，混合时间 $2 \sim 3$s；③混合器的长度在 0.5m 以上，用法兰安装在原水管上；④扩散混合器的水头损失为 $0.3 \sim 0.4$m	①多用于直径为 $300 \sim 400$mm 的进水管；②安装位置应低于絮凝池水面；③适用于中、小型水厂
跌水（水跃）混合		①药剂加注到跌落水流中，混合快速，设备简单；②产生一定的水头损失	适用于有较多水头的大、中型水厂
隔板混合	多孔隔板混合槽	①混合效果较好；②水头损失较大；③当流量变化时，影响混合效果（可调整淹没孔数目以适应流量的变化）	①适用于地下水位较高的地区；②适用于中、小型水厂
	分流隔板混合槽	①混合效果较好；②水头损失较大；③占地面积较大	①适用于地下水位较高的地区；②适用于大、中型水厂
机械混合池		①在池内安装搅拌装置，以电动机驱动搅拌器使水和药剂混合；②混合效果好，水头损失较小；③需消耗电能，机械设备管理和维护较复杂	适用于各种规模的废水处理

1. 水泵混合

将药剂加于水泵的吸水管或吸水喇叭口处，利用水泵叶轮的高速转动达到快速而剧烈混合目的，取得良好的混合效果，不需另建混合设备，但需在水泵内侧、吸入管和排放管内壁衬以耐酸、耐腐材料，同时要注意进水管处的密封，以防水泵汽蚀。当泵房远离处理构筑物时不宜采用，因已形成的絮体在管道出口一经破碎难于重新聚结，不利于以后的絮凝。

2. 隔板混合

图 2-10 为分流隔板式混合槽。槽内设隔板，药剂于隔板前投入，水在隔板通道间流动过程中与药剂充分混合。混合效果比较好，但占地面积大，水头损失也大。

图 2-11 为多孔隔板式混合槽，槽内设若干穿孔隔板，水流经小孔时做旋流运动，使药剂与原水充分混合。当流量变化时，可调整淹没孔口数目，以适应流量变化。缺点是水头损失较大。

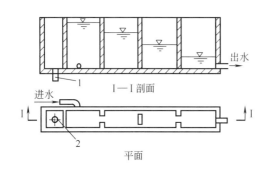

图 2-10 分流隔板式混合槽

1—溢流管；2—溢流堰

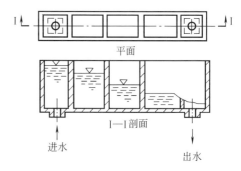

图 2-11 多孔隔板式混合槽

隔板间距为池宽的两倍，也可取 60～100cm，流速取值在 1.5m/s 以上，混合时间一般为 10～30s。

3. 机械混合

多采用结构简单、加工制造容易的桨板式机械搅拌混合槽。混合槽可采用圆形或方形水池，高 H 为 3～5m，叶片转动圆周速度为 1.5m/s 以上，停留时间 10～15s。

为加强混合效果，可在内壁设 4 块固定挡板，每块挡板宽度 b 取 $(1/10～1/12)D$（D 为混合槽内径），其上、下缘距静止液面和池底皆为 $D/4$。

池内一般设带两叶的平板搅拌器，搅拌器距池底 $(0.5～0.75)D_0$（D_0 为桨板直径）。

当 $H:D \leqslant 1.2～1.3$ 时，搅拌器设一层桨板；

当 $H:D > 1.2～1.3$ 时，搅拌器可设两层桨板；

如 $H:D$ 的值很大，则可多设几层桨板。每层间距为 $(1.0～1.5)D_0$，相邻两层桨板 90°交叉安装。

搅拌器桨板直径 $D_0=(1/3～2/3)D$；搅拌器桨板宽度 $B=(0.1～0.25)D_0$。

机械搅拌混合槽的主要优点是混合效果好且不受水量变化的影响，适用于各种规模的处理厂，缺点是增加了机械设备，相应增加了维修工作量。

PJ 型平桨式搅拌机是给水、排水工程制备混凝剂、助凝剂石灰乳液或防止

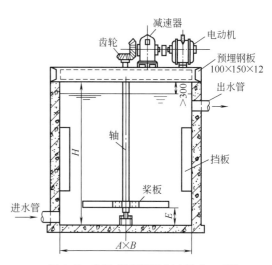

图 2-12 桨板式机械搅拌混合槽（PJ 型）

贮液池内溶液偏析沉降的搅拌设备。搅拌器桨板是平直型的，液流为径向环流。该设备由驱动设备连接，直接驱动，搅拌效果好，适用于有挡板的水池，且池深不深的场合。

桨板式机械搅拌混合槽（PJ型）见图2-12，PJ型平桨式搅拌机性能参数及主要外形尺寸见表2-2。

表2-2 PJ型平桨搅拌机性能参数和主要外形尺寸

桨叶直径 D/mm	功率 /kW	池形尺寸/mm		桨叶底距池底高 E/mm
		$A \times B$	H	
470	1.1	800×800	800	130
		1000×1000	1100	180
	2.2	1200×1200		
		1400×1400	1300	230
750	3	1500×1500	1500	250
		1600×1600		300
	4	2000×2000	2000	300
	5.5	2400×2400	2500	300

4. 管道混合

管道混合是利用从原水泵后到絮凝反应设施之间的压力管使药剂与原水混合，目前已经发展出多种结构形式，主要原理是在管道中加入一些能够改变水流水力条件的附件，从而产生不同的混合效果。某些情况下应用锯齿曲折形挡板，借助管内水流紊动，使混凝剂与原水充分混合；也可以采用管式静态混合器、管路机械混合器等。

管式静态混合器由投药管、混合元件和外管组成，其原理是在管道中设置多节按照一定角度交叉的固定叶片，使水流多次分流，同时产生涡旋反向旋转及交叉流动，达到混合的目的。管式静态混合器主要特点是：

① 不需外加动力；

② 水流通过混合器，产生成对分流，交叉混合和方向旋转，效果显著。混合率90%～95%；

③ 安装简易，一般不需维修、养护，管理方便，水头损失小。

一般管内流速为1m/s左右，分1～4个节。主要适用于流量变化较小的水处理厂，也可以根据工艺需要变更混合元件的数量。

由于管道混合器的混合效果受管内流速影响较大，在此基础上又发展出外加动力管式混合器、水泵提升扩散管式混合器等。

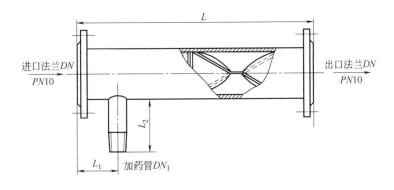

图2-13 GJH型管道混合器结构外形尺寸

GJH 型管道混合器适用于给水工程中原水与絮凝剂、助凝剂及消毒剂在管道内的混合，污水处理过程中絮凝剂、消毒剂与污水在管道中的混合以及化工、医药等行业中液体的混合，也可作为带式压滤机配套设备，用于活性污泥与絮凝药剂的混合。GJH 型管道混合器结构和主要外形尺寸见图 2-13 和表 2-3。

表 2-3　GJH 型管道混合器主要外形尺寸　　　　　　　　　　　单位：mm

型号	DN	DN_1	L	L_1	L_2
GJH50	50	20	300	100	200
GJH100	100	20	600	100	200
GJH150	150	20	800	100	200
GJH200	200	25	1000	100	200
GJH250	250	25	1200	100	200
GJH300	300	25	1400	100	200
GJH400	400	25	1500	100	200
GJH500	500	32	1700	100	200
GJH600	600	40	2000	100	200

5. 典型加药设备选型

RS 型系列溶药搅拌机常用于纺织、印染、化工等行业各类水处理设施，具有搅拌混合均匀，性能稳定，结构美观，能耗低及耐蚀性强等特点，其技术参数和安装尺寸见表 2-4。

表 2-4　RS 型溶药搅拌机技术参数和安装尺寸

规格型号 项目	RS-8-0.37		RS-10-0.55		RS-14-0.55		RS-20-0.75		RS-24-1.1	
	Ⅰ	Ⅱ	Ⅰ	Ⅱ	Ⅰ	Ⅱ	Ⅰ	Ⅱ	Ⅰ	Ⅱ
溶药槽尺寸/mm	$\phi 800 \times 1000$		$\phi 1000 \times 1200$		$\phi 1400 \times 1600$		$\phi 2000 \times 2200$		$\phi 2400 \times 2500$	
溶药槽材质	玻璃钢或按用户需求设计									
减速机形式	齿轮		摆线针轮							
速比	3∶2∶1		9∶1						11∶1	
叶片转速/(r/min)	450		111		160		160		131	
叶片直径/mm	200		350		350		400		450	
电机功率/kW	0.37		0.55		0.55		0.75		1.1	
H/mm	1400	2150	1800	2650	2250	3300	2850	3600	3200	5700
H_1/mm	1000		1200		1600		2200		2500	
H_2/mm		750		850		1050		1400		1600
H_3/mm		300		300		300		350		350
ϕ/mm	800		1000		1400		2000		2400	
B/mm	1000		1200		1600		2200		2600	
a/mm	250		300							
DN_1/mm	40		50		50		70		80	
DN_2/mm	40		50		100		120		120	
DN_3/mm	50		50		50		70		80	
运行重量/kg	700	820	1350	1500	3050	3200	7650	7800	12200	13000

WA 系列加药设备配有一个玻璃钢材质的药剂溶解槽，并有一套电动搅拌机，两个药剂溶液箱，一套投药装置及配管、钢制平台、扶梯等组成一个整体。WA 型加药装置见图 2-14，型号参数见表 2-5。

图 2-14　WA 型加药装置

表 2-5　WA 型加药装置型号参数

型号	投药方式	长×宽×高/m	电机功率/kW		配管管径/mm		适用范围					排水沟	接管处水压/Pa	
			搅拌机	计量泵	溶解槽水管 A	喷射器水管 B	药剂性质	药剂浓度/%	水温/℃	pH 值		溶解槽水管 A	喷射器水管 B
WA-0.3/0.72A-1	小机座计量泵	2.68×1.60×2.35	0.37	2×0.37	1×DN25		水质稳定剂、混凝剂等	一般配成 1~5	≤50	≤90	接纳溶解槽污水	≥9.8×10⁴	≥28.4×10⁴
WA-0.6/1.44B-1	小机座计量泵	2.68×2.60×2.35	2×0.37	2×0.37	2×DN25								
WA-0.3/0.72A-2	喷射器附转子流量泵	2.68×1.60×2.35	0.37		1×DN25	1×DN25							
WA-0.6/1.44B-2	喷射器附转子流量泵	2.68×2.60×2.35	2×0.37		2×DN25	1×DN25							
WA-0.3/0.72A-3	喷射器	2.68×1.60×2.35	0.37		1×DN25	1×DN25							
WA-0.6/1.44B-3	喷射器	2.68×2.60×2.35	2×0.37		2×DN25	1×DN25							

三、反应设备

反应设备根据其搅拌方式可分为水力搅拌反应池和机械搅拌反应池两大类。水力搅拌反应池有平流式或竖流式隔板反应池、回转式隔板反应池、涡流式反应池等形式。各种不同类型反应池的优、缺点以及适用条件列于表 2-6 中。

表 2-6　不同类型反应池的优、缺点与适用条件

反应池类型	优　点	缺　点	适用条件
往复式（平流式或竖流式）隔板反应池	反应效果好，构造简单，施工方便	容积较大，水头损失大	水量大于 1000m³/h 且水量变化较小

反应池类型	优 点	缺 点	适用条件
回转式隔板反应池	反应效果良好,水头损失较小,构造简单,管理方便	池较深	水量大于 1000m³/h 且水量变化较小,改建或扩建旧有设备
涡流式反应池	反应时间短,容积小,造价低	池较深,截头圆锥形,池底难以施工	水量小于 1000m³/h
机械搅拌反应池	反应效果好,水头损失小,可适应水质水量的变化	部分设施处于水下,维护不便	大小水量均适用

1. 隔板反应池的设计

隔板反应池主要有往复式和回转式两种,见图 2-15 及图 2-16。

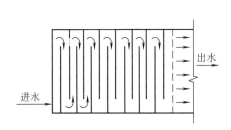

图 2-15　往复式隔板反应池

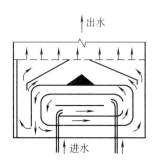

图 2-16　回转式隔板反应池

往复式隔板反应池是在一个矩形水池内设置许多隔板,水流沿两隔板之间的廊道往复前进。隔板间距(廊道宽度)自进水端至出水端逐渐增加,从而使水流速度逐渐减小,以避免逐渐增大的絮体在水流剪切力下破碎。水流在廊道间往返流动,造成颗粒碰撞聚集达到絮凝效果,水流的能量消耗来自反应池内的水位差。

往复式隔板反应池在水流转角处能量消耗大,但对絮体成长并不有利。在 180°的急剧转弯处,虽会增加颗粒碰撞概率,但也易使絮体破碎。为减少不必要的能量消耗,于是将 180°转弯改为 90°转弯,形成回转式反应池。为便于与沉淀池配合,水流自反应池中央进入,逐渐转向外侧。廊道内水流断面由中央至外侧逐渐增大,原理与往复式相同。

(1) 设计参数及要点

① 池数一般不少于 2 座,反应时间为 20～30min,色度高、难沉淀的细颗粒较多时宜采用高值。

② 池内流速应按高速设计,进口流速一般为 0.5～0.6m/s,出口流速一般为 0.2～0.3m/s。通常用改变隔板的间距以达到改变流速的要求。

③ 隔板净间距应大于 0.5m,小型反应池采用活动隔板时可适当减小间距。进水管口应设挡板,避免水流直冲隔板。

④ 反应池超高一般取 0.3m。

⑤ 隔板转弯处的过水断面面积应为廊道断面面积的 1.2～1.5 倍。

⑥ 池底坡向排泥口的坡度一般取 2%～3%,排泥管直径不小于 150mm。

⑦ 速度梯度 G 与反应时间 t 的乘积 Gt 可间接表示整个反应时间内颗粒碰撞的总次数,可用来控制反应效果。当原水浓度低,平均 G 值较小或处理要求较高时,可适当延长反应

时间，以提高 Gt 值，改善反应效果。一般平均 G 值在 $20\sim70s^{-1}$ 之间为宜，Gt 值应控制在 $10^4\sim10^5$ 之间。

（2）设计计算

1）反应池容积的设计

$$V=\frac{Qt}{60} \tag{2-2}$$

式中　V——反应池总容积，m^3；

　　　Q——设计处理水量，m^3/s；

　　　t——反应时间，min。

2）反应池内水头损失计算

① 廊道内沿程水头损失

$$h_f=\frac{n^2}{R^{4/3}}v^2l \tag{2-3}$$

式中　n——廊道内池壁及池底粗糙系数，经水泥砂浆粉刷后，可取 $n=0.014$；

　　　v——廊道内水流速度，m/s；

　　　l——廊道长度，m；

　　　R——廊道内水力半径，m。

② 水流转弯处局部水头损失

$$h_j=\xi\frac{v_{it}^2}{2g} \tag{2-4}$$

式中　ξ——局部阻力系数，$180°$转弯的往复隔板取 3，$90°$转弯的回转隔板取 1；

　　　v_{it}——转弯处水流速度，m/s；

　　　g——重力加速度，$9.81m/s^2$。

隔板反应池廊道宽度通常分为几段，每段内又有几个转弯，亦即几个廊道，每段内的廊道宽度相等，流速也相同。如果按段计算，每段内的总水头损失 h_i 应为

$$h_i=m_i\left(\frac{n^2}{R^{4/3}}v_i^2l+\xi\frac{v_{it}^2}{2g}\right) \tag{2-5}$$

式中　h_i——第 i 段廊道内沿程和局部水头损失之和；

　　　m_i——第 i 段的水流转弯次数；

　　　v_i——第 i 段廊道内水流速度，m/s；

　　　v_{it}——第 i 个转弯处水流速度，m/s。

整个反应池的总水头损失应为各段水头损失之和。回转式隔板反应池则按圈分段，计算方法与往复式相同，只是 ξ 值不同。

③ 反应池总的平均速度梯度

$$\overline{G}=\sqrt{\frac{\rho g\sum h_i}{\mu t}} \tag{2-6}$$

式中　$\overline{G}$——平均速度梯度，s^{-1}；

　　　ρ——水的密度，$1000kg/m^3$；

　　　g——重力加速度，$9.81m/s^2$；

μ——水的动力黏度，$kg \cdot s/m^2$；

t——反应时间，s。

[例 2-1] 某水厂设计日产量 150000t。设计两组处理构筑物，采用往复式隔板反应池配平流式沉淀池。试计算隔板反应池。

解：（1）设计参数

反应时间：$t = 20min$；

平均水深：$H = 2.8m$（考虑与沉淀池配合）；

池宽：$B = 24m$（考虑与沉淀池配合）；

超高：0.3m；

廊道分段流速（6段）：$v_1 = 0.55m/s$，$v_2 = 0.50m/s$，$v_3 = 0.40m/s$，
$\qquad\qquad\qquad v_4 = 0.30m/s$，$v_5 = 0.25m/s$，$v_6 = 0.20m/s$。

（2）反应池长度及廊道宽度计算

反应池设计流量为

$$Q = \frac{150000 \times 1.05}{2 \times 24} = 3281.25 \ (m^3/h) = 0.9115 \ (m^3/s)$$

1.05 是考虑了水厂自用水量为日产水量的 5%。

反应池净长度（隔板净间距之和）为

$$L' = \frac{Qt}{BH} = \frac{3281.25 \times 20}{24 \times 2.8} \times \frac{1}{60} = 16.28 \ (m)$$

根据廊道内设计流速 v_i，可得各段廊道宽度 $b_i = \dfrac{Q}{Hv_i} = \dfrac{0.9115}{2.8v_i}$

计算结果见表 2-7。

表 2-7　廊道宽度计算表

分段编号	1	2	3	4	5	6
设计流速 v_i/(m/s)	0.55	0.50	0.40	0.30	0.25	0.20
各段廊道宽度 b_i/m	0.59	0.65	0.81	1.08	1.30	1.63
各段廊道数 m_i	3	3	3	3	3	2

廊道净宽总和为

$$\sum b_i = 3 \times (0.59 + 0.65 + 0.81 + 1.08 + 1.30) + 2 \times 1.63 = 16.55 \ (m)$$

廊道净宽 $\sum b_i$ 应与絮凝池净长度 L' 相一致，现相差 $16.55 - 16.28 = 0.27$（m），可将池净长度加大 0.27m。

隔板厚度取 0.12m，则反应池总长为

$$L = 16.55 + 0.12 \times 17 = 18.59 \approx 19 \ (m)$$

（3）水头损失计算

① 各段廊道平均水力半径 $R_i = \dfrac{Hb_i}{2H + b_i} = \dfrac{2.8B}{5.6 + b_i}$

计算结果见表 2-8。

表 2-8　廊道水力半径计算表

分段编号	1	2	3	4	5	6
廊道宽度 b_i/m	0.59	0.65	0.81	1.08	1.30	1.63
平均水力半径 R_i/m	0.27	0.29	0.35	0.45	0.53	0.63

② 由式（2-5）可得各段廊道水头损失 $h_i = m_i \left(\dfrac{0.014^2 \times 24}{R_i^{1.33}} v_i^2 + \dfrac{3}{2g} v_{it}^2 \right)$

计算结果见表 2-9。

表 2-9　各段廊道水头损失计算表

分　段　编　号	1	2	3	4	5	6
各段廊道数 m_i	3	3	3	3	3	2
各段廊道流速 v_i/(m/s)	0.55	0.50	0.40	0.30	0.25	0.20
转弯流速 $v_{it} = 0.7 v_i$/(m/s)	0.39	0.35	0.28	0.21	0.18	0.14
平均水力半径 R_i/m	0.27	0.29	0.35	0.45	0.53	0.63
各段廊道水头损失 h_i/m	0.092	0.075	0.045	0.024	0.016	0.007

注：$v_{it} = 0.7 v_i$ 为设计取用值，粗糙系数取 $n = 0.014$。

总水头损失 $\sum h_i = 0.092 + 0.075 + 0.045 + 0.024 + 0.016 + 0.007 = 0.26$（m）

（4）平均速度梯度 $\overline{G}$ 及 $\overline{G}t$ 值计算

按水温 20℃ 计，$\mu = 1 \times 10^{-3}$ Pa·s，$\rho = 1000$ kg/m³；自 1～5 段，各段廊道总长度为 $l = m_i B = 3 \times 24 = 72$（m）；第 6 段廊道总长为 $2 \times 24 = 48$（m）。计算各段廊道所需絮凝时间 $t_i = m_i l / v_i$，并用式（2-6）计算各段廊道的速度梯度 G_i。计算结果见表 2-10。

表 2-10　各段廊道速度梯度计算表

分　段　编　号	1	2	3	4	5	6
各段廊道水头损失 h_i/m	0.092	0.075	0.045	0.024	0.016	0.007
絮凝时间 t_i/s	131	144	180	240	288	360
各段廊道速度梯度 G_i/s^{-1}	83.0	71.5	49.5	31.3	23.3	13.8

反应池总的平均速度梯度 $\overline{G}$ 为

$$\overline{G} = \sqrt{\frac{\rho g \sum h_i}{\mu t}} = \sqrt{\frac{1000 \times 9.81 \times 0.26}{1 \times 10^{-3} \times 20 \times 60}} = 46 \ (\text{s}^{-1})$$

$$\overline{G}t = 46 \times 20 \times 60 = 5.52 \times 10^4$$

符合反应池的设计要求。

2. 机械搅拌反应池的设计

机械搅拌反应池根据转轴的位置可分为水平轴式和垂直轴式两种，垂直轴式应用较广，水平轴式操作和维修不方便，目前较少应用。

（1）设计参数及要点

① 池数一般不少于 2 座。

② 每座池一般设 3～4 档搅拌器，各搅拌器之间用隔墙分开以防水流短路。垂直搅拌轴设于池中间。

③ 搅拌叶轮上桨板中心处的线速度自第一档 0.5～0.6m/s 逐渐减小至 0.2～0.3m/s。线速度的逐渐减小，反映了速度梯度 G 值的逐渐减小。

④ 垂直轴式搅拌器的上桨板顶端应设于池子水面下 0.3m 处，下桨板底端设于距池底 0.3～0.5m 处，桨板外缘与池侧壁间距不大于 0.25m。

⑤ 桨板宽度与长度之比 $b/l = 1/10 \sim 1/15$，一般采用 $b = 0.1 \sim 0.3$m。每台搅拌器上桨板总面积宜为水流截面的 10%～20%，不宜超过 25%，以免池水随桨板同步旋转，减弱絮凝效果。水流截面积是指与桨板转动方向垂直的截面积。

⑥ 所有搅拌轴及叶轮等机械设备应采取防腐措施。轴承与轴架宜设于池外，以免进入

泥沙，致使轴承严重磨损和轴杆折断。

（2）设计计算

1）反应池容积的设计

可用式（2-2）计算反应池容积，反应时间 t 通常取 $20\sim30\mathrm{min}$。

2）搅拌器功率的计算

机械反应池的絮凝效果主要取决于搅拌器的功率及功率的合理施用。搅拌功率的大小取决于旋转时各桨板的线速度和桨板面积。以图 2-17 为例，当桨板旋转时，水流对桨板的阻力就是桨板施于水的推力。在桨板 $\mathrm{d}A$ 面积上的水流阻力为

$$\mathrm{d}F_i = C_\mathrm{D}\rho\frac{v_0^2}{2}\mathrm{d}A \qquad (2\text{-}7)$$

式中　$\mathrm{d}F_i$——水流对面积为 $\mathrm{d}A$ 的桨板的阻力，N；

　　　C_D——阻力系数，取决于桨板的长宽比；

　　　v_0——水流与桨板的相对速度，m/s；

　　　ρ——水的密度，$\mathrm{kg/m^3}$。

阻力 $\mathrm{d}F_i$ 在单位时间内所做的功即为桨板克服水的阻力所耗的功率。即

$$\mathrm{d}P_i = \mathrm{d}F_i v_0 = C_\mathrm{D}\rho\frac{v_0^3}{2}\mathrm{d}A = \frac{C_\mathrm{D}\rho}{2}v_0^3 l\,\mathrm{d}r = \frac{C_\mathrm{D}\rho}{2}\omega_0^3 r^3 l\,\mathrm{d}r$$

$$(2\text{-}8)$$

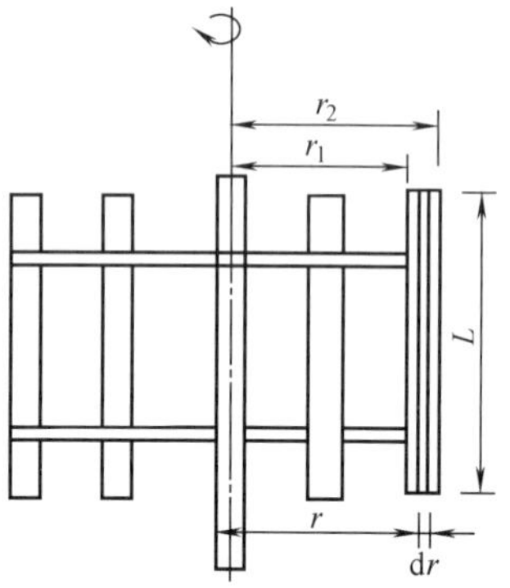

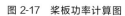

图 2-17　桨板功率计算图

式中　$\mathrm{d}P_i$——$\mathrm{d}F_i$ 在单位时间内所做的功，W；

　　　l——桨板长度，m；

　　　r——旋转半径，m；

　　　ω_0——相对于水的旋转角速度，rad/s。

将式（2-8）积分可得

$$P_i = \frac{C_\mathrm{D}\rho}{8}l\omega_0^3(r_2^4 - r_1^4) \qquad (2\text{-}9)$$

由于桨板外缘旋转半径 r_2 与内缘旋转半径 r_1 的关系为 $r_1 = r_2 - b$（b 为桨板宽度）；一块桨板面积 $A = lb$；桨板外缘旋转线速度 $v_{io} = r_2\omega_0$。将上述关系式代入式（2-9），可得

$$P_i = \frac{C_\mathrm{D}\rho}{8}K_i A_i v_{io}^2 \qquad (2\text{-}10)$$

$$K_i = 4 + 4\frac{b}{r_2} - 6\left(\frac{b}{r_2}\right)^2 - \left(\frac{b}{r_2}\right)^3 \qquad (2\text{-}11)$$

式中　P_i——叶轮外侧 i 桨板施于水流的功率，W；

　　　A_i——i 桨板面积，$\mathrm{m^2}$；

　　　v_{io}——i 桨板外缘相对于水流的旋转线速度，称相对线速度，m/s；

　　　b——i 桨板宽度，m；

　　　r_2——i 桨板外缘旋转半径，m；

　　　K_i——宽径比系数，取决于桨板宽度与外缘旋转半径之比。

K_i 可按式（2-11）计算，也可查按此式绘制的图 2-18。

式（2-10）中阻力系数 C_D 取决于桨板宽长比 b/l，当 $b/l < 1$ 时，$C_\mathrm{D} = 1.1$，水处理中

桨板宽长比通常符合 $b/l < 1$ 的条件，故取 $C_D = 1.1$。设计中相对线速度可采用 0.75 倍的旋转线速度，即 i 桨板外缘速度 $v_i = 0.75v_{io}$，水的密度 $\rho = 1000 \text{kg/m}^3$，将以上数据代入式 (2-10) 可得

$$P_i = 58 K_i A_i v_i^3 \qquad (2-12)$$

对于旋转轴上任何一块桨板，都可按式 (2-12) 计算其功率。设叶轮内侧桨板以 j 符号记，则一根轴上内、外侧全部桨板功率之和 P 为

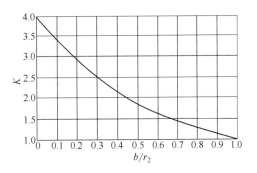

图 2-18　K 与 b/r_2 的关系曲线

$$P = m_i P_i + m_j P_j = 58 \left(m_i K_i A_i v_i^3 + m_j K_j A_j v_j^3 \right) \qquad (2-13)$$

式中　m_i——外侧桨板数；

m_j——内侧桨板数。

3）G 及 Gt 值的核算

当每台搅拌器功率求出后，分别计算各池子的速度梯度 G。以第 3 格池子为例，则

$$G_1 = \sqrt{\frac{3P_1}{\mu V}} \qquad G_2 = \sqrt{\frac{3P_2}{\mu V}} \qquad G_3 = \sqrt{\frac{3P_3}{\mu V}}$$

式中符号下标为搅拌器或池格编号；V 为第 3 格池子的有效总容积，每格容积为 $V/3$。

整个反应池的平均速度梯度 $\overline{G}$ 计算公式如下。

$$\overline{G} = \sqrt{\frac{1}{3}(G_1^2 + G_2^2 + G_3^2)} = \sqrt{\frac{P_1 + P_2 + P_3}{\mu V}} \qquad (2-14)$$

[例 2-2]　某印染厂来自印染、染色、整装及漂染车间的污水流量为 $6000 \text{m}^3/\text{d}$。在生物接触氧化池后设置机械反应池和沉淀池。混凝剂采用氯化铝并投加少量聚丙烯酰胺以提高絮凝效果。试进行机械反应池设计。

解：（1）反应池尺寸计算

1）反应池容积计算

设计流量

$$Q = \frac{6000}{24} = 250 \ (\text{m}^3/\text{h})$$

反应时间

$$t = 20 \text{min}$$

反应池容积

$$V = \frac{Qt}{60} = \frac{250 \times 20}{60} = 83.3 \ (\text{m}^3)$$

2）反应池串联格数及尺寸

为配合沉淀池尺寸，反应池采用 3 格串联，设置 3 台搅拌机。$B = 2.6\text{m}$，$L = 2.6\text{m}$，$H = 4.2\text{m}$，每格有效尺寸为

$$V = 3BLH = 3 \times 2.6 \times 2.6 \times 4.2 = 85 \ (\text{m}^3)$$

反应池超高为 0.3m，池子总高度应为 4.5m。反应池分格隔墙上的过水孔道上下交错布置。垂直轴式机械搅拌反应池见图 2-19。

（2）搅拌设备设计

1）叶轮直径及桨板尺寸

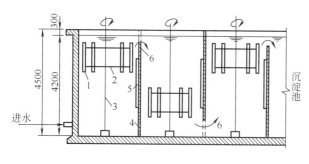

叶轮外缘距池子内壁距离为 0.25m，叶轮直径为：

$$D = 2.6 - 2 \times 0.25 = 2.1 \text{（m）}$$

每根旋转轴上安装 8 块桨板。桨板长度 $l = 1.4$m，宽度 $b = 0.12$m。

2）桨板中心点旋转半径及转速

桨板中心点旋转半径为

$$R = 0.48 + \frac{0.33 + 2 \times 0.12}{2} = 0.765 \text{（m）}$$

每台搅拌机桨板中心点旋转线速度为

第一格　$v_1 = 0.5$m/s

第二格　$v_2 = 0.35$m/s

第三格　$v_3 = 0.2$m/s

则每台搅拌机转速为

第一格　$n_1 = \dfrac{60 v_1}{2\pi R} = \dfrac{60 \times 0.5}{2\pi \times 0.765}$
$= 6.24$（r/min）

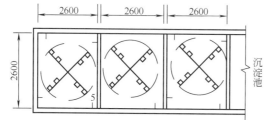

图 2-19　垂直轴式机械搅拌反应池

1—桨板；2—叶轮；3—旋转轴；4—隔墙；

5—挡板；6—过水孔道

第二格　$n_2 = \dfrac{60 v_2}{2\pi R} = \dfrac{60 \times 0.35}{2\pi \times 0.765} = 4.37$（r/min）

第三格　$n_3 = \dfrac{60 v_3}{2\pi R} = \dfrac{60 \times 0.2}{2\pi \times 0.765} = 2.5$（r/min）

3）桨板旋转功率计算

① 桨板旋转线速度按表 2-11 计算。

表 2-11　桨板旋转线速度

分　　格	桨板外缘线速度 $v = 2\pi rn/60$(m/s)	
	外侧桨板 $v_i = 2\pi r_i n_i / 60 = 0.11 n_i$	内侧桨板 $v_j = 2\pi r_j n_i / 60 = 0.063 n_i$
第一格	$0.11 n_1 = 0.11 \times 6.24 = 0.69$	$0.063 n_1 = 0.063 \times 6.24 = 0.39$
第二格	$0.11 n_2 = 0.11 \times 4.37 = 0.48$	$0.063 n_2 = 0.063 \times 4.37 = 0.28$
第三格	$0.11 n_3 = 0.11 \times 2.5 = 0.28$	$0.063 n_3 = 0.063 \times 2.5 = 0.16$

② 每台搅拌机上桨板总面积为

$$A = 8bl = 8 \times 0.12 \times 1.4 = 1.344 \text{（m}^2\text{）}$$

桨板总面积与反应池过水截面积之比为

$$\frac{A}{BH} = \frac{1.344}{2.6 \times 4.2} = 12.3\% \text{（小于 25\%，符合要求）}$$

③ 求桨板宽径比系数 K 值（3 台搅拌器完全相同）

外侧桨板　$b/r_2 = 0.12/1.05 = 0.11$，查图 2-18 可得 $K_i = 3.4$；

内侧桨板　$b/r_1 = 0.12/0.6 = 0.2$，查图 2-18 可得 $K_j = 2.95$。

④ 求每台搅拌器功率

第一格　$P_1 = 58A(K_i v_i^3 + K_j v_j^3) = 58 \times 1.344 \times (3.4 \times 0.69^3 + 2.95 \times 0.39^3) = 100.7$（W）

第二格　$P_2 = 58 \times 1.344 \times (3.4 \times 0.48^3 + 2.95 \times 0.28^3) = 34.4$（W）

第三格　$P_3 = 58 \times 1.344 \times (3.4 \times 0.28^3 + 2.95 \times 0.16^3) = 6.8$（W）

（3）配用电动机功率

电动机总机械效率取 $\eta_1 = 0.75$，传动效率取 $\eta_2 = 0.7$，则配用电动机功率为

第一格　$N_1 = \dfrac{P_1}{\eta_1 \eta_2} = \dfrac{100.7}{0.75 \times 0.7} = 192$（W）

第二格　$N_2 = \dfrac{P_2}{\eta_1 \eta_2} = \dfrac{34.4}{0.75 \times 0.7} = 65.5$（W）

第三格　$N_3 = \dfrac{P_3}{\eta_1 \eta_2} = \dfrac{6.8}{0.75 \times 0.7} = 13$（W）

（4）$\overline{G}$ 及 $\overline{G}t$ 值的核算

按水温 20℃计，$\mu = 1 \times 10^{-3}$ Pa·s。

第一格　$G_1 = \sqrt{\dfrac{3P_1}{\mu v}} = \sqrt{\dfrac{3 \times 100.7}{1 \times 85} \times 10^3} = 60$（s^{-1}）

第二格　$G_2 = \sqrt{\dfrac{3P_2}{\mu v}} = \sqrt{\dfrac{3 \times 34.4}{1 \times 85} \times 10^3} = 35$（s^{-1}）

第三格　$G_3 = \sqrt{\dfrac{3P_3}{\mu v}} = \sqrt{\dfrac{3 \times 6.8}{1 \times 85} \times 10^3} = 16$（s^{-1}）

反应池总平均速度梯度 $\overline{G}$ 为

$$\overline{G} = \sqrt{\dfrac{1}{3}(G_1^2 + G_2^2 + G_3^2)} = \sqrt{\dfrac{1}{3}(60^2 + 35^2 + 16^2)} = 41 \text{（s}^{-1}\text{）}$$

$$\overline{G}t = 41 \times 20 \times 60 = 4.9 \times 10^4$$

经验算，$\overline{G}$ 与 $\overline{G}t$ 值均较合适。

3. 涡流式反应池的设计要点

涡流式反应池的结构如图 2-20 所示。下半部为圆锥形，水从锥底部流入，形成涡流，涡流边扩散边上升，锥体面积也逐渐扩大，上升速度逐渐由大变小，这样有利于絮凝体的形成。

涡流式反应池的设计参数及要点如下。

① 池数不少于 2 座，底部锥角呈 30°～45°，超高取 0.3m，反应时间 6～10min。

② 入口处流速取 0.7m/s，上侧圆柱部分上升流速取 4～6cm/s。

③ 在周边设积水槽收集处理水，也可采用淹没式穿孔管收集处理水。

④ 每米工作高度的水头损失控制在 0.02～0.05m。

4. 反应设备选型

（1）WJF 型反应搅拌机

WJF 型卧轴式反应搅拌机用于给排水工艺混凝过程中的絮凝阶段，使胶体絮凝形成较大的颗粒，以利于沉淀。卧轴式搅拌机适

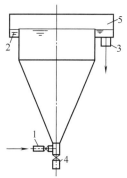

图 2-20　涡流式反应池
1—进水管；2—圆周集水槽；
3—出水管；4—放水阀；
5—格栅

用于水平穿壁安装。

型号说明:

WJF 型卧轴式反应搅拌机外形尺寸见图 2-21,性能参数和主要外形尺寸见表 2-12。

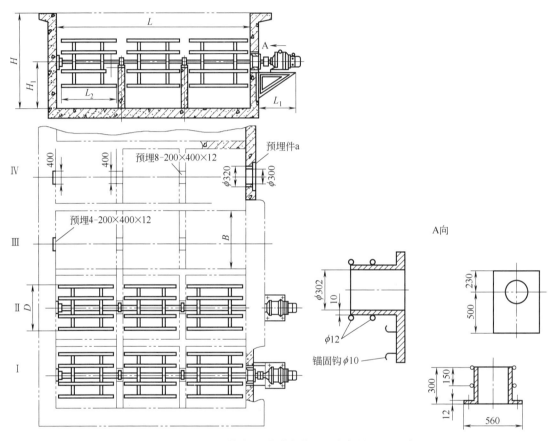

图 2-21 WJF 型卧轴式反应搅拌机外形尺寸(单位: mm)

表 2-12 WJF 型卧轴式反应搅拌机性能参数和主要外形尺寸

单位:mm

参数		WJF-2900	WJF-3000
功率/kW	I	4	7.5
	II	1.5	3
	III	0.75	1.5
	IV	0.75	1.5
转速/(r/min)	I	5.2	5.2
	II	3.8	3.8
	III	2.5	2.5
	IV	1.8	1.8
动力传动装置 支架长度 L_1/mm	I	1130	1360
	II	930	1100
	III	890	1060
	IV	890	1150

参数		WJF-2900	WJF-3000
搅拌器直径 D/mm		2900	3000
桨板长度 L_2/mm		3500	4000
卧轴距池底高 H_1/mm		1700	1750
反应池尺寸/m	长 L	11.8	18.5
	高 H	4.3	4.2
	宽 B	3	3.6

（2）LJF 型反应搅拌机

LJF 型立轴式机械反应搅拌机适用于水厂在完成混合之后的反应搅拌，使药剂在水体中结成絮凝体。

型号说明：

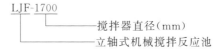

LJF 型立轴式机械反应搅拌机外形尺寸见图 2-22，性能参数和主要外形尺寸见表 2-13。

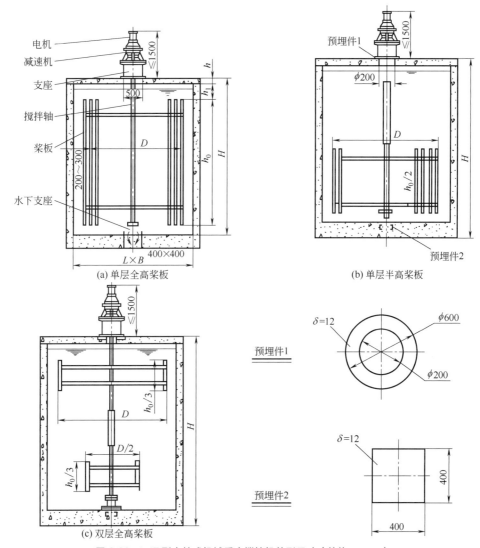

图 2-22　LJF 型立轴式机械反应搅拌机外形尺寸（单位： mm）

表 2-13　LJF 型立轴式机械反应搅拌机性能参数和主要外形尺寸　　　　单位：mm

参数		LJF-1700	LJF-2875	LJF-3000	LJF-3800	LJF-4200
池子尺寸 /m	长 L×宽 B	2.2×2.2	3.25×3.25	3.5×3.5	4.3×4.3	4.7×4.7
	高 H	3.4	4.5	3.55	3.4	4
搅拌器尺寸 /mm	桨叶直径 D	1700	2875	3000	3800	4200
	桨叶高 h_0	2600	3500	2200	1200	1400
	桨叶距池顶高 h_1	400	350	550	550	550
搅拌功率 /kW	I	0.75	0.75	0.37	0.75	0.75
	II	0.37	0.37	0.25	0.37	0.37
	III	0.37	0.37	0.18	0.37	0.37
搅拌器速度 /(r/min)	I	8	5.9	3.8	3.9	3.9
	II	4	3.9	2.8	2.5	3.2
	III	3.4	3.2	1.78	1.5	2.5

（3）JBX 型絮凝反应搅拌机

JBX 型絮凝反应搅拌机适用于污泥脱水前污泥和絮凝药剂的混合搅拌，以便形成均匀的絮状污泥，为带式压滤机配套设备，也可用于化工、医药等行业的液体反应搅拌。

型号说明：

JBX 型絮凝反应搅拌机外形尺寸见图 2-23，性能参数和主要外形尺寸见表 2-14。

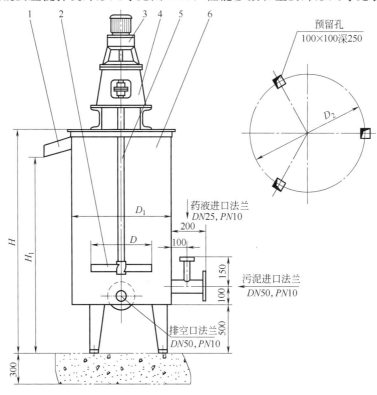

图 2-23　JBX 型絮凝反应搅拌机外形尺寸（单位：mm）

1—出料口；2—桨叶；3—减速机；4—支座；5—主轴；6—罐体

表 2-14　JBX 型絮凝反应搅拌机性能参数和主要外形尺寸

型号	容积/m³	桨叶直径 D/mm	罐体直径 D₁/mm	罐顶高度 H/mm	出料口高度 H₁/mm	三脚支架顶留孔定位圆直径 D₂/mm	功率/kW
JBX-360	0.32	360	550	1900	1750	400	0.55
JBX-450	0.6	450	720	1950	1800	550	0.75

　　JF 型机械混合搅拌机桨板高速旋转，使水中混凝剂、助凝剂作瞬时接触混合，可并联也可串联使用，使用方便，效率高。其技术参数和安装尺寸见表 2-15。

表 2-15　JF 型机械混合搅拌机技术参数和安装尺寸

型号	混合机长 h /mm	桨叶直径 d /mm	桨叶宽度 b /mm	桨叶间距 h₁ /mm	功率 N /kW	转速 n /(r/min)	桨叶外缘线速 V /(m/s)	混合池尺寸 L₁×L₂×H /m	预埋件尺寸 D₁ /mm	B₁ /mm	B₂ /mm	b₁×b₁ /mm
JF-1.5×2	1500	310	90		4	300	5	1.5×1.5×2	160	1500	850	150×150
JF-1.5×2.5	2000	350	40		4	136	2.5	1.5×1.5×2.5	180	1300	250	150×150
JF-1.5×3	2265	400	110	单层	4	300	6.28	1.5×1.5×3	260	1500	850	100×100
JF-1.8×3	2265	460	120		5.5	166	4	1.8×1.8×3	580	1800	850	100×100
JF-2×2.5	1350	650	120		5.5	136	4.63	2×2×2.5	830	2300	460	100×100
JF-1.5×5.5	3500	520	100	800	7.5	167	4.55	1.5×1.5×5.5	700	1800	460	100×100

　　（4）YCQ 型永磁絮凝器

　　YCQ 型永磁絮凝器适用于以下水质的絮凝处理（水流速 1.5～2.5m/s）：铁磁性工业废水、转炉炼钢烟气净化除尘废水、高炉煤气洗涤废水、选矿和烧结冲洗废水、轧钢和连铸冲铁皮废水。

　　YCQ 型永磁絮凝器的工作原理是：含铁磁性物质的工业废水通过永磁絮凝器时，与具有一定磁通量的永磁场正交，磁性颗粒随即被感应磁化，蓄聚一定量的磁感应强度，磁化后的铁磁颗粒被水流带走，具有剩磁的铁磁性颗粒之间及铁磁颗粒与悬浮粒子之间相互吸引凝聚成较大颗粒，进入后续沉淀池会加速沉淀，沉淀性能得到很大改善，有效减少后续沉淀时间，节省费用。

　　型号说明：

　　YCQ 型永磁絮凝器结构和外形尺寸见图 2-24，主要外形尺寸见表 2-16。

表 2-16　YCQ 型永磁絮凝器主要外形尺寸

型号	管道用		渠道用		
	φ/mm	L/mm	L/mm	B/mm	H/mm
YCQ-400	430	972	560	300	400
YCQ-600	470	972	740	380	400
YCQ-900	580	972	900	460	475
YCQ-1200	630	1572	900	540	625
YCQ-1700	740	1722	1060	640	720
YCQ-2100	810	1872	1150	640	800
YCQ-2400	850	1872	1180	640	870
YCQ-2700	900	2022	1340	740	890
YCQ-3000	940	2022	1430	820	890
YCQ-3400	990	2022	1600	900	890

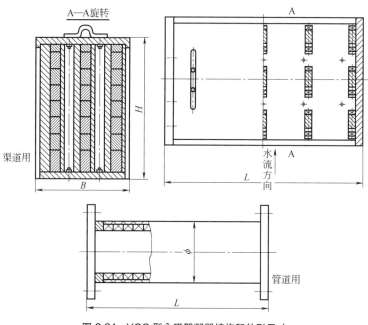

图 2-24　YCQ 型永磁絮凝器结构和外形尺寸

四、澄清池

1. 澄清池基本原理

澄清池是一种将絮凝反应过程与澄清分离过程综合于一体的构筑物。

在澄清池中沉泥被提升起来并使之处于均匀分布的悬浮状态，在池中形成高浓度稳定的活性泥渣层。该层悬浮物浓度为 $3 \sim 10 \mathrm{g/L}$。原水在澄清池中由下向上流动，泥渣层由重力作用在上升水流中处于动态平衡状态。当原水通过活性泥渣层时，利用接触絮凝原理，原水中的悬浮物便被活性泥渣层阻留下来，使水获得澄清，清水在澄清池上部被收集。

泥渣悬浮层上升流速与泥渣的体积浓度有关。即

$$\mu' = \mu(1 - C_V)^m \tag{2-15}$$

式中　μ'——泥渣悬浮层上升流速；

　　　μ——分散颗粒沉降速度；

　　C_V——体积浓度；

　　　m——系数，无机颗粒 $m=3$，絮凝颗粒 $m=4$。

正确选用上升流速，保持良好的泥渣悬浮层，是澄清池取得较好处理效果的基本条件。

2. 澄清池的工作特征及类型

（1）澄清池的工作特征

澄清池的工作效率取决于泥渣悬浮层的活性与稳定。泥渣悬浮层是在澄清池中加入较多的混凝剂，并适当降低负荷，经过一定时间运行后逐步形成的。为使泥渣悬浮层始终保持絮凝活性，必须让泥渣层处于新陈代谢的状态。即一方面形成新的活性泥渣，另一方面排除老化了的泥渣。

（2）澄清池的类型

澄清池从工作原理上可分为泥渣悬浮型和泥渣循环型两大类。

1）泥渣悬浮澄清池

① 悬浮澄清池　悬浮澄清池流程图见图 2-25。

原水由池底进入，靠向上的流速使絮凝体悬浮。因絮凝作用，悬浮层逐渐膨胀，超过一定高度时，通过排泥窗口排入泥渣浓缩室，经压实后定期排出池外。这种澄清池在进水量或水温发生变化时，悬浮层工作不稳定，目前较少采用。

② 脉冲澄清池　脉冲澄清池见图 2-26。

进水通过配水竖井，向池内脉冲式间歇进水。在脉冲作用下，池内悬浮层一直周期性地处于膨胀和压缩状态，进行一上一下的运动。这种脉冲作用使悬浮层的工作稳定，断面上的浓度分布均匀，并加强了颗粒的接触碰撞，改善了混合絮凝的条件，从而提高了净水效果。

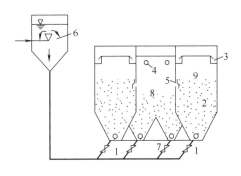

图 2-25　悬浮澄清池流程图

1—穿孔配水管；2—泥渣悬浮层；
3—穿孔集水槽；4—强制出水管；
5—排泥窗口；6—气水分离室；
7—穿孔排泥管；8—浓缩室；
9—澄清室

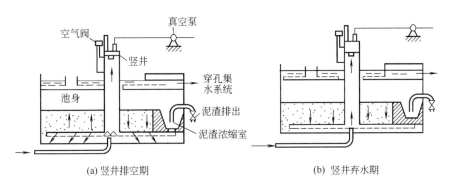

(a) 竖井排空期　　　　(b) 竖井弃水期

图 2-26　脉冲澄清池

2）泥渣循环澄清池

① 机械加速澄清池　机械加速澄清池是将混合、絮凝反应及沉淀工艺综合在一个池内，如图 2-27 所示。

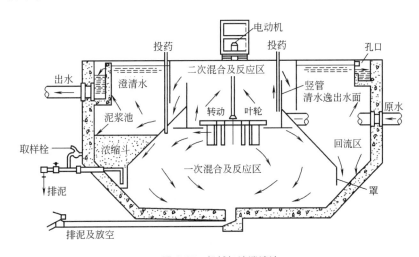

图 2-27　机械加速澄清池

机械加速澄清池中心有一个转动叶轮，将原水和加入的药剂同澄清区沉降下来的回流泥浆混合，促进较大絮体的形成。泥浆回流量是进水量的3~5倍，可通过调节叶轮开启度来控制。为保持池内悬浮层浓度的稳定，要排除多余的污泥，所以在池内设有1~3个泥渣浓缩斗。当池子直径较大或进水含砂量较高时，需装设机械刮泥机。机械加速澄清池的优点是效率较高且比较稳定；对原水水质和处理水量的变化适应性较强；操作运行比较方便，应用较广泛。

② 水力循环加速澄清池　水力循环加速澄清池见图2-28。

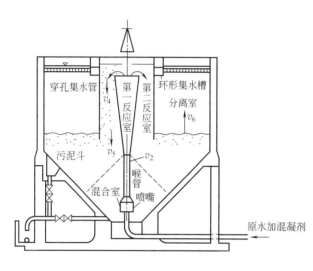

图2-28　水力循环加速澄清池

原水由底部进入池内，经喷嘴喷出。喷嘴上面为混合室、喉管和第一反应室。喷嘴和混合室组成一个射流器，喷嘴高速水流将池子锥形底部含有大量絮凝体的水吸进混合室，与进水掺和后，经第一反应室喇叭口溢流进入第二反应室。吸进去的流量称为回流，为进口流量的2~4倍。第一反应室和第二反应室构成一个悬浮层区，第二反应室的出水进入分离室，相当于进水量的清水向上流向出口，剩余流量则向下流动，经喷嘴吸入与进水混合，再重复上述水流过程。该池无须机械搅拌设备，运行管理比较方便；锥底角度大，排泥效果好。但反应时间较短，造成运行上不够稳定，不能适用于处理大水量。

3. 澄清池的设计与计算

（1）澄清池池型选择

各种澄清池的优缺点及适用条件见表2-17。

表2-17　各种澄清池的优缺点及适用条件

类别	优点	缺点	适用条件
机械加速澄清池	①单位面积产水量大,处理效率高 ②处理效果较稳定,适应性较强	①需机械搅拌设备 ②维修较麻烦	①进水悬浮物含量<5g/L,短时间允许5~10g/L ②适用于大、中型水厂
水力循环加速澄清池	①无机械搅拌设备 ②构筑物较简单	①投药量较大 ②消耗水头大 ③对水质、水温变化适应性差	①进水悬浮物含量<2g/L,短时间允许5g/L ②适用于中、小型水厂
脉冲澄清池	①混合充分,布水较均匀 ②池深较浅,便于平流式沉淀池改建	①需要一套真空设备 ②水头损失大,周期较难控制 ③对水质、水量变化适应性较差	适用于大、中、小型水厂
悬浮澄清池 (无穿孔底板)	①构造较简单 ②能处理高浊度水(双层式加悬浮层底部开孔)	①需设水气分离室 ②对水量、水温较敏感,处理效果不够稳定 ③双层式池深较大	①进水悬浮物含量<3g/L,用单池;3~10g/L,宜用双池 ②每小时流量变化<10%,水温变化<1℃

（2）澄清池设计主要技术参数

澄清池设计主要技术参数见表2-18。

表2-18　澄清池设计主要技术参数

类　　型		清　水　区		悬浮层高度	总停留时间
		上升流速/(mm/s)	高度/m	/m	/h
机械加速澄清池		0.8～1.1	1.5～2.0	—	1.2～1.5
水力循环加速澄清池		0.7～1.0	2.0～3.0	3～4(导流筒)	1.0～1.5
脉冲澄清池		0.7～1.0	1.5～2.0	1.5～2.0	1.0～1.3
悬浮澄清池	单层	0.7～1.0	2.0～2.5	2.0～2.5	0.33～0.5(悬浮层) 0.4～0.8(清水区)
	双层	0.6～0.9	2.0～2.5	2.0～2.5	—

（3）机械加速澄清池设计参数及要点

澄清池中各部分是相互牵制、互相影响的，计算往往不能一次完成，需在设计过程中做相应调整。

1）原水进水管、配水槽

原水进水管流速一般在1m/s左右，进水管接入环形配水槽后向两侧环形配水，配水槽断面设计流量按1/2计算。配水槽和缝隙的流速均采用0.4m/s左右。

2）反应室

水在池中总停留时间一般为1.2～1.5h。第一反应室、第二反应室停留时间一般控制在20～30min。第二反应室计算流量为出水量的3～5倍（考虑回流）。第一反应室、第二反应室（包括导流室）和分离室的容积比一般控制在2∶1∶7。第二反应室和导流室的流速一般为40～60mm/s。

3）分离室

上升流速一般采用0.8～1.1mm/s。当处理低温、低浊度水时可采用0.7～0.9mm/s。

4）集水槽

集水方式可选用淹没孔集水槽或三角堰集水槽。孔径为20～30mm，过孔流速为0.6m/s，集水槽中流速为0.4～0.6m/s，出水管流速为1.0m/s左右。

穿孔集水槽设计流量应考虑超载系数$\beta=1.2～1.5$。

5）泥渣浓缩室

根据澄清池的大小，可设泥渣浓缩斗1～3个，泥渣斗容积为澄清池容积的1%～4%，小型池可只用底部排泥。进水悬浮物含量＞1g/L或池径≥24m时，应设机械排泥装置。搅拌一般采用叶轮搅拌，叶轮提升流量为进水流量的3～5倍。叶轮直径一般为第二反应室内径的0.7～0.8倍。叶轮外缘线速度为0.5～1.0m/s。

[例2-3]　某水厂供水量800m³/h，进水悬浮物含量＜1000mg/L，出水悬浮物含量＜10mg/L，决定采用机械加速澄清池，试计算尺寸。

解：（1）流量计算

水厂本身用水量占供水量的5%，采用2座池，每座池的设计流量为

$$Q=(800/2)\times1.05=420(m^3/h)=0.1167(m^3/s)$$

各部分设计流量见图2-29。

（2）澄清池面积

1）第二反应室面积

该室为圆筒形，根据流量 $Q'=5Q=0.583\mathrm{m^3/s}$，采用流速 $v=50\mathrm{mm/s}$，算得面积为 $11.7\mathrm{m^2}$，直径为 $3.86\mathrm{m}$。考虑导流板所占体积及反应室壁厚，取第二反应室内径为 $3.9\mathrm{m}$，外径为 $4.0\mathrm{m}$。设第二反应室停留时间为 $8\mathrm{min}$，按回流泥渣量 $5Q$ 计，算得其容积为 $28\mathrm{m^3}$，高度为 $H_1=2.39\mathrm{m}$。

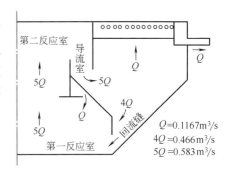

$Q=0.1167\mathrm{m^3/s}$
$4Q=0.466\mathrm{m^3/s}$
$5Q=0.583\mathrm{m^3/s}$

图 2-29　机械加速澄清池各部分设计流量

2）导流室

流量 $Q'=5Q=0.583\mathrm{m^3/s}$，流速采用 $v=50\mathrm{mm/s}$，算得面积为 $11.7\mathrm{m^2}$，内径为 $5.56\mathrm{m}$，外径为 $5.66\mathrm{m}$。水流从第二反应室出口溢入导流室，算得周长为 $12.56\mathrm{m}$，取溢流速度为 $0.05\mathrm{m/s}$，得反应室壁顶以上水深为 $0.93\mathrm{m}$。

3）分离室

上升流速取 $1.1\mathrm{mm/s}$，按流量 $Q=0.1167\mathrm{m^3/s}$，算得环形面积为 $106\mathrm{m^2}$。

澄清池总面积（第二反应室、导流室、分离室面积之和）为 $129.4\mathrm{m^2}$，内径为 $12.5\mathrm{m}$。

（3）澄清池高度

澄清池计算图见图 2-30。

澄清池停留时间取 $1\mathrm{h}$，算得有效容积为 $420\mathrm{m^3}$。考虑池结构所占体积 $15\mathrm{m^3}$，则池总容积为 $435\mathrm{m^3}$。

筒体部分体积（筒体高度取 $H_4=1.76\mathrm{m}$）　$V_1=\pi D^2 H_4/4=216$（$\mathrm{m^3}$）

锥体部分体积　$V_2=435-216=219$（$\mathrm{m^3}$）

斜壁角度为 $45°$，根据截头圆锥体公式 $V_2=(R^2+rR+r^2)\pi H_5/3$。将 $R=6.25\mathrm{m}$，$V_2=219\mathrm{m^3}$，$r=R-H_5$ 代入得 $H_5=2.98\mathrm{m}$。

池底直径　$D_T=12.5-2H_5\tan45°=6.54$（$\mathrm{m}$）

池底坡度为 5%，计算得增加池深为 $0.16\mathrm{m}$。超高取 $0.3\mathrm{m}$。澄清池总高度为 $5.2\mathrm{m}$。

（4）第一反应室

根据以上计算结果，按比例绘制澄清池的断面图，取伞形板坡度为 $45°$，使伞形板下侧的圆筒直径较池底直径稍大，以便泥渣回流时能从斜壁下滑到第一反应室。澄清池计算图如图 2-30 所示。

（5）穿孔集水槽

1）孔口布置

采用池壁环形集水槽和 8 条辐射式集水槽，前者一侧开孔，后者两侧开孔。设孔口中心线上的水头为 $0.05\mathrm{m}$，所需孔口总面积为

$$\sum f=\frac{\beta Q}{\mu\sqrt{2gh}}=\frac{1.2\times0.1167}{0.62\sqrt{2\times9.81\times0.05}}=0.228（\mathrm{m^2}）=2280（\mathrm{cm^2}）$$

选用直径为 $25\mathrm{mm}$，单孔面积为 $4.91\mathrm{cm^2}$，则孔口总数 $n=2280/4.91=464$（个）

假设环形集水槽所占宽度为 $0.38\mathrm{m}$，辐射集水槽所占宽度为 $0.32\mathrm{m}$。则

8 条辐射槽开孔部分长度　$2\times8[(12.5-5.66)/2-0.38]=48.64$（$\mathrm{m}$）

环形槽开孔部分长度　$\pi\times(12.5-2\times0.38)-8\times0.32=34.32$（$\mathrm{m}$）

开孔集水槽总长度　$48.64+34.32=82.96$（m）

孔口间距　$82.96/464=0.18$（m）

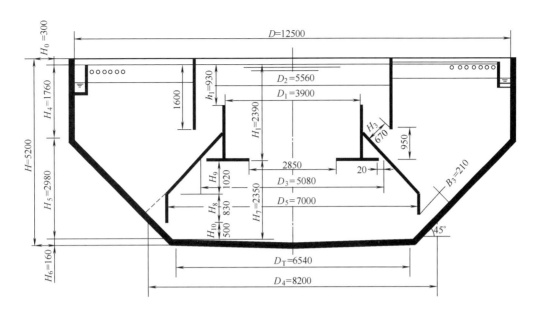

图 2-30　澄清池计算图

2）集水槽断面尺寸

集水槽沿程流量逐渐增大，按槽的出口处最大流量计算断面尺寸。每条辐射集水槽的开孔数为 $48.64/(8×0.18)=34$（个），孔口流速为

$$v=\frac{\beta Q}{\sum f}=\frac{1.2×0.1167}{0.228}=0.61\ （m/s）$$

每槽计算流量　$q=0.61×4.91×4.91×10^{-4}×34=0.05\ （m^3/s）$

辐射槽的宽度　$B=0.9×0.05^{0.4}=0.27\ （m）$，为施工方便取槽宽 0.3m。

考虑槽外超高 0.1m，孔上水头 0.05m，槽内跌落水头 0.08m，槽内水深 0.15m，则穿孔集水槽总高度为 0.38m。

环形槽内水流从两个方向汇流至出口，槽内流量按 $Q/2=0.06m^3/s$ 计，环形槽宽度 $B=0.9×0.06^{0.4}=0.29\ （m）$，环形槽起端水深 $H_0=B=0.29\ （m）$，辐射槽内水流入环形槽应为自由落水，跌落高度取 0.08m，则环形槽总高度 $H=0.29+0.08+0.38=0.75\ （m）$。

（6）搅拌设备

1）提升叶轮

根据经验，叶轮内径为第二反应池内径的 0.7 倍，即 $d=0.7D_1=0.7×3.9=2.73$（m），取 $d=2.8m$。叶轮外缘线速度采用 $v=0.5\sim1.5m/s$，叶轮转速 $n=60v/\pi d=3.4\sim10.3\ （r/min）$。

设提升水头为 0.1m，提升流量为 $0.584m^3/s$，取 $n=10r/min$。则比转数 n_s 为

$$n_s=\frac{3.65n\sqrt{Q'}}{H^{0.75}}=\frac{3.65×10×\sqrt{0.584}}{0.1^{0.75}}=157$$

当 $n_s=157$ 时，$d/d_0=2$，因此叶轮内径 $d_0=1.4m$。叶轮设 8 片桨板，径向辐射式对称布置以便于装拆，搅拌设备如图 2-31 所示。

2）搅拌桨

搅拌桨长度取第一反应室高度的 1/3，即 $2.22/3=0.74\ （m）$，桨板宽度取 0.2m。桨板

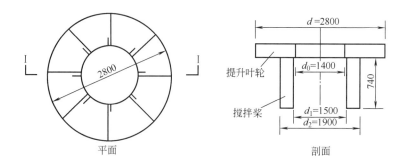

图 2-31 搅拌设备

总面积为 $8\times0.2\times0.74=1.18$（$m^2$），第一反应室平均纵剖面积为

$$\frac{1}{2}(D_3+D_5)\times H_9+D_5H_8+\frac{1}{2}(D_5+D_T)\times H_{10}+\frac{1}{2}D_T H_6=15.9\ (m^2)$$

桨板总面积占第一反应室截面积的 $1.18/15.9=7.42\%$（符合 $5\%\sim10\%$ 的要求）。

桨板外缘线速度采用 1.0m/s，则桨板外缘直径 $d_2=\dfrac{60v}{\pi n}=\dfrac{60\times1.0}{\pi\times10}=1.9$（m）。

桨板内缘直径 $d_1=1.9-0.2\times2=1.5$（m）。

3）电动机功率

电动机功率按叶轮提升功率（N_1）和桨板搅拌功率（N_2）确定。

$$N_1=\frac{\gamma Q'H}{102\eta_1}$$

$$H=\left(\frac{nd}{87}\right)^2$$

式中　γ——水的容重，1000kg/m^3；

　　　Q'——提升流量，按 5Q 计；

　　　η_1——叶轮效率，取 0.5；

　　　H——提升水头，按经验公式计算。

经计算得　$H=0.104$m，$N_1=1.30$kW。

$$N_2=\frac{mkl\omega^3}{4}\times\frac{r_2^4-r_1^4}{102\eta_2}=\frac{C_D\gamma}{2g}\times\frac{ml\omega^3}{4}\times\frac{r_2^4-r_1^4}{102\eta_2}$$

式中　C_D——阻力系数，取 1.10；

　　　γ——水的容重，1000kg/m^3；

　　　l——桨板长度，m；

　　　ω——旋转角速度（$\omega=2\pi n/60=1.05n$ rad/s）；

　　　m——桨板数；

　　　g——重力加速度，9.81m/s^2；

　　　r_2——桨板外缘旋转半径（$r_2=d_2/2=0.95$m）；

　　　r_1——桨板内缘旋转半径（$r_1=d_1/2=0.75$m）；

　　　η_2——桨板机械效率，取 0.75。

经计算得桨板搅拌功率：$N_2=0.71$kW。

传动效率 η' 取 60%，则电动机功率为

$$N = \frac{N_1 + N_2}{\eta'} = \frac{1.3 + 0.71}{0.6} = 3.35 (\text{kW})$$

4. 澄清池搅拌机

澄清池搅拌机主要由调流装置、变速驱动机构、搅拌机主轴、提升叶轮及搅拌桨叶等组成。搅拌机叶轮下部桨叶在澄清池第一反应室完成机械反应，使经加药混合后所产生的絮凝体与回流泥渣中原有矾花再度碰撞吸附，形成较大絮粒，然后由叶轮提升至第二反应室，再经折流到澄清区进行分离，清水上升由集水管引出，泥渣在澄清区下部回流到第一反应室。JJ 型机械搅拌机技术参数见表 2-19。

表 2-19　JJ 型机械搅拌机技术参数

参数	处理水量/(m³/h)							
	20	80	120	200	600	800	1000	1800
池径/m	3.10	6.20	7.50	9.8	16.9	19.5	21.8	29
池深/m	4.70	5.15	5.15	5.3	6.35	6.85	7.2	8
叶轮直径/m	0.62	1.25	1.5	2	2.5	3.5		4.5
电机功率/kW	0.75	1.5		3	4	7.5		

注：搅拌刮泥机传动方式为套轴式中心传动/销齿传动。

5. 机械搅拌澄清池刮泥机

机械搅拌澄清池刮泥机按照传动方式分为中心传动和销齿传动两种型式，中心传动式刮泥机可以细分为弧线形中心传动刮泥机和直线形中心传动刮泥机两种，如图 2-32、图 2-33 所示。

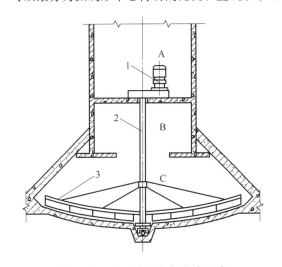 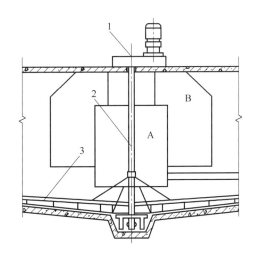

图 2-32　弧线形中心传动刮泥机示意
1—驱动装置；2—主轴；3—刮泥耙
A—机器间；B—第二反应室；C—第一反应室

图 2-33　直线形中心传动刮泥机示意
1—驱动装置；2—主轴；3—刮泥耙
A—第一反应室；B—第二反应室

销齿传动式刮泥机示意图见图 2-34，规格和基本参数见表 2-20，其余类型刮泥机参数，详见相应国家标准。

表 2-20　销齿传动式刮泥机规格和基本参数

处理水量/(m³/h)	澄清池直径/m	刮泥耙旋转直径/m
800	20	12.0
1000	22	13.5
1330	25	15.0
1800	29	17.0

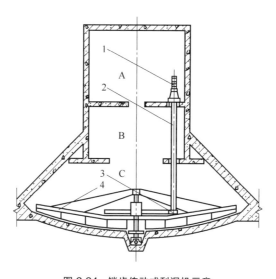

图 2-34 销齿传动式刮泥机示意

1—驱动装置；2—主轴；3—销齿传动机构；4—刮泥耙

A—机器间；B—第二反应室；C—第一反应室

第二节　电　解　槽

一、电解槽的类型

电解槽是利用直流电进行溶液氧化还原反应，污水中的污染物在阳极被氧化，在阴极被还原或者与电极反应产物作用，转化为无害成分被分离除去。利用电解可以处理：

① 各种离子状态的污染物，如 CN^-、AsO_2^-、Cr^{6+}、Cd^{2+}、Pb^{2+}、Hg^{2+} 等；

② 各种无机和有机耗氧物质，如硫化物、氨、酚、油和有色物质等；

③ 致病微生物。

电解法能够一次除去多种污染物，例如，氰化镀铜污水经过电解处理，CN^- 在阳极被氧化的同时，Cu^{2+} 在阴极被还原沉积。电解装置结构紧凑，占地面积小，一次性投资少，易于实现自动化，药剂用量少，废液量少。通过调节电压和电流，可以适应较大幅度的水量与水质变化，但电耗和可溶性阳极材料消耗较大、副反应多，电极易钝化。

一般连续处理工业污水的电解槽多为矩形。按槽内的水流方向可分为回流式与翻腾式两种。按电极与电源母线连接方式可分为单极式与双极式。

单电极回流式电解槽如图 2-35 所示。

槽中多组阴、阳电极交替排列，构成许多折流式水流通道。电极板与总水流方向垂直，水流在极板间做折流运动，因此水流的流线长，接触时间长，死角少，离子扩散与对流能力好，阳极钝化现象也较为缓慢，但这种槽型的施工检修以及更换极板比较困难。

翻腾式电解槽如图 2-36 所示。槽中水流方向与极板面平行，水流在槽中极板间做上下翻腾流动。这种槽型电极利用率较高，施工、检修、更换极板都很方便。极板分组悬挂于槽中，极板（主要是阳极板）在电解消耗过程中不会引起变形，可避免极板与极板、极板与槽壁互相接触，从而减少了漏电现象，实际生产中多采用这种槽型。

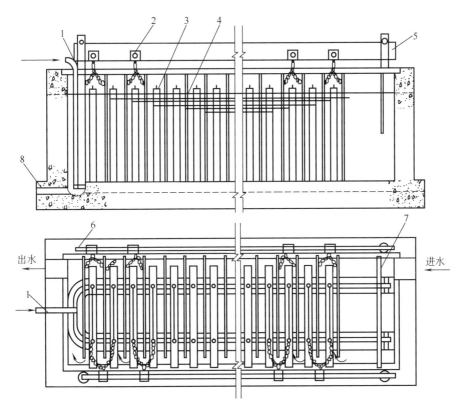

图 2-35 单电极回流式电解槽

1—压缩空气管；2—螺钉；3—阳极板；4—阴极板；5—母线；6—母线支座；7—水封板；8—排空阀

出水

进水

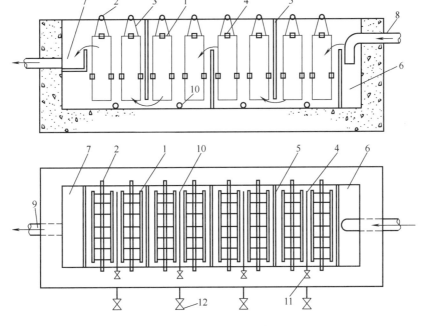

图 2-36 翻腾式电解槽

1—电极板；2—吊管；3—吊钩；4—固定卡；5—导流板；6—布水槽；7—集水槽；
8—进水管；9—出水管；10—空气管；11—空气阀；12—排空阀

电解槽电源的整流设备应根据电解所需的总电压和总电流进行选择。电解所需的电压和电流既取决于电解反应，也取决于电极与电源的连接方式。

对于单极式电解槽，当电极串联后，可采用高电压、小电流的电源设备，若电极并联，则要采用低电压、大电流的电源设备。对于双极式电解槽，仅两端的极板为单电极，与电源相连。中间的极板都是感应双电极，即极板的一面为阳极，另一面为阴极。双极式电解槽的槽电压取决于相邻两单电极的电位差和电极对的数目。电流强度取决于电流密度以及一个单电极（阴极或阳极）的表面积，与双电极的数目无关。因此，可采用高电压、小电流的电源设备，以减少投资。另外，在单极式电解槽中，有可能由于极板腐蚀不均匀等原因造成相邻两极板接触，引起短路事故。而在双极式电解槽中极板腐蚀较均匀，即使相邻极板发生接触，变为一个双电极，也不会发生短路现象。因此采用双极式电极可缩小极板间距，提高极板有效利用率，降低造价和运行费用。

二、电解槽的工艺设计

电解槽的设计主要是根据污水流量及污染物种类和浓度等因素合理选定极水比、极距、电流密度、电解时间等参数，从而确定电解槽的尺寸和整流器的容量。

1. 电解槽有效容积

$$V = \frac{QT}{60} \tag{2-16}$$

式中　V——电解槽有效容积，m^3；

　　　Q——污水设计流量，m^3/h；

　　　T——操作时间，min。

对连续式操作，T 即为电解时间，一般为 20～30min。对间歇式操作，T 为轮换周期，包括注水时间、沉淀排空时间和电解时间，一般为 2～4h。

2. 阳极面积

阳极面积 A 可由选定的极水比和已求出的电解槽有效容积 V 推得，也可由选定的电流密度 i 和总电流 I 推得。

3. 电流

电流 I 应根据污水情况和要求的处理程度由试验确定。对含 Cr^{6+} 污水，也可按下式计算。

$$I = \frac{KQc}{S} \tag{2-17}$$

式中　I——电流，A；

　　　K——每克 Cr^{6+} 还原成 Cr^{3+} 所需的电量，$A \cdot h/gCr$，一般为 $4.5A \cdot h/gCr$ 左右；

　　　c——污水含 Cr^{6+} 浓度，mg/L；

　　　S——电极串联数，在数值上等于串联极板数减 1。

4. 电压

电解槽的槽电压等于极间电压和导线上的电压降之和，即

$$U = SU_1 + U_2 \tag{2-18}$$

式中　U——电解槽的槽电压，V；

　　　U_1——极间电压，V，一般为 3～7.5V，应由试验确定；

　　　U_2——导线上的电压降，V，一般为 1～2V。

选择整流设备时，电流和电压值应分别比按式（2-17）、式（2-18）计算的值大 30%～40%，用以补偿极板的钝化和腐蚀等因素引起的整流器效率降低。

5. 电能消耗

$$N = \frac{IU}{1000Qe} \tag{2-19}$$

式中　N——电能消耗，$kW \cdot h/m^3$；

　　　　e——整流器效率，一般取 0.8 左右。

其余符号意义同上。

最后对设计的电解槽进行核算，使

$$A_{实际} > A_{计算}, \quad I_{实际} > I_{选定}, \quad t_{实际} > t_{选定}$$

除此之外，设计时还应考虑下列问题。

① 电解槽长宽比取（5～6）：1，深宽比取（1～1.5）：1。电解槽进出水端要求设有配水和稳流装置，以利于均匀布水并维持良好流态。

② 极板间距应适当，一般为 30～40mm。过大则电压要求高，电耗大；过小不仅安装不便，而且极板材料消耗量高。所以极板间距应综合考虑多种因素确定。

③ 空气搅拌可减少浓差极化，防止槽内积泥，但增加 Fe^{2+} 的氧化，降低电解效率。因此空气量要适当，一般每立方米污水需空气量 0.1～0.3m^3/min。空气入池前要除油。

④ 阳极在氧化剂和电流的作用下，会形成一层致密的不活泼而又不溶解的钝化膜，使电阻和电耗增加。可以通过投加适量 NaCl、增加水流速度、采用机械去膜以及电极定期（如 2d）换向等方法防止钝化。

⑤ 耗铁量主要与电解时间、pH 值、盐浓度和阳极电位等有关，此外还与实际操作条件有关。如 i 太高、t 太短，均会使耗铁量增加。电解槽停用时，要放入清水浸泡，否则会使极板氧化加剧，增加耗铁量。

⑥ 冰冻地区的电解槽应设在室内，其他地区可设在棚内。

第三节　氯氧化设备

氯作为氧化剂可氧化污水中的氰、硫、酚、氨氮及去除某些染料而脱色等，也可用来进行消毒。作为氧化剂的氯可有如下形态：氯气、液氯、漂白粉、漂粉精、次氯酸钠和二氧化氯等。氯气是一种具有刺激性气味的黄绿色有毒气体；液氯是压缩氯气后变为琥珀色的透明液体，可用氯瓶贮存远距离运输；漂粉精可加工成片剂，称为氯片；次氯酸钠可利用电解食盐水的方法，在现场由次氯酸钠发生器制备。

氯氧化处理工艺的主要设备有反应池和投药设备。反应池可按污水量的水力停留时间设计。投药设备包括调节 pH 值的药剂（如碱液和酸液）的投加设备及氯的投加设备。

氯的投加设备视所用的氯氧化剂而异，常用的氯氧化剂有液氯和漂白粉。投氯量可按氯氧化方程式的理论需氯量加 10%～15%计算，或通过试验确定。

氯氧化含氰电镀污水第一阶段的理论需氯量为　$CN^- : Cl_2 = 1 : 2.73$

第二阶段的理论需氯量为　$CN^- : Cl_2 = 1 : 4.10$

完成两阶段的总理论需氯量为　$CN^- : Cl_2 = 1 : 6.83$

根据需氯量进行投氯设备的设计和选型。

一、加氯机

1. 氯瓶

液氯在钢瓶内贮存和运输。使用时，液氯转变为氯气加入水中，氯瓶内压力一般为6~8atm（1atm＝101.325kPa），所以不能在太阳下曝晒或放在高温场所，以免气化时压力过高发生爆炸。卧式氯瓶有两个出氯口，使用时务必使两个出氯口的连线垂直于水平面。上出氯口为气态氯，下出氯口为液态氯，如图2-37所示。与加氯机进氯口相连的是上出氯口。立式氯瓶在投氯量较小时使用，竖放安装，出氯口朝上。

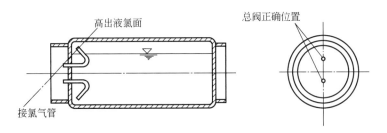

图 2-37　卧式氯瓶

2. 加氯机

（1）加氯机类型及特性

加氯机种类繁多。各种加氯机的特性见表2-21，工作原理基本相同，ZJ型转子加氯机如图2-38所示。

表 2-21　各种加氯机的特性

名　称	型　号	加氯量/(kg/h)	特　点
转子加氯机	ZJ-1 ZJ-2	5~45 2~10	①加氯量稳定,控制较准 ②水源中断时能自动破坏真空,防止压力水倒流入氯瓶等易腐蚀部件 ③价格较高
转子真空加氯机	LS80-3 LS80-4	1~5 0.3~3	①构造及计量简单、体积较小 ②可自动调节真空度,防止压力水倒流入氯瓶等易腐蚀部件 ③水射器工作压力为5×10^5Pa,水压不足时加氯量将减少
随动式加氯机	SDX-Ⅰ SDX-Ⅱ	0.008~0.5 0.5~1.5	①加氯机可随水泵启、停,自动进行加氯 ②适宜于深井泵房的加氯
加氯机	MJL-Ⅰ MJL-Ⅱ	0.1~3.0 2~18	设有二道止回阀和一道安全阀,可防止突然停水时压力水倒流入加氯机和氯瓶
真空式加氯机	JSL-73-100 JSL-73-200 JSL-73-300 JSL-73-400 JSL-73-500 JSL-73-600 JSL-73-700 JSL-73-800 JSL-73-900 JSL-73-1000	0.1 0.2 0.3 0.4 0.5 0.6 0.7 0.8 0.9 1.0	①可用水氯调节阀调节压差,并与氯阀配合进行调整 ②有手动和自动控制两种,自动控制可适用于闭式定比加氯系统
全玻璃加氯机	74-1 74-2 74-3 74-4 74-5	<0.42 0.42~1.04 1.04~2.08 2.08~4.16 >4.16	①可调节加氯量 ②加氯机主件由硬质玻璃制作,具有耐腐蚀、结构简单、价格低廉等特点
加氯机	MB-11	1~6	

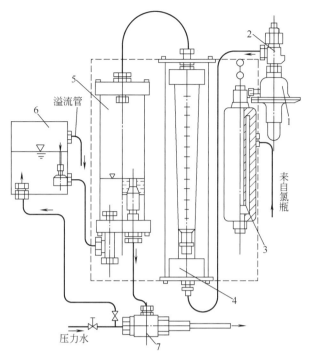

图 2-38 ZJ 型转子加氯机

1—弹簧膜阀；2—控制阀；3—旋风分离器；4—转子
流量计；5—中转玻璃罩；6—平衡水箱；7—水射器

来自氯瓶的氯气首先进入旋风式分离器，再通过弹簧膜和控制阀进入转子流量计和中转玻璃罩，经水射器与压力水混合，溶解于水后被输送至加氯点。

加氯机各部分的作用如下：旋风分离器用于分离氯气中可能存在的悬浮杂质，其底部有旋塞可定期打开清除；弹簧膜阀保证氯瓶内氯气压力大于 10^5 Pa，如小于此压力，该阀可自动关闭；控制阀和转子流量计用以控制和测定加氯量；中转玻璃罩用以观察加氯机的工作情况，同时起稳定加氯量、防止压力水倒流和当水源中断时破坏罩内真空的作用；水射器从中转玻璃罩内抽吸所需的氯，并使之与水混合溶入水中，同时使玻璃罩内保持负压状态。

加氯机使用时应先开压力水阀使水射器开始工作，待中转玻璃罩有气泡翻腾后再开启平衡水箱进水阀，当水箱有少量水从溢水管溢出时开启氯瓶出氯阀，调节加氯量后，加氯机便开始正常运行。停止使用时先关氯瓶出氯阀，待转子流量计转子跌落至零位后关闭加氯机控制阀，然后再关闭平衡水箱进水阀，待中转玻璃罩翻泡并逐渐无色后关闭压力水阀。

（2）加氯机选型

1）J 型加氯机

J 型加氯机如图 2-39 所示，主要由氯压表、流量

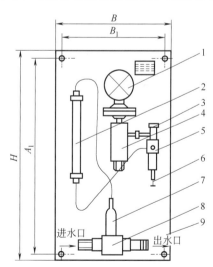

图 2-39 J 型加氯机

1—氯压表；2—流量计；3—定压调节
旋钮；4—过滤器；5—定压调节阀；
6—定压阀拉杆；7—单向阀；
8—水射器；9—整机底板

计、过滤器、调节阀、水射器等组成。J 型加氯机性能规格及外形尺寸见表 2-22。

表 2-22　J 型加氯机性能规格及外形尺寸

型号	加氯量 /(kg/h)	水射器				外形尺寸/mm			
		进水压力 /MPa	背压力 /MPa	进水管 /mm	出水管(软管) /mm	H	A	B	B_1
J-1	40	>0.2~0.3	<0.05	40	30	800	780	400	375
J-2	10	>0.2~0.3	<0.05	32	30	680	655	310	285
J-3	2	>0.2~0.3	<0.05	20	25	620	595	260	235

2）JK 型加氯机

JK 型加氯机由水射器、流量控制器、真空减压阀三部分组成。JK 型加氯机有三种安装方式：缓冲过滤器安装方式（见图 2-40）、半吨氯瓶安装方式（见图 2-41）、多路加氯安装方式（见图 2-42）。

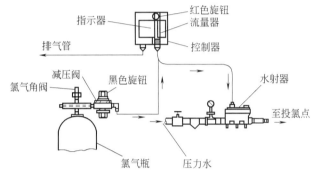

图 2-40　缓冲过滤器安装方式

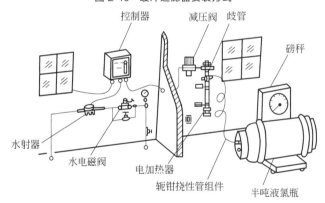

图 2-41　半吨氯瓶安装方式

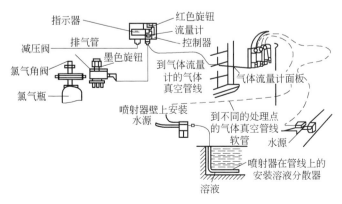

图 2-42　多路加氯安装方式

JK 型加氯机性能规格及外形与尺寸见表 2-23。

表 2-23　JK 型加氯机性能规格及外形尺寸

| 型号 | 加氯量 /(kg/h) | 水射器 | | | | 外形尺寸 (长×宽×高)/mm |
		进水流量 /(m³/h)	进水压力 /MPa	背压力 /MPa	进出水管 /mm	
JK-2	2	2.0	>0.25	<0.05	20	277×220×145
JK-4	4	2.5~3.0	>0.35	<0.05	20	277×220×145
JK-10	10	4.0~5.5	>0.5	<0.05	25	315×205×165

（3）加氯机选型注意事项

1）安全性

在选择加氯机时，首先要考虑的是设备的安全可靠性。

2）规格的选择

加氯机有多种规格指标，常用为每小时释放的液氯量，如 0~2kg/h、0~5kg/h、0~10kg/h。加氯机规格的选用主要取决于原水的水质情况。

3）实用性

负压真空加氯机可分为手动控制和自动控制，其选用应根据用户的实际情况而定。手动加氯机操作简便，运行安全可靠，很少维修，保养维修费用低，购置成本较少，对中小型企业更为实用。而自动控制的加氯系统更加适合一些大中型企业，其购置成本较高，水体消毒净化系统可以实现自动化控制，便于企业的现代化管理。

3. **加氯间**

加氯间应靠近加氯地点，间距不宜大于 30m。加氯间属危险品建筑，应与其他工作间隔开，房屋建筑应坚固、防火、保温、通风，大门外开，并应设观察孔。北方采暖时，如用火炉，火口应在室外；如用暖气片，则暖气片应与氯瓶和加氯机相距一定距离。因氯气比空气重，所以通风设备的排气孔应设在墙的下部，进气孔设在高处。

加氯间内应有必要的检修工具，并设置防爆灯具和防毒面具，所有电力开关均应置于室外，并应有事故处理设施，例如设置事故井处理氯瓶等。

氯瓶仓库应靠近加氯间，库容量可按 15~30d 需氯量考虑。

二、漂白粉投加装置

如采用漂白粉作为氧化剂，需配成溶液加注。配制时先加水调成糊状，然后再加水配制成 1%~2%（以有效氯计）浓度的溶液。如投加到过滤后的水中，溶液应澄清 4~24h 再用，如投入浑水，则不必澄清。漂白粉溶解及投加设备可参照本章第一节进行设计和计算。

第四节　臭氧氧化设备

一、臭氧的性质及其在污水处理中的应用

1. 臭氧的物理化学性质

臭氧是由三个氧原子组成的氧的同素异构体。通常为淡蓝色气体，高压下可变成深褐色液体。在标准状态下，溶重为 2.144g/L。其主要物理化学性质如下。

（1）氧化能力

臭氧是一种强氧化剂，其氧化能力仅次于氟，比氧、氯及高锰酸盐等常用的氧化剂都高。

（2）在水中的溶解度

生产中多以空气为原料制备臭氧化空气（含臭氧的空气）。臭氧在水中的溶解度符合亨利定律。

$$C = K_H p \qquad (2\text{-}20)$$

式中　C——臭氧在水中的溶解度，mg/L；

　　　K_H——亨利常数，mg/(L·kPa)；

　　　p——臭氧化空气中臭氧的分压，kPa。

臭氧化空气中，臭氧的体积比只占 $0.6\% \sim 1.2\%$，根据气态方程和道尔顿定律，臭氧的分压也只有臭氧化空气压力的 $0.6\% \sim 1.2\%$，因此，当水温为 25℃ 时，将臭氧化空气注入水中，臭氧的溶解度仅为 $3 \sim 7\text{mg/L}$。

（3）臭氧的分解

臭氧化学性质极不稳定，易分解，其反应式为

$$O_3 \longrightarrow \frac{3}{2}O_2 + 142.5\text{kJ}$$

由于分解时放出大量热量，当浓度在 25% 以上时很易爆炸，但一般臭氧化空气中臭氧浓度不超过 10%，不会发生爆炸。臭氧在空气中的分解速率随温度升高而加快。浓度为 1% 以下的臭氧，常温常压下的半衰期为 16h 左右，所以臭氧不易贮存，需边生产边使用。臭氧在纯水中的分解速率比在空气中快得多。水中臭氧浓度为 3mg/L 时，常温常压下的半衰期仅为 $5 \sim 30\text{min}$。

臭氧在水中的分解速率随 pH 值的提高而加快，在碱性条件下分解速度快，在酸性条件下比较慢。

（4）臭氧的毒性和腐蚀性

臭氧具有特殊的刺激性气味，但在空气中的浓度极低时有新鲜气味，使人感到格外清新，有益健康。当空气中臭氧浓度大于 0.01mg/L 时，可嗅到刺激性气味，长期接触高浓度臭氧会影响肺功能，工作场所规定的最大允许浓度为 0.1mg/L。

臭氧具有极强的氧化能力，除金和铂外，几乎对所有金属都有腐蚀作用。不含碳的铬铁合金基本上不受臭氧腐蚀，生产上常采用含 $25\%\text{Cr}$ 的铬铁合金来制造臭氧发生设备、加注设备和与臭氧直接接触的设备。

臭氧对非金属材料也有强烈的腐蚀作用。因此不能用普通橡胶做密封材料，应采用耐腐蚀能力强的硅橡胶或耐酸橡胶。

2. 臭氧在污水处理中的应用

臭氧可使污水中的污染物氧化分解，常用于降低 BOD、COD，脱色、除臭、除味，杀菌、杀藻，除铁、锰、氰、酚等。

臭氧用于消毒过滤饮用水时，投量不大于 1mg/L，接触时间不大于 15min，且不受水中氨氮含量和 pH 值的影响。臭氧用于城市生活污水二级处理后的深度处理时，投量一般为 $10 \sim 20\text{mg/L}$，接触时间为 $5 \sim 20\text{min}$。处理效果可达：BOD_5 降低 $60\% \sim 70\%$，合成表面活性物质降低 90%，致癌物质降低 80%。

3. 臭氧氧化的优缺点

（1）优点

① 氧化能力强，对除臭、脱色、杀菌、去除有机物和无机物都有显著效果；

② 处理后污水中的臭氧易分解，不产生二次污染；

③ 制备臭氧用的空气不必贮存和运输，操作管理也较方便；

④ 处理过程中一般不产生污泥。

（2）缺点

① 造价高；

② 处理成本高。

二、臭氧发生器及接触反应设备

1. 臭氧发生的原理及方法

目前臭氧的制备方法有无声放电法、放射法、紫外线辐射法、等离子射流法和电解法等。水处理中常用的是无声放电法。无声放电法生产臭氧原理如图 2-43 所示。

在两平行的高压电极之间隔以一层介电体（又称诱电体，通常是特种玻璃材料）并保持一定的放电间隙（一般为 $1\sim3mm$）。当通入高压交流电后，在放电间隙形成均匀的蓝紫色电晕放电，空气或氧气通过放电间隙时，氧分子受高能电子激发获得能量，并发生弹性碰撞聚合形成臭氧分子。其反应式如下。

$$O_2 + e \longrightarrow 2O + e$$
$$O + O_2 + (M) \longrightarrow O_3 + (M)$$

总反应式为

$$3O_2 + 288.9kJ \longrightarrow 2O_3$$

2. 臭氧发生器

臭氧发生器通常由多组放电发生单元组成，有管式和板式两类。管式有立管式和卧管式两种；板式有奥托板式和劳泽板式两种。目前生产上使用较为广泛的是管式。图 2-44 是卧管式臭氧发生器。

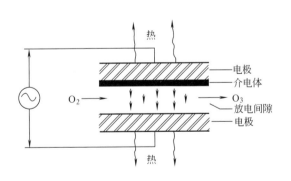

图 2-43　无声放电法生产臭氧原理

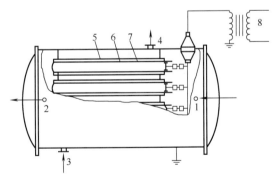

图 2-44　卧管式臭氧发生器

1—空气或氧气进口；2—臭氧化气出口；

3—冷却水进口；4—冷却水出口；5—不锈钢管；

6—放电间隙；7—玻璃管；8—变压器

用无声放电法制备臭氧的理论电耗为 $0.95kW \cdot h/kgO_3$，而实际电耗要大得多。单位电耗的臭氧产率，实际值仅为理论值的 10% 左右，其余能量均变为热能，使电极温度升高。

为了保证臭氧发生器正常工作和抑制臭氧热分解，必须对电极进行冷却。通常用水冷和空冷两种方式，管式发生器常用水冷，劳泽板式发生器常用空冷。

国产臭氧发生器的型号与特性见表 2-24。

表 2-24　国产臭氧发生器的型号与特性

项　　目	型　　号		
	LCF 型	XY 型	QHW 型
结构形式	立管式	卧管式（内玻璃）	卧管式（外玻璃）
介电管/mm	$\phi25\times1.5\times1000$ 玻璃管	$\phi46\times2\times1250$ 玻璃管石墨内涂层	$\phi46\times4\times1000$ 玻璃管
冷却方式	水冷	水冷	水冷
空气干燥方式	无热变压吸附	无热变压吸附	无热变压吸附
工作电压/kV	9～11	12～15	12～15
电源频率/Hz	50	50	50
供气气源压力/(9.8×10^4Pa)	6～8	6～8	6～8
臭氧压力/(9.8×10^4Pa)	0～0.6	0.4～0.8	0.4～0.8
供气露点/℃	−40	−40	−40
臭氧产量/(g/h)	5～1000	5～2000	5～1000
电耗/(kW·h/kg)	15～20	16～22	14～18

3. 臭氧接触反应设备

应根据臭氧分子在水中的扩散速率和与污染物的反应速率来选择接触反应设备的型式。臭氧注入水中后，水为吸收剂，臭氧为吸收质，在气液两相间进行传质，同时臭氧与水中的杂质进行氧化反应，因此属于化学吸收，不仅与相间的传质速率有关，还与化学反应速率有关。臭氧与水中杂质的化学反应有快有慢。水中的杂质，如酚、氰、亲水性染料、细菌、铁、锰、硫化氢、亚硝酸盐等与臭氧的化学反应很快，吸收速率受传质速率控制；水中的杂质，如 COD、BOD、饱和脂肪族化合物、合成表面活性剂（ABS）、氨氮等与臭氧的反应很慢，吸收速率受化学反应速率控制。应根据臭氧处理的对象，选用不同的接触反应设备。

根据臭氧化空气与水的接触方式，臭氧接触反应设备分为气泡式、水膜式和水滴式三类。

（1）气泡式臭氧接触反应器

气泡式反应器是用于受化学反应控制的气液接触反应设备，是我国目前水处理中应用最多的一种反应设备。实践表明，气泡越小，气液的接触面积越大，但对液体的搅动越小。应通过试验确定最佳的气泡尺寸。

根据气泡式反应器内产生气泡装置的不同，气泡式反应器可分为多孔扩散式、表面曝气式和塔板式三种。

1）多孔扩散式反应器

臭氧化空气通过设在反应器底部的多孔扩散装置分散成微小气泡后进入水中。多孔扩散装置有穿孔管、穿孔板和微孔滤板等。根据气和水的流动方向不同又可分为同向流和异向流两种。

最早应用的一种同向流反应器如图 2-45 所示。其缺点是底部臭氧浓度大，原水杂质的浓度也大，大部分臭氧被易于氧化的杂质消耗掉，而上部臭氧浓度小，此处的杂质较难氧化。臭氧利用率较低，一般为 75%。当臭氧用于消毒时，宜采用同向流反应器，这样可使大量臭氧及早与细菌接触，以免大部分臭氧氧化其他杂质而影响消毒效果。

异向流反应器如图 2-46 所示，使低浓度的臭氧与杂质浓度高的水相接触，臭氧的利用率可达 80%。我国目前多采用这种反应器。

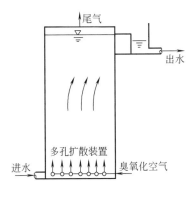

图 2-45　同向流反应器

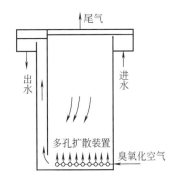

图 2-46　异向流反应器

上述两种反应器均可设多格串联，以提高臭氧的利用率。

承压式异向流反应器如图 2-47 所示。

反应器增设了降流和升流管，反应器底部压力增大可提高臭氧在水中的溶解度，从而提高臭氧的利用率。反应器第一格设布气管，第二格不设布气管，利用第一格出水中的臭氧进行反应。和水充分接触后的剩余溶解臭氧聚集在两格互相连通空间的水面上，达到一定压力后引到降流管中，对原水进行预处理，进一步提高臭氧的利用率。降流管的有效水深为 10～12m，流速应小于 150mm/s。各格有效水深为 2m，流速为 13mm/s，接触时间为 2.5min，臭氧的利用率可达 90％以上。

2）表面曝气式反应器

表面曝气式反应器如图 2-48 所示。在反应器内安装曝气叶轮，臭氧化空气沿液面流动，高速旋转的叶轮使水剧烈搅动而卷入臭氧化空气，气液界面不断更新，使臭氧溶于水中。这种反应器适用于加注臭氧量较低的场合，缺点是能耗较大。

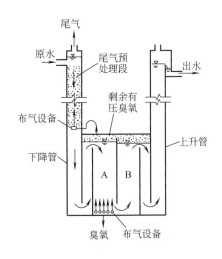

图 2-47　承压式异向流反应器

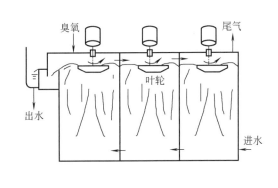

图 2-48　表面曝气式反应器

3）塔板式反应器

塔板式反应器有筛板塔和泡罩塔，如图 2-49 所示。

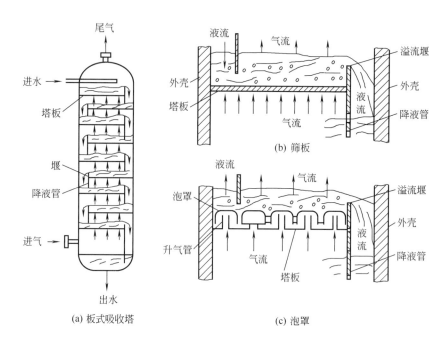

图 2-49 筛板塔和泡罩塔

塔内设多层塔板，每层塔上设溢流堰和降液管，水在塔板上翻过溢流堰，经降液管流到下层塔板。塔板上开许多筛孔的称为筛板塔。上升的气流通过筛孔，被分散成细小的股流，在板上水层中形成气泡与水接触后逸出液面，然后再与上层液体接触。板上的溢流堰使板上水层维持一定深度，以便降液管出口淹没在液层中形成水封，防止气流沿降液管上升。运行时应维持一定的气流压力，以阻止污水经筛板下漏。塔板上的短管作为气流上升的通道，称为升气管。泡罩下部四周开有许多缝或孔，气流经升气管进入泡罩，然后通过泡罩上的缝或孔，分散成细小的气泡进入液层。运行时应控制气流压力，使泡罩形成水封，以防止气流从泡罩下沿翻出。泡罩塔不易发生液漏现象，气液负荷变化大时，也能保持稳定的吸收效率，不易堵塞，但构造复杂，造价高。

（2）水膜式臭氧接触反应器

填料塔是一种常用的水膜式反应器，如图 2-50 所示。塔内装拉西环或鞍状填料，液体接触面积可达 $200\sim250m^2/m^3$。污水的配水装置分布到填料上，形成水膜沿填料表面向下流动，上升气流在填料间通过，并和污水进行逆向接触。这种反应器主要用于可受传质速率控制的反应。填料塔设备小，不论处理规模大小以及臭氧和水中杂质的反应快慢都能适应，但填料空隙较小，污水含悬浮物时易堵塞。

（3）水滴式臭氧接触反应器

喷雾塔是水滴式反应器的一种，如图 2-51 所示。污水由喷雾头分散成细小水珠，水珠在下落过程中同上升的臭氧化空气接触，在塔底聚集流出，尾气从塔顶排出。这种设备结构简单，造价低，但对臭氧的吸收能力也低，另外喷头易堵塞，预处理要求高，适用于受传质速率控制的反应。

除上述反应器外，还有机械搅拌式、喷射式等多种反应器。

4. 臭氧氧化设备的设计与计算

（1）臭氧发生器

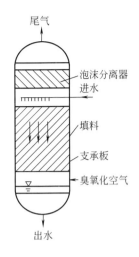

图 2-50 填料塔

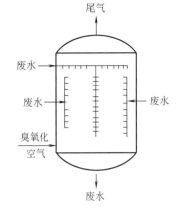

图 2-51 喷雾塔

臭氧需要量可按下式计算。

$$Q_{O_3} = 1.06QC \qquad (2\text{-}21)$$

式中　1.06——安全系数；

Q_{O_3}——臭氧需要量，g/h；

Q——处理污水量，m^3/h；

C——臭氧投加量，mg/L。

影响臭氧氧化的主要因素是污水中杂质的性质、浓度、pH 值、温度、臭氧的浓度、臭氧反应器的类型和水力停留时间等，臭氧投量应通过试验确定。

臭氧化干燥空气量按下式计算。

$$Q_{干} = \frac{Q_{O_3}}{C_{O_3}} \qquad (2\text{-}22)$$

式中　$Q_{干}$——臭氧化干燥空气量，m^3/h；

C_{O_3}——臭氧化空气浓度，g/m^3，一般取 $10\sim14g/m^3$。

臭氧发生器的气压可根据接触反应器的型式确定，对多孔扩散式反应器，按下式计算。

$$H > 9.81h_1 + h_2 + h_3 \qquad (2\text{-}23)$$

式中　H——臭氧发生器的工作压力，kPa；

h_1——臭氧接触反应器内水柱高度，m，一般取 $4\sim5.5m$；

h_2——臭氧接触反应器微孔扩散装置的压力损失，kPa；

h_3——输气管道的压力损失，kPa。

求出 Q_{O_3}、$Q_{干}$ 和 H 后，可根据产品样本选择臭氧发生器型号及台数，并设 50% 的备用台数。

（2）臭氧接触反应器

根据臭氧和水中杂质反应的类型选择适宜的臭氧接触反应器。各种接触反应装置各自有其设计计算的特点。现以水处理系统中广泛采用的鼓泡塔为例，介绍其设计与计算。

鼓泡塔中，污水一般从塔顶进入，经喷淋装置向下喷淋，从塔底出水。臭氧则从塔底的微孔扩散装置进入，成微小气泡状态上升而从塔顶排出。气水逆流接触完成处理过程。鼓泡塔也可设计成多级串联运行。当设计成双级时，一般前一级投加需臭氧量的60%，后一级为40%。鼓泡塔内可不设填料，也可加设填料以加强传质过程。

1）塔体尺寸计算

臭氧接触反应器的容积按下式计算。

$$V = \frac{Qt}{60} \tag{2-24}$$

式中　V——臭氧接触反应器的容积，m^3；

　　　Q——处理污水流量，m^3/h；

　　　t——水力停留时间，min，一般取5～10min。

塔体截面面积为

$$S = \frac{Qt}{60H_A} \tag{2-25}$$

式中　S——塔体截面面积，m^2；

　　　H_A——塔内有效水深，一般取4～5.5m。

塔径为

$$D = \sqrt{\frac{4S}{\pi}} \tag{2-26}$$

式中　D——塔径，m。

径高比为

$$K = \frac{D}{H_A} \tag{2-27}$$

式中　K——径高比。

径高比K一般采用1：（3～4）。如计算的$D > 1.5m$时，为使塔不致过高，可将其适当分成几个直径较小的塔，或设计成接触池。

塔总高为

$$H_T = (1.25 \sim 1.35)H_A \tag{2-28}$$

式中　H_T——塔总高，m。

2）微孔布气元件型号及其压力损失

微孔布气元件型号及其压力损失值见表2-25。

表2-25　微孔布气元件型号及其压力损失值

材料型号及规格	不同通气流量[L/(cm²·h)]下的压力损失/kPa							
	0.2	0.45	0.93	1.65	2.74	3.8	4.7	5.4
WTDIS型钛板[1],孔径<10μm,厚4mm	5.80	6.00	6.40	6.80	7.06	7.33	7.60	8.00
WTD₂型微孔钛板[2],孔径<10～20μm,厚4mm	6.53	7.06	7.60	8.26	8.80	8.93	9.33	9.60
WTD₃型微孔钛板,孔径<25～40μm,厚4mm	3.47	3.73	4.00	4.27	4.53	4.80	5.07	5.20
锡青铜微孔板,孔径未测,厚6mm	0.67	0.93	1.20	1.73	2.27	3.07	4.00	4.67
刚玉石微孔板,厚20mm	8.26	10.13	12.00	13.86	15.33	17.20	18.00	18.93

① WTDIS及WTD₃型微孔钛板原料为颗粒状。

② WTD₂型为树枝状，压力损失较高。

3）臭氧接触反应装置的主要设计参数

无试验资料时臭氧接触反应装置的主要设计参数见表2-26。

表 2-26 接触反应装置的主要设计参数

处理要求	臭氧投加量/(mgO₃/L 水)	去除效率/%	接触时间/min
杀菌及灭活病毒	1～3	90～99	数秒至 10～15min,按所用接触装置类型而异
除臭、除味	1～2.5	80	>1
脱色	2.5～3.5	80～90	>5
除铁、除锰	0.5～2	90	>1
COD	1～3	40	>5
CN⁻	2～4	90	>3
ABS	2～3	95	>10
酚	1～3	95	>10

5. 常见臭氧氧化设备

HS-I 型中频臭氧发生器性能规格及外形尺寸见表 2-27；GL 型高频臭氧发生器性能规格及外形尺寸见表 2-28；HD 型臭氧发生器性能规格见表 2-29；HE 型中小型臭氧发生器性能规格及外形尺寸见表 2-30。

表 2-27 HS-I 型中频臭氧发生器性能规格及外形尺寸

型号	臭氧产量/(g/h)	臭氧浓度/(mg/L)	外形尺寸(长×宽×高)/mm	电源/(V/Hz)	气源
HS-Ⅱ-50	50	12～30	1000×620×1346	220/500	空气
HS-Ⅱ-100	100	12～30	1000×620×1346	380/500	空气
HS-Ⅱ-200	200	12～30	1200×900×1346	380/500	空气
HS-Ⅱ-500	500	12～30	1200×900×1700	380/500	空气
HS-Ⅱ-1000	1000	12～30	2400×900×1700	380/500	空气

表 2-28 GL 型高频臭氧发生器性能规格及外形尺寸

型号	臭氧产量/(g/h)	臭氧浓度/(mg/L)	外形尺寸(长×宽×高)/mm	电源/(V/Hz)	气源	重量/kg
GL-60	60	12～25	800×800×1800	220/1800	空气	80
GL-100	100	12～25	800×800×1800	220/1800	空气	100
GL-200	200	12～25	800×800×1800(二组)	380/1800	空气	300
GL-500	500	12～25	1600×800×1800(二组)	380/1800	空气	750
GL-1000	1000	12～25	2400×800×1800(二组)	380/1800	空气	750

表 2-29 HD 型臭氧发生器性能规格

型号	外形尺寸/mm			臭氧产量/(g/h)	臭氧浓度/(mg/L)	冷却水流量	配电	
	B(宽)	D(深)	H(高)					
HD-10	500	580	580	10	>70	40L/h	～220V	0.5kW
HD-20	500	680	680	20	>70	60L/h	～220V	0.75kW
HD-40	520	695	1370	40	>80	1.5L/min	～220V	1.65kW
HD-80	700	780	1450	80	>80	3L/min	3～380V	3.3kW
HD-150	700	960	680	150	>80	5L/min	3～380V	5.5kW
HD-200	700	960	850	200	80	7L/min	3～380V	6.5kW
HD-300	1700	960	870	300	>80	10L/min	3～380V	11kW
HD-350	1700	960	870	350	>80	12L/min	3～380V	12kW
HD-400	1700	960	870	400	80	14L/min	3～380V	13kW
HD-450	2400	960	1870	450	>80	15L/min	3～380V	16.5kW
HD-500	2400	960	1870	500	>80	17L/min	3～380V	17.5kW
HD-550	2400	960	1870	550	>80	19L/min	3～380V	18.5kW
HD-600	2400	960	1870	600	>80	21L/min	3～380V	19.5kW
HD-800	3100	960	1870	800	>80	28L/min	3～380V	26kW

表 2-30 HE 型中小型臭氧发生器性能规格及外形尺寸

型号	HE-10	HE-15	HE-20	HE-30	HE-50	HE-100	HE-200
臭氧量/(g/h)	10	15	20	30	50	100	200
功率/W	180	200	300	400	600	1300	2700
外形尺寸 (长×宽×高)/mm	480×250×720		530×300×720		550×350×900,850×400×900		
使用电源	220V AC/50Hz 或 110V AC/60Hz,可选一体机、分体式						

HiPOx 多点投加臭氧氧化是臭氧在双氧水或催化剂作用下产生具有强氧化性的羟基自由基,特殊的多点装置化设计,氧化剂可以和水流充分接触,提高臭氧的利用率和装置的反应效率,可有效去除工业废水中难降解的 COD、BOD、TOC 和色度等。图 2-52 为 HiPOx 多点投加臭氧氧化系统示意图。

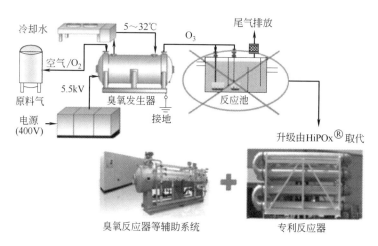

图 2-52 HiPOx 多点投加臭氧氧化系统示意

HiPOx 多点投加臭氧氧化设备的优点是:占地小,无地域限制;工艺简单,装置化结构,操作简便;工艺清洁,无污泥排放,无二次污染;耐冲击负荷,控制灵活,可根据水质调节处理能力;臭氧反应效率提高 30% 以上。

第三章

物理化学法污水处理装置

第一节 吸 附

一、吸附理论

1. 吸附的本质和类型

吸附作用是不可混合的两相,在相界面上一相得到浓缩或形成薄膜的现象。吸附作用基本上是由界面上分子(或原子)间作用力的热力学性质所决定。吸附体系由吸附剂和吸附质组成。吸附剂一般是指能够进行吸附的固体或液体,吸附质一般是指能够以分子、原子或离子的形式被吸附的固体、液体或气体。吸附过程分为物理吸附和化学吸附两大类。两种吸附特征的比较列于表 3-1。实际的吸附过程往往是几种吸附综合作用的结果。

表 3-1 物理吸附和化学吸附的比较

项 目	物 理 吸 附	化 学 吸 附
作用力	分子引力(范德华力)	剩余化学键力
选择性	一般无选择性	有选择性
吸附层	单分子或多分子层均可	只能形成单分子层
吸附热	较小,一般在 41.9kJ/mol 以内	较大,一般在 83.7~418.7kJ/mol 之间
吸附速率	快,几乎不需要活化能	慢,需要一定的活化能
可逆性	较易解吸	化合价键力时,吸附不可逆
温度	放热过程,低温有利于吸附	温度升高,吸附速度增加

2. 吸附剂种类和性能

在水处理中使用的吸附剂种类很多,常用的有活性炭、活性炭纤维、磺化煤、焦炭、木炭、泥煤、高岭土、硅藻土、硅胶、炉渣、木屑、活性铝以及其他合成吸附剂等。工业用吸附剂的基本特征见表 3-2,活性炭的基本性能和用途见表 3-3。

表 3-2 工业用吸附剂的基本特征

项 目	炭分子筛	活性炭	沸石分子筛	硅胶	铝凝胶
密度/(g/cm³)	1.9~2.0	2.0~2.2	2.0~2.5	2.2~2.3	3.0~3.3
颗粒密度/(g/cm³)	0.9~1.1	0.6~1.0	0.9~1.3	0.8~1.3	0.9~1.9
装填密度/(g/cm³)	0.55~0.65	0.35~0.60	0.6~0.75	0.5~0.75	0.5~1.0
空隙率	0.35~0.41	0.33~0.45	0.32~0.40	0.40~0.45	0.40~0.45
孔隙容积/(cm³/g)	0.5~0.6	0.5~1.1	0.4~0.6	0.3~0.8	0.3~0.8
比表面积/(m²/g)	450~550	700~1500	400~750	200~600	150~350
平均孔径/nm	0.4~0.7	1.2~2.0	—	2~12	4~15

表 3-3　活性炭的基本性能和用途

活性炭形状	原料	活化法	粒度大小/目	孔隙率/%	气孔率/%	充填密度/(g/cm³)	比表面积/(m²/g)	溶剂吸附量/%	用途
粉末	木材	药品	—	—	—	—	700～1500	—	净水,液相脱水、脱臭、精制
	木材	气体	—	—	—	—	800～1500	—	
	其他	气体	—	—	—	—	750～1350	—	
破碎状	果壳	气体	4/8,8/32	38～45	50～60	0.38～0.55	900～1500	33～50	气体精制净化、溶剂回收
	煤	气体	8/32,10/40	38～45	50～70	0.35～0.55	900～1350	30～45	
球状	煤	气体	8/20,8/32	35～42	50～65	0.40～0.58	850～1250	30～40	液体脱色、溶剂回收
	石油	气体	20/36	33～40	50～65	0.45～0.62	900～1350	33～45	
成型	果壳	气体	4/6,6/8	38～45	52～65	0.38～0.48	900～1500	33～48	溶剂回收,气体精制、净化
	其他	气体	4/6,6/8	38～45	52～65	0.38～0.48	900～1350	30～45	
纤维状	其他	气体					1000～2000	33～50	溶剂回收,净水

3. 吸附平衡与吸附速率

（1）吸附平衡及吸附等温式

1）吸附平衡

吸附和解吸是一个可逆的平衡过程，当吸附速率和解吸速率相等时，就达到了吸附平衡。吸附量是吸附平衡时单位质量吸附剂上所吸附的吸附质的质量，它表示吸附剂吸附能力的大小。一定体积和一定浓度的吸附质溶液中，投加一定的吸附剂，经搅拌混合直至吸附平衡，测定溶液中残余的吸附质浓度，则吸附量为

$$q = \frac{V(c_0 - c_e)}{W} \tag{3-1}$$

式中　V——溶液体积，L；

　　c_0，c_e——吸附质的初始浓度和平衡浓度，g/L；

　　W——吸附剂投加量，g。

吸附等温线的测定可提供不同吸附剂的吸附性能，由此可估算出工程中吸附剂的需用量。

2）吸附等温式

在水处理中最常用的是 Freundlich 等温式。

① Freundlich 等温式　此模型方程为指数函数型的经验公式，方程为

$$q = Kc_e^{\frac{1}{n}} \tag{3-2}$$

式中　K——Freundlich 常数；

　　n——常数。

将式（3-2）两边取对数，得

$$\lg q = \lg K + 1/n \lg c_e \tag{3-3}$$

由实验数据按上式作图得一直线。斜率为 $1/n$，截距为 $\lg K$（见图 3-1）。

$1/n$ 越小，吸附性能越好，一般认为 $1/n = 0.1～0.5$ 时，容易吸附，$1/n$ 大于 2 时，则难于吸附。当 $1/n$ 较大时，即吸附质平衡浓度越高，则吸附量越大，吸附能力发挥得越充分，这种情况最好采用连续式操作。当 $1/n$ 较小时，多采用间歇式吸附操作。

② Langmuir 吸附等温式　Langmuir 吸附模型是一个理想模型，指恒温条件下均一表面上的单层可逆吸附平衡，方程为

$$q = \frac{q_0 a c_e}{1 + a c_e} \tag{3-4}$$

式中　q_0——饱和吸附量；

　　　a——Langmuir 常数。

将式（3-4）改写成倒数式，得

$$\frac{1}{q} = \frac{1}{a q_0} \times \frac{1}{c_e} + \frac{1}{q_0} \tag{3-5}$$

$1/q$ 与 $1/c_e$ 呈直线关系（见图 3-2），由此可求出 q_0 和 a 值。

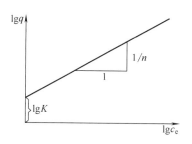

图 3-1　Freundlich 等温式图解　　　　　图 3-2　Langmuir 等温式图解

③ 竞争吸附等温式　以上两种吸附等温式都只适用于单组分吸附质的吸附，在很多情况下，溶液中吸附质是多组分的，因此会出现竞争吸附现象。竞争吸附等温式的形式很多，在此只介绍一种由单组分 Langmuir 等温式推导出的双组分竞争吸附等温式。

$$q_1 = \frac{q_{01} a_1 c_{e1}}{1 + a_1 c_{e1} + a_2 c_{e2}} \tag{3-6}$$

$$q_2 = \frac{q_{02} a_2 c_{e2}}{1 + a_1 c_{e1} + a_2 c_{e2}} \tag{3-7}$$

式中　q_1，q_2——双组分时吸附质 1、2 的吸附量，g；

　　　q_{01}，q_{02}——双组分时吸附质 1、2 的饱和吸附量，g；

　　　c_{e1}，c_{e2}——双组分时吸附质 1、2 的平衡浓度，g/L；

　　　a_1，a_2——单组分时的常数。

（2）吸附速率及影响因素

吸附速率是指单位质量的吸附剂在单位时间内吸附的吸附质的量。吸附速率决定了污水和吸附剂的接触时间。吸附速率越快，接触时间就越短，所需吸附设备的容积也就越小。

在水处理中，吸附剂对污染物的吸附是污染物从水中迁移到吸附剂颗粒表面上，然后再扩散到吸附剂内部孔隙的表面而被吸附。因此影响吸附速率的因素有：

① 吸附质在吸附剂表面液相界膜内的迁移速率；

② 吸附质在吸附剂颗粒孔隙内的扩散速率；

③ 吸附质在吸附剂表面吸附位置上的吸附反应速率。

其中最慢的过程决定吸附的总速率。

当使用粉末活性炭时，由于炭粒呈微粉状，吸附质向活性炭颗粒表面的迁移速率决定吸附速率。因此要求炭和水混合均匀并有充分的接触时间。对于粒状活性炭，吸附质在活性炭

孔隙内部的扩散速率是影响吸附速率的主要因素。所以使用粒状活性炭处理时，其吸附速率必须由炭柱通水实测确定。

4. 吸附剂的再生

吸附剂的再生方法（见表3-4）有加热再生、化学氧化再生、药剂再生和生物再生等。在选择再生方法时，主要考虑三个方面的因素：吸附质的理化性质、吸附机理和吸附质的回收价值。

表3-4 吸附剂再生方法分类

种	类	处理温度	主 要 条 件
加热再生	加热脱附	$100 \sim 200 ℃$	水蒸气、惰性气体
	高温加热再生	$750 \sim 950 ℃$	水蒸气、燃烧气体、CO_2
药剂再生	无机药剂	常温～$80 ℃$	HCl、H_2SO_4、$NaOH$、氧化剂
	有机药剂(萃取)	常温～$80 ℃$	有机溶剂(苯、丙酮、甲醇等)
生物再生		常温	好氧菌、厌氧菌
湿式氧化分解		$180 \sim 220 ℃$	O_2、空气、氧化剂
电解氧化		常温	O_2

（1）加热再生

就是采用加热的方法来改变吸附平衡关系，达到脱附和分解的目的。加热再生分为低温和高温两种方法。前者适用于吸附有气体的炭的再生，后者适用于水处理颗粒炭的再生。高温加热再生过程分以下5步进行。

① 脱水　使活性炭和输送液体进行分离。

② 干燥　加热到$100 \sim 150 ℃$，将吸附在活性炭细孔中的水分蒸发出来，同时低沸点的有机物也能够挥发出来。

③ 炭化　加热到$300 \sim 700 ℃$，高沸点的有机物由于热分解，一部分成为低沸点的有机物挥发，另一部分被炭化留在活性炭的细孔中。

④ 活化　将炭化阶段留在活性炭细孔中的残留炭，用活化气体（如水蒸气、二氧化碳及氧）进行气化，达到重新造孔的目的，活化温度一般为$700 \sim 1000 ℃$。

⑤ 冷却　活化后的活性炭用水急剧冷却，防止氧化。

采用加热再生的方法，活性炭的吸附能力恢复率可达95%以上，耗损在5%以下，但能耗大，设备造价高。

用于加热再生的炉型有立式多段炉、转炉、立式移动床炉、流化床炉以及电加热再生炉。因它们的构造、材质、燃烧方式及再生规模都不相同，选用时应根据具体情况选用。

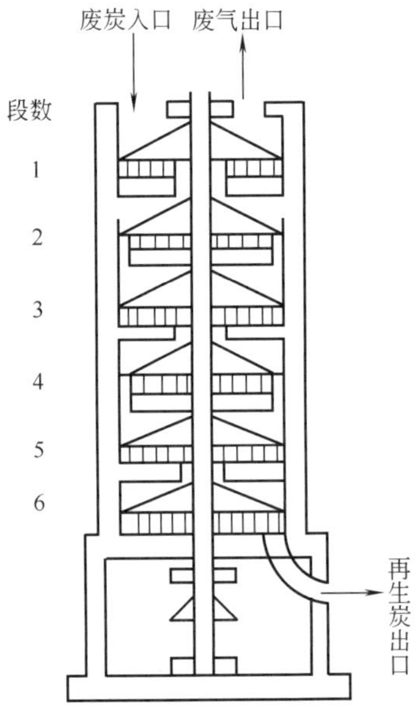

图3-3　立式多段再生炉

1）立式多段炉

立式多段再生炉见图3-3。炉外壳用钢板制成圆角型，内衬耐火砖。炉内分为4～8段，各段有2～4个搅拌耙，中心轴带动搅拌耙旋转。饱和炭从炉顶投入，依次下落到炉底。在燃烧段有数个燃料喷嘴和蒸汽注入口。热气和蒸汽向上流过炉床。活性炭在中上部干燥、中部炭化、下部活化，炉温从上到下依次升高。这种炉型占地面积小，炉内有效面积大，炭在炉内的停留时间短，再生炭质量均匀，适用于大规模活性炭再生。但操作要求严格，结构较为复杂，炉内一些转动部件要求使用耐高温材料。

2）转炉

转炉为卧式转筒，从进料端（高）到出料端（低）炉体倾斜，炭在炉内的停留时间靠倾斜度及炉体转速来控制。在炉体活化区设有水蒸气进口，进料端设有尾气排出口。加热方式有内热式、外热式及内热外热并用三种形式。内热式转炉再生损失大，炉体内衬耐火材料即可；外热式转炉再生损失小，但炉体需用耐高温不锈钢制造。转炉设备简单，操作容易，但占地面积大，热效率低，适用于较小规模再生。

（2）化学氧化再生

化学氧化再生可分为以下几种。

1）湿式氧化法

湿式氧化法基本流程见图3-4。湿式氧化法是在较高的温度和压力下用空气中的氧来氧化污水中溶解和悬浮的有机物和还原性无机物的一种方法，具有应用范围广、处理效率高、二次污染低、氧化速率快、装置小、可回收能量和有用物质等优点。湿式氧化法多用于粉状活性炭的再生。

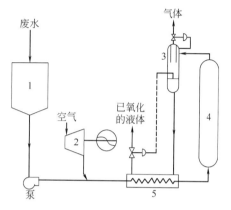

图 3-4　湿式氧化法基本流程
1—贮存罐；2—空压机；3—分离器；
4—反应器；5—热交换器

2）电解氧化法

将炭作为阳极进行水的电解，在活性炭表面产生氧气将吸附质氧化分解。

3）臭氧氧化法

利用强氧化剂臭氧，将吸附在活性炭上的有机物加以分解。由于经济指标等原因，此法实际应用不多。

（3）药剂再生

药剂再生是利用药剂将被吸附剂吸附的物质解析出来。常用的溶剂有无机酸（HCl、H_2SO_4）、碱及有机溶剂（苯、丙酮、甲醇、乙醇、卤代烷烃）等。优点是药剂再生时，吸附剂损失较小，再生可以在吸附塔中进行，无须另设再生设备，而且有利于回收有用物质。缺点是再生效率低，再生不易完全，随着再生次数的增加，吸附性能明显降低。

（4）生物法再生

利用微生物的作用，将被活性炭吸附的有机物加以氧化分解。在再生周期长、处理水量不大的情况下，可以采用生物再生法，也可以采用在活性炭的吸附过程中，同时向炭床鼓入空气，以供炭粒上生长的微生物生长繁殖和分解有机物的需要，饱和周期将成倍延长。

（5）电加热再生

目前可供使用的电加热再生方法主要有直流电加热再生及微波再生。

直流电加热再生是将直流电直接通入饱和炭中，由于活性炭本身的电阻和炭粒之间的接触电阻，将电能转化为热能，造成活性炭温度上升，当达到活化温度时，通入蒸汽完成活化。

微波再生是利用活性炭能够很好地回收微波，达到自身快速升温，来实现活性炭加热和再生的一种方法。这种方法具有操作使用方便、设备体积小、再生效率高等优点，特别适用于中小型活性炭处理装置。

二、吸附工艺与设计

吸附操作可分为静态吸附和动态吸附两种，静态吸附操作通常在搅拌吸附装置中进行。动态吸附操作是被处理水在流动条件下进行，常用的动态吸附装置有固定床和移动床。

1. 吸附工艺

（1）静态吸附

将一定量的吸附剂投加到被处理水中，经过一定时间的混合搅拌，使吸附达到平衡，然后采用沉淀或过滤的方法使水和吸附剂分离。如果经过一次吸附后，出水水质仍达不到要求，则需要采取多次静态吸附操作，直至达到水质要求。

静态吸附装置简单，常用的处理设备是水池和桶，搅拌可用机械或人工，多用于实验室的吸附剂选择或小规模的污水处理。但处理规模较大时，由于其需要较大的搅拌混合池、沉淀池和炭浆脱水装置，占地面积大，基建费用高，目前已较少采用。

（2）动态吸附

动态吸附操作中，水是连续流动的，而吸附剂则可以是固定的也可以是流动的，固定床吸附中的吸附剂是被固定的。

1）固定床吸附

固定床吸附根据水流动的方向又可分为降流式和升流式两种，降流式固定床吸附的出水水质好，但经吸附剂的水头损失较大，特别是在处理含悬浮物较多的污水时，为了防止悬浮物堵塞吸附层，需定期进行反冲洗，有时还可设表面冲洗设备。升流式固定床吸附在水头损失增大时，可适当提高进水流速，使填充层稍有膨胀（以控制上下层不相互混合为度）而达到自清的目的。图3-5是降流式固定床吸附塔构造示意图。

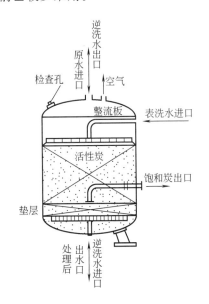

图 3-5　降流式固定床吸附塔
构造示意

升流式吸附塔的构造亦基本相同，仅省去上部表面冲洗设备。根据处理水量、原水水质及处理后水质要求，固定床吸附可分为单塔式、多塔串联式和多塔并联式三种（见图3-6）。水处理中采用的固定床设备的大小和操作条件应根据水质、吸附剂的种类经试验确定。

图 3-6　固定床吸附塔的操作示意

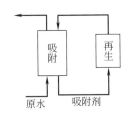

图 3-7　移动床吸附操作方式

2）移动床

移动床吸附操作方式见图 3-7。原水从吸附塔底部流入与吸附剂逆流接触，处理后的水从塔顶流出，再生后的吸附剂由塔顶加入，接近吸附饱和的吸附剂由塔底间歇排出。相对于固定床，移动床能够充分利用吸附剂的吸附容量，水头损失小。由于采用升流式，污水由塔底流入，从塔顶流出，被截流的悬浮物可随饱和的吸附剂间歇地从塔底排出。因此，不需要反冲洗设备。但这种操作方式上下层之间不能相互混合。移动床吸附塔构造示意图见图 3-8。移动床吸附操作对进水中悬浮物有一定要求（一般小于 30mg/L），因此吸附操作的预处理很重要。

3）流化床

流化床吸附装置不同于固定床和移动床的地方在于吸附剂在塔内处于膨胀状态，这种装置适用于处理悬浮物含量较大的污水。活性炭流化床及再生系统示意图如图 3-9 所示。

在流化床吸附设备中，原水由底部向上流动通过床层，吸附剂由上部向下移动。由于吸附剂

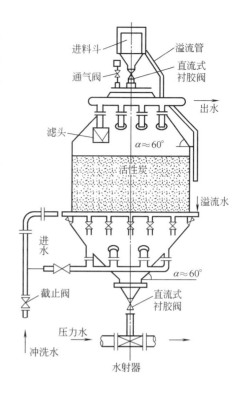

图 3-8　移动床吸附塔构造示意

保持膨胀流化状态，与原水的接触面积增大，因此设备体积小而处理能力大，基建费用相对较低。与固定床相比，流化床可使用粒度均匀的小颗粒吸附剂，对原水的预处理要求低。但对操作控制要求高，为了防止吸附剂全塔混层，充分利用其吸附容量并保证处理效果，塔内

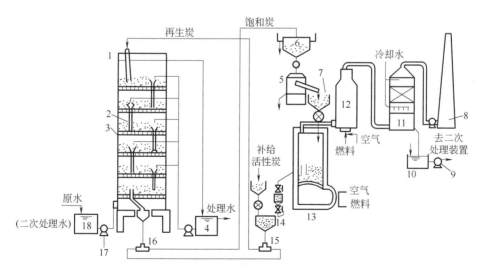

图 3-9　活性炭流化床及再生系统示意

1—吸附塔；2—溢流管；3—穿孔板；4—处理水槽；5—脱水机；6—饱和炭贮槽；
7—饱和炭供给槽；8—烟囱；9—排水泵；10—废水槽；11—气体冷却塔；12—脱臭炉；
13—再生炉；14—再生炭冷却塔；15，16—水射器；17—原水泵；18—原水槽

吸附剂采用分层流化。所需层数根据吸附剂的静活性、原水水质水量、出水要求等决定。分隔每层的多孔板的孔径、孔分布形式、孔数及下降管的大小等，都是影响多层流化床运转的因素。活性炭流化床吸附装置在进行石油化工废水的深度处理时应用较多。

2. 吸附装置的设计

（1）吸附装置的选择

吸附装置类型应针对处理对象、处理规模进行必要的条件实验，根据实验结果，结合使用地点的具体情况来选择。经过技术分析，选择最适合的吸附装置。目前使用较多的活性炭吸附装置是固定床及间歇式移动床，吸附装置特点比较见表 3-5。

表 3-5　吸附装置特点比较

比较项目		床型	
		固定床	移动床
设计条件	空塔线流速/(m/h)	$0 \sim 2.0$	$0 \sim 5.0$
	空塔体积流速/(L/h)	$5 \sim 10$	$10 \sim 30$
吸附过程	吸附容量/(kgCOD/kg 炭)	$0.2 \sim 0.25$	较前者低
	活性炭必要量	多	少
	活性炭损失量	少	多
再生过程	排炭方式	间歇式	间歇式或连续式
	再生损失	少	多
	再生炉运转率	低	高
处理费用	—	处理规模大时高	处理规模大时低

（2）吸附装置的设计

1）吸附穿透曲线

首先通过静态吸附实验测出不同种类吸附剂的吸附等温线，从而选择吸附剂种类并估算处理每立方米水所需的吸附剂量。在此基础上进行动态吸附柱试验，确定各设计参数，如吸附柱形式、吸附柱串联级数、通水倍数（m^3/kg 吸附剂）、最佳空塔速率、接触时间、吸附柱设计容量、吸附剂用量及再生设备容量、每米填料层水头损失、反冲洗频率及强度、设备投资和处理费等。动态吸附柱的工作过程可用图 3-10 穿透曲线来表示。

溶质浓度为 c_0 的水流过炭柱时，溶质被吸附，除去溶质最多的区域称为吸附带。在此带上部的炭层已达饱和状态，不再起吸附作用。当吸附带的下缘达到柱底部时，出水溶质浓度开始迅速上升。当达到允许出水浓度 c_a 时，此点即为穿透点 a；当出水溶质浓度达到进水浓度的 $90\% \sim 95\%$，即 c_b 时，可认为吸附柱的吸附能力已经耗尽，此点即为吸附终点 b。在从 a 到 b 这段时间 Δt 内，吸附带所移动的距离即为吸附带的长度 δ。

无明显吸附带时，一般采用多根有机玻璃柱（4～6 根）串联，内径 25～50mm，吸附剂充填高度 1.0～1.5m，在不同充填高度设取样口。通过每隔一定时间测定各取样口的浓度。粒状活性炭吸附柱试验装置见图 3-11。

正式通水试验时，当第一柱出水浓度为进水浓度的 $90\% \sim 95\%$ 时即停止向第一柱进水。以第二柱作为新的第一柱，并在最后接上新的柱子，继续进行通水试验，直到第二柱出水浓度为进水浓度的 $90\% \sim 95\%$，停止向第二柱进水，如此试验下去，直到使吸附带形成并达到稳定（平衡）状态。以累计通过量 Q 为横坐标，以各柱各取样口的水质浓度 c 为纵坐标作图，得如图 3-12 所示的穿透曲线。

吸附达到稳定后，可根据实验数据计算通水倍数 n 和接触时间 t。

① 通水倍数 n　达到平衡时，单位质量吸附剂所能处理的水的总体积。即

$$n = \frac{\sum Q}{W} \tag{3-8}$$

式中 $\sum Q$——累积通过体积，m^3；

W——串联柱子中吸附剂总量，kg。

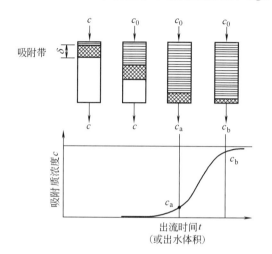

图 3-10 穿透曲线

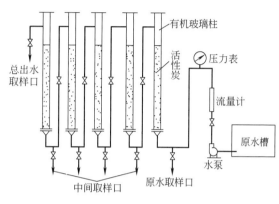

图 3-11 颗粒活性炭吸附柱试验装置示意

② 接触时间 t 当选定通水速度时，测出串联柱子装填活性炭总高度 H，计算出水与活性炭的接触时间为

$$t = H/v_L \tag{3-9}$$

式中 H——串联的几个柱子中活性炭的装填总高度，m；

v_L——水的空塔线速度，m/h。

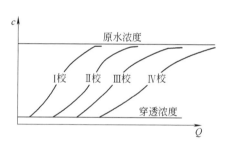

图 3-12 各柱穿透曲线

2）吸附装置的设计步骤

① 首先选定吸附操作方式及吸附装置的型式。

② 根据处理水量及要求的水质处理范围，参考经验数据，选择最佳空塔流速（v_L 或 v_s）。v_L 一般取 5～10m/h，$v_s = Q/V$（空塔体积流速）。

③ 根据柱子吸附试验，求得动态吸附容量 q 及通水倍数 n。

④ 根据水流速度及水质处理范围，选择最适炭层高度 H。当炭层高度一定时，流速决定于与炭的接触时间 t。当进水水质一定时（即接触时间一定），流速越大，所需的炭层也越高，吸附装置的高径比 H/D 在 2～6 之间为宜。

⑤ 根据单位时间内处理水量 Q 及空塔速度 v_L，初步求出吸附装置的面积 F，$F = Q/v_L$。

⑥ 结合使用情况，选择吸附装置的个数 N 及使用方式。再根据吸附装置的个数及使用方式，最后求得单个吸附装置的面积。

⑦ 根据总处理水量及动态吸附总量（或通水倍数），计算再生规模，即每天需进行再生的饱和炭量 W，$W = 1/n \sum Q$。

3）吸附装置设计的主要参考数据

工程中有关数据的确定应按水质、活性炭品种及试验情况决定。活性炭用于深度处理时，下述数据可供设计时参考：

① 粉末炭投加的炭浆浓度　40%；

② 粉末炭与水接触时间　20～30min；

③ 固定床炭层厚度　1.5～2.0m；

④ 过滤线速度　8～20m/h；

⑤ 反冲洗水线速度　28～32m/h；

⑥ 反冲洗时间　4～10min；

⑦ 冲洗间隔时间　72～144h；

⑧ 滤层冲洗膨胀率　30%～50%；

⑨ 流动床运行时炭层膨胀率　10%；

⑩ 多层流动床每层炭高　0.75～1.0m；

⑪ 水力输炭管道流速　0.75～1.5m/s；

⑫ 水利输炭水量与炭量体积比　10∶1；

⑬ 气动输炭质量比（炭∶空气）　4∶1。

国产 C_{11} 活性炭去除水中有机物设计参数见表 3-6。

表 3-6　国产 C_{11} 活性炭去除水中有机物设计参数

流速/(m/h)	运行时间/h	进水耗氧量 /(mg/L)	进水有机物 浓度/(mg/L)	通水倍数	体积吸附容量 /(mgO$_2$/mLC)	质量吸附容量 /(mgO$_2$/gC)
11	360	2.82	1.18	6714	13.09	17.93

[例 3-1]　某石油化工厂拟采用活性炭吸附法对炼油污水进行深度处理，处理水量为 $600m^3/h$，原水 COD 平均为 90mg/L，出水要求小于 30mg/L，试计算吸附塔的基本尺寸。

根据动态吸附试验结果，决定采用间歇移动床吸附塔，主要设计参数如下。

空塔速度 $v_L = 10m/h$；接触时间 $t = 30min$；通水倍数 $n = 6.0m^3/kg$；炭层密度 $\rho = 0.5t/m^3$。

解： ① 吸附塔总面积　$F = Q/v_L = 600/10 = 60（m^2）$；

② 吸附塔个数　采用 4 塔并联式移动床，$N = 4$；

③ 每个吸附塔的面积　$f = F/N = 60/4 = 15（m^2）$；

④ 吸附塔的直径　$D^2 = 4f/\pi = 4 \times 15/\pi$；$D = 4.4m$（采用 4.5m）；

⑤ 吸附塔炭层高　$H = v_L t = 10 \times 0.5 = 5（m）$；

⑥ 每个吸附塔装填活性炭的体积　$V = f \times H = 15 \times 5 = 75（m^3）$；

⑦ 每个吸附塔装填活性炭的质量　$G = V\rho = 75 \times 0.5 = 37.5（t）$；

⑧ 每天需炭量　$W = 24 \times Q/N = 24 \times 600/6.0 = 2400（kg/d）= 2.4（t/d）$。

第二节　离子交换

一、基本理论

1. 离子交换原理

离子交换是指水溶液通过树脂时，发生在固体颗粒和液体之间的界面上固-液间离子相互交换的过程。离子交换反应是可逆反应，离子交换对不同组分显示出不同的平衡特性。在水处理中最常见的离子交换反应是水的软化、除盐及去除或回收污水中重金属离子等。水中的阳离子与交换剂上的 Na^+ 离子进行交换反应，其反应式如下。

$$2RNa + M^{2+} \Longleftrightarrow R_2M + 2Na^+$$

式中　R——离子交换剂的骨架；

　　　Na^+——交换剂上可交换离子；

　　　M^{2+}——水溶液中二价阳离子。

2. 离子交换剂

（1）离子交换剂的结构和分类

离子交换剂由骨架和交换基团组成。分类方法很多，通常根据母体（骨架）材质，可分为有机和无机两大类。

1）有机离子交换剂

天然的有机阳离子交换剂主要有煤、褐煤及泥煤等。有机合成树脂是一种具有多孔网状结构的固体有机高分子聚合物。它的主要特征是带有许多交换基团，含有—$SO_3^-H^+$、—COO^-H^+ 等，称为阳离子树脂；含有—$N(CH_3^+)_2C_2H_4^+OH^-$ 等，称为阴离子树脂。

2）无机离子交换剂

天然无机离子交换剂最常见的是沸石（结晶性金属铝硅酸盐），其化学式为：$\{xM_{2/n}O\} \cdot \{Al_2O_3\} \cdot \{ySiO_2\} \cdot \{zH_2O\}$。沸石有规律的晶格结构，钠、钾、钙离子存在于空隙中。在污水中加入沸石后，只有能通过沸石晶格空间的组分才能向颗粒内扩散，进行离子交换。所以能利用这种细孔对污水的特定成分进行分离。沸石类矿物有方沸石、菱沸石、片沸石等。合成无机物离子交换剂（分子筛）与天然沸石类似，能够用其均匀的空隙结构排除大分子，大规模应用的分子筛有 Linda AW400（合成毛沸石）、Linda AW500（合成菱沸石）、Linda AW300（合成丝光沸石）等。此外还有用磷酸锆盐及锡、钛、钍的化合物制备出的离子交换剂。

（2）离子交换树脂的性能

1）物理性质

离子交换树脂呈透明或半透明球形，颜色有黄、白、赤褐色等。树脂颗粒一般为 $0.3\sim 1.2mm$（相当于 $50\sim 160$ 目）。离子交换树脂的密度一般用湿视密度（堆积密度）和湿真密度来表示。各种商用树脂的湿视密度约为 $0.6\sim 0.85g/mL$ 树脂，湿真密度一般为 $1.04\sim 1.03g/mL$ 树脂。树脂含水率反映了树脂网中的孔隙率，树脂交联度越小，孔隙率越大，含水率也越大。溶胀性是因吸水或转型等条件改变，使交联网孔胀大引起的体积变化。孔隙率是指单位体积的树脂颗粒内所占有的孔隙体积，其单位为 mL 孔/mL 树脂。比表面积是指单位干质量的树脂颗粒内外总表面积，其单位为 m^2/g 树脂。凝胶树脂的比表面积不到 $1m^2/g$ 树脂，而大孔隙树脂的比表面积可在数 m^2/g 树脂至数百 m^2/g 树脂之间。交联度的大小影响树脂交换容量、含水率、溶胀度、机械强度等性能。交联度高，树脂坚固，机械强度大，不易溶胀；交联度低，树脂柔软，网目结构粗大，溶剂或离子易渗透到树脂内部，容易溶胀。商品树脂交联度通常为 $8\%\sim 12\%$。

2）化学性质

交换容量定量地表示树脂交换能力的大小。树脂的交换容量随使用条件而异，一般可由试验确定。强酸、强碱树脂的活性基团电离能力强，其交换容量基本上与 pH 值无关。弱酸

（碱）树脂只能在碱（酸）性溶液才会有较高的交换能力。

二、离子交换工艺

离子交换操作可分为静态法和动态法两类。静态法是将一定量的树脂与所处理的溶液在容器内混合搅拌，进行离子交换反应，然后用过滤、倾析、离子分离等方法将树脂与溶液分离。这种操作方法必须重复多次才能使反应达到完全，方法简单但效率低。动态离子交换是离子交换树脂或溶液在流动状态下进行交换，一般都在圆柱形设备中进行。离子交换反应是可逆的平衡反应，动态交换能使交换后的溶液及时与树脂分离，从而大大减少逆反应的影响，使交换反应不断地顺利进行，并使溶液在整个树脂层中进行多次交换，即相当于多次间歇操作，因此其效率比静态法高得多，生产中广为应用。

1. 固定床

固定床离子交换是将树脂装在交换柱内，欲处理的溶液不断地流过树脂层，离子交换的各项操作均在柱内进行。根据用途不同，固定床可以设计成单床、多床和混床。

（1）固定床离子交换操作过程

为保证离子交换装置的正常工作，原水在进入装置前必须先经过适当的预处理，预处理应包括去除悬浮物、有机物、残余氯、氯胺、铁等，预处理所需达到的要求视采用的离子交换剂类型而有所不同。固定床离子交换操作过程一般包括交换（过滤）、反冲洗、再生和清洗四个阶段，这四个阶段依次进行，形成不断循环的工作周期。

1）交换阶段

交换阶段是利用离子交换树脂的交换能力，从废水中分离脱除需要去除的离子的操作过程。离子交换柱工作过程示意图见图3-13。

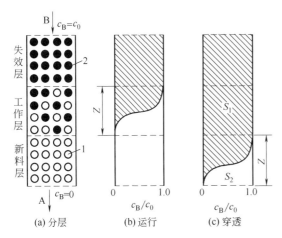

图3-13　离子交换柱工作过程示意

1—新鲜树脂；2—失效树脂

如以树脂 R_A 处理含离子 B 的废水，当废水进入交换柱后，首先与顶层的树脂接触并进行交换，B 离子被吸附而 A 离子被交换下来。废水继续流过下层树脂时，水中 B 离子浓度逐渐降低，而 A 离子浓度却逐渐升高。当废水流经一段滤层之后，全部 B 离子都被交换成 A 离子，再往下便无变化地流过其余的滤层，此时出水中 B 离子浓度 $c_B = 0$。通常把厚度称为工作层或交换层。交换柱中树脂的实际装填高度远远大于工作层厚度 Z，因此当废水不断流过树脂层时，工作层便不断下移。这样，交换柱在工作过程中，整个树脂层就形成了上部饱和层（失效层）、中部工作层、下部新料层三个部分。

运行到某一时刻，工作层的前沿达到交换柱树脂底层的下端，于是出水中开始出现 B 离子，这个临界点称为穿透点。达到穿透点时，最后一个工作层的树脂尚有一定的交换能力，若继续通入废水，仍能除去一定量的 B 离子，不过出水中的 B 离子浓度会越来越高，直到出水和进水中的 B 离子浓度相等，这时整个柱的交换能力就算耗尽，达到了饱和点。一般废水处理中，交换柱到穿透点时就应停止工作，要进行树脂再生。

2）反冲洗阶段

反冲洗的目的有两个：一是松动树脂层，使再生液能均匀渗入层中，与交换剂颗粒充分接触；二是把过滤过程中产生的破碎粒子和截留的污物冲走。为了达到这两个目的，树脂层在反冲洗时要膨胀 30%～40%，冲洗水可用自来水或废再生液。

3）再生阶段

① 再生的推动力　离子交换树脂的再生是离子交换的逆过程，其反应式为

$$R_n^- A_n^+ + nB^+ \longrightarrow nR^- B^+ + A_n^+$$

该反应可逆，只要正确掌握平衡条件，就能使之向右移动。如果急剧增加 B^+，在浓差的作用下，大量的 B^+ 离子进入树脂与固定离子建立平衡，从而松动了对 A_n^+ 离子的束缚力，使之脱离固定离子，并扩散进入外溶液相。由此可见，再生的推动力主要是反应系统的离子浓度差。此外，对弱酸、弱碱树脂而言，除浓度差作用外，还由于它们分别对 H^+ 和 OH^- 离子的亲和力较强，所以用酸和碱再生时，比强酸、强碱树脂更容易再生，所使用的再生剂浓度也较低。

② 再生剂用量与再生程度　从理论上讲，再生剂的有效用量总当量数应该与树脂的工作交换容量总当量数相等。但实际上，为了使再生进行得更快更彻底，一般会使用高浓度再生液。当再生程度达到要求后又需将其排出，并用净水将黏附在树脂上的再生剂残液清洗掉，这样就使得再生剂用量增加 2～3 倍。由此可见，离子交换系统的运行费用中再生费用占主要部分，这是离子交换技术应用中需要考虑的主要经济因素。

另外，交换树脂的再生程度（再生率）与再生剂的用量并非成直线关系。当再生程度达到一定数值后，即使再增加再生剂用量，也不能显著提高再生程度。因此，为使离子交换技术在经济上合理，一般要把再生程度控制在 60%～80% 以下。

在给水和废水处理中，常用树脂再生剂及其用量见表 3-7。

表 3-7　常用树脂再生剂及其用量

离子交换树脂		再生剂		
种　类	离子形式	名称	浓度/%	理论用量倍数
强酸性	H 型	HCl	3～9	3～5
	Na 型	NaCl	8～10	3～5
弱酸性	H 型	HCl	4～10	1.5～2
	Na 型	NaOH	4～6	1.5～2
强碱性	OH 型	NaOH	4～6	4～5
	Cl 型	HCl	8～12	4～5
弱碱性	OH 型	NaOH,NH$_4$OH	3～5	1.5～2
	Cl 型	HCl	8～12	1.5～2

4）清洗阶段

清洗的目的是洗涤残留的再生液和再生时可能出现的反应产物。通常清洗的水流方向和过滤时一样，所以又称为正洗。清洗的水流速度应先小后大。清洗过程后期应特别注意掌握清洗终点的 pH 值（尤其是弱碱树脂转型之后的清洗），避免重新消耗树脂的交换容量。一般淋洗用水为树脂体积的 4～13 倍，淋洗水流速为 2～4m/h。

（2）固定床离子交换设备

固定床离子交换设备是将离子交换树脂装在一个竖式容器内，按批量运行的水处理设备。其特点是每台离子交换器都有一个固定、膨胀、再生和冲洗顺次运行的周期，之后才能再次恢复到原来状态，准备开始一个新的周期，因而此类设备为间歇式运行。按照水和再生

液的流动方向分为顺流再生式、逆流再生式（包括逆流再生离子交换器和浮床式离子交换器）和分流再生式；按交换器内树脂的状态分为单层（树脂）床、双层床、双室双层床、双室双层浮动床以及混合床；按设备的功能分为阳离子交换器（包括钠离子交换器和氢离子交换器）、阴离子交换器和混合离子交换器。

1）顺流再生离子交换器

顺流再生离子交换器在工作时，水流自上而下流过离子交换剂层。再生时，工作水流和再生溶液同向流动（并流），其工艺特点如图 3-14 所示。若从交换器失效后算起，其运行周期通常分为反洗、进再生液、置换、正洗和制水五个步骤。

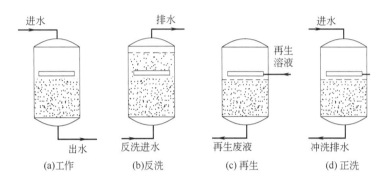

图 3-14　顺流再生离子交换器工艺特点

顺流再生离子交换器内部结构如图 3-15 所示，交换器的主体是一个密封的圆柱形压力容器，器体上设有树脂装卸口和用以观察树脂状态的观察孔，同时设有进水口、排水口和再生液分配装置。交换器中装有一定高度的树脂，树脂层上面留有一定的反洗空间。

顺流再生离子交换器外部管路系统如图 3-16 所示。

图 3-15　顺流再生离子交换器内部结构
1—进水装置；2—再生液分配装置；
3—树脂层；4—排水装置

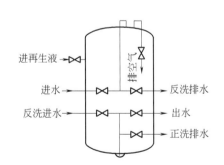

图 3-16　顺流再生离子交换器外部管路系统

顺流再生离子交换器的设备结构简单，运行操作方便，工艺控制容易，对进水悬浮物含量要求不很严格（浊度≤5NTU）。通常适用于以下情况：

① 对经济性要求不高的小容量除盐装置；

② 原水水质较好以及 Na^+ 值较低的水质；

③ 采用弱酸树脂或弱碱树脂。

2）逆流再生离子交换器

为了克服顺流再生工艺出水端树脂再生度较小的缺点，目前逆流再生工艺使用较多，即运行时水流方向和再生时再生液的流动方向相反。由于逆流再生工艺中再生液及置换水都是从下而上流动，流速稍大时，就会发生与反洗那样使树脂层扰动的现象，因此，在采用逆流再生工艺时，必须从设备结构和运行操作上采取相应措施。

逆流再生离子交换器结构如图 3-17 所示。

气顶压逆流再生离子交换器管路系统如图 3-18 所示。

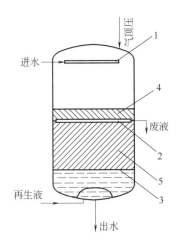

图 3-17　逆流再生离子交换器结构

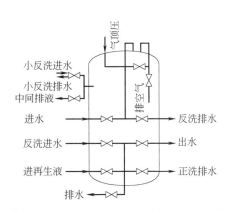

图 3-18　气顶压逆流再生离子交换器管路系统

逆流再生离子交换器的结构和管路系统与顺流再生离子交换器基本类似，不同之处在于：在树脂层上表面设有中间排液系统以及在树脂层上面加设压脂层。压脂层的作用有以下两种：

① 过滤掉水中的悬浮物，使其不能进入下部树脂层中，这样便于将其洗去而又不影响下部的树脂层态；

② 可以使顶压空气或水通过压脂层均匀地作用于整个树脂表面，从而起到防止树脂向上窜动的作用。

在逆流再生离子交换器的运行操作中，制水过程与顺流式没有区别，再生操作随防止乱层措施的不同而异，一般采用压缩空气顶压或水顶压。图 3-19 为采用压缩空气顶压防止乱层时的逆流再生离子交换器操作过程示意图，整个运行周期包括小反洗、放水、顶压、进再生液、逆流清洗、小正洗、正洗共七个步骤。

与顺流再生离子交换器相比，逆流再生离子交换器具有对水质适应性强、出水水质好、再生剂比耗低、自用水率低等优点。但因该工艺要求再生时及运行中床层不乱，故每次再生前不能从底部进行大反洗，而只能从再生排废液管处进水对排废液管上部的压脂层进行小反洗，使得反洗往往不太彻底。

2. 连续床

（1）移动床

移动床是一种半连续式离子交换装置，在离子交换过程中，不但被处理的水溶液是流动

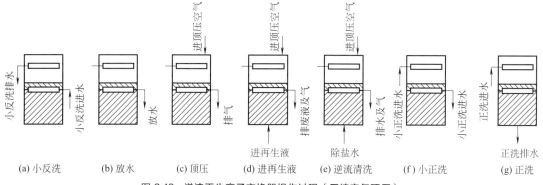

(a) 小反洗   (b) 放水   (c) 顶压   (d) 进再生液   (e) 逆流清洗   (f) 小正洗   (g) 正洗

图 3-19　逆流再生离子交换器操作过程（压缩空气顶压）

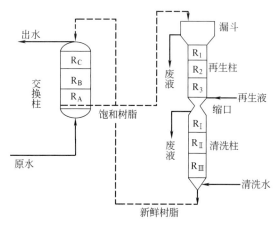

图 3-20　连续床工作原理

的，而且树脂也是移动的，并连续地把饱和后的树脂送到再生柱和淋洗柱进行再生和淋洗，然后送回交换柱进行交换。连续床工作原理见图 3-20。

由图 3-20 可见，移动床内树脂分三层，失效的一层立即移出柱外进行再生淋洗，再生淋洗后的树脂也定期向交换柱中补充，其间要停产 1～2min，使树脂落床，故称移动床为半连续式离子交换装置。

移动床主要有单塔单周期再生、两塔单周期再生、两塔连续再生、两塔多周期再生、三塔多周期再生等移动床工艺系统。三种移动塔的结构和管系示意图如图 3-21 所示。

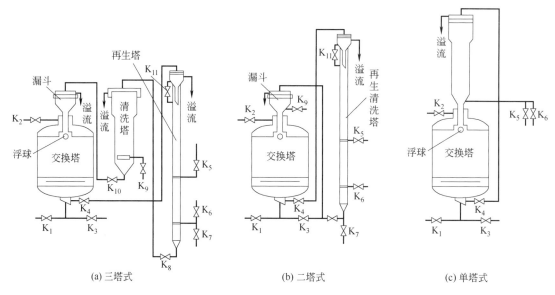

(a) 三塔式   (b) 二塔式   (c) 单塔式

图 3-21　三种移动塔的结构和管系示意

K_1—进水阀；K_2—出水阀；K_3—排水阀；K_4—失效树脂输出阀；K_5—进再生液阀；K_6—进置换水或清洗水阀；

K_7—排水阀；K_8—再生后树脂输出阀；K_9—进清水阀；K_{10}—清洗好树脂输出阀；K_{11}—连通阀

开始运行时，原水从塔下部进入交换塔，将配水系统以上的树脂托起，即成床。成床后进行离子交换，处理后的水从出水管排出，并自动关闭浮球阀。运行一段时间后停止进水，并进行排水，使塔中的压力下降，此时水向塔底方向流动，使整个树脂分层，即落床。与此同时，交换塔浮球阀自动打开，上部漏斗中的新鲜树脂落入交换塔树脂层上面，同时排水过程将失效树脂排出塔底部。即落床过程中同时完成新树脂补充和失效树脂排出。两次落床之间交换塔的运行时间即为移动床的一个大周期。移动床运行流速较高，树脂用量少且利用率高，而且还具有占地面积小，能连续供水以及减少设备用量等优点。

（2）流动床

流动床不仅把交换塔中的树脂分层考虑，而且把再生柱和淋洗柱的树脂也分层考虑。按照移动床程序，连续移动就称为流动床。流动床是全连续式离子交换装置。

流动床离子交换装置有两种，即压力式和重力式。目前所用的大多为重力式流动床，重力式流动床按结构又可分为双塔式（交换塔和再生清洗塔）和三塔式（交换塔、再生塔、清洗塔）两种类型。

以重力式双塔流动床为例，其工艺流程如图 3-22 所示。

原水从交换塔底部进入，经过布水管均匀地分布在整个断面上，穿过塔板上的过水单元和悬浮状态的树脂层接触，在交换塔的几个分区中与树脂进行离子交换反应，使原水得到净化，软化水经塔上部的溢水堰输走。从再生清洗塔来的新鲜树脂通过塔上部进入交换塔，呈悬浮状态向下移动，并经浮球阀进入下面的交换区域，交换饱和后的失效树脂经设于塔底的排树脂管由水射器输送到再生清洗塔中。在失效树脂输送管进入再生塔的出口处，设置有漂浮调节阀，可自动调节进入再生塔的树脂量。进入再生塔的多余树脂经回流管回流到交换塔底部的交换区，以保证树脂量的平衡。需要再生的树脂沿再生清洗塔自上而下降落，在塔上部再生段与再生液接触，使树脂得到再生，然后进入塔下部的

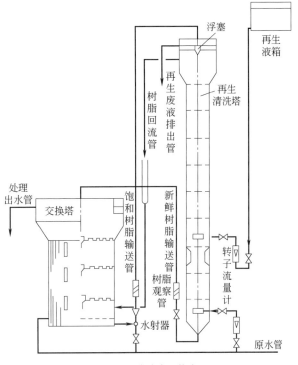

图 3-22　流动床工艺流程

清洗置换段，与自下而上的清洗水接触，使树脂得以清洗。清洗后的树脂下降到塔底部的输送段，依靠再生清洗塔与交换塔之间的液位差，被输送至交换塔。

流动床结构简单，操作方便，对原水浊度要求比固定床低。重力式流动床为常压设备，再生清洗塔可用塑料等非金属材料制作。目前，国内流动床只用于软化水处理。

三、离子交换设备的参数计算

（1）产水量

根据用户要求和系统自身用水量，并考虑最大用水量，确定产水量 Q。

（2）离子交换设备参数

① 设备总工作面积 F

$$F = Q/u \tag{3-10}$$

式中　Q——设备总产水量，m^3/h；

　　　u——交换设备中水流速度，m/h。

阳离子交换床正常流速 $20m/h$，瞬间最大流速达 $30m/h$，混合床流速 $40m/h$，瞬间最大流速达 $60m/h$。

② 一台设备工作面积 f

$$f = F/n \tag{3-11}$$

式中　n——设备的台数。

为保证系统安全，多床式除盐系统的离子交换设备不宜少于 2 台。

③ 设备直径 D

$$D = \sqrt{4f/\pi} = 1.13\sqrt{f} \tag{3-12}$$

④ 一台设备一个周期离子交换容量 E_c

$$E_c = Q_1 C_0 T \tag{3-13}$$

式中　Q_1——一台设备的产水量，m^3/h；

　　　C_0——进水中需除去的阴、阳离子总量；

　　　T——交换柱运行一个周期的工作时间，h。

⑤ 一台设备装填树脂量 V_R

$$V_R = E_c/E_0 \tag{3-14}$$

式中　E_0——树脂的工作交换容量。

⑥ 交换柱内树脂层装填高度 h_R

$$h_R = V_R/f \tag{3-15}$$

交换柱内树脂层装填高度一般不小于 $1.2m$。

（3）反冲洗量 q

$$q = v_2 f \tag{3-16}$$

式中　v_2——反冲洗流速，m/h；阳树脂 $15m/h$，阴树脂 $6\sim10m/h$。

反洗耗水量为

$$V_2 = v_2 ft/60 \tag{3-17}$$

式中　t——反洗时间，min，一般取 $15min$。

（4）再生剂需要量 G

$$G = V_R E_0 Nn/1000 = V_R E_0 R/1000 = V_R L \tag{3-18}$$

式中　V_R——一台交换柱中装填树脂的体积，m^3；

　　　N——再生剂当量值；

　　　n——再生剂实际用量为理论用量的倍数，即再生剂的比耗；

　　　R——再生剂耗量；

　　　L——再生剂用量，kg/m^3 树脂。

求得纯再生剂用量 G 后，根据工业品实际含量，再计算所需工业品中再生剂的用量 G_G 为

$$G_G = G/\varepsilon \tag{3-19}$$

式中　ε——工业品中再生剂实际含量，以百分数表示。

（5）正洗水量 V_Z

$$V_Z = aV_R \tag{3-20}$$

式中　a——正洗水比耗，m^3/m^3 树脂。

正洗水比耗与树脂种类有关，一般强酸树脂比耗为 4～6，强碱树脂比耗为 10～12，弱酸弱碱树脂比耗为 8～15。

第三节　膜分离设备

膜分离技术是当前废水处理领域一个重要分支，尤其在废水处理及回用、海水淡化两方面具有非常广阔的发展与应用前景，应用最广泛的膜分离设备主要包括电渗析、反渗透、纳滤、超滤及微滤等，其中电渗析设备以电位差为推动力完成废水的净化。反渗透、纳滤、超滤和微滤设备以压力差为推动力，设备主要依据分离过程被截留颗粒或分子的大小来划分，相互之间的界限有时并不很清晰。膜分离设备分类与比较见表 3-8。

表 3-8　膜分离设备分类与比较

设备种类	分离膜	驱动力/传质机理	透过的物质	最大透过物大小/μm	截留的物质
电渗析设备	离子交换膜	电位差/离子迁移	离子	0.001	中性溶解物、离子等
反渗透设备	反渗透膜	压力差/溶解扩散	溶剂（水）、小分子电解质、挥发性物质	0.001	无机盐、糖类、氨基酸、胶体物质等
纳滤设备	纳滤膜	压力差/溶解扩散与 Donna 效应	溶剂（水）、小分子溶质	0.01	有机物、高价离子、脱色等
超滤设备	超滤膜	压力差/筛分	溶剂（水）、离子、小分子	0.1	蛋白质、各类酶、细菌、病毒、胶体、微粒子
微滤设备	微滤膜（滤芯）	压力差/筛分	溶剂（水）、溶解物	100	悬浮物、细菌类、微粒子、大分子有机物

一、电渗析设备

1. 电渗析的基本原理及应用范围

（1）电渗析的基本原理

电渗析是一种在电场作用下使溶液中离子通过膜进行传递的过程。根据所用膜的不同，电渗析可分为非选择性膜电渗析和选择性膜电渗析两类。非选择性膜电渗析是指在电场力的作用下，阴、阳离子都能透过膜，而颗粒较大的胶体粒子不能透过膜的过程，因此多用于提纯溶液。本书介绍均属选择性膜电渗析。

电渗析过程有两个基本条件：一是水中离子是带电的，在直流电场作用下，阳、阴离子定向移动；二是离子交换膜具有选择透过性。电渗析过程的基本原理如图 3-23 所示。

在阳极和阴极之间交替放置着若干张阳膜和阴膜，膜和膜之间形成隔室，其中充满含盐水，当接通直流电后，各隔室中的离子进行定向迁移，由于离子交换膜的选择透过作用，①、③、⑤隔室中的阴、阳离子分别迁出，进入相邻隔室，而②、④、⑥隔室中的离子不能迁出，还接受相邻隔室中的离子，从而①、③、⑤隔室成为淡水室，②、④、⑥隔室成为浓水室。阴、阳电极与膜之间形成的隔室分别为阳极室和阴极室。阳极发生氧化反应，产生

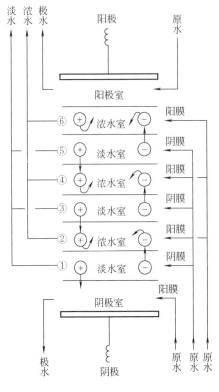

图 3-23　电渗析原理

O_2 和 Cl_2，极水呈酸性。因此，选择阳极材料时，应考虑其耐氧化和耐腐蚀性；阴极发生还原反应，产生 H_2，极水呈碱性，当水中含有 Ca^{2+}、Mg^{2+}、HCO_3^-、CO_3^{2-} 时，易产生水垢，在运行时应采取防垢和除垢措施。

（2）电渗析的特点及应用范围

电渗析具有以下特点：

① 电渗析只能脱盐，不能去除有机物、胶体物质、微生物等；

② 电渗析使用直流电，设备操作简便，不需酸、碱再生，有利于环保；

③ 制水成本低，原水含盐量在 $200\sim5000\text{mg/L}$ 范围内，用电渗析制取成初级纯水的能耗较其他方法低；

④ 电渗析不能将水中离子全部去除干净，单独使用电渗析不能制备高纯水。

电渗析应用范围如下：

① 海水、苦咸水淡化，制取饮用水或工业用水；

② 自来水脱盐制取初级纯水；

③ 电渗析与离子交换组合制取高纯水；

④ 化工过程中产品的浓缩、分离、精制；

⑤ 污水废液的处理回收。

2. 离子交换膜

离子交换膜是电渗析器的关键部件，其性能对电渗析过程的效率起着决定性作用。

（1）离子交换膜的结构及其选择透过作用

离子交换膜是一种具有选择透过性，带有离子交换基团的高分子薄膜（厚度为 $0.1\sim0.5\text{mm}$），通常在给水脱盐中使用。离子交换膜分为阳膜、阴膜和复合膜三类，按结构类型可分为均相膜、半均相膜和异相膜三种。水处理用的电渗析设备常采用异相膜。阳膜只允许阳离子通过，阴膜只允许阴离子通过。基膜是膜中的高分子母体，是膜的骨架部分。当将膜浸入水中时阳膜可解离出 H^+，而膜上留下 $-SO_3^{2-}$ 离子，阴膜可解离出 OH^- 离子，而膜上留下 $-CH_2N(CH_3)_3^+$ 等离子，在膜内可形成足够强的正电场，H^+ 和 OH^- 游离于膜的孔隙中。离子交换膜具有选择透过性，主要是由于膜的孔隙结构，以及弯曲通道

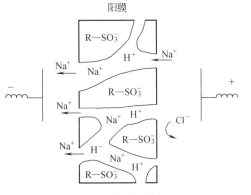

图 3-24　阳膜的孔隙结构示意

和膜上活性交换基团的作用。图 3-24 所示为阳膜的孔隙结构示意图。

（2）离子交换膜的性能及要求

1）物理性能

① 外观 要求膜柔韧、平整、光滑、无针孔、无油污、不脱网、不嵌杂物等。

② 厚度 要求膜厚度均匀。

③ 溶胀度 钠型或氯型的干膜，在25℃普通自来水中浸泡48h，其线性膨胀度不超过5%。

④ 含水率 膜中能使膜体积发生溶胀的这部分水占湿态膜的质量百分数，用%表示。

⑤ 机械强度 膜的机械强度通常是指爆破强度。膜的爆破强度应大于100kPa。

2）化学性能

① 交换容量 表示单位质量的干膜中含活性基团的物质的量，通常以mmol/g（干膜）表示。

② 化学稳定性 膜在25℃下分别在4%NaOH和5%HCl溶液中浸泡48h，交换容量等性能不下降。

3）电化学性能

① 膜电阻 膜电阻反映离子在膜内的移动速度，直接影响电渗析器工作时的电能消耗。膜电阻的大小与膜内活性基团的多少、膜内交换基团的性质、膜的交联度、膜厚度等因素有关。因此，在不影响膜的其他性能的情况下，要求膜电阻越小越好。

② 膜的选择透过性 是衡量膜对阴、阳离子选择透过功能程度的重要指标。可通过测定膜电位计算得出。

③ 电解质的渗析和水的渗析 电解质的渗析和水的渗析对脱盐率、淡水产率和电流效率不利，应尽量减少。可采取适当增加交联度、控制膜含水率和交换容量等措施来解决。

电渗析设备选型时常需考虑的离子交换膜的技术性能见表3-9。

表3-9 电渗析设备选型时常需考虑的离子交换膜的技术性能参数

项目	阳膜		阴膜	
	均相膜	异相膜	均相膜	异相膜
含水率/%	25～40	35～50	22～40	30～45
交换容量（干重计）/(mol/kg)	≥1.8	≥2.0	≥1.5	≥1.8
膜面电阻/(Ω·cm²)	<6	<12	≤10	≤13
选择透过率/%	≥90	≥92	≥85	≥90

3. 电渗析器及其附属设备

电渗析工艺装置由电渗析器及其附属设备组成。

（1）电渗析构造

电渗析可分为电极部分、膜堆和锁紧装置三部分，见图3-25。

1）电极部分

电极部分包括电极、极水框和导水板。电渗析器的阳极和阴极分别与直流电源的正负极相接，以在两极的电解质溶液中形成直流电场，构成电渗析脱盐的推动力，使溶液中的离子进行定向迁移。电极材料应具有导电性好、耐腐蚀、强度好、质轻、价廉等特

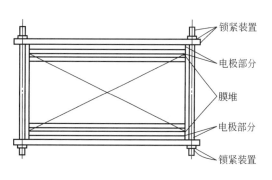

图3-25 电渗析构造示意

点。常用的电极材料有钛涂钌、不锈钢、石墨等，同时也有钛镀铂和钽镀铂等。电极形式可以是板式、网状和丝状。极水框放置在电极和膜之间起支承和保证极水畅通的作用，极水框的结构型式可以与隔板类似，也可以与电极一体化，导水板作为浓、淡水进出口的通道与浓、淡水进出口管连接。

电渗析设备选型时常需考虑的离子交换膜的电极特点见表 3-10。

表 3-10　不同材料电极的特点

电极材料	适用条件	制造方法	耐腐蚀性	强度	价格	污染
石墨	Cl^- 含量高，SO_4^{2-} 含量低的水	容易	可以	较脆	低	无
不锈钢	Cl^- 浓度小于 100mg/L 的水	很容易	较好	好	较低	无
钛涂钌	广泛	较复杂	较好	较好	较高	无
二氧化铅	只适合于做阳极	较复杂	较好	较脆	较低	稍有

2）膜堆

电渗析器的膜堆是被处理水通过的部件，也是电渗析器的主体，隔板可分为网式隔板和冲隔式隔板两种。网式隔板由隔板框和隔板网组成（见图 3-26），隔板上设有沟通膜堆内浓、淡水流的配水与集水孔和将水流分布及汇集到各个隔室的布水与集水槽。隔板网一般与隔板框黏在一起，起搅拌水流和支承膜的作用。隔板应具有一定的化学稳定性和耐热性，表面要平整、厚度要均匀，有效脱盐面积率要大，并对液流有较好的搅拌且布水均匀等。常用的材料有聚丙烯、聚乙烯等。

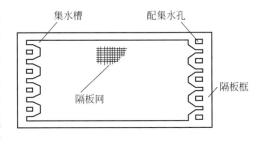

图 3-26　网式隔板示意

常用隔板的厚度为 0.5～0.9mm，隔板网可采用编织网。隔板的平面尺寸多为 800mm×1600mm，400mm×1600mm，400mm×800mm。隔板上的水流通道可分为有回路式和无回路式两种（见图 3-27）。隔板上布水槽、集水槽的型式有网式、敞开式和单拐式等（见图 3-28）。

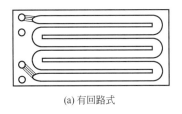

(a) 有回路式

(b) 无回路式

图 3-27　隔板型式

离子交换膜是膜堆的主要部件，膜的质量关系到整台电渗析器的技术经济指标，因此，应按膜的质量要求严格选用。

3）锁紧装置

锁紧装置分为压紧型和螺杆锁紧型，国外多用后者。

（2）电渗析器的组装和安放

1）组装形式

电渗析器可以按“级”“段”组装成各种型式（见图 3-29）。增加级数可以降低电渗析器的总电压，增加段数可以增加脱盐流程长度，提高脱盐率。为便于电渗析器组装和压紧，一般每段内的膜对数为 150～200 对，每台电渗析器的总膜对数不超过 400～500 对。

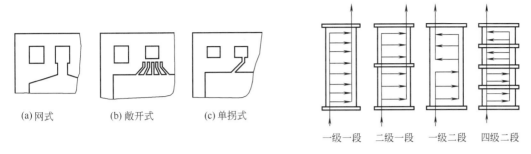

| (a) 网式 | (b) 敞开式 | (c) 单拐式 |

图 3-28　布水槽型式

一级一段　二级一段　一级二段　四级二段

图 3-29　电渗析器组装方式示意

2）安放形式

电渗析器的安放形式可分为卧式和立式两种。前者的隔板平面与水平面平行，而后者垂直。卧式组装方便，占地面积小；立式对无回路隔板来讲，水流分布均匀，气体易排出。

（3）电渗析设备选型

根据国家行业标准《环境保护产品技术要求　电渗析装置》（HJ/T 334—2006），规定了电渗析设备的有关定义、规格型号、要求、试验方法、检验规则、标志、包装、运输与储存，设备具体表示如下。

依据隔板特征，电渗析设备主要包括 DSA、DSB、DSC、DSD 和 DSE 五类。DSA 型为网状隔板，隔板厚度为 0.9mm；DSB 型为网状隔板，隔板厚度为 0.5mm；DSC 型为冲格式隔板，隔板厚度为 1.0mm，由两个厚度为 0.5mm 的冲格薄片组成；DSD 型除电流效率外，其余符合 DSA 型的规定；DSE 型除电流效率外，其余符合 DSC 型的规定。电渗析设备型号和隔板外形尺寸见表 3-11 和表 3-12。

表 3-11　电渗析设备型号

代号	隔板型号	隔板厚/mm	代号	隔板型号	隔板厚/mm
A	无回路式	0.9	D	无回路式	1.0～2.0
B	无回路式	0.5	E	冲格式	1.0～2.0
C	冲格式	1.0			

表 3-12　电渗析设备隔板外形尺寸

代号	尺寸（长×宽）/mm	代号	尺寸（长×宽）/mm
I	800×1600	III	400×1200
II	400×1600	IV	400×800

废水处理中常用电渗析设备参数见表 3-13～表 3-15。

表 3-13 DSA 型电渗析设备参数

规格	DSA Ⅰ			DSA Ⅱ			
	1×1/250	2×2/500	3×3/750	1×1/200	2×2/400	3×3/600	4×4/800
隔板尺寸/mm	800×1600×0.9			400×1600×0.9			
离子交换器	异相阳、阴离子交换膜			异相阳、阴离子交换膜			
电极材料[①]	钛涂钌(石墨、不锈钢)			钛涂钌(石墨、不锈钢)			
组装膜对数/对	250	500	750	200	400	600	800
组装形式	一级、一段	二级二段 (2 台)	三级三段 (3 台)	一级 一段	二级二段 (2 台)	三级三段 (3 台)	四级四段 (4 台)
产水量[②]/(m³/h)	35	35	35	13.2	13.2	13.2	13.2
脱盐率[②]/%	≥50	≥70	≥80	≥50	≥75	87.5	93.75
工作压力/kPa	<50	<120	<180	<50	<75	<150	<200
外形尺寸 (长×宽×高) /mm	2550×1370×1100			2300×1010×520			
安装形式	立式			立式			
本体质量/t	2	2×2	2×3	1	1×2	1×3	1×4

① 不锈钢电极只允许用在极水中氯离子浓度不高于 100mg/L 的情况下。

② 表中电渗析脱盐率和产水量的数据是指在 2000mg/L NaCl 溶液中,25℃下测定的数据。

表 3-14 DSB 型电渗析设备参数

规格	DSB Ⅱ		DSB Ⅳ			
	1×1/200	2×2/300	1×1/200	2×2/300	2×4/300	2×6/300
隔板尺寸/mm	400×1600×0.5		400×800×0.5			
离子交换器	异相阳、阴离子交换膜		异相阳、阴离子交换膜			
电极材料[①]	不锈钢(石墨、钛涂钌)		不锈钢(石墨、钛涂钌)			
组装膜对数/对	200	300	200	300	300	300
组装形式	一级一段	二级二段	一级一段	二级二段	三级四段	三级六段
产水量[②]/(m³/h)	8.0	6.0	8.0	6.0	3.0	1.5～2.0
脱盐率[②]/%	≥75	≥85	≥50	70～75	80～85	90～95
工作压力/kPa	<100	<250	<50	<100	<200	<250
外形尺寸 (长×宽×高)/mm	600×1800×800		600×1000×800	600×1000×1000		
安装形式	立式		立式			
本体质量/t	0.56	0.63	0.28	0.35	0.35	0.38

① 不锈钢电极只允许用在极水中氯离子浓度不高于 100mg/L 的情况下。

② 表中电渗析脱盐率和产水量的数据是指在 2000mg/L NaCl 溶液中,25℃下测定的数据。

表 3-15 DSC 型电渗析设备参数

规格	DSC Ⅰ			DSC Ⅲ		
	1×1/100	2×2/300	4×4/300	1×1/100	2×2/200	3×3/240
隔板尺寸/mm	800×1600×1.0			400×800×1.0		
离子交换器	异相阳、阴离子交换膜			异相阳、阴离子交换膜		
电极材料[①]	石墨(钛涂钌、不锈钢)			石墨(钛涂钌、不锈钢)		
组装膜对数/对	100	300	300	100	200	240
组装形式	一级一段	二级二段	四级四段	一级一段	二级二段	三级三段
产水量[②]/(m³/h)	25～28	35	35	13.2	13.2	13.2
脱盐率[②]/%	28～32	45～55	75～80	50～55	70～80	85～90
工作压力/kPa	80	120	200	120	160	200
外形尺寸 (长×宽×高)/mm	940×960 ×2150	1550×960 ×2150	1600×960 ×2150	900×620 ×900	960×620 ×1210	960×620 ×1350

规格	DSC Ⅰ			DSC Ⅲ		
	1×1/100	2×2/300	4×4/300	1×1/100	2×2/200	3×3/240
安装形式	立式			卧式		
本体质量/t	1.1	2.3	2.5	0.2	0.3	0.4

① 不锈钢电极只允许用在极水中氯离子浓度不高于 100mg/L 的情况下。

② 表中电渗析脱盐率和产水量的数据是指在 2000mg/L NaCl 溶液中，25℃下测定的数据。

（4）附属设备

电渗析的附属设备主要包括：整流器、水的计量和水质监测仪表、升压泵、水的预处理装置、电渗析的进出口管路、阀门管件以及酸洗设备等。

4. 电渗析膜污染和清洗

电渗析设备在运行一段时间之后，离子交换膜的表面或内部会逐渐被堵塞，引起膜电阻增大，致使隔室水流阻力升高，从而影响交换容量和脱盐率。在电渗析工程的长期运行中，发现离子交换膜的污染问题成为限制电渗析技术更广泛应用的一个瓶颈。离子交换膜的污染主要包括：钙离子和碳酸根离子对阳离子交换膜污染、腐殖酸盐对阴离子交换膜的污染、脂肪酸和表面活性剂对离子交换膜的污染、羧酸对离子交换膜的污染、油类对离子交换膜的污染。

为了缓解污染，延长膜的使用寿命，需要采取适当措施提高膜抗污染能力，同时进行及时清洗，可从以下 8 个方面着手。

（1）控制进水水质

根据不同电渗析设备的具体要求，控制进水水质。

（2）控制工作电流和电压

一般工作电流低于极限电流，应用优化脉冲电代替直流电。

（3）倒换电极

可以有效地减轻膜及阴极上的水垢。一般水垢往往沉积在浓水室的阴极表面上，倒换电极后，浓水室、淡水室也相应倒换，造成水垢的不稳定状态，因而可以减轻结垢。

（4）酸洗

酸洗是消除沉淀的有效方法，水垢积到一定程度，就需要进行酸洗。酸洗周期根据除盐率下降的具体情况而定，一般几周一次，采用盐酸。酸液浓度不宜过高，若浓度大于 3%，会使离子交换膜受损。一般采用循环酸洗，浓水、淡水和极水室依次酸洗的方法。酸洗到进出电渗析设备的酸洗液 pH 值不变为止。酸洗后用清水冲洗到进出水的 pH 值相等为止。对于硫酸钙沉淀，可先用 10% 浓度的碳酸钠溶液清洗后，再酸洗。

（5）碱洗

酸洗不能去除有机沉淀物，对于这类污染层可以用碱性食盐水清洗，使有机物消除。碱洗液一般由 9%NaCl（最好用精盐）和 NaOH 组成，碱洗时间为 30～90min，结束后用清水冲洗到合格为止。碱洗可以利用酸洗系统进行，一般不另设装置。

（6）定期拆洗

采用上述方法不能恢复除盐率时，应把电渗析设备拆开清洗，重新组装。电渗析装置一般 1～1.5 年需要拆洗一次。

（7）在溶液中加入药剂

在待处理溶液中加入水溶性聚合物，使其与污染物（如腐殖酸盐）结合到电中性，进而达到缓解离子交换膜污染的效果。

（8）防干

防止离子交换膜长时间受干而变形。

二、反渗透设备

1. 反渗透分离

（1）反渗透分离原理

反渗透分离原理见图 3-30。图 3-30（a）表示当盐水和纯水被一张半透膜隔开时，纯水透过半透膜向盐水侧扩散渗透，渗透的推动力是渗透压。图 3-30（b）表示扩散渗透使盐水侧溶液液面升高直至达到平衡为止，此时半透膜两侧溶液的液位差称为渗透压（π），这种现象称为正渗透。图 3-30（c）表示盐水侧施加一个外部压力 P，当 $P > \pi$ 时，盐水侧的水分子将渗透到纯水侧，这种现象称为反渗透。任何溶液都有相应的渗透压，渗透压的大小与溶液的种类、浓度及温度有关。

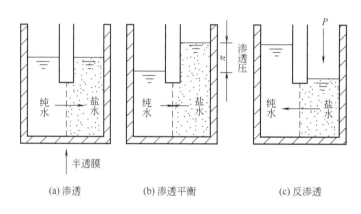

(a) 渗透　　　　　(b) 渗透平衡　　　　　(c) 反渗透

图 3-30　反渗透分离原理

（2）反渗透膜

1）反渗透膜的特性

反渗透膜是实现反渗透过程的关键。要求反渗透膜具有良好的分离透过性和物化稳定性。分离透过性主要通过溶质分离率、溶剂透过流速以及流量衰减系数来表示；物化稳定性主要是指膜的允许最高温度、压力、适用 pH 值范围，膜的耐氯、耐氧化及耐有机溶剂性。

2）反渗透膜的类型

反渗透膜按膜材料的化学组成不同，分为纤维素酯类膜和非纤维素酯类膜两大类。

① 纤维素酯类膜　国内外广泛使用的纤维素酯类膜为二醋酸纤维素膜（简称 CA 膜）。它具有透水速度快、脱盐率高、耐氯性好、价格便宜的特点。缺点是易受微生物侵蚀、易水解和对某些有机物分离率低。CA 膜易分解，适用 pH 值为 $3 \sim 8$，工作温度应低于 35℃。CA 膜结构示意图见图 3-31。

CA 膜具有不同的选择透过性。电解质离子价态越高，或同价离子时水合半径越大，截留率越好。对一般水溶性好、非离解的有机化合物，分子量在 200 以下截留效果差，反之则越高。同类有机化合物，当分子量相同时，随分子链增多截留率越大。表 3-16 列出了 CA 膜对常见离子和有机物的去除率。

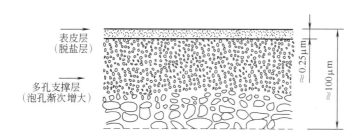

图 3-31 CA膜结构示意

表 3-16 CA膜对常见离子和有机物的去除率

名称	去除率/%	名称	去除率/%	名称	去除率/%
Mn^{4+}、Mn^{6+}	≈ 100	SO_4^{2-}	$90\sim99$	DDT	97
Fe^{2+}、Fe^{3+}	≈ 100	CO_3^{2-}	$80\sim99$	可溶淀粉	91
Al^{3+}	$95\sim99$	HCO_3^-	$80\sim98$	葡萄糖	99
Ca^{2+}	$92\sim99$	F^-	$80\sim97$	蛋白质	$98\sim100$
Si^{2+}	$85\sim95$	Cl^-	$85\sim95$	染料	100
Na^+	$75\sim93$	NO_3^-	$58\sim86$	蔗糖	$98\sim99$
NH_4^+	$70\sim90$	油酸钠	99.5		
PO_4^{3-}	≈ 100	硬脂酸钙	99.5		

② 非纤维素酯类膜 非纤维素酯类膜主要有：芳香族聚酰胺膜、聚苯并咪唑酮（PBIL）膜、PEC-1000复合膜、NS-100复合膜。

根据膜的几何形状，反渗透膜组件主要有板式、管式、卷式、中空纤维式和碟管式五种基本形式。表 3-17 列举了前四种膜组件各自特点。

表 3-17 膜组件各自特点

组件类型	板式	管式	卷式	中空纤维式
结构	简单	简单	复杂	复杂
膜装填密度/(m^2/m^3)	$160\sim500$	$33\sim330$	$650\sim1600$	$16000\sim30000$
支撑体结构	复杂	简单	简单	不需要
流道长度/m	$0.2\sim1.0$	3.0	$0.5\sim2.0$	$0.3\sim2.0$
水流形态	层流	湍流	湍流	层流
抗污染能力	强	强	较强	很弱
膜清洗难易	容易	内压式容易,外压式难	难	难
对进水水质要求	较低	低	较高	高
水流阻力	中等	较低	中等	较高
换膜难易	尚可	较容易	易	易
换膜成本	中	高	较高	较高
对进水浊度要求	较低	低	较高	高
其他	安装与维护费用高;进料分布不均;流槽窄;多级膜装卸复杂	通过调节水力条件达到合适的流动状态可以防止浓差极化和膜污染;端部用膜较多,制造和安装费用昂贵	渗透性能好,通水量和回收率高;保持膜的原始形状,表面流速稳定;运行压力在$1.6\sim4.2$MPa;再循环浓缩困难	具有最大的充填密度和自支撑能力,装置紧凑;整体组件运输安装简便;可以耐较高背压;产品制作比较困难

在反渗透市场中，卷式膜组件约占 74%，中空纤维的占 26%，管式和板式相对较少。

2. 膜分离组件

(1) 板式

板式膜组件由几块或几十块承压板、微孔支承板和反渗透膜组成。在每一块微孔支承板的两侧，贴着反渗透膜，通过承压板把膜与膜组装成相互重叠的形式。用长螺栓固定"O"形圈密封，结构见图3-32。

(2) 管式

管式组件主要由圆管状膜及其多孔耐压支撑管组成。内压管式膜组件是将反渗透膜置于多孔耐压支撑管的内壁，原水在管内承压流动，淡水通过半透膜由多孔支撑渗出。结构见图3-33。

外压管式膜组件是直接将膜涂刮到多孔支撑管外壁，再将数根膜组装后置于一承压容器内。管内膜组件类型较多，除上述内压及外压管式膜组件还有套管式组件。

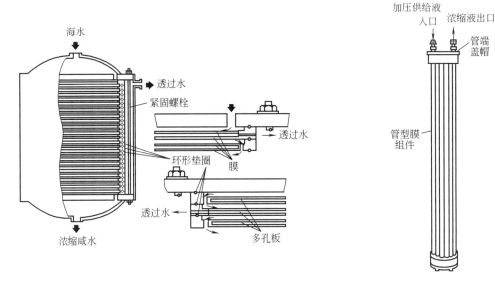

图 3-32 耐压板式膜组件   图 3-33 内压管式膜组件

(3) 卷式

卷式膜组件构造见图3-34。在两层膜中间衬有一层透水垫层。把两层半透膜的三个面用黏合剂密封，组成了卷式膜的一个膜叶。几片膜叶重叠，膜叶之间衬有作为原水流动通道的网状隔层，膜叶与网状隔层绕在中心管上形成螺旋管筒，简称膜芯。几个膜芯放入一圆柱

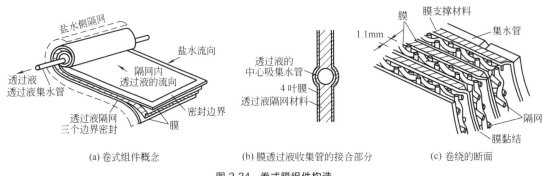

(a) 卷式组件概念   (b) 膜透过液收集管的接合部分   (c) 卷绕的断面

图 3-34 卷式膜组件构造

形承压容器中即为卷式组件。普通卷式组件从组件顶端进水，原水流动方向与中心管平行。

卷式组件多由美、日等国数家公司生产，如美国的 Filmtec（陶氏）和 Hydranautics（海德能），日本的 NittoDento（日东电工）和 Toray（东丽）等，现多用复合膜制作，且以直径为 8in（1in＝0.0254m）的居多（一般产水量约 20m^3/d）。

常见卷式反渗透膜组件性能参数见表 3-18。

表 3-18　常见卷式反渗透膜组件性能参数

型号	产水量/(m^3/h)	回收率/%	脱盐率/%	操作压力/MPa	外形尺寸(直径×长度)/mm	
TW30-2521	0.047	15	99	1.6	99.4×1016	
TW30-4040	0.347	15	99	1.6	99.4×1016	长度除
TW30HP-4040	0.442	15	99	1.6	99.4×1016	1016 外，
TW30-8040	1.5	15	99	1.6	99.4×1016	还有 365
BW30-4040	0.347	15	99	1.6	99.4×1016	和 533
BW30HP-4040	0.442	15	99	1.6	99.4×1016	
BW30-365	1.5	15	99	1.6	201×1016	
BW30-400	1.67	15	99	1.6	201×1016	
4040-ACM1	0.28		99.5	0.3～2.1	102×1016	
4040-ACM2	0.36		99.5	0.3～2.1	102×1016	
4040-ACM3	0.41		99.5	0.3～2.1	102×1016	
4040-ACM4	0.47		99.2	0.7～2.1	102×1016	
8040-ACM1	1.17		99.5	0.7～2.1	202×1016	
8040-ACM2	1.42		99.5	0.7～2.1	202×1016	
8040-ACM3	1.66		99	0.7～2.1	202×1016	
8040-ACM4	2.21		99.2	0.3～2.1	202×1016	
4040-TS40	0.41		40	0.3～1.4	102×1016	
4040-TS80	0.32		85	0.3～1.4	102×1016	
8040-TS40	1.25		40	0.3～1.4	202×1016	
2540-HR	0.125		99.5	1.55		
4040-HR	0.375		99.5	1.55		
8040-HR-375	1.688		99.5	1.55		
8040-HR-400	1.813		99.5	1.55		
18061-HR-2850	12.708		99.5	1.55		

注：其他型号可以此为参考。

（4）中空纤维式

中空纤维膜截面成圆环形，无须支撑材料。外径一般为 40～250μm。外径对内径比为 2～4 左右。将几十万乃至上百万根中空纤维弯成 U 形装入耐压容器，并将开口端用环氧树脂灌封。封闭的另一端悬在耐压容器中。根据料液流动方向，组件可分为轴流式、放射流式和纤维卷筒式。轴流式料液流动的方向与装在筒内的中空纤维方向平行。放射流式料液从组件中心的多孔配水管流出，沿半径方向从中心向外呈放射流动。商品化的中空纤维组件多是这种形式，其结构见图 3-35。纤维卷筒是中空纤维在中心管上呈绕线团形式缠绕。

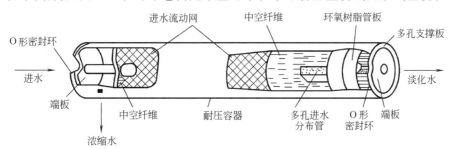

图 3-35　中空纤维式反渗透器

常见中空纤维膜组件性能参数见表 3-19。

表 3-19　常见中空纤维反渗透膜元件性能参数

型号	产水量 /(m³/d)	脱盐率 /%	外形尺寸(直径× 长度)/mm	测试条件		
				NaCl 浓度/(mg/L)	操作压力/MPa	回收率/%
HRO-220-M	22	95	270×1300	5000	2.8	50
HRO-115-M	5.5	95	170×980	5000	2.8	50
HRO-220-L	28	95	250×1300	1500	1.8	60
HRO-115-L	7	95	150×980	1500	1.8	60
HRC-115	10	90	142×960	1500	1.5	50
HRC-220	35	90	244×1300	1500	1.5	60

注：其他型号可以此为参考。

（5）碟管式

碟管式膜组件是一种专利型膜分离组件，为料液的过滤分离而开发的，已成功应用近 30 年。碟管式膜组件主要由过滤膜片、导流盘、中心拉杆、外壳、两端法兰、各种密封件及连接螺栓等部件组成。把过滤膜片和导流盘叠放在一起，用中心拉杆和端盖法兰进行固定，然后置入耐压外壳中，就形成一个碟管式膜组件，如图 3-36 所示。

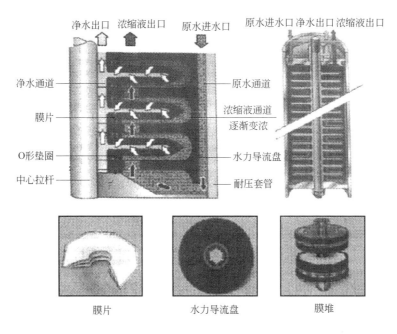

图 3-36　碟管式反渗透膜组件

3. 反渗透设备选型

根据国家行业标准《环境保护产品技术要求　反渗透水处理装置》（HJ/T 270—2006），规定了反渗透设备的有关定义、规格型号、要求、试验方法、检验规则、标志、包装、运输与储存，为用户选型设备提供了指导作用，设备具体表示如下。

在 25℃ 进水水温情况下，反渗透设备的规格按产水量分为 0.25m³/h、0.5m³/h、1m³/h、2m³/h、5m³/h、10m³/h 等。

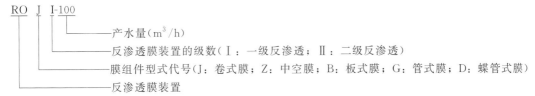

表 3-20 列举了卷式反渗透设备性能及规格。

表 3-20　卷式反渗透设备性能及规格

型号 (HJ/T 270—2006)	产水量 /(m³/h)	脱盐率 /%	外形尺寸 (长×宽×高)/mm	管直径/mm 进水管	管直径/mm 出水管	重量 /t
SRO-A-1000 Ⅰ(ROJ Ⅰ-1)	1	>97	2500×700×1700	32	25	0.25
SRO-A-2000 Ⅰ(ROJ Ⅰ-2)	2	>97	3100×700×1700	32	32	0.30
SRO-A-3000 Ⅰ(ROJ Ⅰ-3)	3	>97	3600×1000×1700	40	32	0.40
SRO-A-5000 Ⅰ(ROJ Ⅰ-5)	5	>97	3600×1000×1700	50	40	0.45
SRO-A-8000 Ⅰ(ROJ Ⅰ-8)	8	>97	3600×1400×1700	50	50	0.50
SRO-A-10000 Ⅰ(ROJ Ⅰ-10)	10	>97	3600×1400×1750	65	50	0.55
SRO-A-15000 Ⅰ(ROJ Ⅰ-15)	15	>97	5400×1400×2000	65	65	1.20
SRO-B-20000 Ⅰ(ROJ Ⅰ-20)	20	>97	5400×1600×2000	80	65	1.45
SRO-B-25000 Ⅰ(ROJ Ⅰ-25)	25	>97	5400×1600×2000	80	65	1.80
SRO-B-30000 Ⅰ(ROJ Ⅰ-30)	30	>97	5400×1650×2000	80	80	2.50
SRO-B-40000 Ⅰ(ROJ Ⅰ-40)	40	>97	7100×1800×2100	100	100	3.20
SRO-B-50000 Ⅰ(ROJ Ⅰ-50)	50	>97	7100×1800×2100	125	100	3.80
SRO-B-60000 Ⅰ(ROJ Ⅰ-60)	60	>97	7100×1800×2100	150	125	4.50
SRO-A-1000 Ⅱ(ROJ Ⅱ-1)	1	>97	2500×1000×1700	32	25	0.30
SRO-A-2000 Ⅱ(ROJ Ⅱ-2)	2	>97	3600×1200×1700	40	32	0.40
SRO-A-3000 Ⅱ(ROJ Ⅱ-3)	3	>97	3600×1200×1700	40	32	0.50
SRO-A-5000 Ⅱ(ROJ Ⅱ-5)	5	>97	3600×1200×1700	50	40	0.60
SRO-A-8000 Ⅱ(ROJ Ⅱ-8)	8	>97	3600×1200×1700	50	50	0.95
SRO-A-10000 Ⅱ(ROJ Ⅱ-10)	10	>97	5400×1500×1800	65	50	1.50
SRO-A-15000 Ⅱ(ROJ Ⅱ-15)	15	>97	5400×1500×2080	80	65	2.80
SRO-B-20000 Ⅱ(ROJ Ⅱ-20)	20	>97	7100×1800×2100	80	80	3.80
SRO-B-25000 Ⅱ(ROJ Ⅱ-25)	25	>97	7100×1800×2100	100	80	4.00
SRO-B-30000 Ⅱ(ROJ Ⅱ-30)	30	>97	7100×1800×2100	100	80	4.80
SRO-B-40000 Ⅱ(ROJ Ⅱ-40)	40	>97	7100×1800×2100(2台)	120	100	7.50
SRO-B-50000 Ⅱ(ROJ Ⅱ-50)	50	>97	7100×1800×2100(2台)	120	100	8.50
SRO-B-60000 Ⅱ(ROJ Ⅱ-60)	60	>97	7100×1800×2100(2台)	150	125	9.50
BRO-001-P25(ROJ Ⅰ-0.1)	0.1	96	1400×600×1500	20	20	0.12
BRO-005-P40(ROJ Ⅰ-0.5)	0.5	97~98	1800×700×1700	20	20	0.26
BRO-015-P40(ROJ Ⅰ-1.5)	1.5	97~98	3500×700×1700	25	25	0.40
BRO-030-P40(ROJ Ⅰ-3.0)	3.0	97~98	3500×800×1700	32	25	0.53
BRO-060-P40(ROJ 1-6.0)	6.0	97~98	3500×1000×1800	40	32	0.86
BRO-100-P80(ROJ Ⅰ-10)	10	97~98	4000×1000×1800	65	50	1.10
BRO-200-P80(ROJ Ⅰ-20)	20	97~98	4500×1000×1800	80	65	1.90
BRO-400-P80(ROJ Ⅰ-40)	40	97~98	6500×1600×2000	100	100	3.00
BRO-800-P80(ROJ Ⅰ-80)	80	97~98	7500×2200×2200	150	125	5.20
FSZ-Ⅰ 2-1(ROJ Ⅱ-1)	1	97	2700×500×1800	20	20	0.50
FSZ-Ⅰ 2-2(ROJ Ⅱ-2)	2	97	2700×750×1800	20	20	0.75
FSZ-Ⅰ 2-3(ROJ Ⅱ-3)	3	97	2700×1100×1800	25	25	1.50
FSZ-Ⅰ 2-4(ROJ Ⅱ-4)	4	97	2700×1100×1850	32	32	2.00
FSZ-Ⅰ 4-4(ROJ Ⅱ-4)	4	97	5000×1500×2000	32	32	2.40
FSZ-Ⅰ 4-6(ROJ Ⅱ-6)	6	97	5000×1500×2000	40	40	3.00

型号 （HJ/T 270—2006）	产水量 /(m³/h)	脱盐率 /%	外形尺寸 （长×宽×高）/mm	管直径/mm 进水管	管直径/mm 出水管	重量 /t
FSZ-Ⅰ 4-8(ROJ Ⅱ-8)	8	97	5000×1500×2000	40	40	4.00
FSZ-Ⅰ 4-10(ROJ Ⅱ-10)	10	97	5000×1500×2000	50	50	6.00
FSZ-Ⅱ 6-15(ROJ Ⅱ-15)	15	97	7750×1500×1800	50	50	8.00
FSZ-Ⅱ 6-20(ROJ Ⅱ-20)	20	97	7750×1500×2300	65	65	9.00
FSZ-Ⅱ 6-25(ROJ Ⅱ-25)	25	97	7750×1500×2300	65	65	10.00
FSZ-Ⅱ 6-30(ROJ Ⅱ-30)	30	97	7750×2240×2300	80	100	11.00
MIRO-0.3(ROJ Ⅱ-0.3)	0.3	97	1500×750×1260	20	12	
MIRO-0.5(ROJ Ⅱ-0.5)	0.5	97	1700×900×1600	20	15	
MIRO-1.0(ROJ Ⅱ-1.0)	1.0	97	1800×1000×1700	25	25	
MIRO-2.0(ROJ Ⅱ-2.0)	2.0	97	2600×1100×1700	32	32	
MIRO-3.0(ROJ Ⅱ-3.0)	3.0	97	2600×1100×2000	32	32	
MIRO-4.0(ROJ Ⅱ-4.0)	4.0	97	2600×1200×1900	40	40	
MIRO-5.0(ROJ Ⅱ-5.0)	5.0	97	2600×1200×1900	40	40	
MIRO-10(ROJ Ⅱ-10)	10	97	6000×850×1500	50	50	
MIRO-15(ROJ Ⅱ-15)	15	97	6000×900×1900	65	65	
MIRO-20(ROJ Ⅱ-20)	20	97	6000×1000×1900	65	65	
MIRO-30(ROJ Ⅱ-30)	30	97	6400×1200×2200	100	100	
MIRO-50(ROJ Ⅱ-50)	50	97	6400×1450×2500	100	100	
MIRO-60(ROJ Ⅱ-60)	60	97	6400×1600×2700	125	160	
MIRO-65(ROJ Ⅱ-65)	65	97	6400×1600×2700	125	160	

注：其他型号可以此为参考。

表 3-21 列举了中空纤维反渗透设备性能及规格。

表 3-21　中空纤维反渗透设备性能及规格

型号 （HJ/T 270—2006）	产水量 /(m³/h)	脱盐率 /%	外形尺寸 （长×宽×高）/mm	管直径/mm 进水管	管直径/mm 出水管	重量 /t
HRO-A-1000 Ⅰ(ROZ Ⅰ-1)	1	95	2050×1000×1600	32	25	0.30
HRO-A-2000 Ⅰ(ROZ Ⅰ-2)	2	95	2050×1000×1600	32	32	0.37
HRO-A-3000 Ⅰ(ROZ Ⅰ-3)	3	95	2700×1000×1700	40	32	0.50
HRO-A-5000 Ⅰ(ROZ Ⅰ-5)	5	95	3600×1100×2500	50	40	0.65
HRO-A-8000 Ⅰ(ROZ Ⅰ-8)	8	95	3900×1600×2500	50	50	0.75
HRO-A-10000 Ⅰ(ROZ Ⅰ-10)	10	95	3600×1600×2500	65	50	1.10
HRO-B-15000 Ⅰ(ROZ Ⅰ-15)	15	95	3600×2100×2500	80	65	1.50
HRO-B-20000 Ⅰ(ROZ Ⅰ-20)	20	95	3600×2500×2500	80	80	2.10

4. 反渗透膜污染与清洗

使用过程中，膜元件由于受到料液中存在的悬浮物或难溶物的污染而性能下降。膜污染是膜技术应用中面临的关键问题，决定膜的清洗周期和更换频率。对膜影响较大的污染物有：碳酸钙沉淀、硫酸钙沉淀、金属（铁、锰、铜、镍、铝等）氧化物沉淀、硅沉积物、无机或有机沉积混合物、天然有机物质（NOM）、合成有机物（如阻垢剂/分散剂、阳离子聚合电解质）、微生物（藻类、霉菌、真菌）等，反渗透膜污染特征见表 3-22。

表 3-22　反渗透膜污染特征

污染物种类	污染可能发生之处	压降	给水压力	盐透过率
金属氧化物(Fe、Mn、Cu、Ni、Zn)	最前端膜元件	迅速增加	迅速增加	迅速增加
胶体(有机和无机混合物)	最前端膜元件	逐渐增加	逐渐增加	轻度增加
矿物垢(Ca、Mg、Ba、Sr)	末端膜元件	适度增加	轻度增加	一般增加

污染物种类	污染可能发生之处	压降	给水压力	盐透过率
聚合硅沉积物	末端膜元件	一般增加	增加	一般增加
生物污染	任何位置,通常为前端膜元件	明显增加	明显增加	一般增加
有机物污染(难溶 NOM)	所有段	逐渐增加	增加	降低
阻垢剂污染	末段最严重	一般增加	增加	一般增加
氧化损坏(Cl_2、O_3、$KMnO_4$)	前段最严重	一般增加	降低	增加
水解损坏(超出 pH 值范围)	所有段	一般降低	降低	增加
磨蚀损坏(碳粉)	前段最严重	一般降低	降低	增加
O 形圈渗漏(内连接管或适配器)	无规则,通常在给水适配器处	一般降低	一般降低	增加

已受污染的膜清洗周期根据现场实际情况而定。正常的清洗周期是每 3～12 个月一次。

当膜元件仅仅是发生了轻度污染时,一般清洗膜组件即可。重度污染会因阻碍化学药剂深入渗透至污染层,需进行深度清洗。

清洗何种污染物以及如何清洗要根据现场污染情况而进行。对于几种污染同时存在的复杂情况,清洗方法是采用低 pH 值和高 pH 值的清洗液交替清洗,应先低 pH 值后高 pH 值清洗。

膜的清洗方法通常有化学清洗、物理清洗两大类,膜的清洗方法见表 3-23。

表 3-23　膜的清洗方法

方法分类		过程	备注
物理清洗法	等压清洗法	关闭超滤水阀门,打开浓缩水出口阀门,靠增大流速冲洗膜表面,该法对去除膜表面上大量松软的杂质有效	
	高纯水清洗法	由于水的纯度增高,溶解能力加强。清洗时可先利用超滤水冲去膜面上松散的污垢,然后利用纯水循环清洗	
	反向清洗法	清洗水从膜的超滤口进入并透过膜,冲向浓缩口一边,采用反向冲洗法可以有效地去除覆盖层,但反冲洗时应特别注意防止超压,避免把膜冲破或者破坏膜密封黏结面	化学清洗利用化学药剂与膜面杂质进行化学反应来达到清洗膜的目的。选择化学药品的原则: 1. 不能与膜及组件的其他材质发生任何化学反应; 2. 选用的药品避免二次污染
化学清洗法	酸溶液清洗	常用溶液有盐酸、柠檬酸、草酸等,调配溶液的 pH=2～3,利用循环清洗或者浸泡 0.5～1h 后循环清洗,对无机杂质去除效果较好	
	碱溶液清洗	常用的碱主要有 NaOH,调配溶液的 pH=10～12,利用水循环操作清洗或浸泡 0.5～1h 后循环清洗,可有效去除杂质及油脂	
	氧化性清洗剂	利用 1%～3% H_2O_2,500～1000mg/L NaClO 等水溶液清洗超滤膜,可以去除污垢,杀灭细菌。H_2O_2 和 NaClO 是常用的杀菌剂	
	加酶洗涤剂	如 0.5%～1.5%胃蛋白酶、胰蛋白酶等,对去除蛋白质、多糖、油脂类污染物质有效	

三、超滤设备

1. 超滤原理及浓差极化

（1）超滤原理

超滤基本原理如图 3-37 所示。超滤是对料液施加一定压力后,高分子物质、胶体、蛋白质等被半透膜所截留,而溶剂和低分子物质则透过膜。超滤分离机理主要包括膜表面孔径筛分机理、膜孔阻塞的阻滞面机理和膜面及膜孔对粒子的一次吸附机理。

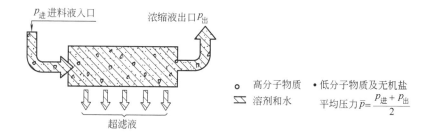

图 3-37 超滤基本原理

（2）超滤膜的浓差极化

在超滤中由于高分子的低扩散性和水的高渗透性，溶质会在膜表面积聚并形成膜面到主体溶液之间的浓度梯度，这种现象被称为膜的浓度极化。溶质在膜面的继续积聚最终将导致在膜面形成凝胶极化层，通常把此时相对的压力称为临界压力。

2. 超滤膜及超滤组件

我国主要商品化的超滤膜有二醋酸纤维素、聚砜、聚砜酰胺和聚丙烯腈。国外已经商品化的超滤膜品种还有聚氯乙烯、聚酰胺及聚丙烯类膜等。

超滤组件有管式、平板式、螺旋卷式和中空纤维式。目前超滤主要用于治理造纸污水、电泳涂漆污水、染料污水及生活污水的再生与利用。

第四节　其他相转移分离设备

一、吹脱设备

1. 基本原理

吹脱法的基本原理是气液相平衡和传质速度理论。在气液两相系统中，溶质气体在气相中的分压与该气体在液相中的浓度成正比。当该组分的气相分压低于其溶液中该组分浓度对应的气相平衡分压时，就会发生溶质组分从液相向气相的传质。传质速率取决于组分平衡分压和气相分压的差值。气液相平衡关系与传质速率随物系、温度和两相接触状况而异。对特定的物系，通过升高水温，使用新鲜空气或负压操作，增大气液接触面积和时间，减小传质阻力，可以达到降低水中溶质浓度、增大传质速率的目的。

2. 吹脱设备

吹脱设备一般包括吹脱池（也称曝气池）和吹脱塔。

（1）吹脱池

依靠池面液体与空气自然接触而脱除溶解气体的吹脱池称自然吹脱池，它适用于溶解气体极易挥发、水温较高、风速较大、有开阔地段和不产生二次污染的场合。此类吹脱池也可兼做贮水池。为强化吹脱过程，通常向池内鼓入空气或在池面以上安装喷水管，构成强化吹脱池。图 3-38 为折流式吹脱池。

（2）吹脱塔

为提高吹脱效率，回收有用气体，防止二次污染，常采用填料塔、板式塔等高效气液分离设备。吹脱塔流程见图 3-39。

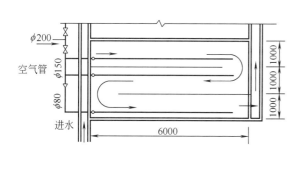

图 3-38 折流式吹脱池

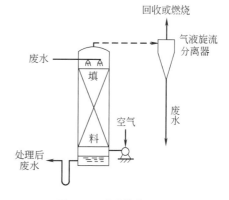

图 3-39 吹脱塔流程示意

填料塔结构示意图如图 3-40 所示。填料塔的主要特征是在塔内装有一定高度的填料层，污水从塔顶喷下，沿填料表面呈薄膜状向下流动。空气由塔底鼓入，呈连续相自下而上同污水逆流接触。塔内气相和液相组成沿塔高连续变化。

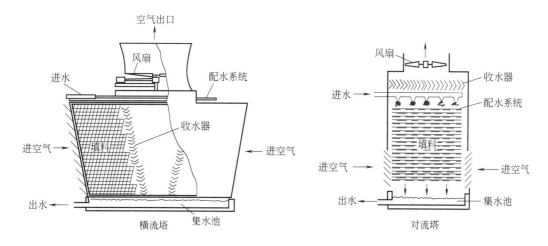

图 3-40 填料塔结构示意

板式塔的主要特征是在塔内装有一定数量的塔板。污水水平流过塔板，经降液管流入下一层塔板。空气以鼓泡或喷射方式穿过板上水层，相互接触传质。塔内气相和液相组成沿塔高呈阶梯变化。

3. 吹脱的影响因素

影响吹脱效果的主要因素有以下几个。

（1）温度

在一定压力下，气体在水中的溶解度随温度升高而降低，因此，升温对吹脱有利。

（2）气水比

空气量过小，气液两相接触不够；空气量过大，不仅不经济，还会发生液汽，使污水被气流带走，破坏操作。为使传质效率较高，工程上采用液气时的常用极限气水比的 80％ 作为设计比。

（3）pH 值

在不同 pH 值条件下，气体的存在状态不同。因为只有以游离的气体形式才能被吹脱。如含 S^{2-} 和 CN^- 的污水应在酸性条件下被吹脱。

二、汽提设备

1. 汽提原理

汽提技术属于气液传质，即泡沫分离现象。该法是根据表面吸附的原理，向溶液鼓泡并形成泡沫层，由于表面活性物质聚集在泡沫层内，故将此泡沫层与液相主体分离，就可以达到浓缩表面活性物质或净化液相主体的目的。

汽提法用以脱除污水中的挥发性溶解物质，如挥发酚、甲醛、硫化氢和氨等。其实质是污水与水蒸气直接接触，使其中的挥发性物质按一定比例扩散到气相中去，从而达到从污水中分离污染物的目的。

2. 汽提设备

常用的汽提设备有填料塔、筛板塔、泡罩塔、浮阀塔等。炼油厂的含硫污水中含有大量 H_2S、NH_3，一般先用汽提处理，典型处理流程如图 3-41 所示。另外含酚污水也可用汽提法脱除。

（1）泡沫分离设备

泡沫分离单元主要由泡沫塔和消泡器组成，气体（空气、氧气或氨气）通过分配器

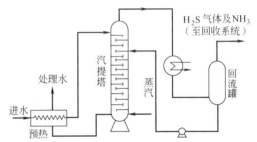

图 3-41　蒸汽单塔汽提法流程

进入泡沫塔的液层中，产生泡沫。泡沫上升到液层上方并形成泡沫层，在塔顶部泡沫被排出，并进入消泡器破沫。鼓泡分离装置基本流程如图 3-42 所示。

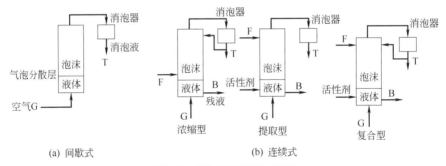

(a) 间歇式　　　　　　　　　　(b) 连续式

图 3-42　鼓泡分离装置基本流程

G—气体（空气、氧气或氨气）；T—消泡液；F—废水；B—残液

装置的基本流程可分为间歇式和连续式两种。间歇设备中气体从塔底不断鼓入并在塔内产生泡沫，在塔的下部可适当补充一些表面活性剂，残液间断地从塔底排出；间歇式操作可用于溶液的净化和有用组分的回收。连续式泡沫分离流程可以分为浓缩塔、提取塔和复合塔。

（2）汽提塔

汽提通常都在封闭的塔内进行，重要的汽提塔有两大类：填料塔和板式塔。本书重点介绍各种板式塔。

板式塔是一种传质效率比填料塔更高的设备，这种塔的关键部件是塔板。根据塔板结构的不同，又可分为泡罩塔、浮阀塔、筛板塔、舌形塔和浮动喷射塔等，其中前三种应用较广。

1）泡罩塔

泡罩塔的特点是操作稳定、弹性大、塔板效率高、能避免脏污和阻塞；缺点是气流阻力大、板面液流落差大、布气不均匀、泡罩结构复杂、造价高等。泡罩塔的塔板结构示意图见图 3-43。

2）浮阀塔

浮阀塔是一种高效传质设备，由于生产能力高、构造简单、造价低、塔板效率高、操作弹性大等优点而得到广泛应用。浮阀塔的塔板结构示意图见图 3-44。

3）筛板塔

筛板塔的优点是结构简单、制造方便、成本低；造价约为泡罩塔的 60%，为浮阀塔的 80% 左右。此外，筛板塔压降小，处理量比泡罩塔大 20% 左右，板效率高 15% 左右。其主要缺点是操作弹性小，筛孔容易阻塞。

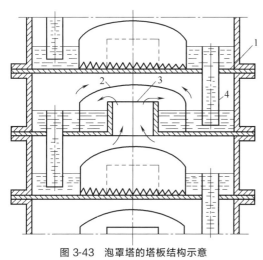

图 3-43　泡罩塔的塔板结构示意

1—塔板；2—泡罩；3—蒸汽通道；4—降液管

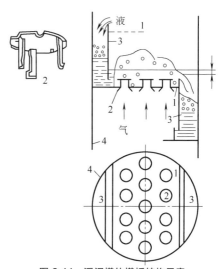

图 3-44　浮阀塔的塔板结构示意

1—塔板；2—浮阀；3—降液管；4—塔体

三、萃取设备

1. 萃取原理

萃取过程原理示意图如图 3-45 所示。向污水中投加一种与水互不相溶，但能良好溶解污染物的溶剂（萃取剂），由于污染物在该溶剂中的溶解度大于在水中的溶解度，因而大部分污染物转到溶剂相。然后分离污水和溶剂，可使污水得到净化。将溶剂与其他污染物分离，可使溶剂再生，分离的污染物也可回收利用。

萃取过程的推动力是实际浓度与平衡浓度之差。提高萃取速度和设备生产能力的主要途径有：增大两相接触面积；增大传质系数；增大传质推动力。

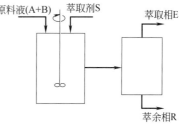

图 3-45　萃取过程原理示意

萃取法目前仅适用于为数不多的几种有机污水和个别重金属污水的处理。

2. 萃取剂

萃取的效果和所需的费用主要取决于所用的萃取剂。选择萃取剂主要考虑：萃取能力大；分离性能好；化学稳定性好；易获取，价格便宜；容易再生和回收溶质。

3. 萃取工艺设备

萃取工艺包括混合、分离和回收三个主要工序。废水处理中的萃取工艺过程示意图如图 3-46 所示。

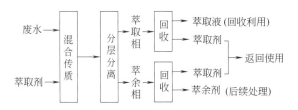

图 3-46 萃取工艺过程示意

根据萃取剂与污水的接触方式不同，萃取操作有间歇式和连续式两种。目前在污水处理中常用的连续逆流萃取设备有填料塔、筛板塔、喷淋塔、外加能量的脉冲塔、转盘塔和离心萃取机等。常规萃取设备类型见表 3-24 所示。

表 3-24 常规萃取设备类型

产生逆流的方式	相分散的方法	间歇接触设备	连续接触设备
重力	重力	筛板塔	喷淋塔、填料塔、挡板塔
	旋转搅拌	逐级混合澄清槽、立式混合澄清槽、偏心转盘塔（ARDC）	转盘塔（RDC）、带搅拌的填料萃取塔（Schei-bel 萃取塔）、带搅拌的挡板萃取塔（Oldshue-Rushton 萃取塔）、带搅拌的多孔板萃取塔（Ku-hni 萃取塔）、淋雨桶式萃取器
	往复搅拌		往复筛板塔
	机械振动		振动筛板塔（Karr 萃取塔）、带溢流口的振动筛板塔、反向振动筛板塔
	脉冲	空气脉冲混合澄清槽	脉冲填料塔、脉冲筛板塔、控制循环脉冲筛板塔
	其他		静态混合器、超声波萃取器、管道萃取器、参数泵萃取器
离心力	离心力	圆桶式单级离心萃取机、LX-168N 型多级离心萃取机	波德（POD）式离心萃取器

（1）往复叶片式脉冲筛板塔

往复叶片式脉冲筛板塔分为三段（见图 3-47）。污水与萃取剂在塔中逆流接触。在萃取段内有一纵轴，轴上装有若干块钻有圆孔的圆盘形筛板，纵轴由塔顶的偏心轮装置带动，做上下往复运动。既强化了传质，又防止了返混，上下两分离段断面较大，轻重两液相靠密度差在此段平稳分层，轻液（萃取相）由塔顶流出，重液（萃余相）则从塔底经倒 U 型管流出，倒 U 型管上部与塔顶部相连，以维持塔内一定的液面。

筛板脉动强度是影响萃取效率的主要因素，其值等于脉动幅度和频率的乘积的两倍。脉动强度太小，两相混合不良；脉动强度太大，易造成乳化。根据试验，脉动幅度以 4～8mm，频率 125～500 次/min 为宜，这样可获得 3000～5000mm/min 的脉动强度。筛板间距一般采用 150～600mm，筛孔 5～15mm，开孔率 10%～25%，筛板与塔壁的间距 5～10mm。筛板数、塔径、塔高多根据试验或生产实践资料选定。筛板一般为 15～20 块，由筛板数和板间距可推算萃取段高度。萃取段塔径取决于空塔流速。

（2）转盘萃取塔

转盘萃取塔在中部萃取段的塔壁安装有一组等间距的固定环形挡板（见图 3-48），构成多个萃取单元。在每一对环形挡板中间位置，均有一块固定在中心旋转轴上的圆盘。污水和萃取剂分别从塔的上、下部切线引入，逆流接触，在圆盘的转动作用下，液体被剪切分散，其液滴的大小同圆盘直径与转速有关，调整转速，可以得到最佳的萃取条件。为了消除旋转液流对上下分离段的扰动，在萃取段两端各设一个流动格子板。

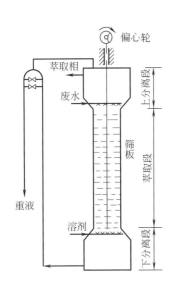

图 3-47　往复叶片式筛板萃取塔

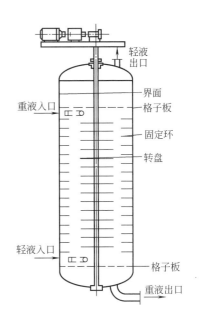

图 3-48　转盘萃取塔

转盘萃取塔的主要效率参数为：塔径与盘径之比为 1.3～1.6；塔径与环形板内径之比为 1.3～1.6；塔壁与盘间距为 2～8mm。

（3）离心萃取机

离心萃取机的外形为圆形卧式转鼓（见图 3-49），转鼓有许多层同心圆筒，每层都有许多孔口相通，轻液由外层的同心圆筒进入，重液由内层的同心圆筒进入。转鼓高速旋转（1500～5000r/min）产生离心力，使重液由里向外、轻液由外向里流动，进行连续的逆流接触，最后由上层排出萃取相。萃取剂的再生（反萃）也同样可用离心萃取机完成。

离心萃取机的优点是效率高、体积小，特别适用于液体的密度差很小，易产生乳化的液-液萃取。缺点是结构复杂，制造困难，电耗大。

（4）喷淋塔

喷淋塔又称喷洒塔，是最简单的萃取塔，轻、重两相分别从塔的底部和顶部进入。

喷淋塔示意图如图 3-50 所示。图 3-50

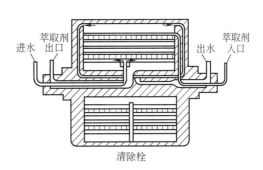

图 3-49　离心萃取机

（a）是以重相为分散相，则重相经塔顶的分布装置分散为液滴进入连续相，在下流过程中与轻相接触进行传质，降至塔底分离段处凝聚形成重液层排出装置。连续相即轻相，由下部进入，上升到塔顶，与重相分离后由塔顶排出。图 3-50（b）是以轻相为分散相，则轻相经塔底的分布装置分散为液滴进入连续相，在上升中与重相接触进行传质，轻相升至塔顶分离段处凝聚形成轻液层排出装置。连续相即重相，由上部进入，沿轴向下流与轻相液滴接触，至塔底与轻相分离后排出。

喷淋塔的优点是结构简单，塔体内除液体分布装置外，别无其他内部构件。缺点是轴向返混严重，传质效率较低，适用于仅需一二个理论级，容易萃取的物系和分离要求不高的场合。

（5）填料萃取塔

结构与气-液体传质所用的填料塔基本相同。填料萃取塔示意图如图 3-51 所示。塔内装有适宜的填料，轻相由底部进入，顶部排出；重相由顶部进入，底部排出。萃取操作时，连续相充满整个塔中，分散相由分布器分散成液滴进入填料层，在与连续相逆流接触中进行传质。

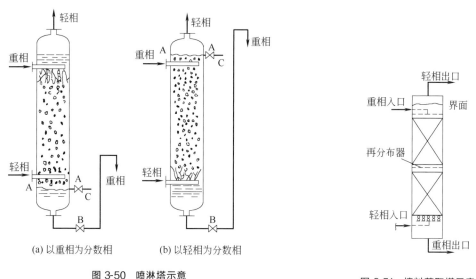

(a) 以重相为分数相　　(b) 以轻相为分数相

图 3-50　喷淋塔示意
A—分离界面；B—重相出口阀；C—轻相排放阀

图 3-51　填料萃取塔示意

填料层的作用除可以使液滴不断发生凝聚与再分散，以促进液滴的表面更新之外，还可以减少轴向返混。常用的填料有拉西环和弧鞍填料。

填料萃取塔结构简单，操作方便，适用于处理腐蚀性料液。缺点是传质效率低，不适用于处理有固体悬浮物的料液。一般用于所需理论级数较少（如 3 个萃取理论级）的场合。

萃取设备的计算主要是确定塔径和塔高。塔径取决于操作流速。对脉冲塔、转盘塔等首先根据经验确定液泛速度，再取液泛速度的 $40\%\sim70\%$ 作为设计操作流速。塔高的计算实质上是一个传质问题。可求得设计用的传质单元高度和传质单元数，两者相乘得到塔高。

四、蒸发设备

1. 蒸发原理

蒸发处理污水的实质是加热污水，使水分子大量汽化，得到浓缩液以便进一步回收利用，水蒸气冷凝后，可获得纯水。

2. 蒸发设备

(1) 列管式蒸发器

列管式蒸发器由加热室和蒸发室构成。根据污水循环流动时作用水头的不同，分为自然循环式和强制循环式两种。图 3-52 为自然循环竖管式蒸发器。

加热室内有一组直立加热管（公称直径 $D_g25\sim75mm$，长 $0.6\sim2m$），管内为污水，管外为加热蒸汽，加热室中央有一根很粗的循环管，截面积为加热束截面积的 $40\%\sim100\%$，经加热沸腾的水汽混合液上升到蒸发室后便进行水汽分离。蒸汽经捕沫器截留液滴，从蒸发室的顶部引出。污水则沿中央循环管下降，再流入加热管，不断沸腾蒸发。待达到要求的浓度后，从底部排出。为了加大循环速度，提高传热系数，可将蒸发室的液体抽出再用泵送入加热室，构成强制循环蒸发器。因管内强制流速较大，对水垢有一定的冲刷作用，故该蒸发器适用于蒸发结垢性污水，但能耗较大。

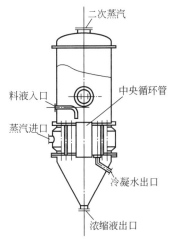

图 3-52 自然循环竖管式蒸发器

自然循环竖管式蒸发器的优点是构造简单，传热面积较大，清洗维修较方便。缺点是循环速度小，生产率低，适用于处理黏度较大及易结垢的污水。图 3-53 为强制循环横管式蒸发器结构。

(2) 薄膜蒸发器

薄膜蒸发器有长管式、旋流式和旋片式三种类型。其特点是污水仅通过加热管一次，不进行循环，污水在加热管壁上形成一层很薄的水膜。蒸发速度快，传热效率高。薄膜蒸发器适用于热敏性物料蒸发，处理黏度较大、易产生泡沫污水的效果也较好。图 3-54 为单程长管式薄膜蒸发器结构。

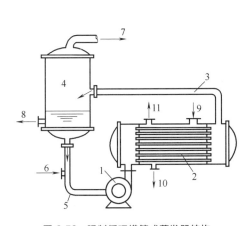

图 3-53 强制循环横管式蒸发器结构

1—循环泵；2—加热室；3—导管；4—蒸发室；
5—循环室；6—废水入口；7—二次蒸气；8—浓缩液；
9—加热蒸气；10—冷凝水；11—排气

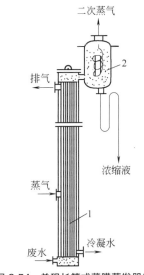

图 3-54 单程长管式薄膜蒸发器结构

1—长管；2—气水分离室

长管式薄膜蒸发器按水流方向可分为升膜、降膜和升降膜三种。加热室有一组 5～8m 长的加热管，污水由管端进入，沿管道汽化，然后进入分离室，分离二次蒸汽和浓缩液。

旋流式薄膜蒸发器构造与旋风分离器类似。污水从顶部的 4 个入口沿切线方向流入，由于速度较高，离心力很大，因而形成均匀的螺旋形薄膜，紧贴器壁流下。在内壁外层蒸汽夹套的加热下，液膜迅速沸腾汽化。蒸发液由锥底排出，二次蒸汽由顶部中心管排出。其特点是结构简单，传热效率高，蒸发速度快，适用于蒸发结晶，但因传热面积小，设备生产能力不大。

（3）浸没燃烧蒸发器

浸没燃烧蒸发器是热气与污水直接接触式蒸发器，以高温烟气为热源，其构造见图 3-55。

燃料（煤气或油）在燃料室中燃烧产生的高温烟气（约 1200℃）从浸没于污水中的喷嘴喷出，加热和搅拌污水，二次蒸汽和燃烧尾气由器顶废气出口排出，浓缩液由器底用空气喷射泵抽出。浸没燃烧蒸发器结构简单，传热效率高，适用于蒸发强腐蚀性和易结垢的废液，但不适于热敏性物料和不能被烟气污染的物料蒸发。

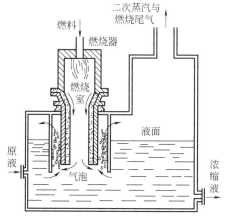

图 3-55　浸没燃烧蒸发器构造

五、结晶设备

1. 结晶原理

结晶法用以分离污水中具有结晶性能的固体溶质。其实质是通过蒸发浓缩或冷却，使溶液达到过饱和，让多余的溶质结晶析出，加以回收利用。

2. 结晶的方法及设备

结晶的方法主要分两大类：移除一部分溶剂的结晶和不移除溶剂的结晶。在第一类方法中，溶液的过饱和状态可通过溶剂在沸点时的蒸发或低于沸点时的汽化而获得，适用于溶解度随温度降低而变化不大的物质结晶，如 NaCl、KBr 等。结晶器有蒸发式、真空蒸发式和汽化式等。在第二类方法中，溶液的过饱和状态用冷却的方法获得，适用于溶解度随温度的降低而显著降低的物质结晶，如 KNO_3 等。结晶器主要有水冷却式和冰冻盐水冷却式。此外，按照操作情况结晶还有间歇式和连续式、搅拌式和不搅拌式。

1）结晶槽

结晶槽是汽化式结晶器中最简单的一种，由一敞槽构成。由于溶剂汽化，槽中溶液得以冷却、浓缩而达到饱和。在结晶中，对结晶过程一般不加任何控制，因结晶时间较长，所以晶体较大，但由于包含母液，以致影响产品纯度。

2）蒸发结晶器

各种用于浓缩晶体溶液的蒸发器，称为蒸发结晶器。蒸发结晶器的构造及操作与一般的蒸发器完全一样，有时也先在蒸发器中使溶液浓缩，而后将浓缩液倾注于另一蒸发器中，以完成结晶过程。

3）真空结晶器

真空结晶器可以间歇操作，也可以连续操作。真空的产生和维持一般利用蒸汽喷射泵实现。图 3-56 为连续式真空结晶器。

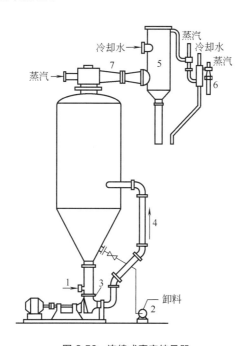

图 3-56　连续式真空结晶器
1—进料口；2、3—泵；4—循环管；5—冷凝器；
6—双级式蒸汽喷射泵；7—蒸汽喷射泵

溶液自进料口连续加入，晶体与一部分母液用泵连续排出。泵 3 迫使溶液沿循环管循环，促使溶液均匀混合，以维持有利的结晶条件。蒸发后的水蒸气自器顶逸出，至冷凝器用水冷凝。双级式蒸发喷射泵的作用在于保持结晶处于真空状态。真空结晶器中的操作温度都很低，若所使用的溶剂蒸汽不能在冷凝器中冷凝，则可在装置外部冷凝，蒸汽喷射泵将溶剂蒸汽压缩，以提高其冷凝温度。

连续式真空结晶器可采用多级操作，将几个结晶器串联，在每一器中保持不同的真空度和温度，其操作原理与多效蒸发相同。真空结晶器构造简单，制造时使用耐腐蚀材料，可用于含腐蚀性物质的污水处理，生产能力大，操作控制容易。缺点是操作费用和能耗较大。

第四章

生化法污水处理设备

污水的生化处理就是利用自然界广泛存在，以有机物为营养物质的微生物来氧化分解污水中处于溶解状态和胶体状态的有机物，并将其转化为无机物。生化法污水处理设备就是能够提供有利于微生物生长、繁殖的环境，使微生物大量增殖，以提高微生物氧化、分解有机物能力的设备，可以分为反应设备和附属设备两大类，反应设备为微生物提供生长环境，以保证适当的温度、水流状态等；附属设备为保证前者正常运行提供所需各种条件，如曝气设备、搅拌设备、加热设备等。

按微生物的代谢形式，生化法可分为好氧法和厌氧法两大类；按微生物的生长方式可分为悬浮生物法和生物膜法。如表 4-1 所列。

表 4-1　生化法污水处理技术分类

技 术 分 类		主 要 工 艺
好氧处理	悬浮生物法	活性污泥法及其改进法、氧化塘、氧化沟
	生物膜法	生物滤池、生物转盘、接触氧化法、好氧生物流化床
厌氧处理	悬浮生物法	厌氧消化池、上流式厌氧污泥床
	生物膜法	厌氧滤池、厌氧流化床

第一节　活性污泥法污水处理设备

活性污泥法是当前应用最为广泛的一种生物处理技术。活性污泥就是生物絮凝体上面栖息、生活着大量的好氧微生物，这种微生物在氧分充足的环境下，以溶解型有机物为食料获得能量，不断生长，从而使污水中的有机物减少，使污水得到净化。该方法主要用来处理低浓度的有机污水，主要设备为反应装置和提供氧气的曝气设备。

一、活性污泥法基本原理

1. 活性污泥法的基本流程

传统的活性污泥法由初沉池、曝气池、二次沉淀池、供氧装置以及回流设备等组成，基本流程如图 4-1 所示。

由初沉池流出的污水与从二沉池底部流出的回流污泥混合后进入曝气池，并在曝气池充分曝气产生两个效果：

① 活性污泥处于悬浮状态，使污水和活性污泥充分接触；

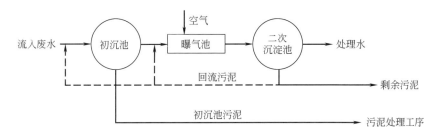

图 4-1 活性污泥法基本流程

② 保持曝气池好氧条件，保证好氧微生物的正常生长和繁殖。

污水中的可溶性有机物在曝气池内被活性污泥吸附、吸收和氧化分解，使污水得到净化。二次沉淀的作用有两个：

① 将活性污泥与已被净化的水分离；

② 浓缩活性污泥，使其以较高的浓度回流到曝气池。二沉池的污泥也可以部分回流至初沉池，以提高初沉效果。

活性污泥系统有效运行的基本条件是：

① 污水中含有足够的可溶性易降解的有机物，这些有机物是作为微生物生理活动必需的营养物质；

② 混合液含有足够的溶解氧；

③ 活性污泥在池内呈悬浮状态，能够充分与污水相接触；

④ 活性污泥能连续回流，系统能及时排除剩余污泥，这样能使混合液的活性污泥保持一定浓度；

⑤ 没有对微生物有毒害作用的物质进入。

2. 活性污泥的性能及其评价指标

（1）活性污泥的组成

活性污泥由四部分物质组成：

① 具有活性的微生物群体（Ma）；

② 微生物自身氧化的残留物质（Me）；

③ 原污水挟入的不能为微生物降解的惰性有机物质（Mi）；

④ 原污水挟入的无机物质（Mii）。

（2）活性污泥评价指标

活性污泥法的关键在于有足够数量和性能良好的活性污泥，其数量可以用污泥浓度表示。

1）混合液悬浮固体浓度（MLSS）

混合液悬浮固体浓度又称混合液固体浓度，表示混合液中活性污泥的浓度，在单位体积混合液内所含有的活性污泥固体物的总质量，即

$$MLSS = Ma + Me + Mi + Mii \tag{4-1}$$

2）混合液挥发性悬浮固体浓度（MLVSS）

混合液挥发性悬浮固体浓度表示活性污泥中有机性固体物质的浓度，即

$$MLVSS = Ma + Me + Mi \tag{4-2}$$

在一定条件下，MLVSS/MLSS 值较稳定，城市污水的活性污泥浓度在 0.75～0.85 之间。

活性污泥的性能主要表现为沉淀性和絮凝性，活性污泥的沉降经历絮凝沉淀、成层沉淀，并进入压缩过程。性能良好具有一定浓度的活性污泥在 30min 内即可完成絮凝沉淀和成层沉淀过程，为此建立了以活性污泥静置 30min 为基础的指标来表示其沉降-浓缩性能。

3）污泥沉降比（SV）

混合液在量筒内静置 30min 后所形成沉淀污泥的容积占原混合液容积的百分率。

SV 能够相对地反映污泥浓度和污泥的絮凝、沉降性能，其测量方法简单，可用以控制污泥的排放量和早期膨胀，城市污水的活性污泥 SV 在 20％～30％之间。

4）污泥体积指数（污泥指数，SVI）

在曝气池出口处混合液经 30min 静置后，每克干污泥所形成的沉淀污泥所占的容积，以 mL 计。SVI 单位为 mL/g，其计算公式为

$$\text{SVI} = \frac{混合液30min 静沉后污泥体积(mL/L)}{混合液污泥干重(g/L)} = \frac{\text{SV}\% \times 1000}{\text{MLSS}(g/L)} (mL/g) \tag{4-3}$$

SVI 值能够更好地评价活性污泥的絮凝性能和沉降性能，其值过低，说明泥粒细小、密实，无机成分多；其值过高，表明沉降性能不好，将要或已经发生污泥膨胀现象。城市污水的活性污泥 SVI 值在 50～150mL/g 之间。

5）污泥龄

活性污泥在曝气池内的平均停留时间，即曝气池内活性污泥的总量与每日排放污泥量之比。污泥龄是活性污泥系统设计与运行管理的重要参数，能够直接影响曝气池内活性污泥的性能与功能。

3. 活性污泥微生物的增长规律

活性污泥微生物增殖是活性污泥反应、有机底物降解的必然结果。活性污泥微生物是多菌种混合群体，其增殖规律比较复杂。时间证明，活性污泥的能量含量，即营养物或有机底物量（F）与微生物量（M）的比值（F/M）是活性污泥微生物增厚、增殖的重要影响因素，F/M 也是有机底物降解速率、氧利用速率、活性污泥的絮凝和吸附性能的重要影响因素。

活性污泥微生物增殖分适应期、对数增殖期、减衰增殖期和内源呼吸期，各增殖期特点比较如表 4-2 所列。

表 4-2 活性污泥微生物各增殖期特点比较

增 殖 期	F/M	微生物变化情况	活性污泥性能
适应期		适应新环境,有量的增殖,质的变化	
对数增殖期	>2.2	将以最高速率增殖	活动能力强,沉淀性能差
减衰增殖期	变小	生长速率减慢	絮凝体开始形成、凝聚、吸附以及沉淀性能提高
内源呼吸期	最低	开始分解、代谢微生物本身	数量减少,絮凝、吸附沉淀性能好,处理水质好

由表 4-2 可知，活性污泥微生物增殖期主要由 F/M 值控制。处于不同增殖期的活性污泥，其性能不同，处理水质也不同，在运用活性污泥法处理污水时，应从工艺上来调整 F/M 值，利用各增殖期的特点来分解有机物。一般来讲，活性污泥是利用由减衰增殖期到内源呼吸期之间的微生物来处理污水。

4. 活性污泥法的影响因素

活性污泥法污水处理设备就是要创造有利于微生物生理活动的环境条件，充分发挥活性

污泥微生物的代谢功能，必须充分考虑影响活性污泥活性的环境因素，主要包括以下几点。

（1）有机物负荷

有机物负荷也称 BOD 负荷率，通常有两种表示方法。

1）污泥负荷 F_w

每千克活性污泥每日所承担的有机物（BOD_5）的千克数，即

$$F_w = \frac{QL_j}{N_w V} [kgBOD_5/(kgMLSS \cdot d)] \tag{4-4}$$

式中　Q——曝气池的设计流量，m^3/s，采用最高日平均流量；

　　　L_j——曝气池进水有机物（BOD_5）浓度，mg/L；

　　　N_w——曝气池混合液污泥（MLSS）浓度，mg/L；

　　　V——曝气池有效容积，m^3。

2）容积负荷 F_r

每立方米曝气池每日所承担的有机物（BOD_5）的千克数，即

$$F_r = \frac{QL_j}{V} [kgBOD_5/(m^3 \cdot d)] \tag{4-5}$$

污泥负荷是影响活性污泥增长、有机物降解、污泥沉淀性能以及需氧量的重要因素，也是进行工艺设计的主要参数。一般活性污泥法的负荷控制在 $0.3kgBOD_5/(kgMLSS \cdot d)$ 左右；延时曝气法时最低可到 $0.05 \sim 0.1kgBOD_5/(kgMLSS \cdot d)$ 左右；高负荷活性污泥法时最高可达 $2kgBOD_5/(kgMLSS \cdot d)$ 左右。

污泥膨胀与污泥负荷有重要关系，图 4-2 是城市污水活性污泥系统污泥负荷与 SVI 的关系曲线。

从图 4-2 中可以看出，在低负荷和高负荷都不会出现污泥膨胀，而在 $1.0kgBOD_5/(kgMLSS \cdot d)$ 左右的中间负荷时 SVI 值很高，属于污泥膨胀区，因此在设计和运行上要避免采用这一区域的负荷值。

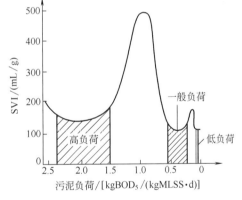

图 4-2　城市污水污泥负荷与 SVI 关系曲线

（2）水温

活性污泥微生物的生长活动与周围的温度密切相关，微生物酶系统酶促反应的最佳温度范围是 $20 \sim 30℃$ 之间，水温上升有利于混合、搅拌、沉淀等物理过程，但不利于氧的传递，一般将活性污泥反应过程的最高和最低温度分别控制在 $35℃$ 和 $10℃$。

（3）溶解氧

活性污泥微生物都是好氧菌，溶解氧与有机物降解速率和微生物的增长密切相关，工程中将曝气池出口处的溶解氧浓度控制在 2mg/L 以上。

（4）pH 值

活性污泥微生物最适宜的 pH 值范围是 $6.5 \sim 8.5$。活性污泥处理系统对酸碱度具有一定的缓冲作用，在活性污泥的培养、驯化过程中，pH 值可以在一定范围内逐渐适应；在运行过程中，pH 值急剧变化的冲击负荷，则将严重损害活性污泥，使得净化效果急剧恶化。

（5）营养物平衡

为了使活性污泥反应正常进行，就必须使污水中微生物的基本元素：碳、氮、磷达到一定浓度，并保持一定的平衡关系，对于活性污泥微生物来讲，污水中营养物质的平衡一般以 BOD_5：N：P 的关系来表示，生活污水的 BOD_5：N：P＝100：5：1，此时污水含有的营养物质比例比较合适，一般设计中也尽量满足该比例。

　　(6) 有毒物质

　　大多数的化学物质都可能对微生物生理功能有毒害作用，有毒物质大致包括重金属、硫化物等无机物质和氰、酚等有机物质，它们对细菌的毒害作用是破坏细胞某些必要的物理结构或抑制细菌的代谢过程，它们的破坏程度取决于其在污水中的浓度。

二、活性污泥法工艺类型

　　活性污泥法已有近百年的历史，其工艺经历了不断的改进、革新和发展，在传统活性污泥工艺的基础上，出现了渐减曝气、阶段曝气、吸附-再生、完全混合、延时曝气、高负荷、纯氧曝气、深井曝气、浅层曝气、氧化沟、SBR、AB 等众多的活性污泥法工艺，以及活性污泥与生物膜相结合的多孔悬浮载体活性污泥工艺、活性污泥法与膜分离法相结合的膜生物反应器工艺等。本书主要介绍传统推流、完全混合、吸附-再生、氧化沟、SBR、AB、多孔悬浮载体活性污泥工艺和膜生物反应器工艺等几种活性污泥法工艺。

1. 传统活性污泥法工艺

　　传统活性污泥法又称普通活性污泥法，是活性污泥法最早的运行方式，曝气池呈长方廊道形，一般用 3～5 个廊道，在池底均匀铺设空气扩散器，其工艺流程见图 4-3。

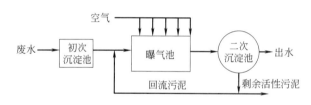

图 4-3　传统活性污泥法工艺流程

　　污水和回流污泥在曝气池首端进入，在池内呈推流形式流动至池的尾端，在此过程中，污水中的有机物被活性污泥微生物吸附，并在曝气过程中被逐步转化，从而得以降解。

　　传统活性污泥法具有净化效率高（BOD_5 去除率可达 90% 以上）、出水水质好、污泥沉降性好、不易发生污泥膨胀等优点，但存在以下缺点：

　　① 曝气池首端有机负荷高，为了避免曝气池首端出现因缺氧造成的厌氧状态，进水 BOD 负荷不宜过高，因此曝气池容积大、占地多、基建费用高；

　　② 抗冲击负荷能力差，处理效果易受水质、水量变化的影响；

　　③ 供氧与需氧不平衡，此为传统法的主要缺点。

　　传统法需氧与供氧特征如图 4-4 所示。曝气池中需氧速率沿池长由大到小变化，而供氧速率不变，若按池尾需氧要求均匀曝气，则会产生池首缺氧问题；若按池首需氧要求均匀曝气，必然产生池后段供氧浪费问题。为了使供氧与需氧尽可能相匹配，可采取沿池长渐减曝气和阶段曝气，由此产生了渐减曝气活性污泥法工艺和阶段曝气活性污泥法工艺。渐减曝气法通过改变传统法曝气池底扩散器的铺设方式，使供氧速率如需氧速率一样沿池长逐步递减变化。渐减曝气法供氧与需氧特征见图 4-5。

　　阶段曝气法工艺流程见图 4-6。阶段曝气法将传统法的单点进水改为多点进水，而曝气方式不变，使原来由曝气池首端承担的较高有机负荷沿池长均匀承担，从而缩小了供氧速率与需氧速率的差距。阶段曝气法需氧与供氧特征见图 4-7。

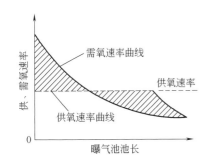

图 4-4 传统法需氧与供氧特征

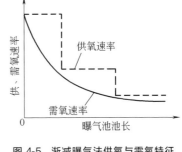

图 4-5 渐减曝气法供氧与需氧特征

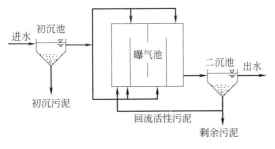

图 4-6 阶段曝气法工艺流程

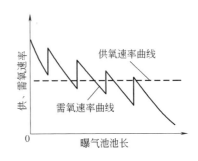

图 4-7 阶段曝气法需氧与供氧特征

2. 完全混合活性污泥法工艺

在阶段曝气法基础上，进一步增加进水点数的同时增加回流污泥的入流点数，即形成如图 4-8 所示的完全混合活性污泥法工艺流程。

污水与回流污泥进入曝气池即与池内混合液充分混合，传统法曝气池中混合液不均匀的状况被改变，池内需氧均匀，因此，完全混合活性污泥法动力消耗低、耐冲击负荷能力强，但有机物降解动力低，因而出水水质一般低于传统法，且活性污泥易产生膨胀现象。

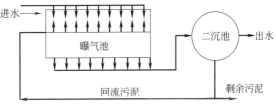

图 4-8 完全混合活性污泥法工艺流程

3. 吸附-再生活性污泥法工艺

吸附-再生活性污泥法又称接触稳定法或生物吸附活性污泥法，其主要特点是活性污泥对有机物降解的两个过程——吸附与代谢稳定分别在各自的反应器内进行。

图 4-9 为吸附-再生活性污泥法的工艺流程，其中图 4-9（a）为分建式，即吸附池与再生池分建式，图 4-9（b）为合建式，即吸附池与再生池合建式。

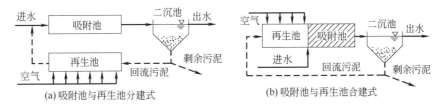

(a) 吸附池与再生池分建式　　　　(b) 吸附池与再生池合建式

图 4-9 吸附-再生活性污泥法工艺流程

污水与经过再生的活性污泥一起进入吸附池，约 70％的 BOD$_5$ 可通过吸附作用得以去除，混合液从吸附池进入二沉池进行泥水分离，回流的活性污泥先进入再生池再生，恢复活性后再回到吸附池进行下一轮吸附，剩余污泥不经曝气直接排出系统。

吸附-再生活性污泥法主要利用活性污泥的初期吸附作用去除有机物，此过程非常快，所需时间短，因此吸附池容积小；活性污泥易吸附悬浮态和胶体态有机物，故污水不需经初沉池预处理；再生池只对部分污泥（回流部分）曝气再生，因此曝气费用少，且再生池容积小，对于相同的处理规模，吸附池和再生池总容积比传统法曝气池容积小得多；但由于受活性污泥吸附能力和吸附特性的限制，吸附再生法的处理效果低于传统法，而且不宜处理溶解性有机污染物含量高的污水。

4. 吸附-生物降解工艺

吸附-生物降解工艺（adsorption-biodegration process）简称 AB 法或 AB 工艺，其工艺流程如图 4-10 所示。

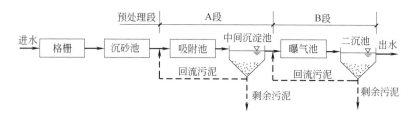

图 4-10　AB 法污水处理工艺流程

整个系统由预处理段、A 段、B 段三部分组成，预处理段只设格栅、沉砂池等简易处理设施，不设初沉池。A 段和 B 段是两个串联的活性污泥系统，A 段为吸附段，由吸附池和中间沉淀池组成，主要用于污染物的吸附去除，其污泥负荷达 2.0～6.0kg(BOD$_5$)/(kgMLSS·d)，为传统法的 10～20 倍，泥龄短（0.3～0.5d），水力停留时间短（约30min），A 段的活性污泥全部是繁殖快、世代时间短的细菌，通过控制溶解氧含量，可使其以好氧或缺氧方式生活；B 段为生物氧化段，由曝气池和二沉池组成，与传统法相似，主要用于氧化降解有机物，在低负荷下运行，污泥负荷为 0.15～0.3kg(BOD$_5$)/(kgMLSS·d)，水力停留时间较长（2～6h），泥龄较长（15～20d）；A 段与 B 段各自拥有独立的污泥回流系统，两段完全分开，每段能够培育出适于本段水质特征的微生物种群。污水经过 A 段处理后，BOD$_5$ 去除率为 40％～70％，同时重金属、难降解物质以及氮、磷营养物质等也得到一定的吸附去除，不仅大大减轻了 B 段的有机负荷，而且污水的可生化性提高，有利于 B 段的生物降解作用。B 段发生硝化和部分的反硝化，活性污泥沉淀性能好，出水 SS 和BOD$_5$ 一般小于 10mg/L。

AB 法出水水质好、处理效果稳定，具有抗冲击负荷、pH 值变化的能力，并能根据经济实力进行分期建设，可用于老污水处理厂改造，可以扩大处理能力和提高处理效果。此外，对于有毒有害污水和工业污水比例较高的城市污水处理，AB 法具有较大优势。

5. 氧化沟工艺

氧化沟工艺是 20 世纪 50 年代由荷兰的帕斯维尔（Pasveer）研发的一种污水生物处理技术，属于延时曝气法的一种特殊形式，因其构筑物呈封闭的沟渠型而得名，由于其出水水质能达到设计要求，并且运行稳定、管理方便，目前，氧化沟污水处理技术已广泛应用于城市污水、工业废水（包括石油、化工、造纸、印染及食品加工废水等）处理工程。

（1）氧化沟的组成

氧化沟由氧化沟池、曝气设备、进出水装置、导流和混合装置等组成。氧化沟池属于封闭环流式反应池，沟体狭长，一般呈环形沟渠状，平面多为椭圆形（见图 4-11），总长可达几十米，甚至百米以上。

在环形沟槽中设有曝气设备，推动污水和活性污泥混合液在闭合式曝气渠道中以 0.3m/s 以上的平均流速连续循环流动，水力停留时间为 10～30h，因此，可以认为沟内污水水质几乎一致，即总体上的污水流态是完全混合式，但具有局部推流特征，如曝气器的下游溶解氧浓度从高到低变化。沟内水深与采用曝气设备有关，水深为 2.5～8m：采用曝气转刷一般在 2.5m 左右；采用曝气转盘一般不大于 4.5m；采用立式表面曝气机水深一般可为 4～6m，最深可达 8m。

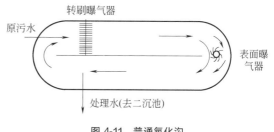

图 4-11 普通氧化沟

曝气设备是氧化沟的主要装置，用以供氧、推动水流循环流动、防止活性污泥沉淀及对反应混合液的混合。常用卧式曝气转刷和曝气转盘，也可根据实际情况采用立式表面曝气机、射流曝气机、导管曝气机以及混合曝气系统等。

进出水装置包括进水口、回流污泥口和出水调节堰等。氧化沟进水和回流污泥进口应在曝气器的上游，使进水能与沟内混合液立即混合。单池进水比较简单，采用进水管即可，当有两个以上氧化沟平行工作时，进水要用配水井；当采用交替工作的氧化沟时，配水井内还需设自动控制装置。氧化沟出水一般采用溢流堰，溢流堰高度可调节，出水位置应在曝气器的下游，并且离进水点和回流污泥点足够远，以免短流。

导流和混合装置包括导流墙和导流板。在氧化沟的弯道处设置导流墙，可以减少水头损失，防止通过弯道的污水出现停滞和涡流现象，防止对弯道处的过度冲刷。在转刷上下游设置导流板，主要是为了使表面的较高流速转入池底，同时降低混合液表面流速，提高传氧速率。

此外，氧化沟处理系统还包括二沉池、刮（吸）泥机和污泥回流泵房等附属设施，此部分与传统活性污泥工艺相同。

（2）氧化沟的形式

氧化沟的形式较多，按布置形式可分为单沟、双沟、三沟、多沟同心和多沟串联氧化沟等多种；按二沉池与氧化沟的关系可分为分建和合建（即一体化氧化沟）两种；按进水方式可分为连续进水和交替进水氧化沟两种；按曝气设备可分为转刷曝气、转盘曝气或泵型、倒伞型表面曝气机氧化沟等。目前常用的主要有普通氧化沟、卡罗塞尔（Carrousel）氧化沟、奥巴勒（Orbal）氧化沟、交替工作式氧化沟（DE 型、T 型）、一体化氧化沟等。Carrousel 氧化沟是 20 世纪 60 年代由荷兰某公司所开发，为多沟串联氧化沟。图 4-12 所

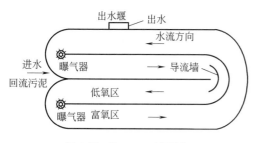

图 4-12 Carrousel 氧化沟

示为四廊道并采用表面曝气器的 Carrousel 氧化沟。

在每组沟渠的转弯处安装一台表面曝气器,靠近曝气器的下游为富氧区,上游为低氧区,外环还可能成为缺氧区,这样能形成生物脱氮的环境条件。Carrousel 氧化沟系统的 BOD 去除率高达 95%～99%,脱氮率可达 90% 以上,除磷率 50% 左右,在世界各地应用广泛。

(3) 氧化沟的特点

氧化沟工艺的优点:工艺流程简单(不需设初沉池),运行管理方便,处理效果好;除能去除有机物外,还能脱氮除磷,尤其是脱氮效果好;具有延时曝气法的优点,污泥产量少且稳定;一体化氧化沟能节省占地,更易于管理。氧化沟工艺的局限性:占地面积大;F/M 值低,容易引起污泥膨胀;与传统处理工艺相比,曝气能耗更高;难以进行厂区扩建。

6. SBR 工艺及其变形

SBR 工艺即序批式活性污泥法,是以序批式反应器(sequencing batch reactor,SBR)为核心的间歇式活性污泥法,是城市污水处理、工业(石油、化工、食品、制药业等)污水处理及营养元素去除的重要方法之一。

(1) SBR 工艺的运行工序及特点

1) SBR 工艺的运行工序

SBR 工艺是活性污泥法的一种变形,它的反应机理与污染物去除机制和传统活性污泥法相同,但在工艺上将曝气池和沉淀池合为一体,在运行模式上是由进水、反应、沉淀、排水和闲置等 5 个基本过程组成一个周期,即在单一反应器内的不同时段进行不同目的的操作,虽然在流态上是完全混合式,但在污染物的降解方面,则是时间上的推流。SBR 工艺运行工序见图 4-13。

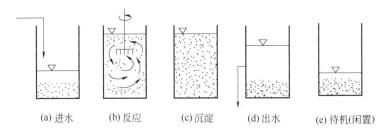

(a) 进水　　(b) 反应　　(c) 沉淀　　(d) 出水　　(e) 待机(闲置)

图 4-13　序批式反应器(SBR)工艺运行工序

① 进水阶段,污水被加入反应器,直到预定高度(一般可允许反应器中的液位达到总容积的 75%～100%),当使用两个反应器时,进水时间可能占总循环时间的 50%。进水方式可根据工艺上的其他要求而定,既可单纯进水,也可边进水边曝气,以起预曝气和恢复污泥活性的作用,还可以边进水边缓慢搅拌,以满足脱氮、释放磷的工艺要求。

② 反应阶段,微生物在所控制的环境条件下降解消耗污水中的底物,即污水注入达到预定高度后,开始反应操作,根据污水处理的目的,如 BOD 去除、硝化、磷的吸收以及反硝化等,采取相应的技术措施,并根据需要达到的程度决定反应的延续时间。

③ 沉淀阶段,混合液在静止条件下进行固液分离,澄清后的上清液将作为处理水排放。

④ 出水阶段,排出池中澄清后的处理水,一直到最低水位。

⑤ 闲置阶段,即在处理水排放后,反应器处于停滞状态的阶段,通常用于多个反应器系统,闲置时间应根据现场具体情况而定,但有时可省略。

除了以上阐述的 5 个工艺阶段外，排泥是 SBR 工艺运行中另一个影响效果的重要环节，污泥排放的数量和频率由效能需要决定。排泥没有指定在哪个运行阶段进行，一般用在反应阶段后期，就可达到均匀排泥（包括细微物质和大的絮凝体颗粒）的目的。由于曝气和沉淀过程都在同一个池中完成，所以不需进行污泥回流以维持曝气池中的污泥浓度。

2）SBR 工艺的特点

SBR 工艺最显著的一个特点是将反应和沉淀两道工序放在同一反应器中进行，扩大了反应器的功能。此外，SBR 是一个间歇运行的污水处理工艺，运行时期的有序性使其具有不同于传统连续流活性污泥法的一些特性。

① 流程简单，设备少，占地少，基建及运行费用低。SBR 工艺的主要设备就是一个兼具沉淀功能的反应器，无须二沉池和污泥回流装置，且在大多数情况下还可省去调节池。

② 固液分离效果好，出水水质好。SBR 工艺中的沉淀过程属于理想的静止沉淀，固液分离效果好，且剩余污泥含水率低，有利于污泥的后续处置。

③ 运行操作灵活，通过适当调节各单元操作的状态可达到脱氮除磷的效果。通过适度的充气、停气搅拌，形成时间序列上的缺氧、厌氧和好氧交替环境条件，满足缺氧反硝化、厌氧放磷和好氧硝化及吸磷的要求，从而可有效地脱氮除磷。

④ 能有效地防止污泥膨胀。由于 SBR 具有理想推流式特点，反应期间反应底物浓度大、缺氧与好氧状态交替变化以及泥龄较短，都是抑制丝状菌生长的因素。

⑤ 耐冲击负荷。SBR 工艺利用高循环率有效稀释进水中高浓度的难降解或对微生物有抑制作用的有机化合物。

⑥ 利用时间上的推流代替空间上的推流，易于实现自动控制。该工艺的各操作阶段及各项运行指标都可通过计算机加以控制，便于自控运行，易于维护管理。

⑦ 容积利用率低，水头损失大，出水不连续，峰值需氧量高，设备利用率低，运行控制复杂，不适用于大水量。

（2）SBR 工艺的变形

针对传统 SBR 工艺存在的不足及在应用中的某些局限性，如进水流量较大时，对反应系统需调节，会增大投资；对出水水质有特殊要求时，如脱氮除磷，则需对 SBR 进行适当改进。因此出现了 ICEAS、CASS、IDEA、DAT-IAT、UNITANK、MSBR 等 SBR 的变形工艺。

1）ICEAS 工艺

ICEAS（intermittent cyclic extended aeration system）工艺称为间歇式延时曝气活性污泥工艺，于 1968 年由澳大利亚新南威尔士大学与美国 ABJ 公司合作开发。该工艺最大的特点是在 SBR 反应器进水端增加了一个预反应区（见图 4-14），实现连续进水（不但在反应阶段进水，在沉淀和排水阶段也进水）。

ICEAS 工艺集反应、沉淀、排水于一体，运行时，污水连续不断地进入反应池前部的预反应区，并从主、预反应区隔墙下部的孔眼以低速（0.03～0.05m/min）

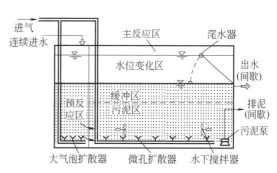

图 4-14　ICEAS 反应池构造示意

进入主反应区，在主反应区按照反应、沉淀、排水的周期性运行程序，完成对含碳有机物和氮、磷营养元素的去除。

ICEAS 工艺的优点是连续进水，可以减少运行操作的复杂性，在处理市政污水和工业污水方面比传统 SBR 工艺费用更低、出水效果更好，其缺点是进水贯穿于整个周期，沉淀期进水在主反应区底部造成水力紊动，从而影响分离时间，因此水量受到限制，且容积利用率低，脱氮除磷有一定难度。

2）CASS 工艺

CASS（cyclic activated sludge system）或 CAST（cyclic activated sludge technology）或 CASP（cyclic activated sludge process）工艺称为循环式活性污泥工艺。该工艺是在 ICEAS 工艺基础上，将生物选择器与 SBR 反应器有机结合。两池 CASS 工艺的组成如图 4-15 所示。

图 4-15 两池 CASS 工艺的组成

通常 CASS 反应器分为 3 个区域：生物选择区、缺氧区和主反应区，各区容积之比为 1∶5∶30。污水首先进入选择区，与来自主反应区的污泥（20%～30%）混合，经过厌氧反应后进入主反应区。与 ICEAS 工艺相比，CASS 工艺将主反应区中部分污泥回流至生物选择器中，而且沉淀阶段不进水，使排水的稳定性得到保障。CASS 工艺解决了 ICEAS 工艺对于 SBR 优点部分的弱化问题，脱氮除磷效果比 ICEAS 更好。

3）IDEA 工艺

IDEA 工艺（intermittent decanted extended aeration）称为间歇排水延时曝气工艺。该工艺保持了 CASS 工艺的优点，运行方式与 ICEAS 工艺相似，采用连续进水、间歇曝气、周期排水的形式。与 CASS 相比，预反应区改为与 SBR 主体构筑物分离的预混合池，部分污泥回流进入预反应池，且采用中部进水。预混合池的设立可以使污水在高絮体负荷下有较长停留时间，有利于高絮凝性细菌的选择性生长。

4）DAT-IAT 工艺

DAT-IAT（demand aeration tank-intermittent aeration tank）工艺是一种连续进水的 SBR 工艺，其主体构筑物由需氧池（dmand aeration tank，DAT）和间歇曝气池（intermittent aeration tank，IAT）串联组成。DAT-IAT 工艺流程如图 4-16 所示。

IAT 池为主反应池，一般情况下 DAT 池连续进水，连续曝气，其出水经双层导流墙连续进入 IAT 池，在此完成曝气、沉淀、排水和排出剩余污泥工序，

图 4-16 DAT-IAT 工艺流程

同时部分污泥回流到 DAT 池。原污水首先经 DAT 池的初步生物处理后再进入 IAT 池，由于连续曝气起到了水力均衡作用，提高了整个工艺的稳定性，进水工序只发生在 DAT 池，排水工序只发生在 IAT 池，两池串联，进一步增强整个生物处理系统的可调节性，有利于有机物的去除。

与 CASS 和 ICEAS 工艺相比，DAT 池是一种更加灵活、完备的预反应器，从而使 DAT 池与 IAT 池能够保持较长的污泥龄和很高的 MLSS 浓度，使系统有较强的抗冲击负荷

能力，在去除 BOD 的同时，进行脱氮除磷。DAT-IAT 工艺同时具有 SBR 工艺和传统活性污泥法的优点，对水质水量的变化有很强的适应性，操作运行比较简便。

5）UNITANK 工艺

UNITANK 工艺是一体化活性污泥法工艺，类似于三沟式氧化沟工艺，为连续进水连续出水的处理工艺。UNITANK 处理系统在外形上是矩形，里面被分割成三个相等的以开孔公共墙相隔的矩形单元池，中间单元池始终做曝气池，边池交替做曝气池和沉淀池（见图 4-17）。

UNITANK 工艺集合了 SBR 工艺、三沟式氧化沟和传统活性污泥法的特点。其优点是池型构造简单，采用固定堰出水，排水

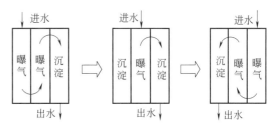

图 4-17　UNITANK 系统工作原理示意

简单，也不需污泥回流；其缺点是边池污泥浓度远远高于中池，脱氮效果一般，除磷效果差。

6）MSBR 工艺

MSBR（modified sequencing batch reactor）称为改良型序批式生物反应器，不需初沉池、二沉池及相应的布水及回流设备，整个反应池在全充满、恒水位及连续进水情况下运行。MSBR 处理系统在外形上常为矩形，分成三个主要部分：曝气格和两个交替序批处理格。MSBR 系统平面布置示意图如图 4-18 所示。

主曝气格在整个运行周期中保持连续曝气，而每半个运行周期中，两个序批处理格分别交替作为 SBR 池和沉淀池。此外，还有根据工艺处理要求设置的厌氧格和缺氧格，因此，MSBR 工艺实质上是 A^2/O 工艺与 SBR 工艺的串联。如果只去除 BOD 和 SS，则不需设厌氧格和缺氧格，MSBR 系统更为简单。

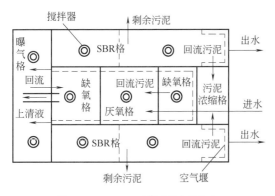

图 4-18　MSBR 系统平面布置示意

MSBR 工艺被认为是集约化程度较高，同时具有生物脱氮除磷功能的污水处理工艺，在系统的可靠性、土建工程量、总装机容量、节能、降低运行成本和节约用地等多方面均具有优势。深圳市盐田污水处理厂是国内首座采用该工艺的城市污水处理厂。

7. 多孔悬浮载体活性污泥工艺

多孔悬浮载体活性污泥法的工艺原理是向曝气池中投加约占曝气池容积 15%～50% 的多孔泡沫块（球）。泡沫块为曝气池中的微生物提供了大量可供栖息的表面积，微生物附着于其表面及孔隙中，有的泡沫块的生物量可达 100～150mg/块，因此，大大增加了曝气池内生物量。由于泡沫块仅占少部分曝气池的容积，所以整个系统仍属活性污泥法系统。多孔悬浮载体大大改善了活性污泥系统的工艺性能，使其具有如下不同于常规活性污泥系统的特性。

① 提高了活性污泥法反应器内的总生物量和附着生长的生物浓度，同时相对降低了悬

浮生长的生物浓度。附着生长的微生物的大量出现，使生物相系统发生了巨大变化。传统活性污泥法系统较易生长的丝状菌可被载体吸附于其孔隙内或表面，载体的孔隙及其表面的粗糙状况决定了其对丝状菌的捕获能力，既能发挥丝状菌的强大净化能力，又能控制污泥膨胀及污泥上浮、流失给系统正常运行带来的巨大危害。

② 载体投加量与载体上的附着生物量密切相关。载体投加量越大，系统中附着的生物量越高，但单个载体附着生物量则下降。

③ 有机负荷对两种生物相浓度影响很大。有机负荷增高，系统内总附着生长生物量及单位载体上附着的生物量均增加，而悬浮生长生物量则相对减少。

④ 改变了系统内底物的分配及传质状况，附着生长生物与悬浮生长生物的传质与生物降解作用有所不同。

⑤ 投加载体能防止活性污泥法系统污泥沉降性能的恶化，反应器的生物浓度及出水水质不像传统活性污泥法对二沉池工况那样具有较大敏感性与依赖性。

⑥ 系统内悬浮生长生物相的吸氧速率有所降低。

⑦ 延长了泥龄，有助于硝化反应及氨氮的去除，大大提高了系统耐受冲击负荷的能力，完善了净化过程，提高了处理效率，能获得更好的出水水质。

比较成熟的多孔悬浮载体活性污泥法工艺是 Linpor 工艺，该工艺由德国 Linde 公司研究开发，采用尺寸为 $12mm \times 12mm \times 12mm$ 的多孔悬浮泡沫块作为载体，每 $1m^3$ 载体的总表面积达 $1000m^2$，相对密度接近于 1，在曝气状态下悬浮于水中。

Linpor 工艺利用池内水流的紊动作用产生的水力剪切以及回流量来调控生物量，不需泡沫块挤压装置。按功能不同，该工艺可分为 Linpor-C 工艺、Linpor-C/N 工艺、Linpor-N 工艺。

（1）Linpor-C 工艺

Linpor-C 工艺主要用来去除污水中的含碳有机物，工艺组成与典型活性污泥法完全相同，特别适用于对已有活性污泥法处理厂的扩容改造。

（2）Linpor-C/N 工艺

Linpor-C/N 工艺设有缺氧区，具有同时去除污水中 C 和 N 的双重功能。与传统工艺不同的是，在 Linpor-C/N 工艺中，由于存在较多的附着生长型硝化菌，因而即使在较高的负荷下，该工艺也可获得良好的硝化作用，并且能在多孔性载体孔道内形成无数个微型反硝化反应器，故在好氧区会同时发生碳氧化、硝化和反硝化作用。

（3）Linpor-N 工艺

Linpor-N 工艺是去除含碳有机物之后进行氨氮硝化的工艺，在这一过程中不产生废弃污泥，因此无须设置二沉池和污泥回流系统。反应器中几乎不存在悬浮生长微生物，大部分硝化菌附着生长在多孔悬浮载体上，因此泥龄长、硝化效果好。当废水排入敏感性水体和对处理出水中的氨氮有严格要求时可以采用 Linpor-N 工艺。

8. 膜生物反应器工艺

膜生物反应器（membrane bioreactor，MBR）工艺是由膜分离组件（常用超滤）与活性污泥反应器（曝气池）相结合而成的污水处理工艺，即用膜组件代替二沉池进行固液分离的污水生物处理系统。与传统生物处理工艺相比，MBR 工艺具有生化效率高、有机负荷高、污泥负荷低、出水水质好、设备占地面积小、便于自动控制和管理等优点。根据膜与生物反应器的位置关系，MBR 可分为分置式（外置式）和一体式（内置式）两种。

（1）分置式（外置式）

分置式 MBR（recirculated MBR，RMBR）将膜组件（多为管式和平板式）置于生物反应器外部，二者通过泵与管路相连，其工艺流程如图 4-19 所示。

输送泵将曝气池中的混合液加压后送到膜分离单元，由膜组件进行固液分离，浓缩液回流至生物反应器，透过液为出水。该方式运行灵活，设备安装方便，膜组件的清洗、维护、更换及增设比较容易，膜通量相对较高，易于大型化和对现有工艺的改造，但动力费用较高，泵高速旋转产生的剪切力会使某些微生物菌体失活。

（2）一体式（内置式）

一体式 MBR 又称淹没式 MBR（submerged MBR，SMBR），其工艺流程如图 4-20 所示。

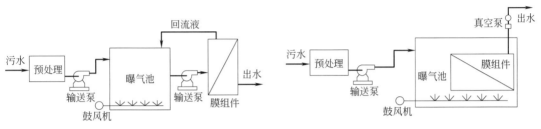

图 4-19　分置式 MBR 工艺流程　　　　图 4-20　一体式 MBR 工艺流程

一体式 MBR 将无外壳的膜组件（多为中空纤维式）直接安装浸没于曝气池内部，微生物在曝气池中降解有机物，依靠重力或水泵抽吸产生的负压或真空泵将膜组件透过液移出，成为出水。SMBR 无混合液循环系统，真空泵工作压力较小，结构紧凑，占地少，但膜通量相对较低，膜易污染，难以清洗和更换膜组件。

三、活性污泥法工艺设计

1. 设计内容与设计参数

（1）设计内容

活性污泥法运行方式多种多样，其处理系统主要由曝气池、曝气装置、二沉池、污泥回流系统等基本单元组成，因此，其工艺设计主要包括以下几方面内容。

① 处理工艺流程的选择；

② 曝气池容积计算，曝气池工艺设计及各主要尺寸的确定；

③ 需氧量、供氧量的计算；

④ 回流污泥计算及回流设备工艺设计；

⑤ 二次沉淀池的计算与工艺设计；

⑥ 剩余污泥及其处理工艺设计。

（2）原始资料

1）污水水量与水质资料

水量资料主要包括原污水的日平均流量（m^3/d）、最大时流量（m^3/h）、最低时流量（m^3/h）。当曝气池的设计水力停留时间在 6h 以上时，可以考虑以日平均流量作为曝气池的设计流量。当水力停留时间较短时，如 2h 左右，则应以最大时流量作为曝气池的设计流量。

水质资料主要包括原污水及经一级处理后的主要常规水质指标：BOD_5、BOD_u（溶解性、悬浮性），COD（溶解性、悬浮性），TOC，SS（非挥发性、挥发性），TSS，TN（有机氮、氨氮、亚硝酸盐氮、硝酸盐氮），TP（有机磷、无机磷）等；原污水所含有毒有害物质及其浓度，微生物有无对其驯化的可能；全年水温变化及对污泥活性和效能的影响。

2）处理程度及出水水质

根据处理水的出路和处理要求，确定处理程度及各项水质指标应达到的数值，如 BOD_5 和 COD 的去除率及出水浓度。

3）剩余污泥

对所产生剩余污泥的处理与处置要求。

（3）设计参数

活性污泥法系统的工艺设计应确定以下主要设计参数：

① 计算曝气池容积，采用负荷法需确定污泥负荷（N_s 或 N_v）和混合液污泥浓度（MLSS 或 MLVSS）；若采用泥龄法，需确定泥龄（θ_c）和 Y、K_d；

② 计算回流污泥量，需确定污泥回流比 R、SV 和 SVI；

③ 计算需氧量，还需确定 a' 和 b'。

对于生活污水及以生活污水为主的城市污水，上述各项原始资料、数据和主要设计参数已比较成熟，基本设计参数可参考表 4-3 直接取用。但对于工业废水及工业废水所占比重较大的城市污水，则应通过实验和现场实测以确定其各项设计参数。

表 4-3　活性污泥法基本设计参数

运行方式		泥龄 /d	污泥负荷 /[kgBOD₅/kgMLSS·d]	容积负荷 /[kgBOD₅/(m³·d)]	污泥浓度 /(g/L)	曝气时间 /h	污泥回流比 /%	BOD₅ 去除率/%
传统推流		5～15	0.2～0.4	0.3～0.6	1.5～3	4～8	25～50	85～95
渐减曝气		5～15	0.2～0.4	0.3～0.6	1.5～3	4～8	25～50	85～95
阶段曝气		5～15	0.2～0.4	0.6～1	2～3.5	3～5	25～75	85～90
完全混合		3～5	0.2～0.6	0.8～2	3～6	3～5	25～100	85～90
吸附再生		5～15	0.2～0.6	1.0～1.2	吸附1～3 再生 4～10	0.5～1 3～6	25～100	80～90
延时曝气		20～30	0.05～0.15	0.1～0.4	3～6	18～36	75～150	95
高负荷法		0.2～0.5	1.5～5	1.2～1.4	0.2～0.5	1.5～3	5～15	60～75
纯氧曝气		8～20	0.25～1	1.6～3.3	6～10	1～3	25～50	85～95
深井曝气		3～5	1.0～1.2	3.0～3.6	3～5	1～2	40～80	85～95
AB法	A 段	0.5～1	2～6	/	2～3	0.5	50～80	85～95
	B 段	15～20	0.1～0.3	/	2～5	2～4	50～80	
氧化沟		5～30	0.05～0.4	0.1～0.6	2～6	6～36	25～50	85～95

2. 处理工艺流程选择

活性污泥法主要用来处理低浓度有机污水，该方法的运行方式有许多种。在选择具体工艺流程时，应考虑如下因素。

（1）污水量

污水量因素包括日平均流量、最大时流量、最低时流量。

（2）水质

水质因素包括原污水和经一级处理工艺处理后的水质、出水水质。

（3）其他

其他因素包括对所产生污泥的处理要求、原污水所含有毒物质、现场地理条件、气候条件以及施工水平等。

上述各项原始资料是选择处理工艺的主要依据，同时应根据活性污泥法各种运行方式的特点，选择适合污水中污染物性质的处理工艺。在选择处理工艺时应以技术的可行性和先进性以及经济上的合理性为原则，对于工程量较大、投资额较高的工程，需要进行多种工艺流程比较，以使所确定的工艺系统最优。

3. 曝气池计算与设计

（1）曝气池容积计算

曝气池容积可以按污泥负荷 F_w、容积负荷 F_r 和水力停留时间 t 三种方法计算。

1）按污泥负荷 F_w 计算曝气池容积的计算公式为

$$V = \frac{QL_j}{F_w N_w} \tag{4-6}$$

式中　V——曝气池容积，m^3；

　　　Q——进水水量，m^3/d；

　　　L_j——进水 BOD_5 浓度，mg/L；

　　　F_w——污泥负荷，$kgBOD_5/(kgMLSS \cdot d)$；

　　　N_w——混合液浓度，$mgMLSS/L$。

污泥负荷 F_w 的确定有以下三种方法。

① 桥本奖（日本）公式　桥本奖根据哈兹尔坦对美国 46 个城市污水厂的调查资料进行归纳分析，得到如下推流式系统的经验公式。

$$F_w = 0.01295 L_c^{1.1918} \tag{4-7}$$

该公式是从考虑处理效率和出水水质来确定污泥负荷 F_w。

② 根据污泥沉淀性能计算　一般来讲，污泥负荷 F_w 在 $0.3 \sim 0.5 kgBOD_5/(kgMLSS \cdot d)$ 的范围时，BOD_5 的去除率可达 90% 以上，污泥的吸附性能和沉淀性能都好。

③ 根据经验来确定　具体参见表 4-3，对于工业污水则应通过相应的试验研究来确定。

混合液浓度 N_w 是指曝气池内的平均污泥浓度，设计时采用较高的污泥浓度，可缩小曝气池容积，但是也不能过高，选用时还需考虑如下因素：供氧的经济性与可能性、沉淀池与回流设备造价、活性污泥的凝聚沉淀性能。曝气池混合液浓度 N_w 可按下式计算。

$$N_w = \frac{N_0 + RN_R}{1 + R} \tag{4-8}$$

式中　N_0——曝气池进水悬浮物浓度，mg/L；

　　　R——污泥回流比；

　　　N_R——回流污泥浓度，mg/L。

2）按容积负荷计算曝气池容积的计算公式为

$$V = \frac{QL_j}{F_r} \tag{4-9}$$

式中　F_r——污泥负荷，$kgBOD_5/(m^3 \cdot d)$。

3）按水力停留时间计算曝气池容积的计算公式为

$$V = Qt \tag{4-10}$$

式中　t——污水在曝气池中的停留时间，h。

（2）需氧量计算

需氧量是指活性污泥微生物在曝气池中进行新陈代谢所需要的氧量。在微生物的代谢过程中，需要将污水中一部分有机物氧化分解，并自身氧化一部分细胞物质，为新细胞的合成以及维持其生命活动提供能源。这两部分氧化所需要的氧量，可按下式计算。

$$W_{O_2} = a'QL_r + b'VN'_w \quad (4-11)$$

$$L_r = L_j - L_c$$

式中　　W_{O_2}——曝气池混合液需氧量，kgO_2/d；

　　　　a'——代谢每千克 BOD_5 所需氧的千克数，$kgO_2/kgBOD_5$；

　　　　QL_r——有机物降解量，$kgBOD_5/d$；

　　　　L_c——出水 BOD_5 浓度，mg/L；

　　　　b'——污泥自身氧化需氧率，$kgO_2/(kgMLSS \cdot d)$；

　　　　VN'_w——曝气池中混合液挥发性悬浮物固体总量，kg。

生活污水和几种工业污水的 a'、b' 值，可参照表 4-4。

表 4-4　生活污水和几种工业污水的 a'、b' 值

污水名称	a' /(kgO_2/kg BOD_5)	b' /[kgO_2/(kg MLSS·d)]	污水名称	a' /(kgO_2/kg BOD_5)	b' /[kgO_2/(kg MLSS·d)]
生活污水	0.42~0.53	0.11~0.188	炼油污水	0.5	0.12
石油化工污水	0.75	0.16	酿造污水	0.44	—
含酚污水	0.56	—	制药污水	0.35	0.354
合成纤维污水	0.55	0.142	亚硫酸浆粕污水	0.40	0.185
漂染污水	0.5~0.6	0.065	制浆造纸污水	0.38	0.092

（3）供气量计算

曝气系统将空气送入曝气池，强制将空气中的氧扩散到混合液中，成为溶解氧，这一转换过程受水质、水温、曝气方式以及扩散装置等因素的影响，详细计算见本章曝气系统的有关内容。根据设计规范，当采用空气扩散曝气时，一般去除 $1kgBOD_5$ 的供气量可采用 $40~80m^3$，处理每立方米污水的供气量不应小于 $3m^3$。

4. 污泥回流工艺设计

在曝气池和二沉池分建的活性污泥系统中，需将活性污泥从二沉池回流到曝气池，污泥回流工艺设计包括回流污泥量计算、提升设备和管渠系统设计。

（1）回流污泥量的计算

回流污泥量 Q_R 可按下式计算。

$$Q_R = RQ \quad (4-12)$$

式中，回流比 R 可根据处理工艺查表 4-3，也可按下式计算。

$$R = \frac{X}{X_r - X} \quad (4-13)$$

式中　　X——混合污泥浓度，mg/L；

　　　　X_r——回流污泥浓度，mg/L。

（2）污泥提升设备的选择与设计

在污泥回流系统中，常用的污泥提升设备是叶片泵，最好选用螺旋泵或泥浆泵，对于鼓风曝气池也可选用空气提升器。空气提升器结构简单、管理方便，而且所消耗的空气可向活性污泥补充溶解氧，但空气提升器的效率不如叶片泵。

（3）污泥回流系统管道设计

污泥回流系统的管径大小取决于回流污泥流量和污泥流速，由于活性污泥密度小，含水率高达99.2%～99.7%，故流速可采用≥0.7m/s，最小管径不得小于200mm。

5. 二次沉淀池的设计

二沉池是活性污泥法系统的重要组成部分，其作用是澄清流入的混合液，并且回收和浓缩回流污泥，其效果直接影响出水的水质和回流污泥的浓度。二沉池与曝气池有分建和合建两类。分建的二沉池仍然是平流式、竖流式和辐流式三种，也可采用斜板（管）沉淀池，由于易产生污泥淤积，应加强管理。合建的完全混合式曝气池的沉淀区可以看成是竖流式沉淀池的一种变形。二沉池与初沉池相比有以下特点：

① 二沉池除了进行泥水分离外，还要进行污泥的浓缩，由于沉淀的活性污泥质量轻、颗粒细，要求表面负荷要比初沉池小、表面积大；

② 活性污泥质轻易被水流带走，并容易产生异重流现象，使实际的过水断面远远小于设计的过水断面，设计平流式二沉池时，最大允许的水平流速要比初沉池小一半，出水堰设在距池末端一定距离处，堰的长度要相对增加；

③ 由于进入二沉池的混合液是泥、水、气三相混合体，采用竖流式沉淀池使中心管下降流速和曝气沉淀池导流区的下降流速都要小些，以利于气、水分离，提高澄清区的分离效果。

二沉池主要工艺参数如下。

（1）设计流量 Q

二沉池的设计流量为污水最大时流量，不包括回流污泥量。

（2）水力表面负荷 q

由于沉淀区的水力表面负荷 q 对沉淀效果的影响比沉淀时间更为重要，因此二沉池设计常以 q 为主要参数，并同沉淀时间配合使用。二沉池的 q 为 $1\sim2\text{m}^3/(\text{m}^2 \cdot \text{h})$，上升流速 u 为 $0.2\sim0.5\text{mm/s}$；斜板沉淀池的 q 为 $3.6\text{m}^3/(\text{m}^2 \cdot \text{h})$，$u$ 为 1mm/s，斜板间距为 $50\sim100\text{mm}$。

（3）二沉池有效深度

沉淀区（澄清区）要保持一定水深，以维持水流的稳定，一般可按沉淀时间 t 计算。

$$h = qt \tag{4-14}$$

式中，沉淀时间 t（水力停留时间）通常采用 $1.5\sim2.5\text{h}$。

（4）污泥区设计

对于分建式二沉池，由于活性污泥含水率高，为提高回流污泥的浓度，减少回流量，二沉池的污泥斗应有一定的容积，但活性污泥贮存时间过长，会因缺氧而失去活性，以致腐化，污泥停留时间一般取2h。计算公式为

$$V = \frac{4(1+R)QN_w}{N_w + N_R} \tag{4-15}$$

合建式曝气沉淀池的污泥区容积，实际上取决于池子的构造设计。当池深和沉淀区面积决定后，污泥区的容积也决定了。污泥斗底坡度与水平面夹角一般不小于 $60°$，以保证污泥较快地滑入斗中，使排泥畅通，其静水压力不小于 0.9m，一般为 $0.9\sim1.2\text{m}$。

（5）出流区

出水堰单位长度的溢流量为 $5\sim8\text{m}^3/(\text{m}^2 \cdot \text{d})$。

6. 剩余污泥计算以及处理工艺设计

为保证活性污泥系统中污泥量的平衡，每日必须将剩余污泥排除出去，剩余污泥量可按

下式计算。

$$V_s = \frac{aQ(L_j - L_e) - bVN'_w}{fN_R}$$ (4-16)

$$f = \text{MLVSS}/\text{MLSS}$$

式中 f——挥发分。

剩余污泥含水率高达 99%，数量多、体积大、脱水性能差。所以剩余污泥处置是一个较严重的问题，一般将剩余污泥单独引入浓缩池浓缩后，再与生污泥一起进行厌氧消化处理。对于设有初沉池的活性污泥系统，剩余污泥也可浓缩后回流到初沉池，使其含水率降低到 96% 左右，同初沉污泥一起进行厌氧消化处理。

四、曝气池设计

1. 曝气的理论基础

（1）曝气方式

曝气是将空气中的氧用强制方法溶解到混合液中去的过程，曝气除起供气作用外，还起搅拌作用，使活性污泥处于悬浮状态，保证和污水密切接触、充分混合，以利于微生物对污水中有机物的吸附和降解。常用的曝气方式见表 4-5。

表 4-5 常用的曝气方式

曝气类型		曝 气 方 式
鼓风曝气		将鼓风机提供的压缩空气，通过管道系统送入曝气池中空气扩散装置上，并以气泡形式扩散到混合液中
机械曝气	表面曝气	通过安装在曝气池表面上的叶轮或转刷的转动，剧烈地搅拌水面，不断更新液面并产生强烈的水跃，从而使空气中的氧与水滴的界面充分接触而转移到混合液中
	潜水曝气	通过水下高速旋转的叶轮产生负压，将空气引入水下，再通过叶轮的高速剪切运动，将吸入的空气切割为小气泡扩散到污水中
	卧轴式曝气	通过叶轮转动搅动水面溅成水花，空气中的氧通过气液界面转移到水中，同时也推动氧化沟中的污水
鼓风机械曝气		采用鼓风装置将空气送入水下，用机械搅拌的方法使空气和污水充分混合，本方法适用有机物浓度较高的污水

（2）氧转移原理

在曝气过程中，氧分子通过气、液界面由气相转移到液相，在界面上存在着气膜和液膜。气体分子通过气膜和液膜传递的理论即为污水生物处理科技界的"双膜理论"。

根据上述理论，氧的转移率可按下式计算。

$$\frac{dc}{dt} = K_L \frac{A}{V}(C_s - C_L) = K_{1a}(C_s - C_L)$$ (4-17)

式中 dc/dt——单位体积内氧转移率，$\text{mg}/(\text{L} \cdot \text{h})$；

K_L——氧传递系数，m/h；

A——气、液界面面积，m^2；

V——混合液体积，m^3；

K_{1a}——氧的总转移系数，h^{-1}；

C_s——液体中饱和溶解氧浓度，mg/L；

C_L——液体内实际溶解氧浓度，mg/L。

氧总转移系数 K_{1a} 与设备及水特性有关，主要影响因素有：

① 污水水质；

② 污水温度；

③ 氧分压；

④ 其他因素，如空气扩散装置的淹没深度等。

（3）曝气系统技术性能指标

曝气装置即空气扩散装置，主要作用是充氧、搅拌、混合，其主要技术性能指标有以下几个。

1）动力效率（E_p）

每消耗 1kW 电能转移到混合液中的氧量，$kgO_2/(kW \cdot h)$。

2）氧的利用率（E_A）

通过鼓风曝气转移到混合液中氧量占总供氧量的百分比，%。

3）氧转移效率（E_L）

氧转移效率也称充氧能力，通过机械曝气装置，在单位时间内转移到混合液中的氧量，kgO_2/h。

对鼓风曝气装置性能按 1）、2）项指标评定，对机械曝气装置按 1）、3）项指标评定。

2. 鼓风曝气系统与空气扩散装置

鼓风曝气系统由空压机、空气扩散装置和一系列连通的管道组成。其中扩散装置是将空气形成不同尺寸的气泡，气泡的尺寸决定氧在混合液中的转移率，气泡的尺寸则取决于空气扩散装置的形式，鼓风曝气系统的空气扩散装置主要分为微气泡型、中气泡型、大气泡型、水力剪切型、水力冲击型和空气升液型等。大气泡型空气扩散装置因氧利用率低，现已极少使用。

（1）微气泡型空气扩散装置

典型的微气泡型空气扩散装置是由微孔材料（陶瓷、钛粉、氧化铝、氧化硅和尼龙）制成的扩散板、扩散盘或扩散管等，所产生的气泡直径在 2mm 以下，优点是：氧利用率高（$E_A = 15\% \sim 25\%$）、动力效率高 $[E_p \geqslant 2kgO_2/(kW \cdot h)]$；缺点是：易堵塞、空气需要经过净化、扩散阻力大等。

1）扩散板

呈正方形，尺寸多为 300mm×300mm×35mm，扩散板采用如图 4-21 所示的形式安装，每个板闸有各自的进气管，便于维护管理、清洗和置换。当水深小于 4.8m 时，氧利用率为

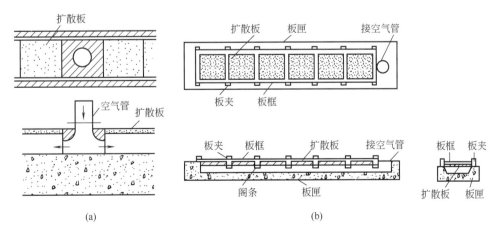

图 4-21　扩散板空气扩散装置

$7\%\sim14\%$，动力效率为 $1.8\sim2.5kgO_2/(kW \cdot h)$。

2）扩散管

一般采用管径为 $500\sim600mm$，常以组装形式安装，以 $8\sim12$ 根管组装成一组，扩散管组安装图如图 4-22 所示。扩散管的氧利用率为 $10\%\sim13\%$，动力效率为 $2kgO_2/(kW \cdot h)$。

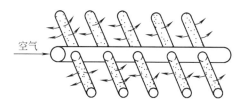

图 4-22　扩散管组安装图

3）固定平板型微孔空气扩散器

固定平板型微孔空气扩散器结构如图 4-23 所示，主要组成包括扩散器、通气螺栓、配气管、三通短管、橡胶密封圈和压盖等。型号有 HWB-1、HWB-2、BYW-Ⅰ（Ⅱ）等。

4）固定式钟罩型微孔空气扩散器

固定式钟罩型微孔空气扩散器结构如图 4-24 所示，主要组成包括气泡扩散盘、配气管、通气孔等。型号有 HWB-3、BYW-Ⅰ 等。

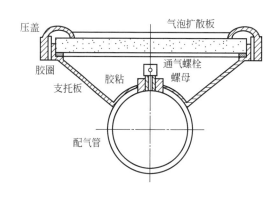

图 4-23　固定平板型微孔空气扩散器

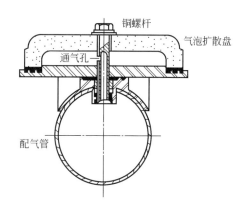

图 4-24　固定式钟罩型微孔空气扩散器

上述两种结构的优点是氧利用率都较高，缺点是微孔易被堵塞、空气需要净化。上述两种微孔扩散器规格和性能参数如表 4-6 所示。

表 4-6　微孔扩散器规格和性能参数

型号	孔径/μm	孔隙率/%	曝气板材料	曝气量/[m^3/(h·个)]	服务面积/(m^2/个)	氧利用率/%	动力效率/[kgO_2/(kW·h)]	阻力/Pa
HWB-1	150	30~50	钛板	1~3	0.3~0.5	20~25	4~6	1500~3500
HWB-2								
HWB-3		40~50	陶瓷板					
BYW-Ⅰ				0.8~3	0.3~0.75		4~5.6	3000
BYW-Ⅱ								

5）膜片式微孔扩散器

膜片式微孔扩散器结构如图 4-25 所示。

扩散器的气体扩散板由弹性合成橡胶膜片制造，膜片上均匀布置孔径为 $150\sim200\mu m$ 的小孔 5000 个，膜片上的微孔随着充气压力的产生和停止自动张开和闭合，以避免孔眼堵塞。产生的空气泡直径为 $1.5\sim3.0mm$，目前的型号有 YMB-1、YMB-2 等。膜片式微孔扩散器主要技术参数见表 4-7。

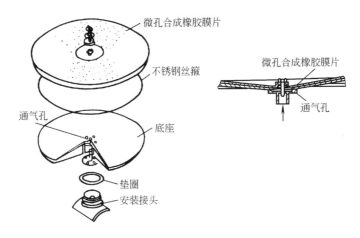

图 4-25 膜片式微孔扩散器

表 4-7 膜片式微孔扩散器主要技术参数

型号	直径 /mm	膜片平均半径/μm	空气量 /[m³/(h·个)]	服务面积 /(m²/个)	氧利用率 /%	动力效率 /[kgO₂/(kW·h)]	阻力 /Pa
YMB-1	250	150~200	1.5~3	0.5~0.78	18.4~27.7	3.46~5.19	1800~2800
YMB-2	500	150~200	6~9	1.5~2	18.4~27.7	3.46~5.19	1800~2800

（2）中气泡曝气装置

1）穿孔管

穿孔管结构及示意图如图 4-26 所示。

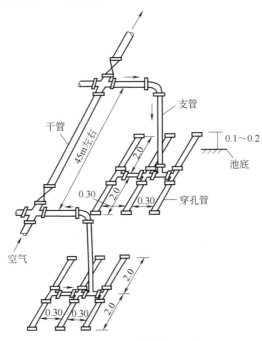

图 4-26 穿孔管结构及示意

穿孔管由直径介于 25~50mm 的钢管或塑料管制成，在管壁两侧向下 45°角、开直径为 3~5mm 的小孔，间距为 50~100mm，空气由孔眼溢出。穿孔管常设于曝气池一侧高于池底 0.1~0.2m 处，也有按编织物的形式安装遍布池底。为避免孔眼堵塞，孔眼处空气出口流速不小于 10m/s；穿孔管的布置排数由曝气池的宽度及空气用量而定，一般可用 2～3 排；从气泡产生方式来看属于空气升液型。穿孔管比扩散管阻力小，氧转移率为 4%～6%，动力效率可达 1kgO$_2$/(kW·h)，故国内采用较多。

为了降低空气压力，采用穿孔管时也可用如图 4-27 所示的布置方式，即将穿孔管布置成栅状，悬挂在池子一侧 0.6～0.8m 处，这种方式通常称为浅层曝气。根据浅层曝气理论，气泡形成时的氧转移率要比气泡上升时高好几倍，因此氧转移效率相同时，浅层曝气的电耗较省。在浅层曝气的穿孔格管旁侧设导流板，其上缘与穿孔管齐，下缘距池底 0.6～0.8m，曝气池混合液沿导流板循环流动。浅层曝气的空气压力小，动力效率在 2～3kgO$_2$/(kW·h) 之间。

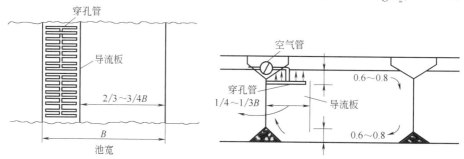

图 4-27　浅层曝气穿孔管布置

2）网状膜空气扩散装置

网状膜空气扩散装置结构如图 4-28 所示，由本体、螺盖、网膜、分配器和密封垫组成。主体采用工程塑料注塑成型，网状膜则由聚酯纤维制成。该装置的特点是不宜堵塞、布气均匀，便于管理，氧的利用率高达 12%～15%，动力效率为 2.7kgO$_2$/(kW·h)。

（3）水力剪切型空气扩散装置

该装置利用本身构造产生水力剪切作用，在空气从装置吹出之前，将大气泡切割成小气泡。属于此类的空气扩散装置有以下几种。

1）倒盆型空气扩散装置

该装置由盆形塑料壳体、橡胶板、塑料螺杆及压盖等组成，其构造见图 4-29。该装置的主要技术参数：氧的利用率 6.5%～8.8%，动力效率 1.75～2.88kgO$_2$/(kW·h)，适用水深 4～5m。

2）金山Ⅰ型空气扩散装置

该装置在外形上呈圆锥形倒莲花状，由高压聚乙烯注塑成型，结构如图 4-30 所示。装置构造简单，便于管理，但氧利用率低，适用于中小型污水处理厂，主要技术参数

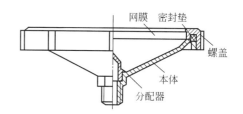

图 4-28　网状膜空气扩散装置

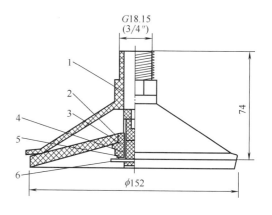

图 4-29　塑料倒盆型空气扩散装置

1—盆形塑料壳体；2—橡胶板；3—密封圈；

4—塑料螺杆；5—塑料螺母；6—不锈钢开口销

为：服务面积 $1m^2$/个，氧利用率 8%，单个充氧能力为 $0.41kgO_2$/(h·个)，适用水深 2.5～8m。

3）固定螺旋空气扩散装置

固定螺旋空气扩散装置有固定单螺旋、固定双螺旋和固定三螺旋三种形式。固定双螺旋曝气器每节有两个圆柱形通道（简称双通道），如图 4-31 所示。每个通道内均有 180°扭曲的圆形螺旋叶片，在同一节中螺旋叶片的旋转方向相同，相邻两节中的螺旋叶片放置方向相反。节与节之间的圆柱形通道相错 90°或 60°角，并有椭圆形过渡室，用以收集、混合和分配流体。

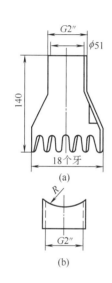

图 4-30 金山 I 型空气扩散装置

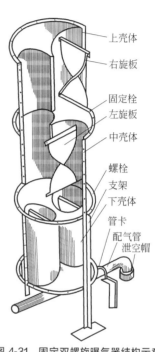

图 4-31 固定双螺旋曝气器结构示意

固定螺旋曝气器安装在水中，空气从曝气器底部进入，向上流动，由于筒内外混合液的密度差产生提升作用，气泡经旋转、混合、反向旋转，在上升过程中被螺旋叶片反复切割，直径不断变小，气液不断剧烈掺混，接触面积不断增加，有利于氧的转移。固定双螺旋曝气器与穿孔管相比，在水深为 3m 时，处理效果可提高 15%～20%或空气量节省 20%；当水深为 5.2m 时，两者达到同样的处理效果，但空气量可节省 50%左右。FTJ 型固定螺旋曝气器主要技术参数见表 4-8。

表 4-8 FTJ 型固定螺旋曝气器主要技术参数

型号	直径×长度 /mm	技术性能（潜水试验结果）				阻力损失 /Pa	重量 /(kg/个)
		适用水深 /m	服务面积 /(m²/个)	氧利用率 /%	动力效率 /[kgO₂/(kW·h)]		
FTJ-1-200	200×1500	3.4～4.6	3～9	7.4～11.1	2.24～2.48	<2000	30.8
FTJ-2-200	2×200×1740	3～8	4～8	4.5～11	1.5～2.5	<2500	26
FTJ-3-180	3×180×1740	3.6～8	3～8	8.7	2.2～2.6	<2500	28.3
FTJ-3-185	3×185×1740	3.6～8	3～8	8.7	2.2～2.6	<2500	28.3

4）散流型曝气器

散流型曝气器构造如图 4-32 所示。本装置由锯齿形布气头、齿形带孔散流罩、导流板、

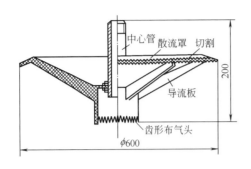

图 4-32 散流型曝气器构造

中心进气管及锁紧螺母组成；锯齿型布气头的构造同金山Ⅰ型；散流罩设计成倒伞形，伞型中圆处有曝气孔，周边布有向下微倾的锯齿。主要技术性能参数为：供气量 $40m^3/h$，氧利用率 8.2%，充氧能力为 $1.024kgO_2/h$，服务面积 $3\sim4m^2/$个。

气体由管道输送至曝气器，经内孔通过锯齿形布气头，作为水气第一次切割分散。散流罩将集中一束出来的气体扩散成圆柱状，周边锯齿再次将气泡破碎扩散；由于气泡带动周围静止水体上升，密度差强化了气泡破碎和混掺作用，形成均匀的较小直径气泡，增加了气-液接触面积。散流罩伞型中圆处有曝气孔，可减少能耗并将水气混合均匀分流，减少散流器对安装水平度的要求。此外，由于曝气器分布在池底，曝气后上升的气泡与下降的水流发生对流，增加了气-液的混掺，加速了气-液界面处水膜的更新。

散流型曝气器与金山Ⅰ型空气扩散装置的不同之处在于二次切割与分散气流，从而加大了布气范围，改变了池内流态。与固定螺旋曝气器的不同之处在于设备高度大大缩小、布气范围大、池底部混掺作用大，因此具有较好的充氧性能。

5）动态曝气器

动态曝气器结构如图 4-33 所示。本装置主要由曝气筒体、空气分配盘、橡胶止板、小球体、多孔板等组成，通过高速气流紊流运动和多个小球体旋转碰撞切割成小气泡来实现高效充氧的目的。可用于接触氧化池、活性污泥曝气池、预曝气池以及其他需要充氧的场所。其主要技术参数为：水深 $44m$，供氧量 $18m^3/h$，氧利用率 14.33%，动力效率 $1.53kgO_2/(kW \cdot h)$，氧总转移系数 0.15，服务面积 $0.36\sim0.50m^2/$个。

6）旋混式曝气器

旋混式曝气器由多层锯齿布气头、螺旋切割系统及连接管等组成，采用多层螺旋切割的形式进行充氧曝气。气体由进气管输送至曝气器后在旋流圈与混合液均匀混合，由动态芯进行正反旋转，形成一个气-液强化旋流区，而且是连续旋混。经过连续二次切割后的气-液混合流体，沿导流圈经夹层齿罩、倒齿罩进行三次切割、碰撞，均匀扩散后上升并带动周围混合液

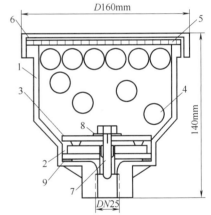

图 4-33 动态曝气器结构示意

1—筒体；2—环缝；3—空气分配盘；4—小球体；5—多孔板；6—止回板；7—螺栓；8—垫圈；9—环形密封垫

一道上升，使气液剧烈混掺，加速气-液界面的更新。气体经过三次切割后气泡由大变小，增加了气-液接触面积，更有利于氧转移，进而提高了氧利用率。

相关技术参数为：外形尺寸为 $\phi218\times H190$，材质为 ABS 尼龙，排气流量 $30\sim100L/(min \cdot 套)$，水深 $4\sim8m$，服务面积 $0.5\sim0.8m^2/$个，氧利用率 21.5%，充氧能力 $0.165kg/h$，阻力损耗 $<30Pa$。

（4）水力冲击式空气扩散装置

1）密集多喷管空气扩散装置

密集多喷管空气扩散装置如图 4-34 所示。本装置由钢板焊接而成，呈长方形，主要部件有进水管、喷嘴、曝气筒和反射板。喷嘴安设在曝气筒的中下部，空气由喷嘴向上喷出，使曝气筒内混合液上下循环流动。喷嘴直径一般为 5～10mm，数目达上百个，出口流速为 80～100m/s。该装置氧利用率高，且不易堵塞。

2）射流式空气扩散装置

射流式空气扩散装置有自吸式与供气式两种形式，除具有曝气功能外，同时兼有推流及混合搅拌的作用，既适用于污水处理厂曝气池、曝气沉砂池对污水污泥的混合液进行充氧及混合，也可以对污水进行生化处理或养殖塘增氧。

① 自吸式射流空气扩散装置　自吸式射流空气扩散装置如图 4-35 所示。本装置主要由潜水泵、文丘里喷嘴、扩散管、进气管及消声器等组成。潜水泵的水流经过文丘里喷嘴形成高速水射流，通过扩散管进口处的喉管时，在气水混合室内产生负压，自动将液面以上的空气由通向大气的导管吸入，形成液气混合流高速喷射而出，夹带许多气泡的水流在较大面积和深度的水域里涡旋搅拌，完成曝气。

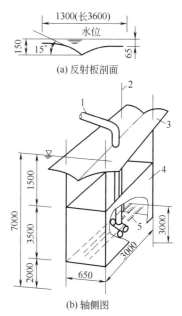

图 4-34　密集多喷管空气扩散装置

1—空气管；2—支柱接工作台；
3—反射板；4—曝气筒；5—喷嘴

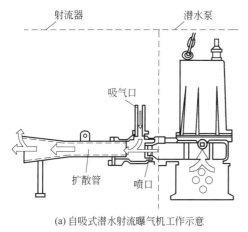

(a) 自吸式潜水射流曝气机工作示意　　(b) 文丘里喷嘴结构

图 4-35　自吸式射流空气扩散装置

自吸式射流曝气装置适用于建筑的中水处理以及工业废水处理的预曝气，通常处理水量不大。在进气管上一般装有消声器与调节阀，用于降低噪声与调节进气量。QSB 型自吸式射流空气扩散装置规格和性能参数如表 4-9 所示。

表 4-9　QSB 型自吸式射流空气扩散装置规格和性能参数

型号	QSB0.75	QSB1.5	QSB2.2	QSB3	QSB4	QSB5.5	QSB7.5
功率/kW	0.75	1.5	2.2	3	4	5.5	7.5
额定电流/A	2.9	3.7	5	6.4	8.2	12.4	16.3
额定电压/V				380			
转速/(r/min)	2900	2900	2900	2900	2900	1470	1450

型号	QSB0.75	QSB1.5	QSB2.2	QSB3	QSB4	QSB5.5	QSB7.5
频率/Hz	50						
绝缘等级	F						
进气量/(m³/h)	10	22	35	50	75	80	100
供氧能力/(kgO₂/h)	0.50	1.26	2.30	2.80	3.75	6.00	7.90
进气管口径/mm	32	32	50	50	50	50	50

注：表中进气量及增氧能力是在标准试验条件下（20℃水温，气压101.325kPa），曝气机潜水深度3m，试验介质为清水时的试验值。在中度污水中，增氧能力应乘以0.85后作为设计依据。

② 供气射流式空气扩散装置　一般由单一的射流器构成，设置在曝气池或氧化沟底部，外接加压水管、压缩空气管与射流器构成曝气系统。其工作原理为：送入的压缩空气与加压水充分混合后向水平方向喷射，形成射流和混合搅拌区，对水体充氧曝气。由于射流带在水平和垂直两个方向的混合作用，可得到良好的混合效果，氧转移率较高，但由于外接加压水由循环水泵提供，压缩空气由鼓风机或空气压缩机提供，整套系统较为复杂。图4-36为供气射流式空气扩散装置工作示意图。JET型喷射式曝气器主要喷嘴规格见表4-10。

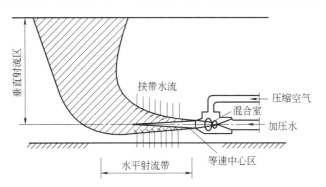

图 4-36　供气射流式空气扩散装置工作示意

表 4-10　JET型喷射式曝气器主要喷嘴规格

型号	JET 25	JET 40	JET 50
内喷嘴口径/mm	25	40	50
外喷嘴口径/mm	40	50~65	>65
喷嘴数量/个	8~12	12~16	16~24
液体流量/(L/min)	340~400	750	1500
空气流量/(m³/min)	0.283~0.850	0.566~1.690	1.132~3.396

3. 机械曝气装置

机械曝气装置安装在曝气池水面上部，在动力的驱动下进行高速转动，通过以下3个作用将空气中的氧转移到污水中。

① 曝气装置转动，使得水面上的污水不断地以水幕状由曝气器周边抛向四周，形成水跃，液面呈剧烈的搅动状，将空气卷入；

② 曝气器转动，产生提升作用，使混合液连续地上下循环流动，气液界面不断更新，将空气中的氧转移到液体内；

③ 曝气器转动，在其后侧形成负压区，吸入部分空气。机械曝气装置按转动轴的安装方向可以分成竖轴式和卧轴式两种。

（1）竖轴式机械曝气器

竖轴式机械曝气装置也称表面曝气机，在我国应用比较广泛，常用泵型、K型、倒伞型和平板型四种。

1) 泵型叶轮曝气机

该曝气结构如图 4-37 所示。其充氧量和轴功率可按下列公式计算。

$$Q_s = 0.379 K_1 v^{2.8} D^{1.88} \tag{4-18}$$

$$N_{轴} = 0.0804 K_2 v^3 D^{2.08} \tag{4-19}$$

式中 Q_s——在标准条件下（水温 20℃，一个大气压）清水的充氧量，kgO_2/h；

$N_{轴}$——叶轮轴功率，kW；

v——叶轮周边线速度，m/s；

D——叶轮公称直径，m；

K_1——池型结构对充氧量的修正系数，对于曝气池为 0.85～0.98；

K_2——池型结构对轴功率的修正系数，对于曝气池为 0.85～0.87。

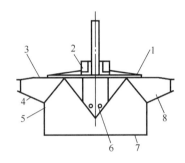

图 4-37   泵型叶轮曝气机结构

1—上平板；2—进气孔；3—上压罩；4—下压罩；5—导流锥顶；

6—引气孔；7—进水口；8—叶片

该曝气机在选型和使用时应注意：

① 叶轮外缘最佳线速度应在 4.5～5.0m/s 的范围内；

② 叶轮在水中浸没深度应不大于 40mm，过深要影响曝气量，过浅易于引起脱水，运行不稳定；

③ 叶轮不能反转。

目前泵型表面曝气机有 PE 泵型叶轮表面曝气机、BE 叶轮表面曝气机以及 FS 浮筒式叶轮表面曝气机供选型使用，表 4-11 为 PE 泵型叶轮表面曝气机的主要性能参数。

表 4-11   PE 泵型叶轮表面曝气机主要性能参数

型号	叶轮直径/mm	转速/(r/min)	潜水充氧量/(kgO₂/h)	提升力/N	电动机功率/kW
PE076	760	88～126	23～84	1530～4530	7.5
PE100	1000	67～95	14～38	2690～7820	13
PE124A	1240	54～79.5	21～62.5	4180～13470	22
PE150A	1500	44.5～63.9	30～82.5	6180～18280	30
PE172	1720	39～54.8	39～102	8190～22990	40
PE193	1930	34.5～49.3	48～130	10370～29930	55
PE076L	760	88～123.5	8.4～21.8	1720～4260	7.5
PE100L	1000	67～93	15.5～48.7	2690～7270	13
PE124C	1240	70	43.5	9160	17

型号	叶轮直径/mm	转速/(r/min)	潜水充氧量/(kgO₂/h)	提升力/N	电动机功率/kW
PE150C	1500	55	54.5	11680	22
PE172C	1720	49	74	16260	30
PE193C	1930	45	99.5	22470	40
PE076LC	760	110	15.5	2990	5.5
PE100LC	1000	84	27	5400	10
BE85	850	105	18.8	—	7.5
BE100	1000	86	27.5	—	9
BE120	1200	72	36	—	11
BE130	1300	63	40	—	18.5
BE140	1400	56	45	—	22
BE160	1600	56	55	—	30
BE180	1800	48	77.2	—	40

2）K 型叶轮曝气机

该曝气结构如图 4-38 所示。最佳运行线速度在 4.0m/s 左右，浸没深度为 0～10mm，叶轮直径与曝气池直径或正方形边长之比大致为（1∶6）～（1∶10）。

3）倒伞型叶轮曝气机

该曝气结构如图 4-39 所示。该曝气机叶轮结构简单，易于加工。表 4-12 为 DY 伞型叶轮表面曝气机性能。

4）平板型叶轮曝气机

该曝气结构如图 4-40 所示，由叶片与平板组成，叶片与平板半径的角度在 0°～25°之间。平板叶轮曝气机结构简单，加工方便，线速度一般在 4.05～4.85m/s 之间。

（2）卧轴式机械曝气器

目前应用的卧轴式机械曝气机主要是水平推流式表面曝气机械，适用于城市生活污水和工业污水处理的氧化沟，具有负荷调节方便、维护管理简单、动力效率高等优点。转刷曝气机结构如图 4-41 所示。由水平轴和固定在轴上的叶轮组成，转轴带动叶片旋转搅动水面溅起水花，空气中的氧通过气液界面转移到水中，同时也推动氧化沟中的污水流动。

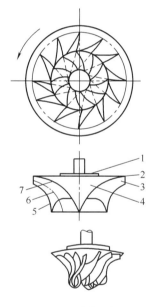

图 4-38　K 型叶轮曝气机结构
1—法兰；2—盖板；3—叶片；
4—后轮盖；5—后流线；
6—中流线；7—前流线

表 4-12　DY 伞型叶轮表面曝气机性能

型号	叶轮直径/mm	叶轮转速/(r/min)	浸没深度/mm	电机功率/kW	充氧量/(kgO₂/h)	重量/kg
DY85	850	112		7.5	9	700
DY100	1000	95		9	10	800
DY140	1400	68	100	11	20	1350
DY200	2000	48		22	35	2300
DY250	2500	38		30	50	2800
DY300	3000	33		40	75	3200

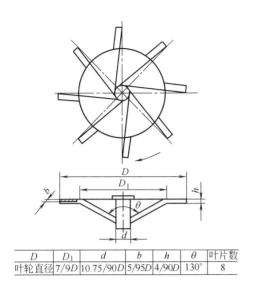

D	D_1	d	b	h	θ	叶片数
叶轮直径	7/9D	10.75/90D	5/95D	4/90D	130°	8

图 4-39 倒伞型叶轮曝气机结构

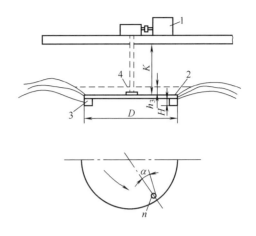

图 4-40 平板型叶轮曝气机结构

1—驱动装置；2—进气孔；3—叶片；4—停转时水位线

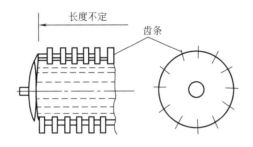

图 4-41 转刷曝气机结构

表 4-13 列出 YQJ-1400 型氧化沟曝气机的主要技术参数。

表 4-13 YQJ-1400 型氧化沟曝气机主要技术参数

水平轴跨度/m	转盘数	400～530mm 浸深充氧能力 /(kgO$_2$/h)	500mm 浸深充氧能力 /(kgO$_2$/h)	电机功率/kW
3.0	12	12.5～19.56	18.96	11
4.0	17	17.85～27.71	26.86	15
5.0	21	22.0～34.23	33.18	18.5
6.0	25	26.25～40.75	39.50	22
7.0	33	34.65～53.79	52.14	30

（3）潜水曝气机

潜水曝气机有离心式和射流式两种结构。在功率相同的情况下，前者曝气范围广，在服务区域内充氧比较均匀；后者潜水深度大。该类曝气机的特点有：

① 结构紧凑、占地面积小、安装方便；

② 除吸气口外，其余部分潜在水下运行，产生噪声小；

③ 吸入空气多，产生气泡多而细、溶氧率高；

④ 无须提供气源，省去鼓风机、降低工程投资；

⑤ 采用潜污泵技术，叶轮采用无堵塞式，运行安全、可靠。

潜水离心式曝气机也称自吸式潜水曝气机，是活性污泥法工艺中普遍采用的一种曝气设备，也是 SBR 反应器中最常用的一种配套设备。潜水离心式曝气机结构如图 4-42 所示。

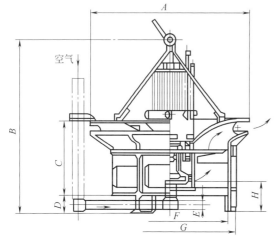

图 4-42　潜水离心式曝气机结构

潜水离心式曝气机采用叶轮与电机主轴连接，由于电机的高速旋转，叶轮产生强大的离心力使周围形成负压区，从而产生自吸力。通过吸气管将大气中的大量新鲜空气不断吸入，同时叶轮又将污水吸入吸引罩，在吸引罩内污水与吸入的空气发生气液冲撞形成大量的超微细气泡通过导流槽向四周喷射。喷射出的气液混合流产生搅拌对流的效果。由于大量微细气泡的产生，可获得很好的充氧效果。由于强大的搅拌对流，使活性污泥、污水、氧气充分混合，从而达到快速、高效地净化污水。机体沉于水中运转，减少噪声，陆上导气管可加装消声器，增强消声效果。江苏大学流体机械工程技术中心研发的潜水曝气机主要技术参数见表 4-14。

表 4-14　潜水曝气机主要技术参数

电机功率/kW	0.75	1.5	2.2	3	4	5.5	7.5
电流/A	2	3.7	5.3	6.74	8.8	11	15
转速/(r/min)	1450						
最大潜入深度/m	1~3			1.5~4			
进气量/(m³/h)	10	22	35	50	75	85	100
标准状态下清水的充氧量/(kgO₂/h)	0.37	0.8	1.3	2.75	2.8	4.5	6.5

（4）潜水鼓风式曝气搅拌机

潜水鼓风式曝气搅拌机是由潜水电机、减速箱、散气叶轮、螺旋叶轮、壳体等部分构成的兼有曝气和搅拌功能的曝气搅拌装置。该装置通过散气叶轮与螺旋桨叶轮同轴旋转，在散气叶轮工作区将鼓风机供给的空气破碎成许多微细气泡，再与上升的水流一起被螺旋桨叶轮吸入导流筒内，进行气液完全混合。充分混合后的气液混合流从导流筒呈放射状强有力地向外喷出。含有大量微细气泡的气液混合流先流到池子的上部，然后流到池子的周边，再沿着池壁流到池底，要求水体的底边流速应不小于 0.2m/s。重新汇集于池底中央的混合液又被吸到散气叶轮的气源处重复上述过程。由于叶轮的吸水、喷水和旋转作用，水流呈放射状做上下循环运动，调动水量大、搅拌能力强，形成了一个周而复始的总体流动，使得气、固、液三者充分混合，既达到了高效充氧，又防止了活性污泥的沉淀。表 4-15 为 SBG 型潜水鼓风式曝气机主要技术参数。

表 4-15　SBG 型潜水鼓风式曝气机主要技术参数

型号	电机功率/kW	曝气时所需动力/kW	送气量/(m³/min)	扬水量/(m³/min)		总充氧量/(kgO₂/h)
				不送气	送气	
SBG037	3.7	2~3.7	2	30	15	10.5
SBG075	7.5	5~7.5	4	60	30	22
SBG15	15	10~15	8	125	65	41
SBG30	30	20~30	16	250	130	83

（5）自吸式螺旋曝气机

自吸式螺旋曝气机是一种小型曝气设备，其结构与工作原理如图 4-43 所示。中空的螺旋桨驱动轴顶端连接着电机轴，其底端与螺旋桨和扩散器连在一起。驱动轴上部有孔洞，螺旋桨在水下高速旋转形成负压并产生液体流，在压力差的作用下，空气通过空心驱动轴进入水中。螺旋桨形成的水平流将空气转化成细微、均匀的气泡，其平均直径 2mm。

由于螺旋桨的作用，该曝气机同时具有混合推流的功能，使得气泡扩散得较远，从而与水接触时间很长，氧利用率非常高。

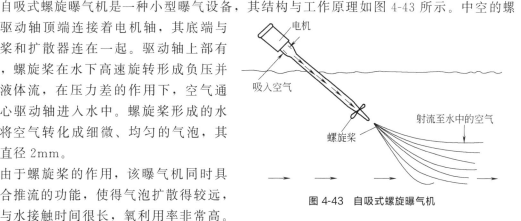

图 4-43　自吸式螺旋曝气机

曝气机的氧气扩散区和混合区的范围随机器型号而变化，将多台曝气机组合安装在反应池中，可使氧气在整个反应池中混合并扩散。工作时曝气机的入水角度可以在 30°～90° 之间调节，通常以 45° 放置，但有些时候为达到最好的效果，必须根据具体情况调节安装角度。曝气机可以提出水面直接维修。该曝气装置一般用于小型曝气系统，或者作为大中型氧化沟增强推流与曝气效果而增添的附加设施。其动力效率在 $1.9 kgO_2/(kW \cdot h)$ 左右，优点是安装容易、运行费用低、噪声小，操作也较简单。

4. 曝气池设计

曝气池是一个生化反应器，是活性污泥系统的核心设备，活性污泥系统的净化效果在很大程度上取决于曝气池的功能是否能够正常发挥。曝气池按混合液的流态可分为推流式、完全混合式和循环式三种；按平面形状分为长方廊道形、圆形、方形以及环状跑道形四种；按采用曝气方式可分为鼓风曝气池、机械曝气池以及两者联合使用的机械-鼓风曝气池；按曝气池与二沉池的关系可分为合建式和分建式两种。

（1）推流式曝气池

推流式曝气池的优点是：

① BOD 降解菌为优势菌，可避免产生污泥膨胀现象；

② 运行灵活，可采用多种运行方式；

③ 运行方式适当调整能够增加净化功能，如脱氮除磷等。

1）曝气方式

推流曝气池采用鼓风曝气，空气扩散装置可以布满曝气池底，使池中水流只沿池长方向流动，但为了增加气泡和混合液的接触时间，扩散装置一般布置在池底的一侧，这样可以使水流在池内呈旋转状态流动。为了保持良好的旋流，池两侧的墙角宜建成外凸 45° 的斜面。按扩散器在竖向的安装位置可分为底层曝气、中层曝气和浅层曝气三种。采用底层曝气的池深决定于鼓风机所能提供的风压，根据目前的产品规格，有效水深常为 3～4.5m。采用浅层曝气时，扩散器装于水面以下 0.8～0.9m，常采用 1.2m 以下风压的风机，虽然风压小，但风量大，能产生旋转推流，池的有效水深一般为 3～4m。中层曝气扩散器安装在池的中部，池深可加大到 7～8m，最大达 9m，从而节约了曝气池的面积，这种曝气法也可将扩散器安装在池的中央，形成两侧流，池形可采用较大的深宽比，适于大型曝气池。

2）平面布置

推流曝气池的长宽比一般为 5～10，长度可达 100m，但以 50～70m 之间为宜，受场地限制时可以采用二廊道、三廊道和四廊道。污水从一端进入，从另一端流出，进水方式不限，出水多用溢流堰。

3）横断面

推流曝气池的池宽和有效水深之比一般为 1～2，有效水深最小为 3m，最大为 9m，超高 0.5m。

4）底部

在池的底部应考虑排空措施，按纵向留 2/1000 左右的坡度，并设直径为 80～100mm 的放空管。此外，考虑到活性污泥的培养、驯化时周期排放上清液的要求，在距池底一定距离处设 2～3 根排水管，管径为 80～100mm。

（2）采用叶轮曝气器的曝气池

1）完全混合式曝气池

完全混合曝气池平面可以是圆形、方形或矩形。曝气设备可采用表面曝气机，置于池的表层中心。污水从池底中部进入，污水一进入池，在表面曝气机的搅拌下，立即与全池混合均匀。完全混合曝气池可以与沉淀池分建或合建。

① 分建式　曝气池和沉淀池分别设置，可使用表面曝气机也可使用鼓风曝气装置。当采用泵型叶轮且线速度在 4～5m/s 时，曝气池直径与叶轮的直径之比宜为 4.5～7.5，水深与叶轮直径比宜为 2.5～4.5；当采用倒伞形和平板型叶轮时，曝气池直径与叶轮直径比宜为 3～5。分建式虽然不如合建式紧凑，且需要专设污泥回流设备，但调节控制方便，曝气池与二次沉淀池互不干扰，回流比明确，应用较多。

② 合建式　曝气和沉淀在一个池子的不同部位完成，称为曝气沉淀池或加速曝气池。普通曝气沉淀池构造如图 4-44 所示。

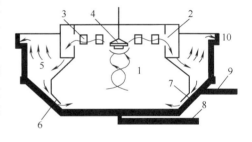

图 4-44　普通曝气沉淀池

1—曝气区；2—导流区；3—回流窗；
4—曝气叶轮；5—沉淀区；6—顺流区；
7—回流缝；8,9—进水管；10—出水槽

普通曝气沉淀池由曝气区、导流区、回流区、沉淀区几部分组成。曝气区相当于分建式系统的曝气池，是微生物降解污水的场所。曝气区水面直径一般为池直径的 1/3～1/2，视不同污水设定导流区，既可使曝气区出流中挟带的小气泡分离，又可使细小的活性污泥凝聚成较大的颗粒，导流区应设置径向整流板以消除曝气机转动形成的旋流影响。回流窗的作用是控制活性污泥的回流量及控制曝气区水位，回流窗的开度可以调节。窗口数一般为 6～8 个，沿导流区壁均匀分布，曝气区周长与窗口总堰长之比一般为 2.5～3.5。

2）推流曝气池

在推流曝气池中，也可用多个表面曝气机进行充氧和搅拌。每个表面曝气机影响范围内的流态为完全混合，就整个曝气池而言，又近似推流，相邻表面曝气机旋转方向相反，否则两机间的水流将发生冲突，具体结构如图 4-45（a）所示，也可采用横挡板将表面曝气机隔开，避免相互干扰，如图 4-45（b）所示。

（3）采用转刷曝气器的曝气池

图 4-45　推流曝气池结构

1）氧化沟

氧化沟一般呈环形沟状，平面多为椭圆形或圆形，总长可达几十米，甚至百米以上，沟深取决于曝气装置，沟深在 2～6m 之间。常用的氧化沟系统有卡罗塞氧化沟、交替工作氧化沟、二次沉淀池交替运行氧化沟、奥巴勒氧化沟、曝气-沉淀一体化氧化沟。氧化沟系统在我国城市污水处理系统中得到了广泛应用。

2）环槽式曝气池

环槽式曝气池结构如图 4-46 所示。平面呈环形跑道状，沟槽的横断面可以是方形、梯形，水深一般为 1.0～1.5m，混合液在沟槽内的流速不应小于 0.3m/s。

3）廊道式转刷曝气池

廊道式转刷曝气池结构如图 4-47 所示。曝气池呈长方形，沿池一侧边设转刷曝气器，另一侧呈 45°倾角，池底呈圆弧状，或在墙角处做成 45°角，以利于形成环流，水深为 2～4m，池宽约与水深同，转刷转速为 40～60r/min。

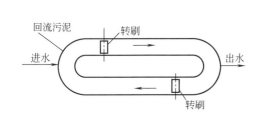

图 4-46　环槽式曝气池结构

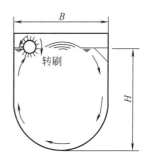

图 4-47　廊道式转刷曝气池

第二节　生物膜法污水处理设备

生物膜法污水处理属于好氧生物处理方法，主要是依靠固着于载体表面的微生物来净化有机物。生物膜法具有如下优点：生物膜对污水水质、水量的变化有较强的适应性，管理方便，不会发生污泥膨胀；微生物固着在载体表面、世代时间较长的高级微生物也能增殖，生物相更为丰富、稳定，产生的剩余污泥少；能够处理低浓度的污水。生物膜法也存在不足之处：生物膜载体增加了系统的投资；载体材料的比表面积小，反应装置容积负荷有限、空间效率低，在处理城市污水时处理效率比活性污泥法低，因此，生物膜法主要适用于中小水量污水的处理。

生物膜法污水处理工艺按生物膜与污水的接触方式不同可分为两种。

① 填充式。污水和空气沿固定生长生物膜的载体（填料或转盘）表面流过，并使它们充分接触，典型设备有生物滤池和生物转盘；

② 浸渍式。生物膜载体完全浸没在水中，通过鼓风曝气供氧，如载体固定则为接触氧化法，如载体流化则为生物流化床。

一、生物膜法基本原理

1. 生物膜的形成

微生物细胞在水环境中能在适宜的载体表面牢固附着，并在载体表面生长繁殖，细胞胞外多聚物使微生物细胞形成纤维状的缠结结构，称为生物膜。其形成必须具备前提条件：

① 有起支撑作用、供微生物附着生长的载体物质，在生物滤池中称为滤料，在接触氧化工艺中称为填料，在好氧生物流化床中称为载体；

② 有供微生物生长所需的营养物质；

③ 有接种的微生物。

一般认为，生物膜的累积形成是以下物理、化学和生物过程综合作用的结果：

① 有机分子从水中向生物膜附着生长的载体表面运送，其中有些被吸附形成了被微生物改良的载体表面；

② 水中一些浮游的微生物细胞被传送到改良的载体表面，其中碰撞到载体表面的细胞一部分在被表面吸附一段时间后因水力剪切或其他物理、化学和生物作用又解吸出来，而另一部分则被表面吸附一段时间后变成了不可解吸的细胞；

③ 不可解吸的细胞摄取并消耗水中的底物和营养物质，其数目增多。与此同时，细胞会产生大量产物，有些将排出体外。这些产物中有些就是胞外多聚物，这类多聚物将生物膜紧紧地结合在一起，微生物细胞在消耗水中底物进行新陈代谢时便累积形成了生物膜。

生物膜成熟的标志是生物膜沿水流方向分布，在其上的细菌及各种微生物组成的生态系统以及其对有机物的降解功能都达到了平衡和稳定状态。从开始到成熟，生物膜要经过潜伏和生长两个阶段，一般的城市污水在 20℃ 左右的条件下大致需要 30d。

2. 生物膜法的净化过程

目前，生物膜法污水处理的微生物膜体为蓬松的絮状结构，对污水中的有机污染物具有较强的吸附与氧化降解能力。生物膜对污水中有机物的净化包括了污染物及代谢产物的迁移、氧的扩散与吸收、有机物分解和微生物的新陈代谢等各种复杂过程。在这些过程的综合作用下，污水中有机物的含量大大减少，污水得到净化。生物膜结构及净化原理见图 4-48。

从图 4-48 可以看出，在生物膜内外，生物膜与水层之间进行着多种物质的传递过程。污水进入滤池并在滤料表面流动时，在生物膜的吸附作用下，其所含的有机物透过生物膜表面的附着水层，从污水主体向生物膜内部迁移；同时，空气中的氧通过膜表面附着水层进入生物膜。生物膜中的微生物在有氧条件下进行新陈代谢，对有机物进行降解，降解产物沿着相反方向从生物膜经过附着水层排泄

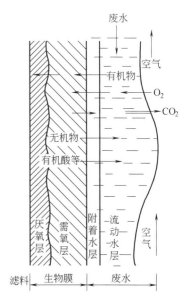

图 4-48 生物膜结构及净化原理

到流动水层或空气中。

对于新生生物膜而言，由于生物膜厚度较薄，生物膜内物质传输的阻力小、速率快，故污染物大部分在生物膜表面去除，代谢产物从生物膜排出的速率也很快，生物膜受产物积累的抑制较弱，生物膜活性高，底物去除率也高。但当生物膜厚度增长到一定程度或有机物浓度较大时，迁移到生物膜的分子氧主要被膜表层的微生物所消耗，导致生物膜内部供氧不足，出现厌氧层，随着生物膜的增厚，内层微生物不断死亡并解体，大大降低了膜与滤料的黏附力。

老化的生物膜在自重和过流污水冲刷的共同作用下自行脱落，膜脱落后的滤料表面又重新开始新的生物膜生长，这一过程称作生物膜的更新。在生物膜处理系统中，保持生物膜正常的新陈代谢和生物膜内微生物的活性是保证生物膜去除水中污染物的前提条件。

3. 生物膜法处理的影响因素

影响生物膜去除底物的因素有三个方面：

① 污水水质特性，如底物浓度、底物可生物降解性等；

② 生物膜自身特性，如生物膜厚度、生物膜活性、生物膜内菌群结构等；

③ 生物膜处理过程控制模式及特性参数，如不同生物膜处理反应器类型及过程控制方式（进水或曝气方式等）、pH值、温度、溶解氧、水力停留时间、污泥负荷、水力负荷等。

（1）污水水质特性

1）底物浓度

稳定的生物膜系统中，短时底物浓度升高时会增加传质推动力，促进生物膜生长；短时底物浓度降低时，底物在生物膜内传质推动力降低，底物多在生物膜表面得到降解，系统的处理效能仍然良好，故生物膜对底物的低浓度耐受力一般高于活性污泥。

2）底物可生物降解性

生物膜处理过程去除污染效能不同，所要求污染物质的可生物降解性也不同，其影响特性与活性污泥处理过程相似，所不同的是由于生物膜较活性污泥吸附能力强，而且成熟生物膜内菌群丰富，好氧菌和厌氧菌在不同区域共存，当难降解污染物被吸附后，可缓慢被厌氧区菌群水解为简单、小分子物质，污水的可生化性得到提高，因此生物膜较活性污泥更能承受底物的难降解性。

（2）生物膜自身特性

1）生物膜厚度

生物膜不宜过厚，否则会阻碍底物向内部传质，使内部菌群活性降低，内层生物膜与载体间黏附减弱而造成生物膜脱落；而且孔隙内积累的大量杂质或代谢产物会阻碍底物传质，并对微生物造成毒性或抑制作用，加强膜内细菌自身的禁锢作用，使生物膜活性降低。适宜的生物膜厚度因生物膜过程模式不同而异，如淹没式生物滤池中生物膜厚度一般为 $300\sim400\mu m$，而好氧生物转盘生物膜厚度可控制在 3mm 以内。

2）生物膜活性

生物膜活性与厚度直接相关，一般来讲，薄层生物膜或厚生物膜外层活性高，而厚生物膜内层活性低。研究表明，在考虑了生物膜密度的因素下，厚度小于 $20\mu m$ 的生物膜层为高活性区。因此，在工程运行中，为保持高活性的生物膜，需采取反冲洗，以维持系统效能稳定。

3）生物膜内菌群结构

生物膜内的菌群结构取决于污水特性和环境条件，决定了生物膜系统去除污染物的效能。在工程运行中，需要通过宏观过程控制影响生物膜的微环境条件，进而形成稳定的菌群结构。

（3）生物膜处理过程控制模式及特性参数

1）生物膜处理反应器类型及过程控制方式

根据生物膜载体的状态可将生物膜反应器的类型分为固定床、流化床、膨胀床、移动床等，每种类型中底物传质效率不同，适宜污水特性也不同。

生物膜反应器过程控制方式主要包括进水方式、供氧方式、反冲洗方式等。一般来讲，进水方式的选择需考虑布水均匀、控制水流剪切力以维持生物膜厚度、冲走脱落生物膜防止堵塞等，常见的进水方式有直流式进水（包括升流式和降流式）、侧流式进水等。供氧方式根据反应器类型不同而异，供氧方式的选择首先满足溶解氧的供给，其次要考虑气水混合效能，以及气流对生物膜的剪切等因素。目前反冲洗方式主要为气水联合反冲洗，需考虑反冲洗气水强度及反冲洗时间等参数，并以更新生物膜但不损伤生物膜为原则。

2）pH 值

pH 值对生物膜净化底物的影响与活性污泥处理过程相似，主要影响系统内优势菌群。对于好氧生物膜，pH 值控制在 6.0～9.0 较好；对于厌氧生物膜，pH 值应保持在 6.5～7.8。

3）温度

生物膜处理过程较活性污泥处理过程更能承受低水温的影响，生物膜系统在 3℃时仍能保证一定的除污效能，而活性污泥在水温低于 10℃时，净化效率会大幅下降。生物膜内优势菌群不同，其适宜的水温范围也不同。

4）溶解氧（DO）

在生物膜处理过程中，DO 不仅与除污过程直接相关，而且由于生物膜内 DO 传质阻力较活性污泥大，故两者除污效率相同时，生物膜系统要求的 DO 水平高于活性污泥系统。DO 的数值也与生物膜反应器类型、过程控制方式、生物膜厚度、底物负荷等相关。

5）水力停留时间（HRT）

生物膜处理系统的净化效率和反应器类型不同时，所需要的水力停留时间不同。在实际工程中，需要根据除污效率和反应器类型，确定适合的水力停留时间。

6）污泥负荷

在生物膜处理系统中，污泥负荷直接决定生物膜厚度、活性及生物膜内菌群结构。污泥负荷又称有机负荷，是指在保证处理水达到水质要求的前提下，单位体积或面积滤料每天所能承受的有机物的量（通常以 BOD_5 表示），用 N 表示，其中单位体积滤料每天所能承受有机物的量称为 BOD_5 容积负荷，用 N_V 表示，单位是 $kg(BOD_5)/(m^3 \cdot d)$；单位面积滤料每天所能承受有机物的量称为 BOD_5 面积负荷，用 N_S 表示，单位是 $kg(BOD_5)/(m^2 \cdot d)$。有机负荷高，则传质速率快、膜内菌群活性高、生长快，生物膜迅速增厚，运行周期短；有机负荷低，则传质速率慢、膜内菌群营养水平低、生长慢，生物膜仅外层活性高，生物膜厚度较稳定，运行周期长。

7）水力负荷

水力负荷是运行过程中决定生物膜厚度的主要参数，是指在保证处理水达到水质要求的前提下，单位体积滤料或单位面积滤池每天可以处理的水量，用 q 表示，单位是 $m^3/(m^3 \cdot d)$

或 m³/(m²·d)。水力负荷高，则水流剪切力强，老化生物膜可及时脱落，延迟生物膜系统的堵塞，延长运行周期。同时，水力负荷高相当于缩短了水力停留时间，势必影响系统除污效率，故必要时可采用处理水回流以增加水力负荷，如采用高负荷生物滤池。

4. 生物膜法的主要特征

（1）微生物相的特征

由于生物膜内微生物菌群不必如活性污泥那样承受剧烈的搅拌冲击，相对而言，生物膜内菌群聚居的微环境较安定、干扰较小，而且生物固体的平均停留时间（相当于活性污泥系统的污泥龄）较长，故生物膜内能够生长多种微生物菌群，包括世代时间长、比增殖速率小的自养菌等。因此，生物膜内菌群种类多样化，菌群数量更多，结构更合理。

生物膜内微生物主要有细菌、真菌、藻类（在有光条件下）、原生动物和后生动物等，此外还有病毒。细菌是微生物膜的主体，其产生的胞外多聚物为生物膜结构的形成奠定了基础；真菌是具有明显细胞核而没有叶绿素的真核生物，大多数具有丝状形态，真菌可利用的有机物范围广，特别是多碳类有机物，故有些真菌可降解木质素等难降解的有机物；藻类是受阳光照射下的生物膜中的主要成分，由于出现藻类的地方只限于生物膜反应器中表层小部分，因而对污水净化作用不大；原生动物在成熟的生物膜中不断捕食生物膜表面的细菌，在保持生物膜细菌处于活性物理状态方面起着积极作用；后生动物是由多个细胞组成的多细胞动物，属无脊椎型。

由于生物膜内稳定的微环境，使得微生物菌群的增殖速率较快，微生物量较多，处理能力强，净化功能显著提高。微生物附着生长并使生物膜含水率降低，单位反应器内的生物量可高达活性污泥处理过程的5～20倍。在生物膜内的微生物中，既存在主要以有机底物和营养物为食的微生物菌群，又存在大量主要以微生物菌群为食的微型动物（如原生动物和后生动物）。因此，生物膜上形成的生物链要长于活性污泥处理过程，产生的生物污泥量也少于活性污泥处理过程。

（2）工艺的特征

1）对环境条件适应能力强

由于生物膜中的微生态结构完善，微生物生存环境稳定，故生物反应器对污水的水质、水量的冲击负荷耐受能力较强。实际工程中，即使停止运行一段时间后再进水，生物膜的净化效能也不会明显恶化，系统能够很快恢复。

2）产泥量少、污泥沉降性能好

由生物膜上脱落下来的生物污泥所含动物成分较多，密度较大，而且污泥颗粒个体较大，沉降性能良好，易于固液分离。但生物膜内部形成的厌氧层过厚时，其脱落后将有大量非活性的细小悬浮物分散在水中，使处理水的澄清度降低。

在活性污泥处理过程中，易发生污泥膨胀问题而使固液分离困难；而生物膜反应器中微生物附着生长，即使丝状菌大量生长，也不会导致污泥膨胀，相反还可利用丝状菌较强的分解氧化能力，提高处理效果。

3）处理效能稳定、良好

由于生物膜反应器具有较高的生物量，故不需要污泥回流，易于维护和管理。而且，生物膜中微生态结构丰富、微生物活性较强，各种菌群之间存在竞争、互生的平衡关系，有多种污染物质转化和降解途径，因此生物膜反应器具有处理效能稳定、处理效果良好的特征。

二、生物滤池及附属设备设计选型

生物滤池是以土壤自净原理为依据,在污水灌溉的实践基础上发展起来的人工生物处理技术,是对上述过程的强化。生物滤池基本工艺流程如图4-49所示。进入生物滤池的污水需经过预处理去除悬浮物等可能堵塞滤料的污染物,并使水质均化,在生物滤池后设二沉池,以截留污水中脱落的生物膜,保证出水水质。

图4-49 生物滤池基本工艺流程

生物滤池的主要特征是池内滤料是固定的,污水自上而下流过滤料层。由于和不同层面微生物接触的污水水质不同,因而微生物组成也不同,使得微生物的食物链长,产生污泥量少。当负荷低时,出水水质可高度硝化。生物滤池运行简易,且依靠自然通风供氧,运行费用低。生物滤池在发展过程中经历了几个阶段,从低负荷发展为高负荷,突破了传统采用增加滤料层高度来提高净化负荷的方法,从而扩大了应用范围。目前使用较多的生物滤池有普通生物滤池、高负荷生物滤池和塔式生物滤池(超速滤池)三种,表4-16为性能比较。

表4-16 普通生物滤池、高负荷生物滤池和塔式生物滤池的性能比较

项　　目	普通生物滤池	高负荷生物滤池	塔式生物滤池(超速滤池)
表面负荷/[$m^3/(m^2 \cdot d)$]	0.9~3.7	9~36(包括回流)	16~97(不包括回流)
BOD负荷/[$g/(m^3 \cdot d)$]	110~370	370~1840	高达4800
深度/m	1.8~3.0	0.9~2.4	>12
回流比	无	1~4(一般)	一般无回流
滤料	碎石、焦炭、矿渣	塑料滤料	塑料滤料
比表面积/(m^2/m^3)	43~65	43~65	82~115
孔隙率/%	45~60	45~60	93~95
动力消耗/(W/m^3)	无	2~10	—
蝇数量	多	很少	很少
生物膜剥落情况	间歇	连续	间歇
运行要求	简单	需要一些技术	
投配时间间歇	不超过5min,一般间歇投配,也可连续投配	不超过15s,必须连续投配	
二次污泥	黑色,高度氧化,轻的细颗粒	棕色,未充分氧化,细颗粒、易腐化	
处理水	高度硝化,进入硝酸盐阶段,BOD≤20mg/L	未充分硝化,一般只到亚硝酸盐阶段,BOD≥30mg/L	有限度硝化,BOD≥30mg/L
BOD去除率/%	85~95	75~85	65~85

1. 普通生物滤池

普通生物滤池又叫滴滤池,是生物滤池早期的类型,即第一代生物滤池。

(1)构造

由池体、滤床、布水装置和排水系统组成,其构造如图4-50所示。

1)池体

普通生物滤池池体的平面形状多为方形、矩形和圆形。池壁一般采用砖砌或混凝土建造,有的池壁上带有小孔,用以促进滤层的内部通风,为防止风吹而影响污水的均匀分布,

池壁顶应高出滤层表面 0.4～0.5m，滤池壁下部通气孔总面积不应小于滤池表面积的 1%。

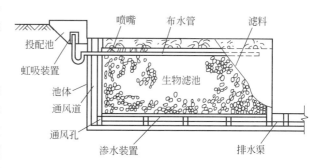

图 4-50　普通生物滤池构造

2）滤床

滤床由滤料组成，滤料对生物滤池工作有很大影响，对污水起净化作用的微生物就生长在滤料表面上。滤料应采用强度高、耐腐蚀、质轻、颗粒均匀、比表面大、孔隙率高的材料。过去常用球状滤料，如碎石、炉渣、焦炭等。一般分成工作层和承托层两层：工作层粒径为 25～40mm，厚度为 1.3～1.8m；承托层粒径为 60～100mm，厚度为 0.2m。近年来，常采用塑料滤料，其表面积可达 100～200m^2/m^3，孔隙率高达 80%～90%；滤料粒径的选择对滤池工作影响较大，滤料粒径小，影响污水和生物膜的接触面积，粒径的选择还应综合考虑有机负荷和水力负荷的影响，当负荷较高时采用较大的粒径。

3）布水装置

布水装置的作用是将污水均匀分配到整个滤池表面，并应具有适应水量变化、不易堵塞和易于清通等特点。根据结构可分固定式和活动式两种。

4）排水系统

排水系统设于池体的底部，包括渗水装置、集水渠和总排水渠等。

（2）普通生物滤池的设计计算

普通生物滤池的设计计算一般分为两部分进行：

① 滤料的选定、滤料容积的计算以及滤池各部位的设计（如池壁、排水系统等）；

② 布水装置的设计。

普通生物滤池的个数或分格数不应少于 2 个，并按同时工作设计，设计流量按平均日污水量计算，当处理对象为生活污水或以生活污水为主的城市污水时，BOD_5 的容积负荷可按表 4-17 所列数据选用，水力负荷为 1～4$m^3/(m^2 \cdot d)$。对于工业污水应通过试验来确定。普通生物滤池的计算公式见表 4-18。

表 4-17　普通生物滤池 BOD_5 容积负荷

年平均气温/℃	容积负荷率/[$gBOD_5/(m^3 \cdot d)$]	年平均气温/℃	容积负荷率/[$gBOD_5/(m^3 \cdot d)$]
3～6	100	>10	200
6.1～10	170		

表 4-18　普通生物滤池的计算公式

名　称	公　式	符　号　说　明
每天处理 1m^3 污水所需滤料体积	$V_1 = \dfrac{L_a - L_t}{M}$	V_1——每天处理 1m^3 污水所需滤料体积，$m^3/(m^3 \cdot d)$； L_a——进入滤池污水的 BOD_5 浓度，g/m^3； L_t——滤池出水的 BOD_5 浓度，g/m^3； M——有机物容积负荷，$gBOD_5/(m^3 \cdot d)$
滤料总体积	$V = QV_1$	V——滤料总体积，m^3； Q——进入滤池污水的平均日污水量，m^3/d

名　称	公　式	符　号　说　明
滤池有效面积	$F = \dfrac{V}{H}$	F——滤池有效面积，m^2； H——滤料层总高度，m。 $H = 1.5 \sim 2.0m$
用水力负荷校核滤池面积	$F = \dfrac{Q}{q_F}$	q_F——表面水力负荷，$m^3/(m^2 \cdot d)$； $q_F = 1 \sim 5\ m^3/(m^2 \cdot d)$
处理 $1m^3$ 污水所需空气量	$D_1 = \dfrac{L_a - L_t}{2.099 \times Sn}$	D_1——处理 $1m^3$ 污水所需空气量，m^3/m^3； 2.099——空气含氧量折算系数； S——氧的密度，在标准大气压下为 1.429g/L； n——氧的利用率，一般为 7%～8%
每天每立方米滤料所需空气量	$D_0 = \dfrac{M}{21}$	D_0——每天每立方米滤料所需空气量，$m^3/(m^3 \cdot d)$； 21——$2.099 \times 1.429 \times 7$

（3）固定布水装置设计　固定布水器常用如图 4-51 所示的固定喷嘴式布水装置，由馈水池、虹吸装置、配水管道和喷嘴组成。

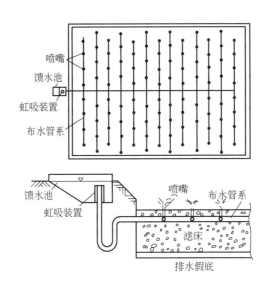

图 4-51　固定喷嘴式布水装置

污水进入馈水池，当水位达到一定高度后，虹吸装置开始工作，污水进入布水管路。配水管设在滤料层中距滤层表面 0.7～0.8m 处，配水管设有一定坡度以便放空。喷嘴安装在布水管上，伸出滤料表面 0.15～0.2m，喷嘴的口径一般为 15～20mm。当水从喷嘴喷出，受到喷嘴上部设有的倒锥体的阻挡，使水流向四处分散，形成水花，均匀地喷洒在滤料上。当馈水池水位降到一定程度时，虹吸被破坏，喷水停止。布水器的优点是受气候影响较小，缺点是布水不够均匀，需要有较大的作用压力（19.6kPa）。

（4）排水装置设计

生物滤池的排水系统设在池的底部，其作用为排除处理后的污水和保证滤池的良好通风，包括渗水装置、汇水沟和总排水沟。渗水装置的作用是支撑滤料、排出滤过后的污水以及进入空气。为保证滤池通风良好，渗水装置上的排水孔隙的总面积不得低于滤池总面积的20%，渗水装置与池底的距离不得小于 0.4m。目前常用的是混凝土折板式渗水装置。

（5）普通生物滤池的特点

普通生物滤池的优点是：

处理效果好，BOD_5 去除率可达 95% 以上；

运行稳定，易于管理，节省能源。其主要缺点是负荷低、占地面积大、处理水量小、滤池易堵塞、易产生池蝇、散发臭味、卫生条件差。一般适用于处理每日污水量不高于 $1000m^3$ 的小城镇污水和工业有机污水。

2. 高负荷生物滤池

高负荷生物滤池是为解决普通生物滤池在净化功能和运行中存在的实际负荷低、易堵塞等问题而开发出来的。高负荷生物滤池是通过限制进水 BOD_5 值和在运行上采取处理水回流等技术来提高有机负荷率和水力负荷率，分别为普通生物滤池的 6~8 倍和 10 倍。

（1）高负荷生物滤池的工艺流程

高负荷生物滤池的工艺流程设计主要采用处理水回流技术来保证进水的 BOD_5 值低于 $200mg/L$，处理水回流具有下列作用：

① 均化与稳定进水水质；

② 加大水力负荷，及时冲刷过厚和老化的生物膜，加速生物膜的更新，抑制厌氧层发育，使生物膜保持较高的活性；

③ 抑制池蝇的滋长；

④ 减轻臭味的散发。

采取处理水回流措施，使高负荷生物滤池具有多种流程，图 4-52 为单池系统的几种有代表性的流程。流程①将生物滤池出水直接回流，二沉池的生物污泥回流到初沉池有助于生物膜接种、促进生物膜更新；同时使得初沉池的沉淀效果有所提高。但回流的生物膜易堵塞

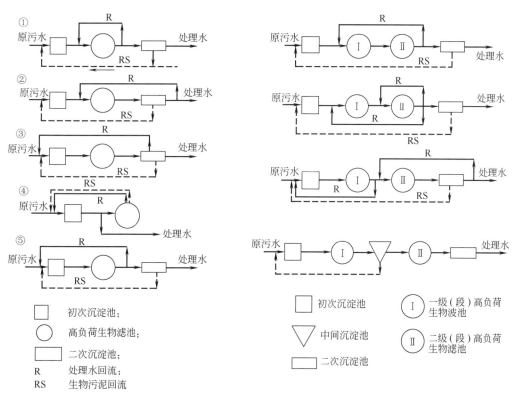

图 4-52 单池高负荷生物滤池流程   图 4-53 二段高负荷生物滤池流程

滤料。流程②和流程①相比可避免加大沉淀池的容积。流程③能提高初沉池效果，但同时也提高了初沉池的负荷。流程④的特点是不设二沉池，滤池出水（含生物污泥）直接回流到初沉池，这样能提高初沉池效果，并使其兼行二沉池功能，本工艺适用于含悬浮固体量较高而溶解性有机物浓度较低的污水。当原污水浓度较高或对处理水质要求较高时，可以考虑二段滤池处理系统，其主要工艺流程如图 4-53 所示。

二段生物滤池的有机物去除率可达 90% 以上，但负荷不均是其主要缺点：一段负荷高，生物膜生长快，脱落的生物膜易于沉积并产生堵塞现象；二段负荷低，生物膜生长不佳，没有充分发挥净化功能。为此可采用交替式二段生物滤池，两种流程定期交替运行。

（2）高负荷生物滤池设计

高负荷生物滤池构造如图 4-54 所示，其平面形状多为圆形，采用旋转布水装置。

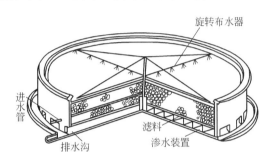

图 4-54　高负荷生物滤池构造

粒状滤料粒径一般为 40～100mm，空隙率较高；其工作层厚 1.8m，滤料粒径为 40～70mm；承托层厚 0.2m，滤料粒径为 70～100mm。当滤层厚度超过 2.0m 时，一般应采用人工通风措施。

高负荷滤池已开始广泛使用聚氯乙烯、聚苯乙烯和聚酰胺等材料制成的波形板状、管状和蜂窝状等人工滤料。

设计高负荷生物滤池时，回流水量 Q_R 与原污水量 Q 之比为回流比 R。回流比一般按水质和工艺要求确定，通常采用 0.3～0.5，但有时可达 5～6。污水经回流稀释后的有机物 L_a 和回流比可按下式计算。

$$L_a = aL_e \tag{4-20}$$

$$R = (L_0 - L_a)/(L_a - L_e) \tag{4-21}$$

式中　L_0——原污水 BOD_5 浓度，mg/L；

　　　L_a——原污水与回流污水混合后的 BOD_5 浓度，mg/L；

　　　L_e——滤池回流污水 BOD_5 浓度，mg/L；

　　　R——回流比；

　　　a——系数，按表 4-19 选用。

表 4-19　系数 a 值

冬季平均污水温度/℃	年平均气温/℃	滤层高度/m				
		2.0	2.5	3.0	3.5	4.0
8～10	<3	2.5	3.3	4.4	5.7	7.5
10～14	3～6	3.3	4.4	5.7	7.5	9.6
>14	>6	4.4	5.7	7.5	9.6	12.0

有机物容积负荷 M 一般不大于 $1200gBOD_5/(m^3$ 滤料·d)；有机物面积负荷 N_A 一般为 $1100\sim2000gBOD_5/(m^2$ 滤料·d)；表面水力负荷 q_F 一般为 $10\sim30m^3/(m^2$ 滤料·d)。

（3）旋转布水器设计

在生物滤池的布水系统中经常采用旋转布水器，如图 4-55 所示。旋转布水器由固定不动的进水竖管和可旋转的布水横管组成，布水横管一般为 2~4 根，可采用电力或水力驱动，目前常用水力驱动，旋转布水器具有布水均匀、水力冲刷作用强、所需作用压力小等优点。

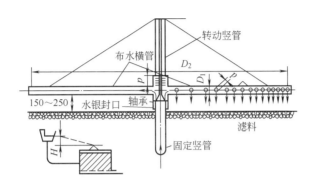

图 4-55　旋转布水器示意

旋转布水器按最大设计污水量计算，布水横管一般为 2~4 根，长度为池内直径减去 200mm，布水横管流速一般为 1.0m/s，横管上布水小孔直径为 10~15mm，布水小孔间距由中心向外逐渐缩小，一般从 300mm 逐渐缩小到 40mm，以满足布水均匀的要求，布水横管可采用钢管或塑料管，布水横管与滤床表面距离一般为 150~250mm。主要计算公式有：

① 每根布水横管上布水小孔个数 m

$$m=\frac{1}{1-\left(1-\dfrac{4d^2}{D_2}\right)} \tag{4-22}$$

② 布水小孔与布水器中心的距离 r_i

$$r_i=R\sqrt{\frac{i}{m}} \tag{4-23}$$

式中　　d——布水小孔直径；

$\quad\ \ D_2$——布水直径；

$\quad\ \ i$——布水横管上的布水小孔从布水器中心开始的序列号；

$\quad\ \ R$——布水半径。

旋转布水器在实际工作中所需的水压往往大于计算结果，实际值比计算结果增加 $50\%\sim100\%$。

3. 塔式生物滤池

塔式生物滤池属于第三代生物滤池，其工艺特点是：

① 加大滤层厚度来提高处理能力；

② 提高有机负荷以促使生物膜快速生长；

③ 提高水力负荷来冲刷生物膜，加速生物膜的更新，使其保持良好的活性。

塔式生物滤池各层生物膜上生长的微生物种属不同，但又适应该层的水质，有利于有机物的降解，并且能承受较大的有机物和毒物的冲击负荷，常用于处理高浓度的工业污水和各种有机污水。

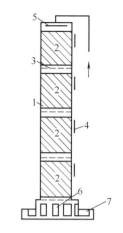

图 4-56 塔式生物滤池构造
1—塔身；2—滤料；3—格栅；
4—检修口；5—布水器；
6—通风孔；7—集水槽

（1）塔式生物滤池构造

塔式生物滤池构造如图 4-56 所示。在平面上呈圆形、方形或矩形，一般高度为 8～24m，直径 1～3.5m，径高比为 (1:6)～(1:8)。由塔身、滤料、布水系统、通风系统和排水系统组成。大、中型滤塔多采用电机驱动的旋转布水器，也可采用水力驱动的旋转布水器，小型滤塔则多采用固定喷嘴式布水系统、多孔管和溅水筛板布水器。

（2）塔式生物滤池设计

1）工艺参数确定

水力负荷可达 80～200 $m^3/(m^2 \cdot d)$，为高负荷生物滤池的 2～10 倍，有机物容积负荷可达 1000～3000gBOD$_5$/($m^3 \cdot d$)。进水浓度与塔高有关，浓度过高会导致生物膜生长过快，容易使滤料堵塞。进水有机物浓度和滤料层高度见表 4-20。进水 BOD$_5$ 应控制在 500mg/L 以下，否则需采取回流措施。

表 4-20 进水 BOD$_5$ 与滤料层高度

进水 BOD$_5$/(mg/L)	250	300	350	450	500
滤料层高度/m	8	10	12	14	>16

2）塔式生物滤池设计

在确定负荷率后，滤料容积可按下式计算。

$$V = \frac{S_a Q}{N_A} \tag{4-24}$$

式中 V——滤料容积，m^3；

S_a——进水 BOD$_5$，也可以按 BOD$_u$ 计算，g/m^3；

N_A——BOD 容积负荷，gBOD$_5$/(m^3 滤料 $\cdot$ d) 或 gBOD$_u$/(m^3 滤料 $\cdot$ d)；

Q——污水流量，取平均日污水量，m^3/d。

3）滤料层设计

塔式生物滤池宜采用轻质滤料，使用比较多的是环氧树脂固化的玻璃布蜂窝滤料。这种滤料的比表面积大，结构均匀，有利于空气流通与污水的均匀配布，流量调节幅度大，不易堵塞。滤料层沿高度方向分层建造，在分层处设格栅，格栅承托在塔身上，每层高度以不大于 2m 为宜，每层都应设检修孔、测温孔和观察孔。最上层滤料应比塔顶低 0.5m 左右，以免风吹影响污水的均匀分布。

4）通风系统设计

塔式生物滤池一般采用自然通风，塔底有高度 0.4～0.6m 的空间，周围留有通风孔，其有效面积不得小于滤池总面积的 7.5%～10%，当用塔式生物滤池处理工业污水（或吹脱有害气体）时，多采用人工机械通风。

4. 曝气生物滤池

曝气生物滤池（biological aerated filters，BAF）是 20 世纪 80 年代后期开发的一种污

水处理工艺，1990年法国OTV公司建造了世界第一座曝气生物滤池，称为淹没式固定生物膜曝气滤池。曝气生物滤池是在普通生物滤池、高负荷生物滤池、生物滤塔、生物接触氧化法等生物膜法的基础上发展的，被称为第三代生物滤池。曝气生物滤池采用人工强制曝气代替了自然通风；采用粒径小、比表面积大的滤料，显著提高了微生物浓度；采用生物处理与过滤处理联合方式，省去了二次沉淀池；采用反冲洗的方式，免去了堵塞的可能，同时提高了生物膜的活性；采用生物膜加生物絮体联合处理的方式，同时发挥了生物膜法和活性污泥法的优点。

（1）曝气生物滤池的基本结构

曝气生物滤池结构如图4-57所示。

上向流曝气生物滤池的结构形式与普通快滤池类似，不同之处在于前者增加了曝气系统，通过向滤池的滤料层中强制鼓入空气来代替自然通风供氧，以提供生存在滤料上的微生物新陈代谢所需的足够的、稳定的氧量。待处理污水由进水管流入缓冲配水区，污水在向上流过滤料层时，利用滤料高比表面积带来的高浓度生物膜的氧化降解能力对污水进行快速净化，此为生物氧化降解过程；同时，污水流经呈压实状态的滤料层时，利用滤料粒径较小的特点及生物膜的生物絮凝作用，截留污水中的悬浮物，且保证脱落的生物膜不会随水漂出，此为截留作用。净化处理后的出水从出水区和出水槽由管道排出，运行一定时间后，出水中会有部分脱落的微生物膜而使出水水质变差，同时水头损失增加，需对滤池进行反冲洗，以释放截留的悬浮物以及更新生物膜，此为反冲洗过程。此时关闭进水管阀门，启动反冲洗水泵，利用储备在清水池中的处理出水对滤池进行气水联合反冲洗。为保证布水、布气均匀，在滤料支撑板上均匀布置有专用的长柄滤头。在滤池反冲洗时，较轻的滤料有可能被水流带至出水口处，并在斜板沉淀区处沉降，回流至滤池内，以保证滤池内的微生物浓度。

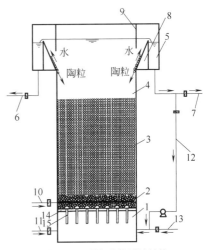

图4-57　曝气生物滤池结构

1—缓冲配水区；2—承托层；3—滤料层；
4—出水区；5—出水槽；6—反冲洗排水管；
7—净化水排出管；8—滤料沉淀区；9—栅型
稳流板；10—曝气管；11—反冲洗供气管；
12—反冲洗供水管；13—滤池进水管；
14—滤料支撑板；15—长柄滤头

对于曝气生物滤池来说，由于其特殊的池形结构而常采用穿孔管曝气器或专用曝气器。必须根据计算出的总供气量和每个空气扩散装置的通气量、服务面积、安装位置处的平面形状等数据，计算确定空气扩散装置的数目，并对其进行布置；也可按照工程经验来布置，一般每平方米滤池截面应布置36～49个单孔膜空气扩散器。

（2）曝气生物滤池的分类

根据曝气生物滤池的进水方式、填料等不同，可以分为BIOCARBONE、BIOSTYR、BIOFOR、BIOSMEDI等多种应用类型，此外还有BIOPUR、B2A等工艺。根据污水过滤方向的不同，曝气生物滤池可分为上向流和下向流，二者的池型结构基本相同。早期的曝气生物滤池多采用下向流，如BIOCARBONE。现在多采用上向流方式（简称UBAF），使布水、布气更加均匀；同时，在水气上升过程中可把底部截留的SS带入滤池中上部，增加了滤池的纳污能力，延长了工作周期。本书主要介绍BIOFOR工艺。

BIOFOR 曝气生物滤池结构如图 4-58 所示。

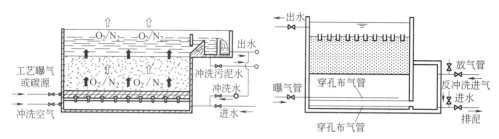

图 4-58　BIOFOR 曝气生物滤池结构示意

BIOFOR 滤池的底部为气水混合室，其上依次为滤板和专用长柄滤头、承托层、滤料，曝气器位于承托层内，提供微生物新陈代谢所需的氧气。BIOFOR 滤池与 BIOSTYR 滤池相比，不同之处在于 BIOFOR 滤池采用密度大于水的滤料自然堆积，滤板和专用长柄滤头在滤料层下部，以支撑滤料的重量；而 BIOSTYR 滤池中的滤板和滤头在滤料层顶部，以克服滤料层的浮力。BIOFOR 滤池其余的结构、运行方式、功能等与 BIOSTYR 滤池基本相同。

BIOFOR 曝气生物滤池工艺流程如图 4-59 所示。

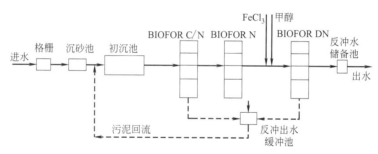

图 4-59　BIOFOR 曝气生物滤池工艺流程

污水通过格栅、沉砂池除去粗大漂浮物和泥砂后，进入初沉池进行 SS、COD_{Cr}、BOD_5 和油的初步去除，出水从底部进入一级 BIOFOR 滤池（BIOFOR C/N）进行 COD_{Cr}、BOD_5 的降解及部分氨氮的氧化；上向流出水后，从底部进入二级 BIOFOR 滤池（BIOFOR N），进行剩余 COD_{Cr}、BOD_5 的降解及氨氮的完全氧化，如有除磷要求再从底部进入三级 BIOFOR 滤池（BIPFOR DN），通过在进水端投加碳源（如甲醇等）和化学除磷剂（如 $FeCl_3$）进行反硝化脱氮和化学除磷，最终达到排放标准。C/N 曝气生物滤池的供氧量包括去除污水中 BOD 的需氧量和氨氮部分硝化的需氧量两部分。N 曝气生物滤池主要用来对 C/N 曝气生物滤池出水中的氨氮进行硝化和反硝化，从而达到脱氮的目的，虽然二者的处理功能不同，但其结构完全相同，曝气系统一般都设置在滤池底部。可以根据不同出水水质标准，对 BIOFOR 滤池的级数进行取舍。

BIOFOR 工艺中需另外建造两个池子：反冲洗储备水池（可考虑与消毒池合并）、反冲洗出水缓冲池。BIOFOR 滤池每运行一定周期（24～48h）即进行气水联合冲洗，反冲洗泥水先进入缓冲池，慢慢回流入初沉池，避免反冲洗泥水对初沉池造成冲击负荷，BIOFOR 反冲洗泥水具有较强的活性，有利于原污水中 SS 的沉降及 COD_{Cr} 的去除。滤料为 PILLIP MULLER 公司研制开发的专用滤料 BIOLITE（膨胀硅铝酸盐），有效尺寸为 1～6mm，通过该公司的专利技术空气扩散器 OXAZUR，能够得到较高的溶解氧（约 25％），从而使整个曝气过程的能量消耗降到最小。OXAZUR 的另一特点是能用水进行冲刷，能将生长出来的无用菌以及其他杂质冲洗掉，从而保证运行效率。

BIOFOR 曝气生物滤池在国内外已有不少成功的应用实例，技术基本成熟，可有效去除悬浮固体、BOD_5 和 COD_{Cr}，并能脱氮，出水水质好。此外，该工艺占地少，易于与其他工艺进行组合，比较适合城市污水处理厂的改扩建。法国 Suez 水务集团下属的 Infli-co Dégremont 公司还在此工艺基础上研发了 DENSADEG＋BIOFOR 工艺。

（3）曝气生物滤池的反冲洗与曝气设备

1）滤板与滤梁

曝气生物滤池通常采用小阻力配水系统，主要由滤板、长柄滤头等组成。滤板起着固定滤头、承载生物滤料、间隔配水（气）室和反应池的作用。滤板、滤梁的设计施工要求与给水 V 型滤池相同，滤梁设计除保证纵向强度外还应具备必要的横向刚度，以抵御滤板安装时可能发生的水平力作用。滤板、滤梁的强度应比池体混凝土提高一级，其制作、安装精度要求很高，应由专业厂家用专用钢模生产。

2）长柄滤头

曝气生物滤池专用长柄滤头的结构与一般给水用长柄滤头相同，但较长一些，约355mm 左右。采用 ABS 塑料制造，由滤帽、滤杆（管）、预埋管套、防堵塞滤帽四部分组成，前三者之间用螺纹连接，使用橡胶垫圈，密封性好。在滤帽底座设计增强底缝，使之与滤板间无死水区、不积泥。正常运行时，进入滤池的污水首先进入滤板下方的缓冲配水区，在此先进行一定程度的混合后，依靠滤头的阻力作用使污水在滤板下均匀、均质分布，并通过滤板上的滤头均匀地流入滤料层。

滤池进水虽然已经过预处理，其中的悬浮物质仍然较多，且较粗大，特别是生活污水黏稠物质多，水中混有许多塑料薄膜碎片，对滤头危害很大。为了避免堵塞，滤池滤头缝隙应比给水滤头宽 2.0～2.5mm，每个滤头缝隙总面积约 250～350mm^2，开孔比可比给水滤头大 0.011～0.015。配气孔直径 $\phi2.0～2.5mm$，位置应在滤杆丝扣之下或与滤板底面平齐，与滤杆下端的配水条形孔的距离应保持在 150～200mm 以上。开孔比过大除了影响反冲洗均匀性外，还会导致配水配气稳定性下降（对反洗系统内其他因素的微小变化敏感）。

在 BAF 工艺里，整个气水反冲洗过程都通过长柄滤头完成。气水联合反冲洗结束后，单独用水再进行反冲洗。

3）曝气设备

单孔膜曝气器是向曝气生物滤池中供氧的空气扩散器，主要由供气管道、管道夹、紧固圈、单孔硅橡胶膜片、筒形出气口等部件组成。除单孔膜片以优质橡胶为原材料外，其余部分均采用 ABS 工程塑料制造。管道夹分成上下两个半圆形瓦片，紧固圈为左右各一个。上瓦片外侧中间位置设计为可以防止膜片被滤料挤压的筒形出气口，沿出口内侧有环型凹槽；下瓦片内侧正对上瓦片筒形出气口中心位置设有定位销；圆形橡胶膜一面有环形圈，另一面是平面膜，平面中心有一个气孔。

首先将供气管道按设计要求均匀钻孔作为空气出气口，并在管道下方外圆柱面与出气口对应的位置钻一盲孔以与下瓦片定位销进行定位配合。安装时先将橡胶膜片嵌入上瓦片（膜片的环形圈嵌入上瓦片内侧的环形凹槽），再将上下瓦片夹紧供气管道，并使管道气孔对准膜片孔，定位销插入管道盲孔，使瓦片不产生偏移。最后将左右紧固圈套在扩散器两端，并拧转一定角度后锁紧固定。

许多个单孔膜曝气器固定在供气管道上，与分配器共同组成供氧通道，安置于滤料层中。由于半圆形管夹的正中位置向上设有防止滤料堆压膜片的筒形出气口，故在四周有滤料堆压的情况下，橡胶膜片也能正常工作，且膜片上的布气孔眼不易被滤料堵塞。

4）组装使用

在曝气生物滤池内先安装滤板、曝气生物滤池专用滤头，然后安装单孔膜曝气器。曝气器安装在滤料承托层中，并固定在滤板上，采用不锈钢膨胀螺栓 M6×65 固定，再倒入鹅卵石垫层，高度约 200m，最后倒入挂膜生物陶粒滤料。

曝气生物滤池与给水 V 型滤池一样，通常采用气动蝶阀控制，以过滤、干燥的压缩空气为动力。为减少空压机启动频率，有必要另配一个较大的贮气罐。管道材质最好采用不锈钢管或无缝钢管，镀锌钢管（丝扣连接）接头气密性较差，长期运行内壁易生锈，锈斑一旦脱落便会堵塞电磁阀。采用铝塑复合管虽可防止锈蚀，但因其刚度不足，运行时在空气压力作用下接头处容易脱开。通往滤池各格或设备（如反洗水泵、鼓风机）的支管前端应有控制阀门（法兰连接），便于分段检修。

三、生物转盘反应装置及附属设备设计选型

生物转盘是在生物滤池基础上发展起来的一种高效、经济的污水生物处理设备，具有结构简单、运转安全、电耗低、抗冲击负荷能力强，不发生堵塞的优点，目前已广泛运用到我国的生活污水以及许多行业的工业污水处理中，并取得良好效果。

1. 生物转盘的结构及净化作用原理

（1）生物转盘构造

生物转盘污水处理装置由生物转盘、氧化槽和驱动装置组成，构造如图 4-60 所示。

生物转盘由固定在一根轴上的许多间距很小的圆盘或多角形盘片组成，盘片是生物转盘的主体，作为生物膜的载体要求具有质轻、强度高、耐腐蚀、防老化、比表面积大等特点，氧化槽位于转盘的正下方，一般采用钢板或钢筋混凝土制成与盘片外形基本吻合的半圆形，在氧化槽的两端设有进出水设备，槽底有放空管。

（2）净化原理

生物转盘净化反应过程与物质传递示意图如图 4-61 所示。生物转盘在旋转过程中，当盘面某部分浸没在污水中时，盘上的生物膜便对污水中的有机

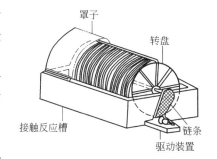

图 4-60 生物转盘构造

物进行吸附。当盘片离开液面暴露在空气中时，盘上的生物膜从空气中吸收氧气对有机物进行氧化。通过上述过程，氧化槽内污水中的有机物减少，污水得到净化，转盘上的生物膜也同样经历挂膜、生长、增厚和老化脱落的过程，脱落的生物膜可在二次沉淀池中去除。生物转盘系统除可有效地去除有机污染物外，如运行得当可具有硝化、脱氮与除磷的功能。

2. 生物转盘的组合形式及工艺流程

根据生物转盘的转轴和盘片的布置形式，生物转盘可以是单轴单级形式（见图 4-60），也可以组合成单轴多级形式（见图 4-62）或多轴多级形式（见图 4-63）。

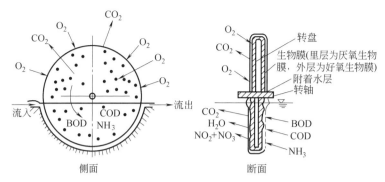

图 4-61　生物转盘净化反应过程与物质传递示意

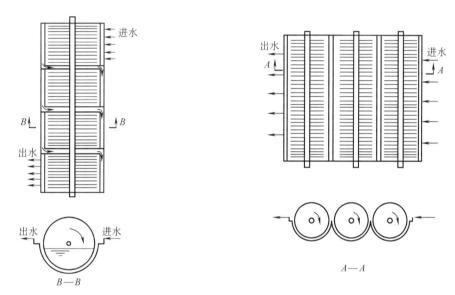

图 4-62　单轴多级生物转盘示意

图 4-63　多轴多级生物转盘示意

　　城市污水生物转盘系统的基本工艺流程如图 4-64 所示。对于高浓度有机污水可采用图 4-65 所示的工艺流程，该流程能够将 BOD 值由数千 mg/L 降至 20mg/L。

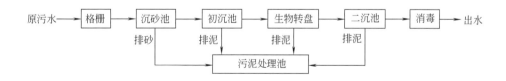

图 4-64　生物转盘污水处理系统基本工艺流程

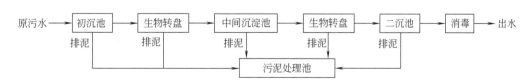

图 4-65　生物转盘二级污水处理工艺流程

根据上述工艺流程，生物转盘污水处理系统具有如下特征。

① 微生物浓度高，特别是最初几级生物转盘微生物浓度高，这是生物转盘效率高的主要原因。

② 反应槽不需要曝气，污泥无须回流，因此动力消耗低，这是生物转盘最突出的特征，耗电量为 0.7kWh/kgBOD$_5$，运行费用低。

③ 生物膜上微生物的食物链长，产生污泥量少，在水温为 5~20℃ 的范围内，BOD 的去除率为 90% 时，去除 1kgBOD$_5$ 的污泥量为 0.25kg。

3. 生物转盘的设计

（1）生物转盘工艺设计

工艺设计的主要内容是转盘总面积。设计参数主要有停留时间、容积水力负荷和盘面面积有机负荷。

① 按盘面面积有机负荷 N 计算转盘总面积 F 的公式为

$$F = \frac{Q(L_a - L_t)}{N} \tag{4-25}$$

式中　　F——转盘总面积，m^2；

　　　　Q——进水流量，m^3/d；

　　　　L_a——进水 BOD$_5$，mg/L；

　　　　L_t——出水 BOD$_5$，mg/L；

　　　　N——面积负荷，gBOD$_5$/（m^2 盘片·d），一般取 10~20g BOD$_5$/（m^2 盘片·d）。

② 按表面水力负荷 q 计算 F 公式如下

$$F = \frac{Q}{q} \tag{4-26}$$

式中　　q——水力负荷，一般为 50~100L/（m^2 盘片·d）。

（2）负荷率的确定

生物转盘计算用的各项负荷原则上应通过试验确定，在当前国内外大量运行数据的基础上，归纳出生活污水 BOD 的去除率与盘面负荷的关系。生活污水的面积负荷见表 4-21。

表 4-21　生活污水的面积负荷

盘面负荷/gBOD$_5$·（m^2 盘片·d）	6	10	25	30	60
BOD 的去除率/%	93	92	90	81	60

（3）生物转盘结构设计

① 盘片用聚氯乙烯、聚乙烯、泡沫聚苯乙烯、玻璃钢、铝合金或其他材料制成。盘片的形状可以是平板或波纹板。盘片的直径一般为 2.0~3.6m，如现场组装直径可以大一些，甚至可达 5.0m，采用表面积较大的盘片能够缩小反应槽的平面面积，减少占地面积。不同材料的盘片厚度见表 4-22。

表 4-22　不同材料的盘片厚度

材料名称	聚苯乙烯泡沫塑料	硬聚氯乙烯板	玻璃钢	金属板
盘片厚度/mm	10~15	3~5	1~2.5	1

② 盘片间距在进水段一般为 25~35mm，出水段一般为 10~20mm。

③ 盘片周边与反应槽内壁距离不得小于 150mm。

④ 转轴中心与水面距离不得小于 150mm。

⑤ 转盘浸没率即转盘浸于水中面积与盘面总面积之比，一般为 20%～40%。

⑥ 转盘转速一般为 0.8～3.0r/min，线速度为 15～18m/min。

（4）SZ 系列生物转盘

可适用于生活污水和工业污水的生化处理。表 4-23 为 SZ 系列生物转盘的主要技术参数。

表 4-23 SZ 系列生物转盘主要技术参数

型　　号	盘片直径 /m	槽体容积 /m³	转速 /(r/min)	运转重量 /t	有效面积 /m²	功率 /kW
SZA-1.5×1.35	1.5	1.1	3.9	3.0	169	0.37
SZA-1.5×2.73	1.5	2	3.9	4.5	338	0.75
SZA-2×1.35	2	2	3.2	4.5	307	0.75
SZA-2×2.73	2	3.87	3.2	7.2	614	1.5
SZA-2.5×1.35	2.5	2.5	2.5	6.0	483	1.5
SZA-2.5×2.73	2.5	4.85	2.5	10.1	966	2.2
SZA-3×1.35	3	3	2.0	8.7	695	1.5
SZA-3×2.73	3	5.8	2.0	14.3	1390	2.2
SZB-1.5×1.35	1.5	1.1	3.9	3.0	263	0.37
SZB-1.5×2.73	1.5	2	3.9	4.5	509	0.75

四、生物接触氧化反应装置及附属设备设计选型

生物接触氧化污水处理技术（又称淹没式生物滤池、接触曝气法），是一种介于活性污泥法与生物滤池两者之间的生物处理技术，具有两者的优点：生物量高（附着生物膜量可达 8000～40000mgMLVSS/L），有机物的去除能力强；对冲击负荷的适应能力强；产生的污泥量少，污泥颗粒大，易于沉淀，不产生污泥膨胀；操作简单、运行方便、易于管理。

1. 接触氧化池结构

接触氧化池由池体、填料及支架、曝气装置、进出水装置以及排泥管道等组成，如图 4-66 所示。接触氧化池的池体在平面上多为圆形、矩形或方形，是用钢板焊接制成的设备或用钢筋混凝土建造的构筑物，各部位尺寸为：池内填料高度 3.0～3.5m；底部布气层高 0.6～0.7m，顶部稳定水层高 0.5～0.6m，总高度约 4.5～5.0m。

接触氧化池的形式按曝气装置的位置分为两种。

1）分流式

污水充氧与填料分别在不同的隔间内进行，优点是污水流过填料速度慢，有利于微生物的生长；缺点是冲刷力太小，生物膜更新慢且易堵塞。

2）直流式

曝气装置在填料底部，直接向填料鼓风曝气使填料区的水流上升，优点是生物膜更新快，能经常保持较高的活性，并避免产生堵塞现象。按水流循环方式有内循环式和外循环式。按曝气方式又可分为鼓风曝气、表面曝气和射流曝气等几种，生物接触氧化池构造如表 4-24 所示。目前国内使用较多的是鼓风曝气，以微孔曝气器和穿孔管居多。国内一般多采用直流式接触氧化池，其特点是在填料底部曝气，在填料上产生向上气流，生物膜受到气流的冲击、搅动，加速脱落、更新，使生物膜经常保持较高的活性，而且能够避免堵塞现象发生。此外，上升气流不断与填料撞击，使气泡反复切割，粒径减小，增加了气泡与污水的接触面积，提高了氧气的转移速率。

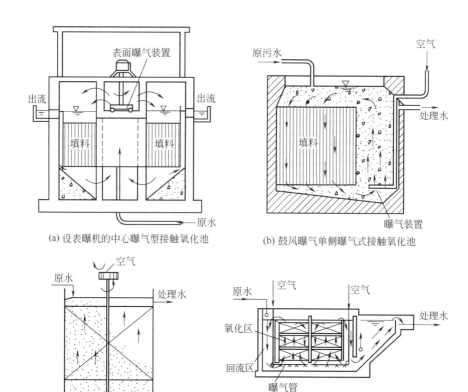

(a) 设表曝机的中心曝气型接触氧化池

(b) 鼓风曝气单侧曝气式接触氧化池

(c) 鼓风曝气直流式接触氧化池

(d) 外循环直流式接触氧化池

图 4-66　接触氧化池基本构造

表 4-24　生物接触氧化池构造

型式		曝气系统	特征
分流式（又称内循环式）	中心曝气式	中心表面曝气[如图 4-66(a)]	适用范围：BOD$_5$＜100mg/L，适用于三级处理。优点：废水在一单独的格内充氧，实现曝气和氧的转移过程，在另一格内，废水缓慢、安静地流经填料，与生物膜接触，有利于微生物的生长繁殖；污水反复通过充氧和接触两个过程，进行单向或双向循环，所以混合液中溶解氧充足、供氧状况良好。缺点：生物膜自行脱落，更新速度慢，易堵塞
		中心鼓风曝气[如图 4-66(c)]	
	单侧曝气式	鼓风曝气[如图 4-66(b)]	
直流式（又称全面曝气式接触氧化池）		鼓风曝气[如图 4-66(d)]	适用范围：BOD$_5$＝100～300mg/L，适用于二级处理。优点：在填料底部直接布气进行鼓风曝气，生物膜受到上升气流的冲击、搅动，加速脱落、更新，使其经常保持较好的活性，可避免堵塞

2. 生物接触氧化法处理技术的工艺流程

生物接触氧化处理技术的工艺流程一般分成一段（级）处理流程、二段（级）处理流程和多段（级）处理流程，这几种工艺各具特点及适用条件。

（1）一段（级）处理流程

一段（级）处理流程见图 4-67。污水经初沉池后进入接触氧化池，经二沉池沉淀后排出，整个工艺不需要污泥回流，污水在接触氧化池内为完全混合，微生物处于对数增殖期和减衰增殖期的前段，生物膜增长较快，有机物降解速率也较高。该流程简单、易于维护、投资较低。

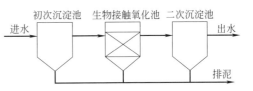

图 4-67　一段（级）生物接触氧化法工艺流程

（2）二段（级）处理流程

二段（级）处理流程见图 4-68。污水经初沉后进入第一段接触氧化池氧化，出水经中间沉淀池进行泥水分离，上清液进入第二段接触氧化池，最后经二沉池再次泥水分离后排放。在该流程中第一段为高负荷段，第二段为低负荷段。这样更能适应原水水质的变化，使处理水水质趋于稳定。

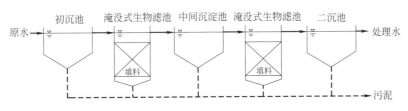

图 4-68　二段（级）生物接触氧化法工艺流程

（3）多段（级）处理流程

多段（级）处理流程由三段或多于三段的生物接触氧化池组成，由于设置了多段接触氧化池，将生物高负荷、中负荷、低负荷明显分开，能够提高总的处理效果。该流程经过适当的运行能增加硝化、脱氮功能。

3. 生物接触氧化池的设计计算

生物接触氧化池的个数或分格数不少于两个，并按同时工作设计，设计流量按日平均流量计算。接触氧化池填料的体积可以按容积负荷率法计算，计算公式如下。

$$W = \frac{QS_0}{N_w} \tag{4-27}$$

式中　S_0——原污水 BOD_5 值，g/m^3 或 mg/L；

　　　N_w——BOD 容积负荷率，$gBOD_5/(m^3 \cdot d)$。

容积负荷率一般可按表 4-25 选取。

表 4-25　接触氧化法容积负荷率建议值

污 水 类 型	城市污水(二级处理)	印染污水	农药污水	酵母污水	涤纶污水
BOD 容积负荷率/[kgBOD$_5$/(m^3·d)]	3.0~4.0	1.0~2.0	2.0~2.5	6.0~8.0	1.5~2.0

BOD 容积负荷率与处理水水质要求有密切的关系，表 4-26 是我国在这方面积累的资料数据，可供设计时参考，接触氧化池接触时间可按下式计算。

$$t = 0.33 \times \frac{P}{75} \times S_0^{0.46} \times \ln\frac{S_0}{S_e} \tag{4-28}$$

式中　t——接触反应时间，h；

　　　S_0——原污水 BOD_5 值，mg/L；

　　　S_e——处理水 BOD_5 值，mg/L；

　　　P——填料实际填充率，%。

表 4-26 BOD 容积负荷率与处理水水质关系数据

污水类型	城市污水		印染污水		黏胶污水	
处理水 BOD$_5$/(mg/L)	30	10	50	20	20	10
BOD 容积负荷率/[kgBOD$_5$/(m^3·d)]	5.0	2.0	2.5	1.0	3.0	1.5

4. 生物流化床

生物流化床是使污水通过流化接触的颗粒床，流化的颗粒床表面生长有生物膜，污水在流化床内同分散十分均匀的生物膜相接触而获得净化。生物流化床的污水净化机理综合了流化机理、吸附机理和生物化学机理，尽管过程十分复杂，但具备活性污泥法均匀接触条件所形成的高效率和生物膜法能承受负荷变动冲击的优点，所以这种方法颇受人们的重视。

（1）生物流化床的类型及工艺特征

生物流化床主要根据载体流化的动力来源划分其类型，表 4-27 所列举的是生物流化床的分类和充氧方式。

表 4-27 生物流化床分类和充氧方式

流化床	去除对象	流化方式	充氧方式
好氧流化床	有机污染物（BOD、COD）氮	液流动力流化床	表面机械曝气、鼓风曝气、加压溶解
		气流动力流化床	
		机械搅动流化床	鼓风曝气
厌氧流化床	硝酸氮亚硝酸氮	液流动力流化床	
		机械搅动流化床	

三种好氧流化床污水处理工艺如下。

1）液流动力流化床

液流动力流化床亦称二相流化床，见图 4-69。液流动力流化床以纯氧或空气为氧源，如以纯氧为氧源并配以压力充氧设备时，水中溶解氧可高达 30mg/L。如以一般的曝气方式充氧，污水中的溶解氧很低，大致在 8～10mg/L，经过充氧后的污水与回流水混合从底部通过布水装置进入生物流化床，缓慢而均匀地沿床体横断面上升，在推动载体使其处于流化状态的同时，又广泛、连续地与载体上的生物膜相接触，处理后水经二沉池排除。

2）气流动力流化床

气流动力流化床亦称三相生物流化床，见图 4-70，气流动力流化床液（污水）、固（载体）、气三相同步进入床体。本工艺的技术关键是防止气泡在床内合并形成大气泡，影响充氧效果，对此可采用减压释放充氧，采用射流充氧也有一定效果。

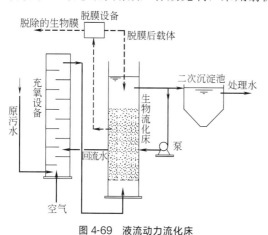

图 4-69 液流动力流化床　　　　图 4-70 气流动力流化床

气流动力流化床具有如下特征：

① 高速区去除有机污染物，BOD 容积负荷率可高达 5kg/（m³·d），处理水的 BOD_5 可保持在 20mg/L 以下（对城市污水）；

② 便于维护运行，对水质、水量变动有一定的适应性；

③ 占地少，在同一水量、水质的要求下，设备占地面积只有活性污泥法的 1/5～1/8。

本工艺的主要缺点是脱落在处理水中的生物膜颗粒细小，用单纯沉淀法难以全部去除，如用混凝沉淀则可获得优质的处理水。

3）机械搅动流化床

机械搅动流化床见图 4-71，又称悬浮粒子生物膜处理工艺，采用一般的空气扩散装置充氧。本工艺具有如下特征：

① 降解速率高，反应室单位容积载体的比表面积较大，可达 8000～9000m²/m³；

② 用机械搅动的方式使载体流化、悬浮、反应可保持均一性，生物膜与污水接触的效率较高；

③ MLVSS 值比较固定，无须通过运行加以调整。

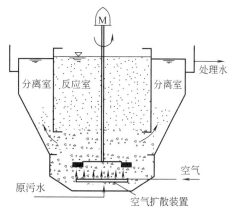

图 4-71 机械搅动流化床

（2）生物流化床的构造

生物流化床由床体、载体、布水装置、充氧装置和脱膜装置等部分组成。

1）生物流化床体

一般呈圆形或方形，高度与直径可在较大范围中选用，一般采用（3～4）:1 为宜。内循环式三相生物流化床（见图 4-70）由三部分组成，在床体中心设输送混合管，其外侧为载体下降区，上部为载体分离区，升流区截面积与降流区截面积之比宜接近 1，流化床顶部的澄清区应按照截流被气体挟带的颗粒的要求进行设计。机械搅动流化床为反应、沉淀一体化反应器，在计算时应用 120m³/（m²·d）的水面负荷率加以核对。

2）载体

一般是砂、活性炭、焦炭等较小的颗粒物质，直径为 0.6～1.0mm，能提供的表面积很大。表 4-28 为常用载体及其物理参数。

表 4-28　常用载体及其物理参数

载　体	粒径 /mm	密度 /（t/m³）	载体高度 /m	膨胀率 /%	空床时水上升速度 /（m/h）
聚苯乙烯球	0.3～0.5	1.005	0.7	50 100	2.95 6.90
活性炭（新华8#）	ϕ(0.96～2.14)×L(1.3～4.7)	1.50	0.7	50 100	84.26 160.50
焦炭	0.25～3.0	1.38	0.7	50 100	56 77
无烟煤	0.5～1.2	1.67	0.45	50 100	53 62
细石英砂	0.25～0.50	2.50	0.7	50 100	21.6 40

注：本表所列为载体未被生物膜包覆时的数据。

3）布水装置

对于液流动力流化床，载体的流化主要由底部进入的污水形成，因此要求布水装置能均匀布水，常用布水设备见图 4-72。

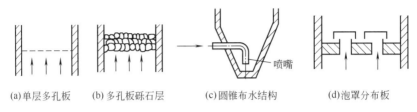

(a)单层多孔板　　(b)多孔板砾石层　　(c)圆锥布水结构　　(d)泡罩分布板

图 4-72　常用布水设备

4）充氧设备

体内充氧装置一般采用射流充氧或扩散曝气；体外充氧装置有跌水式和曝气锥式两种。

5）脱膜装置

液体动力流化床需要脱膜装置，常用振动筛、叶轮脱膜装置、刷式脱膜装置等。

五、填料的性能及选用参数

填料是生物膜载体，是生物膜法处理工艺的关键所在，直接影响处理效果。填料的费用在生物膜法系统的基建费中占有较大比重，所以选定适宜的填料具有经济和技术的意义。

1. 填料的性能要求及分类

（1）填料的性能要求

在生物膜法污水处理系统中，对填料的性能要求有以下几个方面。

① 水力特性　要求比表面积大、空隙率高、水流畅通、阻力小、流速均一；

② 生物膜附着性　要求有一定的生物膜附着性能；

③ 化学与生物稳定性　要求经久耐用，不溶出有害物质，不导致产生二次污染；

④ 经济性　要求价格便宜、货源广，便于运输和安装。

（2）填料分类

① 按形状可以分为蜂窝状、束状、筒状、列管状、波纹状、板状、网状、盾状、圆环辐射状以及不规则形状等。

② 按性状可以分为硬性、软性、半软性等。

③ 按材质可以分为塑料、玻璃钢、纤维等。

2. 常用填料

（1）蜂窝状填料

蜂窝状填料如图 4-73 所示，材质为玻璃钢及塑料。

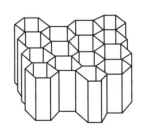

图 4-73　蜂窝状填料

这种填料的主要特性有：比表面积大，（$133 \sim 360 \mathrm{m^2/m^3}$，根据内切圆直径而定）；空隙率高（$97\% \sim 98\%$）；质轻但强度高，堆积高度可达 $4 \sim 5 \mathrm{m}$；管壁无死角；衰老生物膜易于脱落等。主要缺点是：如选定的蜂窝孔径与 BOD 负荷率不相适应，生物膜的生长与脱落失去平衡，填料易堵塞；如采用的曝气方式不适宜，则蜂窝管内的流速难以均匀。因此选定的蜂窝孔径应与 BOD 负荷率相适应，采取全面曝气方式并采取分层填充措施，在两层之间留有 $200 \sim 300 \mathrm{mm}$ 的间隙，每层高 $1.0 \mathrm{m}$，使水流在层间再次分配，形成横流与紊流，使水流得到均匀分布，并防止中下部填料因受压而变形。表 4-29 为玻璃钢蜂窝填料主要技术参数。

表 4-29 玻璃钢蜂窝填料主要技术参数

孔径 /mm	密度 /(kg/m³)	壁厚 /mm	比表面积 /(m²/m³)	孔隙率 /%	适用的进水 BOD₅/(mg/L)	块体规格/mm
19	40～42		208	98.4	<100	700×500×5
25	31～33	0.2	158	98.7	100～200	800×800×230
32	24～26		139	98.9	200～300	1000×500×5
36	23～25		110	99.1	300～400	800×500×200

（2）波纹板状填料

波纹板状填料如图 4-74 所示。波纹板状填料用硬聚氯乙烯平板和波纹板相隔粘接而成，其规格和主要性能见表 4-30。

这种填料的主要特点是孔径大，不易堵塞；结构简单，便于运输、安装，可单片保存现场黏合；质量轻、强度高，防腐蚀性能好。主要缺点是难以得到均一的流速。

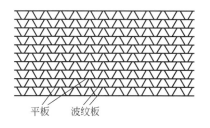

平板 波纹板

图 4-74 波纹板状填料

表 4-30 波纹板状塑料填料的规格和主要性能

型 号	材 质	比表面积 /(m²/m³)	孔隙率 /%	密度 /(kg/m³)	梯形断面孔径 /mm	规格/mm
立波-Ⅰ型		113	>96	50	50×100	1600×800×50
立波-Ⅱ型	硬聚氯乙烯	150	>93	60	40×85	1600×800×40
立波-Ⅲ型		198	>90	70	30×65	1600×800×30

（3）改型软性填料

软性填料如图 4-75 所示，也称软性纤维状填料，自 20 世纪 80 年代初由上海石化总厂环保研究所试制成功以来，由于具有比表面积大、利用率高、空隙可变不堵塞、重量轻、强度高、性能稳定、运输方便、组装容易等优点，近年来已被广泛应用于印染、丝绸毛纺、食品、制药、石油化工、造纸、麻纺、医院、含氰等污水处理中。为了使其发挥更大的经济效益，有关科研单位对软性填料进行了改进，克服了实际表面积不大、中心绳易断、纤维束中间结团等弊病。改型软性填料采用纺搓的纤维串联压有纤维丝均匀分布的塑料圆片，组成一定长度的单元纤维束，改善了原来的中心绳散丝打结抗拉力不均匀、运转时

纤维 中心绳

图 4-75 软性填料

易断的缺点以及纤维丝在水中难以横向展开、分布不均匀、偏向、生物膜结团、实际比表面积低、使用寿命短等弊病。改型后产品已发展成第二型、第三型系列产品。具体产品规格见表 4-31～表 4-33。

表 4-31　第一型软性填料产品规格

项　　目	A1	B1	C1	D1	E1	F1
纤维束长度/mm	60	80	100	120	140	160
束间距离/mm	30	40	50	60	70	80
安装间距/mm	60	80	100	120	140	140
纤维束量/(束/m)	9259	3906	2000	1157	729	488
密度/(kg/m³)	10~17	6~7	4~5	2.5~3	2~2.5	1.5~2
成膜后密度/(kg/m³)	200	110	72	50	39	28
孔隙率/%	>99					
理论比表面积/(m²/m³)	9891	5563	3560	2472	1987	1390

表 4-32　第二型软性填料产品规格

项　　目	A2	B2	C2	D2	E2	F2
纤维束长度/mm	60	80	100	120	140	160
束间距离/mm	30	40	50	60	70	80
安装间距/mm	60	80	100	120	140	140
纤维束量/(束/m)	9259	3906	2000	1157	729	488
密度/(kg/m³)	12~14	7~8	5~6	3~3.5	2.5~3	2~2.5
成膜后密度/(kg/m³)	200	110	72	50	39	28
孔隙率/%	>99					
理论比表面积/(m²/m³)	9891	5563	3560	2472	1987	1390

表 4-33　第三型软性填料产品规格

项　　目	A3	B3	C3	D3	E3	F3
纤维束长度/mm	80	100	120	140	160	180
束间距离/mm	30	40	50	60	70	80
安装间距/mm	60	80	100	120	140	160
纤维束量/(束/m)	9259	3906	2000	1157	729	488
密度/(kg/m³)	14~16	8.5~10	6~7	3.5~4	3~3.5	2.5~3
成膜后密度/(kg/m³)	266	137	78	58	45	32
孔隙率/%	>99					
理论比表面积/(m²/m³)	11188	6954	4273	2884	2270	1564

（4）半软性填料

半软性填料如图 4-76 所示，由变性聚乙烯塑料制成，具有一定的刚性和柔性，能保持一定的形状，又有一定的变性能力。

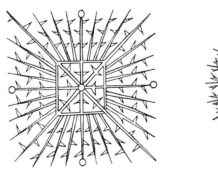

图 4-76　半软性填料

半软性填料具有散热性能好，阻力小，布水、布气性能好，质量轻，耐腐蚀，不堵塞，安装、运输方便等优点。表 4-34 为半软性填料主要技术指标。

表 4-34　半软性填料主要技术指标

材　　质	比表面积 /(m²/m³)	孔隙率/%	密度/(kg/m³)	单片尺寸/mm
变性聚乙烯塑料	87～93	97.1	13～14	ϕ120,ϕ160,100×100, 120×120,150×150

（5）多孔球形悬浮填料

多孔球形悬浮填料如图 4-77 所示，由 XY-H7060EA 型材料（高密度聚乙烯）制成直径为 80mm 的球体，其质量为 17g 左右，外壳重 13～14g，填充料仅为 3.5g。其特点是微生物挂膜快，老化的生物膜易脱落，材质稳定，抗酸碱，耐老化，使用寿命长达 15 年，长期不需要更换，产品耐生物降解，安装方便。

（6）组合填料

组合填料是在软性与半软性填料基础上发展而成的，其结构如图 4-78 所示，由高分子聚合塑料和合成纤维长丝组成，用高密度塑料拉丝制绳而成。塑料片体经特殊加工能与纤维同时挂生物膜，且能有效地切割气体，提高氧利用率。纤维均匀分布在塑料片体周围，使纤维的有效面积充分利用起来，大大提高生化池有效容积内的生物污泥量，从而提高污水处理效果。组合填料的性能优于软性和半软性填料，弥补了前两种填料的不足，使得它易于挂生物膜，老化的生物膜又容易脱落。

图 4-77　多孔球形悬浮填料

图 4-78　组合填料

（7）不规则粒状填料

不规则粒状填料有砂粒、碎石、无烟煤、焦炭以及矿渣等，粒径一般由几毫米到数十毫米。这类填料的主要特点是表面粗糙，易于挂膜，截留悬浮物的能力较强，易于就地取材，价格便宜等。存在的问题是水流阻力大，易产生堵塞现象，应根据污水处理工艺选择合适的填料及其粒径。

（8）活性生物填料

活性生物填料是一种新型生物活性载体，采用科学配方，根据污水性质不同，在高分子材料中融合多种有利于微生物快速附着生长的微量元素，经过特殊工艺改性、构造而成，具有比表面积大、亲水性好、生物活性高、挂膜快、处理效果好、使用寿命长等优点，广泛应用于市政、电力、制药、化工、电镀、冶金、医疗、机械、造纸、印染、食品加工、水产养殖等领域。图 4-79 为新型活性生物填料结构，图 4-80 为新型活性生物填料原理，其主要技术参数见表 4-35。

图 4-79 新型活性生物填料结构

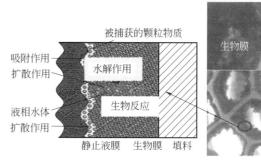

图 4-80 新型活性生物填料原理

表 4-35 新型活性生物填料主要技术参数

型　号	I	II
规格/mm	$\phi 10\times 10$	$\phi 25\times 12$
相对密度/(g/cm³)	＞0.96	＞0.96
堆积个数/(个/m³)	365400	135256
有效表面积/(m²/m³)	＞500	＞500
空隙率/%	＞95	＞95
投配率/%	15～67	15～70
挂膜时间/d	3～15	3～15
硝化效率/[gNH₄-N/(m³·d)]	400～1200	400～1200
BOD₅氧化效率/[g BOD₅/(m³·d)]	2000～10000	2000～10000
COD氧化效率/[g COD/(m·d)]	2000～15000	2000～15000
使用寿命/a	＞10	＞10

第三节　厌氧法污水处理设备

厌氧污水处理是一种低成本的污水处理技术，能在处理污水过程中回收能源。厌氧生物处理法最早用于处理城市污水处理厂的沉淀污泥，后来用于处理高浓度有机污水。厌氧法的主要优点是：

① 能量需求大大降低，还可产生能量；

② 污泥产量极低，沉降性好；

③ 被降解的有机物种类多，应用范围广，主要用于处理高浓度有机污水，也可用于处理低浓度有机污水，也能处理某些好氧微生物难降解的物质；

④ 对水温的适应范围广；

⑤ 有机容积负荷率高；

⑥ 营养盐类需要量少。

厌氧法的缺点是：

① 厌氧设备启动时间长；

② 处理后的出水水质差，往往需进一步处理才能达标排放。

一、厌氧处理的原理及运行参数

1. 厌氧生物处理过程

有机物厌氧消化过程是一个非常复杂的由多种微生物共同作用的生化过程，对厌氧处理原理的研究经历了从"两阶段""三阶段"到"四种群"的过程。目前，三阶段理论是对厌氧生物处理过程较全面和较准确的描述。

1979 年 M. P. Bryant 根据对产甲烷菌和产氢产乙酸菌的研究结果，认为两阶段理论不够完善，提出了三阶段理论，三阶段厌氧消化过程示意图如图 4-81 所示。该理论认为产甲烷菌不能利用除乙酸、H_2、CO_2 和甲醇以外的有机酸和醇类，长链脂肪酸和醇类必须经过产氢产乙酸菌转化为乙酸、H_2、CO_2 等后，才能被产甲烷菌利用。

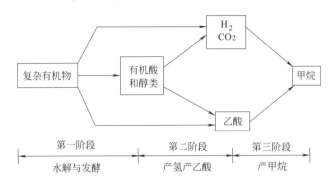

图 4-81 三阶段厌氧消化过程示意

（1）水解发酵阶段（第一阶段）

水解发酵阶段是将大分子不溶性复杂有机物在细胞胞外酶的作用下，水解成小分子溶解性高级脂肪酸（醇类、醛类、酮类等），然后渗入细胞内。参与的微生物主要是兼性细菌与专性厌氧菌，兼性细菌的附带作用是消耗污水带来的溶解氧，为专性厌氧菌的生长创造有利条件，此外还有真菌以及原生动物等，可统称为水解发酵菌。碳水化合物水解成单糖，是最易分解的有机物；脂肪的水解产物主要为甘油、醛等；含氮有机物水解产氢较慢，因此蛋白质和非蛋白质的含氮化合物（嘌呤、嘧啶等）继碳水化合物和脂肪水解后，水解为胨、肌酸、多肽等，然后形成氨基酸。三种有机物的水解速率常数为：碳水化合物中纤维素为 $0.04\sim0.13$、半纤维素为 0.54，脂肪为 $0.08\sim1.7$，蛋白质为 $0.02\sim0.03$。不溶性有机物的水解发酵速度较缓慢。

（2）产氢产乙酸阶段（第二阶段）

产氢产乙酸阶段是将第一阶段的产物降解为乙酸、丙酸、丁酸等简单脂肪酸和醇类等，并脱氢，奇数碳有机物还产生 CO_2，如戊酸：

$$CH_3CH_2CH_2CH_2COOH + 2H_2O \longrightarrow CH_3CH_2COOH + CH_3COOH + 2H_2$$
$$CH_3CH_2COOH + 2H_2O \longrightarrow CH_3COOH + CO_2 + 3H_2$$

参与作用的微生物是兼性或专性厌氧菌（产氢产乙酸菌以及硝酸盐还原菌 NRB、硫酸盐还原菌 SRB 等）。因此第二阶段的主要产物是简单脂肪酸、CO_2、HCO_3^-、NH_4^+、HS^-、H^+ 等，此阶段速度较快。

（3）产甲烷阶段（第三阶段）

产甲烷阶段是利用产甲烷菌将第一阶段和第二阶段产生的乙酸、H_2 和 CO_2 等转化为甲烷，参与作用的微生物是绝对厌氧菌（甲烷菌）。此阶段反应速度缓慢。

上述三个阶段中产甲烷阶段的反应速度最慢，所以产甲烷阶段是厌氧消化过程的控制阶段。

2. 厌氧生物处理的影响因素

产甲烷阶段是厌氧消化过程的控制阶段，因此，讨论厌氧生物处理的影响因素时主要讨论影响产甲烷菌的各项因素。一般认为，控制厌氧处理效率的基本因素有两类：一类是环境因素，如温度、pH 值、氧化还原电位、毒性物质等；另一类是基础因素，如微生物量（污泥浓度）、营养比、混合接触状况、有机负荷等。

（1）环境因素

1）温度

温度对厌氧微生物的影响尤为显著。厌氧细菌可分为嗜热菌（高温菌）和嗜温菌（中温菌），厌氧消化分为高温消化（55℃左右）和中温消化（35℃左右），高温消化的反应速率约为中温消化的 1.5～1.9 倍，产气率也较高，但气体中甲烷含量较低。因为中温消化温度与人体温度接近，所以对病原菌和寄生虫卵的杀灭率较低，而高温消化对寄生虫卵的杀灭率可达到 99%，但高温消化需要的热量比中温消化高得多。

厌氧消化系统对温度的突变比较敏感，温度的波动对去除率影响很大。如果温度突变过大，会导致系统停止产气。

2）pH 值和碱度

厌氧反应器中的 pH 值对不同阶段的产物有很大影响。产甲烷菌对 pH 值的变化非常敏感，一般认为，其最佳 pH 值范围为 6.8～7.2，在小于 6.5 或大于 8.2 时，产甲烷菌会受到严重抑制，产甲烷速率急剧下降，而产酸菌的最佳 pH 值范围在 4.0～7.5 之间。因此，当厌氧反应器运行的 pH 值超出产甲烷菌的最佳 pH 值范围时，系统中的酸性发酵可能超过甲烷发酵，会导致反应器内出现"酸化"现象。

碱度曾在厌氧消化中被认为是一个至关重要的影响因素，但实际上其作用主要是保证厌氧体系具有一定的缓冲能力，维持合适的 pH 值。重碳酸盐和氨氮等是形成厌氧处理系统碱度的主要物质，碱度越高，缓冲能力越强，这有利于保持稳定的 pH 值，一般要求系统中的碱度在 2000mg/L 以上。

3）氧化还原电位

厌氧环境是厌氧消化赖以正常运行的重要条件，并主要以体系中的氧化还原电位来反映。不同的厌氧消化系统要求的氧化还原电位不同，即使在同一系统中，不同细菌菌群所要求的氧化还原电位也不同。非产甲烷菌可以在氧化还原电位为 +100～-100mV 的环境正常生长和活动；产甲烷菌的最佳氧化还原电位为 -350～-400mV。

一般情况下，氧的溶入是引起发酵系统的氧化还原电位升高的最主要和最直接的原因。除氧以外，其他一些氧化剂或氧化态物质（如某些工业污水中含有的 Fe^{3+}、$Cr_2O_7^{2-}$、NO_3^-、SO_4^{2-} 以及酸性污水中的 H^+ 等）的存在，同样能使体系中的氧化还原电位升高。当其浓度达到一定程度时，同样会危害厌氧消化过程的进行。

4）有毒物质

凡对厌氧处理过程起抑制或毒害作用的物质，都可称为毒物。常见的抑制性物质有硫化物、氨氮、重金属、氰化物和某些有机物。

① 硫化物和硫酸盐的毒害作用

硫酸盐和其他含硫的氧化物很容易在厌氧消化过程中被还原成硫化物，而这种可溶的硫化物达到一定浓度时，会对厌氧消化过程主要是产甲烷过程产生抑制作用。投加某些金属如 Fe 去除 S^{2-}，或从系统中吹脱 H_2S 可以减轻硫化物的抑制作用。

② 氨氮的毒害作用

氨氮是厌氧消化的缓冲剂，但浓度过高，则会对厌氧消化过程产生毒害作用，当 NH_4^+ 浓度超过 150mg/L 时，消化会受到抑制。

③ 重金属离子的毒害作用

重金属被认为是使厌氧反应器运行失败的最普遍和最主要的因素，通过与微生物酶中的巯基、氨基、羧基等结合而使酶失活，或者通过金属氢氧化物凝聚作用使酶沉淀。

④ 有毒有机物的毒害作用

对微生物来说，带醛基、双键、氯取代基、苯环等结构的物质往往具有抑制性，五氯苯酚和半纤维素衍生物主要抑制产乙酸和产甲烷菌的活动。有毒物质的最高容许浓度与处理系统的运行方式、污泥的驯化程度、污水的特性、操作控制条件等因素有关。

（2）基础因素

1）厌氧活性污泥的数量与性质

厌氧活性污泥主要由厌氧微生物及其代谢和吸附的有机物和无机物组成，其浓度和性状与消化效能有密切的关系。厌氧处理时，污水中的有机物主要是靠活性污泥中的微生物分解去除，因此在一定范围内，活性污泥浓度越高，厌氧消化的效率也越高，但到一定程度后，消化效率的提高不再明显。这主要是因为厌氧污泥的生长率低，增长速度慢，积累时间过长后，污泥中的无机成分比例增高，活性下降。厌氧活性污泥的性质主要表现在作用效能与沉淀性能，活性污泥的沉降性能是指污泥混合液在静止状态下的沉降速率，与污泥的凝聚状态及密度有关，以 SVI 衡量。一般认为，在颗粒污泥反应器中，当活性污泥的 SVI 为 15～20mL/g 时，可认为污泥具有良好的沉降性能。

2）污泥龄

由于产甲烷菌的增殖速率较慢，对环境条件的变化十分敏感。因此，要获得稳定的处理效果就需要保持较长的污泥龄。

3）有机负荷

在厌氧生物处理法中，有机负荷通常指容积有机负荷，也称为容积负荷，即反应器单位容积每天接受的有机物量 [kgCOD/(m^3·d) 或 kgBOD$_5$/(m^3·d)]。厌氧生物处理的有机物负荷比好氧生物处理高，一般可达 5～10kgCOD/(m^3·d)，甚至达到 50～80kgCOD/(m^3·d)。有机负荷是影响厌氧消化效率的一个重要因素，直接影响产气量和处理效率。在一定时间内，随着有机负荷的提高，产气量会增加，但处理程度下降，反之亦然。对于具体的应用场合，进料的有机物浓度是一定的，有机负荷的提高意味着水力停留时间缩短，有机物分解率将下降，势必使处理程度降低，但因反应器相对处理量增多，单位容积的产量将提高。

4）营养物与微量元素

厌氧微生物的生长繁殖需要按一定比例摄取碳、氮、磷等主要元素及其他微量元素，但其对氮、磷等营养物质的要求低于好氧微生物。不同的微生物在不同的环境条件下所需的碳、氮、磷的比例不完全一致，一般认为，厌氧法 C∶N∶P 控制在 200∶5∶1 为宜；此比值大于好氧法的 100∶5∶1。多数厌氧菌不具有合成某些必要的维生素或氨基酸的功能，因此为保持细菌的生长和活动，有时还需补充某些专门的营养物，如 K、Na、Ca 等金属盐类，微量元素 Ni、Co、Mo、Fe 等，有机微量物质酵母浸出膏、生物素、维生素等。

3. 厌氧生物处理的特点

厌氧生物处理是一种有效去除有机污染物的技术，能将有机化合物转为甲烷与二氧化碳。与好氧生物处理比较，厌氧生物处理具有如下优缺点。

（1）厌氧生物处理的优点

1）应用范围较广

厌氧生物处理可用于处理污泥，以及处理不同浓度、不同性质的有机污水，如 COD 浓度为几百到几万 mg/L 甚至高达 3×10^5 mg/L，以悬浮 COD 为主或以溶解性 COD 为主的污水可用不同工艺的厌氧生物处理法处理。厌氧生物处理法可处理好氧法难降解的有机物（如蒽醌、偶氮染料等），也可处理含有毒有害物质较高的有机污水。

2）能耗大大降低，而且还可以回收生物能（沼气）

因为厌氧生物处理工艺无须为微生物提供氧气，所以不需要曝气，减少了能耗，而且厌氧生物处理工艺在大量降解污水中有机物的同时，还会产生大量沼气，其中主要的有效成分是甲烷，具有很高的利用价值。

3）污泥产量低

厌氧菌世代期长，如产甲烷菌的倍增时间为 4～6d，增殖速率比好氧微生物低得多，因此厌氧微生物的产率系数 Y 比好氧小，厌氧微生物产酸菌的产率系数 Y 为 0.15～0.34kgVSS/kgCOD，产甲烷菌的产率系数 Y 为 0.03kgVSS/kgCOD 左右，而好氧微生物的产率系数 Y 为 0.25～0.6kgVSS/kgCOD。另外，有机物在好氧降解时产泥量高，而厌氧处理产泥量低，且污泥稳定，可降低污泥处理费用。

4）对氮和磷的需要量较低

氮和磷等营养物质是组成细胞的重要元素，采用生物法处理污水，如污水中缺少氮和磷元素，必须投加氮和磷以满足细菌合成细胞的需要。厌氧生物处理要去除 1kg BOD_5 所合成细胞量远低于好氧生物处理，因此可减少氮和磷的需要量，一般情况下要满足 BOD_5：N：P=（200～300）：5：1。对于缺乏氮和磷的有机污水采用厌氧生物处理可大大节省氮和磷的投加量，使运行费用降低。

5）厌氧消化对某些难降解有机物有较好的降解能力

随着化学工业的发展，越来越多的自然界没有的有机化合物被人工合成出来，据估计，总数超过 500 万种，这些人工合成的有机物大多产自制药、石油化工、有机溶剂和染料制造等行业，有些可以生物降解，有些则难于生物降解或根本不能生物降解，甚至是有毒的。这些有机物进入常规的好氧污水生物处理系统后，不仅得不到理想的处理效果，而且对微生物产生毒害，影响生物处理的正常运行。而采用厌氧生物处理可取得较好的处理效果，厌氧微生物具有某些脱毒和降解有害有机物的功效，如多氯链烃和芳烃的还原脱氯，芳香烃还原成烷烃的环断裂等。

应用厌氧生物处理工艺作为前处理可以使一些好氧生物处理难以处理的难降解有机物得到部分降解，并使大分子降解成小分子，提高污水的可生化性，使后续的好氧生物处理变得比较容易。所以，常常使用厌氧-好氧串联工艺来处理难降解有机污水。

（2）厌氧生物处理的缺点

1）不能去除污水中的氮和磷

厌氧生物处理一般不能去除污水中的氮和磷等物质，含氮和磷的有机物通过厌氧消化，其所含的氮和磷被转化为氨氮和磷酸盐，由于只有很少的氮和磷被细胞合成利用，所以绝大部分的氮和磷以氨氮和磷酸盐的形式随出水排出。因此当被处理的污水含有过量的氮和磷时，不能单独采用厌氧法，而应采用厌氧和好氧相结合的处理工艺。

2）启动过程较长

因为厌氧微生物的世代期长、增长速率低、污泥增长缓慢，所以厌氧反应器的启动过程长，一般启动期长达3～6个月，甚至更长。

3）运行管理较复杂

由于厌氧菌的种群较多，如产酸菌与产甲烷菌性质各不相同，但互相又密切相关，要保持这两大类种群的平衡，对运行管理较为严格。稍有不慎就可能使两类种群失去平衡，使反应器不能工作。如进水负荷突然提高，反应器的pH值会下降，如不及时发现控制，反应器就会出现"酸化"现象，使产甲烷菌受到严重抑制，甚至使反应器不能再恢复正常运行，必须重新启动。

4）卫生条件差

一般污水中都含有硫酸盐，厌氧条件下会因为硫酸盐还原作用而放出硫化氢等气体，而硫化氢是一种有毒、恶臭的气体，如反应器不能做到完全密封，就会引起二次污染。因此，厌氧处理系统的各处理构筑物应尽可能密封，以防臭气散发。

5）去除有机物不彻底

厌氧法处理污水中的有机物往往不够彻底，一般单独采用厌氧生物处理不能达到排放标准，所以厌氧处理往往需要和好氧处理结合使用。

4. 厌氧反应器工艺参数

厌氧反应器工艺参数除了和好氧反应具有相同的工艺参数之外，还有以下几种。

（1）上流速度 u

上流速度也叫表面流速或表面负荷，单位为 m/h，其定义为

$$u = \frac{Q}{A} \tag{4-29}$$

式中 Q——向上流反应器的进液流量，m^3/h；

A——反应器的横截面面积，m^2。

（2）水力停留时间

简写成 HRT，实际上指进入反应器的污水在反应器内的平均停留时间，单位为 h，可按下式计算。

$$HRT = \frac{V}{Q} \tag{4-30}$$

$$HRT = \frac{H}{u} \tag{4-31}$$

式中 V——反应器的有效容积，m^3；

H——反应器的高度，m。

（3）污泥产甲烷活性

污泥产甲烷活性是在一定条件下，单位质量的厌氧污泥产甲烷的最大速率，其单位为 mL CH_4/(gMLVSS·d)。

二、厌氧反应装置设计

目前，厌氧生物反应器已经发展三代，部分典型的厌氧生物反应器发展历程及其特点见

表 4-36。本书主要介绍几种典型的厌氧生物反应器。

表 4-36 厌氧生物反应器发展历程及其特点

发展历程	反应器	反应器特点及有机负荷
第一代	CADT	普通厌氧消化池,厌氧微生物生长缓慢,世代时间长,需要足够长的停留时间,主要用于污泥的消化处理。有机负荷小于 $3.0kgCOD/(m^3 \cdot d)$
	ACP	厌氧接触工艺,采用二沉池和污泥回流系统,提高了生物量浓度,泥龄较长,处理效果有所提高。有机负荷为 $2.0 \sim 6.0kgCOD/(m^3 \cdot d)$
第二代	AF	厌氧滤池,池中放置填料,表面附厌氧性生物膜,泥龄较长,处理效果较好,适用于含悬浮物较少的中等浓度或低浓度有机污水。有机负荷为 $5.0 \sim 10.0kgCOD/(m^3 \cdot d)$
	UASB	升流式厌氧污泥床反应器,结构紧凑,处理能力大,效果好,工艺成熟,但不适宜处理高 VSS 污水。有机负荷为 $8.0 \sim 30.0kgCOD/(m^3 \cdot d)$
	ABR	厌氧折流板反应器,用一系列垂直安装的折流板使污水沿折流板上下流动,微生物固体借助消化气在各个隔室内缓慢上下膨胀和沉淀运动。优势在于产酸过程和产甲烷过程部分分离,具有结构简单、系统稳定性好、耐冲击负荷、出水水质好等优点
	AFB	厌氧流化床,依靠在惰性填料表面形成的生物膜来保留厌氧污泥,通过调整上流速度,使填料颗粒处于自由悬浮状态,因此具有良好的传质条件,处理效率较高,对高低浓度有机污水均适用。有机负荷为 $10.0 \sim 40.0kgCOD/(m^3 \cdot d)$
第三代	IC	内循环式反应器,由底部和上部 2 个 UASB 反应器串联叠加而成。利用沼气上升带动污泥循环,具有强烈的搅拌作用和较高的上流速度,有利于改善传质过程,抗冲击负荷能力强,结构紧凑,有很高的高径比,占地面积小。有机负荷为 $20 \sim 40.0kgCOD/(m^3 \cdot d)$
	EGSB	厌氧膨胀颗粒污泥床,在 UASB 基础上采用较高的高径比和出水循环,提高上流速度,引起颗粒污泥床膨胀,使颗粒污泥处于悬浮状态,传质效果更好,可以消除死区,可以应用于含悬浮固体和有毒物质的污水处理,对低温、低浓度污水,含硫酸盐废水,毒性或难降解废水的处理具有潜在优势
	UBF	升流式污泥床-过滤器复合式厌氧反应器,下面是高浓度颗粒污泥组成的污泥床,上部是填料及其附着的生物膜组成的滤料层,可以最大限度地利用反应器的体积,具有启动速度快、处理效率高、运行稳定等优点
	USSB	升流式分段污泥床反应器,在 UASB 基础上通过竖向添加多层斜板来代替 UASB 装置中的三相分离器,使整个反应器被分割成多个反应区间,相当于由多个 USAB 反应器串联而成,具有抗有机负荷冲击能力较强,出水 VFA 浓度较低等优点

1. 厌氧接触法（ACP）

（1）工艺流程

厌氧接触法是对普通污泥消化池的改进,工艺流程如图 4-82 所示。

厌氧接触法主要特点是在厌氧反应器后设沉淀池,使污泥回流,保证厌氧反应器内能够维持较高的污泥浓度,可达 $5 \sim 10gMLVSS/L$,大大降低了反应器的水力停留时间,并使其具有一定的耐冲击负荷能力。该工艺存在的问题有:

① 厌氧反应器排出混合液中的污泥由于附着大量气泡,在沉淀池中易于上浮到水面而被出水带走;

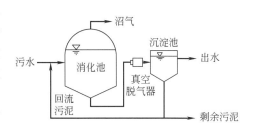

图 4-82 厌氧接触法工艺流程

② 进入沉淀池的污泥仍有产甲烷菌在活动,并产生沼气,使已沉下的污泥上翻,影响出水水质,降低回流污泥的浓度。

对此采取的措施有:

① 在反应器和沉淀池之间设脱气器,尽可能脱除沼气;

② 在反应器与沉淀池之间设冷却器，抑制产甲烷菌的活动；

③ 在沉淀池投加混凝剂；

④ 用超滤代替沉淀池。

采取上述措施后，可使该工艺具有如下特点：

① 污泥负荷高，耐冲击能力强；

② 有机容积负荷较高，中温消化时容积负荷为 $0.5 \sim 2.5 \mathrm{kgBOD_5/(m^3 \cdot d)}$，去除率为 $80\% \sim 90\%$；

③ 出水水质好。

本工艺适合处理悬浮物、有机物浓度均较高的污水，污水 COD 一般不低于 3000mg/L，悬浮物浓度可达 50000mg/L。

（2）工艺设计

厌氧接触法工艺设计主要是确定厌氧反应器的容积，容积计算可按水力停留时间计算，也可通过负荷率确定。

$$V = Qt \tag{4-32}$$

$$V = \frac{QS_0}{N_V} \tag{4-33}$$

式中　V——滤料体积，$\mathrm{m^3}$；

　　Q——进液流量，$\mathrm{m^3/d}$；

　　t——水力停留时间，d；

　　S_0——进水有机物浓度，mg/L；

　　N_V——容积负荷率，$\mathrm{kgBOD_5/(m^3 \cdot d)}$ 或 $\mathrm{kgCOD/(m^3 \cdot d)}$。

（3）厌氧接触法应用

厌氧接触法主要用于处理高浓度有机污水，不同的污水工艺参数也不相同，在具体进行工艺设计时应通过相应的试验来确定。如用厌氧接触法处理酒精污水，原污水 COD 浓度为 $50000 \sim 54000 \mathrm{mg/L}$，$\mathrm{BOD_5}$ 浓度为 26000 ~ 34000mg/L，反应温度为 53 ~ 55℃，反应器内污泥浓度为 $20\% \sim 30\%$，COD 容积负荷为 $9.11 \sim 11.7 \mathrm{kgCOD/(m^3 \cdot d)}$，水力停留时间为 2.5 ~ 4d，COD 的去除率为 87%。用该工艺处理屠宰污水，反应器容积负荷为 $2.56 \mathrm{kgBOD_5/(m^3 \cdot d)}$，水力停留时间为 12 ~ 13h，反应温度为 27 ~ 31℃，污泥浓度为 7000 ~ 12000mg/L，沉淀池水力停留时间为 1 ~ 2h，表面负荷为 $14.7 \mathrm{m^3/(m^2 \cdot h)}$，回流比为 3：1，当原水 $\mathrm{BOD_5}$ 浓度为 1381mg/L 时，接触厌氧反应池的去除率为 90.6%。运行结果表明，当 $\mathrm{BOD_5}$ 容积负荷从 $2.56 \mathrm{kgBOD_5/(m^3 \cdot d)}$ 上升到 $3.2 \mathrm{kgBOD_5/(m^2 \cdot d)}$ 时，去除率由 90.6% 下降到 83%，产气量由 $0.4 \mathrm{m^3/kgBOD_5}$ 下降到 $0.29 \mathrm{m^3/kgBOD_5}$。

2. 厌氧生物滤池（AF）

（1）厌氧生物滤池构造

厌氧生物滤池是装有填料的厌氧反应器，厌氧微生物以生物膜的形态生长在滤料的表面，污水通过淹没滤料，在生物膜的吸附和微生物的代谢以及滤料的截留三种作用下，污水中的有机污染物被去除。厌氧生物滤池有升流式、降流式和升流式混合型三种，具体结构见图 4-83。

在升流式厌氧生物滤池中，污水由反应器底部进入，向上流动通过滤料层，微生物大部

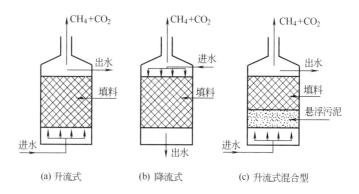

图 4-83　厌氧生物滤池

分以生物膜的形式附着在滤料表面，少部分以厌氧活性污泥的形式存在于滤料的间隙中，由于生物总量比降流式厌氧生物滤池高，因此效率高。普通升流式厌氧生物滤池的主要缺点有：

① 底部易堵塞；

② 污泥沿深度分布不均匀。

通过出水回流的方法可降低进水浓度，提高水流上升速度。升流式厌氧滤池平面形状一般为圆形，直径为 6～26m，高度为 3～13m。

降流式厌氧生物滤池布水装置在滤料层上部，发生堵塞的可能性比升流式厌氧生物滤池小。升流式混合型厌氧生物滤池在池底的布水系统与滤料层之间留有一定空间，以便悬浮状的颗粒污泥能在其中生长、累积。该工艺的优点有：

① 与升流式厌氧生物滤池相比减小了滤料层厚度，与升流式厌氧污泥床相比省去了三相分离器；

② 可增加反应器中总的生物固体量，并减少滤池被堵塞的可能性。

（2）厌氧生物滤池的设计

厌氧生物滤池的设计主要包括滤料选择、滤料体积计算、布水系统和沼气收集系统的设计计算等。滤料体积的计算常用有机负荷计算，计算见式（4-33）。

容积负荷率可通过试验确定或参考类同的工厂运行数据，影响容积负荷率的因素有污水水质、滤料性质、温度、pH 值、营养物质、有害物质等。根据有关资料，当反应温度为 30～35℃时，块状滤料负荷率可采用 3～6kgCOD/$(m^3 \cdot d)$，塑料滤料可采用 5～8kgCOD/$(m^3 \cdot d)$。

滤料是厌氧生物滤池的主体部分，滤料应具备下列特性：比表面积大、孔隙率高、表面粗糙、化学及生物学的稳定性较强以及机械强度高等。常用的滤料有碎石、卵石、焦炭以及各种形式的塑料滤料，其中碎石、卵石滤料的比表面积较小（40～50m^2/m^3）、孔隙率低（50%～60%），产生的生物膜较少，生物固体的浓度不高，有机负荷较低［3～6kgCOD/$(m^3 \cdot d)$］，运行中易发生堵塞现象。塑料滤料的比表面积和孔隙率都较大，如波纹板滤料的比表面积为 100～200m^2/m^3，孔隙率达 80%～90%，在中温条件下，有机负荷可达 5～15kgCOD/$(m^3 \cdot d)$，且不容易发生堵塞现象。

3. 升流式厌氧污泥床（UASB）

（1）UASB 构造

UASB 构造如图 4-84 所示，集生物反应器与沉淀池于一体，是一种结构紧凑的厌氧反应器。

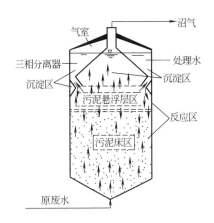

图 4-84　UASB 构造

反应器主要由以下几部分组成。

1）进水配水系统

进水配水系统的形式有树枝管、穿孔管以及多点多管三种形式，其功能是保证配水均匀和水力搅拌。

2）反应区

反应区包括颗粒污泥区和悬浮污泥区，是 UASB 的主要部位，有机物主要在这里被分解。

3）三相分离器

三相分离器由沉淀区、回流缝和气封组成，其功能是将气体（沼气）、固体（污泥）和液体（污水）分开，分离效果将直接影响反应器的处理效果。

4）出水系统

出水系统把沉淀区处理过的水均匀地加以收集，排出反应器，常用出水堰结构。

5）气室

气室也称集气罩，作用是收集气体。

（2）UASB 的机理和特点

在 UASB 反应区内存留大量的厌氧污泥，具有良好的凝聚和沉淀性能的污泥在反应器底部形成颗粒污泥，污水从反应器底部进入与颗粒污泥进行充分混合接触后被污泥中的微生物分解。UASB 具有如下优点：

① 污泥床内生物量多，折合浓度计算可达 20～30g/L；

② 容积负荷率高，在中温发酵条件下一般可达 10kgCOD/$(m^3 \cdot d)$，甚至能够高达 15～40kgCOD/$(m^3 \cdot d)$，污水在反应器内的水力停留时间短，可大大缩小反应器容积；

③ 设备简单，不需要填料和机械搅拌装置，便于管理，不会发生堵塞问题。

（3）UASB 的设计

UASB 设计的主要内容有：

① 选择适宜的池型和确定有效容积及主要部位尺寸；

② 设计进水配水系统和三相分离器；

③ 排泥和刮渣系统设计。

1）反应器容积计算

UASB有效容积（不包括三相分离器）的确定，多采用容积负荷法，容积负荷值与反应器的温度、污水的性质和浓度有关，同时与反应器内是否能形成颗粒污泥也有很大的关系，对于某种污水，容积负荷应通过试验确定，同类型污水可参考选用。对于食品工业污水或与其性质相似的其他工业污水，其容积负荷率可参考表4-37，COD的去除率可达80%～90%。如果反应器内不能形成颗粒污泥，主要为絮状污泥时，容积负荷一般不超过5kgCOD/(m³·d)。反应器的有效高度应根据进水浓度通过试验确定，一般为4～6m，浓度低时可减小高度。

表4-37　不同温度的设计容积负荷率

温度/℃	高温 50～55	中温 30～35	常温 20～25	低温 10～15
容积负荷率/[kgCOD/(m³·d)]	20～30	10～20	5～10	2～5

2）进水系统设计

大阻力穿孔管配水系统能比较好地保证配水均匀，穿孔管配水系统如图4-85所示。

配水管的中心距可采用1.0～2.0m。出水孔距也可以采用1.0～2.0m，孔径为10～20mm，常取15mm，孔口向下或与垂线呈45°方向，每个出水孔服务面积为2～4m²/个，配水管径最好不小于100mm，配水管中心线距池底200～250mm，孔出口流速不小于2m/s。

3）反应区及三相分离器设计

三相分离器的形式比较多，反应区及三相分离器设计参数示意如图4-86所示。UASB上流速度推荐设计值见表4-38。

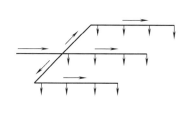

图4-85　穿孔管配水系统

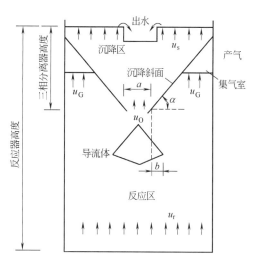

图4-86　反应区及三相分离器设计参数示意

u_r—反应区内液体的上流速度；u_s—沉降区液体的上流速度；u_O—在沉降区开口处液体的上流速度；u_G—气体在气液界面的上流速度；a—沉降区开口宽度；b—导流体（或导流板）超出开口边缘的宽度；α—沉降斜面与水平方向的夹角

表 4-38　UASB 上流速度推荐设计值

名称	u_{r}	u_{s}	u_{O}	u_{G}
数值/(m/h)	1.25～3	≤8	≤12	≥1

其他设计参数为：

① 沉降斜面与水平方向的夹角应在 45°～60°，且应光滑，有利于污泥返回反应区；

② 沉降室开口最狭处的总面积应等于反应器水平截面的 15%～20%；

③ 当反应器高度为 5～7m 时，集气室的高度应为 0.5～2m；

④ 导流体或导流板与集气室斜面重叠部分宽度应为 100～200mm，以免向上流动的气泡进入沉降区。

（4）UASB 的运用

为了使 UASB 能高效运行，关键是形成颗粒污泥，因此在系统建成后就应培养颗粒污泥，影响颗粒污泥形成的主要因素有以下几种：

① 温度；

② 接种污泥的质量与数量，如有条件采用已培养好的颗粒污泥，可大大缩短培养时间；

③ 碱度，进水碱度应保持在 750～1000mg/L 之间；

④ 污水性质，易于形成颗粒污泥是含碳水化合物较多的污水和 C/N 比较高的污水；

⑤ 水力负荷和有机负荷，启动时有机负荷不宜过高，一般以 0.1～0.3kgCOD/(kgMLVSS·d) 为宜，随着颗粒污泥的形成，有机负荷可以逐步提高。

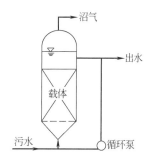

图 4-87　厌氧膨胀床和厌氧流化床工艺流程

4. 其他厌氧生物处理设备

（1）厌氧流化床（AFB）

厌氧流化床是在厌氧条件下，封闭水力循环式的生物过滤式反应器，其构造如图 4-87 所示。

固体流态化技术是一种改善固体颗粒与流体之间接触，并使整个系统具有流体性质的技术，能使厌氧反应器中的传质得到强化，同时小颗粒生物填料具有很大表面积，流态化避免了厌氧生物滤池（AF）会堵塞的缺点，因此污水的处理效率高，有机容积负荷率大，占地少。AF 可充分处理易生物降解的污水，而 AFB 则更适用于处理含难降解有害废物的污水。如用 AFB（颗粒活性炭作载体）处理含甲醛的高浓度有机污水，在持续负荷下去除率为 99.99%，而在循环负荷下去除率为 97.4%～99.9%；AFB 系统处理发动机燃料污水的实验室及实地运行中，COD 负荷为 5kg(COD)/(m³·d) 时去除率达 90%；日本一台处理含酚污水的厌氧流化床反应器可使出水中酚浓度小于 1mg/L。

AFB 的主要缺点是内部稳定的流化态难以保证，为保证载体流化的能耗较大，系统的设计运行要求高。

（2）膨胀颗粒污泥床（EGSB）

目前厌氧接触法、UASB、AF 等一般只是用于处理中高浓度工业污水，而对于较低浓度有机污水的处理则存在一些问题。EGSB 反应器是在 UASB 反应器的基础上研究开发的新型厌氧反应器，通过采用出水循环回流获得较高的表面液体升流速度，典型特征是具有较大的高径比，液体升流速度可达到 5～10m/h，比 UASB 反应器的升流速度（一般在 1m/h

左右）要高得多。在 UASB 反应器中，污泥床是静态的，反应区集中在反应器底部 0.4～0.6 m 的高度，污水通过污泥床时 90%的有机物被降解。而在 EGSB 反应器中，反应器内厌氧污泥完全混合，比 UASB 反应器有更高的有机负荷，因此产气量也大，有利于加强泥水的混合程度，提高有机物处理效率。

1）EGSB 反应器的构造特点

EGSB 反应器由布水器、三相分离器、集气室和外部进水系统组成，其基本构造如图 4-88 所示。

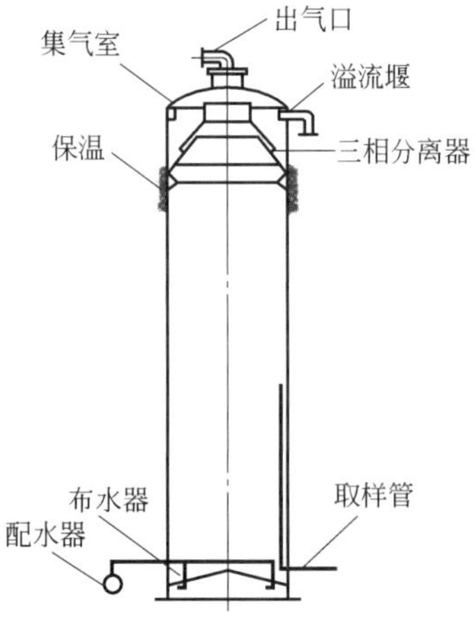

EGSB 反应器一般做成圆形，其顶部可以是敞开的，也可是封闭的，封闭的优点是防止臭味外溢。污水由底部配水系统进入反应器，向上升流通过膨胀的颗粒污泥床，使污水中的有机物与颗粒污泥均匀接触，被转化为甲烷和二氧化碳等。混合液升流至反应器上部，通过设在上部的三相分离器进行气、固、液分离，分离出来的沼气通过反应器顶或集气室的导管排出，沉淀下来的污泥自动返回膨胀床区，上清液通过出水渠排出反应器外。EGSB 反应器的高径比一般可达 3～5，生产性装置反应器高度可达 15～20m。

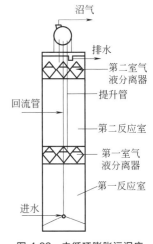

图 4-88　EGSB 反应器构造

2）EGSB 反应器的运行性能

在 EGSB 反应器中，溶解性有机物可以被高效去除，但由于水力流速很大，停留时间短，难溶解性有机物、胶体有机物、SS 的去除率都不高，一般 EGSB 的有机物负荷可达 40kg(COD)/(m^3·d)，HRT 为 1～2h，COD 去除效率为 50%～70%。与 UASB 反应器相比，EGSB 反应器特别适合于处理低温（10～25℃）、低浓度（≤1000mg/L）的城市污水。

EGSB 反应器不仅适于处理低浓度污水，而且可处理高浓度有机污水，但在处理高浓度有机污水时，为了维持足够的液体升流速度，使污泥床有足够大的膨胀率，必须加大出水回流量，其回流比大小与进水浓度有关，一般进水 COD 浓度越高，所需回流比越大。目前 EGSB 厌氧技术已得到广泛应用，在实际运行中，EGSB 厌氧反应器对有机物的去除率高达 85%以上，运行稳定，出水稳定。

（3）内循环膨胀污泥床（IC）

IC 反应器是基于 UASB 反应器颗粒化和三相分离器的概念而改进的新型反应器，其基本构造如图 4-89 所示。IC 反应器特点是具有很大的高径比，一般为 4～8，反应器的高度可达 16～25m。因此从外形上看，IC 反应器是个厌氧生化反应塔。

图 4-89　内循环膨胀污泥床反应器构造

由图 4-89 可见，进水由反应器底部进入第一厌氧反应室，与厌氧颗粒污泥均匀混合。大部分有机物被转化为沼气，沼气被第一厌氧反应室的集气罩收集，并沿提升管上升，上升过程中将第一厌氧反应室中的混合液提升至反应器顶的气液分离器。被分离出的沼气从气液分离器的顶部导管排走，泥水混合液沿回流管返回到第一厌氧反应室的底部，与底部颗粒污泥和进水充分混合。以上过程即为 IC 反应器的内循环。内循环的结果使第一厌氧反应室不仅有很高的生物量、很长的污泥龄，并且有很大的上升流速，使该室内的颗粒污泥完全达到流化状态，因此具有很高的传质速率，提高了生化反应速率，以及对有机物的去除能力。污水经过第一厌氧反应室处理后，自动进入第二厌氧反应室继续进行处理。污水中剩余有机物可被第二厌氧反应室中的厌氧颗粒污泥进一步降解，使出水得到进一步净化；产生的沼气由第二厌氧反应室的集气罩收集，通过集气管进入气液分离器。第二厌氧反应室的泥水在混合液沉淀区进行固液分离，处理过的上清液由出水管排走，沉淀的污泥可自动返回第二厌氧反应室。

综上所述，IC反应器实际上是由两个上下重叠的UASB反应器串联组成。下面第一个UASB反应器产生的沼气作为提升的内动力，使升流管与回流管的混合液产生一个密度差，实现下部混合液的内循环，使污水获得强化预处理；上面第二个UASB反应器对污水继续进行后处理（或称精处理），使出水达到预期的处理要求。

（4）厌氧生物转盘

厌氧生物转盘构造如图4-90所示。其构造和好氧生物转盘相似，不同之处在于上部加盖密封，目的是为收集沼气和防止液面上的空间有氧气存在。生物转盘由盘片、密封的反应槽、转轴及驱动装置等组成，盘片分固定盘片（挡板）和转动盘片，相间排列，以防止盘片间生物膜粘连堵塞。该反应器的主要优点有：

① 微生物浓度高，可承受高额的有机物负荷，在中温条件下有机物负荷率可达 $0.04kgCOD/(m^2$ 盘片·d)，相应的去除率可达90%左右；

② 污水水平流动，也不需要回流，可以节约能源；

③ 由于转盘的转动，不断使老化的生物膜脱落，以保持生物膜的活性；

④ 可采用多级串联，使各级微生物处于最佳的生存条件。该反应器的主要缺点是盘片成本高，整个装置造价很高。该反应器的设计按负荷法设计。

（5）厌氧折板反应器

厌氧折板反应器构造如图4-91所示。

图 4-90 厌氧生物转盘构造　　　　　　图 4-91 厌氧折板反应器构造

厌氧折板反应器水平布置，在垂直水流方向设多块挡板以维持反应器内较高的污泥浓度，由挡板将反应器分为若干上向流室和下向流室。其中上向流室比较宽，便于污泥聚集，下向流室比较窄，通往上向流室的挡板下部边缘处加50°的导流板，便于将水送至上向流室的中心，使泥水充分混合。该反应器的主要特点有：

① 与厌氧生物转盘相比可省去转动装置，与UASB相比可省去三相分离器，其流失污泥比UASB少；

② 不需要设置混合搅拌装置，不存在污泥堵塞问题；

③ 启动时间短、运行稳定。

（6）复合厌氧法

复合厌氧法是将几种厌氧反应器复合在一个设备内，目前已开发出将 USAB 和厌氧生物滤池复合而成的升流式厌氧污泥过滤器，该反应器由于下部保持高浓度的污泥层，上部的纤维填料又有大量的生物膜，因此具有良好的工作特性。

（7）两相厌氧法

1）两相厌氧消化原理及其特点

在厌氧消化过程中起消化作用的细菌主要由产酸菌群和产甲烷菌群组成，由于两类细菌的生理特点及对环境条件要求均不一致（如产甲烷菌对基质的反应速度低于产酸菌），两者共存于同一个厌氧池中时，需要维持严格的工艺运行条件，不利于管理。基于这种情况，根据厌氧消化分阶段性的特点，开发了两相厌氧法，即将水解酸化阶段和甲烷化阶段分在两个不同的反应器中进行，以使两类厌氧菌群各自在最佳条件下生长繁殖，充分发挥自身优势。其中，第一阶段主要作用为水解酸化有机基质，使之成为可被甲烷菌利用的有机酸，缓和由基质浓度和进水量引起的冲击负荷，截留进水中的难溶物质；第二阶段主要作用为在较为严格的厌氧条件和 pH 值条件下，降解有机物使之熟化稳定，产生含甲烷较多的消化气，截留悬浮固体，保证出水水质。与此相对应，第一阶段的容器为产酸相反应器，采用较高的负荷率，pH 值在 5.0～6.0 之间，采用常温或中温发酵；第二阶段的容器为产甲烷相反应器，主要进行气化，负荷率较低，pH 值控制在中性或弱碱性范围，温度在 33℃为宜。

两相厌氧消化过程具有以下优点：

① 当进水负荷有大幅度变动时，酸化反应器存在一定的缓冲作用，对后续产甲烷化反应器影响小，因此两相厌氧过程具有一定耐冲击负荷能力；

② 酸化反应器对 COD 去除率达 20%～25%左右，能够减轻产甲烷反应器的负荷；

③ 酸化反应器负荷率高，反应进程快，水力停留时间短，容积小，基建费用较低；

④ 两相厌氧工艺的启动可以在几周内完成，无须几个月。

两相厌氧消化具有以下不足：

① 分相后原厌氧消化微生物共生关系被打破；

② 设备较多、流程复杂，难于管理；

③ 缺乏对各种污水的运行经验；

④ 底物类型与反应器型式之间的关系不确定。

2）两相厌氧消化处理过程及反应器

两相厌氧过程的处理流程及装置的选择主要取决于所处理污染物的理化性质及其生物降解性能，通常有两种工艺流程。

一种是处理易降解、含低悬浮物的有机工业污水的工艺流程，其中的产酸相反应器一般可以为完全混合式厌氧污泥反应池、UASB 以及厌氧滤池等不同的厌氧反应器，产甲烷相反应器主要为 UASB、IC、污泥床滤池 UBF，也可以是厌氧滤池等，不必设置沉淀池。

另一种是处理难降解、含高浓度悬浮物的有机污水或污泥的两相厌氧工艺流程，其中产酸相和产甲烷相反应器均主要采用完全混合式厌氧污泥反应池，产甲烷相反应器采用 UASB 也可以，反应器后需设置泥水分离构筑物，如沉淀池。

厌氧接触法和上流式厌氧污泥床串联的两段厌氧处理工艺流程如图 4-92 所示。

3）两相厌氧消化工艺的应用

两相厌氧消化工艺可用于处理多种污水，如酒厂废水、垃圾渗滤液、大豆加工废水、酵

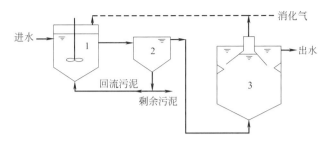

图 4-92 两段厌氧处理工艺流程

1—混合接触室；2—沉淀池；3—上流式厌氧污泥床反应器

母发酵废水、乳清废水、牛奶工业废水、淀粉废水、制浆造纸废水、染料废水等。

图 4-93 为荷兰酵母发酵废水处理用两相厌氧流化床的流程，流化床采用树脂强化玻璃和聚氯乙烯衬里，两个流化床用循环泵调节上升速度，将废水独立用泵打入产酸相厌氧流化床，流化床上部分设三相分离器，载体用 0.1~0.3mm 的石英砂，流化速度为 3~20m/h，产气量为 500m³/tCOD，相当于 425m³ 天然气的发热量。

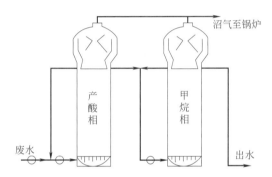

图 4-93 荷兰酵母发酵废水处理用两相厌氧流化床流程

第四节 生物脱氮除磷工艺及设备

一、生物脱氮工艺及设备

1. 生物脱氮的化学过程

污水中氮主要以氨氮（NH_3、NH_4^+）和有机氮（蛋白质、氨基酸、尿素、胺类化合物、硝基化合物）形式存在，生物脱氮主要是利用一些专性细菌实现氮形式的转化，最终转化为无害气体——氮气。在生物脱氮工艺中，含氮化合物在微生物的作用下相继进行下列反应。

（1）氨化反应

有机氮化合物在氨化菌作用下，分解、转化为氨态氮。

（2）硝化反应

硝化反应即硝化菌把氨氮转化成硝酸盐的过程，该过程分两步进行，分别利用两类微生物，即亚硝酸盐菌和硝酸盐菌。

（3）反硝化

在反硝化菌的作用下将硝酸盐转化成氮气。

2. 生物脱氮过程的环境条件

（1）硝化过程的主要环境条件

1）好氧条件

根据计算，1g 氮完成硝化需 4.57g 氧，要求溶解氧不低于 1mg/L；

2）有机物

混合液中的有机物含量不应过高，BOD 应在 15～20mg/L 以下；

3）温度

适宜温度为 20～30℃，15℃ 以下时硝化速率下降，5℃ 时完全停止；

4）pH 值

最佳范围是 8.0～8.4；

5）碱度

1g 氨态氮（以 N 计）完全硝化，需碱度（以 $CaCO_3$ 计）7.1g；

6）污泥龄

至少为硝化细菌最小世代时间的两倍；

7）有害物质

有害物质有重金属、高浓度的氨态氮、硝态氮、有机底物以及络合阳离子等。

（2）反硝化过程的主要环境条件

1）碳源

反硝化菌碳源的来源有污水中的碳源和外加碳源，要求 $BOD_5/TKN>3～5$；

2）pH 值

最适宜值是 6.5～7.5；

3）溶解氧

反硝化菌是异养兼性厌氧菌，溶解氧应控制在 0.5mg/L 以下；

4）温度

最适宜温度范围是 20～40℃。

3. 生物脱氮工艺

（1）三级活性污泥法脱氮工艺　三级活性污泥法脱氮工艺流程如图 4-94 所示。

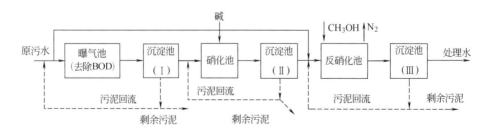

图 4-94　三级活性污泥法脱氮工艺流程

该工艺中第一级为一般二级处理的曝气池，主要功能是去除 BOD、COD，并使有机氮转化形成氨态氮，完成氨化过程，经过沉淀后，出水的 BOD 已下降至 15～20mg/L；第二级硝化曝气池完成硝化过程，为了补充碱度需投加碱；第三级是在缺氧条件下进行的反硝化过程，为补充碳源既可投加甲醇，也可引入原污水。该工艺的优点是各个过程在各自的反应器内进行，环境条件容易控制，反应速率快且比较彻底；缺点是设备多、造价高、管理复杂。

在三级生物脱氮系统实践的基础上，可将 BOD 去除和硝化两个过程在同一反应器内进行，使得脱氮工艺简化成两级生物脱氮系统。

（2）缺氧-好氧活性污泥法脱氮系统

该系统又称 A/O 法脱氮系统，其特点是将反硝化反应器放置在系统之首，故也称前置反硝化生物脱氮系统，目前采用比较广泛，该工艺有分建和合建两种，如图 4-95 所示为分建式缺氧-好氧活性污泥法脱氮工艺。

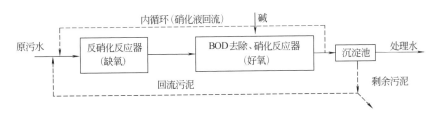

图 4-95　分建式缺氧-好氧活性污泥法脱氮工艺

该系统还可以建成合建式装置，将分建式的反硝化、硝化及 BOD 去除三个过程都在一个反应器内进行，中间隔以挡板，可以由现有的推流式曝气池改造建成。

缺氧-好氧活性污泥法脱氮系统设计的主要参数为：水力停留时间硝化阶段不低于 6h、反硝化 2h，便可取得 70%～80% 的脱氮效果；内循环比一般不宜低于 200%，对于活性污泥系统可达 600%；MLSS 一般在 3000mg/L 以上，污泥龄 30d 以上；N/MLSS 负荷应低于 0.03gN/(gMLSS·d)；进水总氮浓度小于 30mg/L。

该系统的特点是流程比较简单、装置少、无须外加碳源，缺点是处理水中含有一定量的硝酸盐，如果沉淀池运行不当，会发生反硝化反应，使污泥上浮、处理水水质恶化。

（3）Bardenpho 脱氮工艺

Bardenpho 脱氮工艺是将三级生物脱氮工艺的中间沉淀池取消，由硝化段和反硝化段工序重复交替排列而组成的完整的脱氮工艺，如图 4-96 所示。

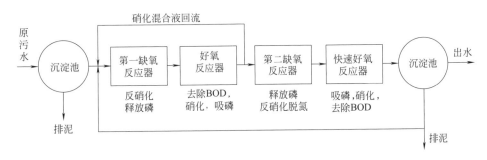

图 4-96　Bardenpho 脱氮工艺

该工艺中有两个缺氧段，第一段以原水中的有机物为碳源与回流中的混合液进行反硝化反应，反应速率较快；第二段中不投加碳源，利用内源呼吸的碳源进行反硝化，反应速率较低。脱氮在第一缺氧区中已基本完成，系统末端的好氧池用于吹脱污水中的氮气，可提高污泥沉降性能，防止污泥上浮。Bardenpho 脱氮工艺中的硝化和反硝化可以在各自的反应器中进行，也可组合在一个推流式曝气池的不同区域内进行，后一种运行方式在实际工程中应用较多。

（4）生物膜脱氮系统

生物脱氮也可以采用生物膜法，只需进行混合液的回流以提供缺氧反应器所需的 NO_3^--N，由于生物膜无须回流污泥，因此生物膜用于脱氮较为经济。目前，已研究开发了浮动床生物膜反应器脱氮系统、浸没式生物膜反应器脱氮系统和三级生物滤池脱氮系统等，但大多处于小试、中试和半生产性实验阶段，因此，新的污水生物膜脱氮技术及其工程应用有待进一步研究。

此外，还有一些新开发的新型脱氮工艺，如：同步硝化-反硝化（SND）脱氮工艺、短程硝化-反硝化脱氮工艺、厌氧氨氧化（ANAMMOX）脱氮工艺、生物电极脱氮技术等。

二、生物除磷工艺及设备

生物除磷是利用聚磷菌具有在好氧条件下过剩摄取 H_3PO_4、在厌氧条件下释放 H_3PO_4 的功能，形成高磷污泥排出系统，达到除磷的效果。

1. Phostrip 工艺（旁路除磷）

Phostrip 工艺流程如图 4-97 所示。

该工艺主流是常规的活性污泥工艺，而在回流污泥过程中增设厌氧释磷池和上清液的化学沉淀池，称为旁路。一部分富含磷的回流污泥（回流比约 0.1～0.2）送至厌氧释磷池，释磷后的污泥再回到曝气池进行有机物降解和磷的吸收，用石灰或其他化学药剂对释磷上清液进行沉淀处理。

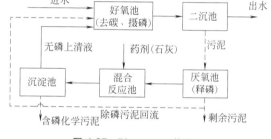

图 4-97　Phostrip 工艺流程

Phostrip 工艺具有以下主要优点。

① 该工艺是生物除磷与化学除磷的组合工艺，除磷效果良好，出水含磷量一般低于 1mg/L；

② 产生的污泥中含磷率比较高，约为 1%～2%；

③ 可根据 BOD/TP 比值灵活地调节回流污泥与絮凝污泥量的比例；

④ 该组合工艺对污水水质、水量适应性强，稳定性好。

Phostrip 工艺缺点是工艺流程复杂、运行管理复杂、投加石灰乳使得运行费用提高。

2. 厌氧-好氧除磷工艺

厌氧-好氧除磷工艺流程如图 4-98 所示。

图 4-98　厌氧-好氧除磷工艺流程

该工艺也称 A_2/O 法，其特点是工艺简单，不需投药和内循环，厌氧反应器能保持良好的厌氧（缺氧）条件。主要设计参数：水力停留时间为 3～6h；曝气池内 MLSS 为 2700～3000mg/L。处理效果：BOD 去除率大致与一般的活性污泥系统相同，除磷效果好（去除率为 76％左右），出水中含磷量小于 1.0mg/L；沉淀污泥含磷率约 4％、肥效好；混合液 SVI 值不大于 100mL/g，易沉淀，不膨胀。

目前，A_2/O 法已经从单纯除磷向同时去除氮、磷的 A^2/O 法发展。A_2/O 法和 Phostrip 法的典型设计参数见表 4-39。

表 4-39　A_2/O 法和 Phostrip 法的典型设计参数

项目	A_2/O 法	Phostrip 法
污泥负荷/[kgBOD₅/(kgMLSS·d)]	0.2～0.7	0.2～0.5
泥龄/d	2～6	5～15
MLSS/(mg/L)	2000～4000	2000～4000
水力停留时间/h		
厌氧段/h	0.5～1.5	10～20(放磷池)
好氧段/h	1～3	4～10
污泥回流/%	25～40	50 左右
内循环/%		10～20(放磷池)

3. AP 除磷工艺

由于聚磷菌可直接利用的基质多为挥发性脂肪酸（VFA）类易降解有机基质，若原水中 VFA 类有机质含量较低，则传统 A_2/O 组合工艺除磷效能将受到影响。针对这一问题，Bernard 在传统 A_2/O 组合工艺的基础上提出了 AP（activated primary）组合工艺，AP 除磷工艺流程如图 4-99 所示。

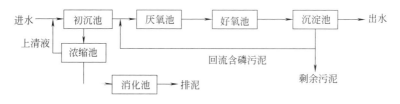

图 4-99　AP 除磷工艺流程

AP 组合工艺是通过对初沉污泥的发酵产生乙酸盐等利于聚磷菌利用的低分子量有机基质，进而有利于后面 A_2/O 系统的良好运行，使厌氧段的水力停留时间缩短至 1h 或更短。

三、生物同步脱氮除磷工艺及设备

生物脱氮需要在好氧、缺氧交替的环境下完成，而生物除磷需要在好氧、厌氧交替的环境下才能完成。在厌氧区，如果存在较多的硝酸盐，反硝化菌会与聚磷菌争夺水中的有机碳源来完成反硝化，影响磷的释放和聚磷菌体内 PHB 的合成，从而影响后续除磷效果。因此，要达到同时脱氮除磷目的，就必须创造微生物需要的好氧、缺氧、厌氧三种生理环境。在传统的单泥系统中同时获得氮磷的高效去除，可将除磷和脱氮在空间或时间上分开，在不同反应器或同一反应器的不同时间段分别设置厌氧、缺氧、好氧环境来满足脱氮与除磷要求。通过变更三种环境的位置、改变进水或回流方式等手段，开发了以下几种代表性脱氮除磷工艺。

1. A²/O 脱氮除磷工艺

A²/O 同步脱氮除磷工艺流程如图 4-100 所示。

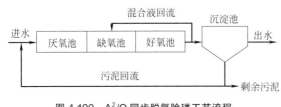

图 4-100　A²/O 同步脱氮除磷工艺流程

A²/O（anaerobic anoxic oxic）工艺是生物脱氮工艺和生物除磷工艺的综合。污水首先进入厌氧池，厌氧菌将污水中易降解有机物转化为 VFAs，回流污泥带入的聚磷菌将体内贮存的聚磷分解，所释放的能量一部分可供好氧的聚磷菌在厌氧环境下维持生存，另一部分能量供聚磷菌主动吸收 VFAs，并在体内储存 PHB；其次进入缺氧区，反硝化菌就利用混合液回流带入的硝酸盐以及进水中的有机物进行反硝化脱氮；最后进入好氧区，聚磷菌除了吸收利用污水中残留的易降解 BOD 外，还要通过分解体内贮存的 PHB 产生能量供自身生长繁殖，并主动吸收环境中的溶解磷，以聚磷的形式在体内贮积。

A²/O 工艺具有以下特点：

① 工艺中三种不同的环境条件和不同种类微生物菌群的有机配合，使其具有同时去除有机物、脱氮、除磷的功能；

② 该工艺流程简单，总水力停留时间较小；

③ 在厌氧-缺氧-好氧交替运行下，丝状菌不会大量繁殖，SVI 一般小于 100mL/g，不会发生污泥膨胀；

④ 污泥中磷的含量较高，一般达 2.5% 以上；

⑤ 沉淀池要防止发生厌氧、缺氧状态以避免聚磷菌释放磷而降低出水水质，以及反硝化产生氮气而干扰沉淀；

⑥ 脱氮效果受混合液回流比大小的影响，除磷效果受回流污泥中挟带 DO 和硝酸盐氮的影响，因而脱氮除磷效率受到一定限制。

A²/O 工艺的基本设计参数：污泥负荷（F/M）为 $0.15\sim0.7$kgBOD$_5$/(kgMLSS·d)，BOD/TN 一般大于 $3\sim5$，BOD/TP 一般大于 10；厌氧区、缺氧区、好氧区三池体积比为 $1:2:4$；污泥龄（SRT）为 $4\sim25$d，MLSS 为 $3000\sim5000$mg/L；污泥回流比为 $40\%\sim100\%$。

2. Phoredox 工艺

五段 Phoredox 工艺是在四段 Bardenpho 脱氮工艺前增加一个厌氧段，前置厌氧池也可作为生物选择器，五段 Phoredox 脱氮除磷工艺流程如图 4-101 所示。在五段单元中厌氧、缺氧和好氧用于除磷、脱氮和碳氧化，第二段缺氧主要用于进一步的反硝化，该工艺的污泥龄为 $10\sim40$d（比 A²/O 工艺长）。回流污泥直接进入厌氧池，携带的 DO 和 NO$_3^-$ 将影响厌氧释磷，对系统除磷效果有较大影响。同时，该工艺处理单元多、运行繁琐，前期投资与运

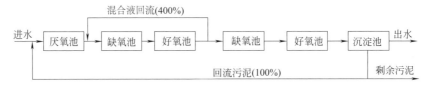

图 4-101　五段 Phoredox 脱氮除磷工艺流程

行管理费用均较高。

3. 反硝化脱氮除磷工艺

由于传统的生物除磷脱氮工艺存在着硝酸盐影响释磷等问题，为了解决脱氮除磷的矛盾，国内外学者提出了一些新的理论与工艺，其中最受重视的就是反硝化除磷技术。反硝化除磷是用厌氧、缺氧交替环境来代替传统的厌氧、好氧环境，驯化培养出一种以硝酸根作为最终电子受体的反硝化聚磷菌，通过它们的代谢作用来同时完成过量吸磷和反硝化过程，从而达到脱氮除磷的双重目的。

反硝化除磷工艺处理城市污水，不仅可节省曝气量，而且还可减少剩余污泥量，使投资和运行费用得以降低。反硝化除磷脱氮反应器分为单污泥和双污泥系统，目前较典型的双污泥系统有 A_2N 工艺、Phoredox 工艺和 HITNP 工艺，单污泥系统的代表则是 UCT 工艺。

UCT（university of capetown）脱氮除磷工艺流程如图 4-102 所示。该工艺的最终沉淀池污泥回流到缺氧池，通过缺氧反硝化作用使硝酸盐氮大大减少，再增加缺氧池到厌氧池的缺氧池混合液回流，可以防止硝酸盐氮进入厌氧池破坏厌氧状态而影响系统的除磷效率。

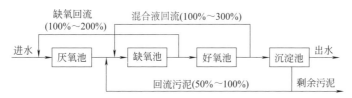

图 4-102　UCT 脱氮除磷工艺流程

A_2N（anaerobic anoxic nitrification）反硝化除磷脱氮工艺流程如图 4-103 所示。该工艺是基于缺氧吸磷的理论而开发的新工艺，是采用生物膜法和活性污泥法相结合的双污泥系统。与传统的生物除磷脱氮工艺相比较，A_2N 工艺具有"一碳两用"、曝气和回流所耗费的能量少、污泥产量低、稳定性好、效率高以及各种不同菌群各自分开培养等优点，已受到人们的高度重视。

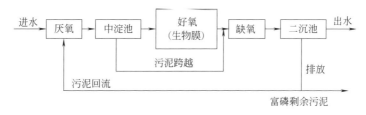

图 4-103　A_2N 反硝化脱氮除磷工艺流程

A^2/O、Bardenpho、UCT 三种传统活性污泥法脱氮除磷工艺常用设计参数如表 4-40 所示。

表 4-40　传统活性污泥法脱氮除磷工艺常用设计参数

工艺名称	F/M /[kgBOD/(kg MLVSS·d)]	SRT /d	MLSS /(mg/L)	HRT/h					污泥回流比/%	混合比/%
				厌氧	缺氧	好氧1	缺氧2	好氧2		
A^2/O	0.15~0.25	5~10	3000~5000	0.5~1.3	0.5~1.0	3.0~6.0			40~100	100~300
Phoredox	0.1~0.2	10~40	2000~4000	1~2	2~4	4~12	2~4	0.5~1	50~100	400
UCT	0.1~0.2	10~30	2000~4000	1~2	2~4	4~12	2~4		50~100	100~600

4. VIP 脱氮除磷工艺

VIP 脱氮除磷工艺流程如图 4-104 所示。该工艺主要特点是厌氧、缺氧和好氧 3 个反应器都是由多个完全混合反应器串联组成，形成了有机物的梯度分布，从而提高了厌氧池释磷和好氧池摄磷的速度，降低了反应器总容积。

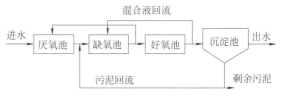

图 4-104 VIP 脱氮除磷工艺流程

5. SBR 脱氮除磷工艺

通过 SBR 工艺运行工序的控制操作，合理调节运行周期，可在时间上形成厌氧、缺氧、好氧交替运行环境，从而实现污水的脱氮除磷。

（1）SBR 脱氮除磷运行工序

SBR 脱氮除磷运行工序如图 4-105 所示。该工序能同时去除污水中有机污染物、脱氮和除磷。在阶段 I 污水流入时，启动潜水搅拌设备，以保持厌氧状态（DO 小于 0.2mg/L），污水与前一周期留在池内的污泥充分混合，聚磷菌释放磷；阶段 II 进行有机物生物降解、氨氮硝化和聚磷菌好氧摄磷，一般曝气时间应大于 4h，以保证充分硝化；阶段 III 生化池处于缺氧状态，进行反硝化脱氮，该阶段一般历时在 2h 以上；阶段 IV 沉淀排泥，该阶段先进行泥水分离，然后排放剩余高磷污泥。一个运行周期一般为 10～14h。

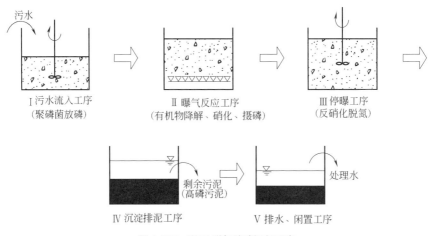

图 4-105 SBR 脱氮除磷运行工序

（2）SBR 脱氮除磷过程的特点

SBR 在全程周期中厌氧、缺氧、好氧状态交替出现，可以最大限度地满足生物脱氮除磷的环境条件。在进水期后段和反应期的好氧状态下，可以根据需要提供曝气量、延长好氧时间与污泥龄，来强化硝化反应，并保证聚磷菌过量吸磷。在停止曝气的沉淀期和排水期，系统处于缺氧或厌氧状态，可发生反硝化脱氮和厌氧释磷过程。为了延长周期内的缺氧或厌氧时段，增强脱氮除磷效能，也可在进水期和反应后期采用限制曝气或半限制曝气，或进水搅拌以促使聚磷菌充分释磷。

（3）SBR 工艺的改进

传统 SBR 工艺脱氮除磷效果不理想，在工程应用中存在一定的局限性，因此发展了各种新形式的 SBR 变形工艺。如 CAST（CASS）工艺将传统的 SBR 池分为生物选择器（又称预反应区）、缺氧区和好氧区三个功能区，且可连续进水，提高了脱氮除磷效果。再如 ICEAS 工艺是在 CASS 基础上改进而来，其反应池只分为预反应区和主反应区两个功能区，运行更为简单。主反应区与预反应区之间设有隔墙，底部有较大的涵孔，污水以较低流速由预反应区连续进入主反应区。当主反应区排泥时，先排放剩余污泥，然后将部分污泥回流至预反应区。这种运行方式具有以下优点：

① 当主反应区停止曝气进行反硝化时，连续进水的污水可提供反硝化所需的碳源，从而提高了脱氮效果；

② 当主反应区处于沉淀或滗水阶段时，连续进入的污水可进入厌氧污泥层，为聚磷菌释放磷提供所必需的碳源，因而可提高系统的除磷效率。

6. 氧化沟脱氮除磷工艺

（1）DE 型氧化沟

氧化沟的脱氮除磷功能是通过控制曝气设备的供氧量，使氧化沟出现好氧区、缺氧区、厌氧区而实现的。近年来，DE 型氧化沟脱氮除磷工艺得到了广泛的应用。DE 型氧化沟有独立的二沉池和污泥回流系统，两个氧化沟相互连通，串联运行，交替进出水，沟内曝气转刷高速运行时进行曝气充氧，处于好氧状态；低速运行时只推流、不充氧，处于缺氧状态。通过两沟交替处于缺氧和好氧状态，从而达到脱氮的目的。DE 型氧化沟生物脱氮运行周期如图 4-106 所示。

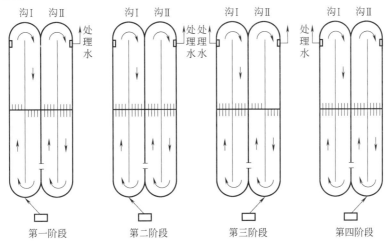

图 4-106　DE 型氧化沟生物脱氮运行周期

DE 型氧化沟生物脱氮的一个运行周期分为四个阶段。

第一阶段历时 1.5h。污水进入沟Ⅰ，沟Ⅰ出水堰关闭、转刷低速运转，处于缺氧状态，进行反硝化脱氮。沟Ⅱ转刷高速运转，处于好氧状态，进行有机物的降解和氨氮的硝化，出水堰开启排水。

第二阶段为过渡期，历时较短，仅为 0.5h。污水进入沟Ⅰ，沟Ⅰ和沟Ⅱ内转刷均处于高速运转。沟Ⅰ出水堰关闭，沟Ⅱ出水堰开启排水。在该阶段，沟Ⅰ和沟Ⅱ均为好氧区，进行硝化。

第三阶段与第一阶段相反，沟Ⅰ为好氧硝化区，沟Ⅱ为缺氧反硝化区，沟Ⅱ出水堰关闭，沟Ⅰ出水堰开启排水。该阶段历时 1.5h。

第四阶段历时与第二阶段相同，两沟状态与第二阶段相反。

根据实际情况，改变运行周期（4～8h）与运行工序，就可得到不同的脱氮效果。如在氧化沟前增设厌氧池，则可同时达到脱氮除磷的目的。DE 氧化沟生物脱氮除磷工艺流程如图 4-107 所示。

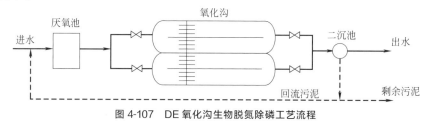

图 4-107　DE 氧化沟生物脱氮除磷工艺流程

（2）Carroussel 氧化沟

20 世纪后半叶，随着新型氧化沟的不断出现，氧化沟技术已经远远地超出了早先的实践范围，氧化沟特有的技术经济优势和脱氮除磷的客观需要相结合已成为一种必然。卡鲁塞尔氧化沟（Carroussel areation basin）及其改进型、奥贝尔（Orbal）氧化沟、PI 型氧化沟、一体化氧化沟等都具有一定的脱氮除磷能力，从运行方式上可分为连续工作式、交替工作式和半交替工作式三大类。Carroussel 氧化沟系统流程示意图如图 4-108 所示。

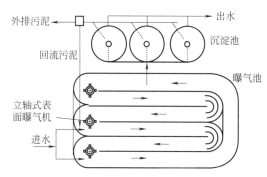

图 4-108　Carroussel 氧化沟系统流程示意

普通 Carroussel 氧化沟是一个多沟串联系统，可以有效去除 BOD，去除率可达 95%～99%，但脱氮除磷效果能力有限（约为 50%）。Carroussel 2000 系统是在普通 Carroussel 氧化沟的基础上进行开发的，实现了更高要求的生物脱氮和除磷功能。Carroussel 2000 系统结构示意图如图 4-109 所示。该系统结构上的主要改进是在普通 Carroussel 氧化沟前增加了一个缺氧区（又称预反硝化区），BOD、COD、SS 去除率均达到了 90% 以上，TN 的去除率达到了 80%，TP 的去处理率也达到了 90%。

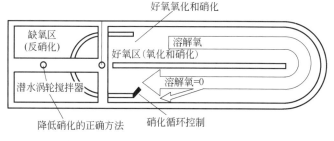

图 4-109　Carroussel 2000 系统结构示意

第五节　污泥处理设备

一、污泥特性及处理流程

1. 污泥的来源与特性
（1）污泥的来源与特性

在污水处理过程中产生的沉淀物按其主要成分的不同分为污泥和沉渣。污泥以有机物为主要成分，其特点是：

① 有机物含量高、易腐化发臭；

② 颗粒密度小（接近水的密度），含水率高且不易脱水，便于管道输送。

沉渣以无机物为主要成分，其特点为颗粒较粗、密度大、流动性差、不易用管道输送，含水率不高易于脱水，化学稳定性好。

污泥按其产生的来源可以分为：初沉池污泥、剩余污泥（来自生物膜和活性污泥法的二次沉淀池）、熟污泥（经消化处理后的初沉池污泥和剩余污泥）、化学污泥（化学法产生的污泥）。

污泥的含水率很高，污泥中所含水分有 4 类：颗粒间的空隙水约占 70%、毛细管水约占 20%、颗粒表面的吸附水与微生物内部水两者约占 10%。

（2）污泥的指标

1）污泥含水率

单位质量污泥中所含水分质量的百分数，污泥的含水率一般都很高，常见城市污泥含水率见表 4-41。

表 4-41　城市污泥含水率　　　　单位：%

污泥种类	初沉池	高负荷生物滤池	高负荷滤池和初沉池	活性污泥	活性污泥和初沉池	化学凝聚污泥
原污泥	95～97.5	90～95	94～97	99～99.5	95～96	90～95
浓缩污泥	90～92		91～93	97～97.5	90～95	
消化污泥	85～90	90～93	90	97～98	92～94	90～93

2）沉渣湿度

单位体积沉渣中所含水的体积百分比。

3）污泥或沉渣的挥发性物质及灰分物质

挥发性物质能够近似表示污泥中的有机物含量，灰分能够近似表示无机物含量。

4）污泥密度

污泥密度等于污泥质量与同体积水的质量的比值。

5）污泥的可消化程度

污泥中的有机物是消化处理的对象，可用消化程度表示污泥中可被消化降解的有机物数量，可按下式计算。

$$R_{d} = \left[1 - \frac{p_{v2}\,p_{s1}}{p_{s2}\,p_{v1}}\right] \times 100\% \tag{4-34}$$

式中　R_{d}——可消化程度，%；

p_{s1}，p_{s2}——分别表示生污泥及消化污泥的无机物含量，%；

p_{v1}，p_{v2}——分别表示生污泥及消化污泥的有机物含量，%。

（3）初沉池污泥量

初沉池的污泥量可以根据污水中悬浮物的浓度、污水流量、沉淀效率及含水率计算：

$$V = \frac{100 C_0 \eta Q}{(100 - p)\rho} \times 10^{-3} \tag{4-35}$$

式中　V——沉淀污泥量，m^3/d；

Q——污水流量，m^3/d；

C_0——进水悬浮物浓度，mg/L；

η——去除率，%；

p——污泥含水率，%；

ρ——污泥密度，$1000kg/m^3$。

（4）污泥的水力特性

当污泥的含水率大于99%时，污泥的流动情况与水类似；当含水率较低时，污泥在管道内的水力特性与流动状态在层流时流动阻力比水层流时的阻力大；在紊流时流动阻力比层流时小，因此在设计污泥输送管道时应采用较大的流速使之处于紊流状态，以减少阻力。污水输泥管的最小直径不应小于200mm；当采用重力输泥管时，一般采用0.01～0.02的坡度，采用压力管，压力输泥管最小设计流速见表4-42。

表 4-42　压力输泥管最小设计流速　　　　　　单位：m/s

污泥含水率/%	90	91	92	93	94	95	96	97	98
管径 150～250mm	1.5	1.4	1.3	1.2	1.1	1.0	0.9	0.8	0.7
管径 300～400mm	1.6	1.5	1.4	1.3	1.2	1.1	1.0	0.9	0.8

污泥压力管宜采用0.001～0.002的坡度，坡向污泥泵站方向，以利于冲洗及放空。

2. 污泥处理与处置的目的与基本流程

（1）污泥处理的目的和方法

① 降低水分，减少体积；

② 卫生化、稳定化；

③ 改善污泥的成分和某种性质，以利于应用并达到回收能源和资源的目的。

常用的污泥处理方法有浓缩、消化、脱水、干燥、固化及最终处置，污泥最终处置方法有地面弃置、填埋、排海、地下深埋以及固化后再进行地面或海洋处置。

（2）污泥处理处置的基本流程

污泥处理处置应根据污水处理厂的规模以及周围环境综合考虑解决，常见流程有以下几种。

① 浓缩→机械脱水→处置脱水滤饼；

② 浓缩→机械脱水→焚烧→处置灰分；

③ 浓缩→消化→机械脱水→处置脱水滤饼；

④ 浓缩→消化→机械脱水→焚烧→处置灰分。

从上述的各种过程可以看出，污泥的浓缩、消化及脱水是主要处理单元，在此主要介绍有关设备。

（3）污泥调理

污泥调理的目的是为了提高污泥浓缩和脱水效率，影响污泥浓缩和脱水性能的因素有颗粒的大小、表面电荷水合的程度以及颗粒间的相互作用，其中颗粒的大小是主要因素。污泥调理的主要途径如下：

① 在污泥中加入合成有机聚合物、无机盐等混凝剂改变污泥颗粒的表面性质，使其脱稳并凝聚起来；

② 改善污泥颗粒间的结构，减少过滤阻力。

污泥调理的方法主要有以下几种。

1）洗涤

用于消化污泥的预处理，目的在于节省加药用量、降低机械脱水的运行费用。洗涤水可用二沉池出水或河水，污泥洗涤过程包括稀释、搅拌、沉淀分离以及撇除上清液，工艺可分为单级、两级或多级串联洗涤以及逆流洗涤等多种形式。

2）化学调理

其实质是向污泥中加入助凝剂、混凝剂等化学药剂，促使污泥颗粒絮凝。助凝剂主要有硅藻土、珠光体、酸性白土、石灰等物质；混凝剂包括无机混凝剂和高分子混凝剂两大类，主要有铝盐、铁盐、聚丙烯酰胺、聚合氯化铝等。

3）热调理

使污泥在一定压力下短时间加热，使部分有机物分解及亲水性有机胶体物质水解，同时污泥中细胞膜被分解破坏，细胞膜中的水游离出来，因此可提高污泥的浓缩和脱水性能。热调理方法有高温加压处理法与低温加压处理法。

二、污泥浓缩设备

污泥浓缩脱水的对象是间隙水，经浓缩后活性污泥的含水率可降至 97%～98%，初沉池污泥的含水率可降至 85%～90%。常用的污泥浓缩方法有重力浓缩、气浮浓缩、离心机浓缩、微孔滤机浓缩以及生物浮选浓缩。

1. 污泥重力浓缩设备

浓缩是减少污泥体积最经济有效的方法，其中利用自然的重力作用是使用最广泛和最简单的浓缩方法。重力浓缩的原理是在重力作用下将污泥中的孔隙水挤出，从而使污泥得到浓缩，属于压缩沉淀类型，该方法适用于密度较大的污泥和沉渣。污泥的沉降特性与固体浓度、性质及来源有密切关系。设计重力浓缩池时，应先进行污泥浓缩试验，掌握沉降特性，得出设计参数，然后计算出浓缩池的表面积、有效容积及深度等参数。

重力浓缩池按工作方式可以分成间歇式和连续式，前者适用于小型污水处理厂，后者适用于大中型污水处理厂。连续式浓缩池一般采用辐流式浓缩池，结构类似于辐流式沉淀池，可分为有刮泥机与污泥搅动装置、不带刮泥机以及多层浓缩池（带刮泥机）等形式。图 4-110 为浓缩池构造。

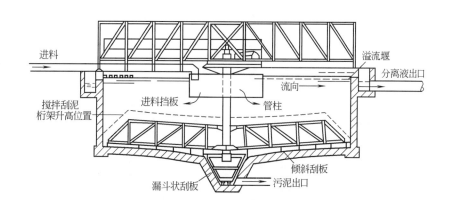

图 4-110　浓缩池构造

当浓缩池较小时可采用竖流式浓缩池，构造如图 4-111 所示。

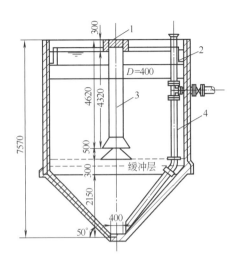

图 4-111　竖流式浓缩池构造（单位：mm）
1—进料管；2—分离液槽；3—沉降区；4—排泥管

重力沉淀池设计数据如下：固体通量 $30\sim60kg/(m^2\cdot d)$，有效深度 4m，浓缩时间不宜小于 12h，刮泥机外缘线速度为 $1\sim2m/s$，池底坡度不宜小于 0.05，竖流式浓缩池沉淀区上升流速不大于 0.1mm/s。辐流式浓缩池，当活性污泥浓度为 $2000\sim3000mg/L$，表面负荷为 $0.5m^3/(m^2\cdot h)$；当浓度为 $5000\sim8000mg/L$，表面负荷为 $0.3m^3/(m^2\cdot h)$。

图 4-112 为悬挂式中心传动浓缩机现场图。悬挂式中心传动浓缩机主要用于城镇污水处理厂或工业废水处理工程的中小型池径的浓缩池，对沉淀污泥进行浓缩，作为污泥脱水操作的预处理单元，采用重力浓缩的方法减少污泥体积，以减轻污泥脱水的处理负荷，提高脱水效果。其材质是碳钢、不锈钢及钢筋混凝土结构。

图 4-112　悬挂式中心传动浓缩机

悬挂式中心传动浓缩机的主要特点如下：

① 工作桥采用全桥式；驱动装置采用立式三级摆线针轮减速机或由斜齿轮减速机与蜗轮减速机组合，保证输出扭矩及转速；

② 立轴下端设有水下轴承和刮刀，避免立轴转动时的偏摆及集泥槽内污泥积实；

③ 设置机械和电气双重过载保护，运转安全可靠。其技术参数和安装尺寸见表 4-43。

表 4-43 技术参数和安装尺寸

参数		型号								
		—5	—6	—8	—10	—12	—14	—16	—18	—20
池径 ϕ/m		5	6	8	10	12	14	16	18	20
周边池深 H/m		3.5～4.5								
池边水深 H_2/m		3.0～4.0								
外缘线速 V/(m/min)		1.5～3.0								
电机功率 N/kW		0.37			0.55			0.75		
安装尺寸 /mm	B	1050				1250				
	ϕ_1	1000				1200				
	ϕ_2	500				800				
	H_2	700				800				
工作桥端面载荷 P_2/kN		30	23	36	40	48	55	65	72	81
最大工作扭矩/(N·m)		19	22.5	45	56	67	100	122	148	172

2. 污泥气浮浓缩设备

气浮浓缩依靠大量的微小气泡附在污泥颗粒表面上，通过减小颗粒的密度使污泥上浮。该法适用于浓缩密度接近于水的污泥，图 4-113 为气浮浓缩池示意图。气浮浓缩池的主要设计参数为：气固比（有效空气总重量与流入污泥中固体物总重量之比）为 0.03～0.04；水力负荷为 1.0～3.6m³/(m²·h)，一般选用 1.8m³/(m²·h)；停留时间与气浮浓度有关，见图 4-114。

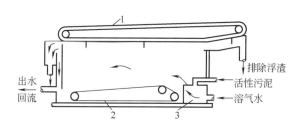

图 4-113 污泥气浮浓缩池
1—表面刮渣板；2—底部刮泥板；3—配水室

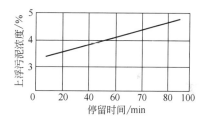

图 4-114 停留时间与气浮浓度的关系

（1）压力溶气气浮浓缩

压力溶气气浮浓缩技术在许多国家的城市污水厂得到了广泛应用，如挪威 Gross 污水处理厂采用压力溶气气浮浓缩 Biowin 生物脱氮除磷工艺产生的剩余污泥，取得了满意的结果。压力溶气气浮浓缩具有较好的固液分离效果，不投加调理剂的情况下，污泥的含固率可达 3% 以上；投加调理剂时，污泥的含固率可达 4% 以上。为了提高浓缩脱水效果，通常在污泥中加入化学絮凝剂，药剂费用是污泥处理的主要费用。

压力溶气气浮污泥浓缩装置主要由压力溶气系统、溶气释放系统及气浮分离系统三部分组成，气浮分离系统一般可分为平流式、竖流式和综合式三种类型。工艺流程可分为无回流水，对全部污泥加压气浮；有回流水，用回流水加压气浮两种方式。

平流式加压溶气气浮浓缩装置如图 4-115 所示。在矩形池的一端设置进水室，污泥和加压溶气水在此混合，从加压溶气水中释放出来的微气泡附着在污泥絮体上，然后从上方以平流方式流入分离池，在分离池中固体与澄清液分离。用刮泥机将上浮到表面的浮渣刮送到浮渣室。澄清液则通过设置在池底部的集水管组经集水总管，越过溢流堰，经排水管排出。在分离池中沉淀下来的污泥集中于污泥斗之后排出。

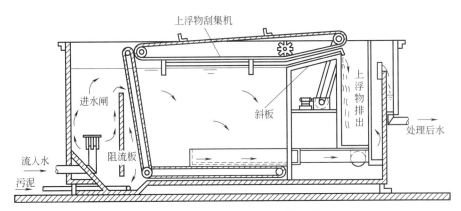

图 4-115　平流式加压溶气气浮浓缩装置

竖流式加压溶气气浮浓缩装置如图 4-116 所示。在圆形或方形槽的中间设置圆形进泥室，以衰减流入污泥悬浮液具有的能量，并起到均化作用。加压溶气水同时进入，释放出的微气泡附着在污泥絮凝体上后，污泥絮体上浮，然后借助刮泥板将浮渣收集排出。未上浮而沉淀下来的污泥依靠旋转耙收集起来，从排泥管排出，澄清液则从底部收集后排出。刮泥板、进泥室和旋转耙等都安装在中心旋转轴上，从结构上使整个装置一体化，依靠中心轴的旋转使这些部件以同样的速度旋转。

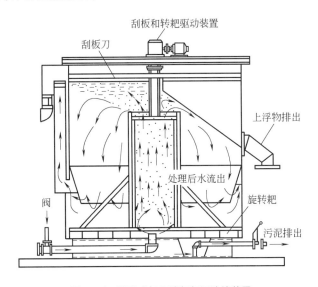

图 4-116　竖流式加压溶气气浮浓缩装置

压力溶气气浮污泥浓缩工艺具有占地面积小、卫生条件好、浓缩效率高、在浓缩过程中充氧、可以避免富磷污泥磷的释放等优点，但动力消耗和操作要求高于重力浓缩工艺。

（2）生物气浮浓缩

1983 年瑞典 Simoma Cizinska 开发了生物气浮浓缩工艺，利用污泥自身的反硝化能力，加入硝酸盐，污泥进行反硝化作用产生气体使污泥上浮而进行浓缩。硝酸盐浓度、温度、碳源、初始污泥浓度、泥龄、运行时间对污泥的浓缩效果有较大影响。浮泥浓度是重力浓缩的 1.3～3 倍，对膨胀污泥也有较好的浓缩效果，浮泥中所含气体少，有利于污泥的后续处理。

生物气浮工艺应用于瑞典的 Pisek、Milevsko、Bjornlunda 污水处理厂进行了生产性试验，MLSS 6.2g/L、10.7g/L、3.5g/L 的污泥分别浓缩到 59.4g/L、59.7g/L、66.7g/L，每浓缩 1g MLSS 消耗的 NO_3 分别为 17.2mg、16.7mg、29.7mg，浓缩时间为 4～24h。

生物气浮浓缩工艺的日常运转费用比重力浓缩和压力溶气气浮浓缩工艺低，能耗小，设备简单，操作管理方便，但 HRT 比压力溶气气浮浓缩的长，需投加硝酸盐。

3. 污泥离心浓缩设备

离心浓缩的原理是利用污泥中固体、液体的密度及惯性差，在离心力场因受离心力的不同而被分离，其优点是效率高、时间短、占地少，缺点是运行费和机械维修费高，因此较少用于污泥的浓缩。常用的离心机有转盘式、转鼓式和筐式（三足式）等。

（1）筐式离心浓缩机

筐式离心浓缩机为日本公司开发的产品，如图 4-117 所示。

筐式离心浓缩机圆锥形笼框内侧铺上滤布，驱动电机通过旋转轴带动笼框旋转。污泥从笼框底部流入，其中的水分通过滤布进入滤液室，然后排出。污泥中的悬浮固体被滤布截流实现固液分离，污泥被浓缩。浓缩的污泥沿笼框壁向上，从上端进入浓缩室再排出。当滤布被污泥滤饼堵塞而使得滤液透过能力大幅度下降时，停止泵入污泥，用水泵泵入带压冲洗水，通过洗涤喷嘴在笼框旋转的同时冲洗滤布。这种离心浓缩机由于具有离心和过滤双重作用，提高了过滤效率，实现了浓缩装置小型化，大大减少了占地面积，已广泛应用于小规模污水处理厂。

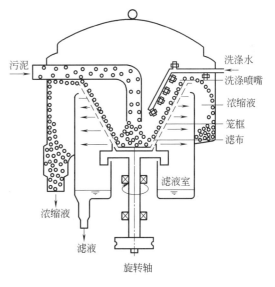

图 4-117　筐式离心浓缩机结构示意

（2）转筒式浓缩机

转筒式浓缩机结构如图 4-118 所示。

转筒式浓缩机也被称为转筛式浓缩机，既可与螺旋压榨机联用进行浓缩脱水一体化，也可用于好氧或厌氧消化前的预浓缩，以达到减量化的目的，还可用于一些液固混合物流的筛分、浓缩。转筒式浓缩机的工作原理与重力带式浓缩机较为类似，主要特点是在水平放置的转筒（或转筛）内壁衬有滤布或滤网，污泥中的自由水透过滤布或滤网外流。转筒既可以通过中心转轴支撑在钢架上，也可以通过其外圆柱面底部的支撑辊轴以类似摩擦轮的方式来传动，工作过程中转筒以 5～20r/min 的速度缓慢旋转。由于污泥滤饼可能会堵塞滤布或滤网，需要定期冲洗。在转筒外圆柱面顶部设有冲洗喷头以定期冲洗转筒内壁的污泥饼，因而转筒缓慢旋转的目的主要是为了使得整个圆柱面得到较为均匀的冲洗，而不是利用离心力来达到泥水分离的目的。

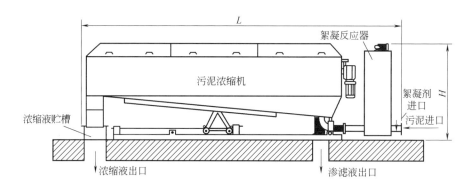

图 4-118　转简式浓缩机结构示意

4. 带式浓缩机

带式浓缩机如图 4-119 所示。

该浓缩机可以直接接受二沉池的剩余活性污泥来脱水，取消污泥浓缩池，防止磷的再析出，减少污泥脱水车间的臭味污染。其特点有：

① 可与后续压滤机组合安装，不增加占地；

② 大多情况下，带式浓缩机出泥可直接靠高程流入下一环节，无须动力输送；

③ 可与后续单元共用清洗水源和压缩空气源，方便配套；

④ 滤带速度可机械调节。带式浓缩机技术参数见表 4-44。

图 4-119　带式浓缩机

表 4-44　带式浓缩机技术参数

型号	滤带宽度 /mm	滤带速度 /(m/min)	电机功率 /kW	重力脱水长度 /mm	滤带长度 /mm	最大处理量 /(m³/h)	机器净重 /kg
PD500S7C	500	3.5~18	0.75	3000	6900	12.5	1300
PD750S7C	750	3.5~18	1.1	3000	6900	18.75	1500
PD1000S7C	1000	3.5~18	1.5	3000	6900	25	1700
PD1500S7C	1500	3.5~18	1.5	3000	6900	37.5	2100
PD2000S7C	2000	3.5~18	2.2	3000	6900	50	2400
PD2500S7C	2500	3.5~18	2.2	3000	6900	62.5	2700

5. 螺压浓缩机

螺压浓缩机由楔型圆筒型不锈钢滤网和有自清洗功能、合理梯度变化、变螺距、变轴径的楔型筛网轴组成，机身完全由不锈钢 1.4541 构成，滤网由不锈钢 1.4571 制造，经过酸洗钝化处理，防腐能力强。其最大特点就是简体外壁不旋转，仅仅是其中的同轴螺旋输送器旋转。螺压浓缩机的污泥处理工艺流程如图 4-120 所示。

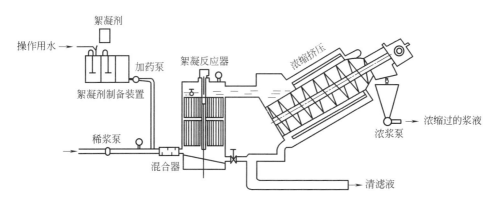

图 4-120　螺压浓缩机污泥处理工艺流程

三、污泥脱水干化设备

污泥经浓缩处理后，含水率（95％～97％左右）仍很高，需进一步降低含水率，将污泥的含水率降低至85％以下的过程称为脱水干化。污泥脱水干化有自然干化与机械脱水，其本质都属于过滤脱水范畴。过滤是给多孔介质（滤材）两侧施加压力差，将悬浮液过滤分成滤饼、澄清液两部分的固液分离操作，通过介质孔道的液体称为滤液，被截留的物质为滤饼或泥饼，产生压力差（过滤的推动力）的方法有 4 种：

① 依靠污泥本身厚度的静压力（自然干化床）；

② 在过滤介质的一面造成负压（真空过滤）；

③ 加压污泥将水分压过过滤介质（压滤）；

④ 离心力（离心脱水）。

各种脱水干化方法效果见表 4-45。

表 4-45　各种脱水干化方法效果比较

脱水方法	自然干化	机 械 脱 水				干燥法	焚烧法
		真空过滤法	压滤法	滚压带法	离心法		
脱水装置	自然干化场	真空转鼓 真空转盘	板框 压滤机	滚压带式 压滤机	离心机	干燥设备	焚烧设备
脱水后含水率/％	70～80	60～80	45～80	78～86	80～85	10～40	0～10
脱水后状态	泥饼状	泥饼状	泥饼状	泥饼状	泥饼状	粉状、粒状	灰状

1. 真空过滤设备

真空过滤是目前使用最广泛的机械脱水方法，具有处理量大、能连续生产、操作平稳等优点。间歇式真空过滤设备有叶状过滤器，只适用于少量的污泥；连续式真空过滤设备有圆筒形、圆盘形及水平形。

（1）转鼓式真空过滤机

转鼓式真空过滤机如图 4-121 所示，其工艺流程如图 4-122 所示。

过滤介质覆盖在空心转鼓表面，转鼓部分浸没在污泥槽中，转鼓被径向分隔成许多扇形格间，每个格间有单独的连通管与分配头相接，分配头由转动部件和固定部件组成，固定部件由缝与真空管路相通，孔与压缩空气管路相连。真空转鼓每旋转一周依次经过滤饼形成区、吸干区、反吹区及休止区，完成对污泥的过滤及剥落。

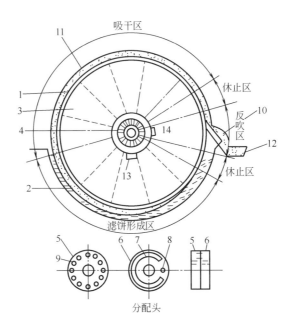

图 4-121 转鼓式真空过滤机

1—空心转鼓；2—污泥贮槽；3—扇形间格；4—分配头；5—转动部件；6—固定部件；7—与真空泵连通的缝；
8—与空压机连通的孔；9—与各扇形格相通的孔；10—刮刀；11—泥饼；12—皮带输送器；
13—真空管路；14—压缩空气管路

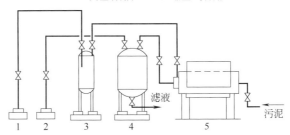

图 4-122 转鼓式真空过滤机工艺流程

1—空压机；2—真空泵；3—空气平衡罐；4—气水分离器；5—真空过滤机

GP 型转鼓真空过滤机为外滤面刮刀卸料结构，适用于分离 0.01～1mm 固相颗粒的悬浮液，表 4-46 为 GP 型转鼓真空过滤机主要技术参数。

表 4-46 GP 型转鼓真空过滤机主要技术参数

型　号	过滤面积/m²	直径/m	长度/m	在悬浮液内的浸入角	吸滤角	干燥和洗涤角	吹风角	转速/(r/min)	电机功率/kW
GP1-1	1	1	0.35	124°	102°	90°	15°	0.09～2	0.4
GP2-1	2	1	0.7	130°	110°	102°	19°	0.13～0.26	1.1
GP5-1.75	5	1.75	0.98	130°	104°	160°	12°	0.13～0.26	1.5
GP20-2.6	20	2.6	2.6	90°～133°				1/1.26～1/7.71	5.2
GP40-3	40	3	4.4					0.13～1.50	6

GP 型转鼓真空过滤机对滤液有下列要求。

① 悬浮液的浓度及其过滤的性能，可使各滤室在允许的过滤时间内所形成的滤渣厚度不小于 5mm；

② 悬浮液中固相颗粒在过滤机搅拌器的作用下，不得大量沉淀于槽底；

③ 过滤时悬浮液的温度不高于在操作真空度下悬浮液相的汽化温度5℃。

（2）水平真空带式过滤机

水平真空带式过滤机具有水平过滤面、上部加料和卸料方便等特点，是近年来发展最快的一种真空过滤设备，主要形式有橡胶带式、往复盘式、固定盘式和连续移动室式四种。DI型移动室带式真空过滤机是一种结构新颖、综合性能优异，能迅速脱水、对物料进行固液分离的理想设备，其技术在国内居领先水平，适用于城市污泥的脱水。该设备的主要性能为：

① 生产效率高，连续进行喂料、过滤、洗涤、吸干、卸料、滤布再生，抽滤时间长，返回时间短，系统真空度较高（约0.006MPa），滤饼含水率低，处理能力大（见表4-47）；

② 全自动连续运转，整机采用气、电自动控制技术，自动化程度高，工作平稳可靠、操作方便、简单，工人劳动强度低；

③ 可获得高质量的滤饼和滤液，可多段进行平流洗涤和逆流洗涤，以最低的成本达到最高的洗涤效果；

④ 滤布再生彻底，工作时滤布连续地进行正反洗涤，也可以用空机洗涤，再生效果好，滤布使用效果好，使用寿命长；

⑤ 可间歇地自动排液，机械或电动平衡排液罐，动作稳定可靠、自动化程度高；

⑥ 具有相当大的灵活性，能任意调节过滤、洗涤、吸干等区段的长度，又能调整带速和滤室速度，以达到最佳的过滤效果，满足严格的工艺要求；

⑦适应物料广泛，在几十个行业得到广泛应用。

表4-47为水平真空带式过滤机脱水实例。

表4-47 水平真空带式过滤机脱水实例

物料名称	液固比	饼含水率/%	生产能力（干）/[kg/(m²·h)]	物料名称	液固比	饼含水率/%	生产能力（干）/[kg/(m²·h)]
活性污泥	10:1	42	12～30	烟煤灰水	10:1	18	1000
消化污泥	10:1	45	30～70	硫酸污泥	2:1	37	780

2. 压滤设备

加压过滤是通过对污泥加压，将污泥中的水分挤出，作用于泥饼两侧的压力差比真空过滤时大，因此能取得含水率较低的干污泥。间歇式加压过滤机有板框压滤机和凹板压滤机两类，连续式加压过滤机有旋转式和滚压带式两大类。

（1）**板框压滤机**

利用板框压滤机进行污泥脱水的工艺流程如图4-123所示。

板框压滤机工作时用污泥泵把污泥输入气压馈泥罐，同时开启罐上的出泥阀，使污泥流进板框压滤机内。一般进料压力不大于0.45MPa，进料采用先自流后加压的方法。待气压馈泥罐中的泥面达到一定高度后，停止输泥，随即缓缓开启罐上的压缩空气阀，让空气流入罐内，使泥面上的气压渐渐加到0.5～1.5MPa，并维持1～3h（通常为2h左右）。污泥由滤

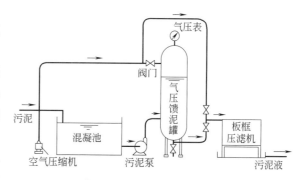

图4-123 板框压滤机工艺流程

框上角的孔道并行进入各个滤框，滤液分别穿过滤框两侧的滤布，沿滤板板面的沟道至滤液出口排出。固体物则积存于滤框内形成滤饼，直到整个滤框的空间都被填满，关闭罐上压缩空气阀和出泥阀，停止过滤。板框压滤机主要由过滤机构、压紧机构、机架三部分组成。

板框压滤机构造简单、推动力大，适用于各种性质的污泥，且形成的滤饼含水率低，但该设备只能间歇运行，操作管理麻烦、滤布容易损坏。板框压滤机的设计主要为压滤机面积的设计，可按下式计算。

$$A = 1000(1-P)Q/L \tag{4-36}$$

式中　A——压滤机过滤面积，m^2；

P——污泥含水率，%；

Q——污泥量，m^3/h；

L——压滤机产率，$kg/(m^2 \cdot h)$。

其他设计参数如最佳滤布、调节方法、过滤压力、过滤产率等可由试验求得。压滤机的产率与污泥性质、滤饼厚度、过滤时间、过滤压力、滤布等条件有关，一般为 $2 \sim 4 kg/(m^2 \cdot h)$。

(2) 厢式压滤机

厢式压滤机属于间歇操作的过滤设备，可有效过滤固相粒径 $5\mu m$ 以上、固相浓度 $0.1\% \sim 60\%$ 的悬浮液，以及粒度大或成胶体状的难过滤物料。厢式压滤机与板框压滤机的区别在于滤饼形成的空间，板框压滤机由两块滤板的内凹面形成，而厢式压滤机的料浆进口设在滤板的中间或中间附近，进料口径大，不易发生堵塞，所以其使用性能较好。厢式压滤机可分为有压榨隔膜和无压榨隔膜两类，当需配置压榨隔膜时，一组滤板由隔膜板和侧板组成。厢式压滤机的选用主要根据污泥量、压滤机的过滤能力确定所需面积和压滤机台数，再进行设备布置。

厢式压滤机产品性能参数如表 4-48 所示。自动厢式压滤机工艺流程如图 4-124 所示。

表 4-48　厢式压滤机产品性能参数

型号	过滤面积/m^2	滤板内边尺寸(长×宽)/mm	滤室容积/m^3	滤板厚度/mm	滤板数量/块	压榨板数量/块	过滤压力/MPa	压榨压力/MPa	压紧力/MPa	电动机功率/kW	外形尺寸(长×宽×高)/mm	质量/kg
XAJZ60/1000-30	64	1000×1000	1	30	15	16	≤0.4	≤0.6	—	11	4567×1510×1475	12000
XMZ60F/1000-30	64	1000×1000	0.96	30	15	16	—	—	12~14	7	4785×1500×1355	15000
XAGZ120/1000-30	120	1000×1000	—	30	31	32	—	—	—	11	8900×2200×3720	30000
XMYZ340/1500-61	340	1500×1500	—	60	94	95	—	—	<14	5.5	10000×2300×1727	63000
XMYZ500/1500-60	500	1500×1500	—	60	137	138	—	—	<14	5.5	12020×2330×1727	73000
XM10/450-U	10	450×450	0.125	25	26	26	0.4	—	7.5	2.2	2550×970×1240	1600
XM20/630-U	20	630×630	0.25	25	26	26	0.4	—	8.0	2.2	2682×1110×1060	2500
XM30/630-U	30	630×630	0.375	25	38	38	0.4	—	8.0	2.2	3296×1110×1360	2800

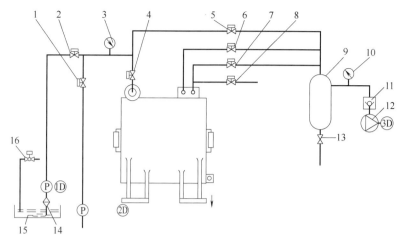

图 4-124　自动厢式压滤机工艺流程

1,2,4～8,13—阀门；3,10—压力表；9—储气缸；11—止回阀；
12—空气压缩机；14—过滤器；15—物料槽；16—压力调节阀

图 4-125 为 XY 型厢式压滤机结构示意图。

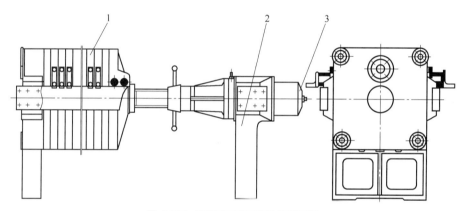

图 4-125　XY 型厢式压滤机结构示意

1—滤板；2—机架；3—顶压机构

　　XY 型厢式压滤机是间歇操作的加压过滤设备，广泛应用于化工、冶金、矿业加工、染料、制药、食品等行业各类悬浮液的固液分离及工业废水污泥的脱水处理，可有效过滤固相粒径 5μm 以上的悬浮液以及胶体状难过滤物料。其主要技术参数见表 4-49。

表 4-49　XY 型厢式压滤机主要技术参数

型号	过滤面积 /m²	滤室数	滤室容积 /m³	滤饼厚度 /mm	滤板规格（长×宽）/mm	过滤压力 /MPa	液压缸压力 /MPa	压紧板位移 /mm	质量 /kg	外形尺寸（长×宽×高）/mm
XY $^{M}_{A}$ 20 30/630-U 40	20 30 40	24 36 48	0.25 0.375 0.50	25	700×50	0.6	20	500	1740 2340 2940	3770×1120×1200 4410×1120×1200 5060×1120×1200
XY $^{M}_{A}$ 46 55/800-U 65	46 55 65	34 41 48	0.66 0.82 0.96	30	920×60	0.7	20	500	3858 4205 4552	4180×1360×1410 4628×1360×1410 5075×1360×1410

型号	过滤面积 /m²	滤室数	滤室容积 /m³	滤饼厚度 /mm	滤板规格（长×宽） /mm	过滤压力 /MPa	液压缸压力 /MPa	压紧板位移 /mm	质量 /kg	外形尺寸（长×宽×高） /mm
XY ^M_A 38 46/800-UJ 54	38 46 54	29 35 41	0.72 0.87 1.02	40	920×70	0.5	20	500	3658 3965 4272	4180×1360×1410 4628×1360×1410 5075×1360×1410
XY ^M_A G50/800-U 40 60	40 50 60	32 40 48	0.76 0.95 1.14	37	900×64 900×75	0.4	25	500	3850 4250 4650	4146×1400×1450 4706×1400×1450 5266×1400×1450
XY ^M_A Z160/1250 125 200	125 160 200	50 64 80	2.19 2.80 3.50	35	1250×65	0.7	25	630	29000 34600 41000	6410×1780×2100 7350×1780×2100 8420×1780×2100

（3）滚压带式压滤机

滚压带式压滤机的特点是可以连续生产，机械设备较简单，动力消耗少，无须高压泵和空压机，已广泛用于污泥机械脱水。该设备由滚压轴及滤布带组成，压力施加在滤布带上，污泥在两条滤布带间挤扎，由于滤布的压力和张力使污泥脱水。带式压滤机结构示意图如图4-126所示，该设备主要由机架、滤带、辊压筒、滤带张紧系统、滤带调偏系统、滤带冲洗系统和滤带驱动系统等组成。

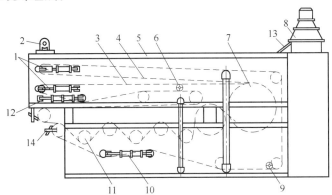

图 4-126 带式压滤机结构示意

1—上下滤带启动张紧装置；2—驱动装置；3—下滤带；4—上滤带；5—机架；6—下滤带清洗装置；
7—预压辊；8—絮凝反应器；9—上滤带冲洗装置；10—上滤带调偏装置；
11—高压辊系统；12—下滤带调偏装置；13—布料口；14—滤饼出口

1）BSD 系列带式压滤机

滚压带式压滤机一般能够将城市污水处理厂污泥含水率降至 75%～80%。表 4-50 为 BSD 系列带式压滤机技术参数。

表 4-50　BSD 系列带式压滤机技术参数

型号	滤带宽度 /mm	滤带速度 /(m/min)	电机功率 /kW	重力脱水长度 /mm	滤带长度 /mm	参考处理能力 /[kg(干)/h]	机器净重 /kg
BSD500S 7C	500	1.1～5.5	1.1	2500	9300 15600	100	3500
BSD750S 7C	750	1.1～5.5	1.5	2500	9300 15600	150	4000

型号	滤带宽度 /mm	滤带速度 /(m/min)	电机功率 /kW	重力脱水长度 /mm	滤带长度 /mm	参考处理能力 /[kg(干)/h]	机器净重 /kg
BSD1000S 7C	1000	1.1~5.5	2.2	2500	9300	200	4700
					15600		
BSD1500S 7C	1500	1.1~5.5	2.2	2500	9300	300	5900
					15600		
BSD2000S 7C	2000	1.1~5.5	3	2500	9300	400	6800
					15600		
BSD2500SC	2500	1.1~5.5	3	2500	9300	500	7500

2）NP 系列带式污泥脱水机

NP 型带式污泥脱水机、NPT 型带式污泥浓缩脱水一体机、NPD 型转鼓污泥浓缩脱水一体机均为进口产品，可以连续浓缩压滤大量的污泥，产品采用高强度材料制作，具有处理能力大、脱水效率高、使用寿命长等显著特点，广泛应用于工业及市政各行业的污泥浓缩脱水治理中。其配备的轴承使用寿命长，同时采用世界上高品质的滤带及 SUS 喷嘴，完全确保压滤机的性能和品质。目前，该类产品已遍及世界各地。

① NP 型带式污泥脱水机

NP 型带式污泥脱水机性能：主要脱水压辊为有孔设计，高品质的滤带在压滤过程中可以迅速脱水，后面渐小的压辊排列以及滤带接触角度的改变确保压力和剪切的最佳组合，从而大大提高泥饼含固率和脱水效率。

NP 型带式污泥脱水机结构：采用两条滤带压榨脱水，在正常压力脱水区之前还有一个重力脱水区，此独特结构不仅提高了脱水效率，减少了化学药剂的使用，而且大大降低了能耗。

NP 型带式污泥脱水机特点：滤带的张紧通过充气的气囊来实现，使整条滤带保持恒定张力。压滤机具有自动检测滤带在压辊上位置和自动纠偏的气动控制系统。对于宽滤带压滤机还配有自动污泥进料装置确保污泥均匀地进入滤带，从而提高过滤效率和延长滤带的寿命。

NP 型带式污泥脱水机的优势：浓缩脱水一体机省去污泥浓缩池，大大减少占地，节约投资；一体化设备，自动控制，连续运行；能耗低，使用寿命长；浓缩脱水效率高，泥饼含固率高；易于管理，维护方便；低噪声，化学药剂少；经济可靠，应用范围广。

NP 型带式污泥脱水机滤布优点：滤布品种多；韧性好，使用寿命长；脱水效果好，泥饼容易脱落；可根据不同性质的污泥选择相应的滤布。NP 型带式污泥脱水机常用滤布见图 4-127。

(a) 单丝缎织滤布　　　　　(b) 单丝斜织滤布　　　　(c) 滤布接头SUS316L扣环

图 4-127　NP 型带式污泥脱水机常用滤布

NP 型带式污泥脱水机工艺路线见图 4-128，其结构示意图见图 4-129，其主要技术参数见表 4-51。

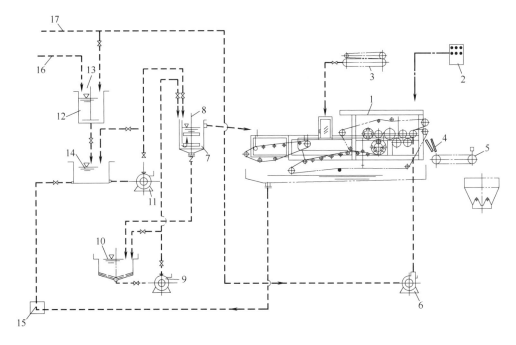

图 4-128　NP 型带式污泥脱水机工艺路线

1—NP 系列带式污泥脱水机；2—电控盘；3—空压机；4—泥饼；5—皮带输送机；6—冲洗泵；
7—混合反应槽；8—搅拌器；9—污泥泵；10—污泥池（可选）；11—加药泵；12—溶药槽；13—搅拌器；
14—贮药器；15—废水池；16—高分子絮凝剂；17—清洗水

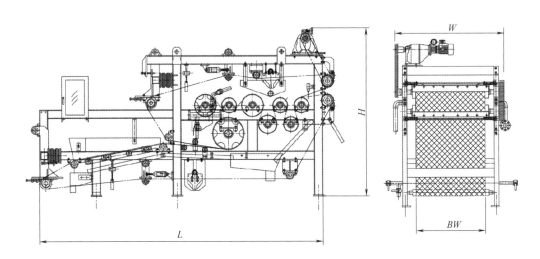

图 4-129　NP 型带式污泥脱水机结构示意

表 4-51　NP 型带式污泥脱水机主要参数

参数		NP-500	NP-650	NP-1000	NP-1500	NP-2000	NPA-2500	NPA-3000
功率 /kW	主驱动电机	0.37	0.37	0.75	1.5	1.5	2.2	2.2
	空压机	0.75	0.75	0.75	0.75	0.75	0.75	0.75

参数		NP-500	NP-650	NP-1000	NP-1500	NP-2000	NPA-2500	NPA-3000
带宽 BW/mm		500	650	1000	1500	2000	2500	3100
外形尺寸	长 L/mm	4302	4302	4302	4650	4650	4695	4695
	宽 W/mm	1080	1230	1580	2152	2632	3340	3940
	高 H/mm	2308	2308	2377	2731	2731	2764	2764
安装重量/kg		1950	2700	3200	5200	7500	12000	14000

注:"NPA"中的"A"是指自动进料系统,驱动电机功率为0.75kW。

② NPT 型带式污泥浓缩脱水一体机

图 4-130 为 NPT 型带式污泥浓缩脱水一体机结构示意图,其主要技术参数见表 4-52。

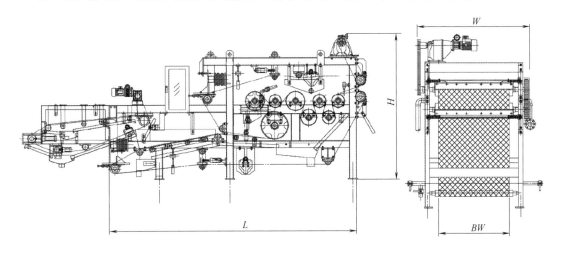

图 4-130 NPT 型带式污泥浓缩脱水一体机结构示意

表 4-52 NPT 型带式污泥浓缩脱水一体机主要技术参数

参数		NPT 型=带式污泥浓缩机+NP 型带式压滤机				
		NPT-1000	NPT-1500	NPT-2000	NPTA-2500	NPTA-3000
功率/kW	主驱动电机	0.75	1.5	1.5	2.2	2.2
	浓缩机驱动电机	0.4	0.75	0.75	0.75	0.75
带宽 BW/mm		1000	1500	2000	2500	3100
外形尺寸	长 L/mm	5745	6100	6100	6440	6440
	宽 W/mm	1580	2152	2632	3340	4040
	高 H/mm	2377	2731	2731	2764	2764
安装重量/kg		3800	6000	8500	13500	15600

注:"NPTA"中的"A"是指自动进料系统,驱动电机功率为0.75kW,"T"是指辅助带式浓缩系统。

③ NPD 型转鼓污泥浓缩脱水一体机

图 4-131 为 NPD 型转鼓污泥浓缩脱水一体机结构示意图,其主要技术参数见表 4-53。

表 4-53 NPD 型转鼓污泥浓缩脱水一体机主要技术参数

参数		NPD 型=转鼓污泥浓缩机+NP 型带式压滤机						
		NPD-500	NPD-650	NPD-1000	NPD-1500	NPD-2000	NPD-2500	NPD-3000
功率/kW	主驱动电机	0.37	0.37	0.75	1.5	1.5	2.2	2.2
	浓缩机驱动电机	0.37	0.37	0.37	0.75	0.75	0.75	0.75
直径/mm		550	550	550	550	550	700	700
转鼓长度/mm		500	650	1000	1500	2000	2500	3000
带宽 BW/mm		500	650	1000	1500	2000	2500	3000

参数		NPD 型＝转鼓污泥浓缩机＋NP 型带式压滤机						
		NPD-500	NPD-650	NPD-1000	NPD-1500	NPD-2000	NPD-2500	NPD-3000
外形尺寸	长 L/mm	4302	4302	4302	4650	4650	4695	4695
	宽 W/mm	1080	1230	1580	2152	2632	3340	4040
	高 H/mm	2308	2308	2377	2731	2731	2764	2764
安装重量/kg		2350	3100	3650	5700	8100	12700	14900

注："NPD"中的"D"是指转鼓浓缩系统。

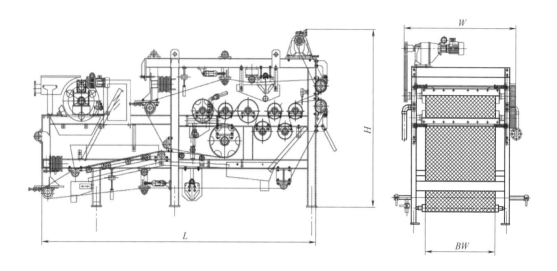

图 4-131　NPD 型转鼓污泥浓缩脱水一体机结构示意

图 4-132 为与 NP 系列压滤机配套的混合反应槽（含搅拌器）结构示意图，其主要技术参数见表 4-54。

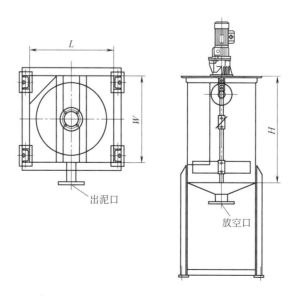

出泥口

放空口

图 4-132　与 NP 系列压滤机配套的混合反应槽（含搅拌器）结构示意

表 4-54　与 NP 系列压滤机配套的混合反应槽（含搅拌器）主要参数

配套带机型号	罐体尺寸($L \times W \times H$)/mm	容量/m³	功率/kW	搅拌机转速/(r/min)
NP-500	600×600×900	0.27	0.37	40
NP-650	600×600×900	0.27	0.37	40
NP-1000	700×700×1000	0.41	0.37	40
NP-1500	750×750×1050	0.50	0.55	40
NP-2000	800×800×1100	0.61	0.55	40
NP-2500	850×850×1220	0.78	0.75	40
NP-3000	900×900×1220	0.81	0.75	40

NP 系列带式压滤机在不同行业的运行参数见表 4-55。

表 4-55　NP 系列带式压滤机在不同行业的运行参数

污泥种类		污泥含固率/%	药剂量/‰	处理能力/[kg/(h·m)]	泥饼含固率/%
市政污泥	混合初级污泥	2～6	2～4	120～350	25～38
	剩余活性污泥	1～3	3～5	70～150	18～25
生活污泥	消化污泥	3～6	3～6	150～400	24～38
	剩余活性污泥	1～3.6	2～5	50～160	18～25
自来水厂污泥		2～3	2～3	80～150	20～25
屠宰污泥	剩余活性污泥	1～2.5	6～10	50～140	18～22
	一级沉淀＋生化＋凝固	2～4	5～8	80～150	18～26
工业污泥	造纸工业污泥	2～5	2～3	100～450	30～45
	皮革工业污泥	3～5	3～8	100～350	22～38
	染料工业污泥	1.5～2.5	4～10	50～140	17～22
	食品工业污泥	1～2	4～8	50～80	15～18
	海产品加工工业污泥	1～2.5	2～3	50～70	16～18
	酿酒业污泥	2～3	2～3	60～100	18～23
	炼油工业污泥	2～3	2～3	80～180	20～22
	纺织工业污泥	2～3	2～3	100～180	20～25
	印染工业污泥	2～3	2～5	80～150	18～20
	制碱盐业污泥	20～23	2～3	1200～1840	42～45
	酸性废水中和污泥	15～35	1.5～2.5	900～2800	50～65
	炼锌业污泥	2～4	1.5～2.5	120～320	28～30
	钢铁工业转炉污泥	29～31	0.3～1	1740～2480	69～71
	钢铁工业高炉瓦斯泥	11～30	0.3～1	660～2400	70～72
	钢铁工业尾泥	28～30	0.3～1	1680～2400	81～83
	烧结浓缩矿浆	66～68	0.3～1	3960～5440	89～92
	洗煤厂污泥	54～56	0.3～1	3240～4480	74～77
	水泥厂污泥	64～66	0.3～1	3840～5280	78～81
	高岭土	24～26	0.3～1	1440～2080	62～64
	电石渣	15～25	0.3～1	900～2000	40～50
	硫铁矿山污泥	4～10	0.3～1	200～700	32～34
	淀粉渣	10～15	2～3	800～1500	45～50

3. 污泥水热改性预处理设备

污泥中胞外聚合物（extracellular polymeric substance，EPS）的存在，形成立体凝胶状矩阵，把大量水分束缚在其组成的立体凝胶状矩阵中。剩余活性污泥机械脱水之后，大量被吸附在胞外聚合物絮体结构中的水分仍然存在，污泥的含水率仍较高。

水热改性工艺流程及设备分别如图 4-133、图 4-134 所示。通过高温高压蒸汽对反应罐中的污泥进行一段时间的蒸煮，破坏 EPS 形成的絮体结构，从而提高了污泥的脱水性能。与机械脱水相结合，污泥含水率可以降低到 $40\%\sim50\%$，同时完成对污泥的无害化处理，并且在节能方面有显著优势，处理每吨污泥（含水率 80%）消耗蒸汽量仅为 $0.22t$。

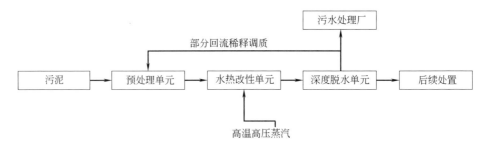

图 4-133　水热改性工艺流程

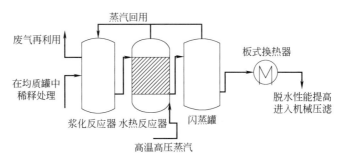

图 4-134　水热改性设备示意

第五章

一体化污水处理及
中水回用设备

对于相对独立的新建住宅小区、活动住房集中地、高速公路服务区、公园、宾馆饭店、医院、学校、工厂和矿山等，配置小型一体化污水处理设备既经济合理，又便于管理。另一方面，中水回用技术在污水资源化方面占有重要地位，一体化中水回用设备具有明显市场优势。

第一节　一体化污水处理设备

污水处理系统从大规模集中式向中小规模分散式转变，形成"以大型为主，中小型互补"的布局，不仅可以大大降低占地面积，还可避免巨大的管网建设投资，符合我国城镇化发展需求，从而为一体化污水处理设备的应用和发展提供了契机。目前，在我国、日本、欧美等国家和地区，一体化污水处理设备已广泛应用于生活污水及医院、啤酒、食品、酿造等污水处理领域，成为近年来污水处理设备研发和应用的热点。一体化污水处理设备一般具有如下优点：

① 整套设备可埋入地下，不占地表面积，不影响建筑群整体布局和环境景观；

② 净化程度高，整套系统污泥产生量少；

③ 自动化程度高，能耗低，处理量小，管理方便，无须专人管理；

④ 运行噪声低，异味少，对周围环境影响小；

⑤ 缓解市政管网建设压力。

根据使用场合不同，一体化污水处理设备一般分为两类：一类以处理生活污水为主，适用于住宅区、饭店、宾馆、疗养院、学校等，进水 BOD_5 一般为 $150\sim400mg/L$；另一类以处理与生活污水有联系的工业有机污水为主，适用于小型食品厂、乳品厂、粮油加工厂、屠宰场、酿造厂、制药厂等，进水 BOD_5 为 $600\sim1200mg/L$。

一体化污水处理设备主要用来处理低浓度有机污水，为减少占地面积，要求设备体积小，在工艺流程设计上大多以好氧生物处理作为主要处理单元，在各处理单元的反应器设计上选用体积小的高效反应器。

一、典型一体化污水处理设备

一体化污水处理设备定型产品较多，可依据进水水质及水量，选择合适的处理工艺流程，结合有关技术参数进行选型。在此介绍一些典型的一体化污水处理工艺及设备供参考。

1. 生物接触氧化法一体化生活污水处理设备

（1）WSZ 型生活污水处理设备

WSZ 型生活污水处理设备（如图 5-1 所示）适用于宾馆、饭店、疗养院、学校、商场、居住小区、村镇、船泊码头、车站、机场、工厂、矿山、旅游点、风景区等生活污水处理或与生活污水类似的各种工业有机污水处理。该设备的特点是：

① 设备可全埋、半埋或放置地表以上，可不按标准形式排列，并根据地形需要设置；

② 设备埋地设置基本不占地表面积，无须盖房及采暖保温设施，上部可作绿化地、停车场、道路等；

③ 微孔曝气使用德国奥特系统工程有限公司生产的膜式管道充氧器，不堵塞、充氧效率高，曝气效果好，节能省电；

④ 采用一体化设计，占地少，投资省，运行费用低，配备全自动控制系统；

⑤ 工艺新，效果佳，污泥少；

⑥ 操作维护方便，噪声小，使用寿命长，可连续运行 10 年以上。

图 5-1　WSZ 型生活污水处理设备

1）WSZ I 型地埋式生活污水处理设备

生活污水属于低浓度有机污水，可生化性好且各种营养元素比较全，同时受重金属离子污染可能性比较小，在一体化污水处理设备中以好氧生物处理法为主要处理单元。WSZ I 型地埋式生活污水处理设备工艺流程如图 5-2 所示。

该工艺流程适合于分流制排水系统，仅将生活污水进入本设备进行处理，为了减少设备本体体积，调节池一般不包含在一体化污水处理设备中。调节池起调节水量的作用，其有效停留时间一般为 4~8h。初沉池为竖流式沉淀池，污水上升流速控制在 0.2~0.3mm/s，沉淀下来的污泥定期输送至污泥池，对于处理量很小的设备（小于 5m³/h），一般不设初沉池。生化反应池常用三级接触氧化池，总停留时间为 2.3~3.0h，填料采用无堵塞型、易结膜、高比表面积（160m²/m³）的填料，目前常用梯形、多面空心球等填料。二沉池也为竖

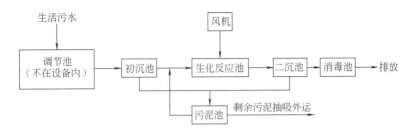

图 5-2 WSZⅠ型地埋式生活污水处理设备工艺流程

流式结构，上升流速为 0.1～0.15mm/s，沉淀下来的污泥输送至污泥池；污泥池用来消化初沉池和二沉池的污泥，其中的上清液输送至生化反应池，进行再处理。污泥池消化后的剩余污泥很少，一般 1～2 年清理一次，清理方法可用吸粪车从检查孔伸入污泥池底部进行抽吸。由二沉池排出的上清液经消毒池消毒后排放，按规范消毒池接触时间为 30min，若是处理医院污水，消毒池接触时间应增加至 1～1.5h。

该工艺适合于进水 $BOD_5 \leqslant 200mg/L$，能保证出水 $BOD_5 \leqslant 20mg/L$。整个系统运行稳定，管理方便，根据本工艺制造的一体化污水处理设备已成系列化，设计处理量为 0.5～30m³/h，可广泛应用于生活小区的污水处理。WSZⅠ型地埋式生活污水处理设备主要技术参数见表 5-1。

表 5-1 WSZⅠ型地埋式生活污水处理设备主要技术参数

项　　目	WSZⅠ-0.5	WSZⅠ-1	WSZⅠ-3	WSZⅠ-5	WSZⅠ-10	WSZⅠ-20	WSZⅠ-30
标准处理量/(m³/h)	0.5	1	3	5	10	20	30
进水 BOD_5/(mg/L)	200	200	200	200	200	200	200
出水 BOD_5/(mg/L)	20	20	20	20	20	20	20
风机功率/kW	0.75	0.751	1.5	1.5	2.2	4	7.5
水泵功率/kW	1.1	1.1	1.1	1.1	1.1	2.2	2.2
设备件数/件	1	1	1	1	3	3	3
设备重量/t	3	5	6.5	10	27	35	43
平面面积/m²	4.6	6	11	15	44	79	89

注：1. 设备重量为 A3 钢板制造时的重量，不包括水重，不锈钢制造时重量减半。
2. 进水 BOD_5 均按平均值计算。

在选型时，若进、出水质与水量和设计参数不一致，还需查设备处理量与进出水水质关系，表 5-2 为 WSZⅠ型地埋式生活污水处理设备处理量与进出水 BOD_5 关系。

表 5-2 WSZⅠ型地埋式生活污水处理设备处理量与进出水 BOD_5 关系

进水 BOD_5/(mg/L)		200	300	400	200	300	400	500	300	400	500
出水 BOD_5/(mg/L)		20	20	20	30	30	30	30	60	60	60
处理量/(m³/h)	WSZⅠ-0.5	0.5	0.4	0.33	0.5	0.4	0.38	0.3	0.5	0.43	0.38
	WSZⅠ-1	1	0.8	0.65	1	0.9	0.75	0.6	1	0.85	0.75
	WSZⅠ-3	3	2.4	10.95	3	2.7	2.25	1.8	3	2.55	2.25
	WSZⅠ-5	5	4	3.25	5	4.5	3.75	3	5	4.25	3.75
	WSZⅠ-10	10	8	6.5	10	9	7.5	6	10	8.5	7.5
	WSZⅠ-20	20	16	13	20	18	15	12	20	17	15
	WSZⅠ-30	30	24	19.5	30	27	22.5	18	30	25.5	22.5

2）WSZⅡ型地埋式一体化工业污水处理设备

对于食品、屠宰、酿造等行业的工业有机污水，较为成熟的技术是二段接触氧化法。水质设计参数：进水 BOD_5 为 800mg/L，出水 BOD_5 为 60mg/L，其工艺流程如图 5-3 所示。

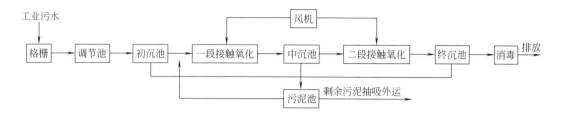

图 5-3　WSZ Ⅱ 型地埋式一体化工业污水处理设备工艺流程

该工艺流程和图 5-2 的工艺流程相似，所有的沉淀池均采用竖流式沉淀池，初沉池、中沉池和终沉池上升流速分别为 0.2～0.3mm/s、0.2～0.3mm/s 和 0.10～0.15mm/s。一段接触氧化停留时间为 2.5～3.0h，接触池气水比为 25：1，二段接触氧化分三级，总停留时间为 2.5～3.0h，接触池气水比为 10：1。

采用该工艺流程的 WSZ Ⅱ 型地埋式工业污水处理设备技术参数分别见表 5-3，处理量与进水 BOD_5 关系见表 5-4。

表 5-3　WSZ Ⅱ 型地埋式工业污水处理设备技术参数

项　　目	WSZ Ⅱ -1	WSZ Ⅱ -3	WSZ Ⅱ -5	WSZ Ⅱ -10	WSZ Ⅱ -20	WSZ Ⅱ -30
标准处理量/(m³/h)	1	3	5	10	20	30
进水 BOD_5/(mg/L)	800	800	800	800	800	800
出水 BOD_5/(mg/L)	60	60	60	60	60	60
风机功率/kW	0.75	2.2	3	7.5	11	15
水泵功率/kW	1.1	1.1	1.1	1.1	2.2	2.2
设备件数/件	1	1	2	4	4	4
设备重量/t	7	13	19	38	50	65
平面面积/m²	10	18	15.6	59	104	125

表 5-4　WSZ Ⅱ 型地埋式工业污水处理设备处理量与进水 BOD_5 关系

进水 BOD_5/(mg/L)		600	800	1000	1200	800	1000	1200	1400
出水 BOD_5/(mg/L)		60	60	60	60	100	100	100	100
处理量/(m³/h)	WSZ Ⅱ -1	1	1	0.85	0.75	1	1	0.85	0.75
	WSZ Ⅱ -3	3	3	2.55	2.55	3	3	2.55	2.55
	WSZ Ⅱ -5	5	5	4.25	3.75	5	5	4.25	3.75
	WSZ Ⅱ -10	10	10	8.5	7.5	10	10	8.5	7.5
	WSZ Ⅱ -20	20	20	17	15	20	20	17	15
	WSZ Ⅱ -30	30	30	25.5	22.5	30	30	25.5	22.5

有些工厂大部分污水属于低浓度有机污水，同时已经建造了以好氧处理为主的污水处理站，如果个别工序中产生的高浓度有机污水直接进入污水处理站，将会增加污水处理站的负荷，影响出水质量，因此对于高浓度有机污水直接采用好氧处理是不经济的方法。在这种情况下，需设计以厌氧处理工艺为主的一体化工业污水处理设备，高浓度污水一体化处理设备工艺流程如图 5-4 所示。

图 5-4 工艺流程中的调节池起调节水量和水质的作用，可以不包含在一体化污水处理设备中。厌氧反应池一般选用 UASB 结构，该结构运行比较稳定，出水水质好。为了保

图 5-4　高浓度工业污水一体化设备工艺流程

证反应池高速运行，有时需要对污水进行加温。通过以上工艺流程处理后的污水，需进入工厂恶臭污水处理站进行好氧处理后才能排放。

3）WSZ-F 型污水处理设备

WSZ-F 型污水处理设备所有设施均设置在若干个箱体内，箱体根据用户需要的材质制作，各箱体间用（不锈）钢管或 ABS 管连接，并采用氯磺化聚乙烯防腐涂料，防腐寿命一般可达 10 年以上。WSZ-F 型污水处理设备主要对生活污水及相似的工业有机污水进行处理，采用生物处理技术——接触氧化法。该设备规格及主要技术参数如表 5-5 所示，处理量、进出水 BOD_5 关系如表 5-6 所示。

表 5-5　WSZ-F 型污水处理设备规格及主要技术参数

处理量/(m³/h)		0.5	1	3	5	10	20	30
风机	型号	HC-25S		HC-40S	HC-50S	HC-80S	HC-80S	HC-100S
	功率/kW	0.55		1.5		4	4×2	5.5×2
水泵	型号	AS10-2CB		AS10-2CB		AS10-2CB	AS16-2CB	
	功率/kW	1.1					2.2	
进水	BOD_5/(mg/L)	150～400						
出水	BOD_5/(mg/L)	20～60						
设备尺寸/mm	H	1500	1900	2400	2700	2600	2700	3000
	H_1	1000	1300	1800	2100	1800	1900	2100
	H_2	1000	1300	1700	2100	1900	2100	2300
	DN_1	80	80	80	80	100	100	100
	DN_2	80	80	100	100	100	125	125

注：1. 当进水 $BOD_5 \leqslant 200$mg/L 时，出水 $BOD_5 \leqslant 30$mg/L。

2. 检查孔高度为 200mm；H 为设备高度（进气口超高 150mm）；H_1 为进水管离底高度；H_2 为出水管离底高度；DN_1 为进水管公称直径；DN_2 为出水管公称直径。

表 5-6　WSZ-F 型污水处理设备处理量、进出水 BOD_5 关系

进水 BOD_5/(mg/L)		200	300	400	200	300	400	500	300	400	500
出水 BOD_5/(mg/L)		20	20	20	30	30	30	30	60	60	60
处理量/(m³/h)	WSZ-F-0.5	0.5	0.4	0.33	0.5	0.4	0.38	0.3	0.5	0.43	0.38
	WSZ-F-1	1	0.8	0.65	1	0.9	0.75	0.6	1	0.85	0.75
	WSZ-F-3	3	2.4	1.95	3	2.7	2.25	1.8	3	2.55	2.25
	WSZ-F-5	5	4	3.25	5	4.5	3.75	3	5	4.25	3.75
	WSZ-F-10	10	8	6.5	10	9	7.5	9	10	8.5	7.5
	WSZ-F-20	20	16	13	20	18	15	12	20	17	15
	WSZ-F-30	30	24	19.5	30	27	22.5	18	30	25.5	22.5

4）WSZ-Y 型污水处理设备

WSZ-Y 型污水处理设备的污泥吸附池、初沉池、接触氧化池、二沉池、消毒池、风机房均设置在若干个玻璃钢制作的罐体内。罐体间用 ABS 管道连接，结构紧凑，维护简易。WSZ-Y 型污水处理设备工艺流程如图 5-5 所示。

WSZ-Y 型污水处理设备的规格和主要技术参数如表 5-7 所示。

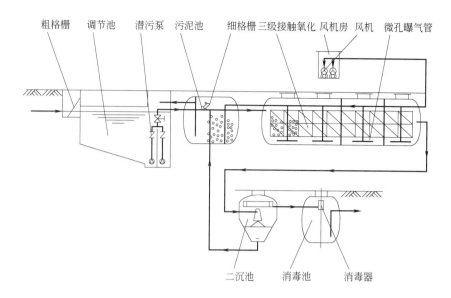

图 5-5 WSZ-Y 型污水处理设备工艺流程

表 5-7 WSZ-Y 型污水处理设备规格和主要技术参数

处理量/(m³/h)	1	3	5	7.5	10	15	20	30	40	50	60
设备件数/件	1				2			3	4	5	
污泥吸附及初沉池/m³	1.8	5.5	9	14	18	27	36	50	82	100	75
接触氧化池/m³	6.0	17.5	29	43.5	54	78	103	160	210	250	270
二沉池表面负荷/[m³/(m²·h)]	1.2	1.3	1.3	1.3	1.2	1.2	1.5	1.5	1.5	1.6	1.8
消毒池/m³	0.6	1.8	2.8	4	5.5	8	10	15	20	25	30
风机 型号	HC-25LS	HC-40LS	HC-50C	HC-60S	HC-80S	HC-80S	HC-100S				HC-100LS
风机 功率/kW	0.4	0.75	1.5	2.2	4	3.7	5.5		5.5×2		7.5×2
风机 台数/台	2										3
水泵 型号	AS10-2CB					AS16-2CB			AS30-2CB		
水泵 功率/kW	1.1					2.2			3.0		
最大重量/t	5	6	7	10		10	10.5	10.5	10.5	12	
占地面积/m²	8	14	20	30	50	65	75	115	155	185	220

WSZ-(F)Y 型污水处理设备性能参数如表 5-8 所示。

表 5-8 WSZ-(F)Y 型污水处理设备性能参数

型号	WSZ-Y		WSZ-F	
处理量/(m³/h)	1～50		0.5～30	
名称	进水	出水	进水	出水
BOD_5/(mg/L)	100～200	≤20	150～300	≤60
COD_{Cr}/(mg/L)	200～400	≤70	250～500	≤70
SS/(mg/L)	200～450	≤30	200～500	≤30

WSZ-Y 型污水处理设备标准规格平面图如图 5-6 所示。

（2）有脱氮除磷要求的一体化生活污水处理设备

如果对污水处理有去除氮、磷、硫化物等的要求时，单纯的接触氧化工艺无法满足要求，应选用一体化脱氮除磷污水处理设备。

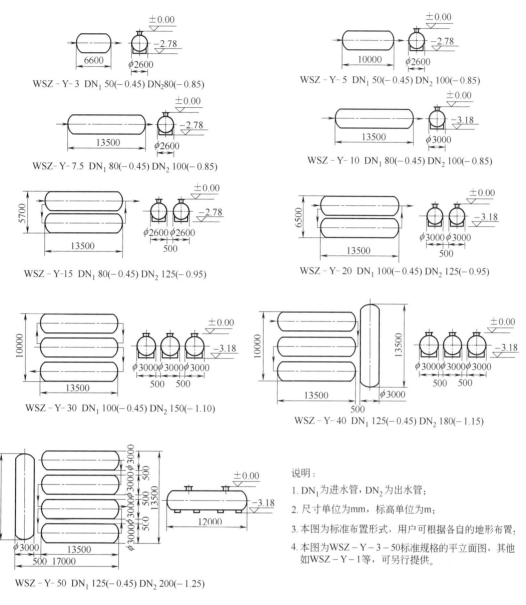

图 5-6　WSZ-Y 型污水处理设备标准规格平面图

① NS-FC 型生活污水处理设备

NS-FC 型生活污水处理设备工艺流程如图 5-7 所示。与图 5-2 工艺流程相比较，NS-FC

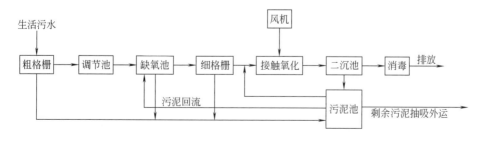

图 5-7　NS-FC 型生活污水处理设备工艺流程

型生活污水处理设备工艺主要增加了缺氧池，该单元主要用于脱氮处理。经过格栅分离后的污水进入缺氧池与二沉池中的回流硝化液相混合，在缺氧池中放置填料作为反硝化细菌的载体，污水在缺氧池中首先进行反硝化处理，能有效地去除氮、磷、硫化物，该处理单元的停留时间为 2h。NS-FC 系列生活污水处理设备主要技术参数见表 5-9。

表 5-9　NS-FC 系列生活污水处理设备主要技术参数

项　　目	NS-3	NS-5	NS-7.5	NS-10	NS-15	NS-20	NS-30	NS-40	NS-50
进水 COD_{Cr}/(mg/L)					$200\sim450$				
出水 COD_{Cr}/(mg/L)					60				
进水 BOD_5/(mg/L)					$150\sim250$				
出水 BOD_5/(mg/L)					20				
进水 SS/(mg/L)					$200\sim400$				
出水 SS/(mg/L)					30				
进水 NH_3-N/(mg/L)					50				
出水 NH_3-N/(mg/L)					15				
标准处理量/(m³/h)	3	5	7.5	10	15	20	30	40	50
装机总容量/kW	2.8	2.8	3.5	5	6.1	8.0	10	11	11
重量/t	5.5	7.5	8.5	14	16	20	30	50	58
平面面积/m²	30	45	50	80	105	150	220	265	320

从表 5-9 的技术参数可以看出，该产品适于去除低浓度生活污水中的氮、磷、硫化物等污染物。该设备采用玻璃钢结构，具有质轻、耐腐蚀、抗老化等优良特性，使用寿命在 50 年以上，全套装置施工简单，全部安装于地表以下，设备配有微机全自动控制系统，管理维护方便。为了保证装置长期稳定运行，内部管路采用 ABS 管，格栅选用不锈钢制造、栅条间距为 2mm，具有自动清污、不易堵塞、分离效果好等特点。

② A/A/O 型污水生物处理除磷脱氮装置

A/A/O 型污水生物处理除磷脱氮装置采用生物法有效去除水中有机物和磷、氮元素，是避免水体富营养化的理想设备。A/A/O 型污水生物处理除磷脱氮装置的平面构造如图 5-8 所示。

该装置内设有除砂、细格栅预处理装置；外设有调节池，调节池容积由水量变化而定，对水量变化较大的排水系统调节时间可取 12h，如为地下式结构可在调节池内设可靠性好的防缠绕潜污泵。气源采用低噪声气泵，曝气系统采用低电耗高效曝气器，保证充氧效果，回流系统采用可靠性高的空气泵。

A/A/O 型污水生物处理除磷脱氮装置工艺流程如图 5-9 所示。

污水经粗格栅进入集水池自流（或提升）入调节池。为防止集水池内水腐臭和沉淀，内设空气搅拌。池内污水经除砂后进细格栅，去除大于 4mm 以上杂物，再进入厌氧池、缺氧池和好氧池，好氧段出水在沉淀池内进行泥水分离后流入消毒室，流入清水池，最后流入下水道或用泵送出。剩余污泥经好氧消化后有机质可减少 50%，定时用泥车吸走，或配备污泥脱水装置。生物除磷的机理是当某些细菌交替地处于厌氧条件与好氧条件时，它们能在厌氧条件下吸收低分子有机物（如脂肪酸），同时将细胞原生质中聚合磷酸盐异染粒的磷释放出来（释磷），并提供必需的能量，在随后的好氧条件下，所吸收的有机物将被氧化并提供能量，同时从废水中吸收超过其生长所需的磷（聚磷），并以聚磷酸盐的形式贮存起来，在沉淀池中沉降，随着排泥磷也随之排出系统。生物除氮的机理是在缺氧池、好氧池内进行系列的氨化作用、硝化作用和脱氮作用，从而达到除氮的目的。

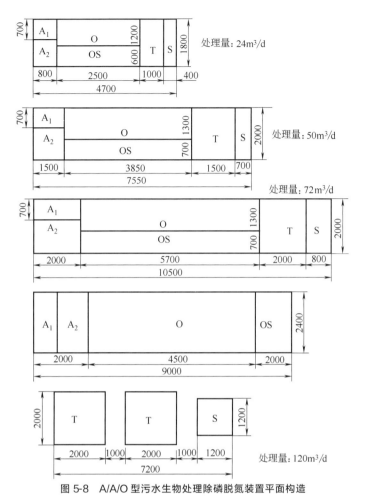

图 5-8 A/A/O 型污水生物处理除磷脱氮装置平面构造

A₁—厌氧池；A₂—缺氧池；O—好氧池；OS—污泥好氧消化池；T—沉淀池；S—消毒室清水池

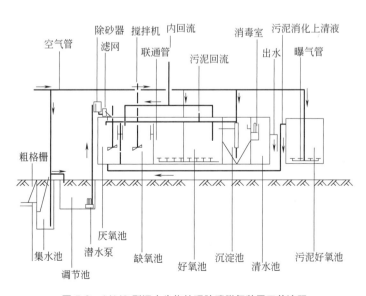

图 5-9 A/A/O 型污水生物处理除磷脱氮装置工艺流程

A/A/O 型污水生物处理除磷脱氮装置外形尺寸及电耗如表 5-10 所示。A/A/O 型污水生物处理除磷脱氮装置实际运行处理效果如表 5-11 所示。

表 5-10　A/A/O 型污水生物处理除磷脱氮装置外形尺寸及电耗

型号	处理量 /(m³/d)	外形尺寸 (长×宽×高)/m	占地面积 /m²	装机容量 /kW	实际电耗 /(kW/h)	备注
A/A/O-24	24	4.7×1.8×2.1	35	8	<4	本装置以进水 BOD₅ 200～250mg/L，出水 20mg/L 设计
A/A/O-50	50	7.55×2×2.3	50	8	4	
A/A/O-72	72	10.5×2×2.3	70	11	5.5	如水质变化时，体积有变化
A/A/O-120	120	立机 9.0×2.4×2.6 沉淀 2×2×3.1	110	17	7	

表 5-11　A/A/O 型污水生物处理除磷脱氮装置实际运行处理效果

项目	进水	出水	备注
BOD₅/(mg/L)	100～250	5～30	
COD_Cr/(mg/L)	250～625	3～100	
TN/(mg/L)	20～80	3～15	如进水高于表中数据，可通过改变工艺参数，使出水可接近表中数据
NH₄-N/(mg/L)	15～70	1～10	
TP/(mg/L)	4～20	0.5～2	
SS/(mg/L)	100～300	10～30	

③ A/O 型污水生物处理除磷脱氮装置

A/O 型污水生物处理除磷脱氮装置主要包括格栅调节多功能池、初沉池、A 级膜式生物池、O 级膜式生物池、二沉池、消毒池、集泥池、风机房、鼓风机、取样及事故排水泵、回流污泥水泵等。A/O 型污水生物处理除磷脱氮装置工艺流程如图 5-10 所示。

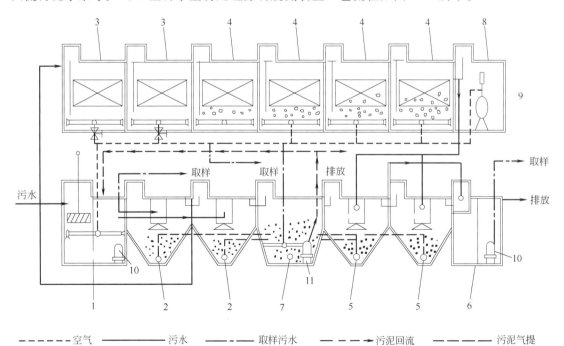

图 5-10　A/O 型污水生物处理除磷脱氮装置工艺流程

1—格栅调节多功能池；2—初沉池；3—A 级膜式生物池；4—O 级膜式生物池；5—二沉池；6—消毒池；
7—集泥池；8—风机房；9—鼓风机；10—取样及事故排水泵；11—回流污泥水泵

A/O 型污水生物处理除磷脱氮装置规格及技术参数如表 5-12 所示。A/O 型污水生物处理除磷脱氮装置实际运行时处理效果如表 5-13 所示。

表 5-12　A/O 型污水生物处理除磷脱氮装置规格及技术参数

型号		(A/O)-5	(A/O)-10	(A/O)-20	(A/O)-30	(A/O)-50
处理量/(m³/h)		5	10	20	30	50
设备件数/件		8	8	13	8	13
调节池/m³		8	15	30	46	83
初沉池/m³		16	34	2×34	81	2×81
A 级缺氧池/m³		16	28	2×28	67	2×67
O 级好氧池/m³		2×16	2×28	4×28	2×67	4×67
二沉池/m³		16	34	2×34	81	2×81
污泥池/m³		12.5	20	34	76	81
消毒池/m³		6.5	10	20	36	54
风机	型号	HC-25S	HC-40LS	HC-50LS	HC-60S	HC-100S
	功率/kW	1.5	2.2	4	7.5	11
水泵	型号	AS10-2CB	AS10-2CB	AS16-2CB	AS16-2CB	AS30-2CB
	功率/kW	1.1	1.1	2.2	2.2	4

表 5-13　A/O 型污水生物处理除磷脱氮装置实际运行时处理效果

项目	进水	出水
BOD_5/(mg/L)	100~200	20
COD_{Cr}/(mg/L)	200~400	70
SS/(mg/L)	200~450	70
NH_4-N/(mg/L)	35	15

（3）具有节能效应的一体化生活污水处理设备

在南方地区，由于污水温度不太低，在处理 BOD_5 为 1000mg/L 左右的生活污水或工业有机污水时，可选用具有节能效应的一体化生活污水处理设备将能有效地节省能源，其工艺流程如图 5-11 所示。

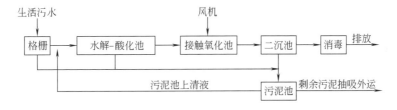

图 5-11　具有节能效应的一体化生活污水处理设备工艺流程

在一体化生活污水处理上，采用好氧生物处理虽然能比较有效地去除污水中的有机物，但是采用三级接触氧化法能耗较高。为了达到节能的目的，人们已开始将厌氧技术应用于处理低浓度有机污水。完全厌氧技术水力停留时间长，主要用于处理高浓度有机污水，在处理低浓度的生活污水上，采用部分厌氧技术，即水解-酸化工艺。该工艺在水解反应器中设置填料，污水在反应器中进行一系列物理化学和生物反应过程，其中的悬浮固体和胶体物质被反应器的污泥层和附着在填料上的微生物截留、吸附后，在水解酸化菌作用下成为溶解性物质。由于采用了水解-酸化处理单元，在接触氧化过程中只需要一级接触氧化就能保证污水达标排放，因而能有效地节省能源。

（4）SWD 型无动力一体化生活污水处理设备

对于人数特别少的小区生活污水的处理，如别墅、小社区等，可选用以厌氧和过滤为处理单元的无动力小型生活污水处理设备，如 SWD 型生活污水处理设备。SWD 型无动力一体化生活污水处理设备工艺流程如图 5-12 所示。

图 5-12 SWD 型无动力一体化生活污水处理设备工艺流程

图 5-12 的工艺流程中，污水在一级厌氧池的停留时间为 24～48h，污水中的有机污染物变成一种半胶体状的物质，同时放出热能，在一定程度上使水温升高；在二级厌氧池内，由于厌氧菌的作用，污水中大量的有机污染物在短时间内（一般为 24h）分解成无机物；从二级厌氧池出来的污水经过沉淀后，进入生物过滤池，在过滤池上也聚集了大量的厌氧菌，对残留于水中的有机污染物进行高效分解，比较清洁的水经过过滤栅向外排放；从设备中排放出来的水经过内置碎石的覆氧沟，扩大和空气的接触面积，可以进一步净化水质，同时也增加水中的溶解氧。SWD 型生活污水处理设备主要参数见表 5-14。

表 5-14 SWD 型生活污水处理设备主要参数

型　　号	SWD-6	SWD-10	SWD-20	SWD-30	SWD-40	SWD-50	SWD-75	SWD-100
服务人数/人	6	10	20	30	40	50	75	100
直径/mm	1200	1200	1500	1800	1800	2000	2500	2500
深度/mm	1740	2000	1850	1950	2250	2250	2050	2550

（5）可再生利用 YY 型一体化生活污水处理设备

如果对处理后的生活污水有更高的排放要求或有再生利用的需要，例如用于农田灌溉、城市绿化、消防、洗车、冲厕、建筑工地等城市杂用，则可选用 YY 型一体化分散生活污水

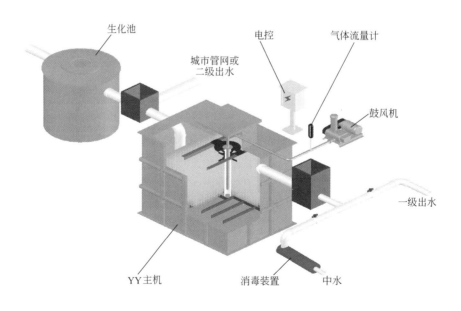

图 5-13 YY 型一体化分散生活污水处理站系统

处理站。YY 型一体化分散生活污水处理站系统见图 5-13，工艺流程见图 5-14，技术参数见表 5-15，产品规格型号见表 5-16。

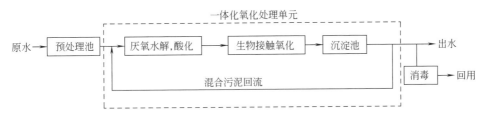

图 5-14　YY 型一体化分散生活污水处理站工艺流程

表 5-15　YY 型一体化分散生活污水处理站技术参数

项　　目	原水	化粪池出水（YY 进水）	YY 出水	城市杂用水标准规定出水
$BOD_5/(mg/L)$	40～200	50～150	≤6	10～20
$COD/(mg/L)$	80～400	150～400	≤30	未规定
$SS/(mg/L)$	935	40～150	≤10	未规定
$NH_3-N/(mg/L)$	130	25～36	≤5	10～20

表 5-16　YY 型一体化分散生活污水处理站产品规格型号

型　　号	处理能力/(m^3/d)	处理范围/(m^3/d)	服务人数/人	风机功率/kW
YY-10-YX	10	2～15	1～75	0.37
YY-25-YX	25	7～35	35～175	0.37～0.55
YY-60-YX	60	25～100	125～500	0.37～2.2
YY-120-YX	120	60～200	400～1000	1.5～4.0

2. 生物过滤法一体化污水处理设备

生物过滤法一体化污水处理设备工艺流程见图 5-15。污水由自动细格栅分离污物后流入流量调节池。细格栅分离的污物经导臂自动进入污泥浓缩池，避免堵塞后续处理设备。流量调节池将污水的峰值流量调整到 1.2 以下，以减缓峰值流量对生物处理的冲击。定量分配器使进入生物过滤塔的流量基本恒定，确保生物处理的稳定性，处理水消毒后排放。生物过滤塔采用处理水池中的水进行反冲洗，反冲洗排水进入污泥浓缩池，上清液返回流量调节池，浓缩池中污泥定期排出。

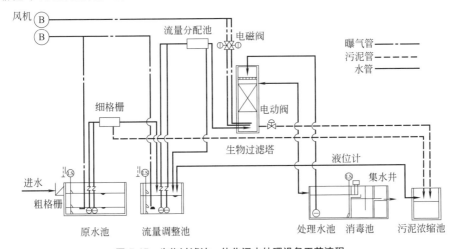

图 5-15　生物过滤法一体化污水处理设备工艺流程

3. SBR 一体化污水处理设备

SBR 一体化污水处理设备工艺流程及设备示意图分别如图 5-16、图 5-17 所示。污水经粗格栅和沉砂池除去粗颗粒物后进入流量调节池，以适应水质水量变化的冲击负荷。污水经计量槽计量后进入 SBR 反应池，通过曝气、沉淀、滗水等过程达到去除有机污染物的目的。SBR 反应池出水经消毒后排放或回用。

图 5-16　SBR 一体化污水处理设备工艺流程

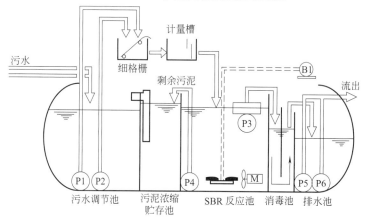

图 5-17　SBR 一体化污水处理设备示意

4. IBR 一体化生物反应器

IBR 一体化生物反应器是传统 A/O 法的改良，传统 A/O 生化反应一般由缺氧池、好氧池和沉淀池组成。IBR 一体化生物反应器将传统 A/O 法的三池通过特殊结构结合，使单个池子就能完成整个 A/O＋沉淀工艺。由于 IBR 一体化生物反应器是通过内部循环实现大回流比和泥水分离，而不是通过另外的沉淀池进行污泥重力沉淀分离，因此使 IBR 一体化生物反应器较传统三池的 A/O 法在脱氮和高浓度废水处理上更具优势。图 5-18 为 IBR 一体化生物反应器示意图。

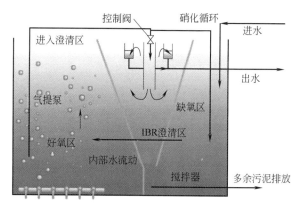

图 5-18　IBR 一体化生物反应器示意

IBR 技术特点及优势：节省占地、投资；高效硝化反硝化，氨氮、总氮去除率更高；活性污泥浓度提高；大污泥回流比，无污泥回流泵等部件，操作运行简单；特别适合氨氮浓度高的废水生化处理。

5. 工业废水处理成套设备

（1）智能化含煤废水处理与回用装置

火电厂的输煤栈桥冲洗水、煤场初期雨水等由于含煤粉尘颗粒较小，粉尘的相对密度与水的相对密度又比较相近，很难靠重力自然沉淀。这些废水不但给周边环境造成严重的污染，同时也造成水资源的极大浪费。智能化含煤废水处理与回用装置采用独特的反应沉降技术和科学的系统设计，配合高效的智能自控装置，把水处理技术、自动化控制技术、计算机技术进行有机的融合，使整个系统布局紧凑、合理、运行效率高、处理效果显著、自动化程度高。经该装置处理后的水可达到 SS≤10mg/L，并可真正实现无人值班操作。

智能化含煤废水处理与回用装置工艺流程如图 5-19 所示。整个处理系统由调节池、JY一体化煤水分离装置、自动加药装置、废水自动提升设备、集中控制装置等组成。

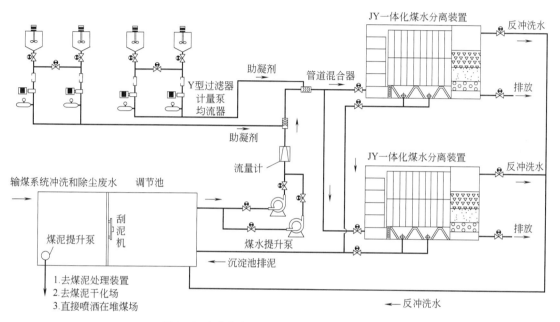

图 5-19　智能化含煤废水处理与回用装置工艺流程

含煤废水中的煤尘呈胶体状分散在水中，不能靠自然沉淀的方法去除，只能用混凝沉淀的方法实现。混凝沉淀包含混凝和沉淀两个部分。在将含煤废水提升到 JY 一体化煤水分离装置前，分别投加混凝剂和絮凝剂，使废水中的微小颗粒结成大颗粒，含有大颗粒的废水进入 JY 一体化煤水分离装置。该装置为碳钢材质，内部分为沉淀区和过滤区两个部分。首先带有大颗粒的废水流经沉淀区，通过斜板沉淀器，将絮凝过的煤尘沉淀至积泥斗后排出，经沉淀过的废水再流至过滤区。过滤区采用合理的配水方法和科学的滤料搭配，确保斜板沉淀区出水中的残余煤尘被完全截留。过滤区共分成三格，反冲洗时，用其他两格的滤后水集中反冲需冲洗的滤室，无须另设反冲洗设备（或采用无阀滤池过滤），处理后的水经排水管流出回用或排放。

为了促进企业的技术进步，提高现代化管理水平，精简人员编制，降低运行人员的劳动强度，避免由于管理疏忽造成水质不合格等情况的发生，同时降低能耗、药耗，含煤废水处理回用装置采用先进的 WPE-C 型自动控制系统，实现整个装置的智能化。

控制系统具有强大的数据处理能力，并具有提供方便的组态功能和高级控制算法的支持能力；支持多种现场总线标准，全自动远程监控，系统扩充极其灵活；具有高可靠性和学习功能，提供丰富的自诊断显示信息，可实现无人值班，且维护方便，工艺先进。

自控系统以高可靠工业微机为核心，由中央处理器、通讯模块、主控模块、测试模块、变频调速装置及显示器、键盘、轨迹球等设备组成，主要完成人机对话、画面切换、实时监视功能。操作员可在线修改系统运行参数、人工干预系统阀门的动作以及控制调节等，保证不同工艺要求。现场控制采用 CAN 现场总线网，符合 ISO11898CAN Spcification2.0A 标准。

JY 一体化煤水分离装置外观尺寸如表 5-17 所示，主要配套设备如表 5-18 所示。

表 5-17 JY 一体化煤水分离装置外观尺寸

型号	处理量/(m^3/h)	L/mm	B/mm	H/mm
JY-5	5	1730	1600	2200
JY-10	10	2000	1600	2260
JY-15	15	2500	2370	2260
JY-20	20	3540	2400	2300
JY-30	30	3850	2460	2300

表 5-18 JY 一体化煤水分离装置主要配套设备

	型号	JY-5	JY-10	JY-15	JY-20	JY-30
	流量	5	10	15	20	30
配套设备	刮泥机	TYGN-3-10(池宽 3～10m,池深 3.5～5m,$N \leqslant$1.5kW,行车速度$\leqslant$1m/min)				
	提升泵	$Q=$12.5m^3/h $H=$12m $N=$1.5kW	$Q=$25m^3/h $H=$12m $N=$2.2kW	$Q=$50m^3/h $H=$12m $N=$4kW	$Q=$50m^3/h $H=$12m $N=$4kW	$Q=$80m^3/h $H=$8m $N=$4kW
	流量计	电磁流量计 LD-80A			电磁流量计 LD-100A	
	溶药筒	R500	R500	R500	R750	R750
	计量泵	流量 0～60L/h	流量 0～60L/h	流量 0～60L/h	流量 0～60L/h	流量 0～60L/h
	管道混合器	TY-A 系列	TY-A 系列	TY-A 系列	TY-A 系列	TY-A 系列
	加药自动控制装置	WPE-C 型				

（2）灰渣水分离器

HSFL 系列灰水分离器（见图 5-20）是在分析、总结当代净水方法的基础上发展起来的先进设备。该设备主要用于工业锅（窑）炉、洗煤厂、焦化厂、小电站锅炉湿法除尘、水力冲灰渣废水和煤矿冲（洗）煤废水的净化，也可用于农村、城镇、工厂企业等给水净化和其他含有一般悬浮物的水处理。

HSFL 系列灰水分离器工艺流程如图 5-21 所示。

该设备的工作原理是灰水由砂浆泵注入搅拌混凝区后进入斜板沉淀区，最后通过滤层获得满足回用和排放标准的清水。必要时利用配置的反冲洗系统对滤料等进行反冲洗。各部分作用机理如下。

图 5-20 HSFL 系列灰水分离器

1）搅拌混凝

受压（0.1～0.3MPa）灰水经喷嘴高速喷入第一反应室时产生相应低压。微孔中含有气体的灰渣在低压下所含气体即发生体积变化，此时经强烈搅拌，气体可被水冲出。该渣粒的相对密度即相应增大。如果加入混凝剂，则可在此进行絮凝，为下一步沉淀澄清做必要准备。

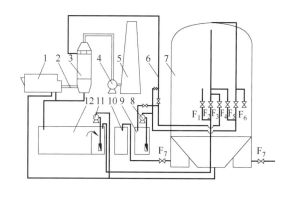
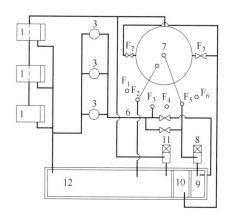

(a) 灰水分离闭路循环示意 　　　　　　　(b) 灰水分离闭路循环平面示意

图 5-21　HSFL 系列灰水分离器工艺流程

1—锅炉；2—烟道；3—水膜除尘器；4—引风机；5—烟囱；6—清水管道；7—HSFL 灰水分离器；

8—反冲洗用清水泵；9—回收清水池；10—排渣池；11—砂浆泵；12—灰水汇集池

F1—中间放空阀；F2—初滤水阀；F3—清水阀；F4—滤料反冲洗阀；F5—滤料反冲洗阀；F6—通风阀；F7—排渣阀

2）斜板沉淀

根据平流式沉淀原理：当流量（Q）和颗粒沉降速度（U）都为定值时，沉淀效率（E）与沉淀池的水平面积（A）成正比，即 $E=UA/Q$。可见用水平板按高度把一个沉淀池分成 m 个间隔，则水平面积即增加 m 倍，从而沉淀效率 E 也提高 m 倍。为了便于清除平面上积聚的沉淀物而将平面倾斜 60°，虽然有效水平面积减小了 50%，但仍达到了提高沉淀效率的目的。凡沉淀速度大于灰水在斜板区上升速度的颗粒，全部沉积在斜板上。

3）过滤

滤料颗粒越小，滤层间隙也越小，能通过此间隙的颗粒尺寸就越小。因此，凡大于泥层间隙的颗粒都被滤层阻留下来，从而达到固液两相分离目的。

4）反冲洗

根据水力冲刷作用，被阻留在滤层下部的灰粒等，凡是相对密度大于水的沉淀物即与滤料分离，从而恢复滤层的过滤性能。

HSFL 系列灰水分离器主要技术参数如表 5-19 所示。HSFL 系列灰水分离器设备外形示意图如图 5-22 所示。

表 5-19　HSFL 系列灰水分离器主要技术参数

型号	处理能力/(t/h)	外形尺寸/mm						管子直径/mm		重量/kg	脚板/mm		滤料		备注
		ϕ	R	H	H_1	H_2	H_3	DgL	DgM		a	b	重量/kg	层高/mm	
HSFL-1000/5	5	1000	375	3200	70	100	105	50	40	1400	150	150	40	350~400	三角腿均布
HSFL-1400/10	10	1400	600	3250	200	136	143	70	50	1950	200	200	60		
HSFL-1600/15	15	1600	675	3520	200	138	145	80	70	2300	250	250	80		
HSFL-2000/25	25	2000	850	3750	250	145	150	100	80	4300	300	300	140		
HSFL-2600/35	35	2600	1100	4000	250	145	150	100	80	6000	350	300	230		
HSFL-3000/50	50	3000	1200	4900	300	210	225	125	100	8300	400	300	300		
HSFL-3500/75	75	3500	1400	5900	350	260	275	150	125	12000	550	400	500		
HSFL-4000/100	100	4000	1800	6500	400	300	300	175	130	16000	600	550	700		

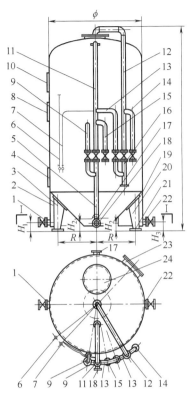
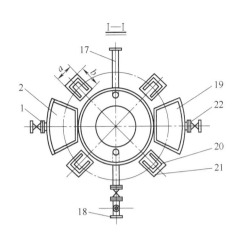

图 5-22 HSFL 系列灰水分离器设备外形示意

1—排渣管（一）DgL；2—集渣管（一）；3—腿脚（1）；4—下视镜；5—初滤水管 DgM；6—反应室取样，通气管；
7—清水取样管；8—中视镜；9—中间放空管 DgM；10—上视镜；11—出水管 DgM；12—滤料反冲洗管 DgL；
13—滤头反冲洗管 DgM；14—通气管 DgM；15—清水管 DgM；16—反冲洗总管 DgL，I 法兰离地约 0.8m；
17—进水管 DgM；18—底部放空管 DgM；19—集渣管（二）；20—腿脚（4）；21—脚板 [a×b×(8～12)]；
22—排渣管（二）DgL；23—壁入孔；24—顶入孔

HSFL 系列灰水分离器的主要特点有：净化效率在 95% 以上；回收每吨清水成本 0.06 元左右；回收清水率为 90%～95%，可做到无废水排放的闭路循环；占地少，约需 20～50m² ，仅为处理相同灰水量沉淀池用地的 10%～20%，节约用地 80% 以上；投资省，仅为相同能力沉淀池造价和征地费用的 50% 左右，而且还可以从回收清水的价值上回收；上马快，只需 10～30m 的安装基础即可迅速安装、运行；便于集中管理，将多台灰水分离器在管网中并联使用，只需操作几个相应的阀门；被处理灰水悬浮物浓度可高达 5000mg/L；回收清水含悬浮物浓度小于 50mg/L，远小于排放标准 200mg/L；回收清水具有压力，可直接接入水膜除尘器或其他相应用水点。

二、一体化污水处理工艺新进展

随着污水处理要求的提高及其应用与实践，一体化污水处理设备技术不断得到革新和发展。总的来说，对该技术的研究主要集中在主体工艺的改进、工艺流程的优化组合和填料性能提高等几个方面，以突显一体化污水处理设备的优势。

一体化污水处理设备的主体工艺多采用生物膜法，该法污泥浓度高，容积负荷大，耐冲击能力强，处理效率高，其中最常用的是接触氧化法，该法能耗低、投资省，比活性污泥法有一定的优势。但近年来，生物流化床成为研究热点。相比接触氧化法，生物流化床污泥浓度更高，耐冲击能力更强，剩余污泥率更低，且无堵塞、混合均匀，具有较好的脱氮效果，配置形式也比接触氧化法更灵活，已越来越受到水处理界的重视。生物流化床技术是使污水通过处于流化状态并附着生物膜的颗粒床，使污水中的基质在床内同均匀分散的生物膜接触而得到降解去除。随着研究的发展，BASE 三相生物流化床、生物半流化床、Circox 气提式生物流化床等新的型式不断涌现，流化床的水流状态、污泥浓度、充氧特性及脱氮效果等得到较大的改进，其处理效率也更高。此外 SBR、MBR 及 DAT-IAT 等作为主体工艺的一体化污水处理设备也已有报道。

近年来，高效絮凝剂的不断发展促进了物化工艺在污水处理中的应用，污水处理趋于物化与生化工艺相结合。化学絮凝剂可以强烈吸附水中的悬浮物和胶体，并进一步减少生化处理时间（0.5～2h），从而更大限度地减少占地面积。目前已出现完全采用物化方法的处理设备和物化/生化相结合的一体化污水处理设备。

填料是生物膜法的主体，直接关系到处理效果。理想的填料要能够提供微生物生长所需的最佳环境，具有较大的比表面积、一定的结构强度和防腐能力、较强的持水能力、较高的空隙率等物化性质，并且价格便宜、易得。其选择主要考虑水力特性、化学和机械稳定性、水力特性及经济性等几个方面。一体化污水处理设备生化池常用的生物填料包括蜂窝填料、束网填料、波纹填料、颗粒填料等。近年来，悬浮的颗粒状或立体状填料得到迅速发展和广泛应用，其主要优点如下。

① 孔隙率大，表面附着的微生物数量和种类多。

② 相对密度接近于水，可以全池流化翻动。填料上的生物膜、水流和气流三相充分接触混合，增大了传质面积，提高了传质速率，强化了传质过程，缩短了污水的生化停留时间。

③ 多采用聚乙烯、聚丙烯材料，既具有一定的强度，又不失弹性，使用寿命大大延长，且无浸出毒性。

三、一体化污水处理设备的应用

一体化污水处理设备主要用来处理小水量生活污水以及低浓度的工业有机污水，由于该类产品采用机电一体化全封闭结构，无须专人管理，因而得到广泛的使用。但是，产品在运用过程中应从安装、运行、维护等几个方面合理使用才能达到设计的处理效果。

（1）设备安装

一体化污水处理设备一般提供三种安装方式：地埋式、地上式和半地埋式，在选择安装方式时应结合当地的气候以及周围的环境，对于年平均气温在 10℃ 以下的地区，用生物膜法处理污水的效果较差，应将污水处理设备安装在冻土层以下，可利用地热的保温作用，提高处理效果；在其他地区选择设备安装方式主要根据周围的环境来选择，从安装、维护角度出发应选择地上式或半地埋式，从节省土地角度出发应选择地埋式，如果对周围环境影响不太大时应首选地上式，因为地埋式存在如下问题：

① 设备安装、维修、维护保养不方便；

② 设备可能因为进入基础地下水的浮力作用而损坏；

③ 在地下的电气系统因长期处于潮湿环境会影响其使用寿命，电气安全性也将受到影响。

在设备安装过程中，还应注意以下事项。

① 设备的混凝土基础的大小规格应与设备的平面安装图相同，基础的平均承压必须达到产品说明书的要求，基础必须水平，如设备采用地埋式安装，基础标高必须小于或等于设备标高，并保证下雨时不积水，为防止设备上浮，基础应预埋抗浮环。

② 设备应根据安装图将各箱体依次安装，箱体的位置、方向不能错，彼此间距必须准确，以便连接管道，设备安装就位后，应用绷带把设备和基础上的抗浮环连接，以防设备上浮。

③ 为保证设备管路畅通，应按产品说明书要求保证某些设备或管路的倾斜度。

④ 设备安装后，应在设备内注入清水，检查各管道有无渗漏，对于地埋式设备，在确定管道无渗漏后，在基础内注入清水 30～50cm 深后，即在箱体四周覆土，一直到设备检查孔，并平整地面。

⑤ 在连接水泵、风机等设备的电源线时，应注意风机和电机的转向。

（2）设备调试

一体化污水处理设备安装完毕后可进行系统调试，即培养填料上的生物膜，污水泵按额定的流量把污水抽入设备内，启动风机进行曝气，每天观察接触池内填料的情况，如填料上长出橙黄或橙黑色的膜，表明生物膜已培养好，这一过程一般需要 7～15d。如是工业污水处理设备，最好先用生活污水培养好生物膜后，再逐渐进工业污水进行生物膜驯化。

（3）设备运行

一体化污水处理设备一般为全自动控制或无动力型，不需要配备专门的管理人员，但在设备运行过程中应注意以下事项。

① 开机时必须先启动曝气风机，逐渐打开曝气管阀门，然后启动污水泵（或开启进水阀门）；关机时必须先关污水泵（或关闭进水阀门），再关闭曝气风机。

② 如污水较少或没有污水，为保证生物膜的正常生长，使生物膜不死亡脱落，风机可间歇启动，启动周期为 2h，每次运行时间为 30min。

③ 严禁砂石、泥土和难以降解的废物（如塑料、纤维织物、骨头、毛发、木材等）进入设备，这些物质很难进行生物降解，且会造成管路堵塞。

④ 防止有毒有害化学物质进入设备，这些物质将影响生化过程进行，严重的将导致设备生化反应系统破坏。

⑤ 对于地埋式设备，在运行过程中，必须保证下雨不积水；设备上方不得停放大型车辆；设备一般不得抽空内部污水，以防地下水把设备浮起。

（4）设备维护

一体化污水处理设备投入运行后，必须建立一套定期维护保养制度，维护保养的主要内容如下。

① 出现故障必须及时排除，主要故障为管路堵塞和风机水泵损坏，如果不及时排除故障将影响生物膜的生长，甚至会导致设备生化系统的破坏。

② 按产品说明书的要求，定期清理污泥池内的污泥。

③ 设备的主要易损部件为风机和水泵，必须有一套保养制度，风机每运行 10000h 必须保养一次，水泵每运行 5000～8000h 必须保养一次；平时在运行过程中，必须保证不能反转，如进污水，必须及时清理，更换机油后方能使用。

④ 设备内部的电气设备必须正确使用，非专业人员不能打开控制柜，应定期请专业人员对电气设备的绝缘性能进行检查，以防发生触电事故。

第二节　一体化中水回用设备

将生活污水作为水源，经过适当处理后作杂用水，其水质指标间于上水道和下水道之间，称为中水，相应的技术为中水道技术。对于淡水资源缺乏，城市供水严重不足的缺水地区，采用中水道技术既能节约水资源，又能使污水无害化，是防治水污染的重要途径。

一、中水水源与水质

1. 中水水源

中水水源可以按下列顺序进行选取：冷却排水、淋浴排水、盥洗排水、洗衣排水、厨房排水、厕所排水。一般不采用工业污水、医院污水作为中水水源，严禁传染病医院、结核病医院污水和放射性污水作为中水水源。对于住宅建筑可考虑除厕所生活污水外其余排水作为中水水源；对于大型的公共建筑、旅馆、商住楼等，采用冷却排水、淋浴排水和盥洗排水作为中水水源；公共食堂、餐厅的排水及生活污水的水质污染程度较高，处理比较复杂，不宜采用；大型洗衣房的排水由于含有各种不同的洗涤剂，能否作为中水水源须经试验确定。

2. 中水水质

中水作为生活杂用水，其水质必须满足下列基本条件：

① 卫生上安全可靠，无有害物质，其主要衡量指标有大肠菌群数、细菌总数、悬浮物量、生化需氧量、化学需氧量等；

② 外观上无不快的感觉，其主要衡量指标有浊度、色度、臭气、表面活性剂和油脂等；

③ 不引起设备、管道等严重腐蚀、结垢和不造成维护管理的困难，其主要衡量指标有pH值、硬度、溶解性固体物等。

我国现行的中水水质标准主要有《城市污水再生利用　城市杂用水水质》（GB/T 18920—2002），城市杂用水水质标准见表 5-20。混凝土拌合用水还应符合《混凝土用水标准》（JGJ 63—2006/J 531—2006）的有关规定。

表 5-20　城市杂用水水质标准

序号	项目		冲厕	道路清扫、消防	城市绿化	车辆冲洗	建筑施工
1	pH 值		6.0~9.0				
2	色/度	≤	30				
3	嗅		无不快感				
4	浊度/NTU	≤	5	10	10	5	20
5	溶解性总固体/(mg/L)	≤	1500	1500	1000	1000	—
6	五日生化需氧量(BOD$_5$)/(mg/L)	≤	10	15	20	10	15
7	氨氮/(mg/L)	≤	10	10	20	10	20
8	阴离子表面活性剂/(mg/L)	≤	1.0	1.0	1.0	0.5	1.0
9	铁/(mg/L)	≤	0.3	—	—	0.3	—
10	锰/(mg/L)	≤	0.1	—	—	0.1	—
11	溶解氧/(mg/L)	≥	1.0				
12	总余氯/(mg/L)		接触 30min 后≥1.0,管网末端≥0.2				
13	总大肠菌群/(个/L)	≤	3				

二、中水回用处理工艺的选择

1. 中水回用工艺流程

为了将污水处理成符合中水水质标准，一般要进行三个阶段的处理。

① 预处理 该阶段主要有格栅和调节池两个处理单元，主要作用是去除污水中的固体杂质和均匀水质。

② 主处理 该阶段是中水回用处理的关键，主要作用是去除污水的溶解性有机物。

③ 后处理 该阶段主要以消毒处理为主，对出水进行深度处理，保证出水达到中水水质标准。

2. 主处理的方法

按目前已被采用的方法大致可分成三类。

（1）生物处理法

生物处理法是利用微生物吸附、氧化分解污水中有机物的处理方法，包括好氧和厌氧微生物处理，一体化中水回用设备大多采用好氧生物膜处理技术。

（2）物理化学处理法

以混凝沉淀（气浮）技术及活性炭吸附相组合为基本方式，与传统的二级处理相比，提高了水质。

（3）膜处理法

采用超滤（UF）或反渗透膜处理，其优点是不仅 SS 的去除率很高，而且对细菌及病毒也能进行很好的分离。

主处理各种方法比较见表 5-21。

表 5-21 主处理各种方法比较

项 目	生物处理法	物理化学处理法	膜处理法
回收率	90％以上	90％以上	70％～80％
适用原水	杂排水、厨房排水、污水	杂排水	杂排水
重复用水的适用范围	冲厕所	冲厕所、空调	冲厕所、空调
负荷变化	小	稍大	大
间隙运转	不适合	稍适	适合
污泥处理	需要	需要	不需要
装置的密封性	差	稍差	好
臭气的产生	多	较少	少
运转管理	较复杂	较容易	容易
装置所占面积	最大	中等	最小

3. 工艺流程的选择

确定工艺流程时必须掌握中水原水的水量、水质和中水的使用要求，应根据上述条件选择经济合理、运行可靠的处理工艺；在选择工艺流程时，应考虑装置所占的面积和周围环境的限制以及噪声和臭气对周围环境带来的影响；中水水源的主要污染物为有机物，目前大多以生物处理为主处理方法，其中又以接触氧化法和生物转盘法为主；在工艺流程中消毒灭菌工艺必不可少，一般采用氯、碘联用的强化消毒技术。国内目前常用的中水回用工艺流程见表 5-22。

表 5-22 国内常用的中水回用工艺流程

序号	简称	预 处 理	主 处 理	后 处 理
1	直接过滤	格栅→调节池	加氯或药↓ 直接过滤	消毒剂↓ 消毒 →中水

序号	简称	预　处　理	主　处　理	后　处　理
2	接触过滤	格栅→调节池————混凝剂↓————→直接过滤→活性炭吸附——消毒剂↓——消毒——→中水		
3	混凝气浮	格栅→调节池————混凝剂↓————→混凝气浮→过滤——消毒剂↓——消毒——→中水		
4	接触氧化	格栅→调节池——空气↓(预曝气)——曝气接触氧化→沉淀→过滤——消毒剂↓——消毒——→中水		
5	氧化槽	格栅→调节池————→氧化槽接触氧化→过滤——消毒剂↓——消毒——→中水		
6	生物转盘	格栅→调节池————→生物转盘→沉淀→过滤——消毒剂↓——消毒——→中水		
7	综合处理	(一级、二级)格栅→调节池→生物处理——混凝→沉淀→过滤→炭吸附——消毒剂↓——消毒——→中水 (污泥法、氧化法)		
8	二级处理+深处理	二级处理出水→接触氧化——混凝→沉淀→过滤→炭吸附——消毒剂↓——消毒——→中水		

4. 运行方式的选择

根据处理规模、工艺流程及回用要求确定运行方式，一般处理能力超过 $30m^3/h$ 的中水处理站宜采用 24h 连续运行；小于 $30m^3/h$ 的中水处理站，宜采用每日 16h 间歇运行；当处理能力为 $5\sim10m^3/h$，每日运行时间应根据日处理水量计算来确定。

三、中水回用工艺设计

1. 预处理工艺设计

（1）中水原水系统设计

应根据中水水源来确定中水原水系统。

① 当采用优质杂排水或杂排水作为中水水源时，应采用污、废分流制系统。

② 以生活污水为原水的中水处理系统，应在生活污水排水系统中装置化粪池，化粪池的容积按污水在池内停留时间不少于 24h 计算。

③ 以厨房排水作为部分原水的中水处理系统，厨房排水应经隔油池后，再进入调节池。

（2）格栅设计

中水处理系统应设置格栅，有条件时可采用自动格栅，设置一道格栅时，格栅间隙宽度应小于 10mm；设置粗细两道格栅时，粗格栅间隙宽度为 $10\sim20mm$，细格栅间隙宽度为 2.5mm。当中水原水中有沐浴排水时，应加设毛发聚集器。

（3）调节池设计

为使处理设施连续、均匀稳定地工作，必须将不均匀的排水进行贮存调节，污水贮存停留时间最多不宜超过 24h，过长的停留时间在经济和技术上都是不适宜的，调节池的容积应按排水的变化情况、采用的处理方法和小时处理量计算确定。

① 连续运行时，调节池的容积应不小于连续 $4\sim5h$ 最大排水量或日处理量的 $30\%\sim40\%$。

② 间歇运行时，调节池的容积可按处理工艺的运行周期计算。

为防止污物在调节池内沉淀和腐败，调节池内宜设曝气器或预曝气管，曝气量为 $0.6\sim0.9\text{m}^3/(\text{m}^3\cdot\text{h})$。

2. 沉淀（气浮）工艺设计

在中水处理系统中进行固液分离时，应采用效率高、占地少的设备，如竖流式沉淀池、斜板（管）沉淀池。斜板沉淀池的设计数据如下：斜板间净距为 $80\sim100\text{mm}$，斜管孔径一般 $\geqslant80\text{mm}$，斜板（管）长度为 $1\sim1.2\text{m}$，倾角为 $60°$，底部缓冲层高度 $\geqslant1.0\text{m}$，上部水深为 $0.7\sim1.0\text{m}$，进水采用穿孔板（墙），锯齿形出水堰负荷应大于 $1.70\text{L}/(\text{s}\cdot\text{m})$，作为初沉池停留时间不超过 30min，作为二沉池停留时间不超过 60min，排泥静水头不得小于 1.5m。

气浮处理由空气压缩机、溶气罐、释放器以及气浮池（槽）组成，有关设计参数如下：溶气压力为 $0.2\sim0.4\text{MPa}$，回流比为 $10\%\sim30\%$；进入气浮池（槽）接触室的流速宜小于 0.1m/s，接触室水流上升流速为 $10\sim20\text{mm/s}$，停留时间不宜小于 60s；分离室的水流向下流速为 $1.5\sim2.5\text{mm/s}$，即分离室的表面负荷为 $5.4\sim9.0\text{m}^3/(\text{h}\cdot\text{m}^2)$；气浮池的有效水深为 $2.0\sim2.5\text{m}$，池中停留时间一般为 $10\sim20\text{min}$；气浮池可采用溢流排渣或刮渣机排渣。

3. 接触氧化工艺设计

当中水进行生物处理时宜采用接触氧化法，有关设计参数如下：有效面积不宜大于 25m^2，填料层总高度一般为 3m，采用蜂窝填料时，蜂窝孔径不小于 25mm，填料分层装填，每层高度为 1m，采用软性或半软性纤维填料时，采用悬挂支架或框架式支架；进水 BOD_5 浓度控制在 $100\sim250\text{mg/L}$，容积负荷一般为 $2.5\sim4.0\text{kgBOD}_5/(\text{m}^3\cdot\text{d})$，水力负荷率为 $100\sim160\text{m}^3/(\text{m}^3\cdot\text{d})$，处理效率为 $85\%\sim90\%$；曝气装置气水比为 $(10\sim15):1$，溶解氧维持在 $2.5\sim3.5\text{mg/L}$ 之间；接触氧化池的水力停留时间为 $2\sim3\text{h}$，处理生活污水时，取上限值。

4. 过滤工艺设计

中水的过滤处理宜采用机械过滤或接触过滤，滤料一般为石英砂、无烟煤、纤维球及陶粒等，滤层一般有单层、双层及三层滤料组成，常采用压力式过滤罐，具体设计参数如下：下层滤料粒径为 $0.5\sim1.2\text{mm}$ 石英砂，砂层厚度为 $300\sim500\text{mm}$，上层滤料直径为 $0.8\sim1.8\text{mm}$ 的无烟煤，厚度为 $500\sim600\text{mm}$；滤速为 $8\sim10\text{m/h}$，水头损失为 $5\sim6\text{mH}_2\text{O}$，反冲洗强度为 $15\sim16\text{L}/(\text{s}\cdot\text{m}^2)$。

5. 消毒工艺设计

中水虽不饮用，但中水的原水是经过人的直接污染，含有大量的细菌和病毒，必须设置消毒工艺。中水消毒的消毒剂一般有液氯、次氯酸钠、漂白粉、氯片、臭氧、二氧化氯等，具体工艺参数如下：加氯量一般为 $5\sim8\text{mg/L}$，接触时间大于 30min，余氯量应保持 $0.5\sim1\text{mg/L}$。

6. 贮存水池设计

处理设施后应设计中水贮存池（箱）。中水贮存池的调节容积应按处理中水用量的逐时变化曲线求算，在缺乏资料时，其调节容积可按如下方法计算。

① 连续运行时，中水贮存池的调节容积可按日中水用量的 $20\%\sim30\%$ 计算。

② 间歇运行时，中水贮存池的调节容积按处理设备运行周期计算：

$$V=1.2t(q-q_0) \tag{5-1}$$

式中　V——中水贮存池有效容积，m^3；

　　　t——处理设备连续运行时间，h；

　　　q——处理设备处理水量，m^3/h；

　　　q_0——中水平均用量，m^3/h。

③ 处理设备直接送水至中水供水箱时，其供水箱的调节容积不小于日中水用量的 5％。

中水贮存池宜采用耐腐蚀、易清洗的材料制作，用钢板制造时其内壁应做防腐处理；中水贮存池应设置的溢流管、泄水管，均应采用间接排水方式排出，溢流管应设置铜制隔网。

四、典型的一体化中水回用设备

一体化中水回用设备是将中水回用处理的几个单元集中在一台设备内进行，其特点是结构紧凑、占地面积小、自动化程度高，一般的处理量小于 $1500m^3/d$，主要适用于某一单体建筑物的生活污水处理，一般人口少于 3000 人。对于某一建筑物当决定选用一体化中水回用设备后，应采用雨水管和污水管分流制；当污水量和水质波动比较大时，需要设置一定容积的调节池，此时调节池一般为构筑物，不包含在中水回用设备内，在进行设备布置设计时，应同时考虑调节池所占的面积。

在选用一体化中水回用设备时，首先应根据污水的类型、所需处理的量、运行管理的要求以及能提供的场地选择合适的工艺流程，确定设备的型号，然后根据污水量（或人数）来选择相应的规格。下面列举几种典型的一体化中水回用设备供参考。

1. HYS 型高效一体化中水回用设备

组合式 HYS 型高效一体化中水回用设备结构示意图见图 5-23，主要工艺流程见图5-24。

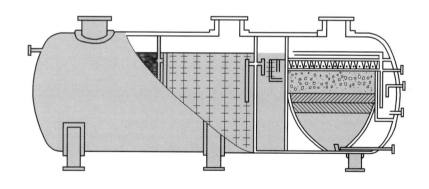

图 5-23　HYS 型高效一体化中水回用设备结构示意

HYS 型高效一体化中水回用设备具有如下技术特点：

① 接触氧化池采用球形填料，表面积大，易挂膜，使用寿命长，安装管理简便；

② 一、二级接触氧化生化处理采用先进的双膜好氧法；

③ 采用陶粒滤料直接过滤效果更好。

HYS 型高效一体化中水回用设备主要水质参数及处理效果见表 5-23。

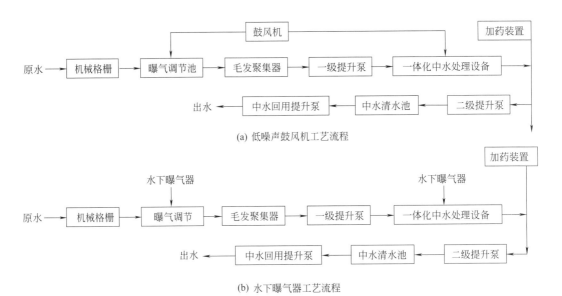

(a) 低噪声鼓风机工艺流程

(b) 水下曝气器工艺流程

图 5-24 HYS 型高效一体化中水回用设备主要工艺流程

表 5-23 HYS 型高效一体化中水回用设备主要水质参数及处理效果

项 目	COD	BOD	SS	余氯
进水/(mg/L)	200	120	100	—
出水/(mg/L)	50	10	10	0.2~0.5
去除率/%	>75	>90	>90	—

HYS-Ⅰ系列中水处理设备主要技术参数如表 5-24 所示。

表 5-24 HYS-Ⅰ型系列中水处理设备主要技术参数

型号	处理量/m³	毛发聚集器/m	接触氧化槽/m	快速过滤器/m	活性炭吸附器/m	加药设备/m	次氯酸钠发生器/m	气泵	水泵
HYS-Ⅰ-5	5	ϕ0.42×0.6,2台	1.8×2.4×3.4	ϕ0.8×2.8,1台	ϕ0.8×2.8,1台	WA-0.3-1 1.7×1.7×2.0	JC-160,1台 1.2×0.65×1.5	DLB-2, 3台	50SG10-15, 1台 IS50-32-125, 1台
HYS-Ⅰ-10	10	ϕ0.42×0.6,2台	2.6×2.4×3.4	ϕ1.0×2.8,1台	ϕ1.0×2.8,1台	WA-0.3-1 1.7×1.7×2.0	JC-160,1台 1.2×0.65×1.5	DLB-2, 4台	50SG15-30, 1台 IS80-65-125A, 1台
HYS-Ⅰ-15	15	ϕ0.6×0.8,2台	3.0×2.4×3.4	ϕ1.2×2.8,1台	ϕ1.2×2.8,1台	WA-0.3-1 1.7×1.7×2.0	JC-160,1台 1.2×0.65×1.5	YGB-4, 2台	65SG30-15, 1台 IS80-65-125, 1台
HYS-Ⅰ-20	20	ϕ0.6×0.8,2台	4.2×2.4×3.4	ϕ1.5×2.9,1台	ϕ1.5×2.9,1台	WA-0.3-1 1.7×1.7×2.0	JC-160,1台 1.2×0.65×1.5	YGB-4, 3台	80SG35-20, 1台 IS100-80-106, 1台
HYS-Ⅰ-25	25	ϕ0.8×1.0,2台	5.0×2.4×3.4	ϕ1.8×2.9,1台	ϕ1.8×2.9,1台	WA-0.3-1 1.7×1.7×2.0	JC-260,1台 1.2×0.65×1.5	YGB-4, 3台	100SG40-18, 1台 IS100-80-60, 1台
HYS-Ⅰ-30	30	ϕ0.8×1.0,2台	6.0×2.4×3.4	ϕ2.0×3.0,1台	ϕ2.0×3.0,1台	WA-0.5-1 1.7×1.7×2.0	JC-260,1台 1.2×0.65×1.5	YGB-4, 4台	80SG50-30, 1台 IS150-125-250A, 1台

HYS-Y 系列一体化中水回用设备主要技术参数如表 5-25 所示。

表 5-25　HYS-Y 系列一体化中水回用设备主要技术参数

型号	处理量/m³	污水净化槽/m	加药设备/m	次氯酸钠发生器/m	气泵	水泵
HYS-Y-5	5	φ2.4×5.0	WA-0.3-1 1.7×1.7×2.0	JC-160 1.2×0.65×1.5	DLB-2,2 台	50SG10-15,1 台 IS50-32-125,1 台
HYS-Y-10	10	φ2.4×7.0	WA-0.3-1 1.7×1.7×2.0	JC-160 1.2×0.65×1.5	DLB-2,3 台	50SG15-30,1 台 IS65-50-160,1 台
HYS-Y-15	15	φ3.0×5.0	WA-0.3-1 1.7×1.7×2.0	JC-160 1.2×0.65×1.5	XGB-4,2 台	65SG30-15,1 台 IS80-65-125A,1 台
HYS-Y-20	20	φ3.0×7.0	WA-0.3-1 1.7×1.7×2.0	JC-160 1.2×0.65×1.5	XGB-4,3 台	80SG35-20,1 台 IS80-65-125,1 台

2. 以生物接触氧化为主体工艺的中水回用设备

（1）HCTS-Ⅱ型地埋式中水回用设备

HCTS-Ⅱ型地埋式中水回用设备工艺流程见图 5-25。该设备将大部分处理单元通过组合的方式设置在地下，操作及维修量稍多的处理单元设置在室内或露天，地面可作为绿化等其他用途，既节省土地，又能保证系统高效有序运行。

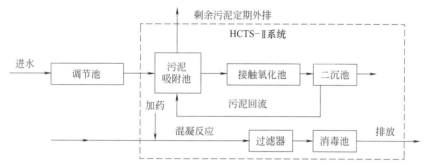

图 5-25　HCTS-Ⅱ型地埋式中水回用设备工艺流程

系统前端设有调节池，起到均衡水质、水量的作用，保证处理装置稳定运行。由于回用水使用具有间歇性，为保证使用效率，可根据用途设置适当容积的清水池和回用水提升装置。吸附池接收高浓度回流污泥，利用吸附过程负荷高、时间短的特点对有机物进行降解。接触氧化池中的填料为 SNP 型无剩余污泥悬浮型生物填料，无须固定，安装简便。在沉淀池出水与过滤器之间投加絮凝剂，形成的细小矾花通过改进的压力式过滤器去除，改进后的过滤器布水更均匀，处理效果更好，实现深度处理。消毒池采用玻璃钢材质，二氧化氯作为消毒剂，投资省、运行费用低。

（2）MHW-ZS 型中水成套化设备

MHW-ZS 型中水成套化设备工艺流程见图 5-26。MHW-ZS 型中水成套化设备具有如下特点：

① 将接触氧化池、二沉池、中间水池一体化设计，结构紧凑、大大减少占地面积；

② 采用简单方便的水下曝气器，充氧能力强、效率高、噪声小；

③ 采用石英砂过滤器、活性炭过滤器进行深度处理，有效降低水的浊度、色度，出水清澈、无异味；

④ 安全可靠、自动投加消毒剂的消毒系统，保证管网中一定的余氯量；

⑤ 根据调节池水位等参数自动启闭水泵和曝气机，自动化程度高。

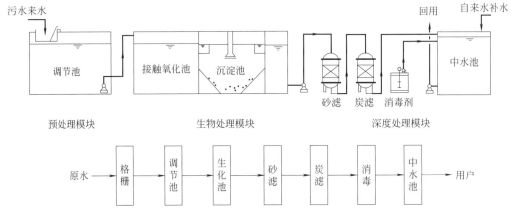

图 5-26　MHW-ZS 型中水成套化设备工艺流程

3. 以膜生物反应器为主体工艺的中水回用设备

膜生物反应器（membrane biological reactor，MBR）技术的应用始于 20 世纪 70 年代美国家庭污水处理，80 年代在日本、欧洲地区得到推广。MBR 技术在日本发展最快，世界上约有 66% 的 MBR 应用工程分布在日本，其余主要分布在北美和欧洲。加拿大 Zenon 公司开发的 MBR 技术在美国、德国、法国等地得到广泛应用，规模为 380~7600m³/d。

MBR 是一种将膜分离技术与传统污水生物处理工艺有机结合的新型高效污水处理工艺，其中膜分离工艺代替传统活性污泥法中的二沉池，以实现泥水分离。被膜截留下来的活性污泥混合液中的微生物絮体和相对较大分子量的有机物又重新回流至生物反应器内，使生物反应器内获得高浓度的生物量，延长了微生物的平均停留时间，提高了微生物对有机物的氧化速率。与传统生物处理工艺相比，MBR 具有生化效率高、有机负荷高、污泥负荷低、出水水质好、设备占地面积小、便于自动控制和管理等优点。MBR 按膜组件与生物反应器放置位置的不同，可分为分置式 MBR、一体式 MBR 和复合式 MBR。根据生物反应器供氧与否，可分为好氧型和厌氧型；根据操作压力提供方式的不同，可分为有压式和负压抽吸式；根据膜孔径的大小，可分为微滤膜、超滤膜和纳滤膜三类，其中微滤膜和超滤膜生物反应器应用较为普遍。

（1）分置式 MBR

分置式 MBR（recirculated MBR，RMBR），也称错流式 MBR 或横向流 MBR。通常将 RMBR 归为第一代 MBR，即膜组件置于生物反应器外部，相对独立，膜组件与生物反应器通过泵与管路相连接。分置式膜生物反应器中的膜组件以管式、平板式居多。分置式 MBR 工艺流程见图 5-27，加压泵将生物反应器中的混合液送到膜分离单元，由膜组件进行固液分离，浓缩液回流至生物反应器。

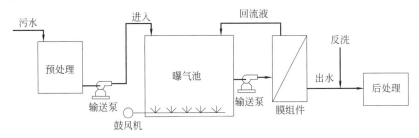

图 5-27　分置式 MBR 工艺流程

RMBR 系统具有如下特点：膜组件和生物反应器之间相互干扰较小，易于调节控制；膜组件置于生物反应器之外，更易于清洗更换；膜组件在有压条件下工作，膜通量较大，且加压泵产生的工作压力在膜组件承受压力范围内可以调节，从而根据需要增加膜的渗透率。不足之处在于系统中循环泵、膜加压泵的能耗较高，且循环泵产生的剪切压力会降低反应器内的生物活性；结构较为复杂，占地面积较大。

（2）一体式 MBR

一体式 MBR 属于第二代 MBR，也称淹没式 MBR（submerged MBR，SMBR），其工艺流程见图 5-28，将无外壳的膜组件直接安装浸没于生物反应器内部，微生物在曝气池中降解有机物，依靠重力或水泵抽吸产生的负压或真空泵将渗透液移出。一体式膜生物反应器大多采用中空纤维式膜组件。

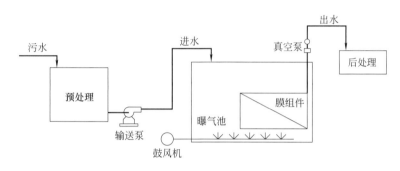

图 5-28　一体式 MBR 工艺流程

一体式 MBR 每吨出水动力消耗为 0.2～0.4kW·h，约为分置式 MBR 的 1/10。由于不使用加压泵，故可避免微生物菌体受到剪切而失活。不足之处在于膜组件浸没在生物反应器的混合液中，污染较快，且清洗时需将膜组件从反应器中取出，较为麻烦；此外，一体式 MBR 的膜通量低于分置式。

为有效防止一体式 MBR 的膜污染问题，人们研究了许多方法，例如：在膜组件下方进行高强度曝气，靠空气和水流的搅动来延缓膜污染；在反应器内设置旋转中空轴带动膜组件随之转动，从而在膜表面形成错流，防止其污染。

经过多年开发与研究，SMBR 目前已在污水处理与中水回用设备市场中占有较大份额。图 5-29 所示为 MHW-ZM 型中水成套化设备工艺流程。该设备可在污泥浓度 10g/L 以上运行，COD 在高污泥浓度的 MBR 池被较为彻底地生化降解，几乎没有剩余污泥。

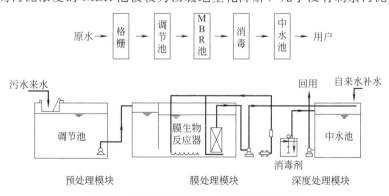

图 5-29　MHW-ZM 型中水成套化设备工艺流程

（3）复合式 MBR

复合式 MBR 也属于一体式 MBR，也是将膜组件置于生物反应器之中，通过重力或负压出水，不同之处在于生物反应器中安装了填料，形成复合式处理系统。复合式 MBR 工艺流程见图 5-30。

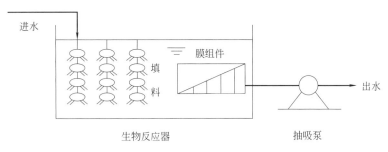

图 5-30　复合式 MBR 工艺流程

在复合式 MBR 中安装填料，一方面可提高处理系统的抗冲击负荷能力，保证系统的处理效果；另一方面还可降低反应器中悬浮活性污泥浓度，降低膜污染程度，保证较高的膜通量。

国产 THM 系列一体化中水回用设备由格栅、调节池、毛发聚集器、复合式 MBR 组成，根据用户对出水水质的要求，可将设备分为如图 5-31 所示的 I 型膜生物反应器和 II 型膜生物反应器。当用户对出水水质没有脱氮要求时，可采用 I 型设备；II 型设备的 MBR 部分采用了 A/O 工艺，前面的缺氧段可利用生物脱氮作用将系统中的 $NO_3^- $-N 反硝化成 N_2 而从系统中脱除，因此 II 型设备适用于用户对出水有脱氮要求的工程。由于存在混合液回流系统，II 型设备的能耗较 I 型设备要高一些。

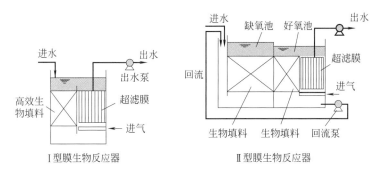

图 5-31　THM 系列一体化中水回用设备

THM 系列中水回用设备主要水质参数及净化效果见表 5-26。

表 5-26　THM 系列中水系统主要水质参数及净化效果

项目	COD /(mg/L)	BOD_5 /(mg/L)	TSS /(mg/L)	NH_4^+-N /(mg/L)	ABS /(mg/L)	pH 值	浊度 /度	色度 /度	细菌总数 /(个/mL)	大肠杆菌 /(个/mL)
原水	150～400	60～200	80～200	6～25	2.5～5	6～9	6～120	80～160	—	—
出水	≤20	≤5	≤2	≤1	≤0.5	6.5～8.5	≤3	≤15	≤100	≤3

4. 组装式中水回用设备

将不同的处理工艺流程段设计成单体，如初处理器、好氧处理单体、厌氧处理单体、气浮单体等，根据不同的水质和处理深度要求，选择不同的单体进行连接，组成一个完整的工艺。表 5-27 为组装式中水处理设备。表中各处理单元将处理技术和设计技术凝为一体，可组成好氧物化处理、好氧生物膜处理和厌氧水解酸化等不同流程，按其技术要求连接。

表 5-27　组装式中水处理设备

项　目		初处理器	好氧处理体	厌氧处理体	气浮滤池	加药器	深度处理器
组合内容		格栅、滤网、分溢流计量	调贮、曝气、氧化提升	调贮、厌氧水解、曝气回流	溶气气浮过滤	溶药、投加、计量	吸附交换供水
处理量 /(t/h)	10	GF-1	OQ-10	AQ-10	LF-10	JY-500	SC-10
	20	GF-1	OQ-20	AQ-20	LF-20	JY-500	SC-20
	30	GF-2	OQ-30	AQ-30	LF-30	JY-800	SC-30
	50	GF-2	OQ-50	AQ-50	LF-50	JY-800	SC-50

第六章

除尘设备

第一节　除尘设备的性能与分类

一、除尘设备的性能

评价除尘设备性能的指标，包括技术指标和经济指标两方面。技术指标主要有气体处理量、除尘效率和压力损失等。经济指标主要有设备费、运行费、占地面积、使用寿命等。此外，还应考虑设备的安装、操作、检修的难易等因素。除尘效率是除尘设备的重要技术指标，下面介绍两种除尘效率的表示方法。

（1）总除尘效率

总除尘效率是指在某段时间内被除尘设备捕集的粉尘质量占进入除尘设备的粉尘质量的百分数，常用 η 表示。

若进口的气体流量为 $Q_1(\mathrm{m^3/s})$，粉尘流入量为 $G_1(\mathrm{g/s})$，气体含尘浓度 $C_1(\mathrm{g/m^3})$；出口气体流量为 $Q_2(\mathrm{m^3/s})$，粉尘流出量为 $G_2(\mathrm{g/s})$，气体含尘浓度 $C_2(\mathrm{g/m^3})$，除尘设备捕集的粉尘为 $G_3(\mathrm{g/s})$。根据定义，除尘效率可按下式计算。

$$\eta = \frac{G_3}{G_1} \times 100\% = \frac{G_1 - G_2}{G_1} \times 100\% = \left(1 - \frac{G_2}{G_1}\right) \times 100\%$$

由于 $G_1 = Q_1 C_1$，$G_2 = Q_2 C_2$，因此

$$\eta = \left(1 - \frac{Q_2 C_2}{Q_1 C_1}\right) \times 100\% \tag{6-1}$$

（2）分级除尘效率

除尘设备的总除尘效率与粉尘粒径有很大关系。为了准确地评价除尘设备的除尘效果，说明除尘效率与粉尘粒径分布的关系，提出了分级除尘效率的概念。分级除尘效率系指除尘设备对某一粒径或一定范围内的粒径粉尘的除尘效率，简称分级效率。分级效率可用质量分级效率 η_i 或浓度分级效率 η_{d_i} 表示。

质量分级效率 η_i 可按下式计算。

$$\eta_i = \frac{G_3 g_{3d_i}}{G_1 g_{1d_i}} \times 100\% \tag{6-2}$$

式中　G_1，G_3——除尘设备进口和被除尘设备捕集的粉尘量，kg/h；

　　g_{1d_i}，g_{3d_i}——除尘设备进口和被除尘设备捕集的粉尘中，粒径或粒径范围为 d_i 的粉尘质量分数，%；

　　　　η_i——质量分级效率。

浓度分级效率 η_{d_i} 可按下式计算。

$$\eta_{d_i} = \frac{Q_1 g_{1d_i} C_1 - Q_2 g_{2d_i} C_2}{Q_1 g_{1d_i} C_1} \times 100\% \qquad (6\text{-}3)$$

式中　Q_1，Q_2——除尘设备进口和出口的气体流量，$\mathrm{m^3/s}$；

　　g_{1d_i}，g_{2d_i}——除尘设备进口和出口粉尘中粒径范围为 d_i 的粉尘质量分数，%；

　　C_1，C_2——除尘设备进口和出口的气体含尘浓度，$\mathrm{g/m^3}$。

如已知某一除尘设备进口含尘气体中粉尘的粒径分布 g_{d_i} 及其分级效率 η_{d_i}，则除尘设备的总效率为

$$\eta = \sum_{i=1}^{n} \eta_{d_i} g_{d_i} \qquad (6\text{-}4)$$

式中　η_{d_i}——粒径或粒径范围为 d_i 粉尘的分级效率；

　　g_{d_i}——除尘设备进口粉尘中，粒径或粒径范围为 d_i 的粉尘的质量分数，%。

当入口气体含尘浓度很高，或者要求出口气体含尘浓度较低时，用一种除尘设备往往不能满足除尘效率的要求。此时，可将两种或多种不同类型的除尘设备串联起来使用，形成两级或多级除尘系统。

设第一级和第二级除尘设备的除尘效率分别为 η_1 和 η_2，则两级除尘系统的总效率为

$$\eta = \eta_1 + (1-\eta_1)\eta_2 = 1-(1-\eta_1)(1-\eta_2) \qquad (6\text{-}5)$$

同理，n 级除尘设备串联使用时，其总除尘效率为

$$\eta = 1-(1-\eta_1)(1-\eta_2)\cdots(1-\eta_n) \qquad (6\text{-}6)$$

二、除尘设备的分类

从含尘气流中将粉尘分离出来并加以捕集的设备称为除尘设备或除尘器。除尘器是除尘系统中的主要组成部分，其性能对全系统的运行效果有很大影响。按照除尘器分离捕集粉尘的主要机理，可将其分为如下四类。

（1）机械式除尘器

机械式除尘器是利用质量力（重力、惯性力和离心力等）的作用使粉尘与气流分离沉降的设备，包括重力沉降室、惯性除尘器和旋风除尘器等。其特点是结构简单，造价低，维护方便，但除尘效率不高，一般只作为多级除尘系统的初级除尘。

（2）湿式除尘器

湿式除尘器亦称湿式洗涤器，是利用液滴或液膜洗涤含尘气流，使粉尘与气流分离沉降的设备。湿式除尘器既可用于气体除尘，也可用于气体吸收。

（3）过滤式除尘器

过滤式除尘器是使含尘气流通过织物或多孔的填料层进行过滤分离的设备，包括袋式除尘器、颗粒层除尘器等。其突出的特点是除尘效率高（99%以上）。

（4）电除尘器

电除尘器是利用高压电场使尘粒荷电，在库仑力作用下使粉尘与气流分离沉降的设备。其特点是除尘效率高，耗电量少，但投资费用较高。

但在实际应用中，常常是一种除尘器同时利用了几种除尘机理。此外，也可以按除尘过程中是否用液体而把除尘器分为干式除尘器和湿式除尘器两大类，还可以根据除尘器效率的高低而分为低效、中效和高效除尘器。电除尘器和袋式除尘器是目前国内外应用较广的高效除尘器，重力沉降室和惯性除尘器皆属于低效除尘器，旋风除尘器和其他湿式除尘器一般属于中效除尘器。

上述各种常用的除尘器，对净化粒径在 $3\mu m$ 以上的粉尘是有效的，而小于 $3\mu m$（特别是 $1\sim0.1\mu m$）的微粒（对人体和环境有潜在的影响）其去除效果很差。因此，近年来各国十分重视研究新的微粒控制设备，这些新的装置除了利用质量力、静电力、过滤洗涤等除尘机理外，还利用了泳力（热泳、扩散泳、光泳）、磁力、声凝聚、冷凝、蒸发、凝聚等机理，或在同一装置中同时利用几种机理，如声波除尘器、高梯度磁式除尘器和陶瓷过滤除尘器等。

第二节　机械式除尘器

机械式除尘器通常指利用质量力（重力、惯性力和离心力等）的作用使颗粒物与气流分离的装置，包括重力沉降室、惯性除尘器和旋风除尘器等。

一、重力沉降室

（1）重力沉降室的结构和特点

重力沉降室是通过重力作用使尘粒从气流中自然沉降分离的除尘装置。常见的重力沉降室有水平气流沉降室、单层重力沉降室和多层重力沉降室，其基本结构如图 6-1 所示。含尘气流进入沉降室后，由于扩大了流动截面积而使气体流速大大降低，使较重颗粒在重力作用下缓慢向灰斗沉降。

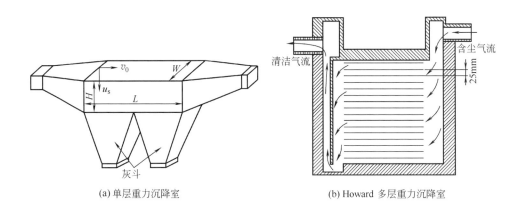

(a) 单层重力沉降室　　　　　　　　(b) Howard 多层重力沉降室

图 6-1　重力沉降室

重力沉降室的主要优点是结构简单、投资少、阻力损失小（一般为 $50\sim130Pa$）、维护管理方便。主要缺点是体积大、效率低，因此常作为高效除尘的预除尘装置，用以捕集较大和较重的粒子。

（2）重力沉降室的设计计算

重力沉降室的设计计算主要是根据要求处理的气量和净化效率确定沉降室的尺寸，其中最关键的是选择适当的气流速度。一般，气流速度越低，分离效果越好，但除尘器截面积较大。在选择气流速度时还要使沉降室中的气流速度低于物料的飞扬速度。

1）沉降室长度

假定沉降室内气流分布均匀，并处于层流状态。进入除尘器的尘粒一方面以气流速度 v_0 向前运动，同时以沉降速度 u_s 下降。则尘粒从沉降室顶部降落到底部所需时间 τ_s 为

$$\tau_s = \frac{H}{u_s} \tag{6-7}$$

式中 H ——沉降室高度，m；

　　u_s ——尘粒的沉降速度，m/s。

尘粒的沉降速度 u_s 可按下式计算。

$$u_s = \frac{d^2 g (\rho_p - \rho_g)}{18\mu} \tag{6-8}$$

式中 d ——粉尘粒径，m；

　　ρ_p ——粉尘的密度，kg/m³；

　　ρ_g ——气体的密度，kg/m³；

　　μ ——气体的黏度，Pa·s；

　　g ——重力加速度，9.18m/s²。

气流在沉降室内停留的时间 τ 为

$$\tau = \frac{L}{v_0} \tag{6-9}$$

式中 L ——沉降室长度，m；

　　v_0 ——沉降室内的气流速度，m/s。

要使尘粒不被气流带走，必须使 $\tau \geqslant \tau_s$，则所要设计沉降室的长度 L 为

$$L \geqslant \frac{v_0 H}{u_s} \tag{6-10}$$

2）沉降室的宽度

沉降室的宽度 W 与处理气量有关，若处理气量为 Q，则

$$W = \frac{Q}{H v_0} \tag{6-11}$$

3）有效分离直径

对于一定结构的沉降室，能沉降在室内的最小粒径 $d_{\min}$ 可按下式计算。

$$d_{\min} = \sqrt{\frac{18\mu v_0 H}{\rho_p g L}} = \sqrt{\frac{18\mu Q}{\rho_p g W L}} \tag{6-12}$$

4）除尘效率

对于一定结构的沉降室，理论上当尘粒的沉降速度 $u_s \geqslant v_0 H/L$ 时，均能沉降下来，即除尘效率为 100%。当沉降速度 $u_s < v_0 H/L$ 时，对各种粒径粉尘的分级除尘效率 η_d 为

$$\eta_d = \frac{u_s L}{v_0 H} = \frac{u_s L W}{Q} \tag{6-13}$$

设计沉降室时应注意以下几个方面的问题。

① 沉降室内的气流速度一般取 $0.4\sim1m/s$，并尽可能选低值，以保持接近层流状态。

② 沉降室高度 H 应根据实际情况确定并尽量取小一些。因为 H 越大，所需的沉降时间就越长，势必加大沉降室的长度。

③ 为保证沉降室横截面上气流分布均匀，一般将进气管设计成渐宽管形，若受场地限制，可装设导流板、扩散板等气流分布装置。

④ 用于净化高温烟气时，由于热压作用，排气口以下空间的气流有可能减弱，从而降低除尘效率，应将沉降室的进出口位置设计得低一些。

二、惯性除尘器

（1）惯性除尘器除尘机理

惯性除尘器是利用惯性力的作用使尘粒从气流中分离出来的除尘设备。为改善沉降室的除尘效果，可在沉降室内设置各种形式的挡板，使含尘气流冲击在挡板上，气流方向发生急剧转变，借助尘粒本身的惯性力作用，使其与气流分离。图 6-2 是惯性除尘器分离机理示意图。

当含尘气流冲击到挡板 B_1 上时，惯性大的粗尘粒（d_1）首先被分离下来。被气流带走的尘粒（d_2，且 $d_2<d_1$），由于挡板 B_2 使气流方向转变，借助离心力作用也被分离下来。若设该点气流的旋转半径为 R_2，切向速度为 u_t，则尘粒 d_2 所受离心力与 $d_2^2\dfrac{u_t^2}{R_2}$ 成正比。回旋气流的曲率半径越小，分离捕集细小粒子的能力越强。显然惯性除尘器的除尘是惯性力、离心力和重力共同作用的结果。

（2）惯性除尘器结构型式

结构型式多种多样，可分为以气流中粒子冲击挡板捕集较粗粒子的冲击式和通过改变气流方向而捕集较细粒子的反转式。图 6-3 为冲击式惯性除尘器结构示意图。

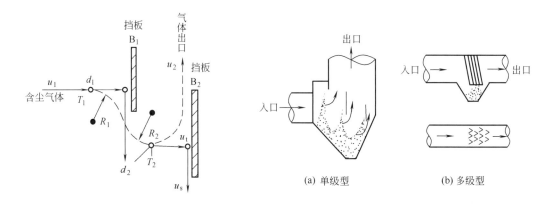

图 6-2　惯性除尘器的分离机理　　　　　图 6-3　冲击式惯性除尘器

在这种设备中，沿气流方向设置一级或多级挡板，使气体中的尘粒冲撞挡板而被分离。图 6-4 为几种反转式惯性除尘器。弯管型和百叶窗型反转式惯性除尘器和冲击式惯性除尘器一样，都适于烟道除尘，多层隔板型塔式惯性除尘器主要用于烟雾的分离。

（3）惯性除尘器的性能

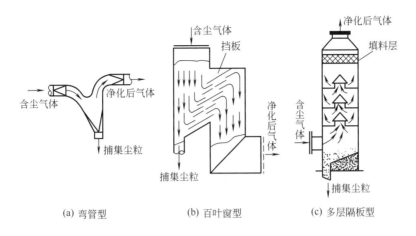

(a) 弯管型	(b) 百叶窗型	(c) 多层隔板型

图 6-4　反转式惯性除尘器

一般惯性除尘器的气流速度越高，气流方向转变角度越大，转变次数越多，净化效率越高，压力损失也越大。惯性除尘器用于净化密度和粒径较大的金属或矿物性粉尘具有较高的除尘效率。对黏结性和纤维性粉尘，则因易堵塞而不宜采用。由于惯性除尘器的净化效率不高，故一般只用于多级除尘中的第一级除尘，捕集 $10\sim20\mu m$ 以上的粗尘粒。压力损失依型式而定，一般为 $100\sim1000Pa$。

百叶窗式除尘器除尘效率较低，对于 $20\mu m$ 以下的尘粒难以很好地捕集，常与旋风除尘器配合使用。当抽气率为 10%，压力损失为 $400\sim500Pa$ 时，在百叶窗式除尘器与旋风除尘器配合使用的情况下，其除尘效率见表 6-1。如果抽气率从 10% 增加到 20%，除尘效率可有较大提高，百叶窗式除尘器抽气率对除尘效率的影响见表 6-2。

表 6-1　百叶窗式除尘器除尘效率

粒径/μm	5	10	15	20	25	30	40	50	60	100
除尘效率/%	25	47	63	76	86.5	91.3	94.8	96.5	97.7	100

表 6-2　百叶窗式除尘器抽气率对除尘效率的影响

抽气率/%	除尘效率/%								
10	50	55	60	65	70	75	80	85	90
20	61	65	70	74	77	81	85	89	92

百叶窗式除尘器的压力损失按下式计算。

$$\Delta P = \frac{\gamma}{2g}\left(\frac{Q}{CF}\right)^2 \tag{6-14}$$

式中　ΔP——百叶窗式除尘器的压力损失，Pa；

　　　γ——气体密度，kg/m^3；

　　　Q——通过百叶板缝隙的气量，m^3/s；

　　　F——百叶板缝隙的总面积，m^2；

　　　C——百叶板缝隙的收缩系数，取 $0.6\sim0.8$；

　　　g——重力加速度，$9.18m/s^2$。

（4）惯性除尘器选型

惯性除尘器定型设计不多，可供选择的余地不大，下面介绍实际应用较多的两种型式。

1）CDQ 型百叶窗式惯性除尘器

CDQ 型百叶窗式惯性除尘器外形如图 6-5 所示，尺寸见表 6-3，性能参数见表 6-4。除尘器与灰斗的连接处要求十分严密，不漏气，否则会影响除尘效率。

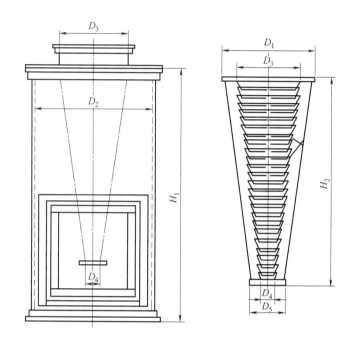

图 6-5　CDQ 型百叶窗式惯性除尘器

表 6-3　CDQ 型百叶窗式惯性除尘器尺寸

型号	尺寸/mm							重量/kg	
	H_1	H_2	D_1	D_2	D_3	D_4	D_5	CDQ 型	CDQ-K 型
CDQ-1.1、CDQ-1.1K	460	341	165	230	115	77	26	3	15
CDQ-1.3、CDQ-1.3K	540	404	185	270	135	81	30	4	20
CDQ-1.7、CDQ-1.7K	700	531	225	350	175	89	38	5	31
CDQ-2.1、CDQ-2.1K	860	661	285	430	215	113	46	10	40
CDQ-2.5、CDQ-2.5K	1020	786	325	570	255	121	54	43	58
CDQ-3.3、CDQ-3.3K	1840	1041	405	670	335	137	70	20	90
CDQ-4.1、CDQ-4.1K	1660	1296	505	830	415	143	86	40	139
CDQ-4.7、CDQ-4.7K	1900	1486	565	950	475	185	98	49	170
CDQ-5.1、CDQ-5.1K	2060	1613	605	1030	515	183	106	56	187

表 6-4　CDQ 型百叶窗式惯性除尘器性能参数

进口气速/(m/s)	型　号									
	1.1	1.3	1.7	2.1	2.5	3.3	4.1	4.7	5.1	压力损失/Pa
	气量/(m³/h)									
15	560	772	1300	1950	2760	4750	7300	9550	11250	275
20	746	1030	1730	2600	2670	6340	9700	12750	15000	480
25	934	1290	2160	3260	4580	7920	12150	15930	18750	745

2）ADM 型惯性除尘器

ADM 型惯性除尘器由一个圆柱筒及排尘装置组成，结构如图 6-6 所示。圆柱筒内部含有一簇依据空气动力学原理设计的锥形环，其直径依次比前一个锥环的直径略小，排列成锥体。

当含有粉尘的气流从除尘器入口端沿轴线方向流动时，由于锥环内外存在压差，气体从两锥之间流向外圆筒中，而尘粒在空气动力的作用下向里朝锥环的中心流动，并经过排尘装置流向收料器，净化后的气体则从圆筒尾端排出。

ADM 型惯性除尘器有 7 个型号。当处理风量增大时，可把若干个除尘器并联使用，并联数量为 2～30 个。ADM 型惯性除尘器技术参数见表 6-5。

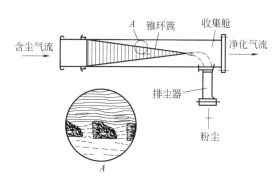

图 6-6　ADM 型惯性除尘器结构

表 6-5　ADM 型惯性除尘器技术参数

型号	入口尺寸/mm	长度/mm	风量/(m³/h)	压降/Pa	入口粉尘质量浓度/(g/m³)	粉尘粒度/μm	质量/kg
ADM62	75	810	595～1275	750～1750	0.1～1750	1～500	13
ADM125	150	810	850～2040	250～750	0.1～1750	1～500	15
ADM170	200	1220	1530～3560	250～1000	0.1～1750	1～500	36
ADM200	250	1575	2380～6780	750～1500	0.1～3500	1～1000	72
ADM200L	250	2540	2380～6780	750～1750	0.1～5300	1～1000	105
ADM300	350	210	6450～16000	750～1750	0.1～5300	1～1000	190
ADM400	500	2490	13600～23800	750～2500	0.1～5300	1～1000	340

三、旋风除尘器

旋风除尘器是利用气流在旋转运动中产生的离心力来清除气流中尘粒的设备。旋风除尘器具有结构简单、体积小、造价低、维护管理方便、耐高温等优点，因而在工业除尘及锅炉烟气净化中应用十分广泛。旋风除尘器主要用于处理粒径较大（10μm 以上）和密度较大的粉尘，既可单独使用，也可作为多级除尘的第一级。

1. 旋风除尘器内气流与尘粒的运动

图 6-7 所示为普通旋风除尘器的结构及内部气流。含尘气体由除尘器入口沿切线方向进入后，沿外壁由上向下做旋转运动，这股向下旋转的气流称为外涡旋，外涡旋到达锥体底部后，沿轴心向上旋转，最后从出口管排出。这股向上旋转的气流称为内涡旋。向下的外涡旋和向上的内涡旋的旋转方向相同。气流做旋转运动时，尘粒在离心力的作用下向外壁面移动。到达外壁的粉尘在下旋气流和重力的共同作用下沿壁面落入灰斗。

2. 旋风除尘器的压力损失

旋风除尘器的压力损失与其结构和运行条件等有关，理论计算比较困难，主要靠实验确定。实验表明，旋风除尘器的压力损失 Δp 与气体入口速度的平方成正比，即

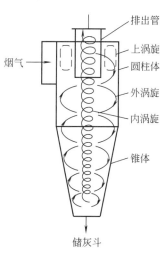

图 6-7　普通旋风除尘器的
结构及内部气流

$$\Delta p = \frac{1}{2} \xi \rho v_1^2 \tag{6-15}$$

式中　Δp——旋风除尘器的压力损失，Pa；

　　　ρ——气体的密度，kg/m³；

　　　v_1——气体入口速度，m/s；

　　　ξ——局部阻力系数。

表 6-6 是几种旋风除尘器的局部阻力系数值，可供参考。

表 6-6　局部阻力系数值

旋风除尘器型式	XLT	XLT/A	XLP/A	XLP/B
ξ	5.3	6.5	8.0	5.8

在缺乏实验数据时可按下式计算 ξ 值。

$$\xi = 16A/d_e^2 \tag{6-16}$$

式中　A——旋风除尘器进口面积，m²；

　　　d_e——旋风除尘器排气管直径，m。

此外，旋风除尘器的其他操作因素对压力损失也有影响。例如，随入口含尘浓度的增高，除尘器的压力降明显下降，这是因为旋转气流与粉尘摩擦导致旋转速度降低的缘故。旋风除尘器操作运行中可以接受的压力损失一般低于 2000Pa。

3. 旋风除尘器的除尘效率

在旋风除尘器内，粒子的沉降主要取决于离心力 F_C 和向心运动气流作用于尘粒上的阻力 F_D。在内外涡旋界面上，如果 $F_C > F_D$，粒子在离心力推动下移向外壁而被捕集；如果 $F_C < F_D$，粒子在向心气流的带动下进入内涡旋，最后由排出管排出；如果 $F_C = F_D$，作用在尘粒上的外力之和等于零，粒子在交界面上不停地旋转。实际上由于各种随机因素的影响，处于这种平衡状态的尘粒有 50% 的可能性进入内涡旋，也有 50% 的可能性移向外壁，除尘效率为 50%。此时的粒径被称为除尘器的分割直径，用 d_c 表示。显然，d_c 越小，除尘器的除尘效率越高。

分割直径 d_c 是反映旋风除尘器性能的重要指标。尘粒的密度越大，气体进口的切向速度越大，排出管直径越小，除尘器的分割直径越小，除尘效率也就越高。

在确定分割直径的基础上，可按下式计算旋风除尘器的分级效率。

$$\eta_{d_i} = 1 - \exp\left[-0.6931 \times \left(\frac{d_i}{d_c}\right)^{\frac{1}{n+1}}\right] \tag{6-17}$$

式中　d_i——粉尘粒径，m；

　　　d_c——分割直径，m；

　　　n——涡流指数，可按下式计算。

$$n = 1 - (1 - 0.67D^{0.14})\left(\frac{T}{283}\right)^{0.3} \tag{6-18}$$

式中　D——旋风除尘器直径，m；

　　　T——气体的温度，K。

应当指出，尘粒在旋风除尘器内的分离过程是非常复杂的。例如，在理论上不能捕集的细小尘粒由于凝并或被较大尘粒裹挟至器壁而被捕集分离出来。相反，有些大尘粒由于局部涡旋的影响有可能进入内涡旋，有些已分离的尘粒在下落过程中也有可能重新被气流带走，内涡旋气流在锥底部旋转上升时，也会带走部分尘粒。因此，根据某些假设条件得出的理论公式，其计算结果还是比较粗略。目前，旋风除尘器的效率一般通过实验确定。

4. 影响旋风除尘器性能的因素

影响除尘器性能的主要因素有除尘器的比例尺寸、操作条件和粉尘的物理性质等。

（1）进口风速的影响

提高旋风除尘器的进口风速，会使粉尘受到的离心力增大，分割直径变小，除尘效率提高，烟气处理量增大。但若进口风速过大，不仅使除尘器阻力急剧上升，而且还会将有些已分离的尘粒重新扬起带走，导致除尘效率下降。从技术、经济两方面综合考虑，进口风速一般控制在 $12\sim25\mathrm{m/s}$ 之间为宜，但不应低于 $10\mathrm{m/s}$，以防进气管积尘。

（2）旋风除尘器尺寸的影响

1）筒体与排出管的直径

由计算离心力的公式可知，在相同的转速下，筒体的直径越小，尘粒受到的离心力越大，除尘效率越高。但筒体直径越小，处理的风量也就越少，并且筒体直径过小还会引起粉尘堵塞，筒体直径与排出管直径相近时，尘粒容易逃逸，使效率下降，因此筒体的直径一般不小于 0.15m。同时，为了保证除尘效率，筒体的直径也不要大于 1m。在需要处理风量大的情况时，往往采用同型号旋风除尘器的并联组合或采用多管型旋风除尘器。

经研究证明，内、外涡旋交界面的直径近似于排出管直径的 0.6 倍。内涡旋的范围随排出管直径的减小而减小。因此，减小排出管直径有利于提高除尘效率，但同时会加大出口阻力。一般取筒体直径与排出管直径之比值为 1.5～2.0。

2）筒体和锥体高度

从直观上看，增加旋风除尘器的筒体高度和锥体高度，似乎增加了气流在除尘器内的旋转圈数，有利于尘粒的分离。实际上由于外涡流有向心的径向运动，当外涡旋由上而下旋转时，气流会不断流入内涡旋，同时筒体与锥体的总高度过大，还会使阻力增加。实践证明，筒体和锥体的总高度一般以不超过筒体直径的 5 倍为宜。在锥体部分断面缩小，尘粒到达外壁的距离也逐渐减小，气流切向速度不断增大，这对尘粒的分离都是有利的。相对来说筒体长度对分离的影响比锥体部分要小。

（3）除尘器底部的严密性

无论旋风除尘器在正压还是在负压下操作，其底部总是处于负压状态。如果除尘器的底部不严密，从外部漏入的空气就会把正在落入灰斗的粉尘重新带起，使除尘效率显著下降。

因此，在不漏风的情况下进行正常排灰是保证旋风除尘器正常运行的重要条件。收尘量不大的除尘器可在下部设固定灰斗、定期排放。当收尘量较大，要求连续排灰时，可设双翻板式和回转式锁气器，如图 6-8 所示。

翻板式锁气器是利用翻板上的平衡锤和积灰重量的平衡发生变化，进行自动卸灰，它设有两块翻板，轮流启闭，可以避免漏风。回转式锁气器采用外来动力使刮板缓慢旋转进行自动卸灰，适用于排灰量较大的除尘器。

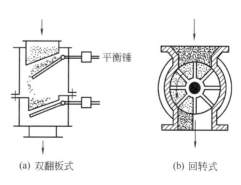

(a) 双翻板式　　　　(b) 回转式

图 6-8　锁气器

回转式锁气器能否保持严密，关键在于刮板和外壳之间紧密贴合的程度。

（4）粉尘性质

粉尘性质对除尘效率也有很大影响，其密度和粒径增大，效率明显提高。而气体温度和黏度增大，则效率下降。

5. 旋风除尘器的结构型式与性能

旋风除尘器选型需遵循以下几个方面原则。

① 旋风除尘器净化气体量应与实际需要处理的含尘气体量一致。选择除尘器直径时应尽量小些。如果要求通过的风量较大，可采用若干个小直径的旋风除尘器并联；如气量与多管旋风除尘器相符，以选多管除尘器为宜。

② 旋风除尘器入口风速要保持 $10 \sim 25 \text{m/s}$。低于 10m/s 时，其除尘效率下降；高于 25m/s 时，除尘效率提高不明显，但阻力损失增加，耗电量增高很多。

③ 选择除尘器时，要根据工况考虑阻力损失及结构形式，尽可能使之动力消耗减少，且便于制造维护。

④ 旋风除尘器能捕集到的最小尘粒应等于或稍小于被处理气体的粉尘粒度。

⑤ 当含尘气体温度很高时，要注意保温，避免水分在除尘器内凝结。假如粉尘不吸收水分、露点为 $30 \sim 50 \text{℃}$ 时，除尘器的温度最少应高出 30℃ 左右；假如粉尘吸水性较强（如水泥、石膏和含碱粉尘等）、露点为 $20 \sim 50 \text{℃}$ 时，除尘器的温度应高出露点温度 $40 \sim 50 \text{℃}$。

⑥ 旋风除尘器结构的密闭要好，确保不漏风。尤其是负压操作，更应注意卸料锁风装置的可靠性。

⑦ 易燃易爆粉尘（如煤粉）应设有防爆装置。防爆装置的通常做法是在入口管道上加一个安全防爆阀门。

⑧ 当粉尘黏性较小时，最大允许含尘质量浓度与旋风筒直径有关，即直径越大其允许含尘质量浓度也越大。旋风除尘器直径与允许含尘质量浓度的关系见表 6-7。

表 6-7　旋风除尘器直径与允许含尘质量浓度关系

旋风除尘器直径/mm	800	600	400	200	60	40
允许含尘质量浓度/(g/m³)	400	300	200	150	40	20

目前，生产中使用的旋风除尘器类型很多，有 100 多种。按结构型式可将旋风除尘器分为多管组合式、旁路式、扩散式、直流式、平旋式、旋流式等。按型号可分为 XLT（CLT）型、XLP（CLP）型、XLK（CLK）型、XZT（CZT）型和 XCX 型五种型号。下面介绍几种国内常用的旋风除尘器。

（1）CLT 型旋风除尘器

CLT 型旋风除尘器是应用最早的旋风除尘器，其他各种类型的旋风除尘器都是由它改进而来的。其结构简单，制造方便，压力损失小，处理气量大，但分离效率低。对于 $10 \mu \text{m}$ 左右的尘粒分离效率一般低于 $60\% \sim 70\%$，目前已被其他高效旋风除尘器所取代。

XLT/A 型旋风除尘器是 XLT 的改进型，其结构特点是具有螺旋下倾顶盖的直接式进口，螺旋下倾角为 $15°$，筒体和锥体均较长。制作螺旋下倾角，不但可减少入口的阻力损失，而且有助于消除上旋流的带灰问题。含尘气体入口速度在 $10 \sim 18 \text{m/s}$，阻力系数为

5.5～6.5，适用于干的非纤维粉尘和烟尘等的净化，除尘效率在 80%～90%。

CLT/A 型旋风除尘器又称螺旋型旋风除尘器，是 CLT 型旋风除尘器的改进型，适用于捕集物料密度较大、较干燥的非纤维类粉尘，广泛应用于冶金、铸造、喷砂、建筑材料、电力及耐火材料等行业。CLT/A 型旋风除尘器如图 6-9 所示，其顶盖板做成下倾的螺旋切线形，含尘气体进入除尘器后，沿倾斜顶盖的方向做下旋流动，从而不会形成上灰环，可消除引入气流向上流动而形成的小旋涡气流，减少动能消耗，提高除尘效率。

CLT/A 型旋风除尘器主要由旋风筒体、集灰斗、蜗壳（或集风帽）组成。按筒体个数分为单筒、双筒、三筒、四筒及六筒五种组合。每种组合有两种出风方式：X 型（水平出风）一般用于负压操作；Y 型（上部出风）一般用于正压或负压操作。CLT/A 型旋风除尘器主要性能参数如表 6-8 所示，结构尺寸及质量如表 6-9 所示。

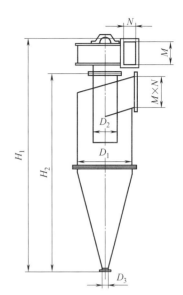

图 6-9 CLT/A 型旋风除尘器

表 6-8 CLT/A 型旋风除尘器主要性能参数

组合形式	进口气速/(m/s)	型 号										
		CLT/A-3.0	CLT/A-3.5	CLT/A-4.0	CLT/A-4.5	CLT/A-5.0	CLT/A-5.5	CLT/A-6.0	CLT/A-6.5	CLT/A-7.0	CLT/A-7.5	CLT/A-8.0
		筒径/mm										
		φ300	φ350	φ400	φ450	φ500	φ550	φ600	φ650	φ700	φ750	φ800
		处理气量 m³/h										
单筒	12	670	910	1180	1500	1860	2240	2670	3130	3630	4170	4750
	15	830	1140	1480	1870	2320	2800	3340	3920	4540	5210	5940
	18	1000	1360	1780	2250	2780	3360	4000	4700	5440	6250	7130
双筒	12	1340	1820	2360	3000	3720	4480	5340	6260	7260	8340	9500
	15	1660	2280	2960	3740	4640	5600	6680	7840	9080	10420	11880
	18	2000	2720	3560	4500	5560	6720	8000	9400	10880	12500	14260
三筒	12	2010	2730	3540	4500	5580	6720	8010	9390	10890	12510	14250
	15	2490	3420	4440	5610	6960	8400	10020	11760	13620	15630	17820
	18	3000	4080	5340	6750	8340	10080	12000	14100	16320	18750	21390
四筒	12	2680	3640	4720	6000	7440	8960	10680	12520	14520	16680	19000
	15	3320	4480	5920	7480	9280	11200	13360	15680	18160	20840	23760
	18	4000	5440	7120	9000	11120	13440	16000	18800	21760	25000	28520
六筒	12	4020	5460	7080	9000	11160	13440	16020	18780	21780	25020	28500
	15	4980	6840	8880	11220	13920	16800	20040	23520	27240	31260	35640
	18	6000	8160	10680	13500	16680	20160	24000	28200	32640	37500	42780

进口气速/(m/s)	压力损失(20℃)/Pa	
	X 型	Y 型
12	490	440
15	770	690
18	1100	990

表 6-9　CLT/A 型旋风除尘器结构尺寸及质量

型号	尺寸/mm							质量/kg	
	D_1	D_2	D_3	H_1	H_2	M	N	X 型	Y 型
CLT/A-1.5	150	90	45	910	734	99	39	12	9
CLT/A-2.0	200	12	60	1170	962	132	52	19	15
CLT/A-2.5	250	150	75	1352	1190	165	65	27	21
CLT/A-3.0	300	180	90	1713	1418	198	79	37	29
CLT/A-3.5	350	120	105	1974	1646	231	91	53	43
CLT/A-4.0	400	240	120	2275	1874	264	104	61	48
CLT/A-4.5	450	270	135	2539	2102	297	117	102	81
CLT/A-5.0	500	300	150	2800	2330	330	130	126	98
CLT/A-5.5	550	330	165	3061	2558	363	143	152	120
CLT/A-6.0	600	360	180	3322	2786	396	156	176	139
CLT/A-6.5	650	390	195	3583	3014	429	169	201	159
CLT/A-7.0	700	420	210	3844	3242	462	182	241	189
CLT/A-7.5	750	450	225	4105	3470	495	195	267	209
CLT/A-8.0	800	480	240	4366	3698	528	208	315	250

（2）XLP 型旋风除尘器

XLP 型旋风除尘器又称旁路式旋风除尘器。其结构简单、性能好、造价低，对 $5\mu m$ 以上的尘粒有较高的分离效率。其结构特点是带有半螺旋或整螺旋线型的旁路分离室，使在顶盖形成的粉尘从旁路分离室引至锥体部分，以除掉这部分较细的尘粒，因而提高了分离效率，对于 $10\mu m$ 粉尘的分级效率可达 90%。同时由旁路引出部分气流，使除尘器内下旋流的径向速度和切向速度稍有降低，从而降低了阻力。

XLP/A 型和 XLP/B 型旋风除尘器具有较高的除尘效率，适用于喷砂、矿山、冶金、粮食、煤炭、建材、电力、铸造等行业的气体净化。

XLP/A、XLP/B 型旋风除尘器分吸出式 X 型及压入式 Y 型，X 型、Y 型根据蜗壳旋转方向不同又分 N 型（左回旋）和 S 型（右回旋），进口风速为 $12\sim20m/s$。

XLP/A、XLP/B 型旋风除尘器主要由外筒体、进风口、出风口、灰斗、支座、内筒等部分组成，分别如图 6-10、图 6-11 所示。

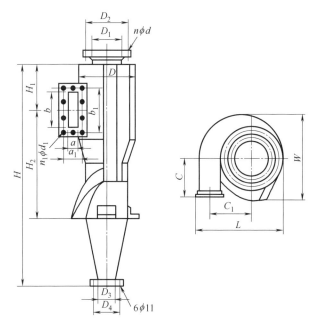

图 6-10　XLP/A 型旋风除尘器

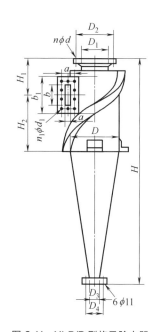

图 6-11　XLP/B 型旋风除尘器

XLP/A、XLP/B 型旋风除尘器主要性能、对不同物料的除尘效率及外形尺寸见表 6-10~表 6-12。

表 6-10 XLP/A、XLP/B 型旋风除尘器主要性能

项目	规格	进口风速/(m/s)			质量/kg	
		12	15	17	X 型	Y 型
处理风量/(m³/h)	XLP/A-3.0	750	936	1060	51.64	41.12
	XLP/A-4.2	1460	1820	2060	93.90	76.16
	XLP/A-5.4	2280	2850	3230	150.88	121.76
	XLP/A-7.0	4020	5020	5700	251.97	203.26
	XLP/A-8.2	5500	6870	7790	364.10	278.66
	XLP/A-9.4	7520	9400	10650	350.36	369.54
	XLP/A-10.6	9520	11910	13500	600.75	460.05
阻力/Pa	XLP/A-X	700	1100	1400		
	XLP/A-Y	600	910	1260		

项目	规格	进口风速/(m/s)			质量/kg	
		12	16	20	X 型	Y 型
处理风量/(m³/h)	XLP/B-3.0	636	842	1052	45.92	35.40
	XLP/B-4.2	1149	1532	1915	83.16	85.42
	XLP/B-5.4	2094	2787	3485	134.26	105.14
	XLP/B-7.0	3656	4867	6084	221.96	173.24
	XLP/B-8.2	5200	6664	8330	309.07	214.68
	XLP/B-9.4	6558	8744	10929	396.35	321.14
	XLP/B-10.6	8328	11106	13881	497.57	393.29
阻力/Pa	XLP/B-X	500	800	1450		
	XLP/B-Y	420	700	1150		

表 6-11 XLP/A、XLP/B 型旋风除尘器对不同物料的除尘效率

粉尘种类	真密度/(kg/m³)	粉尘质量分数/%						除尘效率/%	
		0~5μm	5~10μm	10~20μm	20~40μm	40~60μm	>60μm	XLP/A 型	XLP/B 型
滑石粉	2730	0.8	5.0	11.9	63.5	9.9	8.9	95.1	94.4
石英粉	2660	10.4	14.0	19.6	22.4	14.0	19.6	93.6	94.2
白陶土	2370	47.7	11.2	15.5	10.7	7.5	7.5	97.7	95.7
煤粉	2080	2.0	2.0	7.8	50.1	23.4	16.7	86.3	86.3
铸砂	2650	9.9	26.5	32.4	19.2	5.3	6.6	81.9	84.2
黏土	2760	69.2	12.7	9.1	7.2	0.9	0.9	89.1	90.4
矿渣水泥	3330	6.2	6.2	24.7	28.2	18.7	22.2		92.0
粉煤灰水泥	2680	8.1	20.6	19.7	16.3	8.6	26.6	93.3	90.2
石灰石粉	2720	1.7	1.7	1.7	53.2	24.8	20.3	85.8	87.5
水泥生料	2730	1.6	2.7	30.4	45.0	12.9	7.4	91.5	90.4
熟石灰粉	2600	3.4	3.4	39.2	42.5	5.7	9.2		73.0
烟草灰	2030	9.6	9.6	5.1	28.0	29.5	28.3	99.0	99.1
炭黑	1850								92.8
洗衣粉								99.0	99.0
面粉								98.0	98.7
轮胎磨屑								99.7	99.7

表 6-12 XLP/A、XLP/B 型旋风除尘器外形尺寸

型号	外形尺寸/mm																
	D	H	H_1	H_2	L	W	C	C_1	a	A_1	b	b_1	d_1	d_2	d_3	d_4	nd	$n_1 d_1$
XLP/A-3.0	300	1380	340	620	406	390	190	190	80	110	240	270	180	210	114	146	$8\phi11$	$6\phi11$
XLP/A-4.2	420	1880	445	845	556	545	260	265	110	140	330	360	250	280	114	146	$12\phi11$	$8\phi11$
XLP/A-5.4	540	2350	540	1060	711	700	350	340	140	176	400	436	320	356	114	146	$12\phi11$	$8\phi11$
XLP/A-7.0	700	3040	690	1370	911	910	440	440	180	216	540	576	420	456	114	146	$12\phi11$	$8\phi11$
XLP/A-8.2	820	3540	795	1595	1071	1065	500	515	210	256	630	676	490	536	165	197	$16\phi13$	$16\phi13$
XLP/A-9.4	940	4055	907	1827	1226	1222	590	592	245	291	735	781	560	606	165	197	$16\phi13$	$16\phi13$
XLP/A-10.6	1060	4545	1012	2050	1376	1377	670	667	275	321	825	871	630	676	165	197	$16\phi13$	$16\phi13$

型号	外形尺寸/mm																
	D	H	H_1	H_2	L	W	C	C_1	a	A_1	b	b_1	d_1	d_2	d_3	d_4	nd	$n_1 d_1$
XLP/B-3.0	300	1360	245	335	438	381	200	167	90	120	180	210	180	210	114	146	$8\phi11$	$6\phi11$
XLP/B-4.2	420	1875	310	475	603	533	280	234	125	155	250	280	250	280	114	146	$12\phi11$	$8\phi11$
XLP/B-5.4	540	2395	380	610	772	685	360	301	160	196	320	356	320	356	114	146	$12\phi11$	$8\phi11$
XLP/B-7.0	700	3080	475	785	993	889	470	391	210	246	420	456	420	456	114	146	$12\phi11$	$12\phi11$
XLP/B-8.2	820	3600	545	925	1167	1040	550	458	245	291	490	536	490	536	165	197	$16\phi13$	$12\phi13$
XLP/B-9.4	940	4110	615	1055	1332	1193	630	525	280	326	560	606	560	606	165	197	$16\phi13$	$16\phi13$
XLP/B-10.6	1060	4620	685	1185	1495	1344	710	591	315	361	630	676	630	676	165	197	$16\phi13$	$16\phi13$

（3）CLK 型旋风除尘器

CLK 型旋风除尘器又称扩散式旋风除尘器，其主要构造特点是在器体下部安装有倒圆锥和圆锥形反射屏（又称挡灰盘）。在一般旋风除尘器中，有一部分气流随尘粒一起进入集尘斗，当气流自下而上进入内涡旋时，由于内涡旋负压产生的吸力作用，使已分离的尘粒被重新卷入内涡旋，并被出口气流带出除尘器，降低了除尘效率。XLK 型旋风除尘器结构如图 6-12 所示。含尘气流进入除尘器后，从上而下作旋转运动，到达锥体下部反射屏时已净化的气体在反射屏的作用下，大部分气流折转形成上旋气流从排出管排出，紧靠器壁的少量含尘气流由反射屏和倒锥体之间的环隙进入灰斗。进入灰斗后的含尘气体由于流道面积大、速度降低，粉尘得以分离。净化后的气流由反射屏中心透气孔向上排出，与上升的主气流汇合后经排气管排出。由于反射屏的作用，防止了返回气流重新卷起粉尘，提高了除尘效率。

扩散式旋风除尘器对入口粉尘负荷有良好的适应性，进口气流速度一般为 10～20m/s，压力损失为 900～1200Pa，除尘效率在 90％左右。

CLK 扩散式旋风除尘器适用于冶金、铸造、建材、化工、粮食、水泥等行业，捕集干燥的非纤维性颗粒状粉尘和烟尘，可作回收物料设备使用。CLK 扩散式旋风除尘器结构如图 6-13 所示，其主要性能参数和结构尺寸分别见表 6-13 和表 6-14。

表 6-13 CLK 扩散式旋风除尘器主要性能参数

型号规格	进口风速 /(m/s)	处理风量 /(m²/h)	阻力/Pa	效率/%	外形尺寸(直径×高) /mm	重量/kg
CLK-ϕ150	10～20	210～420	100	95	380×1210	33
CLK-ϕ200		370～735			466×1916	52
CLK-ϕ250		595～1190			566×2039	75
CLK-ϕ300		840～1680			631×2447	103
CLK-ϕ350		1130～2270			716×2866	143
CLK-ϕ400		1500～3000			808×3277	225
CLK-ϕ350		1900～3800			893×3695	279
CLK-ϕ500		2320～4650			983×4106	347
CLK-ϕ600		3370～6750			1150×4934	612
CLK-ϕ700		4600～9200			1325×5176	819

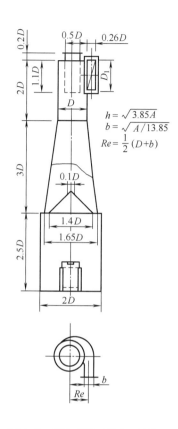

图 6-12　XLK 型旋风除尘器结构

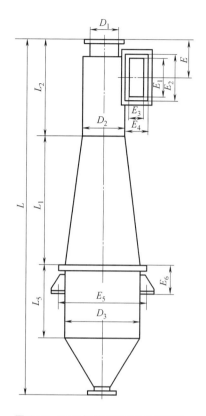

图 6-13　CLK 扩散式旋风除尘器结构

表 6-14　CLK 扩散式旋风除尘器结构尺寸

型号规格	尺寸/mm													
	L	L_1	L_2	L_3	D_1	D_2	D_3	E	E_1	E_2	E_3	E_4	E_5	E_6
CLK-ϕ150	1210	450	300	250	75	150	250	108	150	184	39	77	346	180
CLK-ϕ200	1619	600	400	330	100	200	330	143	200	235	51	90	426	180
CLK-ϕ250	2039	750	500	415	125	250	415	178	250	285	66	104	511	180
CLK-ϕ300	2447	900	600	495	150	300	495	213	300	336	78	116	591	180
CLK-ϕ350	2866	1050	700	580	175	350	580	548	350	387	90	158	676	180
CLK-ϕ400	3277	1200	800	660	200	400	662	284	400	460	105	165	768	200
CLK-ϕ350	3195	1300	900	745	225	450	747	319	450	510	117	177	853	200
CLK-ϕ500	4106	1500	1000	825	250	500	827	354	500	560	129	188	943	220
CLK-ϕ600	4934	1800	1200	990	300	600	992	425	600	657	156	216	1110	220
CLK-ϕ700	5716	2100	1400	1155	350	700	1157	495	700	756	183	243	1285	240

（4）多管旋风除尘器

为了提高除尘效率或增大处理气体量，往往将多个旋风除尘器串联或并联使用。当要求除尘效率较高，采用一级除尘不能满足要求时，可将多台除尘器串联使用，这种组合方式称为串联式旋风除尘器组合。当处理气体量较大时，可将若干个小直径的旋风除尘器并联使用，这种组合方式称为并联式旋风除尘器组合。

若干个相同构造形状和尺寸的小型旋风除尘器（又叫旋风子）组合在一个壳体内并联使

用的除尘器组又称为多管旋风除尘器。多管除尘器布置紧凑，外形尺寸小，可以用直径较小的旋风子（$D=100\text{mm}$、150mm、250mm）来组合，能够有效地捕集 $5\sim10\mu\text{m}$ 的粉尘，多管旋风除尘器可用耐磨铸铁铸成，因而可以处理含尘浓度较高的（100g/m^3）气体。

常见的多管除尘器有回流式和直流式两种，图 6-14 为回流式多管旋风除尘器。该设备中的每个旋风除尘器由于都是轴向进气，所以在每个除尘器圆筒周边都设置许多导流叶片，以使轴向导入的含尘气流变为旋转运动。

回流式多管旋风除尘器必须注意使每个旋风子的压力损失大体一致，否则，在一个或几个旋风除尘器中可能会发生倒流，从而使除尘效率大大降低。为了防止倒流，要求气流分布尽量均匀，下旋气流进入灰斗的风量尽量减少。也可采用在灰斗内抽风的办法，保持一定负压，一般抽风量约为总风量的 10% 左右。

直流式多管除尘器由直流式旋风子组合而成，虽然不会出现倒流现象，有时可能仅仅起到浓集器的作用。

多管旋风除尘器具有效率高、处理气量大、有利于布置和烟道连接方便等特点。但是，对旋风子制造、安装的质量要求较高。

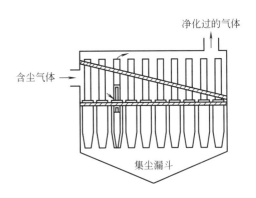

图 6-14　回流式多管旋风除尘器

XD-Ⅱ型多管旋风除尘器是一种高效除尘器，除尘效率可达 95% 以上，除尘器本体阻力低于 900Pa，用现有的锅炉引风机就能保证锅炉正常运行。XD-Ⅱ型多管旋风除尘器负荷适应性好，在 70% 负荷时，除尘效率在 94% 以上。

XD-Ⅱ型多管旋风除尘器内的旋风子采用铸铁或陶瓷制造，厚度大于 6mm，具有良好的耐磨性能。XD-Ⅱ型多管旋风除尘器是工业锅炉烟气除尘和其他粉尘治理的理想设备，XD-Ⅱ型陶瓷多管旋风除尘器外形安装尺寸见图 6-15 及图 6-16。

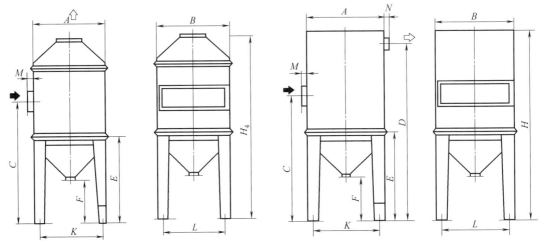

图 6-15　XD-Ⅱ型陶瓷多管旋风除尘器　　　　　图 6-16　XD-Ⅱ型陶瓷多管旋风除尘器
外形安装尺寸（上出风）　　　　　　　　　外形安装尺寸（侧出风）

XD-Ⅱ型陶瓷多管旋风除尘器技术参数见表 6-15，外形尺寸见表 6-16。

表 6-15　XD-Ⅱ型陶瓷多管旋风除尘器技术参数

规格型号	XD-Ⅱ-0.5	XD-Ⅱ-1	XD-Ⅱ-2	XD-Ⅱ-4	XD-Ⅱ-6	XD-Ⅱ-10	XD-Ⅱ-20	XD-Ⅱ-35
配用锅炉/(t/h)	0.5	1	2	4	6	10	20	35
处理烟气量/(m³/h)	1500	3000	6000	12000	18000	30000	60000	105000
除尘效率/%	>95							
本体阻力/Pa	<900							
分割粒径/μm	3.05							
重量/kg	310	570	960	1900	2910	6100	11750	20300

表 6-16　XD-Ⅱ型陶瓷多管旋风除尘器外形尺寸　　　　　　　　单位：mm

规格型号		XD-Ⅱ-0.5	XD-Ⅱ-1	XD-Ⅱ-2	XD-Ⅱ-4	XD-Ⅱ-6	XD-Ⅱ-10	XD-Ⅱ-20	XD-Ⅱ-35
A		330	630	930	1238	1838	2436	3640	3640
B		980	980	1290	1918	1918	2230	3160	5622
H		2354	2796	3066	3866	4383	4996	6036	6350
H_0		2454	2946	3206	3936	4623	5246	6306	7006
C		1764	2051	2248	2843	3070	3388	3813	3913
D		2204	2666	2933	3676	4183	4736	5696	5915
E		1138	1410	1560	2120	2257	2500	2700	2800
F		600	800	800	1160	1160	1160	660	1000
K		218	518	798	2206	1620	2168	3320	3140
L		868	868	1158	1786	1700	1962	2840	4522
M		10	40	45	50	50	50	60	60
N		140	140	150	300	150	150	200	1200
进风口	内口尺寸	126×694	156×856	250×1180	320×1810	500×1810	650×2130	900×3060	900×4920
	法兰孔距	6×123 2×85	9×101 2×103	10×123 3×100	14×133 3×125	14×133 5×111	14×156 5×141	22×142 9×107	
侧出风口	内口尺寸	86×254	106×756	150×1090	260×1090	300×1720	400×2060	550×2960	730×3400
	法兰孔距	5×114 1×133	8×101 2×78	10×114 2×103	10×115 3×107	16×111 3×120	17×123 3×152	21×144 5×123	
上出风口	内口尺寸	φ240	φ320	φ460	φ600	φ700	φ900	φ1200	φ1600
	法兰孔距	φ280× 8孔	φ365× 10孔	φ510× 16孔	φ644× 16孔	φ755× 18孔	φ955× 24孔	φ1265× 24孔	φ1665× 36孔
d		φ12	φ16	φ16	φ20	φ22	φ28	φ32	φ32

（5）HX-1410 旋风除尘器

HX-1410 旋风除尘器是一种结构简单、操作方便、耐高温、设备费用和阻力较低而除尘效率较高的净化设备。旋风除尘器可由单筒及数个单筒组合使用，单筒处理风量为 $15000\sim18000m^3/h$。旋风除尘器锥体底部带有反射屏，防止二次气流将已分离的粉尘重新扬起。它带有料位及料封装置，除尘效率高，可达 95%。内壁涂抹有 20mm 耐磨、耐高温衬料，其耐磨性能是普通碳素钢的 $20\sim30$ 倍，其耐温达 450℃以上，可直接处理高温废气。

HX-1410 旋风除尘器用于工业废气（非潮湿的）中含有非纤维性及非黏结性的灰尘，适用于矿山、冶金、化工及电力工业等部门的气体净化与物料回收。HX-1410 旋风除尘器结构见图 6-17，技术参数见表 6-17。

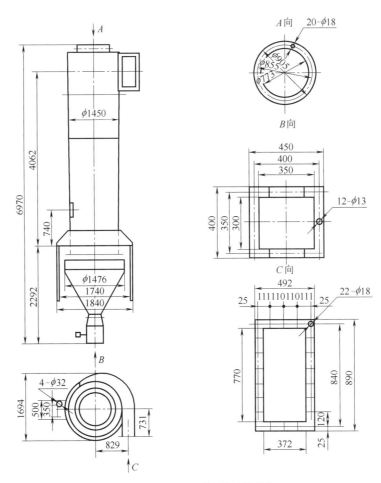

图 6-17　HX-1410 旋风除尘器结构

表 6-17　HX-1410 旋风除尘器技术参数

型号	1-HX-ϕ1410	2-HX-ϕ1410	4-HX-ϕ1410	5-HX-ϕ1410	6-HX-ϕ1410	8-HX-ϕ1410	10-HX-ϕ1410
处理风量 /(m³/h)	15000~ 17500	30000~ 35000	60000~ 70000	75000~ 87000	90000~ 105000	129000~ 140000	150000~ 175000
入口风速/(m/s)	18~22						
总阻力/Pa	<1470(150mmHg)						
允许入口最高 温度/℃	450						
除尘效率/%	>95						
设备重量/t	2.2	4.4	8.8	11	13.2	17.6	22

注：1. 设备重量中不包括耐高温、耐磨衬料，每筒衬料重 1.57t。

2. 衬料耐磨度为 0.039g/cm²。

6. 旋风除尘器的设计选型

目前，在实际工作中多用经验法来选择除尘器的型号和规格，其基本步骤如下。

① 根据气体的含尘浓度、粉尘的性质、分离要求、允许阻力损失、除尘效率等因素，合理选择旋风除尘器的型号、规格。从各类除尘器的结构特性来看，粗短型的旋风除尘器一般应用于阻力小、处理风量大、净化要求较低的场合；细长型的旋风除尘器，适用于净化要求较高的场合。

② 根据使用时允许的压力降确定进口气速 v_1，如果厂家已提供各种操作温度下进口气速与压力降的关系，则根据工艺条件允许的压降就可选定气速 v_1。若没有气速与压降的数据，则可根据允许的压降计算进口气速，由式（6-15）可得

$$v_1 = \sqrt{\frac{2\Delta p}{\xi \rho}} \tag{6-19}$$

若缺少允许压力降的数据，一般取进口气速为 $v_1 = 12 \sim 25 \text{m/s}$。

③ 确定旋风除尘器的进口截面积 A，入口宽度 b 和高度 h。根据处理气量可按下式计算进口截面积 A。

$$A = bh = \frac{Q}{v_1} \tag{6-20}$$

④ 确定各部分的几何尺寸。由进口截面积 A、入口宽度 b 和高度 h 定出各部分的几何尺寸。几种常用旋风除尘器的主要尺寸比例参见表 6-18。表中除尘器型号：X 代表除尘器，L 代表离心，T 代表筒式，P 代表旁路式，A、B 为产品代号。其他各种旋风除尘器的标准尺寸比例可查阅有关除尘设备手册。

表 6-18　几种常用旋风除尘器的主要尺寸比例

尺　寸　名　称		XLP/A	XLP/B	XLT/A	XLT
入口宽度 b		$\sqrt{A/3}$	$\sqrt{A/2}$	$\sqrt{A/2.5}$	$\sqrt{A/1.75}$
入口高度 h		$\sqrt{3A}$	$\sqrt{2A}$	$\sqrt{2.5A}$	$\sqrt{1.75A}$
筒体直径 D		上 3.85b 下 0.7D	3.33b ($b=0.3D$)	3.85b	4.9b
排出管直径 d_e		上 0.6D 下 0.6D	0.6D	0.6D	0.58D
筒体长度 L		上 1.35D 下 1.0D	1.7D	2.26D	1.6D
锥体长度 H		上 0.5D 下 1.0D	2.3D	2.0D	1.3D
灰口直径 d_1		0.296D	0.43D	0.3D	0.145D
进口速度为右值 时压力损失	12m/s	700(600)[①]	500(420)	860(770)	440(490)
	15m/s	1100(940)	890(700)[②]	1350(1210)	670(770)
	18m/s	1400(1260)	1450(1150)[③]	1950(1740)	990(1110)

① 括号内的数值为出口无蜗壳式的压力损失。
② 进口速度为 16m/s 时的压力损失。
③ 进口速度为 20m/s 时的压力损失。

设计者可按要求选择其他的结构型式，但应遵循以下原则。

① 为防止粒子短路漏到出口管，$h \leqslant s$，其中 s 为排气管插入深度。

② 为避免过高的压力损失，$b \leqslant (D - d_e)/2$。

③ 为保持涡流的终端在锥体内部，$(H+L) \geqslant 3D$。

④ 为利于粉尘易于滑动，锥角=7°～8°。

⑤ 为获得最大的除尘效率，$d_e/D \approx 0.4 \sim 0.5$，$(H+L)/d_e \approx 8 \sim 10$，$s/d_e \approx 1$。

[例 6-1]　已知烟气处理量 $Q = 5000 \text{m}^3/\text{h}$，烟气密度 $\rho = 1.2 \text{kg/m}^3$，允许压力损失为 900Pa，若选用 XLP/B 型旋风除尘器，试确定其主要尺寸。

解：根据表 6-6 可知 $\xi = 5.8$，由式（6-19）可得旋风除尘器进口气速。

$$v_1 = \sqrt{\frac{2\Delta p}{\xi\rho}} = \sqrt{\frac{2\times900}{5.8\times1.2}} = 16.1 \text{ (m/s)}$$

v_1 的计算值与表 6-18 的气速与压力降数据一致。

进口截面积 $\qquad A = \dfrac{Q}{v_1} = \dfrac{5000}{3600\times16.1} = 0.0863 \text{ (m}^2\text{)}$

入口宽度 $\qquad b = \sqrt{A/2} = \sqrt{0.0863/2} = 0.208 \text{ (m)}$

入口高度 $\qquad h = \sqrt{2A} = \sqrt{2\times0.0863} = 0.42 \text{ (m)}$

筒体直径 $\qquad D = 3.33b = 3.33\times0.208 = 0.624 \text{ (m)} = 624 \text{ (mm)}$

参考 XLP/B 产品系列，取 $D=700\text{mm}$，则

排出管直径 $\qquad d_e = 0.6D = 0.6\times700 = 420 \text{ (mm)}$

筒体长度 $\qquad L = 1.7D = 1.7\times700 = 1190 \text{ (mm)}$

锥体长度 $\qquad H = 2.3D = 2.3\times700 = 1610 \text{ (mm)}$

排灰口直径 $\qquad d_1 = 0.43D = 0.43\times700 = 301 \text{ (mm)}$

当已提供有关除尘器性能时，则可根据处理气体量和允许的压力损失，选择适宜的进口气速，即可查得设备型号，从而决定各部分尺寸。上述例题查表取型号为 XLP/B-7.0，其中 7.0 表示除尘器筒体直径 D 的分米数。

第三节　湿式除尘器

一、概述

湿式除尘器是利用液体（通常是水）与含尘气流接触，依靠液滴、液膜、气泡等形式洗涤气体的净化设备。在洗涤过程中，由于尘粒自身的惯性运动，使其与液滴、液膜、气泡发生碰撞、扩散、黏附作用，如图 6-18 所示。黏附后的尘粒相互凝聚，从而将尘粒与气体分离。

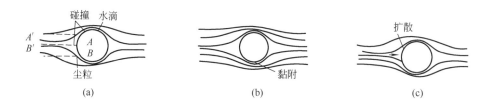

图 6-18　颗粒捕集机理

湿式除尘器一般都由捕集尘粒的净化器和从气流中分离含尘液滴的脱水器两部分组成，这两部分设备的效果都直接影响除尘效率。

湿式除尘器具有以下优点：除尘效率比较高，可以有效地将直径为 $0.1\sim20\mu m$ 的液态或固态粒子从气流中除去；结构简单，占地面积小，一次投资低，操作及维修方便；能处理高温、高湿或黏性大的含尘气体；除尘的同时兼有脱除气态污染物的作用；特别适用于生产工艺本身具有水处理设备的场合。

但湿式除尘器也存在以下难以避免的缺点：排出的污水和泥浆造成二次污染，需要处

理；水源不足的地方使用较为困难；也不适用于气体中含有疏水性粉尘或遇水后容易引起自燃和结垢的粉尘；含尘气体具有腐蚀性时，除尘器和污水处理设施需考虑防腐措施；在寒冷的地区，冬季需要考虑防冻措施；副产品回收代价大。

湿式除尘器的类型很多，一般，耗能低的主要用于治理废气；耗能高的主要用于除尘。要去除很细的微粒，必须消耗巨大的能量。根据经验，能耗与去除不同大小粒径的效率关系如图 6-19 所示。

根据不同的要求，可以选择不同类型的除尘器。用于除尘方面的湿式除尘器主要有喷淋塔式除尘器、文丘里洗涤除尘器、冲击水浴式除尘器和水膜除尘器等。净化后的气体从除尘器排出时，一般都带有水滴。为了去除这部分水滴，在湿式除尘器之后都附有脱水装置。

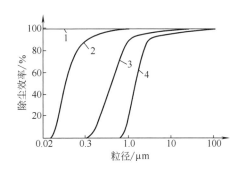

图 6-19　洗涤器能耗与去除各种
尘粒粒径的效率

1—高能耗洗涤器，阻力为 14700Pa；
2—中等能耗洗涤器，阻力为 3920Pa；
3—冲击式洗涤器，阻力为 1470Pa；
4—喷淋塔，阻力为 490Pa

二、喷淋塔

喷淋塔是构造最简单的一种洗涤器。当气体需要除尘、降温或在除尘的同时要求去除其他有害气体时，有时用这种除尘设备。一般不单独用作除尘。

1. 工作原理

根据喷淋塔内气体与液体的流动方向，可分为顺流、逆流和错流三种型式。最常用的是逆流喷淋塔，见图 6-20。含尘气体从塔的下部进入，通过气流分布格栅，使气流能均匀进入塔体，液滴通过喷嘴从上向下喷淋，喷嘴可以设在一个截面上，也可以分几层设在几个截面上。通过液滴与含尘气流的碰撞、接触，液滴就捕获了尘粒。净化后的气体通过挡水板以去除气体带出的液滴。

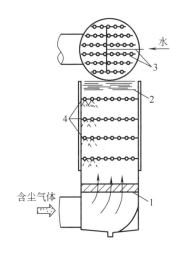

图 6-20　逆流喷淋器

1—气流分布格栅；2—挡水板；
3—水管；4—喷嘴

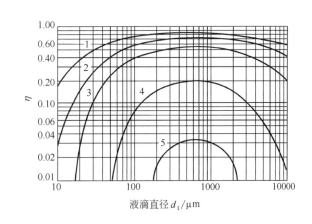

图 6-21　喷淋塔中不同直径液滴对尘粒的去除效率

1—10μm；2—7μm；3—5μm；
4—3μm；5—2μm

2. 选用设计计算

根据斯泰尔曼（Stairmand）的试验，当尘粒的密度为 $2g/cm^3$ 时，不同直径的液滴对 $2\sim10\mu m$ 尘粒的去除效率见图 6-21。从图中可以看出，当液滴直径为 0.8mm 左右时，对尘粒的去除效率最高。

如果液滴在塔内已达终端速度，塔的除尘效率可按下式计算。

$$\eta = 1 - \exp\left(\frac{3Q_1\eta_1 u_p H}{2Q_g d_1 u_1}\right) \tag{6-21}$$

式中 Q_1 ——液体的喷淋量，m^3/h；

$\quad\quad Q_g$ ——进气量，m^3/h；

$\quad\quad u_p$ ——尘粒的沉降速度，m/s；

$\quad\quad u_1$ ——液滴的终端速度，m/s；

$\quad\quad H$ ——气液接触区的高度，m；

$\quad\quad d_1$ ——液滴的直径，m；

$\quad\quad \eta_1$ ——液滴捕获尘粒的效率，当尘粒的密度为 $2g/cm^3$，液滴的直径为 $0.2\sim2mm$ 时，其值见图 6-22。

实际上，上述参数大多难以确定，一般设计时进口气速（按塔截面计）取 $0.6\sim1.2m/s$，耗液量取 $0.4\sim1.35L/m^3$ 气体，必要时还可适当提高，这时塔的阻力一般为 $196\sim392Pa$（$20\sim40mmH_2O$）。这类塔对 $10\mu m$ 以上的尘粒去除效率比较高，一般可达 90% 左右。

三、文丘里洗涤器

文丘里洗涤器是湿式洗涤器中效率最高的一种除尘器。但动力消耗比较大，阻力一般为 $1470\sim4900Pa$（$150\sim500mmH_2O$）。

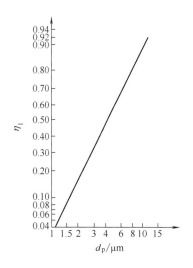

图 6-22　液滴捕获不同料径尘粒的效率

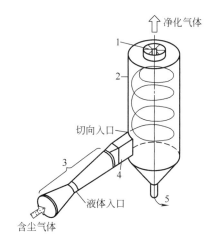

图 6-23　文丘里洗涤器
1—消旋器；2—离心分离器；3—文氏管；
4—旋转气流调节器；5—排液口

1. 工作原理

文丘里洗涤器是由文丘里管（文氏管）和脱水装置两部分所组成，见图6-23，文氏管包括渐缩管、喉管和渐扩管三部分。含尘气体从渐缩管进入，液体（一般为水）可从渐缩管进入也可从喉管进入。液气比一般为 $0.7L/m^3$ 左右，气体通过喉部时，其流速一般在50m/s以上，这就使喉部的液体成为细小的液滴，并使尘粒与液滴发生有效碰撞，增大了尘粒的有效尺寸。夹带尘粒的液滴通过旋转气流调节器进入离心分离器，在离心分离器中带尘液滴被截留，并经排液口排出。净化后的气体通过消旋器后排入大气。液体进入文氏管的主要方式见图6-24。

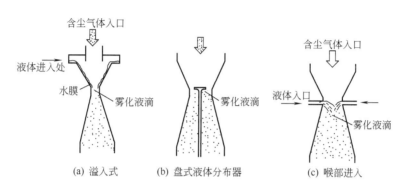

图6-24　液体进入文氏管主要方式及雾化情况

2. 文氏管的设计计算

文氏管的截面可以是圆形的，也可以是矩形的。在此以圆截面为例介绍如下，文氏管几何尺寸见图6-25。

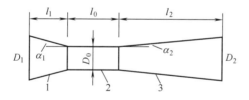

图6-25　文氏管几何尺寸

1—渐缩管；2—喉管；3—渐扩管

（1）文氏管结构尺寸计算

① 喉管直径

$$D_0 = 0.0188\sqrt{\frac{Q_t}{v_{gt}}} \tag{6-22}$$

式中　Q_t——温度为 t 时，进口气体流量，m^3/h；

　　　v_{gt}——喉管中气体流速，一般为 $50\sim120m/s$。

② 喉管长度

$$L_0 \approx 1\sim3D_0 \tag{6-23}$$

③ 渐缩管进口直径

$$D_1 \approx 2D_0 \tag{6-24}$$

④ 渐缩管长度

$$l_1 = \frac{D_0}{2} \cot\alpha_1 \qquad (6\text{-}25)$$

渐缩角 α_1 一般为 $12.5°$。

⑤ 渐扩管出口直径

$$D_2 \approx 2D_1 \qquad (6\text{-}26)$$

⑥ 渐扩管长度

$$l_2 = \frac{D_2 - D_0}{2} \cot\alpha_2 \qquad (6\text{-}27)$$

渐扩角 α_2 一般为 $3.5°$。

（2）文氏管的阻力估算

估计文氏管的阻力是一个比较复杂的问题。在国内外虽有很多经验公式，但都有一定的局限性，有时同实际情况有较大出入。目前应用得比较多的是海思克斯（Hesketh）经验公式，即

$$\Delta p = \frac{v_{gt}^2 \rho_g A_t^{0.133} L_G^{0.78}}{1.16} \qquad (6\text{-}28)$$

式中　Δp——文氏管的阻力，Pa；

　　　v_{gt}——喉管处的气体流速，m/s；

　　　A_t——喉管的截面积，m^2；

　　　ρ_g——气体的密度，kg/m^3；

　　　L_G——液气比，L/m^3。

（3）文氏管的除尘效率估算

文氏管对 $5\mu m$ 以下的尘粒的去除效率可按海思克斯经验公式估算。

$$\eta = (1 - 4525.3\Delta p^{-1.3}) \times 100\% \qquad (6\text{-}29)$$

根据文氏管的阻力求除尘效率的步骤如下。

① 根据文氏管阻力与 d_{c50} 的关系，按图 6-26 可求得 d_{c50} 值。

② 根据需处理气体中尘粒的中位径 d_{50} 值，即可求得 d_{c50}/d_{50} 值。

根据 d_{c50}/d_{50} 值和已知的几何标准差 σ_g，可从图 6-27 中查得尘粒的通过率 p_{t0}。

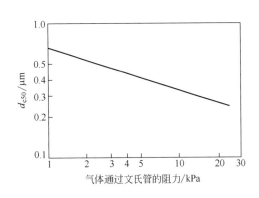

图 6-26　文氏管阻力与 d_{c50} 的关系

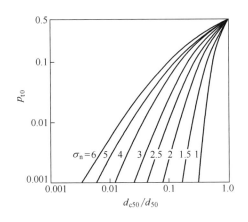

图 6-27　尘粒通过率 p_{t0} 与 d_{c50}/d_{50} 的关系

除尘效率为

$$(1-p_{t0})\times100\%$$

[例 6-2]　有一文氏管的阻力为 1960Pa（200mmH$_2$O），求对中位径 d_{50} 为 10μm，几何标准差 σ_g 为 3 的尘粒的总去除效率。

解： 当文氏管的阻力为 1960Pa（200mmH$_2$O），查图 6-26 得 $d_{c50}=0.62\mu$m，而 $\sigma_g=3$，查图 6-27 得 $p_{t0}=0.01$

$$总除尘效率\ \eta=(1-p_{t0})\times100\%=(1-0.01)\times100\%=99\%$$

3. 文氏管喉部调节

在某些生产过程中，含尘气体的排放量变化很大。为了适应这种情况，可设计成喉部孔口面积可调节的文氏管，这样就可使含尘气体通过喉部时的流速基本保持不变，从而保证其除尘效率。一般调径文氏管见图 6-28。

4. 文丘里引射洗涤器

文丘里引射洗涤器的构造示意图见图 6-29，利用循环水泵把循环液体打入上部，通过喷嘴以高速喷出，并形成一个中空的锥体。在喉管前，液体碰在壁面上就破碎成小液滴。同时将需要净化的气体引入洗涤器，气液在喉管内进行激烈的碰撞，从而使气体中的尘粒被液滴所捕获。然后通过渐扩管和分离室将气液分离，并将净化气体排至室外。液体可循环使用，沉淀下来的泥浆定期排出。

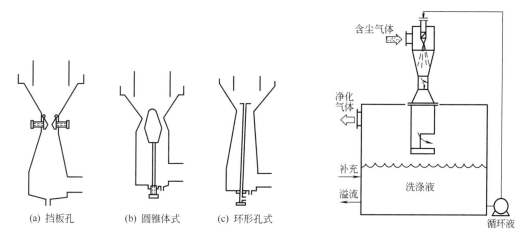

（a）挡板孔　　　（b）圆锥体式　　　（c）环形孔式

图 6-28　调径文氏管　　　　　　　　　**图 6-29　文丘里引射洗涤器构造**

这种洗涤器的最大特点是不需要任何输送气体的风机。如果进气量减小，液气比增加，但不影响雾化效果，从而保证了稳定的除尘效率。但这种洗涤器需使用高压液体，能量消耗比较大。这类洗涤器最适宜用于处理气量小，但变化大的黏性颗粒，也可处理有害气体与尘并存的气体。气体在喉管的流速为 $15\sim25$m/s，液气比一般为 $6\sim20$L/m^3，喷嘴处的水压为 $150\sim600$kPa（$1.5\sim6$kg/cm^2），喷射角应小于 $20°\sim25°$。这样处理 1000m^3 气体所消耗的能量约为 6.5kWh。

5. WCG 型低压文丘里除尘器

WCG 型低压文丘里除尘器是一种高效湿式除尘器，由装有文丘里管、旋风筒的上箱体和设有沉淀箱、卸尘装置的下箱体两个主要部件组成。该设备主要用于除尘效率要求高的场合，也可用于有害气体的洗涤净化，广泛用于选矿厂、陶瓷厂、印染厂、铜矿、铅锌矿、坑口破碎、高频瓷件厂、金矿、铸造车间以及锅炉除尘。

WCG 型低压文丘里除尘器为两级除尘，效率高达 99%，入口含尘浓度最高可达 35g/m³，适应性强，出水孔直径大，对供水水质要求极低，不堵塞，供水水压大于 9.8kPa（0.1kg/cm²）即可；占地面积小、安装方便、运行可靠，几乎不需要维修，无易损件；出口气体无带水现象。WCG 型低压文丘里除尘器结构见图 6-30，技术参数见表 6-19。

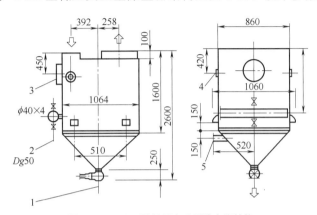

图 6-30　WCG 型低压文丘里除尘器结构

1—排水口；2—供水管；3—人孔；4—视孔；5—溢流管

表 6-19　WCG 型低压文丘里除尘器技术参数

型号	额定风量 /(m³/h)	阻力 /mmH₂O	除尘效率 /%	入口气体 温度/℃	外形尺寸 （长×宽×高）/mm	入口尺寸 /mm	出口尺寸 /mm	设备重量 /kg
WCG-0.5	5000				1064×860×2600	300×860	φ500	688
WCG-1.0	10000				2100×860×3700	580×860	φ850	1306
WCG-1.5	15000				2100×1240×3700	580×1240	φ1100	1410
WCG-2.0	20000				2100×1620×3700	580×1620	φ1100	1959
WCG-2.5	25000	127	>98	<160	2100×2000×3700	580×2000	φ1100	2195
WCG-3.0	30000				2100×2380×3700	580×2380	φ1200	2718
WCG-4.0	40000				2100×3140×4000	580×3140	φ1390	3829
WCG-5.0	50000				2100×3900×3700	580×3900	φ1390	5600
WCG-6.0	60000				2100×4660×3700	580×4660	φ1390	6480

注：1. 允许风量波动 20%。

2. 自流运行耗水量 5m³/10000m³ 风量，为省水可循环运行。

3. 经适当组合，处理风量可达 12000～240000m³/h 或更大。

四、冲击水浴式除尘器

冲击水浴式除尘器是一种高效湿式除尘设备。冲击水浴式除尘器没有喷嘴，也没有很窄的缝隙。因此，不容易发生堵塞，是一种比较常用的湿式除尘设备。

1. 构造及工作原理

图 6-31、图 6-32 分别为矩形和圆形冲击水浴式除尘器结构简图，均由喷头、本体、水池、挡水板、进气管、排气管、进水管及溢流管等部分组成。含尘气体以一定的速度经本体中央的喷头冲入水中，喷头没入水面以下。依靠气流的冲击作用，造成气、液间的激烈搅动，并在液面上层形成大量泡沫，起到对含尘气体的除尘和冷却等作用。净化后的气体经折式挡水板去除雾滴后排出（通常采用呈 90°角的 4～6 折挡水板）。因蒸发或气流夹带而失去

的水分由进水管放水补充,溢流管为保持一定的喷头没水深度而设。

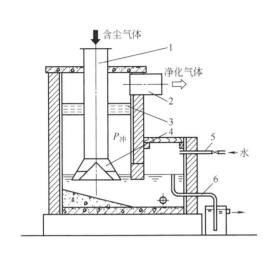

图 6-31 矩形冲击水浴式除尘器
1—进气管;2—出气管;3—挡水板;
4—喷头;5—进水管;6—溢水管

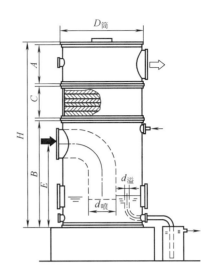

图 6-32 圆形冲击水浴式除尘器

一般情况下,通过喷头的气流速度可取 $10\sim15\text{m/s}$,除尘器内截面风速取 $1\sim2\text{m/s}$,喷头没水深度维持在 $10\sim20\text{mm}$。如果喷头气流速度过大、没水深度过高,除尘器阻力相应地增大,而除尘效率只会出现小幅度的提高。采用过大的截面风速,虽然除尘器本体截面尺寸减小,但可能因此使挡水设备失效。

对于亲水性和粒径较大的尘粒(如大于 $10\mu\text{m}$ 的陶土、页岩、石英砂等的尘粒),水浴除尘器的效率较高,可达 90% 左右。在上述给定设计参数下,设备阻力为 $785\sim980\text{Pa}$。

圆形冲击式水浴除尘器可按下式确定筒体及喷头尺寸。

$$D_{筒} = \sqrt{\dfrac{Q}{3600 \times \dfrac{\pi}{4} \times v_{筒}}} \qquad (6\text{-}30)$$

$$d_{喷} = \sqrt{\dfrac{Q}{3600 \times \dfrac{\pi}{4} \times v_{喷}}} \qquad (6\text{-}31)$$

式中　$D_{筒}$——水浴除尘器筒体直径,m;

　　　$v_{筒}$——除尘器截面风速,$1\sim2\text{m/s}$;

　　　$d_{喷}$——喷头直径,m;

　　　$v_{喷}$——喷头冲击速度,$10\sim15\text{m/s}$;

　　　Q——处理含尘气体量,m^3/h。

图 6-33 所示冲击水浴式除尘器由通风机、除尘器、排泥浆设备和水位自动控制装置等部分组成。含尘气体进入进气室后冲击于洗涤液上,较粗的尘粒由于惯性作用落入液中,而较细的尘粒则随着气体以 $18\sim35\text{m/s}$ 的速度通过 S 形叶片通道(S 形叶片的具体尺寸见图 6-34),高速气体在通道处通过时,强烈冲击液体,形成大量的水花,使气液充分接触,尘

粒就被液滴所捕获。净化后的气体通过气液分离室和挡水板，去除水滴后排出。被捕获的尘粒则沉至漏斗底部，并定期排出，如泥浆量比较大，则应安装机械刮泥装置。机组内的水位由溢流箱控制，在溢流箱盖上设有水位自动控制装置，以保证除尘器的水位恒定，从而保证除尘效率的稳定。如除尘器较小，则可用简单的浮漂来控制水位。

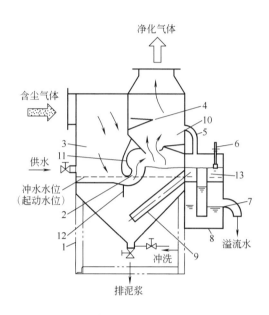

图 6-33　冲击水浴式除尘器工作原理

1—支架；2—S 形叶片通道；3—进气室；4—挡水板；
5—通气管；6—水位自动控制装置；7—溢流管；
8—溢流箱；9—连通管；10—气液分离室；
11—上叶片；12—下叶片；13—溢流堰

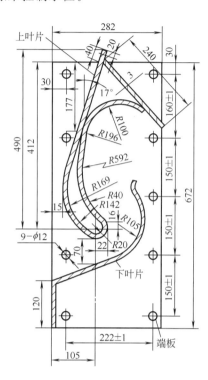

图 6-34　S 形叶片

2. 主要技术性能及其与影响因素的关系

（1）阻力、除尘效率与处理风量的关系

当溢流堰高出 S 形叶片上叶片下沿 50mm 时，设备阻力随风量（按每米长叶片计）增长的关系见图 6-35。除尘效率与处理风量的关系见图 6-36。

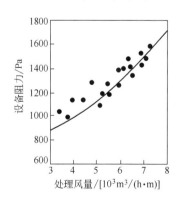

图 6-35　阻力与风量的关系

溢流堰高＋50mm

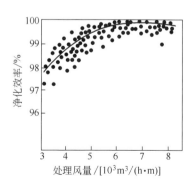

图 6-36　除尘效率与处理风量的关系

烧结矿粉尘，溢流堰高＋50mm

冲击水浴式除尘器对各种尘粒的净化效率见表 6-20。

表 6-20　冲击水浴式除尘器对各种尘粒的净化效率

粉尘名称	密度/(g/cm³)	分散度/%								净化效率		
		>40μm	40~30μm	30~25μm	25~20μm	20~15μm	10~5μm	5~3μm	<3μm	入口含尘浓度/(mg/m³)	出口含尘浓度/(mg/m³)	效率/%
硅石	2.37	8.7	17.5	14.6	6.2	11.1	13.8	9.2	18.9	2359~8120	10~72	98.7~99.8
煤粉	1.693	50.8	10.8	12.0	7.6	4.6	5.8	8.4		2820~6140	13.3~32.5	99.2~99.7
石灰石	2.59	11.6	13.6	51.2	11.7	6.8	4.2	0.7	0.2	2224~8550	5.8~54.5	99.2~99.9
镁矿粉	3.27	3.3	3.7	78.4	9.7	3.1	1.6	0.1	0.1	2468~19020	8.3~20.0	99.6~99.9
烧结矿粉	3.8	>37.9 24.2	37.9~2.86 52.9	28.6~1.87 17.2	18.7~14.5 1.2	14.5~9.8 2.0	9.8~4.8 1.0	4.8~2.9 0.5	2.9~0 1.0	543~10200	10.8~15.7	98~99.9
烧结返矿	—	23.8	35.1	21.9	7.9		7.6	3.5	0.2	8700~19150	13.1~79.8	>99

从图 6-35 中可以看出，当 1m 长的叶片处理风量大于 6000m³/h 时，效率基本不变，而阻力则显著增加。因此建议，单位长度叶片处理风量以 5000~6000m³/(h·m) 为宜，设计时可取 5800m³/(h·m)。

（2）气体入口含尘浓度与除尘效率的关系

气体入口含尘浓度与除尘效率及出口含尘浓度的关系见图 6-37。

从图 6-37 中可以看出除尘效率随着入口含尘浓度的增高而增高，虽然出口含尘浓度也随之而略有升高，但仍远低于一般排放标准。所以可以认为这类除尘设备对净化高浓度含尘气体有突出的优点。

（3）除尘效率与水位的关系

除尘器的水位对除尘效率、阻力都有很大的影响。水位高，除尘效率就提高，但阻力也相应增加。水位低，阻力也低，但除尘效率也随之而降低。根据试验，以溢流堰高出上叶片下沿 50mm 为最佳。

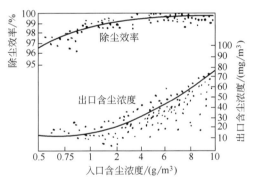

图 6-37　气体入口含尘浓度与除尘效率及出口含尘浓度的关系

烧结矿粉尘，溢流堰高＋50mm

3. 供水及水位自动控制

为保持水位稳定，机组可设两路供水（见图 6-38）。供水 1 供给机组所需基本水量，供水 2 作为自动调节机组内的水位用，而设置在溢流箱上的电极，用以检测水位的变化，并通过继电器控制电磁阀的启闭，调节供水 2 的水量，可以实现水位自动控制。一般可将水面的波动控制在 3~10mm 的范围内。当发生事故性的高、低水位时，应能发出灯光及响声报警信号。在事故低水位时，风机应自动停转，以免机组内部积灰堵塞。

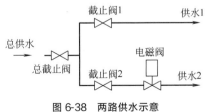

图 6-38　两路供水示意

当除尘设备比较小，供水量不大时，一般可用浮漂来控制水位。当水位下降，浮漂也随之下降，这时阀门开启并补充水量，当水位上升到原水位时，阀门自动关闭。

除尘设备所需总水量可按下式计算。

$$G = G_1 + G_2 + G_3 \tag{6-32}$$

式中 G——除尘设备所需总水量，kg/h；

G_1——蒸发水量，kg/h；

G_2——溢流水量，kg/h；

G_3——排泥浆带走的水量，kg/h。

4. CCJ/A 型冲激式除尘器

CCJ/A 型冲激式除尘器适用于净化非纤维性、无腐蚀性、温度不高于300℃的含尘气体，主要用于冶金、煤炭、化工、铸造、发电、建筑材料及耐火材料等行业，用于具有黏性的生石灰运输系统除尘也能获得很好的效果。

冲激式除尘器有几种不同型式的排泥浆方法。CCJ/A 型为锥形漏斗排泥浆的冲激式除尘机组，定型为 CCJ/A（C—冲激式；C—除尘；J—机组；A—锥形漏斗排泥浆）。其溢流箱的水封高度是按机组分雾室内负压不大于400mmH₂O 或正压不大于150mmH₂O 设计的，非此使用条件，需另行设计溢流箱。CCJ/A 型冲激式除尘器结构见图6-39。

CCJ/A 型冲激式除尘器技术参数及结构尺寸见表6-21和表6-22。

表 6-21 CCJ/A 型冲激式除尘器技术参数

型号规格	进口风速/(m/s)	处理风量/(m³/h)	阻力/(kg/m²)	耗水量/(t/h)	效率/%	外形尺寸(长×宽×高)/mm	重量/kg
CCJ/A-5		5000		0.16		1568×1284×3124	809
CCJ/A-7		7000		0.23		1568×1634×3240	1058
CCJ/A-10		10000		0.33		1568×2012×3579	1212
CCJ/A-14		14000		0.46		1956×2600×4828	2430
CCJ/A-20	18	20000	100～160	0.66	99	2573×2600×4828	3370
CCJ/A-30		30000		0.98		3279×2600×4828	4132
CCJ/A-40		40000		1.32		4200×2250×5196	5239
CCJ/A-60		60000		1.97		5913×2250×5566	6984

表 6-22 CCJ/A 型冲激式除尘器结构尺寸 单位：mm

项目	CCJ/A-5	CCJ/A-7	CCJ/A-10	项目	CCJ/A-5	CCJ/A-7	CCJ/A-10
A	1322	1336	1342	E_1	336	371	406
A_1	630	640	640	m_2	60	70	75
A_2	986	1350	1734	E_2	240	280	300
A_3	—	650	830	E_3	280	315	350
B	872	1222	1600	E_4	315	350	385
B_1	1327	1677	2055	F_1	374	414	454
C	461	430	400	m_3	70	78	88
C_1	75	98.5	77	F_2	280	312	352
C_2	302	319.5	413	F_3	320	360	400
C_3	265	297.5	330.5	F_4	355	395	435
n	20	20	24	H	3124	3194	3559
D	366	438	498	H_1	1165	1165	1450
n_1	5	5	6	H_2	489	534	589
m_1	66	79	76	H_3	947	947	1232
D_1	330	395	456	H_4	2205	2175	2430
D_2	280	340	400	n_2	6	8	8

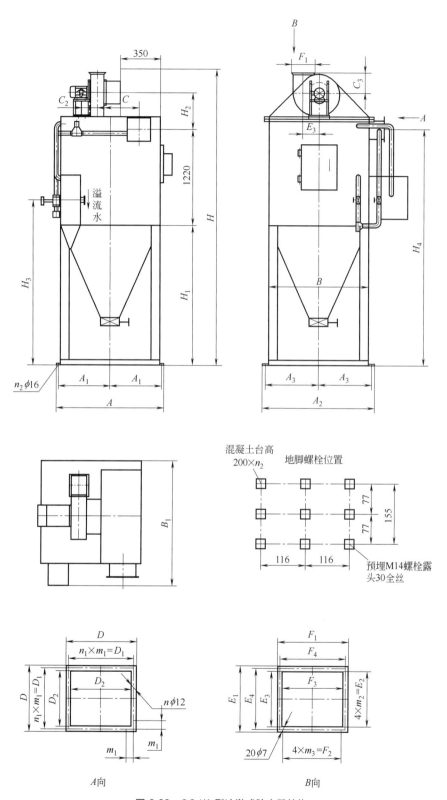

图 6-39　CCJ/A 型冲激式除尘器结构

五、水膜除尘器

水膜除尘器采用喷雾或其他方式使除尘设备的壁上形成一薄层水膜，以捕集粉尘。常用的水膜除尘器有以下几种。

1. 管式水膜除尘器

管式水膜除尘器是一种阻力较低、构造简单而除尘效率较高的除尘器，其管材可以用玻璃、竹、陶瓷、搪瓷、水泥或其他防腐、耐磨材料制造，如用金属管则应涂防腐层。

（1）工作原理

管式水膜除尘器由水箱、管束、排水沟和沉淀池等部分组成，管式水膜除尘器结构见图6-40。

管式水膜除尘器工作原理为：除尘器上水箱中的水经控制调节，沿一根细管进入较粗的管内，并溢流而出，沿较粗钢管的外壁表面均匀流下，形成良好的水膜。当含尘气体通过垂直交错布置的管束时，由于烟气不断改变流向，尘粒在惯性力的作用下被甩到管外壁而黏附于水膜上，随后随水流入水封式排水沟，并经排水口进入沉淀池沉淀下来。如设置顶部水箱有困难，也可用压力式水箱代替。

（2）技术性能参数及选取

① 一般管束本身阻力为 $98 \sim 147 Pa$ $(10 \sim 15 mmH_2O)$，加上挡水板等全系统阻力共为 $294 \sim 490 Pa(30 \sim 50 mmH_2O)$。

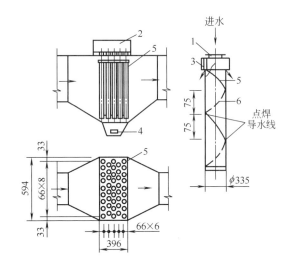

图6-40　管式水膜除尘器结构
1—进水孔；2—上水箱；3—出水；4—排水口；
5—钢管；6—铅丝导水线

② 每净化 $1 m^3$ 含尘气体约耗水 0.25kg。因耗水量较大，故应尽量将水循环使用，但必须保证回水质量。

③ 除尘效率一般可达 $85\% \sim 90\%$。

④ 每根管束的长度不宜超过 2m，并需交错布置。其布置方法可参照图6-40。

⑤ 含尘气体通过管束时，如用于处理自然引风的锅炉，为减少阻力，流速取 3m/s 为宜，管束一般为 4 排。如采用机械引风，流速可取 5m/s 左右。

管式水膜除尘器结构见图6-41，其性能和主要尺寸见表6-23。

表6-23　管式水膜除尘器的性能和主要尺寸

项　目	处理烟气量/(m³/h)			
	9000	13000	18000	30000
除尘器截面积/m²	0.85×0.9=0.765	1.0×1.4=1.4	1.3×1.5=1.95	1.6×1.7=1.95
除尘器最小烟气流通面积/m²	0.417	0.818	1.135	1.579
通过除尘器的烟气流速/(m/s)	5.57	4.38	4.40	5.28
管束数及排数/(根/排)	53/5	63/5	83/5	103/5
L/mm	850	1000	1300	1600
H/mm	900	1400	1500	1700
C/mm	150	200	240	325
B/mm	310	310	310	310
A/mm	950	1100	1400	1700
可配用锅炉/(t/h)	2	4	6.5	10

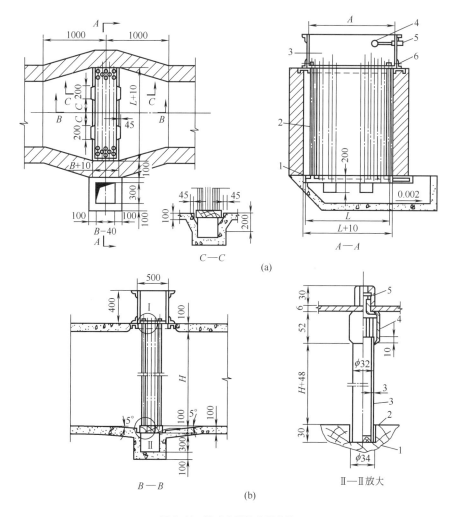

图 6-41 管式水膜除尘器结构

(a) 1—底板；2—管束（根数按设计要求）；3—水箱；4—浮球阀；5—进水管；6—排水管

(b) 1—底板；2—软木塞；3—玻璃管；4—固定外套；5—螺母

（3）斜棒式洗涤栅水膜除尘器

斜棒式洗涤栅水膜除尘器同管式水膜除尘器类似，但其栅棒是斜放的。斜棒式洗涤栅水膜由斜棒式洗涤栅和旋风分离器两部分组成（见图6-42）。

通常在栅棒前装有雾化喷嘴，运行时产生大量细小水滴，含尘气体首先与细小水滴接触，形成带有湿尘较完整的自上而下的流动水膜。因栅棒为交错布置，带湿灰粒的烟气流经斜栅时为冲击旋绕运动，多次改变其流动方向，而尘粒因受惯性力作用被甩到栅棒水膜表面，被水膜黏附顺流而下，从烟气中除去。另外，雾化喷嘴产生的细小水雾与烟气中粒径较小的颗

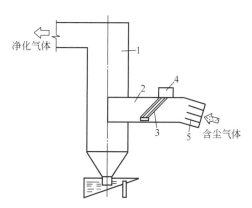

图 6-42 斜棒式洗涤栅水膜除尘器示意

1—旋风分离器；2—斜棒洗涤栅；3—栅棒；

4—稳压水箱；5—导流板

粒流经栅棒时，再一次发生碰撞、黏附和凝集作用，一方面使尘粒黏附在水滴上，另一方面细灰聚成较大的灰团，随烟气进入旋风分离器，通过离心作用将其除去，从而达到提高除尘效率的目的。

气体对栅棒周围的水膜有冲刷力，此力为水平方向，其大小由流速决定，水本身的重力为垂直方向，大小由水膜的质量所决定。当斜棒直径一定时，两力的合力方向与水平有一夹角，当夹角与栅棒倾斜角一致时，便形成比较完整的水膜，从而提高除尘效率，这就是使用斜棒的特点。

例如，某发电厂在 130t/h 的煤粉炉上使用这种除尘器，斜棒的倾斜角为 40°，除尘器进口的烟尘浓度为 $30.4 \sim 32.6 g/m^3$，出口的烟尘浓度为 $0.96 \sim 1.40 g/m^3$，其总除尘效率为 $96.2\% \sim 96.9\%$。阻力为 497Pa（$50.7mmH_2O$），其中斜栅阻力为 65.7Pa（$6.7mmH_2O$），耗水量为 $0.30 \sim 0.34 kg/m^3$。

（4）CLS 型水膜除尘器

CLS 型水膜除尘器是消烟除尘设备，特点是结构简单、重量轻、阻力小、除尘效率高，平均效率 95% 左右，可用于消除空气中不起水化作用的粉尘。当含尘量小于 $2g/m^3$ 时可直接采用，若大于 $2g/m^3$ 时，可作为第二级除尘使用。

水膜除尘器含尘气流以较高的速度进入机体后沿筒体内壁做旋转运动，尘粒在离心力的作用下甩向器体内壁，并与内壁形成的水膜层冲击接触，使之被水吸附，然后随水流经底部锥体排出。净化后的气体通过上部出口排出。除尘器进口速度一般控制在 $15 \sim 22 m/s$，速度过高，阻力损失激增，而且还可能破坏水膜层，出现严重带水现象。

CLS 型除尘器按出风口形式，可分为 X 型和 Y 型，X 型通常用于通风机前，Y 型通常用于通风机后。气体进出口方向（即从顶视看气体在机内旋流方向）分为逆时针（N 型）和顺时针（S 型）。如 XN 型——带蜗壳逆时针旋转的除尘器；YS 型——不带蜗壳顺时针旋转的除尘器。除尘器喷嘴前的水压恒定在 $29.4 \sim 49 kPa$（$0.3 \sim 0.5 kgf/cm^2$）。CLS 型水膜除尘器定型设备有 7 种规格，其技术参数如表 6-24 所示。

表 6-24 CLS 型除尘器技术参数

型号	入口风速 /(m/s)	处理风量 /(m³/h)	用水量 /(L/s)	喷嘴数 /个	阻力/mmH₂O	
					X 型	Y 型
CLSφ315	18	1600	0.14	3	55	50
	21	1900			76	68
CLSφ443	18	3200	0.2	4	55	50
	21	3700			76	68
CLSφ570	18	4500	0.24	5	55	50
	21	5250			76	68
CLSφ634	18	5800	0.27	5	55	50
	21	6800			76	68
CLSφ730	18	7500	0.3	6	55	50
	21	8750			76	68
CLSφ793	18	9000	0.33	6	55	50
	21	10400			76	68
CLSφ888	18	11300	0.36		55	50
	21	13200			76	68

2. 立式旋风水膜除尘器

立式旋风水膜除尘器是一种运行简单、维护管理方便的除尘器，一般用耐磨、耐腐蚀的麻石砌筑。在湿度大的地区，用干式除尘器有时会造成腐蚀和堵塞，而使用麻石立式旋风水膜除尘器不仅避免了腐蚀和堵塞，而且可以就地取材，节省投资和钢材。这种除尘器也可以用砖、混凝土、钢板等其他材料制造。其缺点是耗水量比较大，废水需经处理才能排放。

（1）工作原理

麻石立式旋风水膜除尘器的结构见图 6-43，由圆筒、溢水槽、水越入区和水封池等组成。

含尘气体从圆筒下部沿切线方向以很高的速度进入筒体，并沿筒壁成螺旋式上升，含尘气体中的尘粒在离心力的作用下被甩到筒壁，经自上而下在筒内壁产生的水膜湿润捕获后随水膜下流，经锥形灰斗，水封池排入排灰水沟。净化后的气体经风机排入大气。立式旋风水膜除尘器的筒体内壁形成均匀、稳定的水膜是保证除尘性能的必要条件。而水膜的形成除了与筒体内烟气的旋转方向、旋转速度及烟气的上升速度有关外，供水的方式也是一个十分关键的因素。供水方式有喷嘴、内水槽溢流式、外水槽溢流式三种。用喷嘴容易堵塞和腐蚀，而内水槽溢流式供水无法对水位实行控制，因而除尘效率很难稳定。目前广泛应用的是外水槽溢流式供水，带挡水檐的外水槽溢流式见图 6-44。

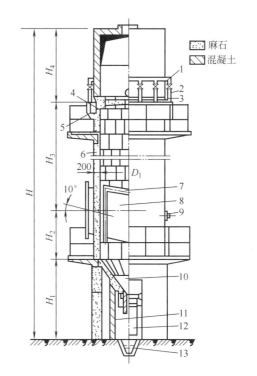

图 6-43　麻石立式旋风水膜除尘器结构

1—环形集水管；2—扩散管；3—挡水檐；4—水越入区；
5—溢水槽；6—筒体内壁；7—烟道进口；8—挡水槽；
9—通灰孔；10—锥形灰斗；11—水封池；
12—插板门；13—灰沟

带挡水槽的外水槽溢流式是靠除尘器内外的压差溢流供水，只要保持溢水槽内水位恒定，溢流的水压就为一恒定值，从而形成稳定的水膜。水越入区的高度应根据引风机的压头而定，必须大于引风机的全压头 294～490Pa（30～50mmH$_2$O），一般可取 2940Pa（300mmH$_2$O）。为了保证在圆筒内壁的四周给水均匀，溢水槽给水装置采用环形给水总管，由环形给水总管接出 8～12 根竖直支管，向溢流槽给水。

（2）技术性能参数及选取

除尘器入口气体速度一般采用 18m/s 左右，直径大于 2m 的除尘器可采用 22m/s，除尘器筒体内气流上升速度取 4.6～5m/s 为宜。处理 1m^3 含尘气体的耗水量为 0.15～0.20kg。阻力一般为 588～1180Pa（60～120mmH$_2$O）。这种除尘器对锅炉排尘的除尘效率一般为 85%～90%。

麻石水膜除尘器主要尺寸和性能见表 6-25 和表 6-26（表中符号见图 6-43）。

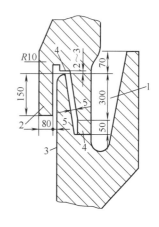

图 6-44　带挡水檐的
外水槽溢流式

1—溢水槽；2—挡水檐；3—筒
体内壁；4—水越入区

表 6-25　麻石水膜除尘器主要尺寸 　　　　　　　　　　　　　　　　　　　　单位：mm

型　号	烟气进口尺寸 ($b \times h$)	内径 D_1	总高 H	H_1	H_2	H_3	H_4
MCLS-1.30	430×800	1300	10030	2650	—	—	—
MCLS-1.60	420×1200	1600	11500	2650	—	—	—
MCLS-1.75	420×1300	1750	12780	2500	1375	7475	1307
MCLS-1.85	420×1500	1850	14647	2650	1517	7430	2458
MCLS-2.50	700×2000	2500	18083	3200	2000		

表 6-26　麻石水膜除尘器主要性能

参数	烟气量/(m³/h)				质量/kg
进口烟气速度 /(m/s)	15	18	20	22	
MCLS-1.30	23200	27800	30900	34000	33326
MCLS-1.60	27200	32600	36300	39500	41500
MCLS-1.75	29500	34500	39400	43400	—
MCLS-1.85	37800	45300	50400	55600	47300
MCLS-2.50	75600	91000	101000	111000	—
阻力/Pa	579	843	1030	1245	—

注：表内质量为麻石质量，不包括铁件及平台质量。

（3）BLS-8L 湿式立窑除尘器

BLS-8L 湿式立窑除尘器主体设备由除尘塔、灰水分离器组成，辅助设备由水泵、风机、刮板输送机、电控操作台等组成，通过管线连接形成一个连续除尘、灰水分离、粉尘回收利用和水再循环的完整系统，其流程如图 6-45 所示。

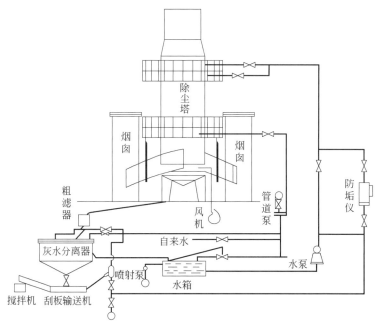

图 6-45　BLS-8L 湿式立窑除尘器流程

BLS-8L 湿式立窑两个烟囱的废气在射流诱导加速下，分别切向进入除尘塔并形成旋风，由于离心力的作用，大部分粉尘甩向器壁被内外水膜捕捉，完成第一级除尘；气流在继续旋转上升的过程中，经喷淋洗涤，完成第二级除尘。除下的灰水混合物流入灰水分离器进行分离处理,经浓缩后的灰水从分离器下部排至刮板输送机,再送入搅拌机同生料混合搅拌成球,实现回收利用。被澄清的水从分离器上部流出至中间水箱,再经水泵进入除尘塔,经环形布置的喷嘴形成水膜,实现水的循环利用。

除尘塔由外塔和副塔组成,均用不锈钢板制造。外塔直径 2.4m,高 12.7m。副塔直径 0.5m,设于塔中央,喷淋洗涤用 8 个旋流喷嘴沿外塔下部环形布置。灰水分离器为普通钢板制造,内壁采用 TO 树脂防腐,有效直径 2.8m,全高 4.3m,中央设有用减速机牵动的集泥装置,集泥臂上的犁铧将沉积的灰泥刮向中心而排出。当集泥臂因故卡住时,则立即停止运行,同时发出声光警报。若经处理后仍不能恢复运行,应进行人工清灰。集泥臂卡住是停电或长时间不排泥造成的,停电时间越久,故障越严重,因此要求用户配备双电源。BLS-8L 湿式立窑除尘器技术参数见表 6-27。

表 6-27　BLS-8L 湿式立窑除尘器技术参数

项目	技术数据
BLS-8L 除尘塔	
最大处理废气量/(m^3/h)	60000
处理前允许最大含尘量/(g/m^3)	≤12
正常工作下排放含尘浓度/(mg/m^3)	150～600
循环水量/(m^3/h)	
最大消耗水量/(m^3/h)	<0.1
处理废气允许最高温度/℃	<600
HSF-12 灰水分离器	
处理能力/(m^3/h)	≤12
入口污水含尘浓度/(g/L)	≤65
排出污水含尘浓度/(g/L)	>600
澄清水含尘浓度/(g/L)	≤0.2
装机总容量/kW	45
运行容量/kW	34

3. 卧式旋风水膜除尘器

卧式旋风水膜除尘器是一种阻力不高而效率较高的除尘器。因其构造简单,操作、维护方便,耗水量小,且不易磨损,因此在机械、冶金等行业应用较多。

(1) 工作原理

卧式旋风水膜除尘器的结构见图 6-46,具有横置筒形的外壳,内芯横断面为倒梨形或倒卵形。在外壳和内芯之间有螺旋导流片,筒体下部接灰浆斗。

含尘气体从除尘器一端沿切线方向高速进入,并在外壳与内芯之间沿螺旋导流片做螺旋运动前进。一部分大粒子

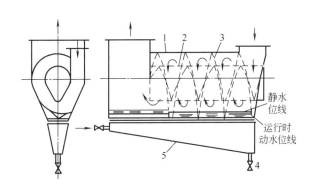

图 6-46　卧式旋风水膜除尘器结构
1—外壳;2—内芯;3—螺旋导流片;
4—排灰浆阀;5—灰浆斗

烟尘在烟气多次冲击水面时,由于惯性力的作用沉留在水中。而小粒径烟尘被烟气多次冲击水面溅起的水泡、水珠所润湿、凝聚,然后在随烟气做螺旋运动中受离心力作用加速向外壳内壁位移,最后被水膜黏附,被捕获的尘粒在灰浆斗内靠重力沉淀,并通过排灰浆阀定期排出。净化的烟气则通过檐板或旋风脱水后排入大气。

保持除尘器内最佳水面是使除尘器能在高效率、低阻力下运转的关键。水位过低就可能形不成水膜或形成的水膜不完整，除尘器就达不到应有的效率；水位过高就会增大除尘器阻力，从而影响进风量。为了能在动态情况下，各螺旋圈形成完整且强度均匀、适当的水膜，可将除尘器灰浆斗全隔开，见图 6-47，同时可用电磁阀自动控制水位来补充由于气流带走的水分。

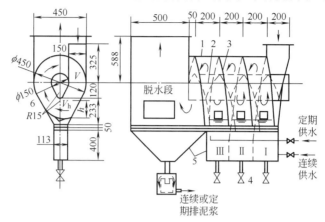

图 6-47　除尘器灰浆斗全隔开示意

1—外壳；2—内芯；3—螺旋导流片；4—排灰浆阀；5—灰浆斗；6—水膜

（2）性能与特点

① 灰浆斗全隔开的除尘器螺旋通道额定风速应取 14.5m/s，这时阻力最小。允许使用范围为 11~16m/s，在此范围内，除尘器的阻力上下波动一般不超过 98Pa（$10mmH_2O$），当风速高于 16m/s 时，不仅阻力提高，而且除尘器出口将出现带水现象。

② 除尘器的横截面以倒梨形为最佳，内芯与外壳的直径比以 1:3 为宜，3 个螺旋圈应为等螺距。

③ 脱水装置。檐式挡水板脱水试验证明：大板在下、小板在上的檐式挡水板脱水装置效果最好。当额定风量为 $1500m^3/h$ 时，檐板挡水板的布置及尺寸见图 6-48 和图 6-49。檐板间的设计风速可定为 4m/s，出口处的风速可定为 3m/s。

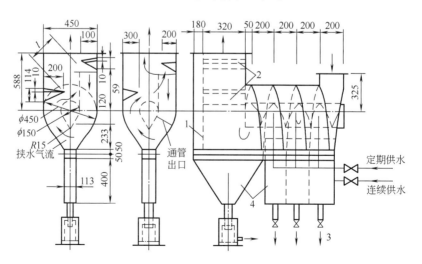

图 6-48　檐式挡水板布置

1—隔板；2—挡水板；3—排灰浆口；4—灰浆斗

旋风脱水利用气流在卧式旋风水膜除尘器内做旋转运动，并以切线方向进入脱水段的特点，在除尘器端部中心插入一圆管导出气流。使除尘后的气流在脱水段继续做旋转运动，在离心力作用下，将夹带的水甩至外壳内壁，最后流入灰浆斗。气体则从中心插入管排出。当管的插入深度与脱水段长度之比为 0.6～0.7 时，脱水效果最理想。

　　④ 在除尘器后的水平管道上应设泄水管，用以排出由于操作等原因而带出除尘器的水。

　　⑤ 在额定风量为 1500m³/h 时，试验风量（螺旋通道风速）下，除尘器的阻力与某些粉尘的除尘效率的关系见图 6-50，试验粉尘的性质见表 6-28。

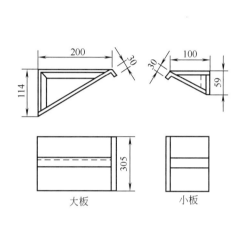

图 6-49　檐式挡水板尺寸

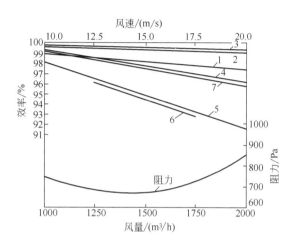

图 6-50　除尘器阻力和除尘效率

入口含尘浓度为 6000mg/m³

1—耐火黏土；2—铸造黏土；3—石英粉；4—氧化铅粉；

5—1 号焦炭粉；6—2 号焦炭粉；7—氧化铁红

表 6-28　试验粉尘的性质

粉尘名称	密度/(g/cm³)	粉尘质量分数/%							
		>60 μm	60～40 μm	40～20 μm	20～10 μm	10～5 μm	5～3 μm	3～2 μm	2～0 μm
石英粉	2.62	3.8	33.3	39.5	16.4	2.3	2.2	2.5	2.5
耐火黏土	2.61	1.1	7.1	14.9	14.2	13.7	8.2	8.2	32.6
铸造黏土	2.75	62.8	4.9	5.5	3.4	3.9	2.8	1.3	15.4
氧化铅粉	6.21	26.0	11.3	9.7	21.0	6.5	3.6	0.9	21.0
1 号焦炭粉	2.03	2.2	1.2	17.3	22.3	18.4	18.8	10.2	9.6
2 号焦炭粉	2.03	2.8	0.8	11.3	25.2	33.2	8.9	2.2	15.6
氧化铁红	4.83	3.4	2.3	1.3	0.5	14.0	46.2	31.5	0.8

六、脱水装置

　　脱水装置又称气液分离装置或除雾器。当用湿法治理烟尘和其他有害气体时，从处理设备排出的气体常常夹带粉尘和其他有害物质的液滴。为了防止含有粉尘或其他有害物质的液滴进入大气，在洗涤器后面一般都设有脱水装置把液滴从气流中分离出来。洗涤器带出的液滴直径一般为 50～500μm，其量约为循环液的 1%。由于液滴的直径比较大，因此比较容易去除。脱水方式主要有重力沉降法、碰撞法、离心法和过滤法等。

1. 重力沉降法

重力沉降法是最简单的一种方法，即在洗涤器后设一空间，气体进入此空间后因流速降低，使液滴依靠重力而下降的速度大于气流的上升速度。只要有足够的高度，液滴就可以从气体中沉降下来而被去除。

2. 碰撞法

碰撞法是一种用得比较广泛的脱水装置，种类较多，几种常见的脱水装置见图6-51。当含有液滴的气流撞击在板上后，液滴就被截留，气体则通过脱水装置而排出，为了使含液滴气流撞击板后，不再形成新的小液滴并保持板上的液膜不破坏，必须控制气流的速度和气流与板的角度。对于Z形和W形板气速，一般控制在1~5m/s，可获得良好的效果。为了防止新的小液滴产生，气流速度不宜超过3m/s。气流与板的角度一般以30°为宜，同时在板的末端应设一钩形小挡板，以防止液滴从板上超脱。这类脱水装置的阻力一般为98Pa（10mm H_2O）左右。

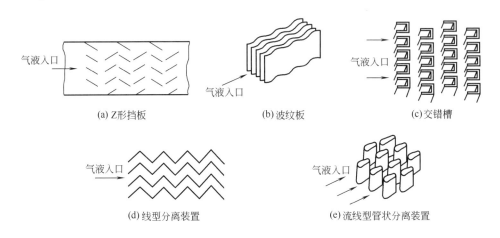

(a) Z形挡板　　　　　　　(b) 波纹板　　　　　　　(c) 交错槽

(d) 线型分离装置　　　　　　　(e) 流线型管状分离装置

图6-51　几种撞击式脱水装置

3. 离心法

离心法是依靠离心力把液滴甩向器壁的一种脱水装置，主要类型有如下几种。

（1）圆柱形旋风脱水装置

这种旋风筒可以除去较小的液滴，常设在文氏管的后面。气流进入旋风筒的切向进口流速一般为20~22m/s，气体在筒横截面的上升速度一般不超过4.5m/s，筒体直径与筒高的关系可参见表6-29。

表6-29　筒体直径与筒高的关系

气体在筒体截面的流速/(m/s)	2.5~3	3~3.5	3.5~4.5	4.5~5.5
筒体高度	2.5D	2.8D	3.8D	4.6D

注：D为筒体直径。

一般锥底顶角为100°，旋风筒的阻力为490~1470Pa（50~150mmH_2O），可除去的最小液滴直径为5μm左右。

（2）旋流板除雾器

旋流板是浙江大学研制成功的一种喷射型塔板，用于脱水、除雾，效果也很好，一般效率为90%~99%。旋流板可用塑料或金属材料制造。旋流板形状如固定的风车叶片，其结构见图 6-52。气体从筒的下部进入，通过旋流板利用气流旋转将液滴抛向塔壁，从而聚集落下，气体从上部排出。

旋流板除雾器主要参数如下。

1）叶片的外端直径 D_x

对于 $D_m^2 = 0.1 D_x^2$，仰角 $\alpha = 25°$，气流穿孔动能因子 $F_0 = 10 \sim 11$ 时，外径 D_x 可近似按下式计算。

$$D_x = 10 \sqrt{Q_g \sqrt{\rho_g}} \qquad (6-33)$$

式中　D_x——叶片外径，mm；

　　　Q_g——气体流量，m^3/h；

　　　ρ_g——气体密度，kg/m^3。

气流穿孔动能因子 F_0 可按下式计算。

$$F_0 = \frac{Q_g \sqrt{\rho_g}}{3600 A_0} \qquad (6-34)$$

式中　A_0——气流通道截面积，即各叶片通道的法线方向截面积之和，m^2。

2）盲板直径 D_m

用作脱水、除雾的旋流板，其盲板直径可大些，这样可使雾滴易于甩向塔壁，但也不宜太大，以免增加阻力，影响效果。盲板直径 D_m 可取

$$D_m \geqslant 0.4 D_x \qquad (6-35)$$

3）仰角 α

旋流板叶片与塔板平面的夹角称为仰角。实验证明 α 值取 25° 比较适宜。这样既能保证效率又不致阻力太大。

4）径向角 β

叶片开缝线与半径的夹角称为径向角 β。用作脱水、除雾的旋流板应为外向板，即叶片外端的钝角翘起，使气流朝向塔壁方向，可将带上的液滴抛向塔壁，从而聚集落下。即图 6-52（b）中开缝线为 AD，这样，AD 与 AO 的夹角为负值。β 可按下式计算。

$$\sin\beta = D_m / D_x \qquad (6-36)$$

5）开孔率 ϕ

旋流板的开孔率 ϕ 可按下式求得。

$$\phi = A_0 / A_T \qquad (6-37)$$

式中　A_0——气流通道截面积，即各叶片通道法线方向截面积之和，m^2；

　　　A_T——塔截面，m^2；

　　　ϕ——开孔率。

当忽略旋流板厚度 δ 时，A_0 可按下式求得。

$$A_0 = \frac{\pi}{4} (D_x^2 - D_m^2) \sin\alpha \qquad (6-38)$$

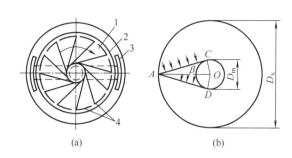

图 6-52　旋流板结构

1—旋流板片；2—罩筒；3—溢流箱；4—开缝线

若考虑旋流板厚度 δ 时，则 A_0 应为

$$A_0 = A_\alpha \left[\sin\alpha - \frac{2m\delta}{\pi(D_x - D_m)} \right] \tag{6-39}$$

$$A_\alpha = \frac{\pi}{4}(D_x^2 - D_m^2)\sin\alpha \tag{6-40}$$

式中　D_x，D_m——叶片外径及盲板直径，m；

　　　　α——叶片仰角；

　　　　A_α——开孔区水平投影面积，m^2；

　　　　m——叶片数；

　　　　δ——旋流板厚，m。

旋流板的开孔率一般可取 40％左右。

6）塔径 D、叶片数 m 与阻力 Δp

塔径 D 一般为 $1.1D_x$，叶片数 m 一般为 12～18 片，阻力一般为 196～392Pa（20～40mm H_2O）。用作脱水、除雾的旋流板塔段的高度按经验可取（0.8～1）$(D-D_m)$ 值，穿孔动能因子 F_0 应在 10～12 之间。去除液滴的效率可达 90％以上。

旋流板可以直接装在洗涤器的顶部或管道内。由于不占地，效率高、阻力低，在用湿法治理烟尘和有害气体时常作为洗涤器后的脱水、除雾装置。另有一种旋流板除雾装置（见图 6-53），由内、外套管，旋流板片和圆锥体组成。旋流板的叶片与轴成 60°角，被离心力甩至内管壁上的液滴，形成旋转的薄膜，和气流一起向上运动。当到达内管上缘时，液体被抛到外管壁上，速度降低，在重力作用下下落，并通过水封排出。去除液滴后的气体通过扩散圆锥体排出。

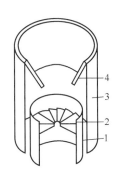

图 6-53　旋流板除雾装置
1—内管；2—旋流板片；
3—外管；4—圆锥体

4. 过滤法

用过滤网格去除液滴，效率比较高。可以去除 $1\mu m$ 左右的液滴。网格可用尼龙丝或金属丝编结，也可用塑料窗纱。孔眼一般为 3～6mm，使用时将若干层网格交错堆叠到 6～15cm 高即可。过滤网格一般用于去除酸雾。当气流速度为 2～3m/s，网格孔限为 3～6mm 时，除酸雾效率可达 98％～99％，阻力为 177～392Pa（18～40mm H_2O）。但含尘液滴通过网格时，尘粒常常会堵塞网孔，因此很少在洗涤式除尘器后装置过滤网格。

第四节　过滤式除尘器

过滤式除尘器是以一定的过滤材料，使含尘气流通过过滤材料，达到分离气体中固体粉尘的一种高效除尘设备。目前常用的有空气过滤器、袋式除尘器和颗粒除尘器。

采用滤纸或玻璃纤维等填充层做滤料的空气过滤器，主要用于通风及空气调节方面的气体净化。采用纤维织物做滤料的袋式除尘器，主要用于工业尾气方面的除尘。采用廉价的砂、砾、焦炭等颗粒物作为滤料的颗粒层（床）除尘器，是 20 世纪 70 年代出现的一种高效除尘设备。

一、袋式除尘器

袋式除尘器的除尘效率一般可达99%以上，虽然是最古老的除尘方法之一，但由于效率高、性能稳定可靠，操作简单，因而获得越来越广泛的应用。同时，在结构型式、滤料、清灰方式和运行方式等方面也都得到不断的发展。滤袋型式传统上为圆形，后来又出现了扁袋，在相同过滤面积下因体积小而显示较大的发展潜力。

1. 袋式除尘器的收尘机理与分类

（1）收尘机理

简单的袋式除尘器如图6-54所示。含尘气流从下部进入圆筒形滤袋，在通过滤料的孔隙时粉尘被捕集于滤料上，透过滤料的清洁气体由排出口排出。沉积在滤料上的粉尘，可以在机械振动的作用下从滤料表面脱落，落入灰斗中。

粉尘因截留、惯性碰撞、静电和扩散等作用，逐渐在滤袋表面形成粉尘层，常称为粉层初层。初层形成后，成为袋式除尘器的主要过滤层，提高了除尘效率。滤布只起着形成粉尘初层和支撑的骨架作用，但随着粉尘在滤布上积聚，滤袋两侧的压力差增大，会把有些已附在滤料上的细粉尘挤压过去，使除尘效率下降。另外，若除尘器阻力过高会使除尘系统的处理气体量显著下降，影响生产系统的排风效果。因此，除尘器阻力达到一定数值后要及时清灰。

清灰不能过分，即不应破坏粉尘初层，否则会使除尘效果显著降低。图6-55给出了典型滤袋除尘器在清洁状态和形成粉尘层的除尘分级效率曲线。对于粒径$0.1\sim0.5\mu m$粒子，清灰后滤料的除尘效率在90%以下；对于$1\mu m$以上的粒子，效率在98%以上，当形成粉尘层后，对所有粒子效率都在95%以上；对于$1\mu m$以上的粒子，效率高于99.6%。一般用粉尘负荷m表示滤布表面粉尘层的厚度，代表单位面积滤布上的积尘量。

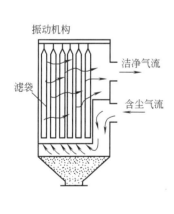

图6-54　机械振动袋式除尘器

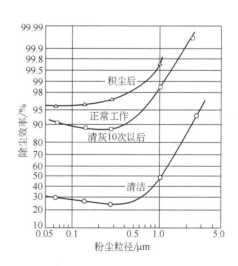

图6-55　袋式除尘器的除尘分级效率曲线

另一个影响袋式除尘器效率的因素是过滤速度（见图6-56）。过滤速度定义为烟气实际体积流量与滤布面积之比，所以也称为气布比。过滤速度是一个重要的技术经济指标。从经济上考虑，选用高的过滤速度，处理相应体积烟气所需要的滤布面积小，则除尘器体积、占地面积和一次投资等都会减小，但除尘器的压力损失却会加大。从除尘机理看，过滤速度主要影响惯性碰撞和扩散作用。选取过滤速度时还应当考虑欲捕集粉尘的粒径及其分布。一般来讲，除尘效率随过滤速度增加而下降。另外，过滤速度的选取还与滤料种类和清灰方式有关。

（2）分类

按照清灰方法，袋式除尘器分为人工拍打袋式除尘器、机械振打袋式除尘器、气环反吹袋式除尘器和脉冲袋式除尘器。

按照含尘气体进气方式可分为内滤式和外滤式（见图6-57、图6-58）。内滤式是含尘气体由滤袋内向滤袋外流动，粉尘被分离截留在滤袋内。外滤式是含尘气体由滤袋外向滤袋内流动，粉尘被分离留在滤袋外；由于含尘气体由滤袋外向滤袋内流动，因此滤袋内必须设置骨架，以防滤袋被吹瘪。

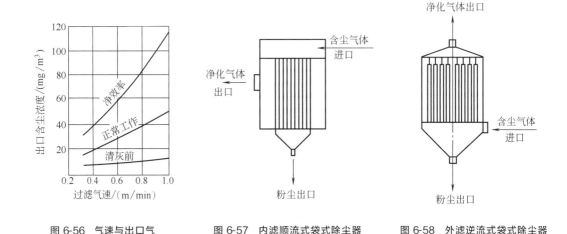

图6-56　气速与出口气　　　　图6-57　内滤顺流式袋式除尘器　　　图6-58　外滤逆流式袋式除尘器
　　　　含尘浓度的关系

按照含尘气体与被分离的粉尘下落方向分为顺流式和逆流式。顺流式为含尘气体与被分离的粉尘下落方向一致。逆流式则相反（见图6-57、图6-58）。

按照动力装置布置的位置分为正压式和负压式。动力装置布置在袋式除尘器前面采用鼓入含尘气体的是正压式袋式除尘器。其特点是结构简单，但由于含尘气体经过动力装置，因此，风机磨蚀严重，容易损坏。动力装置布置在袋式除尘器后面采用吸出已被净化气体的是负压式袋式除尘器，其特点是动力装置使用寿命长，但需密闭，不能漏气，结构较复杂。

按照滤袋的形状可分为圆袋和扁袋。一般采用圆袋，而且往往把许多袋子组成若干袋组。扁袋的特点是可在较小的空间布置较大的过滤面积，排列紧凑。

2. 简易袋式除尘器的设计计算

（1）负荷选择的原则

① 压力损失应适当。采用一级除尘时，一般压力损失在980～1470Pa；采用二级除尘时，压力损失在490～784Pa。

② 气体含尘浓度高时，选取低负荷；气体含尘浓度低时，选取高负荷。

③ 除尘器连续操作时间长的选取低负荷，连续操作时间短的选取高负荷。

④ 清灰周期长的选取低负荷，清灰周期短的选取高负荷。

根据上述原则，在气体含尘浓度为 $4g/m^3$ 以下时，负荷选取范围在 $10～45m^3/(h \cdot m^2)$

之间。负荷由滤布品种、粉尘性质确定，一般棉布、绒布取 $10\sim20\text{m}^3/(\text{h}\cdot\text{m}^2)$，毛尼布取 $20\sim45\text{m}^3/(\text{h}\cdot\text{m}^2)$。

（2）过滤面积的确定与滤袋的设计计算

1）过滤面积的确定

$$F = \frac{Q}{q} \tag{6-41}$$

式中 F——滤袋过滤面积，m^2；

$\quad\quad q$——负荷，即每小时每平方米滤布处理的气体量，$\text{m}^3/(\text{h}\cdot\text{m}^2)$；

$\quad\quad Q$——处理含尘气体量，m^3/h。

2）滤袋个数的确定

$$n = \frac{F}{\pi DL} \tag{6-42}$$

式中 n——滤袋个数；

$\quad\quad F$——滤袋过滤面积，m^2；

$\quad\quad D$——单个滤袋直径，m；

$\quad\quad L$——单个滤袋长度，m。

滤袋直径由滤布规格确定。一个工厂尽量使用同一规格，以便检修更换。一般为 $\phi 100\sim600\text{mm}$，常用的是 $\phi 200\sim300\text{mm}$。为便于清灰，滤袋可做成上口小下口大的形式。

滤袋长度对除尘效率和压力损失无影响，一般取 $3\sim5\text{m}$。太短占地面积太大，过长则增加除尘器高度，检修不方便。实践证明，滤袋长度较大时，当除尘器停车后，滤袋容易自行收缩，从而提高了滤袋自行清灰的能力。

3）滤袋的排列和间距

滤袋的排列有三角形排列和正方形排列（见图6-59）。三角形排列占地面积小，但检修不便，对空气流通也不利，不常采用。正方形排列较常采用，当滤袋的直径为150mm时，间距选取 $180\sim190\text{mm}$；直径为210mm时，间距选取 $250\sim280\text{mm}$；直径为230mm时，间距选取 $280\sim300\text{mm}$。

为了便于安装和检修，当滤袋较多时，可将滤袋分成若干组，最多可由6列组成一组。每组之间留有400mm宽的检修人行道，边排滤袋和壳体距离也留有200mm宽的检修人行道。组合滤袋布置见图6-60。根据滤袋的排列方法，在确定滤袋直径后，依照上述原则就可确定简易袋式除尘器的平面尺寸。

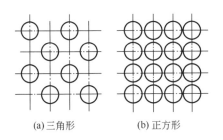

(a) 三角形　　　(b) 正方形

图 6-59　滤袋排列形式

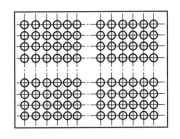

图 6-60　组合滤袋布置

（3）气体分配室的确定

为保证气体均匀地分配给各个滤袋，气体分配室应有足够的空间，净空高不应小于

$1000\sim1200mm$。气体分配室的截面积按下式计算。

$$F=\frac{Q}{3600v}$$ (6-43)

式中　F——气体分配室的截面积，m^2；

　　　Q——气体处理量，m^3/h；

　　　v——气体分配室进口气速，一般取 $1.5\sim2.0m/s$。

（4）排气管直径和灰斗高度的确定

排气管直径按排气速度为 $2\sim5m/s$ 确定。灰斗高度根据粉尘性质而选取的灰斗倾斜角进行计算确定。

（5）袋式除尘器的除尘效率

通常超过 99.5%，因此在选用除尘器时，一般不需要计算除尘效率。

影响除尘效率的因素主要有灰尘的性质（粒径、惯性力、形状、静电荷、含湿量等）、组织性质（组织材料、纤维和纱线的粗细、织造或毡合方式、孔隙率等）、运行参数（过滤速度、阻力、气流温度、湿度、清灰频率和强度等）和清灰方式（机械振打、反向气流、压缩空气脉冲、气环等），在除尘器运行过程中影响效率的这些因素都是互相依存的。一般来讲，除尘效率随过滤速度增加而下降。而过滤速度又与滤料种类和清灰方式有关，因此，可按下述方程预测袋式除尘器的粉尘出口浓度和穿透率。

$$C_2=[p_{ns}+(0.1-p_{ns})e^{-\alpha\omega}]C_1+C_k$$ (6-44)

$$p_{ns}=1.5\times10^{-7}\exp[12.7(1-e^{1.03v})]$$ (6-45)

$$\alpha=3.6\times10^{-3}v^{-4}+0.094$$ (6-46)

式中　p_{ns}——无量纲常数；

　　　C_2——粉尘出口浓度，g/m^3；

　　　v——表面过滤速度，m/min；

　　　α——穿透率；

　　　C_1——粉尘入口浓度，g/m^3；

　　　C_k——脱落浓度（常数），玻璃纤维滤袋捕集飞灰 $C_k=0.5mg/m^3$；

　　　ω——粉尘负荷，g/m^3。

方程式可运用迭代的计算机程序求解。已知 C_1，求出 C_2 后便可计算出除尘器的除尘效率或穿透率。对于玻璃纤维滤袋，粒子的穿透主要是由于通过滤布上的针孔漏气所致，穿透的粉尘具有和滤袋入口粉尘相同的粒径分布。

（6）袋式除尘器的压力损失

迫使气流通过滤袋是需要能量的，这种能量通常用通过滤袋的压力损失表示，是一个重要的技术经济指标，不仅决定能量消耗，而且决定除尘效率和清灰间隔时间等。

袋式除尘器的压力损失 Δp 由通过清洁滤料的压力损失 Δp_f 和通过粉尘层的压力损失 Δp_p 组成。对于相对清洁的滤袋，压力损失为 $100\sim130Pa$。当粉尘层形成后，压力损失为 $500\sim570Pa$ 时，除尘效率达 99%；当压力损失接近 $1000Pa$，一般需要对滤袋清灰。假设通过滤袋和粉尘层的气流为黏滞流，Δp_f 和 Δp_p 则可以用达西（Darcy）方程表示。达西方程的一般形式为

$$\frac{\Delta p}{x}=\frac{v\mu_g}{K}$$ (6-47)

式中 K——粉尘或滤料的渗透率；

x——粉尘层或滤料厚度；

μ_g——气体黏度，$10^{-1}\,\text{Pa}\cdot\text{s}$。

式（6-47）实际上是渗透率 K 的定义式。未经实验测定，K 是很难预测的参数，它是沉积粉尘层性质，如孔隙率、比表面积、孔隙大小分布和粉尘粒径分布等的函数。渗透率的量纲为长度的平方。根据达西方程，则

$$\Delta p = \Delta p_f + \Delta p_p = \frac{x_f \mu_g v}{K_f} + \frac{x_p \mu_g v}{K_p} \tag{6-48}$$

式中，脚标 f 和 p 分别表示清洁滤料和粉尘层。对于给定的滤料和操作条件，滤料的压力损失 Δp_f 基本上是一个常数，因此，通过袋式除尘器的压力损失主要由 Δp_p 决定。对于给定的操作条件（气体黏度和过滤速度），Δp_p 主要由粉尘层渗透率 K 和厚度 x_p 决定。进而，x_p 又直接是操作时间 t 的函数。

在时间 t 内，沉积在滤袋上的粉尘质量 m 可以表示为

$$m = vAtC \tag{6-49}$$

式中 A——滤袋的过滤面积，m^2；

C——烟气中粉尘浓度，kg/m^3。

式（6-49）表明，$m = vCt/\rho_c$，其中 ρ_c 是粉尘层的密度。因此，气流通过新沉积粉尘层的压力损失为

$$\Delta p_p = \frac{x_p \mu_g v}{K_p} = \frac{vCt}{\rho_c}\left(\frac{\mu_g v}{K_p}\right) = \frac{v^2 Ct \mu_g}{K_p \rho_c} \tag{6-50}$$

对于给定的含尘气体，μ_g、ρ_c 和 K_p 的值是常量，令粉尘的比阻力系数 $R_p = \dfrac{\mu_g}{K_p \rho_c}$，则式（6-50）变为

$$\Delta p_p = R_p v^2 Ct \tag{6-51}$$

对于给定的烟气特征和粉尘层渗透率，显然 Δp_p 与粉尘浓度 C 和过滤时间 t 为线性关系，而与过滤速度的平方成正比。比阻力系数 R_p 主要由粉尘特征决定，应当由试验测定。假如已知粉尘的粒径分布、堆积密度和真密度，可以利用丹尼斯和克莱姆提出的下述方程式估算。

$$R_p = \frac{\mu S_0^2}{6\rho_p C_c} = \frac{3 + 2\beta^{5/3}}{3 - 4.5\beta^{1/3} + 4.5\beta^{5/3} - 3\beta^2} \tag{6-52}$$

$$S_0 = 6\left(\frac{10^{1.151}\lg 2\sigma_g}{\text{MMD}}\right)$$

式中 μ——气体黏度，$10^{-1}\,\text{Pa}\cdot\text{s}$；

S_0——比表面参数，cm^{-1}；

ρ_p——粒子的真密度，g/cm^3；

C_c——坎宁汉校正系数；

β——密度比，$\beta = \rho_c/\rho_p$；

σ_g——粉尘粒子的几何标准偏差；

MMD——粉尘粒子的质量中位径，cm。

表 6-30 中列出了一些工业性粉尘的比阻力系数。

表 6-30 工业性粉尘的比阻力系数

粉尘种类	粉尘比阻力系数 /[N·min/(g·m)]	粉尘种类	粉尘比阻力系数 /[N·min/(g·m)]	粉尘种类	粉尘比阻力系数 /[N·min/(g·m)]
飞灰(煤)	1.17~2.51	硫酸钙	0.067	氧化铁	20.17
飞灰(油)	0.79	炭黑	3.67~9.35	石灰窑	1.50
水泥	2.00~11.69	白云石	112	氧化铅	9.50
铜	2.51~10.86	飞灰(焚烧)	30.00	烧结尘	2.08
电炉	7.5~119	石膏	1.05~3.16		

对于 p_f 经常用类似系数——滤料的比阻力系数 S 表示，定义为压力损失与过滤速度之比。清灰后滤袋仍残留部分不易清除的粉尘，以 S_E 表示滤袋的有效残留阻力系数，如图 6-61 所示。同样，S_E 应由试验确定，当无试验数据时，可近似取 $S_E = 350N·min/m^3$。

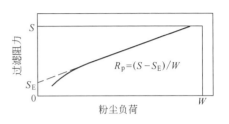

图 6-61 过滤阻力与粉尘负荷的关系

3. 脉冲袋式除尘器

脉冲袋式除尘器是一种周期性地向滤袋内或滤袋外喷吹压缩空气，来达到清除滤袋上积尘的袋式除尘器，具有能力大、除尘效率高、滤袋使用期长等特点，应用广泛。

(1) 收尘机理

脉冲袋式除尘器除尘原理如图 6-62 所示。

含尘气体由外向内通过滤袋，将尘粒阻隔在滤袋外表面，使气体得到净化。处理后的空气经过文氏管进入上箱体，最后经排气口排出。滤袋用钢丝框架固定在文氏管上。

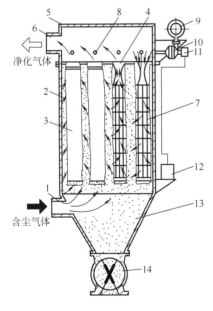

图 6-62 脉冲袋式除尘器除尘原理

1—进口；2—中部箱体；3—滤袋；4—文氏管；5—上箱体；6—排气口；7—框架；8—喷吹管；9—空气包；10—脉冲阀；11—控制阀；12—脉冲控制仪；13—集尘斗；14—泄尘阀

在每排滤袋上部均装有一根喷吹管，喷吹管上有直径为 6.4mm 的小孔与滤袋相对应。喷吹管前装有与压缩空气相连的脉冲阀。由脉冲控制仪不断发出短促的脉冲信号，通过控制阀按程序触发每个脉冲阀。当脉冲阀开启时，与它相连的喷吹管就和压缩空气包相通，高压空气从喷吹孔以极高的速度吹出。在高速气流的引射作用下，诱导几倍于喷气量的空气进入文氏管，吹到滤袋内，使滤袋急剧膨胀，引起冲击振动。在此瞬间产生一股由内向外的气流，使黏附在滤袋外表面上的粉尘吹扫下来，落入下部集尘斗内，最后经泄尘阀排出。

脉冲袋式除尘器滤袋滤尘和清灰周期可用图 6-63 定性说明。图 6-63（a）为过滤初期，滤袋表面黏附的粉尘较少；图 6-63（b）为过滤末期，滤袋表面黏附着一层较厚的粉尘，含尘气流由外向内通过滤袋，由于有钢丝框架支撑，滤袋呈多角星形；图 6-63（c）为喷吹清灰状态，气流由内向外反吹，将滤袋表面黏附的粉尘层吹落，此时滤袋呈圆形。每次清灰只有一排滤袋受到喷吹，时间仅

0.1s（称脉冲宽度）。清灰周期以控制在 60～120s 为佳。整个除尘器是连续工作的，且工作状况稳定。

(a) 过滤初期　　　　　(b) 过滤末期　　　　　(c) 喷吹清灰

图 6-63　清灰周期示意

（2）结构与性能

脉冲袋式除尘器的主体包括上部箱体（喷吹箱）、中部箱体（滤尘箱）和下部箱体（集尘斗）三部分（见图 6-62）。上部箱体装有喷吹管和将压缩空气引进滤袋的文氏管，并附有压缩空气贮气包、脉冲阀、控制阀以及净化气体出口。中部箱体装有滤袋和滤袋支撑框架。下部箱体装有排灰装置和含尘气体进口。脉冲控制仪装在机体外壳上。

脉冲袋式除尘器用脉冲阀作为喷吹气源开关，先由控制仪输出信号，通过控制阀实现脉冲喷吹。常用的脉冲阀为 QMF-100 型。根据控制仪（表）的不同，控制阀有电磁阀、气动阀和机控阀三种。

用于脉冲袋式除尘器的脉冲控制仪可分三种。

1）机械脉冲控制仪

机械脉冲控制仪的优点是输出脉冲宽度可靠，随机变化量小，容易实现系统输出，结构简单，成本低，安装调试方便，使用寿命长等。其缺点是体积比晶体管控制器大，脉冲周期不便调节。

2）无触点脉冲控制仪

无触点脉冲控制仪的输出信号直接控制电磁阀的开闭，从而控制压缩空气的喷吹时间和间隔，实现袋式除尘器的自动程序控制。

3）气动脉冲控制仪

气动脉冲控制仪由脉冲源和气动分配器等组成。脉冲源用作控制系统中的脉冲发生器，有气源输入时，不断发生脉冲输出。气动分配器的用途是将程序控制信号分配给自动控制系统中的各个执行元件，即脉冲阀，以实现脉冲除尘器按程序进行喷吹清灰。

脉冲袋式除尘器的基本技术性能如下。

比负荷为 120～240$m^3/(m^2 \cdot h)$ ［一般取 180$m^3/(m^2 \cdot h)$］，表示过滤速度为 2～4m/min（一般取 3m/min）。设备阻力除与过滤速度、含尘气体初始浓度、粉尘性质有关外，还与滤袋材质有关。通常控制在 980～1180Pa。工业涤纶 208 制作的滤袋，除尘效率可达 99.6％；工业毛毡（厚度为 1.5～2mm）制作的滤袋，除尘效率可达 99.9％。适用的初始含尘浓度一般为 3～5g/m^3。

压缩空气的总耗气量可按下式计算。

$$Q = \frac{0.06q'n\alpha}{T} \tag{6-53}$$

式中　q'——喷吹空气量，2～3L/(次·条袋)；

　　　　n——滤袋总数；

　　　　T——喷吹周期，s，一般为60～120s；

　　　　α——安全系数，可取1.2～1.5。

喷气压力为588～686kPa(6～7kgf/cm²)。

（3）脉冲袋式除尘器的选用

脉冲袋式除尘器有定型产品，选择除尘器规格时，首先确定比负荷，然后根据总处理风量计算出过滤面积，并据此选择除尘器。

脉冲袋式除尘器的比负荷与喷吹压力、脉冲宽度、喷吹周期以及尘粒性质、含尘气体浓度诸因素有关。一般情况下，主要取决于含尘气体初始浓度。比负荷可按表6-31选取。

表6-31　根据初始含尘浓度确定比负荷

初始含尘浓度/(g/m³)	≤15	≤11	≤8	≤5	≤3
比负荷/[m³/(m²·h)]	120	150	180	210	240

1）MC24-120-Ⅰ型脉冲袋式除尘器

表6-32列出MC24-120-Ⅰ型脉冲袋式除尘器的主要技术参数，供选型用。脉冲袋式除尘器有电控、气控及机控三种控制方式。滤袋直径为120mm，滤袋长度为2000mm，允许气体含尘浓度为3～15g/m³，比负荷为180～240m³/(m²·h)，喷吹压力为588～686kPa(6～7kgf/cm²)，脉冲喷吹周期为30～60s，脉冲喷吹时间（即脉冲宽度）为0.1s。

表6-32　MC24-120-Ⅰ型脉冲袋式除尘器主要技术参数

技术性能	型号							
	MC24-Ⅰ型	MC36-Ⅰ型	MC48-Ⅰ型	MC60-Ⅰ型	MC72-Ⅰ型	MC84-Ⅰ型	MC96-Ⅰ型	MC120-Ⅰ型
过滤面积/m²	18	27	36	45	54	63	72	90
滤袋数量/条	24	36	48	60	72	84	96	120
滤袋规格(直径×长度)/mm	φ120×2000	φ120×2000	φ120×2000	φ120×2000	φ120×2000	φ120×2000	φ120×2000	φ120×2000
设备阻力 ΔH/(mmHg)	120～150	120～150	120～150	120～150	120～150	120～150	120～150	120～150
除尘效率 η/%	99.0～99.5	99.0～99.5	99.0～99.5	99.0～99.5	99.0～99.5	99.0～99.5	99.0～99.5	99.0～99.5
入口含尘浓度 c/(g/m³)	3～15	3～15	3～15	3～15	3～15	3～15	3～15	3～15
比负荷 q/[m³/(m²·h)]	120～240	120～240	120～240	120～240	120～240	120～240	120～240	120～240
处理风量 L/(m³/h)	2160～4300	3250～6480	4320～8630	5400～10800	6450～12900	7530～15100	9650～17300	10800～20800
脉冲阀数量/个	4	6	8	10	12	14	16	20
脉冲控制仪表	电控或气控	电控或气控	电控或气控	电控或气控	电控或气控	电控或气控	电控或气控	电控或气控
最大外形尺寸(长×宽×高)/mm	1025×1678×3660	1425×1678×3660	1820×1678×3660	2225×1678×3660	2625×1678×3660	3025×1678×3660	3585×1678×3660	4385×1678×3660
设备重量/kg	850	1116.8	1258.7	1572.66	1776.65	2028.88	2181.25	2610
国标图号	CT 536-2	CT 536-3	CT 536-4	CT 536-5	CT 536-6	CT 536-7	CT 536-8	CT 536-9

[例6-3]　某滑石粉厂除尘系统抽风量为6000m³/h，初始含尘浓度为6.6g/m³，选择脉冲袋式除尘器型号。

解：根据初始含尘浓度，由表6-31确定比负荷为180m³/(m²·h)。

所需滤袋面积 $F = L/q = 6000/180 = 33.4 \text{m}^2$。

按表 6-32 选 MC48-Ⅰ型电控脉冲袋式除尘器，国标图号 CT 536-4。

2）PPC 型气箱式脉冲袋式除尘器

PPC 型气箱式脉冲袋式收尘器是从美国富乐公司引进的一项产品，其特色是除尘器本体分割成数个气室，每个气室只用一个或两个脉冲阀对气室内的滤袋进行清灰。PPC 型气箱式脉冲袋式除尘器可广泛应用于水泥厂的破碎、包装、库顶、熟料冷却机和磨机等收尘系统。

PPC 型气箱式脉冲袋式收尘器系列产品共有 33 种规格，每室的滤袋有 32、64、96、128 袋四种，滤袋长度有 2350mm 和 3060mm 两种，收尘效率可达 99.9％以上，净化后气体的含尘浓度小于 100mg/m³。PPC 型气箱式脉冲袋式收尘器如用于寒冷地区，当室外采暖计算温度≤−25℃时，要设加热装置。其结构见图 6-64，技术参数见表 6-33。

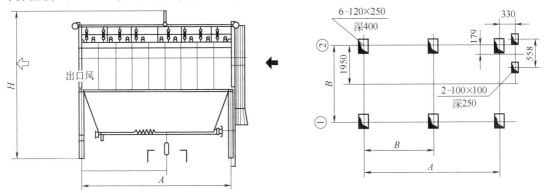

图 6-64　PPC 型气箱式脉冲袋式除尘器结构

表 6-33　PPC 型气箱式脉冲袋式除尘器技术参数

型号	处理风量 /(m³/h)	过滤风速 /(m/min)	过滤面积 /m²	滤袋数量 /条	阻力 /Pa	含尘浓度 /(g/m³)	保温层面积/m²	重量 /kg
32-3	6900		93	96			26.5	2.880
32-4	8930		124	128			34	4.080
32-5	11160		155	160			41	5.280
32-6	13390		186	192			48.5	6.480
64-4	17800		248	256		<1000	70	7.280
64-5	22300		310	320			94	9.960
64-6	26700		372	384			118	11.640
64-7	31200		434	448			142	13.320
64-8	35700		496	512			166	15.000
96-4	26800		372	384			110	10452
96-5	33400	1.2～2.0	465	480	1470～1770		120	12120
96-6	40100		557	576			130	14880
96-7	46800		650	672			140	16920
96-8	53510		744	768			150	19810
96-9	60100		836	864			160	21240
96-2×5	66900		929	960		<1300	175	25200
96-2×6	80700		1121	1152			210	30240
96-2×7	94100		1308	1344			245	35280
96-2×8	107600		1494	1536			280	40320
96-2×9	121000		1681	1728			315	45360
96-2×10	133500		1868	1920			350	50400

型号	处理风量 /(m³/h)	过滤风速 /(m/min)	过滤面积 /m²	滤袋数量 /条	阻力 /Pa	含尘浓度 /(g/m³)	保温层面积/m²	重量 /kg
128-6	67300		935	768			125	24120
128-9	100900		1402	1152			196	31680
128-10	112100		1558	1280			205	34680
128-2×6	34600		1869	1536			323	43920
128-2×7	15700		2181	1792			247	52680
128-2×8	179400	1.2~2.0	2492	2084	1470~1770	<1300	262	60000
128-2×9	201900		2804	2304			277	66480
128-2×10	224300		3115	2561			292	72000
128-2×11	247600		3427	2856			307	78480
128-2×12	269100		3728	3072			322	96400
128-2×13	291600		4050	3328			337	93600
128-2×14	314000		4361	3584			252	100800

3）LCM 型长袋脉冲除尘器

LCM 系列长袋脉冲袋式除尘器是在喷吹脉冲（jet pulse）除尘技术的基础上，为满足大风量净化需要而专门研制的具有先进水平的脉冲袋式除尘器，不但具有喷吹脉冲除尘器的清灰能力强、除尘效率高、排放浓度低等特点，还具有稳定可靠、耗气量低、占地面积小的特点，特别适合处理大风量的烟气。LCM 系列脉冲袋式除尘器已在全世界范围内得到应用，在中国也已经大量推广，广泛适用于冶金、机械、化工、建材等行业的大风量烟气净化。LCM 型长袋脉冲除尘器结构见图 6-65。

LCM 型长袋脉冲除尘器滤袋规格及技术参数见表 6-34 及表 6-35。

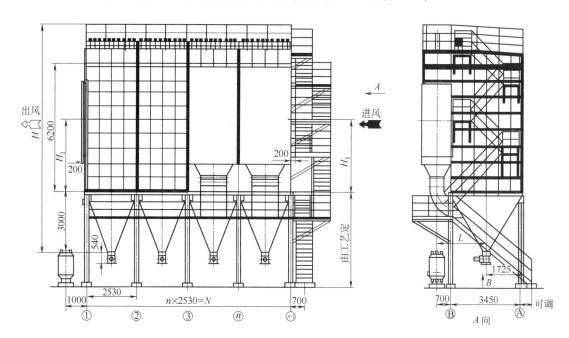

图 6-65　LCM 型长袋脉冲除尘器结构

表 6-34　LCM 型长袋脉冲除尘器滤袋规格

系列	滤袋规格/mm	单元滤袋数量/条	单元过滤面积/m²
LCM340 系列	φ130×6000	140	340
LCM530 系列	φ160×6000	176	530
LCM580 系列	φ160×6000	192	580

表 6-35　LCM 型长袋脉冲除尘器技术参数

型号	排数/个	室数/个	滤袋数量/条	过滤面积/m²	处理风量/(×10⁴m³/h)	重量/t
LCM340-4	1	4	560	1360	8.16~12.24	44
LCM340-5	1	5	700	1700	10.20~15.30	55
LCM340-6	1	6	840	2040	12.24~18.36	66
LCM340-7	1	7	980	2380	14.28~21.42	80
LCM340-8	1	8	1120	2720	16.32~24.48	90
LCM340-9	1	9	1260	3060	18.36~27.54	100
LCM340-10	1	10	1400	3400	20.40~30.60	110
LCM340-2×4	2	8	1120	2720	16.32~24.48	90
LCM340-2×5	2	10	1400	3400	20.40~30.60	110
LCM340-2×6	2	12	1680	4080	24.48~36.72	130
LCM340-2×7	2	14	1960	4760	28.56~42.84	155
LCM340-2×8	2	16	2240	5440	32.64~48.96	175
LCM340-2×9	2	18	2520	6120	36.72~55.08	196
LCM340-2×10	2	20	2800	6800	40.80~61.20	218
LCM530-2×4	2	8	1408	4240	25.4~38.2	128
LCM530-2×5	2	10	1760	5300	31.8~47.7	160
LCM530-2×6	2	12	2112	6360	38.2~57.3	192
LCM530-2×7	2	14	2464	7420	44.5~66.8	224
LCM530-2×8	2	16	2816	8480	50.9~76.4	255
LCM530-2×9	2	18	3168	9540	57.2~85.8	286
LCM580-2×4	2	8	1536	4640	27.8~41.7	140
LCM580-2×5	2	10	1920	5800	34.8~52.2	175
LCM580-2×6	2	12	2304	6960	41.8~62.7	210
LCM580-2×7	2	14	2688	8120	48.7~73.1	245
LCM580-2×8	2	16	3072	9280	55.7~83.6	280
LCM580-2×9	2	18	3456	10440	62.6~93.9	314

4）MC-Ⅰ型脉冲袋式除尘器

MC-Ⅰ型脉冲袋式除尘器在最关键的脉冲清灰系统上选用了新型的进口电磁阀和脉冲阀（膜片寿命 100 万次以上），使用和维修较方便的 JCQ-Ⅱ脉冲控制器，从而使整个设备在运行过程中提高了可靠性和稳定性。同时还可按要求将除尘器风机、电机和消声器组合为一体，既缩小占地面积，又方便安装使用。

MC-Ⅰ型脉冲袋式除尘器广泛应用于采矿、冶炼、机械制造、水泥建材、医药、食品等制造加工领域的粉尘净化和回收。MC-Ⅰ型脉冲袋式除尘器技术参数见表 6-36。

表 6-36　MC-Ⅰ型脉冲袋式除尘器技术参数

型号	滤袋数量/条	过滤面积/m²	过滤风速/(m/min)	过滤风量/(m³/h)	阻力/Pa	效率/%	外形尺寸（长×宽×高）/mm	重量/kg
MC-24	24	18	2~4	2160~4300	120	99	1025×1678×3660	850
MC-36	36	27	2~4	3250~6480	120	99	1425×1678×3660	1117
MC-48	48	36	2~4	4320~8630	120	99	1820×1678×3660	1259
MC-60	60	45	2~4	5400~10800	120	99	2225×1678×3660	1573
MC-72	72	54	2~4	6350~12900	120	99	2625×1678×3660	1777
MC-84	84	63	2~4	7550~15100	120	99	3025×1678×3660	2029
MC-96	96	72	2~4	8650~17700	120	99	3588×1678×3660	2181
MC-120	120	90	2~4	10800~20800	120	99	4385×1678×3660	2610

5）MC-Ⅱ型脉冲袋式除尘器

MC-Ⅱ型脉冲袋式除尘器是在 MC-Ⅰ型基础上改进的新型高效脉冲袋式除尘器。MC-Ⅱ型脉冲袋式除尘器保留了 MC-Ⅰ型净化效率高、处理气体能力大、性能稳定、操作方便、滤袋寿命长、维修工作量小等优点，同时从结构上和脉冲阀上进行改革，解决了露天安放和压缩空气压力低的问题。

MC-Ⅱ型脉冲袋式除尘器适用于机械、冶金、橡胶、面粉、化工、制药、碳素、建材、矿山等行业，净化空气中细小和中等的干燥粉尘。MC-Ⅱ型脉冲袋式除尘器技术参数见表6-37。

表 6-37　MC-Ⅱ型脉冲袋式除尘器技术参数

型号规格	过滤面积 /m²	含尘浓度 /(g/m³)	过滤风速 /(m/min)	过滤风量 /(m³/h)	阻力 /H₂Omm	效率 /%	外形尺寸(长×宽×高) /mm	重量 /kg
MC24-Ⅱ	18	<15	2~4	2160~4320	120~150	99.5	1090×1678×3667	1133
MC36-Ⅱ	27	<15	2~4	3240~6480	120~150	99.5	1490×1678×3667	1485
MC48-Ⅱ	36	<15	2~4	4320~8640	120~150	99.5	1890×1678×3667	1495
MC60-Ⅱ	45	<15	2~4	5400~10800	120~150	99.5	2290×1678×3667	1730
MC72-Ⅱ	54	<15	2~4	6480~12960	120~150	99.5	2690×1678×3667	1950
MC84-Ⅱ	63	<15	2~4	7560~15120	120~150	99.5	3090×1678×3667	2230
MC96-Ⅱ	72	<15	2~4	8640~17280	120~150	99.5	3690×1678×3667	2400
MC120-Ⅱ	99	<15	2~4	10800~21600	120~150	99.5	4350×1678×3667	2870

6）LDML、LDMM、LDMS 型离线清灰脉冲袋式除尘器

LDML、LDMM、LDMS 型离线清灰脉冲袋式除尘器采用离线清灰，解决了常规脉冲袋式除尘器存在的粉尘再附与失控问题，大大提高了滤袋清灰效果，从而提高过滤速度，既节省了清灰能耗又延长了滤袋寿命。

LDML、LDMM、LDMS 型离线清灰脉冲袋式除尘器特别适用于质轻、粒细、黏性粉尘的空气净化，分大、中、小三个系列。LDLM、LDMM、LDMS 型结构外形见图 6-66，技术性能参数见表 6-38。

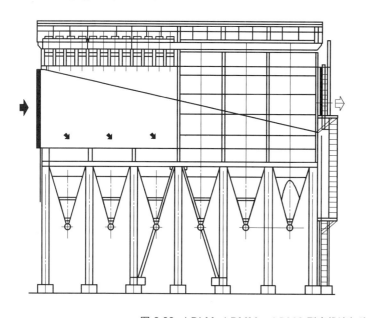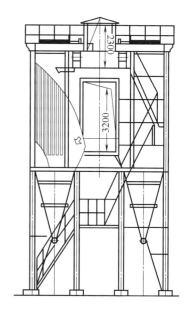

图 6-66　LDLM、LDMM、LDMS 型离线清灰脉冲袋式除尘器

表 6-38 LDML、 LDMM、 LDMS 型离线清灰脉冲袋式除尘器技术性能参数

型号规格	过滤面积 /m²	滤袋数量 /条	分组数目 /个	处理风量 /(m³/h)	过滤风速 /(m/min)	脉冲阀 个数/个	压气量 /(m³/min)	重量 /t	布置形式
LDML-Ⅰ2160	2160	1440	48	259200	2	48	1.1	81	
LDML-Ⅰ2520	2520	1680	56	302400	2	56	1.3	94	
LDML-Ⅰ2880	2880	1920	64	345600	2	64	1.5	107	
LDML-Ⅰ3240	3240	2160	72	388000	2	72	1.65	121	
LDML-Ⅰ3600	3600	2400	80	432000	2	80	1.82	134	
LDML-Ⅰ3960	3960	2640	88	475200	2	88	2.0	148	
LDML-Ⅰ4350	4350	2880	96	518400	2	96	2.2	161	
LDML-Ⅰ4680	4680	3120	104	561600	2	104	2.4	174	
LDML-Ⅰ5060	5060	3360	112	604800	2	112	2.55	188	
LDML-Ⅰ5400	5400	3600	120	64800	2	120	2.72	200	
LDML-Ⅰ5760	5760	3840	128	691200	2	128	2.9	212	
LDML-Ⅱ2880	2880	1440	72	345600	2	72	1.5	102	
LDML-Ⅱ3360	3360	1680	84	403200	2	64	1.75	119	
LDML-Ⅱ3840	3840	1920	96	460800	2	96	2.00	136	
LDML-Ⅱ4320	4320	2160	108	518400	2	108	2.25	152	
LDML-Ⅱ4800	4800	2400	120	576000	2	120	2.50	169	
LDML-Ⅱ5280	5280	2640	132	633600	2	132	2.75	185	
LDML-Ⅱ5760	5760	2880	144	691200	2	144	3.00	202	
LDML-Ⅱ6240	6240	3120	156	748800	2	156	3.25	219	
LDML-Ⅱ6720	6720	3360	168	806400	2	168	3.50	242	
LDML-Ⅱ7200	7200	3600	180	864000	2	180	3.75	252	
LDML-Ⅱ7680	7680	3840	192	921600	2	192	4.00	267	
LDMM225	225	200	5	33750	2.5	10	0.20	11.4	
LDMM270	270	240	6	40500	2.5	12	0.24	13.1	
LDMM315	315	280	7	47250	2.5	14	0.28	15	单列
LDMM360	360	320	8	54000	2.5	16	0.32	17.1	
LDMM405	405	360	9	60750	2.5	18	0.36	19.2	
LDMM350	350	400	10	67500	2.5	20	0.40	21.1	
LDMM540	540	480	2×6	81000	2.5	24	0.48	26.4	
LDMM630	630	560	2×7	93500	2.5	28	0.56	31.2	
LDMM720	720	640	2×8	108000	2.5	32	0.64	34.7	双列
LDMM810	810	720	2×9	121500	2.5	36	0.72	39.5	
LDMM900	900	800	2×10	135000	2.5	40	0.80	42.8	
LDMS50	50	50	5	7500	2.5	5	0.05	2.5	
LDMS60	60	60	6	9000	2.5	6	0.06	2.8	
LDMS70	70	70	7	10500	2.5	7	0.07	3.3	
LDMS80	80	80	8	12000	2.5	8	0.08	3.7	单列
LDMS90	90	90	9	13500	2.5	9	0.09	4.1	
LDMS100	100	100	10	15000	2.5	10	0.1	4.8	
LDMS120	120	120	2×6	18000	2.5	12	0.12	5.9	
LDMS140	140	140	2×7	21000	2.5	14	0.14	6.9	
LDMS160	160	160	2×8	24000	2.5	16	0.16	8.4	双列
LDMS180	180	180	2×9	27000	2.5	18	0.18	8.6	
LDMS200	200	200	2×10	30000	2.5	20	0.20	9.7	

4. 机械振打袋式除尘器

采用机械传动装置周期性振打滤袋，以清除滤袋上粉尘的除尘器称为机械振打袋式除尘器。按振打部位的不同，可分为顶部振打袋式除尘器和中部振打袋式除尘器。由于借助机械

振打方式清灰，所以单位面积上的过滤负荷比简易袋式除尘器高，但滤袋受到机械力的作用，较易损坏。

（1）LD 型机械振打袋式除尘器

LD 型机械振打袋式除尘器为顶部振打式，有 LD8/1 型、LD18 型和 LD14 型。其处理初始含尘浓度可在 $200mg/m^3$ 以上，当初始含尘浓度在 $6\sim10g/m^3$ 以上时，可作为二级除尘设备。除尘效率在 98% 以上，压力损失在 $784\sim1180Pa$（$80\sim120mmH_2O$）。

工作原理以 LD8/1 型机械振打袋式除尘器（见图 6-67）为例。含尘气体从进口管进入，经过灰斗至滤袋内，由滤袋过滤后净化气体从出口排出。每排滤袋工作约 $8\sim10min$ 后，依次进行振打清灰。振打前，振打传动机械使排气阀关闭，切断含尘气体通道，同时反吹气进口打开，净化气体借助反吹系统风机所产生的压力以较高的速度从滤袋外反方向吹入袋内。与此同时，机械振打装置抖动该排滤袋，使附着在滤袋上的粉尘落入灰斗，并通过螺旋输送机由排尘阀排出。清灰完成后，排气阀打开，除尘操作继续进行。依次每排循环往复，整个除尘器连续工作。

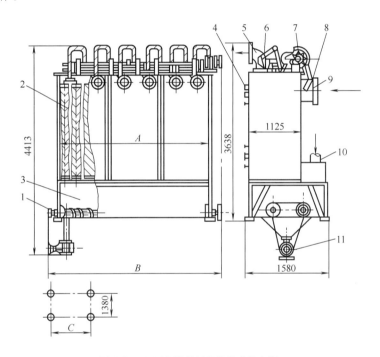

图 6-67　LD8/1 型机械振打袋式除尘器

1—螺旋输送机；2—灰斗；3—滤袋；4—检修门；5—净化气出口；6—排气阀；
7—机械振打装置；8—进气阀；9—反吹气进口；10—含尘气进口；11—排尘阀

1）LD8/1 型机械振打袋式除尘器

LD8/1 型机械振打袋式除尘器有 24 条、32 条和 48 条滤袋 3 种规格，其技术性能参数见表 6-39。

每条滤袋直径为 $\phi180\sim190$，过滤面积为 $1.2m^2$。每排有 8 条滤袋，因此 3 种规格的滤袋分别有 3 排、4 排、6 排。其清灰时的反吹气量为处理气量的 1.5 倍，气压为 1180Pa（120mmH₂O）。当含尘气体的湿度较大时，可用 80℃ 热风进行反吹，其在负压下操作的漏气量达 10%~20%。

表 6-39　LD8/1 型机械振打袋式除尘器技术性能参数

型　号	滤袋数量 /条	过滤面积 /m²	处理气量 /(m³/h)	压力损失 /Pa	电机型号	重量/kg	尺寸/mm		
							A	B	C
LD8/1-24	24	28.8	4300	784～980	JO₂21-4 N=1.1kW	1281	1556	1937	1628
LD8/1-32	32	38.4	5750			1814	2077	2458	2149
LD8/1-48	48	57.6	8600			2515	3114	3487	3186

注：1. 表内所列处理气量按 150m³/(m²·h) 计算。

2. 表内所列压力损失为矿物粉尘，若为面粉、水泥及其他类似粉尘时，则当单位处理气量为 180m³/(m²·h) 时，压力损失为 392～490Pa(40～50mmH₂O)。

2）LD18 型机械振打袋式除尘器

LD18 型机械振打袋式除尘器有 36 条、54 条、72 条和 108 条滤袋 4 种规格，其技术性能参数见表 6-40。与 LD8/1 型机械振打袋式除尘器基本相同，但滤袋直径为 φ130～140。每条滤袋的过滤面积为 0.92m²，每排有 18 条滤袋。因此，4 种规格的滤袋分别有 2 排、3 排、4 排和 6 排，在负压下操作，漏气量达 10%～20%。

表 6-40　LD18 型机械振打袋式除尘器技术性能参数

型　号	滤袋数量 /条	过滤面积 /m²	处理气量 /(m³/h)	压力损失 /Pa	电机型号	重量/kg	尺寸/mm		
							A	B	C
LD18-36	36	33	4500～5400	784～980	JO₂21-4 N=1.1kW	930	1040	1442	1104
LD18-54	54	50	6750～8100			1260	1556	1958	1602
LD18-72	72	66	9000～10800			1570	2076	2477	2139
LD18-108	108	99	3500～16200			2070	3112	3512	3174

3）LD14 型机械振打袋式除尘器

LD14 型机械振打袋式除尘器技术性能参数见表 6-41。该除尘器由若干个除尘箱组成，每个除尘箱过滤面积为 28m²，由 14 条滤袋组成，滤袋直径为 φ220mm，长为 3100mm，过滤面积为 2m²。工作原理同 LD8/1 型机械振打袋式除尘器，因配有专门风机进行反吹气，因此可以在正压下操作。

表 6-41　LD14 型机械振打袋式除尘器技术性能参数

型　号	型　式	分部数	滤袋数量 /条	过滤面积 /m²	处理气量 /(m³/h)	压力损失 /Pa	排出管数	重量 /kg	尺寸/mm	
									A	L
LD14-56	单列	4	56	112	16800	784～980	1	7606	2250	3003
LD14-70		5	70	140	21000			8533		3753
LD14-84		6	84	168	25200			9963		4503
LD14-98		7	98	196	29400			11332		5253
LD14-112		8	112	224	33600			11998		6003
LD14-126		9	126	252	37800		2	14130		6753
LD14-140		10	140	280	42000			16500		7503
LD14-56	双列	4×2	112	224	33600	784～980	1	14491	4500	3003
LD14-70		5×2	140	280	42000			15406		3753
LD14-84		6×2	168	336	50400			20218		4503
LD14-98		7×2	196	392	58800			23143		5253
LD14-112		8×2	224	448	67200			25916		6003
LD14-126		9×2	252	504	75600		2	28507		6753
LD14-140		10×2	280	560	84000			30698		7503

（2）ZX 型机械振打袋式除尘器

ZX 型机械振打袋式除尘器（见图 6-68）采用中部振打方式清灰，比顶部振打方式清灰结构简单，维修方便。顶部振打方式清灰极易损坏玻璃纤维滤袋，应采用中部振打方式。

含尘气体由进气口经隔气板进入过滤室，过滤室根据不同规格，分成 2～9 个分室，每个分室有 14 条滤袋，含尘气体经滤袋净化后由排气管排出。经一定的过滤周期，振打装置将排气管阀关闭，回气管阀打开，同时振动框架，滤袋随着框架振动而抖动。由于滤袋的抖动和回气管中的回气，附着在滤袋上的粉尘被清除并落入灰斗，由螺旋输送机和星形阀排出。为了适应低气温或气体湿度大时使用，还装有电热器。振打清灰依各室轮流进行，整个除尘器为连续操作。

ZX 型机械振打袋式除尘器有 28 个、42 个、56 个、70 个、84 个、98 个、112 个和 126 个滤袋共 8 种规格，技术性能参数和规格参数见表 6-42 和表 6-43，尺寸见表 6-44 和图 6-69。

滤袋直径为 $\phi210mm$，长度为 2820mm，过滤面积为 $1.8m^2$。滤袋的过滤气速一般取 $1m^3/(m^2 \cdot min)$，当气体含尘浓度较低时，可取 $1.5m^3/(m^2 \cdot min)$。ZX 型机械振打袋式除尘器的压力损失在气体含尘浓度不超过 $70g/m^3$，气速为 $1.5m^3/(m^2 \cdot min)$ 时，可取 $882Pa(90mmH_2O)$；当气速为 $1.0m^3/(m^2 \cdot min)$ 时，可取 $686Pa(70mmH_2O)$。振打周期为 6min，振打时间为 10s。

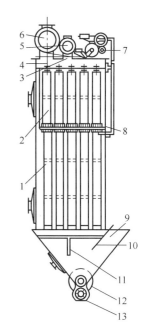

图 6-68　ZX 型机械振打袋式除尘器

1—过滤室；2—滤袋；3—回气管阀；4—排气管阀；5—回气管；6—排气管；7—振打装置；8—框架；9—进气口；10—隔气板；11—电热器；12—螺旋输送机；13—星形阀

表 6-42　ZX 型机械振打袋式除尘器技术性能参数

气体含尘浓度 /(g/m³)	气　速/[m³/(m² · min)]				
	0.8	1.25	1.5	2	2.5
	平均压力损失/Pa(mmH₂O)				
<10	108(11)	245(25)	441(45)	588(60)	980(100)
150～300	470(48)	1078(110)	1862(190)	—	—

表 6-43　ZX 型机械振打袋式除尘器规格参数

项　目		ZX50-28	ZX75-42	ZX100-56	ZX125-70	ZX150-34	ZX175-98	ZX200-112	ZX225-126
滤袋数量/条		28	42	56	70	84	98	112	126
滤袋有效面积/m²		50	75	100	125	150	175	200	225
处理能力 /(m³/h)	$v=1$ [m³/(m² · min)]	3000	4500	6000	7300	9000	10500	12000	13500
	$v=1.5$ [m³/(m² · min)]	4500	6750	9000	11250	13500	15750	18000	20250
压力损失 /Pa (mmH₂O)	$v=1$ [m³/(m² · min)]	686(70)							
	$v=1.5$ [m³/(m² · min)]	882(90)							
振打机构 电动机	型　号	JO41-6							
	功率/kW	1							
	转速/(r/min)	940							
排灰装置 电动机	型号	JTC502							
	功率/kW	1							
	转速/(r/min)	48							
重量/kg		3124	4224	5836	6868	8092	9372	9828	11599

表 6-44　ZX 型机械振打袋式除尘器尺寸和法兰尺寸　　　　　　　　　　　单位：mm

型号	L_1	L_2	L_3	L_4	L_5	H	H_1	H_2	$n \times t$
ZX50-28	1410	1380	1620	2380	650	5772	5458	350	1×1698
ZX75-42	2220	2190	2430	3190	1055	5772	5458	350	1×2508
ZX100-56	3030	3000	3240	4000	1460	5772	5458	350	2×1659
ZX125-70	3840	3810	4050	4810	1856	5772	5458	350	2×2064
ZX150-84	4650	4620	4860	5620	2270	5842	5528	420	2×2469
ZX175-98	5460	5430	5670	6430	2675	5842	5528	420	3×1916
ZX200-112	6270	6240	6480	7240	3080	5882	5568	460	3×2186
ZX225-126	7080	7050	7290	8050	3485	5882	5568	460	3×2456

型号	D_1	D_2	D_3	L	L_1	A	B	t_1	t_2	t_3	n_1	n_2	n_3
ZX50-28	400	470	516	1774	690	1624	600	424	102	110	2	14	6
ZX75-42	400	470	516	2584	690	2434	600	502	102	110	3	16	6
ZX100-56	400	470	516	3394	894	3244	804	553	102	122	4	18	7
ZX125-70	400	470	516	4204	894	4054	804	516	102	122	6	22	7
ZX150-84	500	566	626	5014	894	4364	804	493	102	122	8	26	7
ZX175-98	500	566	626	5824	1090	5674	1000	479	100	150	10	30	7
ZX200-112	600	660	716	6558	1090	6484	1000	504	100	150	11	32	7
ZX225-126	600	660	716	7444	1090	7294	1000	526	100	150	12	34	7

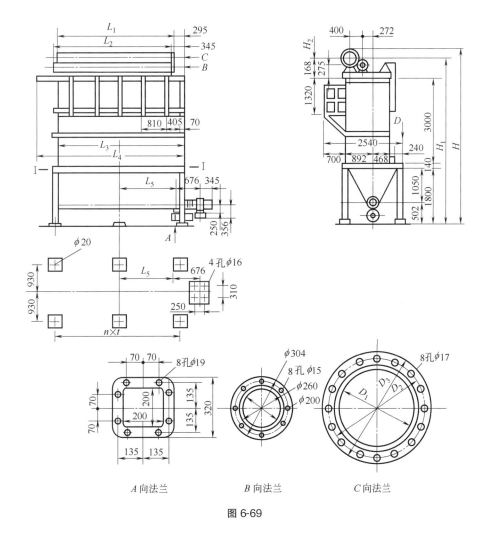

图 6-69

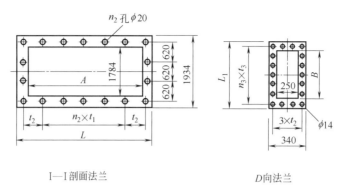

I—I剖面法兰   D向法兰

图 6-69　ZX型机械振打袋式除尘器尺寸

5. 气环反吹袋式除尘器

气环反吹袋式除尘器是以高速气体通过气环反吹滤袋的方法达到清灰目的的袋式除尘器。气环反吹袋式除尘器适用于高浓度和较潮湿的粉尘，也能适应空气中含有水汽的场合，但滤袋极易磨损。

（1）收尘机理

含尘气体由进气口进入上部箱体，然后进入滤袋，净化后的气体通过滤袋进入中部箱体，由下花板两侧的开口至下部箱体，经出气口排出。粉尘被截留在滤袋的内表面，这些粉尘被气环管喷出的高压空气吹落至灰斗中，经排灰阀排出。气环箱由反吹气管与气源相通，由传动装置带动，沿着滤袋上下往复运动，运动速度为 7.8m/min。当气环箱从上向下移动时，气环管上的 0.5～0.6mm 环状狭缝向滤袋内喷吹，滤袋受到空气喷吹，使附着在滤袋

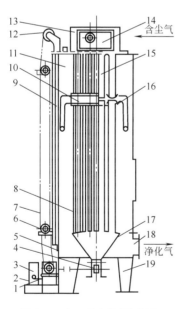

图 6-70　气环反吹袋式除尘器

1—齿轮组；2—减速机；3—传动装置；4—排灰阀；5—下部箱体；6—链轮；7—链条；8—滤袋；9—反吹气管；10—气环箱；11—中部箱体；12—滑轮组；13—上部箱体；14—进气口；15—钢绳；16—气环管；17—灰斗；18—出气口；19—支架

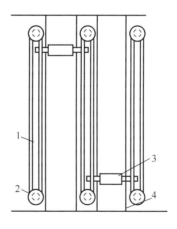

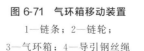

图 6-71　气环箱移动装置

1—链条；2—链轮；
3—气环箱；4—导引钢丝绳

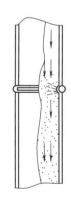

图 6-72　气环吹气

内表面的粗尘顺着自上而下的气流落下，滤袋得到净化（见图 6-70～图 6-72）。

反吹用的高压空气一般采用专门配套的 12-10 型双级高压离心鼓风机，其技术性能参数见表 6-45，也可采用 8-18-11 型 No.5 高压离心鼓风机。如含尘气体浓度较高时，可采用较高的空气压力。当处理较湿的和较黏的粉尘时，反吹空气可预热至 40～50℃，以提高清灰效果。

表 6-45　12-10 型双级高压离心鼓风机技术性能参数

型号	风量 /(m³/h)	风压 /(mmH₂O)	效率/%	轴功率 /kW	配用电机	电机功率 /kW	总重(包括电机)/kg
4.6#	600～1100	710～600	0.65～0.6	3	JO₂41-2	5.5	126
5#	800～1650	840～600	0.68～0.54	5	JO₂42-2	7.5	147

（2）技术性能与选用

1）技术性能

气环反吹袋式除尘器的小型试验技术性能见表 6-46。由表 6-46 可知，过滤气速为 6m/min 时，反吹压力使用 450mmH₂O，进口气体允许含尘浓度可达到 6.5g/m³，即使反吹压力为 350mmH₂O，进口气体允许含尘浓度也可达到 2.6g/m³。而在一般工业除尘中，进口气体含尘浓度均在 5g/m³ 以下，大多为 1～3g/m³，因此过滤气速还有提高的可能。试验证明，过高的过滤气速将加剧滤袋的磨损，对于缝合的滤袋将使接缝崩裂，影响除尘效率。过滤气速一般取 4～6m/min。

表 6-46　气环反吹袋式除尘器小型试验技术性能参数

过滤气速 /(m/min)	比负荷 /[m³/(m²·h)]	反吹压力 /(mmH₂O)	反吹气量百分比/%	进口气体允许最大浓度 /(g/m³)	除尘器压力损失 /(mmH₂O)	除尘效率 /%
2	120	250	10.0	25	120	99.89
		350	15.5	55	120	99.90
		450	—	68	120	99.89
		600	—	70	120	99.85
3	180	250	8.0	16	120	99.80
		350	9.2	24	120	99.90
		450	15.5	28	120	99.79
		600	8.5	35	120	99.85
4	240	250	6.0	6.4	120	99.70
		350	8.7	10.0	120	99.80
		450	11.3	16.0	120	99.60
		600	9.8	20.5	120	99.90
5	300	250	4.7	4.0	120	99.50
		350	7.2	7.5	120	99.70
		450	8.5	11.5	120	99.50
		600	8.9	14.5	120	99.89
6	360	250	—	—	—	—
		350	4.3	2.6	120	99.50
		450	5.2	6.5	120	99.50
		600	7.5	7.5	120	99.85

注：1mmH₂O=9.807Pa。

过滤气速的增加将使除尘效率稍有下降，但均在 95.5% 以上。除尘效率基本上不随除尘工况的改变而变化。

反吹压力主要与过滤气速和气体含尘浓度有关。由表 6-46 可知,过滤气速为 6m/min 时,$250mmH_2O$ 的反吹压力将无法清灰,但当过滤气速为 2m/min 时,使用 $250mmH_2O$ 的反吹压力,则可允许气体含尘浓度达 $25g/m^3$。过高的反吹压力,对除尘效率提高不多,而引起动力消耗显著增加。一般反吹压力采用 $350\sim450mmH_2O$。

反吹气量随过滤气速的增加而减少,并随反吹压力的增高而增加,为提高除尘效率,节约反吹气量,一般应选取较高的过滤气速,反吹气量可取处理气量的 8%~10%。

过滤压力损失应小于 $200mmH_2O$、大于 $25mmH_2O$,一般选用 $76\sim127mmH_2O$,过滤压力损失大于 $200mmH_2O$,滤袋可因受到过大的张力而影响使用寿命。过滤压力损失小于 $25mmH_2O$,则可因滤袋的张力不够,滤袋不能充分鼓起来紧靠吹气环,从而降低清灰效果。

2) 除尘器选用

气环反吹袋式除尘器的规格有 QH-24、QH-36、QH-48 和 QH-72 共 4 种。其中 QH-24 和 QH-36 为单气环箱,QH-48 和 QH-72 为双气环箱,其技术性能参数见表 6-47。

表 6-47 气环反吹袋式除尘器技术性能参数

项　　目	QH-24	QH-36	QH-48	QH-72
过滤面积/m^2	23	34.5	46	69
滤袋数量/条	24	36	48	72
滤袋规格(直径×长度)/mm	$\phi120\times2540$	$\phi120\times2540$	$\phi120\times2540$	$\phi120\times2540$
压力损失/mmH_2O	100~120	100~120	100~120	100~120
除尘效率/%	99	99	99	99
含尘浓度/(g/m^3)	5~15	5~15	5~15	5~15
过滤气速/(m/min)	4~6	4~6	4~6	4~6
处理气量/(m^3/h)	5760~8290	8290~12140	11050~16550	16550~24810
气环箱内压力/mmH_2O	350~450	350~450	350~450	350~450
反吹气量/(m^3/h)	720	1080	1440	2160
配套风机型号	4.6#	4.6#	5#	8-18-11 5#
配套风机用电机型号	JO_2 41-2	JO_2 41-2	JO_2 41-2	JO_2 41-2
配套风机用电机功率/kW	5.5	—	—	—
设备传动功率/kW	1.1	—	—	—
外形尺寸(长×宽×高)/mm	1202×1400×4150	1680×1400×4150	2484×1400×4150	3204×1400×4150
设备重量/kg	1170	1480	1880	2200

6. 扁袋式除尘器

将滤袋的横截面形状做成梯形或楔形的袋式除尘器称为扁袋式除尘器。这种除尘器与圆袋的除尘器相比,在滤布和单位面积上的过滤负荷相同的条件下,其占地面积小,结构紧凑,在单位体积内可以布置较多的过滤面积。以 ZC 型回转反吹扁袋式除尘器为例,介绍其收尘机理及其性能。

(1) 构造及工作原理

1) 构造

ZC 型回转反吹扁袋式除尘器采用圆形体结构,受力均匀,抗爆性能好,结构紧凑。该设备采用高压风机反吹清灰,不受气源条件限制,利用阻力自动控制反吹清灰,节约能源,延长布袋使用寿命。严寒地区室内安装,其他地区都能在室外安装,可广泛用于机械、铸造、矿山、冶炼、建材、粮食、化工等行业。ZC 型回转反吹扁袋式除尘器的基本构造如图 6-73 所示。ZC 型回转反吹扁袋式除尘器由以下四部分组成。

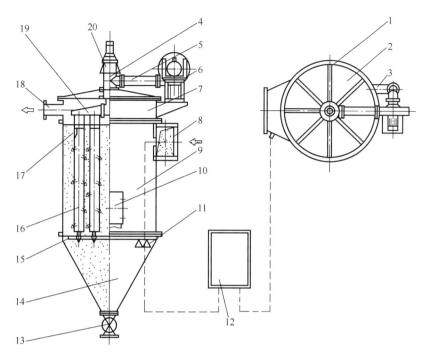

图 6-73 ZC 型回转反吹扁袋式除尘器的基本构造

1—除尘器上托；2—换袋检修门；3—反抽风管；4—减速器座；5—反吹风管；6—反吹风机；7—清洁
室；8—进气口；9—过滤室筒体；10—检修门；11—支座；12—自动控制电控框；13—星形卸料阀；
14—灰斗；15—定位支承架；16—滤袋；17—滤袋框架；18—净化空气出口；19—清灰反吹旋臂；
20—回转臂传动减速器

① 上箱体　包括除尘器上托、清洁室、换袋检修门、净化气出口。

② 中箱体　包括花板、滤袋、滤袋框架、过滤室筒体、进气口、中箱检修门、定位支
撑架。

③ 下箱体　包括灰斗、星形卸料阀、支架。

④ 反吹风清灰机构　包括旋转臂、喷口、分圈反吹机构、反吹风管、反吹风机、旋转
臂减速机构。

2）工作原理

ZC 型回转反吹扁袋式除尘器壳体按旋风除尘器涡旋流型设计能起局部旋转作用。

① 过滤工况　含尘气流切向进入过滤室上部空间。大颗粒及凝聚尘粒在离心力作用下
沿筒壁旋落灰斗。小颗粒尘弥漫于过滤室袋间空隙从而被滤袋阻留，净化空气透过袋壁经花
板汇集于清洁室，由通风机抽吸排放。

② 再生工况　随着过滤的进行，滤袋阻力逐渐增加，当达到反吹风控制阻力上限时，
由差压型变送器发出讯号自动启动反吹风机构工作。

具有足够动量的反吹风气流由旋臂喷口吹入滤袋口，阻挡过滤气流并改变袋内压力工
况，引起滤袋实质性振击，掸落积尘，旋臂分圈逐个反吹，当滤袋阻力降到下限时，反吹风
清灰机构自动停止工作。

图 6-74 为反吹风自动控制系统框图。该系统采用定阻力控制方式，以除尘器阻力作为讯
号控制反吹机构自动启闭工作，取压管设在进气口及出气口上。XWDL-102 型电位计能自记自

控，在间断工作的场合也可采用 U 形压力计指示、手动控制或采用定时控制方式反吹风。

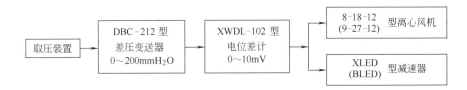

图 6-74　反吹风自动控制系统框图

　　旋转臂回转速度应严格按要求参数选定，推荐选用图中 XLED 型减速器。卸灰斗下口采用星形阀，对一、二圈布置滤袋的除尘器配用 ϕ200mm 星形阀，对三、四圈布置滤袋的除尘器配用 ϕ280mm 星形阀。

　　（2）性能及选用说明

　　回转反吹扁袋式除尘器过滤面积、过滤风速等性能参数按如下选用。

　　1）过滤面积计算式

$$F = \frac{Q}{W} \tag{6-54}$$

式中　F——过滤面积，m^2；

　　　　Q——过滤处理风量，m^3/h；

　　　　W——过滤风速，m/min。

　　2）过滤风速的选定

　　对于过滤温度高（80℃＜t＜120℃）、黏性大、浓度高、颗粒细的含尘气体，建议按低档负荷运行，采用过滤风速 W=1.0～1.5m/min，选用 A 型除尘器。

　　对于过滤常温（t≤80℃）、黏性小、浓度低、颗粒粗的含尘气体，建议按高档负荷运行，采用过滤风速 W=2.0～2.5m/min，选用 B 型除尘器。

　　3）工作阻力

　　常温工况空载运行阻力为 0.3～0.4kPa，负载运行阻力控制范围应与所选用的过滤风速相适应。对于低档运行工况，选用工作阻力 0.8～1.3kPa；对于高档运行工况，选用工作阻力 1.1～1.6kPa。

　　4）过滤效率

　　表 6-48 为生产实测除尘效率，均在 99％以上。由表可知，这种除尘器对煤粉尘及电炉（冷却到 120℃）超细金属氧化物粉尘，排放浓度远低于国家排放标准，可符合超细粉尘的净化要求。

表 6-48　ZC 型回转反吹扁袋式除尘器生产实测除尘效率

粉尘类型	堆积密度/(kg/m³)	进口气体含尘浓度/(g/m³)	除尘效率/%	净化气体含尘浓度/(mg/m³)
电炉超细粉尘	550～650	1.1～5.0	99.2	2.7～38.9
煤粉加热粉尘	—	3.9	99.5	19.5

　　5）入口温度与入口浓度标准

　　采用 208 工业涤纶绒布作为滤袋滤料，设计选用时，建议对稳定高温烟气入口温度不超过 120℃，对不稳定偶尔出现（一般不超过 5min）的高温烟气，在滤袋沾灰条件下，入口温度允许放宽至150℃。

入口浓度高低并不影响过滤效率，但浓度过高会使滤袋过载反吹风频繁动作，影响滤袋寿命。所以入口浓度不宜超过15g/m³（对较粗粉尘可以酌情放宽）。当入口浓度超过上述规定时，应前置一级中效除尘器，预先除掉粗尘粒。

6）滤袋寿命及防爆措施

除尘器选用时应予说明，当使用在易爆气体场合时，箱体及其顶盖应设翻板式防爆门。顶盖及清洁室间必须增设斜销式紧固件。正常使用时，滤袋寿命不小于1年。

用户选用ZC型回转反吹扁袋式除尘器时应注意，对温度高、浓度大、颗粒细的粉尘应选用A型，反之选用B型为宜，如浓度大于15g/m³，前面应加一级旋风除尘器（对于粗颗粒粉尘可酌情放宽）。ZC型回转反吹扁袋式除尘器技术性能参数见表6-49。

表6-49　ZC型回转反吹扁袋式除尘器技术性能参数

规格型号		过滤面积/m²	过滤速度/(m/min)	处理风量/(m³/h)	袋长/m	圈数/个	袋数/条	效率/%	阻力/Pa	外形尺寸(直径×高)/mm	重量/kg
ZC-24/2	A	38	1.0~1.5	2280~3420	2.0	1	24			φ1690×4370	1916
	B	38	2.0~2.5	4560~5700	2.0	1	24			φ1690×4370	1916
ZC-24/3	A	57	1.0~1.5	3420~5130	3.0	1	24			φ1690×5370	2086
	B	57	2.0~2.5	6840~8550	3.0	1	24			φ1690×5370	2086
ZC-24/4	A	79	1.0~1.5	4740~7110	4.0	1	24			φ1690×6370	2263
	3B	79	2.0~2.5	9480~11850	4.0	1	24	>99	>120	φ1690×6370	2263
ZC-72/2	A	114	1.0~1.5	6840~10260	2.0	2	72			φ2530×5030	4150
	B	114	2.0~2.5	13650~17100	2.0	2	72			φ2530×5030	4150
ZC-72/3	A	170	1.0~1.5	10200~15500	3.0	2	72			φ2530×6030	4868
	B	170	2.0~2.5	20400~25500	3.0	2	72			φ2530×6030	4868
ZC-72/4	A	228	1.0~1.5	13680~20520	4.0	2	72			φ2530×7030	5587
	B	228	2.0~2.5	27360~34200	4.0	2	72			φ2530×7030	5587
ZC-144/3	A	340	1.0~1.5	20400~30600	3.0	3	144			φ3530×7145	8900
	B	340	2.0~2.5	40800~51000	3.0	3	144			φ3530×7145	8900
ZC-144/4	A	350	1.0~1.5	27000~40500	4.0	3	144			φ3530×8145	11760
	B	350	2.0~2.5	54000~67500	4.0	3	144			φ3530×8145	11760
ZC-144/5	A	569	1.0~1.5	34140~51210	5.0	3	144			φ3530×9145	14280
	B	569	2.0~2.5	68280~85350	5.0	3	144	>99	<120	φ3530×9145	14280
ZC-144/4	A	760	1.0~1.5	45600~68400	4.0	4	240			φ4380×9060	16100
	B	760	2.0~2.5	91200~114000	4.0	4	240			φ4380×9060	16100
ZC-144/5	A	950	1.0~1.5	57000~85500	5.0	4	240			φ4380×10370	18270
	B	950	2.0~2.5	114000~142500	5.0	4	240			φ4380×10370	18270
ZC-144/6	A	1140	1.0~1.5	68400~102600	6.0	4	240			φ4380×11870	20039
	B	1140	2.0~2.5	136800~171000	6.0	4	240			φ4380×11870	20039

7. 其他常用袋式除尘器选型

（1）UF型袋式除尘器

UF型袋式收尘器（Uni-filter）是引进美国富乐公司的一种小型袋式收尘器。这种UF型袋式收尘器经济实用，结构简单紧凑，安装容易，维修方便，主要用于库顶、库底、仓顶及各种输送机等排放和扬尘点收尘。

UF型袋式收尘器采用涤纶布袋，入口温度<120℃，除尘效率达99.8%。如有特殊用途可采用耐温、耐腐蚀滤料的UF型袋式收尘器。UF型袋式收尘器结构见图6-75，技术性能参数及尺寸见表6-50及表6-51。

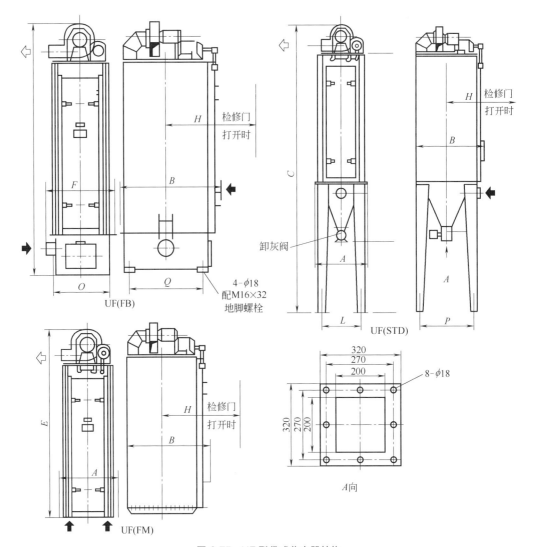

图 6-75　UF 型袋式收尘器结构

表 6-50　UF 型袋式收尘器技术性能参数

规格号		2	3	4	5	6	7
处理风量 /(m³/h)	最大	1360	2720	4080	5350	6800	8160
	额定	1020	2040	3060	4080	5100	6120
收尘器阻力 /Pa	最大	1920	1900	1800	1920	1900	2030
	额定	1500	1750	1500	1845	1720	1820
总过滤面积/m²		18.6	37.2	55.7	74.3	92.9	111.5
滤袋组数/个		8	16	24	32	40	48
风机电机型号		Y90S-2	Y90S-2	Y112M-2	Y132S1-2	Y132S1-2	Y132S1-2
摇动电机型号		YCJ71					
风机型号		U、11	110、1E	110、1E	170、1E	170、1E	170、1E
卸灰阀电机型号		XWD. 55-2-1/29					
风机电机功率/kW		1.5	2.2	4.0	5.5	5.5	7.5
摇动电机功率/kW		0.55	0.55	0.55	0.75	0.75	0.75
卸灰阀电机功率/kW		0.55	0.55	0.55	0.55	0.55	0.55
设备重量 (参考)/kg	UF(STD)	850	1160	1400	1710	1820	1985
	UF(FM)	400	700	1000	1225	1315	1445
	UF(FB)	460	770	1500	无	无	无

表 6-51　UF 袋式收尘器尺寸　　　　　　　　　　　　　单位：mm

规格号	A	B	C	D	E	F	G	H	I	J
2	816	1067	4620	150	2520	865	2990	1130	730	1036
3	1426	1067	5168	200	2800	1475	3275	1130	994	1040
4	2032	1067	5715	250	2800	2081	3278	1130	1521	1096
5	1426	2134	6195	300	3250			1600	1521	1090
6	1728	2134	6195	350	3250			1600	1521	1090
7	2032	2134	6145	400	3250			1600	1521	1373

规格号	K	L	M	O	P	Q	R	S	T	U
2	178	636	2070	768	940	890	815	9	1016	22
3	203	1246	2070	1373	940	890	1120	9	1016	20
4	228	1854	2070	1990	940	890	1120	18	1016	20
5	254	1246	2070		1354		2032	18	1930	26
6	280	1550	2070		1854		2032	18	1930	26
7	305	1854	2070		1854		2032	18	1930	26

（2）HD 型布袋式除尘器

HD 型布袋式除尘器是专为水泥厂库顶、库底、皮带输送及局部尘源除尘而设计的，也可以用于其他行业局部尘源的除尘，具有体积小、处理风量大、结构紧凑、使用方便可靠等优点。

HD 型布袋式除尘器系列一般有 6 种规格，每种规格又包括 A、B、C 3 种型号，A 型设灰门、B 型设抽屉、C 型既不设灰门也不带抽屉，下部根据要求直接配接在库顶、料仓、皮带运输转运处等扬尘设备上就地除尘，粉尘直接回收。

HD 型布袋式除尘机组除广泛应用于水泥行业外，还可用于铸造行业、陶瓷工业、玻璃工业、砂轮制造、化工制品、机械加工等行业的除尘。该产品对相对密度较大的金属切削、铸造用砂等和中等相对密度的粉尘，如水泥、陶瓷原料粉尘、石膏粉、石棉粉、炭粉、颜料、胶木粉、塑料粉等，以及相对密度较轻的木工加工等粉尘均有良好除尘效果，排放浓度保证达到国家排放要求之下。HD 型布袋除尘器结构见图 6-76，技术性能参数及尺寸见表 6-52 及表 6-53。

表 6-52　HD 型布袋式除尘器技术性能参数

型号	HD8924 (A、B、C)	HD8932 (A、B、C)	HD8948 (A、B、C)	HD8956 (A、B、C)	HD8964 (A、B、C)	HD8964L (A、B、C)	HD8980 (A、B、C)
处理风量/(m³/h)	1000~1500	1500~2000	2000~3000	3000~3480	3480~4200	4200~5200	5200~6000
除尘器阻力/Pa	1200	1200	1200	1200	1200	1200	1200
过滤面积/m²	10	14.48	20	25	29.0	35	40
过滤风速/(m/min)	<2.5						
除尘效率/%	>99.9						
风机功率/kW	3	3	5.5	5.5	835	8.5	11.0
清灰电机功率/kW	0.25	0.25	0.25	0.37	0.37	0.37	0.37
风机电机型号	Y9L00-2	Y100L-2	Y232S1-2	Y132S1-2	Y132S2-2	Y132S2-2	Y169M1-2
清灰电机型号	$AQ_2$7114	$AQ_2$7114	$AQ_2$7124	AQ_2-7124	AQ_2-7124	$AQ_2$7124	Y801-4
A 型重量/kg	680	756	893	987	1103	1986	1210

（3）PL 型单机除尘器

PL 型单机除尘器是国内较先进的除尘设备，该设备由风机、滤芯式过滤器、集尘器三部分组成。PL 型单机布袋式除尘器的滤筒选用进口聚酯纤维制造而成，具有除尘效率高、收集粉尘细、外形尺寸小、安装维修方便、使用寿命长等诸多优点。

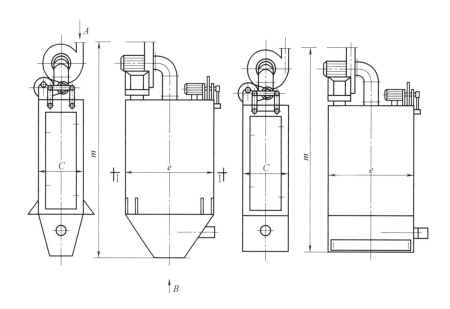

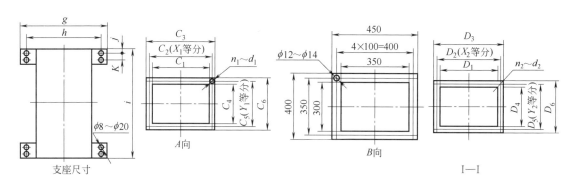

图 6-76　HD 型布袋式除尘器结构

表 6-53　HD 型布袋式除尘器尺寸

型号规格	尺寸/mm																
	a	b	c	d	e	f	g	h	i	j	k	l	m	n	o	p	q
HD8924 (A,B,C)	1734	454	560	150	820	1996	860	800	810	40	70	175	2450	286	280	1394	455
HD8932 (A,B,C)	1730	510	560	150	1080	1990	860	800	1070	40	70	175	2500	286	323	1386	561
HD8948 (A,B,C)	1754	660	820	200	1080	2150	1120	1060	1070	40	70	200	2765	287	362	1394	585
HD8956 (A,B,C)	1977	680	1080	200	950	2114	1380	1320	940	40	70	200	2794	287	362	394	520
HD8964 (A,B,C)	1754	680	1080	250	1080	2114	1380	1320	1070	40	70	200	2794	287	362	1694	520
HD8964L (A,B,C)	2010	680	1080	250	1080	2370	1380	1320	1070	40	70	200	3050	287	356	1634	585
HD8980 (A,B,C)	2110	850	1080	250	1340	2510	380	1320	330	40	70	230	3360	322	397	1700	720

型号规格	尺寸/mm																			
	C_1	C_2	C_3	C_4	C_5	C_6	n_1	d_1	X_1	Y_1	D_1	D_2	D_3	D_4	D_5	D_6	n_2	d_2	X_2	Y_2
HD8924 (A,B,C)	128	160	182	92	126	148	14	7	4	3	820	870	910	560	610	650	30	12	10	5
HD8932 (A,B,C)	128	160	182	92	126	148	14	7	4	3	1080	1130	1170	560	610	650	30	12	10	5
HD8948 (A,B,C)	196	228	250	128	165	184	14	7	4	3	1080	1130	1170	820	868	910	31	12	10	7
HD8956 (A,B,C)	196	228	250	128	165	184	14	7	4	3	950	1000	1040	1080	1130	1170	36	12	10	8
HD8964 (A,B,C)	196	228	250	128	165	184	14	7	4	3	1080	1130	1170	1080	1130	1170	40	12	10	10
HD8964L (A,B,C)	196	228	250	128	165	184	14	7	4	3	1080	1130	1170	1080	1130	1170	40	12	10	10
HD8980 (A,B,C)	221	252	275	144	177	200	14	7	4	3	1340	1400	1440	1080	1130	1170	40	12	10	10

PL 型系列产品广泛应用于铸造工业、陶瓷工业、玻璃工业以及耐火材料、水泥建材、砂轮制造、化工制品、机械加工等行业除尘。该产品对密度较大的金属切屑、铸造用砂，如车床、磨床、铣床、砂轮机、抛光机等，对中等密度的粉尘，如水泥、陶瓷粉、石膏粉、炭粉、颜料、胶木粉、塑料粉等，以及密度较小的非纤维性粉尘均有良好的除尘效果，效率大于 99.5%。PL 型系列单机除尘器结构见图 6-77。技术性能参数及主要尺寸见表 6-54～表 6-56。

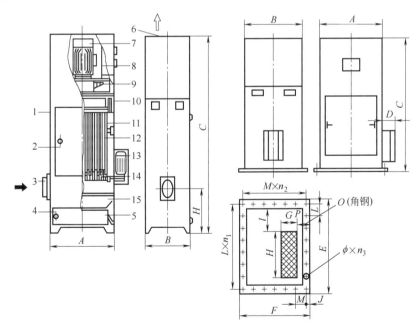

图 6-77　PL 型系列单机除尘器结构

1—壳体；2—检修门；3—进风口；4—出灰门；5—抽屉；6—洁净空气出口；7—电机；8—电器制装置；9—风机；10—过滤器紧定螺丝；11—扁布袋；12—钢丝网；13—振打清灰电机；14—隔袋件；15—灰斗

表 6-54　PL-A 型系列单机除尘器技术性能参数

型号规格	PL-800/A	PL-1100/A	PL-1600/A	PL-2200/A
风量/(m³/h)	800	1100	1600	2200
资用压力/mmH₂O	80	85	85	100
过滤面积/m²	4	7	10	12
进气口尺寸/mm	$\phi120$	$\phi140$	$\phi150$	$\phi200$
进气口中心离底距/mm	318	345	418	433
风机电机功率/kW	1.1	1.5	2.2	3
清灰电机功率/kW	0.18	0.18	0.18	0.18
过滤风速/(m/min)	3.33	2.62	2.66	3.05
净化效率/%	>99	>99	>99	>99
灰箱容积/L	20	30	40	40
噪声/dB(A)	<75	<75	<75	<75
外形尺寸(A×B×C)/mm	530×520×1300	700×580×1400	740×580×1913	720×630×1696
重量/kg	400	550	600	730
型号规格	PL-2700/A	PL-3200/A	PL-3500/A	PL-6000/A
风量/(m³/h)	2700	3200	3500	6000～8000
资用压力/mmH₂O	120	100	100	150～120
过滤面积/m²	13.6	15.3	21.5	30
进气口尺寸/mm	200×250	200×300	200×350	220×350
进气口中心离底距/mm	458	478	478	1295
风机电机功率/kW	4	4	5.5	7.5
清灰电机功率/kW	0.18	0.18	0.18	0.55
过滤风速/(m/min)	3.30	3.48	3.49	3.33×4.5
净化效率/%	>99	>99	>99	99.5
灰箱容积/L	55	55	70	105
噪声/dB(A)	<75	<75	<75	<80
外形尺寸(A×B×C)/mm	760×680×1798	790×700×1888	900800×2028	120×900
重量/kg	850	980	1040	1200

表 6-55　PL-B 型系列单机除尘设备技术性能参数

型号规格	PL-800/B	PL-1100/B	PL-1600/B	PL-2200/B
风量/(m³/h)	800	1100	1600	2200
资用压力/mmH₂O	>80	>85	>85	>100
过滤面积/m²	4	7	10	12
风机电机功率/kW	1.1	1.5	2.2	3
清灰电机功率/kW	0.18	0.18	0.18	0.18
过滤风速/(m/min)	3.33	2.62	2.66	3.05
净化效率/%	>99.5	>99.5	>99.5	>99.5
噪声/db(A)	<75	<75	<75	<75
外形尺寸(A×B×C)/mm	530×520×1040	700×580×1100	740×580×1240	720×660×1330
底法兰寸(E×F)/mm	598×588	768×648	826×666	806×746
重量/kg	280	330	470	600
型号规格	PL-2700/B	PL-3200/B	PL-3500/B	PL-6000/B
风量/(m³/h)	2700	3200	3500	6000～8000
资用压力/mmH₂O	>120	>100	>100	>150～120
过滤面积/m²	13.6	15.3	21.5	25
风机电机功率/kW	4	4	5.5	7.5
清灰电机功率/kW	0.18	0.18	0.37	0.55
过滤风速/(m/min)	3.30	3.48	3.40	3.33～4.5
净化效率/%	>99.5	>99.5	>99.5	>99.5
噪声/db(A)	<75	<75	<75	<80
外形尺寸(A×B×C)/mm	760×680×1380	790×700×1420	900×800×1550	1200×900×1720
底法兰寸(E×F)/mm	864×784	894×804	1004×905	1102×1002
重量/kg	520	615	815	1190

注：1. 资用压力指 PL 单机除尘器可供使用的压力，是 PL 型系列单机除尘器进气口实测静压的绝对值。

2. 净化效率大于 99.5% 是用于中位径 $100\mu m$ 的滑石粉测定数值，测定值最低为 99.62%，平均为 99.6%。

3. PL 型系列单机除尘器风量是在资用压力时的吸风量。

表 6-56　PL 型系列单机除尘器主要尺寸　　　　　　　　　单位：mm

型号	A	B	C	D	E	F	G	H	I	$L \times n_1$	$M \times n_2$	$\phi \times n_3$	O	P
PL-800	530	520	1030	135	598	588	130	260	220	112×5	110×5	$\phi 9 \times 20$	$<40 \times 4$	50
PL-1100	700	580	1100	135	768	648	140	290	360	146×5	122×5	$\phi 9 \times 20$	$<40 \times 4$	50
PL-1600	740	580	1240	135	826	666	150	450	240	129×6	123×5	$\phi 9 \times 22$	$<50 \times 5$	50
PL-2200	720	660	1330	135	806	746	170	430	240	126×6	116×6	$\phi 9 \times 24$	$<50 \times 5$	50
PL-2700	760	680	1380	135	864	784	180	490	250	135×6	122×6	$\phi 11 \times 24$	$<60 \times 6$	60
PL-3200	790	700	1420	135	894	804	190	480	250	140×6	125×6	$\phi 11 \times 24$	$<60 \times 6$	60
PL-4500	900	800	1560	160	1004	904	230	580	250	118×8	106×8	$\phi 11 \times 32$	$<60 \times 6$	60
PL-6000	1200	900	1740	160	1302	1002	315	360	737	124×10	118×8	$\phi 11 \times 36$	$<60 \times 6$	130

（4）CXS 型玻纤袋式除尘器

CXS 型玻纤袋式除尘器在 260℃ 以下高含尘浓度烟气条件下，能长期高效运行，收尘效率可稳定在 99.8% 以上。有正压、负压两种，采用自动缩袋清灰，并配有微处理机控制装置，定时清灰、定阻清灰均可，能在不停机情况下进行维修而不影响生产。

CXS 型玻纤袋式收尘器广泛应用于水泥、电力、冶金、炭黑等工业废气的净化，如水泥回转窑、箅式冷却机、烘干机、电站锅炉、石灰窑、冶金烧结机和电弧炉等的烟尘处理。CXS 型玻纤袋式除尘器技术性能参数见表 6-57。

表 6-57　CXS 型玻纤袋式除尘器技术性能参数

型号	CXS-X-4	CXS-X-6	CXS-X-8
处理风量/(m^3/h)	30000～40000	50000～60000	70000～80000
过滤面积/(m^2/单元)	345	345	345
单元数/个	4	6	8
总过滤面积/m^2	1382	2070	2760
滤袋规格/(mm×mm)	$\phi 0.25 \times 10$	$\phi 0.25 \times 10$	$\phi 0.25 \times 10$
滤袋总数/条	176	264	352
滤袋数量/条	44	44	44
过滤风速/(m/min)	0.36～0.48	0.40～0.48	0.48～0.428
净过滤风速/(m/min)	0.48～0.64	0.48～0.58	0.48～0.55
外形尺寸(长×宽×高)/mm	9.6×8.2×22.1	14.4×8.2×22.1	19.2×8.2×22.1
总重量/t	60	70	80

型号	CXS-Z-8	CXS-Z-12	CXS-Z-12-1	CXS-Z-16	CXS-Z-16-1
处理风量/(m^3/h)	30000～40000	90000～100000	110000～120000	130000～140000	150000～160000
过滤面积/(m^2/单元)	345	345	311	311	311
单元数/个	4 室 8 单元	6 室 12 单元	6 室 12 单元	8 室 16 单元	8 室 16 单元
总过滤面积/m^2	2760	3732	4140	4976	5529
滤袋规格/(mm×mm)	$\phi 0.25 \times 10$	$\phi 0.25 \times 9$	$\phi 0.25 \times 10$	$\phi 0.25 \times 9$	$\phi 0.25 \times 10$
滤袋总数/条	352	528	528	704	704
滤袋数量/条	44	44	44	44	44
过滤风速/(m/min)	0.42～0.48	0.4～0.45	0.44～0.48	0.44～0.47	0.45～0.48
净过滤风速/(m/min)	0.48～0.55	0.44～0.48	0.48～0.53	0.46～0.5	0.48～0.52
外形尺寸(长×宽×高)/mm	9.6×12.3×22.1	14.4×12.3×22.1	14.4×12.3×22.1	19.2×12.3×22.1	18.2×12.3×22.1
总重量/t	115	115	120	130	145

（5）LHF 型回转反吹袋式除尘器

LHF 型系列回转反吹袋式除尘器是将旋风除尘机理和过滤式除尘机理有机组合，采用大气或回转风反吹方式进行清灰的新型除尘装置。LHF 型回转反吹袋式除尘器具有以下特点。

① 将旋风除尘和过滤式除尘两种机理合理组合。避免了高速含尘气流直接冲刷滤袋，延长滤袋使用寿命；处理高浓度含尘气流无须设计初级除尘装置，简化了工艺，节省了材料；系统阻力小，能耗低，结构紧凑。

② 清灰原理独特，清灰效果好。反吹清灰气源引自净化后的清洁气流，缩小了反吹气流和除尘器内部气流的温差，使结露现象降到最低限度；在反吹旋臂的喷嘴上，设置了能上下升降的屏蔽托板，并始终能贴在花板上滑动，解决了反吹风量的漏损；屏蔽托板实现吸、停、吹三状态清灰功能，并避免了相邻滤袋间清灰时粉尘的往复附着。

③ 骨架分节组合，滤袋安装及更换方便。

④ 除尘系统实行自动控制，操作管理极为方便。

⑤ 若主风机有剩余压力，可节省反吹风机。

该除尘器广泛应用于矿山、冶金、机械制造、铸造、化工、造纸、耐火材料、水泥、石棉、工业窑炉等行业的物料回收、烟气粉尘的治理。LHF 型回转反吹袋式除尘器技术性能参数见表 6-58。

表 6-58　LHF 型回转反吹袋式除尘器技术性能参数

型号规格		过滤面积 /m²	滤袋参数			过滤速度 /(m/min)	处理风量 /(m³/h)	清灰机构	
			滤袋规格 /(mm×mm)	数量 /只	圈数 /个			减速机	反吹风机 (切换阀)
LHF-060	A B C	60	800×2250	30	1	0.5～1 1～1.5 1.5～2	1800～3600 3600～5400 5400～7200	BWY15-29- 1.1kW	9-19No 4A 2.2kW (MQ1-15kg 1kW)
LHF-080	A B C	80	800×3000	30	1	0.5～1 1～1.5 1.5～2	2400～4800 4800～7200 7200～9600		
LHF-120	A B C	120	800×2250	66	2	0.5～1 1～1.5 1.5～2	3600～7200 7200～10800 10800～14000		
LHF-160	A B C	160	800×3000	66	2	0.5～1 1～1.5 1.5～2	4800～9600 9600～14400 14400～19200		
LHF-240	A B C	240	800×2250	128	3	0.5～1 1～1.5 1.5～2	7200～14400 14400～21600 21600～28800	BWY18-29- 2.2kW	9-19 No 4A 3kW (MQ1-15kg 1kW)

（6）LZDF 型组合式大气反吹扁袋式除尘器

LZDF 型组合式大气反吹扁袋式除尘器集"沉降、过滤、清灰"三态于一体，运行机构简单，操作方便，结构紧凑，清灰能耗低，滤袋使用寿命长，维修简单，适用于建材、化工、冶金、矿山、机械制造、粮食加工及工业窑炉等行业的物料回收、粉尘治理、烟气净化。LZDF 型组合式大气反吹扁袋式除尘器技术性能参数见表 6-59。

8. 滤袋制作与配件

滤袋是袋式除尘器的核心配件。滤袋尺寸的设计、滤料裁剪和滤袋的加工制作都有严格的要求。这些要求对袋式除尘器的正常运行和方便维护，以及对延长滤袋使用寿命具有重要意义。

表 6-59　LZDF 型组合式大气反吹扁袋式除尘器技术性能参数

型号规格	过滤面积 /m²	室数 /个	袋数 /只	过滤速度 /(m/min)	处理风量 /(m³/h)	清灰动力	
						反吹风机	每室切换机构
LZDF-4×22.5	90	4	72	0.8～2	4320～10800	9-19No-4A 3kW	MQ1-15kg 400VA
LZDF-4×30	120	4	96	0.8～2	5760～14400		
LZDF-5×30	150	5	120	0.8～2	7200～18000		
LZDF-6×30	180	6	144	0.8～2	8640～21600		
LZDF-7×30	210	7	168	0.8～2	10800～25200		
LZDF-8×30	240	8	192	0.8～2	11520～28800		
LZDF-9×30	270	9	216	0.8～2	12960～32400		
LZDF-10×30	300	10	240	0.8～2	14400～36000		
LZDF-11×30	330	11	264	0.8～2	15840～39600		
LZDF-12×30	360	12	288	0.8～2	17280～43200		
LZDF-13×30	390	13	312	0.8～2	18720～46800		
LZDF-14×30	420	14	336	0.8～2	20160～50400		
LZDF-15×30	150	15	360	0.8～2	21600～54000		

（1）滤袋的组成和分类

1）滤袋组成

脉冲袋式除尘器的滤袋配件有文氏管、框架、袋口弹性圈等。外滤脉冲袋式除尘器配件布置如图 6-78 所示。

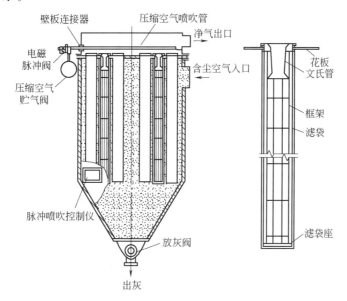

图 6-78　外滤脉冲袋式除尘器配件布置

2）滤袋的分类

① 按横断面形状分类　按滤袋横断面形状可分为以下三类。

a. 圆形滤袋。滤袋为圆筒形，按长度不同又分为长袋和短袋，其规格用直径×长度（φ×L）表示。

b. 扁形滤袋。其中包括矩形和梯形，其规格用周长×长度（P×L）表示。

c. 异形滤袋。形状特异的滤袋，其规格以其构造的特征参数表示。

② 按滤袋的滤气方向分类　按滤袋的滤气方向可分为以下两类。

a. 外滤式。迎尘面在滤袋外侧，含尘气流由滤袋外侧流向滤袋的内部，粉尘层聚积在滤袋的外表面。外滤式包括圆袋和扁袋。

b. 内滤式。迎尘面在滤袋内侧,含尘气流由滤袋内侧流向滤袋的外侧,粉尘层聚积在滤袋的内表面。内滤式一般为圆袋。

(2) 滤袋的规格

1) 滤袋的规格尺寸

① 外滤式圆形滤袋的直径为 114～200mm,长度为 2～9m,常用的规格是直径为 120～160mm,长度为 2～6m。

② 内滤式圆形滤袋一般直径为 130～300mm,长度为 1800～12000mm。

③ 扁形滤袋多为外滤式,规格多为 1000mm×2000mm,较大的可达 2000mm×2000mm。

滤袋规格的标准化对合理应用滤料(不浪费或少浪费边角料)和加工工作与自动化生产都十分重要,但滤袋的设计往往根据工艺要求而品种很多,常用规格的滤袋见表 6-60～表 6-62。

表 6-60　圆形滤袋规格　　　　　　　　　　　单位: mm

类别	直径 ϕ	长度 L	主要适用
外滤式	115～120	2000～2500	脉冲喷吹袋式除尘器
	130～140	3000～7000	
	140～150	3000～9000	
	150～160	3000～6000	
内滤式	160	4000,6000	分室反吹袋式除尘器
	260	7000,8000	
	300	10000～12000	

表 6-61　扁形滤袋规格　　　　　　　　　　　单位: mm

周长 P	长度 L	主要适用
800	2000,3000,4000	回转反吹袋式除尘器
900	5000,6000	

表 6-62　信封形滤袋规格　　　　　　　　　　　单位: mm

长×宽×高	主要适用
1500×750×25	旁插式袋式除尘器

2) 滤袋尺寸偏差

① 圆形滤袋尺寸偏差　如前所述,对于圆形滤袋以其内直径的实测值($P/2$)及名义值($P_0/2$)之差作为圆形滤袋半周长的偏差。国家标准对不同规格圆滤袋半周长偏差的规定见表 6-63,但是在实际应用中外滤式圆形袋因中间安装袋笼,所以不允许给负偏差,设计加工时要注意。

表 6-63　圆形滤袋半周长极限偏差　　　　　　　　　　　单位: mm

滤袋直径	半周长极限偏差 ΔA
120	+1.0
160	−1.0
180	
200	+1.5
220	−1.0
250	+2.0
280	−1.0
300	

圆形滤袋半周长偏差按如下方法测量。如图 6-79 所示，将滤袋叠合展开；在滤袋上口和下口各测一处，中间每隔 1.5m 补测一处滤袋的半周长 $P/2$；计算滤袋的名义半周长 $P_0/2$。

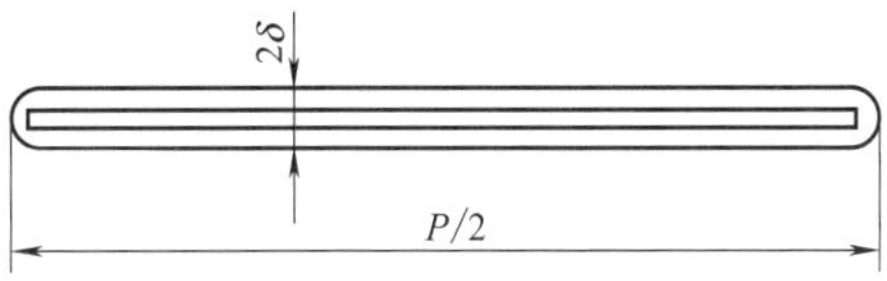

图 6-79 滤袋半周长测量法

圆形滤袋半周长偏差 ΔA 为

$$\Delta A = \frac{P}{2} - \frac{P_0}{2} \tag{6-55}$$

$$P_0 = \pi(D + 2\delta) \tag{6-56}$$

式中 D——滤袋的名义内径，mm；

δ——滤袋的厚度，mm。

圆形滤袋的长度规格及极限偏差见表 6-64。由于外滤式圆形中间安装袋笼的尺寸要求，这种袋不应有负偏差。

表 6-64 圆形滤袋的长度规格及极限偏差　　　　　　　　单位：mm

过滤方式	滤袋直径	最大长度	长度极限偏差
外滤式	120～300	1000～4000	±20
内滤式	210～300	400	±40

对于外式滤袋来说，因为滤袋要装在花板上，中间放进袋笼，所以滤袋口与花板、袋笼的配合处有更为严格的尺寸要求，极限偏差更小。

② 扁形滤袋尺寸偏差　对于扁形滤袋，按其周长确定其规格，其内周长及长度的极限偏差见表 6-65。

表 6-65 扁形滤袋规格及极限偏差　　　　　　　　单位：mm

滤袋周长	滤袋内周长极限偏差	滤袋长度递增规律	最大长度	滤袋长度极限偏差
500	+6	300 倍增	6600	+20
	−3			
500～1000	+8			
	−4			
>1000	+10			
	−4			

(3) 滤袋的加工制作

1) 滤袋加工应注意的事项

在选定了滤袋所用滤料形状和确定了滤袋的规格之后，加工过程中应注意如下事项。

① 精确设计滤袋各部分所需滤布的尺寸，滤布实际用量比设计尺寸大，留有余地。

② 正确选用所需滤袋的配件，确定其规格并检查其质量，滤袋的配件应与滤袋质量要求相匹配。

③ 滤袋划线、下料、剪裁、缝制最好在自动生产线上进行，当滤袋手工加工时应展开于操作平台上，并施以一定的拉力以保持其平整。

④ 加工过程要严格执行质量标准，按设计图纸和操作工艺进行。操作者应穿着符合要求的工装服装和鞋帽，严格禁止吸烟。

⑤ 操作者应本着质量第一，信誉至重的原则对本人加工的产品负责，并逐一检验，把废、残、次品消灭在源头。

2) 滤袋的缝制

① 材质　滤袋缝线材质在一般情况下，应与滤料的材质相同。特殊情况下需使用不同于滤料材质的缝线时，所用缝线的强力、耐热和耐化学物质等性能应优于与滤料同材质的缝线。

② 滤袋缝线行数　滤袋袋身纵向缝线必须牢固、平直，且不得少于3条。袋底和袋口可按不同要求用单针或双针缝合。滤袋缝合的针密与滤袋材质有关，在保证缝合处的严密性和缝合强度下不漏粉尘，又不得损伤滤料本身的强度。化纤滤料滤袋针密10cm内（25±5）针；玻璃纤维滤料滤袋的针密就不能过大。滤袋缝合宽度与滤料材质有关，一般为9～12cm。最外缝针与滤料边缘的距离：针刺毡为2～3mm，玻璃纤维滤料为5～8mm。除缝制外，滤袋还有用胶黏合的方法，黏合质量要求与缝制是一样的。

滤袋缝制后应按设计要求进行检查和整理，消除表面的折痕、脏污和油垢。对于用覆膜滤布缝合的滤袋，除严格要求所用针号、控制针密和操作程序外，还要用专用的材料修补全部针孔。

3）滤袋的检验

滤袋生产企业应根据国家标准、行业标准以及企业标准，由企业质量监督部门按批确定抽检的项目和抽检的比例。一般滤袋按批抽检的比例为5%～20%，对要求较高的滤袋按批抽检比例应达15%以上。

出厂产品应按订货合同要求对加工滤袋用滤料、缝线及滤袋的各种配件严格进行出厂检验，发现问题应整改后方可出厂。

对于耐温、耐酸碱腐蚀和防静电的滤袋，需专检相关内容。

4）滤袋的包装和贮运

① 滤袋的包装　不同类型的滤袋必须单独包装，一般是每只滤袋用塑料袋装好，若干滤袋装一纸箱。滤袋必须整齐排列、有规律地包装，对于有防瘪环的滤袋要避免环受压变形；对于需保持形态的滤袋（如玻璃纤维针刺毡滤袋）则需采取袋内填物，装箱包装。

② 滤袋标志　包装箱（或包装袋）的外部应有印刷标志，内容包括：厂名、产品的名称、型号、规格、质量等级和出厂日期等。

③ 贮存和运输　产品要存放在通风干燥、不受日晒的常温地带，与地面和墙壁的距离不小于300mm，每批产品的垛间要保留足够的（>700～1000mm）通道，房内不得有火源和高温物体。库房内要按防火要求贮备足够数量的消防器械并定期检验。

产品在运输过程中，要预防雨淋、浸水沾污。

（4）脉冲除尘器滤袋骨架

1）滤袋骨架（又称框架、袋笼）

脉冲喷吹清灰等外滤式滤袋均是气流由滤袋外部向滤袋内部流动，因而滤袋必须设有骨架，才能保证滤袋的形状。不同形式骨架见图6-80。

① 弹簧式骨架　滤袋骨架随着滤袋的加长而加长（有效长度为6～9m），按需要可采用二段式、三段式或弹簧式。弹簧式特别适用于封头内置换滤袋，弹簧式滤袋骨架见图6-81，弹簧式滤袋骨架尺寸见表6-66。

② 栅栏式骨架　栅栏式骨架采用6～12根直径4mm的10#钢丝焊成，骨架长度一般为2～6m，圆环间距为210～700mm，表面应光滑无毛刺。如在腐蚀性介质中工作，应采用镀锌处理或防腐涂料。图6-82为脉冲滤袋的钢筋栅栏式骨架，目前国内大部分脉冲滤袋骨架均采用此种形式。

图 6-80　不同形式骨架

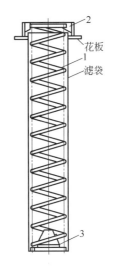

图 6-81　弹簧式滤袋骨架

1—弹簧；2—支架；3—配重

表 6-66　弹簧式滤袋骨架尺寸

型号	滤袋直径 ϕ/mm	钢丝直径 ϕ/mm	滤袋长度 /m	压缩长度/mm				质量/kg			
				6m	7m	8m	9m	6m	7m	8m	9m
120	120	3.0	6,7,8,9	478	541	604	667	5.6	6.0	6.4	6.8
130	130	3.0	6,7,8,9	478	541	604	667	5.8	6.2	6.7	7.1
140	140	3.0	6,7,8,9	478	541	604	667	5.9	6.4	6.9	7.4
150	150	3.5	6,7,8,9	544	618	692	766	7.6	8.3	9.0	9.7
160	160	3.5	6,7,8,9	544	618	692	766	7.7	8.4	9.2	9.9

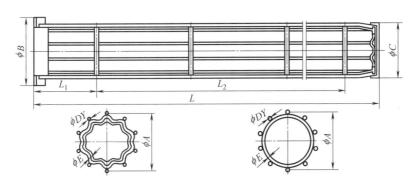

图 6-82　脉冲滤袋的钢筋栅栏式骨架

袋笼的竖筋按下式计算。

$$n = \frac{\pi \phi}{K} \tag{6-57}$$

式中　n——竖筋数量，根；

　　　ϕ——滤袋直径，mm；

　　　K——筋距，mm。

框架竖筋的筋距：玻璃纤维滤袋 19mm，化纤滤袋 38mm。若采用薄壁异型钢代替钢筋，可减轻 2/3，还增加了刚性，在这种骨架外喷涂工程塑料，既防腐又光滑。

③ 孔洞式骨架 孔洞式骨架是利用厚2.5～3mm，孔径20mm的镀铜钢板废料制成。滤袋用平板孔洞式骨架后，滤袋寿命达到82d，但有效滤袋面积减少。平板孔洞式骨架见图6-83。

④ 扁袋框架 扁袋框架一般为外滤式，其框架有弹簧式和钢丝式两种，见图6-84。

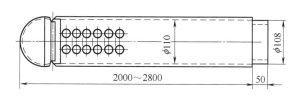

图 6-83 平板孔洞式骨架 (单位: mm)

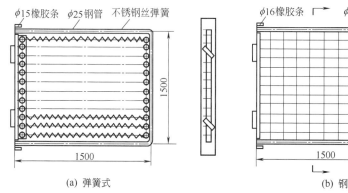
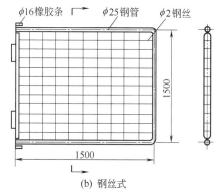

(a) 弹簧式   (b) 钢丝式

图 6-84 扁袋框架 (单位: mm)

2）滤袋框架的技术条件

滤袋框架的加工、运输及安装都应执行袋式除尘器用滤袋框架技术条件相关要求，包括滤袋框架应有足够的强度、刚度、垂直度和尺寸的准确度，以防受压变形、运输中损坏、滤袋装入除尘器后相互接触以及装袋困难、袋框摩擦等情况的发生；所有的焊点必须牢固，不允许有脱焊、虚焊和漏焊；框架与滤袋接触的表面应光滑，不允许有凹凸不平和毛刺；滤袋框架表面必须做防腐处理，可用喷塑、涂漆或电镀，用于高温的防腐处理剂应满足高温的要求。

滤袋框架各项尺寸偏差应符合表6-67～表6-70所列参数。

表 6-67 圆袋框架直径偏差

单位：mm

直径	偏差极限
50～180	0 -1.80
181～250	0 -2.50
251～300	0 -3.00

表 6-68 扁袋框架周长偏差

单位：mm

周长	偏差极限
<180～500	0 -4.80
501～1000	0 8.00
>1000	0 12.00

表 6-69 滤袋框架长度偏差

单位：mm

长度	偏差极限	长度	偏差极限
<200	0 -4.00	3001～4000	0 -8.00
2001～3000	0 -6.00	>4000	0 -10.00

表 6-70　滤袋框架垂直偏差　　　　　　　　　　　　　　　　　　　　单位：mm

周长	偏差极限	周长	偏差极限
＜1000	8	3001~4000	20
1001~2000	12	＞4000	24
2001~3000	16		

二、颗粒除尘器

颗粒滤料除尘器是利用颗粒滤料使粉尘与气体分离，达到净化气体的目的，是继湿式、袋式和静电除尘器之后又一种高效除尘设备。

颗粒滤料除尘器的滤料层有水平和垂直两种布置形式，分别称颗粒层除尘器和颗粒床除尘器。颗粒层清灰时颗粒滤料呈现浮动状态的颗粒层除尘器又叫作沸腾颗粒层除尘器，颗粒滤料除尘器最具代表性的几种典型结构如图 6-85～图 6-87 所示。

这些除尘器的共同优点有以下几点。

① 除 尘 效 率 高， 一 般 为 98% ～ 99.9%，只要设计和操作正常，一般不难达到 99%，可与布袋式除尘器媲美。

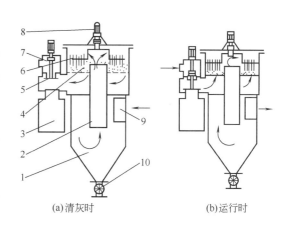

(a)清灰时　　　　(b)运行时

图 6-85　旋风颗粒层除尘器

1—旋风除尘器；2—中心管；3—净化气出口管；
4—颗粒层；5—阀门；6—耙子；7—反洗气进口管；
8—电机；9—含尘气进口管；10—星形阀

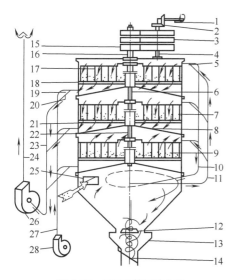

图 6-86　三层颗粒层除尘器

1,4,6,16,22—轴；2—圆锥齿轮；3—圆齿轮；5—隔板罩；
7—壳体；8—隔板；9—颗粒层；10—反吹风排出管；
11—含尘空气进口管；12—反射屏；13—积灰斗；14—隔板阀；
15—齿轮；17—耙子；18—筛网；19,20—筛阀；21—套管；
23,24—净化空气出风管；25—含尘空气进口；26—主风机；
27—反吹风进口管；28—反吹风机

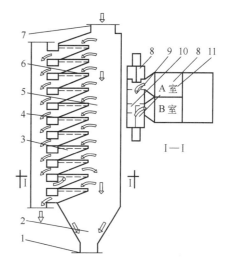

图 6-87　沸腾颗粒层除尘器

1—排灰口；2—灰斗；3—下滤网；4—颗粒层；
5—沉降室；6—过滤空间；7—进口；8—反吹风口；
9—净气口；10—汽缸；11—隔板

② 适应性广，可以捕集大部分矿物性粉尘，比电阻对其除尘效率影响甚微。

③ 处理粉尘气量、气体温度和入口浓度等参数的波动对效率的影响，不如其他除尘设备敏感。

④ 这类除尘器采用适当的滤料可耐高温，例如常用的石英砂滤料，其工作温度可达350～450℃，而且不易燃烧和爆炸；石英砂滤料特别耐磨，使用数年也无须更换。这类滤料资源丰富，物美价廉。

⑤ 颗粒滤料除尘器均为干式作业，不需用水，无二次污染。设备运行阻力中等，运行费也不算高。

为了清除颗粒层内收集的粉尘灰，颗粒层除尘器内设置了一套耙式反吹风清灰机构。该机构系统结构复杂，运动零部件多，工作条件十分恶劣，运行可靠性很差，检修不便。另外，水平布置的颗粒层除尘器由于受到 0.5～0.8m/s 过滤风速的限制，为保证设计过滤面积，致使设备庞大。为扩大过滤面积，大多采用多层结构设计（见图 6-86），结果又使上述清灰机构更加庞杂，因此，颗粒层除尘器这两大薄弱环节几乎成了其在国内未能很快得到推广应用的症结所在。本书仅介绍沸腾颗粒层除尘器和移动式颗粒床除尘器。

1. 沸腾颗粒层除尘器

沸腾颗粒层除尘器的主要特征是积于颗粒层中的粉尘，采用流态化鼓泡床定期进行沸腾反吹清灰，取消耙子及其传动机构，具有结构紧凑、投资省等优点。

沸腾颗粒层除尘器见图 6-87。含尘气体从进口进入，大的尘粒经沉降室沉降，细的尘粒经过滤空间至颗粒层过滤，净化气体经净气口排出。当颗粒层容尘量较大时，如Ⅰ-Ⅰ剖面，汽缸的阀门开启反吹风口，关闭进风口，反吹风由反吹风口进入，经下筛网，使颗粒均匀沸腾，达到清灰目的。吹出粗的尘粒沉积于灰斗内，由排灰口定期排出。细的粉尘又通过其余颗粒层过滤。在 A、B 两室间用隔板隔开。除尘器所需层数根据处理气量确定，如处理大气量时，可采用多台除尘器并联。不同层数的沸腾颗粒层除尘器处理气量见表 6-71。

表 6-71　不同层数的沸腾颗粒层除尘器处理气量

层　　数	6	10	14	18	22
处理气量 /(m³/h)	5400～9000	9000～15000	12600～21000	16200～27000	19800～33000

除尘器本体可根据处理气量，由二层或四层组成一个单元进行组装而成。颗粒层每层高为 625mm，每层过滤面积为 1m²。壳体采用 6mm 钢板，层间采用法兰螺栓或组装后焊接而成。底部设有一个灰斗，灰斗下部装有星形阀，定期排灰。

阀门由汽缸启闭，汽缸的动作由压缩空气控制（见图 6-88）。汽缸采用水平安装，以免阀座积尘，并固定于反吹风口壁上。汽缸直径为 80mm，行程 300mm。压缩空气压力为 353～588kPa（3.6～6kgf/cm²）。

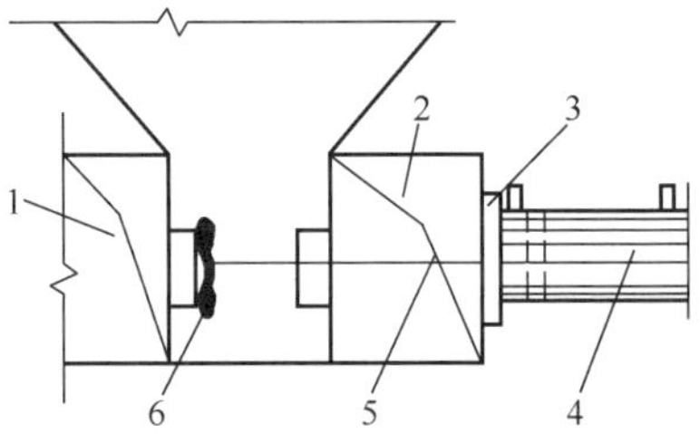

汽缸的动作由机械步进器进行程序控制。机械步进器输出数为 10、14、18、22，可控制 10、14、18、22 个汽缸动作。

图 6-88　汽缸阀门

1—净气口；2—反吹风口；3—压缩空气接管；4—汽缸；5—轴；6—阀门

沸腾颗粒层除尘器的反吹风速，必须大于颗粒层由固定床转化成流化床的临界流化速度，以便颗粒沸腾。同时，又必须小于颗粒被开始吹走的终端速度，不使颗粒吹出。颗粒的临界流化速度按下式计算。

$$Re_1 = 0.001 Ar^{0.94} K \tag{6-58}$$

$$Re_1 = \frac{v_1 D}{\nu}$$

$$Ar = \frac{g D^3}{\nu^2} \times \frac{r_d - r}{r}$$

式中　Re_1——临界化时的 Re 数；

Ar——颗粒层的 Archimedes 数；

v_1——临界流化速度，m/s；

D——颗粒层直径，m；

ν——气体运动黏度，m^2/s；

r_d——颗粒密度，kg/m^3；

r——气体密度，kg/m^3；

K——Re_1 大于 10 时的修正系数，见表 6-72。

对于密度为 $2500kg/m^3$ 的石英砂的临界流化速度见表 6-73。

表 6-72　修正系数 K 值

Re_1	10	20	30	50	70	100	200	300	500	700	1000	2000	5000	7000
K	0.95	0.85	0.77	0.69	0.60	0.54	0.43	0.37	0.32	0.29	0.26	0.21	0.20	0.16

表 6-73　石英砂的临界流化速度

石英砂当量直径	0.5	1	2	3	4	5
Ar	0.65×10^4	0.97×10^4	71.8×10^4	242.8×10^4	574×10^4	1120×10^4
$v_1/(m/s)$	0.26	0.48	0.91	1.26	1.78	2.60

颗粒的终端速度按下式计算。

当 $Re < 0.4$ 时

$$v_z = \frac{g(r_s - r)}{18 r \nu} d^2 \tag{6-59}$$

当 $0.4 < Re < 500$ 时

$$v_z = \left[\frac{4}{225} \times \frac{(r_s - r)^2 g^2}{r^2 \nu} \right]^{1/3} d \tag{6-60}$$

当 $500 < Re < 200000$ 时

$$v_z = \left[\frac{3.1 g(r_s - r)}{r} d \right]^{1/2} \tag{6-61}$$

式中　v_z——颗粒终端速度，m/s；

r_s——颗粒真密度，kg/m^3；

r——气体密度，kg/m^3；

ν——气体运动黏度，m^2/s；

d——颗粒平均当量直径，m；

g——重力加速度，m/s^2。

沸腾反吹清灰的周期与进口气体含尘浓度有关，可按表6-74选取。反吹宽度为5～10s。

表 6-74 沸腾反吹清灰周期选取表

进口气体含尘浓度/(g/m³)	60	40	30	25	20	15	10	5
反吹周期/min	4	6	8	10	12	16	24	48

沸腾反吹清灰时的压力损失，接近于每平方米断面的颗粒质量。

$$\Delta p = \phi H r_s \qquad (6\text{-}62)$$

式中　Δp——沸腾反吹的压力损失，Pa；

ϕ——阻力减少系数，一般取0.8；

H——颗粒层厚度，m；

r_s——颗粒堆积密度，kg/m³。

2. 移动式颗粒床除尘器

根据气流方向与颗粒滤料移动的方向，一般可将移动床颗粒层除尘器分为平行流式和交叉流式。图6-89为江苏大学设计制造的新型移动床颗粒层除尘器，这种除尘器从根本上解决了颗粒层除尘器的运行可靠性问题。与前述常规颗粒层除尘器相比，该移动床颗粒层除尘器实现了如下几方面的实质性技术进步：颗粒料不放在筛网或孔板上，可避免筛网或孔板被堵塞的问题，确保了除尘器的正常运行；在过滤不间断的情况下，可再生过滤介质（即颗粒滤料）；过滤面积的设计值不必超过实际处理风量；变层内清灰为床外清灰，彻底甩掉了包含众多运动部件的耙式反吹风清灰机构，因此除尘器体内的维修几乎是不必要的。

除尘器工作时，含尘气流从输入管路进入具有大蜗壳的上旋风体内，在旋转离心力作用下，粗大的尘粒被分离出来落入集灰斗。而其余的微细粉尘随内旋气流切向进入颗粒滤床（即由内滤网、外滤网、颗粒滤料所构成的过滤床层），借其综合的筛滤效应进一步得到净化。净化后的洁净气流沿颗粒床的内滤网筒旋转上升，最后经过出风管道，再经风机排入大气。

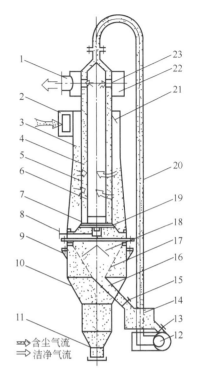

图 6-89　YXKC-8000型
除尘器工作原理

1—洁净气流出口管；2—含尘气流进口管；3—旋风体上体；4—颗粒滤料；5—颗粒床外滤网筒；6—颗粒床内滤网筒；7—调控阀固定盘；8—调控阀操纵机构；9—旋风体下体；10—集灰斗；11—集灰斗出口管；12—滤料输送装置；13—贮料箱出口阀；14—贮料箱；15—溜道管出口阀；16—溜道口管；17—锥形筛；18—反射导流屏；19—调控阀活动盘；20—滤料输送管道；21—气流导向板；22—出风道；23—出风连通道

被污染了的颗粒滤料，经过床下部的调控阀门，按设定的移动速度缓慢落入滤料清灰装置，除去收集到的微细粉尘。微细粉尘穿过倒锥形清灰筛落入集灰斗，而被清筛过的洁净滤料沿锥筛孔及其相衔接的溜道流进贮料箱，最后通过气力输送装置或小型斗式提升机将其再度灌装到颗粒床内，继续循环使用。

该移动床颗粒层除尘器最显著的结构特点如下。

① 将一个结构极其简单的圆筒状颗粒床除尘器（二级除尘）和普通的扩散型旋风除尘器（一级除尘）有机地组合为一体，巧妙地利用了旋风体内的有限空间。倘若旋风体直径不

变，则圆筒状颗粒床除尘器过滤面积远大于水平布置的颗粒层除尘器的过滤面积。

② 移动床颗粒层除尘器颗粒滤料清灰是在颗粒床之外进行的，省去了水平布置颗粒层除尘器复杂的耙式反吹风清灰系统。该除尘器仅在颗粒床下部设置了一个倒锥形固定滤料清灰筛，为改善颗粒料在筛上滚动清灰效果，在筛上部安装了一个伞形反射导流屏，借床下部调控阀门动作可实现在颗粒床过滤不间断的情况下清灰，再生过滤介质。而普通颗粒层除尘器只能在停机状态下，间断清灰。

③ 为了实现清筛过的洁净滤料重新灌注到颗粒床循环使用，除尘器配置了滤料气力输送装置或小型斗式提升机附加设备。

3. 颗粒滤料的选择

对颗粒滤料的材质要求是耐磨、耐腐蚀、价廉，对高温气体还要求耐热。一般选择含二氧化硅 99% 以上的石英砂作为颗粒滤料，它具有很高的耐磨性，在 $300\sim400℃$ 下可长期使用，化学稳定性好，价格也便宜。也可使用无烟煤、矿渣、焦炭、河砂、卵石、金属屑、陶粒、玻璃珠、橡胶屑、塑料粒子等。

颗粒大小、过滤速度和颗粒层厚度是影响颗粒层除尘器性能的重要因素。

实践证明，颗粒的粒径越大，床层的孔隙率也越大，粉尘对床层的穿透越强，除尘效率越低，但阻力损失也比较小。反之，颗粒的粒径越小，床层的孔隙率越小，除尘的效率就越高，阻力也随之增加。因此，在阻力损失允许的情况下，为提高除尘效率，最好选用小粒径的颗粒。床层厚度增加以及床层内粉尘层增加，除尘效率和阻力损失也会随之增加。

选择合适的颗粒粒径配比和最佳的床层厚度是保持颗粒层除尘器良好性能的重要因素。对于单层旋风式颗粒层除尘器，颗粒粒径以 $2\sim5mm$ 为宜，其中小于 $3mm$ 粒径的颗粒应占 $1/3$ 以上，床层厚度可取 $100\sim500mm$。

颗粒层除尘器的性能还与过滤风速有关，一般颗粒层除尘器的过滤风速取 $30\sim40m/min$，除尘器总阻力约 $1000\sim1200Pa$，对 $0.5\mu m$ 以上的粉尘，过滤效率可达 95% 以上。

三、陶瓷微管过滤式除尘器

陶瓷微管过滤式除尘器的核心部分为陶瓷质微孔滤管。陶瓷质微孔滤管采用电熔刚玉砂（Al_2O_3）、黏土（SiO_2）及石蜡等材料制成坯后在高温下煅烧而成，煅烧过程中有机物溶剂燃烧挥发形成微孔。影响陶瓷质滤管性能的因素主要有原料配比、粒度、成型过程的操作条件、料浆的流动性、焙烧温度及其在炉内分布的均匀性等。当其他条件保持不变时，刚玉砂（Al_2O_3）的粒度越粗，则形成的微孔孔径就越大；黏土加的越多，则孔隙率就越小。陶瓷质微孔滤管断面的微细构造见图 6-90。陶瓷质微孔滤管的管壁内有很多孔洞，它们之间由许多微小的通道相联系，刚开始过滤时便在滤管表面形成一层一次粉尘层。陶瓷微

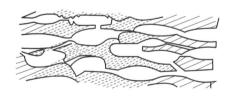

图 6-90　陶瓷质微孔滤管断面的微细构造

管过滤式除尘器的过滤作用主要依靠这层粉尘层来进行。陶瓷质微孔管在反吹时形状保持不变，所形成的一次粉尘层免遭破坏，故其除尘效率可保持不变。

陶瓷微管过滤式除尘器的工作原理是：引风机吸入的高温含尘气体由上而下进入数根立向串联的滤管内腔，由于惯性作用，一部分较大颗粒的烟尘不会黏附在管壁上，而是直接进入灰斗中，下落的粉尘又削落了黏附于管壁上的粉尘，从而防止粉尘层厚度增加，减小滤管

的压力损失。其余微细烟尘由微孔管过滤后黏附在管壁上。经反向清灰后，黏附在管壁上的粉尘被清除落至灰斗中。过滤后的洁净气体经通风机和烟囱排入大气。

陶瓷质微孔管过滤式除尘器具有耐高温、耐腐蚀、耐磨损、除尘效率高、使用寿命长及操作简单等优点，适用于工业炉窑高温烟尘的治理。该除尘器的过滤风速一般为 $0.8 \sim 1.2 \mathrm{m/min}$，阻力损失约为 $(2.74 \sim 4.60) \times 10^3 \mathrm{Pa}$，入口烟尘浓度不大于 $20 \mathrm{g/m^3}$，除尘效率大于 99.5%，可在低于 $550 \mathrm{℃}$ 的温度下使用，处理风量可达 $6500 \sim 200000 \mathrm{m^3/h}$。

四、塑烧板除尘器

随着粉体处理技术的发展，对回收和捕集粉尘要求也更为严格。由于微细粉尘，特别是 $5 \mu \mathrm{m}$ 以下的粉尘对人体健康危害最大，因此在这种情况下，对于除尘器就会提出更高的要求，要求除尘器具有捕集微小颗粒粉尘效率高、设备体积小、维修保养方便、使用寿命长等特点。塑烧板除尘器就是满足这些要求而出现的新一代除尘器。塑烧板除尘器具有捕集效率高、设备体积小、维修保养方便、能过滤吸潮和含水量高的粉尘、能过滤含油及纤维粉尘的优点，是电除尘器无法比拟的。塑烧板除尘器是用塑烧板代替滤袋式过滤部件的除尘器，适合规模不大、气体中含水含油的作业场合。

1. 塑烧板除尘器结构和原理

（1）结构

塑烧板除尘器由箱体、框架、清灰装置、排灰装置、电控装置等部分组成，塑烧板除尘器的结构如图 6-91 所示。其结构特点是：过滤元件是塑烧板，使用脉冲清灰装置清灰，清灰装置由储灰罐、管道、分气包、控制仪、脉冲阀、喷吹管组成，除尘器箱体小，结构紧凑，灰斗可设计成方形或船形。

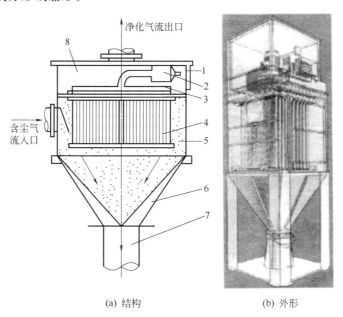

(a) 结构   (b) 外形

图 6-91 塑烧板除尘器的结构

1—检修门；2—压缩空气包；3—喷吹管；4—塑烧板；5—中箱体；6—灰斗；7—出灰口；8—净气室

（2）工作原理

含尘气流经风道进入中部箱体（尘气箱）。当含尘气体由塑烧板的外表面通过塑烧板时，粉尘被阻留在塑烧板外表面的 PTFE（氟化树脂）涂层上，洁净气流透过塑烧板外表面经塑烧板内腔进入净气箱，并经排风管道排出。随着塑烧板外表面粉尘的增加，电子脉冲控制仪或 PLC 程序可按定阻或定时控制方式，自动选择需要清理的塑烧板，触发打开喷吹阀，将压缩空气喷入塑烧板内腔中，反吹掉聚集在塑烧板外表面的粉尘，粉尘在气流及重力作用下落入料斗之中。

塑烧板除尘器的工作原理与普通袋式除尘器基本相同，其区别在于塑烧板的过滤机理属于表面过滤，主要是筛分效应，且塑烧板自身的过滤阻力较一般织物滤料稍高。正是由于这两方面的原因，塑烧板除尘器的阻力波动范围比袋式除尘器小，使用塑烧板除尘器的除尘系统运行比较稳定。塑烧板除尘器的清灰过程不同于其他除尘器，完全是靠气流反吹把粉尘层从塑烧板逆洗下来，在此过程中没有塑烧板的变形或振动。粉尘层脱离塑烧板时呈片状落下，而不是分散飞扬，因此不需要太大的反吹气流速度。

（3）塑烧板特点

塑烧板是除尘器的关键部件，塑烧板的性能直接影响除尘效果。塑烧板由高分子化合物粉体经铸型，烧结成多孔的母体，并在表面及空隙处涂上 PTFE 涂层，再用黏合剂固定而成，塑烧板内部孔隙直径为 $40\sim80\mu m$，而表面孔隙为 $1\sim6\mu m$。

塑烧板的外形类似于扁袋尺寸，外表面则为波纹形状，因此可以增加过滤面积，塑烧板的尺寸见表 6-75。塑烧板内部有空腔，作为净气及清灰气流的通道。

表 6-75 塑烧板的尺寸

塑烧板型号 SL70/SL160	类型	外形尺寸/mm			过滤面积/m²	质量/kg
		长	宽	高		
450/8	S A	497	62	495	1.2	3.3
900/8	S A	497	62	950	2.5	5.0
450/18	S A	1047	62	495	2.7	6.9
750/18	S A	1047	62	800	3.8	10.3
900/18	S A	1047	62	958	4.7	12.2
1200/18	S A	1047	62	1260	6.4	16.0
1500/18	S A	1047	62	1555	7.64	21.5

1）材质特点

波浪式塑烧过滤板的材质由几种高分子化合物粉体、特殊的结合剂严格按比例混合后进行铸型、烧结，形成一个多孔母体，然后通过特殊的喷涂工艺，在母体表面的空隙里填充 PTFE 涂层，形成 $1\sim4\mu m$ 左右的孔隙，再用特殊黏合剂加以固定而制成。目前的产品主要是耐热 70℃ 及耐热 160℃ 两种。为防止静电还可以预先在高分子化合物粉体中加入易导电物质，制成防静电型过滤板，从而扩大产品的应用范围。图 6-92 是几种塑烧板的剖面图。

塑烧板外部形状特点是具有像手风琴箱那样的波浪形，若将其展开成一个平面，相当于扩大了 3 倍的表面积。波浪式过滤板的内部分成 8 个或 18 个空腔，这种设计除了考虑零件的强度之外，更为重要的是气体动力的需要，可以保证在脉冲气流反吹清灰时，同时清除过

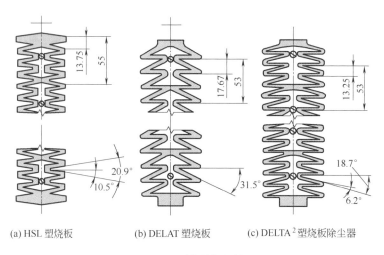

(a) HSL 塑烧板　　　　(b) DELAT 塑烧板　　　　(c) DELTA^2 塑烧板除尘器

图 6-92　几种塑烧板的剖面

滤板上附着的尘埃。

塑烧板的母体基板厚约 4～5mm，在其内部，经过对时间、温度的精确控制烧结后，形成均匀孔隙，然后喷涂 PTFE 涂层处理使得孔隙达到 1～4μm 左右。独特的涂层不仅只限于滤板表面，而是深入到孔隙内部。塑烧过滤元件具有刚性结构，其波浪形外表及内部空腔间的筋板，具备足够的强度以保持自己的形状，无须钢制骨架支撑。其不变形的刚性结构特点，与袋式除尘器反吹时滤布纤维被拉伸产生形变相比，两者在瞬时最大浓度有很大区别。塑烧板结构上的特点，还使得安装与更换滤板极为方便。操作人员在除尘器外部，打开两侧检修门，固定拧紧过滤板上部仅有的两个螺栓就可完成一片塑烧板的装配和更换。

2）性能特点

① 粉尘捕集效率高　塑烧板的捕集效率是由其本身特有的结构和涂层来实现的，它不同于袋式除尘器的高效率是建立在黏附粉尘的二次过滤上。从实际测试的数据看，一般情况下除尘器排气含尘浓度均可保持在 2mg/m³ 以下。虽然排放浓度与含尘气体入口浓度及粉尘粒径等有关，但通常对 2μm 以下超细粉尘的捕集仍可保持 99.9% 的超高效率，如图 6-93 所示。

② 压力损失稳定　由于波浪式塑烧板是通过表面的 PTFE 涂层对粉尘进行捕捉的，其光滑的表面使粉尘极难透过与停留，即使有一些极细的粉尘可能会进入空隙，但随即会被设定的脉冲压缩空气流吹走，所以在过滤板母体层中不会发生堵塞现象。只要经过很短的时间，过滤元件的压力损失就趋于稳定并保持不变。这就表明，特定的粉体在特定的温度条件下，损失仅与过滤风速有关而不会随时间上升。因此，除尘器运行后的处理风量将不会随时间而发生变化，这就保证了吸风口的除尘效果。图 6-94 和图 6-95 可以看出压力损失随过滤速度和运行时间的变化。

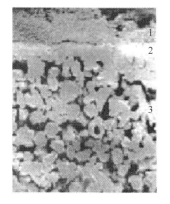

图 6-93　DELTA^2 塑烧板利用
PTFE 涂层捕集粉尘
1—捕集的粉尘；2—PTFE 涂层，
孔径 1～2μm；3—塑烧板
刚性基体，孔径约 30μm

③ 清灰效果好　树脂本身固有的惰性与其光滑的表面，减少了板面与粉尘层的黏附力，使粉体几乎无法与其他物质发生物理化学反应和附着现象。滤板的刚性结构也使得脉冲反吹气流从空隙喷出时，滤片无变形。脉冲气流是直接由内向外穿过滤片作用在粉体层上，所以

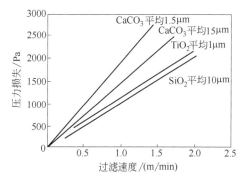

图 6-94　压力损失随过滤速度的变化

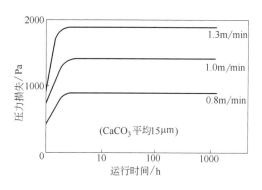

图 6-95　压力损失随运行时间的变化

滤板表层被气流托附的粉尘，在瞬间即可被清除。脉冲反吹气流的作用力不会被缓冲吸收而减弱。

④ 强耐湿性　由于制成滤板的材料及 PTFE 涂层具有完全的疏水性，若将水喷到滤板表面，会凝聚水珠汇集成水滴淌下，故纤维织物滤袋因吸湿而形成水膜，从而引起阻力急剧上升的情况在塑烧板除尘器上不复存在。这对于处理冷凝结露的高温烟尘和吸湿性很强的粉尘如磷酸铵、氧化钙、纯碱、芒硝等，会得到很好的使用效果。由于这一特点，塑烧板使用到阻力较高时除加强清灰密度外，还可以直接用水冲洗后再用，而无须更换滤料。

⑤ 使用寿命长　塑烧板的刚性结构，消除了纤维织物滤袋因骨架磨损引起的缩短使用寿命问题。其使用寿命长的另一个重要表现还在于滤板的无故障运行时间长，不需要经常进行维护与保养。良好的清灰特性将保持其稳定的阻力，使塑烧板除尘器可长期有效运行。事实上，如果不是温度或一些特殊气体未被控制好，塑烧板除尘器的工作寿命将会相当长。即使因偶然因素损害滤板，也可用特殊的胶水黏合后继续使用，并不会因小小的一条黏合缝而带来不良影响。

⑥ 除尘器结构小型化　由于塑烧板表面形状呈波浪形，展开后的表面积是其体面积的 3 倍，故装配成除尘器后所占的空间仅为相同过滤面积袋式除尘器的一半，附属部件因此小型化，所以具有节省空间的特点。

2. 常温塑烧板除尘器

（1）除尘器的特点

塑烧板属表面过滤方式，除尘效率较高，排放浓度通常低于 $10mg/m^3$，对微细尘粒也有较好的除尘效果；设备结构紧凑，占地面积小；由于塑烧板的刚性本体，不会变形，无钢骨架磨损小，所以使用寿命长，约为滤袋的 2～4 倍；塑烧板表面和孔隙喷涂过 PTFE 涂层，其是由惰性树脂构成，是完全疏水的，不但不黏干燥粉尘，而且对含水较多的粉尘也不易黏结，所以塑烧板除尘器处理高含水量或含油量粉尘是最佳选择；塑烧板除尘器价格昂贵，处理同样风量约为袋式除尘器价格的 2～6 倍。由于其构造和表面涂层，故在其他除尘器不能使用或使用不好的场合，塑烧板除尘器却能发挥良好的使用效果。

尽管塑烧板除尘器的过滤元件几乎无须任何保养，但在特殊行业，如颜料生产时的颜色品种更换，喷涂作业的涂料更换，药品仪器生产时的定期消毒等，均需拆下滤板进行清洗处理。此时，塑烧板除尘器的特殊构造将使这项工作变得十分容易。侧插安装型结构除尘器操作人员在除尘器外部即可进行操作，卸下两个螺栓即可更换一片滤板，作业条件得到根本改善。

（2）安装要求

塑烧板除尘器制造安装要求是：

① 塑烧板吊挂及水平安装时必须与花板连接严密，把胶垫垫好不漏气；

② 脉冲喷吹管上的孔必须与塑烧板空腔上口对准，如果偏斜，会造成整块板清灰不良；

③ 塑烧板安装必须垂直向下，避免板间距不均匀；

④ 塑烧板除尘器检修门应进出方便，并且要严禁泄漏现象。

安装好的塑烧板除尘器如图 6-96 所示。

(a) 多台并联 　　　　　　　　　　　　　　(b) 单台安装

图 6-96　安装好的塑烧板除尘器

在维护方面，塑烧板除尘器比袋式除尘器方便，容易操作，也易于检修。平时应注意脉冲气流压力是否稳定，除尘器阻力是否偏高，卸灰是否通畅等。

（3）塑烧板除尘器的性能

1）产品性能特点

塑烧板除尘器除尘效率高达 99.99%，可有效去除 $1\mu m$ 以上的粉尘，净化值小于 $1mg/m^3$；使用寿命长达 8 年以上；有效过滤面积大，占地面积仅为传统布袋过滤器的 1/3；耐酸碱、耐潮湿、耐磨损；系统结构简单，维护便捷；运行费用低，能耗低；有非涂层、标准涂层、抗静电涂层、不锈钢涂层、不锈钢型等；普通型过滤元件温度达 70℃。

2）常温塑烧板除尘器选型

HSL 型、DELTA 型及 $DELTA^2$ 型各种规格的塑烧板除尘器的过滤面积从 $1m^2$ 到数千平方米，可根据具体要求进行特别设计。部分常用 HSL 型塑烧板除尘器外形尺寸见图 6-97，主要性能参数见表 6-76，HSL 型塑烧板除尘器安装尺寸见表 6-77，DELTA1500型塑烧板除尘器外形尺寸见图 6-98，主要性能参数见表 6-78。

3. 高温塑烧板除尘器

高温塑烧板除尘器与常温塑烧板除尘器的区别在于制板的基料不同，所以除尘器耐温程度亦不同。

ALPHASYS 系列高温塑烧板除尘器主要是针对高温气体除尘场合而开发的除尘器，以陶土、玻璃等材料为基质，耐温可达 350℃，具有极好的化学稳定性。圆柱状的过滤单元外表面覆涂无机物涂层可以更好地进行表面过滤。

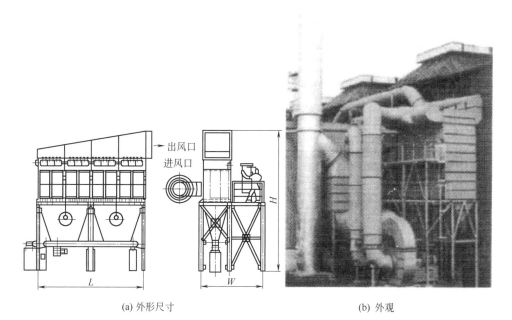

(a) 外形尺寸   (b) 外观

图 6-97　HSL 型塑烧板除尘器外形尺寸

表 6-76　HSL 型塑烧板除尘器主要性能参数

型号	过滤面积/m²	过滤风速/(m/min)	处理风量/(m³/h)	设备阻力/Pa	压缩空气/(m³/h)	压缩空气压力/MPa	脉冲阀个数/个
H1500-10/18	7.64	0.8～1.3	3667～5959	1300～2200	11.0	0.45～0.50	5
H1500-20/18	152.6	0.8～1.3	7334～11918	1300～2200	17.4	0.45～0.50	10
H1500-40/18	305.6	0.8～1.3	14668～23836	1300～2200	34.8	0.45～0.50	20
H1500-60/18	458.4	0.8～1.3	22000～35755	1300～2200	52.3	0.45～0.50	30
H1500-80/18	611.2	0.8～1.3	29337～47673	1300～2200	69.7	0.45～0.50	40
H1500-100/18	764.0	0.8～1.3	36672～59592	1300～2200	87.1	0.45～0.50	50
H1500-120/18	916.8	0.8～1.3	44006～71510	1300～2200	104.6	0.45～0.50	60
H1500-140/18	1069.6	0.8～1.3	51340～83428	1300～2200	125.0	0.45～0.50	70

表 6-77　HSL 型塑烧板除尘器安装尺寸

型号	过滤面积/m²	设备外形尺寸/mm			入风口尺寸/mm	出风口尺寸/mm
		长	宽	高		
H1500-10/18	7.64	1100	1600	4000	φ350	φ500
H1500-20/18	152.6	1600	1600	4500	φ450	φ650
H1500-40/18	305.6	3200	3600	4900	2φ450	1600×500
H1500-60/18	458.4	4800	3600	5300	3φ450	1600×700
H1500-80/18	611.2	5400	3600	5700	4φ450	1600×900
H1500-100/18	764.0	7000	3600	6100	5φ450	1600×1100
H1500-120/18	916.8	8600	3600	6500	6φ450	1600×1300
H1500-140/18	1069.6	10200	3600	6900	7φ450	1600×1500

　　高温塑烧板除尘器包含一组或多组过滤单元簇，每簇过滤单元由多根过滤棒组成。每簇过滤单元可以很方便地从洁净空气一侧进行安装。过滤单元簇一端装有弹簧，可以补偿滤料本身以及金属结构由于温度的变化所产生的胀缩。过滤单元簇采用水平安装方式，这样的紧凑设计可以进一步减少设备体积，而且易于维护。采用常规的压缩空气脉冲清灰系统对过滤单元簇逐个进行在线清灰。

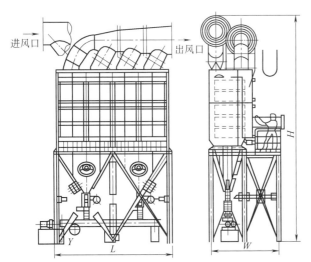
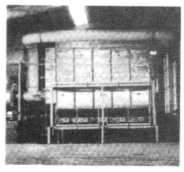

(a) 外形尺寸   (b) 外观

图 6-98　DELTA1500 型塑烧板除尘器外形尺寸

表 6-78　DELTA1500 型塑烧板除尘器性能参数

型号	过滤面积 /m²	过滤风速 /(m/min)	处理风量 /(m³/h)	设备阻力 /Pa	压缩空气 /(m³/h)	压缩空气 压力/MPa	脉冲阀 个数/个
D1500-24	90	0.8～1.3	4331～7038	1300～2200	7.66	0.45～0.50	12
D1500-60	225	0.8～1.3	10828～17596	1300～2200	19.17	0.45～0.50	12
D1500-120	450	0.8～1.3	21657～35193	1300～2200	38.35	0.45～0.50	24
D1500-180	675	0.8～1.3	32486～52790	1300～2200	57.52	0.45～0.50	36
D1500-240	900	0.8～1.3	43315～70387	1300～2200	76.70	0.45～0.50	48
D1500-300	1125	0.8～1.3	54114～87984	1300～2200	95.88	0.45～0.50	69
D1500-360	1350	0.8～1.3	64972～105580	1300～2200	115.05	0.45～0.50	72
D1500-420	1575	0.8～1.3	75801～123177	1300～2200	134.23	0.45～0.50	84

ALPHASYS 系列高温塑烧板除尘器具有以下优点：

① 适用于高温场合，耐温可达 350℃；

② 极好的除尘效率，净化值小于 $1mg/m^3$；

③ 阻力低，过滤性能稳定可靠、使用寿命长；

④ 过滤单元簇从洁净空气室一侧进行安装，安装维护方便；

⑤ 体积小、结构紧凑、模块化设计。

高温塑烧板除尘器过滤元件主要参数见表 6-79。高温塑烧板除尘器过滤单元簇从洁净空气室一侧水平安装，并且在高度方向可以叠加至 8 层，在宽度方向也可以并排布置数列。

表 6-79　过滤元件主要参数

项　目	参　数
过滤元件型号	HERDING ALPHA
基体材质	陶土、玻璃
空隙率/%	约 38
过滤管尺寸(外径/内径/长度)/mm	50/30/1200
空载阻力(过滤风速为 1.6m/min)/Pa	约 300
最高工作温度/℃	350

高温塑烧板除尘器单个模块过滤面积为 72m^2；在过滤风速为 1.4m/min 时，处理风量为 6000m^3/h；外形尺寸为 1430mm×2160mm×5670mm。三个模块过滤面积为 216m^2；在过滤风速为 1.4m/min 时，处理风量为 18000m^3/h；外形尺寸为 4290mm×2160mm×5670mm。

4. 塑烧板除尘器应用

（1）除尘器气流分配

塑烧板除尘器的结构设计是非常重要的，气流分配不合理会导致运行阻力上升，清灰效果差。尤其对于较细、较黏、较轻的粉尘，流场设计至关重要。采用一侧进风另一侧出风的方式，塑烧板与进风方向垂直，会在除尘器内部造成逆向流场，即主流场方向与粉尘下落方向相反，影响清灰效果，对于长度 10m 以上的除尘器而言，难以保证气流均匀分配。根据除尘器设计经验，在满足现有场地的前提下，对进气口的气流分配采用多级短程进风方式，通过变径管使气流均匀进入每个箱体中，同时在每个箱体的进风口设置调风阀，可以根据具体情况对进入每个箱体的风量进行控制调整，在每个箱体内设有气流分配板，使气流进入箱体后能够均匀地通过每个过滤单元，同时大颗粒通过气流分配板可直接落入料斗之中。

（2）清灰系统

脉冲喷吹系统的工作可靠性及使用寿命与压缩空气的净化处理有很大关系，压缩空气中的杂质，例如污垢、铁锈、尘埃及空气中可能因冷凝而沉积下来的液体成分会对脉冲喷吹系统造成很大的损害。如果由于粗粉尘或油滴通过压缩空气系统反吹进入塑烧板内腔（内腔空隙约 30μm），会造成塑烧板堵塞并影响塑烧板寿命，因此压缩空气系统设计应考虑良好的过滤装置，以保证进入塑烧板除尘器的压缩空气质量。

压缩空气管路及压缩空气储气罐需有保温措施，尤其是在冬季，过冷的压缩空气在反吹时，会在塑烧板表面与热气流相遇而产生结露，导致系统阻力急剧上升。

（3）耐压和防爆

塑烧板除尘器用于处理高压气体的场合，通常把除尘器壁板加厚并把壳体设计成圆筒形，端部设计成弧形，如图 6-99 所示。

根据处理气体的压力大小对除尘器进行压力计算，除尘器耐压力至少是气体工作压力的 1.5 倍。塑烧板除尘器的防爆设计可参照脉冲袋式除尘器进行。

图 6-99　耐高压塑烧板除尘器

五、除尘用滤料

滤料是袋式除尘器的关键部件，滤料性能的优劣直接影响袋式除尘器的除尘效果。选择滤料时必须考虑含尘气体的特征，如粉尘和气体性质（温度、湿度、粒径和含尘浓度等）。性能良好的滤料应容尘量大、吸湿性小、效率高、阻力低、使用寿命长，同时具备耐温、耐磨、耐腐蚀、机械强度高等优点。滤料特性除与纤维本身的性质有关外，还与滤料表面结构有很大关系。表面光滑的滤料容尘量小，清灰方便，适用于含尘浓度低、黏性大的粉尘，采用的过滤速度不宜过高。表面起毛（绒）的滤料（如羊毛毡）容尘量大，粉尘能深入滤料内部，可以采用较高的过滤速度，但必须及时清灰。

1. 滤料的分类和技术要求

（1）滤料分类与命名

1）滤料的分类

① 按加工方法将滤料分为三类：织造滤料、非织造滤料、覆膜滤料。织造滤料：用织机将经纱和纬纱按一定的组织规律织成的滤料；非织造滤料：采用非织造技术直接将纤维制成的滤料；覆膜滤料：将织造滤料或非织造滤料的表面再覆以一层透气的薄膜而制成的滤料。

② 按所用材质将滤料分为四类：合成纤维滤料、玻璃纤维滤料、复合纤维滤料和其他材质滤料。合成纤维滤料：以合成纤维为原料加工制造的滤料，简称合纤滤料；玻璃纤维滤料：以玻璃纤维为原料加工制造的滤料，简称玻纤滤料；复合滤料：采用两种或两种以上纤维复合而成的滤料；其他材质滤料：采用除合成纤维、玻璃纤维以外的纤维材料（如陶瓷纤维、金属纤维、碳纤维、矿岩纤维等类材料）制造的滤料。

2）滤料的命名

① 滤料命名由滤料材质、加工方法、结构型式（织物组织或基布材质）、单位面积质量和特殊功能五部分组成。其中结构型式、特殊功能部分可以空缺。命名时采用汉字和数字表示（材质可用商品名），表示产品规格型号时采用符号和数字表示。

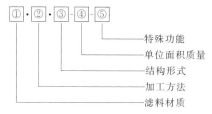

对于非复合滤料的材质，取其主要成分材质的代号；

对于复合纤维滤料，采取并列所用各种纤维代号的形式表示；

无特殊功能的滤料，其特殊功能部分空缺；

非织造滤料基布材质或机织物组织结构型式可以空缺；

非织造滤料无基布时结构型式处加空格。

② 滤料材质代号见表6-80。

表 6-80　滤料材质代号

纤维材质名称	商品名	英文名	代号
棉	棉	cotton	COT
毛	毛	wool	WOL
麻	麻	flax	FLX
聚丙烯	丙纶	polypropylene	PP
聚酯	涤纶	polyester	PET
聚丙烯腈	腈纶	polyacrylic	PAN
聚乙烯醇	维纶	polyvinyl alcohol	PVA
聚酰胺	锦纶(尼龙)	polyamide	PA
聚间苯二甲酰间苯二胺（芳香族聚酰胺）	芳纶，Nomex，Conex	aramind	PMIA
聚苯硫醚	PPS	polyphenylene sulfide	PPS

纤维材质名称	商品名	英文名	代号
聚酰亚胺	P84	polyimide	P84
聚酰胺-酰亚胺	克麦尔，Kermel	polyamide-imide	KML
共聚丙烯腈	亚克力	polyacrylonitrile copomopolymer	PAC
均聚丙烯腈	德拉纶，Dolarlon	polyacrylonitrile homopolymer	PAH
碳纤维	碳纤维	carbon fiber	C
聚四氟乙烯	特氟隆（teflon）	polytetrafuorcethylene	PTFE
玻璃纤维	玻璃纤维	glass fibre，textile glass	GLS
无碱玻璃	无碱玻纤	E fibre glass	GE
中碱玻璃	中碱玻纤	medium-alkali fibre glass	GC
无碱玻璃	无碱玻纤膨体纱	E fibre glass texturized yarn	GET
中碱玻璃	中碱玻纤膨体纱	medium-alkali fibre glass texturized yarn	GCT
不锈钢	不锈钢纤维	stainless	MET
玄武岩	玄武岩纤维	basalt	BAS

③ 滤料加工方法代号见表 6-81。

表 6-81　滤料加工方法代号

加工方法	代号	加工方法	代号
织造法	W	覆膜	M
非织造法	NW		

④ 滤料结构型式代号见表 6-82。

表 6-82　织造滤料结构型式代号

织物结构	代号	织物结构	代号
破斜纹	CT	缎纹	S
斜纹	T	平纹	P
纬二重	WB		

⑤ 滤料单位面积质量的代号取批量滤料单位面积质量的公称值，精确到十分位。例如：两批滤料单位面积质量的平均值分别为 $553.99g/m^2$ 和 $496.19g/m^2$，则它们单位面积质量的代号分别为 550 和 500。

⑥ 滤料特殊功能代号见表 6-83。

表 6-83　滤料特殊功能代号

功能	消静电	疏水	疏油	耐高温	阻燃	耐酸
代号	e	h	o	t	s	a

⑦ 滤料命名示例

示例 1　命名：涤纶针刺毡-500。规格型号：PET·NW-500。

意义：材质为涤纶，加工方法为非织造针刺毡，单位面积质量 $500g/m^2$。鉴于基布为涤纶，无特殊功能，命名第③、⑤部分空缺。

示例 2　命名：PPS+P84 针刺毡-500。规格型号：PPS+P84·NW+M·PPS-500。

意义：材质为 PPS+P84，加工方法为非织造针刺毡并加覆膜，PPS 基布，单位面积质量 $500g/m^2$，无特殊功能。

示例 3　命名：无碱玻璃纤维机织布，缎纹-300。规格型号：GE·W·D-300-h。

意义：表示无碱玻璃纤维材质，机织布（织造法），织物结构缎纹，单位面积质量

$300\mathrm{g/m}^2$，疏水。

（2）滤料技术要求

1）滤料形态性能

滤料的形态性能以滤料的单位面积质量、厚度和幅宽表示。它们的实测值与标称值的偏差应符合表 6-84 的规定。

表 6-84　滤料形态性能指标的实测值与标称值的偏差　　　　　　　　单位：%

项目	滤料	
	非织造滤料	织造滤料
单位面积质量	±5	±3
厚度	±10	±7
幅宽	±1	±1

偏差是指对应某一组检测数据的平均值和送检滤料该项数据标称值的差与标称值之比，用百分数表示，见式（6-63）。

$$偏差 = \frac{标称值 - 测试平均值}{标称值} \times 100\% \qquad (6-63)$$

式（6-63）值为正时，称正偏差；值为负时，称负偏差。

2）滤料透气性

滤料透气性以其透气率表示，透气率的实测值与标称值的偏差不得超过表 6-85 的规定。

表 6-85　滤料透气率的偏差　　　　　　　　单位：%

项目	滤料	
	非织造滤料	织造滤料
透气率	±20	±15

滤料形态和透气率测试数据的 CV 值应符合表 6-86 要求。

表 6-86　滤料形态和透气率 CV 值　　　　　　　　单位：%

项目	滤料	
	非织造滤料	织造滤料
单位面积质量	≤3	≤1
厚度	≤3	≤1
透气率	≤8	≤8

CV 值指一组检测数据的标差除以该组检测数据平均值的百分数，见式（6-64）。

$$CV = \frac{\sqrt{\dfrac{\sum (x_i - \overline{x})^2}{n}}}{\overline{x}} \times 100 \qquad (6-64)$$

式中　CV——离散率，%；

　　　　x_i——各次测试数据；

　　　　$\overline{x}$——一组检测数据的平均值；

　　　　n——样品数。

3）滤料强力和伸长率

普通及高强低伸型滤料的强力与伸长率应符合表 6-87 的规定，玻璃纤维滤料强力要求应符合表 6-88 的要求。长度≥8m 的滤袋宜选用高强低伸型滤料，并考核所选高强低伸型滤料的经向定负荷伸长率。

表 6-87　滤料的强力与伸长率

项目		滤料类型			
		普通型		高强低伸型	
		非织造	织造	非织造	织造
断裂强力/N	经向	≥900	≥2200	≥1500	≥3000
	纬向	≥1200	≥1800	≥1800	≥2000
断裂伸长率/%	经向	≤35	≤27	≤30	≤23
	纬向	≤50	≤25	≤45	≤21
经向定负荷伸长率/%		—		≤1	

注：样条尺寸为 5cm×20cm。

表 6-88　玻璃纤维滤料强力要求

项目		滤料类型	
		非织造滤料	织造滤料
断裂强力/N	经向	≥2300	≥3400
	纬向	≥2300	≥2400

注：样条尺寸为 5cm×20cm。织造滤料单位面积质量为 500g/m²。

4）滤料阻力特性

滤料的阻力特性以洁净滤料的阻力系数和滤料的残余阻力值表示，其数值应符合表 6-89 的规定。

表 6-89　滤料的阻力特性

项目	滤料类型	
	非织造滤料	织造滤料
洁净滤料阻力系数/(Pa·min/m)	≤20	≤30
残余阻力/Pa	≤300	≤400

5）滤料的滤尘性能

滤料的滤尘性能以其静态除尘率和动态除尘率表示，其数值应符合表 6-90 的规定。

表 6-90　滤料的滤尘性能

项目	滤料类型	
	非织造滤料	织造滤料
静态除尘效率/%	≥99.5	≥99.3
动态除尘效率/%	≥99.9	≥99.9

6）滤料的耐温特性

滤料的耐温特性以其热处理后的热收缩率与断裂强力保持率表示，其值应符合表 6-91 的规定。

表 6-91　滤料的热收缩率与断裂强力保持率考核指标

项目	经向	纬向
连续工作温度下 24h 热收缩率/%	≤1.5	≤1
连续工作温度下 24h 断裂强力保持率/%	≥100	≥100
瞬时工作温度下断裂强力保持率/%	≥95	≥95

瞬时工作温度与连续工作温度按生产厂商在滤料参数中给出的温度测试。瞬时工作按瞬时温度下加热 10min，在室温下冷却 10min，在加热冷却往复循环 10 次后测试。

7）专项技术要求

具有特殊功能的滤料，除应符合以上的规定外，还应达到滤料专项功能的规定指标。

① 防静电滤料的静电特性应符合表 6-92 的规定。

表 6-92　防静电滤料静电特性

考核项目	最大限值	考核项目	最大限值
摩擦荷电电荷密度/$(\mu C/m^2)$	<7	表面电阻/Ω	$<10^{10}$
摩擦电位/V	<500	体积电阻/Ω	$<10^{9}$
半衰期/s	<1		

② 滤料耐腐蚀性以滤料经酸或碱性物质溶液浸泡后的强度保持率表示，其值应符合表 6-93 的规定。

表 6-93　滤料耐腐蚀特性考核指标

项目	经向	纬向
酸(或碱)处理后断裂强力保持率/%	≥95	≥95

③ 疏水滤料的疏水特性以淋水等级表示，淋水等级应大于或等于 4 级。
④ 疏油滤料的疏油性等级应大于 3 级。
⑤ 阻燃型滤料于火焰中只能阴燃，不应产生火焰，离开火焰，阴燃自行熄灭。

2. 常用滤料

脉冲袋式除尘器配套滤料包括中常温滤料、拒水防油滤料、防静电滤料、覆膜滤料、高温滤料、玻璃纤维滤料、锅炉专用滤料、金属纤维滤料、滤筒滤料和特殊滤料等。

（1）中常温滤料

1）机织 729 滤布

筒形聚酯（涤纶）滤布具有强度高、伸长小、缝袋方便、除尘性能好和使用寿命长等特点，是装备反吹清灰和机械振打清灰等袋式除尘器的首选滤料。第一批筒形聚酯机织滤料商品名为 729 滤布，几种机织滤料特性参数见表 6-94。

表 6-94　几种机织滤料特性参数

特性	项目		滤料名称		
			729-ⅣB	729-Ⅰ	208 绒布
形态特性	材质		涤纶	涤纶	涤纶
	维规格(袋×长度)/mm		2.0d×51	1.4d×38	1.5d×38
	织物组织	尘面	五枚二飞缎纹	五枚三飞缎纹	3/7 斜纹起绒
		净面	五枚三飞缎纹	五枚三飞缎纹	3/7 斜纹
	厚度/mm		0.72	0.65	1.5
	单位面积质量/(g/m^2)		310	320	400~450
强力特性	断裂强力 (5cm×20cm)/N	经向	3150	2000~2700	1000
		纬向	2100	1700~2000	1000
伸长特性	断裂伸长率/%	经向	26	29	31
		纬向	23	26	34
	静负荷伸长率/%		0.8	—	—
透气特性	透气性	$cm^3/(cm^2 \cdot s)$	110	120	200~300
		$m^3/(m^2 \cdot min)$	7.1	7.2	12~15
	透气性偏差/%		±2	±5	±10
使用条件	使用温度/℃	连续	<110	<110	<110
		瞬间	<150	<130	<130
	耐酸性		良	良	良
	耐碱性		良	良	良

729滤布属缎纹机织物。织制后的热定型是保证滤料在使用工况条件下结构稳定性的重要工艺手段。729滤布主要用于大中型反吹风袋式除尘器及小型机械振打和脉冲式袋式除尘器。

2）涤纶针刺毡

涤纶针刺毡滤料特性参数见表6-95，这是一种常温滤料。

表6-95　涤纶针刺毡滤料特性参数

特性	项目		ZLN-D 350	ZLN-D 400	ZLN-D 450	ZLN-D 500	ZLN-D 550	ZLN-D 600	ZLN-D 650	ZLN-D 700
形态特性	材质		涤纶	涤纶	涤纶	涤纶	涤纶	涤纶	涤纶	涤纶
	加工方法		针刺成形，热定型，热辊压光（根据需要也可进行浓度表面压光）							
	单位面积质量/(g/m²)		350	400	450	500	550	600	650	700
	厚度/mm		1.45	1.75	1.79	1.95	2.1	2.3	2.45	2.60
	体积密度/(g/m³)		0.241	0.229	0.251	0.265	0.262	0.261	0.265	0.269
	孔隙率/%		83	83	82	81	81	81	81	80
强力特性	断裂强力 (5cm×20cm)/N	经向	870	920	970	1020	1070	1120	1170	1220
		纬向	1000	1100	1200	1350	1500	1700	2000	2100
伸长特性	断裂伸长率/%	经向	23	21	22	23	22	23	23	26
		纬向	40	40	35	30	27	26	26	29
透气特性	透气性	cm³/(cm²·s)	480	420	370	330	300	260	240	200
		m³/(m²·min)	28.8	25.2	22.2	19.8	18	15.6	14.4	12
	透气性偏差/%		±5	±5	±5	±5	±5	±5	±5	±5
使用特性	使用温度/℃	连续	<110							
		瞬间	<120							
	耐酸性		良（分别在浓度为35%盐酸、70%硫酸或60%硝酸中浸泡，强度几乎无变化）							
	耐碱性		一般（分别在浓度为10%氢氧化钠或28%氨水中浸泡，强度几乎不下降）							

3）中温滤料

在中温滤料系列中，涤纶类纤维耐温一般在130～150℃，该产品除具有普通毡类滤布特有的优点外，而且耐磨性非常好，具有很高的性价比而成为毡类滤料中使用量最大的品种。亚克力纤维针刺毡耐温为140～160℃，采用进口纤维制造，也是耐酸性、耐碱性和耐水解性最好的中温滤料。迷特针刺毡是为了克服普通涤纶针刺毡耐温长时间超过130℃出现的收缩现象，而开发出的工作温度在150～170℃的新型过滤毡，从而避免了在某些工况条件下使用高温滤料而造成的浪费。斯泰福（STEXF）针刺毡提高了涤纶纤维类过滤材料的过滤精度并降低了压力降，其具有覆模滤料表面过滤效果，而运行阻力小，节省能源，中温滤料性能详见表6-96。

表6-96　中温滤料性能

滤料名称		克重/(g/m²)	组成纤维层/基布	厚度/mm	透气性/[m³/(m²·min)]	断裂强度/[(5cm×20cm)/N]		断裂伸长度/%		工作温度/℃		耐酸性	耐碱性	耐磨性	水解稳定性	后处理方式
						经向	纬向	经向	纬向	长期	短期					
涤纶类PET	涤纶易清灰针刺过滤毡	500	涤纶/涤纶丝	1.7	12	>100	>1400	<25	<45	≤130	150	良	中	优	中	表面树脂化处理
	涤纶高强低伸针刺过滤毡	500	涤纶/涤纶丝	1.9	15	>1800	>1800	<20	<20	≤130	150	良	中	优	中	烧毛、压光热定型
	涤纶阶梯度、高透气性、低阻力针刺过滤毡	500	涤纶/涤纶丝	2.0	15～18	>1000	>1300	<25	<55	≤130	150	良	中	优	中	烧毛、压光热定型

滤料名称	克重/(g/m²)	组成纤维层/基布	厚度/mm	透气性/[m³/(m²·min)]	断裂强度/[(5cm×20cm)/N]		断裂伸长度/%		工作温度/℃		耐酸性	耐碱性	耐磨性	水解稳定性	后处理方式
					经向	纬向	经向	纬向	长期	短期					
迷特针刺过滤毡	>800	涤纶/玻璃纤维基布	2.1	10~15	>1800	>1800	<10	<10	150	170	良	中	优	中	
亚克力(均聚丙烯腈)针刺过滤毡	500	亚克力/亚克力	1.9	10	≥800	≥1300	≤25	≤25	<140	160	优	优	良	优	
斯泰富针刺过滤毡	500	涤纶/涤纶丝	1.6	14	>1300	>1500	<30	<30	≤130	150	优	良	优	良	烧毛、压光、涂层、热定型

（2）防静电滤料

静电产生的原因是因为大分子以共价键结合，不能电离，也不能传递电子，再加上大分子基团极性小、疏水性大、电荷不易逸散，电阻率高达 $10^{12} \sim 10^{13} \Omega \cdot cm$，所以合成纤维易产生静电。防静电滤料是指在标准状态下电阻率小于 $10^{10} \Omega \cdot cm$ 的纤维或静电荷逸散半衰期小于 60s 的纤维，在纺织加工和其制品的使用过程中，能够降低静电电位或使之消失的纤维。经处理后防静电纤维具有体积电阻率小，静电易于消除和安全性良好等优点，而其物理、化学性能基本上不受影响。其品种有绦纶、锦纶和腈纶抗静电纤维等。目前国内外有很多用以解决滤料静电吸附性的途径，归纳起来大致有两大类。

1）使用改性涤纶

通过一定的化学处理，涤纶改变它的疏水性，使之产生离子，将积聚的静电荷泄漏，使纤维及其织物具有耐久的抗静电性能。

其抗静电机理为：在共纺丝过程中，经混炼形成的抗静电剂和涤纶（PET）混炼物均匀地分散，抗静电剂中的一组分子的微纤状态沿着纤维轴间分布，且因微纤之间有联结，便在纤维内形成由里向外的吸湿、导电通道，且易与另一组亲水性基团相结合，将积聚于纤维上的静电荷泄漏而达到抗静电的目的。

2）纺入金属纤维

滤料用不锈钢纤维同化学纤维混纺合成的纱为原料。由于不锈钢纤维具有良好的导电性能与化学纤维混纺后具有永久的抗静电性能。

不锈钢金属纤维（4~20μm）具有良好的导电性能，且容易和其他纤维进行混纺，它具有挠性好，力学性能、导电性能好，耐酸碱及其他化学腐蚀、耐高温等特点。

不锈钢金属纤维主要技术性能：容重 7.96~8.02g/cm³；纤维束根数 10000~25000 根/束；纤维束不匀率≤3%；单纤维室温电阻 220~50Ω/cm；初始模量 0.98~1.078MPa；断裂伸长率 0.8%~1.8%；耐热熔点 1400~1500℃。

用于焦粉、煤粉类导电粉尘的除尘系统，可以降低阻力，延长滤料使用寿命和保障除尘器安全运行。在防静电滤料中除了加入导电纤维外也有的用导电基布制作成防静电针刺滤料，可以获得同样的使用效果。防静电滤料性能见表 6-97，涤纶防静电针刺滤料性能见表 6-98。

表 6-97　防静电滤料性能

特性	项目		针刺毡滤料		机织滤料
			ZLN-DFJ	ENW(E)	MP922
形态特性	材质		涤纶	涤纶	
	加工方法		针刺成形后处理	针刺成形后处理	
	导电纤维(或纤维)加入方法		基布间隔加导电经纱	面层纤维网中混有导电纤维	经向间隔25mm布一根不锈钢导电纱
	单位面积质量/(g/m²)		500		325.1
	厚度/mm		1.95		0.68
强力特性	断裂强力(5cm×20cm)/N	经向	1200	1149.5	3136
		纬向	1658	1756.2	3848
伸长特性	断裂伸长率/%	经向	23	15.0	26
		纬向	30	20.0	15.2
透气特性	透气性/[cm³/(cm²·s)]		9.04		8.9
	透气性偏差/%		+7　—12		
静电特性	摩擦荷电荷密度/(μC/m²)		2.8	0.32	0.399
	摩擦电位/V		150	19	132
	表面电阻/Ω		9.0×10³	2.4×10³	3.26×10⁴
	体积电阻/Ω		4.4×10³	1.8×10³	3.81×10⁴

表 6-98　涤纶防静电针刺滤料性能

材质		涤纶/防静电基布	涤纶＋导电纤维/普通基布
克重/(g/m²)		500	500
厚度/mm		1.80	1.80
透气性/[m³/(m²·min)]		15	15
断裂强度(5cm×20cm)/N	经向	>800	>800
	纬向	>1200	>1200
断裂伸长/%	经向	<35	<35
	纬向	<55	<55
破裂强度/(MPa/min)		2.40	2.40
连续工作温度/℃		≤130	≤130
短期工作温度/℃		150	150
表面电阻/Ω		4.8×10⁹	4.8×10⁹
体积电阻/Ω		8.7×10⁹	8.7×10⁹
摩擦电位(最大值)/V		250	250
摩擦电位(平均值)/V		183	183
面电荷密度/(μC/m²)		3.4	3.4
半衰期/s		0.75	0.75
耐酸性		良	良
耐碱性		中	中
耐磨性		优	优
水解稳定性		中	中
后处理方式		烧毛压光或特氟隆涂层	清烧冷压或易清灰处理

（3）拒水防油滤料

1）拒水机理

拒水防油就是指在一定程度上滤料不被水或油润湿。理论上讲，液体是否能够润湿固体是由液体表面张力和固体临界表面张力决定的。如果液体表面张力大于固体临界表面张力则液体不能浸润固体。反之液体表面张力小于固体临界表面张力则液体能浸润固体。

根据上述分析，若想让滤材具有拒水防油性，必须要使它的表面张力降低，降到小于水和油的表面张力，才能达到预期目的。拒水拒油整理有两种方法：一种是涂敷层，即用涂层的方法来防止滤料被水或油浸湿；另一种是反应型，即使防水油剂与纤维大分子结构中的某些基团起反应，形成大分子链，改变纤维与水或油的亲和性能，变成拒水拒油型。前者方法一般会使产品丧失透气性能，后者只是在纤维表面产生拒水拒油性，纤维间的空隙并没有被堵塞，不影响透气性能，这正是过滤材料所要求的。因此一般采用反应型整理方法。

2）助剂的选择

当前防油水的助剂种类很多，如铝皂、有机硅、油蜡、橡胶、硬脂酸酪、聚氯乙烯树脂、氟化物等。在这些助剂中，只有铝皂、有机硅、氟化物、硬脂酸酪适合于反应型。考虑到针刺毡的特殊用途，要求助剂能赋予针刺毡拒水性和拒油性、耐高温性、耐腐蚀性、耐久性、不改变原产品透气性。以上几种助剂的表面张力在 $(10 \sim 30) \times 10^{-3} N/m$ 之间，远低于水的表面张力 $72 \times 10^{-3} N/m$，都不会被水润湿，具有防水性。但与重油表面张力 $29 \times 10^{-3} N/m$，植物油表面张力 $32 \times 10^{-3} N/m$ 相当接近，在一定程度上易被润湿，只有氟化物的表面张力为 $10 \times 10^{-3} N/m$ 左右，低于各种液体的表面张力，具有更高的防水防油性能。因此用氟化物作为滤料整理剂是较好的。

3）特点

拒水防油滤料与常规针刺毡相比有以下特点。

① 防油性　可避免油性粉尘易于黏袋，造成堵塞滤布的缺点。

② 拒水性　可排除水溶性污垢或遇冷凝固的水珠将滤布过滤能力降低。

③ 抗黏结性　使附着在滤布表面的粉尘不会渗入滤布内层，从而提高过滤性能。

④ 剥离性　可使粉尘不需要强烈清灰措施即可离开滤布。

4）滤料性能

常用拒水防油针刺毡性能见表 6-99。既拒水防油又防静电的针刺毡性能见表 6-100。

表 6-99　拒水防油滤料性能

滤料名称		亚克力拒水防油针刺毡	涤纶拒水防油针刺毡
材质		亚克力短纤/亚克力短纤基布	涤纶纤维＋涤纶基布
克重/(g/m²)		500±15	500±15
厚度/mm		1.9±0.2	2.0±0.2
透气性/[m³/(m²·min)]		10＋25%	7.2~12
断裂强力(5cm×20cm)/N	经向	≥800	≥1200
	纬向	≥1300	≥800
断裂伸长率/%	经向	≤25%	—
	纬向	≤25%	—
使用温度/℃		≤120	≤130
耐水解性		优	良
耐酸性		优	优
耐碱性		优	良
拒水防油等级		≥4	≥4
后处理方式		烧毛、轧光、拒水防油、特氟隆处理	压光、烧毛、拒水防油处理

5）耐高温、耐酸碱、拒水防油针刺滤毡

PPS 纤维又称聚苯硫醚纤维，具有强度完整的保持性和内在的化学性，可以在恶劣的环境中保持良好的过滤性能，并达到理想的使用寿命。在过滤燃煤锅炉、垃圾焚烧、电厂粉煤灰的集尘处理等脉冲袋式除尘器中，PPS 过滤毡是理想的过滤材料。

表 6-100 拒水防油防静电滤料性能

材　质		涤纶＋导电纤维/涤纶长丝基布
克重/(g/m²)		500
厚度/mm		1.6
透气性/[m³/(m²·min)]		14
断裂强度(5cm×20cm)/N	经向	＞1300
	纬向	＞1500
断裂伸长率/%	经向	＜30
	纬向	＜30
破裂强度/(MPa/min)		2.90
表面电阻/Ω		4.8×10⁹
体积电阻/Ω		8.7×10⁸
摩擦电位(最大值)/V		250
摩擦电位(平均值)/V		183
面电荷密度/(μC/m²)		3.4
半衰期/s		0.75
沾水等级(水温 27℃,相对湿度 20%)		5 级 AATCC100
连续使用温度/℃		≤130
短时使用温度/℃		150
耐酸性		优
耐碱性		良
耐磨性		优
水解稳定性		良
后处理方式		烧毛、压光、涂层、热定型

表面电阻 4.8×10^9 体积电阻 8.7×10^8 面电荷密度 $3.4 \mu C/m^2$

　　PPS 纤维在世界范围内只有少数几家大型化学公司生产,日本东洋(TOYOBO)公司的注册商标为"普抗®""PROCON",日本东丽(TORAY)公司的注册商标为"特丽通®""TORCON",美国飞利浦(PHILIP)公司的注册商标为"莱顿",也称"莱通"或"赖登"。

　　PPS 过滤毡是用聚苯硫醚(PPS)纤维,按照耐高温过滤毡的生产工艺,生产加工过滤材料,为耐高温过滤材料的主要品种之一,在以下场合的应用中性能卓越。

　　① 工作温度 190℃,短时工作温度 232℃,熔点 285℃,极限氧指数 34～35。

　　② 含氧量在 15% 或以下的场合均可适用。

　　③ PPS 是抗酸碱腐蚀,抗化学性很强的纤维,可以用于燃料中含硫或烟道气中含硫的氧化物的工况条件。

　　④ 烟道中含湿气的场合。

　　⑤ 经处理具有拒水防油性能。

　　耐高温、耐酸碱、拒水防油滤料性能见表 6-101。

表 6-101 耐高温、耐酸碱、拒水防油滤料性能

成分		聚苯硫醚(PPS)纤维 PPS 度丝基布			PPS/玻璃纤维基布
克重/(g/m²)		450	500	550	＞800
厚度/mm		1.6	1.8	2.0	2.0
透气性/[m³/(m²·min)]		18	15	12	8～15
断裂强度(5cm×20cm)/N	经向	＞1150	＞1200	＞1200	＞2000
	纬向	＞1200	＞1300	＞1400	＞2000
断裂伸长/%	经向	＜30	＜30	＜30	＜10
	纬向	＜30	＜30	＜30	＜10

成分	聚苯硫醚(PPS)纤维 PPS 度丝基布			PPS/玻璃纤维基布
破裂强度/(MPa/min)	2.7	2.60	2.45	3.10
连续工作温度/℃	≤190			≤190
短时工作温度/℃	232			232
耐酸性	优			优
耐碱性	优			优
耐磨性	优			优
水解稳定性	优			优
沾水等级(水温 27℃,相对湿度 20％)	5 级 AATCC100			5 级 AATCC100
后处理方式	高温热压及烧毛、拒水、防油处理(特氟隆涂层)			烧毛、压光、拒水防油处理(特氟隆涂层)

（4）覆膜滤料

覆膜滤料是以分散聚四氟乙烯树脂为原料制成的微孔膜与各种基材复合而成的。覆膜滤料的最大特点是表面过滤，可提高过滤效率，改善传统过滤方法中经常出现的过滤压力递增、细粉尘排放浓度高等问题。自 20 世纪 80 年代开始，聚四氟乙烯覆膜滤料在工业除尘、液体过滤等许多领域上得到了广泛的应用。

1）过滤机理

薄膜表面过滤的机理同粉尘层过滤一样，主要靠微孔筛分作用。由于薄膜的孔径很小，能把极大部分尘粒阻留在膜的表面，完成气固分离的过程。这个过程与一般滤料的分离过程不同，粉尘不深入到支撑滤料的纤维内部。其优点是：在滤袋工作一开始就能在膜表面形成透气很好的粉尘薄层，既能保证较高的除尘效率，又能保证较低的运行阻力。而且如前所述，清灰也容易。

应当指出，超薄膜表面的粉尘层剥离情况与一般滤袋有很大差别。试验表明，复合滤袋上的粉尘层极易剥落，有时还未到清灰机构动作，粉尘也会掉落下来。还有另一个重要事实，即使水硬性粉尘如水泥尘，在膜表面结块初期也会被剥离下来。但是，如果粉尘结块现象严重或者烟气结露，覆膜滤料也无能为力，必须采取其他措施来解决。

2）聚四氟乙烯（PTFE）膜

PTFE 膜是立体网状结构，无直通孔。开孔率及孔径分布是衡量 PTFE 膜的重要指标。PTFE 膜的开孔率一般在 80％～95％之间。开孔率高，会提高通气量；孔径分布集中，表明膜孔径大小均匀。凭借特殊的生产工艺，可针对不同物料，控制不同孔径，以达到高效过滤的目的。通常膜厚度并不是评价 PTFE 膜的指标，如果膜的厚度偏厚则容易产生透气性小、运行压力高等问题。根据多年的研究使用观察，膜厚薄基本不影响使用寿命，关键是复合强度，这是影响使用寿命的最重要因素。

图 6-100 是最大孔径<0.05μm（50nm）的 8000 倍膜扫描电镜照片；图 6-101 是孔径 1～3μm 的 5000 倍覆膜防酸玻璃纤维扫描电镜照片。

3）膜的复合途径

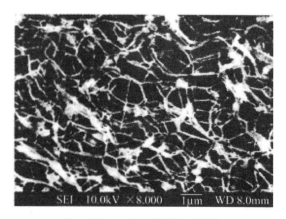

图 6-100　8000 倍膜扫描电镜照片

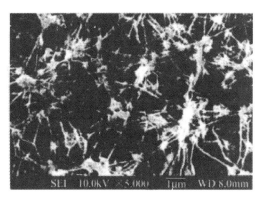

图 6-101　5000 倍覆膜防酸玻璃纤维扫描电镜照片

为了提高使用寿命，增加膜的强度，需要把 PTFE 膜复合到各种过滤材料上，如各种针刺毡、机织布、玻璃纤维等。由于 PTFE 自身具有不黏性的特点，对膜复合技术要求很高，目前复合方法有胶复合和热复合两种方式。

胶复合是较初级的复合方式，复合强度低，易脱膜，寿命短，由于胶渗透，导致透气性差，不宜清灰，削弱了 PTFE 的优越性能。

热复合是最先进的复合方式，能完整地保持 PTFE 膜的优越性能，但对热复合技术要求严格。

4）主要特点

覆膜滤料性能优异，其过滤方法是膜表面过滤，近 100% 截留被滤物。覆膜滤布成为粉尘、物料过滤和收集以及精密过滤方面不可缺少的新材料。其优点如下。

① 表面过滤效率高。通常工业用滤材是深层过滤，依赖于在滤材表面先建立一次粉尘层达到有效过滤。建立有效过滤时间长（约需整个滤程的 10%），阻力大，效率低，截留不完全，损耗也大，过滤和反吹压力高，清灰频繁，能耗较高，使用寿命不长，设备占地面积大。

使用覆膜滤布，粉尘不能透入滤料，是表面过滤，无论是粗、细粉尘，全部沉积在滤料表面，即靠膜本身孔径截留被滤物，无初滤期，开始就是有效过滤，近百分之百的时间处于过滤。

② 低压、高通量连续工作。传统的深层过滤的滤料一旦投入使用，粉尘穿透，建立一次粉尘层，透气性便迅速下降。过滤时，内部堆积的粉尘造成阻塞现象，从而增加了除尘设备的阻力。

覆膜滤料以微细孔径及其不黏性，使粉尘穿透率近于零，投入使用后提供极佳的过滤效率，当沉积在薄膜滤料表面的被滤物达到一定厚度时，就会自动脱落，易清灰，使过滤压力始终保持在很低的水平，空气流量始终保持在较高水平，可连续工作。

③ 容易清灰。任何一种滤料的操作压力损失直接取决于清灰后剩留或滞留在滤料表面上的粉尘量和清灰时间长短。覆膜滤布仅需数秒即可，具有非常优越的清灰特性，每次清灰都能彻底除去尘层，滤料内部不会造成堵塞，不会改变孔隙率和质密度，能经常维持于低压损失工作。

④ 寿命长。覆膜滤料无论采用什么清灰机制都可发挥其优越的特性，是一种将除尘器设计机能完全发挥过滤作用的过滤材料，因而成本低廉。覆膜滤料是一种强韧而柔软的纤维结构，与坚强的基材复合而成，所以有足够的机械强度，加之有卓越的脱灰性，降低了清灰强度，在低而稳的压力损失下能长期使用，延长了滤袋寿命。

5）常用覆膜滤料

常用覆膜滤料技术性能指标见表 6-102，从表中可以看出其性能优于普通滤料。

DGF 系列覆膜滤料的孔径分别为 $0.5\mu m$、$1\mu m$、$3\mu m$（一般指平均孔径），以适应不同粒径的粉尘和物料。表 6-103 为 DGF 系列覆膜滤料基本性能。

表 6-102　覆膜滤料技术性能指标

品种指标项目		薄膜复合聚酯针刺毡滤料	薄膜复合729滤料	薄膜复合聚丙烯针刺毡滤料	薄膜复合NOMEX针刺毡滤料	薄膜复合玻璃纤维	抗静电薄膜复合MP922滤料	抗静电薄膜复合聚酯针刺毡滤料
薄膜材质		聚四氟乙烯	聚四氟乙烯	聚四氟乙烯	聚四氟乙烯	聚四氟乙烯	聚四氟乙烯	聚四氟乙烯
基布材质		聚酯	聚酯	聚丙烯	Nomex	玻璃纤维	聚酯＋不锈钢	聚酯＋不锈钢＋导电纤维
结构质量/(g/m²) 厚度/mm		针刺毡 500 2.0	缎纹 310 0.66	针刺毡 500 2.1	针刺毡 500 2.3	缎纹 500 0.5	缎纹 315 0.7	缎纹 500 2.0
断裂强度/N	经向	1000	3100	900	950	2250	3100	1300
	纬向	1300	2200	1200	1000	2250	3300	1600
断裂伸长率/%	经向	18	25	34	27		25	12
	纬向	46	22	30	38		18	16
透气性/[dm³/(m²·s)]		20～30 30～40	20～30 30～40	20～30 30～40	20～30 30～40	20～30 30～40	20～30 30～40	20～30 30～40
摩擦荷电电荷密度/(μC/m²)							<7	<7
摩擦电位/V 体积电阻/Ω 使用温度/℃		≤130	≤130	≤90	≤200	≤260	<500 <10⁹ ≤130	<500 <10⁹ ≤130
耐化学性	耐酸	良好	良好	极好	良好	良好	良好	良好
	耐碱	良好	良好	极好	尚好	尚好	良好	良好
其他		另有防水防油基布						另有阻燃型基布

表 6-103　DGF 系列覆膜滤料基本性能

产品名称	型号	温度持续(瞬间)/℃	耐无机酸	耐有机酸	耐碱性
薄膜/聚丙烯针刺毡	DGF-202/PP	<90/(100)	很好	很好	很好
薄膜/涤纶纺布	DGF-202/PET	<130/(150)	良好	良好	一般
薄膜/抗静电涤纶纺布	DGF-202/PET/E	<130/(150)	良好	良好	一般
薄膜/涤纶针刺毡	DGF-202/PET	<130/(100)	良好	良好	一般
薄膜/抗静电涤纶针刺毡	DGF-202/PET/E	<130/(100)	良好	良好	一般
薄膜/偏芳族聚酰胺(NO)	DGF-204/ΛO	<180/(220)	一般	一般	一般
薄膜/玻璃纤维	DGF-205/GR	<260/(300)	良好	一般	一般
薄膜/聚酰亚胺(P-84)	DGF-206/PI	<240/(260)	良好	良好	一般
薄膜/聚苯硫醚(Ryton)	DGF-207/PPS	<190/(200)	很好	很好	很好
薄膜/均聚苯烯腈(DT)	DGF-208/DT	<125/(140)	良好	良好	一般
拒水防油涤纶纺布	DGF-202/PET/W	<130/(150)	良好	良好	一般
拒水防油抗静电涤纶纺布	DGF-202/PET/E/W	<130/(150)	良好	良好	一般
拒水防油涤纶针刺毡	DGF-202/PET/W	<130/(150)	良好	良好	一般
拒水防油抗静电涤纶针刺毡	DGF-202/PET/E/W	<130/(150)	良好	良好	一般

（5）玻璃纤维滤料

玻璃纤维具有耐高温、耐腐蚀、尺寸稳定、除尘效率高、粉尘剥离性好及价格便宜等突出优点，所以是一种比较常用的高温过滤材料。

1）玻璃纤维的特性

① 优良的耐热性。经表面化学处理的玻璃纤维滤料最高使用温度可达 280℃，这对除尘工程是非常合适的。所以在目前和今后一段时间内，玻璃纤维滤料仍是一种重要的高温过滤

材料。

② 强度高、伸缩率小。玻璃纤维滤料的抗拉强度比其他各种天然、合成纤维都要高，伸长率仅为 2%～3%，这一特性足以保证使其设计制作长径比大的滤袋具有足够的抗拉强度和尺寸稳定性能。

③ 优良的耐腐蚀性能。目前我国生产的常用玻璃纤维分为无碱和中碱两种。无碱 E 玻璃纤维在室温下对水、湿空气和弱碱溶液具有高度的稳定性，但不耐较高浓度的酸、碱侵蚀。中碱纤维有较好的耐水性和耐酸性，因此，必须根据介质性质选择不同成分的玻璃纤维作过滤材料，才能发挥较好的效果。

④ 玻璃纤维滤料表面光滑，过滤阻力小，有利于粉尘剥离，不燃烧，不变形。

⑤ 玻璃纤维滤料性脆、不耐折、不耐磨、受拉扯后有一定变形。未经表面化学改性处理的玻璃纤维织物，不能满足高温滤料的使用要求。所以其性能在很大程度上取决于表面处理的工艺、配方及织物结构。

2) 玻璃纤维滤料表面处理

玻璃纤维滤料的表面处理有两种方法：一种是先浸纱处理，然后再织成布；另一种是先织布，然后再进行织物整幅处理。

玻璃纤维性脆，在高温急冷高速拉丝过程中纤维表面形成一些微裂纹，如不经表面处理，在高温和腐蚀介质作用下微裂纹扩展，从而使滤料力学性能很快下降。

表面处理技术属于软技术，国内外滤料研究部门都将其列入最高机密。目前，国内玻璃纤维过滤材料的表面处理配方与国外接轨，形成以硅油为主；以硅油、石墨、聚四氟乙烯为主；以聚四氟乙烯为主；耐酸和耐腐蚀四大系列配方。有代表性的配方是南京玻璃纤维研究设计院研制的 FQ、FA、PSi、FS_2、FCA、RH 等系列配方。表 6-104 是用三种配方处理后的玻璃纤维滤料的综合性能。

表 6-104　用三种配方处理后的玻璃纤维滤料的综合性能

玻璃纤维滤料的性能参数		未处理滤料	PSi801 滤料	FQ802 滤料	FA801 滤料
性能	强力/ （kg/25mm） 常温	107	119.6	119.1	125.5
	300℃×6d	88.5	108.0	89.6	123.4
耐热	耐折/次 常温	161	434	491	621
	300℃×6d	51	222	128	457
	耐磨/次 常温	211	603	395	810
	300℃×6d	96	291	197	350
耐酸性	强力/（kg/25mm）	51.8	79	82.6	100
	抗折/次	23	142	181	486
	耐磨/次	16	66	26	146
耐碱性	强力/（kg/25mm）		131.7	1442.5	146
	抗折/次	122.2	346	326	701
	耐磨/次		178	227	397
憎水性	5min	0.1	4.5	0	0.8
	10min	0.2	6.0	0	2.5
	1h	0.5	11.0	0	5.0
	7h	2.5	15.0	2.5	11.0

3) 常用玻璃纤维滤料

① 织造玻璃纤维滤料　玻璃纤维织物滤料的性能随着纱线的种类、纤维直径、捻度、密度以及织物结构的不同，滤料的性能和寿命也不同。织物结构对滤料性能的影响如下。

耐磨性：平纹＞斜纹＞缎纹；

柔软性：缎纹＞斜纹＞平纹；

空隙率：缎纹＞斜纹＞平纹。

平纹织物组织交点多，透气性差，一般不宜作为气体过滤材料；缎纹综合性能较好，同时提高了织物的光滑程度，利于粉尘剥离；斜纹织造方便、经济、性能适中。因此，一般都采用缎纹和斜纹两种组织结构。为了提高纬纱承受弯曲能力，就出现了纬二重组织，以提高其使用寿命。

滤料绕曲性能的影响因素是滤料的厚度和纤维直径。一般来说，布越厚，耐折耐磨性能越佳。单纤维直径越细，其弯曲半径越小，也就是说越能经受强烈的弯曲。我国玻璃纤维单纤维直径为 $6\sim8\mu m$。在滤布织造的各道工序中，保持张力的均匀性，不仅使滤布表面平整，抗张强度增加，也是滤布透气性稳定的重要保证。玻璃纤维滤布品种及物理机械性能见表 6-105。

表 6-105　玻璃纤维滤布品种及物理机械性能

牌号	处理方法	密度根/cm		厚度/mm	织纹	透气性/[dm³/(m²·s)]	断裂强度(25mm×100mm)/N		使用温度/℃
		经线	纬线				经向	纬向	
BL8301	浸纱	20±1	18±1	0.5±0.5	纬二重	250～350	2500	2100	300
BL8301-2	浸纱	20±1	18±1	0.5±0.5	双层	50～150	2500	2100	300
BL8302	浸纱	16±1	13±1	0.4±0.03	3/1斜纹	90～150	2100	1700	300
BL8303	浸纱	20±1	18±1	0.45±0.05	纬二重	150～150	2200	1900	260
BL8304	浸纱	16±1	13±1	0.3±0.3	3/1斜纹	100～200	1800	1400	260
BL8305	未处理	20±1	18±1	0.45±0.05	双层	50～100	2000	1700	200
BL8307	未处理	20±1	14±1	0.4±0.05	4/1斜纹	80～200	1800	1500	200
BL8307-FQ803	浸布	20±1	14±1	0.4±0.05	4/1斜纹	80～200	1500	260	260
BL8301-PSi803	浸布	20±1	18±1	0.45±0.05	纬二重	200～300	2500	2100	300

② 玻璃纤维膨体纱　玻璃纤维膨体纱是采用膨化工艺把玻璃纤维松软、胀大、略有三维结构，从而使玻璃纤维布具有长纤维的强度高和短纤维的蓬松性两者优点。玻璃纤维布除耐高温、耐腐蚀外，还具有透气性好、净化效率高等优点，其技术性能见表 6-106。

表 6-106　常用玻璃纤维布技术性能

产品类型		单位面积质量/(g/m²)	抗拉断裂强度/(N/25mm)		破裂强度/(N/cm²)	透气性/[cm³/(cm²·s)]	处理剂配方	长期工作温度/℃	适用清灰方式	过滤风速/(m/min)
			经向	纬向						
玻璃纤维布	CWF300	≥300	≥1500	≥1250	＞240	35～45	FCA(用此配方处理的滤布温度小于180℃)	260	反吹风清灰、回转反吹风清灰、机械振动清灰、脉冲清灰	0.40
	CWF450	≥450	≥2250	≥1500	＞300	35～45				0.45
	CWF500	≥500	≥2250	≥2250	＞350	20～30				0.50
	EWF300	≥300	≥1600	≥1600	＞290	35～40		280		0.40
	EWF350	≥350	≥2400	≥1800	＞310	35～45				0.45
	EWF500	≥500	≥3000	≥2100	＞350	35～45				0.50
	EWF600	≥600	≥3000	≥3000	＞380	20～30				0.55
玻璃纤维膨体布	EWTF500	≥450	≥2100	≥1400	＞350	35～45	PSi	260		0.50
	EWTF600	≥550	≥2100	≥1800	＞390	35～45				0.55
	EWTF750	≥660	≥2100	≥1900	＞470	30～40	FQ			0.70
	EWTF550	≥480	≥2600	≥1800	＞440	35～45				0.55
	EWTF650	≥600	≥2800	≥1900	＞450	30～40	RH	280		0.65
	EWTF800	≥750	≥3000	≥2100	＞490	25～35				0.80

③ 玻璃纤维针刺毡　玻璃纤维针刺毡是一种结构合理、性能优良的新型耐高温过滤材料，不仅具有玻璃纤维织物耐高温、耐腐蚀、尺寸稳定、伸长收缩小、强度大的优点，而且毡层呈单纤维（纤维直径小于 $6\mu m$）三维微孔结构，空隙率高（达 80%），气体过滤阻力小，是一种高速、高效的高温脉冲过滤材料。

该滤布适用于化工、钢铁、冶金、炭黑、水泥、垃圾焚烧等工业炉窑的高温烟气过滤。玻璃纤维针刺毡滤布特点和性能见表 6-107 和表 6-108。

表 6-107　玻璃纤维针刺毡特点

型号	产品结构	特点	使用温度/℃		适用范围
			连续	瞬间	
Ⅰ型	100%玻璃纤维，纤维直径3.8～6μm	耐高温、耐腐蚀、尺寸稳定、伸长率小、过气量大、强度大	280	300	冶金、化工、炭黑、市政、钢铁、垃圾焚烧、火力发电等行业的炉窑高温烟气过滤
Ⅱ型		考虑到脉冲有骨架，经机械织物的改进除Ⅰ型特点外更具有耐磨、防透滤性，提高使用寿命			
Ⅲ型	诺美克斯（Nomex）玻璃纤维，双面复合毡	应用诺美克斯清灰效果好、耐腐性强、化学性和尺寸稳定。易克服糊袋尘饼脱落不良，耐碱良好，用于清灰面，而玻璃纤维强度大、材料来源广、价格低、憎水性和耐酸性强的作内衬。可提高整体装备水准	200	240	更适合球式热风炉，可替代纯诺美克斯滤毡，价廉物美

表 6-108　玻璃纤维针刺毡性能

型号 ZBD	纤维直径/μm	质量/(g/m²)	破坏强度/(N/cm²)	抗拉强度(25mm)/N		透气性/[cm³/(cm²·s)]	过滤效率/%
				经向	纬向		
Ⅰ型	6	＞950	＞350	≥1400	≥1400	15～30	＞99
Ⅱ型	6	＞950	＞350	≥1600	≥1400	15～30	＞99
Ⅲ型	6	＞1000	＞400	≥2000	≥2000	15～35	＞99

（6）高温滤料

高温滤料指比常温滤料耐温高的滤料，包括芳纶、P84、莱顿、诺梅克斯、芳砜纶等。高温滤料纤维性能见表 6-109。高温针刺毡滤料性能见表 6-110。

高温滤布的材料成本一般较高，滤布价格昂贵，所以滤布的使用寿命应引起足够的重视。实际应用表明，滤袋失效的主要因素是滤料选型欠妥或加工不当、机械磨损、化学侵蚀、高温溶化、结露黏结等。

表 6-109　高温滤料纤维性能

滤料名称	使用温度/℃	力学性能			化学稳定性					水介稳定性	阻燃性
		规格	抗磨	抗折	无机酸	有机酸	碱	氟化剂	有机溶剂		
无碱玻璃纤维	200～300	1	2	4	3	3	4	4	2	1	1
高强超细玻璃纤维	200～300	1	2	3	3	3	4	4	2	1	1
诺梅克斯	204	1	1	1	3	2	3	2	2	3	3
巴斯夫	220	2	2	2	3	2	3	2	2	3	1
碳纤维	300	2	2	2	2	2	2	2	1	2	1
P84(聚亚酰胺)	260	2	2	2	2	1	2	2	2	2	1
莱顿(PPS)	190	2	2	2	1	1	2	4	1	1	1
特氟隆	260	3	3	3	1	1	1	1	1	1	1

注：表中1，2，3，4表示纤维理化特性的优劣排序，依次表示优、良、一般、劣。

表 6-110　高温针刺毡滤料性能

名称		芳纶针刺毡	P84 针刺毡	莱顿针刺毡	诺梅克斯针刺毡	芳砜纶针刺毡	碳纤维复合针刺毡	氟美斯
原名		芳香族聚酰胺	芳香族聚酰亚胺	聚苯硫醚	诺梅克斯纤维	芳砜纶纤维	碳纤维	诺梅克斯玻璃纤维
单重/(g/m²)		450~600	450~600	450~600	450~700	450~500	350~800	800
厚度/mm		1.4~3.5	1.4~3.5	1.4~3.5	2~2.5	2~2.7	1.4~3.0	1.80
孔隙率/%		65~90	65~90	65~90	60~80	70~80	65~90	
透气性/[dm³/(m²·s)]		90~440	90~440	90~440	150	100	90~400	130~300
断裂强度 (20cm×5cm)/N	经向	800~1000	800~1000	800~1000	800~1000	700	600~1400	1600
	纬向	1000~1200	1000~1200	1000~1200	1000~1200	1050	800~1700	1400
断裂伸长率/%	经向	≤50	≤50	≤50	15~40	20	<40	
	纬向	≤55	≤55	≤55	15~45	25	<40	
表面处理		烧毛面	烧毛面	烧毛面	烧毛面	烧毛面	烧毛面	
耐热性/℃	连续性	200	250	190	200	200	200	260
	瞬时	250	300	230	220	270	250	300
化学稳定性	耐酸性	一般	好	好	好	良好	好	
	耐碱性	一般	好	好	好	耐弱碱	中	

除了上述高温滤料外，还有把不同高温纤维复合在一起的高温滤料，针对不同应用场所和要求，使滤料具有某方面的优良性能。例如氟镁斯滤料是其中的一种，其性能见表 6-111。

表 6-111　氟镁斯耐高温针刺毡滤料性能

品种	厚度/mm	重量/(g/m²)	连续工作温度/℃	透气性/[cm³/(cm²·s)]	断裂强度(25cm)/N 经向	断裂强度(25cm)/N 纬向	过滤风速/(m/min)	原料构成
FMS9801 高温防静电型	1.8~2.0	≤800	300	15~30	1600	1400	1~1.5	玻璃纤维、碳纤维
FMS9802 耐酸型	1.8~2.0	≤800	240~260	15~30	1600	1400	1~1.5	玻璃纤维、巴斯夫、诺梅克斯、防酸处理
FMS9803 通用型	1.8~2.0	≤800	260~280	15~30	1600	1400	1~1.5	玻璃纤维、诺梅克斯、巴斯夫
FMS9804 耐折型	1.8~2.0	≤800	180~210	15~30	1600	1400	1~1.5	诺梅克斯为主体、玻璃纤维复合
FMS9805 抗结露型	1.8~2.0	≤800	280~300	15~30	1600	1400	1~1.5	玻璃纤维、巴斯夫、诺梅克斯、防水防结露处理
FMS9806 高温型	1.8~2.0	≤800	280~300	15~30	1600	1400	1~1.5	玻璃纤维、P84
FMS9807 高防腐型	1.8~2.0	≤800	240~260	15~30	1600	1400	1~1.5	玻璃纤维、莱顿
FMS9808 通用型	1.8~2.0	≤800	200~240	15~30	1600	1400	1~1.5	玻璃纤维、诺梅克斯、双面刺、烧毛、压光

（7）锅炉专用滤料

该类产品主要包括两个系列：华博特（HBT）系列（有 HBT-Ⅰ中温型锅炉专用特种滤料，HBT-Ⅱ高温型锅炉专用特种滤料和 HBT-Ⅲ耐强高温型锅炉专用特种滤料）和聚四氟乙烯复合纤维系列。

1）华博特滤料

华博特（HBT）锅炉专用特种滤料是用于锅炉烟气净化处理的专用特种滤料，主要用于电厂锅炉、工业锅炉、工业窑炉和垃圾焚烧炉等烟气净化过滤。滤料性能见表6-112。

2）聚四氟乙烯复合滤料

聚四氯乙烯复合纤维系列是基于中国特殊的工况条件开发而成的一系列新型过滤产品，主要以 PTFE 纤维和各种高温化纤为原料，采用各种特殊的工艺处理，从而不仅能适应在中国含硫和高腐蚀性气体的工况条件下使用，而且与国外滤料相比价格更加适中，具有更高的性价比。锅炉用滤料性能见表6-112。

表6-112　锅炉用滤料性能

滤料名称	克重 /(g/m²)	纤维层 /基布	厚度 /mm	透气性 /[m³/(m²·min)]	断裂强度 /kg		断裂伸长率 /%		工作温度/℃		后处理方式
					经向	纬向	经向	纬向	经向	纬向	
华博特(HBT-Ⅰ)中温型锅炉专用特种滤料	800	PPS+玻璃纤维/玻璃纤维	2.5	8～10	>1800	>1500	<10	<10	160	190	PTFE处理
华博特(HBT-Ⅱ)高温型锅炉专用特种滤料	800	P84+PPS+玻璃纤维/玻璃纤维	2.5	6～10	>1800	>1500	<10	<10	190	220	PTFE处理
华博特(HBT-Ⅲ)耐高温型锅炉专用滤料	800	P84+不锈钢+玻璃纤维/玻璃纤维	2.5	10～20	>1800	>1500	<10	<10	220	350	PTFE处理
P84+PTFE针刺过滤毡	650	P84+PTFE/PTFE长丝	2.4	16	900	1100	10	35	260	280	PTFE处理
	800	P84+PTFE/玻璃纤维	2.4	10	>1800	>1800	<10	<10	260	280	
PPS+PTFE针刺过滤毡	600	PPS+PTFE/PTFE	2.4	8～10	1000	1500	10	35	190	210	PTFE处理
	600	PPS+PTFE/PTFE	2.0	8～10	1000	1500	20	40	190	210	
100%聚四氟乙烯耐高温耐酸碱针刺过滤毡	600	PTFE/PTFE长丝	2.0	8～10	800	1000	15	15	240	260	热定型
	600	PTFE/GLASS	1.1	8～10	1800	1800	10	10	240	260	
PTFE短纤维与玻璃纤维面层复合耐高温针刺过滤毡	650	PTFE+玻璃纤维/PTFE	1.2	10	800	800	12	12	240	260	PTFE处理
	650	PTFE+玻璃纤维/玻璃纤维	1.4	10	1800	1800	10	10	240	260	

注：厂家有数十种规格的产品可供用户选择，并可根据用户具体需求设计不同指标（如克重、厚度等）的针刺过滤毡。

（8）金属纤维滤料

金属纤维毡采用直径为微米级的金属纤维经无纺铺制、叠配及高温烧结而成，多层金属纤维毡由不同孔径层形成孔径梯度，可控制得到极高的过滤精度和较单层毡更大的纳污容量。纤维毡产品孔径分布均匀，具有渗透性能好、强度高、耐腐蚀、耐高温、可折叠、可再生、寿命长等特点，是适合于在高温、高压和腐蚀环境中使用的新一代的高效金属过滤材料。金属纤维和金属纤维毡的性能分别见表6-113和表6-114。

采用金属纤维可达到与通常织物滤料相同的过滤性能，阻力小，清灰较容易，能够用于高粉尘负荷和较高的过滤速度。

表 6-113　金属纤维性能

产品名称		不锈钢纤维					镍纤维			
牌号		316L					N6			
规格/μm		6～25					6～25			
物理性能	密度/(g/cm³)	7.98					8.89			
	熔点/℃	1371～1398					1430～1450			
力学性能	规格/μm	6	8	12	20	25	6	8	12	20
	断裂强力/gf	2.0	3.0	11.0	30.0	45.0	1.0	3.0	7.0	22.0
	伸长率/%	0.6	0.8	1.0	1.3	1.3	0.46	0.77	0.75	0.88

表 6-114　金属纤维毡性能

型号	过滤精度/μm	气泡点压力/Pa(±8%)	渗透系数/×10⁻¹²m²≥	透气性/[L/(min·dm²)]	孔隙度/%(±5%)	纳污容量/(mg/cm²)(±10%)
BZ10D	≥7.5～12.4	3700	4.5	90	77	7.6
BZ15D	≥12.5～17.4	2600	7.2	117	80	8.0
BZ20D	≥17.5～22.4	1950	18.9	207	81	15.5
BZ25D	≥22.5～27.4	1560	27.0	297	80	18.4
BZ30D	≥27.5～34.9	1300	41.4	405	80	25.0
BZ40D	≥35～45	975	54.9	522	78	25.9
BZ60D	≥50～70	650	103.5	1080	87	35.7
DZ15D	≥12.5～17.4	2510	14	160	75	—
DZ20D	≥17.5～22.5	1895	17.5	260	75	—
CZ15D	≥12.5～17.4	2500	20	190	84	—
CZ20D	≥17.5～22.5	2000	36	300	85	—

此外金属纤维滤料还有防静电、抗放射辐射的性能，寿命也较一般纤维长。但金属纤维滤料的造价高，只能在特殊情况下采用。

（9）滤筒用滤料

滤筒用滤料有四种类型，一种是合成纤维非织造滤料，一种是纸质滤料，以及以上这两种滤料的覆膜滤料。滤筒用滤料的特点是对其挺度有严格要求。这是其他滤料所没有的。

1）合成纤维非织造滤料

按加工工艺可分为连续纤维纺黏聚酯热压及短纤维纺黏聚酯热压两类。滤筒用合成纤维非织造滤料的主要性能指标如表 6-115 所列。聚酯非织造滤料可承受工作温度不低于120℃。对高温高湿等其他特殊工况，滤筒材质结构的选用应满足应用要求。

滤料表面防水处理工况时，处理后的滤料其浸润角应大于90°，沾水等级不低于Ⅳ级。当遇到需要防油处理时，滤料做防油处理。滤料进行抗静电处理工况时，处理后滤料的抗静电特性应符合表 6-116 的规定。

表 6-115　合成纤维非织造滤料的主要性能指标

特性	项目		连续纤维纺黏聚酯热压	短纤维纺黏聚酯热压
形态特性	单位面积质量偏差/%		±2.0	±2.0
	厚度偏差/%		±0.15	±0.15
强力	断裂强力/N	经向	＞900	＞600
		纬向	＞1000	＞700
断裂伸长率/%		经向	＜9	＜22
		纬向	＜9	＜25
透气特性	透气性/[m³/(m²·min)]		15	15
	透气性偏差/%		±15	±15
除尘效率/%			≥99.95	≥99.95
挺度/N·m			≥20	

表 6-116　滤料的抗静电特性

滤袋抗静电特性	最大限值	滤袋抗静电特性	最大限值
摩擦荷电电荷密度/$(\mu C/m^2)$	<7	表面电阻/Ω	$<10^{10}$
摩擦电位/V	<500	体积电阻/Ω	$<10^9$
半衰期/s	<1		

2）纸质滤料

纸质滤料可分为低透气性和高透气性两类。纸质滤料的性能指标见表 6-117。

3）聚四氟乙烯覆膜滤料

合成纤维非织造聚四氟乙烯覆膜滤料的主要性能指标见表 6-118。

纸质聚四氟乙烯覆膜滤料的主要性能指标见表 6-119。

表 6-117　纸质滤料的主要性能指标

特性	项目			低透气性	高透气性
形态特性	单位面积质量偏差/%			±3	±5
	厚度	总厚度/mm		0.65±0.04	0.56±0.05
		滤料厚度/mm		0.30±0.03	0.32±0.03
		瓦楞深度/mm		0.35	0.24
	孔径/μm	最大		47±3	80±5
		平均		31±2	57±5
透气特性	透气性/$[m^3/(m^2 \cdot min)]$			5	12
	透气性偏差/%			±12	±10
阻力特性	阻力/Pa			580±4	250±2
	除尘效率/%			≥99.8	≥99.8
	耐破度/MPa			≥0.2	≥0.3
	挺度/N·m			≥20	≥20

注：1. 纸质滤料最高连续工作温度≤80℃。

2. 透气性是在 $\Delta P=125Pa$ 时测出。

3. 阻力是在过滤风速 $v=40cm/s$ 时测出。

表 6-118　合成纤维非织造聚四氟乙烯覆膜滤料的主要性能指标

特性	项目		连续纤维纺黏聚酯热压覆膜	短纤维纺黏聚酯热压覆膜
形态特性	单位面积质量偏差/%		±2.0	±2.0
	厚度偏差/%		±0.15	±0.15
强力	断裂强力/N	经向	>900	>600
		纬向	>1000	>700
伸长率	断裂伸长率/%	经向	<9	<22
		纬向	<9	<25
透气特性	透气性/$[m^3/(m^2 \cdot min)]$		6	4
	透气性偏差/%		±15	±15
	除尘效率/%		≥99.99	≥99.95
覆膜牢度	覆膜滤料/MPa		0.03	0.03
疏水特性	浸润角/(°)		>90	>90
	沾水等级/级		≥Ⅳ	≥Ⅳ

表 6-119　纸质聚四氟乙烯覆膜滤料的主要性能指标

特性	项目		低透气性	高透气性
形态特性	单位面积质量偏差/%		±3	±5
	厚度	总厚度/mm	0.65±0.04	0.56±0.05
		滤料厚度/mm	0.30±0.03	0.32±0.03
		瓦楞深度/mm	0.35	0.24

特性	项目	低透气性	高透气性
透气特性	透气性/[m³/(m²·min)]	3.6	8.4
	透气性偏差/%	±11	±12
除尘效率/%		≥99.5	≥99.5
覆膜牢度	覆膜滤料/MPa	≥0.02	≥0.02
疏水特性	浸润角/(°)	≥90	≥90
	沾水等级/级	≥Ⅳ	≥Ⅳ

注：1. 透气性是在 $\Delta P = 125\text{Pa}$ 时测得。

2. 最高连续工作温度≤80℃。

3. 可作为滤筒用滤材。

白云滤筒滤材主要是以纺黏法生产的聚酯无纺布作基材，经过后加工整理制作而成。白云滤材有五大系列产品：涤纶滤料系列、防静电系列、拒水防油系列、氟树脂膜系列和PTFE膜系列。白云滤材系列产品技术性能参数见表6-120。

表6-120　白云滤材系列产品技术性能参数

分类	型号	定重/(g/m²)	厚度/mm	透气性/[L/(m²·s)]	断裂强度/(N/5cm) 纵向	横向	工作温度/℃	过滤精度/μm	过滤效率/%	备注
涤纶滤料系列	MH217	170	0.45	220	600	450	≤135	5	≤99	
	MH224	240	0.6	180	800	600	≤135	5	≤99.5	
防静电系列	MH224AL	240	0.6	180	800	600	≤65	5	≤99.5	具有防油、拒水、防污功能
	MH224ALF2	240	0.6	180	800	600	≤65	5	≤99.5	
	MH226F1	265	0.65	160	850	650	≤135	3	≤99.5	
拒水防油系列	MH1217F2	170	0.45	220	600	450	≤135	5	≤99	环境温度；大气除尘
	MH224F2	240	0.6	180	800	600	≤135	5	≤99.5	
氟树脂膜系列	MH224F3	240	0.6	50～70	800	600	≤65	1	≤99.5	主要用于除尘；具有抗静电功能；适合于中温工况
	MH224HF3	240	0.6	30～50	800	600	≤65	0.5	≤99.5	
	MH217F3	170	0.45	60～80	600	450	≤65	1	≤99.5	
	MH224ALF3	240	0.6	50～70	800	600	≤65	1	≤99.5	
	MH224F3-ZW	240	0.6	40～60	800	600	≤135	1	≤99.5	
PTFE膜系列	MH217F4	170	0.45	60～80	600	450	≤135	0.5	≤99.99	过滤风速较低时适用；具有阻燃功能；适用于高湿度场合
	MH224F4	240	0.6	50～70	800	600	≤135	0.5	≤99.99	
	MH224F4-ZR	240	0.6	50～70	800	600	≤135	0.5	≤99.99	
	MH224F4-KC	240	0.6	50～70	800	600	≤135	0.5	≤99.99	

3. 选用滤料注意事项

选用滤料必须在充分了解使用工况和除尘器技术的条件下，通过对比各种滤料的性能综合比较选用，不能认为滤料越贵越好。

（1）选用的原则

袋式除尘器一般根据含尘气体的性质、粉尘的性质及除尘器的清灰方式不同选择滤料，选择时应遵循下述原则。

① 滤料性能应满足生产条件和除尘工艺的一般情况和特殊要求。

② 在上述前提下，应尽可能选择使用寿命长的滤料，这是因为滤料使用寿命长不仅能节省运行费用，而且可以满足气体长期达标排放的要求。

③ 选择滤料时应对各种滤料排序综合比较，不应该用一种所谓"好"滤料去适应各种工况场合和除尘工艺条件。

④ 在气体性质、粉尘性质和清灰特点中，应根据主要影响因素选择滤料，如高温气体、

易燃粉尘等。

（2）根据含尘气体性质选用

1）气体温度

含尘气体温度是滤料选用中的重要因素。通常把小于130℃的含尘气体称为常温气体，大于130℃的含尘气体称为高温气体，所以可将滤料分为两大类：低于130℃的常温滤料及高于130℃的高温滤料。有时130～200℃的含尘气体称为中温气体，但滤料多选用高温滤料。因此，应根据含尘气体温度选用合适的滤料。

滤料的耐温有连续长期使用温度及瞬间短期温度两种。连续长期使用温度是指滤料可以适用的、连续运转的长期温度，应以此温度来选用滤料。瞬间短期温度是指滤料每天所处不允许超过10min的最高温度，如果时间过长，滤料就会软化变形。

2）气体湿度

含尘气体按相对湿度分为三种状态：相对湿度在30％以下为干燥气体，相对湿度在30％～80％之间为一般状态气体，相对湿度在80％以上为高湿气体。高湿气体又处于高温状态时，特别是含尘气体中含SO_3时，气体冷却会产生结露现象。这不仅会使滤袋表面结垢、堵塞，而且会腐蚀结构材料，因此需特别注意。对于高湿气体在选择滤料时应注意以下几点。

① 高湿气体使滤袋表面捕集的粉尘润湿黏结，尤其对吸水性、潮解性和湿润性粉尘，会引起糊袋。因此，应选用锦纶与玻璃纤维等表面滑爽、长纤维易清灰的滤料，并宜对滤料使用硅油、碳氟树脂作浸渍处理，或在滤料表面使用丙烯酸、聚四氟乙烯等物质进行涂布处理。塑烧板和覆膜材料具有优良的耐湿和易清灰性能，但作为高湿气体首选应是拒水防油滤料。

② 当高温和高湿同时存在时会影响滤料的耐温性，尤其对于锦纶、涤纶、亚酰胺等水解稳定性差的材质更是如此，应尽可能避免。

③ 对于高湿气体在除尘滤袋设计时宜采用圆形滤袋，尽量不采用形状复杂、布置十分紧凑的扁滤袋和菱形滤袋（塑烧板除外）。

④ 除尘器含尘气体入口温度应高于气体露点温度30℃以上。

3）气体化学性质

在各种炉窑烟气和化工废气中，常含有酸、碱、氧化剂、有机溶剂等多种化学成分，而且往往受温度、湿度等多种因素的交叉影响。因此，选用滤料时应考虑周全。

涤纶纤维在常温下具有良好的力学性能和耐酸碱性，但对水十分敏感，容易发生水解作用，使强力大幅度下降。涤纶纤维在干燥烟气中，其长期运转温度小于130℃，但在高水分烟气中，其长期运转温度只能降到60～80℃，诺梅克斯纤维（No-mex）具有良好耐温、耐化学性，但在高水分烟气中，其耐温将由204℃降到150℃。

诺梅克斯纤维比涤纶纤维具有较好的耐温性，但在高温条件下，耐化学性差一些。聚苯硫醚纤维（Ryton）具有耐高温和耐酸碱腐蚀的良好性能，适用于燃煤烟气除尘，但抗氧化剂的能力较差。聚酰亚胺纤维虽可以弥补其不足，但水解稳定性又不理想。作为"塑料王"的聚四氟乙烯纤维具有最佳的耐化学性，但价格较贵。

在选用滤料时，必须根据含尘气体化学性质，针对主要因素进行综合考虑。

（3）根据粉尘性质选用

1）粉尘的湿润性和黏着性

粉尘的湿润性、浸润性是通过尘粒间形成的毛细管作用完成的，与粉尘的原子链、表面状态以及液体的表面张力等因素相关，可用湿润角表示。通常称小于 $60°$ 为亲水性，大于 $90°$ 为憎水性。当吸湿性粉尘湿度增加后，粒子的凝聚力、黏性力随之增加，流动性、荷电性随之减小，黏附于滤袋表面，久而久之，清灰失效，尘饼板结。

有些粉尘如 CaO、$CaCl_2$、KCl、$MgCl_2$、Na_2CO_3 等吸湿后进一步发生化学反应，其性质和形态均发生变化，称为潮解。潮解后粉尘会糊住滤袋表面，这是袋式除尘器最需要注意的。对于湿润性、潮解性粉尘，在选用滤料时应注意滤料的光滑、不起绒和憎水性，其中覆膜滤料和塑烧板最好。

许多湿润性强的粉尘黏着力较强，其实湿和黏有不可分割的联系。对于袋式除尘器，如果黏着力过小，将失去捕集粉尘的能力，而黏着力过大又造成粉尘凝聚、清灰困难。对于黏着性强的粉尘应选用长丝不起绒织物滤料，或经表面烧毛、压光、镜面处理的针刺毡滤料，浸渍、涂布、覆膜技术应充分利用。从滤料的材质上讲，锦纶、玻璃纤维优于其他品种。

2）粉尘的可燃性和荷电性

某些粉尘在特定的浓度状态下，在空气中遇火花会发生燃烧或爆炸。粉尘的可燃性与其粒径、成分、浓度、燃烧热以及燃烧速度等多种因素有关。粒径越小，比表面积越大，越易点燃。粉尘爆炸的一个重要条件是密闭空间，在这个空间中其爆炸浓度下限一般为几十至几百克每立方米，粉尘的燃烧热和燃烧速度越高，其爆炸威力越大。

粉尘燃烧或爆炸火源通常是由摩擦火花、静电火花、炽热颗粒物等引起的，其中荷电性危害最大。这是因为化纤滤料通常是容易荷电的，如果粉尘同时荷电则极易产生火花，所以对于可燃性和易荷电的粉尘如煤粉、焦粉、氧化铝粉和镁粉等，宜选择阻燃型滤料和导电滤料。

一般认为氧指数大于 30 的纤维织造的滤料，如 PVC、PPS、P84、PTFE 等是安全的，而对于氧指数小于 30 的纤维，如丙纶、锦纶、涤纶、亚酰胺等织造的滤料可采用阻燃剂浸渍处理。

防静电滤料是指在滤料纤维中混入导电纤维，使滤料在经向或纬向具有导电性能，使电阻小于 $10^9 \Omega$。常用的导电纤维有不锈钢纤维和改性（渗碳）化学纤维。两者相比，前者导电性能稳定可靠，后者经过一定时间后导电性能易衰退。导电纤维混入量约为基本纤维的 $2\% \sim 5\%$。

滤布在运转中，一般都具有带正电或负电的性质（见表 6-121），而尘粒随气流运动时，也带有正电或负电。这时如采用与灰尘粒子带相反电荷的滤布，则两者处于不同的带电状态，使粒子吸附于带电的滤布上，净化效率很高，但由于粉尘及滤布一般是不良导电体，附着在滤布上的灰尘与滤布之间不能产生电荷传递，始终带着原先的电荷附着在滤布上。因此，振动滤布，粉尘也难以脱落，使阻力逐渐增加。相反，如果用带有与尘粒同种电荷的滤布，那么过滤完全可以靠气流强迫地进行，附着的尘粒与滤布之间没有电力附着性，所以很容易掉落，阻力也不会逐渐增加。

表 6-121　滤布的带电序列

电位	滤布的种类	电位	滤布的种类
+20	玻璃丝、人造毛	−5	醋酸纤维、利萨伊托、聚乙烯醇、聚酯纤维
+10	尼龙、羊毛、绢、黏胶、生丝	−10	奥纶、维纶、贝龙
+5	棉花、纸、麻	−20	聚乙烯、萨然树脂
0	硬质橡胶		

3）粉尘的流动性和摩擦性

粉尘的流动性和摩擦性较强时，会直接磨损滤袋，降低使用寿命。表面粗糙、不规则的菱形粒子比表面光滑的球形粒子磨损性大 10 倍以上。粒径为 $90\mu m$ 左右尘粒的磨损性最大，而当粒径减小到 $5\sim10\mu m$ 时磨损性已十分微弱。磨损性与气流速度的 2～3 次方、与粒径的 1.5 次方成正比，因此，必须严格控制气流速度及其均匀性。在常见粉尘中，铝粉、硅粉、焦粉、炭粉、烧结矿粉等属于高磨损性粉尘。对于磨损性粉尘宜选用耐磨性好的滤料。

除尘滤料的磨损部位与形式多种多样，根据经验，滤袋磨损都在下部，这是因为滤袋上部滤速低，气体含尘浓度小的缘故。为防止滤袋下部磨损，设计中应限制袋室下部气流上升的速度。对于磨损性强的粉尘，选用滤料时应注意以下 3 点。

① 化学纤维优于玻璃纤维，膨化玻璃纤维优于一般玻璃纤维，细、短、卷曲型纤维优于粗、长、光滑性纤维。

② 毡料宜用针刺方式加强纤维之间的交络性，织物以缎纹织物最优，织物表面的拉绒也是提高耐磨性的措施，但是毡料、缎纹织物和起绒滤料会增加阻力值。

③ 对于普通滤料表面进行涂覆、压光等后处理也可提高耐磨性。对于玻璃纤维滤料、硅油、石墨、聚四氟乙烯树脂处理可以改善耐磨、耐折性。但是覆膜滤料用于磨损性强的工况时，膜会过早磨坏，失去覆膜作用。

（4）根据除尘器的清灰特点选用

袋式除尘器的清灰方式是选择滤料结构品种的另一个重要因素，不同清灰方式的袋式除尘器因清灰能量、滤袋形变特性的不同，宜选用不同的结构品种滤料。

脉冲喷吹类袋式除尘器指以压缩空气为动力，利用脉冲喷吹机构在瞬间释放压缩气流，诱导数倍的二次空气高速射入滤袋，使其急剧膨胀。依靠冲击振动和反向气流清灰的袋式除尘器，属于高动能清灰类型，通常采用带框架的外滤圆袋或扁袋，要求选用厚实、耐磨、抗张力强的滤料，优先选用化纤针刺毡或压缩毡滤料，单位面积质量为 $450\sim650g/m^2$。

脉冲袋式除尘器的在线运行或离线运行选用滤料应有所区别，在线运行的脉冲袋式除尘器滤料的强度和耐磨性方面都要更好。脉冲袋式除尘器清灰压力高、清灰周期短都需要更高品质的滤料。

第五节　电除尘器

电除尘器是含尘气体在通过高压电场进行电离的过程中，使尘粒荷电，并在电场力的作用下使尘粒沉积在集尘极上将尘粒从含尘气体中分离出来的一种除尘设备。电除尘过程与其他除尘过程的根本区别在于：分离力（主要是静电力）直接作用在粒子上，而不是作用在整个气流上，这就决定了其具有分离粒子耗能少、气流阻力小的特点。由于作用在粒子上的静电力相对较大，所以即使对亚微米级的粒子也能有效地捕集（见图 6-102）。

电除尘器的主要优点是：压力损失小，一般为 $200\sim500Pa$；处理烟气量大，一般为 $105\sim106m^3/h$；能耗低，大约 $0.2\sim0.4kWh/1000m^3$；对细粉尘有很高的捕集效率，可高于 99%；可在高温或强腐蚀性气体下操作。

一、电除尘器的收尘机理

虽然在实践中电除尘器的种类和结构型式繁多，但都基于相同的工作原理。其原理涉及

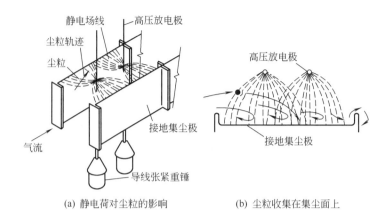

(a) 静电荷对尘粒的影响　　　(b) 尘粒收集在集尘面上

图 6-102　电除尘器原理示意

悬浮粒子荷电，带电粒子在电场内迁移和捕集，以及将捕集物从集尘表面上清除三个基本过程。

高压直流电晕是使粒子荷电的最有效办法，广泛应用于静电除尘过程。电晕过程发生于活化的高压电极和接地极之间，电极之间的空间内形成高浓度的气体离子，含尘气流通过此空间时，粉尘粒子在百分之几秒的时间内因碰撞俘获气体离子而导致荷电。粒子获得的电荷随粒子大小而异。一般来说，直径为 $1\mu m$ 的粒子大约获得 30000 个电子的电量。

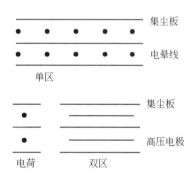

图 6-103　单区和双区电除尘器示意

荷电粒子的捕集是使其通过延续的电晕电场或光滑的不放电的电极之间的纯静电场而实现的。前者称单区电除尘器，后者因粒子荷电和捕集是在不同区域完成的，称为双区电除尘器（见图 6-103）。

通过振打除去接地电极上的粉尘层并使其落入灰斗，当粒子为液状时，比如硫酸雾或焦油，被捕集粒子会发生凝集并滴入下部容器内。

为保证电除尘器的高效运行，必须使粒子荷电，并有效地完成粒子捕集和清灰等过程。

二、电除尘器的类型与组成

1. 电除尘器的类型

电除尘器的种类繁多，有如下几种分类方法。

（1）按气体流向分

1）立式电除尘器

气体在电除尘器内从下向上垂直流动。立式电除尘器占地面积小，但高度较高，检修不方便，气体分布不易均匀，对捕集粒度细的粉尘容易重新扬起。气体出口可设在顶部。通常规格较小，处理气量少，适宜在粉尘性质便于被捕集的情况下使用。

2）卧式电除尘器

气体在电除尘器内沿水平方向流动，可按生产需要适当增加或减少电场的数目。其特点是分电场供电，避免各电场间互相干扰，以利于提高除尘效率；便于分别回收不同成分、不同粒度的粉尘，达到分类捕集的作用；容易保证气流沿电场断面均匀分布；由于粉尘下落的运动方向与气流运动方向垂直，粉尘二次飞扬比立式电除尘器要少；设备高度较低，安装、维护方便；适于负压操作，对风机的寿命、劳动条件均有利，但占地面积较大，基建投资较高。

（2）按清灰方式分

1）干式电除尘器

除下来的粉尘呈干燥状态，操作温度一般高于被处理气体露点 20～30℃，可达 350～450℃，甚至更高。可采用机械、电磁、压缩空气等振打装置清灰，常用于收集经济价值较高的粉尘。

2）湿式电除尘器

除下来的粉尘为泥浆状，操作温度较低，一般含尘气体都需要进行降温处理，温度降至 40～70℃后再进入电除尘器，设备需采取防腐蚀措施。一般采用连续供水来清洗集尘极，定期供水来清洗电晕极，以降低粉尘的比电阻，使除尘容易进行。因无粉尘的再飞扬，所以除尘效率很高，适用于气体净化或收集无经济价值的粉尘。另外，由于水对被处理气体的冷却作用，使气量减少。若气体中有一氧化碳等易爆气体，用湿式电除尘器可减少爆炸危险。

3）电除雾器

气体中的酸雾、焦油液滴等以液体状被除去，采用定期供水或蒸汽方式清洗集尘极和电晕极，操作温度在 50℃以下，电极必须采取防腐措施。

（3）按集尘极的结构型式分

1）管式电除尘器

集尘极为圆管、蜂窝管、多段喇叭管、扁管等。电晕极线装在管的中心，电晕极和集尘极的极间距（异极间距）均相等，电场强度的变化较均匀，具有较高的电场强度，但清灰比较困难。除硫黄、黄磷等特殊情况外，一般都用于湿式电除尘器或电除雾器。由于含尘气体从管的下方进入管内，往上运动，故仅适用于立式电除尘器。

2）板式电除尘器

集尘极由平板组成。为了减少被捕集到粉尘的再飞扬和增强极板的刚度，一般做成网、棒、管、鱼鳞、槽形、波形等型式，清灰较方便，制作、安装比较容易，但电场强度变化不够均匀。

（4）按电极在电除尘器内的配置位置分

1）单区式

含尘气体尘粒的荷电和积尘在同一个区域中进行，电晕极系统和集尘极系统都装在这个区域内，在工业生产中已被普遍采用。

2）双区式

含尘气体尘粒的荷电和积尘在结构不同的两个区域内进行，在前一个区域内装电晕极系统以产生离子，而在后一个区域中装集尘极系统以捕集粉尘。其供电电压较低，结构简单，但尘粒若在前区未能荷电，到后区就无法捕集而逸出电除尘器。国外已有多种结构形式。

2. 电除尘器的结构组成

无论哪种类型，其结构一般都由图 6-104 所示的几部分组成。

（1）电晕电极

电晕电极型式很多，目前常用的有直径 3mm 左右的圆形线、星形线及锯齿线、芒棘线等（见图 6-105）。电晕线固定方式有两种。一种为重锤悬吊式（见图 6-106），重锤质量 5～

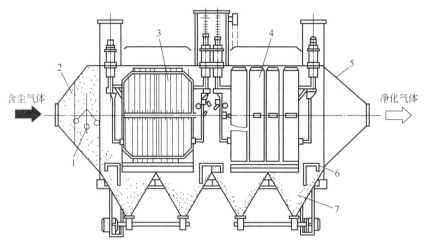

图 6-104　卧式电除尘器

1—振打器；2—均流板；3—电晕电极；4—集尘电极；5—外壳；6—检修平台；7—灰斗

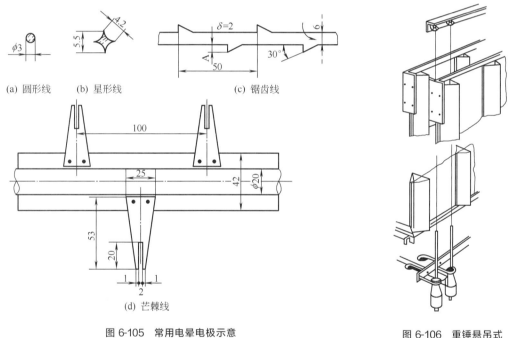

(a) 圆形线　　(b) 星形线　　　　　(c) 锯齿线

(d) 芒棘线

图 6-105　常用电晕电极示意

图 6-106　重锤悬吊式
电晕电极示意

10kg。另一种为管框绷线式（见图 6-107）。对电晕线的一般要求是：起晕电压低、电晕电流大、机械强度高、能维持准确的极距以及易清灰等。

（2）集尘极

小型管式除尘器的集尘极为直径约 15cm、长 3m 左右的圆管，大型管式除尘器的直径可加大到 40cm，长 6m。每个除尘器所含集尘管数目少则几个，多则可达 100 个以上。

板式电除尘器的集尘板垂直安装，电晕极置于相邻的两板之间。集尘极长一般为 10～20m，高 10～15m，板间距 0.2～0.4m。处理气量 1000m³/s 以上，效率高达 99.5% 的大型电除尘器有上百对极板。

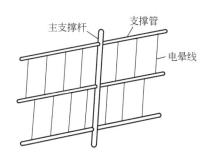

图 6-107 管框绷线式电晕电极示意

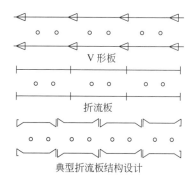

图 6-108 常用板式电除尘器电极排列示意

集尘极结构对粉尘的二次扬起及除尘器金属消耗量（约占总耗量的 40%～50%）有很大影响。性能良好的集尘极应满足下述基本要求。

① 振打时粉尘的二次扬起少；

② 单位集尘面积消耗金属量低；

③ 极板高度较大时，应有一定的刚性，不易变形；

④ 振打时易于清灰，造价低。

集尘极结构型式很多，常用的几种型式见图 6-108。极板两侧通常设有沟槽和挡板，既能加强板的刚性，又能防止气流直接冲刷板的表面，从而降低了二次扬尘。

近年来，板式电除尘器一个引人注意的变化是发展宽间距超高压电除尘器。虽然它起源于欧洲，但已经广泛应用于日本，中国也已经开始研究和应用。现已公认，在某些情况下板间距可比通常增加 50%～100%，但除尘器性能并未改变。为了解释这一现象，已经提出了若干理论，但都还没有完全解释清楚。宽间距电除尘器可使制作、安装、维修等变得方便，而且设备小，能量消耗也少。

（3）高压供电设备

高压供电设备提供粒子荷电和捕集所需的高场强和电晕电流。为满足现场需要，供电设备操作必须十分稳定，希望工作寿命在 20 年以上。通常高压供电设备的输出峰值电压为 70～100kV，电流为 100～2000mA。目前已广泛应用于可控硅高压硅整流设备。这类装置含有多重信号反馈回路，能够将电压、电流限制在一定水平上，设备运行稳定，能有效地控制火花率。整流设备的输出电压可以是半波或全波脉动电压。

为使静电除尘器能在高压下操作，避免过大的火花损失，高压电源不能太大，必须分组供电。大型电除尘器常采用 6 个或更多的供电机组。增加供电机组的数目，减少每个机组供电的电晕线数，能改善电除尘器性能。但是增加供电机组数和增加电场分组数，必须增加投资。因此，电场分组数的确定必须考虑保证效率和减少投资两方面的因素。

（4）气流分布板

电除尘器内气流分布对除尘效率具有较大影响。为了减少涡流，保证气流分布均匀，在进出口处应设变径管道，进口变径管内应设气流分布板，最常见的气流分布板有百叶式、多孔板、分布格子、槽形钢板和栏杆型分布板等，而以多孔板使用最为广泛。通常采用厚度为 3～3.5mm 的钢板，孔径为 $\phi30～50$mm，分布板层数为 2～3 层，开孔率需要通过试验确定。

电除尘器正式投入运行前，必须进行测试、调整，检查气流分布是否均匀，对气流分布的具体要求如下。

① 任何一点的流速不得超过该断面平均流速的±40%；

② 在任何一个测定断面上，85%以上测点的流速与平均流速不得相差±25%。

图 6-109 给出了因流速分布不均匀导致的电除尘器通过率增大的校正系数 F_V。气流均匀分布时，除尘器的通过率为 P_0；气流分布不均匀时，通过率约为 $P_0 F_V$。

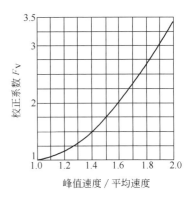

图 6-109　气流分布不均匀时，电除尘器通过率的校正系数

（5）振打装置

电除尘器的集尘电极与电晕电极保持洁净，除尘效率才能更高，因此必须经常通过振打将电极上的积灰清除干净。常用的振打装置有锤击式、弹簧凸轮撞击式、电磁脉冲颤动式三类，其中锤击振打装置是应用最广、清灰效果较好的一种。振打方式和振打强度直接影响除尘效果。振打强度太小难以使沉积在电极上的粉尘脱离，电晕电极就会常处于沾污状态，造成金属线肥大，会减弱电晕放电，使除尘效果变差。振打强度过大，则会使已捕集的粉尘再次飞回气流或使电极变形，改变电极间距，影响电除尘器的正常工作。

（6）外壳

电除尘器的外壳一般有砖结构、钢筋混凝土结构和钢结构。外壳下部为集灰斗，中部为收尘电场，上部安装绝缘瓷瓶和振打机构。为防止含尘气体冷凝结露、粉尘黏结电极或腐蚀钢板，外壳需敷设保温层。集灰斗内表面必须保持光滑，以免滞留粉尘。电除尘器灰斗下设排灰装置，较常用的有回转式锁气器及螺旋输送机。排灰装置应不漏风，工作可靠。

三、电除尘器的技术性能与设计计算

1. 电除尘器的性能指标及其影响因素

评价电除尘器性能的主要指标是除尘效率和压力损失。

影响电除尘器效率的主要因素有气体流速、电场强度、粉尘导电性、含尘气体温度及初始含尘浓度等。

通过除尘器正负电极间的气体流速越小，电场越长，除尘效果就越好。通常流速范围取 0.7～1.3m/s。电场长度不宜过长，一般每个电场的长度取 2～4m。根据含尘气体通过电场的时间（至少 4～7s）和所选取的气流速度，确定需要的电场数。

电场强度越大，除尘效果越好，一般电源电压采用 35～70kV。

粉尘的导电性能好坏会对除尘效率影响极大，这与粉尘层的比电阻有关。粉尘层的比电阻是指对面积为 1cm²、高为 1cm 的自然堆积的圆柱形粉尘层，沿其高度方向测得的电阻值，单位用 Ω·cm 表示。粉尘比电阻小，导电性好；比电阻大，导电性差。比电阻过小的粉尘与阳极板接触后，很快释放负电荷而带上正电荷，因同性相斥，有可能重新返回气流中影响除尘效果。比电阻过大的粉尘接触阳极板后，电荷不能很快被释放而滞留在这些粉尘上，这就使粉尘层和极板之间出现一个短距离的新电场。随着荷负电粉尘越积越厚，在粉尘层与极板之间的微小距离里，存在着一个越来越强的电场，最终在这个区域内产生所谓"反电晕"的电晕放电，正离子被集尘电极排斥到收尘空间，中和了向极板移动的荷负电粉尘，造成除尘效率下降。电除尘器适于捕集比电阻值在 $1\times10^4\sim2\times10^{10}\Omega\cdot cm$ 范围内的粉尘。粉尘比电阻不仅与粉尘本身的性质和分散度有关，还与含尘气体的温度、湿度、组分、粉尘层的孔隙率等因素有关，应以实际操作条件下的粉尘比电阻作为影响电除尘器性能的依据。

含尘气体温度高低对除尘效率也有影响。粉尘比电阻随温度而变，比电阻随温度升高而增加，达到某一极限值后，又逐渐降低。所以，为了使电除尘器有效地工作，必须控制一个适宜温度。这个温度随各种粉尘的比电阻特性而定。

电除尘器可适用于较大范围的粉尘进口浓度，浓度可高达 $40g/m^3$。但初始浓度过高，会减弱电晕放电，影响除尘效果。在这种情况下，含尘气体需先经过一级粗除尘。

如果控制得当，供电正常，操作维护管理良好，电除尘器的除尘效率可高达 99% 以上，而且能捕集微小粉尘，阻力很小，约为 $98\sim196Pa$，电除尘器运转费用低，可以回收干料。缺点是一次投资较高，占地面积大，维护管理要求严格。

2. 电除尘器的选择和设计计算

到目前为止，电除尘器的选择和设计主要采用经验公式类比方法。表 6-122 概括了通用的电除尘器主要设计参数，同时给出了捕集燃煤飞灰时的取值范围。对于给定的设计，这些参数取决于粒子和烟气性质、需处理烟气量和要求的除尘效率。

表 6-122　捕集飞灰的电除尘器主要设计参数

参　数	符　号	取　值　范　围	参　数	符　号	取　值　范　围
板间距	S	$23\sim38cm$	比电晕功率	P_c/Q	$1800\sim18000W(1000m^3/min)$
驱进速度	ω	$3\sim18cm/s$	电晕电流密度	I_c/Q	$0.05\sim1.0mA/m^2$
比集尘表面积	A/Q	$300\sim2400m^2(1000m^3/min)$	平均气流速度		
气流速度	v	$1\sim2m/s$	烟煤锅炉	v	$1.1\sim1.6m/s$
长高比	L/H	$0.5\sim1.5$	煤锅炉	v	$1.8\sim2.6m/s$

（1）粉尘的荷电量和驱进速度

1）粉尘荷电量

粉尘进入除尘器的电场中即开始荷电，其荷电机理有两种。

① 碰撞荷电　在电场中沿电力线运动的电子与粉尘颗粒碰撞使粉尘荷电，其饱和荷电量可按下式计算。

$$q_e=4\pi\varepsilon_0\phi E_0 d^2 \tag{6-65}$$

$$\phi=\frac{3\varepsilon_s}{\varepsilon_s+2}$$

式中　q_e——饱和荷电量，C；

ε_0——真空的介电常数，F/m，取 $8.842\times10^{-12}F/m$；

ε_s——粉尘的介电常数，可从表 6-123 中查出；

E_0——荷电区的电场强度，V/m；

d——粉尘粒径，m。

表 6-123　粉尘的介电常数

名　称	陶瓷、石英、硫黄	石膏	金属氧化物	水	良导体
ε_s	4	5	$12\sim18$	80	∞

② 扩散荷电 由于电子的热运动，电子向粉尘颗粒表面移动并与其接触，在径向力的作用下附着于粉尘颗粒上使粉尘荷电。扩散荷电的荷电量 q(C) 与电子均方根速度有关，理论的计算较烦琐，可用下式近似计算。

$$q = 0.007d \tag{6-66}$$

表 6-124 是分别用碰撞荷电与扩散荷电理论计算出的粉尘荷电量。由此可知，一般粒径大于 $0.5\mu m$ 的粉尘颗粒，以碰撞荷电为主。粒径小于 $0.2\mu m$ 的粉尘颗粒，以扩散荷电为主。但实际上对于工业用的电除尘器而言，粉尘粒径一般大于 $0.5\mu m$，并且进入电除尘器的粉尘颗粒多凝聚成团粒状，它们的当量直径较大，所以常用式（6-65）来计算粉尘荷电量。

表 6-124 粉尘的荷电量

粉尘粒径 /μm	碰撞荷电（电子个数）				扩散荷电（电子个数）			
	荷电时间/s				荷电时间/s			
	0.01	0.1	1.0	∞	0.001	0.01	0.1	1.0
0.1	0.7	2	2.4	2.5	3	7	11	15
1.0	72	200	244	250	70	1100	150	190
10.0	7200	20000	24400	25000	1100	1500	1900	2300

2）驱进速度

荷电粉尘在电场中受到库仑力 qE_p（q 为粉尘的荷电量，E_p 为集尘区的电场强度）的作用，以速度 ω 向集尘极移动，同时又受到与粉尘的驱进速度成正比的气体的阻力的作用，根据斯托克斯公式，即

$$F = 6\pi\mu d\omega \tag{6-67}$$

式中 F——气体的阻力，N；

μ——气体的黏滞系数，Pa·s，在 20℃，标准大气压下，空气的黏滞系数为 1.8×10^{-5} Pa·s；

ω——粉尘的驱进速度，m/s。

当气体对粉尘的阻力 F 与粉尘受到的库仑力 qE_p 达到平衡时，粉尘向集尘极做匀速运动，根据式（6-65）和式（6-67），即得到驱进速度。

$$\omega = \frac{2}{3} \times \frac{\varepsilon_0 \phi E_c E_p d}{\mu} \tag{6-68}$$

由于各种因素的影响，理论计算与实际测量往往有较大的差异。因此，实际中常常根据在一定的除尘器结构型式和运行条件下测得的总捕集效率值，代入德意希方程式中反算出相应的驱进速度值，称为有效驱进速度，以 ω_e 表示。可利用有效驱进速度表示工业电除尘器的性能，并作为类似除尘器设计的基础。对于工业电除尘器，有效驱进速度在 $0.02 \sim 0.2$ m/s 范围内变化。表 6-125 列出了各种工业粉尘的有效驱进速度。

表 6-125 各种工业粉尘的有效驱进速度

粉尘种类	驱进速度/(m/s)	粉尘种类	驱进速度/(m/s)
煤粉（飞灰）	0.01~0.14	冲天炉（铁-焦比=10）	0.03~0.04
纸浆及选纸	0.08	水泥生产（干法）	0.06~0.07
平炉	0.06	水泥生产（湿法）	0.10~0.11
酸雾（H_2SO_4）	0.06~0.08	多层床式焙烧炉	0.08
酸雾（TiO_2）	0.06~0.08	红磷	0.03
飘悬焙烧炉	0.08	石膏	0.16~0.20
催化剂粉尘	0.08	二级高炉（80%生铁）	0.125

许多电除尘器效率的实际测量表明，对于粒径在微米区间的粒子，除尘效率有增大的趋势。例如粒径为 $1\mu m$ 粒子的捕集效率为 $90\%\sim95\%$，对粒径 $0.1\mu m$ 的粒子，捕集效率可能上升到 99% 或更高，说明电除尘是去除微小粒子的有效措施。测量表明，在许多情况下最低捕集效率发生在 $0.1\sim0.5\mu m$ 的粒径区间。

（2）比集尘表面积的确定

根据运行和设计经验，确定有效驱进速度 ω_e，按德意希方程求得比集尘表面积 A/Q。

$$A/Q=\frac{1}{\omega_e}\ln\frac{1}{1-\eta}=\frac{1}{\omega_e}\ln\frac{1}{P} \tag{6-69}$$

例如，现场测得某电站用电除尘器捕集高比电阻飞灰的有效驱进速度为 $5.22cm/s$，参考该数据，若给定要求的除尘效率，就可以确定新电除尘器的比集尘表面积。

（3）长高比的确定

电除尘器长高比定义为集尘板有效长度与高度之比，直接影响振打清灰时二次扬尘的多少。与集尘板高度相比，假如集尘板不够长，部分下落粉尘在到达灰斗之前可能被烟气带出除尘器，从而降低了除尘效率。当要求除尘效率大于 99% 时，除尘器的长高比至少为 $1.0\sim1.5$。

（4）气流速度的确定

虽然在集尘区气流速度变化较大，但除尘器内平均流速却是设计和运行中的重要参数。通常由处理烟气量和电除尘器过气断面积计算烟气的平均流速。烟气平均流速对振打方式和粉尘的重新进入量有重要影响。当平均流速高于某一临界速度时，作用在粒子上的空气动力学阻力会迅速增加，进而使粉尘的重新进入量亦迅速增加。对于给定的集尘板类型，这个临界速度的大小取决于烟气流动特征、板的形状、供电方式、除尘器的大小和其他因素。当捕集电站飞灰时，临界速度可以近似取 $1.5\sim2.0m/s$。

（5）气体的含尘浓度

电除尘器内同时存在着两种空间电荷，一种是气体离子的电荷，另一种是带电尘粒的电荷。由于气体离子运动速度（为 $60\sim100m/s$）大大高于带电尘粒的运动速度（一般在 $60cm/s$ 以下），所以含尘气流通过电除尘器时的电晕电流要比通过清洁气流时小。如果气体含尘浓度很高，电场内尘粒的空间电荷很高，会使电除尘器的电晕电流急剧下降，严重时可能会趋近于零，这种情况称为电晕闭塞。为了防止电晕闭塞的发生，处理含尘浓度较高的气体时必须采取一定的措施，如提高工作电压，采用放电强烈的芒棘型电晕极，电除尘器前增设预净化设备等。一般当气体含尘浓度超过 $30g/m^3$ 时，宜加设预净化设备。

（6）除尘器本体设计

根据粉尘的比电阻、驱进速度、含尘气体的流量以及预期要达到的除尘效率即可进行本体设计。

1）平板形除尘器

设集尘室有 n_p 个通道（每两块集尘极之间为一个通道），则可得到下面计算式。

① 除尘器断面的气流速度

$$v=\frac{Q}{2bhn_p} \tag{6-70}$$

式中　v——除尘器断面气流速度，m/s；

　　Q——含尘气体的流量，m^3/s；

　　$2b$——通道宽度（集尘极间距），m；

h——集尘极的高度，m。

② 除尘器断面积

$$A' = \frac{Q}{v} = 2bhn_p \qquad (6\text{-}71)$$

③ 集尘面积　由式 (6-69) 可得

$$A = \frac{Q}{\omega} \ln \frac{1}{1-\eta} \qquad (6\text{-}72)$$

或

$$A = 2Lhn_p \qquad (6\text{-}73)$$

式中　L——集尘极沿气流方向的长度，m。

④ 集尘时间和集尘极沿气流方向的长度

$$t = \frac{L}{v} \qquad (6\text{-}74)$$

式中　t——集尘时间，s。

同时，气流通过电场所用的时间（集尘时间），应大于或等于粉尘颗粒从电晕极漂移到集尘极所需的时间，即

$$t \geqslant \frac{b}{\omega} \qquad (6\text{-}75)$$

联立式 (6-74) 和式 (6-75)，则沿气流方向的长度为

$$L \geqslant \frac{b}{\omega} v \qquad (6\text{-}76)$$

2）圆筒形除尘器

设除尘器由 n_t 个圆筒集尘极组成，圆筒的长度为 L_t，圆筒的内半径为 R。其计算方法与平板型大致相同。

① 除尘器断面的气流速度

$$v = \frac{Q}{\pi R^2 n_t} \qquad (6\text{-}77)$$

② 除尘器断面积

$$A' = \frac{Q}{v} = \pi R^2 n_t \qquad (6\text{-}78)$$

③ 集尘面积　推算方法同式 (6-72)

$$A = 2\pi R L_t n_t \qquad (6\text{-}79)$$

④ 集尘时间和圆筒电极长度　参照式 (6-74) 与式 (6-76) 可得

$$t \geqslant \frac{L_t}{v} \qquad (6\text{-}80)$$

$$L_t \geqslant \frac{R}{\omega} v \qquad (6\text{-}81)$$

尽管国内外的学者从事了大量的实验研究，但由于电除尘器受到本体结构、电源特性、粉尘物性、气体温度、湿度、压力、气流速度等诸多因素的影响，直到现阶段尚有一些问题没有弄清楚。对于电除尘器的理论计算与设计，还不能达到像其他除尘器那样准确。此处所介绍的设计方法以及所阐述的有关电除尘的一些基本物理现象，仅作为设计和操作人员正确判断和处理实际问题的参考依据。

3. 大风速电除尘器设计

1907 年电除尘器（EP）成功用在接触法硫酸生产线除酸雾尘之后。一个多世纪以来，不少科学家在 EP 研究工作方面做了许多可取的研究和贡献。但是在基本理论、结构上没有根本变化，特别是烟气风速还保持在 $0.8 \sim 1.2 \mathrm{m/s}$，烟尘在电场中停留时间还长达 $3.5 \sim 4.0 \mathrm{s}$。根据多依奇推导出的收尘效率公式 $\eta = 1 - \exp\left(-\dfrac{A}{Q}\omega\right)$ 可知，要提高收尘效率、降低造价、减少体积，只能提高尘粒驱进速度。

图 6-110、图 6-111 分别为电除尘器的气流分布和边界层中尘粒运动示意图。在实用 EP 中气流均为紊流，尘粒在电场中运动主要是气体紊流产生的流体动力和尘粒电场力共同作用的结果，在电场中心紊流区内驱进速度要比气流速度小得多。从图 6-110 中可见，在边界层厚度 δ 内，由于气体与集尘极壁的摩擦，气流呈层流。从图 6-111（a）中可见，在 EP 的集尘极边界层中，尘粒的合速度 v_p 是气流速度 v 和驱进速度 ω 的向量和。若在时间增量 Δt_p 内，$\delta = \omega \Delta t_p$，在边界层 δ 内所有尘粒都被赶到集尘极上，气体在 EP 中流过距离 $\Delta l_p = v \Delta t_p$ 时，尘粒可被集尘极捕捉收集下来（式中 v 为气流平均速度）。由于受电场的击穿电场强度限制，电场中库仑力几乎处于临界值，尘粒驱进速度只能在很小范围内得以改善。

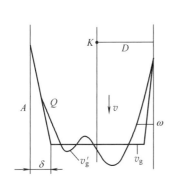

图 6-110　电除尘器内气流分布示意

δ—边界层；v_g—边界层外平均气流速度；
v_g'—实际气流速度；K—电晕极；A—集尘极；
D—均速板；ω—驱进速度；v—气流速度

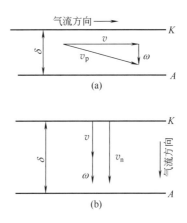

图 6-111　边界层中尘粒运动示意

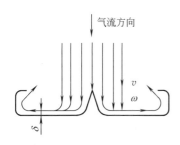

图 6-112　Ω-2C 型集尘极
上边界层气流示意

v—气流速度；ω—库仑
力的驱进速度；δ—边界层

若把 Ω-2C 型集尘极板从顺气流方向排列改成迎气流方向，如图 6-112 所示。此时在边界层内尘粒向集尘极板运动速度 v_n 是风速 v 与驱进速度 ω 的代数和，如图 6-111（b）所示。尘粒驱进速度方向与气流速度方向一致时，尘粒向集尘极运动，它的运动速度是驱进速度与气流速度的代数和，因而大大提高了尘粒向集尘极的运动速度。此时 $\Delta L_n = \delta = (v + \omega)\Delta t_n$，边界层厚度增大，尘粒被集尘极捕捉所需时间大大减少，$\Delta t_n \ll \Delta t_p$，尘粒在大风速电除尘器（H-EP）中被捕捉时间 Δt_n 远小于常规 EP 被捕捉时间 Δt_p，为 EP 集尘极捕捉尘粒提供了最有利条件，气流风速

垂直集尘极板时，尘粒向集尘极运动速度为

$$v_n = v + \omega \tag{6-82}$$

现在使用的常规 EP 边界层中尘粒向集尘极运动速度为

$$\vec{v_p} = \vec{v} + \vec{\omega} \tag{6-83}$$

从对捕集粉尘有利角度来看，v_n 有利程度远远大于 v_p，从以往对捕集粉尘十分不利的气流速度变成对捕集粉尘极为有利的气流速度，成为捕集烟尘的主要作用力。风速很大的气流速度大大帮助了由电场库仑力形成的驱进速度，把粉尘推送到集尘极上。因此，提高电场气流速度对电场捕集粉尘极为有利。根据理论推算和实验，表明 EP 电场气流速度在保证收尘效率不降低的条件下，可以提高到 4m/s 以上。以往设计电除尘器时，常把气流速度取在 0.8～1.2m/s 以内（现在气流速度取在 0.8～1.0m/s）。H-EP 的气流速度大于现在 EP 的 4 倍以上，在处理相同风量，取得相同收尘效率的同时，能把常规电除尘器截面积成倍减少。由于大幅度提高风速，以极短时间把烟尘驱赶到集尘极上加以捕集，从通常 5s 左右缩短到 0.5s 就可以捕集在集尘极上，可大大减小电场长度。

由于气流运动，把粉尘推向极板附近，靠电场库仑力捕集在极板上。烟尘质点所受力为

$$F = mv^2/r + kQE_{ar} \tag{6-84}$$

式中　m——质点质量；

　　　v——气流速度；

　　　r——质点距中心距离；

　　　k——常数；

　　　Q——荷电量；

　　　E_{ar}——集尘极附近电场强度的平均值。

大风速电除尘器（H-EP）的除尘效率公式为

$$\eta = 1 - \exp\left[-\frac{A}{Q}\omega^* - 2(C\psi)^{1/(2n+2)}\right] \tag{6-85}$$

式中　C——与极板结构尺寸有关的系数；

　　　ψ——与气流特性有关的系数；

　　　n——速度分布指数。

驱进速度 $\omega^* = \omega + \omega_v$，$\omega$ 是由电场作用力产生的驱进速度，ω_v 是尘粒在强大气流速度 v 作用下，在边界层内产生的驱进速度。速度的极限范围是尘粒以高速奔向集尘极时，不产生二次弹跳为极限。从式（6-84）可知，烟尘质点驱向极板时，除受电场库仑力 kQE_{ar} 外，又增加气流风速作用 mv^2/r，有利于对烟尘的捕集。又从式（6-85）可见，由于 ω^* 的增加、Ω-2C 型极板形状以及风速增大 $\left[-2(C\psi)^{1/(2n+2)}\right]$，使除尘效率大幅度提高。在极限范围内，气流速度越高，

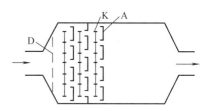

图 6-113　H-EP 断面上视图
D—均速板；A—集尘极板；K—电晕极

越有利于提高 EP 的除尘效率，这样就能大幅度降低 EP 设备一次成本，减少 EP 截面积及其长度，减少日常维修费和工作量。

大风速电除尘器（H-EP）设计方案如图 6-113 所示。从流体力学角度进行集尘极板设计，图 6-112 所示是 Ω-2C 型集尘极板。集尘极板 C 形角能把沿着集尘极板表面流过没有捕

集下来的尘粒，再由气流导向集尘极板表面，加以捕集。极板间开口率为 30%～50%。均速板 D 将风道出口气流进行匀速。均速板后面的集尘极 A 也起着均速作用，因而对 D 的均速要求相对降低。双 C 型极板能把振打时掉下来的粉尘控制在双 C 槽内，再加上电场抑制作用，粉尘不易产生二次飞扬。从图 6-112 上看，气流是沿集尘极表面绕行，大大延长了尘粒运动轨迹，再加上 EP 内气流速度对尘粒的推进作用，能在较短时间内以很大的气流速度把尘粒驱赶到集尘极表面加以捕集。因而成数倍减少 EP 截面积和长度，体积较常规 EP 成倍减少，实现了 EP 小型化。

大风速电除尘器（H-EP）实验系统如图 6-114 所示。H-EP 实验过程如下。试验用 H-EP 为单室单场，主体长 1.98m，宽 0.48m，高 0.6m，集尘极和电晕极排列如图 6-113 所示。

集尘极采用 Ω-2C 型集尘极板，宽 0.2m，C 形角高为 25mm，卷入小边为 6mm，有效高度为 0.525m。共排列 6 排，同极距为 265mm，集尘面积为 4.05m²，入口处设置百叶窗式均速板二层进行匀速，开口率为 40%，电晕极采用 ϕ1mm 不锈钢丝，有效高度 530mm，长度 11.10mm，电晕极不用振打，高流速的烟尘粒子难以附着在电晕极上，它可以自行清灰。集尘极板采用手动振打清灰装置，均速板不均匀度为 0.47，远大于 0.15，均速板均速效果较差。

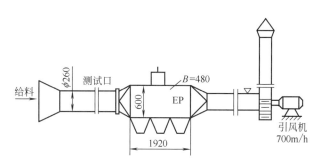

图 6-114　大风速电除尘器实验系统

从实验数据来看，H-EP 对均速要求不高，在不均匀度高达 0.47 时，还可以取得很好的除尘效果。实验场地在户外，实验数据测试结果如表 6-126 所示。为了便于与常规 EP 进行比较，表达式中引用某部的两院一所联合实验小型卧式电除尘器实验报告的数据。实验用 H-EP 是单室单场，截面积为 0.21m²，处理风量为 3193m²/h，烟气速度为 3.5m/s，粉尘在 EP 停留时间仅为 0.54s。H-EP 的气流速度高达 3.5m/s，因而处理烟气量是常规 EP 的 3 倍。从图 6-114 可见，EP 尺寸接近通风管路尺寸。粉尘在 EP 中的停留时间为 0.54s，H-EP 可以用单电场，它的除尘效率相当于常规的 4 个电场的除尘效率，因而 EP 可以减小 2 倍以上长度。

表 6-126　H-EP 与常规 EP 性能比较

序号	项目		常规 EP	H-EP	差值	比值
1	电场风速/(m/s)		1.13	3.50	+2.37	+3.1
2	风量/(m³/h)		2030	3193	+1163	+1.57
3	电场内停留时间/s		4.25	0.54	−3.71	−7.87
4	比表面积/(m²/kg)		32.4	3.7	−28.7	−8.76
5	阻力损失/Pa		798	1623	+824.6	+2.03
6	同极距/mm		250	265	+15	1.06
7	电场数/个		4	1	−3	4
8	电压/电源/（kV/mA）	1	50/2.5	65/2	+15/−0.5	+1.3/1.25
		2	50/2.5	—	—	—
		3	52/9.0	—	—	—
		4	52/9.0	—	—	—

序号	项 目	常规 EP	H-EP	差值	比值
9	电场有效长度/m	4.8	1.9	-2.9	-2.53
10	集尘极型式	小双 C 型	Ω-2C 型	—	—
11	集尘极面积/m²	13.68	4.05	-9.63	-3.38
12	电晕极型式	单向芒棘	$\phi 1mm$	—	—
13	电晕极长度/m³	43.2	11.1	-32.1	-3.89
14	有效截面积/m²	0.5	0.21	-0.29	-2.38
15	驱进速度/(cm/s)	17.7	110.3	+92.6	+6.23
16	烟尘浓度/(mg/m³)				
	入口	6010.0	10023.1	+4013.1	+1.67
	出口	20.7	22.5	+1.8	+1.07
17	除尘效率/%	99.66	99.77	+0.11	+1.001

依据电场、流场理论推证与计算，H-EP 能大幅度提高其性能。实验结果表明，在处理相同烟气量、相同除尘效率条件下，H-EP 体积成倍减小，成本明显降低，烟气速度可提高到 3m/s 左右，烟尘在电场通过时间可减至 1s 以下。

H-EP 对均速要求较低，降低了烟尘二次飞扬和运行费用。

4. 其他

电除尘器设计中还必须考虑的一些辅助设计因素列于表 6-127。

表 6-127 电除尘器的辅助设计因素

序号	设 计 因 素
1	电晕电极：支撑方式和方法
2	集尘电极：类型、尺寸、装配、机械性能和空气动力学性能
3	整流装置：额定功率、自动控制系统、总数、仪表和监测装置
4	电晕电极和集尘电极的振打机构：类型、尺寸、频率范围和强度调整、总数和排列
5	灰斗：几何形状、尺寸、容量、总数和位置
6	输灰系统：类型、能力、预防空气泄漏和粉尘反吹
7	壳体和灰斗的保温，电除尘器顶盖的防雨雪措施
8	便于电除尘器内部检查和维修的检修门
9	高强度框架的支撑体绝缘器：类型、数目、可靠性
10	气体入口和出口管道的排列
11	需要的建筑和地基
12	获得均匀的低湍流气流分布的措施

四、电除尘器选型

1. JG 型单管静电除尘器

JG 型单管静电除尘器是烘干机专用高压静电除尘器，是专为水泥厂回转式烘干机配套的高效除尘器。JG 型单管静电除尘器经过近几十年的发展，在结构和性能上有很大的改进和提高，采用了宽间距，世界各国一致指定和公认 JG 型单管静电除尘器是最先进、最有发展前途的除尘器。适用于球磨机尾部除尘，入口含尘浓度应小于 30g/m³。其基本技术参数见表 6-128。

表 6-128 JG 型单管静电除尘器技术参数

型式	通风方式	处理风量 /(m³/h)	电场本体最大外形尺寸/mm	总体(带平台支架)最大外形尺寸/mm	重量 /kg	配套电源
筒式	自然通风	1500~1860	$\phi 700 \times 12000$	$\phi 900 \times 18000$	3800	JG-1.2

2. GXCD 型管状静电除尘器

GXCD 系列管状静电除尘器为旋风静电复合式二级除尘器，其中 G 代表管状；X 代表旋风除尘器；C 代表超高压；D 代表电除尘器。直径大于 $10\mu m$ 的粉尘在旋风除尘器中捕集，直径小于 $10\mu m$ 的粉尘则在管状静电除尘器中得以二次净化，从而 GXCD 型管状静电除尘器可达到高除尘效率。其基本技术参数见表 6-129。

表 6-129　GXCD 型静电除尘器技术参数

型号规格	单管		双管		三管		四管	
直径/mm	$\phi800$	$\phi900$	$\phi800$	$\phi900$	$\phi800$	$\phi900$	$\phi800$	$\phi900$
异极间距/mm	400	350	400	350	400	350	400	350
过滤面积/m²	0.5	0.64	0.1	1.28	1.5	1.9	2.0	2.54
过滤风速/(m/s)	1	1	1	1	1	1	1	1
处理风量/(m³/h)	1800	2300	3600	4600	5400	6800	7200	9200
电晕线形状								
电晕电压/kV	80							
清灰方法								
烟气温度/℃								
比电阻/Ω·cm								
电场长度/m								
设备重量/t	3.7	4.2	8.5	6.3	6.8	7.3	8.8	9.2
型号规格	六管			八管			十管	
直径/mm	$\phi800$		$\phi900$	$\phi800$		$\phi900$	$\phi800$	$\phi900$
异极间距/mm	400		350	400		350	400	350
过滤面积/m²	3		3.84	4		5.12	5	6.4
过滤风速/(m/s)	1		1	1		1	1	1
处理风量/(m³/h)	10800		13800	14400		18400	18000	23000
电晕线形状	圆线、星形线、芒刺线							
电晕电压/kV	80～120							
清灰方法	电磁振打或电振动器振打							
烟气温度/℃	常温～350							
比电阻/Ω·cm	$10^4～10^{12}$							
电场长度/m	8～10							
设备重量/t	10.8		10.8	19		21	22	23

3. CDG 型高压静电除尘器

CDG 型系列高压静电除尘器是采用高压静电原理净化含尘气体的设备，即在阳极和阴极加上高压直流电后形成高压静电场，气体在电场力作用下产生电离，产生大量的电子和离子，当含尘气体进入电场后，尘粒就与这些电子和离子结合起来，使尘粒荷电。在电场力作用下，荷电的尘粒迅速趋向与之电性相反的电极，CDG 型系列高压静电除尘器最后在电极上释放电荷并沉积在电极上，当粉尘沉积到一定数量时，通过振打装置的作用使粉尘落入灰斗，被 CDG 型系列高压静电除尘器除去尘粒的净化气体则通过电场排入大气。其基本技术参数见表 6-130。

表 6-130　CDG 型系列高压静电除尘器技术参数

型号规格	截面积/m²	电场长度/m	极板面积/m²	阻力/mmH₂O	风速/(m/s)	风量范围/(m³/h)	含尘浓度/(g/m³)
CDG750/1A(B)	0.44	4	18	≤10	0～1.26	0～2000	≤30
CDG750/2A(B)	0.88	4	37.70	≤10	0.57～1.19	1800～3800	≤30
CDG750/3A(B)	1.33	4	56.55	≤15	0.59～1.22	2800～5800	≤30

型号规格	截面积/m²	电场长度/m	极板面积/m²	阻力/mmH₂O	风速/(m/s)	风量范围/(m³/h)	含尘浓度/(g/m³)
CDG750/4A(B)	1.77	4	75.40	≤15	0.6~1.23	3800~7800	≤30
CDG750/5A(B)	2.21	4	94.25	≤20	0.6~1.24	4800~9900	≤30
CDG750/7A(B)	3.09	4	131.95	≤20	0.6~1.17	6700~13000	≤30
CDG750/7×2A(B)	6.19	4	263.89	≤30	0.58~1.17	13000~26000	≤30
CDG750/7×2A(B)	12.37	4	527.79	≤30	0.58~1.21	26000~54000	≤30

型号规格	除尘效率/%	比电阻/Ω·cm	使用温度/℃	本体重量/t	供电设备型号规格
CDG750/1A(B)	>99.8	10⁴~10¹¹	<120	2.72	CK-5mA
CDG750/2A(B)	>99.8	10⁴~10¹¹	<120	4.44	CK-5mA
CDG750/3A(B)	>99.8	10⁴~10¹¹	<120	5.15	CK-100kV/10mA
CDG750/4A(B)	>99.8	10⁴~10¹¹	<120	70.86	CK-100kV/20mA
CDG750/5A(B)	>99.8	10⁴~10¹¹	<120	91.75	CK-100kV/20mA
CDG750/7A(B)	>99.8	10⁴~10¹¹	<120	16	CK-120kV/30mA
CDG750/7×2A(B)	>99.8	10⁴~10¹¹	<120	28	CK-120kV/30mA×2
CDG750/7×2A(B)	>99.8	10⁴~10¹¹	<120	52	2-CK-120kV/30mA×2

4. DCF 型旋伞式高压静电除尘器

DCF 型系列旋伞式高压静电除尘器是用于水泥工业烘干机的二级除尘设备，适用于烘干黏土、煤、铁粉和矿渣等工艺的除尘，由四条立式金属圆筒体作为电收尘的主要部分，筒体内壁装有多个无顶伞状收尘极，筒体中心装有芒刺电晕线，电晕线上下联结处安装有弹簧保护装置。这种结构的 DCF 型系列旋伞式高压静电除尘器，不产生二次扬尘，收尘效率达到 99.8%，使用寿命长，收尘效果良好。其基本技术参数见表 6-131。

表 6-131　DCF 型系列旋伞式高压静电除尘器技术参数

规格型号	截面积/m²	电场长度/m	极板面积/m²	阻力/mmH₂O	风速/(m/s)	风量范围/(m³/h)	含尘浓度/(g/m³)	除尘效率比电阻/(%Ω·cm)	使用温度/℃	本体重量/t
DCF750/1A(B)	0.1		18	≤10	0~2.6	0~2000				3.38
DCF750/2A(B)	0.88		37.70	≤10	0.5~1.19	1800~3800				6.705
DCF750/3A(B)	1.33	8	56.55	≤15	0.59~1.22	2800~5800	≤30			10.035
DCF750/4A(B)	1.77		75.40	≤15	0.6~0.23	3800~7800		99.8		13.28
DCF750/5A(B)	2.21		94.25	≤20	0.6~1.24	4800~9900		10⁴-	<200	16.71
DCF750/7A(B)	3.09		131.95	≤20	0.6~1.17	6700~13000		10¹¹		23.4

5. CDPK 型宽间距电除尘器

CDPK 系列宽间距电除尘器是当前世界上最先进的高效除尘器之一。宽间距就是指 CDPK 系列宽间距电除尘器的极板间距大于 300mm，具体指 400mm 以上的极板间距。

CDPK 系列宽间距电除尘器适用于各种规格回转式烘干机和回转窑。CDPK（H）-10/2 型适用于 φ2.8m×18m 或 φ2.8m×14m 回转式烘干机（顺流或逆流），H 标号是耐蚀烘干机专用。CDPK-10/2 型适用于 φ1.9/1.6m×36m 小型中空干法回转窑。CDPK-30/3 型适用于 φ2.4m×44m 左右的五级预热回转窑。CDPK-45/3 型 2 台并用，适用于 φ4.0m×60m 立筒式或四对预热回转窑。CDPK-67.5/3 型适用于 φ3.0m×48m 产量 700t/d 预分解回转窑。CDPK-90/3 型适用于 φ4.0m×60m 产量 1000t/d 预分解回转窑。CDPK-108/3 型适用于大型回转窑。CDPK 系列宽间距电除尘器基本技术参数见表 6-132。

表 6-132 CDPK 系列宽间距电除尘器技术参数

型号规格	CDPK-10/2 单室两电场 10m²	CDPK-15/3 单室三电场 15m²	CDPK-20/2 单室两电场 20m²	CDPK-30/30 单室三电场 30m²	CDPK-45/3 单室三电场 45m²	CDPK-55/3 单室三电场 55m²	CDPK-67.5/3 单室三电场 67.5m²	CDPK-90/2 单室三电场 90m²	CDPK-108/30 单室三电场 108m²
电场有效断面积/m²	10.4	15.6	20.25	31.25	44.43	56.8	67.54	90	108
处理气体量/(m³/h)	26000~36000	39000~56000	50000~70000	67000~112000	110000~160000	143000~200000	178000~244000	210000~324000	272000~360000
总收尘面积/m²	316	620	593	1330	1960	3125	3739	454	5324
最高允许气体温度/℃	<250								
最高允许气体压力/Pa	200~2000								
阻力损失/Pa	<200	<300	<200	<300	<300	<300	<300	<300	<300
最高允许含尘浓度/(g/Nm³)	30	60	30	80	60	80	80	80	80
设计除尘效率/%	99.5	99.7	99.5	99.8	99.8	99.8	99.8	99.8	99.45-99.8
设备外形尺寸（长×宽×高）/mm	11440×4016×10784	15730×4960×10096	12376×5662×11765	18268×6196×12599	20080×8270×14604	23942×8686×16531	24620×9290×19832	25180×9700×17200	25180×9700×19200
设备本体总重量/t	43.5	84	68.7	104.36	134.66	162	197.5	240	314.2

表 6-133 SZD 组合电收尘器外形尺寸 单位：mm

型号	A	B	C	D	E	F	H	J	K	L	φ	M	L×L′	X×X′	m×r	n×s	a×b	c×d	k×φ′
SZD-1370	4000	850	5850	2000	1550	800	711	950	1850	90	1370	809	520×200	700×320	2×126	4×138	6×125	3×142	30×φ14
SZD-1600	400	850	5850	2100	1900	1000	811	650	2100	90	1600	870	600×200	700×360	2×84	6×109	7×107	4×103	40×φ14

表 6-134 SZD 组合电收尘器技术参数

型号规格	SZD-1370	SZD/2-1370	SZD/4-1370	SZD/5-1370	SZD-1600	SZD/2-1600	SZD/3-1600	SZD/5-1600
筒径×台数/(mm×台)	1370×1	1370×2	1370×4	1370×5	1600×1	1600×2	1600×3	1600×5
主电场断面积/m²	1	2	4	5	1.5	3	4.5	7.5
处理风量/(m³/h)	3000~4000	6000~8000	12000~16000	24000~32000	4000~5500	8000~10500	12000~16500	30000~44000
电场风速/(m/s) 电旋风	1.9~2.8	1.9~2.8	1.9~2.8	1.9~2.8	2.4~3.4	2.2~3.3	2.4~3.6	2.36~3.2
电场风速/(m/s) 电凝聚	0.84~1.2	0.84~1.2	0.84~1.2	0.84~1.2	0.8~1.15	0.74~1.1	0.8~1.2	0.8~1.2
允许含尘浓度/(g/Nm³)	100							
除尘效率/%	99.9							
允许烟气温度/℃	200							
允许负压/mmH₂O	200							
压力损失/mmH₂O	100							
振打方式	电机振动式							
重量/kg	3150	6374	9550	16700	3308	6615	9870	17690

6. SZD 组合电收尘器

SZD 组合电收尘器将电旋风、电抑制、电凝聚等三种收尘机理组合为一体，适用于建材、冶金、化工、电力等行业废气污染治理、回收物料，也可用于水泥磨的收尘。SZD 组合电吸尘器结构见图 6-115。

SZD 组合电收尘器外形尺寸见表 6-133，技术参数见表 6-134。

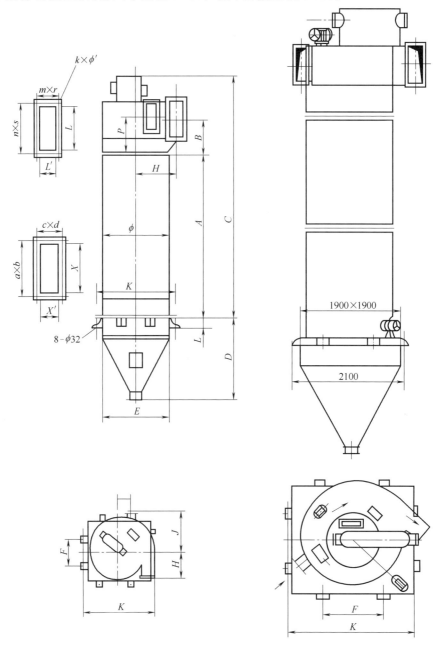

图 6-115　SZD 组合电收尘器结构

第六节　新型除尘器

随着人们生活水平的提高和安全环保意识的增强，以及安全卫生标准的日益严格，我国对粉尘治理技术与装备的要求也越来越高，高效、新型除尘技术得到飞速发展。下面主要介绍复合式除尘器、高梯度磁分离除尘器、电凝聚除尘器、高频声波助燃除尘器等新型除尘器。

一、复合式除尘器

复合式除尘器是指将不同的除尘机理联合使用，使它们共同作用，以提高除尘效率。复

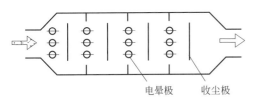

图 6-116　惯性冲击静电除尘器示意

合式除尘器型式较多，如静电旋风除尘器、静电水雾洗涤器和静电文丘里管洗涤器、惯性冲击静电除尘器、静电强化过滤式除尘器等。如图 6-116 所示为惯性冲击静电除尘器示意图，图 6-117 所示为静电旋风除尘器结构示意图，图 6-118 所示为静电增强纤维逆气流清灰袋式除尘器结构示意图。

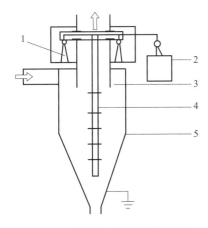

图 6-117　静电旋风除尘器结构示意

1—绝缘子；2—高压电源；3—出气管；
4—放电极；5—收尘极

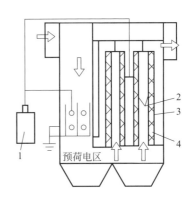

图 6-118　静电增强纤维逆气流清灰袋式
除尘器结构示意

1—电源；2—骨架；3—滤料；4—金属网

电袋复合式除尘器通常有串联复合式、并联复合式、混合复合式三种类型。

串联电袋复合式除尘器都是电场区在前，滤袋区在后，如图 6-119 所示。串联复合也可以上下串联，电场区在下，滤袋区在上，气体从下部引入除尘器。

图 6-120 为电场区、滤袋区并联复合式除尘器，电场区通道与滤袋区每排滤袋相间横向排列，气流经分布板进入电场区各通道，烟尘在电场通道内荷电后随气流流向孔状极板，部分荷电粉尘沉积在极板上，未被捕集的粉尘进入滤袋区，过滤后的气体从滤袋内腔流入上部的净气室经净气管排出。

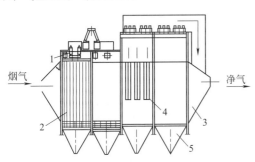

图 6-119　电场区与滤袋区串联排列

1—电源；2—电场；3—外壳；4—滤袋；5—灰斗

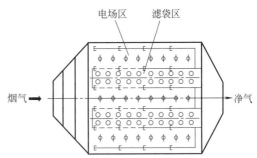

图 6-120　电场区与滤袋区并联排列

图 6-121 为混合电袋复合式除尘器,电场区与滤袋区混合配置。在滤袋区相间增加若干个短电场区,气流在滤袋区水平流动,粉尘反复从电场区流向滤袋区,增强了粉尘的荷电量和捕集率。

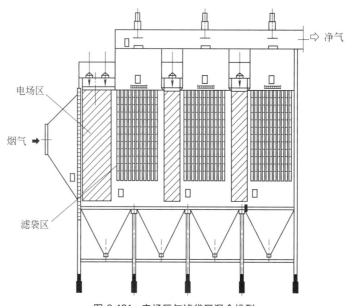

图 6-121　电场区与滤袋区混合排列

二、高梯度磁分离除尘器

高梯度磁分离除尘器是一个松散地填装着高饱和不锈钢聚磁钢毛的容器。除尘器安装在由螺旋管线圈产生的磁场中,当液体中的污染物对钢毛的磁力作用大于其重力、黏性阻力及惯性力等竞争力时,污染物被截留在钢毛上,分离过程可连续进行,直到通过该除尘器的压力降过高或钢毛上过重的负荷降低了对污染物的去除效率为止。然后切断磁路,将钢毛捕集的污染物用干净的流体反冲洗下来,使分离器再生,从而达到从流体中除去污染物的目的。

高梯度磁分离除尘技术在处理磁性粉尘中的应用中显示了巨大的优越性和广阔的应用前景,如氧气顶吹转炉烟尘治理中采用高梯度磁滤器,磁介质为钢毛,充填率为 $5\%\sim10\%$。磁感应强度为 $2000\sim8000Gs$,气体流速为 $7.3\sim8.2m/s$,过滤器厚度 $5\sim10cm$,对粒径为 $1\mu m$ 以上的粉尘除尘效率达 100%,对粒径为 $0.5\mu m$ 的粉尘除尘效率达 99%,对粒径小于 $0.25\mu m$ 的粉尘除尘效率也在 90% 以上。该除尘器具有体积小、效率高、结构简单、处理量大、维护容易、适应范围广等优点,特别适用于磁性粉尘的除尘。随着超导磁分离技术的发展和完善,将进一步提高磁场强度和梯度,可以更有效地分离弱磁性粉尘和微细颗粒粉尘,扩大分离范围,实现连续工作,大幅度提高粉尘处理量,从而使其应用更加完善。

三、电凝聚除尘器

电凝聚除尘器也称电凝并除尘器。人们在对同极性荷电粉尘在交变电场中的凝并进行研究的基础上,又进行了异极性荷电粉尘在交变电场中的凝并研究。异极性荷电粉尘的库仑凝并除尘器如图 6-122 (a) 所示,微细粉尘在预荷电区荷以异极性电荷后进入凝并区。在凝并区,带电粉尘在库仑力作用下聚集成较大的颗粒,然后进入收尘区被捕集。同极性荷电粉尘在交变电场中的凝并除尘器如图 6-122 (b) 所示。粉尘在预荷电区荷以同极性电荷后被引入加有高压电场的凝并区，荷电尘粒在交变电场力作用下产生往复振动，由于粒子间的相对运动或速度差，使得粒子之间相互碰撞而凝并，最后在收尘区被捕集。异极性荷电粉尘在交变电场中的凝并除尘器如图 6-122（c）所示，由于采用异极性预荷电方式，加快了异极性荷电粉尘在交变电场中的相对运动，有利于荷电粉尘相互吸引、碰撞、凝并，从而提高了凝并速率。异极性荷电粉尘在交变电场中的凝并还可以采取双区式电极装置形式，如图 6-122（d）所示。研究表明，用图 6-122（b）所示的电凝并除尘器处理 $0.06 \sim 12 \mu m$ 的飞灰，收尘效率与常规电除尘器相比提高了 3%，即由 95.1% 增加到 98.1%。

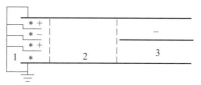

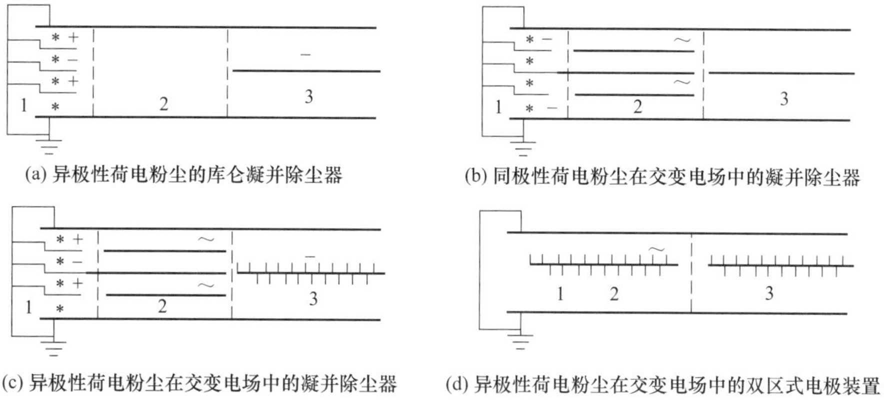

(a) 异极性荷电粉尘的库仑凝并除尘器　　　　(b) 同极性荷电粉尘在交变电场中的凝并除尘器

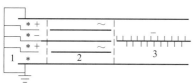
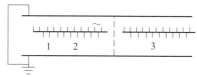

(c) 异极性荷电粉尘在交变电场中的凝并除尘器　　(d) 异极性荷电粉尘在交变电场中的双区式电极装置

图 6-122　电凝聚除尘器

1—预荷电区；2—凝并区；3—收尘区

四、高频声波助燃除尘器

声波能促使粉尘互相碰撞，小颗粒碰撞成大颗粒，大颗粒粉尘在含尘气流上升或前进的过程中，依靠本身重力沉淀在锅炉炉膛内。高频声波实现了炉内除尘，故可减少省煤器、空气预热器的堵灰及磨损，也减少了除尘器和引风机的磨损，从而延长了这些设备的使用寿命。对锅炉起除尘消烟作用的主要因素是声压，声压峰值越高，作用越强，作用明显的声压值频率在 $5000 \sim 15000 Hz$。高频声波助燃除尘器已成功应用于工业锅炉，并取得了良好效果，今后有望进一步推广应用于煤粉炉以及工业炉窑中。该技术具有结构简单、安装方便、成本低、使用安全可靠等优点。

第七节　除尘器改造设计

在各种除尘设备中，袋式除尘器、电除尘器能够满足日益严格的大气污染物排放标准的要求。但现有生产企业中，有不少袋式除尘器、电除尘器和其他除尘器在运行中存在种种问题，需要进行技术改造设计才能满足节能减排的要求。

一、改造设计原则

1. 必要性

① 除尘器选型失当或先天性缺陷，选型偏小，过滤风速大，阻力大，排放不能达到国家标准，需要改造；

② 主机设备改造，增风、提产、增容；

③ 主机系统采用先进工艺，原除尘设备不适应新的入口浓度及处理风量要求；

④ 国家执行环保新标准，原有除尘器难以满足新的排放要求；

⑤ 原有除尘设备不符合新的节能减排政策要求；

⑥ 原有除尘设备老化经改造尚可使用。

2. **可能性**

① 有可行的方案和可靠的技术；

② 现场条件许可，现在空间允许；

③ 原除尘器尚有可利用价值，并对结构受力情况进行分析校验证明其可承受新的荷载。

3. **改造原则**

① 满足节能减排要求；

② 切合工厂改造设计实际，综合考虑原有除尘器状况、技术参数、操作习惯、允许的施工周期、空压机条件等；

③ 适应工艺系统风量、阻力、浓度、温度、湿度、黏度等方面的参数；

④ 投资相对合理，综合效益高；

⑤ 便于现场施工，外形尺寸适应场地空间，设备接口满足工艺布置要求，施工队伍有作业条件。

4. **改造方向**

① 一种型式袋式除尘器改造为另一种型式袋式除尘器；

② 一种型式电除尘器改造为另一种型式电除尘器；

③ 电除尘器改造为袋式除尘器；

④ 电除尘器改造为"电-袋"复合式除尘器；

⑤ 一种型式除尘器改造为另一种型式除尘器。

二、反吹风除尘器改造为脉冲袋式除尘器

1. **基本要求**

① 排放达标或节约能源；

② 能长期稳定运行，减少维修工作量；

③ 延长滤材寿命周期，节省费用；

④ 除尘器故障尽可能少。

2. **回转反吹风除尘器改造设计特点**

（1）更换过滤材料

①针刺毡取代"729"滤布　针刺毡滤料在阻力系数、透气性、孔隙率、动静态过滤效率方面都明显优于"729"滤布。

② 覆膜滤料取代普通滤料　覆膜滤料属表面过滤，过滤风速高、阻力低，使用寿命长，收尘效率很高。采用热压合（定压、定温条件下）工艺的进口覆膜滤料品质上乘。

③ 褶式滤筒取代滤布　褶式滤筒除兼有覆膜滤料特点外，还具备如下优点：滤件与笼架一体化结构，安装、维修简便；同尺寸的除尘器，过滤面积提高 1～3 倍；使用寿命是滤料的 1.5～2.5 倍。

（2）更换清灰方式

① 用高能型脉冲清灰取代机械摇动及反吹清灰方式，增加过滤面积，降低过滤速率和运行阻力，提高处理能力。

② 采用新式除尘器，用一台风机同时承担抽风和反吹清灰功能，结构简单，功能强、动力大。采用圆形电磁铁控制阀门，不用气源，在供气不便的地方，尤为适用。

（3）用新型结构取代老式结构 ZC 型和 FD 型等机械回转反吹袋式除尘器是利用高压风机作气源，反吹清灰，存在清灰强度弱，且内外圈清灰不均，清灰相邻滤袋粉尘的再吸附及花板加工要求严等缺点。新型 HZMC 型袋式除尘器圆筒形结构、扁圆形滤袋，只用一只高压脉冲阀即可实现回转定位分室脉冲清灰，克服了 ZC 型和 FD 型袋式除尘器的上述缺点，吸收了回转除尘器结构紧凑、占地面积小以及分箱脉冲袋式除尘器清灰强度大、时间短、清灰彻底的优点。改造除尘器大大提高了直接处理较高含尘浓度和高黏度粉尘的可能性，特别适用于采用回转反吹除尘器的改造。

（4）增加过滤面积，降低过滤风速

① 除尘器扩容，增加滤袋数量，增加过滤面积。

② 更换花板，增加开孔率，减少滤袋直径，但也要注意滤袋合理的长径比和袋间气流上升速度。

③ 改变滤袋形状，如采用扁袋、菱形袋、"W"形内外双滤袋等。

（5）优化通风管道及阀门结构

此举在于降低系统阻力，均化气流分布，并延长滤袋平均使用寿命。

（6）更换新型配件

新型配件包括电磁脉冲阀、自控仪、油水分离器、各种气动器件、阀门等。

3. 分室反吹袋式除尘器改造设计特点

① 保留反吹袋式除尘器的外壳、输灰系统及走梯平台；

② 拆除反吹袋式除尘器的花板、吊挂装置、顶盖及滤袋；

③ 在反吹袋式除尘器的吊挂梁上铺设脉冲除尘器花板；

④ 增设脉冲清灰装置和顶部检修门；

⑤ 进风管不动，排风管直接接入清洁室，如果采用离线清灰方式则要设提升阀；

⑥ 更换新的滤袋和笼骨；

⑦ 改造压缩空气系统，加大供气量；

⑧ 此改造因过滤面积加大，可降低阻力节省能源。

上述改造在降低阻力，节省运行费用，增风、提产，减少排放，延长滤件使用寿命等方面都会有显著效果。

三、电除尘器改造为袋式除尘器

1. 电除尘系统存在的问题

电除尘器设计排放浓度较高，在电厂、水泥厂等排放标准修改后，电除尘器有待改造。

2. 改造内容

原有的电除尘器壳体、灰斗、管道、承重基础、物料输送系统都可以保留、沿用，仅用性能先进的脉冲袋式除尘器的过滤和清灰方式进行改造。

3. 技术特点

① 袋式除尘器效率高、排放低，滤袋使用寿命 2～5 年；

② 与传统袋式除尘器相比，改造后的袋式除尘器由于过滤面积大，运行阻力低且稳定；

③ 对入口粉尘的性质变化没有太多的限制；

④ 可处理增加的烟气量；

⑤ 设备所包括的机械活动部件数量较少，不需要进行频繁维护或更换；

⑥ 过滤元件既可在净气室进行安装（从上面将其装入除尘器），也可在含尘室进行安装（在除尘器下部进行安装）。现场优势主要体现在其改造工程简便易行，图 6-123 是这种改造的实例。

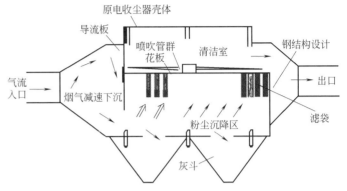

图 6-123 典型的电除尘器改造为袋式除尘器

4. 改造设计内容

① 去除电除尘器内部的各种部件 包括极线、极板、振打系统、变压器、上下框架、多孔板等。通常所有的工作部件都应去除。现有的除尘器地基不动，外壳、出风管路、输灰装置不做改动，即可改造为脉冲袋式除尘器，可利用原外壳，节约资金，节省改造工期。

② 安装花板、挡板、气体导流系统 对管道及进出风口改动以达到最佳效果。在结构体上部设计安装净气室。

③ 顶盖安装维修走道及扶梯 根据净气室及通道的位置来安装检修门、走道及扶梯。

④ 安装滤袋 袋式除尘器的滤材选择至关重要，主要取决于风量、气流温度、湿度、除尘器尺寸、安装使用要求及价格成本。选择合适的滤材对整个工程的成败起着举足轻重的作用，特别对脉冲除尘器高温玻璃纤维滤件，如选用不当，改造后的袋式除尘器未必会优于原有的电除尘器。更有甚者，错误地选择滤袋会导致其快速损坏，增加更多的维护工作量。只有合理地设计、选型和安装滤袋才会保证高效率除尘及最少的维护量。

⑤ 安装清灰系统 清灰系统主要包括压缩空气管线、脉冲阀、气包、吹管及相关的电器元件，尽可能实行按压差清灰。当控制器感应到压差增到高位时，会启动脉冲阀喷吹至合适的压差而中止。根据不同的工艺条件，清灰的"开""关"点可以分别设置。

目前，电厂、水泥厂、烧结厂已有将电除尘器改造为袋式除尘器的案例。随着电除尘器使用的老化，对除尘效率要求的日益提高，电除尘器改造为袋式除尘器的需求又被赋予了新的要求和生命力。从长远眼光看，一次性投资稍高些但改造成功有效，比重复投资反复改造要经济得多，而且也有利于连续稳定生产，少花费资金，减少停工时间。电除尘器改造成袋式除尘器是提高生产效率和收尘效率的一个有效且成功的途径。

四、电除尘器改造为电袋复合除尘器

1. 理论基础

① 电除尘器是利用粉尘颗粒在电场中荷电，并在电场力作用下向收尘极运动的原理实现烟气净化的。在一般情况下，当粉尘的物理、化学性能都适合时，电除尘器可达到很高的收尘效率且运行阻力低，所以是目前广泛应用的一种除尘设备，但也存在一些不足。

首先，电除尘器的收尘效率受粉尘性能和烟气条件影响较大（如电阻率等）。其次，电除尘器虽是一种高效除尘设备，但其除尘效率与收尘极的极板面积呈指数曲线关系。有时为了达到 $20\sim30\,mg/m^3$（标）的低排放浓度，需要增设第四、第五电场。也就是说，为了降低粉尘排放需要增加很大的设备投资。

② 袋式除尘器有很高的除尘效率，不受粉尘电阻率性能的影响，但也存在设备阻力大、滤袋寿命短的缺点。

③ 电袋复合除尘器就是在除尘器的前部设置一个除尘电场，发挥电除尘器在第一电场能收集 $80\%\sim90\%$ 粉尘的优点，收集烟尘中的大部分粉尘，而在除尘器的后部装设滤袋，使含尘浓度低的烟气通过滤袋，这样可以显著降低滤袋的阻力，延长喷吹周期，缩短脉冲宽度，降低喷吹压力，从而大大延长滤袋的寿命。

2. 主要技术问题

① 多数卧式电除尘器的烟气进入电除尘部分，采用烟气水平流动，保留一个或两个电场不改变气流方向，但袋式除尘部分的烟气由下而上流经滤袋，从滤袋的内腔排入上部净气室。因此，应采用适当措施使气流在改向时不影响烟气在电场中的分布，气流分布示意图如图 6-124 所示。

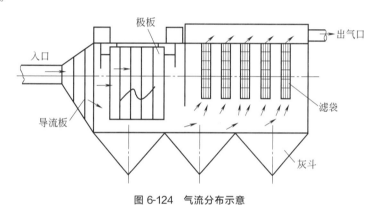

图 6-124　气流分布示意

② 应使烟尘性能兼顾电除尘和袋式除尘的操作要求。烟尘的化学组成、温度、湿度等对粉尘的电阻率影响很大，很大程度上影响了电除尘部分的除尘效率。所以，在可能条件下应对烟气进行调质处理，使电除尘器部分的除尘效率尽可能提高。袋式除尘部分的烟气温度，一般应小于 $200\,℃$、大于 $130\,℃$（防结露糊袋）。

③ 在同一个箱体内，要正确确定电场的技术参数，同时也应正确选取除尘器各个技术参数。在旧有电除尘器改造时，往往受原有壳体尺寸的限制，这个问题尤为突出。在电-袋除尘器中，由于大部分粉尘已在电场中被捕集，进入袋式除尘部分的粉尘浓度、粉尘细度、粉尘分散度等与进入除尘器时的粉尘发生了很大的变化。在这样的条件下，过滤风速等参数也必须随着变化，需要慎重对待。

④ 应使除尘器进出口的压差（即阻力）降至 1000Pa 以下。除尘器阻力的大小，直接影响电耗的大小，所以正确的气路设计是减少压差的主要途径。

3. 改造内容

（1）除尘器改造

除尘器是在保持原壳体不变的情况下进行改造，一般要保留第一电场和进出气喇叭口、气体分布板、下灰斗、排灰拉链机等。

烟气从除尘器进气喇叭口引入，经两层气流均布板，使气流沿电场断面分布均匀进入电场，烟气中的粉尘约有 80%～90% 被电场收集下来，烟气由水平流动折向电场下部，然后从下向上运动，通入除尘室。含尘烟气通过滤袋外表面，粉尘被阻留在滤袋的外部，纯净气体从滤袋的内腔流出，进入上部净化室，分别进入上部的气阀，然后汇入排风管，流经出口喇叭、管道、风机，从烟囱排出。

该设备可以采用在线清灰，也可以采用离线清灰。当采用离线清灰时，先关闭清灰室的主气阀，然后 PLC 电控装置有顺序地启动清灰室上每个脉冲阀的电磁阀，使压缩空气沿喷吹管喷入滤袋，进行清灰。脉冲宽度可在 0.1～0.2s 范围内调节，脉冲间隔时间为 5～30s，喷吹周期为 4～50min，喷吹压力为 0.2～0.3MPa。在每个除尘室的花板上下侧都安装了压差计，可以随时了解该室滤袋积灰情况以及每个除尘室的气流均布情况。除尘器出口处均设置压力计和温度计，可以了解设备工作时的压力升降变化。

除尘器的气路设计至关重要，它的正确与否关系除尘器的结构阻力大小，即关系设备运行时的电耗大小。改造设计应进行气流模拟计算或借鉴成功的案例。

（2）风机改造

将电除尘器改造为电-袋除尘器后，由于滤袋阻力较电除尘器高，所以原有尾部风机的风压需提高。此外，为满足增产的需要，风机风量也需提高。风机改造有两种方式：一是更换风机或加长风叶；二是适当提高转速，以满足新的风压、风量要求。

综上所述，这种电-袋除尘器充分利用了电除尘器与袋式除尘器的各自优势，既降低了投资成本，也减少了占地面积，更降低了排放浓度，是值得推广的可用于改造除尘器的除尘设备。

五、电除尘器自身改造设计

静电除尘器改造途径主要有 3 个方面：保留原电除尘器外壳，利用先进技术对内部核心部件改造，提高除尘效果；在原有电除尘器基础上增大电除尘器（包括加长、加宽和加高）；在原有电除尘器仍有使用价值的情况下，串联或并联一台新的静电除尘器。

1. 保留壳体的改造技术

保留壳体是指利用先进技术对影响除尘效果的关键部件进行改造，框架和壳体予以保留。改造方案主要是保留壳体，利用静电除尘器技术对内部关键部件进行改造，使之与原有壳体结构相匹配。

① 气流分布板改造，使之符合斜气流要求，从而提高除尘效率。

② 振打传动用减速电机直联在轴上，振打锤采用夹板式挠臂锤，轴承用托辊式轴承，振打方向为分布板的法向振打，振打力大、清灰彻底。

③ 用电晕性能好、起晕电压低、放电强度高、易清灰的新型电晕线进行改造，用于浓度较大的电场。

④ 用新的收尘极使极板上各点近似与电晕极等距，形成均匀的电流密度分布，火花电压高，电晕性能好；与电晕线形成最佳配合，粒子重返气流机会少；采用活动铰接形式，有利于振打传递。振打采用挠臂锤。振打周期可根据运行工况调整，以获最佳效果。

⑤ 阻流板、挡风板采用新技术重新设计，避免气流短路。

⑥ 采用新的供电技术，提高除尘效果。

2. 改变壳体的改造技术

（1）在原静电除尘器之前增加电场

新增前加电场的基础和钢支架，增加电场壳体和灰斗，增加电场收尘极和放电极系统，增加电场的收尘极和放电极振打系统，进气烟箱、前置烟道的改造；增加高、低压供电装置，附属配套设施的增加和改造。其布置如图 6-125 所示。

（2）在原静电除尘器之后增加电场

新增后加电场的基础和钢支架，增加电场的壳体和灰斗，增加电场的收尘极和放电极系统；增加电场的收尘极和放电极振打系统；增加出气烟箱；增加高、低压供电装置，附属配套设施的增加和改造。增加电场和高度的布置如图 6-126 所示。

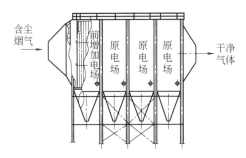

图 6-125　原静电除尘器前增加电场的布置

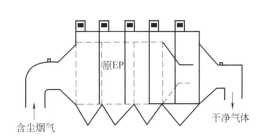

图 6-126　原静电除尘器后增加
电场和高度的布置

（3）原静电除尘器加宽

新增室的基础和钢支架，新增室的壳体和灰斗，新增室的收尘极和放电极系统，新增室的收尘极和放电极振打系统，重新设计进气烟箱，前置烟道的改善，增加高、低压供电装置，附属配套设施的增加和改造。典型布置形式如图 6-127 所示。

（4）原除尘器增加高度

基础、钢支架、壳体和灰斗不变。在原先体基础上增加高度，更换所有收尘极和放电极系统，更换收尘极和放电极振打系统，重新设计进气烟箱，必要时增加高、低压供电装置及附属配套设施的改造。典型布置方案如图 6-128 所示。

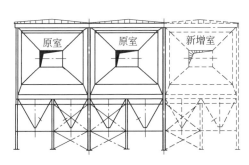

图 6-127　在一侧增加电场宽度布置形式

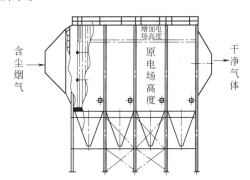

图 6-128　增加电场高度布置方案

（5）重新分配电场

基础、钢支架、壳体和灰斗不变。利用原电除尘器收尘极和放电极侧部振打沿电场长度方向的空间，重新分配电场，并采用顶部振打，通常情况下原 4 个电场可以增加到 5 个电场，可有效增加收尘极板面积。更换所有收尘极和放电极系统，更换收尘极和放电极振打系统，增加高、低压供电装置及附属配套设施的改造。典型布置方案如图 6-129 所示。

六、除尘器改造设计实例

1. 不同类型除尘器改造为脉冲袋式除尘器

（1）高频振动扁袋式除尘器改造

1）工艺流程

钢厂下铸底盘间的底盘在倾翻时将碎耐火砖倒入台车，散发大量灰尘，设袋式除尘器 1 台。台车上部设密闭罩，含尘气体由罩内吸出，经高频振动扁袋式除尘器净化后排放。收集到的粉尘定期排除。底盘间除尘工艺流程如图 6-130 所示。

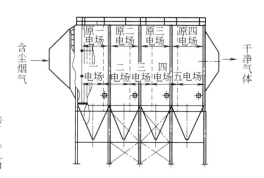

图 6-129 利用内部空间重新分配电场布置方案

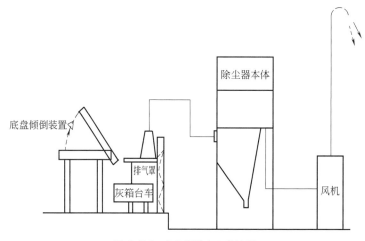

图 6-130 底盘间除尘工艺流程

该除尘器特点如下：

① 扁袋式除尘器体积小，占地面积少，除尘效率高；

② 采用高频振动清灰，4 组扁袋，轮流进行振动；

③ 滤袋材质采用聚丙烯，有一定的耐热性能。

主要设计参数如下：

① 风量 300m³/min（60℃）；

② 风机风压 3000Pa；

③ 功率 30kW；

④ 初始含尘量 0.5～15g/m³（标）；

⑤ 出口含尘量 0.05g/m³（标）；

⑥ 扁袋规格 1440mm×1420mm×25mm；

⑦ 滤袋数量 40 条；

⑧ 室数 4 室；

⑨ 除尘器外形尺寸 2118mm×2068mm×7220mm，其中箱体尺寸 2018mm×2068mm×3585mm。

除尘系统投产后集尘密闭罩吸尘效果差，除尘器阻力＞3000Pa，分析原因有：

① 高频振动扁袋式除尘器属于在线清灰，振动下的灰会迅速返回滤袋；

② 滤袋过滤速度太高、阻力大。

根据分析和实际运行情况，决定对除尘器进行改造。

2）改造内容

首先决定不做大的改造，只把振动清灰除尘器改为脉冲除尘器。但扁袋振动除尘器箱体体积小，不能容纳更多的过滤袋，为此将除尘器箱体向上增高 2130mm（其中清洁室 880mm）。同时把扁袋和振动器拆除，安装花板、滤袋、袋笼和清灰装置。其他部分如风机、管道、卸灰阀等不动。改造后的除尘器外形尺寸为 2118mm×2068mm×9350mm，处理风量为 18000m³/h，过滤面积 180m²，过滤风速 1.67m/min，滤袋尺寸 ϕ130mm×4400mm，数量 110 条，脉冲阀规格 3in（淹没式，1in＝0.0254m），数量 10 只，压缩空气压力 0.2MPa，设计设备阻力 1700Pa。

3）改造效果

改造为脉冲除尘器后除尘系统运行良好，集气罩抽风良好，消除了污染。车间空气含尘浓度＜8mg/m³，能满足车间卫生标准要求，除尘器排放气体含尘浓度＜20mg/m³，运行阻力＜1000Pa，滤袋寿命达 4 年，达到技术改造目的。

（2）反吹风除尘器改为脉冲除尘器

1）工艺流程

煤粉碎机注煤的入口、出口及皮带机受料点的扬尘，通过吸气罩经风管进入袋滤器，捕集下来的煤尘运出加入炼焦配煤中炼焦，煤粉粉碎机除尘系统如图 6-131 所示。

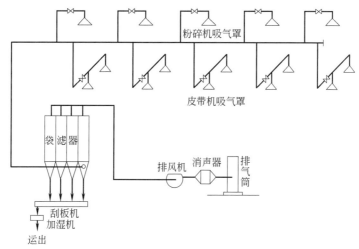

图 6-131　煤粉粉碎机除尘系统

工艺流程特点如下：

① 考虑到煤尘的爆炸性质，采用能消除静电效应的过滤布，滤布中织入 ϕ8～12μm 的金属导线；

② 为防止潮湿的煤粉在管道、集尘器灰斗内集聚，在管道及除尘器灰斗侧壁设置蒸汽保温层。

主要设计参数如下：

① 抽风量 800m³/min；

② 入口含尘浓度 15g/m³（标）；

③ 出口含尘浓度＜50mg/m³（标）；

④ 烟气温度≤60℃；

⑤ 除尘器型式为负压式反吹袋式除尘器，过滤面积 950m²，滤袋规格 φ292mm×8000mm；

⑥ 过滤风速 0.84m/min；

⑦ 设备阻力 1960Pa；

⑧ 室数 4 室（144 条滤袋）；

⑨ 风机风量 800m³/min，风压 4900Pa，温度 60℃，电机 132kW。

经多年运行后，除尘器阻力升高，经常维持在 2000～3000Pa。由于阻力高，使系统风量有所减少，因此决定把反吹风袋式除尘器改造为脉冲袋式除尘器，以便降阻节能改善车间岗位环境。

2）改造内容

除尘器箱体、输灰装置、箱体侧部检修门、走梯、平台、风机等保留；拆除除尘器箱体内下花板、滤袋及吊挂滤袋的平台、一二次挡板阀及部分顶盖板；新设计安装花板，顶部检修门，脉冲清灰装置及相应的压缩空气管道、电控系统。

改造后新除尘器的主要技术参数如下：

① 新除尘器为低压（0.3MPa）在线式脉冲喷吹袋式除尘器，共 4 室；

② 过滤面积 1600m²；

③ 处理风量 56940m³/h，耐压≤5000Pa；

④ 过滤风速 0.6m/min；

⑤ 滤袋规格 φ150mm×7600mm，材质为普通针刺毡（没有覆膜），单重 500g/m²；

⑥ 滤袋数量 448 条，每个脉冲阀带 14 条滤袋；

⑦ 烟气温度＜60℃；

⑧ 入口含尘浓度 15g/m³（标）；

⑨ 出口含尘浓度＜10mg/m³（标）；

⑩ 粉尘性质为煤粉（烟气中含有少量焦油和水分）；

⑪ 设备阻力 700Pa；

⑫ 脉冲阀规格 3in，ASCO 公司产品，共 32 只。

3）改造效果

除尘器改造后有两个明显特点：一是阻力特别低，分室阻力 300～400Pa，除尘器总阻力 600～700Pa；二是除尘器排放浓度＜10mg/m³。根据计算，改造后除尘风机可节电 33%。

（3）电收尘器改造为脉冲除尘器

1）系统说明

烧结车间大型集中式机尾电除尘系统，具有废气温度高、粉尘干燥、含尘量大的特点，是烧结车间环境除尘的重点。烧结机机尾除尘系统包括烧结机的头部、尾部与环冷机的给料点和卸料点等 40 个吸尘点。含尘气体经设置在各吸尘点上的吸尘罩，通过除尘风管，进入机尾电收尘器进行净化。净化后的气体经双吸入式风机、消声器，最后由烟囱排至大气。该设备收集的粉尘，经链板输送机、斗式提升机至粉尘槽内。粉尘的去向有两个：一是经加湿机加湿后，落至粉尘皮带机上送往返矿系统再利用；二是槽矿车接送至小球团系统进行造球后再利用。机尾除尘系统如图 6-132 所示。

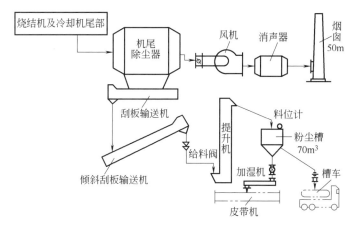

图 6-132　机尾除尘系统

主要设计参数如下：

① 总抽风量 15000m³/min；

② 收尘器入口含尘浓度 10～15g/m³（标），出口含尘浓度 0.1g/m³（标）；

③ 收尘器入口废气温度 120～140℃，极板间距 300mm；

④ 有效收尘板面积约 16000m²；

⑤ 额定电压 60kV。

2）改造内容

① 设计时尽量保留和利用原有电除尘器的一些箱体、支架、灰斗和大部分平台爬梯等，利用原电除尘器箱体设备部分进行强度计算，并提出必要的加固方案，使电改袋除尘器箱体的钢结构强度耐压达到 8000Pa。

② 利用电除尘的大进大出进出风结构形式促使烟气气流方向顺畅，加速粉尘的沉降速度，可将粒径在 44μm 上的粉尘先沉降至灰斗中，减轻布袋的进气浓度，降低系统阻力，以实现低阻目的。

③ 充分利用原除尘器进风结构，并配套专有的进风导流技术，尽可能将电除尘的空间作为袋式，将大颗粒的粉尘进行沉降，使进入除尘布袋的进口风速最低。

④ 除尘器上箱体设计为整体结构，既可保证技术和质量的可靠性，又能大大减少安装工程量，并能缩短改造周期。

改造后脉冲除尘器主要技术参数如下：

① 处理风量 100×10⁴ m³/h；

② 过滤面积 16620m²；

③ 过滤风速 1.00m/min，离线检修时过滤风速 1.50m/min；

④ 室数 3 室；

⑤ 滤袋数量 5040 条；

⑥ 滤袋规格 φ150mm×7000mm；

⑦ 滤袋材质为聚酯涤纶针刺毡（单位面积重≥550g/m²）；

⑧ 脉冲阀（淹没式）规格 3in（1in＝0.0254m），数量 360 只；

⑨ 气源压力 0.4～0.6MPa；

⑩ 耗气量 8m³/min（标）；

⑪ 进口含尘浓度 25～30g/m³（标）；

⑫ 出口排放浓度≤35mg/m³（标）；

⑬ 设备阻力≤1500Pa；

⑭ 设备耐压 8000Pa；

⑮ 静态漏风率≤2%。

3）运行效果

电改袋除尘器运行后经检测其排放浓度低，平均 22.7mg/m³（目测无任何排放）、设备阻力低、压差小于 800Pa，运行效果理想，达到了改造工程预期目的。

（4）反吹风袋式除尘器改造为脉冲除尘器

1）除尘流程

炼钢副原料受料系统的物料（石灰、矿石等）由皮带转运时散发出大量烟尘，设置负压式反吹风袋式除尘器。

皮带转运站落料点设置 1 个吸风口，接受卸料的皮带机设置 2 个吸风口，通过 3 个支管汇入总管，然后进入袋滤器，由风机排空。收集到的粉尘通过螺旋输送机和旋转卸料阀排至集灰箱，用汽车运至烧结厂，流程见图 6-133。

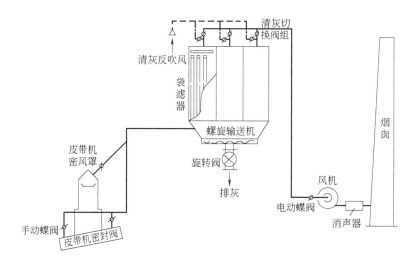

图 6-133　副原料除尘系统流程

该流程特点是：滤袋清灰采取 3 个袋式轮流反吹方式，反吹风切换阀采用双蝶阀组，用 1 只电动缸带动连杆转动。

2）主要设计参数

① 风量 200m³/min（20℃）；风压 4250Pa；风机功率 30kW（标况）。

② 初始含尘量 5～10g/m³；出口含尘量 0.05g/m³（标）。

③ 布袋规格 φ210mm×4450mm（涤纶）；袋数 84 只；室数 3 室。

3）改造内容

① 原系统存在抽风点风量不够，导致石灰转运时粉尘增加，改造时加长了吸尘罩，改善了密封性。

② 保留除尘器壳体，拆除反吹风阀门和花板，改为脉冲清灰装置和新花板、检修门。

③ 把除尘器卸灰装置改为吸引装置，负压吸引粉尘。

4) 改造后除尘器的主要参数

① 处理风量 30000m³/h；

② 入口浓度 10g/m³；

③ 排放浓度＜15mg/m³；

④ 过滤面积 408m³；

⑤ 过滤风速 1.23m/min；

⑥ 阻力损失 300Pa；

⑦ 滤袋尺寸 ϕ155mm×500mm；

⑧ 风机 9-26N10；

⑨ 风量 30000m³/h；

⑩ 全压 5000Pa；

⑪ 电机 Y280S-4；

⑫ 功率 75kW。

除尘器由反吹风除尘器改造为脉冲除尘器后效果特别好，吸尘罩没有扬尘，除尘器排放浓度＜10mg/m³，运行阻力 600～800Pa，卸灰处再无污染。

2. 电除尘器自身技术改造设计

在锥炉、屏炉 2 台炉窑上安装 2 台 GD44-ⅡC 型电除尘器，已经安全运行了 13 年。随着国家提高了大气污染排放标准，它们已经不能满足要求，需要进行技术改造。改造在保证2 台炉窑正常运行的情况下逐台进行。通过改善除尘器入口气流分布、加大极距、改变电源和控制、改善振打、增加电场等，满足了《工业炉窑大气污染物排放标准》（GB 9078—1996）中对有害污染物 PbO 的排放要求，取得了满意的结果。

（1）改造内容

电除尘器改造前后的技术参数见表 6-135。

表 6-135 GD44-ⅡC 型电除尘器改造前后的技术参数

序号	名 称	单位	改造前	改造后
1	电场有效截面积	m²	47.49	47.49
2	处理烟气量	m³/h(标)	83000	107400
3	烟气温度	℃	260	280
4	工作负压	Pa	−3300	−3300
5	电场风速	m/s	0.512	0.628
6	有效电场长度	m	6	9
7	气体停留时间	s	11.7	15.7
8	进口含尘浓度(PbO)	mg/m³(标)	179.49	180
9	出口含尘浓度(PbO)	mg/m³(标)	1.8	0.6
10	通道数	个	17	16
11	同极距	mm	360	400
12	异极距	mm	180	200
13	烟气阻力	Pa	＜300	＜300
14	高压电源		2×500mA/72kV	HL-Ⅲ 0.4/72kV
15	电晕极型式		鱼骨形	鱼骨形
16	收尘极型式		管极式	管极式

1）壳体

原壳体为宽立柱式钢结构。由于该结构稳定度较高，且几年来磨损较少，所以仍可利用。为了提高效率，增加一个电场。壳体仍然采用宽立柱式钢结构。

2）气流分布装置

原进口喇叭中的分布板由于磨损较严重，所以全部报废，重新设计气流分布板，其开孔率和层数根据气流分布模拟试验确定，中间开孔率低、四周开孔率高的气流分布板共有 3 层。新气流分布板与原有的气流分布板相比，气流分布更加均匀，进入电场烟尘浓度基本一致。

气流分布板还起到预收尘的作用，当烟气流速从 15～18m/s 逐渐低到 0.6m/s 左右时，粗颗粒粉尘在重力作用下自然沉降。主气流通过分布板时，将气流分割扩散，分气流突然改变方向，由于惯性作用一部分粉尘在重力和惯性力的作用下沉降下来。

3）极间距

原同极距为 360mm，异极距为 180mm，实际同极净距只有 320mm，异极净距 140mm，再加上安装及运行的热变形，异极距实际小于 140mm，这就限制了运行电压的升高。把同极距改为 400mm，异极间距改为 200mm 后，提高了运行电压，收尘效率显著提高。

4）收尘极

仍采用原来的管极式收尘极。这种收尘极具有抗热变形能力强，总集尘面积大，电场内气流分布均匀，制造、安装、调整容易，耐腐蚀，成本较低，维护量小等特点。

5）电晕极

仍采用原来的鱼骨形电晕极。鱼骨形电晕极由 5 根辅助电极和鱼骨形电晕线交替布置，辅助电极和电晕极施加相同的极间电压，产生高电场强度和低电流密度，可防止反电晕又可捕集荷正电的粉尘，提升高比电阻粉尘的捕集效率。

6）振打系统

仍采用原来的侧部振打装置。设计良好的振打系统可有效地清除电极上的粉尘，同时减少二次扬尘。振打效果不仅仅与振打加速度大小有关，还与电极的振幅及固有频率有关。

振打加速度与振打频率的平方成正比，振打频率与振幅又互为函数。频率低，振幅大，粉尘不易从电极上清除下来。相反，频率高，振幅小，粉尘往往不能呈片状下落而引起二次扬尘，还容易导致振打系统疲劳破坏。通过试验测定，把锤臂由原来的 300mm 长 ［见图 6-134 （a）］增加到 400mm 长 ［见图 6-134 （b）］，振打效果有很大提高。

（2）电瓷件改造

原来的支柱绝缘子、瓷套筒、瓷转轴等电瓷件均是 50 瓷，在高温状态下易龟裂，导致积灰、爬电，电压升高。这次改造把 50 瓷改为 95 瓷，在 250℃ 以上高温情况下，绝缘性能好，抗热抗震性能好，机械强度高，确保除尘器长期稳定运行。

（3）电源及电控改造

改造采用激光电恒流高压直流电源 （HL-0.4/72kV），能使电场充分电晕而不容易转化为贯穿性的火花击穿。与其他电源相比，在同一电场上运行电压和电晕电流均显著提高，节电效果也比较明显，功率因数 $\cos\phi \approx 0.9$。

低压电控也是电除尘器稳定高效运行不可缺少的重要部分。随着工业控制自动化要求的提高，监控和数据采集系统应用日益广泛。改造采用工控软件，将除尘器的整个系统画面动态化，在上位机上显示。上位机的应用使电除尘的自动化控制发生了质的变化，不仅可以形象直观地描述现场各个部件的运行情况，还可以利用设定的软件操作，处理数据，用于记录、打印、通信、自诊断、显示过程变量、控制参数及重要报警信息等。低压的核心部件

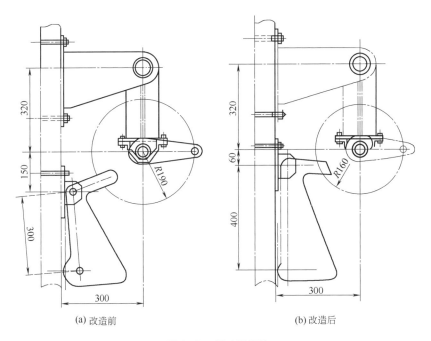

(a) 改造前　　　　　　　　　　　　　(b) 改造后

图 6-134　除尘器锤臂

PLC 由原三菱 F1 系统改成了德国西门子 S7-300，增加了 S7 的模拟量模块，使控制更加简单可靠。总之，这次改造的电气控制模式体现了当今工业控制领域技术的发展趋势。

（4）实际效果

电除尘器改造工程工期短，时间紧，为此投入了必要的人力、物力。有经验的工人和技术人员也到场参与安装调试。经过改造，除尘器投运 3 个月后测定数据表明，这次改造非常成功（见表 6-136）。

表 6-136　改造前后监测对比

项目	入口粉尘浓度 /[mg/m³(标)]	出口粉尘浓度 /[mg/m³(标)]	除尘效率 /%	烟气量 /[m³/h(标)]	PbO 排放浓度 /[mg/m³(标)]
改造前	735.6	5.45	99.26	82410	1.2
改造后	730.7	2.27	99.68	107400	0.5

第八节　除尘设备的选择与维护

一、除尘设备的选择

选择除尘设备时必须全面考虑有关因素，如除尘效率、压力损失、设备投资、维修管理等，其中最主要的是除尘效率。一般来说，选择除尘器时应该注意以下几个方面的问题。

（1）排放要求

设置除尘系统的目的是保证排至大气的气体含尘浓度能够达到排放标准。因此，排放标准是选择除尘器的首要依据。

对于运行状况不稳定的系统，要注意烟气处理量变化对除尘效率和压力损失的影响。如旋风除尘器除尘效率和压力损失，随处理烟气量的增加而增加；但大多数除尘器（如电除尘器）的效率却随处理烟气量的增加而下降。

（2）粉尘颗粒的物理性质

黏性大的粉尘容易黏结在除尘器表面，不宜采用干法除尘；比电阻过大或过小的粉尘，不宜采用电除尘；纤维性或憎水性粉尘不宜采用湿法除尘；处理磨损性粉尘时，旋风除尘器内壁应衬垫耐磨材料，袋式除尘器应选用耐磨滤料；具有爆炸性危险的粉尘，必须采取防爆措施等。

不同的除尘器对不同粒径颗粒的除尘效率是完全不同的，选择除尘器时必须首先了解欲捕集粉尘的粒径分布，再根据除尘器除尘分级效率和除尘要求选择合适的除尘器。表 6-137 列出了典型粉尘对不同除尘器进行试验后得出的分级效率，可供选用除尘器时参考。实验用的粉尘是二氧化硅粉尘，密度为 $2700kg/m^3$。

表 6-137　除尘器的分级效率

除尘器名称	总效率/%	不同粒径(μm)时的分级效率/%				
		0~5(20%)	5~10(10%)	10~20(15%)	20~44(20%)	>44(35%)
带挡板的沉降室	58.6	7.5	22	43	80	90
普通的旋风除尘器	65.3	12	33	57	82	91
长锥体旋风除尘器	84.2	40	79	92	99.5	100
喷淋塔	94.5	72	96	98	100	100
静电除尘器	97.0	90	94.5	97	99.5	100
文丘里除尘器($\Delta p=7.5kPa$)	99.5	99	99.5	100	100	100
袋式除尘器	99.7	99.5	100	100	100	100

（3）气体的含尘浓度

气体的含尘浓度较高时，在静电除尘器或袋式除尘器前应设置低阻力的预除尘设备，去除较大尘粒，以使设备更好地发挥作用。例如，降低除尘器入口含尘浓度，可以防止电除尘器由于粉尘浓度过高而产生电晕闭塞；可以提高袋式除尘器过滤速度；可以减少洗涤式除尘器的泥浆处理量，节省投资及减少运转和维修工作量；可以防止文丘里除尘器喷嘴堵塞和减少喉管磨损等。对文丘里、喷淋塔等湿式除尘器，希望含尘浓度在 $10g/m^3$ 以下，袋式除尘器的理想含尘浓度为 $0.2 \sim 10g/m^3$，静电除尘器希望含尘浓度在 $30g/m^3$ 以下。

（4）含尘气体性质

含尘气体的温度、湿度等性质和气体的组成也是选择除尘设备时必须考虑的因素。对于高温、高湿气体不宜采用袋式除尘器。如果烟气中同时含有 SO_2、NO_x 等气态污染物，可以考虑采用湿式除尘器，但必须注意设备的防腐蚀问题。

（5）收集粉尘的处理

有些工厂工艺本身设有泥浆废水处理系统，或采用水力输灰方式，在这种情况下可以考虑采用湿法除尘，把除尘系统的泥浆和废水纳入工艺系统。

（6）其他因素

选择除尘器还必须考虑设备的位置、可利用的空间、环境条件等因素，以及设备的一次投资（设备费、安装费、基建费）、日常运行和维修费用等经济因素。表 6-138 给出了常见除尘设备的投资费用和运行费用的比例。值得注意的是，任何除尘系统的一次投资只是总费用的一部分。所以，仅以一次投资作为选择的依据是不全面的，还必须考虑易损配件的价格、动力消耗、维护管理费、除尘器的使用寿命、回收粉尘的利用价值等因素。

总之，选择除尘器时要结合本地区和使用单位的具体情况，综合考虑各方面的因素。表 6-139 是各种除尘器的综合性能，可供设计选用除尘器时参考。

表 6-138　常见除尘设备的投资费用和运行费用的比例

除尘器名称	投资费用比例/%	运行费用比例/%	除尘器名称	投资费用比例/%	运行费用比例/%
高效旋风除尘器	50	50	塔式洗涤器	51	49
袋式除尘器	50	50	文丘里洗涤器	30	70
静电除尘器	75	25			

表 6-139　常用除尘器的综合性能

除尘器名称	适用的粒径范围/μm	除尘效率/%	压力损失/Pa	设备费用	运行费用
重力沉降室	>50	<50	50～130	少	少
惯性除尘器	20～50	50～70	300～800	少	少
旋风除尘器	5～30	60～70	800～1500	少	中
冲击水浴式除尘器	1～10	80～95	600～1200	少	中下
旋风水膜除尘器	>5	95～98	800～1200	中	中
文丘里除尘器	0.5～1	90～98	4000～10000	少	大
静电除尘器	0.5～1	90～98	50～130	大	中上
袋式除尘器	0.5～1	95～99	1000～1500	中上	大

二、除尘器的维护和管理

只有对除尘器进行认真的维护和管理，才能使除尘器处于最佳运行状态，并可延长其使用寿命。

（1）除尘器的运行管理

负责运行和管理除尘器的人员必须经过专门的培训，不仅需要熟悉和严格执行操作规程，而且要具备以下的知识和能力：①熟悉除尘设备进出口气体含尘浓度、尘粒的粒径及其变化范围；②熟悉除尘器的阻力、除尘效率、风量、温度、压力。如采用湿法除尘，还需了解液体的流量、温度、所需压力；③了解各种仪表、设备的性能，并使其处于良好状态；④掌握设备正常运行时的各项指标，如发现异常，能及时分析原因，并能排除故障。

（2）除尘器的维护

运行中的除尘设备经常因磨损、腐蚀、漏气或堵塞等原因致使除尘效率急剧下降，甚至造成事故。为了使除尘器长期保持良好状态，必须定期或不定期地对除尘器及其附属设备进行检查和维护，以延长设备的使用寿命，并保证其运行的稳定性和可靠性。

对机械式除尘器维护的主要项目有：①及时清除除尘器内各处的黏附物和积灰；②修补磨损、腐蚀严重的部分；③检查除尘器各部分的气密性，如发现漏气，应及时修补或更换密封材料。

对电除尘器维护的主要项目有：①定期切断高压电源后对电除尘器进行全面清洗；②随时检查支架、垫圈、电线及绝缘部分，发现问题及时修理或更换；③检查振打装置及传动和电器部分，如有异常及时修复；④检查烟气湿润装置，清洗喷嘴，对磨损严重的喷嘴进行更换。

对洗涤式除尘器维护的主要项目有：①定期清除设备内的淤积物、黏附物；②检查文丘里管、自激式除尘器的喉部磨损、腐蚀情况，对磨损、腐蚀严重的部位进行修补或更换；③对喷嘴进行检查和清洗，及时更换磨损严重的喷嘴。

对过滤式除尘器维护的主要项目有：①修补滤袋上耐磨或耐高温涂料的损坏部分，以保证其性能；②对破损和黏附物无法清除的滤袋进行更换；③对变形的滤袋要进行修理和调整；④清洗压缩空气的喷嘴和脉冲喷吹部分，及时更换失灵的配管和阀门；⑤检查清灰机构可动部分的磨损情况，对磨损严重的部件及时更换。

三、除尘设备的发展

国内外除尘设备的发展主要表现在以下几个方面。

（1）发展高效率除尘设备

由于各国对烟尘排放浓度要求越来越严格，世界各地趋于发展高效率的除尘器。在工业大气污染控制中，电除尘器与袋式除尘器占了压倒优势。日本除尘设备销售额中，电除尘器及袋式除尘器分别占 45.5% 及 44%，而湿式除尘器仅为 5.5%，旋风除尘器为 2.1%。我国新增发电设备中，主要以 30 万千瓦以上大容量机组为主。为使大容量机组的风机不磨损，保证安全经济发电，要求经除尘后的烟气含尘浓度控制在较低水平。20 世纪 90 年代以后，我国新建火电机组和许多老的改造机组大量配备电除尘器，设计除尘效率也由 98%～99% 提高到 99.2%～99.7%。不少国家的排放标准规定，燃煤烟气排放到大气环境中的浓度不得高于 $50mg/m^3$。目前，只有电除尘器和袋式除尘器才能够达到如此高的除尘效率。

（2）发展处理烟气量大的除尘设备

目前，工艺设备朝大型化发展，相应需处理的烟气量也大大增加。如 500t 平炉的烟气量达 $50×10^4 m^3/h$ 之多，600MW 发电机组锅炉烟气量达 $2.3×10^6 m^3/h$，只有大型除尘设备才能满足要求。国外电除尘器已经发展到 $500～600m^2$，大型袋式除尘器的处理烟气量每小时可达几十万到数百万立方米，上万条滤袋集中在一起形成"袋房"，由于扁袋占用空间少，这种除尘设备正得到迅速发展。

（3）着重研究提高现有高效除尘器的性能

国内外对电除尘器的供电方式、各部件的结构、振打清灰、解决高比电阻粉尘的捕集等方面做了大量工作，从而使电除尘器运行可靠，效率稳定。对于袋式除尘器着重于改进滤料及其清灰方式，使其适宜于高温、大烟气量的需要，扩大应用范围。湿式除尘器除了继续研究高效文丘里管除尘器外，主要研究低压降、低能耗以及污泥回收利用设备。

（4）发展新型除尘设备

宽间距或脉冲高压电除尘器、环形喷吹袋式除尘器、顺气流喷吹袋式除尘器等，都是近几十年来发展起来的新型除尘设备。多种除尘机理共同作用的新型除尘设备也发展迅速，如带电水滴湿式洗涤器、带电袋式除尘器等。此外，还有利用高压水喷射、高压蒸汽喷射的除尘设备。但燃煤电厂的煤越磨越细，煤的含硫量越来越低，排放标准越来越严格，开发高效、低能耗的新型除尘器已势在必行。

（5）重视除尘机理及理论方面的研究

工业发达国家大都建立了一些能对多种运行参数进行大范围调整的试验台，研究现有各种除尘设备的基本规律、计算方法，作为设计和改进设备的依据；另一方面，探索一些新的除尘机理，并逐步应用到除尘设备中。电子计算机技术也逐步应用到除尘技术领域，使除尘设备的研究和应用提高到一个新的水平。

第七章

废气净化设备

第一节　吸　收　设　备

一、废气吸收净化机理与吸收液的选用

1. 吸收过程的气液平衡

当混合气体中的可吸收组分（溶质）与吸收剂接触时，部分溶质向吸收剂进行质量传递（吸收过程），同时也发生液相组分向气相逸出的质量传递过程（解吸过程）。在一定的温度和压力下，吸收过程的传质速率等于解吸过程的传质速率，气液两项就达到了动态平衡，简称相平衡。

（1）气体在液体中的溶解度

气体的溶解度与气体和溶剂的性质有关，并受温度和压力的影响。降温和加压有利于吸收，而升温或减压有利于解吸。

（2）亨利定律

物理吸收时，常用亨利定律来描述气液相间的相平衡关系。当总压不高（一般约小于 $5 \times 10^5 \, \text{Pa}$）时，在一定温度下，稀溶液上方的溶质分压与该溶质在液相中的摩尔分数成正比，即

$$p^* = Ex \tag{7-1}$$

式中　p^*——溶质在气相中的平衡分压，Pa；

　　　E——亨利系数，Pa；

　　　x——溶质在液相中的摩尔分数。

由于互为平衡的气液两相组成可采用不同的表示法，因而亨利定律有不同的表达方式。最常见的另两种表示方式为：$p^* = c/H$ 或 $y^* = mx$，其中 H 称为溶解度系数，单位为 $\text{mol}/(\text{m}^3 \cdot \text{Pa})$；$m$ 为相平衡常数，无量纲；c 为平衡浓度，单位为 mol/m^3。

在吸收计算时，常需要将一种单位形式表示的亨利系数和浓度换算成另一种单位所表示的亨利系数和浓度。亨利系数由实验测定，常见物系的亨利系数也可以从有关手册中查得。

（3）传质吸收过程的判断

相平衡是传质过程质量传递的动态平衡。若气相中溶质的组分浓度 y 高于气液相平衡

时气相组分的平衡浓度 y^*，即 $y>y_i^*$，传质过程为吸收过程。反之，$y<y_i^*$ 时，则为脱吸过程。若液相中溶质的浓度 x 低于液相中溶质的平衡浓度 x^*，即 $x<x_i^*$ 时，传质过程为吸收过程。反之，$x>x_i^*$ 时，传质过程为脱吸过程。

（4）化学吸收

气体溶于液体时，若发生化学反应，则被吸收组分的气液平衡关系应服从相平衡关系，同时又服从化学平衡关系。这就使得化学吸收的速率关系十分复杂。总的来说，发生化学反应会使吸收速率得到不同程度的提高，但提高的程度又依不同情况有很大差异。当液相中活泼组分的浓度足够大，而且发生的是快速不可逆反应时，溶质组分进入液相后立即反应而消耗掉，则界面上的溶质分压为零，吸收过程速率为气膜中的扩散阻力所控制，可按气膜控制的物理吸收计算。

2. 吸收理论

气液两相间物质传递过程理论较成熟的是双膜理论，适用于物理吸收及气液相反应。图 7-1 为双膜理论的示意图。气液两相接触时，存在一个相界面。在相界面两侧分别存在着呈层流流动的稳定膜层，溶质必须以分子扩散的方式连续通过这两个膜层。膜层的厚度主要随流速而变，流速越大，厚度越小，在相界面上气液两相互成平衡，界面不存在浓度梯度，浓度梯度全部集中在两个膜层内，这样整个吸收过程的传质阻力就简化为仅由两层薄膜组成的扩散阻力。因此，气液两相间的传质速率取决于通过气膜和液膜的分子扩散速度。

气膜阻力和液膜阻力的大小取决于溶质的溶解度系数 H。对于易溶气体，H 较大，总阻力近似等于气膜阻力，这种情况称为气膜控制。对于难溶气体，H 较小，总阻力近似等于液膜阻力，这种情况称为液膜控制。对于中等溶解度气体，气膜阻力和液膜阻力处于同一数量级，两者皆不能忽略。

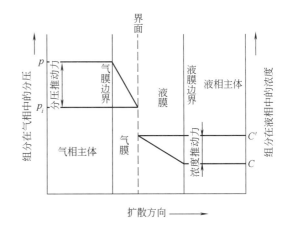

图 7-1　双膜理论示意

3. 吸收液的选用

吸收操作的成功与否在很大程度上取决于溶剂的性质，特别是溶剂与气体混合物之间的相平衡关系。评价溶剂优劣的主要依据应包括：溶剂应对混合气体中的溶质有较大的溶解度；应具有较高的选择性；溶质在溶剂中的溶解度应对温度的变化比较敏感；溶剂的蒸气压要低，（即挥发度要小），以减少吸收和再生过程中溶剂的挥发损失。除此之外，溶剂还应满足经济和安全条件。实际上很难找到一个理想的溶剂能满足所有这些条件，因此，应对可供选用的溶剂做全面的评价以做出合理的选择。

二、吸收设备的基本要求与型式

1. 对吸收设备的基本要求

为了强化吸收过程，降低设备的投资和运行费用，吸收设备必须满足以下基本条件：①气液两相之间有较大的接触面积和一定的接触时间；②气液之间扰动强烈，吸收阻力小、吸收效率高；③操作稳定，并有合适的操作弹性；④气流通过时的压降小；⑤结构简单，制作维修方便，造价低廉；⑥针对具体情况，要求具有抗腐能力。

2. 吸收设备的分类

吸收过程发生在气液两相的界面上，界面的状况对吸收过程有着决定性影响。吸收设备的主要功能就在于提供较大的并能迅速更新的相接触表面，对各种吸收设备进行分类时，主要根据气液两相界面形成的原理，因此，吸收设备可以分为三类：①具有固定相界面的吸收设备；②在气液两相流动过程中形成相界面的吸收设备；③有外部能量引入的吸收设备。吸收设备的分类见表 7-1。

表 7-1　吸收设备的分类

具有固定相界面的吸收设备	在气液两相流动过程中形成相界面的吸收设备	有外部能量引入的吸收设备
陶瓷吸收塔 石英管吸收塔 石墨管吸收塔 列管式湿壁吸收塔	填料吸收塔 湍流塔吸收器 筛板吸收塔 泡罩吸收塔 穿流式孔板吸收塔 泡沫吸收塔	带有机械搅拌的卧式吸收器 喷淋式吸收器

气态污染物吸收净化过程一般处理一些低浓度的组分，且气体量大，因而多选用气相为连续相、湍流程度较高、相界面大的吸收设备。最常用的是填料塔，其次是板式塔，此外还有喷淋塔和文丘里吸收器。

三、吸收塔的选用与计算

1. 填料塔

填料塔是一种重要的气液传质设备。填料塔结构简单，塔内填充一定高度的填料，下方有支撑板，上方为填料压板及液体分布装置，如图 7-2 所示。液体自填料层顶部分散后沿填料表面压板流下而湿润填料表面。气体在压强差推动下，通过填料间的空隙，由塔的一端流向另一端。气液两相间的传质通常在填料表面的液体与气体间的界面上进行。填料塔不仅结构简单，且阻力小，便于用耐腐蚀材料制造等优点，尤其对于直径较小的塔更具优势。处理腐蚀性的物料，填料塔表现出良好的优越性。另外，对于液气比很大的吸收操作，若采用板式塔，则降液管将占用过多的塔截面积，此时应采用填料塔。

（1）填料

填料的种类很多，大体可分为实体填料与网体填料两大类。实体填料包括环形填料（如拉西环、鲍尔环、阶梯环）、鞍形填料（如弧鞍、矩鞍）、栅板填料及波纹填料等。网体填料主要由金属丝网制成的各种填料（如鞍形网、θ 网、波纹网等）。填料的结构特性

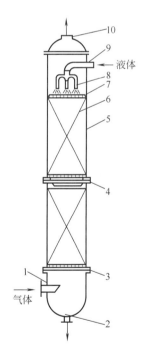

图 7-2　填料塔结构简图

1—气体入口；2—液体出口；3—支撑栅板；
4—液体再分布器；5—塔壳；6—填料；
7—填料压网；8—液体分布装置；
9—液体入口；10—气体出口

参数主要有公称直径、比表面积、孔隙率、堆积密度、干填料因子等。环形、矩鞍填料结构特性参数列于表 7-2 中。

表 7-2　环形、矩鞍填料结构特性参数（摘录）

类别和材质	公称直径 d_p/mm	高×厚($H \times \delta$)/mm	比表面积 σ /(m²/m³)	孔隙率 ε /(m³/m³)	个数 n /(个/m³)	堆积密度 ρ_p /(kg/m³)	干填料因子 (α/ε^2)/m⁻¹	填料因子 ϕ / m⁻¹
瓷拉西环	6.4	6.4×0.8	789	0.73	3110000	737	2030	2400
	8	8×1.5	570	0.64	1465000	600	2170	2500
	10	10×1.5	440	0.70	720000	700	1280	1500
	15	15×2	330	0.70	250000	690	960	1020
	16	16×2	305	0.73	192500	720	784	900
	25	25×2.5	190	0.78	49000	505	400	450
	40	40×4.5	126	0.75	12700	577	305	350
	50	50×4.5	93	0.81	6000	457	177	220
	80	80×9.5	76	0.68	1910	714	243	280
钢拉西环	6.4	6.4×0.3	789	0.73	3110000	2100	2030	2500
	8	8×0.3	630	0.91	1550000	750	1140	1580
	10	10×0.5	500	0.88	800000	690	740	1000
	15	15×0.5	350	0.92	248000	660	460	600
	25	25×0.8	220	0.92	55000	640	290	390
	35	35×1	150	0.93	19000	570	190	260
	50	50×1	110	0.95	7000	430	130	175
	76	76×1.6	68	0.95	1870	400	80	105
钢鲍尔环	16	16×0.46	341	0.93	20900	605	424	230
	25	25×0.6	207	0.94	49600	490	249	158
	38	38×0.76	128	0.95	13300	425	149	92
	50	50×0.9	102	0.96	6040	393	119	66
塑料鲍尔环	16	16×1.1	341	0.87	214000	118	518	318
	25	25×1	207	0.90	50100	89.7	284	171
	38	38×1	128	0.91	13600	77.5	170	105
	50	50×1.8	102	0.92	6360	73	131	82
瓷阶梯环	50	30×5	108.8	0.787	9091	516	223	—
	50	30×5	105.6	0.774	9300	483	278	—
	76	45×7	63.4	0.795	2517	420	126	—
钢阶梯环	25	12.5×0.6	220	0.93	97160	439	273.5	230
	38	19×0.6	154.3	0.94	31890	475.5	185.5	118
	50	25×1	109.2	0.95	11600	400	127.4	82
塑料阶梯环	25	12.5×1.4	228	0.90	81500	97.8	312.8	172
	38	19×1.0	132.5	0.91	27200	57.5	175.8	116
	50	25×1.5	114.2	0.927	10740	54.3	143.1	100
	76	37×3	90	0.929	3420	68.4	112.3	—
陶瓷矩鞍环	16	12×2.2	378	0.710	369896	686	1055	1000
	25	20×3.0	200	0.772	58230	544	433	300
	38	30×4	131	0.704	19680	502	252	270
	50	45×5	103	0.782	8710	470	216	122
	76	53×9	76.3	0.752	2400	537.7	179.4	—
塑料矩鞍环	16	12×0.69	461	0.806	365100	167	879	1000
	25	19×1.05	283	0.847	97680	133	473	320
	76	—	200	0.885	3700	104.4	289	96

为使填料塔发挥良好的效能，填料应符合以下几项要求：要有较大的比表面积、较高的空隙率、良好的润湿性能及有利于液体均匀分布的形状，单位体积的质量要轻，造价低廉，坚固耐用，不易堵塞，有足够的机械强度。另外还要求对于气液两相介质都有良好的化学稳

定性等。

填料选择主要是选择填料类型、尺寸和材质。填料的通过能力是指填料的极限通过能力（关系到液泛的空塔气速），各种填料的相对通过能力，可对比其液泛气速求得。根据实验数据，几种常用填料在相同压力降时，通过能力为：拉西环＜矩鞍环＜鲍尔环＜阶梯环＜鞍环。所选填料的直径要与塔径符合一定比例，若填料直径与塔径比过大，容易造成液体分布不良。一般来说，塔径与填料直径之比 D/d 有下限而没有上限。因此，计算所得的 D/d 值不能小于表 7-3 中的最小值，否则应改选较小的填料进行调整。对于一定的塔径，满足直径比下限的填料可能有几种尺寸，因此尚需按经济因素进行选择。填料的材质主要有陶瓷、塑料和不锈钢三种，材料的选择主要依据物系特性，如腐蚀性物料就不能选择钢质材料。

表 7-3 塔径与料径之比的最小值

填 料 种 类	$(D/d)_{min}$	填 料 种 类	$(D/d)_{min}$
拉西环	20～25	矩鞍环	8～10
金属鲍尔环	8		

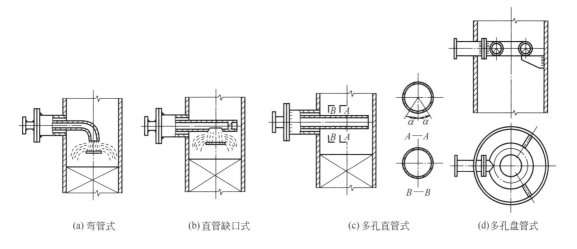

(a) 弯管式　　(b) 直管缺口式　　(c) 多孔直管式　　(d) 多孔盘管式

图 7-3 管式喷淋器

（2）液体分布装置

填料塔的正常操作要求在任一塔截面上保证气液的均匀分布。气速的均匀分布取决于液体的分布均匀程度。因此，液体在塔顶的初始均匀分布是保证填料塔达到预期分离效果的重要条件。液体均匀分布装置的结构型式很多，现将常用的几种介绍如下。

① 管式喷淋器　图 7-3 为管式喷淋器的示意图。前两种型式分布器分布的均匀性较差，适用于直径在 0.3m 以下的小塔，为避免液体直接冲击填料可在液体流口下方设一溅液板。后两种型式分布器均可在管子底部钻 2～4 排直径为 3～6mm 的小孔，并使孔的总面积大致与管截面积相等。多孔直管式用于直径为 0.6m 以下的塔，多孔盘管式用于直径 1.2m 以下的塔。

② 莲蓬头式喷淋器　图 7-4 为常用的莲蓬头式喷淋器。莲蓬头直径 D 通常取塔径的 $1/5$～$1/3$；球面半径为 $(0.5$～$1.0)D$；喷洒角 $\alpha < 80°$。喷洒外圈距塔壁 70～100mm，小孔直径为 3～10mm。莲蓬头式喷淋器一般用于直径小于 0.6m 的塔。

③ 盘式分布器　图 7-5 为盘式分布器示意图。液体从进口管加到分布盘上，盘上装有

筛孔或溢流管，使液体通过这些筛孔或溢流管分布在整个塔截面上。这种分布器适用于直径大于 0.8m 的塔。

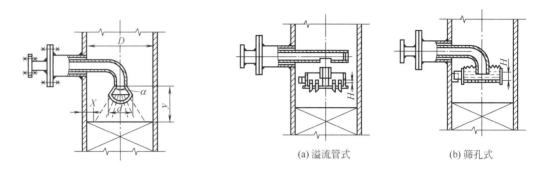

图 7-4　莲蓬头式喷淋器

(a) 溢流管式　　(b) 筛孔式

图 7-5　盘式分布器

（3）液体再分布器

填料层高度较高时，会出现壁流现象，壁流是因为塔壁的形状与填料形状的差异而导致流动阻力在壁面处小于中心处，液体会向壁面集中。任何程度的壁流都会降低吸收效率。液体再分布器是用来改善塔壁效应的，在每隔一定高度的填料层上设置一再分布器，将沿塔壁流下的液体导向填料层内。图 7-6 为常用的截锥式液体再分布器。图 7-6（a）的截锥内没有支撑板，能全部堆放填料，不占空间；图 7-6（b）设有支撑板，截锥下一段距离再堆放填料，可以分段卸出填料；图 7-6（c）为升气管式支撑板，适用较大直径的塔。

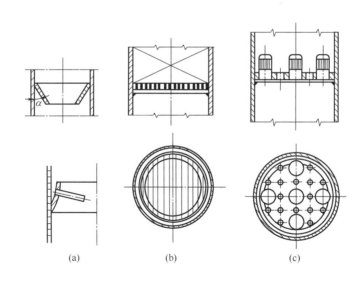

(a)　　　　　　(b)　　　　　　(c)

图 7-6　液体再分布器

设置液体再分布器的填料高度由经验确定。一般为了避免出现壁流现象，若填料层的总高度与塔径之比超过一定界限，则填料需要分段填装，各填料段之间加装液体再分布器。每个填料段的高度 Z_0 与塔径 D 之比 Z_0/D 的最大值列于表 7-4。对于直径在 400mm 以下的小塔，可取较大的值；对于大直径的塔，每个填料段的高度不应超过 6m，否则将严重影响填料的表面利用率。

表 7-4 填料段高度的最大值

填料种类	$(Z_0/D)_{max}$	Z_0/m	填料种类	$(Z_0/D)_{max}$	Z_0/m
拉西环	2.5～3	≤6	矩鞍环	5～8	≤6
金属鲍尔环	5～10	≤6			

（4）填料的支撑装置

填料支撑结构要有足够的强度、刚度和足够的自由截面，使支撑处不首先造成液泛。

1）栅板

栅板是填料塔中最常用的支撑装置。栅板结构如图 7-7 所示。

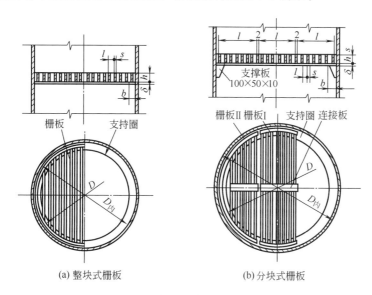

（a）整块式栅板   （b）分块式栅板

图 7-7 栅板结构

栅板设计从以下两点考虑：①栅板必须有足够的自由截面，具体应大于或等于填料层的自由截面；②根据截面大小，栅板可制成整块的或分块的。对直径小于或等于 500mm 的塔，采用整块式栅板，尺寸可在表 7-5 中选取。

表 7-5 的使用条件不符合时，可通过计算确定栅条尺寸，计算依据栅条的强度条件。

$$\sigma = \frac{HL^2 t \rho_s g}{(s-C)(h-C)^2} \leqslant [\sigma] \tag{7-2}$$

式中　σ——栅板承受应力，Pa；

　　　　H——填料高度，m；

　　　　L——栅条长度，m；

　　　　t——栅条间距，m；

　　$s，h$——栅条的宽和高，m；

　　　　C——腐蚀裕度，m；

　　　　ρ_s——填料密度，kg/m³；

　　　$[\sigma]$——许用应力，Pa。

当已知栅条材料、厚度 s 和腐蚀裕度 C 时，栅条高度 h 按下式计算。

$$h \geqslant \sqrt{\frac{HL^2 t \rho_s g}{(s-C)[\sigma]}} + C \tag{7-3}$$

表 7-5 栅板结构尺寸

(a)整块式栅板结构尺寸

塔径/mm	填料直径/mm	栅板尺寸/mm				支持圈/mm		
		D	h×s	栅条数	t	b	δ 碳钢	δ 不锈钢
400	15	380	30×6	20	18	30	6	4
	25			14	25			
450	25	430	30×6	16	25	30	6	4
500	25	480	30×6	18	25	40	6	4

(b)分块式栅板结构尺寸

塔径/mm	栅板分块数	填料直径/mm	栅板尺寸/mm			栅板Ⅰ/mm			栅板Ⅱ/mm			支持圈数量	支持圈/mm		
			D	h×s	t	l	栅条数	连接板长度	l	栅条数	连接板长度		b	δ 碳钢	δ 不锈钢
600	2	25	580	40×6	25				289	11			50	8	6
		50			45					6					
700	2	25	680	40×6	25				339	13			50	8	6
		50			45					7					
800		25	780	50×6	25				389	15			50	8	6
		50			45					8					
900		25	880	50×6	25	270	11	270	303	11	260		50	8	6
		50			45		6			6					
1000	3	25	980	50×8	28	388	14	388	294	10	250	6	50	10	8
		50			48		8			6					
1200		25	1180	60×10	30	388	13	388	388	12	330	6	60	10	8
		50			50		8			7					
1400		25	1380	60×10	30	299	10	299	388	12	330	8	60	10	8
	4	50			50		6			7					
1600		25	1580	60×10	30	388	13	388	388	12	330	8	60	10	8
		50			50		8			7					

2）气体喷射式支撑板

气体喷射式支撑板对气体和液体提供了不同的通道，既避免了液体在板上积累，又有利于气体的均匀再分配。气体喷射式支撑板有两种类型：钟罩型和梁型，钟罩型无论在强度还是空隙率方面均不如梁型优越。梁型气体喷射式支撑板可提供超过 100% 的自由截面，由于支承凹凸的几何形状，填料装入后仅有一小部分开孔被填料堵塞，从而保证了足够大的有效自由截面，此外，凹凸的形状还有助于提高支撑板的刚度和强度。

（5）填料层高度的计算

计算填料层高度的方法很多，但无论什么方法都涉及传质系数的确定，传质系数尽管已有多种关联式，但与实际出入仍较大，因此在设计中取实验数据比较准确。计算填料层高度常用以下两种方法。

1）传质单元法

$$填料层高度 Z = 传质单元高度 \times 传质单元数$$

2）等板高度法

$$填料层高度 Z = 等板高度 \times 理论板层数$$

具体的传质单元数、传质单元高度、等板高度和理论板层数可参阅相关手册。

（6）填料塔直径的计算

塔径取决于操作气速，操作气速可由填料塔的液泛速度来决定。液泛速度的影响因素很多，其中包括气体和液体的质量速度、气体和液体的密度、填料的比表面积以及空隙率等。因此，应首先确定泛点气速。目前，工程设计中较常用的是埃克特通用关联图法，此法所关联的参数较全面，可靠性较高，计算并不复杂。图 7-8 所示为埃克特通用关联图，此图适用于乱堆的拉西环、弧鞍形填料、鲍尔环等。图中还绘制了拉西环和弦栅填料两种整砌填料的泛点曲线。

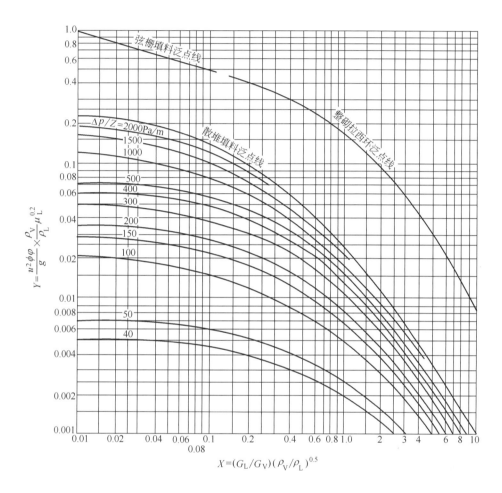

图 7-8　埃克特通用关联图

u—空塔气速，m/s；φ—填料因子，m^{-1}；ϕ—液体密度校正系数，等于水的密度与液体密度之比，即 $\phi = \rho / \rho_L$；G_V，G_L—分别为气相、液相的质量流量，kg/h；

ρ_V，ρ_L—分别为气体与液体的密度，kg/m^3；μ_L—液体的黏度，mPa·s

对常用填料，从泛点气速 u_f 计算实际操作气速及压降，可从下列经验数据选取与检验：拉西环填料 $u = 60\% \sim 80\% u_f$；弧鞍形填料 $u = 65\% \sim 80\% u_f$；矩鞍形填料 $u = 65\% \sim 85\% u_f$；花环形填料 $u = 75\% \sim 100\% u_f$。

塔径的计算公式为

$$D = \sqrt{\dfrac{V}{\dfrac{\pi}{4} u}} = \sqrt{\dfrac{4V}{\pi u}} \tag{7-4}$$

式中　V——气体的体积流量，m^3/s。

泛点气速是填料塔操作气速的上限。填料塔的适宜空塔气速必须小于泛点气速，一般空塔气速可取泛点气速的 $50\%\sim85\%$。选择较小的气速，压降和动力消耗小，操作弹性大，但塔径要大，设备投资高而生产能力低。低气速不利于气液充分接触，使分离效率低，若选用接近泛点的过高气速，则不仅压降大，而且操作不平稳，难于控制。所以，对于泛点率的选择需由具体情况决定。塔径算出后，应按压力容器公称直径标准进行圆整，重新计算泛点率。在算出塔径后，还应知道塔内的喷淋密度是否大于最小喷淋密度，若喷淋密度过小，可采用增大回流比或采用液体再循环等方法加大液体流量，或在许可的范围内减小塔径，或适当增加填料层高度予以补偿，必要时需考虑采用其他塔型。

填料塔的最小喷淋密度与填料的比表面积 σ 有关，其关系式为

$$U_{\min}=q_{\mathrm{w,min}}\sigma \tag{7-5}$$

式中　σ——填料的比表面积，m^2/m^3；

　　$U_{\min}$——最小喷淋密度，$m^3/(m^2\cdot h)$；

　　$q_{\mathrm{w,min}}$——最小润湿速度，$m^3/(m^2\cdot h)$。

由式（7-5）可以看出，填料的比表面积 σ 越大，所需最小喷淋密度的数值越大，对于直径不超过 75mm 的拉西环及其他填料，可取最小喷淋密度 $q_{\mathrm{w,min}}$ 为 $0.08m^3/(m^2\cdot h)$，对于直径大于 75mm 的环形填料，最小喷淋密度应取 $0.12m^3/(m^2\cdot h)$。此外，为保证填料润湿均匀，还应注意使塔径与填料尺寸之比在 8 以上。

[例 7-1]　某矿石焙烧炉送出气体冷却到 20℃ 后通入填料吸收塔中，用清水洗涤以除去其中的 SO_2，已知吸收塔塔内为常压，入塔的炉气气体流量为 $1000m^3/h$，炉气的平均分子量为 32.16kg/kmol，洗涤用水耗用量为 22.6t/h，吸收塔采用 $25mm\times25mm\times2.5mm$ 的陶瓷拉西环以散堆方式充填。若取空塔气速为泛点气速的 73%，试计算塔径，并核对液体的喷淋密度，并求单位高度填料层的压降。

解：① 求泛点气速 u_{f}

炉气的质量流量为　　　$G_{\mathrm{V}}=\dfrac{1000}{22.4}\times\dfrac{273}{273+20}\times32.16=1338$（kg/h）

炉气的密度为　　　　　$\rho_{\mathrm{V}}=\dfrac{1338}{1000}=1.338$（$kg/m^3$）

清水的密度　　　　　　$\rho_{\mathrm{L}}=1000$（kg/m^3）

则　　　　　$\dfrac{G_{\mathrm{L}}}{G_{\mathrm{V}}}\left(\dfrac{\rho_{\mathrm{V}}}{\rho_{\mathrm{L}}}\right)^{0.5}=\dfrac{22600}{1338}\left(\dfrac{1.338}{1000}\right)^{0.5}=0.618$

由散堆填料泛点线可查出，横坐标为 0.618 时的纵坐标值为 0.035，即

$$u_{\mathrm{f}}^2\frac{\varphi\phi\rho_{\mathrm{V}}\mu_{\mathrm{L}}^{0.2}}{g\rho_{\mathrm{L}}}=0.035$$

查表 7-2，得 $25mm\times25mm\times2.5mm$ 陶瓷拉西环（散堆）的填料因子 $\varphi=450\mathrm{m}^{-1}$，液相为清水，液体密度校正系数 $\phi=1$，水的黏度 $\mu_{\mathrm{L}}=1.005\mathrm{mPa\cdot s}$。泛点气速为

$$u_{\mathrm{f}}=\sqrt{\frac{0.035g\rho_{\mathrm{L}}}{\varphi\phi\rho_{\mathrm{V}}\mu_{\mathrm{L}}^{0.2}}}=\sqrt{\frac{0.035\times9.81\times1000}{450\times1\times1.338\times1.005^{0.2}}}=0.755\text{（m/s）}$$

取空塔气速为泛点气速的 73%，即

$$u = 0.73u_f = 0.73 \times 0.755 = 0.551 \text{（m/s）}$$

则

$$D = \sqrt{\frac{4 \times 1000/3600}{\pi \times 0.551}} = 0.80 \text{（m）}$$

依式（7-5）计算最小喷淋密度，因填料尺寸小于 75mm，故取 $q_{w,min} = 0.08m^3/(m^2 \cdot h)$，则

$$U_{min} = q_{w,min}\sigma = 0.08 \times 190 = 15.2 \left[m^3/(m^2 \cdot h) \right]$$

式中，$\sigma = 190m^2/m^3$，由表 7-2 查得。

操作条件下的喷淋密度为

$$U = \frac{22600}{1000} \bigg/ \left(\frac{\pi}{4} 0.8^2 \right) = 45 \left[m^3/(m^2 \cdot h) \right]$$

② 求单位填料层的压降

先计算填料塔操作点的坐标数值。

纵坐标：$u^2 \dfrac{\varphi \phi \rho_V \mu_L^{0.2}}{g\rho_L} = 0.73^2 \times 0.035 = 0.0187$

横坐标：$\dfrac{G_L}{G_V}\left(\dfrac{\rho_V}{\rho_L} \right)^{0.5} = 0.618$

在图 7-8 中依据两数值确定塔的操作点。此点位于 $30 \times 9.81\text{Pa/m} \sim 40 \times 9.81\text{Pa/m}$ 两条等压线之间，采用内插法可求单位填料层的压降约为 380Pa/m。

2. 板式塔

板式塔的基本结构（以泡罩塔为例）如图 7-9 所示。塔板上有若干自下而上通气用的短管，用圆形的罩盖上，罩的下沿开有小孔或齿缝。操作时液体进入塔顶的第一层板，沿板面从一侧流到另一侧，越过出口堰的上沿，落到

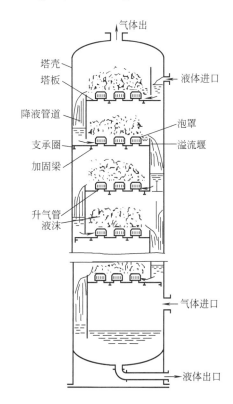

图 7-9　板式塔基本结构

降液管到达第二层板，如此逐板下流。溢流堰使板上液面维持一定的高度，足以将泡罩下沿的小孔淹没。气体从塔底通到最底一层板下方，经由板上的升气管逐板上升。由于板上的液层存在，气体通过每一层分散成很多气泡使液层成为泡沫层，从液面升起时又带出一些液沫，气泡和液沫的生成为两相接触提供了较大的界面面积，并造成一定的湍动，有利于传质速率的提高。

（1）泡罩塔

泡罩塔塔板上的主要部件是泡罩。泡罩呈钟形支在塔板上，下沿有长条形或椭圆形小孔，或做成齿缝状，均与板面保持一定的距离。罩内覆盖着一段很短的升气管，升气管的上口高于罩下沿的小孔或齿缝。塔板下方的气体经升气管进入罩内之后，折向下到达罩与管之间的环形空隙，然后从罩下沿的小孔或齿缝分散成气泡而进入板上的液层。

泡罩的直径通常为 80～150mm（随塔径的增大而增大），在板上按照正三角形排列，中

心距为罩直径的 1.25～1.5 倍。泡罩塔板上的升气管出口伸到板面以上，故上升气流即使暂时中断，板上液体也不会流尽，气体流量减少，对其操作的影响也小。泡罩塔可以在气、液负荷变化较大的范围内正常操作，并保持较高的板效率。

泡罩塔的结构比较复杂，造价高，阻力大，而气、液通过量和板效率比其他类型的塔低。

（2）浮阀塔

浮阀塔塔板上开有正三角形排列的阀孔。阀片为圆形（直径 48mm），下有三条带脚钩的垂直腿，插入阀孔（39mm）中，图 7-10 为浮阀的一种形式（标准 F-1 型）。

气速达到一定时，阀片被推起，但受脚钩的限制最高也不能脱离阀孔，气速减小则阀片落到板上，靠阀片底部三处突起物支撑住。仍与板间保持 1.5mm 的距离。塔板上开孔的数量按气体流量的大小而有所改变。

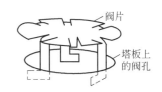

图 7-10　浮阀

浮阀的直径比泡罩小，在塔板上可以排列得更紧凑，可增大塔板的开孔面积，同时气体以水平方向通入液层，使带出的液沫减少，而气液接触时间却加长，故可增大气体流速而提高生产能力（比泡罩塔高 20%），板效率也有所增加，压力降却比泡罩塔小。浮阀塔的缺点是因为阀片活动，在使用过程中有可能松脱或被卡住，造成该阀孔处气液通过状况异常。

（3）筛板塔

筛板塔气液接触状况见图 7-11。

筛板塔盘上分为筛孔区、无孔区、溢流堰及降液管等几部分，塔孔孔径为 3～8mm，按正三角形排列，孔间距与孔径之比为 2.5～5。液体从上一层塔盘的降液管流下，横向流过塔盘，经降液管流入下一层塔盘，依靠溢流堰保持塔盘上的液层高度，气体自下而上穿过筛孔时，分散成气泡，在穿过板上液层时，进行气液间的传热和传质。

筛板塔塔盘分为溢流式和穿流式两类。溢流式塔盘有降液管，塔盘上的液层高度可通过改变溢流堰高度调节，故操作弹性较大，且能保证一定的效率。近年来，发展了大孔筛板（孔径达 20～25mm）、导向筛板等多种筛板塔。

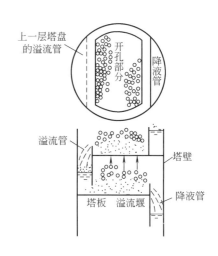

图 7-11　筛板塔气液接触状况

筛板塔的优点是结构简单，制作维修方便，塔板压降低，塔板效率高，有较好的操作弹性；缺点是小孔径筛板易堵塞，不宜处理杂质多、黏性大和带固体粒子的料液。

（4）板式塔的设计

各类板式塔的设计原则基本相同，所包括的计算内容亦大同小异，下面以筛板塔为例，说明板式塔的设计要领，在其他塔型的设计中，会遇到少数特有的具体问题，可参阅相关手册或专著解决。

气液流量与所需的板数是根据生产要求与吸收的原理确定的，设计时在此基础上进一步决定板上液流型式、板间距、塔径以及塔板上各部件的安排方式。首先按照不发生严重液沫夹带而避免导致液泛的要求，计算操作气速，根据气速来确定塔径；然后定出降液管以及堰的尺寸，要保证液体流量能得到满足；最后计算出压降、液面落差、漏液条件、降液管内的液面高以及液体的停留时间等水力学性能指标，以校核塔的操作条件是否处于适宜的范围之内。

1）板上液流型式

板上液体流动的安排方式，主要根据塔径与液气流量比（或液体流量）来确定。常用的型式有以下几种。

① 单流型　液体横向流过板面，落入降液管中，到达下层塔板。在下层塔板上沿反方向从一侧流到另一侧。其结构简单，制作方便，且横贯全板，有利于达到较高的板效率。

② 回流型　降液管和受液盘被安排在塔的一侧，一半作为受液盘，另一半作为降液管，且挡板沿直径将塔板分割成 U 形。来自上一层塔板的液体落到这一层的受液盘上，约绕一圈后，才沿降液管落到下一层板，因而所占板面面积小，流道长，液面落差亦大，适用于液气比和液体流量较低（11m³/h）的操作。

③ 双流型　液体在板上被分为两份，每一份流过半面塔板，若在同一层塔板上从两侧流到中央，落到下一层板上，便从中央分流到两侧。此种安排可使液体的通过量加大，而且液面落差较小，特别适用于液气比或液体流量大（100m³/h 以上）及塔径也大（2m 以上）的场合。

2）板间距

板间距与塔高有关，为了降低塔高，尤其是对安装在厂房内的塔，常希望板间距小，但板间距对液泛与液沫夹带有重要影响，若减小板间距则需降低气速才能避免液泛。于是需要增加塔径来补偿，故可以在其间找到一最适宜的板间距尺寸。根据经济权衡，得知板间距以 600mm 左右为宜，从检修方便考虑，板间亦需要一定距离以便安置手孔或人孔，直径 1.5m 以上的塔板间距应不小于 600mm，以便设置人孔。直径不足 1.5m 的塔，板间距可取 300mm 或 450mm。在设计中常用的板间距有以下几种，300mm、450mm、500mm、600mm、800mm。

3）塔径

塔径是根据气体的体积流量与气体的空塔流速来计算。体积流量取决于生产要求，气体速度则根据所计算的液泛气速再考虑能否保证操作正常稳定来确定。

液泛气速可按下式求得。

$$u_f = C \sqrt{\frac{\rho_L - \rho_G}{\rho_G}} \tag{7-6}$$

式中　C——气体负荷参数；

ρ_L——液体密度，kg/m³；

ρ_G——气体密度，kg/m³。

C 与塔板上的操作条件有关，需要通过液泛实验来确定。图 7-12 为求筛板塔 C 值所用的气液负荷曲线。

图中横坐标为 $\dfrac{V_L}{V_G} \sqrt{\dfrac{\rho_G}{\rho_L}}$，此时需要用到板间距 H_T。待塔径算出后验算所选板间距是否合理，若有必要则另选板间距再算。在纵坐标读出气体负荷参数 C_{20}，它仅适用于表面张力等于 20dyn/cm（1dyn＝10^{-5}N）的液体，对于表面张力不同者，用下式校正。

$$C = C_{20}\left(\frac{\sigma}{20}\right)^{0.2} \tag{7-7}$$

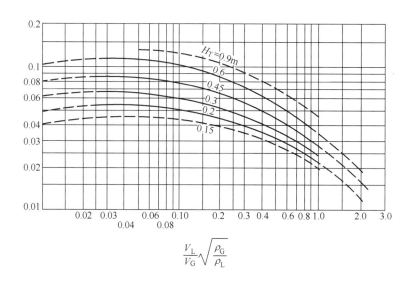

图 7-12　筛板塔气液负荷曲线

用上法求得 C 值后，由式（7-6）可计算出液泛速度 u_f，实际操作用的气速 u 应比 u_f 小，对于一半液体 u 可取为 $0.7\sim0.8u_f$，对于易起泡的液体 u 应取 $0.5\sim0.6u_f$。

注意：上式 σ 的单位为 dyn/cm，若用 N/m，则分母改为 0.02。

塔内因有降液管占去部分截面，故有效截面积 A_n 比实际截面积小，$A_n=A-A_d$，A_d 为降液管面积，约占塔截面积的 10%，气体体积流量除以操作气速即得塔的有效截面积，要折算成塔的实际截面积，然后再求其直径（D），再根据压力容器公称直径来圆整。塔径算出后，应校验液沫夹带量是否超过规定值，若超出时，则应该加大塔径或加大板间距，以做调整。

4）板面布置

筛板上降液管、筛孔、堰等的安排细节从略。表 7-6 中列出一些部件尺寸范围的推荐数据，可供参考。

表 7-6　筛板塔尺寸数据推荐范围

项　目	单流程	双流程	项　目	单流程	双流程
塔径 D/m	0.3～2.5	2～4	堰（在两侧）长/塔径 l_{w1}/D	0.68～0.76	0.55～0.63
孔径 d_0/mm	3～8	3～8	堰（在中央）长/塔径 l_{w2}/D	—	0.97
孔中心距/孔径	2.5～4	2.5～4	降液管截面积/塔截面积 A_d/A	0.08～0.12	0.08～0.12
板厚 t_p/mm	3～4（碳钢）	3～4（碳钢）	孔总面积/塔截面积 A_0/A	0.12～0.6	0.12～0.6
	2～2.5（合金）	2～2.5（合金）	塔净截面积/塔截面积 A_n/A	0.88～0.92	0.88～0.92
堰高 h_m/mm	25～75	25～75	塔工作面积/塔截面积 A_s/A	0.76～0.84	0.76～0.84

设计时规定出面积比 A_d/A 后可利用图 7-13 上的曲线查出 l_w/D 与 W_d/D，从而算出弓形降液管截面的长度 l_w 与宽度 W_d。

5）校验项目

计算结果须对照规定的水力学性能要求（见表 7-7）进行核验，若不能满足，则对已算出的尺寸进行调整，直至合乎要求为止。

表 7-7 筛板塔水力学性能要求

项 目	要 求	项 目	要 求
液泛分率	不超过 0.85（易气泡的物系不超过 0.6）	降液管内泡沫层高 H'_d	小于堰高与板距之和
液沫夹带分率 ϕ	不超过 0.15	降液管内液体停留时间	不少于 3s（易气泡的物系不少于 5s）
液面落差与干板压降之比 Δ / h_0	小于 0.5	堰液头 h_{ow}	大于 6mm
操作气速与漏液气速之比 u_0 / u'_0	小于 1.5		

① 修正数值 修正气速数值及液泛分率数值

$$u = \frac{V_G}{A_n} \qquad 液泛分率 = \frac{u}{u_f}$$

② 液沫夹带 液沫夹带分率 ϕ 表示每层塔板液沫夹带的量占进入该层塔板的液体流量中的一个分数，液沫夹带会使板效率下降。为了防止液沫夹带而采用低气速，板效率会大大降低，生产中将液沫夹带限制在一定范围内。正常操作时液沫夹带分率最高为 0.15，一般不宜超过 0.10，根据液泛分率及 $(V_L / V_G)(\rho_G / \rho_L)^{0.5}$ 的数值在图 7-14 中读出 ϕ 值。

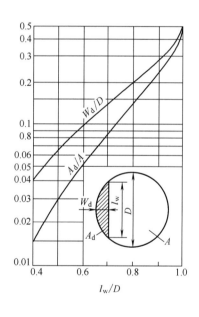

图 7-13 弓形降液管截面的尺寸参数比较

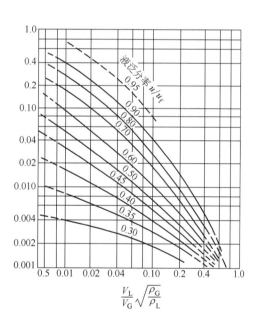

图 7-14 筛板塔液沫夹带分率关联图

③ 气体通过塔板的压降 气体通过一层塔板的总压降为

$$\Delta h_f = h_0 + h_e \tag{7-8}$$

式中 h_e——气体通过泡沫层的压降；

h_0——气体通过筛板的压降。

h_0 由气体通过筛孔时扩大或收缩所引起，可采用流体通过孔板流动的公式表示。

$$h_0 = \frac{1}{2g} \left(\frac{u_0}{C_0} \right)^{0.2} \frac{\rho_G}{\rho_L} \qquad (7\text{-}9)$$

式中　ρ_G，ρ_L——气体与液体的密度，kg/m^3；

　　　u_0——气体通过筛孔的速度，m/s；

　　　C_0——孔流系数，其值可根据 d_0/t_p（孔径与板厚之比）从图 7-15 中读出。

此压降由气体通过泡沫层时需要克服泡沫层的静压力所引起，其表达式如下。

$$h_e = \beta(h_w + h_{ow}) \qquad (7\text{-}10)$$

式中　β——泡沫层的充气系数；

　　　h_w——堰高，m；

　　　h_{ow}——超过堰顶上的液头高度，m。

如堰顶是平的，可用下式计算 h_{ow}。

$$h_{ow} = 0.0028 F_w \left(\frac{V'_L}{l_w} \right)^{2/3} \qquad (7\text{-}11)$$

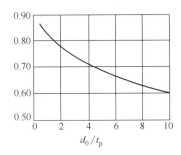

图 7-15　筛板塔的孔流系数

式中　V'_L——液体的体积流量，m^3/h；

　　　l_w——堰长，m；

　　　F_w——对弓形堰的校正系数。

F_w 可在图 7-16 中查得，若为圆形堰，则 $F_w = 10$。泡沫层的充气系数 β 可以根据气体动能因子 $F = u_a \rho_G^{0.5}$，在图 7-17 中读出。图的横坐标中 u_a 为按工作面计算的气体流速（气体体积流量除以工作面面积所得的商），以 m/s 计；ρ_G 为气体密度，以 kg/m^3 计。

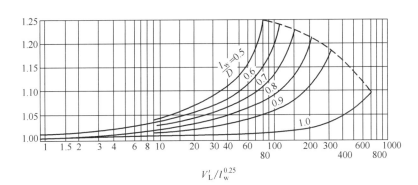

图 7-16　弓形堰的校正系数

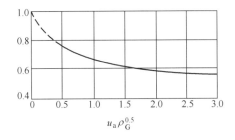

图 7-17　筛板上的充气系数

第二节　催化反应器

一、废气催化净化机理

1. 催化剂

工业催化剂是多种物质组成的复杂体系，按其存在状态可分为气态、液态和固态三类。固体催化剂应用最广泛，通常由主活性物质、助催化剂和载体组成，有的还加入成型剂和造孔物质，以制成所需的形状和孔结构。净化气态污染物常用的催化剂见表 7-8。

表 7-8　净化气态污染物常用的催化剂

主要活性物质	载　　体	用　　途
V_2O_5 含量 6%～12%	SiO_2（助催化剂 K_2O 或 Na_2O）	有色冶炼、烟气制酸、硫酸厂尾气回收制酸等
Pt、Pd 含量 0.5%	Al_2O_3-SiO_2	硝酸生产及化工等工业尾气
$CuCrO_2$	Al_2O_3-MgO	
Pt、Pd、Rh	Ni、NiO、Al_2O_3	烃类化合物的净化
CuO、Cr_2O_3、Mn_2O_3、稀土金属氧化物	Al_2O_3	
Pt 含量 0.1%	硅铝小球、陶瓷蜂窝	汽车尾气净化
碱土、稀土和过渡金属氧化物	α-Al_2O_3、γ-Al_2O_3	

催化剂的性能主要有活性、选择性和稳定性。它们共同决定了催化剂在工业装置中的使用期限。影响催化剂寿命的因素有催化剂老化和催化剂中毒两个方面，因此在选择和使用催化剂时要特别注意避免催化剂的老化和中毒。

2. 催化净化机理

（1）催化剂作用的化学本质

一个化学反应 A＋B ——→ AB，当受催化剂 K 的作用时，至少有一个催化剂参与的中间反应发生，可表示为：A＋K ——→ AK，AK＋B ——→ AB＋K，最终仍得到反应产物 AB，催化剂 K 则恢复到初始的化学状态。催化剂诱发了原反应所没有的中间反应，使化学反应沿着新的途径进行。催化剂加速化学反应速率是通过降低活化能而实现的。

（2）多相催化反应的物理化学过程

一般认为，多相催化反应包括以下 6 个步骤：①反应物分子从气流中通过层流边界层向催化剂表面扩散；②反应物分子从催化剂外表面通过微孔向催化剂内部扩散；③反应物分子被催化剂表面化学吸附；④反应物分子在催化剂表面上发生化学反应；⑤反应产物脱吸离开催化剂表面；⑥反应产物从催化剂内部向外表面和主气流扩散。

二、气-固相催化反应器的结构类型及选择

工业上常见的气-固相催化反应器分固定床和移动床两大类，而以颗粒状固定床的应用最为广泛。固定床的优点是催化剂不易磨损而可长期使用，又因为它的流动模型最接近理想活塞流，停留的时间可以严格控制，能可靠地预测反应进行的情况，容易从设计上保证高的转化率。另外，反应气体与催化剂接触紧密，没有返混，从而有利于提高反应速率和减少催化剂装置。固定床的主要缺点是床分布不均匀。由于催化剂颗粒静止不动，颗粒本身又是导热性差的多孔物体，活塞流的流动又限制了流体径向换热的能力，而化学反应总伴随着一定

的热效应，这些因素加在一起，使固定床的传热温度控制问题成为其应用技术的关键。各种床型的反应器都是为解决这一问题而设计的。

1. 固定床催化反应器的类型

（1）单层绝热反应器

单层绝热反应器的结构如图 7-18 所示。反应器内只装一层催化床即可达到指定的转化率。反应体系除了通过器壁的散热外，不与外界进行热交换。因而结构最简单、造价最便宜，结构对气流的阻力也最小，但催化床内温度分布不均，在放热反应中，容易造成反应热的积累，使床层升温。因此，单层绝热床反应器通常用在化学反应热效应小或反应物浓度低等反应热不大的场合。在净化气态污染物的催化工程中，由于污染物浓度低而风量大，温度已降为次要因素，而多从气流分布的均匀性和床层阻力两个方面来权衡选择床层的截面积和高度。

（2）多段绝热反应器

将多个单层绝热床串联起来，在相邻的两个床之间引出（或加入）热量就是多段绝热反应器。多段绝热反应器与单层绝热反应器的本质区别在于它能有效控制反应的温度。

段间的热交换有直接换热和间接换热。间接换热就是通过设在段间的热交换器将热量从反应过程中及时移出（或加入），如图 7-19（a）所示。这种换热方式适用性广，能够回收反应热，对催化反应没有影响，但设备复杂，费用高。直接换热方式则在段间通入冷气流，直接与前一段反应后的热气流混合而降温，如图 7-19（b）所示。这种换热方式流程与操作复杂，催化剂的用量增加。它适用于需要移出反应热不大，而采用换热器间接换热代价太大的场合。

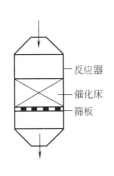

图 7-18　单层绝热反应器的结构

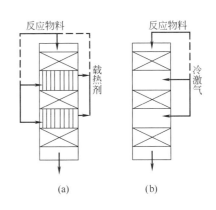

图 7-19　多段绝热反应器结构

（3）列管式反应器

列管式反应器如图 7-20 所示。反应器能适应对催化床的温度分布有较高要求或对反应热特别大的催化反应。管式反应器通常在管内装催化剂，而在管外装载热体。载热体可以是水或其他介质，在放热反应中也常用原料气载热体以降低温度，同时预热原料气。管式反应器的轴向温差通过调节载热体的流量来控制，径向温差通过选择管径来控制。管径越小，径向温度分布越均匀，但设备费用和阻力也就越大。一般管径在 20～30mm 以上，最小不小于 15mm。为使气流分布均匀，每根管子的阻力特性必须相同，且有一定长度，以减小进口气流不均匀的影响。

（4）其他反应器

除了以上三种结构类型外，固定床反应器还有径向反应器和薄层床反应器等。径向反应器如图 7-21 所示，把催化剂装在两个半径不同的同心圆多孔板之间，反应气流径向通过催化床，因而它的气体流通截面大、压降小，而这正是气态污染物净化所要求的。

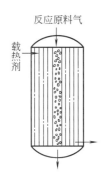

图 7-20　列管式反应器

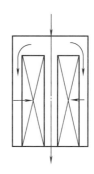

图 7-21　径向反应器

对反应速率极快而所需接触时间很短的催化反应，可采用薄层床反应器，薄层床是一种温度分布最均匀的绝热式固定床，而当所用催化剂价格昂贵时，则具有明显的经济意义。

上述各类反应器一般都离不开辅助设备——预热器。预热器专门用来预热反应气体，通常也通过预热气体来预热催化床（管式反应器的情况不完全如此）。预热器可以设在反应器外部，也可设在反应器的内部，其热源一般是电能、可燃气和蒸汽。在放热反应中，当反应器正常运转之后，则可以通过预热器利用反应热部分或全部代替外部能源。

2. 催化反应器类型的选择

催化反应器的设计，在上述各种类型的基础上可以灵活多变。工程设计中有时会遇到几种可行的方案，必须根据实际情况做出选择。一般选择原则为：①根据催化反应热的大小，反应对温度的敏感程度及催化剂活性温度范围，选择反应器的结构类型，将床温分布控制在一个许可的范围内；②反应的阻力降要小，这对气态污染物的净化尤为重要；③反应器操作容易，安全可靠，并力求结构简单，投资少，运行与维修费用低。

由于污染气体风量大、污染物含量低，因而催化反应热效应小。若要使污染物达到排放标准，就必须有较高的催化反应转化率。因此，选用单层绝热器，对实现气态污染物的催化转化有着绝对的优势。国内的氮氧化物转化、有机蒸气催化燃烧和汽车尾气净化，无一例外地都采用了单层绝热反应技术。

三、气-固相催化反应器的设计计算

1. 气-固相催化反应器的设计基础

反应器的作用主要是提供与维持发生化学反应所需要的条件，并保证反应进行到指定程度所需的反应时间。因此，气-固相催化反应器的设计，就是在选择条件的基础上确定催化剂的合理装量，并为实现所选择的反应条件提供技术手段。

（1）停留时间

反应物通过催化床的时间称为停留时间。停留时间决定物料在催化剂表面化学反应的转化率，而其自身又由催化床的空间体积、物料的体积流量和流动方式所决定。因此，停留时间是反应器设计的一个非常重要的参数，它和反应速率共同决定了反应器的催化剂装量。

（2）反应器的流动模型

在工业反应器分类中，气-固相催化反应器属于连续式（连续进、出料）反应器。连续式反应器有两种理论流动模型，即活塞流反应器和理想混合流反应器。在活塞流反应器内，物料以相同的流速沿流动方向流动，而且没有混合和扩散，它们就像活塞那样做整体运动，因而通过反应器的时间完全相同。而在理想混合反应器中，物料在进入的瞬间即均匀地分散在整个反应空间，反应器出口的物料浓度与反应器内完全相同。反应器内的实际物料流动模型总是介于上述两种理论流动模型之间。物料在反应器内流动截面上每一点的流动状态是各不相同的，各物料质点的停留时间也不同。具有某一停留时间的物料在物料总量中占有一定的分率，对一种确定的流动状态，不同停留时间的物料在总量中所占的百分率有一个相应的统计分布。显然，这种物料停留时间分布函数和反应动力学方程一样，也是反应器理论设计计算的基础。

在连续流动状态下，不同停留时间的物料在各个流动截面上难免要发生混合，这种现象称为返混。返混会使反应物浓度降低，反应产物浓度升高，从而降低了过程的推动力，而降低了转化率。通常设计上要增大催化剂的装量以弥补返混的消极影响。

工程上对某些反应器做近似处理，如把连续釜式反应器简化为理想混合反应器，而把径高比大的固定床简化为活塞流反应器。对薄层床以外的其他固定床，包括加装惰性填料层的薄层床，由于气流在催化剂的孔隙或颗粒间隙内流动，把它们简化为活塞流反应器仍有满意效果。固定床的停留时间可按下式求取。

$$t = \frac{\varepsilon V_R}{Q} \tag{7-12}$$

式中　V_R——催化剂体积，m^3；

　　　Q——反应气体实际体积流量，m^3/h；

　　　ε——催化床空隙率，m^3/m^3。

由于Q通常是一个变量，式（7-12）的计算很不方便，工程上常用空间速度计算停留时间。

（3）空间速度

空间速度是指单位时间内通过单位体积催化床的反应物料体积，记为W_{sp}。

$$W_{sp} = \frac{Q_N}{V_R} \tag{7-13}$$

式中　Q_N——标准状态下的反应气体体积流量，m^3/h。

Q_N有时也可用进口状态下反应气体体积流量表示。显然，空间速度越大，停留时间越短。基于这种关系，把空间速度的倒数称为反应物与催化剂的接触时间，记为

$$\tau' = \frac{1}{W_{sp}} = \frac{V_R}{Q_N} \tag{7-14}$$

用接触时间来表征停留时间，两者虽然并不对等，但有其实用性。工程上甚至实验室，习惯于采用"空间速度-转化率"的方式来处理问题。

2. 气-固相催化反应器设计计算

（1）一般方法

气-固相催化反应器的设计有两种计算方法，一种是经验计算法，另一种是数学模型法。

经验计算法将整个催化床作为一个整体，利用生产上的经验参数设计新的反应器，或通过中间试验测得最佳工艺条件参数（如反应温度和空间速度等）和最佳操作参数（如空床气速的许可压降等），在此基础上求出相应条件下的催化剂体积和反应床截面及高度。经验计算要求设计条件符合所借鉴的原生产工艺条件或中间试验条件。在反应物浓度、反应温度、空间速度以及催化床上的温度分布和气流分布等方面，尽量保持一致。因此不宜高倍放大，并要求中间试验有足够的试生产规模，否则将导致大的误差。数学模型法是借助反应的动力学方程、物料流动方程及物料衡算方程，通过对它们的联立求解，求出指定条件下达到规定转化率所需要的催化剂体积。而这些基本方程的建立，一般要通过对反应的物理和化学过程做必要的简化，最后通过实验测定来完成。实际上数学模型法是建立在对化学反应做深入的实验研究基础之上的。尽管固定床催化反应器很接近理想活塞流反应器，它的数学模型计算得到相对简化，但要建立可靠的动力学方程，获得准确的化学反应基本数据（如反应热）和传递过程数据，一般仍离不开实验测定研究工作。因此，数学模型法的实际应用受到限制，而以实验模拟作基础的经验计算法反而显得简便可靠，因而得到了普遍应用。

（2）催化装置的经验计算

经验法计算催化剂用量的计算过程很简便，因为事先已有生产经验数据或中间试验结果，已掌握所选用的催化剂在一定反应条件参数范围内达到规定转化率的空间速度，设计流量 Q 下的催化剂装量为

$$V_R = \frac{Q}{W_{sp}} \tag{7-15}$$

当然，各种反应条件的设计参数必须与该空间速度所对应的全套反应条件参数相一致。

（3）固定床催化剂装量的数学模型计算

催化剂装量的数学模型计算，可分等温分布和轴向温度分布两种计算类型。

绝热式固定床通常忽略与外界的传热（设计上要有相应的保温措施），而认为径向温度分布是均匀的。对反应热效应小的化学反应，如低浓度气态污染物的催化转化，因其反应热小，一般又采用预热进口气体的方式来提供和维持催化床的反应温度，其轴向温差也可忽略不计，这样的绝热固定床可认为是一种等温反应器。因此，只要对流动体系的速度方程积分，即可得到化学动力学为控制步骤时的催化剂装量。

$$dW_R = N_{A0} \frac{dx_A}{v_A} \tag{7-16}$$

式中　W_R——催化剂装量，mol；

　　N_{A0}——反应物 A 的初始流量，mol/h；

　　x_A——反应物 A 的转化率，%；

　　v_A——反应物的反应速率，$mol/(m^3 \cdot h)$。

对式（7-16）两边积分，得

$$W_R = N_{A0} \int_0^x \frac{dx_A}{v_A} \tag{7-17}$$

对等温床，v_A 仅仅是转化率 x 的函数。如对单分子反应，有

$$v_A = k_A C_A^n = k_A Q^{-n} [N_{A0}(1-x)]^n \tag{7-18}$$

式中　k_A——反应速率常数；

　　Q——气体的体积流量，m^3/h，对恒分子反应，Q 是常数。

就一般情况而言，Q 是变化的，并按理想气体处理，有

$$Q = \frac{RT}{p} \sum n_i \qquad (7\text{-}19)$$

式中　R——理想气体的气体常数，8.314J/(mol·K)；

　　　T——绝对温度，K；

　　　P——气体压力，Pa；

　　$\sum n_i$——反应体系中各种气体（包括反应产物）分子的总的物质的量。

在指定的化学反应中，它与转化率有确定的线性关系。代入相应的动力学方程，即可求得催化剂的装量。

对工业反应器，由于要求有高的转化率，它的温度分布一般有较明显的轴向温差。这时需要借助于热量衡算式，求出转化率与温度的关系，才能求得催化剂的用量。

考虑微元反应体积 dV，设反应物通过微元的转化率为 dx_A，微元内的反应热 Q_r 即为

$$Q_r = r_A dV(-\Delta H_r) = N_{A0} dx_A(-\Delta H_r) \qquad (7\text{-}20)$$

式中　r_A——反应物 A 的转化量，mol/(m^3·h)；

　　ΔH_r——反应热效应，kJ/mol。

反应热的释放，使反应气流通过微元后的温度变化了 dT，当反应体系温度平衡时，有

$$N_{A0}(-\Delta H_r)dx_A = N_0 \overline{C_p} dT \qquad (7\text{-}21)$$

式中　N_0——总的分子流量，mol/h；

　　$\overline{C_p}$——混合气体的平均恒压比热，kJ/(mol·K)。

设过程的转化率从 x_0 变化到 x，体系的温度相应地从 T_0 变到 T，对式（7-21）两边积分，对总分子数不变的反应体系，可得

$$T - T_0 = \frac{N_{A0}}{N_0 \overline{C_p}}(-\Delta H_r)(x - x_0) = \frac{y_{A0}}{\overline{C_p}}(-\Delta H_r)(x - x_0)$$

式中　y_{A0}——物料 A 的初始摩尔分数。

对物质总量变化的反应体系，要根据指定的化学反应求出 N_0 和转化率的关系，再代入式（7-21）进行积分，从而求出温度 T 与转化率的关系。将两者的函数关系代入下面的积分式

$$V_R = N_{A0} \int_0^x \frac{dx}{r_A}$$

并将对转化率的积分变为对温度 T 的积分，从而求出催化剂床层的体积。上面所介绍的催化剂用量的数学模型计算只适用于活塞流反应器。因为关系式

$$N_A = N_{A0}(1-x)$$

只有在活塞流反应器中才成立。另外对于受内外扩散控制的过程，催化剂用量的计算应在前面计算的基础上再除以一个效率因数，即

$$V_R = \frac{N_{A0}}{\eta} \int_0^x \frac{dx}{r_A} \qquad (7\text{-}22)$$

对内扩散控制过程，η 即为内扩散效率。对外扩散控制过程，有

$$\eta = \frac{1}{1 + k_A/K_G S_e \varphi_a} \qquad (7\text{-}23)$$

式中　K_G——扩散系数，m/h；

　　　S_e——单位体积催化剂的外表面积，m^2/m^3；

φ_a——催化剂有效表面系数，球形颗粒 $\varphi_a = 1$，无定型颗粒 $\varphi_a = 0.9$；

k_A——反应速率常数。

（4）固定床的阻力计算

各种颗粒层固定床，如颗粒层过滤器、吸附器和催化反应器中的固定床，都有着相同的阻力计算式。但由于催化床内的流动参数是沿床层变化的，故需根据实际变化的程度，采用不同的计算方法来修正。

气流通过颗粒层固定床的流动阻力，可用欧根（Ergun）的等温流动阻力公式估算。

$$\Delta p = f \frac{H}{d_s} \times \frac{\rho v^2 (1-\varepsilon)}{\varepsilon^3} \tag{7-24}$$

其中摩擦阻力系数为

$$f = 150/Re + 1.75 \tag{7-25}$$

而雷诺数为

$$Re = \frac{d_s v \rho}{\mu(1-\varepsilon)} \tag{7-26}$$

式中　Δp——床层阻力，Pa；

　　　H——床高，m；

　　　v——空床速度，m/s；

　　　ρ——气体密度，kg/m³；

　　　μ——气体黏度，Pa·s；

　　　d_s——颗粒的平均直径，m；

　　　ε——床层的空隙率，%。

实际上催化床沿流动方向具有较大温差，气体的流量随化学反应和温度的变化而变化。因此，其阻力计算应根据流量和温度变化的程度，将整个床层分为若干段，每段都视为等温等流量，按式（7-24）求出各段的阻力，而后累加得到整个床层的阻力。对气态污染物净化而言，因其浓度低，化学反应引起的流量变化不大，一般只考虑温度影响即可，甚至整个床层都可作等温处理。

式（7-24）表明固定床的阻力与床高和空塔速度的平方成正比，即与床层截面积三次方成反比；与颗粒的粒径成反比，与孔隙率的三次方成反比。可见孔隙率对床层阻力影响最大。而其本身主要又由颗粒的大小和形状所决定，因此催化剂的颗粒度与固定床的截面积无疑是影响床层阻力的关键因素。

（5）固定床催化反应器设计的注意事项

固定床催化反应器的设计应考虑并解决下列技术问题。

① 催化剂装填时自由落下的高度应小于 0.6m，强度高的也不得超过 1m；床层装填一定要均匀；床层厚度一定不能超过其抗压强度所能承受的范围。尤其对下流式操作，底层颗粒所受的总压力一定要小于其抗压强度，对上流式操作还应注意避免启动或非正常操作对床层的冲起和掉落。

② 物料在进入催化床之前要混合均匀，如对 NO_x 催化还原要设置混合器，使 NO_x 和还原气体 NH_3 等混合均匀，否则将降低反应速率和物料的利用率，对易燃易爆的组分还会埋下事故隐患。

③ 反应床气流分布要均匀，为消除进口侧阀门、弯头和直径变化所引起的气流扰动，

在反应器的进口至少应有十倍于管径的直管段；或用惰性填料层、组合丝网、多孔板和导流叶片等气流分布器。出口的位置离床层不能过近，以避免气流通过床层时留下死角。

④ 反应器的材料选择与设计要按有关规范进行；对腐蚀性气体在采用涂层或内衬结构时，设计上要解决好涂层或内衬的修补和更换问题。

⑤ 提供可靠的催化剂活化条件和再生条件。有的催化剂装填后要用氢气或水蒸气在特定的温度下进行活化。催化剂因表面结焦或暂时性中毒也要用水蒸气或空气在一定的温度下进行再生，使结焦汽化，并利用水蒸气与催化剂表面的强亲和力将毒物驱除。最后经加热干燥使活化表面复活。对金属催化剂，在用空气清除覆盖物后应通入氢气进行还原与活化。

⑥ 对正常运行条件下催化剂的逐渐失活，设计上要考虑补偿，或提供适当高度的保护层，或适当提高温度。但要注意避免过量的催化剂催化较慢的副反应而使选择性明显下降。

除此之外，对污染气体还要根据它的实际组成考虑与选择必要的预净化手段，以避免过多的外来物黏聚在催化剂表面。当待净化的气体含催化剂毒物，而且其含量超过催化剂的允许范围时，则必须先予以净化去除，才能保证催化净化过程获得好的效果。

第三节　光催化反应器

以太阳能化学转化和储存为主要背景的半导体光催化特性研究始于 1971 年，1972 年 Fujishima 和 Honda 发现受光辐射的 TiO_2 微粒可使水持续发生氧化还原反应产生氢气。经过 30 多年的研究，光催化作为一种高级氧化技术，在环境领域中占据了重要地位。光催化氧化可在室温下将水、空气和土壤中有机污染物完全氧化成无毒无害的产物。

理论上讲，只要半导体吸收的光能不小于其带隙能，就足以激发产生电子和空穴，该半导体就有可能用作光催化剂。常见的单一化合物光催化剂多为金属氧化物或硫化物，如 TiO_2、ZnO、ZnS、CdS 及 PbS 等，这些催化剂对特定反应各有优点，可根据实际需要选用，如 CdS 半导体带隙能较小，与太阳光谱中的近紫外光段有较好的匹配性能，可充分利用自然光能，但其易发生光腐蚀，使用寿命有限。相对而言，TiO_2 具有抗化学和光腐蚀、性质稳定、无毒、催化活性高、价廉等优点，因而受到人们的重视，具有广阔的光催化应用前景。

一、 TiO_2 光催化净化机理

半导体粒子具有能带结构，一般由填满电子的低能价带（vallance band，VB）和空的高能导带（conduction band，CB）构成，价带和导带之间存在禁带。当用能量等于或大于禁带宽度（也称带隙，E_v）的光照射半导体时，价带上的电子（e^-）被激发跃迁到导带，在价带上产生空穴（h^+），并在电场作用下分离迁移到粒子表面。光生空穴因极强的

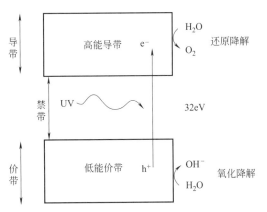

图 7-22　光催化空气净化作用机理示意

得电子能力而具有很强的氧化能力，将其表面吸附的 OH^- 和 H_2O 分子氧化成 $\cdot OH$ 自由基，而 $\cdot OH$ 几乎无选择地将有机物氧化，并最终降解为 CO_2 和 H_2O。也有部分有机物与 h^+ 直接反应，而迁移到表面的 e^- 则具有很强的还原能力。整个光催化反应中，$\cdot OH$ 起着

决定性作用。半导体内产生的电子-空穴对存在分离/被俘获与复合的竞争，电子与空穴复合的概率越小，光催化活性越高（见图 7-22）。

光催化净化机理可用以下公式说明：

$$TiO_2 + h_\nu \longrightarrow e^- + h^+$$
$$h^+ + OH^- \longrightarrow \cdot OH$$
$$O_2 + e^- \longrightarrow \cdot O_2^-$$
$$\cdot O_2^- + H^+ \longrightarrow HO_2 \cdot$$
$$2HO_2 \cdot \longrightarrow O_2 + H_2O_2$$

半导体粒子尺寸越小，电子与空穴迁移到表面的时间越短，复合的概率越小；同时粒子尺寸越小，比表面越大，越有利于反应物的吸附，从而反应的概率越大。故目前光催化反应研究绝大部分集中在粒子尺寸极小的纳米级（10～100nm）半导体，甚至量子级（1～10nm）半导体，成为纳米材料应用的一个重要方面。

二、光催化反应器

光催化反应器是光催化过程的核心设备，用于气固相光催化氧化过程的反应器需在高体积流量下操作，同时还要保证反应物、催化剂与入射光能充分接触。目前常见的光化学反应器有流化床光催化反应器（见图 7-23）和固定床光催化反应器（见图 7-24）。

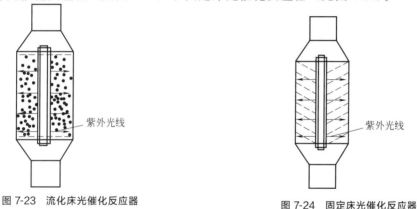

图 7-23　流化床光催化反应器　　　　　图 7-24　固定床光催化反应器

光催化反应器还可设计成图 7-25 所示的各种型式。近年来又出现了许多新型的光催化反应器。

1. 光纤为载体的光催化反应器

光纤为载体的光催化反应器见图 7-26。在一般以光纤为载体的光催化反应器中，是将光纤的下端保护层剥去，在其上涂覆光催化剂，并将其置于反应器筒体内。该光催化反应器中每根光纤的一部分是传光区，而另一部分是工作区。光纤越细，在传光区传光效率就越高，然而也使得工作区光的轴向传播距离变短，导致光催化面积变小，制约了对污染物降解的能力；光纤粗，则填充率低，光传输效率低。另外，由于缺乏包层保护，弯曲强度低，抗脆断能力差。

在该光催化反应器中，传光器件通过光纤耦合器与配光器件连接，这就使传光器件与配光器件中的光纤既可以采用相同的光纤，也可以采用不同类别或不同直径的光纤，从而扩大了光纤的选择范围，使用中可根据传光和光催化的不同要求优化配置，以达到最佳传光效果。

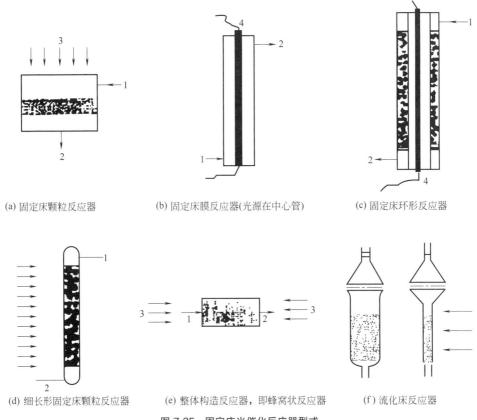

(a) 固定床颗粒反应器　　(b) 固定床膜反应器(光源在中心管)　　(c) 固定床环形反应器

(d) 细长形固定床颗粒反应器　　(e) 整体构造反应器，即蜂窝状反应器　　(f) 流化床反应器

图 7-25　固定床光催化反应器型式

1—入口；2—出口；3—紫外光；4—紫外灯管

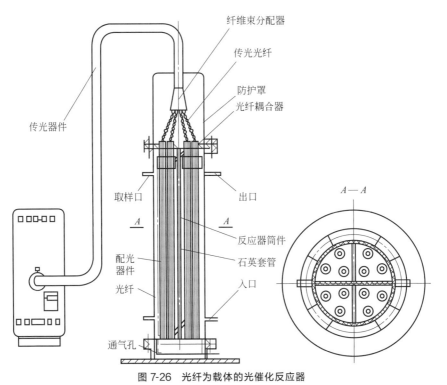

图 7-26　光纤为载体的光催化反应器

2. 自抽气式光催化空气污染处理器

自抽气式光催化空气污染处理器也称自抽气式气流输送装置，该处理器结构简单，见图 7-27。处理器内有一紫外光源，例如紫外灯。光源外围是自抽气式气流输送装置，装置的转动叶片表面敷有光催化剂；处理器外壳两侧分别是气流入口和出口。接通紫外光源，转动叶片作为载体，其上的光催化剂被激发工作。此时输入的待处理空气与载体上催化剂表面充分接触，其中的污染被氧化分解，处理后的气体经出口排出。

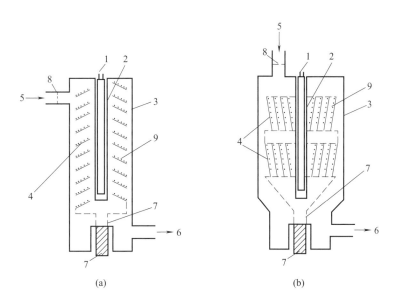

图 7-27　自抽气式光催化空气污染处理器

1—紫外灯；2—灯罩；3—反应器壁；4—转动叶片；5—气流进口；

6—气流出口；7—转动轴；8—过滤网；9—光催化剂

3. 高吸附性光催化空气处理器

高吸附性光催化空气处理器采用的是有高吸附性光催化剂的纤维和中间玻璃隔板的结构，由表面到载体为复合 TiO_2 体积分数＜50％的活性炭层，复合 TiO_2 体积分数＞50％的活性炭层，纳米厚度的 TiO_2 金红石过渡层和载体本体构成，见图 7-28。该处理器对有机物、臭气等具有较好的吸附能力和光催化氧化能力，成本较低。其结构如图 7-29 所示。

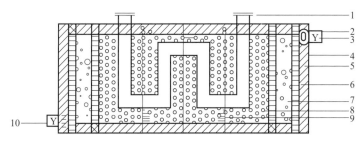

图 7-28　高吸附性光催化空气处理器

1—蛇形紫外灯管；2—进气口；3—进气扇；4—外壳；5—玻璃纤维挡光层；

6—金属筛板；7—活性炭吸附层；8—负载吸附性光催化剂玻璃纤维；

9—表面吸附有复合 TiO_2 薄膜的中间玻璃隔板；10—出气口

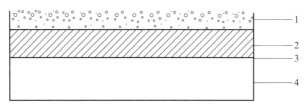

图 7-29 高吸附性光催化空气处理器结构

1—复合 TiO_2 体积分数<50%的活性炭层；2—复合 TiO_2 体积分数>50%的活性炭层；

3—纳米厚度的 TiO_2 金红石过渡层；4—载体（如纤维状、块状、片状玻璃/麦饭石/沸石/碳纤维）

4. 工程应用实例

1998 年美国马里兰州 Indian Head 海军陆战队中心安装了 FSEC (Florida Solar Energy Center) 设计的 $1110m^3/h$ 光催化污染控制器，用于处理含有硝化甘油蒸气和其他从推进剂颗粒退火操作中散发的物质所污染的气体。

图 7-30 反应箱横断面

该光催化器由两个相同的反应仓组成，每个均能处理 $1110m^3/h$ 的废气量，反应箱横断面见图 7-30。废气进入光催化污染控制仓内，到达并充满 A 反应箱的底部，再进入石英管外部与催化剂载体之间的辐射环面。废气通过催化剂筒体时，和具有活性光催化剂充分接触，从而被降解，部分处理后的废气通过 A 反应箱顶部出口孔排出，其余气体通过导管流入 B 反应箱，运行方式和 A 反应箱一样，处理后的气体排入大气。

FSEC 光催化反应器采用低价高效的低压水银灯作为紫外线光源，由冷却空气压缩机提供冷却剂给反应器中的 64 个低压水银蒸气灯。独特的设计和较小的挡光使得 FSEC 光催化反应器具有均匀的光催化剂表面辐射、良好的催化剂活性和表面活性物质浓度。这也使得光催化工艺的效率达到最佳，FSEC 光催化反应器见图 7-31。

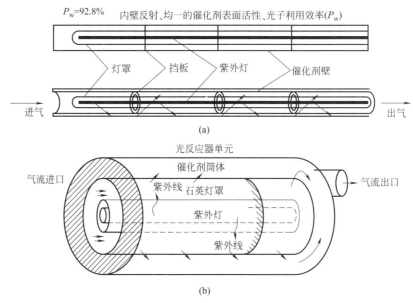

图 7-31 FSEC 光催化反应器

FSEC 的光催化工艺采用可拆卸组件，光催化介质设计简单，独特的设计使安装和运行费用降到最低。FSEC 光催化反应器可广泛应用于环境和工业领域：被 VOCs 污染的土壤和地下水的环境修复以及工业废气治理。

第四节　生物净化器

生物净化技术主要用于有机化工、石油化工、煤化工、建材合成、橡胶再生、涂料生产及机械产品喷涂、出版印刷、污水污泥处理等工业过程排放的低浓度挥发性有机废气及恶臭气体的净化处理。

一、生物净化原理

气态污染物的生物净化过程与废水生物处理技术的最大区别在于：气态污染物首先要经历由气相转移到液相或固相表面液膜中的传质过程，然后在液相或固相表面污染物被微生物吸附净化。

Ottengaf 依据传统气体吸收双膜理论提出了生物膜净化的吸收-生物膜理论。该理论认为，在生物膜表面有一层液（水）膜，气体在液膜表面流过，在气液界面处有一附面层（气膜）。在气液界面发生传质过程，气相中的污染物"溶解"（吸收）入液膜，而后又从气-液界面处穿过液膜扩散到液膜与生物膜的界面处并与微生物作用。我国学者在此基础上提出如图 7-32 所示的吸附-生物膜新型（双膜）理论，该理论认为在生物膜表面不存在连续的液膜，生物膜直接与气膜相接。

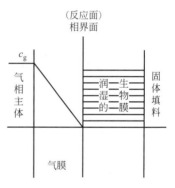

图 7-32　吸附-生物膜新型（双膜）理论示意

由图 7-32 可知，生物法净化处理低浓度挥发性有机废气一般需要经过以下几个步骤。

① 废气中的挥发性有机物（及空气中的 O_2）从气相主体扩散，通过气膜到达润湿的生物膜表面。

② 扩散到达生物膜表面的有机物（及 O_2）被直接吸附在润湿的生物膜表面。

③ 吸附在生物膜表面的有机污染物成分（及 O_2）迅速被其中的微生物活菌体捕获。

④ 进入微生物菌体细胞的有机污染物在菌体内的代谢过程中作为能源和营养物质被分解，经生物化学反应最终转化成为无害的化合物（如 CO_2 和 H_2O）。

⑤ 生化反应产物 CO_2 从生物膜表面脱附并反扩散进入气相主体，而 H_2O 则被保持在生物膜内。

由于 NO_x 是无机物，其构成中不含有碳源。因此，微生物净化 NO_x 的原理是：适宜的脱氮菌在有外加碳源的情况下，利用 NO_x 作为氮源，将 NO_x 氧化成最基本的无害的 N_2，而脱氮菌本身获得生长繁殖。其中 NO_2 先溶于水中形成 NO_3^- 及 NO_2^-，被微生物还原为 N_2；NO 则被吸附在微生物表面后直接被微生物还原为 N_2。在此过程中加入有机物作为电子供体被氧化来提供能量，脱氮菌以 NO_3^- 及 NO_2^- 作为电子受体进行呼吸氧化有机物。

生物脱臭也是一个气体扩散和生化反应的综合过程。气体中的恶臭物质溶于水，被附着在填料表面的微生物吸附、吸收，在生物细胞内分解为 CO_2、H_2O、S、SO_4^{2-}、SO_3^{2-}、NO_3^- 等无害小分子物质。

二、生物净化器

生物净化器主要有三种形式：通用的生物过滤器（开放式和输送链式）、生物气体洗涤器、带有聚合物塔板的生物反应器（也称带可洗层的生物滴滤器）。三种净化装置的类型与废气生物处理技术特点比较见表7-9和表7-10。

表 7-9　生物净化装置类型

装置类型	工作介质	冲洗系统	基本净化阶段	供养源
生物过滤器	过滤器——固定于天然载体（草、树皮、混合肥料及土壤等）的微生物	无循环	生物过滤器体积吸附,微生物降解	生物过滤器材料
生物气体洗涤器	水、活性污泥	循环	在吸附器中的水吸附用微生物或活性污泥在曝气池中降解	往水中加入无机盐
带可洗层的生物滴滤器	生物催化剂——固定在合成载体上的微生物	循环	通过水表层扩散,在生物膜中降解	往水中加入无机盐

表 7-10　废气生物处理技术特点比较

处理方式	特点	优点	缺点	应用范围
生物滤池	单一反应器,微生物和液相固定	气液表面积比值高,设备简单,运行费用低	反应条件不易控制,进气浓度发生变化适应慢,占地面积大	适于处理化肥厂、污水处理厂以及工业、农业产生的污染物浓度介于 $0.5\sim1.0g/m^3$ 的废气
生物洗涤塔	两个反应器,微生物悬浮于液体中,气液两相流动	设备紧凑,压力损失低,反应条件易于控制	传质表面积低,需大量提供才能维持高降解率,需处理剩余污泥,投资和运行费用高	适于处理工业产生的污染物浓度介于 $1\sim5g/m^3$ 的废气
生物滴滤塔	单一反应器,微生物固定,液相流动	与生物洗涤塔相比设备简单	传质表面积低,需处理剩余污泥,运行费用高	适于处理化肥厂、污水处理厂以及家庭产生的污染物浓度低于 $0.5g/m^3$ 的废气

1. 生物气体洗涤器

生物气体洗涤器通常由一个装有填料的洗涤器和一个具有活性污泥的生物反应器构成，见图7-33。洗涤器里的喷淋柱将微小的水珠逆着气流喷洒，使废气中的污染物与填料表面的水充分接触，被水吸收而转入液相，从而实现质量传递过程。

生物气体洗涤器主要特点是毒性物质用水吸收及用微生物进行破坏依次在不同的反应器中进行。其最重要的基本组成部分是吸收器，在其中排出的污染空气与吸收剂进行传质交换，因此，在设计时应尽可能增加分界面的表面积以提高吸收效率，常用填充式、旋涡式、喷溅式及转子式洗涤器。有毒气体在吸收器中转入液相，空气得到净化，而水则被污染。

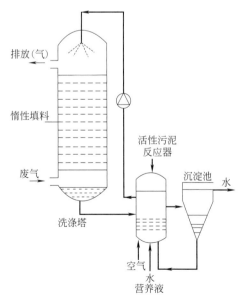

图 7-33　生物气体洗涤器

如果污染物的浓度较低、水溶性较高，则极易被水吸收，带入生物反应器。在生物反应器内，污染物通过活性污泥中微生物的氧化作用，最终被去除。生物洗涤工艺中的液相（通常带有悬浮微生物）是流动的，在两个分开部分连续循环。这有利于控制反应条件，便于添加营养液、缓冲剂和更换液体，除去多余的产物。其反应的温度和pH值等因素也可以监测、控制。

为防止活性污泥沉积，有效降解有机物，活性污泥反应器需要曝气设备，并控制温度、pH值以及碳、氮、磷之间比率等有关条件，以确保微生物在最佳条件下发挥作用。

吸收器通常用有活性污泥的生物气体洗涤器再生水，在其中被吸收的物质进行微生物氧化。在沉淀池中水分离出多余的微生物后返回注入吸收器。

生物洗涤器的基本参数有：活性污泥的浓度、水洗涤器的尺寸、洗涤水的pH值、气-液体积比、相界面积值及被清洗气体的温度。

生物洗涤器对净化含水溶性挥发有机物的空气非常有效，但对含难溶化合物的废气，如芳香族化合物（苯、甲苯、二甲苯）等，则无特别效果。

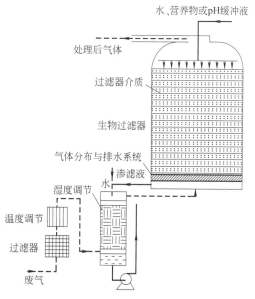

图 7-34　生物过滤处理系统示意

2. 生物过滤器

图 7-34 为生物过滤处理系统示意图。废气首先经过预处理，以去除颗粒物并调温调湿，然后经过气体分布器进入生物过滤器。生物过滤器中填充了有生物活性的介质，一般为天然有机材料，如堆肥、泥煤、谷壳、木片、树皮和泥土等，有时也混用活性炭和聚苯乙烯颗粒。填料均含有一定的水分，填料表面生长着各种微生物。当废气进入滤床时，废气中的污染物从气相主体扩散到介质外层的水膜而被介质吸收，同时氧气也由气相进入水膜，最终介质表面所附的微生物消耗氧气而把污染物分解、转化为 CO_2、水和无机盐类。微生物所需的营养物质则由介质自身供给或外加。

图 7-35 为用来净化含甲苯废气的生物滤床试验装置。试验采用顺流操作，液体实行间歇喷淋，由循环泵提升至滤塔顶部，由塔顶向下喷淋到填料上，最后经塔底回流至储槽内完成整个循环。循环喷淋液的 pH 值控制在 7 左右，其中含有微生物所需的氮、磷和其他各种微量元素，模拟气体由空气和乙苯混合得到，然后引入塔顶，在流动过程中与填料表面的生物膜接触，经气液相间的传质，乙苯在固体表面生物层被微生物吸附降解，净化后的气体从塔底部排出。两座滤塔分别采用两种陶粒作填料，其物性参数见表 7-11。生物过滤床反应器由内径 0.1m、高 1m 的有机玻璃管制作而成，填料层高 0.6m，每个反应器分成 6 段，每段 0.1m，滤床中除气体入口和出口有 2 个采样点外，中间还有 5 个采样点。试验研究结果表明，$1^{\#}$、$2^{\#}$ 塔对乙苯浓度为 $0.55g/m^3$、$0.58g/m^3$，停留时间 42.4s，可以得到 100% 的去除率，在入口体积负荷较低时，入口体积负荷与体积去除负荷基本呈线性关系。在温度 25℃、pH 值为 7 时，生物过滤床的去除效率最高；在温度为 15～25℃时，乙苯的去除效率随运行温度的升高而升高；在 25～45℃时，乙苯的去除效率随温度升高而降低。两种填料的对比试验表明，$2^{\#}$ 塔陶粒的去除效果优于 $1^{\#}$ 塔陶粒。

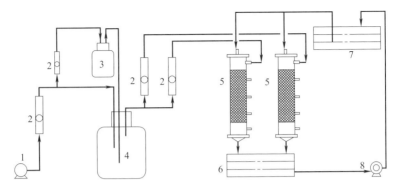

图 7-35　生物滤床试验装置

1—空气压缩机；2—气体流量计；3—有机液体储瓶；4—气体混合瓶；

5—生物过滤塔；6—循环水；7—集水箱；8—循环泵

表 7-11　填料的物性参数

填料	粒径/mm	堆积密度/(kg/m^3)	空隙率	比表面积/(m^2/m^3)
1$^\#$塔陶粒	6~8	870	0.50	590
2$^\#$塔陶粒	3.5(当量直径)	760	0.43	910

　　生物过滤法可去除空气中的异味、挥发性有机物（VOCs）和有害物质。具体应用范围包括控制、去除城市污水处理设施中的臭味、化工过程中的生产废气、受污染土壤和地下水中的挥发性物质、室内空气中的低浓度物质等。生物过滤法可以降解 C_4～C_{18} 的大多数挥发性和半挥发性的烷烃、烯烃和芳烃，这些物质一般具有可生物降解性和水溶性较大的特点。已被试验可用生物过滤法去除的物质包括：氨、一氧化碳、硫化氢、甲烷、甲醇、乙醇、异丙醇、正丁醇、2-乙基己醇、丙烷、异戊烷、己烷、丁醛、丙酮、甲基乙基酮、乙酸丁酯、乙酸酯、二乙胺、三乙胺、二甲基二硫化物、粪臭素、吲哚、甲硫醇、氯甲烷（一、二、三取代）、乙烯、三氯乙烯、四氯乙烯、氮氧化物、二甲硫、噻吩、苯、甲苯、二甲苯、乙苯、苯乙烯等。

3. 生物滴滤器

　　生物滴滤器不同于生物过滤器，要求水流连续地通过有孔的填料，防止填料干燥并精确控制营养物浓度与 pH 值。由于生物滴滤器底部建有水池以实现水的循环运行，所以总体积比生物过滤器大。这就意味着将有大量的污染物质溶解于液相中，从而提高了去除率。因此，生物滴滤器的尺寸可以比生物过滤器的小。但生物滴滤器的机械复杂性高，从而增加了投资和运行费用。所以生物滴滤器最适于污染物质浓度高易导致生物过滤器堵塞、有必要控制 pH 值和使用空间有限的场合。图 7-36 为生物滴滤器结构示意图。

三、生物载体

　　良好的填料会给微生物提供良好的生存环境，因而材料的物理、化学性质对微生物的影响很大。在选择生物气体净化器填料时，一般需符合以下几个条件：

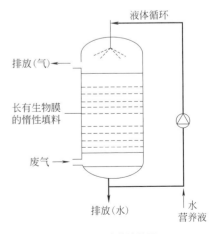

图 7-36　生物滴滤器

① 填料首先应具有较好的表面性质，适合于微生物的生长，如表面正电荷性质的填料利于微生物的附着；

② 填料必须有较大的比表面积，以尽可能大地提供微生物的附着面积，提高微生物持有量，从而尽可能地提高单位体积的有机污染物降解量；

③ 填料必须具备一定的空隙率，以防止滤床中微生物的快速增长而引起填料堵塞和压降升高，进而引起短流，降低填料的利用率和提高出气口污染物的浓度；

④ 填料若具有一定的持水性，可保持生物滴滤池在间断运行后微生物生存所需的液体环境，使微生物的生物降解能力在重新启动后能较快地恢复；

⑤ 填料必须具备一定的结构强度和防腐蚀能力。

作为生物滴滤池的填料，本身不一定含有微生物新陈代谢所需要的微量元素和营养物质，但以上条件是保证生物滴滤池运行良好的基本条件。

采用不锈钢环、瓷环、陶粒、塑料环、海藻石、轻质陶块、煤渣等作为填料的试验研究，结果表明这七种填料的净化性能顺序为：海藻石＞轻质陶块＞陶粒＞瓷环＞不锈钢环＞煤渣＞塑料环。

第五节　燃烧设备

一、蓄热燃烧设备

1. 蓄热燃烧基本原理

蓄热燃烧设备（RTO）蓄热燃烧的基本原理如图 7-37 所示。

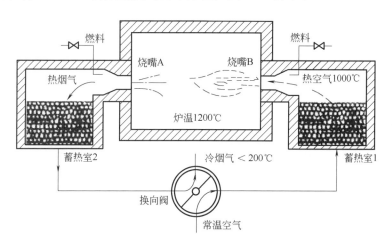

图 7-37　蓄热燃烧基本原理

该设备让 VOCs 在高温低氧浓度（体积）气氛中燃烧，采用热回收率达 80％以上的蓄热式换热装置，极大限度回收 VOCs 燃烧后产物中的显热，用于预热切换过来的含 VOCs 的混合气体，使之加热到 800～1000℃，进行燃烧。具体流程是：当含有机污染物废气由换向阀切换进入蓄热室 1 后，在经过蓄热室（陶瓷球或陶瓷蜂窝蓄热体等）时被加热，在极短时间内低温废气被加热到接近炉膛温度（一般比炉膛温度低 50～100℃），高温废气进入炉膛后，抽引周围炉内的气体形成一股含氧量远低于 21％的稀薄贫氧高温气流，同时往稀薄高温空气附近注入燃料（燃油或燃气），燃料在贫氧（2%～20%）状态下实现燃烧；与此同时，炉膛内燃烧后的烟气经过另一个蓄热室排入大气，炉膛内高温热烟气通过蓄热体时将显热储存在蓄热体内，然后以150～200℃的低温烟气经过换向阀排出。工作温度不高的换向阀以一定的频率进行切换，使两个蓄热体（或者多个蓄热体）处于蓄热与放热交替工作状态，常用的切换周期为30～200s。

挥发性有机废气蓄热燃烧技术广泛应用于处理化工高浓度有机废气，也应用在喷涂制造、印刷、食品加工等行业生产过程中所产生的各类废气，三室蓄热燃烧工艺见表7-12，三室蓄热燃烧有机废气净化装置如图7-38所示。

表 7-12　三室蓄热燃烧工艺

类别	过程 1	过程 2	过程 3
示意图			
第1室	废气吸收热量；热量供给(蓄热体-废气)	引回干净气体吹扫上一过程的残留废气	干净气体排出；热量供给(干净气体-蓄热体)
第2室	干净气体排出；热量供给(干净气体-蓄热体)	废气吸收热量；热量供给(蓄热体-废气)	引回干净气体吹扫上一过程的残留废气
第3室	引回干净气体吹扫上一过程的残留废气	干净气体排出；热量供给(干净气体-蓄热体)	废气吸收热量；热量供给(蓄热体-废气)
燃烧室	燃烧氧化分解(废气-干净气体)		

图 7-38　三室蓄热燃烧有机废气净化装置

2. VOCs蓄热燃烧净化装置的设计

（1）设计资料收集

① 需要处理的废气条件，包括：废气成分、温度、浓度、废气的风量等。

② 有关排放标准与安全要求。

③ 项目的环境影响评价报告和废气污染物实际检测报告。

（2）依原始资料进行各种计算

① 蓄热燃烧净化的热平衡计算。

② 环保达标计算。

③ 处理后排放气体的温度与热能利用计算。

④ 燃烧器（天然气）的选择计算及燃气管路计算。

⑤ 蓄热室本体、燃烧室的工艺计算、保温计算及蓄热体的选择计算。

（3）进入处理系统设计

① 装置与设备的结构设计。

② 保温设计。

③ 系统的自动控制设计。

一般两室或者三室 RTO 设计及操作参数如表 7-13 所示。

表 7-13　一般 RTO 设计及操作参数

项目	单位	参数	备注
蓄热床数	个	2 或 3	
蓄热床填充高度	m	2.4～2.7	1in 马鞍形蓄热体
热回收率	%	95	
蓄热体材质真密度	t/m³	2.4～3.0	陶瓷（氧化硅及氧化铝）
蓄热体构造孔数	方孔/in²	7～70 叠板式（板厚 1.5mm）	1in 马鞍形、蜂窝式
蓄热体层填充密度	t/m³	0.6～1.1	
蓄热体层比表面积	m²/m³	160～820	
蓄热体层空隙率	%	60～74	
进气口 VOCs 浓度		<15%	爆炸下限
VOCs 净化效率	%	99(3 床),98(2 床)	
阀门转换时间	min	0.5～2.0	
辅助加热能源		电热或天然气	
风机风量	m³/h	6000	7.5kW(蜂窝式),15kW(马鞍形蓄热体)
燃烧室温度	℃	760	

注：1in＝0.0254m。

3. 蓄热燃烧用蓄热体

蓄热体也称蓄热填充物，是 RTO 装置中的一个重要组成部分，相当于一个换热器，即蓄热式换热器。其作用是：当气体进入燃烧室，经燃烧后温度升高而成为高温净化气，通过冷的蓄热体时，蓄热体吸收净化气体的热量，蓄热体被加热（热周期），而净化后的气体被冷却后排放。切换过来后，冷的废气由相反方向通过热的蓄热体，此时，蓄热体将储存的热量释放，使废气加热到所需的预热温度而蓄热体被冷却（冷周期）。

（1）RTO 装置对蓄热体的要求

RTO 装置对蓄热体的要求主要包括蓄热体材质的物理、化学性能，蓄热体结构的机械性能，以及蓄热体几何结构的流体力学和换热性能。具体要求如下。

① 耐高温　RTO 装置的操作温度一般为 760～1050℃，因此要选用能耐温度 1100～1150℃ 左右的材质作为蓄热体，通常用陶瓷材料。

② 具有较高的热容量　蓄热体蓄热能力的大小主要取决于其质量及其材料的密度和比热容。密度与比热容之积越大，则表示其单位容积的蓄热能力也越大，即在达到同样的蓄热量情况下，装置的容积可以做得小些。因此，蓄热体的材料应具有高密度和高比热容的特性。

③ 具有良好的传热性能和优良的导热和热辐射性能　即在冷周期时能将热量迅速传递

给较冷的废气，而在热周期时又能迅速吸收净化气的热量。

④ 具有良好的抗热震性能　因为蓄热体是处于周期性的冷却和加热状态，所以必须能抵抗经常冷、热交替的温度变化。若蓄热体不能经受反复的温度变化，则蓄热体就会破碎而堵塞气流通道，从而使床层压降升高，甚至不能操作。

⑤ 在高温下具有足够的机械强度　陶瓷材料自身很重，不允许受压而破裂，否则会增加床层的阻力。

⑥ 耐高温氧化和化学腐蚀　例如能耐废气燃烧后产生的 SO_2、HCl 等腐蚀性气体。

⑦ 蓄热体的几何结构应具有足够的流通截面积　具有使气体分布均匀、阻力低等特性，并尽可能具有较大的比表面积，以确保蓄热体具有较大的有效传热面积。

⑧ 价格应尽可能低廉　且使用寿命长。

（2）蓄热体的材料

蓄热体的材料主要有陶瓷和金属两种。金属材料如钢、铝等材料只能用于低温或中等温度的场合。陶瓷材料具有优良的耐高温、抗氧化、耐腐蚀性能，以及足够的机械强度和价廉等优点，因此操作温度较高的 RTO 装置都采用陶瓷材料作为蓄热体。

目前在 RTO 装置中采用的蓄热体陶瓷原材料主要有黏土、刚玉、莫来石、锆英石、钛酸铝和堇青石等。通常蜂窝状蓄热体的材料主要是堇青石、莫来石，而球状和一般陶瓷填料蓄热体的材料主要是 Al_2O_3（或高铝材质）和莫来石。各种陶瓷材料的性能如表 7-14 所示。

表 7-14　各种陶瓷材料的性能

材料	密度 /(g/cm³)	热容 /(J/K)	耐火度 /℃	最高使用温度/℃	抗折强度 /MPa	热膨胀系数（室温～900℃）/(×10⁻⁶/℃)	抗热震性	热辐射率/%	热导率/[W/(m·K)]
莫来石	3.23	4.55	1850	1400～1500	25	4.3	良好	0.49～0.8	5.20
锆英石	3.2～3.5	0.71	>2000	1150	25	3.3	良好	0.4～0.8	2.20
刚玉（80%～85% Al₂O₃）	2.5～3.2	1.05	1850	1400	25	>7.2	一般	0.5～0.7	2.20
黏土	1.7～2.1	1.00	1700	1350	10～20	4.3～7.5	一般～良好	0.8～0.9	1.39～2.40
钛酸铝	3.34	0.92	>1500	1350	5～20	1.22	优	0.55	0.78
堇青石	1.7	0.92	1450	1200	10～20	1～2	优良	0.5～0.7	1.97～2.32

RTO 装置中常用陶瓷填料作为蓄热体，该陶瓷材料的主要化学成分是 SiO_2 和 Al_2O_3。常用陶瓷填料的化学成分及物理性能如表 7-15 所示。

表 7-15　常用陶瓷填料的化学成分及物理性能

化学成分		物理性能	
SiO_2	65%～72%	密度/(g/cm³)	2.10～2.40
Al_2O_3	>23%	吸水率/%	0.30～0.60
$SiO_2+Al_2O_3$	>90%	气孔率/%	0.60～1.10
TiO_2	0.5%～0.6%	耐酸度/%	99.0
Fe_2O_3	约1.0%	耐碱度/%	86
Fe	0.002%	莫氏硬度	7～8
CaO	约0.3%	淬冷试验	240～20℃,3次不裂
MgO	0.3%～0.5%	冷压强度/(N/mm²)	约400
K_2O	1.8%～2.5%	热膨胀系数	5.5×10⁻⁶/℃
Na_2O	约0.2%	催化剂中毒可能性	无

（3）蓄热体的结构类型和几何特性

在 RTO 装置的蓄热室中，常放置陶瓷材料制成的蓄热填充物，主要类型有规整填料（例如蜂窝填料和板片状填料）和散堆填料（颗粒填料，例如矩鞍环）两大类。常见的陶瓷蓄热体形状有球状、鞍环状、管状、多层板片（或波纹板）和蜂窝状。陶瓷蜂窝蓄热体按孔口的形状又可分为圆形、三角形、四边形和六边形等。

评价蓄热体的优劣，主要依据其热效率、气流通过时的压力损失、抗热震能力，而这些又与蓄热体的结构形状、尺寸大小和材质（热容、热导率、辐射率）有关。

1）陶瓷矩鞍环填料

陶瓷矩鞍环填料是化工、石油工业中用于传质过程的传统塔填料。因为陶瓷矩鞍环价廉，而且能满足蓄热燃烧净化有机废气的工艺要求，所以应用于许多 RTO 装置中。陶瓷矩鞍环如图 7-39 所示，陶瓷矩鞍环的几何特性如表 7-16 所示。

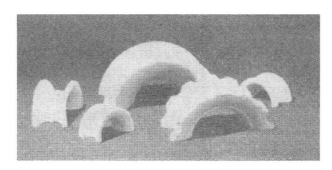

图 7-39　陶瓷矩鞍环

表 7-16　陶瓷矩鞍环的几何特性

规格	尺寸/mm	比表面积/(m²/m³)	空隙率/%	堆积密度/(kg/m³)	个数/(个/m³)
$\phi 13$	21×12×1.8	430	68	740	355820
$\phi 16$	24×14×2.0	378	68.5	720	232980
$\phi 19$	33×18×2.8	330	69	720	111548
$\phi 25$	38×22×3.4	258	70	700	62128
$\phi 38$	60×30×4.0	197	73	630	23368
$\phi 50$	80×40×5.0	120	74	600	8860
$\phi 75$	114×57×8.0	92	75	580	3000
$\phi 100$	136.5×72.5×11.0	78	76	550	1606

在使用陶瓷矩鞍环这种散堆填料时，所用的蓄热材料对热效率起决定性作用。此外，由于颗粒填料在床层中的排列具有明显的三维空间序列，所以气体通过床层呈湍流状态。气体在蓄热室中周期性地反向流动，使蓄热体不断交替地加热和冷却，因而在一定程度上，气流通过床层时并非均匀分布，床层的中心区域未必真正参与热交换。按照经验，对于一定尺寸的每立方米陶瓷矩鞍环，有一个相应有效换热面积。陶瓷矩鞍环与规整填料相比，其主要优点是价格低廉，但缺点是阻力比规整填料大，而且填料边缘容易破碎而造成床层空隙被堵塞，从而会使床层阻力更大，同时降低了使用寿命。按照工业应用的一般经验，如果 RTO 装置中用 1in（25.4mm）陶瓷矩鞍环作为蓄热体，则为了达到 95% 的热效率，需要 2.44～2.74m 的床层高度，切换时间为 2min。

2）陶瓷蜂窝填料

目前在 RTO 装置中大多采用规整填料，如陶瓷蜂窝填料（也称陶瓷蜂窝柱块，如

图 7-40 所示）和多层板片组合陶瓷蜂窝填料（multi-layer media，MLM，如图 7-41 所示）。

图 7-40　陶瓷蜂窝填料

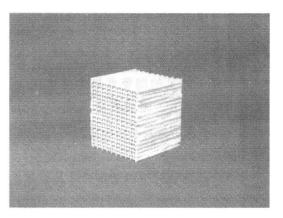

图 7-41　多层板片组合陶瓷蜂窝填料

最常见的陶瓷蜂窝填料内部的孔是四边形，其几何特性如表 7-17 所示。

表 7-17　陶瓷蜂窝填料的几何特性

孔道数（孔数）	孔密度/CSI[①]	通道宽/rnm	比表面积/（m²/m³）	空隙率/%
5×5(25)	1	26.3	117	77
13×13(169)	5	9.2	278	64
20×20(400)	11	6.4	455	73
25×25(625)	18	4.9	540	67
40×40(1600)	46	3.0	825	65
50×50(2500)	72	2.3	1005	57

① 每平方英寸孔数。

该陶瓷蜂窝填料外形尺寸大多为 150mm×150mm×300mm，孔内壁厚度为 0.42mm、0.6mm、1.0mm 等，此外，对不同规格、不同材质的陶瓷蜂窝填料都给出了相应的物理性能数据，例如规格为 40×40 的陶瓷蜂窝填料，其物理性能数据如表 7-18 所示。

表 7-18　不同材质的物理性能数据

项目	陶土	堇青石（密）	堇青石（多孔）	莫来石	石英陶瓷
原料密度/（g/cm³）	2.68	2.42	2.16	2.31	2.47
堆积密度/（kg/m³）	965	871	778	832	889
平均热胀系数/（×10⁻⁶/K）	6.2	3.5	3.4	6.2	4.8
比热容/[J/(kg·K)]	992	942	1016	998	897
热导率/[W/(m·K)]	2.97	1.89	1.63	2.24	1.37
耐温度急变/K	500	500	600	550	500
软化点/℃	1500	1320	1400	1580	1380
最高使用温度/℃	1400	1200	1300	1480	1280
平均储热能力/[kW·h/(m³·K)]	0.266	0.228	0.219	0.231	0.222

一般陶瓷蜂窝填料的材质是氧化铝、堇青石（致密、多孔）、莫来石。由于陶瓷蜂窝内部有许多平行贯通的通道，呈薄壁格子状结构，因此与一般颗粒状陶瓷填料相比，具有低热膨胀性、比表面积大、低压降、良好的传热性能和重量轻的优点，因此在 RTO 装置中获得广泛应用。

陶瓷蜂窝柱是整砌在蓄热室中，由于每个小孔的通道都是从上到下直通的，因此一旦小孔局部被堵塞，就使整个通道受阻。因此，目前也将陶瓷蜂窝柱的一个端面做成圆弧凹面，这样可避免因局部受堵而影响全局。

美国蓝太克产品有限公司开发的多层板片组合陶瓷蜂窝填料（见图7-41）采用多层板组合的方式，先做成单个板片，然后将多层板片黏结在一起，组成多层板片组合式的陶瓷蜂窝填料。该填料的每个薄片上开有沟槽，两片组合后构成内部相通的通道，使气流可以横向和纵向通过填料。其性能比较接近蜂窝填料，而在同样应用条件下与传统的陶瓷矩鞍环相比，床层压降减少50%，因其阻力比陶瓷矩鞍环低，能耗可节省30%。目前，美国蓝太克产品有限公司开发出了性能更好的分层式陶瓷蜂窝蓄热体（见图7-42）。

4. 低温蓄热燃烧设备（LT-RTO）

低温 RTO（low-temperature RTO，LT-RTO），由我国台湾中山大学以砾石为蓄热体在大型商用 RTO 测试研究时发现，其特征为在净化温度 $300 \sim 450℃$、有机气体停留时间 1s 的操作条件下，系统可将 $20 \sim 7000 \mu L/L$（以甲烷计）的乙醇、丙酮、丁酮、甲苯、涂料溶剂等 VOCs 去除 95% 以上。

例如一个 LT-RTO 系统设计及操作结果如表 7-19 所示，图 7-43 显示处理甲烷（浓度 $1500 \sim 7000 \mu L/L$）时，气体在蓄热床内及系统排气口（C_1）平均温度，图 7-44 显示 RTO 进出流气体中挥发性有机物浓度的变化。数据显示，VOCs 在 $300 \sim 440℃$ 燃烧段停留时间为 0.7s 时，可由 $1500 \sim 7000 \mu L/L$ 去除至 $4 \sim 12 \mu L/L$，去除率大于 99.5%。

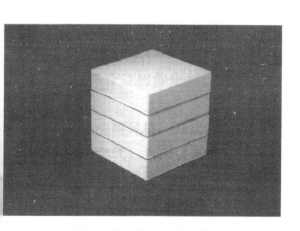

图 7-42　分层式陶瓷蜂窝蓄热体

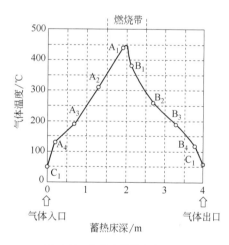

图 7-43　气体在蓄热床内及系统
排气口（C_1）平均温度

表 7-19　LT-RTO 处理高浓度混合 VOCs 操作结果

项目	参数
处理气体量	$29.8m^3/min$
气体在床内空塔流速	0.333m/s
填充床高	2.0m
填料材质	砾石
填充层填充相对密度	1.30
填充层比表面积	$405m^2/m^3$
进气温度	25℃
燃烧区气体温度	300~440℃
出口气体温度	50~60℃（平均55℃）
进气 VOCs 成分	甲醇(21.7%)、甲苯(61.6%)、环氧氯丙烷(7.26%)、甲醛(1.26%)、二甲基胺(5.0%)、异丁醇(0.8%)、1,4 丁二醇(0.5%)、异壬醇(0.8%)、二甲基丙二醇(1.13%)

项目	参数
进气 VOCs 浓度	1500～7000μL/L(以甲烷计)
出气 VOCs 浓度	4～12μL/L(以甲烷计)
VOCs 燃烧净化效率	>99.5%
阀门转换时间	5.0～10min
辅助加热能源	电热
气体于燃烧区停留时间	0.70s

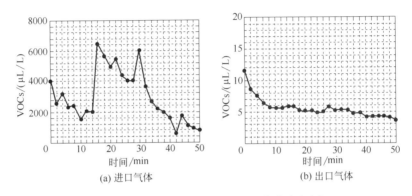

图 7-44　RTO 进出流气体中挥发性有机物浓度变化

二、蓄热式催化燃烧设备

1. 蓄热式催化燃烧技术及其特点

挥发性有机废气蓄热式催化燃烧设备（RCO）出现在 20 世纪 90 年代，是在高温燃烧和催化燃烧基础上发展起来的一种新的有机废气治理技术。蓄热催化燃烧技术具有以下特点。

① 与高温燃烧和催化燃烧等工艺相比，由于采用了专门的陶瓷蜂窝蓄热体以及性能良好的催化剂，所以使得挥发性有机物的氧化反应更加完全，热效率更高，可以达到 95% 以上，而高温燃烧和催化燃烧的热效率只能达到 90%；不会产生二次污染；由于热效率高，当废气达到一定浓度时，其燃烧热量足以维持设备正常运转，无须外加燃料，使运行费用降低。

② 更能够适合处理大风量、低浓度废气（工程实践中的处理规模已达到 300000m³/h）。

③ 系统运行时装置的出口温度略高于进口温度，使得热能回收利用更充分。

④ 蓄热式催化燃烧装置自动化程度高，设有高温报警、差压保护、旁路保护等，操作简便，结构简单，易于维护保养。

目前，挥发性有机废气蓄热式催化燃烧技术在国内外大量用于汽车、摩托车、自行车、印刷、玩具、电子等金属或塑料件的喷漆房及烘道中各类有机废气的处理。

2. 蓄热式催化燃烧装置工作原理及工艺流程

蓄热式催化燃烧装置工作原理如表 7-20 所示。

图 7-45 为蓄热式催化燃烧装置工艺流程示意图。

由图 7-45 可以看出，有机废气经过预处理后进入蓄热式催化燃烧装置。在装置内，由于燃料的燃烧使废气的温度升高到 280℃。高温废气经过催化床时，废气中的有机成分被氧化分解为二氧化碳和水，反应后的高温净化气进入特殊多孔蜂窝结构的陶瓷蓄热体，绝大部

表 7-20　蓄热式催化燃烧装置工作原理

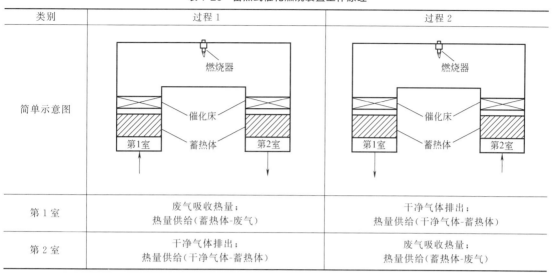

类别	过程 1	过程 2
简单示意图		
第 1 室	废气吸收热量； 热量供给（蓄热体-废气）	干净气体排出； 热量供给（干净气体-蓄热体）
第 2 室	干净气体排出； 热量供给（干净气体-蓄热体）	废气吸收热量； 热量供给（蓄热体-废气）

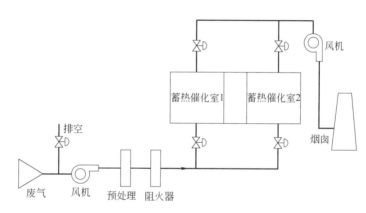

图 7-45　蓄热式催化燃烧装置工艺流程

分热量被陶瓷蓄热体吸收（95%以上），净化后的气体温度降至接近进口温度经烟筒排放。燃烧装置由两个蓄热室构成，废气在 PLC 程序的控制下，循环执行以下操作流程：废气进入已蓄热的蓄热室预热后进入催化床，净化后的废气经未蓄热的蓄热室放热后排放。图 7-46 为二室蓄热催化燃烧装置现场照片。

图 7-46　二室蓄热催化燃烧装置现场照片

3. 蓄热式催化燃烧装置的主要部件要求

（1）装置本体

装置本体内壁及支撑结构要求用优质耐热材料制作，内外壁之间要求衬优质绝热材料，保证炉体外壁温度在 60℃ 以下。

（2）蓄热体

一般选用新型高效多孔陶瓷蜂窝蓄热材料，比表面积大，压力损失小，热胀冷缩系数小，抗热性能好。

（3）催化剂

根据有机废气的气体成分，以及要求的净化效率下的起燃温度，一般以堇青石薄壁陶瓷蜂窝为载体，采用稀土金属及过渡金属制备的复合材料为助剂，以铂钯等贵金属为活性组分制得的整体催化剂具有比表面积大、气流阻力小、起燃温度低、净化率高、耐热性能好等优点。

（4）燃烧系统

按实际所能够提供的燃料品种进行选择，油、气都可以作为燃烧用燃料；燃烧器目前采用进口或国产的可比例调节燃烧器；系统采用比例-积分-微分（PID）控制器控制温度，设置有超温报警、差压保护等。

（5）高温风机

风机的选择需要按照风机在高温下工作的温度条件，以及系统所需要提供的压头和风量，并且留有 15% 的风量余量，选择国内名厂优质高温风机。

（6）高温自动切换阀门

要求开启灵活，泄漏量小（≤1%），气动转向阀控制。此阀门也是蓄热催化燃烧系统中的最重要部件，在实际应用中要高度重视其性能与质量。

（7）蓄热式催化燃烧装置的安全运行问题

在蓄热式催化装置中，当蓄热层的设计不完善，释放的热量不均匀，蓄热时间较长时，释放的热量极高，时常出现 1100℃，加之静电处理不妥，遇上低闪点的有机物，若是在挥发性有机废气产生的高峰期很容易发生爆炸事故。

因此，在蓄热式催化装置中一定要设置废气浓度和温度检测仪器，进行在线检测，并且完善控制和采取符合安全规定的阻火防爆措施，同时要求制定出可靠的发生事故时的应急处理预案。

三、吸附浓缩-催化燃烧组合技术

吸附浓缩-催化燃烧技术是大风量、低浓度有机废气净化的一种有效的组合技术。该技术发挥了吸附法和催化燃烧法的优点，可进一步提高挥发性有机物的净化率，降低运行费用。该技术自 20 世纪 70 年代问世以来，已在汽车、集装箱、电子、包装印刷、涂料等行业有机废气净化方面得到广泛应用。

1. 吸附浓缩-催化燃烧组合技术工艺

吸附浓缩-催化燃烧组合技术其吸附部分通常采用普通吸附装置，以碳基吸附剂或其他多孔物质为吸附剂对低浓度 VOCs 进行吸附浓缩，一般可以达到 10 倍左右的浓缩比，然后采用热空气脱附，进入系统的第二个装置——催化燃烧系统，通过催化燃烧，将废气中的 VOCs 转化成无害的 H_2O 和 CO_2。

吸附浓缩-催化燃烧组合技术采用分子筛转轮来吸附浓缩低浓度的废气，使得处理风量和处理效果大大提高。目前，采用转轮吸附器处理的最大风量已突破每小时百万立方米。

吸附浓缩-催化氧化技术处理挥发性有机物的工艺流程如图 7-47 所示。其工艺路线主线是：废气预处理—吸附浓缩—热空气脱附—催化燃烧。

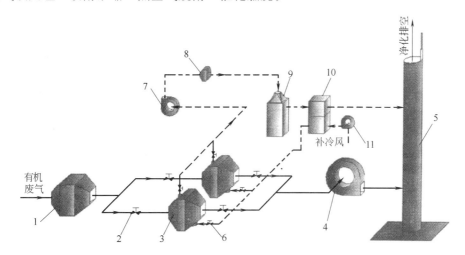

图 7-47 吸附浓缩-催化氧化工艺流程

1—过滤器；2—吸附电动调节阀；3—固定吸附床；4—吸附风机；5—钢制烟囱；
6—脱附电动调节阀；7—脱附风机；8—阻火器；9—催化燃烧床；10—混流换热器；11—补冷风机

（1）废气预处理

进入吸附器的废气应符合《吸附法工业有机废气治理工程技术规范》（HJ 2026—2013）的有关规定。废气中含有的漆雾、粉尘、油滴等会使活性炭微孔堵塞，导致阻力增大。因此，一般废气进入吸附床之前需设置完善的除尘系统，可采用湿式水洗除尘或者干式过滤的方法。另外，当进气含湿量达到相对湿度 85%（45℃）以上时，还需设置除湿装置，以保证较高的吸附率。对于高温气体，需要采取降温措施，使废气温度降低到 40℃ 以下。

（2）吸附

经过预处理后的有机废气，经过合理的布风，使其均匀通过固定吸附床内活性炭层的过流断面，在一定的停留时间下，将废气中的有机成分吸附在活性炭表面，净化后的尾气通过风机经烟囱外排。一般配两台以上的吸附床，其中一台处于再生状态，另一台处于在线吸附状态，实现整个系统连续运行，不影响车间生产。吸附剂可采用颗粒活性炭、活性炭纤维或蜂窝活性炭。目前大部分厂家都采用蜂窝活性炭吸附剂。

（3）脱附

达到饱和状态的吸附床应停止吸附，通过阀门切换转入脱附状态。脱附剂一般采用热空气。在热空气的吹扫下，活性炭受热解吸出高浓度的有机气体，经脱附风机引入催化燃烧床。由于脱附下来的气体 VOCs 浓度较高，因此要注意控制脱附温度，避免床层过热，同时要考虑可能引起的爆炸等不安全因素。

脱附空气的风量一般为处理风量的 1/20~1/10，脱附出口废气中 VOCs 浓度浓缩后可达到吸附处理废气浓度的 10~20 倍，故有机废气氧化释放出的热量可维持催化燃烧所需的起燃温度，使废气燃烧过程基本无须外加能耗。

（4）催化燃烧

对于不同的 VOCs 成分，首先要考虑选择合适的催化剂。目前用于 VOCs 催化燃烧的多为贵金属催化剂。催化燃烧床工作时，首次开机需要预热。预热时，首先启动脱附风机，开启相应阀门和加热器，对催化燃烧床内部的催化剂预热，同时产生一定量的热空气，当床层温度达到设定值时将热空气送入吸附床，活性炭受热解吸出高浓度的有机气体，经脱附风机引入催化燃烧床，在贵金属催化剂的作用下进行无焰催化燃烧，将有机成分转化为无毒、无害的 CO_2 和 H_2O。燃烧后的尾气通过催化床内置的换热器加热待处理的再生气，热交换后降温的尾气部分排放，部分用于蜂窝活性炭的脱附再生，达到节能的目的。

2. 吸附浓缩-催化燃烧设备

（1）预处理

为保证活性炭微孔不被固体颗粒堵塞，以保持活性炭的吸附活性，减少气体通过床层的阻力，通常需要设置废气预处理装置。除此之外，预处理装置还兼有降温作用，对于浓度较高的有机气体，预处理有时还加冷凝工序，以预先除去沸点高、浓度高的成分。预处理通常采用湿式水洗除尘或者干式过滤除尘。可根据过滤要求、颗粒物特性、压力损失及设备结构等因素适当选择。

对于粉尘含量较高的废气，进行过滤时在过滤装置两侧需要考虑装设压差计，随时监控过滤装置的压降情况，防止因堵塞引起整个系统超压。

（2）吸附装置

吸附浓缩-催化燃烧系统用吸附床一般为固定床或转轮吸附装置，在采用一般固定床吸附器时，多采用蜂窝活性炭作为吸附剂。

吸附装置结构上多设计成方形立式吸附器，设备设有前风罩、后风罩、气体分布器、吸附层、脱附进出风主管，其中吸附层是由设置有错层结构的框架和置于框架上的吸附剂容器构成，吸附剂容器内装有吸附剂。图 7-48 所示为方形立式吸附器结构图。

吸附装置的特性受很多因素影响，如运行温度、空床气速、VOCs 的成分和浓度、排放流中颗粒物情况等。吸附时，进气温度不高于 45℃，空床气速取 $1.2\sim1.8m/s$，颗粒物浓度不高于 $1mg/m^3$，对于含有高沸点的有机组分，需在进入吸附床前去除。脱附时，脱附进气温度控制在 120℃ 以下，空床气速取 $0.2\sim0.4m/s$。

（3）催化燃烧装置

催化燃烧装置为组合式结构，由加热器、热交换器、反应器组合而成。其中反应器是由催化剂不锈钢支架、陶瓷蜂窝催化剂组成，催化剂交叉错位安装。加热器选用电加热或轻质燃料燃烧器加热。图 7-49 所示为催化燃烧装置结构图。

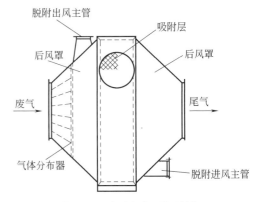

图 7-48　方形立式吸附器结构

催化燃烧装置的净化率受运行温度、空速、催化剂性质、VOCs 成分和浓度、废气中的催化剂毒物情况等影响。催化燃烧装置运行温度控制在 400℃ 以下，空速 $10000\sim40000h^{-1}$，进入催化燃烧装置的废气中有机物浓度应低于爆炸下限值的 1/4。

催化剂在使用过程中，由于反应原料中带来的杂质或副产物，如硫、卤族化合物、重金属等，容易引起催化剂的活性或选择性减小或消失，在催化剂选用时要慎重考虑其对污染物的抗毒能力。

（4）控制系统

吸附浓缩-催化燃烧系统采用 PLC 自动化控制系统，通过采集与传输温度、压力的参数变化信号达到自控吸附-脱附-燃烧与自控连锁的安全保护功能。通过对净化系统中关键设备的运行状态、关键点的温度和压力的监控，保证生产的安全、稳定和高效，实现处理过程的自动控制。

3. 转轮吸附浓缩装置

在采用吸附浓缩-催化燃烧组合工艺处理大风量低浓度 VOCs 时，转轮吸附技术得到了广泛的应用。

（1）转轮结构

转轮内部结构由蜂窝状陶瓷纤维内填装的沸石分子筛或蜂窝活性炭组成。图 7-50～图 7-52 分别为转轮外形、转轮内的吸附剂模块、转轮内陶瓷纤维的蜂窝状结构。

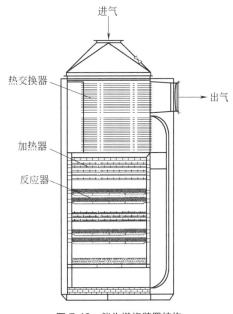

图 7-49　催化燃烧装置结构

图 7-50　转轮外形

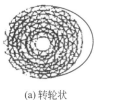
(a) 转轮状

(b) 块状

图 7-51　转轮内的吸附剂模块

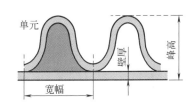

图 7-52　转轮内陶瓷纤维的蜂窝状结构

转轮被安装在分割成吸附、再生、冷却三个区的壳体内，通过调速马达带动转轮旋转。吸附、再生、冷却三个区分别与处理废气、再生空气、冷却空气风管相连接。为了防止串风，各个区的分隔板与吸附转轮之间、吸附转轮的圆周与壳体之间装填耐高温和耐溶剂的密封材料。

目前我国使用的分子筛主要是疏水性沸石，通过降低结晶中铝的含量，提高沸石分子筛的疏水性，在疏水沸石结晶骨架中没有铝原子，只有硅与氧原子。结构上的改变使得其既具有一般沸石分子筛的共性又有其固有的特性。共性上表现在以下几个方面。

① 高度有序的晶体结构和分子水平的孔道尺寸。

② 明确的孔结构，对客体分子表现出选择性，即只允许分子动力学直径比孔径小的分子进入，从而对大小及形状不同的分子进行筛分。

③ 孔径尺寸可调整，通过改变 SiO_2 和 Al_2O_3 的分子比实现。

④ 特性上表现在疏水性。相关研究表明，疏水性沸石在相对湿度80％时，仍保持其基本不吸水的特性，使得其对高湿度、高分子量的VOCs有吸附和脱附的特性。根据孔径大小不同和SiO_2、Al_2O_3的分子比不同，可分成不同型号的沸石转轮。

（2）工艺原理及工艺流程

分子筛吸附浓缩转轮其密封系统分处理和再生两部分，转轮缓慢旋转使吸附过程完整连续。当废气通过处理区时，其中的废气成分被转轮中的吸附剂所吸附，废气被净化而排空，转轮逐渐趋向吸附饱和。在再生区，高温空气穿过吸附饱和的转轮，将吸附浓缩的废气脱附并带走，从而恢复转轮的吸附能力，脱附的高温气体进入RTO或RCO进行处理。其工艺流程如图7-53所示。

从图7-53中可以看出：含有VOCs的废气在风机牵引下进入吸附转轮的吸附区，VOCs在经过转轮蜂窝状通道时，所含VOCs成分被吸附剂吸附，废气得到净化，尾气经烟囱外排。随着吸附转轮的回转，接近吸附饱和状态的吸附转轮区域转入到再生区，在与高温空气接触的过程中，VOCs被脱附下来随着再生气进入后续处理装置，吸附转轮得到再生。再生后的吸附转轮经过冷却区降温后，返回至吸附区，完成了吸附-脱附-降温的循环过程。

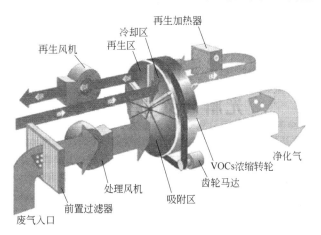

图 7-53　转轮浓缩工艺流程

经脱附浓缩下来的高浓度、小风量VOCs再进入后续净化装置处理，如蓄热氧化炉、催化氧化炉、冷凝回收装置等。

（3）转轮复活

有些废气中含有较多的粉尘和高沸点物质，转轮经过长期使用后，表面会逐步积蓄粉尘或高沸点的物质，影响吸附率。在这种场合需要定期对转轮进行特殊复活处理，根据积蓄组分的性质，可选用1～2kg高压水冲洗或者高温再生。高温再生温度高于正常脱附温度，一般300℃，间隔6～12个月高温再生一次。高温再生需要由专业人员操作且设备需具备高温再生的条件。

4. 应用实例

图7-54所示为沸石转轮吸附＋蓄热式焚烧组合工艺。通过沸石转轮的吸附浓缩使大风量、低浓度有机废气浓缩为小风量、高浓度浓缩气体，高浓度浓缩气再经RTO高温燃烧分解为CO_2和H_2O等无机成分。

蜂窝状结构的吸附转轮安装在分隔成吸附、再生、冷却三个区的壳体中，在调速马达的驱动下以3～8r/h的速度缓慢回转。含有VOCs的污染空气由鼓风机送到吸附转轮的吸附区，所含VOCs成分被吸附剂所吸附。随着吸附转轮的回转，接近吸附饱和状态的吸附转轮进入再生区，在高温空气作用下，VOCs被脱附下来进入蓄热式焚烧炉处理。再生后的吸附转轮经过冷却区冷却降温后，返回到吸附区，完成吸附-脱附-冷却的循环过程。

沸石具有较大的比表面积，吸附能力强，由于蜂窝状的孔径较多，并且以陶瓷纤维为基

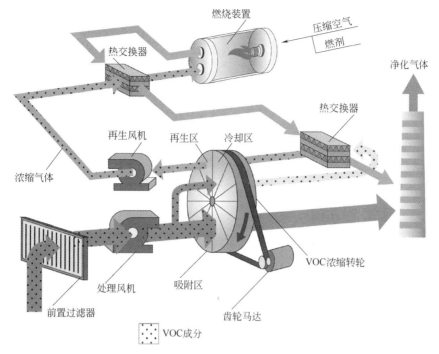

图 7-54　沸石转轮吸附+蓄热式焚烧组合工艺

材附上沸石作为吸附剂，能够有效地吸附有机溶剂。沸石具有不可燃性，在高温下不会自燃，脱附温度可达到 200℃，脱附较安全，重复使用效率高，寿命可达 5～10 年。

系统组合紧凑，充分利用热源，节省设备投资和运行费用。脱附后的 VOCs 浓度一般为系统进气浓度的 6～25 倍，可达到 RTO 自持浓度，正常运行中，RTO 辅助加热系统不开启。利用冷却风作为脱附风（常温冷却风经冷却区后温度升到 80～110℃），同时取少量 RTO 炉膛高温净化气进一步加热脱附风，达到脱附用温度，可降低运营成本。

VOCs 的种类繁多、成分复杂、性质各异，在很多情况下采用一种净化技术往往难以达到治理要求，而且也不经济。利用不同单元治理技术的优势，采用组合治理工艺，不仅可以满足排放要求，而且可以降低净化设备的运行费用。因此，在有机废气治理中，采用两种或多种净化技术的组合工艺得到了迅速发展。

第八章

除尘脱硫一体化设备

针对发展中国家投入到烟气脱硫的资金不多，特别是面广量大的中小型锅炉用户对排烟脱硫费用承受能力有限，又不便于集中统一管理的实际情况，开发一种投资省，运行费用低，便于维护，适合我国国情的除尘脱硫装置，即同一台设备既可除尘又能脱硫，从而降低系统的投资费用和占地面积。对此原则是：首先要求主体设备"低阻高效"，在不增加动力的前提下，对细微尘粒有较高的捕集效率和较强的脱硫能力；其次是采用来源广、价格低廉的脱硫剂，包括可利用的碱性废渣、废水等，从而降低运行费用。

第一节　湿式除尘脱硫一体化装置

根据主体设备结构的不同，现有产品有卧式网膜塔、立式网膜塔、筛板塔、喷射式吸收塔等多种形式。在此仅以网膜塔和喷射式吸收塔为例予以介绍。

一、卧式网膜塔除尘脱硫装置

1. 工作原理

该装置主体设备是一卧式网膜塔，配套设备包括循环水池、水泵等，如图 8-1 所示。

网膜塔内部可分为四部分——雾化段、冲击段、筛网段和脱水段。

雾化段的主要作用是使烟气降温和使微细粉尘凝并成较大颗粒。冲击段主要作用是除尘，同时也有使部分微细粉尘凝并的作用。筛网段由若干片筛网组成，网上端布水，网上形成均匀水膜，烟气穿过液膜，激起水滴、水花、水雾等，造成气液充分接触的条件，该段的作用一是脱硫，二是除去微细粉尘。脱水段主要作用是脱水，防止烟气带水影响引风机正常运行。

壳体用普通碳钢板制造，内衬防腐、耐磨、耐热材料。塔内核心部件及脱水部件等全部采取防腐、耐磨措施。壳体除用

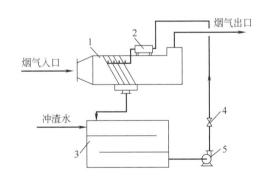

图 8-1　卧式网膜塔除尘脱硫装置工艺流程
1—网膜塔；2—布水器；3—循环水池；
4—调节阀；5—水泵

钢板外，也可以采用无机材料（如麻石）砌筑。为便于维修，核心部件（如筛网等）均为活动的组装件。

上述四段捕集尘（包括脱水）的主要原理是惯性碰撞效应。惯性碰撞效应大小取决于惯性碰撞参数 S_{tk}，其值可按下式计算。

$$S_{tk} = \frac{\rho_p d_p^2 v}{9\mu d_c} \tag{8-1}$$

式中　ρ_p——粉尘的密度，g/cm^3；

　　　d_p——粉尘的粒径，cm；

　　　v——粉尘与捕尘体的相对速度，cm/s；

　　　μ——烟气的黏性系数，Pa·s；

　　　d_c——捕尘体的尺寸，cm。

S_{tk} 的大小决定了除尘效率的高低，由上式可知：S_{tk} 与 v 及 d_p^2 成正比，与 d_c 成反比。所以在设计过程中，应尽量提高烟气与捕尘体的相对速度，降低 d_c 值，同时设法使微细粉尘凝并成较大颗粒，即提高 d_p 值。

2. 除尘脱硫工艺流程

根据锅炉燃煤含硫量、燃烧方式、除渣方式等具体情况，可采用不同的脱硫工艺。采用卧式网膜塔工艺流程，在水力冲渣条件下，主要利用灰渣中的碱性物质脱硫。对于沸腾炉、循环流化床炉及煤粉炉，主要利用粉尘中的碱性物质脱硫。为了提高对灰渣及粉尘中碱性物质的利用率，循环水中可加入催化剂。池中炉渣及粉尘由抓斗定时抓走。为防止腐蚀和磨损，采用陶瓷砂浆泵作为循环水泵，衬胶钢管或耐酸胶管作为循环水管线，阀门衬胶。

3. 主要技术指标及其选用

（1）主要技术指标

1）除尘效率

用于层燃炉和新型抛煤机锅炉，除尘效率＞95％，排尘浓度小于 $100mg/m^3$（符合一类地区标准）；用于沸腾炉及循环流化床炉，除尘效率＞99％，排尘浓度小于 $250mg/m^3$（符合二类地区标准）。

2）脱硫效率

利用冲渣水，锅炉燃用低硫煤，脱硫效率 50％～60％；沸腾炉，燃煤硫分 2％，灰分35％，CaO 与 MgO 之和占灰分的 8％，脱硫效率 60％左右。

3）其他参数

设备阻力 800～1000Pa，液气比 1～$2L/m^3$，设备寿命 10 年。

（2）装置的特点及其选用

如上所述，该装置的主要特点是阻力小，对微细粉尘有较高的捕集效率，并且有较强的适用性，既适用于层燃锅炉，又适用于排尘浓度很高的沸腾炉、循环流化床锅炉、抛煤机炉等。表 8-1 和表 8-2 分别给出了这种装置的除尘和脱硫效果，可供设计时参考选用。

二、 SHG 型除尘脱硫装置

1. 工作原理

SHG 型除尘脱硫装置其主体设备为立式塔，塔内兼用了干、湿结合的结构型式，下部为干式除尘段，中部装有筛板，上部是脱水装置，出口处还设有除雾装置。

表 8-1 卧式网膜塔除尘装置除尘效果

燃烧方式	锅炉容量/(t/h)	烟气温度/℃ 入口	烟气温度/℃ 出口	液气比/(L/m³)	尘浓度/(mg/m³) 入口	尘浓度/(mg/m³) 出口	除尘效率/%	装置阻力/Pa	备注
链条加喷煤粉	20	140	52	0.70	11130	291.6	97.4	954	喷粉产汽量约为17t/h
抛煤机炉	20	150	60	0.70	3867	58.0	98.5	900	未经改造的新型抛煤机炉
抛煤机炉	10	120	43	1.0	10450	96.5	98.5	800	燃用低硫分煤
沸腾炉	10	139	40	1.0	20490	189.4	99.10	1080	燃用的硫分为2.5%左右
沸腾炉	4	140	60	1.6	32810	244.0	99.24	1000	燃用低硫分煤
链条炉	10	160	60	1.0	—	98.4	—	900	燃用煤的硫分为2.5%左右

表 8-2 卧式网膜塔除尘装置脱硫效果

燃烧方式	锅炉出力/(t/h)	锅炉容量/(t/h)	烟气温度/℃ 入口	烟气温度/℃ 出口	液气比/(L/m³)	循环水温/℃ 上水	循环水温/℃ 下水	循环水 pH 值 上水	循环水 pH 值 下水	SO₂浓度/(mg/m³) 入口	SO₂浓度/(mg/m³) 出口	脱硫效率/%	备注
链条喷粉	20	20	160	52	0.7	40	40	7.0	6.0	120.1	45.2	61.6	喷煤粉
抛煤机炉	9	10	150	50	1.0	—	10	—	—	191.6	18.0	90.5	加石灰
沸腾炉	9	10	180	50	1.0	—	—	7.0	—	3321.5	1103.5	66.1	冲渣水
链条炉	9.5	10	160	60	1.0	40	40	11.8	6.6	1175	640.3	62.4	冲渣水
链条炉	6.0	10	—	—	1.0	—	35	11.7	6.0	1437	449.9	68.1	循环水

干式除尘段的主要作用是除去颗粒较大的粉尘,并经干灰斗定时排出。筛板上布吸收液,在烟气的冲击作用下呈沸腾状,其主要作用是脱除 SO_2 和除去微细粉尘。脱水装置的主要作用是脱水,防止烟气带水。除雾器的作用是防止烟气中蒸汽凝成的水珠被带出。塔体为普通碳钢板制成,内衬防腐、耐磨、耐热材料。为主体设备配套的辅助设备包括循环池、循环泵、再生罐等。

由于采用了干湿相结合的结构型式,大部分粉尘被预先除去,因而筛板上粉尘的负荷较小,循环池中沉渣量也相应减少。特别适用于6t/h以下小型层燃锅炉配套使用。

2. 除尘脱硫工艺流程

SHG 型除尘脱硫装置工艺流程如图 8-2 所示。含尘烟气由塔的中部进入干式除尘段,除去大部分粉尘的烟气由中间芯管上升到筛板段,在筛板段除去微细粉尘和 SO_2。循环池中的沉淀物定时清除,干灰斗中的粉尘定时排出。

图 8-2 流程适用于碱性、双碱法及液相催化氧化法脱硫。影响除尘脱硫效率的主要因素包括空塔速度、吸收液的 pH 值、液气比等。空塔速度是在设计时确定的,液气比、吸收液的 pH 值等则根据实际需要在设备运行中加以控制。

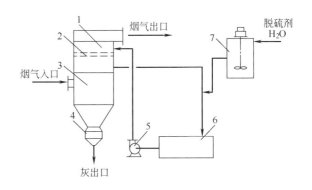

图 8-2 SHG 型除尘脱硫装置工艺流程
1—脱水段;2—筛板;3—干式除尘段;4—干灰斗;
5—循环泵;6—循环池;7—再生罐

3. 主要技术指标及其选用

(1) 主要技术指标

① 除尘效率 ≥95%,可满足一类地区标准。

② 脱硫效率 高硫煤为70%~80%;中、低硫煤为80%~90%。

③ 设备阻力　1200～1500Pa。

④ 液气比　0.3～0.5L/m³。

（2）装置的特点及其选用

该装置的主要特点是液气比较小，塔内持液量较大，气液接触充分。因液气比小，循环液量小，因而循环池的容积也小，可节省循环池的占地面积和投资。因气液接触充分，强化了传质过程，所以有较高的除尘脱硫效率。

该装置适用范围：装机容量为6t/h以下；燃煤方式为层燃炉，燃煤含硫量为低硫、中硫和高硫煤。表8-3、表8-4为该装置的实用记录，可供选用时参考。表8-3给出了除尘效果，表8-4给出了脱硫效果。

表8-3　SHG型装置除尘效果

燃烧方式	锅炉容量/(t/h)	入口烟气量/(m³/h)	烟气温度/℃ 入口	出口	液气比/(L/m³)	尘浓度/(mg/m³) 入口	出口	除尘效率/%	阻力/Pa
层煤炉	6	19336	140	49	0.5	911	38.5	95.9	1754
层煤炉	6	19460	145	48	0.5	1611	32.6	98.0	1793
层煤炉	2	6002	144	50	0.4	2464	78	96.7	1591
层煤炉	2	6523	170	65	0.42	3677	67	97.8	1450
层煤炉	4	—	—	—	—	1977	104.8	94.7	—

表8-4　SHG型装置脱硫效果

燃烧方式	锅炉容量/(t/h)	入口烟气量/(m³/h)	烟气温度/℃ 入口	出口	液气比/(L/m³)	循环水温/℃ 上水	下水	循环水pH值 上水	下水	SO₂浓度/(mg/m³) 入口	出口	脱硫效率/%	备注
层煤炉	6	19336	140	49	0.40	24	37	7.6	2.6	183.5	29.3	83.1	加石灰调pH值
层煤炉	2	7377	170	65	0.30	4	20	8.1	5.4	128	34.3	73.2	加石灰调pH值
层煤炉	2	6924	144	50	0.31	6	35	7.1	4.0	516	271.7	47.5	清水脱硫
层煤炉	4	—	—	—	—	—	—	—	—	—	—	—	

三、喷射式吸收塔除尘脱硫装置

1. 工作原理

喷射式吸收塔是一种新型实用除尘脱硫装置，其工作原理是将气流的动能传递给吸收液并使其雾化，因此气液是同向流动的。喷射式吸收塔的构造如图8-3所示。烟气从塔顶进入气液分配室，吸收液经环形管进入此段下部，均匀溢入杯型喷嘴，沿其内壁呈液膜向下流动。当气流穿过喷嘴时，流速逐渐增大，流出喷嘴突然扩散，将液膜雾化。在吸收室形成极大的气液接触面积。气液混合流体在分离室速度降低，液滴靠惯性力作用落入塔底部，经排液管排出。净化后的烟气经排出管排至烟囱，或者在排出管出口加设脱水除雾装置后直接排入大气。

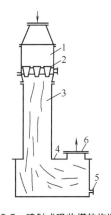

图8-3　喷射式吸收塔的构造

1—气液分配室；2—杯型喷嘴；

3—吸收室；4—分离室；

5—排液管；6—排出管

喷嘴的形式和相对尺寸对喷射式吸收塔的性能影响很大。试验研究表明，圆锥形喷嘴上、下口面积之比、圆锥角以及水气比是影响雾化效果和气流阻力的主要因素。研究结果推荐折线形喷嘴（见图8-4），具有吸收效率高和气液阻力低的优点。

烟气处理量较大的喷射式吸收塔，需要布置多个喷嘴。为使供液稳定，除采用多管进液外，还可在喷嘴的周围安装挡水环形板。

2. 主要技术指标及其选用

（1）主要技术指标

① 喷嘴下口烟气流速：26～30m/s。

② 吸收段截面上烟气流速：5～7m/s。

③ 气液分离段烟气流速：低于 1.5m/s。

④ 液气比：1～2L/m³。

⑤ 吸收段高与塔径比：5～7。

⑥ 塔的气流阻力：980Pa 左右。

（2）装置评价及其设计

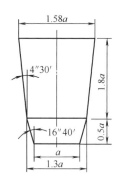

图 8-4　折线形喷嘴及相对尺寸

喷射式吸收塔的优点是烟气穿塔速度高，因此处理同样烟气量塔的体积小；塔的结构简单、没有活动和易损部件；能处理含尘烟气，不易堵塞；维护管理方便；对易溶性气体的净化效率较高。缺点是气流阻力较大。在安装杯型喷嘴时，应保证喷嘴上缘在一个水平面上，以便吸收液均匀溢流，否则将影响雾化效果。

上述内容列出了喷射式吸收塔的设计参考数据，具体设计需根据装置处理量、粉尘性质与浓度、含硫浓度和处理要求等，通过试验或经验确定。可仿效卧式网膜塔的工作原理为主体设备配置循环池、循环泵、再生罐等设施，实现分离段污水的再生和循环使用。

第二节　电子束排烟处理装置

热电厂的排烟脱硫技术以湿式石灰-石膏法为主。但该技术存在设备结构复杂、制约因素多等问题，而且还需设置大规模的排水处理装置。此外，随脱硫处理而产生的副产品石膏虽然目前得到有效利用，但由于石膏销售市场有限，未来情况如何仍难判断。为此，应该确立在技术上和经济上更为可行的无排水的干式排烟处理装置作为将来的燃煤热电厂排烟处理技术的发展方向，而且副产品也需要多样化。

电子束排烟处理装置（以下简称 EBA 法）是向锅炉等排出的烟气照射电子束，同时除去排烟中含有的硫氧化物（SO_x）、氮氧化物（NO_x），并能有效回收氮肥料（硝酸铵及硝酸铵混合物）的无排水型干式排烟处理技术。

一、 EBA 法装置及其净化机理

1. 处理工艺流程

图 8-5 为热电厂排烟处理时的处理流程。工艺流程由排烟冷却、氨添加、电子束照射及副产品分离等几部分组成。对 150℃ 左右的排烟，用集尘器先除去大部分飘尘，然后通过冷却塔喷水，将其冷却到适合脱硫、脱硝反应的温度（约 65℃）。排烟露点通常为 50℃ 左右，喷水在冷却塔内完全汽化，所以不产生液体排放。然后根据 SO_x 浓度和 NO_x 浓度将定量的氨注入排烟，再导入反应器，在此用电子束照射排烟。由于电子束照射，排烟中的 SO_x 及 NO_x 在极短的时间内氧化，分别变为中间生成物硫酸（H_2SO_4）及硝酸（HNO_3）。它们与共存的氨进行中和反应生成粉体微粒——硫酸铵 $(NH_4)_2SO_4$ 与硝酸铵 NH_4NO_3 的混合粉体。通过干式电集尘器分离、捕集这些粉体微粒后，再将净化后的排烟用抽风机通过烟

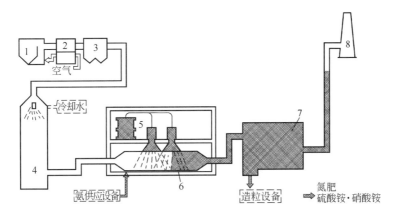

图 8-5　处理流程

1—锅炉；2—空气预热器；3,7—干式电集尘器；4—冷却塔；
5—电子束发生装置；6—反应器；8—烟囱

囱排放到大气。

2. 净化反应机理

工艺流程中，脱硫、脱硝反应是经过以下 3 个反应过程而进行的。

（1）自由基的生成

燃煤等燃料的排烟由氮（N_2）、氧（O_2）、水蒸气（H_2O）、二氧化碳（CO_2）等主要成分及 SO_x、NO_x 等微量有害气体组成。所以当电子束照射排烟时，电子束的能量大部分被氮、氧、水蒸气所吸收，生成富有化学反应活性的自由基。

$$N_2，O_2，H_2O + e \longrightarrow OH\cdot，O\cdot，HO_2\cdot，N\cdot$$

（2）SO_2 及 NO_x 氧化生成酸

排烟中的 SO_2 和 NO_x 与通过电子束照射生成的自由基进行反应，分别氧化为硫酸（H_2SO_4）和硝酸（HNO_3）。

$$SO_2 \xrightarrow{O\cdot} SO_3 \xrightarrow{H_2O} H_2SO_4$$

$$SO_2 \xrightarrow{OH\cdot} HSO_3\cdot \xrightarrow{OH\cdot} H_2SO_4$$

$$NO \xrightarrow{O\cdot} NO_2 \xrightarrow{OH\cdot} HNO_3$$

$$NO \xrightarrow{HO_2\cdot} NO_2 + OH\cdot \xrightarrow{OH\cdot} HNO_3$$

$$NO_2 + OH\cdot \longrightarrow HNO_3$$

（3）酸与氨反应生成硫酸铵和硝酸铵

前一阶段生成的硫酸及硝酸与电子束照射以前充入的氨（NH_3）进行中和反应，分别生成硫酸铵［$(NH_4)_2SO_4$］及硝酸铵（NH_4NO_3）的粉体微粒。此外，若残存有尚未反应的 SO_2 及 NH_3 时，在上述生成微粒表面进行热化学反应，SO_2 及 NH_3 的一部分生成硫酸铵。

$$H_2SO_4 + 2NH_3 \longrightarrow (NH_4)_2SO_4$$

$$HNO_3 + NH_3 \longrightarrow NH_4NO_3$$

$$SO_2 + 2NH_3 + H_2O + \frac{1}{2}O_2 \longrightarrow (NH_4)_2SO_4$$

3. 处理装置

（1）烟气冷却设备

冷却塔的目的在于将烟气冷却至适合电子束反应的温度。冷却方式分以下两种。

1）完全蒸发型

对烟气直接喷水进行冷却。因为喷雾水完全蒸发，所以不产生排放水。

2）水循环型

对烟气直接喷水进行冷却。喷雾水循环使用，其中一部分在反应器内作为二次烟气冷却水使用。由于二次烟气冷却水完全蒸发，所以不会产生排放水。

（2）反应设备

反应设备由反应器、二次烟气冷却装置及附着物排出装置等组成。

反应器形状利于控制，由于反应器内部壁面产生电子束耗损，应尽量提高电子束的利用效率。

二次烟气冷却装置是为防止因电子束照射而发热及由于反应热排烟温度上升、向反应器内部喷雾的装置。同时也添加脱硫、脱硝所需的氨。

（3）电子束发生设备

由发生电子束的直流高压电源、电子加速器及窗箔冷却装置组成。电子在保持高真空的加速管里通过高电压加速。加速后的电子通过保持局部真空的一次窗箔及二次窗箔（厚度均为 $30 \sim 50 \mu m$ 的金属箔）照射排烟。窗箔冷却装置是向一次窗箔及二次窗箔里喷射空气、N_2、He 等气体来进行冷却，控制因电子束透过损失引起的窗箔温度上升的装置。图 8-6 为电子加速器的结构。

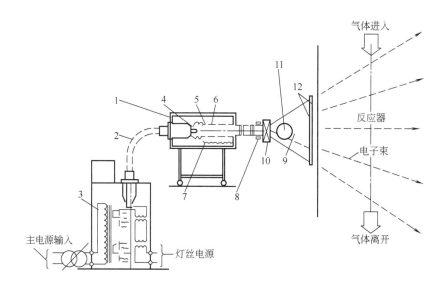

图 8-6 电子加速器的结构

1—绝缘贮槽（$\phi 240 \times 2000H$）；2—高压电线；3—电压调节器；4—灯丝；5—加速管（$\phi 120 \times 1000H$）；6—加速电极；7—漏电电阻；8—X 扫描线圈；9—扫描管；10—Y 扫描线圈；11—真空泵；12—照射窗

（4）集尘设备

由电集尘器及副产品运送装置组成。电集尘器是捕集采用电子束法处理燃烧烟气时发生的副产品（硫酸铵、硝酸铵的混合粉体）的装置。捕集到的副产品通过运送装置送往副产品处理装置。

（5）供氨设备

由氨贮槽、氨汽化器及蓄能器组成。贮槽的液体氨通过汽化器汽化（氨氨气）经过蓄能器供氨。

（6）副产品处理设备

由造粒装置、输送装置及副产品仓库组成。造粒装置是对通过电集尘器捕集到的硫酸铵和硝酸铵为主要成分的粉体副产品进行造粒处理的装置。由电集尘器等连续排出的粉体副产品供给造粒装置，压缩和凝固后再进行碎解、整粒。整粒后的副产品运送到副产品仓库储存。

（7）通风设备

由风机及挡板等组成。

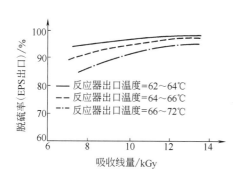

图 8-7 脱硫率和吸收线量

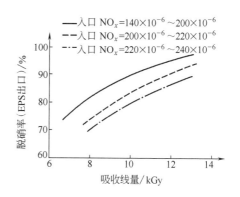

图 8-8 吸收线量和脱硝率

二、 EBA 法处理效果及其影响因素

EBA 法具有显著的脱硫、脱硝效果。图 8-7 表示脱硫率和吸收线量的关系。脱硫率主要取决于反应器出口温度和吸收线量，反应器出口温度越低脱硫率越高。图 8-8 表示吸收线量和脱硝率的关系。脱硝率主要取决于吸收线量和入口 NO_x 浓度，入口 NO_x 的浓

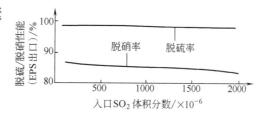

图 8-9 入口 SO_2 浓度和脱硫/脱硝性能的关系

度越低脱硝率越高。图 8-9 表示入口 SO_2 浓度和脱硫/脱硝性能的关系。脱硫率、脱硝率几乎不受入口 SO_2 浓度的影响，即使入口 SO_2 体积分数近于 2000×10^{-6} 时也能达到 95% 的高脱硫率。

表 8-5 为 EBA 法验证和实际应用记录。

三、 EBA 法特点

① 能够同时高效地进行脱硫、脱硝。能够以 90% 以上的脱硫率和 80% 以上的脱硝率同时除去煤炭等各种燃料排烟中的高浓度 SO_x、NO_x。

表 8-5　EBA 法验证和实际应用记录

分类	验证设备	实用设备	
实施(运行)年	1991～1994 年	1996 年	1999 年
项目	中部电力株式会社-原子能研究所-在原制作所共同研究	中国国家计划委员会-电力工业部-四川省电力工业局-连原制作所共同项目	中部电力株式会社
处理气体	燃煤排烟	燃煤排烟	燃烧重油排烟
规模(发电容量)	12000m^3/h(NTP)	300000m^3/h(NTP)(90MW)	620000m^3/h(NTP)(220MW)
SO$_2$	(250～2000)×10^{-6}	1800×10^{-6}	—
NO$_x$	150～240×10^{-6}	400×10^{-6}	—
目的	确认燃烧煤排烟的干式同时脱硫、脱硝	确认燃烧高含硫量煤排烟的干式脱硫	确认燃烧重油排烟的干式同时脱硫、脱硝
性能	nSO$_2$≥95% nNO$_x$≥80%	nSO$_2$≥80% nNO$_x$≥10%	nSO$_2$≥92% nNO$_x$≥60%
实施地点	中部电力株式会社,西名古屋火力发电所厂内	成都热电厂,中华人民共和国四川省成都市	中部电力株式会社,西名古屋火力发电所

② 设备结构简单，运转操作容易。机器结构简单，各机器无填充材料等，所以容易维修，对锅炉负荷变动也能顺利适应。

③ 不需要排水设备。工序流程中完全无排水，不需要排水处理设备。

④ 副产品可以作为肥料使用，不产生废弃物。从作为能源的煤炭、石油的排烟中能够回收附加价值高的氮肥。

⑤ 建设费用及运转成本低。由于设备结构简单，不需要昂贵的脱硝催化剂，操作简单，与传统方法相比较，设备经济性高。

四、 EBA 法实际应用示例

1. 项目计划

项目为 400MW 煤炭燃烧排烟电子束处理装置，装置主体为一系列处理 1200000m^3/h(NTP) 排烟的设备，要求脱硫效率为 90%。

2. 排烟条件（见表 8-6）

表 8-6　排烟条件

排烟处理装置入口烟气条件		排烟处理装置出口烟气条件	
排烟量(湿式)	1200000m^2/h(NTP)	SO$_2$(干式)	200×10^{-6}
排烟温度	127℃	脱硫率	90%
排烟组成成分		NO$_x$(干式)	240×10^{-6}
O$_2$(干式)	5.5%	脱硝率	80%
CO$_2$(干式)	14.0%		
H$_2$O(湿式)	5.1%	温度	90℃
SO$_2$(干式)	2000×10^{-6}	NH$_3$	30×10^{-6}
NO$_x$(干式)	400×10^{-6}	烟尘(干式)	50mg/m^3(NTP)
烟尘(飘灰,干式)	340mg/m^3(NTP)		

3. 处理工艺流程（见图 8-10）

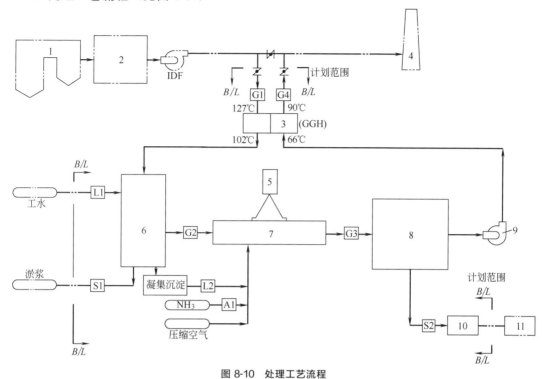

图 8-10　处理工艺流程

1—燃烧锅炉；2,8—电子集尘装置；3—煤气加热器；4—烟囱；5—电子束发生装置；6—冷却塔；
7—反应器；9—升压风机；10—副产品造粒设备；11—副产品储藏仓库

4. 系统设备及其布置

（1）主要机器设备

组成本排烟处理装置的主要设备如下。

① 冷却塔：1 座；　　　　　　　⑥ 副产品运送装置：2 台；

② 反应器：1 台；　　　　　　　⑦ 抽风机：1 台；

③ 直流高压电源：5 台；　　　　⑧ 供氨设备：2 台；

④ 电子加速器：10 台；　　　　 ⑨ 副产品造粒设备：2 台；

⑤ 电集尘器：1 台；　　　　　　⑩ 产品储存仓库：1 套。

（2）平面布置

图 8-11 为平面布置图。

5. 系统运行动力消耗及副产品

（1）动力消耗（见表 8-7）

表 8-7　系统运行动力消耗

项目	每小时使用量	年使用量	项目	每小时使用量	年使用量
电力	6800kW·h/h	(6570h)[3]	氨	3220kg/h	21200t
电子束发生装置[1]	3300kW·h/h		蒸汽[2]	17t/h	112000t
其他	3500kW·h/h	44.7×10⁶kW·h	供水	85t/h	558000t

① 为直流高压电源、电子加速器及其附属机器的消费电力合计。

② 蒸汽只作为热源使用。

③ 按年运转率 75% 算出。

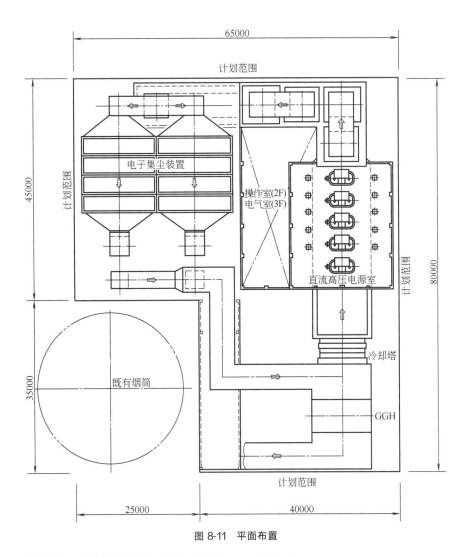

图 8-11 平面布置

（2）副产品组成成分及其生产量（见表 8-8、表 8-9）

<table>
<tr><td colspan="2">表 8-8　副产品组成成分</td></tr>
<tr><td>项目</td><td>副产品组成成分</td></tr>
<tr><td>硫酸铵</td><td>95.3%</td></tr>
<tr><td>硝酸铵</td><td>2.6%</td></tr>
<tr><td>飘尘</td><td>2.1%</td></tr>
<tr><td>合计</td><td>100.0%</td></tr>
<tr><td>副产品中的氮含量</td><td>21.1%</td></tr>
</table>

<table>
<tr><td colspan="2">表 8-9　副产品生产量</td></tr>
<tr><td>时产量</td><td>12600kg/h</td></tr>
<tr><td>年产量（6570h）</td><td>82800t/a</td></tr>
</table>

第三节　电晕放电除尘脱硫装置

在低温常压条件，不加任何化学药品的前提下，应用高能非平衡等离子体技术，可把有害气体 SO_2 分解成无害的氧气（O_2）和单质硫（S），且分解率高、能量消耗低。

一、装置组成及处理工艺流程

实验装置如图 8-12 所示。反应器本体用不锈钢制成，内壁涂有一层以 Ni 为母体的 B 种催化剂，其内径为 120mm，长度为 1500mm。电晕极为不锈钢星形线材，长度为 800mm。根据实验要求，用空气压缩机以及 SO_2 标准气瓶和粉体发生器产生一定浓度的烟尘。根据分解工艺，波形成型器供给分解反应中所需要的等离子体和控制定向反应的反应条件。

实验用气体通过反应器内壁与电晕极之间形成的活化区，气体进行分解反应。气体混合发生器将粉体与 SO_2 及空气模拟烟道外排烟气成分配气。粉体回收器收集电场回收的含有单质 S 微粒的粉尘。超高压脉冲电源输出（$V_D +$$V_C$）经波形成型器整型成所需要的脉冲电压加到电晕极上，超高压脉冲电源中直流成分 V_D 可根据分解条件进行调整，脉冲交流电压 V_C 的幅值为 $200 \sim 250kV$，脉宽 $1\mu s$，频率 1000Hz，能提供分解反应中所需要的等离子体和定向化学反应的控制条件。

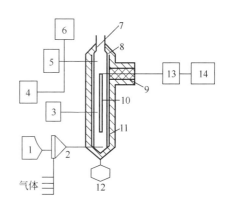

图 8-12　脉冲活化治理烟气实验装置
1—粉体发生器；2—气尘混合发生器；3—测温仪；
4—红外气体分析仪；5—质谱仪；6—色谱仪；
7—反应器本体；8—保温层；9—绝缘子；
10—电晕极；11—催化剂层；12—粉体回
收器；13—波形成型器；14—脉冲电源

二、 SO_2 等有害气体的分解机理

非平衡等离子体（或称冷等离子体）主要采用辉光放电、微波放电、电晕放电等方法产生，放电的电场强度与工作室气压比值较高。通常辉光放电与微波放电中气体压强远低于大气压（约 $10^{-6} \sim 10^{-3} atm$），因而气体粒子数密度低，粒子间碰撞耦合弱，电子在外电场加速作用下获取的能量不能及时传递给重粒子（原子、离子、自由基、分子等）。结果，低气压等离子体中电子温度远高于重粒子温度，电子温度可高达几十万度，而重粒子温度接近或略高于室温。电晕放电中虽然气体压强较高，但放电的电场强度高，电子温度仍然高于重粒子温度。所以，电晕放电也已用于电除尘器、臭氧生产和离子源等。

图 8-13 为 SO_2 浓度与分解率关系曲线。这是对电晕极施加超高压脉冲，在直流高电压 V_p（$20 \sim 80kV$）上叠加脉冲电压 V_C，幅值为 $200 \sim 250kV$，周期为 20ms，脉冲宽度为 $10\mu s$ 左右，脉冲前后沿约为 200ns。由于脉冲前后沿陡峭、峰值高，使电晕极附近发生激烈、高频率的脉冲电晕放电，使基态气体获得足够大能量，发生了强烈的辉光放电，空间气体迅速成为高浓度等离子体，使烟气处于活化状态。

烟气中有害气体（SO_2、NO_x、$CO_2 \cdots$）分子的化学性质和物理性质决定于它的原子在分子空间的结构。为了实现分解有害气体分子，必须破坏一个或几个键。由于使用了超高压脉冲电晕放电技术。在纳秒（ns）级内，使空间电场强度发生突然的巨大变化，因而反应器中烟气分子突然获得"爆炸"式

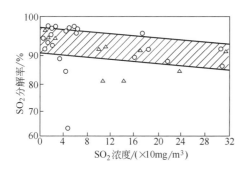

图 8-13　SO_2 浓度与分解率关系曲线
○—静电院检测中心测试数据；△—外单位测试数据

的巨大能量（能量可达 20eV 以上），使烟气分子几乎全部处于活化状态，烟气分子瞬间自由能猛增成为活化分子。只有具有高能量的活化分子，才能在发生有效碰撞的瞬间（ns），将动能转化为分子内部势能，破坏旧的化学键（SO_2 结合能为 5.43eV），使一个或几个键断裂。在定向反应作用下产生新的单一原子组成的气体分子和固体单质微粒。

应用物理方法，即采用超高压脉冲电晕放电技术来破坏有害气体分子化学键，脉冲幅值高达 200kV 以上，作用时间极短（ns），在此时间内完成化学反应。在如此短时间内，由于"爆炸"式巨大能量作用，气体分子几乎全部都成为活化分子，转换成新的生成物。不像普通化学反应，每次只有 10%～20% 范围的气体分子才能越过"能垒"（活化能），转换成新的化学生成物，可以看出，应用超高压脉冲电晕放电技术来破坏分子化学键是最经济、最简便的方法。

有害气体分子的化学键能很高，为此加入催化剂，能使分子化学键松动或削弱，使分子处于活化状态。降低了气体分子活化能，加速化学反应。

催化剂具有很强的选择性，选择一些方便、几乎不产生阻力损失、不易中毒的催化剂，采用适当的催化剂，能几倍至几千倍活化能，才能使该项技术具有工业使用意义。

化学反应定向是十分重要的。当气体分子全部都处于活化状态时，化学反应十分活跃，气体分子在进行分解反应的同时，又可能进行化合反应。为了达到分解有害气体的目的，必须使活化了的气体分子只能进行分解反应，才能达到治理有害气体的目的。

综上所述，完全有可能用物理方法来完成有害气体的化学分解反应。

三、 SO_2 分解效果及其影响因素

（1）SO_2 分解效果

在低温（9～48℃）、常压（101kPa）实验条件下进行分解，当气体中 SO_2 浓度为 114.5～3259.8mg/m³ 时，SO_2 气体分解率为 81.4%～98.1%，大部分在 90% 以上，如表 8-10 所示。

表 8-10 分解 SO_2 气体检测报告数据

	测试环境条件			产生等离子体的电参数				气体参数			
序号	压力 /kPa	温度 /℃	湿度 /%	直流电场强度 /(kV/m)	脉冲参数			通气量 /(m³/h)	入口浓度 /(mg/m³)	出口浓度 /(mg/m³)	分解率 /%
					幅值/kV	宽度/μs	频率/Hz				
1	101	26	64	450	220	10	50	4.9	114.5	2.3	98.0
2	101	17	39	450	220	10	100	4.9	1421.2	264.5	81.4
3	101	16	62	450	220	10	100	4.9	3259.8	236.8	92.7
4	101	18	48	450	220	10	100	4.9	3134.0	211.5	93.3
5	101	16	54	450	220	10	50	4.9	711.3	13.9	98.1
6	101	18	76	450	220	10	100	4.9	2402.4	343.2	85.7
7	101	18	76	450	220	10	100	4.9	1618.6	109.6	93.2

（2）SO_2 气体浓度对其分解率的影响

SO_2 气体分解率对其浓度的函数关系如图 8-13 所示，从图中曲线可以看出，随着 SO_2 气体浓度的增加其分解率有所下降，大多数分解率在 85% 以上。

（3）气体流量对 SO_2 分解率的影响

气体流量对 SO_2 的分解率影响较大（见图 8-14），实验条件与表 8-10 所示相同。从图 8-14 曲线可见，随着气体流量增加，SO_2 分解率明显下降。应用图 8-12 所示的实验装置分解 SO_2 气体，只要气体流量保持在 3.2～4.8m³/h 之间，分解率可达 90% 以上。

（4）烟气温度对 SO_2 分解率的影响

为了模拟现场的实际情况，在反应器内通入一定浓度的发电厂锅炉飞灰。用加热装置把反应器内烟气温度控制在 $10\sim200℃$ 范围内，实验结果如图 8-15 所示。从图 8-15 曲线可知，烟气温度对 SO_2 分解率影响不大。随着温度的增加，分解率略有下降。

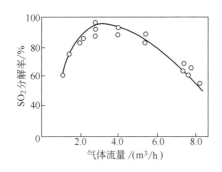

图 8-14　气体流量与 SO_2 分解率关系曲线

气体浓度为 $1200.0\sim2400.8mg/m^3$，脉冲幅值为 267kV

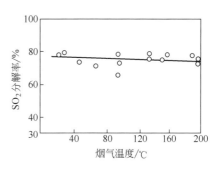

图 8-15　烟气温度与 SO_2 分解率关系曲线

气体流量为 $4.09m^3/h$，脉冲幅值为 255kV

（5）烟气中单质硫等微粒的回收效果

分解 SO_2 过程中产生的单质硫，在定向电场作用下被驱赶到反应器内壁上。从内壁上的附着物取样，测定结果如表 8-11 所示。通入含有 SO_2 的烟气 1h，烟气中 SO_2 含量 7.98g，其中含硫量 3.18g（理论值），从反应器内壁附着物中回收硫，两次测试结果分别为 2.27g 和 2.46g。应用该项技术，烟气中硫的回收率可达 $71.4\%\sim77.4\%$。

表 8-11　反应器内壁附着硫量测试数据

压力 /kPa	温度 /℃	直流电场强度 /(kV/m)	脉冲幅值 /kV	脉冲宽度 /μs	脉冲频率 /Hz	气体流速 /(m/s)	反应时间 /h	烟气中 SO_2 含量/g	反应器内壁硫附着量/g	理论值 /g	差值率 /%
101	48	433	220	10	50	0.15	1	7.98	2.27	3.18	28.6
101	48	433	220	10	50	0.15	1	7.98	2.46	3.18	22.6

（6）脉冲叠加正、负直流电压对 SO_2 分解率及其能耗的影响

从表 8-12 可以看出，把脉冲叠加在正直流电压上产生的等离子体，每消耗 $1kW\cdot h$ 的电能可分解 $1.61\sim1.97kgSO_2$ 气体，分解 1kg 的 SO_2 所消耗的电量仅为叠加负直流电压的 1/10。

表 8-12　脉冲叠加正、负直流电压分解 SO_2 气体能耗和分解率数据

电极性	分解气体	气体浓度 N /(mg/m³)	气体流量 Q /(m³/h)	消耗功率 W /(×10^{-3}kW)	气体分解率 η /%	气体分解量 A[①] /[kg/(kW·h)]
正	SO_2	5434.0	3.26	8.8	80.2	1.61
	SO_2	6500.8	3.26	8.8	82.0	1.97
负	SO_2	5820.1	3.26	103.4	88.0	0.16
	SO_2	4692.2	3.26	103.4	88.3	0.18

① 表中气体分解量计算公式：$A=NQ\eta/W$。

因此，可以得出如下结论。

① 通常烟气中除含有空气外，还同时含有 CO_2（$40\sim10mg/m^3$）、SO_2（$300\sim600 mg/m^3$）、NO_x（$800\sim1200mg/m^3$）等有害气体。现在治理烟气中 CO_2、SO_2 和 NO_x 等有害气体的技术和设备都是分开进行的，一种技术和设备只能治理一种气体。而采用电晕放电产生非平衡等离子体使气体分子活化，可同时分解治理 CO_2、SO_2 和 NO_x，当有害气体分子活化后获得的能量大于 CO_2 键能（803kJ/mol）时，几乎 CO_2、SO_2 和 NO_x 的键全部断

裂，在定向反应控制下形成单一原子气体分子（O_2 和 N_2）和固体微粒（C 和 S）。由于在极短脉宽时间内气体分子处于活化状态，几乎全部气体分子获得活化能，分解 CO_2、SO_2 和 NO_x 的能力极强，分解率不受有害气体种类和浓度影响，均可达到 80% 以上，如表 8-13 所示。

表 8-13　CO_2、SO_2 和 NO_x 气体分解量测试数据

实验条件	气体流量/(m^3/h)	实验气体	分解气体	气体浓度/(mg/m^3)	分解率/%
脉冲幅值 220kV 宽度 1μs 频率 100Hz 静电场强 750kV/m 工作压力 1.01atm 温度 7℃ 湿度 37%	0.5	空气+CO_2	CO_2	12.5×10^4	87.5
		空气+SO_2	SO_2	2210	88.2
		空气+NO_x	NO_x	1136	94.5
	0.8	空气+CO_2+NO_x	CO_2	37.0×10^4	87.3
			NO_x	1457.1	94.6
	1.1	空气+CO_2+SO_2+NO_x	CO_2	66.8×10^4	81.5
			SO_2	1808.3	87.0
			NO_x	953	85.1

② 在整个化学反应过程中不需要加入任何一种化学药品，而当前所有治理方法中都需要加入某种化学药品，在反应器内壁上涂一层以 Ni 为母体的 B 种催化剂降低了有害气体的活化能，为该技术的应用铺平了道路。

③ 在一个十分小的反应器内，可以同时分解 CO_2、SO_2 和 NO_x 气体，对烟气进行一次性、全部的治理所消耗的能量比当前治理任何一种气体和烟尘所消耗的能量都要小得多，为目前全面治理 CO_2、SO_2 和 NO_x 提供了可能。

第九章

净化系统设计

第一节　排气罩设计

为防止生产过程产生的有害物质扩散和传播，通常通过设置集气罩来控制或排除，集气罩也称为排风罩或排气罩。

一、排气罩气流流动的特性

排气罩一个敞开的管口是最简单的吸气口，当吸气口吸气时，在吸气口附近形成负压，周围空气从四周流向吸气口，形成吸入气流或汇流。当吸气口面积较小时可视为点汇。

根据流体力学，图 9-1（a）所示位于自由空间的点汇吸气口的吸气量 Q 为

$$Q = 4\pi r_1^2 v_1 = 4\pi r_2^2 v_2 \tag{9-1}$$

$$\frac{v_1}{v_2} = \left(\frac{r_2}{r_1}\right)^2 \tag{9-2}$$

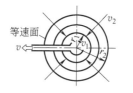

式中　v_1，v_2——点 1 和点 2 的空气流速，m/s；

　　　r_1，r_2——点 1 和点 2 至吸气口的距离，m。

(a) 自由吸气口　　　　(b) 受限吸气口

图 9-1　点汇吸气口气流流动示意

如果吸气口四周加上挡板，即如图 9-1（b）所示的平壁，吸气气流受到限制，吸气范围仅半个等速球面，吸气量（排风量）Q 为

$$Q = 2\pi r_1^2 v_1 = 2\pi r_2^2 v_2 \tag{9-3}$$

由式（9-1）~（9-3）可以看出，点汇吸气口外某一点的空气流速与该点至吸气口距离的平方成反比，并随吸气口吸气范围的减小而增大；在吸气量相同的情况下，在相同的距离上，有挡板的吸气口的吸气速度比无挡板的大一倍。因此设计集气罩时应尽量靠近有害物源，并设法减小其吸气范围，以提高污染物的捕集效率。

对于工程实际上应用的吸气口，一般都有一定的几何形状和一定的尺寸，它们的吸气口外气流运动规律和点汇吸气口有所不同。目前还很难从理论上准确解释各种吸气口的流速分布，只能借助实验测得各种吸气口的流速分布。图 9-2 是通过实验求得四周无法兰边和四周有法兰边圆形吸气口的速度分布图，图 9-3 是宽长比为 1：2 矩形吸气口的速度分布图。

图 9-2 的实验结果也可用式（9-4）和式（9-5）表示。

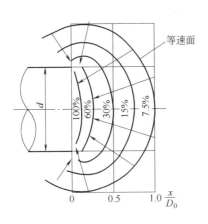

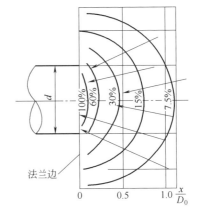

(a) 四周无法兰边

(b) 四周有法兰边

图 9-2　圆形吸气口的速度分布

（1）四周无法兰边的圆形吸气口

$$\frac{v_0}{v_x} = \frac{10x^2 + F}{F} \tag{9-4}$$

（2）四周有法兰边的圆形吸气口

$$\frac{v_0}{v_x} = 0.75\left(\frac{10x^2 + F}{F}\right) \tag{9-5}$$

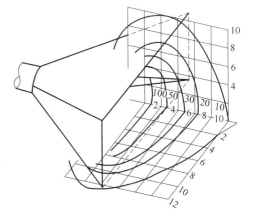

图 9-3　矩形吸气口的速度分布

式中　v_0——吸气口的平均流速，m/s；

v_x——控制点上必须的气流速度即控制风

速，m/s；

x——控制点至吸气口的距离，m；

F——吸气口面积，m^2。

根据试验结果，吸气口气流速度分布还具有以下特点：

① 在吸气口附近的等速面近似与吸气口平行，随着离吸气口距离的增大，逐渐变成椭圆面，而在 1 倍吸气口直径 D_0 处，已接近为球面，因此，式（9-4）和式（9-5）仅适用于 $x \leqslant 1.5D_0$ 的场合，当 $x > 1.5D_0$ 时，实际的速度衰减要比计算值大；

② 吸气口气流速度衰减较快，$x/D_0 = 1$ 处气流速度已降至吸气口流速的约 7.5%；

③ 对于结构一定的吸气口，其等速面形状大致相同，而吸气口结构形式不同，其气流衰减规律则不同。

二、排气罩基本型式

排气罩的形式很多，按其作用原理可分为密闭罩、柜式集气罩、外部吸气罩、槽边吸气罩、接受式吸气罩、吹吸式集气罩等几种基本类型。

1. 密闭罩

密闭罩是把有害物源全部密闭在罩内，隔断生产过程中造成的有害物与作业场所二次气流的联系，防止粉尘等有害物随气流传播到其他部位。密闭罩上一般均设有较小的工作孔（见图 9-4），从而能观察罩内工作情况。

在密闭罩内设备及物料的运动（如碾压、摩擦等）使空气温度升高，压力增加，于是罩内形成正压。因为密闭罩结构并不严密（有孔或缝隙），粉尘随着一次尘化过程，沿孔隙冒出。因此在罩内还必须排风，使罩内形成负压，这样可以有效地控制有害物质外溢。为避免物料过多地随排尘系统排出，密闭罩形式、罩内排风口的位置、排风速度等要选择得当、合理。防尘密闭罩的形式应根据生产设备的工作特点及含尘气流运动规律确定。排风点应设在罩内压力最高的部位，以利于消除正压。排风口不能设在含尘气流浓度高的部位。罩口风速不宜过高，通常采用下列数值：

① 筛落的极细粉尘：$v = 0.4 \sim 0.6 \text{m/s}$；

② 粉碎或磨碎的细粉：$v < 2 \text{m/s}$；

③ 粗颗粒物料：$v < 3 \text{m/s}$。

密闭罩只需较小的吸风量就能在罩内形成一定的负压，能有效控制有害物的扩散，并且集气罩气流不受周围气流的影响。密闭罩的缺点是工人不能直接进入罩内检修设备，有的看不到罩内设备的工作情况。

图 9-4　密闭罩工作孔示意
1—工作口；2—排风口

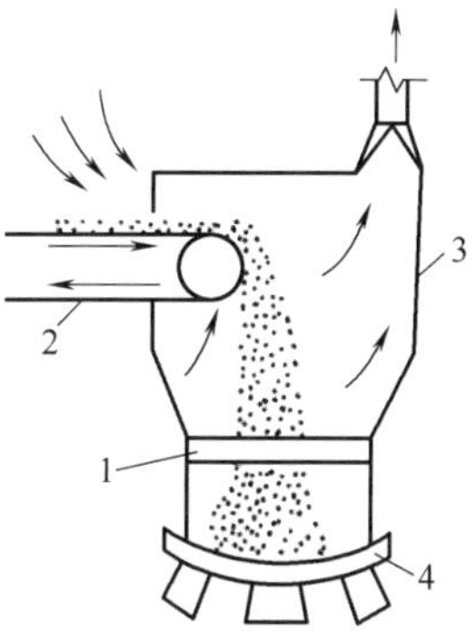

图 9-5　局部密闭罩
1—挡板；2—转运皮带；3—密闭罩；4—受料皮带

密闭罩的形式较多，可分为以下 3 类。

（1）局部密闭罩

局部密闭罩将有害物源部分密闭，工艺设备及传动装置设在罩外。局部密闭罩如图 9-5 所示。这种密闭罩罩内容积较小，所需抽气量较小。适用于含尘气流速度低、瞬时增压不大，且集中连续扬尘的点，如转载点等。

（2）整体密闭罩

整体密闭罩将产生有害物的设备大部分或全部密闭起来，只把设备的传动部分设置在罩外，其特点是密闭罩本身为独立整体，易于密闭，通过罩外的观察孔对设备监视，设备传动部分的维修在罩外进行。整体密闭罩如图 9-6 所示。

（3）大容积密闭罩

大容积密闭罩将有害物源及传动机构全部密闭起来，形成独立小室。其特点是罩内容积大，可以缓冲气流，减少局部正压。通过罩外的观察孔对设备监视，设备传动部分的维修在罩内进行。这种方式适用于具有振动的设备或产尘气流速度较大的地点，如图 9-7 所示的振动筛的大容积密闭罩。

2. 柜式集气罩

柜式集气罩俗称通风柜，它的结构形式与密闭罩相似，只是罩一侧可全部敞开或设操作孔，操作人员可以将手伸入罩内，或人直接进入罩内工作。小零件喷漆柜、化学实验室通风

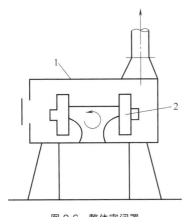

图 9-6　整体密闭罩

1—整体密闭罩；2—干轮碾机

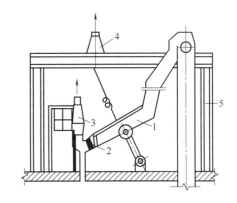

图 9-7　振动筛的大容积密闭罩

1—振动筛；2—帆布连接头；3、4—吸气罩；5—密闭罩

柜是柜式集气罩的典型结构。根据排风形式，柜式集气罩通常有以下 3 种形式。

（1）上部柜式集气罩

图 9-8（a）是热过程通风柜采用上部吸风时气流的运动情况。工作孔上部的吸入速度为平均流速的 150%，而下部的吸入速度仅为平均流速的 60%。热过程的通风柜一般采用上部柜式集气罩。

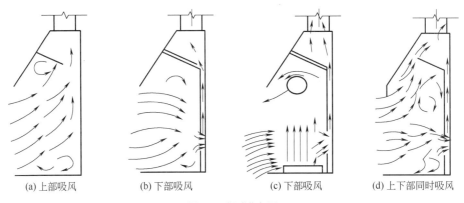

(a) 上部吸风　　　　(b) 下部吸风　　　　(c) 下部吸风　　　(d) 上下部同时吸风

图 9-8　柜式集气罩

（2）下部柜式集气罩

采用图 9-8（a）时，因工作孔上部的吸入速度大，下部平均流速小，有害气体会从下部逸出。为了改善这种状况，柜内应加挡板，并把排风口设在通风柜的下部，如图 9-8（b）、图 9-8（c）所示。

（3）上下联合柜式集气罩

热过程通风柜内的热气流要向上浮升，如果像冷过程一样，在下部吸气，有害气体就会从上部逸出，热过程的通风柜一般采用上部柜式集气罩，因此，对于发热量不稳定的过程，可在上下均设排风口，如图 9-8（d）所示，可随柜内发热量的变化，调节上下吸风量的比例，使工作孔的速度分布比较均匀。

3. 外部吸气罩

由于工艺条件限制，生产设备不能密闭时，可把集气罩设在有害物源附近，依靠风机在罩口造成的抽吸作用，在有害物散发地点造成一定的气流运动，把有害物吸入罩内，这类吸风罩统称为外部吸气罩,如图9-9所示。当污染气流的运动方向与罩口的吸气方向不一致时,需要较大的吸风量。

4. 槽边吸气罩

槽边吸气罩是为了不影响工人操作而在槽边上设置的条缝形吸气口,是外部吸气罩的一种特殊形式,如图9-10所示,专门用于各种工艺槽,如电镀槽、酸洗槽等。槽边吸气罩分为单侧和双侧两种。

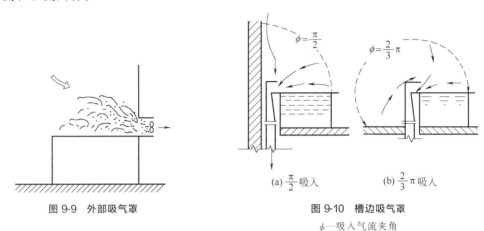

图 9-9 外部吸气罩   图 9-10 槽边吸气罩

ϕ—吸入气流夹角

目前常用的槽边吸气罩的罩口形式有:平口式、条缝式和倒置式。

(1) 平口式槽边吸气罩

平口式槽边吸气罩因吸气口上不设法兰边,吸气范围大,但是当槽靠墙布置时,如同设置了法兰边一样,减少了吸气范围,排风量会相应减少。

(2) 条缝式槽边吸气罩

条缝式槽边吸气罩的特点是截面高度 E 较大,$E \geq 250\text{mm}$ 的称为高截面,$E < 250\text{mm}$ 的称为低截面。增大截面高度如同设置了法兰边一样,可以减少吸气范围。因此,它的吸风量比平口式小。缺点是占用空间大,对于手工操作有一定影响。

条缝式槽边吸气罩的条缝口有等高条缝和楔形条缝两种,条缝口高度 E 可按下式计算。

$$E = \frac{Q}{3600 v_0 l} \tag{9-6}$$

式中 Q——吸气罩排风量,m^3/h;

l——条缝口长度,m;

v_0——条缝口的吸入速度,m/s,$v_0 = 7 \sim 10\text{m/s}$,排风量大时可适当提高。

采用等高条缝时,条缝口上速度分布不易均匀,末端风速小,靠近风机的一端风速大。条缝口的速度分布和条缝口面积 S 与罩子断面面积 S_1 之比 S/S_1 有关,S/S_1 越小,速度分布越均匀;$S/S_1 \leq 0.3$ 时,可以近似认为是均匀的;$S/S_1 > 3$ 时,为了均匀排风可以采用楔形条缝。如槽长大于1500mm时可沿槽长度方向分设2个或3个排风罩,对分开后的排风罩来说,一般 $S/S_1 \leq 0.3$,这样仍可采用等高条缝,条缝高度不宜超过50mm。

(3) 倒置式槽边吸气罩

倒置式槽边吸气罩的罩口向下。它的特点是所需排风量小,但罩头伸入槽内占用槽的有效面积而且吸气口伸入槽内会影响操作,还有可能把液体吸入罩内,罩口越向下伸越严重。

5. 接受式吸气罩

某些生产过程或设备本身会产生或诱导一定的气流运动，而这种气流运动的方向是固定的，只需把集气罩设在污染气流前方，让其直接进入罩内排出即可，这类集气罩称为接受罩。顾名思义，接受罩只起接受作用，污染气流的运动是生产过程本身造成的，而不是由于罩口的抽吸作用造成的。

图 9-11 是砂轮接受罩的示意图。

接受罩的排风量取决于所接受的污染空气量的大小，断面尺寸不应小于罩口处污染气流的尺寸。接受罩接受的气流可分为两类：粒状物料高速运动时所诱导的空气流动和热源上部的热射流。前者影响因素较多，多由经验公式确定。

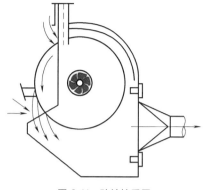

图 9-11 砂轮接受罩

（1）热源上部的热射流

热源上部的热射流可分为生产设备本身散发的热烟气（如炼钢炉散发的高温烟气）和高温设备表面对流散热时形成的热射流两类。通常生产设备本身散发的热烟气由实测确定，以下着重分析设备表面对流散热时形成的热射流。

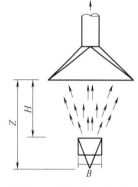

图 9-12 热源上部接受罩

当热物体和周围空间有较大温差时，通过对流散热把热量传给相邻空气，周围空气受热上升，形成热射流。如令 B 为热源直径，对热射流观察发现，在离热源表面（$1\sim2$）B 处（通常在 1.5 B 以下）射流发生收缩，在收缩断面上流速最大，随后上升气流逐渐缓慢扩大。可以把它近似看作是从一个假想点热源以一定角度扩散上升的气流，热源上部接受罩见图 9-12。

热源上方的热射流呈不稳定的蘑菇状脉冲式流动，难以进行较精确的测量。由于实验条件各不相同，不同研究者得出的总体结果不尽相同。这里介绍多数人认同的一种相关计算公式。

在 $H/B=0.9\sim7.4$ 范围内，不同高度上热射流的流量 L_Z 为

$$L_Z=0.04Q^{\frac{1}{3}}Z^{\frac{3}{2}} \tag{9-7}$$

式中 L_Z——热射流的流量，m^3/s；

Q——热源的对流散热量，kJ/s；

Z——热点源至集气罩罩口距离，m。

$$Z=H+1.26B \tag{9-8}$$

式中 H——热源至计算断面的距离，m；

B——热源水平投影的直径或长边尺寸，m。

如近似认为热射流收缩断面至热源的距离 $H_0 \leqslant 1.5\sqrt{A_p}$（$A_p$ 为热源的水平投影面积）。收缩断面上的流量按下式计算。

$$L_0=0.167Q^{\frac{1}{3}}B^{\frac{3}{2}} \tag{9-9}$$

式中 L_0——收缩断面上的流量，m^3/s。

1）热源的对流散热量

$$Q=\alpha F \Delta t \tag{9-10}$$

式中 α——对流放热系数，$J/(m^2 \cdot s \cdot ℃)$；

  F——热源的对流放热面积，m^2；

  Δt——热源表面与周围空气的温度差，℃。

$$\alpha = A\Delta t^{\frac{1}{3}} \tag{9-11}$$

式中 A——系数，水平散热面 $A=1.7$，竖直散热面 $A=1.13$。

  2）在某一高度上热射流的断面直径

$$D_Z = 0.36H + B \tag{9-12}$$

式中 D_Z——热射流的断面直径，m。

（2）罩口尺寸的确定

热源上部接受罩可根据安装高度的不同分成两大类：低悬罩、高悬罩。对于垂直面取热源顶部的射流断面面积（热射流的起始角取 5°）。

  1）低悬罩（$H \leqslant 1.5\sqrt{A_p}$）

  ① 对横向气流影响小的场合，排风罩口尺寸应比热源尺寸扩大 150～200mm；

  ② 若横向气流影响较大，按下式确定。

圆形：

$$D_1 = B + 0.5H \tag{9-13}$$

矩形：

$$A_1 = a + 0.5H \tag{9-14}$$

$$B_1 = b + 0.5H \tag{9-15}$$

式中 D_1——罩口直径，m；

 A_1，B_1——矩形罩口尺寸，m；

  a，b——热源水平投影尺寸，m。

  2）高悬罩（$H > 1.5\sqrt{A_p}$）

高悬罩的罩口尺寸按下式确定，均采用圆形，直径用 D 表示。

$$D = D_Z + 0.8H \tag{9-16}$$

6. 吹吸式集气罩

由图 9-2 可看出，外部吸气罩罩口外的气流速度衰减很快，因此，罩口至有害物源距离较大时，使用外部吸气罩需要较大的排风量才能在控制点造成所需的控制风速。而对于二维吹风口的速度分布，射流的能量密集程度高，速度衰减慢，因此，可以利用射流作为动力，把有害物输送到集气罩口再由其排除，或者利用射流阻挡、控制有害物的扩散。这种把吹和吸结合起来的通风方法称为吹吸式通风。图 9-13 是吹吸式通风示意图。吹吸式通风依靠吹、吸气流的联合工作进行有害物的控制和输送，具有风量小、污染控制效果好、抗干扰能力强、不影响工艺操作等特点，近年来在国内外得到广泛应用。下面是应用吹吸气流进行有害物控制的 2 个实例。

（1）实例 1：吹吸气流用于金属熔化炉

为了解决热源上部接受罩的安装高度较大时，排风量较大，而且容易受横向气流影响的矛盾，可以如图 9-14 所示，在热源前方设置吹风口，在操作人员和热源之间组成一道气幕，同时利用吹出的射流诱导污染气流进入上部接受罩。

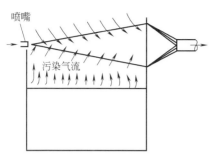

图 9-13　吹吸式通风示意

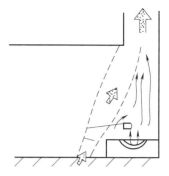

图 9-14　吹吸气流用于金属熔化炉

（2）实例2：大型电解精炼车间采用吹吸气流控制有害物

如图9-15所示，在基本射流作用下，有害物被抑制在工人呼吸区以下，最后由屋顶上的送风小室供给操作人员新鲜空气，在车间中部有局部加压射流，使整个车间的气流按预定路线流动。这种通风方式也称单向流通风。采用这种通风方式，污染控制效果好，进回风量少。

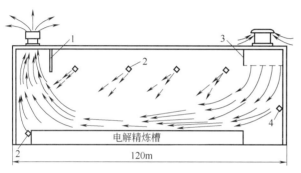

图 9-15　大型电解精炼车间采用吹吸气流示意

1—屋顶排气机组；2—局部加压射流；
3—屋顶送风小室；4—基本射流

根据作用在吹吸气流上的污染气流特性不同，吹吸式通风通常有侧流作用下的吹吸式通风和侧压作用下的吹吸式通风两种形式。工艺设备本身的正压所造成的污染气流，如炼钢电炉顶的热烟气，这个烟气量基本是稳定不变的。设计吹吸式通风时，除了要把污染气流和周围空间隔离外，还必须把污染气流全部排除，这种吹吸式通风称为侧流作用下的吹吸式通风。热设备表面对流散热时形成的对流气流，如高温敞口槽，在槽上设置吹吸式通风后，对流气流的上升运动受到吹吸气流的阻碍，只有少量蒸汽会卷入射流内部。受阻的上升气流会把自身的动压转化为静压作用在吹吸气流上，由于侧压的作用使吹吸气流发生弯曲上升，这种吹吸式通风称为侧压作用下的吹吸式通风。

三、排气罩设计计算

1. 风量计算方法

在实际工程中，计算集气罩的需要风量主要有控制速度法和流量比法，其中以控制速度法占多数。

（1）控制速度法

从污染源散发出的污染物具有一定的扩散速度，该速度随污染物扩散而逐渐减小。所谓控制速度是指在罩口前污染物扩散方向的任意点上均能使污染物随吸入气流流入罩内并将其捕集所必须的最小吸气速度。吸气气流有效作用范围内的最远点称为控制点，控制点距罩口的距离称为控制距离，控制速度法示意图见图9-16。

计算集气罩吸风量时，首先应根据工艺设备及操作要求，确定集气罩形状及尺寸，由此

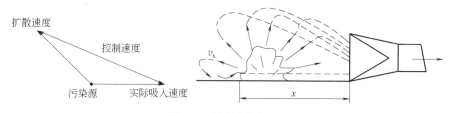

图 9-16 控制速度法示意

可确定罩口面积 F；其次根据控制要求安排罩口与污染源相对位置，确定罩口几何中心与控制点的距离 x。在工程设计中，当确定控制速度 v_x 后即可根据不同型式集气罩罩口的气流衰减规律求得罩口气流速度 v_0，在已知罩口面积 F 时，即可计算出吸风量。采用控制速度法计算集气罩的吸风量关键在于确定控制速度和集气罩结构、安设位置及周围气流运动情况。

（2）流量比法

流量比法的基本思路是把集气罩的排风量 Q_3 看作是污染气流量 Q_1 和从罩口周围吸入室内空气量 Q_2 之和，即

$$Q_3 = Q_1 + Q_2 = Q_1 \left(1 + \frac{Q_2}{Q_1}\right) = Q_1 (1 + K_v) \qquad (9\text{-}17)$$

$$K_v = \frac{Q_2}{Q_1}$$

K_v 称为流量比，显然，K_v 值越大，污染物越不易溢出罩外，但集气罩排风量 Q_3 也随之增大。考虑到设计的经济合理性，把能保证污染物不溢出罩外的最小段位称为临界流量比或极限流量比，用 K_{vm} 表示。

如上所述，K_{vm} 值是决定集气罩控制效果的主要因素，这种依据 K_{vm} 值计算集气罩排风量的设计方法称为流量比法，工程中采用的 K_{vm} 计算公式需要通过实验研究求出。

2. 密闭罩吸风量计算

全密闭罩的需要风量 Q_{mb} 一般由两部分组成，一部分是由运动物料带入罩内的诱导空气量（如物料输送）或工艺设备供给的空气量（如有鼓风装置的混砂机），另一部分是为消除内正压并保持一定负压所需经孔口或不严密缝隙吸入的空气量，即

$$Q_{mb} = Q_{mb1} + Q_{mb2} \qquad (9\text{-}18)$$

式中　Q_{mb1} ——物料或工艺设备带入罩内的空气量，m^3/min；

Q_{mb2} ——由孔口或不严密缝隙吸入的空气量，m^3/min。

在工程中常用以下两种方法来确定排风量。

① 按开口或缝隙处空气的吸入速度 v_0 计算　当已知开口或缝隙的总面积 F_0 和开口缝隙处空气吸入速度 v_0 时，即可按下式计算。

$$Q_{mb} = v_0 F_0 \qquad (9\text{-}19)$$

考虑到减少因排风带走过多的物料并保证控制效果，一般采用下列数值：筛落的极细粉尘 $v = 0.4 \sim 0.6 m/s$，粉碎或磨碎的细粉 $v = 0.5 \sim 2 m/s$；粗颗粒物料 $v = 0.5 \sim 3 m/s$。

② 按经验公式或数据确定排风量　某些特定的污染设备，已根据工程实践经验总结出一些经验公式。例如，砂轮机和抛光机的排风量可按下式计算。

$$Q_{mb} = KD \qquad (9\text{-}20)$$

式中 K——每毫米轮径的排风量，对砂轮取 $K=2$，对毡轮取 $K=4$，对布轮取 $K=6$；

  D——轮径，mm。

某些污染设备可根据其型号、规格、密闭罩形式从有关手册中查出所推荐的吸风量。

3. 柜式集气罩（通风柜）吸风量计算

通风柜的工作原理与密闭罩相似，为防止罩内有害物逸出罩外，需在工作孔上造成一定的吸入速度（或称控制风速）。

半密闭罩和通风柜的需要风量按下式计算。

$$Q_g = L_1 + v_g S_g K_g \tag{9-21}$$

式中 L_1——罩内有害气体散发量，m^3/min；

  v_g——吸风口的吸入速度，m^3/min；

  S_g——吸风口及不严密缝隙面积，m^2；

  K_g——富裕系数，可取 $1.2 \sim 1.3$。

吸风口的速度分布对其控制效果有很大影响，速度分布不均匀，污染气流会从吸入速度低的部位逸入室内。吸风口上的吸入速度一般为 $0.25 \sim 0.75 m/s$，也可按表9-1、表9-2及有关手册确定。

表 9-1 通风柜的吸入速度

有害物性质	吸入速度 $v/(m/s)$
无毒害物	$0.25 \sim 0.375$
有毒或有危险的有害物	$0.4 \sim 0.5$
剧毒或有少量放射性有害物	$0.5 \sim 0.6$

表 9-2 半密闭罩敞开面断面最小平均吸入速度

项目	工艺过程	散发的有害物	最小平均吸入速度 $v_{min}/(m/s)$
金属热处理	油槽淬火与回火	油蒸气及其分解产物、热量	0.5
	硝石槽内淬火（400～700℃）	硝石的气溶胶、热量	0.5
	盐槽淬火（350～1100℃）	盐的气溶胶、热量	0.5
	溶铅（400℃）	铅的气溶胶、铅蒸气	1.5
	盐炉氰化（800～900℃）	氰化物、粉尘	1.5
金属电镀（冷过程）	氰化镀镉、镀银	氢氰酸蒸气	$1 \sim 1.5$
	氰化镀铜	氢氰酸蒸气	$1 \sim 1.5$
	镀铅	铅	1.5
	镀铬	铬酸雾和铬酐	$1 \sim 1.5$
	脱脂：汽油	汽油蒸气	0.5
	氯化烃	氯化烃	0.7
	电解	碱雾	0.5
	酸洗：硝酸	酸蒸气和硝酸	$0.7 \sim 1.0$
	盐酸	酸蒸气（氯化氢）	$0.5 \sim 0.7$
	氰化镀锌	氢氰酸蒸气	$1 \sim 1.5$
其他	喷漆	漆悬浮物和溶剂蒸气	$1 \sim 1.5$
	手工混合、称重、分装、配料	加工物料粉尘	$0.7 \sim 1.5$
	小件喷砂、清理	硅酸盐粉尘	$1 \sim 1.5$
	金属喷镀	金属粉尘	$1 \sim 1.5$
	小零件焊接	金属气溶胶	$0.8 \sim 0.9$
	柜内化学试验	各种烟气和蒸气	$0.5 \sim 1.0$
	用汞的工序：不必加热	汞蒸气	$0.7 \sim 1.0$
	加热	汞蒸气	$1 \sim 1.25$

4. 外部集气罩吸风量计算

（1）圆形或准圆形侧吸式集气罩

根据公式（9-4）及（9-5），圆形或宽长比大于0.2的矩形侧吸式集气罩需要风量 Q_{wb} 按下面计算。

四周无法兰边

$$Q_{wb} = (10x^2 + F)v_x \tag{9-22}$$

四周有法兰边

$$Q_{wb} = 0.75(10x^2 + F)v_x \tag{9-23}$$

对于设在工作台上的外部罩，可以把它看成是一个假想大型排风罩的一半，其排风量按下式计算。

$$Q_{wb} = \frac{1}{2}(10x^2 + F)v_x \tag{9-24}$$

控制风速 v_x 的大小与工艺操作、有害物毒性、周围干扰气流运动状况等多种因素有关，设计时可参照表9-3列出的控制风速范围确定。一般来说，当室内气流速度小或者对吸捕有利、污染物毒性很低或者仅是一般的除尘、间断性生产或产量低、大型集气罩时可取低值，而在室内扰动气流强烈、污染物毒性高、连续性生产或产量高或小型集气罩局部控制时取高值。应当指出，在有干扰气流时，外部罩周围的扰动气流对污染物的吸捕有不良影响，此时，选取的控制速度应适当加大。

表9-3　控制点的风速v_x

污染物放散情况	最小控制风速/（m/s）	举例
以轻微速度放散到相当平静的空气中	0.25～0.5	槽内液体蒸发； 气体或烟从敞口容器外逸
以较低速度放散到尚属平静的空气中	0.5～1.0	喷漆室内喷漆； 断续地倾倒有尘屑的干物料到容器中； 焊接
以相当大速度放散出来，或是放散到空气运动迅速的区域	1～2.5	在小喷漆室内用高压力喷漆； 快速装袋或装桶； 往运输器上给料
以高速放散出来	2.5～10	磨削； 重破碎； 滚筒清理

（2）条缝罩

条缝罩是指宽长比小于0.2的矩形侧吸式集气罩，其需要风量按下式计算。

$$Q_{wb} = k_t L_t x v_x \tag{9-25}$$

式中　L_t——条缝开口长度，m；

$\quad\quad x$——控制距离，m；

$\quad\quad v_x$——控制风速，m/s；

$\quad\quad k_t$——条缝系数，四周无边 $k_t = 3.7$，四周有边 $k_t = 2.8$，操作平台 $k_t = 2$。

（3）槽边吸气罩

不同形式的槽边吸气罩需要风量计算公式不同，下面介绍条缝式吸气罩需要风量 Q_c 计算公式。

① 高截面单侧吸风

$$Q_c = 2v_x AB \left(\frac{B}{A}\right)^{0.2} \tag{9-26}$$

② 低截面单侧吸风

$$Q_c = 3v_x AB \left(\frac{B}{A}\right)^{0.2} \tag{9-27}$$

③ 高截面双侧吸风（总风量）

$$Q_c = 2v_x AB \left(\frac{B}{2A}\right)^{0.2} \tag{9-28}$$

④ 低截面双侧吸风总风量

$$Q_c = 3v_x AB \left(\frac{B}{2A}\right)^{0.2} \tag{9-29}$$

⑤ 高截面环形吸风

$$Q_c = 1.57 v_x D^2 \tag{9-30}$$

⑥ 低截面环形吸风

$$Q_c = 2.36 v_x D^2 \tag{9-31}$$

式中　A——槽长，m；

　　　B——槽宽，m；

　　　D——圆槽直径，m；

　　　v_x——边缘控制点的控制风速，m/s，一般取 $v_x = 0.25 \sim 0.5$ m/s。

5. 热源上部接受罩吸风量计算

低悬罩需要风量按下式计算

$$Q_r = L_0 + v'F' \tag{9-32}$$

高悬罩吸风罩需要风量按下式计算

$$Q_r = L_Z + v'F' \tag{9-33}$$

式中　L_0——收缩断面上的热射流流量，m³/s；

　　　L_Z——罩口断面上热射流流量，m³/s；

　　　v'——扩大面积上空气的吸入速度，$v' = 0.5 \sim 0.75$ m/s；

　　　F'——罩口的扩大面积，即罩口面积减去热射流的断面面积，m²。

高悬罩排风量大，易受横向气流影响，工作不稳定，设计时应尽可能降低其安装高度。在工艺条件允许时，可在接受罩上设活动卷帘。罩上的柔性卷帘设在钢管上，通过传动机构转动钢管，带动卷帘上下移动，升降高度视工艺条件而定。

6. 吹吸式集气罩风量计算

由于吹吸气流运动的复杂性，目前尚缺乏精确的计算方法。下面介绍两种常用方法。

（1）临界断面法

临界断面法认为，吹吸气口之间必然存在一个射流和扩流控制能力皆最弱的断面，即临界断面（见图 9-17）。

吹吸气流的临界断面一般发生在 $x/H = 0.6 \sim 0.8$ 之间，一般近似认为，在临界断面前吹出气流基本是按射流规律扩展的，在临界断面后，由

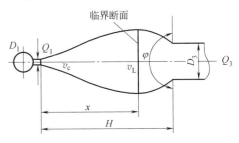

图 9-17　临界断面法示意

于吸入气流的影响，断面逐渐收缩。也就是说，吸气口的影响主要发生在临界断面之后。从控制污染物外逸的角度出发，临界断面上的气流速度（称为临界速度）要大于污染物扩散速度。相关参数的计算如下。

临界断面位置

$$x = KH \tag{9-34}$$

吹气口吹风量

$$Q_{cc} = K_1 H A_c B_c \frac{v_L^2}{v_c} \tag{9-35}$$

吹气口宽度

$$B_c = K_1 H \left(\frac{v_L}{v_c}\right)^2 \tag{9-36}$$

吸气口吸风量

$$Q_{cx} = K_2 H A_x v_L \tag{9-37}$$

吸气口宽度

$$B_x = K_3 H \tag{9-38}$$

式中　　　　H——吹气口至吸气口的距离，m；

A_c、B_c——吹气口长度、宽度，m；

A_x、B_x——吸气口长度、宽度，m；

v_L——临界速度，m/s；

v_c——吸气口平均速度，m/s，一般取 $8\sim10$m/s；

K、K_1、K_2、K_3——系数，由表 9-4 查得，表中数据为紊流系数为 0.2 条件下得出。

表 9-4　临界断面法有关系数

扁平射流	吸入气流夹角 φ	K	K_1	K_2	K_3
两面扩张	$3\pi/2$	0.803	1.162	0.736	0.304
	π	0.760	1.073	0.686	0.283
	$5\pi/6$	0.735	1.022	0.657	0.272
	$2\pi/3$	0.706	0.955	0.626	0.258
	$\pi/2$	0.672	0.878	0.620	0.107
一面扩张	$\pi/2$	0.760	0.537	0.345	0.142
	$3\pi/2$	0.870	0.660	0.400	0.165
	π	0.832	0.614	0.386	0.158

（2）ACGIH 法

ACGIH 法是美国联邦工业卫生委员会（ACGIH）推荐的计算方法，该法设定的工业槽上的吹吸式排风罩如图 9-18 所示。

假设吹出气流的扩展角 $\alpha = 10°$，条缝式吸风口的高度 H 按下式计算。

$$H = B\tan\alpha = 0.18B \tag{9-39}$$

式中　H——吸风口高度，m；

B——吹风口、吸风口间距，m。

吸风量 Q_{cx1} 取决于槽液面面积、液温、干扰气流等因素。

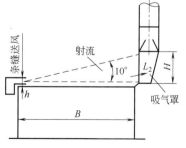

图 9-18　吹吸式排风罩

$$Q_{cx1} = (1800\sim2750)S_y \tag{9-40}$$

式中 S_y——液面面积，m^2；

1800~2750——每平方米液面所需的吸风量。

吹风口流速按出口流速的 5~10m/s 确定，吹风量 Q_{cx2} 按下式计算。

$$Q_{cx2} = \frac{1}{K_{cx}B}Q_{cx1} \tag{9-41}$$

式中 K_{cx}——修正系数，见表 9-5。

表 9-5　修正系数

槽宽 B/m	0~2.4	2.4~2.9	4.9~7.3	7.3~
修正系数 K_{cx}	6.6	4.6	3.3	2.3

第二节　管道系统设计

一、管道布置的一般原则

管道敷设应从系统总体布局出发，既要考虑系统的技术经济合理性，又要与总图、工艺、土建等有关专业密切配合，统一规划，力求简单、紧凑，缩短管线，减少占地和空间，节省投资，不影响工艺操作、调节和维修。

① 废气处理系统的风管布置应力求简单，一个系统上的排风点数量不宜过多（最好不超过 5~6 个）。排风点过多，各支管阻力不易平衡。一套废气处理系统的排风点较多时，为便于阻力平衡，宜采用大断面的集合管连接各支管。集合管有水平和垂直两种。水平集合管上连接的风管由上面或侧面接入，集合管的断面风速为 3~4m/s，适用于废气产生点分布在同一层平台上，并且水平距离相距较远的场合。垂直集合管上的风管从切线方向接入，集合管断面风速为 6~10m/s，适用于废气产生点分布在多层平台上，并且水平距离不大的场合。集合管还起着沉降室的作用，在其下部应设卸尘阀和粉尘输送设备。

② 除尘风管应尽可能垂直或倾斜敷设，倾斜敷设与水平面的夹角最好大于 45°。如果由于某种原因，风管必须水平敷设或与水平面的夹角小于 30°，应采取措施，如加大管内风速、在适当位置设置清扫孔等。

③ 排除含有剧毒、易燃、易爆物质的排风管，其正压管段一般不应穿过其他房间。穿过其他房间时，该管道段上不应设法兰或阀门。

④ 除尘器宜布置在除尘系统的风机吸入段，如布置在风机的压出段，应选用排风风机。

⑤ 为了防止风管堵塞，风管的直径不宜小于下列数值。

排送细小粉尘（矿物粉尘）　　80mm

排送较粗粉尘（如木屑）　　100mm

排送粗粉尘（如刨花）　　130mm

排送木片　　150mm

⑥ 管道敷设分明装和暗设，应尽量明装。管道应尽量集中成列、平行敷设，尽量沿墙或柱敷设；管道与梁、柱、墙、设备及管道之间一般应留有不小于 100~150mm 的间距；管道通过人行横道时，与地面净距不应小于 2m，横过公路时不应小于 4.5m，横过铁路时与轨面净距不得小于 6m；水平管道敷设应有斜向通风机方向不小于 0.0050 的坡度，并应在

风管的最低点和风机底部装设水封泄液管。除尘系统的排出管道，排出口一般应高出屋脊 1.0～1.5m，并应考虑加固设施。

⑦ 排风点较多的废气处理系统应在各支管上装设插板阀、蝶阀等调节风量的装置。阀门应设在易于操作和不易积尘的位置。

⑧ 废气排口高度应依据相关规范要求执行。一般情况下除尘系统的排风管应高出屋面 0.5～1.5m，如排风会影响邻跨时，还应视具体情况适当加高。排出的污染空气要利用射流使其能在较高的位置稀释，排风主管顶部不设风帽。为防止雨水进入排风主管，排风主管可按图 9-19 所示的方式制作安装。

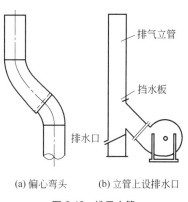

(a) 偏心弯头　　(b) 立管上设排水口

图 9-19　排风主管

二、管道系统的设计

在进行通风管道系统的设计计算前，必须首先确定各排风点的位置和排风量、管道系统和净化设备的设置、风管材料等。设计计算的目的是，确定各管段的管径（或断面尺寸）和阻力，保证系统内达到要求的风量分配，并为风机选择和绘制施工图提供依据。

以通风除尘管道系统为例，其设计计算步骤如下。

① 绘制通风除尘系统图（见图 9-20），对各管段进行编号，标注各管段的长度和风量。以风量和风速不变的风管为一管段。一般从距风机最远的一段开始，由远而近顺序编号。管段长度按两个管件中心线的长度计算，不扣除管件（如弯头、三通）本身的长度。

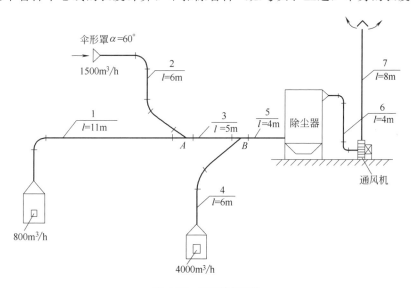

图 9-20　通风除尘系统

② 选择合理的空气流速。风管内的风速对系统的经济性有较大影响。流速高、风管断面小，材料消耗少，建造费用低；但是，系统阻力增大，动力消耗增加，有时还可能加速管道的磨损。流速低、阻力小、动力消耗小；但是风管断面大，材料和建造费用增加。对除尘系统，流速过低会造成粉尘沉积，堵塞管道。因此必须进行全面的技术经济分析比较，确定

适当的经济流速。根据经验，对于一般的工业通风系统，其风速可按表9-6确定。对于除尘系统，防止粉尘在管道内沉积所需的最低风速可按表9-7确定。对于除尘器后的风管，风速可适当减小。

表 9-6　一般通风系统风管内的风速　　　　　　　　　单位：m/s

风管部位	生产厂房机械通风		民用及辅助建筑物	
	钢板及塑料风管	砖及混凝土风道	自然通风	机械通风
干管	6～14	4～12	0.5～1.0	5～8
湿管	2～8	2～6	0.5～0.7	2～5

表 9-7　除尘通风管内最低风速　　　　　　　　　单位：m/s

粉尘性质	垂直管	水平管	粉尘性质	垂直管	水平管
粉状的黏土和沙	11	13	铁和钢（屑）	19	23
耐火泥	14	17	灰土、砂尘	16	18
重矿物粉尘	14	16	锯屑、刨屑	12	14
轻矿物粉尘	12	14	大块干木屑	14	15
干型沙	11	13	干微尘	8	10
煤灰	10	12	燃料粉尘	14～16	16～18
湿土（2%以下水分）	15	18	大块湿木屑	18	20
铁和钢	13	15	谷物粉尘	10	12
棉絮	8	10	麻（短纤维粉尘、杂质）	8	12
水泥粉尘	8～12	18～22			

③ 根据各管段的风量和选定的流速确定各管段的管径（或断面尺寸），计算各管段的摩擦阻力和局部阻力。确定管径时，应尽可能采用标准规格的通风管道直径，以利于工业化加工制作。阻力计算应从最不利的环路（即距风机最远的排风点）开始。对于袋式除尘器和电除尘器后的风管，应把除尘器的漏风量及反吹风量计入。除尘器的漏风率见有关的产品说明书，袋式除尘器的漏风率一般为5%之内。

④ 对并联管路进行阻力平衡。一般的通风系统要求两支管的阻力差不超过15%，除尘系统要求两支管的阻力差不超过10%，以保证各支管的风量达到设计要求。

⑤ 计算系统总阻力。

⑥ 根据系统总阻力和总风量选择风机。

当并联支管的阻力差超过上述规定时，可用下述方法进行阻力平衡。

（1）调整支管管径

这种方法是通过改变管径，即改变支管的阻力达到阻力平衡。调整后的管径按下式计算。

$$D' = D(\Delta P / \Delta P')^{0.225} \tag{9-42}$$

式中　D'——调整后的管径，m；

　　　D——原设计的管径，m；

　　　ΔP——原设计的支管阻力，Pa；

　　　$\Delta P'$——为了阻力平衡，要求达到的支管阻力，Pa。

应当指出，采用本方法不宜改变三通支管的管径，可在三通支管上增设一节渐扩（缩）管，以免引起三通支管和直管局部阻力的变化。

（2）增大排风量

当两支管的阻力相差不大时（例如在20%以内），可以不改变管径，将阻力小的那段支管的流量适当增大，以达到阻力平衡。增大的排风量按下式计算。

$$Q' = Q(\Delta P / \Delta P')^{0.5} \qquad\qquad (9\text{-}43)$$

式中 Q'——调整后的排风量，m^3/h；

$\quad\quad Q$——原设计的排风量，m^3/h。

（3）增加支管阻力

阀门调节是最常用的一种增加局部阻力的方法，通过改变阀门的开度来调节管道阻力。应当指出，这种方法虽然简单易行，不需严格计算，但是改变某一支管上的阀门位置，会影响整个系统的压力分布，要经过反复调节，才能使各支管的风量分配达到设计要求，对于除尘系统还要防止在阀门附近积尘，引起管道堵塞。

[例 9-1] 有一通风除尘系统如图 9-20 所示，风管全部用钢板制作，管内输送含有轻矿物粉尘的空气，气体温度为常温。各排风点的排风量和各管段的长度如图 9-20 所示。该系统采用袋式除尘器进行排气净化，除尘器阻力 $\Delta P = 1200 Pa$。对该系统进行设计计算。

解：首先对各管段进行编号。查除尘器样本，除尘器的反吹风量为 $1740 m^3/h$，除尘器的漏风率按 10% 考虑。因此管段 6 和 7 的风量如下。

$$Q_6 = Q_7 = (800 + 1500 + 4000) \times 1.1 + 1740 = 8670 (m^3/h)$$

查表 9-7，对于轻矿物粉尘，垂直管的最低风速 $v = 12 m/s$，水平管的最低风速 $v = 14 m/s$。

计算各管段的局部阻力系数如下。

管段 1	设备密闭罩	$\zeta = 1.0$
	90°弯头（$R = 1.50$）	$\zeta = 0.2$
	直流三通	$\zeta = 0.2$
	$\sum \zeta = 1 + 0.2 + 0.2 = 1.4$	
管段 2	外部吸气罩（$\alpha = 60°$）	$\zeta = 0.18$
	90°弯头（$R = 1.5D$）	$\zeta = 0.2$
	60°弯头（$R = 1.5D$）	$\zeta = 0.16$
	支流三通（$\theta = 30°$）	$\zeta = 0.18$
	$\sum \zeta = 0.18 + 0.20 + 0.16 + 0.18 = 0.72$	
管段 3	直流三通	$\zeta = 0.20$
管段 4	设备密闭罩	$\zeta = 2.0$
	90°弯头（$R = 1.5D$）	$\zeta = 0.20$
	支流三通（$\theta = 30°$）	$\zeta = 0.18$
	$\sum \zeta = 1 + 0.2 + 0.18 = 1.38$	
管段 5	除尘器入口处变径管的局部阻力忽略不计	
管段 6	除尘器出口渐缩管（$\alpha = 20°$）	$\zeta = 0.1$
	90°弯头（$R = 1.50$）2 个	$\zeta = 0.2 \times 2 = 0.4$
	风机入口处变径管的局部阻力忽略不计	$\zeta = 0$
	$\sum \zeta = 0.1 + 0.4 = 0.5$	
管段 7	风机出口	$\zeta = 0.1$（估算）
	伞形风帽（$h/D_0 = 0.4$）	$\zeta = 0.7$
	$\sum \zeta = 0.1 + 0.7 = 0.8$	

全部计算结果在表 9-8 中汇总列出。

对节点 A 进行阻力计算

$$\Delta P_1 = 363 \text{Pa} \quad \Delta P_2 = 231 \text{Pa}$$

$$\frac{\Delta P_1 - \Delta P_2}{\Delta P_2} = \frac{363 - 231}{231} = 57\% > 10\%$$

因该处阻力不平衡，改变管段 2 的管径，以增大阻力。

$$D_2' = D_2 \left(\frac{\Delta P}{\Delta P'}\right)^{0.225} = 180 \left(\frac{231}{363}\right)^{0.225} = 162.5 \text{（mm）}$$

取 $D_2' = 170 \text{mm}$

经计算（见表 9-8） $\Delta P_2' = 400 \text{（Pa）}$

$$\frac{\Delta P_2' - \Delta P_1}{\Delta P_1} = \frac{400 - 363}{385} \approx 10\%$$

对节点 B 进行阻力平衡

$$\Delta P_1 + \Delta P_3 = 447 \text{（Pa）} \quad \Delta P_4 = 385 \text{（Pa）}$$

$$\frac{(\Delta P_1 + \Delta P_3) - \Delta P_4}{\Delta P_4} = \frac{447 - 385}{385} = 16\% > 10\%$$

改变管段 4 的管径，以增大阻力。

$$D_4' = 280 \left(\frac{385}{447}\right)^{0.225} = 270 \text{（mm）}$$

经计算（见表 9-8）

$$P_4' = 411 \text{（Pa）}$$

$$\frac{447 - 411}{411} = 8.8\% < 10\%$$

该除尘系统的总风量 $Q = 8670 \text{（m}^3/\text{h）}$

该除尘系统的总阻力 $\Delta P = 400 + 84 + 27.5 + 55 + 93 + 1200 = 1859 \text{（Pa）}$

表 9-8 通风管道计算表

管段编号	流量 $Q/$ $[\text{m}^3/\text{h}(\text{m}^3/\text{s})]$	长度 l /m	管径 D /mm	流速 v /(m/s)	动压 $(v^2/2)\rho$ /Pa	局部阻力系数 $\sum\zeta$	局部阻力 Z/Pa	单位长度摩擦阻力 R_m /(Pa/m)	摩擦阻力 R_{wl} /Pa	管段阻力 $Z+R_{wl}$ /Pa	备注
1	800(0.22)	11	140	14	117.6	1.4	164.6	18	198	363	
2	2300(0.64)	5	240	14	117.6	0.2	24	12	60	84	
5	6300(1.75)	5	380	14	117.6			5.5	27.5	27.5	
6	8670(2.4)	4	500	12	86.4	0.5	43	3	12	55	
7	8670(2.4)	8	500	12	86.4	0.8	69	3	24	93	
2	1500(0.42)	6	180	16	153.6	0.72	111	20	120	231	阻力不平衡
4	4000(1.11)	6	280	16	153.6	1.38	212	14	84	385	阻力不平衡
2	1500(0.42)	6	170	21	264	0.72	190	35	210	400	
4	4000(1.11)	6	270	19.5	228	1.38	315	16	96	410	
	除尘器阻力				1200Pa						

三、管道支架和支座

1. 管道支架及其分类

管道支架在任何有管道敷设的地方都会用到，又被称作管道支座或管部等。作为管道的支承结构，根据管道的运转性能和布置要求，按支架的作用分为三大类：承重架、限制性支架和减振架。

（1）承重架

承重架用来承受管道的重力及其他垂直向下载荷的支架（含可调支架）。

① 滑动架　在支承点的下方支撑的托架，除垂直方向支撑力及水平方向摩擦力以外，没有其他任何阻力。

② 弹簧架　包括恒力弹簧架和可变弹簧架。

③ 刚性吊架　在支承点上方以悬吊方式承受管道的重力及其他垂直向下的荷载，吊杆处于受拉状态。

④ 滚动支架　采用滚筒支承，摩擦力较小。

（2）限制性支架

限制性支架用来阻止、限制或控制管道系统位移的支架（含可调限位架）。

① 导向架　使管道只能沿轴向移动的支架，并阻止因弯矩或扭矩引起的旋转。

② 限位架　限位架的作用是限制线位移，在所限制的轴线上，至少有一个方向被限制。

③ 定值限位架　在任何一个轴线上限制管道的位移至所要求的数值，称为定值限位架。

④ 固定架　限制管道的全部位移。

（3）减振架

减振架用来控制或减小除重力和热膨胀作用以外的任何力（如物料冲击、机械振动、风力及地震等外部荷载）的作用所产生的管道振动的支架。

2. 支架选用原则

管道支架的设置对于管道设计来说是一项极为重要的工作，尤其对于那些高温高压、有毒可燃、强腐蚀性的管道。正确的支架设置可以满足管道强度和刚度的需要，同时能够有效降低管道对机械设备产生较大的附加载荷，防止因管道的震动、位移等原因造成泄漏、爆炸等事故的发生，从而有效保护管道和设备管口，保障化工装置的正常生产运行。管道支吊架是整个管道设计的难点，也是核心内容，管道支吊架的设置得当与否，会影响整个管道系统的工作情况，特别是对于高温、高压和特别恶劣的工况，会涉及安全问题，是一个很值得注意的地方。

（1）管道支架位置的确定

配管设计人员在管道布置的过程中，应同时考虑支架位置及设置的可能性、合理性、经济性等，这是对管道与支架设计者的共同要求。管道支架位置的确定主要考虑以下方面。

① 承重架距离应不大于支架的最大间距，有压力脉动的管道要按所要求的管道固有频率来决定支架的间距，避免发生共振。

② 尽量利用已有土建结构的构件支撑及在管廊的梁柱上支撑，结合支架的间距考虑。

③ 做柔性分析的管道，支架位置根据分析决定，并考虑支撑的可能性。

④ 在垂直管段弯头附近，或在垂直段重心以上做承重架，垂直段长时，可在下部增设导向架。

⑤ 在集中荷载大的管道组件附近设承重架。

⑥ 尽量使设备接口的受力减小。如支架靠近接口，对接口不会产生较大热胀弯矩。

⑦ 考虑维修方便，使拆卸管段时最好不需做临时支架。

⑧ 支架的位置及类型应尽量减小作用力对被生根部件的不良影响。

（2）滑动架

滑动架是在支承点的下方支承的托架，除垂直方向支撑力及水平方向摩擦力以外，没有任何阻力。滑动架是管道设计人员在非应力管系最常用的支架。非应力管线除个别特殊的情况外都可以使用滑动架进行支撑。

（3）导向架

导向架是使管道只能沿轴向移动的支架，并阻止因弯矩或扭矩引起的旋转。由于结构的原因常兼有限制侧向线位移的作用。导向架就是在滑动架的基础上增加了管道的方向束缚，防止管线侧向位移等情况的发生。导向架一般设置在应力管线上。

3. 管道支座及其分类

管道支座是直接支撑管道并承受管道作用力的管路附件，作用是支撑管道和限制管道位移。支座承受管道重力和由内压、外载荷温度变化引起的作用力，并将这些荷载传递到建筑结构或地面的管道构件上。

（1）活动支座

活动支座是允许管道和支承结构有相对位移的管道支座。活动支座按其构造和功能分为滑动、滚动、弹簧、悬吊和导向等支座形式。

滑动支座与支架是由安装在管子上的钢制管托与下面的支承结构构成，承受管道的垂直荷载，允许管道在水平方向滑动位移。根据管托横截面的形状，有曲面槽式、丁字托式和弧形板式等。前两种形式的管道由支座托住，滑动面低于保温层，保温层不会受到损坏。弧形板式滑动支座的滑动面直接附在管道壁上，因此安装支座时要去掉保温层，但管道安装位置可以低一些。

滚动支座是由安装在管子上的钢制管托与设置在支承结构上的辊轴、滚柱或滚珠盘等部件构成。辊轴式和滚柱式支座的管道轴向位移时，管托与滚动部件间为滚动摩擦，摩擦系数在 0.1 以下，但管道横向位移时仍为滑动摩擦。滚珠盘式支座的管道水平各向移动均为滚动摩擦。滚动支座需进行必要的维护，使滚动部件保持正常状态，一般只用在架空敷设管道上。

悬吊支架常用在室内供热管道上。管道用抱箍、吊杆等杆件悬吊在承力结构下面。悬吊支架构造简单，管道伸缩阻力小。管道位移时吊杆摇动，因各支架吊杆摆动幅度不一，难以保证管道轴线为一直线，因此，管道热补偿需用不受管道弯曲变形影响的补偿器。

弹簧支座的构造一般由滑动支座、滚动支座的管托下或在悬吊支座的构件中加弹簧构成。其特点是允许管道水平位移，并可适应管道的垂直位移，使支座承受的管道垂直荷载变化不大。常用于管道有较大的垂直位移处，以防止管道脱离支座，致使相邻支座和相应管段受力过大。

导向支座是只允许管道轴向伸缩，限制管道横向位移的支座形式。其构造通常是在滑动支座或滚动支座沿管道轴向的管托两侧设置导向挡板。导向支座的主要作用是防止管道纵向失稳，保证补偿器正常工作。

（2）固定支座

固定支座是不允许管道和支承结构有相对位移的管道支座，主要用于将管道划分成若干补偿管段，分别进行热补偿，从而保证补偿器的正常工作。

最常用的是金属结构的固定支座，有卡环式、焊接角钢固定支座、曲面槽固定支座和挡板式固定支座等。前三种承受的轴向推力较小，通常不超过 50kN，固定支座承受的轴向推力超过 50kN 时，多采用挡板式固定支座。在无沟敷设或不通行地沟中，固定支座也可做成钢筋混凝土固定墩的形式。

风管水平安装时，其固定件（卡箍、吊架、支架等）的间距当管径不超过 360mm 时，不大于 4m；当管径超过 360mm 时，不大于 3m。垂直安装时，固定件间距不大于 4m。拉绳和吊架不允许直接固定在风管的法兰上。

四、管道检测孔、风管检查孔和清扫孔

1. 管道检测孔

在一般除尘系统中，检测孔按其检测目的主要分为温度测孔、湿度测孔、风量风压测孔和粉尘浓度测孔。检测孔设置地点如下。

① 在除尘系统管道上　主要用于测定管道的压力分布和风量大小，以便对系统风量进行调整。

② 在风机前后的总管上　主要用于测定风机性能和工作状态，如风量、风压等。

③ 在除尘器前后　主要用于测定除尘器的技术性能，如设备漏风率、风量分配等。

④ 在吸尘罩附近　主要用于测定吸尘点抽风量、初始含尘浓度和吸尘罩内的负压。

⑤ 在排气管（烟囱）上　主要用于测定净化后气体的排放浓度。

为了调整和检查除尘系统的参数，在支管、除尘器及风机出入口上应设置检测孔。由于气流流经弯头、三通等局部构件时会产生涡流，使气流极不稳定，因此测孔必须远离这些部件而选在气流稳定段。测孔位置应在这些影响气流部件上游 4 倍管径和下游 2 倍管径处。当测孔位置受限制时，应在测孔内增加测点数，尽量做到精确测量。

以上几种测孔最好同时设置，温度测孔、湿度测孔和风量风压测孔的孔径一般为 50mm，粉尘测孔一般为 75～100mm，当管道直径大于 500mm 时，风量风压测孔应在同一横断面相互垂直的两个方向上设孔。

2. 风管检查孔

风管检查孔主要用于通风除尘系统中需要经常检修的地方，例如风管内的过滤器。检查孔的设置应在保证检查和清扫的前提下数量尽量减少，以免增加风管的漏风量和减少保温工程施工的麻烦。检查孔有手孔和人孔两类。检查孔最好采取快开方式，直接用手轮打开，不需要扳手等工具，另外检查孔周边需要很好地密封，当检查孔关上时，不应有漏风处。

3. 清扫孔

虽然在管道设计时选择了防止粉尘沉积的必要流速，但是，由于在弯头、三通管等局部构件处，气流形成的涡流是几乎无法消除的，特别是遇到含尘气体温度变化、速度变化以及管壁可能形成的结露等，都会有粉尘在那里沉积。另外，由于生产设备间歇运行及一些未考虑到的因素，粉尘在管道内也会沉积。为了保证除尘系统正常运行，需要对除尘管道定期进行清扫。

清扫孔的位置应在管道的侧面或上部，对于大型管道和直径大于 500mm 的管道在弯头、三通、端头处都应设清扫孔。所有清扫孔都必须做到严密不漏风，如果严重漏风，会使清扫孔上游管道内流速降低，粉尘沉积更加严重，致使吸尘点抽风量减少。一般清扫孔盖板与风道壁间用螺栓拧紧或其他压紧装置压紧，盖板与风管壁间应有橡胶板或橡胶带作衬垫。

五、管道膨胀补偿

为了使管道能自由地进行热胀冷缩，避免管道受过大的热应力而损坏，需要对管道的膨

胀进行补偿。管道的热补偿就是合理地确定固定支架的位置，使管道在一定范围内进行有控制的伸缩，以便通过补偿器和管道本身的弯曲部分进行长度补偿。作为能减释热应力的补偿器一般可分为自然补偿和人工补偿两大类。

1. 自然补偿

一般管道的弯管段可作为管道膨胀的自然补偿，因为弯曲管段有柔性，所以当管段受热膨胀时，不致产生过大的热应力。布置热力管道的固定支架和补偿器时，应首先考虑利用管道的弯曲部分进行自然补偿。当弯管转角小于 150° 时，可用自然补偿；大于 150° 时不能用作自然补偿。当管内介质温度不高，管线不长且支点配置正确时，则管道长度的热变化可以其自身的弹性予以补偿，这种是管道长度热变化自行补偿的最好办法。自然补偿器的管道臂长不应超过 20～25m，弯曲应力 σ 不应超过 80MPa。

2. 人工补偿

当管道受制于敷设条件的限制，不能采用自然补偿或管道的自然补偿不能满足要求时，就需要在管道上加装热膨胀补偿器。补偿时应该是每隔一定的距离设置一个补偿装置，其主要作用是缓解管道材料，因受热胀冷缩作用导致变形对管道支承结构或与主体设备之间的连接造成的位移破坏。同时，也对主体设备因为振动或位移而对管道连接造成的破坏起到缓冲作用，保证管道在热状态下的稳定和安全工作。

实际中，当输送的烟气温度高于 70℃ 时，且在管线的布置上又不能靠自身补偿时，需设置补偿器。补偿器一般布置在管道的两个固定支架中间，但补偿器本身具有一定重量，要保证烟气管道在膨胀与收缩时不发生扭曲，需用两个单片支架支撑补偿器重量，单片支架的间距在车间外部时一般为 3～4m，在车间内部一般不超过 6m。在任何烟气情况下，为防止外力作用到设备上，以及防止机械设备的振动传递给管道，在紧靠除尘器和风机连接管道上也应装设补偿器。

对大型除尘器和风机，其前后都应设置柔性补偿器。常用的柔性材料补偿器是由一个柔性补偿元件与两个可与相邻管道、设备相接的端管等组成的挠性部件。圈带采用硅橡胶、氟橡胶、三元乙丙烯橡胶和玻璃纤维布压制硫化处理而成。

除尘系统还经常采用金属波纹补偿器，一般为普通轴向型补偿器。普通轴向型补偿器是由一个波纹管组与两个可与相邻管道、设备相接的端管组成的挠性部件。

第三节　净化系统的防爆、防腐与保温设计

一、净化系统的防爆

当净化系统输送空气中含有可燃性粉尘或气体，同时又具备爆炸的条件，就会发生爆炸。为了防止爆炸，应采取下列防爆措施。

① 排除爆炸危险性气体、蒸气和粉尘的局部排风系统，其风量应按在排风罩、风管及其连接通风设备内这些物质的浓度不超过爆炸下限的 50% 设计，否则应在进入风机前进行净化。

因此，局部排风系统的排风量除按前面所述方法计算外，还应按下式进行校核计算。

$$Q \geqslant \frac{G}{0.5C_{\mathrm{L}}}$$

(9-44)

式中　Q——局部排风系统的排风量，m^3/s；

　　　G——单位时间内进入局部排风罩内的可燃物量，g/s；

　　　C_L——可燃物爆炸浓度下限，g/m^3；

对于不设净化设备的排风系统，如果实际的排风量不符合公式（9-44）的要求，则应加大排风量。

② 防止可燃物在通风系统的局部地点（设备、管道或个别死角）积聚。

③ 排除或输送含有爆炸危险性物质的空气混合物的通风设备及管道均应接地。

三角胶带上的静电应采取有效方法导除。通风设备及风管不应采用容易积聚静电的绝缘材料制作。

④ 含有爆炸危险性物质的局部排风系统所排出的气体，应排至建筑物背风涡流区以上；当屋顶上有设备或有操作平台时，排风口应高出设备或平台 2.5m 以上。

⑤ 根据生产中使用或产生物质火灾危险性将生产厂房分为甲、乙、丙、丁和戊 5 类。用于甲、乙类生产厂房和其他种类生产厂房排除爆炸危险性物质的排风系统，其通风设备应采用防爆型。当风机及电动机露天布置时，风机应采用防爆型，电动机可采用普通型。

⑥ 甲、乙类生产厂房的全面和局部通风系统，以及排除含有爆炸危险性物质的局部排风系统，其设备不应布置在地下室内。

⑦ 用于净化爆炸危险性粉尘的干式除尘器和过滤器应布置在生产厂房之外（距敞开式外墙不小于 10m），或布置在单独的建筑物内。但符合下列条件之一的，可布置在生产厂房内的单独房间中（地下室除外）。

a. 具有连续清灰能力的除尘器和过滤器；

b. 定期清灰的除尘器和过滤器，当其风量不大于 $15000m^3/h$，且集尘斗中的贮灰量不大于 60kg。

⑧ 排除爆炸危险物质的局部排风系统，其干式除尘器和过滤器等不得布置在经常有人或短时间有大量人员逗留的房间（如工人休息室、会议室等）的下面或侧面。

⑨ 在除尘系统的适当位置（如管道、弯头、除尘器等）上应设置防爆阀。防爆阀不得装在有人停留或通行的地方。对于爆炸浓度下限大于 $65g/m^3$ 的粉尘，可不设防爆阀。

⑩ 用于净化爆炸性粉尘的干式除尘器和过滤器应布置在风机的吸入段。

二、净化系统的防腐

净化系统的设备和管道大多采用钢铁等金属材料制作，在实际使用过程中很容易发生金属腐蚀。金属被腐蚀是指金属受到周围介质的电化学作用或化学作用而产生的破坏现象。在干燥空气中，金属腐蚀一般属于化学腐蚀，且过程缓慢；但在潮湿空气中，金属腐蚀则属于电化学腐蚀，比化学腐蚀过程要快得多。当空气中的相对湿度达到 60%～70% 时，金属表面便会形成一定厚度且足以导致明显电化学腐蚀的水膜，从而加速金属的腐蚀。

金属被腐蚀后，会影响工作性能，缩短使用年限，甚至造成跑、冒、滴漏等事故。因此防腐蚀是安全生产的重要手段之一，也是节约能耗的一项有力措施。

对净化系统的防腐，应采用不易受腐蚀的材料制作设备或管道，或在金属表面上覆盖一层坚固的保护膜。

为了保证管道及设备的防腐效果必须首先对管道及设备进行除污，除去管道及设备表面的灰尘、污垢、油脂、锈斑，除污的目的是为了增强防腐涂料对管道和设备表面的附着力。

除锈有手工除锈、机械除锈、喷砂除锈和化学除锈等几种方法。手工除锈是用刮刀、钢丝刷、砂布、砂纸等工具磨刷管道或设备表面去除铁锈、污垢，手工除锈劳动强度大，效率低，但是工具简单、操作方便，在安装工程中，劳动力充足的情况下可采用。

机械除锈是用一定机械设备摩擦管道或设备表面去除铁锈、污垢，常用的有钢管外壁除锈机和电动钢丝刷除锈机等机具。钢管外壁除锈机用来清除管子外表面的锈蚀，有手动和电动两种。钢管内表面的锈层、氧化皮可用电动钢丝刷除锈机除锈来清除，由电动机驱动软轴旋转，软轴带动圆盘状钢丝刷来清除锈蚀，不同管径的管道应采用不同规格的钢丝刷。喷射法除锈是用压缩空气将砂子或铁丸等颗粒喷射到管道设备表面，靠硬质小颗粒的打击使金属表面的锈蚀去掉，实现除锈的方法。这种方法除锈均匀，能将金属表面凹处除尽，并能使金属表面粗糙，利于油漆与金属表面结合。化学除锈是用酸溶液与管道表面的铁锈发生化学反应，将管子表面锈层溶解、剥离的除锈方法，常用的酸洗方法有槽式浸泡法和管洗法。

对管道及设备表面进行严格的表面处理，如清除铁锈、灰尘、油脂、焊渣等之后，才可以进行防腐涂料的施工，防腐涂料的施工方法有：刷、喷、浸、浇等，施工中常用涂刷法和空气喷涂两种方法，施工时根据需要确定涂刷层数和每层涂膜的厚度；防腐涂料使用前应先搅拌均匀，然后根据涂刷或喷涂方法的需要，选择相应的溶剂稀释至适宜的稠度，调好后及时使用；无论采用哪种方法施工，均要求被涂物表面清洁干燥，避免在低温和潮湿环境下工作，并且涂膜应附着牢固均匀，颜色一致，无剥落、皱纹、气泡等缺陷，不得有漏涂现象。

涂料产品分类、命名和型号详见 GB/T 2705—2003。常用防腐材料如下。

① 各种不同成分和结构的金属材料　如钢、铸铁、高硅铁、铝及复合钢板（铬、钼、镍合金钢）等；

② 耐腐无机材料　如陶瓷材料、低钙铝酸盐水泥、高铝水泥等；

③ 耐腐有机材料　如聚氯乙烯、氟塑料、橡胶、玻璃钢（玻璃纤维增强塑料）等。

选用防腐方法时，应考虑材料来源、加工条件及施工能力，经技术经济比较后确定，当管道系统输送腐蚀性较大的气体介质时，可以选用防腐材料加工管道和设备。

三、净化系统的保温设计

管道与设备保温的主要目的在于：减少热介质在制备与输送过程中的无益热损失；保证热介质在管道与设备表面具有一定的温度，以避免表面出现结露或高温烫伤人员等。

1. 保温设计的原则

① 管道、设备外表面温度≥50℃并需保持内部介质温度时；

② 管道、设备外表面由于热损失，使介质温度达不到要求的温度时；

③ 凡需要防止管道与设备表面结露时；

④ 由于管道表面温度过高会引起煤气、蒸气、粉尘爆炸起火危险的场合，以及与电缆交叉距离小于安全规程规定者；

⑤ 凡管道、设备需要经常操作、维护，而又容易引起烫伤的部位；

⑥ 敷设在除尘器上的压缩空气管道、差压管道为防止天冷结露一般应保温。

2. 保温结构

保温结构通常有涂刷有防腐漆或沥青的防护层、充填有保温材料的保温层、装有油毛毡或塑料布等材料的防潮层及其保护层，保温层结构在国家标准图集均有规定，保温层厚度经过技术经济比较确定，即按照保温要求计算出经济厚度，再按其他要求进行校核。

保温结构的设计直接影响到保温效果、投资费用和使用年限等。对保温结构基本要求有以下几个方面。

① 热损失不超过允许值；

② 保温结构应有足够的机械强度，经久耐用，不宜损坏；

③ 处理好保温结构和管道、设备的热伸缩；

④ 保温结构在满足上述条件下，尽量做到简单、可靠、材料消耗少、保温材料宜就地取材、造价低；

⑤ 保温结构应尽量采用工厂预制成型，减少现场制作，以便于缩短施工工期、保证质量、维护检修方便；

⑥ 保护结构应有良好的保护层，保护层应适应安装的环境条件和防雨、防潮要求，并做到外表平整、美观。

保温结构型式主要有以下几种。

（1）绑扎式

绑扎式是将保温材料用铁丝固定在管道上，外包以保护层，适用于成型保温结构如预制瓦、管壳和岩棉毡等。这类保温结构应用较广、结构简单、施工方便，外形平整美观，使用年限较长。

（2）浇灌式

浇灌式保温结构主要用于无沟敷设。地下水位低、土质干燥的地方，采用无沟敷设是较经济的一种方式。保温材料可采用水泥珍珠岩等，其施工方法为挖一土沟，将管道按设计标高敷设好，沟内放上油毡纸，管道外壁面刷上沥青或重油，以利管道伸缩，然后浇上水泥珍珠岩，将油毡包好，将土沟填平夯实即成。硬质聚氨酯泡沫塑料，用于110℃以下的管道，该材料可做成预件，或现场浇灌发泡成型。

浇灌式保温结构整体性好，保温效果较好，同时可延长管道使用寿命，取得广泛的推广使用。

（3）整体压制

整体压制这种保温结构是将沥青珍珠岩在热态下，在工厂内用机械力量把它直接挤压在管子上，制成整体式保温，由于沥青珍珠岩使用温度一般不超过150℃，故适用于介质温度＜150℃、管道直径＜500mm 的供暖管道上。

（4）喷涂式

喷涂式为新式的施工技术，适合于大面积和特殊设备的保温。保温结构整体性好，保温效果好，且节省材料，劳动强度低。其材料一般为膨胀珍珠岩、膨胀蛭石、硅酸铝纤维以及聚氨酯泡沫塑料等。

（5）充填式

充填式一般在阀门和附件上采用。阀门、法兰、弯头、三通等由于形状不规则，应采取特殊的保温结构。一般可采用硬质聚氨酯发泡浇灌、超细玻璃棉毡等。

3. 保温材料的选择

常用保温材料种类很多，常用的有岩棉、矿渣棉、石棉、珍珠岩、软木、聚苯乙烯泡沫塑料、超细玻璃棉、玻璃纤维保护板和聚氨酯泡沫塑料等以及它们的制品。矿渣棉及玻璃棉制品，用于管道保温时一般采用管壳形式；毡类常用于管件保温。

保温材料的性能选择一般宜按下述项目进行比较：使用温度范围，热导率，化学性能，机械强度，使用年数，单位体积的价格，对工程现状的适应性，不燃或阻燃性能，透湿性，安全性，施工性。保温材料选择技术要求如下所述。

（1）热导率

热导率是衡量材料或制品保温性能的重要标志，与保温层厚度及热损失均成正比关系。热导率是选择经济保温材料的两个因素之一。

当有数种保温层材料可供选择时，可用材料的热导率乘以单位体积价格 A（元/m³），其乘值越小越经济，即单位热阻的价格越低越好。

（2）密度

保温材料或制品的密度是衡量其保温性能的又一重要标志，与保温性能关系密切。就一般材料而言，密度越小，其热导率值亦越小，但对于纤维类保温材料，应选择最佳密度。

（3）抗压或抗折强度（机械强度）

同一组成的材料或制品，其机械强度与密度有密切关系。密度增加，其机械强度增高，热导率也增大，因此，不应片面地要求保温材料过高的抗压和抗折强度，但必须符合国家标准规定。一般保温材料或其制品，在其覆盖保护层后，在下列情况下不应产生残余变形：承受保温材料的自重时；将梯子靠在保温的设备或管道上进行操作时；表面受到轻微敲打或碰撞时；承受当地最大风荷载时；承受冰雪荷载时。

保温材料也是一种吸声减震材料，韧性和强度高的保温材料其抗震性一般也较强。通常在管道设计中，允许管道有不大于 6Hz 的固有频率，所以保温材料或保温结构至少应有耐6Hz 的抗震性能。一般认为韧性大、弹性好的材料或制品其抗震性能良好，例如，纤维类材料和制品、聚氨酯泡沫塑料等。

（4）安全使用温度范围

保温材料的最高安全使用温度或使用温度范围应符合有关的国家标准、行业标准的规定，并略高于保温对象表面的设计温度。

（5）非燃烧性

在有可燃气体或爆炸粉尘的工程中所使用的保温材料应为非燃烧材料。

（6）化学性能

化学性能一般是指保温材料对保温对象的腐蚀性；由保温对象泄漏出来流体对保温材料的化学反应；环境流体（一般指大气）对保温材料的腐蚀等。

值得注意的是保温的设备和管道在开始运行时，保温材料或（和）保护层材料内所吸水开始蒸发或从外保护层浸入的雨水将保温材料内的酸或碱溶解，引起设备和管道的腐蚀；特别是铝制设备和管道，最容易被碱的凝液腐蚀。为防止这种腐蚀，应采用泡沫塑料、防水纸等将保温材料包覆，使之不直接与铝接触。

（7）保温工程的设计使用年数

保温工程的设计使用年数是计算经济厚度的投资偿还年数，一般以 5～7 年为宜。但是，使用年数常受到使用温度、振动、太阳光线等的影响。保温材料不仅在投资偿还年限内不应失效，超过投资偿还年限时间越多越好。

（8）单位体积的材料价格

单位体积的材料价格低不一定是经济的保温材料，单位热阻的材料价格低才是经济的保温材料。

（9）保温材料对工程现场状况的适应性

保温材料对工程现场状况的适应性主要考虑下列各项：大气条件，有无腐蚀要素及气象状况；设备状况，有无须拆除保温及其频繁程度，设备或管道有无振动或粗暴处理情况，有无化学药品的泄漏及其部位，保温设备或管道的设置场所，是室内、室外、埋地或管沟，运行状况；建设期间和建设时期。

（10）安全性

由保温材料引起的安全性问题主要有：保温材料属于碱性时，黏结剂常含碱性物质，铝制设备和管道以及铝板外保护层都应格外注意防腐；保温的设备或管道内流体一旦泄漏，浸入保温材料内不应导致危险状态；在室内等场所的设备和管道使用的保温材料，在火灾时可产生有害气体或大量烟气，应充分考虑其影响，尽量选择危险性小的保温材料。

（11）施工性能

保温工程的质量往往取决于施工质量，因此，应选择施工性能好的材料，材料应具有性能：加工容易，不易破碎（在搬运和施工中）；很少产生粉尘，对环境没有污染；轻质（密度小）；容易维护、修理。

4. 保护层材料的选择

保护层的主要作用是：防止外力损坏绝热层；防止雨、雪水的侵袭；对保温结构尚有防潮隔汽的作用；美化绝热结构的外观。因此，保护层应具有严密的防水、防湿性能，良好的化学稳定性和不燃性，强度高，不易开裂，不易老化等性能。

常用保护材料有铝皮和镀锌铁皮等金属板、铁丝网水泥、玻璃丝布、塑料布、胶合板、油毡玻璃纤维、高密度聚乙烯套管、铝箔玻璃布和铝箔牛皮纸等。

保护层材料，在符合保护绝热层要求的同时，还应选择经济的保护层材料。根据综合经济比较和实践经验，推荐下述材料。

① 为保持被绝热设备或管道的外形美观和易于施工，对软质、半硬质材料的绝热层保护层宜选用 0.5mm 镀锌或非镀锌薄钢板；对硬质材料绝热层宜选用 0.5～0.8mm 铝或合金铝板，也可选用 0.5mm 镀锌或非镀锌薄钢板。

② 用于火灾危险性不属于甲、乙、丙类生产装置或设备和不划为爆炸危险区域的非燃性介质的公用工程管道的绝热层材料，可选用 0.5～0.8mm 阻燃型带铝箔玻璃钢板。

5. 保温层的施工方法

① 保温固定件、支承件的设置：垂直管道和设备，每隔一段距离需设保温层承重环（或抱箍），其宽度为保温层厚度的 2/3。销钉用于固定保温层时，间隔 250～300mm，用于固定金属外保护层时，间隔 500～1000mm；并使每张金属板端头不少于两个销钉。采用支承圈固定金属外保护层时，每道支承圈间隔为 1200～2000mm，并使每张金属板有两道支承圈。

② 保温管壳用于小于 DN350 管道保温，选用的管壳内径应与管道外径一致。施工时，张开管壳切口部套于管道上。水平管道保温时，切口置于管道下侧。对于有复合外保温层的管壳，应拆开切口部搭头内侧的防护纸，将搭接头按压贴平；相邻两段管壳要靠紧，缝隙处用压敏胶带粘贴；对于无外保护层的管壳，可用镀锌铁丝或塑料绳捆扎，每段管壳捆 2～3 道。

③ 保温板材用于平壁或大曲面设备保温，施工时，棉板应紧贴于设备外壁，曲面设备需将棉板的两板接缝切成斜口拼接，通常采用销钉套自锁紧板固定。对于不宜焊销钉的设备，可用钢带捆扎，间距为每块棉板不少于两道，拐角处要用镀锌铁皮包角后捆扎。当保温

层厚度超过 80mm 时，应分层保温，双层或多层保温层应错缝敷设，分层捆扎。

④ 设备及管道支座、吊架以及法兰、阀门、人孔等部位，在整体保温时，预留一定装卸间隙，待整体保温及保护层施工完毕后，再做局部保温处理，并注意施工完毕的保温结构不得妨碍活动支架的滑动。保温棉毡、垫的保温厚度和密度应均匀，外形应规整，经压实捆扎后的容重必须符合设计规定的安装容重。

⑤ 管道端部或有盲板的部位应敷设保温层，并应密封。除设计指明按管束保温的管道外，其余均应单独进行保温，施工后的保温层不得遮盖设备铭牌。如将铭牌周围的保温层切割成喇叭形开口，开口处应密封规整。方形设备或方形管道四角的保温层采用保温制品敷设时，其四角角缝应做成封盖式搭缝，不得形成垂直通缝。水平管道的纵向接缝位置，不得布置在管道垂直中心线 45°范围内，当采用大管径的多块成型绝热制品时，保温层的纵向接缝位置可不受此限制，但应偏离管道重中心线位置。

⑥ 保温制品的拼缝宽度，一般不得大于 5mm，且施工时需注意错缝。当使用两层以上的保温制品时，不仅同层应错缝，而且里外层应压缝，其搭接长度不宜小于 50mm。当外层管壳绝热层采用黏胶带封缝时，可不错缝。钩钉或销钉的安装一般采用专用钩钉、销钉，也可用 $\phi 3 \sim 6mm$ 的镀锌铁丝或低碳圆钢制作，直接焊在碳钢制设备或管道上，其间距不应大于 350mm。单位面积上钩钉或销钉数，侧部不应少于 6 个/m^2，底部不应少于 8 个/m^2。焊接钩钉或销钉时，应先用粉线在设备、管道壁上错行或对行划出每个钩钉或销钉的位置。支承件的安装：对于支承件的材质，应根据设备或管道材质确定，宜采用普通碳钢板或型钢制作。支承件不得设在有附件的位置上，环面应水平设置，各托架筋板之间安装误差不应大于 10mm。当不允许直接焊于设备上时，应采用抱箍型支承件。支承件制作的宽度应小于保温层厚度 10mm，但不得小于 20mm。立式设备和公称直径大于 100mm 的垂直管道支承件的安装间距，应视保温材料松散程度而定。

⑦ 壁上有加强筋板的方形设备和风道的保温层，应利用其加强筋板代替支承件，也可在加强筋板边沿上加焊弯钩。直接焊于不锈钢设备或管道上的固定件必须采用不锈钢制作。当固定件采用碳钢制作时，应加焊不锈钢垫板。抱箍式固定件与设备或管道之间，在介质温度高于 200℃ 及设备或管道系统非铁素体碳钢材时，应设置石棉板等隔垫。

⑧ 设备振动部位的保温施工：当壳体上已设有固定螺杆时，螺母上紧丝扣后点焊加固；对于设备封头固定件的安装采用焊接时，可在封头与筒体相交的切点处焊设支承环，并应在支承环上断续焊设固定环；当设备不允许焊接时，支承环应改为抱箍型。多层保温层应采用不锈钢制的活动环、固定环和钢带。

⑨ 立式设备或垂直管道的保温层采用半硬质保温制品施工时，应从支承件开始，自下而上拼砌，并用镀锌铁丝或包装钢带进行环向捆扎；当卧式设备有托架时，保温层应从托架开始拼砌，并用镀锌铁丝网状捆扎。当采用抹面保护层时，应包扎镀锌铁丝网。公称直径≤ 100mm 未装设固定件的垂直管道，应用 8 号镀锌铁丝在管壁上拧成扭辫箍环，利用扭辫索挂镀锌铁丝固定保温层。敷设异径管的保温层时，应将保温制品加工成扇形块，并应采用环状或网状捆扎，其捆扎铁丝应与大直径管段的捆扎铁丝纵向连接。当弯头部位保温层无成型制品时，应将普通直管壳截断，加工敷设成虾米腰状。$DN \leqslant 70mm$ 的管道，或因弯管半径小，不易加工成虾米腰时，可采用保温棉毡、垫绑扎。封头保温层的施工，应将制品板按封头尺寸加工成扇形块，错缝敷设。捆扎材料一端应系在活动环上，另一端应系在切点位置的固定环或托架上，捆扎成辐射形扎紧条。必要时，可在扎紧条间扎上环状拉条，环状拉条应

与扎紧条呈十字扭结扎紧。当封头保温层为双层结构时，应分层捆扎。

⑩ 伴热管管道保温层的施工：直管段每隔 1.0～1.5m 应用镀锌铁丝捆扎牢固。当无防止局部过热要求时，主管和伴热管可直接捆扎在一起；否则，主管和伴热管之间必须设置石棉垫。在采用棉毡、垫保温层时，应先用镀锌铁丝网包裹并扎紧；不得将加热空间堵塞，然后再进行保温。

6. 保护层的施工方法

（1）金属保护层施工

金属保护层常用镀锌薄钢板或铝合金板。当采用普通薄钢板时，其里外表面必须涂敷防锈涂料。安装前，金属板两边先压出两道半圆凸缘。对于设备保温，为加强金属板强度，可在每张金属板对角线上压两条交叉筋线。

（2）垂直方向保护层施工

将相邻两张金属板的半圆凸缘重叠搭接，自下而上，上层板压下层板，搭接 50mm。当采用销钉固定时，用木锤对准销钉将薄板打穿，去除孔边小块渣皮，套上 3mm 厚胶垫，用自销紧板套入压紧（或 AM6 螺母拧紧）；当采用支承圈、板固定时，板面重叠搭接处，尽可能对准支承圈、板，先用 φ3.6mm 钻头钻孔，再用自攻螺钉 M4×15 紧固。

（3）水平管道保护层施工

可直接将金属板卷合在保温层外，按管道坡向，自下而上施工；两板环向半圆凸缘重叠，纵向搭口向下，搭接处重叠 50mm。

（4）保护层搭接施工

搭接处先用 φ4mm（或 φ3.6mm）钻头钻孔，再用抽芯铆钉或自攻螺钉固定，铆或螺钉间距为 150～200mm。考虑设备及管道运行受膨胀位移，金属保护层应在伸缩方向留适当活动搭口。在露天或潮湿环境中的保温设备和管道与其附件的金属保护层，必须按照规定嵌填密封剂或接缝处包缠密封带。

（5）保护层防护

在已安装的金属护壳上，严禁踩踏或堆放物品。当不可避免踩踏时，应采取临时防护措施。

（6）复合保护层

① 油毡　用于潮湿环境下的管道及小型筒体设备保温外保护层。可直接卷铺在保温层外，垂直方向由低向高处敷设，环向搭接用稀沥青黏合，水平管道纵向搭缝向下，均搭接 50mm；然后，用镀锌铁丝或钢带扎紧，间距为 200～400mm。

② CPU 聚氨酯阻燃防水卷材　用于潮湿环境下的管道及小型筒体没备保温外保护层。可直接卷铺在保温层外，由低处向高处敷设；管道环、纵向接缝的搭接宽度均为 50mm，可用订书机直接订上，缝口用 CPU 涂料粘住。

③ 玻璃布　以螺纹状紧缠在保温层（或油毡、CPU 卷材）外，前后均搭接 50mm。由低处向高处施工，布带两端及每隔 3m 用镀锌铁丝或钢带捆扎。

④ 复合铝箔（牛皮纸夹筋铝箔、玻璃布铝箔等）　可直接敷设在除棉、缝毡以外的平整的保温层外，接缝处用压敏胶带粘贴。

⑤ 玻璃布乳化沥青涂层　在缠好的玻璃布外表面涂刷乳化沥青，每道用量 2～3kg/m^2。一般涂刷两道，第二道需在第一道干燥后进行。

⑥ 玻璃钢　在缠好的玻璃布外表面涂刷不饱和聚酯树脂，每道用量 1～2kg/m^2。

⑦ 玻璃钢、铝箔玻璃钢薄板。施工方法同金属保护层，但不压半圆凸缘及折线。环向、纵向搭接 30～50mm，搭接处可用抽芯铆钉或自攻螺钉紧固，接缝处宜用黏合剂密封。

（7）抹面保护层

① 抹面保护层的灰浆　应符合以下要求：容重不得大于 1000kg/m³；抗压强度不得小于 0.8MPa（80kg/cm²）；烧失量（包括有机物和可燃物）不得大于 12%；干烧后（冷状态下）不得产生裂缝、脱壳等现象；不得对金属产生腐蚀。

② 露天的保温结构　不得采用抹面保护层。当必须采用时，应在抹面层上包缠毡、箔或布类保护层，并应在包缠层表面涂敷防水、耐候性的涂料。

③ 抹面保护层　未硬化前应防雨淋水冲。当昼夜室外平均温度低于 5℃ 且最低温度低于 −3℃，应按冬季施工方案，采取防寒措施。大型设备抹面时，应在抹面保护层上留出纵横交错的方格形或环形伸缩缝；伸缩缝做成凹槽，其深度应为 5～8mm，宽度应为 8～12mm。高温管道的抹面保护层和铁丝网的断缝，应与保温层的伸缩缝留在同一部位，缝为填充毡、棉材料。室外的高温管道应在伸缩缝部位加金属护壳。

（8）化工材料及防火要求

使用化工材料或涂层时，应向有关生产厂索取性能及使用说明书。在有防火要求时，应选用具有自熄性的涂层和嵌缝材料。在有防火要求的场所，管道和设备外应涂两道防火漆。

第十章

固体废物预处理设备

第一节　压实设备

　　为便于运输、减轻环境污染、节省填埋或储存场地，需要对固体废物进行压实处理。固体废物压实机械有多种类型，以城市垃圾压实机械为例，小型的家用压实机可安装在橱框下面，大型的压实机可以压实整辆汽车，每日可压实成千吨的垃圾。不论何种用途的压实机，其构造主要由容器单元和压实单元组成。容器单元接受废物，压实单元具有液压或气压操作装置，利用高压使废物致密化。压实器有固定和移动两种形式，固定式压实器一般设在废物中转站、高层住宅垃圾滑道底部以及其他需要压实废物的场合；移动式压实器一般安装在垃圾收集车上，接受废物后即进行压实处理，随后送往处理处置场地。按固体废物种类的不同，压实设备又可分为金属类废物压实设备和城市垃圾压实设备两类。

一、固定式压实设备

　　固定式压实器主要有三向联合式和回转式两种。图 10-1 所示为适合于压实松散金属废物的三向联合式压实器，具有三个互相垂直的压头。金属类废物被置于容器单元内，而后依次启动 1、2、3 三个压头，逐渐使固体废物的空间体积缩小，容重增大，最终达到一定尺寸。压实后，尺寸一般为 200～1000mm。

　　图 10-2 所示为回转式压实器，废物装入容器单元后，先按水平式压头 1 的方向压实，

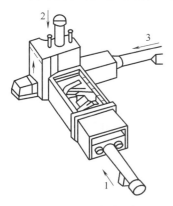

图 10-1　三向联合式压实器

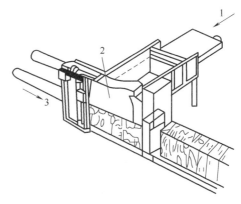

图 10-2　回转式压实器

然后按箭头的运动方向驱动旋转压头 2，最后按水平压头 3 的运动方向将废物压实至一定尺寸后再排出。

二、移动式压实设备

1. 车厢可分离的后装压实垃圾车

车厢可分离的后装压实垃圾车由后装压实垃圾车（车厢可分离）的填装器在垃圾转运站内压装垃圾。后装压实垃圾车驶入垃圾站内，将车倒入举升机工位，举升机举升车厢使车与车厢分离，垃圾车底盘驶出该工位，举升机将车厢卸在地上；垃圾站内液压泵站的油路与车厢接通后，环卫人员将收集来的垃圾倒入车厢填装器内，操纵填装器压实机构压装垃圾，反复装料，直到车厢被装满；当车厢装满后，操纵举升机，举升车厢到一定高度，垃圾车底盘驶入该工位，放下车厢，使车厢在底盘上就位，最后垃圾车驶离垃圾站将垃圾转运到垃圾处理厂卸料。车厢可分离的后装压实垃圾车压实设备技术参数见表 10-1。

表 10-1　车厢可分离的后装压实垃圾车压实设备参数

垃圾箱容量/m³	11.2	卸料作业时间/s	≤40	液压泵站功率/kW	25
填装器容积/m³	1.5	车厢举升机额定举升力/kgf	12000	系统工作压力/MPa	18
填装器作业循环时间/s	22～26	举升方式	摆动或垂直式举升	流量/(L/min)	70

注：1kgf=9.80665N。

2. 横移水平式垃圾压实机

通过机内压头将进入密闭压缩腔的垃圾直接压入垃圾集装箱，在集装箱内压实。压头设计独特，能舒缓推压垃圾时的巨大剪切力，提高满载率。压缩腔进料口尺寸大，不会出现垃圾堵塞情况。易损配件选用耐磨材料制造，方便更换。液压、电气系统可进行自动或手动控制，操作简单且易于维修。压缩比较大，压缩效率较高，处理垃圾能力较强，适合于中型垃圾转运站配套使用。其作业步骤如下。

① 空箱与压缩机对接。

② 压缩机将垃圾箱自动锁紧，闸门自动提起，厢门打开。

③ 散装或桶装垃圾倒入压缩机工作箱。

④ 垃圾被压入垃圾箱。

⑤ 垃圾压满后，闸门放下，厢门关闭，机箱分开。

⑥ 拉臂车将满箱拉上车体运走，压缩机可移位与另一空箱对接。

⑦ 拉臂车卸垃圾。

主要设备及技术参数如下。

（1）垃圾压实机

由机头、推头、推拉箱装置、提门装置、翻斗及移位装置等组成。推头最大推力为 12.5×10^3 kgf，可保证垃圾压缩比在 2：1 以上，可实现自动倾倒及压实垃圾、自动推拉垃圾箱、自动锁紧垃圾箱、自动启闭垃圾箱箱门及压实机横向移位或箱体移位等操作，所有动作均在先进的液压系统及由 PLC 控制的电气系统的控制下自动或手动完成，所有装置连接牢固、可靠，操作简单，维护保养方便。

收集翻斗位于压实机一侧，主要包括一个由 3mm 钢板制成的料斗，有效容积为 $1.0m^3$ 的料斗铰接于压实机上，并由液压缸驱动。当垃圾倒入料斗后，液压缸驱动料斗绕铰链翻转一定角度，料斗中的垃圾即可落入压实机内腔。此设备可根据实际情况选用，如垃圾站拥有引坡的操作平台，可用垃圾推车直接倒入进料口，无须翻斗装置。垃圾压实机技术参数见表10-2。

表10-2 垃圾压实机技术参数

容积/m³	1.0	移动距离(两箱)/m	3.2~4
每循环处理量/m³	1.0	移动电功率/kW	1.1
每循环工作周期/s	55	定位方式	电气限位＋缓冲器限位
每时最大工作能力/(m³/h)	65.5	移动速度/(m/min)	3.2
每天处理量/(t/d)	55~75	推头横截面尺寸/min	1200×850
垃圾压缩比	≥2∶1		

（2）垃圾集装箱

主体是一个外部尺寸为 4m×2.2m×1.36m 的多边形箱体，采用 3mm 钢板制成，并用冷弯槽钢加固，有效容积为 12m³，其外形尺寸保证可与 LSS5151ZXX 型拉臂车相配套。垃圾箱底座上装有 4 个直径 100mm 的金属滚轮，后面装有一个可转大门，用于倒出垃圾，其上还装有一个插门（为压实机推头把垃圾压入垃圾箱而设），插门的启闭由压实机上的提门油缸自动完成。垃圾箱前部牢固地装有一个吊杆，作为拉臂车起吊之用。垃圾集装箱技术参数见表10-3。

表10-3 垃圾集装箱技术参数

容积/m³	12
载重/kg	8000
自重/kg	2000

（3）液压系统

两箱移动式垃圾压实机液压系统为恒功率控制系统。压头油缸向前压缩工作时，大、小两油缸现时给压头油缸供油，当负载压力达到 70bar（7MPa）时，控制大泵电磁溢流阀断电，大泵卸荷，剩下小泵工作（保证系统功率恒定，不超载）。当油缸继续前行，负载继续增大达到 160bar（16MPa）时，控制小泵电磁阀断电，小泵卸荷，压头油缸快速后退。当翻斗油缸、锁紧油缸、提升门油缸、推拉箱油缸工作时，大泵都处在卸荷状态，只有小泵给油工作，完成各项动作。

3. 预压式垃圾压实机

垃圾在密封压缩腔内被压成块状，然后一次性或分多次推入垃圾集装箱，采用垂直压缩技术对收集来的松散生活垃圾进行压缩减容，排出垃圾中所含的污水和气体，将垃圾压缩成块状后再用封闭式转运车转运。这种设备压缩力大，垃圾压缩比大，装载效率高，垃圾在压缩、储存和卸料等作业过程中始终处于封闭状态，基本上没有垃圾脱落现象，并减少了垃圾臭气的外逸，同时垃圾站还采取了喷雾降尘、生物除臭等环保措施，整个垃圾站对周围环境的污染很小。另外，转运车采用密封技术，在运输过程中不会产生二次污染，设备自动化程度高，减轻了环卫工人的劳动强度，实现了垃圾处理无害化、减量化、资源化。图 10-3 为预压式垃圾压缩站示意图。

（1）工艺流程

1）垃圾倾倒、压实

城区内的居民生活垃圾收集后由小车运到站内并倒入放置在地坑的垃圾箱中，松散垃圾倒满垃圾箱后，操纵垂直压缩机进行压实，压实后提升压头，继续倾倒、压缩垃圾，一般经过四次压缩循环后即可压好一块垃圾。

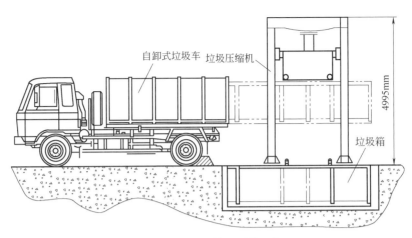

图 10-3　预压式垃圾压缩站示意

2）垃圾块移位、压缩第二块垃圾

当一块垃圾压好后，操纵控制系统，先提升垃圾箱的闸板门，驱动推铲将垃圾块推入垃圾箱的储存仓，然后将闸板门和推铲复位，重复垃圾倾倒、压缩循环，压好第二块垃圾。

3）垃圾箱与车厢对接、卸料

将垃圾箱提升到与集装箱自卸式垃圾车车厢相对应的高度，将转运车倒入站内并使车厢与垃圾箱对接后，操纵推铲机构把垃圾箱内的两块垃圾块卸入空车厢。转运车向前行驶，与垃圾箱脱开，进行下一次作业。

4）垃圾转运

操纵集装箱自卸式垃圾车车厢后门的关闭机构，将垃圾转运车的密封后门关好后，转运车开出垃圾站，将垃圾运往填埋场。

（2）主要设备及技术参数

1）压缩机

压缩机由四立柱机架、压头、压缩油缸和挂箱机构组成。压头与压缩油缸采用球铰连接，其支撑臂上装有导向块组，以四立柱为导轨上下移动，每个导向块均可单独调整定位，上下导向块有一定跨距以消除压缩垃圾时可能产生的偏转，挂箱机构安装在压头内，其锁销可与垃圾箱上的挂耳连接，利用压头的升降实现垃圾箱的升降。压缩机技术参数见表 10-4。

表 10-4　压缩机技术参数

设备外形尺寸/mm	5000×3150×4995	系统工作压力/MPa	21
电机功率/kW	18.5	垃圾块尺寸/mm	1850×1600×1000
垃圾处理能力/(t/h)	60	垃圾块质量/t	2×2.5=5(1箱2块,共重5t)
最大压缩力/t	80		

2）垃圾箱

垃圾箱由垃圾箱体、卸料门、闸板门、提门油缸、推铲机构和伸缩盖等组成。垃圾箱安装在压缩机下方的地坑中，箱体两侧装有导向块组，以四立柱为导轨上下移动，每个导向块均可单独调整定位，上下导向块有一定跨距，消除垃圾箱在卸料装车时可能产生的偏转，卸料门、闸板门和推铲机构中的推板将垃圾箱分割为垃圾储存仓和垃圾收集压缩仓。提门油缸控制卸料门和闸板门的开启和关闭，推铲在推铲油缸的作用下沿垃圾箱底面的导轨移动完成垃圾的移位和卸料。

3）液压系统

液压系统主要由泵站、电磁多路换向阀、其他阀组和油缸组成。泵站由电动机驱动，通过电磁多路换向阀和其他阀组驱动油缸分别完成垃圾压缩、移位储存和卸料装车等作业。

4）电气操纵系统

电气操纵系统主要由接触器、继电器、行程开关、按钮和操纵手柄组成，用于泵站启动和各工作机构作业的自动控制以及设备的故障排除和调试。

5）污水排放系统

污水排放系统主要由排污沟、污水井、污水泵和液位控制器组成。垃圾压缩时产生的污水通过垃圾箱上的排水孔经排污沟流入污水井，污水泵将污水井的污水排入排污管网，再流入污水厂进行集中处理。污水排放系统技术参数见表10-5。

表10-5　污水排放系统技术参数

功率/kW	1.1
扬程/m	7
排污能力/(m^3/h)	15

6）喷雾降尘、垃圾除臭系统

喷雾降尘、垃圾除臭系统主要由泵、管路、水箱、阀门和喷嘴组成。当向垃圾收集压缩仓倾倒垃圾时，喷嘴喷洒水雾，最大限度降低粉尘污染，同时加入除臭剂，通过有效微生物抑制臭气的产生，并分解已产生的臭气，彻底改变垃圾站臭气污染的现象。该措施使站内的虫蝇明显减少，实现对垃圾的无害化处理。喷雾降尘系统还配有冲洗水枪，可用于垃圾站的清洁卫生工作。喷雾降尘、垃圾除臭系统技术参数见表10-6。

表10-6　喷雾除尘、垃圾除臭系统技术参数

功率/kW	1.3
压力/MPa	6
流量/(L/min)	3.2

7）除臭系统

除臭系统主要由泵、控制器、管路、阀门和喷嘴组成。当向垃圾收集压缩仓倾倒垃圾时，压缩机上的喷嘴喷洒雾化除臭剂，垃圾站内的其他喷嘴向空气中喷洒雾化除臭剂，最大限度降低臭气污染。除臭系统技术参数见表10-7。

表10-7　除臭系统技术参数

功率/kW	0.5～1.4
压力/MPa	3～5
流量/(L/min)	3～0.2

第二节　破碎及磨碎设备

一、概述

固体废物具有复杂、不均匀、体积庞大的特点，减小最大颗粒尺寸对于确保整个固体废物处理处置系统可靠稳定运行极为重要。

为达到废物尺寸缩减，通常所用的方法就是破碎。破碎是通过人力或机械等外力的作用，破坏物体内部的凝聚力和分子间作用力而使物体破裂变碎的操作过程。若再进一步加工，将小块固体废物颗粒分裂成细粉状的过程称为磨碎。破碎是固体废物处理技术中最常用的预处理工艺，可以使固体废物的运输、焚烧、热分解、熔化、压缩等作业更易于进行，或者更加经济有效。

经破碎处理后，固体废物的性质改变，消除其中的较大空隙，使物料整体密度增加，并达到废物混合体更为均一的颗粒尺寸分布，使其更适合于各类后处理工序所要求的形状、尺寸与容重等。破碎成为几乎所有固体废物处理必不可少的预处理工序主要基于以下几项优点。

① 对于填埋处置而言，破碎后废物置于填埋场并施行压缩，其有效密度要比未破碎废物高25%～60%，减少了填埋场工作人员用土覆盖的频率，可加快实现垃圾干燥覆土还原，与好氧条件相组合，还可有效去除蚊蝇、臭味问题，减少了昆虫、鼠类的疾病传播可能；

② 破碎后，原来组成复杂且不均匀的废物变得尺寸均一，比表面积增加，易于实现稳定安全高效的燃烧，尽可能回收其中的潜在热值，也有助于提高堆肥效率；

③ 废物容重的增加，使得贮存与远距离运输更加经济有效，易于进行；

④ 为分选提供要求的入选粒度，使原来的联生矿物或联结在一起的异种材料等单体分离，从而更有利于提取其中的有用物质与材料；

⑤ 防止不可预料的大块、锋利的固体废物损坏运行中的处理机械，如分选机、炉膛等；

⑥ 容易通过磁选等方法回收小块的贵重金属。

1. 破碎难易程度的衡量

固体废物种类很多，不同的固体废物其破碎的难易程度也不同。破碎的难易程度通常用机械强度或硬度来衡量。

（1）机械强度

固体废物的机械强度是指固体废物抗破碎的阻力，通常用静载下测定的抗压强度、抗拉强度、抗剪强度和抗弯强度来表示。其中抗压强度最大，抗剪强度次之，抗弯强度较小，抗拉强度最小。一般以固体废物的抗压强度为标准来衡量。抗压强度大于250MPa的为硬固体废物；40～250MPa之间的为中硬固体废物；小于40MPa的为软固体废物。机械强度越大的固体废物破碎越困难。

（2）硬度

固体废物的硬度是指固体废物抵抗外力机械侵入的能力。一般硬度越大的固体废物，其破碎难度越大，固体废物的硬度有两种表示方法。一种是对照矿物硬度确定，矿物的硬度可按莫氏硬度分为十级，其软硬排列顺序如下：滑石、石膏、方解石、萤石、磷灰石、长石、石英、黄玉石、刚玉和金刚石，各种固体废物的硬度可通过与这些矿物相比较来确定。另一种是按废物破碎时的性状确定，可分为最坚硬物料、坚硬物料、中硬物料和软质物料四种。

在需要破碎的废物当中，大多数都呈现脆性，废物在碎裂之前的塑性变形很小，但也有些需要破碎的废物在常温下呈现较高的韧性和塑性，因此用传统的破碎方法难以将其破碎，这种情况下就需要采用特殊的破碎手段。例如，橡胶在压力作用下能产生较大的塑性变形却不断裂，但可利用其在低温时变脆的特性来有效地进行破碎。

2. 破碎比与破碎段

在破碎过程中，原废物粒度与破碎产物粒度的比值称为破碎比，破碎比表示废物粒度在破碎过程中减少的倍数，也就是表征了废物被破碎的程度。破碎机的能量消耗和处理能力都与破碎比有关。破碎比的计算方法有以下两种。

① 用废物破碎前的最大粒度（D_{max}）与破碎后的最大粒度（d_{max}）的比值来确定破碎比（i）

$$i = \frac{D_{max}}{d_{max}} \tag{10-1}$$

用该法确定的破碎比称为极限破碎比，在工程设计中常被采用。根据最大物料直径来选破碎机给料口的宽度。

② 用废物破碎前的平均粒度（D_{cp}）与破碎后的平均粒度（d_{cp}）的比值来确定破碎比（i）

$$i = \frac{D_{cp}}{d_{cp}} \tag{10-2}$$

用该法确定的破碎比称为真实破碎比，能较真实地反映破碎程度，在科研和理论研究中常被采用。一般破碎机的平均破碎比在 3～30 之间，磨碎机破碎比可达 40～400 以上。

固体废物每经过一次破碎机或磨碎机称为一个破碎段，如要求的破碎比不大，则一段破碎即可。但对有些固体废物的分选工艺，例如浮选、磁选等而言，由于要求入料的粒度很细，破碎比很大，所以往往需要将几台破碎机依次串联起来组成破碎流程。对固体废物进行多次（段）破碎，其总破碎比等于各段破碎比（i_1，i_2，…，i_n）的乘积。

破碎段数是决定破碎工艺流程的基本指标，主要取决于破碎废物的原始粒度和最终粒度。破碎段数越多，破碎流程就越复杂，工程投资相应增加，因此，如果条件允许，应尽量减少破碎段数。

3. 破碎流程

根据固体废物的性质、颗粒大小、要求达到的破碎比和选用的破碎机类型，每段破碎流程可以有不同的组合方式，其基本工艺流程见图 10-4。

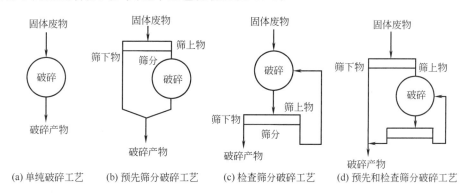

(a) 单纯破碎工艺　　(b) 预先筛分破碎工艺　　(c) 检查筛分破碎工艺　　(d) 预先和检查筛分破碎工艺

图 10-4　破碎的基本工艺流程

4. 破碎方法

破碎方法可分为干式、湿式、半湿式破碎三类。其中，湿式破碎与半湿式破碎是在破碎的同时兼有分级分选的处理。干式破碎按所用的外力即消耗能量形式的不同，又可分为机械能破碎和非机械能破碎。机械能破碎是利用破碎工具如破碎机的齿板、锤子和球磨机的钢球等对固体废物施力而将其破碎；非机械能破碎则是利用电能、热能等对固体废物进行破碎的新方法，如低温破碎、热力破碎、低压破碎和超声波破碎等。低温破碎可用于废塑料及其制品、废橡胶及其制品、废旧绝缘电线等的破碎。

目前广泛采用的破碎方法有冲击破碎、剪切破碎、挤压破碎、摩擦破碎等，此外还有专用的低温破碎、湿式破碎。常用破碎机的破碎作用方式见图 10-5。

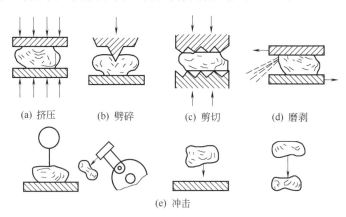

图 10-5　常用破碎机的破碎作用方式

挤压破碎是指废物在两个相对运动的硬面之间的挤压作用下破碎。剪切破碎是指在剪切作用下使废物破碎，剪切作用包括劈开、撕破和折断等。摩擦破碎是指废物在两个相对运动的硬面摩擦作用下破碎。冲击破碎有重力冲击和动冲击两种形式。重力冲击是使废物落到一个硬的表面上；动冲击是使废物碰到一个比它硬的快速旋转的表面时而产生冲击作用。在动冲击过程中，废物是无支承的，冲击力使破碎的颗粒向各个方向加速，如锤式破碎机利用的就是动冲击的原理。

低温破碎是指利用塑料、橡胶类废物在低温下脆化的特性进行破碎。湿式破碎是指利用湿法使纸类、纤维类废物调制成浆状，然后加以破碎利用的方法。

固体废物的机械强度和硬度，直接影响到破碎方法的选择。在待破碎的废物（如各种废石和废渣等）中，大多数呈现脆硬性，宜采用劈碎、冲击、挤压破碎；对于柔韧性废物（如废橡胶、废钢铁、废器材等）在常温下用传统的破碎机难以破碎，压力只能使其产生较大的塑性变形而不断裂，这时宜利用其低温变脆的性能而有效破碎，或是剪切、冲击破碎；而当废物体积较大不能直接将其供入破碎机时，需先行将其切割到可以装入进料口的尺寸，再送入破碎机内；对于含有大量废纸的城市垃圾，近年国外已采用半湿式和湿式破碎。

鉴于固体废物组成的复杂性，一般的破碎机兼有多种破碎方法，通常是破碎机的组件与待破碎的物料间多种作用力在起混合作用，如压碎、折断、冲击和磨剥等。

二、破碎设备

破碎固体废物常用的破碎机有颚式破碎机、锤式破碎机、冲击式破碎机、剪切式破碎机、辊式破碎机等几种类型。选择破碎设备的类型时，必须综合考虑下列因素：

① 破碎设备的破碎能力；

② 固体废物的性质，如破碎特性、硬度、密度、形状、含水率等；

③ 对破碎产品粒度、组成及形状的要求；

④ 设备的供料方式；

⑤ 安装操作场所情况等。

1. 颚式破碎机

颚式破碎机虽然是一种古老的破碎设备，但是具有破碎比大、产量高、产品粒度均匀、结构简单、工作可靠、维修简便、运营经济等特点，至今仍被广泛应用。该设备既可用于粗碎，也可用于中碎、细碎，大型颚式破碎机广泛适用于矿山、冶炼、建筑、公路、铁路、水利和化学工业等众多行业，主要用于粒度大、抗压强度高的各种矿石和岩石的破碎。例如，将煤矸石破碎用作沸腾炉的燃料和制水泥的原料等。

颚式破碎机内有个非常重要的部件——可移动颚板（简称动颚板）。通常按照动颚板的活动特性将颚式破碎机分为简单摆动和复杂摆动两种类型。

（1）简单摆动型颚式破碎机（简摆型）

简单摆动颚式破碎机如图 10-6 所示，由机架、工作机构、传动机构、保险装置等部分组成，固定颚板和可动颚板构成破碎腔。

工作时，由三角带和槽轮驱动偏心轴，偏心轴不停地转动，使得与之相连的连杆做上下往复运动，带动前肘板做左右往复运动，可动颚板就在前肘板的带动下呈往复摆动。此时如果废料由给料口进入破碎腔中，就会受到挤压作用而发生破裂和破碎。当可动颚板在拉杆和弹簧作用下离开固定颚板时，破碎腔内下部已破碎到小于排料口的物料靠其自身重力从排料口排出，位于破碎腔上部的尚未充分压碎的料块当即下落一定距离，进一步被可动颚板挤压破碎。

（2）复杂摆动型颚式破碎机（复摆型）

图 10-7 是复杂摆动颚式破碎机结构图。复杂摆动颚式破碎机与简单摆动颚式破碎机从构造上看，前者没有动颚悬挂的偏心轴和垂直连杆，动颚与连杆合为一个部件，肘板只有一块。可见，复杂摆动颚式破碎机构造简单，但动颚的运动却比简摆型破碎机复杂，动颚在水平方向上有摆动，同时在垂直方向也有运动，是一种复杂运动，故称复杂摆动颚式破碎机。

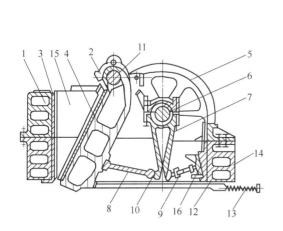

图 10-6　简单摆动颚式破碎机

1—固定颚板；2—可动颚板；3，4—破碎齿板；5—飞轮；
6—偏心轴；7—连杆；8—前肘板；9—后肘板；
10—肘板支座；11—悬挂轴；12—水平拉杆；
13—弹簧；14—机架；15—破碎腔侧面肘板；16—楔块

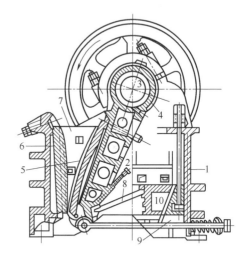

图 10-7　复杂摆动颚式破碎机

1—机架；2—可动颚板；3—偏心轴；4—滚珠轴承；
5，6—衬板；7—侧壁衬板；8—肘板；9，10—楔块

复摆颚式破碎机破碎方式为曲动挤压型，电动机驱动皮带和皮带轮通过偏心轴使动颚上下运动，当动颚板上升时肘板和动颚板间夹角变大，从而推动动颚板向定颚板靠近，与此同时固体废物被挤压、搓、碾等；当动颚下行时，肘板和动颚间夹角变小，动颚板在拉杆、弹

簧的作用下离开定颚板，此时破碎产品从破碎腔下口排出，完成破碎过程。

复杂摆动颚式破碎机的优点是破碎产品较细，破碎比大（一般可达 4～8，简摆型只能达到 3～6）。规格相同时，复摆型颚式破碎机比简摆型破碎能力高 20％～30％。

（3）新型颚式破碎机

随着破碎技术和制造技术的发展，也诞生了几种新型的具有新功能的颚式破碎机。图 10-8 为新型颚式破碎机构造简图。其工作原理是物料由进料斗落入机内，经分离器将物料分散到四周下落。电动机带动偏心轴使动颚上下运动而压碎物料，达到一定粒度后进入回转腔。物料在回转腔内受到转子及定颚的研磨而破碎，破碎的物料从下料斗排出。该机通过松紧螺栓和加减垫片可调整进出料粒度，采用圆周给料，给料范围比传统颚式破碎机大，下料速度快而不堵塞。与同等规格的传统颚式破碎机相比，其生产能力大、产品粒度小、破碎比大。

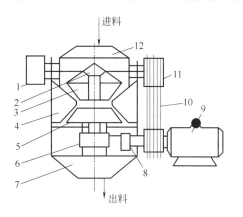

图 10-8　新型颚式破碎机
1—飞轮；2—偏心轴；3—动颚；4—定颚
（机体）；5—转子；6—齿轮箱；
7—下料斗；8—联轴器；9—电机；
10—三角带；11—皮带轮；12—进料斗

2. 锤式破碎机

锤式破碎机是利用冲击摩擦和剪切作用将固体废物破碎，其主要部件有大转子、铰接在转子上的重锤（重锤以铰链为轴转动，并随大转子一起转动）、内侧的破碎板。

锤式破碎机按转子数目可分单转子锤式破碎机和双转子锤式破碎机两类。单转子又分为不可逆式和可逆式两种，如图 10-9 所示。

图 10-9（a）是不可逆式锤式破碎机，转子的转动方向如箭头所示，只能一个方向运动，是不可逆的。图 10-9（b）是可逆式锤式破碎机，转子首先向某一个方向转动，该方向的衬板、筛板和锤子端部就受到磨损。磨损到一定程度后，转子改为向另一个方向旋转，利用锤子的另一端及另一个方向的衬板和筛板继续工作，从而使设备核心部件连续工作的寿命几乎提高一倍。

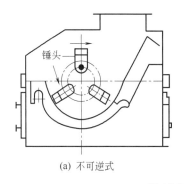

（a）不可逆式

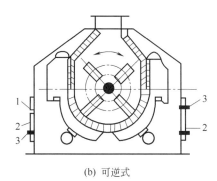

（b）可逆式

图 10-9　单转子锤式破碎机
1—检修孔；2—盖板；3—螺栓

目前普遍采用可逆单转子锤式破碎机。其工作原理是固体废物自上部给料口进入机内，立即遭受高速旋转的锤子的打击、冲击、剪切、研磨等作用而破碎。锤子以铰链方式装在各圆盘之间的销轴上，可以在销轴上摆动。电动机带动主轴、圆盘、销轴及锤子做高速旋转运动，这个包括主轴、圆盘、销轴和锤子的部件称为转子。在转子的下部设有筛板，破碎物料中小于筛孔尺寸的细粒通过筛板排出，大于筛孔尺寸的粗粒被阻留在筛板上并继续受到锤子的冲击和研磨，最后通过筛板排出。

锤子是破碎机的主要工作机件，通常用高锰钢或其他合金钢等制成。由于锤子前端磨损较快，设计时应考虑到锤子磨损后能上下或前后调头。

锤式破碎机主要用于破碎中等硬度且腐蚀性弱的固体废物，例如，煤矸石经锤式破碎机一次破碎后小于25mm的粒度达95％；锤式破碎机还可破碎含水分及油质的有机物、纤维结构、弹性和韧性较强的木块、石棉水泥废料、石棉纤维和金属切屑等。另外，锤式破碎机在破碎大型固体废物如电冰箱、洗衣机及废旧汽车方面也具有一定的优势。其缺点是噪声大，安装需采取减震、隔声措施。目前专用于破碎固体废物的锤式破碎机有以下几种类型。

（1）BJD型普通锤式破碎机

图10-10为BJD型普通锤式破碎机的构造图。该机主要用于破碎废旧家具、厨房用具、床垫、电视机、冰箱、洗衣机等大型废物，破碎产品粒度可以达到50mm左右，不能破碎的废物从旁路排出。

（2）BJD型破碎金属切屑的锤式破碎机

图10-11是BJD型破碎金属切屑的锤式破碎机构造图。经该设备破碎后，金属切屑的松散体积可以减小3～8倍，便于运输至冶炼厂冶炼。锤子呈钩形，对金属切屑施加剪切和撕拉等作用而使其破碎。

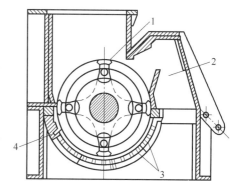

图10-10 BJD型普通锤式破碎机

1—锤子；2—旁路；3—格栅；4—测量头

（3）Novorotor型双转子锤式破碎机

图10-12是Novorotor型双转子锤式破碎机构造图。该破碎机具有两个旋转方向的转子，转子下方均装有研磨板。物料自右方给料口送入机内，经右方转子破碎后排至左方破碎腔，沿左方研磨板运动3/4圆周后借风力排至上部的旋转式风力分级机。分级后的细粒产品自上方排出机外，粗粒产品返回破碎机再度破碎。该机破碎比可达30。

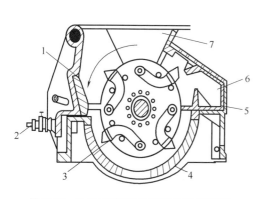

图10-11 BJD型破碎金属切屑的锤式破碎机

1—衬板；2—弹簧；3—锤子；4—筛条；5—小门；
6—非破碎物收集区；7—给料口

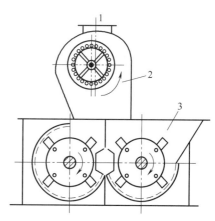

图10-12 Novorotor型双转子锤式破碎机

1—细粒级产品出口；2—风力分级机；3—物料入口

3. 冲击式破碎机

冲击式破碎机大多是旋转式的，其工作原理与锤式破碎机很相似，都是利用冲击力作用进行破碎，只是冲击式破碎机锤子数量较少，一般为 2～4 个不等，且废物受冲击的过程较为复杂。其工作原理是进入破碎机的固体废物受到绕中心轴做高速旋转的转子猛烈冲撞后，被第一次破碎；同时破碎产品颗粒获得一定动能而高速冲向坚硬的机壁，受到第二次破碎；在冲击机壁后又弹回的颗粒再次被转子击碎；难以破碎的一部分废物颗粒被转子和固定板挟持而剪断或磨损，破碎后的最终产品由下部排出。当要求破碎产品粒度为 40mm 时，此时足以达到目的；若要求粒度更小，如 20mm 时，接下来还需经锤子与研磨板的作用进一步细化产品。若底部再设有筛板，可更为有效地控制出料尺寸。冲击板与锤子之间的距离以及冲击板倾斜度是可以调节的。合理设置这些参数，使废物充分破碎后通过锤子与板间空隙或筛孔排出机外。

冲击式破碎机具有破碎比大、适应性强、构造简单、外形尺寸小、操作方便、易于维护等特点，适用于破碎中等硬度、软质、脆性、韧性及纤维状等多种固体废物。典型冲击式破碎机主要有 Universa 型冲击式破碎机和 Hazemag 型冲击式破碎机两种类型，分别见图 10-13 和图 10-14。

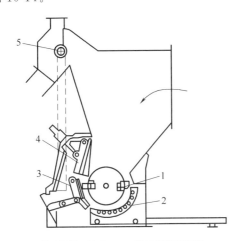

图 10-13　Universa 型冲击式破碎机

1—板锤；2—筛条；3—研磨板；4—冲击板；5—链幕

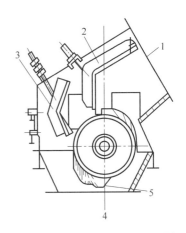

图 10-14　Hazemag 型冲击式破碎机

1—固体废物；2——级冲撞板（固定刀）；3—二级冲撞板（固定刀）；4—排出口；5—旋转打击刀

4. 剪切式破碎机

剪切式破碎机是以剪切方式为主对物料进行破碎的机械设备。剪切式破碎机是通过固定刀和可动刀（往复式刀或旋转式刀）之间的啮合作用将固体废物切开或割裂成需要的形状和尺寸，特别适合对二氧化硅含量低的松散废物进行破碎。

（1）Von Roll 型往复剪切式破碎机

图 10-15 是 Von Roll 型往复剪切式破碎机构造图。

该破碎机主要是由可动机架和固定框架两部分构成。在框架下面连接着轴，往复刀和固定刀交错排列。当处于打开状态时，从侧面看，往复刀和固定刀呈 V 形，此时可从上部供给大型废物；当 V 形合拢时，废物受到挤压破碎的同时，主要依靠往复刀和固定刀的啮合而被剪切。往复刀和固定刀之间的宽度为 30cm。往复刀靠油泵带动，驱动速度很慢，但驱动力很大。当破碎阻力超过规定的最大值时可动横杆会自动返回，以免损坏刀具。根据破碎

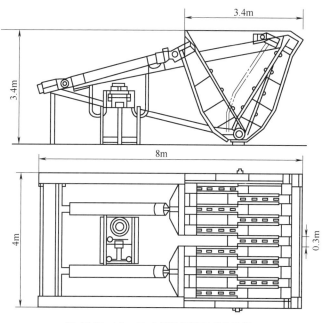

图 10-15　Von Roll 型往复剪切式破碎机

废物种类的不同，处理量波动在 $80\sim150\mathrm{m}^3/\mathrm{h}$。该机适用于城市垃圾焚烧厂的废物破碎。

（2）Lindemann 型剪切式破碎机

Lindemann 型剪切式破碎机结构如图 10-16 所示，其由预压缩机和剪切机两部分组成。固体废物先进入预压缩机，通过一对钳形压块的开闭将固体废物压缩至合适体积后进入剪切机。剪切机由送料器、压紧器和剪切刀片组成。固体废物由送料器推到刀口下方，压紧器压紧后由剪切刀将其剪断。

（3）旋转剪切式破碎机

旋转剪切式破碎机设备构造如图 10-17 所示。此种剪切机有旋转刀 3～5 片，固定刀 3～5 片，废物投入剪切装置后在间隙内被剪切破碎，该机不适用于破碎硬度大的废物。

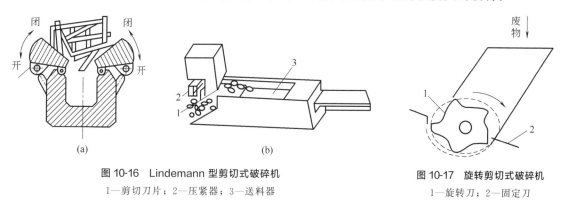

图 10-16　Lindemann 型剪切式破碎机
1—剪切刀片；2—压紧器；3—送料器

图 10-17　旋转剪切式破碎机
1—旋转刀；2—固定刀

5. 辊式破碎机

辊式破碎机具有能耗低、构造简单、工作可靠、产品过度粉碎程度小等特点。按照辊子的特点可分为光辊破碎机和齿辊破碎机两种。光辊破碎机的辊子表面光滑，图 10-18 为光面双辊式破碎机构造图。

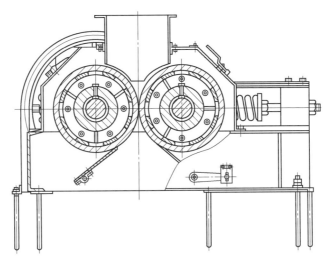

图 10-18　光面双辊式破碎机

该机靠挤压破碎兼有研磨作用，用于硬度较大的固体废物的中碎和细碎。齿辊破碎机的辊子表面带有齿牙，主要破碎形式是劈碎，用于破碎脆性和含泥黏性废物。齿辊破碎机按齿辊数目又可分为双齿辊和单齿辊破碎机两种。

（1）双齿辊破碎机

双齿辊破碎机如图 10-19 所示。该机是由两个相对转动的齿辊组成，固体废物由上方给入两齿辊中间，当两齿辊同步相对转动时，辊面上的齿牙将物料咬住并加以劈碎，破碎后产品随齿辊转动从下部排出。破碎产品的粒度由两齿辊的间隙决定。

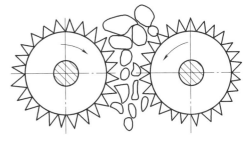

图 10-19　双齿辊破碎机

（2）单齿辊破碎机

单齿辊破碎机如图 10-20 所示。该机由一个旋转的齿辊和一个固定的弧形破碎板组成。破碎板与齿辊之间形成上宽下窄的破碎腔。固体废物由上方给入破碎腔，大块物料在破碎腔上部被长齿劈碎，随后继续落在破碎腔下部进一步被齿辊压碎，达到要求的破碎产品从下部缝隙排出。

将高效节能的颚式破碎机和对辊破碎机有机结合在一起构成颚辊破碎机，如图 10-21 所示。

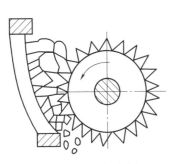

图 10-20　单齿辊破碎机

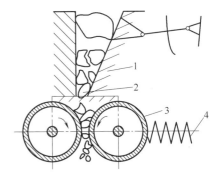

图 10-21　颚辊破碎机

1—颚式破碎机；2—破碎物料；3—对辊破碎机；4—减振弹簧

该设备采用电机或柴（汽）油机驱动，当整机放在拖车上被牵引拖动时，便成为移动式颚辊破碎机。颚辊破碎机的工作原理是：电机或柴（汽）油机驱动对辊破碎机的主动辊部，主动辊部经过桥式齿轮带动被动辊部反向运转。同时，主动辊部另一端经传动带带动上部颚式破碎机工作。通过调整对辊破碎机的安全调整装置，调整两辊间的间隙，可得到最终要求的粒度。颚辊破碎机具有破碎比大（$i=15\sim16$）、高效节能、体积小、重量轻、驱动方式多样、移动灵活、可整机使用也可分开单独使用等特点，特别适于深山区中小型矿山和建筑工地材料的破碎。

三、细磨设备

细磨是固体废物破碎过程的后续，在固体废物处理与资源化中得到广泛的应用。通常细磨有3个目的：

① 对废物进行最后段粉碎，使其中各种成分单体分离，为下一步分选创造条件；

② 对多种废料、原料进行粉磨，使其混合均匀；

③ 制造废物粉末，增加物料比表面积，加速物料化学反应速率。

细磨既是固体废物分选前的准备工序，也是固体废物资源化利用的重要组成部分。例如，用煤矸石生产水泥、砖瓦、矸石棉、化肥和提取化工原料等，用钢渣生产水泥、砖瓦、化肥、溶剂以及对垃圾堆肥深加工等过程都离不开细磨工序。

细磨程序通常在内装有磨矿介质的磨机中进行。工业上应用的细磨设备类型很多，如球磨机、棒磨机和砾磨机，分别以钢球、钢棒和砾石为磨矿介质；若以自身废物作介质，就被称为自磨机，自磨机中再加入适量钢球，就构成半自磨机。细磨程序以湿式细磨为主，但对于缺水地区和某些忌水工艺过程如水泥生产过程、干法选矿过程则采用干式细磨。

1. 球磨机

圆筒形球磨机在细磨中应用最为广泛。图 10-22 为球磨机的结构和工作原理示意图。

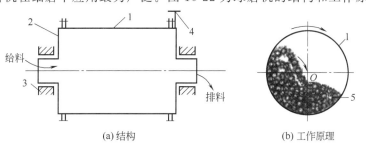

(a) 结构   (b) 工作原理

图 10-22　球磨机的结构和工作原理示意

1—筒体；2—端盖；3—轴承；4—大齿轮；5—钢球

球磨机由圆柱形筒体、筒体两端端盖、中空轴颈、端盖轴承和传动大齿轮等主要部件组成。在筒体内装有钢球和被磨物料，其装入量为筒体有效容积的 $25\%\sim50\%$。筒体内壁设有衬板，同时起到防止筒体磨损和提升钢球的作用。筒体两端的中空轴颈有两个作用：一是起支撑作用，使球磨机全部重量经中空轴颈传给轴承和机座；二是起给料和排料的漏斗作用。

当筒体转动时，钢球和物料在摩擦力、离心力的共同作用下被衬板带动提升。在升到一定高度后，由于自身重力作用，钢球和物料呈抛物线落下或泻落而下，如图 10-22（b）所示，从而对筒体内底角区的物料产生冲击和研磨作用，物料粒径达到要求后排出。

球磨机中钢球被提升的高度与抛落的运动轨迹主要由筒体的转速和筒内的装载量决定。当装载量一定，球磨机以不同转速回转时，筒体内的磨介可能出现 3 种基本运动状态（见图 10-23）。

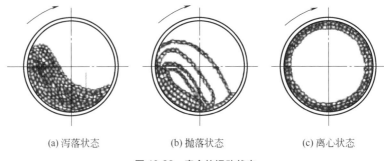

(a) 泻落状态　　　　(b) 抛落状态　　　　(c) 离心状态

图 10-23　磨介的运动状态

① 筒体低速转动时，钢球被提升高度较低，随筒体上升一定高度后，钢球便离开筒体向下发生泻落，此时，冲击作用小，研磨作用较大，这种细磨过程称为泻落式细磨；

② 当筒体转速提高时，钢球随筒体做圆周运动上升到一定高度后，会以一定的初速度离开筒体，并沿抛物线轨迹向下抛落，此时，钢球抛落的冲击作用较强，研磨作用相对较弱，这种细磨称为抛落式细磨，大多数磨机都处于这种工作状态；

③ 当细磨机转速提高到某个极限数值时，磨介几乎随筒体做同心旋转而不下落，呈离心状态，称为离心旋转，此时，磨介在理论上已经失去细磨作用。

通常生产中以最外层的细磨介质开始离心旋转时的筒体转速称为磨机的临界转速。目前，国内生产的球磨机工作转速一般是临界转速的 $80\%\sim85\%$，棒磨机的工作转速稍低。

球磨机由于规格、卸料和传动方式等不同分为多种类型，如溢流型球磨机、格子型球磨机和风力排料球磨机等，但它们的主要构造大体相同。

（1）溢流型球磨机

溢流型球磨机构造如图 10-24 所示。由于筒体的旋转和磨介的运动，物料逐渐向右方扩散，最后从右方的中空轴颈溢流排出，该类型的球磨机称为溢流型球磨机。

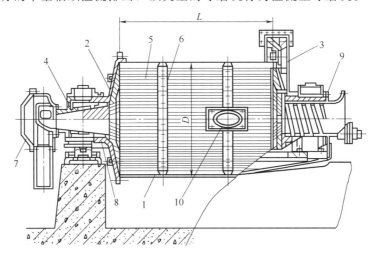

图 10-24　溢流型球磨机构造

1—筒体；2—端盖；3—大齿圈；4—轴承；5，6—衬板；7—给料器；8—给料管；9—排料管；10—人孔

溢流型球磨机的构造由筒体、端盖、大齿圈、轴承、衬板、给料器、给料管、排料管和人孔等部分组成。筒体为卧式圆筒形，长径比（L/D）较大，给料端中空轴颈内有正螺旋以便筒体旋转时给入物料；排料口中空轴颈内有反螺旋以防止筒体旋转时球介质随溢流排出；给料端安装有给料器，排料端安装有传动大齿轮；筒体设有人孔，以便检修。筒体端盖及内壁上铺设衬板；筒体内装入大量研磨介质。由于筒体较长，物料在磨机中的停留时间较长，且排料端排料孔内的反螺旋能阻止球介质排出，故可以采用小直径球介质，因此，溢流型磨机更适合于物料的细磨。

（2）格子型球磨机

在筒体右端（排料端）安装有格子板，称为格子型球磨机（工作原理如图 10-25 所示）。该机中右端的格子板由若干块扇形算孔板组成，算孔宽度一般为 7～8mm，物料通过算孔进入格子板与端盖之间的空间内，然后由举板将物料向上提升，物料沿着举板滑落，再由中空轴颈排出机外。这种加速排料作用可保持筒体排料端物料面较低，从而使物料在磨碎筒体内的流动加速，可提高磨机生产能力。

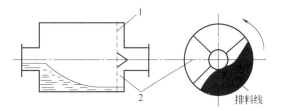

图 10-25　格子型球磨机工作原理

1—格子板；2—举板

格子型球磨机构造如图 10-26 所示。生产实践表明，格子型球磨机产量比同规格溢流型球磨机高 10%～15%。由于排料端中空轴颈内安装正螺旋，磨机操作过程中磨损的钢球也能经格孔从磨机中排出，这种自动清球作用可以保证磨机内钢球介质多为完整的球体，从而增强研磨效果。格子板能阻止直径大于格孔的钢球介质排出，故其介质充填率较溢流型高 3%～5%，但由于小于格孔尺寸的钢球介质能经格孔排出，故不能加小球。因此格子型球磨机适用于粗磨或易过粉碎的物料磨碎。

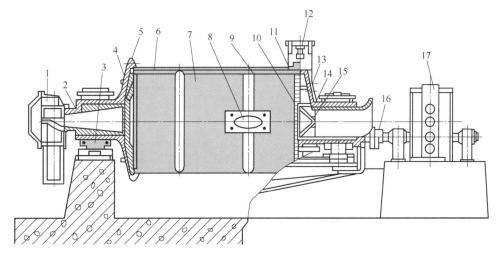

图 10-26　格子型球磨机构造

1—给料器；2—进料管；3—主轴承；4—端衬板；5—端盖；6—筒体；7—筒体衬板；8—人孔；9—楔形压条；10—中心衬板；11—排料格子板；12—大齿轮；13—端盖；14—锥形体；15—楔铁；16—联轴节；17—电动机

（3）风力排料球磨机

风力排料球磨机构造如图 10-27 所示。物料从给料口进入球磨机，随着磨机筒体的回转，钢球对物料进行冲击和研磨，机内的介质和物料同时从进口端向右移动，在移动过程中物料也经历破碎、细磨过程。球磨机的出口端与风管相连接，在管路系统中串接着分选机、旋风分离器、除尘器及风机的进口。当风力系统运行时，球磨机内部呈负压状态，随着磨机筒体回转而呈松散状的物料就会随着风力从出料口进入管道系统，粗颗粒由分选器分离后再送回球磨机，细颗粒由分离器分离回收，气体则由风机排入大气。

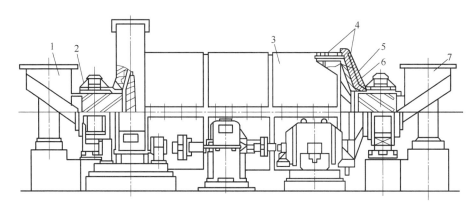

图 10-27　风力排料球磨机构造

1—给料口；2—密封装置；3—筒体；4—石棉垫；5—毛毡；6—端盖；7—排料口

（4）给料器

给料器是球磨机的一个重要部件，按其结构和用途可分 3 种（见图 10-28）。

① 鼓式给料器　用于给入原料。

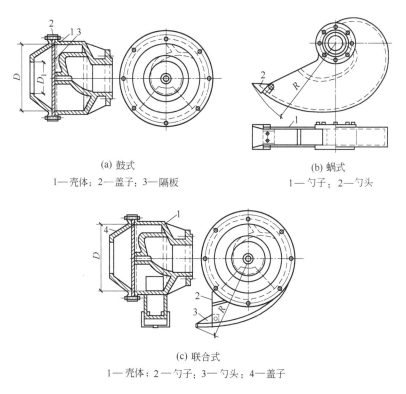

(a) 鼓式

1—壳体；2—盖子；3—隔板

(b) 蜗式

1—勺子；2—勺头

(c) 联合式

1—壳体；2—勺子；3—勺头；4—盖子

图 10-28　给料器示意

② 蜗式给料器 用于给入分级的返砂。

③ 联合式给料器 用于磨机与螺旋分级机闭路工作时给入原料和螺旋分级机的返砂。

当球磨机与水力旋流器闭路工作时，因可调整旋流器安装高度以使其返砂直接给入第一种给料器内，故不必采用后两种给料器。

2. 棒磨机

棒磨机和溢流型球磨机结构基本类似，但是前者采用钢棒作为细磨介质。为了防止筒体旋转时钢棒歪斜而产生乱棒现象，棒磨机的锥形端盖敷上衬板后内表面是平直的。钢棒的长度一般比筒体长度短 $20\sim50$mm。

棒磨机的钢棒是通过线接触产生的压碎和研磨作用来粉碎固体，因此具有选择性的破碎作用，更减少了固体废物的过粉碎。其产品粒度均匀，钢棒消耗量低，一般用于第一段的粗磨。在钨、锡或其他稀有金属矿的重选厂或磁选厂从尾矿中回收金属时，为了防止固废中的金属过粉碎，常采用棒磨机。棒磨机工作转速通常约为临界转速的 $60\%\sim70\%$；充填系数一般为 $35\%\sim40\%$；固体废物粒度不宜大于 25mm。

3. 砾磨机

砾磨机是一种用砾石或卵石作细磨介质的细磨设备，是古老的细磨设备之一。由于细磨机的生产率与细磨介质的密度成正比，因此砾磨机的筒体尺寸要比相同生产率的球磨机大。同时，其衬板一般要求能够夹住细磨介质形成"自衬"，以减少衬板磨损，加强提升物料的能力和固体废物间的粉碎作用。因此，采用网状衬板和梯形衬板或者两者的组合。使用砾磨机时，转速一般比球磨机略高，常为临界转速的 $85\%\sim90\%$，料浆浓度一般比球磨机低 $5\%\sim10\%$。

砾磨机具有单位处理能耗小、生产费用低、节省金属材料（如细磨介质）、能避免金属对物料的污染等特点，适用于对产品有某种特殊要求的场合。

第三节 分 选 设 备

固体废物的分选就是把固体废物中可回收利用或不利于后续处理、处置的颗粒分离出来，是固体废物处理的一个重要环节。

通常垃圾的组成复杂，根据其粒度、密度、磁性、电性、光电性、摩擦性、弹性和表面润湿性等物理、化学性质的不同，可分别采用筛选、重力分选、浮选、磁力分选、电力分选、光电分选、摩擦及弹性分选等不同的技术进行分选。一般来说，垃圾的分选是以粒度、密度等物理性质差别为基础的分选方法为主，而以磁性、电性、光学等性质差别为基础的分选方法为辅。

一、重力分选设备

重力分选是利用不同物质颗粒间的密度差异，在运动介质中受到重力和机械力等的作用，使颗粒群产生松散分层和迁移分离，从而得到不同密度的产品。按照介质的不同，固体废物的重力分选可分为重介质分选、跳汰分选、风力分选，按介质的不同分为风力分选和重介质分选等。

各种重力分选过程具有下述共同的工艺条件：

① 固体废物中颗粒必须存在密度差异；

② 分选过程都在运动介质中进行；

③ 在重力、介质动力及机械力的综合作用下，使颗粒群松散并按密度分层；

④ 分好层的物料在运动介质流的推动下互相迁移，彼此分离，并获得不同密度的最终产品。

1. 重介质分选设备

通常将密度大于水的介质称为重介质，在重介质中使固体废物中的颗粒群按密度分开的方法就是重介质分选。为使分选过程有效进行，需使重介质密度介于固体废物中轻物料密度和重物料密度之间。凡颗粒密度大于重介质密度的重物料均下沉，集中于分选设备的底部成为重产物；颗粒密度小于重介质密度的轻物料均上浮，集中于分选设备的上部成为轻产物。轻重产物分别排出，从而达到分选的目的。

重介质应具有密度高、黏度低、化学稳定性好（不与处理的废物发生化学反应）、无毒、无腐蚀性、易回收再生等特性。重介质一般分为重液和重悬浮液，其中重悬浮液较为常用。重悬浮液是由高密度的固体微粒和水构成的固液两相分散体系，是密度高于水的非均匀介质。高密度固体微粒起加大介质密度的作用，故称为加重质。选择的加重质应具有足够高的密度，且在使用过程中不易泥化和氧化，来源丰富，价廉易得，便于制备和再生。一般要求加重质的粒度小于 200 目，能够均匀地分散于水中，浓度一般为 $10\%\sim15\%$。最常用的加重质有硅铁、磁铁矿等。作为重介质分选的硅铁含量为 $13\%\sim18\%$，密度为 $6800\mathrm{kg/m^3}$，可配制成密度为 $3200\sim3500\mathrm{kg/m^3}$ 的重介质，玉废料也属于含硅铁的加重质。纯磁铁矿密度为 $5000\mathrm{kg/m^3}$，用含铁 60% 以上的磁铁矿可制成密度为 $2500\mathrm{kg/m^3}$ 的重介质。磁铁矿在水中不易氧化，可用弱磁选法回收再生利用。

重悬浮液的黏度不应太大，黏度增大使颗粒在其中运动的阻力增大，从而降低分选的精度和设备生产率，但是黏度低会影响悬浮液的稳定性。保持悬浮液稳定的方法有：

① 选择密度适当、能造成稳定悬浮液的加重质，或在黏度要求允许的条件下，降低加重质的粒度；

② 加入胶体稳定剂，如水玻璃、亚硫酸盐、铝酸盐、淀粉、烷基硫酸盐、膨润土、合成聚合物等；

③ 适当的机械搅拌促使悬浮液更加稳定。

重介质分选设备一般分为鼓形重介质分选机和深槽式、浅槽式、振动式、离心式分选机，比较常用的是鼓形重介质分选机。

图 10-29 所示为目前最常用的鼓形重介质分选机的构造。该设备外形是一圆筒形转鼓，由四个辊轮支撑，通过圆筒腰间的大齿轮由传动装置带动旋转。在圆筒的内壁沿纵向设有扬板，用以提升重产物到溜槽内。圆筒水平安装，固体废物和重介质一起由圆筒一端给入，在向另一端流动过程中，密度大于重介质的颗粒沉于槽底，由扬板提升落入溜槽内，被排出槽外成为重产物，密度小于重介质的颗粒随重介质流入圆筒溢流口排出而成为轻产物。鼓形重介质分选机适用于分离粒度较粗的固体废物，具有结构简单、紧凑、便于操作、动力消耗低、分选机内密度分

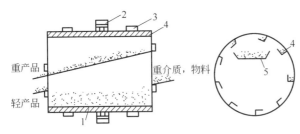

图10-29　鼓形重介质分选机的构造

1—圆筒形转鼓；2—大齿轮；3—辊轮；4—扬板；5—溜槽

布均匀等特点，其缺点是轻重产物调节不方便。

2. 跳汰分选设备

跳汰分选是一种古老的选矿方式，已有 400 多年的历史。在固体废物分选方面，跳汰分选作为混合金属的分离、回收综合流程中的一个分选工序，已在国内外得到广泛应用。跳汰分选是在垂直变速介质流中按密度分选固体废物的一种方法，根据分选介质的不同分为水力跳汰和风力跳汰两种。固体废物分选多用水力跳汰，跳汰分选分层过程如图 10-30 所示。

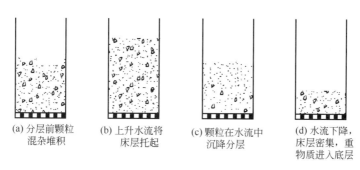

(a) 分层前颗粒　　(b) 上升水流将　　(c) 颗粒在水流中　　(d) 水流下降，
　混杂堆积　　　　床层托起　　　　沉降分层　　　　　床层密集，重
　　　　　　　　　　　　　　　　　　　　　　　　　物质进入底层

图 10-30　颗粒跳汰分选分层过程

跳汰分选时，颗粒在垂直脉冲运动的介质流中按密度分层，不同密度的粒子群占据不同高度的位置，高密度的粒子群位于下层，低密度的粒子群位于上层，从而实现分离的目的。在生产过程中原料不断地送进跳汰装置，轻重物质不断分离并被淘汰掉，这样可形成连续不断的跳汰过程。跳汰分选尽管水消耗量不大，但所排放的跳汰用水仍需认真对待，加以处理。

（1）跳汰机的入料与操作工艺

跳汰机的入料与操作工艺对跳汰机的处理量及分选效果有很大影响。

1）入料要求

跳汰机入料性质的波动及给料量的变化对跳汰机的工艺效果有直接影响。因此，要求入料性质（密度及粒度组成等）的波动应尽量小，给料速度应均匀，以保持床层稳定，并在一定的风（水）流速下保持床层处于最佳的分选状态。同时，给料沿跳汰机入料宽度上分布要均匀，伴随固体废物给入的冲水，一定要使固体废物预先润湿。

2）跳汰机的操作工艺

① 跳汰频率和跳汰振幅　跳汰频率和振幅的选取与给料粒度和床层厚度有关，粒度大、床层厚，则要求有较大的水流振幅和相应较小的频率，以使上升水流有足够的作用力抬起床层，使轻重物料置换位置有足够的空间和时间。频率只能通过改变风圈的转数来调节，振幅可通过改变风压、风量和风阀的进排气孔面积等加以调节。

② 风水联合作用　风水联合作用直接影响床层的松散状况。风压和风量起到加强上升水流和下降水流的作用。通常筛侧空气室跳汰机使用的风压为 $0.018 \sim 0.025$MPa，风量为 $5 \sim 6\text{m}^3/(\text{m}^2 \cdot \text{min})$，下空气室跳汰机的风压为 $0.025 \sim 0.035$MPa，风量为 $5 \sim 6\text{m}^3/(\text{m}^2 \cdot \text{min})$。跳汰室第一段风量要比第二段大，各段各分室的风量自入料到溢流端依次减小，但有时为加强第二段中间分室的吸啜作用，强化细粒中有用颗粒的透筛过程，其风量可适当加大。跳汰机用水包括顶水和冲水，冲水的用量占总水量的 $20\% \sim 30\%$。一般第一段的顶水量大，给料处的隔室水量应更大些。

③ 风阀周期特性　脉动水流特性主要决定于风阀周期特性。对可调节的风阀，应根据

固体废物的性质合理调节其周期特性，使脉动水流有利于按密度分层的过渡阶段得到充分利用。周期特性的选择应保证床层在上升后期维持充分松散的条件下，尽量缩短进气期，延长膨胀期，使之有足够排气期。由于跳汰机第一段的床层厚且重，因此，第一段的进气期通常比第二段长些，而第一段的膨胀期要比第二段短一些。

④ 床层状态　床层状态决定固体废物按密度分层的效果。床层状态主要是指床层松散及厚薄程度。提高床层松散度可以提高分层速度，但同时增加了固体废物的粒度和形状对分层的影响，不利于按密度分层。床层越厚，松散和分层所需时间越长，过厚时，在风压和风量不足的情况下，不能达到要求的松散度。床层减薄能增强吸着作用，有利于细粒级物料分选并能得到比较纯净的轻产物，但过薄时，吸着作用过强，轻产物透筛损失增加，床层不稳定。

⑤ 重产物的排放　重产物的排放速度应与床层分层速度、床层水平移动速度相适应。如果重产物排放不及时，将产生堆积，影响轻产物的质量；如果重产物排放太快，将出现重产物过薄，使整个床层不稳定，从而破坏分层，增加轻产物损失。在重产物排放问题上，高灵敏度的自动排料装置具有重要意义。

(2) 跳汰分选设备

跳汰分选装置机体的主要部分是固定水箱，被隔板分为两室，右边为活塞室，左边为跳汰室。活塞室中的活塞由偏心轮带动做上下往复运动，使筛网附近的水产生上下交变水流。在运行过程中，当活塞向下时，跳汰室内的物料受上升水流作用，由下而上升，在介质中成松散的悬浮态。随着上升水流的逐渐减弱，粗重颗粒就开始下沉，而轻质颗粒还可能继续上升，此时物料达到最大松散状态，形成颗粒按密度分层的良好条件。当上升水流停止并开始下降时，固体颗粒按密度和粒度的不同做沉降运动，物料逐渐转为紧密状态。下降水流结束后，一次跳汰完成。每次跳汰，颗粒都受到一定的分选作用。

按推动水流运动方式，跳汰机分为隔膜鼓动跳汰机和空气鼓动跳汰机两种，如图 10-31 所示。隔膜鼓动跳汰机是利用偏心连杆机构带动橡胶隔膜做往返运动，借以推动水流在跳汰室内做脉冲运动；空气鼓动跳汰机采用压缩空气推动水流。

按跳汰室和压缩空气室的配置方式不同，可将空气鼓动跳汰机分为两种类型：压缩空气室配置在跳汰机旁侧的筛侧空气室跳汰机、压缩空气室直接设在跳汰室筛板下方的筛下空气室跳汰机。

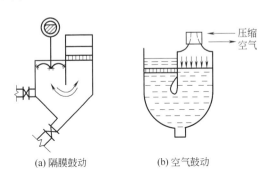

(a) 隔膜鼓动　　　(b) 空气鼓动

图 10-31　跳汰机分类

1) 筛侧空气室跳汰机

筛侧空气室跳汰机是目前使用较多的跳汰机，国产筛侧空气室跳汰机主要有 LTG 型、LTW 型、BM 型和 CTW 型。图 10-32 为 LTG-15 型筛侧空气室跳汰机结构和外形。

筛侧空气室跳汰机主要由机体、排料装置、排重产物通道等部分组成。纵向隔板将机体分为空气室和跳汰室，风阀将压缩空气交替地给入和排出空气室，使跳汰室中形成垂直方向的脉动水流。脉动水流特性决定于风阀结构、转速及给入的压缩空气量。从空气室下部给入的顶水用于改变脉动水流特性及固体废物在床层中松散与分层。跳汰机的另一部分用水和入

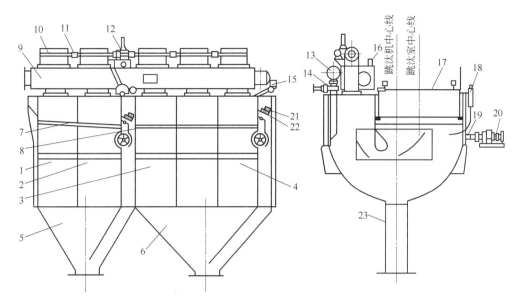

图 10-32　LTG-15 型筛侧空气室跳汰机结构和外形

1—机体第一段；2—机体第二段；3—机体第三段；4—机体第四段；5—矸石段漏斗；6—中煤段漏斗；
7—矸石段筛板；8—中煤段筛板；9—空气箱；10—风阀；11—链式联轴节；12—风阀传动装置；
13—总水管；14—暗插楔式闸门；15—电动蝶阀；16—压力表；17—排料闸门；18—测压管；
19—排料装置；20—排料轮传动装置；21—压铁；22—人孔盖；23—检查孔

料一起加入。分层后的重产物分别经过各末端的排料装置排到机体下部并与透过的小颗粒重产物相会合，一并由提升机排出，轻产物自溢流口排至机外。

2）筛下空气室跳汰机

筛下空气室跳汰机与筛侧空气室跳汰机相比，具有水流沿筛面横向分布均匀、质量轻、占地面积小、分选效果好且易于实现大型化的优点。国产筛下空气室跳汰机主要有 LTX型、SKT 型、X 型等，国外影响最为深远的是日本的高桑跳汰机，它是各种形式筛下空气室跳汰机发展的基础，而目前应用较广泛的是德国的巴达克型跳汰机。筛下空气室跳汰机除了将空气室移到筛板下面以外，其他部分与筛侧空气室跳汰机基本相同。它们的工作过程也大致相同，但筛下空气室跳汰机风阀的进气压力较筛侧空气室跳汰机要大，约为 35kPa。国产LTX 系列跳汰机共有 7 种规格，目前生产使用的主要有 LTX-8 型、LTX-14 型和 LTX-35 型，其中应用较广的是 LTX-14 型。图 10-33 是 LTX-14 型筛下空气室跳汰机结构和外形。

该机采用旋转风阀，每个格室由单独的风阀供气，同时采用低溢流堰、自动排料方式，由大型浮标带动棘爪轮转动，实现自动排料过程。

3. 风力分选设备

风力分选简称风选，又称气流分选，是以空气为分选介质，在气流作用下使固体废物颗粒按密度和粒度大小进行分选。风力分选过程是以各种固体颗粒在空气中的沉降规律为基础。固体颗粒在静止介质中的沉降速度主要取决于自身所受的重力和介质的阻力。重力指颗粒在介质中的重量，介质阻力指颗粒对介质做相对运动时，作用于颗粒上并与颗粒相对运动相反的力。

通常认为，介质作用在颗粒上的阻力可分为惯性阻力和黏性阻力两种。当物料颗粒较大或以较大速度运动时，介质会形成紊流，产生惯性阻力；颗粒较小或以较慢速度运动时，介

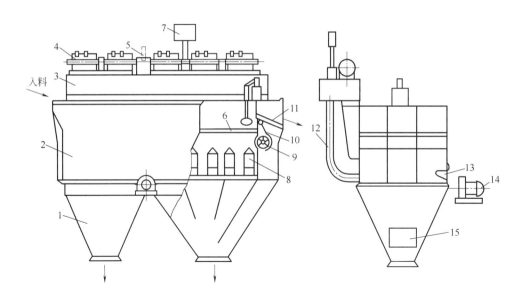

图 10-33　LTX-14 型筛下空气室跳汰机结构和外形

1—下机体；2—上机体；3—风水包；4—风阀；5—风阀传动装置；6—筛板；7—水位灯光指示器；8—空气室；
9—排料装置；10—中产物段护板；11—溢流盖板；12—水管；13—水位接点；14—排料装置电动机；15—检查孔

质会形成层流从而产生黏性阻力。介质的惯性阻力跟物料颗粒与介质的相对运动速度平方、颗粒粒度的平方及介质的密度成正比，与介质的黏度无关。介质的黏性阻力与粒度、相对速度和介质黏度成正比，与介质密度无关。此外，颗粒在介质中沉降时所受介质阻力还与颗粒朝向地面的形状有关，因此，在阻力公式中需引入形状系数来体现颗粒形状对阻力的影响。因此，不同密度、粒度和形状的颗粒在介质中运动时，所受阻力的大小是不相同的，从而导致不同颗粒在介质中自由下落的速度各不相同，而这正是风力分选的理论基础。计算出不同颗粒在各种介质中沉降的末速度，就可以判定不同颗粒在介质中沉降速度的差异。

　　颗粒的沉降末速度出现在重力和介质阻力的平衡状态，从而可求出在静止介质中的沉降末速度。在同一种介质中，颗粒的粒度及密度越大，沉降末速度就越大。如果粒度相同，则密度大、形状系数大的颗粒的沉降速度就大。对于粒度小、沉降速度小的颗粒，其沉降末速度还随介质黏度的不同而变化。上述沉降末速度为静止介质中颗粒的沉降末速度，但在实际的风力分选过程中，介质是运动的，且颗粒在沉降时还会受到周围颗粒或器壁的干涉，其实际沉降末速度通常都要小一些。

　　风力分选装置在国外的垃圾处理系统中已得到广泛应用，用于将城市垃圾中的有机物与无机物分离，以便分别回收利用或处置。风力分选机按工作气流的主流向不同分为水平、垂直和倾斜三种类型，其中垂直气流分选机应用最为广泛。

　　（1）水平气流分选机

　　水平气流分选机构造简单，维修方使，但分选精度不高，一般很少单独使用，常与破碎、立式风力分选机等组成联合处理工艺。

　　图 10-34 为两种典型的水平气流分选机结构示意图。该气流分选机从侧面送风，固体废物经破碎机破碎和圆筒筛筛分使其粒度均匀后，定量给入机内。当废物在机内落下时，被鼓风机鼓入的水平气流吹散，固体废物中各种组分沿着不同的运动轨迹分别落入重质组分、中重组分和轻质组分收集槽中。当分选城市垃圾时，水平气流速度为 5m/s，在回收的轻质组

分中废纸占 90%，重质组分主要为黑色金属，中重组分主要是木块、硬塑料等。

图 10-35 为一种获美国专利的水平气流分选机分离系统示意图。该系统设有粉碎机，其破碎转子由轴带动旋转。破碎后的垃圾落入气流工作室内。水平气流使金属等重物料和较轻的物料分别落入三条输送带上。导料板用以防止垃圾掉到输送带之间。废纸、织物、塑料薄膜及细灰粒等被气流导入管，并在风机产生的气流推动下带入其他处理装置中。此系统简单紧凑，工作室内没有活动部件，但分选效率较高。

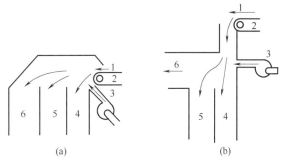

图 10-34 两种典型的水平气流分选机结构示意

1，2—给料；3—风机；4—重质组分；
5—中重组分；6—轻质组分

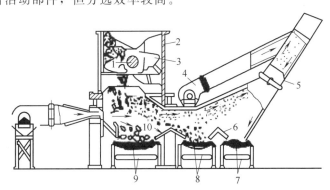

图 10-35 水平气流分选机分离系统

1—轴；2—粉碎机；3—破碎转子；4—风机；5—管；6，10—导料板；7~9—输送带

（2）垂直气流分选机

垂直气流分选机主要有直筒形风道和曲折形风道两种结构形式（见图 10-36），直筒形风道也可为由下至上渐缩形。

（3）倾斜式气流分选机

图 10-37 为两种典型的倾斜式气流分选机结构示意图。这两种装置的工作室都是倾斜

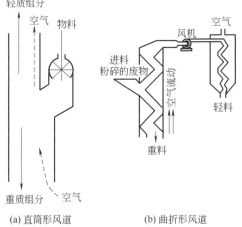

(a) 直筒形风道　(b) 曲折形风道

图 10-36 垂直气流分选机的两种风道

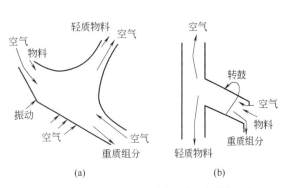

图 10-37 两种典型的倾斜式气流分选机结构示意

的。为使工作室内的物料保持松散状态，并使其中的重质组分较容易排出，工作室的底板有较大的倾角，且处于振动状态，或者工作室为一种倾斜的滚筒。倾斜式气流分选机兼有垂直分离器和水平分离器的某些特点。

（4）立式多段垃圾风力分选机

图 10-38 为一种获得美国专利的立式多段垃圾风力分选机结构示意图。垃圾投入料斗后，由有叶片的输送机投入垂直分离室。由风机产生的气流将轻质物料升起并进入渐缩通道，垃圾从颈部进入第一分离柱，利用风机由下面生成的上升气流进行轻质物料的第一次分离。在分离柱中轻质组分再起，经缩颈部进入第二分离柱，进行第二次分离。重组分则经格栅落到集料斗中，由输送机输出。分离柱的数量可根据物料所需分离的纯度而定，这种分选器与其他分离器相比，效率高，操作简便。

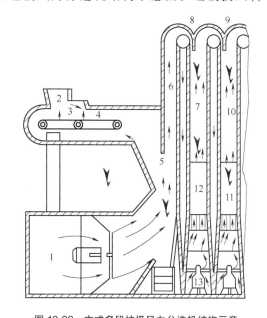

图 10-38 立式多段垃圾风力分选机结构示意

1—风机；2—料斗；3—输送机；4—叶片；5—垂直分离室；
6—减缩通道；7—第一分离柱；8—颈部；9—缩颈部；
10—第二分离柱；11，12—格栅；13—风机

4. 摇床分选设备

摇床分选是细粒固体物料分选应用最为广泛的方法之一。图 10-39 是常用的摇床结构示意图。

当固体废物通过给料槽给入床面时，颗粒群在重力、摇床产生的惯性力及水流冲力等的作用下产生松散分层和运动，且不同密度的颗粒沿床面纵向运动和横向运动的速度不同。大密度颗粒具有较大的纵向移动速度和较小的横向移动速度，其合速度方向趋向于重产物端；而小密度颗粒具有较大的横向移动速度和较小的纵向移动速度，其合速度方向趋向于轻产物端。于是使不同密度颗粒在床面上呈扇形分布，从而达到分选的目的。摇床分选主要用于分选细粒和微粒物料，在固体废物处理中主要用于从煤矸石中回收硫铁矿，是一种分选精度很高的单元操作。

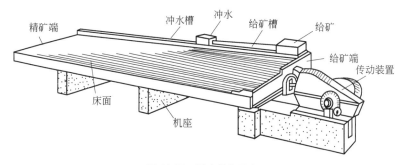

图 10-39 摇床结构示意

二、浮选设备

浮选是在固体废物与水调制的料浆中加入浮选药剂，并通入空气形成无数细小气泡，使

欲选物质颗粒黏附在气泡上，随气泡上浮于料浆表面，成为泡沫层，然后刮出回收。欲选物质对气泡的黏附性能不同，有些物质表面的疏水性较强，容易黏附在气泡上；而另一些物质表面亲水，不容易黏附在气泡上。物质表面的亲水、疏水性能可以通过浮选药剂的作用而加强。因此，在浮选工艺中正确选择、使用浮选药剂是调整物质可浮性的主要外因条件。

1. 浮选的基本原理

固体废物根据表面性质可分为极性和非极性两类，它们与强极性水分子作用的程度不同。非极性固体表面分子与极性水分子之间的作用力属于诱导效应和色散效应的作用力，比水分子之间的定向力和氢键作用要弱许多；极性固体颗粒表面与水分子的作用是离子与极性水分子之间的作用，在一定范围内作用力超过水分子之间的作用力。因此，非极性固体颗粒表面吸附的水分子少而稀疏，其水化膜薄而易破裂；而极性固体颗粒表面吸附的水分子量大而密集，其水化膜厚且很难破裂。非极性固体表面所具有的这种不易被水润湿的性质为疏水性，极性固体表面所具有的这种易被水润湿的性质为亲水性。疏水性和亲水性只是定性表示物质的润湿性。固体表面润湿性可用气-液-固三相的接触角 θ 来定量表示。

固体表面接触角如图 10-40 所示。若固体表面极亲水，气相不能排开液相，接触角为 $0°$；若固体表面极疏水，则接触角为 $180°$。实际上，固体表面的接触角还未发现有超过 $180°$，所以各种固体表面的接触角都在 $0°\sim180°$ 之间。接触角的大小取决于气泡、固体表面和水三相界面张力的平衡状态。

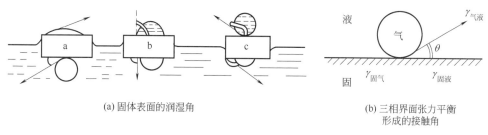

(a) 固体表面的润湿角　　　　　　　　(b) 三相界面张力平衡
形成的接触角

图 10-40　固体表面接触角

由于固体废物料浆中物质各自润湿特性的差异，当非极性固体颗粒与气泡发生碰撞时，气泡易于排开其表面薄且容易破裂的水化膜，使废物颗粒黏附到气泡表面，从而进入泡沫产品；当极性固体颗粒与气泡发生碰撞时，颗粒表面的水化膜很难破裂，气泡很难黏附到物质颗粒的表面上，因此极性物质留在料浆中，从而实现分离。

浮选工艺过程包括浮选前料浆的调制、加药调整和充气浮选。浮选前料浆的调制主要包括废物的破碎、研磨等，目的是使粒度适宜、基本上是单体解离的颗粒，进入浮选的料浆浓度必须适合浮选工艺的要求。加药调整时，添加药剂的种类和数量应根据欲选物质颗粒的性质通过试验确定。将调制好的料浆引入浮选机内，由于浮选机的充气搅拌作用，形成大量的弥散气泡，并提供可以与气泡碰撞接触的机会，可浮性好的颗粒附于气泡表面上浮形成泡沫层，经刮出收集、过滤脱水即为浮选产品；不能黏附在气泡表面上的颗粒仍留在料浆内，经适当处理后废弃或另作它用。固体废物中含有两种或两种以上的有用物质时，可采用优先浮选和混合浮选两种浮选方法。采用优先浮选法时，将固体废物中有用物质依次逐种选出，成为单一物质产品。采用混合浮选法时，将固体废物中有用物质共同选出为混合物，然后再把混合物中有用物质逐种分离。

浮选是固体废物资源化的一项重要技术，我国已应用于从粉煤灰中回收炭，从煤矸石中回收硫铁矿，从焚烧炉灰渣中回收金属等。浮选法的主要缺点是有些工业固体废物浮选前需要破碎到一定的细度，浮选时要消耗一定数量的浮选药剂且易造成环境污染。此外，还需要浓缩、过滤、脱水、干燥等辅助工序。

采用浮选法可以将物理性能很相似的聚苯乙烯、聚乙烯和丙二醇酯混合物分选。当由聚苯乙烯和聚烯烃类组成的混合物在含有一种润湿剂的含水液体介质中被分选时，聚苯乙烯表面比聚烯烃类更疏水，引入气泡后，气泡就有选择性地黏附在聚苯乙烯表面，从而将聚苯乙烯分离。如果需要分选聚乙烯和丙二醇酯，由于这两种塑料在含水液体介质中的润湿性几乎相似，但聚乙烯表面比丙二醇酯表面更亲水，因此气泡就黏附到丙二醇酯的表面，使其浮升到液体介质溶剂的表面，而聚乙烯沉到液体底层，从而实现分选。该技术可以分选聚苯乙烯和聚烯烃类塑料，包括热塑性树脂塑料，被分选塑料的尺寸一般要求小于50mm，所使用的润湿剂有碱化木质钙、单宁酸、明胶、动物胶、皂角甙等。这些润湿剂可单独使用，也可混合使用。润湿剂的使用量为每吨混合塑料加入1～100g，最多不超过500g。加入润湿剂后，需要搅拌几分钟，接着按浮选工艺操作。导入气体可用机械搅动液体介质产生气体，利用真空抽气释放气体，或电解含水液体介质产生气体以及联合使用这些方法产生气体。使用的分选槽可以是各种形状的水槽，投入分选的塑料质量占介质剂的1%～10%，最好为2%～6%。这种分选方法操作简单，费用低，可连续大批量生产，是一种很有发展前途的分选方法。

2. 浮选药剂

根据浮选过程中所起作用不同，浮选药剂可分为捕收剂、起泡剂和调整剂三大类。

（1）捕收剂

捕收剂够选择性地吸附在欲选物质颗粒表面，使其疏水性增强，提高可浮性，并牢固地黏附在气泡上，常用的捕收剂有异极性捕收剂和非极性油类捕收剂两类。典型的异极性捕收剂有黄药、油酸等，从煤矸石中回收黄铁矿时，常用黄药作捕收剂。非极性油类捕收剂主要成分是脂肪烷烃和环烷烃，最常用的是煤油。从粉煤灰中回收炭时，常用煤油作捕收剂。

（2）起泡剂

起泡剂是一种表面活性物质，主要作用是在水气界面上使其界面张力降低，促使空气在料浆中弥散，形成小气泡，防止气泡兼并，增大分选界面，提高气泡与颗粒在黏附和上浮过程中的稳定性，以保证气泡上浮形成泡沫层。常用的起泡剂有松油、松醇油、脂肪醇等。

（3）调整剂

调整剂的作用主要是调整其他药剂（主要是捕收剂）与物质颗粒表面之间的作用，还可调整料浆的性质，提高浮选过程的选择性。调整剂包括活化剂、抑制剂、介质调整剂、分散剂与混凝剂等。

① 活化剂能促进捕收剂与欲选颗粒之间的作用，从而提高欲选物质颗粒的可浮性，常用的活化剂多为无机盐。

② 抑制剂的作用是削弱非选物质颗粒和捕收剂之间的作用，抑制其可浮性，增大其与欲选物质颗粒之间的可浮性差异，常用的抑制剂有水玻璃等无机盐和单宁、淀粉等有机物。

③ 介质调整剂主要作用是调整料浆的性质，使料浆对某些物质颗粒的浮选有利，而对另一些物质的浮选不利，常用的介质调整剂是酸和碱类。

④ 分散剂与混凝剂主要调整料浆中泥的分散、团聚与絮凝，以减小细泥对浮选的不利影响，改善和提高浮选效果。常用的分散剂有苏打、水玻璃等无机盐类和各类聚合磷酸盐等

高分子化合物。常用的混凝剂有石灰、明矾、聚丙烯酰胺等。

3. 浮选设备

浮选设备包括浮选机和浮选柱。浮选机根据充气方式，可分为机械搅拌式浮选机和非机械搅拌式浮选机。浮选柱包括传统浮选柱和新型浮选柱。

（1）浮选机

我国使用最多的浮选机是机械搅拌式浮选机，属于一种带辐射叶轮的空气自吸式机械搅拌浮选机，其结构见图 10-41。

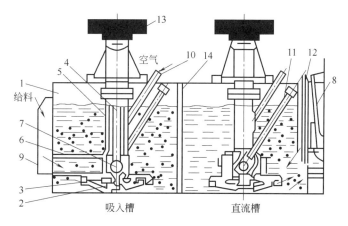

图 10-41　机械搅拌式浮选机

1—槽子；2—叶轮；3—盖板；4—轴；5—套管；6—进浆管；7—循环孔；8—闸门；
9—受浆箱；10—进气管；11—调节循环量的闸门；12—闸门；13—带轮；14—槽间隔板

大型浮选机每 2 个槽为 1 组，第 1 个槽为吸入槽，第 2 个为直流槽。小型浮选机多以 4～6 个槽为 1 组，每排可以配置 2～20 个槽。每组有 1 个中间室和料浆调节装置。浮选机工作时，料浆由进浆管进入，给到盖板与叶轮中心处，由于叶轮的高速旋转，在盖板与叶轮中心处造成一定的负压，空气由进气管和套管吸入，与料浆混合后一起由叶轮甩出。在强烈的搅拌下气流被分割成无数微细气泡。欲选物质颗粒与气泡碰撞黏附在气泡上，浮升至料浆表面形成泡沫层，经刮泡机刮出成为泡沫产品，再经消泡脱水即可回收。

（2）浮选柱

1）传统浮选柱

图 10-42 是国产传统浮选柱结构示意图。该浮选柱为高 6～7m 的圆柱体，底部装有一组微孔材料制成的充气器，上部设有给料分配器，给入的料浆均匀分布在柱体的横断面上，缓缓下降，在颗粒下降过程中与上升的气泡碰撞，实现黏附分选。浮选柱内浮选区的高度远大于其他浮选机，因此废物颗粒与气泡碰撞黏附的概率大。浮选区内料浆气流的流动强度较低，附在气泡上的疏水性废物颗粒不易脱落。浮选柱的泡

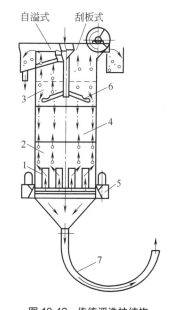

图 10-42　传统浮选柱结构

1—竖向充气管；2—下体；3—上体；4—中间圆筒；5—风室；6—给料器；7—尾料管

沫层可达数十厘米，二次富集作用特别显著，且可向泡沫层加水以强化，往往一次粗选便可获得高质量最终精料。浮选柱在我国应用已有多年，选择性好，适于对细粒废物进行有效分选，但充气器易堵塞是其推广应用的主要障碍。

2）新型浮选柱

近年来，国内外对浮选柱进行了深入广泛的研究，新型充气器和新型结构已用于工业生产，其中最引人注目的有静态浮选柱、微泡浮选柱和旋流微泡浮选柱。

① 静态浮选柱　静态浮选柱结构如图 10-43 所示。其特点是在柱中充填波纹板，形成众多孔道。当空气通过众多孔道时被粉碎成气泡。两层波纹板在堆放时呈直角相交，同一层中相邻两块板也是交叉的，这样可使气泡及混合物均匀地分布在整个断面上，延长了废物颗粒和气泡的停留时间。上升的气泡被强制地与废物颗粒接触，增加了黏附概率。顶部给入的淋洗水顺着孔道向下流，不断带走杂质，尾料从底部阀门排出。

② 微泡浮选柱　微泡浮选柱结构如图 10-44 所示。其特点是采用新型的微泡发生器。这种多孔管微泡发生器是在压力管道上设一微孔材质的喉管，喉管通过密封的套管同压缩空气相连，当料浆快速经过喉管时，压缩空气经过套管从多孔材质喉管的壁进入料浆，形成微泡，并立即被流动的料浆带走。微泡浮选柱的高度与直径比值在 10~15 之间，由所需的浮选时间而定。料浆由上部柱高 2/3 处给入，泡沫层厚度 0.6~0.8m，与柱高和直径无关。淋洗水加入泡沫中间（可由试验确定），水量按断面计算时约为 $20cm^3/(cm^2 \cdot min)$。

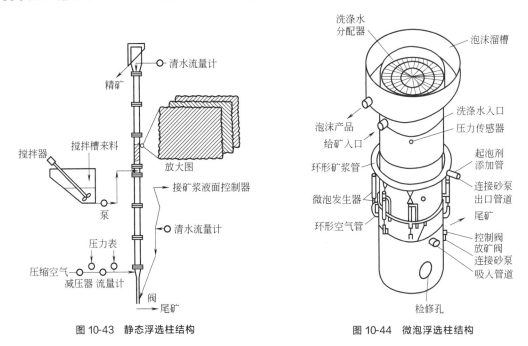

图 10-43　静态浮选柱结构　　　　　　图 10-44　微泡浮选柱结构

③ 旋流微泡浮选柱　旋流微泡浮选柱自投入工业应用以来已形成直径 1m、1.5m、2m、3m 等系列规格。旋流微泡浮选柱结构如图 10-45 所示，包括浮选段、旋流段和气泡发生器三部分。

浮选段又分两个区：旋流段与入料点之间的捕集区（又称矿化区）及入料点与溢流口之间的泡沫区（又称精选区）。在浮选段顶部设有冲水装置和泡沫料浆收集槽。给料管位于柱顶约 1/3 处，最终尾料从旋流器的底流口排出。气泡发生器位于柱体外部，沿切线方向与旋流段相衔接。气泡发生器上设有空气入管和起泡剂添加管，气泡发生器利用循环料浆加压喷射的同时吸入空气与起泡剂，进行混合和粉碎气泡，并通过压力降低释放、析出大量微泡，然后沿切线方向进入旋流段。

气泡发生器在产生合适气泡的同时，也为旋流段提供旋流力场。含气、固、液三相的循环料浆沿切线高速进入旋流段后，在离心力作用下做旋流运动，气泡和已矿化的气固絮团向旋流中心运动，并迅速进入浮选段。气泡与从上部给入的料浆反向运动、碰撞并矿化，实现分选。旋流段的作用是对在浮选段未分选的废物颗粒进行扫选，以提高回收率。

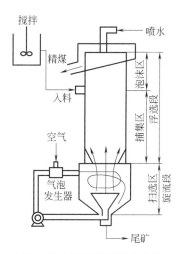

图 10-45 旋流微泡浮选柱结构

三、磁力分选设备

磁力分选有两种类型。一类是通常意义上的磁选，主要应用于给料中磁性杂质的提纯、净化以及磁性物料的精选。前者是清除磁性杂质以保护后续设备免遭损坏，产品为非磁性物料；而后者用于铁磁矿石的精选和从生活垃圾中回收铁磁性黑色金属材料。另一类是近年来发展起来的磁流体分选，可应用于生活垃圾焚烧厂焚烧灰以及堆肥厂产品中铝、铜、铁、锌等金属的提取与回收。

1. 磁选原理

磁选是利用固体废物中各种物质的磁性差异在不均匀磁场中进行分选的一种处理方法。固体废物按其磁性大小可分为强磁性、弱磁性、非磁性等不同组分，磁选过程是将固体废物输入磁选机，其中的磁性颗粒在不均匀磁场作用下被磁化，受到磁场吸引力的作用。

除此之外，所有穿过分选装置的颗粒都受到诸如重力、流动阻力、摩擦力和惯性力等机械力的作用。若磁性颗粒受力满足以下条件：

$$F_m > \sum F_i \tag{10-3}$$

式中　F_m——作用于磁性颗粒的磁力；

$\sum F_i$——与磁性引力方向相反的各机械力的合力。

则该磁性颗粒就会沿磁场强度增加的方向移动直至被吸附在滚筒或带式收集器上，而后随着传输带的运动而被排出。其中的非磁性颗粒所受到的机械力占优势，对于粗粒，重力、摩擦力起主要作用；而对于细粒，流体阻力则较明显。在这些力的作用下，它们仍会留在废物中而被排出。因此，磁选是基于固体废物各组分的磁性差异，作用于各种颗粒上的磁力和机械力的合力不同，使它们的运动轨迹也不同，从而实现分选作业。磁选原理如图 10-46 所示。

2. 磁选设备

磁选机中使用的磁铁有两类：①电磁　用通电方式磁化或极化铁磁材料；②永磁　利用永磁材料形成磁区。最常见的几种设备介绍如下。

（1）磁力滚筒

磁力滚筒又称磁滑轮，有永磁和电磁两种。应用较多的是 CT 型永磁磁力滚筒，如图 10-47 所示。

该设备的主要组成部分是一个回转的多极磁系和套在

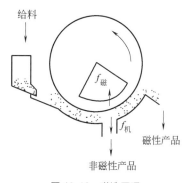

图 10-46 磁选原理

磁系外面的用不锈钢或铜、铝等非导磁材料制成的圆筒。磁系与圆筒固定在同一个轴上，安装在皮带运输机头部。将固体废物均匀分布在皮带运输机上，当废物经过磁力滚筒时，非磁性或磁性很弱的物质在离心力和重力作用下脱离皮带面，而磁性较强的物质受磁力作用被吸在皮带上，并由皮带带到磁力滚筒的下部，当皮带离开磁力滚筒伸直时，由于磁场强度减弱而落入磁性物质收集容器。这种设备主要用于工业固体废物或生活垃圾的破碎设备或焚烧炉前，用于除去废物中的铁器，防止损坏破碎设备或焚烧炉。

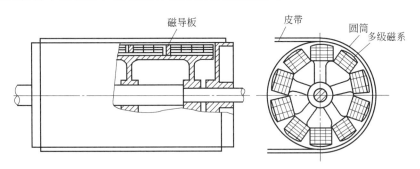

图 10-47 CT 型永磁磁力滚筒

（2）湿式 CTN 型永磁圆筒式磁选机

湿式 CTN 型永磁圆筒式磁选机如图 10-48 所示，其构造形式为逆流型。

该设备的给料方向和圆筒旋转方向或磁性物质的移动方向相反。物料由给料箱直接进入圆筒的磁系下方，非磁性物质由磁系左边下方底板上的排料口排出，磁性物质随圆筒逆着给料方向移到磁性物质排料端，排入磁性物质收集槽中。这种设备适于粒度≤0.6mm 强磁性颗粒的回收及从钢铁冶炼排出的含铁尘泥和氧化铁皮中回收铁，以及回收重介质分选产品中的加重质。

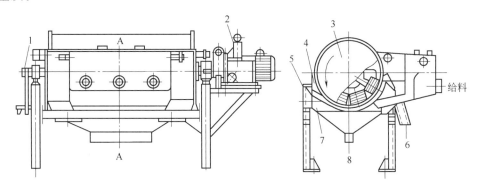

图 10-48   湿式 CTN 型永磁圆筒式磁选机

1—磁偏角调整部分；2—传动部分；3—圆筒；4—槽体；5—机架；6—磁性物质；7—溢流堰；8—非磁性物质

（3）悬吊磁铁器

悬吊磁铁器主要用于去除生活垃圾中的铁器，保护破碎设备及其他设备免受损坏。悬吊磁铁器有一般式除铁器和带式除铁器两种（见图 10-49）。

当铁物数量少时采用一般式，铁物数量多时采用带式。一般式除铁器是通过切断电磁铁的电流排除铁物。带式除铁器通过胶带装置排除铁物。作业时，物料由输送带传送经过悬吊分选机下方，非磁性物料不受影响继续前行，磁性物料则被吸附在磁选机下方，然后被吸附的铁磁性物质被分选机上的输送皮带带到上部，铁磁性物料脱离磁场后落下时被收集。

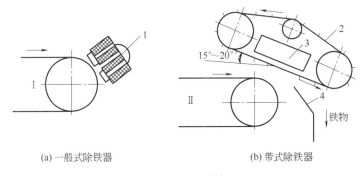

(a) 一般式除铁器 　　　　　　　　　　　 (b) 带式除铁器

图 10-49　悬吊除铁器

1—电磁铁；2—胶带装置；3—吸铁箱；4—接铁箱

四、电力分选设备

电力分选简称电选，是利用生活垃圾中各个组分在高压电场中电性的差异而实现分选的一种方法。一般物质大致可分为电的良导体、半导体和非导体，它们在高压电场中有着不同的运动轨迹，加上机械力的共同作用，即可将它们互相分开。电力分选对于塑料、橡胶、纤维、废纸、合成皮革、树蜡等与其他物料的分离，以及各种导体、半导体和绝缘体的分离等都十分简便有效。

1. 电选机分类

目前使用的电选机按照电场特征主要分为静电分选机和复合电场分选机两种。复合电场分选机的电场为电晕-静电复合电场。目前大多数电选机应用的是电晕-静电复合电场。

（1）静电分选机

静电分选机中废物的带电方式为直接传导带电。废物直接与传导电极接触，导电性好的将获得和电极极性相同的电荷而被排斥，导电性差的废物或非导体与带电滚筒接触被滚筒吸引，从而实现不同电性的废物分离。

静电分选机既可以从导体与绝缘体的混合物中分离出导体，也可以对含不同介电常数的绝缘体进行分离。对于导体（如金属类）和绝缘体（如玻璃、砖瓦、塑料与纸类等），混合颗粒静电分选装置的主要部件是由一个带负电的绝缘滚筒与靠近滚筒和供料器的一组正电极组成，当固体废物接近滚筒表面时，由于高压电场的感应作用，导体颗粒表面发生极化作用而带正电荷，被滚筒的聚合电场所吸引。而接触后，由于传导作用又使之带负电荷，在库仑力的作用下又被滚筒排斥，脱离滚筒而下落。绝缘体因不产生上述作用，被滚筒迅速甩落，达到导体与绝缘体的分离。对于不同介电常数的绝缘体，静电分选是将待分离的混合颗粒悬浮于介电常数介于两种绝缘体间的液体中，在悬浮物间建立会聚电场，介电常数高于液体的绝缘体向电场增强的方向移动，低介电常数的绝缘体则向反向移动，达到分离目的。

静电分选可用于各种塑料、橡胶、纤维纸、合成皮革和胶卷等物质的分选，如将两种性能不同的塑料混合物施以电压，使一种塑料荷负电，另一种塑料荷正电，就可以使两种性能不同的塑料得以有效分离。静电分选可使塑料类回收率达到 99% 以上，纸类回收率高达 100%。含水率对静电分选的影响与其他分选方法相反，随含水率升高回收率增大。一般电极中心距约 0.15m 左右，电压约 35～50kV。

（2）复合电场分选机

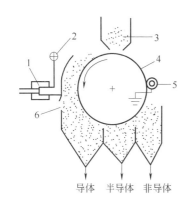

图 10-50　复合电场电力分选分离过程示意
1—高压绝缘子；2—偏向电极；3—给料斗；
4—辊筒电极；5—毛刷；6—电晕电极

复合电场电力分选分离过程是在电晕-静电复合电场电选设备中进行的，分离过程如图 10-50 所示。

废物由给料斗均匀地给入辊筒上，随着辊筒的旋转，废物颗粒进入电晕电场区，由于空间带有电荷，使导体和非导体颗粒都获得负电荷（与电晕电极电性相同），导体颗粒一面荷电，一面又把电荷传给辊筒（接地电极），其放电速度很快。因此，当废物颗粒随辊筒旋转离开电晕电场区而进入静电场区时，导体颗粒的剩余电荷少，而非导体颗粒则因放电速度慢，剩余电荷多。

导体颗粒进入静电场区后不再继续获得电荷，但仍继续放电，直至放完全部负电荷，并从辊筒上得到正电荷而被辊筒排斥，在电力、离心力和重力分力的综合作用下，其运动轨迹偏离辊筒，而在滚筒前方落下。偏向电极的静电引力作用更增大了导体颗粒的偏离程度。非导体颗粒由于有较多的剩余负电荷，将与辊筒相吸，被吸附在辊筒上，带到辊筒后方，被毛刷强制刷下。半导体颗粒的运动轨迹则介于导体与非导体颗粒之间，成为半导体产品落下，从而完成电力分选分离过程。

2. 电力分选设备分类

（1）静电分选机

静电分选技术可用于各种塑料、橡胶、纤维纸、合成皮革、胶卷、玻璃与金属的分离。图 10-51 是辊筒式静电分选机构造示意图。

将含有铝和玻璃的废物通过电振给料器均匀地给到带电辊筒上，铝为导体，从辊筒电极获得相同符号的大量电荷，因被辊筒电极排斥落入铝收集槽内；玻璃为非导体，与带电辊筒接触被极化，在靠近辊筒一端产生相反的束缚电荷，被辊筒吸住，随辊筒带至后面被毛刷强制刷落，进入玻璃收集槽，从而实现铝与玻璃的分离。

（2）高压电选机

YD-4 型高压电选机构造如图 10-52 所示。

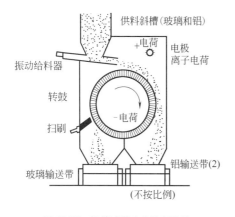

图 10-51　辊筒式静电分选机构造

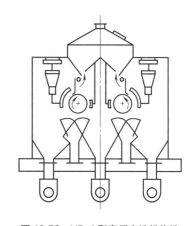

图 10-52　YD-4 型高压电选机构造

该机特点是具有较宽的电晕电场区、特殊的下料装置和防积灰漏电措施。其整机密封性能好，采用双筒并列式，结构合理、紧凑，处理能力大，效率高，可作为粉煤灰分选专用设备。粉煤灰均匀给到旋转接地辊筒上，带入电晕电场后，炭粒由于导电性良好，很快失去电荷，进入静电场后从辊筒电极获得相同符号的电荷而被排斥，在离心力、重力及静电斥力综合作用下落入集炭槽成为精煤。而灰粒由于导电性较差，能保持电荷，与带符号相反电荷的辊筒相吸，并牢固地吸附在辊筒上，最后被毛刷强制刷下落入集灰槽，从而实现炭灰分离。粉煤灰经二级电选分离而成为脱炭灰，其含炭率小于 8%，可作建材原料。精煤含炭率大于 50%，可作为型煤原料。

第十一章

固体废物处理及处置设备

固体废物处理是指将固体废物转变成适于运输、利用、贮存或最终处置的过程。固体废物处理的目的是实现固体废物的减量化、资源化和无害化。固体废物处理处置方法有热化学处理、生物处理、固化处理和填埋处置等。

第一节　热化学处理设备

热化学处理是通过高温破坏和改变固体废物组成和结构，同时达到减量化、无害化和资源化的目的。热化学处理方法包括焚烧、热解、湿式氧化、焙烧以及烧结等。

一、焚烧设备

焚烧法是利用燃烧使固体废物中的可燃性物质发生氧化反应达到减容并利用其热能的目的。采用焚烧法回收能量目前主要有两个途径：①直接回热；②热能发电。焚烧法不仅能回收能源，经焚烧处理，废物的体积还可以减少 $80\%\sim95\%$；有害固体废物经过焚烧，可破坏其组成，杀灭细菌和病原体，达到无害化的目的。

1. 固体废物焚烧原理

（1）固体废物的可焚烧性分析

固体废物能否采用热力焚烧法处理的最基本条件之一，就是看它的发热量能否满足自身干燥，并维持较高的焚烧温度。一种简便的判断方法是用固体废物焚烧组成的三元图（见图 11-1）来做定性判别。图中，斜线覆盖的部分为可燃区，边界上或边界外为不可燃区。

由图 11-1 可以看出，可燃区的界限值为 $C_水\leqslant50\%$、$C_灰\leqslant60\%$、$C_{可燃}\geqslant25\%$。

可燃区表明固体废物自身热值可提供焚烧过程所需的干燥热量、热解过程热量，并使焚烧产生的烟气有足够高的

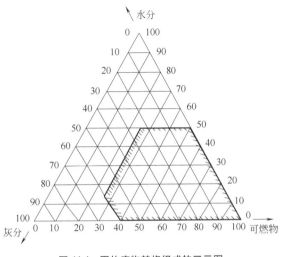

图 11-1　固体废物焚烧组成的三元图

温度，不可燃区表明必须外加辅助燃料焚烧固体废物才能正常进行焚烧。应该指出的是，实际工作中常常误将有机固体废物当成可燃成分，这是概念上的错误。准确地讲，可燃成分就是物料去除水分和灰分后的成分，而生活垃圾中的有机物还包括了大量的水分。

根据三元图只能进行粗略判断，对于焚烧工艺和焚烧炉的设计，必须进行详细的物质平衡和热量平衡计算。

（2）参与固体废物焚烧反应的主要组分

1）焚烧物料

焚烧物料主要是固体废物，包括城市固体废物、有害固体废物、医疗卫生垃圾、粪便污泥和特种固体废物等。根据燃烧设备的具体要求，焚烧物料在进入焚烧炉之前要经过预处理。

2）氧化剂

氧化剂的作用是与可燃成分在焚烧过程中发生化学反应，从而使物料的化学能转变为热能，并生成 CO_2、H_2O 等小分子惰性物质。使用的氧化剂主要是空气。焚烧过程中，实际供应的氧化剂量比理论上计算出的氧化剂量多，这是为了保证废物完全焚烧。如果用空气作氧化剂，多供应的空气称为过剩空气。

3）稀释剂

稀释剂的主要成分是燃烧生成的 CO_2 和水蒸气，如果用空气作氧化剂，成分还应包含 N_2 以及过剩空气。稀释剂的第一个特点是它是热能的携带者，燃烧产生的热量加热了稀释剂，也就是常说的高温烟气。它以辐射、对流、传导的方式与炉内物料和受热面进行热交换，从而使物料干燥、升温、着火直至稳定燃烧。同时，它又可将热量传给受热面，加热吸热介质，实现能量转换。稀释剂的第二个特点是它不能再参与氧化反应。稀释剂的数量过多，将使烟气温度下降，不利于热交换。控制稀释剂的量，实际上就是控制过剩空气的量。过剩空气的多少既影响燃烧过程又影响传热过程。

4）辅助燃料

为保证固体废物焚烧的可靠性和安全性，在点火升温期间，若物料含水率太高或特别需要控制炉内高温的情况下，都需要投入辅助燃料。辅助燃料多为化石燃料，如油、天然气、煤等。除对某些有毒有害废物焚烧需要投入较多辅助燃料外，焚烧城市固体废物一般都不需要投入较多或根本不投入辅助燃料。

（3）对焚烧炉的要求

焚烧是在焚烧炉中进行的。焚烧炉应该根据焚烧物料的性质予以选用或专门设计，不同类型的固体废物焚烧炉各有自己的要求和特点。焚烧炉首先必须满足的要求是焚烧处理能力，或称焚烧炉容量，用 t/h 表示。焚烧炉应该保证物料连续稳定燃烧，还应备有物料的储备设施、输送系统、给料装置、辅助燃料系统、送风装置、排烟系统和烟气净化设备等。当焚烧的废物热值较高或炉膛温度超高时，焚烧设备中还应包括热量回收的水冷壁系统和其他蒸气受热面。

焚烧炉的炉膛应该能保证温度、湍流度、停留时间三个条件，确保物料完全燃烧，以使焚烧的减容率（destruction and removal eficiency，DRE）达到设计要求。

$$DRE = \frac{W_{in} - W}{W_{in}} \times 100(\%)$$ (11-1)

式中　W_{in}——进炉垃圾量，t；

W——焚烧产物的量，t。

有毒有害废物的 DRE 常常要求在 99.99% 以上，而对于城市生活垃圾焚烧处理，要求 DRE 在 95%～85% 之间。

（4）固体废物焚烧产物

固体废物燃烧过程非常复杂，其完全燃烧只是理想状态，实际燃烧过程中，只能通过控制炉膛条件等因素使燃烧反应接近完全燃烧。若燃烧工况控制不良，固体废物焚烧过程中会产生大量酸性气体、一氧化碳、未完全燃烧有机组分、粉尘、灰渣等，甚至还有可能产生有毒气体，包括二噁英、多环碳氢化合物（PHA）和醛类等。

1）烟气

根据固体废物的元素分析结果，固体废物中可燃组分可用 $C_x H_y O_z N_u S_v Cl_w$ 来表示，全燃烧产生的化学反应可用下式来表示。

$$C_x H_y O_z N_u S_v Cl_w + \left(x+v+\frac{y-w}{4}-\frac{z}{2}\right)O_2 \longrightarrow xCO_2 + wHCl + \frac{u}{2}N_2 + vSO_2 + \left(\frac{y-w}{2}\right)H_2O$$

$$(11-2)$$

在实际燃烧过程中，烟气成分与垃圾组分、燃烧方式有很大关系，其中往往包含了粉尘、酸性气体、氮氧化物、重金属以及二噁英等多种物质。

2）灰渣

焚烧过程中产生的固态残留物主要是炉渣和飞灰，一般均属于无机物质，主要是由金属类氧化物、氢氧化物、碳酸盐、硫酸盐、磷酸盐及硅酸盐组成。炉排炉中垃圾焚烧后残余的炉渣一般都相当于入炉垃圾的 10%～25%，飞灰大致为入炉垃圾的 1%～1.5%。大量固体残留物特别是重金属含量高的飞灰，会对环境造成很大危害。此外，飞灰往往会附着大量二噁英类污染物，若不加处理直接排出，会对人体健康造成极大威胁。

3）恶臭

焚烧过程中产生的恶臭是有机物，多为有机硫化物或氮化物未完全燃烧导致，会刺激人的感官，使人产生不愉悦或厌恶的情绪，有些物质还会对人体健康造成危害。

4）白烟

垃圾焚烧过程中，如果燃烧非常完全，烟气中水蒸气的体积分数一般在 23% 左右（洗烟处理后为 30% 左右）。水蒸气从烟囱排出数米内，由于透过率过大，看不出有烟尘。随后由于大气的冷却作用，烟气中的水分处于饱和状态，水分凝聚后形成白烟，微小颗粒和离子会使白烟更浓。

2. 固体废物焚烧过程及影响因素

（1）固体物质燃烧方式

固体物质燃烧过程比较复杂，通常包括热分解、熔融、蒸发和化学反应传热、传质等一系列过程。根据可燃物质种类不同，可将固体物质的燃烧方式分为 3 种。

① 蒸发燃烧　可燃固体物质受热后熔化成液体，进而蒸发形成蒸气，与空气扩散混合而燃烧，如蜡烛的燃烧。

② 分解燃烧　可燃固体物质受热分解挥发出轻质可燃气体（通常是碳氢化合物），留下固定碳和惰性物质，挥发分与空气扩散混合而燃烧，固定碳表面与空气接触进行表面燃烧，如木材与纸张等的燃烧。

③ 表面燃烧　可燃固体废物受热后不发生熔化、蒸发和分解等过程，而是在固体表面

与空气反应进行燃烧，如木炭、焦炭等的燃烧。

（2）城市生活垃圾焚烧的阶段

生活垃圾组分复杂，其燃烧过程是蒸发燃烧、分解燃烧和表面燃烧的综合过程。图 11-2 所示为城市生活垃圾焚烧过程。

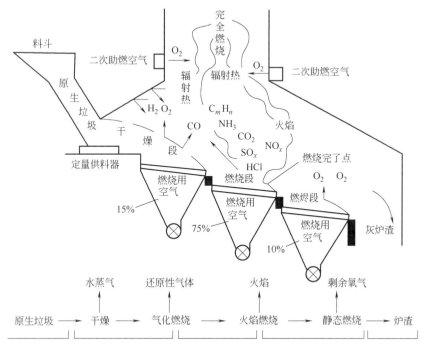

图 11-2　城市生活垃圾焚烧过程

由于生活垃圾含水率较高，垃圾烘干对于其正常焚烧具有重要意义。因此，从工程应用角度来看，可将城市生活垃的焚烧过程分为以下 3 个阶段。

1）加热干燥阶段

城市生活垃圾的干燥是利用炉内热量使垃圾中的水分蒸发，从而降低垃圾含水率的过程。我国城市生活垃圾普遍采用混合收集方式，厨余垃圾较多，垃圾含水率偏高，一些城市可达 60％以上。因此，城市固体废物焚烧的预热干燥阶段较长。在运动式炉排炉中，从物料进入焚烧炉到物料开始析出挥发分、着火这段时间，都是干燥阶段。物料随着炉排的向前运动，受到对流传热、高温烟气和高温炉墙的辐射传热作用，以及已燃物料的直接加热。这样，随着物料在焚烧炉内的进程，其温度逐渐升高，表面水分逐步蒸发，当温度增高到 100℃左右，相当于达到标准大气压力下水蒸气的饱和状态时，物料中水分开始大量蒸发。此时，物料温度基本稳定。随着不断加热，物料中水分大量析出，物料不断干燥。当水分充分析出后，物料的温度开始迅速上升，直到着火进入真正的燃烧阶段。在干燥阶段，物料中水分以水蒸气的形态析出，水的汽化过程需要吸收大量的热。

物料的含水率越高，干燥阶段就越长，炉内的温度也就越低。这会影响物料的燃烧，最后影响整个焚烧过程。根据物料的含水率可以计算干燥过程所需的能量，校核物料能否提供所需干燥热量。如果水分过高，造成炉温降低过多，物料着火燃烧就会比较困难，此时需加入辅助燃料燃烧，以提高炉温，改善干燥着火条件。有时也可采用将干燥段与焚烧段分开的设计，一方面使干燥段产生的大量水蒸气不与燃烧段的高温烟气混合，以维持燃烧段烟气和炉墙的高温水平，保证燃烧段有良好的燃烧条件；另一方面，干燥过程所需热量是取自完全燃烧后产生的烟气，燃烧已经在高温下完成，再取其燃烧产物作为热源，就不致影响燃烧段本身。由此可见，焚烧高含水率固体废物的焚烧炉设计的好坏，很大程度取决于干燥阶段的设计水平。

2）焚烧阶段

物料基本上完成了干燥过程后，如果炉膛内保持足够高的温度，又有足够多的氧化剂，物料就会很顺利地进入燃烧阶段。燃烧阶段是焚烧过程的主要阶段。燃烧阶段不是简单的氧化反应，一般包括以下3个同时发生的化学反应模式。

① 强氧化反应　物料的强氧化反应是包括了产热和发光的快速氧化过程。在强氧化过程中，由于很难实现物料的完全燃烧，不仅会出现理论条件下的氧化产物，还会出现许多中间产物。

② 热解反应　热解是有机物的热力降解过程，是在无氧或近乎无氧条件下，利用热能破坏含碳高分子化合物元素间的化学键，使含碳化合物破坏或者进行化学重组。尽管焚烧要求确保有 $50\% \sim 150\%$ 的过剩空气量，以提供足够的氧与炉中待焚烧的物料有效接触，但仍有部分物料没有机会与氧接触，这部分物料在高温条件下就要进行热解。对大分子含碳化合物（一般是有机固体废物）而言，其受热后总是先进行热解，随即析出大量气态可燃气体成分，诸如 CO、CH_4、H_2 或者相对分子质量较小的挥发分。挥发分析出的温度区间为 $200 \sim 800℃$。同一种物料在不同区间热解过程也不相同。因此，城市生活垃圾焚烧过程中，炉温的控制应充分考虑物料的组成情况。特别要注意热解过程中会产生某些有害成分，这些成分若不经充分氧化，则会成为不完全燃烧产物。

③ 原子基团碰撞　焚烧过程出现的火焰，实际上是富含原子基团的气流。该气流包括了单原子的 H、O、Cl 等，双原子的 CH、CN、OH 等，多原子的基团 HCO、NH_2、CH_3 等，以及更复杂的原子基团。火焰是电子能量跃迁以及分子旋转和振动产生的量子辐射，包括了红外热辐射、可见光热辐射，以及波长更短的紫外线热辐射。火焰的性状取决于温度和气流组成，通常温度在 $1000℃$ 左右就能形成火焰。在火焰中，最重要的连续光谱是由高温碳微粒发射的。固体废物组分上的原子基团碰撞容易使废物分解。

3）燃尽阶段

燃尽阶段即生成固体残渣的阶段。物料经过主焚烧阶段强烈的发热、发光和氧化反应之后，可燃物质的比例减小。反应生成的惰性物质、气态的 CO_2、H_2O 和固态的灰渣增加。由于灰层的形成和惰性气体的比例增大，剩余的氧化剂要穿透灰层，进入物料的内部，与可燃成分发生氧化反应也愈发困难。

反应的减弱使物料周围的温度也逐渐降低，物料燃烧处于不利状况。因此，要使物料中未燃的可燃成分充分反应燃尽，就必须保证足够的燃尽时间，从而使整个焚烧过程延长。

改善燃尽阶段的工况措施主要有增加过剩空气量，延长物料在炉内的停留时间，采用翻动、拨火的方法减少物料外表面的灰尘等。

在整个焚烧过程中，燃烧结果至少会有以下3种可能情况。

① 在主燃烧室中，物料的主要部分被完全氧化，一部分物料被热解后进入第二燃烧室或后燃室达到焚烧完全。

② 少量废物由于某些原因，在焚烧过程中逃逸而未被销毁，在这种情况下，原有机有害组分一般都达不到销毁率要求。

③ 产生一些可能比原废物更有害的中间产物。

城市生活垃圾焚烧过程的三个阶段并无分明的界限。在城市生活垃圾实际燃烧过程中，常常是有的物质还在预热干燥，有的物质已开始燃烧，有的物质已燃尽了。即使是对同一物料而言，当物料外表面已进入燃烧阶段时，其内部还在加热干燥。因此，这三个阶段仅仅是垃圾焚烧过程的必由之路，其焚烧过程的实际情况将更为复杂。

（3）固体废物焚烧处理过程的影响因素

1）城市生活垃圾的性质

城市生活垃圾的热值、组成和粒度等是影响垃圾焚烧效果的主要因素。热值越高，焚烧过程释放的热量越高，焚烧就越容易启动和进行，焚烧效果也就越好。垃圾粒径越小，比表面越大，燃烧过程中与空气的接触面积就越大，传热传质效果越好，燃烧越完全。

2）停留时间

停留时间的长短直接影响焚烧的完善程度，它还是确定焚烧炉炉膛容积的重要依据。生活垃圾的焚烧是气相燃烧和非均相燃烧的混合过程，因此生活垃圾在炉内的停留时间必须大于理论上固体废物干燥、热分解及固定碳组分完全燃烧所需的总时间，同时还应保证固体废物的挥发分在燃烧室中有足够的停留时间以达到完全燃烧。当然，停留时间也不是越长越好，停留时间过长会减小焚烧炉处理量，增加建设费用。

一般来说，城市生活垃圾的停留时间与固体粒径的二次方近似成正比，固体颗粒越小，与空气接触面积越大，燃烧越迅速，则垃圾在炉内的停留时间越短。城市生活垃圾的含水率越大，干燥段所需要的时间越长，则垃圾在炉内的停留时间越长。另外，烟气在炉内的停留时间长短决定了气态可燃物的完全燃烧程度。

3）燃烧温度

燃烧温度是指生活垃圾焚烧所能达到的最高温度，一般来说，位于生活垃圾层上方并靠近燃烧火焰区域内的温度最高可达 850～1000℃。燃烧温度越高，燃烧越充分，二噁英类物质的去除也越彻底。但过高的焚烧温度不仅增加了燃料消耗量，而且会增加废物中金属的挥发量及氮氧化物的量，引起二次污染，因此不宜随意确定较高的焚烧温度。

停留时间和温度是一对相关因子，可以通过提高焚烧温度适当缩短停留时间，同样可以在燃烧温度较低的情况下，通过延长停留时间来达到可燃组分的完全燃烧。

4）湍流度

湍流度是表征生活垃圾和空气混合程度的指标。要使垃圾燃烧完全，减少污染物的形成，必须使垃圾与助燃空气充分接触、燃烧气体与助燃空气充分混合。湍流度越大，垃圾和空气的混合程度越高，有机可燃物的燃烧反应也就越完全。

城市生活垃圾燃烧炉内的高湍流环境是靠燃烧空气的搅动来达到的，加大空气给入量，采取适宜的空气供给方式，可以提高湍流度，改善传质与传热效果。

5）过剩空气系数

实际燃烧过程中，氧气和可燃物质无法完全达到理想程度的混合及反应。为了使燃烧完全，仅供给理论空气量很难使其完全燃烧，需要加上比理论空气量更多的助燃空气量，以使废物与空气能完全混合燃烧。

过剩空气系数是实际空气量与理论空气量的比值。增大过剩空气系数既可以提供过量的氧气，又可以增加焚烧炉内湍流度，有利于生活垃圾的燃烧。但过剩空气系数太高，会导致炉膛内温度降低，影响固体废物的焚烧效果，同时还会增大烟气的排放量。

停留时间、燃烧温度、湍流度以及过剩空气系数形成的"3T-1E"体系是焚烧炉设计和运行的主要工艺参数。

3. 固体废物的焚烧系统和设备

（1）焚烧系统

垃圾的焚烧不是单个设备就可以完成的，需要多个设备组成一个完整的系统。一个典型的固体废物焚烧系统通常包括前处理系统、进料系统、焚烧系统、排气系统和排渣系统。另外还可能有焚烧炉的测试和控制系统，以及能源回收系统等。

1）前处理系统

前处理系统包括废物的贮存、分选、破碎、干燥等环节。为了保证焚烧系统的连续操作性和稳定性，需要建立贮存设备以贮存固体废物。贮存设备的规模应与焚烧装置的生产能力和固体废物收集周期相适应，一般要求贮存设备能够适应固体废物产生的高峰。对于小型焚烧炉，贮存设备能容纳 7d 的焚烧量；对于大型的焚烧炉（>500t/d），贮存设备能力通常为 2～3d 的焚烧量。分选的目的是减少待焚烧的固体废物中不可燃成分的量并回收有用成分。破碎将有助于提高焚烧系统的焚烧效率。

2）进料系统

进料系统分为间歇式和连续式两种。间歇式进料往往造成焚烧炉周期性的负荷变化。现代大型焚烧炉一般采用连续式进料方式，其具有炉子容量大、焚烧过程容易控制、炉温比较均匀等特点。

连续进料系统一般用螺旋挤压机将固体废物推进炉内，或者用起重机和抓斗将固体废物从料包中抓起，然后散落在料斗内，连续进料系统见图 11-3。

进料设备的作用除了将固体废物送到炉内，还使原料充满料斗，起到密封作用，防止炉膛内的火焰蹿出。料斗内密封的固体废物会逐渐落到进料槽上，并依靠重力下滑到炉排。进料槽由平滑的钢板组成，在靠近炉膛区域要用水冷却。在操作过程中，固体废物应不间断地送入以保持密闭状态。

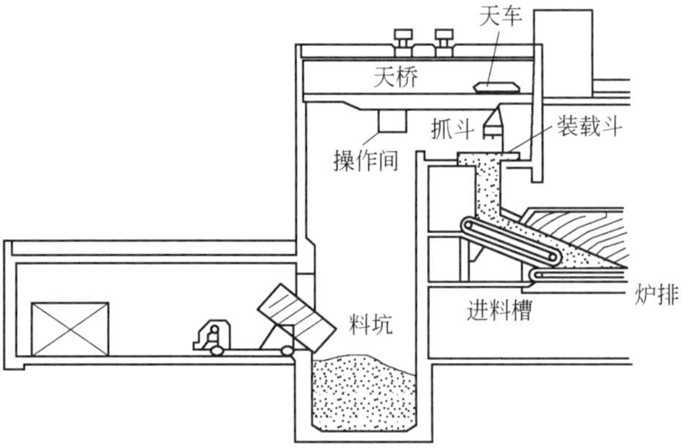

图 11-3　连续进料系统

3）焚烧系统

焚烧室是固体废物焚烧系统的核心，由炉膛、炉算与空气供给系统组成。炉膛结构由耐火材料砌筑，有单室型、多室型、旋转窑等多种构型。

现在焚烧炉都有两个燃烧室，焚烧过程包括初级燃烧和二级燃烧两个阶段。初级燃烧室是物料干燥、挥发、点燃和进行初步燃烧的阶段。废物被点燃并平稳地进行燃烧后，只需向炉内送入空气并使之与废物良好混合。初级燃烧室的空气用量可等于或稍高于理论空气量，这样炉气中将会有未燃尽的小颗粒和气体。

二级燃烧室可以是一个独立的燃烧室，也可以是初级燃烧室的一个附加空间。初级燃烧室排出的炉气在这里很容易与空气混合，只要通入少量的过量空气即可达到足够高的温度。对于单室型焚烧炉，需要加入较多的辅助燃料和过量空气才可以完成所有必要的反应。

炉算是燃烧室的重要组成部分之一。其作用有两个方面：一是传送固体废物，将燃尽的灰渣转移到排渣系统；二是在其移动过程中使燃料发生适当的搅动，促进空气由下向上通过炉箅料层进入燃烧室，以助燃烧。炉箅结构类型主要有三种：往复式、摇摆式和移动式（见图 11-4）。

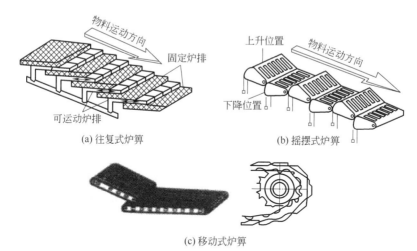

(a) 往复式炉箅   (b) 摇摆式炉箅

(c) 移动式炉箅

图 11-4　炉箅三种结构类型

助燃空气的供给系统是焚烧系统的另一个重要组成部分，它是保证固体废物在燃烧室内充分燃烧所需空气量的保障系统。

助燃空气按其引入方式可分为：火焰上空气、火焰下空气和二次助燃空气。火焰上空气通常引入燃烧床上空，作用是使炉气紊流，保障燃料完全燃烧。火焰下空气是通过炉箅进入燃烧室的助燃空气，作用是控制焚烧过程，防止炉箅过热。二次助燃空气用于控制燃烧温度，通常在初级燃烧室的上方喷入或从初级燃烧室与二级燃烧室的过渡区通入。

过剩空气的供给除了保证废物燃烧完全的作用之外，另一个作用是控制温度。在有耐火材料炉衬时，过剩空气量往往需要理论空气量的 200%。

4）排气系统

排气系统通常包括烟气通道、废气净化设施、烟囱等。在排气系统中，主要污染控制对象是粉尘与气味。粉尘污染控制的常用设备是沉降室、旋风分离器、湿式除尘器、过滤器、静电除尘器等。

① 沉降室是一种最简单的除尘设备，实际上是设在导管上的一个扩大部，气流在此处降低流速，颗粒靠重力在此处落下，该设备清除细微颗粒的效率不高。

② 旋风分离器比较简单，投资较少，操作费用低。

③ 湿式除尘器的效率较高，可将大于 $5\mu m$ 的颗粒去除 90%～97%，同时还能处理湿度较高的含有水溶性污染物的烟气。

④ 过滤器对小颗粒来说是高效的收集系统。

⑤ 静电除尘器中有一个放电电极，给微粒提供电子，还有一系列收集电极，收集带电微粒，并将它们从气流中分离出来。

废气通过选用的除尘设备后，含尘量应达到国家允许排放标准。焚烧炉排气中还含有少量氮、硫的氧化物。一般设计和运行合理的焚烧炉，其氮氧化物的排放是低于排放标准的，没有必要采取特别的控制措施。对于城市固体废物来说，含硫量极少，硫氧化物的排放是低于排放标准的，但是对于某些工业废物，应采取相应的脱硫措施。

烟囱的作用有两个方面：一是协助燃烧区建立负压，使气体容易进入炉子；二是便于烟气在高空扩散稀释。一般高度小于 40m 的烟囱属于低型烟囱，高于 40m 的属于高烟囱。高烟囱可以提供较大的抽风能力和较好的扩散条件。烟囱可以用不加衬里的钢板制成，为了防止冷凝液的腐蚀，也可采用钢板内层衬加耐火层的双层结构，还有的全部都由耐火材料或传统的石质砌成。

5）排渣系统

焚烧炉燃尽的残渣通过排渣系统及时排出，保证焚烧炉正常操作。排渣系统是由移动炉算、通道及与履带相连的水槽组成。残渣在移动炉算上由重力作用经过通道，落入贮渣室水槽，经水冷却的残渣由传送带输送至渣斗，或以水力冲击设施将湿渣冲至炉外运走。残渣中包含金属、玻璃及其他杂物，对于连续进料的焚烧炉，一般要有连续的出渣系统。

6）焚烧炉的测试和控制系统

作为辅助系统，一整套的测试和控制系统也是非常重要的。控制系统包括送风控制、炉温控制、炉压控制、冷却控制等。测试系统包括压力、温度、流量的指示，以及烟气浓度监测和报警系统等。

采用适当的控制系统可以克服固体废物焚烧过程中由于物料种类和性能变化引起的燃烧过程不稳定等问题，提高焚烧效率，保证焚烧过程良好运行。

7）能源回收系统

回收垃圾焚烧系统的热资源是建立垃圾焚烧系统的主要目的之一，焚烧炉热回收系统有以下 3 种方式。

① 与锅炉合建焚烧系统，锅炉设在燃烧室后部，使热转化为蒸汽回收利用。

② 利用水墙式焚烧炉结构，炉壁以纵向循环水列管替代耐火材料，管内循环水被加热成热水，再通过与后面相连的锅炉生成蒸汽回收利用。

③ 将加工后的垃圾与燃料按比例混合作为大型发电站锅炉的混合燃料。

（2）焚烧设备

焚烧设备的选用与废物的种类、性质和燃烧形态等因素有关，不同的燃烧方式需采用相应的焚烧炉与之相匹配。通常根据所处理废物对象、对环境和人体健康的危害大小以及所要求的处理程度将焚烧炉分为城市垃圾焚烧炉、一般工业废物焚烧炉和危险废物焚烧炉三种类型；按照废物焚烧炉功能结构不同主要有炉床型焚烧炉（包括回转窑）、机械炉排焚烧炉、沸腾流化床焚烧炉和气化熔融焚烧炉四种类型。

① 炉床型焚烧炉采用炉床盛料，在物料表面发生燃烧，适宜于处理颗粒小或粉状固体废物以及泥浆状废物，分为固定炉床和活动炉床两大类。固定炉床焚烧炉又可分为水平式固定炉床和倾斜式固定炉床。

② 机械炉排焚烧炉的基本原理是以机械炉排构成炉床，靠炉排的运动使垃圾不断翻动、搅拌并向前或逆向推行。其主要处理过程是：垃圾进入炉膛后，随着炉排的运行向前移动，并与从炉排底部进入的热空气进行混合、翻动，使垃圾得以干燥、点火、燃烧至燃尽。其正常运行的炉温大于 850℃，且烟气温度在大于 850℃ 的高温下停留超过 2s，以保证烟气中有机成分的分解。机械炉排焚烧炉主要特点是其对垃圾的适用范围广，对进炉垃圾颗粒度和湿度没有特别要求，一般由收集车送来的生活垃圾无须经过破碎即可直接进行焚烧，且燃烧效率较高。

③ 沸腾流化床焚烧炉是一种新型高效焚烧炉。利用炉底分布板吹出的热风使废物悬浮

呈沸腾状,垃圾与沸腾层内呈流化状态的高温颗粒(如砂子、灰渣、石灰石等)接触传热进行焚烧。

④ 高炉型直接气化熔融焚烧炉是典型的内热式移动床,固体废物由炉体上部进入,氧气逆向进入。废物在反应炉内自上而下经历还原气氛干燥区(400～500℃)、流态化热解气化区(1000℃)和高温燃烧熔融区(1700℃)三个阶段,最后在炉底金属和熔渣分离后回收。高炉型直接气化熔融技术是一种气化熔融一体的工艺,具有结构紧凑、初期投资低、全量熔融减容比高等优点,其缺点是熔融过程在高温下进行,维持反应过程需添加焦炭等辅助燃料或通入纯氧气,导致运行费用偏高。

对于垃圾焚烧厂,目前所采用的焚烧炉主要有多段炉、回转窑、流化床三种形式,下面介绍几种比较典型的焚烧设备。

1) 多段炉

多段炉又称多膛焚烧炉,是工业中常见的立体多层固定炉床焚烧炉,可适用于各类固体废物的焚烧,更广泛应用于污泥的焚烧处理。多段炉的结构如图 11-5 所示。

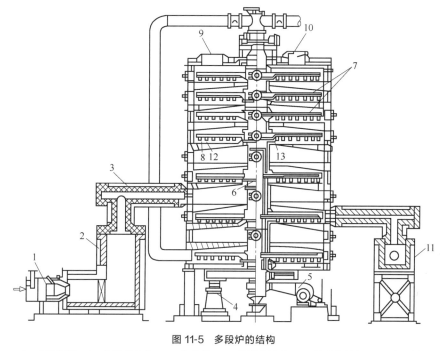

图 11-5　多段炉的结构

1—主燃烧嘴;2—热风发生炉;3—热风管;4—轴驱动马达;5—轴冷却风机;6—中心轴;
7—搅动臂;8—搅拌杆;9—排气口;10—加料口;11—热风分配室;12—隔板;13—轴盖

多段炉炉体是一个垂直的内衬耐火材料的钢制圆筒,内部由很多段燃烧炉膛构成。炉体中央安装有一个顺时针方向旋转的带搅动臂的空心中心轴,搅动臂的内筒与外筒分别与中心轴的内筒和外筒相连。各个搅动臂上又装有多个搅拌杆,待处理的固体废物从炉顶进料口进入最上层炉床,在搅拌杆的搅拌下在炉床上得到破碎和分散,然后从中间孔落入第二层炉床。在第二层炉床上,固体废物继续在搅动杆作用下边分散边向周边移动,最后从周边落入第三层炉床。然后在第三层炉床上又向中心分散,落入下一层,以此类推。固体废物就在各段的移动与下落过程中实现充分搅拌、破碎,同时受到干燥和焚烧处理。焚烧时空气由中心轴的内筒下部进入,然后进入搅动臂的内筒流至臂端,由搅动臂外筒进入中心轴的外筒,集

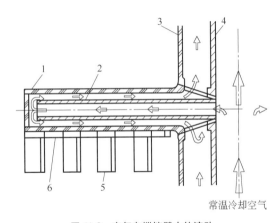

图 11-6 空气在搅拌臂中的流动

1—搅拌杆外筒；2—搅拌杆内筒；3—中心轴外筒；
4—中心轴内筒；5—搅拌齿；6—隔板

中于中心轴外筒上部，最后进入炉膛。空气在搅拌臂中的流动如图 11-6 所示。

按照各段的功能，可以把炉体分成三个操作区：最上部是干燥区，温度在 310～540℃之间，对固体废物进行干燥、破碎；中部为焚烧区，温度在 760～1100℃之间，废物发生焚烧；最下部为焚烧后灰渣冷却区，灰渣进入该区与进来的冷空气进行热交换，冷却至 150℃以下排出炉外。

多段炉的优点是废物在炉内停留时间长，对含水率高的废物可使水分充分挥发，尤其是对热值低的污泥燃烧效率高。缺点是结构复杂、易出故障、维修费用高，因排气温度较低易产生恶臭，通常需配备二次燃烧设备。

2）回转窑焚烧炉

回转窑目前广泛应用于液体及固体废物的焚烧，其结构如图 11-7 所示。窑身为一卧式可旋转的圆柱体，其轴线稍倾斜（1/100～1/300），窑身较长，下端有二次燃烧室。重焦油、污泥等固体废物从窑的上部进入，随着窑的转动向下移动，空气与物料行进的方向可以同向也可以逆向。进入窑炉的物料与空气相遇，一边受热干燥（200～300℃），一边受窑炉的回转而破碎，然后在窑的后段进行分解燃烧（700～900℃），在窑内来不及燃烧的挥发分进入二次燃烧室燃烧。焚烧的残渣在高温烧结区（1100～1300℃）熔融而排出炉外，如果需要辅助燃料可在焚烧炉的上端或二次燃烧室加入。

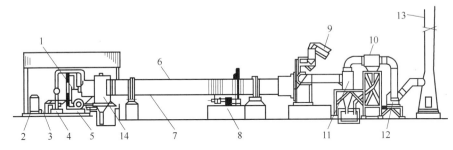

图 11-7 回转窑焚烧炉结构

1—燃烧喷嘴；2—重油贮槽；3—油泵；4—三次空气风机；5—一次及二次空气风机；6—回转窑焚烧炉体；7—取样口；
8—驱动装置；9—投料传送带；10—除尘器；11—旋风分离器；12—排风机；13—烟囱；14—二次燃烧室

回转窑焚烧炉的优点是适应范围广，可焚烧不同性能的废物，机械结构简单，很少发生事故，能长期连续运转。该焚烧炉的缺点是热效率低，只有 35%～40%，因此在处理较低热值固体废物时必须加入辅助燃料；排出的气体温度低，有恶臭，需要脱臭装置或导入燃烧室焚烧；由于窑身长，占地面积大。

3）流化床焚烧炉

流化床焚烧炉也是目前工业上应用较为广泛的一种焚烧炉。典型的流化床分为气泡式流化床和循环式流化床两种。

气泡式流化床焚烧炉构造（见图 11-8）简单，主体设备是一个圆形塔体，下部设有分配气体的分配板，塔内壁衬耐火材料并装有一定量的耐热粒状载体，如砂子、灰渣、石灰石等。气体分配板有的由多孔板制成，有的平板上穿有一定形状和数量的专用喷嘴。气体从下部通入，并以一定速度通过分配板，使床内载体"沸腾"呈流化状态。废物从塔侧或塔顶加入，与高温载热体及气流交换热量而被干燥、破碎并燃烧。燃烧尾气从塔顶排出，尾气中夹带的灰渣用除尘器捕集。焚烧温度不可太高，否则床层材料会出现黏结现象。气泡式流化床焚烧炉运行时，对上升气流的流速控制很重要，流速过小，介质不能形成流化态，流速过大则会造成介质被上升气流带出焚烧炉。气泡床的气体流速应在 1~3m/s 之间。

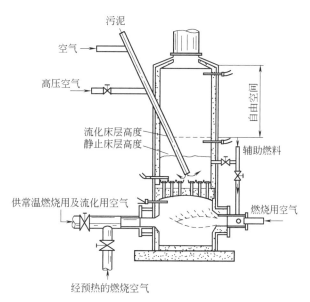

图 11-8　气泡式流化床焚烧炉构造

　　循环式流化床焚烧炉（见图 11-9）与气泡式流化床焚烧炉的工作原理相同，不同之处是循环式流化床使用气体流速较高，惰性介质是循环使用的。运行时，由于高速气流的作用，惰性介质被不断地吹出炉膛，之后经旋风除尘器收集，再返回到焚烧炉的底部。如此反复，介质始终处于循环流化状态。

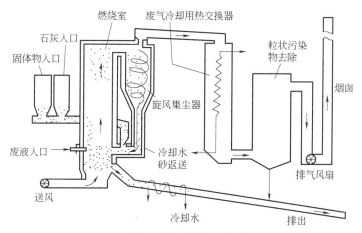

图 11-9　循环式流化床焚烧炉

　　循环式流化床结构简单，造价便宜；床层反应温度均匀，很少发生局部过热现象，床内温度易于控制；粒子与气体之间的传质与传热速率很快，单位面积处理能力大；强烈的混合反应能使有害有机物充分燃烧，并有效减少有毒氧化物和氟化物的产生，降低了废气净化难度；焚烧温度较低，能抑制氮氧化物的产生。但循环式流化床能耗较大，焚烧过程较缓慢，扬尘较多，需加强除尘措施，并不适于处理黏附性高的污泥等半流动态固体废物。

　　4）典型垃圾焚烧炉

　　典型垃圾焚烧炉构造如图 11-10 所示。从加料斗进入炉膛的固体废物首先在干燥炉栅上干燥后，随着炉栅的运动移到燃烧炉栅上进行分解燃烧，所需的空气由炉栅下的风机供给。

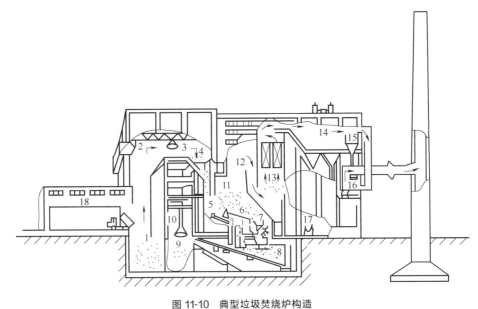

图 11-10　典型垃圾焚烧炉构造

1—垃圾坑；2—起重机运转室；3—抓斗；4—加料斗；5—干燥炉栅；6—燃烧炉栅；7—后燃烧炉栅；
8—残渣冷却水槽；9—残渣坑；10—残渣抓斗；11—二次空气供给喷嘴；12—燃烧室；13—气体冷却
锅炉；14—电气集尘器；15—多级旋风分离器；16—排风机；17—中央控制室；18—管理站

未燃尽的固体随炉栅的运动移到后燃烧炉栅，在此燃尽。灰渣落入熄火槽，辐射热和热气体与进入炉膛内的垃圾换热后进入废热锅炉，与水换热以回收热量。同时冷却的气体经过除尘后进入风机，由烟囱排出。

典型垃圾焚烧炉的特点是对较大的垃圾团块不用预处理即可直接焚烧。炉内最低温度为750℃，没有恶臭排出，最高温度可达1050℃，可使灰渣熔融。垃圾中含塑料时，会发生熔融而透过炉栅，在炉栅下面焚烧，造成炉栅损坏，此外，有害气体会使炉膛腐蚀。

5）垃圾焚烧工艺系统

垃圾焚烧过程由多个设备组成的完整系统来完成。以某一垃圾焚烧厂为例，介绍城市垃圾焚烧典型工艺流程（见图11-11）和设备组成。

该工艺系统工作过程如下：垃圾由垃圾车载入厂区，经地磅称量，进入倾卸平台，将垃圾倾入垃圾贮坑，由抓斗将垃圾抓入进料斗，然后垃圾由滑槽进入炉内，经进料器推入炉床。此时在炉排的机械运动带动下，垃圾在炉床上移动并翻搅，改善了燃烧效果。垃圾首先被炉壁的辐射热干燥及气化，然后达到着火温度而被引燃，经过燃烧进入燃尽阶段，最后成为灰烬落入冷却设备，通过输送带经磁选回收废铁后送入灰烬贮坑，最后送往填埋场。

燃烧所用空气分为一次及二次空气，一次空气以蒸汽预热，自炉床下贯穿垃圾层助燃；二次空气由炉体颈部送入，以充分氧化废气，并控制炉温不致过高，以避免炉体损坏及氮氧化物的产生。炉内温度一般控制在850℃以上，以避免未完全燃烧的气态有机物自烟囱逸出造成臭味，污染环境。垃圾热值低时需喷油助燃。高温废气经锅炉冷却，用引风机抽入烟气净化设备去除酸性气体后进入布袋集尘器除尘，再经过加热后自烟囱排入大气扩散。锅炉产生的蒸汽推动汽轮发电机发电后进入凝结器，凝结水经除气及加入补充水后返送锅炉。

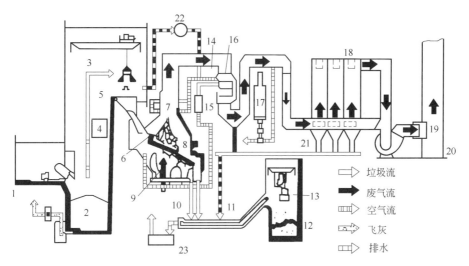

图 11-11　城市垃圾焚烧典型工艺流程

1—倾卸平台；2—垃圾贮坑；3—抓斗；4—操作室；5—进料口；6—炉排干燥段；7—炉排燃烧段；
8—炉排后燃烧段；9—焚烧炉；10—灰渣；11—出灰输送带；12—灰渣贮坑；13—出灰抓斗；
14—废气冷却室；15—热交换器；16—空气预热器；17—烟气净化设备；18—滤袋集尘器；
19—引风机；20—烟囱；21—飞灰输送带；22—抽风机；23—废水处理设备

二、热解设备

热解技术是一种已有很长历史的工业化生产技术，大量应用于木材、煤炭、重油等燃料的加工处理。例如，木材通过热解干馏可得到木炭；以焦煤为主要成分的煤通过热解炭化可得到焦炭；气煤、半焦通过热解气化可得到煤气；重油也可进行热解气化处理；油母页岩的低温热解干馏可得到液体燃料产品。在以上诸多工艺中，以焦炉热解炭化制造焦炭的技术最为成熟，应用最为广泛。

虽然热解技术很早就在烟煤生产焦炭方面得到成功应用，但对城市固体废物进行热解技术研究，直到 20 世纪 60 年代才开始引起关注和重视。到了 70 年代中期，随着现代工业的发展，全球经历了严重的石油危机，人们逐渐认识到开发可再生能源对人类可持续发展的重要性，热解技术的应用范围得以逐渐扩大，并开始用于固体废物的资源化处理。

固体废物经热解处理后可得到便于贮存和运输的燃料及化学产品，在高温条件下所得到的炭渣还会与物料中某些无机物和金属成分构成硬而脆的惰性固态产物，使其后续的填埋处置作业更为安全和便利。国外利用热解法处理固体废物虽然还存在一些问题，但已达到工业规模。实践表明热解是一种很有发展前景的固体废物处理方法，其工艺适宜于处理包括城市生活垃圾、污泥、废塑料、废树脂、废橡胶、人畜粪便等工业和农业废物在内的具有一定能量的有机固体废物。

1. 热解的基本过程

（1）基本概念

热解（pyrolysis）又称干馏、热分解或炭化，是指利用固体废物中有机物的热不稳定性，在热解反应器隔绝空气或非氧化气氛环境中加热蒸馏。在一定温度下，有机物将发生热裂解过程，产生可燃混合气体、液态焦油。随着温度升高，热裂解的结束，最后余下的是炭（固定炭和灰分的总称）。固体废物热解反应过程是一个复杂的化学反应过程，包含大分子键断裂、异构化和小分子的聚合等反应过程，这一过程可用下式表示。

$$有机固体废物 \longrightarrow 气体 + 有机液体 + 固体 \tag{11-3}$$

式中，气体包括 H_2、CH_4、CO、CO_2、NH_3、H_2S、HCN、H_2O、SO_2 等；有机液体包括有机酸、芳烃、焦油、煤油、醇、醛类等；固体包括炭黑、炉渣等。

热解的实质是加热有机大分子，使之裂解成小分子析出。在这个过程中，不同的温度区间所进行的反应不同，产生物的组成也不同。有机物的成分不同，整个热解过程的开始温度也不同。例如，纤维素开始解析的温度为 180～200℃。

有机物的热稳定性取决于组成分子的各原子结合键的键能大小，键能大的难断裂，其热稳定性高；键能小的易分解，其热稳定性低。热解产物的产率取决于原料的化学结构、物理形态和热解的温度及速率。例如，纤维素的热解过程可表示为

$$3C_6H_{10}O_5 \longrightarrow CH_4 + 2CO_2 + 2CO + H_2 + 8H_2O + C_6H_8O(焦油) + 7C \tag{11-4}$$

固体废物热解能否得到高能量产物，取决于原料中氢转化为可燃气体与水的比例。表 11-1 列出了各种固体燃料及以 $C_6H_xO_y$ 表示的固体废物组成。右列表示原料中所有的氧与氢结合成水后所余的氢与碳的比值——氢碳比。对于一般固体燃料，氢碳比均在 0～0.5 之间。

表 11-1　各种固体燃料及以 $C_6H_xO_y$ 表示的固体废物组成

固体燃料	$C_6H_xO_y$	氢碳比	$H_2 + 0.5O_2 \longrightarrow H_2O$ 完全反应后的氢碳比
纤维素	$C_6H_{10}O_5$	1.67	0.00/6＝0.00
木材	$C_6H_{7.6}O_4$	1.43	0.6/6＝0.1
泥炭	$C_6H_{7.2}O_{2.6}$	1.20	2.0/6＝0.33
褐煤	$C_6H_{6.7}O_2$	1.10	2.7/6＝0.45
半烟煤	$C_6H_{5.7}O_{1.1}$	0.95	3.0/6＝0.50
烟煤	$C_6H_4O_{0.53}$	0.67	2.94/6＝0.49
半无烟煤	$C_6H_{2.3}O_{0.38}$	0.38	2.0/6＝0.33
无烟煤	$C_6H_{1.5}O_{0.07}$	0.25	1.4/6＝0.23
城市生活垃圾	$C_6H_{9.64}O_{3.75}$	1.61	2.14/6＝0.36
新闻纸	$C_6H_{9.12}O_{3.93}$	1.52	1.2/6＝0.2
塑料薄膜	$C_6H_{10.4}O_{1.06}$	1.73	7.28/6＝1.4
厨余	$C_6H_{9.93}O_{2.79}$	1.66	4.0/6＝0.1

（2）主要流程

热解反应是由一系列化学和物理转化构成的非常复杂的反应过程，有关机理的研究也仅限于煤的热解，而对于有机固体废物热解的研究相对较少。热解反应主要流程如图 11-12 所示。

（3）主要特点

垃圾的热解和焚烧是两个完全不同的过程，其区别主要体现在 3 个方面。

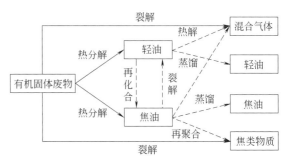

图 11-12　热解反应主要流程

① 焚烧的产物主要是 CO_2 和 H_2O，而热解的产物主要是可燃的低分子化合物，气态的有 CH_4、CO、H_2，还有液态的甲醇、丙酮、乙酸、乙醛等有机物及焦油、溶剂油等，以及固态的焦炭或炭黑等。

② 焚烧是一个放热过程，而热解需要吸收大量的热。

③ 焚烧产生的热能量，多的可用于发电，少的只可作热源或产生蒸汽，适于就近利用，

而热解的产物是燃料油及燃料气，便于贮存和远距离输送。

与焚烧法相比，热解法有以下优点。

① 热解过程可以将固体废物中的有机物部分转化为以燃气、燃油和炭黑为主的资源性能源，经济性好。

② 生成的气或油能在低过剩空气系数条件下燃烧，因此废气量较小，减少了对大气的二次污染。

③ 废物中的硫和重金属等有害成分大部分被固定在炭黑中，可从中回收重金属。

④ NO_x、SO_x、HCl 等物质产生量少。

⑤ 由于保持还原条件，Cr^{3+} 不会转化为 Cr^{6+}。

⑥ 能处理不适于焚烧的难处理物，如有毒有害医疗垃圾的热解处理。

⑦ 产物中残渣腐败性有机物量少，能防止填埋场公害。

⑧ 热解操作简便安全（一次性进料、一次性除渣）。

硬塑料（含氯的除外）、废橡胶、废轮胎、废油及油泥、城市生活垃圾及废有机污泥等废物都可热解。总之，凡是可进行焚烧处理的废物都可以进行热解处理。

（4）主要产物

热解产物因热解工艺的不同而不同，相同的热解工艺也因热解工艺参数的不同，其热解产物也不完全相同，此外，热解产物的组成也会随热解温度的不同有很大波动。不同热解工艺及其产物如表 11-2 所示。

表 11-2　不同热解工艺及其产物

项目	停留时间	热解速率	温度/℃	主要产物
炭化	几小时～几天	极低	300～500	焦炭
加压炭化	15min～2h	中速	450	焦炭
常规热解	几小时 5～30min	低速	400～600 700～900	焦炭、液体、气体 焦炭和气体
减压热解	2～30s	中速	350～450	液体
快速热解	0.1～2s 小于 1s 小于 1s	高速 高速 极高	400～650 650～900 1000～3000	液体 液体和气体 气体

2. 热解工艺

热解过程因热解温度、供热方式、热解炉结构以及生成产品等方面的不同，热解工艺也各不相同。按热解温度不同可分为低温热解、中温热解、高温热解以及等离子高温热解；按供热方式可分为直接加热和间接加热；按热解炉的结构可分为固定床、移动床、流化床和旋转炉等；按生成产品可分为热解造油和热解造气；按热解产物的聚集状态可分为气化方式、液化方式和炭化方式；按热解与燃烧反应是否在同一设备中进行可分为单塔式和双塔式；按反应系统的压力可分为常压热解和真空（减压）热解。

（1）按热解温度分类

① 低温热解　热解温度一般都在 600℃ 以下。农业、林业产品加工后的废物用来生产低硫、低灰的炭就可采用这种方法。生产出的炭视其原料和加工深度的不同，可作不同等级的活性炭和水煤气原料。

② 中温热解　热解温度一般在 600～700℃，中温热解主要用在比较单一的物料作能源和资源回收的工艺上，像废轮胎、废塑料转换成类重油物质可作化工初级原料。

③ 高温热解　热解温度一般在 1000℃ 以上。高温热解采用的加热方式几乎都是直接加热。如果采用高温纯氧热解工艺，反应器中的氧化-熔渣区段的温度可高达 1500℃，从而将热解残留的惰性固体（金属盐类及其氧化物和氧化硅等）熔化，以液态渣形式排出反应器，再经清水淬冷后粒化，从而可大大减少固态残余物的处理困难。这种粒化的玻璃态渣可作建筑材料的骨料。

④ 等离子高温热解　热解温度一般在 3000～5000℃，利用一个或多个等离子体炬喷射器产生高温，在这样的极度高温下，有机垃圾被分解成一种含有氢和一氧化碳的可燃气体，无机垃圾则成为一种惰性的玻璃状熔渣。玻璃状熔渣的渗透性只相当于玻璃的 1/5，可以作各种建筑材料和填充材料。等离子高温热解主要设备如图 11-13、图 11-14 所示。

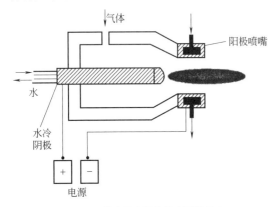

图 11-13　等离子高温热解主要设备 Ⅰ

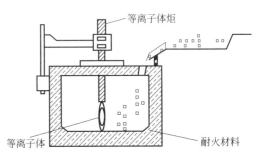

图 11-14　等离子高温热解主要设备 Ⅱ

（2）按供热方式分类

① 直接加热法　供给被热解物的热量是被热解物（所处理的废物）部分直接燃烧或向热解反应器提供补充燃料时所产生的。由于燃烧需提供氧气，因而就会产生 CO_2、H_2O 等惰性气体混在热解可燃气中，结果稀释了可燃气，降低了热解气体的热值。如果采用空气作氧化剂，热解气体中不仅有 CO_2、H_2O，而且含有大量的 N_2，稀释了可燃气，更会降低热解气体的热值。因此，采用的氧化剂不同，其热解气体的热值也不同。

直接加热法的设备简单，可采用高温热解，其处理量大，产气率高，但所产气体的热值并不高，作为单一燃料直接利用还不行。此外，采用高温热解时，在 NO_x 产生的控制上，还需认真考虑。

② 间接加热法　这是将被热解的物质与热介质分离在热解反应器（或热解炉）进行热解的一种方法，可以利用墙式导热或中间介质来传热（热砂或熔化的某种金属床层）。墙式导热方式由于热阻大，熔渣可能会包覆传热墙面或出现腐蚀等问题，不能采用更高的热解温度，因而使用受到限制。采用中间介质传热，虽然可能出现物料与中间介质的分离等问题，但综合比较起来，中间介质传热要比墙式导热方式好一些。

间接加热法的主要优点在于气产物的品位较高，完全可以作为燃气直接使用。但其产气率和产气量大大低于直接加热法。一般而言，除流化床技术外，间接加热法的物料被加热性能较直接加热法差，从而增加了物料在反应器里的停留时间，间接加热法的生产率低于直接加热法。间接加热法不可能采用高温热解方式，因此减轻了对产生 NO_x 的顾虑。

不同的反应器形式，其加热方法、运行繁简和加热速度大小方面的性能都不一样，不同反应器的性能如表 11-3 所示。

表 11-3 不同反应器的性能

| 炉型 | 直接加热法 | | 间接加热法 | | | |
| | 运行简易 | 加热速度 | 墙式 | | 中间介质 | |
			运行简易	加热速度	运行简易	加热速度
竖井炉	+	○	+	−	−	+
卧式炉	/	/	−	−	+	+
旋转炉	+	○	+	−	−	+
流化床	−	+	/	/	−	+

注："+"表示性能好；"−"表示性能不好；"○"表示性能不好不坏；"/"表示尚无发展。

（3）按生成产品分类

① 热解造油　热解造油的温度一般在 500℃ 以下，在隔氧条件下使有机物裂解，生成燃油。

② 热解造气　热解造气是将有机废物在较高温度下转变成气体燃料，通过对反应温度、加热时间及气化剂的控制，产生大量的可燃气体，这些气体经净化回收可直接加以利用或贮存于储罐中待用。

3. 热解设备和主要参数

一个完整的热解流水线包括进料系统、反应器、回收净化系统、控制系统等几个部分，其中反应器部分是整个流水线的核心，热解过程就在反应器中发生。不同反应器类型往往决定了整个热解反应的方式以及热解产物的成分。

反应器种类很多，主要根据燃烧床及内部物流方向进行分类。燃烧床有固定床、流化床、旋转炉、分段炉等。物料方向指反应器内物料与气体相向流向，有间向流、逆向流、交叉流。

（1）固定床反应器

图 11-15 所示为典型的固定燃烧床反应器。经选择和破碎的固体废物从反应器顶部加入，反应器中物料与气体界面温度为 93～315℃，物料通过燃烧床向下移动。燃烧床由炉箅支持，在反应器的底部引入预热的空气或氧。高温分解温度通常为 980～1650℃。这种反应器的产物包括从底部排出的灰渣和从顶部排出的气体。排出的气体中含一定的焦油、木醋等成分，经冷却洗涤后可作燃气使用。

在固定燃烧床反应器中，维持反应进行的热量是由废物燃烧所提供的。由于采用逆流式物流方向，所以物料在反应器中滞留时间长，从而保证了废物最大限度地转换成燃料。同时，反应器中气体流速相应较低，在产生的气体中夹带的颗粒物也比较少。固体物质损失少，加上高的燃料转换率，使得未气化的燃料

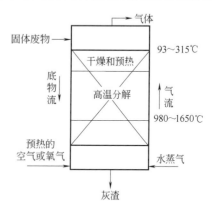

图 11-15　典型的固定床反应器

损失减到最少，并且减少了对空气潜在的污染。但固定床反应器也存在一些技术难题，如有黏性的燃料诸如污泥和湿的固体废物需要进行预处理才能加入反应器。预处理一般是将炉料预烘干并进一步粉碎，从而保证不结成饼状。未粉碎的燃料在反应器中会使气流成为槽流，使气化效果变差，并使气体带走较大的固体物料。另外，由于反应器内气流为上行式，温度低，含焦油等成分多，故易堵塞气化部分管道。

（2）流化床反应器

流化床反应器如图 11-16 所示。在流化床中，气体与燃料同流向相接触。由于反应器中气体流速高到可以使颗粒悬浮，固体废物颗粒不再像固定床反应器中那样连续靠在一起，所以反应性能更好，反应速度更快。在流化床的工艺控制中，要求废物颗粒本身可燃性好。另外，温度应控制在避免灰渣熔化的范围内，以防灰渣熔融结块。

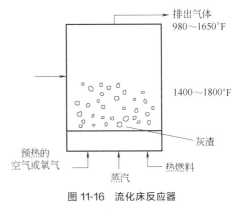

图 11-16　流化床反应器

$$t/℃ = \frac{5}{9}\ (t/℉ - 32)$$

流化床适用于含水率高或含水率波动大的废物燃料，且设备尺寸比固定床的小，但流化床反应器热损失大，气体不仅带走大量的热，而且也带走较多未反应的固体燃料粉末。所以在固体废料本身热值不高的情况下，需提供辅助燃料以保持设备正常运转。

（3）回转炉反应器

回转炉反应器是一种间接加热的高温分解反应器，如图 11-17 所示。回转炉的主体为一个稍为倾斜的圆筒，慢慢地旋转，使废料移动并通过蒸馏容器到卸料口。蒸馏容器由金属制成，而燃烧室则是由耐火材料砌成。分解反应所产生的气体一部分在蒸馏容器外壁与燃烧室内壁之间的空间燃烧，这部分热量用来加热废料。因为在这类装置中热传导非常重要，所以分解反应要求废物颗粒必须较细，尺寸一般要小于 5cm，以保证反应进行完全。此类反应器生产的可燃气热值较高，可燃性好。

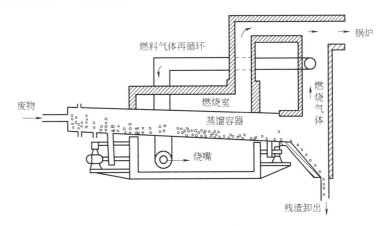

图 11-17　回转炉反应器

（4）双塔循环式热解反应器

双塔循环式热解反应器包括固体废物热分解塔（见图 11-18）和固形炭燃烧塔（见图 11-19）。二者共同点都是将热分解及燃烧反应分别在两个塔中进行。

热解所需的热量由热解生成的固体碳或燃气在燃烧塔内燃烧供给。惰性热媒体（砂）在燃烧炉内吸收热量并被流化气鼓动成流态化，经连络管返回燃烧炉内，再被加热返回热解炉。受热的废物在热解炉内分解，生成的气体一部分作为热解炉的流动化气体循环使用，一部分为产物。刚生成的炭及油品，在燃烧炉内作为燃料使用，加热热媒体。在两个塔中使用特殊的气体分散板，伴有旋回作用，形成浅层流动层。废物中的无机物、残渣随流化的热媒

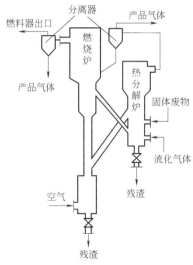

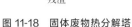

图 11-18　固体废物热分解塔

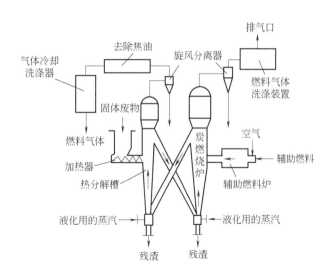

图 11-19　固形炭燃烧塔

体（砂）的旋回作用，从两塔的下部边与流化的砂分级边有效地选择排出。

双塔循环式热解反应器的优点是：燃烧的废气不进入产品气体中，可得高热值（$4.0 \times 10^3 \sim 4.5 \times 10^3 \text{kcal/m}^3$）的燃料气；在燃烧炉内热媒体（砂）向上流动，可防止热媒体（砂）等结块；炭燃烧需要的空气量少，向外排出的废气少；在流化床内温度均一，可以避免局部过热；由于燃烧温度低，产生的 NO_x 少，特别适合于处理热塑性含量高的垃圾热解。

第二节　生物处理设备

自然界的许多微生物具有降解有机固体废物的能力，通过生物转化，将固体废物中的有机成分转化为腐殖肥料、沼气或其他化学转化品，如饲料蛋白、乙醇或糖类，从而实现固体废物无害化和资源化。目前固体废物生物处理技术主要包括好氧堆肥技术和厌氧发酵技术。

一、堆肥设备

人类在长期生产实践中，早已开始利用秸秆、落叶、野草和禽畜粪便堆积发酵制作肥料，在化肥没有广泛施用于农业之前，利用农业固体废物堆肥一直是农业肥料的主要来源。但由于采用传统的手工操作和自然堆积方式并依靠自发的生物转化作用，发酵周期长，处理量小，卫生条件差，加之受到化肥的冲击，堆肥发展一度呈现萎靡状态。随着绿色有机农业的兴起、堆肥技术的进步和环境标准的提高，堆肥又开始受到重视。一方面，堆肥是有机肥，有益于改善土壤性能、提高肥力、维持农作物长期优质高产；另一方面，有机固体废物数量逐年增加，对其处理的卫生要求日益严格，从节省资源与能源的角度，堆肥是实现有机废物无害化和资源化的重要手段。

现如今堆肥发酵已实现机械化和自动化，并且已发展到以城市生活垃圾、污水处理厂的污泥、人畜粪便、农业废物及食品工业废物等为原料。目前常见可生物降解处理的固体废物种类和来源见表 11-4。

表 11-4　常见可生物降解处理的固体废物种类和来源

固体废物种类	来源
城市固体废物	主要有污水处理厂剩余污泥和有机生活垃圾
工业固体废物	主要包括含纤维素类固体废物、高浓度有机废水、发酵工业残渣(菌体及废原料)
畜牧业固体废物	主要指禽畜粪便
农林业固体废物	主要是农作物秸秆、壳、蔗渣、棉秆、棉壳、向日葵壳、玉米芯、油茶壳等
水产业固体废物	主要指海藻、鱼、虾、蟹类加工后的废物
泥炭类	包括褐煤和泥炭

1. 堆肥的概念

堆肥的基本概念包括两方面的含义，即堆肥化和堆肥产物。堆肥化是在控制条件下，在不同阶段，通过不同微生物群落的交替作用，使有机废物逐步实现生物降解，最终形成稳定的、对环境无害的类腐殖质复合物的过程。在有氧条件下通过好氧微生物的作用，固体废物中的有机物质有两个去向。一是通过矿化作用，生成水、二氧化碳等物质，并释放能量；二是变成了新的微生物细胞物质，继续堆肥化过程，并产生腐殖质。堆肥化的主要特征是将易降解的有机物分解转化为性质稳定对土壤有益的物质，有效杀灭致病菌，确保堆肥产物能安全地应用于农业或林业。

废物经过堆肥化处理后，制得的成品产物叫作堆肥。它是一类腐殖质含量很高的疏松物质，故也称为腐殖土，是一种具有一定肥效的土壤改良剂和调节剂。废物经过堆肥化，体积一般只有原体积的 $50\% \sim 70\%$。

堆肥的用途很广，既可以用作农田、绿地、果园、菜园、苗圃、畜牧场、庭院绿化、农业等的种植肥料，也可以用于水土流失控制、土壤改良等。堆肥的作用包括以下几点。

① 使土质松软、多孔隙、易耕作，增加保水性、透气性及渗水性，改善土壤的物理性状。

② 增加土壤有机质，提高带负电荷的腐殖质含量，促进阳离子养分的吸附，提高土壤保肥能力。

③ 堆肥腐殖质中某些组分具有螯合能力，能抑制对作物生长不利的活性铝与磷酸结合。

④ 堆肥是缓效性肥料，不对农作物产生损害。

⑤ 堆肥的腐殖质成分能够促进植物根系的伸长和增长。

⑥ 将富含微生物的堆肥施于土壤之中可增加土壤中微生物的数量，改善作物根系微生物条件，促进作物生长和对养分的吸收。

2. 堆肥的原理

堆肥是利用微生物在有氧或无氧条件下降解固体废物的过程，因而分为好氧堆肥和厌氧堆肥过程。相应地，参与有机物生化降解的微生物分为两类，即好氧菌和厌氧菌；根据微生物耐受温度或工作温度的特性，又分为嗜冷菌、嗜温菌和嗜热菌。

（1）好氧堆肥原理

现代堆肥工艺，特别是城市生活垃圾堆肥工艺，大都是好氧堆肥。好氧堆肥是在有氧条件下，以好氧菌为主的微生物群落对废物进行吸收、氧化、分解的过程。堆肥反应过程原理示意图见图 11-20。

在堆肥化过程中，有机废物中可溶性小分子有机物质可透过微生物的细胞壁和细胞膜被微生物直接吸收，而不溶的大分子有机物质先被吸附在微生物体外，依靠微生物分泌的胞外酶将其分解为可溶性小分子物质，再进入细胞内。微生物通过自身的生命代谢活动，进行分

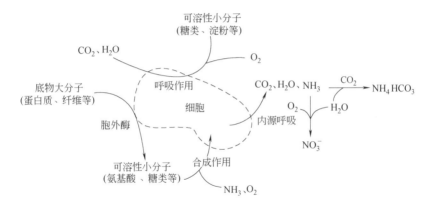

图 11-20　堆肥反应过程原理示意

解代谢（氧化还原过程）和合成代谢（生物合成过程），把一部分被吸收的有机物氧化成简单的无机物，并释放生物生长活动所需的能量，把另一部分有机物转化合成为新的细胞物质，使微生物生长繁殖，产生更多的生物体。

有机物生物降解的同时伴有能量产生，该能量主要以辐射热的形式释放出来。由于堆肥过程中，这部分热量不会全部散发到环境中，从而使堆肥物料温度升高，因此一些不耐高温的微生物必然死亡或休眠，耐高温的细菌快速繁殖。生态动力学表明，好氧分解中，发挥主要作用的是菌体硕大、性能活泼的嗜热细菌群。该菌群在大量氧分子存在下将有机物氧化分解，同时释放出大量能量。堆肥过程主要经历两次升温，分为三个阶段：起始阶段、高温阶段和熟化阶段。每一阶段各有其独特的微生物群。

1）起始阶段

堆制初期，堆层呈中温（15～45℃），故也称为中温阶段。此时，嗜温菌活跃，并利用可溶性小分子物质（糖类、淀粉等）不断增殖，在转换和利用化学能的过程中产生的能量超过细胞合成所需的能量，剩余能量主要以热能形式由内部释放。由于堆层热传导较慢，加之物料的保温作用，堆层内部温度不断上升，以细菌、真菌、放线菌为主的微生物迅速繁殖。

2）高温阶段

堆层温度上升至45℃以上，进入高温阶段。此时，嗜温菌活性受到抑制甚至死亡，而嗜热菌逐渐替代嗜温菌并迅速繁殖，在供氧条件下，大部分较难降解的有机物（蛋白质、纤维等）继续被氧化分解，同时放出大量热能。从废物堆积发酵开始不到1周时间，堆层温度就达到65～70℃或者更高。

高温阶段的嗜热菌按其活性又可分为三个时期：对数增长期、减速增长期和内源呼吸期（见图11-21）。当微生物经历三个时期的变化后，堆层中有机物质基本降解完全，嗜热菌因缺乏养料而停止生长，产热随之停止，堆肥的温度逐渐下降，当温度稳定在40℃，堆肥基本达到稳定，形成腐殖质。

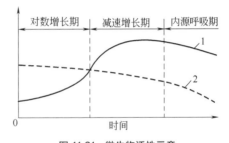

图 11-21　微生物活性示意
1—微生物活性曲线；2—O_2 利用率

3）熟化阶段

冷却后的堆肥中，新的嗜温菌再占优势，借助残余有机物（包括死掉的细菌残体）而生长，堆肥进入腐熟阶段，堆肥过程最终完成。

因此，堆肥过程既是微生物生长、死亡过程，也是堆肥物料温度上升和下降的动态过程。

（2）厌氧堆肥原理

厌氧堆肥是在缺氧条件下利用厌氧微生物进行的一种腐败发酵分解，其终产物除二氧化碳和水外，还有氨、硫化氢、甲烷和其他有机酸等还原性终产物，其中氨、硫化氢以及其他还原性终产物有令人讨厌的异臭，而且厌氧堆肥需要的时间也很长，完全腐熟往往需要几个月。传统的农家堆肥就是厌氧堆肥。

厌氧堆肥过程主要分成以下两个阶段。第一阶段是产酸阶段，产酸菌将大分子有机物降解为小分子的有机酸、乙醇、丙醇等物质，并提供部分能量因子 ATP；第二阶段为产甲烷阶段，产甲烷菌将有机酸继续分解为甲烷气体。厌氧过程没有氧分子参加，酸化过程中产生的能量较少，许多能量保留在有机酸分子中，在产甲烷菌作用下以甲烷气体形式释放出来，厌氧堆肥的特点是反应步骤多、速度慢、周期长。

3. 堆肥的基本程序

目前常采用的好氧堆肥系统多种多样，但其基本工序通常都由预处理、主发酵（一次发酵）、后发酵（二次发酵）、后处理及贮存等工序组成。

（1）原料预处理

预处理包括通过破碎、分选等去除粗大垃圾和不能用于堆肥化的物质，并通过破碎使堆肥原料和含水率达到一定程度的均匀化。破碎使原料的表面积增大，便于微生物繁殖，从而提高发酵速度。理论上，粒径越小越有利于分解，但在增加物料表面积的同时还必须保持其一定程度的空隙率，以便于通风而使物料能够获得充足的氧量供应。

该过程还包括调节原料含水率和碳氮比或者添加菌种和酶制剂，使原料达到最佳待发酵状态。

（2）主发酵（一次发酵）

主发酵可在露天或发酵装置内进行，通过翻堆或强制通风向堆层或发酵装置内堆肥物料供给氧气。物料在微生物作用下开始发酵，首先是易分解物质分解产生 CO_2 和 H_2O，同时产生热量使堆温上升。这时微生物吸取有机物的碳氮营养成分，在细菌自身繁殖的同时，将细胞中吸收的物质分解而产生热量。

发酵初期起分解作用的是嗜温菌。随着堆温上升至 45℃ 左右，堆肥进入高温阶段，嗜热菌活性增强并占优势。此时应采取温度控制手段，以免温度过高，同时应确保供氧充足。一段时间的分解作用后，大部分有机物已经降解，各种病原菌均被杀灭，堆层温度开始下降。通常，从温度升高到开始降低为止的阶段为主发酵阶段。

（3）后发酵（二次发酵）

经过主发酵的半成品堆肥被送到后发酵室，将主发酵阶段未彻底分解的易分解和较难分解的有机物进一步分解，使之变成腐殖酸、氨基酸等比较稳定的有机物，得到完全成熟的堆肥制品。

在这一阶段的分解过程中，反应速度降低，耗氧量下降，所需时间较长。后发酵时间的长短取决于堆肥的使用情况。例如，堆肥用于温床（利用堆肥的分解热）时，可在主发酵后直接使用；对几个月不种作物的土地，大部分可以不进行后发酵而直接施用堆肥；对一直在种作物的土地，则要使堆肥进行到不致夺取土壤中氮元素的程度。

（4）后处理

经过二次发酵后的物料中，几乎所有的有机物都已细碎和变形，数量也有所减少，已成为粗堆肥。然而，以城市生活垃圾堆肥时，在预分选工序没有去除的塑料、玻璃、陶瓷、金属、小石块等杂物依然存在。因此后处理包括去除这些杂质，并根据需要，如生产精制堆肥等，进行必要的再破碎处理。

（5）恶臭控制

在堆肥化工艺过程中，某个工序或堆肥物料局部会产生氨、硫化氢、甲硫醇、胺类等臭气，污染工作环境，必须对其进行处理和控制。去除臭气的方法主要包括化学洗涤、物理吸附、生物过滤以及基于热化学原理的热处理等。相对于化学洗涤法、吸附法和热处理法，生物过滤法较为经济和实用，因此在工程中应用较多。下面以生物过滤法为例介绍脱臭技术。

1）生物除臭系统简介

生物滤池（biofilter）和生物滴滤池（biotrickling filter）是两种主要的生物除臭系统。在开放式的生物滤池中，拟处理的臭气通过填料床向上运动；在加盖生物滤池中，将拟处理的空气从下部鼓入填料，或者从填料上部抽吸使其进入滤池，典型的生物滤池如图 11-22 所示，填料大多是腐熟的堆肥产物。

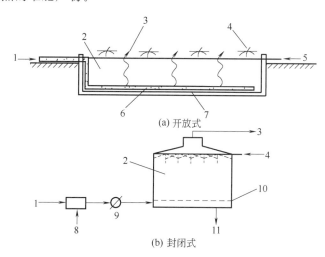

图 11-22　典型的生物滤池

1—拟处理空气；2—填料；3—处理后空气；4—喷洒系统；5—水；6—多孔管；7—砾石层；
8—蒸汽注入器；9—换热器；10—多孔填料托板；11—排水

在臭气通过生物滤池中的填料床时，同时发生吸附、吸收和生物转化。臭气在潮湿的表层生物膜和填料表面发生吸收和吸附作用，附着在填料介质上的微生物（主要是细菌、放线菌和真菌）将其氧化。池内的湿度和温度是生物滤池的重要环境条件，必须保持合适的温度和湿度以使微生物活性优化，该处理系统的缺点是占地面积大。

生物滴滤池与生物滤池基本相同，不同之处在于前者持续地向填料上喷洒水，而后者间歇地向填料上喷洒水，典型的生物滴滤池如图 11-23 所示。

生物滴滤池水是循环使用的，通常还向水中添加营养物。由于滤池放出的气体会带走水分，所以必须及时补给水，此外，由于循环水中盐类的累积，需要定期排污。典型的填料有鲍尔环、拉西环、火山岩块以及颗粒状活性炭等。腐熟的堆肥产物不适合作为该系统的填料使用，这主要是由于腐熟堆肥产物吸收水分的能力强，易堵塞空隙，从而限制了滤池中空气的自由流动。

2）脱臭设施的选择和设计

控制和处理臭气设施的选择和设计应按照下列步骤进行：确定拟处理臭气的性质和体积；明确处理后气体的排放要求；评价气候和大气条件；选出拟评价的一种或多种控制和处理气体的技术；进行中间试验，以求出设计的标准和性能；进行生命周期评价和经济分析。

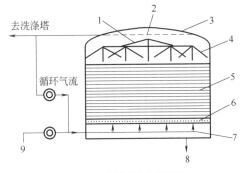

图 11-23　典型的生物滴滤池

1—旋转式或固定式废水配水系统；2—处理后气体收集系统；
3—穹盖；4—湿润填料用水；5—塑料填料；6—填料多孔
托板；7—布气系统；8—出水；9—拟处理空气

生物滤池的设计需考虑以下几个方面：填料基本要求、填料最佳物理性质、配气设施、湿度控制、温度控制等。

① 填料基本要求　生物滤池所用的填料必须满足以下条件。一是有足够的空隙率和近似均匀的粒径；二是颗粒表面积大，支撑大量微生物群体；三是较强的 pH 值缓冲能力。常用的生物滤池填料有堆肥、泥炭以及各种合成材料。为保证堆肥及泥炭类生物填料的空隙率，可考虑添加膨胀材料，例如珍珠岩、泡沫聚苯乙烯团粒、木屑、树皮、各种陶瓷及塑料材料等。

② 填料最佳物理性质　pH 值 7～8，空隙率 40%～80%，有机物含量 35%～55%。当采用腐熟堆肥时，必须定期添加新堆肥以补偿由于生物转化造成的堆肥量损失。采用的滤床深度可达 1.8m，由于大部分的去除作用发生在滤床深度的 20%，故不推荐采用更大的滤床厚度。

③ 配气设施　如何将拟处理气体引入系统是生物滤池设计的关键。最常用的布气系统有多孔管、预制底部排水系统和压力通风系统。多孔管通常设置在堆肥下面的卵石层中，如图 11-24 所示。采用多孔管时，管径的大小非常重要，应使其发挥贮水池的作用而不是集液管，以保证其布气均匀。预制底部排水系统可使气体通过堆肥床向上运动，并可收集排水。该系统也分多种，压力通风系统是为了均化空气压力，使得向上通过堆肥床的气流量均匀。压力通风系统的高度一般为 200～500mm。

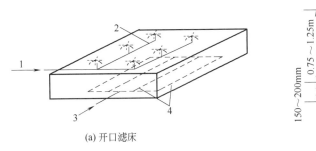

(a) 开口滤床　　　　　　　　　　　　　　(b) 沟式

图 11-24　开放式生物滤池示意

1—水；2—喷洒系统；3—臭气；4—多孔布气管；5—堆肥或合成填料
（有适当湿度）；6—气流；7—粗砾石；8—多孔管（一般 100mm）

④ 湿度控制　保持滤床中适宜的湿度是生物滤池操作最为关键的问题，研究表明，最佳湿度在 50%～65% 之间。如果湿度过低，生物活性就会减弱。严重情况下还会使生物滤

池有变干趋势。反之，空气流量会受到限制，导致滤床中产生厌氧条件。湿度的供给可以采用向滤床顶部加水（通常采用喷洒法）或加湿空气两种措施。在滤池的操作温度下，进入的空气其相对湿度应为100%，典型的液体投加率为$0.75\sim1.25\mathrm{m^3/(m^2 \cdot d)}$。

⑤ 温度控制　生物滤池的操作温度在$15\sim45℃$之间，最佳温度在$25\sim35℃$之间。北方寒冷地区的生物滤池应采取保温措施，进气也必须进行预热。当进气温度较高时，应在进入生物滤池前进行冷却。在气温保持相对稳定的高温（如$45\sim60℃$）下操作也是可行的。

⑥ 生物滤池的设计参数和操作参数　生物滤池尺寸的计算一般是根据空气在滤床中的停留时间、空气的单位负荷率以及组分去除能力而定。表11-5列出了用于散装填料生物滤池的设计和分析参数。

表 11-5　用于散装填料生物滤池的设计和分析参数

参数	定义
空床停留时间 $EBRT=\dfrac{V_f}{Q}$	EBRT——空床停留时间，h； V_f——滤床接触池的总容积，$\mathrm{m^3}$； Q——体积流量，$\mathrm{m^3/h}$
滤池中实际停留时间 $RT=\dfrac{aV_f}{Q}$	RT——停留时间，h； a——滤床接触池空隙率，%
表面负荷率 $SLR=\dfrac{Q}{A_f}$	SLR——表面负荷率，$\mathrm{m^3/(m^2 \cdot h)}$； A_f——滤床接触池表面积，$\mathrm{m^2}$
表面质量负荷率 $SLR_m=\dfrac{QC_0}{A_f}$	SLR_m——表面质量负荷率，$\mathrm{m^3/(m^2 \cdot h)}$； C_0——进气浓度，$\mathrm{g/m^3}$
容积负荷率 $VLR=\dfrac{Q}{V_f}$	VLR——容积负荷率，$\mathrm{m^3/(m^2 \cdot h)}$
去除效率 $RE=\dfrac{C_0-C_e}{C_0}$	RE——去除效率，%； C_e——出气浓度，$\mathrm{g/m^3}$
去除能力 $EC=\dfrac{Q(C_0-C_e)}{V_f}$	EC——去除能力，$\mathrm{g/(m^3 \cdot h)}$

堆肥气体在生物滤池内的停留时间一般在$15\sim40s$之间；在H_2S浓度达$20\mathrm{mg/L}$时，表面负荷可达$120\mathrm{m^3/(m^2 \cdot min)}$。图11-25为生物滤池对$H_2S$和其他致臭化合物的去除能力曲线。

可以看出，在达到临界负荷率以前，去除能力与质量负荷基本为1∶1的线性关系，达到临界值后，去除能力渐近最大值。这些结果表明，采用生物滤池很容易去除H_2S。表11-6为生物除臭系统的典型参数设计范围。

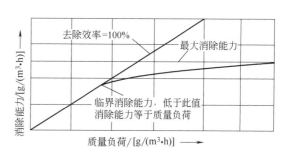

图 11-25　生物滤池对H_2S和其他致臭化合物的去除能力曲线

表 11-6　生物除臭系统的典型参数设计范围

项目	单位	类型	
		生物滤池	生物滴滤池
氧浓度	氧份数/臭气份数	100	100
堆肥	%	$50\sim65$	$50\sim65$
合成介质	%	$55\sim65$	$55\sim65$
最佳温度	℃	$15\sim35$	$15\sim35$
pH 值	量纲为1	$6\sim8$	$6\sim8$

项目	单位	类型	
		生物滤池	生物滴滤池
空隙率	%	35~50	35~50
臭气停留时间	s	30~60	30~60
填料厚度	m	1~1.25	1~1.25
臭气进气浓度	g/m³	0.01~0.5	0.01~0.5
表面负荷率	m³/(m²·h)	10~100	10~100
容积负荷率	m³/(m³·h)	10~100	10~100
液体投配率	m³/(m²·d)	—	0.75~1.25
H_2S质量负荷	g/(m³·h)	80~130	80~130
其他臭气质量负荷	g/(m³·h)	20~100	20~100
最大背压	mmH_2O	50~100	50~100

4. 堆肥装置

堆肥装置是指堆肥物料进行生化反应的反应器装置，是堆肥系统的主要组成部分。堆肥装置的类型主要有立式堆肥发酵塔、卧式回转窑式发酵仓、箱式堆肥发酵池和筒仓式堆肥发酵仓等。

（1）立式堆肥发酵塔

立式堆肥发酵塔通常有5~8层。堆肥物料由塔顶进入塔内，在塔内堆肥通过不同形式的机械运动，由塔顶一层层地向塔底移动。一般经过5~8d的好氧发酵，堆肥产物便到达塔底而完成一次发酵。立式堆肥发酵塔通常为密闭结构，塔内温度分布从上层到下层逐渐升高，塔式装置的供氧通常以风机强制通风，以满足微生物对氧的需要。立式堆肥发酵塔的种类通常包括立式多层圆筒式、立式多层板闭合门式、立式多层浆叶刮板式、立式多层移动床式等。图11-26为立式多层发酵塔及发酵系统流程。

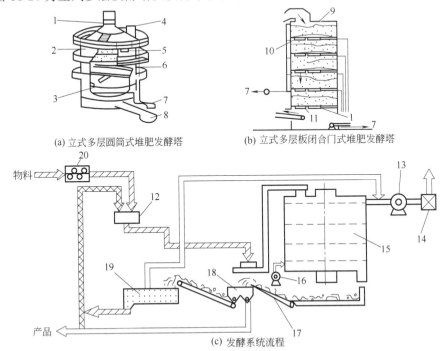

(a) 立式多层圆筒式堆肥发酵塔   (b) 立式多层板闭合门式堆肥发酵塔

(c) 发酵系统流程

图 11-26 立式多层发酵塔及发酵系统流程

1—驱动装置；2—池体；3—犁；4—进料口；5—观察窗；6—进气管；7—风机；8—进料口；9—发酵小池；
10—下料门；11—旋转臂；12—混合机；13—抽风机；14—脱臭装置；15—发酵仓；16—热风风机；
17—旋转臂；18—分配器；19—干燥器；20—脱水机

（2）卧式回转窑式发酵仓

卧式回转窑式发酵仓又称达诺式（Dano）发酵仓。在该发酵装置中，废物靠与筒体之间的摩擦沿旋转方向向上提升，上升到一定高度，由于自身重力作用而落下。通过这样反复升落，不但废物被均匀地翻搅，而且有充足的空气与之接触，在微生物的作用下进行充分发酵。此外，由于筒体斜置，当沿旋转方向提升的废物靠自身重力下落时，逐渐向筒体出口一端移动，这样回转窑可自动稳定地供应、传送和排出堆肥产品。

如果发酵全过程都在此装置内完成，停留时间应为 2～5d。当以此装置做全过程发酵时，发酵过程中堆肥物料的平均温度为 50～60℃，最高温度可达 70～80℃；当以此装置做一次发酵时，则平均温度为 35～45℃，最高温度可达 60℃左右。

如图 11-27 所示为 Dano 卧式回转窑垃圾堆肥系统流程。加入加料斗的垃圾经过 1 号皮带输送机送到磁选机除去铁类物质，由给料机供给低速旋转的发酵仓，在发酵仓内进行发酵，连续数日后成为堆肥物排出仓外，随后经振动筛筛分，筛上产物经溜槽排出进行焚烧或填埋，筛下产物经去除玻璃后即成为堆肥产品。

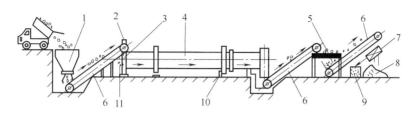

图 11-27　Dano 卧式回转窑垃圾堆肥系统流程

1—加料斗；2—磁选机；3—给料机；4—达诺式回转窑发酵仓；5—振动筛；6—皮带运输机；
7—玻璃选出机；8—堆肥；9—玻璃片；10—驱动装置；11—铁屑

（3）箱式堆肥发酵池

箱式堆肥发酵池种类很多，应用也十分广泛，其主要分为矩形固定式犁翻倒发酵池和斗翻倒式发酵池。

1）矩形固定式犁翻倒发酵池

矩形固定式犁翻倒发酵池设置犁形翻倒搅拌装置，起机械搅拌废物的作用，可定期搅拌兼移动物料数次，既保证了池内通气，使物料均匀，同时还有一定的运输功能，可将物料从进料端移至出料端。物料在池内停留 5～10d，空气通过池底布气板进行强制通风，采用这种输送式搅拌装置能够提高物料的堆积高度。

2）斗翻倒式发酵池

斗翻倒式发酵池呈水平固定，发酵池装有一台搅拌机及一架安置于车式输送机上的翻倒机。翻倒机对废物进行搅拌，使物料湿度均匀并与空气接触，促进物料发酵分解，防止臭气产生。当池内物料被翻倒完毕，翻倒机返回到活动车上，搅拌机由绳索牵引或机械活塞式倾倒装置提升，再次翻倒时，可放下搅拌机开始搅拌。堆肥经搅拌机搅拌，被位于发酵池末端的车式传送机传送，最后由安置在活动车上的刮出输送机刮出池外。整个过程所需空气由压缩机从发酵池底部送入，物料一般停留时间为 7～10d，翻倒废物频率以 1 天 1 次为标准。

（4）卧式桨叶发酵池

该装置的显著特点是搅拌装置能够横向和纵向移动，操作时搅拌装置纵向反复移动搅拌物料并同时横向传送物料，而且由于搅拌可以遍及整个发酵池，故可将发酵池设计得很宽，从而增大了处理能力。

（5）卧式刮板发酵池

这种发酵池的主要部件是一个呈片状的刮板，由齿轮齿条驱动，刮板由左向右摆动搅拌废物，从右向左空载返回，然后再从左向右摆动推入一定量的物料。池体为密封负压式构造，臭气不会外逸。发酵池有许多通风孔以保证接触充足的氧气，保持好氧状态。

（6）筒仓式堆肥发酵仓

该装置为单层圆筒状（或矩形），发酵仓深度一般为 4～5m，大多采用钢筋混凝土筑成。发酵仓内采用高压离心风机强制供氧，以维持仓内堆肥好氧发酵。空气一般从仓底进入发酵仓，堆肥原料由仓顶加入，经过 6～12d 的好氧发酵，堆肥物料从仓底通过料机排出。

根据堆肥物料在发酵仓内的运动形式不同，筒仓式发酵可分为静态和动态两种。静态发酵仓由于结构简单，在我国应用较广。堆肥物料由仓顶经布料机进入仓内，经过 10～12d 的好氧发酵后，由仓底的螺杆出料机进行出料。筒仓式动态发酵仓是在堆肥过程中经预处理工序分选破碎的物料被输送机传送至池顶中部，然后由布料机均匀地向池内布料。位于旋转层的螺旋钻以公转和自转来搅拌池内物料，防止形成沟槽。产品从池底排出，好氧发酵所需的空气从池底的布气泵强制通入。

二、发酵设备

厌氧发酵也称沼气发酵或甲烷发酵，是指有机物在无氧条件下经厌氧菌作用分解转化为甲烷（或称沼气）的过程。厌氧发酵是一种在自然界普遍存在的微生物过程，常发生的地方有沼泽淤泥，以及海底和湖底的沉积物、污泥。

利用固体废物的厌氧发酵生产沼气的方法有两种。一种方法是将有机固体废物进行卫生填埋，通过自然过程发酵产生沼气。如城市垃圾的卫生填埋，有机物分解过程中产生的气体含甲烷 45%～60%，含二氧化碳 35%～50%，还有少量的碳氢化合物和少量硫化氢，可把这部分气体收集、净化以回收利用。另一种方法是用农业废物生产沼气。这种方法简便易行，便于推广，因此在我国发展较快。

1. 发酵原理

厌氧发酵是一个复杂的生物化学过程。国外学者研究表明，厌氧发酵主要依靠四大主要类群的细菌，即水解发酵细菌群、产氢产乙酸细菌群、产甲烷细菌群和同型产乙酸细菌群的联合作用共同完成厌氧发酵制沼气的过程。因此厌氧发酵可分为三个阶段，即水解酸化阶段、产氢产乙酸阶段和产甲烷阶段，固体废物厌氧发酵制沼气过程如图 11-28 所示。

（1）水解酸化阶段（液化阶段）

在该阶段，发酵微生物利用胞外酶对有机物进行体外酶解，使有机固体废物的复杂大分子、不溶性有机物（如蛋白质、纤维素、淀粉、脂肪等）水解为小分子、可溶于水的有机物（如氨基酸、脂肪酸、葡萄糖、甘油等），然后这些小分子有机物被发酵细菌摄入到细胞内，经过一系列生化反应转化成不同的代谢产物，如有机酸（主要有甲酸、乙酸、丙酸、丁酸、戊酸、乳酸等）、醇（甲醇、乙酸、丁酸等）、醛、CO_2、H_2S、NH_3、H_2 等，最后排出体外。由于发酵细菌种群不一，代谢途径各异，故代谢产物也各不相同。这些代谢产物中，只有 CO_2、H_2、甲酸、甲醇、甲胺和乙酸等简单物质可直接被产甲烷细菌吸收利用，转化为甲烷。

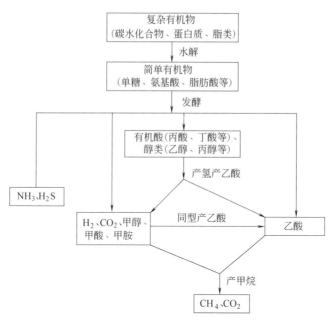

图 11-28　固体废物厌氧发酵制沼气过程

（2）产氢产乙酸阶段（产酸阶段）

在产氢产乙酸细菌群作用下，将液化阶段所产生的各种不能为产甲烷细菌直接利用的代谢产物进一步分解转化为乙酸和 H_2 等简单物质。此阶段产乙酸细菌群同时还将一部分无机 CO_2、H_2 转化为产甲烷细菌群的另一种基质——乙酸。

（3）产甲烷阶段

产甲烷细菌群利用无机的 CO_2、H_2 及有机的甲酸、甲醇、甲胺和乙酸化合物产生甲烷。研究表明，厌氧发酵过程中 70% 的甲烷来自乙酸的分解，其余 30% 主要来自 CO_2 和 H_2 的合成。与好氧生物处理相比，厌氧生物处理的主要特征如下。

① 能量需求少，并可产生能量。因为厌氧处理不需要氧气并能产生含有 50%～70% 甲烷的沼气，含有较高热值，可作为可再生能源利用。

② 厌氧微生物可降解（或部分降解）好氧微生物不能降解的某些有机物。

③ 厌氧菌的生物量增长缓慢。厌氧发酵的最终产物之一甲烷含有很高能量，使得有机物厌氧降解过程所释放的能量较少，即可供给厌氧菌用于细胞合成的能量较少，导致厌氧菌尤其是产甲烷菌的增殖速率比好氧微生物低很多。

④ 对温度、pH 值等环境因素更为敏感。

⑤ 厌氧处理效果不如好氧处理效果。

⑥ 处理过程的反应较复杂，周期较长。

2. 沼气发酵设备

沼气发酵设备主要经历了两个发展阶段，第一阶段的发酵设备称为传统发酵设备，第二阶段的发酵设备称为现代大型工业化发酵设备。后者是在前者的基础上发展起来的工业化、系统化、高效化的能够大量处理城市垃圾等固体废物的现代沼气发酵处理系统。

（1）传统发酵设备

传统发酵设备是用于间歇性、低容量、小型的农业或半工业化人工制取沼气的最基本设备，一般称为沼气发酵池、沼气发生器或厌氧发酵器。其中发酵罐是整套发酵装置的核心部分，其他附属设备还有气压表、导气管、出料机、预处理装置（粉碎、升温、预处理池等）、搅拌器、加热管等，主要是进行原料的处理以及产气的控制、监测，以提高沼气的质量。

传统沼气发酵罐工作原理如图 11-29 所示。沼气发酵罐借助发酵罐内的厌氧活性污泥来净化有机污染物，产生沼气，其建造材料通常有炉渣、碎石、卵石、石灰、砖、水泥、混凝土、三合土、钢板、镀锌管件等。发酵间的结构形式有圆形池、长方形池、坛形池和扁球池等多种；贮气方式有气袋式、水压式和浮罩式；埋设方式有地下式、半埋式和地上式。

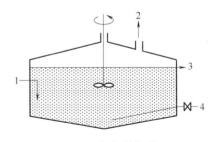

图 11-29 沼气发酵罐工作原理
1—污水或污泥；2—沼气；3—出水；4—排泥

1）立式圆形水压式沼气池

立式圆形水压式沼气池是我国农村比较广泛采用的沼气池，埋设方式与贮气方式多采用地下式埋设和水压式贮气。该发酵间为立式圆柱形，两侧带有进出料口，容积有 $6m^3$、$8m^3$、$10m^3$、$12m^3$ 几种规格，池顶有活动盖板，便于检修以防中毒。池盖和池底是具有一定曲率半径的壳体，主要结构包括加料管、发酵间、出料管、水压间、导气管等几个部分。

圆形结构的沼气池受力性能好，比相同容积的长方形池表面积小 20% 左右，池内无死角，容易密闭，有利于产甲烷菌的活动以发挥产气作用。水压式沼气池的优点是：结构比较简单，造价低，施工方便。缺点是：气压不稳定，对产气不利；池温低，不能保持升温，严重影响产气量；原料利用率低（仅 10%～20%）；换料和密封都不方便；产气率低，而且这种沼气池对防渗措施的要求较高，给反应器的设计增加难度。

立式圆形水压式沼气池工作原理见图 11-30。

图 11-30（a）是沼气池启动前的状态，池内初加新料，处于尚未产生沼气阶段。此时，发酵间的液面为 O—O 水平，发酵间内尚存的空间（V_0）为死气箱容积。

图 11-30（b）是启动后的状态，此时发酵间内发酵产气，发酵间的气压随产气量增加而增大，造成水压间液面高于发酵间液面。当发酵间内贮气量达到最大量（$V_{贮}$）时，发酵间的液面下降到可下降的最低位置（A—A 水平），水压间的液面上升到可上升的最高位置（B—B 水平），这时称为极限工作状态。极限工作状态时，两液面的高度差最大，称为极限沼气压强，其值可用下式表示：

$$\Delta H = H_1 + H_2 \tag{11-5}$$

式中　H_1——发酵间液面最大下降值；

　　　H_2——水压间液面最大上升值；

　　　ΔH——水压间与发酵间之间最大液面差。

图 11-30（c）表示使用沼气时，发酵间压力减小，水压间液体被压回发酵间。如此在不断产气和不断用气的过程中，发酵间和水压间液面总是在初始状态和极限状态间不断上升或下降。

2）立式圆形浮罩式沼气池

图 11-31 是浮罩式沼气池示意图。这种沼气池也多采用地下埋设方式，发酵间和贮气间分开，因而具有压力低、发酵好、产气多等优点。产生的沼气由浮沉式的气罩贮存起来，气罩可直接安装在沼气发酵池顶，如图 11-31（a）所示；也可安装在沼气发酵池侧，

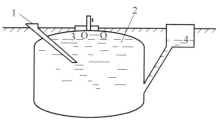

(a) 沼气池启动前状态

1—加料管；2—发酵间（贮气部分）；3—池内液面O—O；4—出料间液面

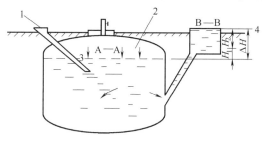

(b) 沼气池启动后状态

1—加料管；2—发酵间（贮气部分）；
3—池内料液液面A—A；4—出料间液面B—B

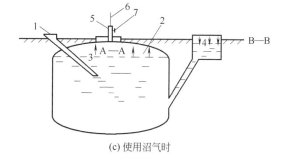

(c) 使用沼气时

1—加料管；2—发酵间（贮气部分）；3—池内料液液面A—A；
4—出料间液面B—B；5—导气管；6—沼气输气管；7—控制阀

图 11-30　水压式沼气池工作原理示意

如图 11-31（b）所示。

　　浮沉式气罩由水封池和气罩两部分组成，当由于沼气的产生，使得内部压力大于气罩重量时，气罩便沿水池内壁的导向轨道上升，直至平衡为止。当使用气体后，罩内气压下降，气罩也随之下沉。

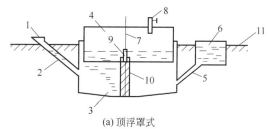

(a) 顶浮罩式

1—进料口；2—进料管；3—发酵间；4—浮罩；5—出料连通管；6—出料间；
7—导向轨；8—导气管；9—导向槽；10—隔墙；11—地面

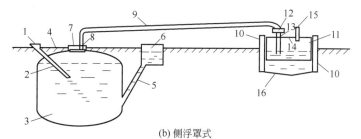

(b) 侧浮罩式

1—进料口；2—进料管；3—发酵间；4—地面；5—出料连通管；6—出料间；7—活动盖；
8—导气管；9—输气管；10—导向柱；11—卡具；12—进气管；13—开关；14—浮罩；
15—排气管；16—水池

图 11-31　浮罩式沼气池示意

顶浮罩式沼气贮气池造价比较低，但气压不够稳定。侧浮罩式沼气贮气池气压稳定，比较适合沼气发酵工艺的要求，但对材料要求比较高，造价昂贵。

3）上流式污泥床反应器

早在20世纪60年代，美国斯坦福大学提出了厌氧过滤器装置，内部装有可固定菌种的卵石之类填料，为新型装置的研究开辟了道路。但是，这种填料极易引起堵塞，影响装置的实际运行。随后软性填料、半软性填料相继问世。到了20世纪70年代，荷兰农业大学对装置的设施进行了改革，在其上部装上气、液、固三相分离器，能有效地起到气液分离和截留活性污泥的作用，保证装置的高效运行。目前，上流式污泥床反应器技术在国内得到普遍应用。此外，还有一种上流式全混合型装置。该装置内有布水、防堵、防爆、恒压等设备，运行稳定，适合畜禽类及固形物含量高的有机废水处理。

传统发酵设备内一般没有搅拌装置，发酵原料投入发酵设备后与厌氧活性污泥等不能很好地充分接触，影响发酵效率；传统发酵设备内分层现象十分严重，液面上有很厚的浮渣层，久而久之会形成板结层，妨碍气体顺利逸出；池底堆积的老化污泥不能及时排出，占据有效容积；中间的上清液含有很高浓度的溶解态有机污染物，因难以与底层的厌氧活性污泥接触，处理效果很差。此外，传统设备没有人工加热设施，也会导致发酵效率较低。

（2）现代大型工业化沼气发酵设备

传统小型沼气发酵系统由于结构简单、造价低、施工方便、管理技术要求不高等优点得到普及，但由于其发酵罐体积小，不能消纳大量有机废物，产生的沼气量小、质量低、利用效率不高、利用途径单一，发酵过程一般在自然条件下进行，发酵周期较长。因此，为了满足城市污水处理厂污泥以及城市垃圾的处理与处置要求，提高沼气产量和质量，扩大沼气利用途径和利用效率，缩短发酵周期，实现沼气发酵的系统化、自动化管理。近年来，国内外逐步开发了现代大型工业化沼气发酵技术。

要获得比较完善的厌氧反应过程必须具备以下条件：要有一个完全密闭的反应空间，使之处于完全厌氧状态；反应器反应空间的大小要保证反应物质有足够的反应停留时间；要有可自动控制的有机废物、营养物添加系统；要具备一定的反应温度；反应器中反应所需的物理条件要均衡稳定。一般需要在反应器中增加循环设备，使反应物处于不断的循环状态。这种充分足够的循环条件是非常必要的，只有这样才能保证良好的物料运输和热量交换过程。其直接关系有机废物的稳定程度、稳定时间以及整个污泥体系内热量的均匀分布，同时循环过程还有助于防止污泥在底部沉积和表面浮渣层的形成。

目前，配备有完全循环装置的发酵罐是一个比较合适的设计，得到了认同。这种设计具有发酵时间短、厌氧微生物与有机废物接触充分、反应温度均衡、发酵空间利用率高等优点。在整个沼气发酵系统中，发酵罐是核心部分，发酵罐的大小、结构类型直接影响到整个发酵系统的应用范围、工业化程度、沼气的产量和质量、回收能源的利用途径以及堆肥产品的市场前景等。所以在设计发酵罐时，要充分考虑上述几个关键因素，选择合适的发酵罐类型和安装技术，要有助于发酵罐内反应污泥的完全混合，防止底部污泥沉积，防止或减少表面浮渣层形成，有利于沼气的产生。另外，在整个反应系统内，能量的分布状况随着发酵罐类型的不同而不同，好的发酵罐有助于降低能耗、节约能源以及使能量在整个发酵罐内合理分配。如图11-32所示是目前最常用的几种发酵罐类型。

① 欧美型　这种结构的发酵罐其直径与高度比一般大于1，顶部具有浮罩，顶部和底部都有小的坡度，由四周向中心凹陷形成一个小锥体。在运行过程中，发酵罐底部沉积以及表

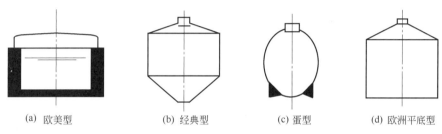

| (a) 欧美型 | (b) 经典型 | (c) 蛋型 | (d) 欧洲平底型 |

图 11-32　发酵罐类型

面形成浮渣层的问题可以通过向罐中加气形成强烈的循环对流来消除。

② 经典型　经典型发酵罐在结构上主要分为三个部分，中间是一个直径与高度比为 1 的圆桶，上下两头分别有一个圆锥体。底部锥体的倾斜度为 1.0～1.7，顶部为 0.6～1.0。该结构有助于发酵污泥处于均匀、完全循环的状态。

③ 蛋型　蛋型发酵罐是在经典型发酵罐的基础上加以改进而形成的。由于混凝土技术的进步，使得这种类型发酵罐的建造得以实现并迅速发展起来。蛋型发酵罐有两个特点：一是发酵罐两端的锥体与中部罐体结合时，不像经典型发酵罐那样形成一个角度，而是光滑的、逐步过渡的，这样有利于发酵污泥完全彻底的循环，不会形成循环死角；二是底部锥体比较陡峭，反应污泥与罐壁接触面积比较小。这二者为发酵罐内污泥形成循环及达到均一反应提供了最佳条件。

有研究者认为，蛋型发酵罐是最佳构型的发酵罐，这种发酵罐在操作运行和设计施工上都有一定的优势。由于这种结构能够分散应力，因此罐体不需要太厚，这样就会降低材料费用。蛋型发酵罐在工艺上的这种优势即使在相对小型的发酵罐上也是比较经济合理的选择。另外，蛋型发酵罐与经典型发酵罐比较，还具有占地面积小、日常管理费用低等明显优势，目前德国所有大型或中型发酵罐都采用蛋型发酵罐。

④ 欧洲平底型　欧洲平底型发酵罐介于欧美型与经典型之间。同经典型相比它的施工费用较低，同欧美型相比它的直径与高度比值更为合理，但是这种结构的发酵罐在其内部安装的污泥循环设备种类选择余地较小。

沼气发酵罐的污泥循环系统主要有以下 3 个基本结构单元。

1）发酵罐外部的动力泵

利用外部的动力泵实现反应污泥的循环，这一过程主要用于最大容积为 4000m³ 左右的发酵罐，比较简单。对于更大容积的发酵罐要用 2 台泵来完成，这种机械式动力循环方式非常适用于经典型与欧洲平底型发酵罐。另外，为防止在发酵罐底部形成沉积，需安装刮泥器。

2）混合搅拌装置

螺旋桨机械搅拌混合器作为一种循环装置，主要由升液管、加速器、混合器、循环折流板和驱动泵几部分组成。垂直安装在发酵罐中间的升液管，四周用钢缆或钢筋使其固定在发酵罐的罐壁上。螺旋转轮式的循环混合器既起到混合污泥的作用，又形成污泥循环。循环折流板的作用有 2 个：①当污泥通过升液管由下而上流动时，可以将污泥更好地均匀分布在表面浮渣层上；②当污泥由上向下流动时，可以将已破碎浮动的污泥导入升液管中。

3）加气循环设备

一直以来，加气循环被认为是一种古老但很有效的方法。气体经空气压缩泵压缩后进入发酵罐底部并形成气泡，气泡在上升过程中带动污泥向上运动形成循环，从而达到预期的混合目的。在厌氧污泥发酵系统中所通入的气体主要是发酵气——沼气，既可以防止浮渣层的形成，又不会影响气泡的产生。

加气循环系统适用于欧美型和欧洲平底型发酵罐，特别对欧美型来说只能用加气循环系统。但是在相同的运行条件下，加气循环系统的能耗要高于螺旋桨机械混合系统。

3. 厌氧发酵工艺

（1）城市垃圾厌氧发酵与沼气回收流程

城市垃圾厌氧发酵与沼气回收基本流程如图 11-33 所示。

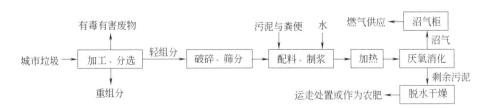

图 11-33 城市垃圾厌氧发酵与沼气回收基本流程

厌氧发酵只适用于垃圾经过加工、分选预处理后的大部分可生物降解的有机组分，预处理过程也去除了有毒有害废物，但是此时颗粒尚较大，不能满足发酵处理的技术要求，还需进一步经过破碎与筛分，以减小颗粒粒度，实现均匀质地后再进行厌氧发酵。

城市浆料垃圾厌氧发酵处理设备与操作基本工艺参数：设备内水力停留时间为 3～4d，多数采用机械搅拌，也可以采用沼气回流搅拌方式。采用合适的搅拌度和搅拌频率以保证槽内浆料混合均匀，防止表面结壳为准。为防止破坏厌氧菌活性，浆液最大运动线速度应小于 0.5m/s。一般在高温下即 55～60℃条件下进行操作，新鲜浆液必须预加热到操作温度再输入发酵反应器内，设备有机负荷率应为 0.6～1.6kg/(m³·d)。垃圾中有机成分部分被厌氧菌分解成沼气或部分被转化为低分子有机物质，不可生物降解的有机物质基本上不被分解。

我国城市垃圾中可生物降解物质含量相对较少，不具备厌氧发酵的处理优势。但在农村利用农业秸秆与禽畜粪便，建立家庭用小型沼气池供家庭生活用气已得到广泛发展并积累了一定的经验。

（2）禽畜粪便的生物处理流程

禽畜粪便含有大量有机质及丰富的氮、磷、钾等营养物质，一直被作为农作物宝贵的有机肥而利用。如今由于规模化、集约化养殖业产出的粪便量大，采用传统方法还田往往难以消纳，必须借助于高新技术及装备高效率地把禽畜粪便转化成有用的资源，如通过干湿分开、固液分离得到的干粪可应用高效菌种发酵转变成饲料或肥料，高浓度粪水可采用厌氧处理技术产生沼气、回收利用能源，也可应用光合细菌等高效菌种进行稳定化、无害化处理，转化为液体肥料及回用于棚舍冲洗等。重要的是把禽畜粪便视作一项可开发利用的资源加以综合利用并实行产业化，就集约化的禽畜养殖场来说，应该更有利、更有优势。

禽畜粪便生物综合治理工艺流程如图 11-34 所示（图中 PSB 法指光合细菌法）。该生物处理无论是技术、工艺还是设备都已相当成熟。我国有一批农场就是以禽畜饲养、粪便产沼、沼液沼渣制肥这一整套工程为龙头，带动了生态农业建设，使洁净的生物能代替了烧煤、烧柴，以有机肥代替了化肥，使环境改善、土壤改良、农牧业得到更好发展。

（3）现代大型工业化沼气发酵工艺流程

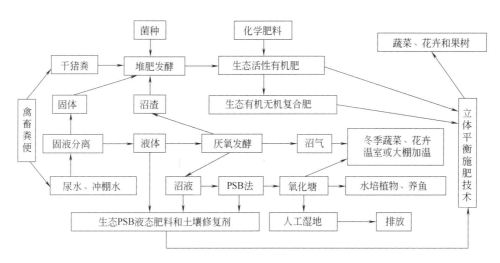

图 11-34　禽畜粪便生物综合治理工艺流程

典型的现代大型工业化沼气发酵工艺流程如图 11-35 所示。有机废物通过分选、破碎等预处理工序，预热后被送入发酵罐发酵。发酵罐底部设有加热系统，可以提高温度，缩短发酵时间，提高发酵效率。产生的沼气经气体处理后贮存在沼气贮存罐中，一部分沼气可进入加气站作为汽车燃料或进入天然气供应网，另一部分沼气可用于发电，产生的电能除了满足自身系统运行所需电力外，还可并入电网或用于区域供热系统。另外，发酵产物——稳定的发酵污泥，经脱水后在堆肥精制车间制成堆肥产品，作为肥料用于农作物的生长。

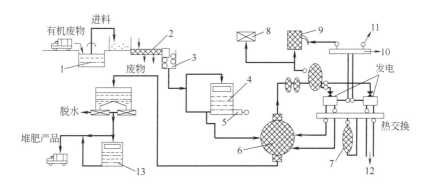

图 11-35　典型的现代大型工业化沼气发酵工艺流程

1—料槽；2—分选机；3—破碎机；4—临时贮存仓；5—热交换器；6—发酵仓；7—发酵热贮存罐；
8—天然气供应站；9—加气站；10—主变电站；11—电网；12—区域供热系统；13—堆肥精制车间

现代大型工业化沼气发酵工艺能够更好地利用沼气和堆肥产品，对周围的环境不造成破坏性污染，具有良好的环境效益、经济效益和社会效益，是一个真正的生态工业沼气发酵生产系统。其主要特点如下。

① 能处理大量有机物，适应于城市垃圾和污水处理厂污泥的处理和处置；

② 发酵周期比较短；

③ 产生的沼气量大，质量高，用途广泛；

④ 发酵污泥制堆肥，产品肥效高，市场潜力大；

⑤ 整个系统在运行过程中不会产生二次污染，不会对周围环境造成危害；

⑥ 整个系统的运行完全是自动化管理。

第三节 固化设备

危险废物固化处理是指利用物理、化学方法将危险废物固定或包封在密实的惰性固体基材中,使其达到稳定化,其目的是使危险废物中的所有污染组分呈现化学惰性或被包容起来,减小废物的毒性和可迁移性,以便运输、利用或处置。该技术最早用来处理放射性污泥和蒸发浓缩液,最近得到迅速发展,已被广泛用于处理电镀污泥、铬渣、砷渣和汞渣等危险废物。

一、固化技术

通常危险废物固化有两种途径:一是将污染物通过化学转变,引入某种稳定固体物质的晶格中;二是通过物理过程把污染物直接掺入惰性基材中。

固化处理的基本要求包括:有害废物经固化处理后所形成的固化体应具有良好的抗渗透性、抗浸出性、抗冻融性及足够的机械强度等,最好能作为资源加以利用,如作建筑基础材料和路基材料等;固化过程中材料和能量消耗要低,增容比(即所形成的固化体体积与被固化废物的体积之比)要低;固化工艺简单、便于操作,且应有有效措施减少有害物质的逸出,避免工作场所和环境的污染;固化剂来源丰富、价廉易得;处理费用低;产品用水或其他指定溶剂浸提时,有毒有害物质的浸出量不能超过容许水平或浸出毒性指标;对固化放射性废物产生的固化体,还应有较好的导热性和热稳定性,以便用适当的冷却方法就可以防止放射性衰变热使固化体温度升高而产生自熔化现象,同时还应具有较好的耐热辐射稳定性。

根据固化基材及固化过程,目前常用的固化处理方法主要包括:水泥固化、塑料材料固化、熔融固化、药剂稳定化和其他固化技术。

1. 水泥固化

(1)原理

水泥固化是以水泥为固化剂将危险废物进行固化的一种处理方法。固化时,水泥与废物中的水分或另外添加的水分发生水化反应生成凝胶,将废物中的有害微粒包容起来,并逐步硬化成水泥固化体。

用作固化剂的水泥品种有很多,如普通硅酸盐水泥、矿渣硅酸盐水泥、矾土水泥、沸石水泥、火山灰质硅酸盐水泥等,其中最常用的是普通硅酸盐水泥。

(2)水泥固化工艺及其影响因素

水泥固化工艺较为简单,通常是将危险废物、水泥和其他添加剂一起与水混合,经过一定的养护时间形成坚硬的固化体。影响水泥固化的因素很多,主要包括以下几个方面。

1)pH值

pH值对含重金属污染物的危险废物的固化处理效果有较大影响。大部分金属离子的溶解度与pH值有关。当pH值较高时,许多金属离子将形成氢氧化物沉淀,而且pH值高时,水中的碳酸盐浓度也会较高,有利于生成碳酸盐沉淀。但应注意的是,pH值过高时,会形成带负电荷的羟基络合物,溶解度反而升高,不利于金属离子的固化。

2)水、水泥和废物的质量比

水分过少,无法保证水泥实现充分的水合作用;水分过多,则会出现泌水现象,影响固化体的强度。水泥与废物的质量比可用试验方法确定,以便尽可能地消除废物中的水分对水合作用的不利影响。

3）凝固时间

为确保水泥废物浆料能够在混合以后有足够的时间进行输送、装桶或浇注，应适当控制初凝和终凝的时间。通常，初凝时间应大于 2h，终凝时间在 48h 以内。

4）添加剂的使用

在被处理的废物中，住往含有妨碍水合作用的组分，仅用普通水泥进行固化处理时，固化体有时强度不大，物理化学性能也不稳定，固化体中有害组分的浸出率也较高。为了改善固化条件，提高固化体质量，固化过程中需要根据废物的性质掺入适量的添加剂。水泥固化所用添加剂种类繁多，作用不一。例如，活性氧化铝具有助凝作用，将其加入普通水泥中，再加入 25％～30％的污泥混炼，在高温下，可以促进水泥迅速凝结成针状结晶。这种结晶既能够防止重金属的溶出，也可以提高固化体的强度。含有大量硫酸盐的废物，在使用高炉矿渣水泥做固化剂时，再加入适量的沸石或蛭石，可以防止硫酸盐与水泥成分发生化学反应生成水化硫酸铝钙而导致固化体膨胀和破裂。采用蛭石做添加剂，还可以起到骨料和吸水的作用。

（3）混合方法

混合方法的确定需要考虑废物的具体特性。

1）外部混合法

外部混合法是将废物、水、水泥和添加剂在单独的混合器中进行混合，经过充分搅拌后再注入处置容器中（见图 11-36）。该法需要设备较少，可以充分利用处置容器的容积，但搅拌混合以后的混合器需要洗涤，不但耗费人力，还会产生一定数量的洗涤废水。

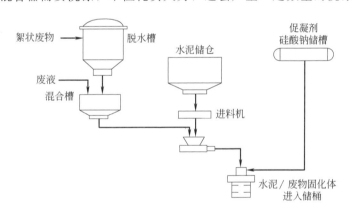

图 11-36　外部混合法示意

2）容器内混合法

容器内混合法是将废物、水、水泥和添加剂直接在最终处置使用的容器内进行混合，用可移动的搅拌装置搅拌（见图 11-37）。其优点是不产生二次污染物。但由于处置所用的容器体积有限，不易充分搅拌。大规模应用时，操作的控制较为困难。该法适于处置危害性大但数量不多的废物，例如放射性废物。

3）注入法

对于粒度较大或粒度很不均匀、不便进行搅拌的固体废物，可以先把废物放入桶内，然后再将制备好的水泥浆料注入。如果需要处理液态废物，也可以同时将废液注入。为了混合均匀，可以将容器密闭以后放置在以滚动或摆动的方式运动的台架上。但应该注意的是，有

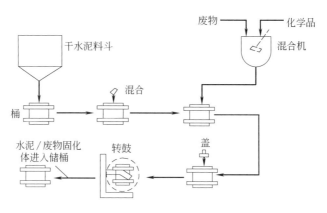

图 11-37　容器内混合法示意

时在物料的拌匀过程中会产生气体或放热，造成容器压力的增大。此外，为了达到混匀的效果，容器不能完全充满。

（4）特点及应用

水泥固化技术最早应用在核工业系统处理离子交换再生废液、报废的离子交换树脂以及废液在蒸发浓缩时产生的污泥等方面，而后发展到其他危险废物尤其是各种重金属污泥的处理上。

水泥固化技术工艺和设备比较简单，运行费用低，水泥原料和添加剂便宜易得。对含水量较高的废物可以直接固化。固化体的强度、耐热性、耐久性均好，有的产品可做路基或建筑物基础材料。但是，水泥固化产品一般都比最终废物原体积增大 1.5～2.0 倍，固化体中污染物的浸出率也比较高，往往需作沥青涂覆处理。

一个典型的应用实例是利用该技术来固化处理电镀污泥：固化材料为 $425^\#$ 普通硅酸盐水泥，水/水泥质量比为 0.47～0.88，水泥/废物质量比为 0.67～4.00，固化体的抗压强度可达到 6～30MPa。固化体的浸出试验结果表明，Pb^{2+}、Cd^{2+}、Cr^{6+} 的浸出浓度都远低于相应的浸出毒性鉴别标准。

2. 塑性材料固化

塑性材料固化法属于有机性固化处理技术，由于使用材料的性能不同，可以把该技术划分为热固性塑料包容和热塑性材料包容两种方法。

（1）热固性塑料包容

热固性塑料是指在加热时会从液体变成固体并硬化的材料。与一般物质的不同之处在于，这种材料即使以后再次加热也不会重新液化或软化。热固性塑料包容实际上是一种由小分子变成大分子的交链聚合过程。危险废物也常常使用热固性有机聚合物达到稳定化。热固性塑料包容是用热固性有机单体例如脲醛和已经过粉碎处理的废物充分混合，在助絮剂和催化剂的作用下产生聚合以形成海绵状的聚合物质，从而在每个废物颗粒的周围形成一层不透水的保护膜。但在用此方法处理时，经常有一部分液体废物遗留下来，因此在进行最终处置以前还需要进行一次干化。目前使用较多的材料是脲甲醛、聚酯和聚丁二烯等，有时也可使用酚醛树脂或环氧树脂。

与其他方法相比，该法的主要优点是能将大部分较低密度的物质引入，所需要的添加剂数量也较少。热固性塑料包容法在过去曾是固化低水平有机放射性废物（如放射性离子交换树脂）的重要方法之一，同时也可用于稳定非蒸发性、液体状态的有机危险废物。由于需要对所有废物颗粒进行包容，在适当选择包容物质的条件下，可以达到十分理想的包容效果。

此方法的缺点是操作过程复杂，热固性材料自身价格高昂。由于操作中有机物的挥发，容易引起燃烧起火，所以通常不能在现场大规模应用。

（2）热塑性材料包容

用热塑性材料包容时可以用熔融的热塑性物质在高温下与危险废物混合，以达到对其稳定化的目的。可以使用的热塑性物质有沥青、石蜡、聚乙烯、聚丙烯等。在冷却以后，废物就被固化的热塑性物质所包容，包容后的废物可以在经过一定的包装后进行处置。在20世纪60年代末期出现沥青固化，因为处理价格较为低廉，被大规模应用于处理放射性废物。由于沥青具有化学惰性，不溶于水，具有一定的可塑性和弹性，故对废物具有典型的包容效果。

该法的主要缺点是在高温下进行操作会带来很多不便之处，而且能量耗费较大；操作时会产生大量挥发性物质，其中有些是有害物质。另外，有时在废物中含有影响稳定剂的热塑性物质或者某些溶剂，影响最终的稳定效果。

在操作时，通常是先将废物干燥脱水，然后将聚合物与废物在适当的高温下混合，并在升温的条件下将水分蒸发掉。该法可以使用间歇式工艺，也可以使用连续操作的设备。与水泥等无机材料的固化工艺相比，污染物的浸出率低得多，另外由于需要的包容材料少，又在高温下蒸发了大量的水分，它的增容率也就较低。具有代表性的沥青固化技术简介如下。

沥青固化是以沥青类材料作为固化剂，与危险废物在一定的温度下均匀混合，产生皂化反应，使有害物质包容在沥青中形成固化体，从而得到稳定。沥青属于憎水物质，完整的沥青固化体具有优良的防水性能。沥青还具有良好的黏结性和化学稳定性，而且对于大多数酸和碱有较高的耐腐蚀性，所以长期以来被用作低水平放射性废物的主要固化材料之一。沥青固化一般用来处理放射性蒸发残液、废水化学处理产生的污泥、焚烧炉产生的灰分，以及毒性较高的电镀污泥和砷渣等危险废物。

沥青固化工艺主要包括三个部分，即固体废物的预处理、废物与沥青的热混合以及二次蒸汽的净化处理。其中关键部分是热混合环节，混合温度大约在150~230℃之间，温度过高时容易发生火灾。在不加搅拌的情况下加热，极易引起局部过热并发生燃烧事故。热混合通常是在带有搅拌装置并同时具有蒸发功能的专用容器中进行。

根据混合方式不同，沥青固化有如下两种基本工艺流程。

1）高温熔化混合蒸发法

将废物加入预先熔化的沥青中，在150~230℃的温度下搅拌混合蒸发，待水分和其他挥发组分排出后，将混合物排至贮存器或处置容器中，具体工艺流程见图11-38。混合多采用间歇操作方式，在带有搅拌器的反应釜中完成。该工艺装置简单、操作方便，但由于废物和沥青需要在反应装置中停留较长时间，容易导致沥青老化。

2）乳化法

首先将待处理废物、沥青与表面活性剂混合成乳浆状，然后加热除去大部分水分，接着进一步升温干燥，使混合物完全脱水。混合多采用连续操作方式。对于水分含量很少或完全干燥的固体废物，可以采用双螺杆挤压机实现废物与沥青的混合，工艺流程如图11-39所示。通过螺杆的螺旋状旋转同时达到搅拌物料和推送物料前进的双重作用。由于物料在装置中的停留时间仅为数分钟，所以整个装置中的滞留物料量很少，装置的体积也很小。

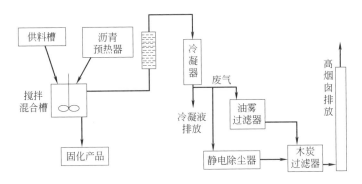

图 11-38 高温熔化混合蒸发法工艺流程

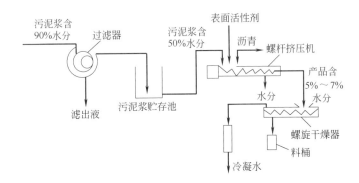

图 11-39 双螺杆挤压机乳化法工艺流程

当固体废物中含有大量水分时,则大多采用带有搅拌装置的薄膜混合蒸发设备来实现。这是一种立式、带有搅拌装置的圆柱形结构,其外壁同时起到加热物料的作用。搅拌器是设在柱中心的一组紧贴着圆柱体外壁旋转的刮板。当刮板运动时,沥青与废物的混合物将会在搅拌下形成液体膜,使水分和挥发分不断蒸发。与此同时,物料不断以螺旋形的路径下落,直到从蒸发器的下部流出,进入专用容器并冷却下来,随后进行处置。

3. 熔融固化

熔融固化技术也称为玻璃化技术。该技术是将待处理的危险废物与细小的玻璃质,如玻璃屑、玻璃粉混合,经混合造粒成型后,在1500℃高温熔融下形成玻璃固化体,借助玻璃体的致密结晶结构确保固化体的永久稳定。

熔融固化需要将大量物料加温到熔点以上,无论是采用电力或是其他燃料,需要的能源和费用都相当高。相对于其他处理技术,熔融固化的最大优点是可以得到高质量的建筑材料。因此,在进行废物熔融固化处理时,除必须达到环境指标以外,应充分注意熔融体的强度、耐腐蚀性甚至外观等需要符合建筑材料的全面要求。

4. 药剂稳定化

(1) 概述

常规固化技术存在一些不可忽视的问题,如废物经固化处理后其体积都有不同程度的增大,有的会成倍增加,并且因为对固化体稳定性和降低浸出率的要求,在处理废物时会使用更多的凝结剂,这不仅提高了固化技术的处理费用,而且将进一步增加处理后固化体的体积。另一个重要问题是废物的长期稳定性问题。

针对这些问题,近年来国际上提出采用高效化学稳定化药剂进行无害化处理的概念,已成为重金属废物无害化处理领域的研究热点。药剂稳定化是利用化学药剂通过化学反应使有毒有害物质转变为低溶解性、低迁移性及低毒性物质的过程。

用药剂稳定化技术处理危险废物，可以在实现废物无害化的同时，达到废物少增容或不增容，从而提高危险废物处理处置系统的总体效率和经济性。同时，还可以通过改进螯合剂的结构和性能使其与废物中危险成分之间的化学螯合作用得到强化，进而提高稳定化产物的长期稳定性，减少最终处置过程中稳定化产物对环境的影响。

药剂稳定化处理危险废物可以采用的稳定化药剂有：石膏、漂白粉、硫代硫酸钠、硫化钠和高分子有机稳定剂。

（2）重金属废物药剂稳定化技术

1）pH 值控制技术

加入碱性药剂，将废物的 pH 值调整至使重金属离子具有最小溶解度的范围，从而实现其稳定化。常用的 pH 值调整剂有石灰 [CaO 或 Ca（OH）$_2$]、苏打（Na$_2$CO$_3$）、氢氧化钠（NaOH）等。另外，除了这些常用的强碱外，大部分固化基材如普通水泥、石灰窑灰渣、硅酸钠等也都是碱性物质，它们在固化废物的同时，也有调整 pH 值的作用。另外，石灰及一些类型的黏土可用作 pH 值缓冲材料。

2）氧化/还原电势控制技术

为了使某些重金属离子更易沉淀，常需将其还原为最有利的价态。最典型的是把六价铬（Cr^{6+}）还原为三价铬（Cr^{3+}）、五价砷（As^{5+}）还原为三价砷（As^{3+}）。常用的还原剂有硫酸亚铁、硫代硫酸钠、亚硫酸氢钠、二氧化硫等。

3）沉淀技术

常用的沉淀技术包括氧化物沉淀、硫化物沉淀、硅酸盐沉淀、碳酸盐沉淀、磷酸盐沉淀、共沉淀、无机络合物沉淀和有机络合物沉淀。

5. 其他固化技术

（1）自胶结固化技术

自胶结固化技术是利用废物自身的胶结特性来达到固化目的。该技术主要用来处理含有大量硫酸钙和亚硫酸钙的废物，如磷石膏、烟道气脱硫废渣等。废物中二水合石膏的含量最好高于 80%。自胶结固化技术的主要优点是工艺简单，不需要加入大量添加剂，已在美国大规模应用。美国泥渣固化技术公司（SFT）利用自胶结固化原理开发了一种名为 Terra-Crete 的技术，用以处理烟道气脱硫的泥渣。其工艺流程是：首先将泥渣送入沉降槽，进行沉淀后再将其送入真空过滤器脱水；得到的滤饼分为两路处理，一路送到混合器，另一路送到煅烧器进行煅烧，经过干燥脱水后转化为胶黏剂，并被送到贮槽储藏；最后将煅烧产品、添加剂、粉煤灰一并送到混合器中混合，形成黏土状物质。添加剂与煅烧产品在物料总量中的比例应大于 10%。固化产物可以送到填埋场处置。

（2）大型包胶技术

大型包胶技术是用一种不透水的惰性保护层将经过处理或基本未经处理的废物包封起来，这种处理的稳定性通常比较可靠。废物在大型包胶前一般都先进行固化处理，而外部的覆盖成为克服固化缺陷的补救办法。从安全性的角度考虑，该技术是一种极具吸引力的固化技术，然而该技术的应用范围目前还不够广泛。大型包胶技术已用于处理危险废物，包括电镀污泥、烟道气洗涤污泥、焚烧炉灰和多氯联苯（PCBs）等。

二、固化设备

各类无机固化技术的相关设备类似，有机固化技术的相关设备也相差不大。下面分别以铬渣水泥固化和放射性废物沥青固化为例介绍固化设备。

1. 水泥固化设备

（1）铬渣的水泥固化过程

将铬渣粉碎，加入一定量的无机盐、硫酸亚铁、氯化钡等，再加入相当数量的水泥作为胶结材料，然后加水混合、搅拌、成型、静置。随着水泥的水化和凝结硬化过程的进行，Cr^{6+} 化合物被亚铁还原为 Cr^{3+} 化合物，并被封固贮存在水泥硬化块内而不再溶出，从而达到稳定和无害化的目的。制成的水泥固化物多用于填海造地或垫道。

（2）固化设备

水泥胶砂震动台：GZ-85 型；

震动台电气控制箱：GZ-85 型；

水泥抗折试模：规格 4cm×4cm×16cm；

水泥胶砂搅拌机：NRJ—411B 型；

水泥胶砂搅拌机控制器：NRJ—411A 型；

60t 压力实验机：NYL—60 型；

砂石筛：孔径（0.08mm、1.25mm、5mm）；

电动抗折实验机：DKZ—5000 型；

抗压夹具：规格 4cm×6.25cm；

振荡器：ZD—4 型。

2. 沥青固化设备

（1）放射性废物的沥青固化过程

放射性泥浆经转鼓真空过滤机除去部分水分，与沥青、表面活性剂一起加入双螺杆挤压机。此机分三段，第一段温度为 90℃，固体物质在此与沥青产生混合和包容两种作用，分离出 90％左右的水分；第二段将分离出的水分除去；第三段混合物被升温至 105～110℃，由双螺杆挤压机得到的混合物尚有 5％～7％的水分，再送入螺旋干燥器，在 140～150℃下使水分进一步减至 0.5％以下，最后将混合物排至贮存桶内。

（2）固化设备

在沥青固化中，其主要设备是双螺杆挤压机（见图 11-40），主要由加料段、压缩段、蒸发段的两根不等距螺杆、沥青与料液加料口、二次蒸汽排出口、产品出口和分段加热的外筒组成。沥青和料液加入双螺杆挤压机后，被两根相同方向旋转、相互啮合螺杆不断搅拌，并沿着挤压机外筒内壁呈薄膜状向前推进。在推进和搅拌过程中，水分被分离和蒸发，而盐分却包容在沥青中由排出口挤出。双螺杆挤压机的优点如下。

① 蒸发、固化和干燥在同一设备中进行，有利于简化流程；

② 设备所占空间小；

③ 沥青停留时间短（约 1.7min），避免沥青因长期受热而降解及硬化等；

④ 混合物在挤压机内呈薄膜状分布，减少了蒸发时的夹带现象；

⑤ 强烈的挤压推送可使固化体有较高的含盐量（60％），从而大大降低运行费用。

该设备的缺点是结构复杂，设备制造要求高，价格较贵。

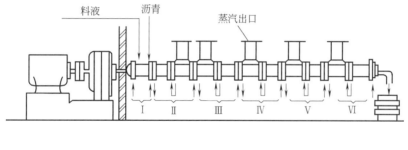

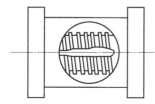

图 11-40　双螺杆挤压机

Ⅰ—冷却区；Ⅱ～Ⅵ—加热区

第四节　垃圾填埋设备

目前，固体废物的处置一般可分为海洋处置和陆地处置两大类。海洋处置是利用海洋的巨大稀释能力，在海洋上选择适宜的区域作为固体废物的处置场所进行处理，包括深海抛弃和海上焚烧两种。陆地处置分为土地填埋、土地耕作、深井灌注和深地层处置等。

土地填埋具有成本低、工艺简单和适于处理各种类型的固体废物等优点，已成为固体废物处置的主要方法之一。土地填埋主要分为卫生土地填埋和安全土地填埋。

一、卫生土地填埋

1. 概述

20 世纪 60 年代，卫生填埋首先在工业发达国家得到推广和应用。随着科学技术的发展和人们环保意识的增强，同时由于卫生填埋具有工艺简单、操作方便、建设和运行费用较低等优点，目前已逐渐成为普遍采用的固体废物处置方法。

卫生填埋就是利用工程技术手段，将所处置的固体废物如居民生活垃圾、商业垃圾等在密封型屏障隔离的条件下进行土地填埋，使其对人体健康和环境安全不会产生明显的危害。卫生填埋场主要由填埋区、污水处理区和生活管理区构成。填埋区主要由作业区、雨水沟、监测井、垃圾坝、分期坝和分区坝等组成；污水处理区主要由污水调节池、处理站和中水池等组成；生活管理区主要由办公室、服务区、配电室、传达室和计量室等组成。典型的城市生活垃圾卫生填埋场如图 11-41 所示。

根据固体废物的降解机理，卫生填埋可分为好氧、准好氧和厌氧三种类型。卫生填埋在运行过程中会产生渗滤液和填埋气，它们是否得到有效处理直接影响填埋的效果。渗滤液是高浓度的有机废水，包含有机酸和重金属等物质，如果渗入地下水将严重危害人体健康和环境安全。为了防止其对地下水产生污染，目前采用天然地质屏障隔离条件或在填埋场的底部和四周布置人工衬里，使垃圾与外界环境完全隔离，防止渗滤液的渗出。填埋气的主要成分

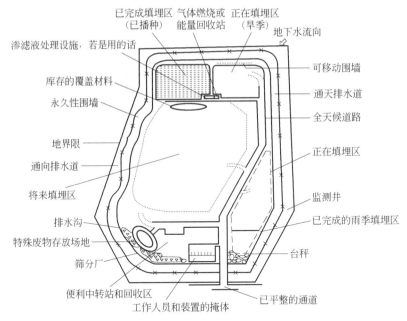

图 11-41　典型的城市生活垃圾卫生填埋场

为 CH_4 和 CO_2，还有其他一些微量成分如 N_2、H_2S、H_2 和挥发性有机气体等，若不采取适当措施进行收集，则填埋气会在填埋场内累积并向场外释放，对周围环境和填埋场工作人员造成危害。通常，需要在填埋场布置导出和收集系统，对填埋气进行有效处理。

2. 填埋场的选址

填埋场的选址应采用合理的技术经济方案，使其达到经济效益、环境效益和社会效益三者的统一，不可因为突出某个效益而损害其他效益。一个合适的场址可以减少环境污染，降低处置成本，有利于填埋场的安全管理。因此，填埋场场址的合理选择是垃圾卫生填埋处置的第一步，也是处置场建立过程中最重要、最关键的一步。填埋场场址的选择涉及当地经济、交通、地理、气候、环境地质、地表水文条件、工程地质及水文地质条件等因素，它们相互影响、相互制约，又相互联系，存在递阶层次结构，是一项十分复杂的系统工程。在选址过程中，应满足以下基本原则。

（1）场址应服从城市的总体规划

卫生填埋场作为城市环卫基础设施的一个重要组成部分，它的功能是对城市生活垃圾进行控制和处理，目的是保护城市环境卫生及生态平衡，保障人民身体健康和经济建设正常发展。因此，卫生填埋场的建设规模应与城市建设规模和经济发展水平相一致，其场址的选择应服从当地城市总体规划，符合当地城市区域环境总体规划要求，符合当地城市环境卫生事业发展规划要求。

（2）场址应符合社会和法律的要求

填埋场场址的选择必须符合相应的法律和法规要求，如大气污染防治法规、环境噪声污染防治法规、水资源保护法规和自然资源保护法规等。选址前，要熟悉与此相关的各种法规文件并研究其对填埋场场址选择的影响，同时场址要征得周围居民的同意，确保建设和运行的规范化。

（3）场址应满足一定的库容量要求

任何一个卫生填埋场，其建设均必须满足一定的服务年限。一般填埋场合理使用年限不少于 10 年，特殊情况下不少于 8 年。当单位库区面积填埋容量大时，单位库容量投资小、投资效益好，因此最好选择填埋库容量大的场址。

库容是指填埋场用于填埋垃圾场地的体积大小，应充分利用天然地形来扩充填埋容量。填埋城市生活垃圾应在规范化的指导下进行，填埋计划和填埋进度图也是填埋场建设的重要文件。填埋场使用年限是填埋场从填入垃圾开始至填埋垃圾封场的时间。填埋场的规模根据规定的填埋年限而定，填埋场的规模与服务年限见表 11-7。

表 11-7　填埋场规模与服务年限

型号	特大型	大型	中型	小型
规模/(t/d)	>3000	1000~3000	500~1000	<500
服务年限/a	≤15	≤12	≤8	≤5

从理论上讲，填埋场使用年限越长越好，但考虑填埋场的经济性、填埋场地形的可行性以及填埋场终场利用的可行性，填埋场使用年限的确定必须在选址和作计划时就考虑到，以利于满足废物综合处理长远发展规划的需要。

卫生填埋场垃圾等固体废物的总填埋容量可按式（11-6）计算。

$$V_t = 365\frac{mPt}{\rho} + V_s \tag{11-6}$$

式中　V_t——总填埋量，m^3；

　　　m——人均每天废物产量，kg/（人·d），通常我国城市固体废物产量可按 0.8~1.2kg/（人·d）计算；

　　　P——填埋场服务区域内的预测人口；

　　　t——填埋年限，a；

　　　ρ——废物最终压实密度，kg/m^3；

　　　V_s——覆土量，m^3。

（4）地形、地貌及土壤条件

填埋场所在地的地形地貌，其坡度应有利于填埋场施工和建筑设施的布置，最好不要选在地形坡度起伏较大的地方或低洼汇水处。原则上地形的自然坡度不应大于 5%，场地内有利地形范围应满足使用年限内可预测的固体废物产量，应有足够的可填埋容积并留有余地，并且尽量利用现有的自然地形空间，将场地施工土方量减至最小。填埋场的底层土壤要求有较好的抗渗能力，防止渗滤液污染地下水。固体废物填埋完要用黏土覆盖，填埋区最好有覆土材料，减少从外地运土的费用。

（5）气象条件

场址宜位于具有较好大气混合扩散作用的下风向，白天人口不密集的地区。场址应该避开高寒区，选择蒸发量大于降水量的地区；不应位于龙卷风和台风经过的地区，宜设在暴风雨发生率较低的地区。寒冷、潮湿、冰冻等气候条件将影响填埋场的作业，要根据具体情况采取相应的措施。

（6）对地表水域的保护

所选场地必须在百年一遇地表水域的洪水标高泛滥区之外或历史最大洪泛区之外。场址要避开湿地、湖、溪、泉，同时远离供水水源。场地的自然条件应有利于地表水排泄，避开滨海带和洪积平原。填埋场不应设在专用水源蓄水层与地下水补给区、洪泛区、淤泥区、距居民区或人畜供水点 500m 以内的地区、直接与河流和湖泊相距 50m 以内地区，场址与河岸、湖泊、沼泽的距离宜大于 1000m，与河流相距至少 600m。最佳的场址是在封闭的流域内，这样对地下水资源造成危害的风险最小。

（7）对居民区的影响

填埋场场址尽量选择在人口密度小、对社会不会产生明显不良影响的地区，至少应位于居民区 500m 以外或更远。场址最好位于居民区的下风向，使运输或作业期间废物飘尘及臭气不影响当地居民，同时应考虑作业期间的噪声是否符合居民区的噪声标准。

（8）对场地地质条件的要求

场址应选在渗透性较弱的松散岩石或坚硬岩层的基础上，天然地层的渗透系数最好能达到 10^{-8} cm/s 以下并具有一定厚度。场地基础最好为黏滞土、砂质黏土以及页岩、黏土岩或致密的火成岩。场地基础应对有害物质的迁移、扩散具有一定的阻滞能力，同时要求基岩完整，抗溶蚀能力强，而且覆盖层越厚越好。场地应避开断层活动带、构造破坏带、褶皱变化带、地震活动带、石灰岩溶洞发育带、废弃矿区或坍塌区、含矿带或矿产分布区以及地表为强透水层的河谷区或其他沟谷分布区。

（9）对场址工程地质条件的要求

场址应位于滑坡、倒石堆等不利自然地质现象的影响范围之外，不应选择建在砾石、石灰岩溶洞发育地区。场址应选在工程地质性质有利的最密实的松散或坚硬的岩层之上，工程地质力学性质应保证场地基础的稳定性，以使沉降量最小，并能够满足填埋场边坡稳定性的要求。

（10）场址选择应考虑交通条件

填埋场的场址周围要求交通方便，运输距离尽量小，具有能在各种气候条件下运输的全天候公路，宽度合适，承载力适宜，尽量避免交通堵塞。对于一个城市唯一建设的卫生填埋场，其与城市生活垃圾的产生源中心距离最好不超过 15km，否则应增设大型垃圾压缩中转站以提高单位车辆的运输效率，或者建设几个分散填埋场。根据有关资料，垃圾填埋处理费用中 60%～90% 为垃圾清运费，尽量缩短清运距离可明显降低垃圾处理费用。因此，场址选择应综合评价场址征地费用和垃圾运输费用，选择最低费用者为优选场址。

（11）填埋场封场后的开发利用

填埋场被填满后，有相当面积的土地可以作为它用。由于我国土地资源缺乏，因此，在选址时要充分考虑封场后的土地用途，以安全合理的方式开发，可作为林场、草地和公园等，以便获得更多的社会、经济和环境效益。

3. 卫生填埋工艺

卫生填埋场每天运来的垃圾进行检查和计量后进入填埋场内。垃圾按指定的单元作业点卸下，卸车后用推土机推铺，再用压实机碾压。分层压实到一定的高度后在上面覆盖黏土和聚乙烯膜材料，并重复上述的卸料、推铺、压实和覆盖过程，每日一层作业单元并且进行覆盖。垃圾的压实密度应大于 0.8t/m^3，每层垃圾厚度为 2.5～3.0m，每层覆盖自然土或黏土厚度为 15～30cm，通常四层厚度组成一个大单元，上面覆盖土为 45～50cm。随着填埋作业高度的增加，可利用的填埋作业有效面积也在增加，这时可为气体利用提供方便，已经经过临时封场的填埋单元可以通过导气石笼中间的垂直气井将导气管和周围的移动式集气站连接起来，这样就可以对气体进行再利用。

填埋时一般从右到左推进，然后从前向后推进。左、中、右之间的连线之间呈圆弧形，使覆盖表面排水畅通地流向两侧，进入排水沟或边沟等，以减少雨水渗入填埋场垃圾内。当单元厚度达到设计尺寸后，可进行临时封场，在其上面覆盖 45～50cm 厚的黏土并均匀压实，然后覆盖大约 15cm 厚的营养土，种植浅根植物。最终封场覆土厚度应大于 1m，垃圾填埋工艺流程如图 11-42 所示。

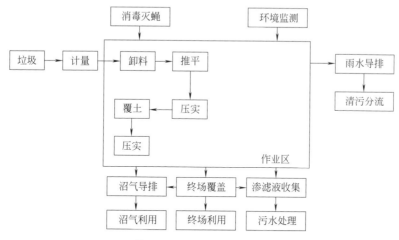

图 11-42　垃圾填埋工艺流程

填埋场的作业方式实行分区分单元填埋，以分区分单元填埋为前提，然后再考虑分层的填埋作业。垃圾填埋场的分层结构包括垃圾层、覆盖土层和终场覆盖层。其中，覆盖土层由日覆盖层和中间覆盖层组成。日覆盖层应尽量做到当天覆盖，这样可防止蚊蝇滋生，抑制垃圾轻质物飞散（尤其在有风的天气），保持填埋场的整洁以及抑制臭味散发。一般作业区完成一定填埋高度后，进行中间覆土，这样可以减少渗滤液的产生量和填埋气的无序排放。

4. 渗滤液的处置

（1）渗滤液的处理方法

垃圾渗滤液的成分比较复杂，含有大量的有机污染物，属于高浓度污水，BOD_5/COD_{Cr} 的比值较低，并且有恶臭、少量的 Hg、Pb、As、Cd 等重金属，细菌、大肠杆菌数也远远超过 3 类水体标准，所有这些对地表水和地下水都构成了严重威胁。目前渗滤液的处理一直是卫生填埋场所关注的问题，它制约着填埋场的进一步推广应用。为了解决渗滤液的达标排放问题，需要在技术、经济和环保都可行的基础上确定渗滤液的处理方案。

目前，国内外渗滤液的处理方法一般分为两类，即合并处理和单独处理。

1）合并处理

当填埋场附近有城市生活污水处理厂时，可以选择使用合并处理，这样能够减少填埋场的投资和运行费用。所谓合并处理就是将渗滤液引入城市生活污水处理厂进行处理，有时也包括在填埋场内进行必要的预处理。由于渗滤液的成分比较复杂，该方法必须选择性地采用，否则会影响污水处理厂的正常运行。一般认为，进入污水处理厂内的渗滤液的体积不超过生活污水体积的 0.5％时是比较安全的。国内外的研究表明，根据不同渗滤液的浓度，这个比例可以提高到 4％～10％，最终的控制标准取决于处理系统的污泥负荷，只要加入渗滤液后污泥负荷不超过 10％就可以采用该方法。

2）单独处理

渗滤液单独处理的方法包括物理化学法、生物法和土地法等，有时需要几种工艺的组合处理才能达到所要求的排放标准。

① 物理化学法 物理化学法主要有活性炭吸附、化学沉淀、化学氧化、化学还原、离子交换、膜渗析、气浮及湿式氧化法等多种方法。在 COD_{Cr} 为 $2000\sim4000mg/L$ 时，物理化学法（以下简称物化法）的 COD_{Cr} 去除率可达 $50\%\sim87\%$。和生物法相比，物化法不受水质水量变动的影响，出水水质比较稳定，尤其是对 BOD_5/COD_{Cr} 比值较低（$0.07\sim0.20$）难以生物处理的垃圾渗滤液有较好的处理效果，但是物化法处理成本较高，不适于大量垃圾渗滤液的处理。

② 生物法 生物法分为好氧生物处理、厌氧生物处理以及二者的结合。好氧生物处理包括好氧活性污泥法、好氧稳定塘、生物转盘和滴滤池等。厌氧生物处理包括上向流污泥床、厌氧生物滤池、厌氧固定床生物反应器、混合反应器及厌氧稳定塘等。生物法的运行处理费用相对较低，有机物在微生物的作用下被降解，主要产物为水、CO_2、CH_4 和微生物的生物体等对环境影响较小的物质（其中 CH_4 可作为能源回收利用），不会产生化学污泥造成环境的二次污染问题。

目前国内外广泛使用生物法，不过该方法用于处理渗滤液中的氨氮比较困难。一般情况下，当 COD_{Cr} 值在 $50000mg/L$ 以上的高浓度时，建议采用厌氧生物法（后接好氧处理）处理垃圾渗滤液；当 COD_{Cr} 值在 $5000mg/L$ 以下时，建议采用好氧生物法处理垃圾渗滤液。对于 COD_{Cr} 值在 $5000\sim50000mg/L$ 之间的垃圾渗滤液，好氧或厌氧生物法均可，主要考虑其他相关因素来选择适宜的处理工艺。

③ 土地法 土地法是利用土壤中微生物的降解作用使渗滤液中的有机物和氨氮进行转化，在土壤中有机物和无机胶体的吸附、络合、螯合、颗粒的过滤、离子交换和吸附作用下去除渗滤液中的悬浮固体和溶解成分，而且通过蒸发作用减少渗滤液的产生量。土地法是最早采用的污水处理方法，主要包括填埋场回灌处理系统和土壤植物处理（S-P）系统。

（2）卫生填埋场防渗系统

防渗系统用于阻止填埋场内的渗滤液往下渗透或向四周扩散，使地下水免受污染，同时也防止地下水进入填埋场，是发挥填埋场封闭系统正常功能的关键组成部分。

1）防渗材料

防渗层一般由透水性较小的防渗材料铺设而成，渗透系数小、稳定性好、价格便宜是选择防渗材料的主要依据。目前通用的防渗材料主要有两种：黏土和人工合成材料。黏土除天然黏土外，还有改良土（如改良膨润土）；人工合成材料虽然有许多种，但目前最常用的是高密度聚乙烯（HDPE）。

① 黏土 黏土是土衬层中最重要的成分，因为黏土具有低渗透率。黏土颗粒是岩石风化后产生的次生矿物，其中主要为蒙脱石、伊利石和高岭石。一般在环境要求不太高或者水文地质条件较好的情况下可单独使用黏土作为防渗材料。改良土是在天然材料中加入添加剂而产生的。添加剂主要分为无机和有机两种，有机添加剂包括有机单体（如甲基脲等）聚合物；无机添加剂包括石灰、粉煤灰和膨润土等，其中无机添加剂由于价格低廉以及效果好被广泛应用。目前，主要根据现场条件下所能达到的压实渗透系数来选择黏土，具体方法是：在最佳湿度条件下，当被压制到 $90\%\sim95\%$ 的最大普氏（Proctor）干湿度时其渗透性很低（通常为 $10^{-7}cm/s$ 甚至更小）的黏土，可以作为填埋场的衬垫材料。

② 人工合成材料 卫生填埋场防渗衬层的理想材料是防渗性能好的黏土。但是严格地讲，一般的黏土只能延缓渗滤液的渗漏而不能阻止渗漏。因此，需要对其进行人为加工，继

而出现了人工合成的渗透系数小于 1.0×10^{-12} cm/s 的聚合物防渗膜（塑料防渗膜），用于阻止渗滤液向黏土和地下水扩散，减少对环境的污染。目前已经应用的聚合物防渗膜有多种，其中 HDPE 由于防腐蚀能力强、制造工艺成熟、易于现场焊接并积累了比较成熟的工程实施经验，因此广泛作为填埋场的防渗衬底材料应用。

2）防渗方式

当卫生填埋场的场地为完整的不透水层或渗透系数小于 10^{-7} cm/s 且厚度大于 2m 的黏土时，可采用天然防渗。如果填埋场的地质条件不具备天然防渗条件，必须对其进行人工防渗处理。人工防渗按设施铺设的方向可分为垂直防渗和水平防渗两种。

① 垂直防渗　垂直防渗主要为帷幕灌浆、防渗墙和 HDPE 垂直帷幕防渗。如帷幕灌浆，即在可能出现的渗透区段上施工一排或数排注浆钻孔，施加一定的压力注入适量的浆液，待浆液固化后堵塞地下水径流通道，从而达到防渗的目的。

根据填埋场地质水文条件，垂直防渗采用如下三种工程措施的组合：在地质条件较好的基岩上设置垃圾坝及帷幕灌浆垂直防渗措施，以防止库区内的渗滤液从垃圾坝坝基渗入污水处理系统，使其只能从设计的管涵中流入污水处理系统；在地下水汇集出口处建筑防渗帷幕灌浆的截污坝，以使填埋场底部渗滤液和其下部受污染的地下水阻积于帷幕前水池中，不向下游及附近地区渗漏；上游建筑拦洪坝进行基底帷幕灌浆以截断地下水，使之不进入填埋场底部。对于填埋场能否采用帷幕灌浆垂直防渗方案，取决于场址具体的水文地质情况，需对场址水文地质进行勘察，然后进行防渗方案对比论证后才能确定。

② 水平防渗　水平防渗主要有压实黏土和人工合成材料衬垫等，是目前使用最为广泛的防渗方式。水平防渗是指在填埋场的底部和四周铺设黏土或人工合成防渗材料，防止渗滤液污染地下水，同时也阻止地下水进入填埋场内。

3）防渗系统

根据渗滤液收集系统、防渗系统和保护层、过滤层的不同组合，一般可分为单层衬垫防渗系统、单层复合衬垫防渗系统、双层衬垫防渗系统和双层复合衬垫防渗系统四种。

① 单层衬垫系统（见图 11-43）　只有一个防渗层，上面是渗滤液收集系统和保护层，有时下面增加地下水收集系统和一个保护层。其优点为造价低、施工方便；缺点为防渗性能差，只能在填埋场垃圾毒性小、地下水位低、土质防渗性好以及防渗要求低的填埋场使用。

② 单层复合衬垫防渗系统（见图 11-44）　由两种防渗材料贴在一起而构成的复合防渗层。复合防渗层的上方为渗滤液收集系统，下方为地下水收集系统。防渗层可由两种相同或不同的防渗材料组成，相互紧密地排列在一起，可以提高防渗层的防渗安全系数。与单层衬垫系统相比，由于单层复合衬垫系统中柔性膜与黏土紧密相连，具有良好的密封性，渗滤液在黏土上的分布面积较小，从而使其防渗性能比较好。

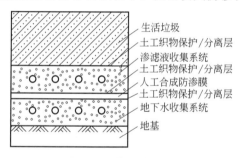

图 11-43　单层衬垫系统

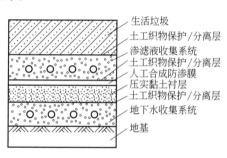

图 11-44　单层复合衬垫系统

③ 双层衬垫防渗系统（见图 11-45） 包含两层防渗层，但在两层防渗层之间设有一层排水层，以导排两层之间的液体和气体。与复合衬垫相比，双层衬垫中的两层防渗层是分开的，而不是紧贴在一起的，不过其上方仍为渗滤液收集系统，下方为地下水收集系统。双层衬垫系统的主防渗层和辅助防渗层之间的收集系统可以起到检漏的作用，优于单层衬垫系统，但是与复合衬层相比，施工费用比较高，衬层坚固性较差。

④ 双层复合衬垫防渗系统（见图 11-46） 上方为渗滤液收集系统，下方为地下水收集系统，两个防渗层之间设有排水层，用于控制和收集从填埋场中渗出的液体，而且上部防渗层采用复合防渗结构，其优点是抗破坏能力强、防渗效果好、坚固性好等，缺点是造价较高。目前国内很少使用双层复合衬垫防渗，美国广泛使用带有主次两层渗滤液收集系统的双层复合衬垫系统。

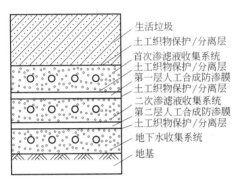

图 11-45　双层衬垫防渗系统

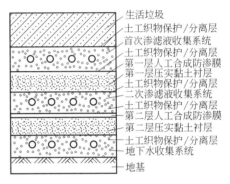

图 11-46　双层复合衬垫防渗系统

对于一个具体的填埋场而言，防渗系统是选择垂直防渗还是水平防渗，应从填埋场所要求的防渗效果和投资经济性考虑，力争得到较好的性价比，设计出适合该填埋场的防渗系统。

5. 填埋气的净化

填埋气的净化一般是脱除气体中的 H_2O、H_2S 和 CO_2，它们的去除方法具有不同的特点。填埋气净化方法比较见表 11-8。

表 11-8　填埋气净化方法比较

净化技术		H_2O	H_2S	CO_2
固体物理吸附		活性氧化铝	活性炭	—
		硅胶	—	—
液体物理吸附		氯化物	水洗	水洗
		乙二醇	丙烯醇	
化学吸收		固体:生石灰、氧化钙	固体:水合氧化铁、生石灰、熟石灰	固体:生石灰
		液体:无	液体:氢氧化钠、碳酸钠、乙醇氨	液体:氢氧化钠、碳酸钠、乙醇氨
其他		冷凝、压缩和冷凝、膜法、活性炭与分子筛	活性炭与分子筛、膜法、微生物氧化	膜法、活性炭与分子筛

目前，我国填埋气处理和利用技术还不成熟，但是发展前景非常广阔。由于我国城市生活垃圾主要以厨余垃圾为主，适用于填埋气的利用，垃圾集中处理更方便其回收利用，政策的大力扶持和科技的发展会促进填埋气处理和利用技术的发展。

6. 填埋场封场及其综合利用

卫生填埋场达到设计年限后，需要根据有关规定进行封场和后期管理。填埋场封场设计应考虑地表水径流、排水防渗、填埋气体的收集、植被类型、填埋场的稳定性及土地利用等因素。填埋场封场的目的是：减少雨水或其他外来水的渗入，减少渗滤液的产生量；防止地表水被污染，避免垃圾扩散，促进垃圾堆体尽快稳定化；控制填埋场恶臭散发，抑制病原菌及其传播媒体蚊蝇的繁殖和扩散；提供一个可以进行景观美化的表面，提供植被生长的土壤，同时便于封场后填埋场的综合利用。填埋场封场后应继续进行填埋气体、渗滤液处理及环境与安全监测等运行管理，直至填埋堆体稳定。

二、安全土地填埋

1. 概述

安全土地填埋场是将危险废物填埋于抗压及双层不透水材质所构筑，并设有阻止污染物外泄及地下水监测装置的填埋场。安全土地填埋实际上是一种改进的卫生土地填埋，是危险废物集中处置必不可少的手段之一。安全填埋场必须设置人造或天然衬里，下层土壤或土壤同衬里相结合渗透率小于 $10^{-8} cm/s$，最下层的土地填埋物要位于地下水位之上，要采取适当的措施控制和引出地表水，要配备浸出液收集、处理及监测系统。如果需要，还要采用覆盖材料或衬里以防止气体释出，要记录所处置废物的来源、性质及数量，把不相容的废物分开处置。图 11-47 为典型的安全土地填埋场示意图。

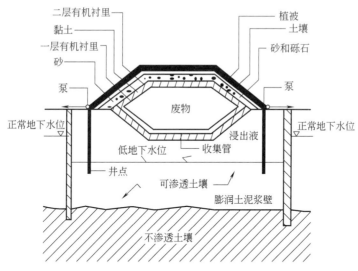

图 11-47　典型的安全土地填埋场示意

安全土地填埋场的规划设计原则如下。

① 根据估算的废物处理量，构筑适当大小的填埋空间，并应考虑将来场地的发展和利用。

② 要有容量波动和平衡措施，以适应生产和工艺变化所造成的废物性质和数量的变化。

③ 系统要满足全天候操作要求。

④ 处置场所在地区的地质结构合理，环境适宜，可以长期使用。

⑤ 处置系统符合现行法律和制度规定，满足有害废物土地填埋处置标准。

⑥ 当填埋场处置的废物数量达到填埋场设计容量时，应实行填埋场封场。

2. 场地的选择

危险废物填埋场场址的选择应满足安全、社会、环境等要求，其目的在于使危险废物对人体健康的危害降低到最小，对环境的影响最小，同时还应满足处理技术和节省工程投资的要求。工程实践证明，做好安全填埋场场址的工程地质调查工作，可以起到事半功倍的作用。场址选择工程地质方面应注意的问题如下。

① 场址不宜选在地形高程低的地域和低洼汇水处。场地的可利用面积应满足使用年限内可预测的有害物质填埋量和其他预处理设施的占地，并为长远发展规划的需要留有余地。

② 场址应选择在渗透性弱、具有一定厚度的黏土及砂质黏土地带，该底层的渗透系数应小于 10^{-7} cm/s，且对有害物质迁移、扩散有一定的阻滞能力。

③ 场址应避开滑坡、崩塌、泥石流等不稳定地质带。场址的地基应保证稳定、安全，沉降量小，周围的边坡应保持稳定。

④ 场址选择中地形因素是最直观的影响因素，其中地形的坡度、起伏、沟谷的发育程度直接关系施工的难易和建筑投资的大小。另外，分水岭的延伸及泄水面积也直接关系地表水及地下水冲蚀、运移、堆积的能力和范围，对固体废物填埋后是否再扩散、污染周边地区都起重要作用。

⑤ 水文主要指地表水系发育情况，如地表水发育可能导致水土流失和洪水泛滥，造成场地破坏或淹没。此外，地表水的发育程度也直接关系地下水的发育情况，如果地表水与地下水存在着水力联系，那么填埋场就可能存在污染和扩散问题，就应在场址选择时特别注意。

安全填埋场场址如果拥有方便的外部交通、可靠的供电电源、充足的供水条件，不仅可以减少安全填埋场辅助工程的投资，加快填埋场的建设进程，让城市建设有限的资金发挥最大的社会效益，而且对于提高填埋场的环境效益和经济效益也十分有利。安全填埋场选址的基本流程如下。

① 确定选址的区域范围，该范围必须根据所要处置的废物生产厂家的分布情况来确定，要尽量使选择的区域与生产厂家的距离足够短。

② 收集该区域有关的资料，包括区域地形图（1∶10000）、地质图（比例尺最好是1∶50000，如果没有，则至少需收集1∶20000地质图）以及相应的水文地质和工程地质图件、地震资料、气象资料、发洪情况、市政公用设施的分布情况、土地利用和开发现状及其远期规划、区内名胜古迹及各类保护区的分布以及工厂和居民区的分布情况等。

③ 根据选址标准，对该区域的上述资料进行全面分析，把所有按入选标准不适于作填埋场的地址排除。例如，属于排除的地点有地下水保护区、居民区、自然保护区等。根据环境条件找出有可能适合的地址，环境条件是指道路连接情况、地域大小、地形情况等。

④ 对几个候选场址的数据加以收集、整理以后，要先按场地标准进行初步评估。初步评估包括确定基本的候选场地、评估财政可行性和进一步的场地调查等，筛选出几个预选场址。

⑤ 对所选择的预选场址进行实际考察，同时进行一些必要的访问调查，以补充资料的不足。

⑥ 根据掌握的情况，对几个预选场址做进一步筛选，优选出1~2个场址进行初步地质勘探，通过初勘主要了解基底岩石类型、产状、厚度等资料以及基底含水层特征。

⑦ 根据初勘结果，结合以前的资料，对预选场址进行技术经济方面的综合评价和对比，

通过对比优选出较为理想的安全填埋场场址。

⑧ 场址一经确定，应立即进行委托设计，着手详细勘探工作。详细勘探时必须充分利用先进的技术手段查清场址的天然地质、水文地质和工程地质等条件，提交相应的勘探报告和各种图件。

⑨ 由负责选址的技术人员根据上述工作成果撰写选址可行性报告，为填埋场工程的环境影响评价、场地规划及其总体结构设计提供依据。

3. 填埋场结构和填埋方式

根据场地的地形条件、水文地质条件以及填埋的特点，安全土地填埋场的结构可分为人造托盘式、天然洼地式和斜坡式三种。

（1）人造托盘式

典型的人造托盘式土地填埋如图 11-48 所示。该方法的特点是场地位于平原地区，表层土壤较厚，具有天然黏土衬里或人造有机合成衬里，衬里垂直地嵌入天然存在的不透水地层，形成托盘形的壳体结构，从而防止了废物同地下水接触。为了增大场地的处置容量，此类填埋场一般都设置在地下。如果场地表层土壤较薄，也可设计成半地上或地上式。

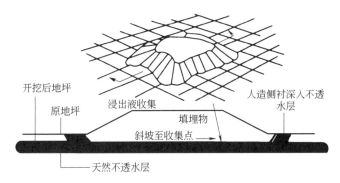

图 11-48　人造托盘式土地填埋

（2）天然洼地式

天然洼地式土地填埋如图 11-49 所示。此种结构的特点是利用天然峡谷构成盆地状容器的三个边。天然洼地式土地填埋的优点是充分利用天然地形，挖掘工作量小，处置容量大。其缺点是填埋场地的准备工作较为复杂，地表水和地下水的控制比较困难，主要预防措施是使地表水绕过填埋场地并把地下水引走。采石场坑、露天矿坑、山谷、凹地或其他类型的洼地都可采用这种填埋结构。

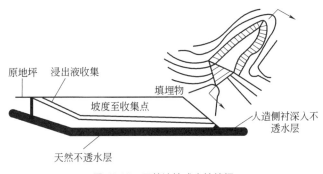

图 11-49　天然洼地式土地填埋

（3）斜坡式

斜坡式安全土地填埋场结构的特点是依山建场，山坡为容器结构的一个边。地处丘陵地带的典型斜坡式土地填埋如图 11-50 所示。

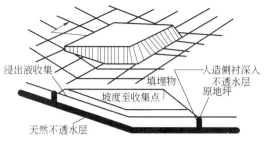

浸出液收集
人造侧衬深入不透水层
填埋物
坡度至收集点
原地坪
天然不透水层

图 11-50　斜坡式土地填埋

4. 填埋场防渗系统

与卫生填埋场一样，安全填埋场也会产生大量渗滤液，且渗滤液中含有多种有毒有害物质。因此，为了避免渗滤液污染土壤和地下水，填埋场必须设计安全的防渗系统。根据防渗材料及其结构不同，填埋场的防渗系统又有单衬层系统、复合衬层系统、双衬层系统和多衬层系统。现代的危险废物安全填埋场通常都有基础及四壁衬层排水系统和表面密封系统，必要时还需要在填埋场的周边建造垂直密封系统，衬层材料多使用黏性土和柔性膜（通常为高密度聚乙烯膜 HDPE），此种方案称为柔性方案。对于某些特殊情况下的填埋场，也有使用钢筋混凝土盒子的情况，此种方案称为刚性方案。

防渗方案选择主要取决于场地的工程地质条件和当地的实际情况，例如上海危险废物安全填埋场场址选在朱家桥镇雨化村，场址的地层条件为埋深 6m 以下有 3～4m 厚的淤泥层，水文地质条件为地下水位埋深仅为 0.4～1.5m。上海的土地资源比较紧张，地价昂贵，选址困难，经对各方案论证后，最终采用刚柔结合防渗方案。目前国内外安全填埋场防渗方案采用较多的是柔性方案，一方面柔性方案的工程造价低，技术成熟；另一方面其工艺技术组合灵活，对场址的地形、地址及水文条件适应性强。柔性方案采用的结构形式主要有单层衬垫和双层衬垫防渗结构形式。

采用单层衬垫防渗还是双层衬垫防渗一直是国内外专家学者争论的焦点。采用单层衬垫防渗，施工方便、简单，工程造价低，但对场地的工程地质和水文地质条件要求严格，场地的地下水丰水位线与防渗层间应相距 2m 以上，且防渗层下的黏土层厚度不小于 1m，渗透系数小于 10^{-7}cm/s；采用双层衬垫防渗系统，施工复杂，工程造价高，预防污染能力强。国内目前实施的几个安全填埋场采用较多的是双层衬垫防渗系统。不同的填埋分区所填埋的危险废物的种类相异，所产生的渗滤液组分相差较大。从严格意义上讲，防渗系统的基本作用是防止渗滤液对土壤和地下水的污染，因此，防渗系统结构的设计还与填埋分区有关，不同组分的渗滤液对防渗结构和防渗材料的要求不同。

任何工程都有其共性和个性，关于单层或双层衬垫防渗问题要视具体问题而定，主要是根据渗滤液的产生量和所含污染物成分与浓度确定，并非必选双层结构，在条件允许的情况下也可以采用单层防渗系统。选择衬垫系统结构和材料主要应以材料的防渗、防污染能力为准，还有造价的经济影响因素，即技术上实用可行，投资上经济合理。

5. 填埋气体导排

部分填埋危险废物是有机物或含水量相对较高的废物，在危险废物填埋的最初几周，填埋危险废物中的氧气被好氧微生物消耗掉，形成了厌氧环境。有机物在厌氧微生物分解作用下产生了以 CH_4 和 CO_2 为主，含少量 N_2、H_2S、NH_3、VOCs、CHCs 的气体，统称为填埋气体（LFG）。

安全填埋场产生的填埋气体虽没有生活垃圾填埋场的量大，但在大气中排放仍是有害的，不仅其中的挥发性有机物使空气具有毒性，而且影响周围居民的生存环境，增加大气温室效应。此外，填埋气体容易聚集迁移，引起垃圾填埋场以及附近地区发生沼气爆炸事故。填埋气体还会影响地下水水质，增加地下水的硬度和矿物质成分。

填埋深度较浅或是填埋容积较小的填埋场，因为填埋气体中甲烷浓度较低，往往利用导气石笼将填埋气体直接排放。填埋气体导排管理的关键问题是产气量估算、气体收集系统设计和气体净化系统设计。通过稳定化/固化预处理后填埋的危险废物安全填埋场，填埋物相对较稳定，产生气体较少，所要求的导排系统相对简单，而且不经净化直接排放就能满足要求。

6. 渗滤液产生与收集系统

影响渗滤液产生量的主要因素有降水、场址类型、地下水渗入、废物含水量、废物预处理方式（压实、破碎等）、覆盖方式、废物填埋深度、气候条件、蒸发量、填埋气体产生量、废物密度等。当废物吸水达到饱和之后，渗滤液就会持续产生。

为了使填埋场尽快稳定和降低渗滤液对防渗系统的破坏，填埋场底部应设置渗滤液导排系统，以便场内产生的渗滤液尽快导出填埋库区。根据防渗层的结构形式不同，渗滤液导排和收集系统设计不同，单层衬里防渗系统采用与卫生填埋场相同原理的渗滤液收集导排系统。双层防渗系统一般设置两级收集导排系统，根据所处衬层系统中的位置不同可分为初级收集系统、次级收集系统。图 11-51 为沧州市危险废物集中处置场填埋区两级渗滤液收集导排系统结构断面图。

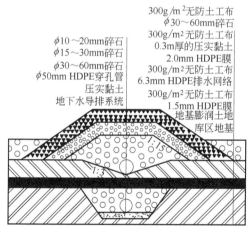

图 11-51　渗滤液收集导排系统结构断面

渗滤液初级收集导排系统是安全填埋场的主收集导排系统，初级收集系统位于上衬层表面和填埋废物之间，由碎石过滤导排层和HDPE 穿孔集水管组成，用于收集和导排初级防渗衬层上的渗滤液。初级收集系统的排水层厚度是根据废物中的渗滤液流量 Q、排水间距 L、排水层的渗透系数 K、渗滤液导排管的水位 h 来计算的，初级系统导排管的管径与渗滤液流量、场底坡度、管壁摩擦系数等有关；渗滤液流量按月最大降雨量的日平均降雨量来校核计算，并考虑 20% 的安全系数。

渗滤液的成分复杂、浓度高、变化大等特性决定了其处理技术的难度与复杂程度，一般因地制宜，采用多种处理技术：对于新近形成的渗滤液，最好的处理方法是好氧和厌氧生物处理法；对于已稳定的填埋场产生的渗滤液或重金属含量高的渗滤液，最好的处理方法是物理-化学处理法；此外，还可选择超滤方式，使渗滤液达标排放，或直接作为反冲洗水用于填埋场回灌；渗滤液也可用超声波振荡，通过电解法达标排放。

7. 终场覆盖与封场

垃圾填埋场的终场覆盖系统须考虑雨水的浸渗及渗滤液的控制、垃圾堆体的沉降及稳定、填埋气体的迁移、植被根系的侵入及动物的破坏、终场后的土地恢复利用等；整形后的垃圾堆体应有利于水流的收集、导排，以及填埋气体的安全控制与导排，应尽量减少垃圾渗滤液的产生。

根据《生活垃圾卫生填埋处理技术规范》（GB 50869—2013）的要求，终场覆盖包括黏土覆盖和人工材料覆盖两种，其系统剖面图见图 11-52。

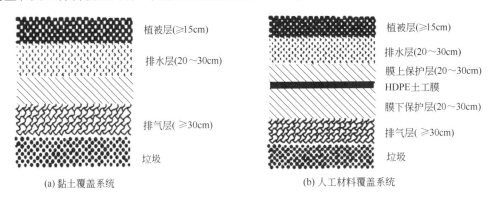

图 11-52 填埋场终场覆盖系统剖面

植被层为填埋场最终的生态恢复层，考虑到覆盖层的厚度，植被层选择浅根系植物。耕植土层为植被层提供营养，由有机质含量大于 5% 的土壤构成，厚度一般为 0.5cm，耕植土可利用城市污水处理厂的剩余污泥或近海淤泥。在满足要求的条件下，也可以就地取土。导流层厚度为 0.15cm，由渗透系数大于 10^{-5} m/s 的粗砂和碎石构成。覆盖系统的防水层采用厚度大于 6mm 的膨润土复合防水垫（GCL 防水垫），其断裂强度大于 10kN/m，断裂伸长率为 6%，垂直渗透系数小于 5×10^{-8} cm/s。基础层由 0.2m 厚的压实黏土层构成，黏土密实度为 90%～95%。

三、垃圾填埋设备

建设垃圾卫生填埋场需要选择合适的设备，既保证其顺利运行又尽可能降低运行费用，并与填埋工艺相适应。填埋作业对垃圾而言主要是推铺、压实，对土方工程而言是每个单元填埋前的设施准备、覆盖土准备和覆盖作业、场地挖掘和土地平衡等工程。

1. 推土机

推土机是垃圾填埋场的主要作业机械，以主机为动力，前端装有推土装置。推土机所具有的动力和推土装置可以灵活机动作业，能适应各种较复杂的地形和环境，既可运送、平整、压实垃圾，又可铲土、运土、压实土层，如配置其他作业装置，可进行松土和清除障碍物等，使用范围广，机械利用率高，在垃圾填埋场中被广泛采用。应合理选择和使用推土机，并采取有效措施，提高推土机生产率和降低运行费用。

最常用的是履带式推土机，其主要功能是分层推铺和压实垃圾、场地准备、日常覆盖及最终覆土、一般土方工作等。常用履带式推土机的一些性能参数见表 11-9。

表 11-9 常用履带式推土机的一些性能参数

功率/kW	重力/kN(kgf)	接触面积/m²	压力/kPa(kgf/cm²)
103	115(11750)	2.16	53(0.54)
147	158(16100)	2.76	57(0.58)
22	243(24770)	3.91	77(0.78)

图 11-53 是移山-THS200C 环卫型推土机。

该推土机适用于垃圾堆垛、填埋、平整、压实等作业。该机是在 D60P-8 推土机基础上改进的新型产品，除具有原有结构特点外，还具有环卫作业所需的以下特点。

① 作业装置容量大、功率高，篱笆式结构可阻挡悬浮移动，两侧增设挡板可使作业容量增大；

② 空调驾驶室，前视玻璃为整体式并装有雨刷，司机操作舒适，视野区域及可视范围较大；

③ 低比压行走系统，密封履带、圆弧三角形履带板，有利于垃圾及泥土自动脱落；

④ 直倾式作业装置，可根据施工需要调整所需角度；

图 11-53　移山-THS200C 环卫型推土机

⑤ 操纵系统采用油压助力，操纵力仅 3～5kgf，灵活、简便、生产效率高；

⑥ 张紧装置的滑阀组件采用不锈钢制造，防止锈蚀。

2. 垃圾压实机

垃圾压实机是一种用于垃圾处理的大型静碾压实机械，垃圾压实后主要有以下几个优点。

① 增加填埋场使用年限；

② 减少沉降，保持垃圾体的稳定性；

③ 减少飘扬物；

④ 降低孔隙率；

⑤ 减少虫害及啮齿动物的数量；

⑥ 为垃圾运输车提供更为坚实的卸车平台；

⑦ 暴雨时减少垃圾被冲走或暴露的可能性；

⑧ 消除垃圾体自燃、发生爆炸的可能性；

⑨ 便于填埋气体的集中收集和利用。

填埋场压实机主要包括钢轮压实机、羊角压实机、充气轮胎压实机、自有动力振动式空心轮压实机等。实际选择使用可参见有关技术参数，见表 11-10～表 11-12。

表 11-10　钢轮压实机、轮胎压实机、振动压实机的主要技术参数

型号	质量/t		碾压宽度/mm	轮数/个	发动机		速度/(km/h)	行驶性能	
	净重	加载			型号	功率/kW		爬坡	最小转弯半径/mm
Y1-6/8	6	8	1270	2	2135	29	2;4	1/7	6.2
Y1-8/10	8	10	1270	2	2135	29	2;4	1/7	6.2
Y2-8/10	8	10	1894	3	2135K-1	29	1.89;3.51;7.41;4.3	1/7	4.43
Y2-10/12A	10	12	2130	3	2135	29	1.6;3.2;5.4	1/7	7.3
Y2-10/15A	12	15	2130	3	4135	58	2.2;4.5;7.5	1/7	8.35
	12	15	4135	3	4135C-1	58	2;4;8;5	1/5	6
3Y-10/12	10	12		3	4135K-2	58	1.9;3.2;7.5	1/5	5.9
3Y-12/15	12	15		3	4135K-2	58	1.9;3.2;7.5	1/5	5.9
3YY-10/12	10	12		3	495	37	0～3.5	1/5	5.9
YL16 轮胎压实机	9.4	13～16.3	2000	前轮 4 后轮 5	4135C	58	3;6;12;24	1/5	7
1Y-2	2				290	15	3.5;5.5		

表 11-11 振动压实机的主要技术参数

型号	总质量/t	振动轮(长×宽)/mm	最小转弯半径/mm	离地间隙/mm	压实宽度/mm	爬坡能力	振动频率/(次/min)	压实力/t	速度/(km/h)
液压铰接式 YZJ10 型	10	1524×2134	5200	355	2134	30%	1700	振动轮静压力4.6；激振力15.5	0~4.43；0~8.85；0~17.8
摆振振动压路机 YZB8	8	800×1000	原地转	130	2000	不振动 1:2.5 振动 1:4	2600	激振力4~8	低速:1.2；中速:2.5；高速:5
YZ2	2	750×895	5000	160	100		50Hz	1.9	2.43 5.77

表 11-12 羊角压实机的主要技术参数

型号	机器质量/t			羊角数量/个	单位面积压力/(kgf/cm²)			功率/kW	速度/(km/h)	压实土层		每班生产率/(m²/8h)
	空筒	装水	装砂							厚度/mm	宽度/mm	
单筒 YJT4	2.5	3.62	4.29	64	41.4	59.5	70.5	40	3.6	20	170	3100
双筒 YJT6.5	3.52	5.54	6.45	96	27.8	44.5	51.8	59~74	3.6	20~30	2685	5000

3. 挖掘机

挖掘机是用来进行土方开挖的一种施工机械。挖掘机的作业过程是用铲斗的切削刃切土并把土装入斗内，装满土后提升铲斗并回转到卸土地点卸土，然后再使转台回转，铲斗下降到挖掘面，进行下一次挖掘。挖掘机的基本结构由工作装置、动力装置、行走装置、回转机构、司机室、操纵装置、控制系统等部分组成。单斗挖掘机和斗轮挖掘机还有转台，多斗挖掘机还有物料输送装置。各种类型的单斗挖掘机都可以根据需要更换正铲、反铲、拉铲和抓斗的任一种。图 11-54 为单斗挖掘机工作装置类型。

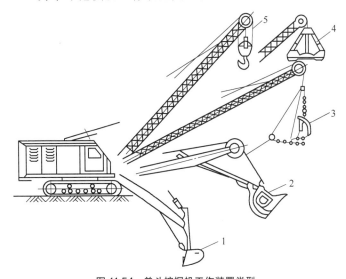

图 11-54 单斗挖掘机工作装置类型
1—反铲；2—正铲；3—拉铲；4—抓斗；5—起重

挖掘机的行走装置主要有履带式、轮胎式、步行式、轨行式、浮游式和拖挂式等几种。其中履带式挖掘机主要用于挖掘并装汽车，适用于日常或初始的垃圾覆盖，可以用来完成一些特定的土方工程。挖掘机装有柴油发动机和液压系统，液压系统控制着挖掘臂和铲斗的运动。挖掘所需的时间长短由设备的尺寸和场地条件决定。表 11-13 列出了部分履带式挖掘机的重要参数。

表 11-13　部分履带式挖掘机的重要参数

功率/kW	质量/kg	臂长/m	铲斗容量/m³	最大挖掘深度/m
100	22680	2.44	0.75	6.4
143	34020	2.90	1.18	7.3
238	56200	3.20	1.94	8.5

4. 铲运机

铲运机是一种利用铲斗铲削土壤，并将碎土装入铲斗进行运送的机械，如图 11-55 所示。

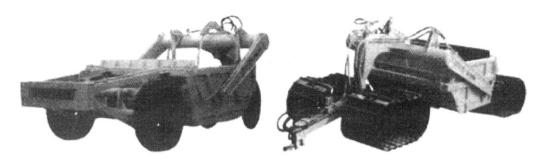

图 11-55　铲运机

该机械能够完成铲土、装土、运土、卸土和分层填土、局部碾实的综合作业，适用于中等距离的运土。在填埋作业中，用于开挖土方、填筑路堤、开挖沟渠、修筑堤坝、挖掘基坑、平整场地等工作。铲运机由铲斗、行走装置、操纵机构和牵引机等组成。部分铲运机的主要技术参数见表 11-14。

表 11-14　部分铲运机的主要技术参数

型号	铲土装置(铲车)					行驶速度/(km/h)		操纵方式	功率/kW
	铲斗容量/m³		铲刀宽度/mm	切土深度/mm	铺土厚度/mm	铲土角度/(°)	前进	后退		
	平装	堆装								
CL-7	7	9	2700	300	400		8.2～40.6	6.7～9	液压	141
C5-6	6	8	2600	300	380	30	4.2～28	4.8	机械	88
C6-25	2.5	3	1900	150		25～38			液压	
C3-6	6	8	2600	300		25～30	2.4～10.1	2.8～7.6	机械	74
CTY-6	6	8	2600	300	380	25～38	2.4～10.2	2.4～8.1	液压	88

第十二章

噪声控制设备

第一节　吸声降噪设计与应用

一、多孔吸声材料

1. 多孔吸声材料的吸声机理

多孔吸声材料的结构特点是：材料表面、内部多孔，孔与孔之间相互连通，并与外界大气相连，具有一定的通气性能。吸声材料的固体部分在空间形成筋络。筋络之间有大量的空隙，空隙占吸声材料体积的主要部分，一般的多孔吸声材料空隙率为 70% 左右，相当一部分则高达 90% 以上。当声波进入空隙率很高的吸声材料时，除了一小部分沿筋络传播，大部分仍在筋络间的空隙内传播。如果忽略沿筋络传播的部分，则声波在材料内部的衰减主要是两种机理作用的结果：

① 声波在筋络间的空隙内传播时会引起筋络间的空气来回运动，而筋络是静止不动的，筋络表面的空气受筋络的牵制使得筋络间的空气运动速度有快有慢，空气的黏滞性会产生相应的黏滞阻力使声能不断转化为热能；

② 声波的传播过程实质上就是空气的压缩与膨胀相互交替的过程，空气压缩时温度升高，膨胀时温度降低，由于热传导作用，在空气与筋络之间不断发生热交换，结果也会使声能转化为热能。

2. 多孔吸声材料的声学性能及其影响因素

（1）多孔吸声材料的吸声性能

多孔吸声材料的吸声性能一般来说对高频声吸声效果好，而对低频声效果差，这是因为吸声材料的孔隙尺寸与高频声波的波长相近所致。典型的多孔吸声材料吸声频谱特性曲线如图 12-1 所示，是一条多峰曲线。

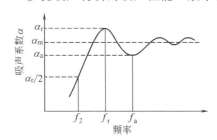

图 12-1　吸声材料的频谱特性曲线

由图可知，在低频段吸声系数一般较低，当声波频率提高时，吸声系数相应增大，并有不同程度的起伏变化。第一个吸声峰值频率 f_r 叫作吸声材料的第一共振频率，相应的吸声系数为 α_r，其他吸声峰值对应于材料的谐频共振。类似地，第一个吸声谷值频率 f_a 叫作第一反共振频率，相应的吸声系数为 α_a。当频率低于第一共振频率 f_r 时，可以取吸声系数降低至 $\alpha_r/2$ 时的频率 f_z 作为吸声材料的下限频率，f_z 与 f_r 之间的倍频程数为下半频带宽度。当频率高于 f_r 时，吸声系数在吸声峰值与吸声谷值之间变化。即 $\alpha_a \leqslant \alpha \leqslant \alpha_r$，随着频率的增高，起伏变化的幅度相应地减少，逐步趋向于一个稳定的数值 α_m。

（2）多孔吸声材料吸声性能的影响因素

多孔吸声材料的吸声性能主要受材料的流阻、孔隙率、结构因子、厚度、容重、材料背后的空气层、材料表面的装饰处理以及使用的外部条件等因素的影响，这些因素之间又有一定的关系，选用多孔吸声材料时应予注意。

1）材料的流阻 R_f

当声波引起空气振动时，有微量的空气在多孔材料的孔隙中流过。这时，多孔材料两面的静压差与气流线速度之比即为材料的流阻。流阻是表征气流通过多孔材料难易程度的一个物理量，对多孔材料的吸声性能有着重要的作用。流阻的大小一般与多孔材料内部微孔的大小、多少、相互连通程度等因素有关。流阻太高或太低都会影响材料的吸声性能。

当流阻接近空气的特性阻抗，即 407Pa·s/m，就可获得较高的吸声系数，因此，一般希望吸声材料的流阻介于 100～1000Pa·s/m 之间，材料的流阻过高或过低，其吸声系数都不大。对于流阻过低的材料，要求有较大的厚度；对于流阻过高的材料，则希望薄一些。

2）材料的孔隙率 q

多孔材料中通气的孔洞容积与材料总体积之比称为孔隙率。它是衡量材料多孔性的一个重要指标。一般多孔材料的孔隙率在 70% 以上，矿渣棉为 80%，玻璃棉为 95% 以上。孔隙率可通过实际测量得到。

3）材料的结构因子 S

结构因子是多孔吸声材料孔隙排列状况对吸声性能影响的一个量。它表示多孔材料中孔的形状及其方向性分布的不规则情况，其数值一般介于 2～10 之间，偶尔也会达到 25。玻璃棉为 2～4，木丝板为 3～6，毛毡为 5～10，聚氨酯泡沫为 2～8，微孔吸声砖为 16～20。结构因子的大小对低频吸声影响较大。

4）材料的厚度

多孔吸声材料对中高频吸声效果较好，对低频吸声效果较差，有时可采用加大厚度来提高低频吸声效果。从理论上讲，材料厚度相当于入射声波 1/4 波长时，在该频率下具有最大的声吸收。若按此条件，材料厚度往往要大于 100mm，这是很不经济的。除非特殊需要，一般不采取加大吸声材料厚度来提高其吸声性能。工程应用上，推荐多孔吸声材料的厚度为：

超细玻璃棉、岩棉、矿渣棉	50～100mm
泡沫塑料	25～50mm
木丝板	20～50mm
软质纤维板	13～20mm
毛毡	4～5mm

5）材料的容重

改变材料的容重，可以间接控制吸声材料内部的微孔尺寸。一般当多孔材料的容重增加时，材料内部的孔隙率会相应降低，因而可改善低频吸声效果，但高频吸声性能可能下降。

实验证明，多孔吸声材料的容重有个最佳值。例如，超细玻璃棉为 $15\sim25\text{kg/m}^3$，玻璃棉为 100kg/m^3 左右，矿渣棉为 120kg/m^3 左右。

6）材料背后的空气层

在多孔材料背后留有一定厚度的空气层，可改善多孔吸声材料的低频吸声性能。研究表明，当空气层厚度近似等于 1/4 波长时，吸声系数最大；而其厚度等于 1/2 波长的整数倍时，吸声系数最小。为了改善中低频声的吸声效果，一般建议多孔吸声材料背后的空气层厚度取 $70\sim100\text{mm}$。

7）材料表面的装饰处理

为了增加强度，便于安装维修以及改善吸声性能，多孔材料通常都应进行表面装饰处理。如安装护面层、粉刷油漆、表面半钻孔及开槽等。

常用的护面层有金属网、塑料面纱、玻璃布、麻布、纱布以及穿孔板等。穿孔率大于20％的护面层对吸声性能的影响不大，若穿孔率小于20％，由于高频声的绕射作用较弱，高频声的吸声效果会受到影响。

在纤维板、木丝板等吸声材料表面粉刷油漆会增加流阻。流阻太高时会影响材料的吸声性能，尤其是高频吸声特性明显下降。因此，一般不采用油漆饰面，必要时可用喷涂法喷一层很薄的饰粉。

在多孔材料制成的半硬板表面可钻些深洞或开些狭槽，以增加吸声面积。一般洞深为材料厚度的 $2/3\sim3/4$，洞径为 $\phi6\sim\phi8$，钻洞面积小于 10％。这种钻洞板吸声性能有所提高，表面可粉刷油漆，装饰效果好。

另外，吸声材料使用的外部条件，如温度、湿度、气流等，对多孔吸声材料的吸声性能都有一定的影响。

3. 多孔吸声材料及其种类

目前常用的多孔吸声材料主要有无机纤维材料、泡沫塑料、有机纤维材料和建筑吸声材料及其制品。

（1）无机纤维材料

无机纤维材料主要有超细玻璃棉、玻璃丝、矿渣棉、岩棉及其制品。

超细玻璃棉具有质轻、柔软、容重小、耐热、耐腐蚀等优点，使用较普遍。但也有吸水率高、弹性差、填充不易均匀等缺点。

矿渣棉具有质轻、防蛀、热导率小、耐高温、耐腐蚀等特点。但由于杂质多、性脆易断，不适于风速大、要求洁净的场合。

岩棉具有隔热、耐高温和价格低廉等优点。

（2）泡沫塑料

泡沫塑料具有良好的弹性，容易填充均匀。但易燃烧、易老化、强度较差。常用作吸声材料的泡沫塑料主要有聚氨酯、聚氯乙烯、酚醛等。

（3）有机纤维材料

有机纤维材料指的是植物性纤维材料及其制品，如棉麻、甘蔗、木丝、稻草等，均可用作吸声材料。

（4）建筑吸声材料

建筑上采用的吸声材料有加气混凝土、微孔吸声砖、膨胀珍珠岩等。

常用各类吸声材料的吸声系数见表 12-1，供设计参考。

表 12-1 各类吸声材料的吸声系数（驻波管法）

种类	材料名称	厚度/cm	容重/(kg/m³)	各频率的吸声系数						备注
				125Hz	250Hz	500Hz	1000Hz	2000Hz	4000Hz	
无机纤维材料	超细玻璃棉	5	20	0.10	0.35	0.85	0.85	0.86	0.86	
		10	20	0.25	0.60	0.85	0.87	0.87	0.85	
		15	20	0.50	0.80	0.85	0.85	0.86	0.80	
	超细玻璃棉（穿孔钢板护面）	15	20	0.79	0.74	0.73	0.64	0.35		$\phi5,p4.8,t1$
		15	25	0.85	0.70	0.60	0.41	0.25	0.20	$\phi5,p2,t1$
		15	25	0.60	0.65	0.60	0.55	0.40	0.30	$\phi5,p5,t1$
		6	30	0.38	0.63	0.60	0.56	0.54	0.44	$\phi9,p10,t1$
		6	30	0.13	0.63	0.60	0.66	0.69	0.67	$\phi9,p20,t1$ ϕ——孔径,mm; p——穿孔率,%; t——板厚,mm
	防水超细玻璃棉	10	20	0.25	0.94	0.93	0.90	0.96		
	熟玻璃丝	4	200	0.13	0.20	0.53	0.98	0.84	0.80	
		6	200	0.25	0.35	0.82	0.99	0.89	0.82	
		9	200	0.30	0.54	0.94	0.89	0.86	0.84	
	熟玻璃丝（铁丝网护面）	5	150		0.23	0.39	0.85	0.94		4目/cm
		6	150		0.305	0.625	0.995	0.82		
		7	150		0.37	0.735	0.991	0.975		
		8	150		0.367	0.78	0.995	0.99		
		9	150		0.55	0.94	0.97	0.90		
	高硅氧玻璃棉	5	45~65	0.06	0.15	0.30	0.50	0.62	0.80	
	沥青玻璃棉毡	3	80		0.10	0.27	0.61	0.94	0.99	
	酚醛玻璃棉毡	3	80		0.12	0.26	0.57	0.85	0.94	
	矿渣棉	5	175	0.25	0.33	0.70	0.76	0.89	0.97	
		6	240	0.25	0.55	0.78	0.75	0.87	0.91	
		7	200	0.32	0.63	0.76	0.83	0.90	0.92	
		8	150	0.30	0.64	0.73	0.78	0.93	0.94	
		8	300	0.35	0.43	0.55	0.67	0.78	0.92	
	沥青矿渣棉（玻璃布护面）	5	150	0.10	0.31	0.60	0.88	0.89	0.97	
	岩棉	2.5	80	0.04	0.09	0.24	0.57	0.93	0.97	
		2.5	150	0.04	0.095	0.32	0.65	0.95	0.95	
		5	80	0.08	0.22	0.60	0.93	0.976	0.985	
		5	120	0.10	0.30	0.69	0.92	0.91	0.965	
		5	150	0.115	0.33	0.73	0.90	0.89	0.963	
		7.5	80	0.31	0.59	0.87	0.83	0.91	0.97	
		10	80	0.35	0.64	0.89	0.90	0.96	0.98	
泡沫塑料	聚氨酯泡沫塑料	2.5	40	0.04	0.07	0.11	0.16	0.34	0.83	
		3	40	0.06	0.12	0.23	0.46	0.86	0.82	
		5	40	0.06	0.13	0.31	0.65	0.70	0.82	
	聚氨酯泡沫塑料	3	53	0.05	0.10	0.19	0.38	0.76	0.82	
		3	56	0.07	0.16	0.41	0.87	0.75	0.72	
		4	56	0.09	0.25	0.65	0.95	0.73	0.79	
		5	56	0.11	0.31	0.91	0.75	0.86	0.81	
		3	71	0.11	0.21	0.71	0.65	0.64	0.65	
		4	71	0.17	0.30	0.76	0.56	0.67	0.65	
		5	71	0.20	0.32	0.70	0.62	0.68	0.65	
	聚氨酯泡沫塑料	3	45	0.07	0.14	0.47	0.88	0.70	0.77	
		4	40	0.10	0.19	0.36	0.70	0.75	0.80	
		5	45	0.15	0.35	0.84	0.68	0.82	0.82	
		6	45	0.11	0.25	0.52	0.87	0.79	0.81	
		8	45	0.20	0.40	0.95	0.90	0.98	0.85	

种类	材料名称	厚度 /cm	容重 /(kg/m³)	各频率的吸声系数						备注
				125Hz	250Hz	500Hz	1000Hz	2000Hz	4000Hz	
泡沫塑料	聚氨基甲酸酯泡沫塑料	2.5	25	0.05	0.07	0.26	0.87	0.69	0.87	
		5	36	0.21	0.31	0.86	0.71	0.80	0.82	
	酚醛泡沫塑料	2	28	0.05	0.10	0.26	0.55	0.52	0.62	
		3	16	0.08	0.15	0.30	0.52	0.56	0.60	
有机纤维材料	工业毛毡	1	370	0.04	0.07	0.21	0.50	0.52	0.57	
		3	370	0.10	0.30	0.50	0.50	0.50	0.52	
		5	370	0.11	0.30	0.50	0.50	0.50	0.52	
		7	370	0.18	0.35	0.43	0.50	0.53	0.54	
	稻草纤维板	8	340	0.13	0.28	0.28	0.31	0.43	0.53	
		3	340	0.25	0.39	0.40	0.26	0.33	0.72	
	甘蔗纤维板	5	220	0.06	0.19	0.42	0.42	0.47	0.58	
		2	220	0.09	0.19	0.26	0.37	0.23	0.21	
		2	220	0.30	0.47	0.20	0.18	0.22	0.31	距墙5cm
		2	220	0.25	0.42	0.53	0.21	0.26	0.29	距墙10cm
	半穿孔甘蔗纤维板,表面刷白粉(φ5,孔距25mm,孔深15mm)	2	220	0.13	0.28	0.38	0.49	0.41	0.49	
		2	220	0.24	0.54	0.29	0.33	0.46	0.62	距墙5cm
	木丝板	4		0.19	0.20	0.48	0.78	0.42	0.70	
		5		0.15	0.23	0.64	0.78	0.87	0.92	
		8		0.25	0.53	0.82	0.63	0.84	0.59	
		3		0.05	0.30	0.81	0.63	0.69	0.91	距墙5cm
		5		0.29	0.77	0.73	0.68	0.81	0.83	距墙5cm
		3		0.09	0.36	0.62	0.53	0.71	0.89	距墙5cm
		5		0.33	0.93	0.68	0.72	0.83	0.86	距墙10cm
建筑材料	微孔吸声砖(α_T)	3.5	370	0.08	0.22	0.38	0.45	0.65	0.66	
		5.5	620	0.20	0.40	0.60	0.52	0.65	0.62	
		5.5	830	0.15	0.40	0.57	0.48	0.59	0.60	
		5.5	1100	0.13	0.20	0.22	0.50	0.29	0.29	
	膨胀吸声砖	5		0.04	0.06	0.22	0.71	0.87		
		5		0.09	0.28	0.77	0.79	0.75		
		7.5		0.21	0.59	0.77	0.67	0.77		
	泡沫混凝土	4.4	210	09	0.31	0.52	0.43	0.50	0.50	
		2.4	290	0.06	0.19	0.55	0.84	0.52	0.50	
		4.2	300	0.11	0.25	0.45	0.45	0.57	0.53	
		4.1	340	0.13	0.26	0.51	0.53	0.55	0.54	
	水泥膨胀珍珠岩板	5	350	0.16	0.46	0.64	0.48	0.56	0.56	
		8	350	0.34	0.47	0.40	0.37	0.48	0.55	
	泡沫玻璃	6.5	150	0.10	0.33	0.29	0.41	0.39	0.48	
	加气混凝土	15	500	0.08	0.14	0.19	0.28	0.34	0.45	
	多孔陶瓷	0.7	251	—	0.20	0.85	0.80	0.30		

4. 多孔材料的吸声结构及其设计

多孔性吸声材料大多是松散的,不能直接布置在室内或气流通道内。在实际使用中往往用透气的玻璃布、纤维布、塑料薄膜等作护面,将吸声材料放进木制的或金属的框架内,然后再加一层护面穿孔板。护面穿孔板可用胶合板、纤维板、塑料板,也可用石棉水泥板、钢板、铝板、镀锌铁丝网等。

（1）吸声板结构及其设计

吸声板结构是由多孔吸声材料与穿孔板组成的板状吸声结构。穿孔板的穿孔率一般大于

20%，孔心距越大，低频吸声性能越好。轻织物多采用玻璃布和聚乙烯塑料薄膜，聚乙烯薄膜的厚度小于 0.03mm，否则会降低高频吸声性能。常见吸声板结构见图 12-2。

实际应用中应根据气流速度的不同设计不同的护面结构形式，图 12-3 为几种不同护面形式的吸声结构。

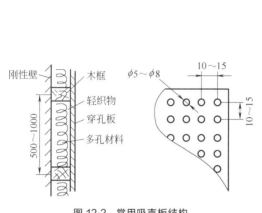

图 12-2　常用吸声板结构

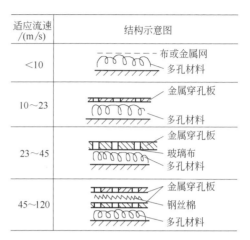

图 12-3　不同护面形式的吸声结构

近年来还发展了定型规格化生产的穿孔石膏板、穿孔石棉水泥板、穿孔硅酸盐板以及穿孔硬质护面吸声板等。室内使用的各种颜色图案、外形美观的吸声板还具有装饰美化作用。

（2）空间吸声体及其设计

空间吸声体可悬挂在扩散声场中，其降噪量一般为 10dB 左右。常用的几何形状有平面形、圆柱形、棱形、球形、圆锥形等，其中球体的吸声效果最好，因为球的体积与表面积之比最大。空间吸声体可以靠近各个噪声源，具有较高的低频响应，由于声波的绕射，使其平均吸声系数往往大于 1。表 12-2 为最常用的矩形平板式吸声体悬挂在混响室内所测得的吸声系数。空间吸声体加工制作简单、原材料易购、价格低廉、安装容易、维修方便，不妨碍车间的墙面、不影响采光。

表 12-2　矩形平板式吸声体的吸声系数（α_T）

护面方式	各频率下的吸声系数						平均吸声系数
	125Hz	250Hz	500Hz	1000Hz	2000Hz	4000Hz	
玻璃布	0.37	1.31	1.89	2.49	2.37	2.28	1.78
玻璃布加窗纱	0.15	0.55	1.28	1.99	1.99	1.90	1.31
玻璃布加穿孔板（$p=20\%$）	0.46	0.61	0.90	1.40	1.40	1.60	1.06
玻璃布加穿孔板（$p=20\%$）	0.46	0.68	1.20	1.22	1.22	0.90	0.93

空间吸声体由框架、吸声材料和护面结构组成，框架上有供吊装用的吊环。在设计空间吸声体时应注意，对于高频声的吸收，其效果随着空间吸声体尺寸的减少而增加；对于低频声的吸收，则随着空间吸声体尺寸的加大而升高。同时考虑到运输和吊装方便，空间吸声体的尺寸不宜过大和过小。吸声材料的选择和填充是决定吸声体吸声性能的关键。目前，国内常用的填充材料为超细玻璃棉，填充密度、厚度应根据噪声频率特性，经计算和实测而定。护面结构对空间吸声体的吸声性能有很大影响，工程上常用的护面材料有金属网、塑料窗纱、玻璃布、麻布、纱布及各类金属穿孔板等。护面材料的穿孔率应大于 20%，否则会降低吸声材料在高频段的吸声性能。此外，选择护面材料时还应考虑使用环境和经济成本。

表 12-3 为几种空间吸声体规格选用表。

表 12-3　几种空间吸声体规格选用表

吸声体型号	外形尺寸 （长×宽×高）/mm	吸声体型号	外形尺寸 （长×宽×高）/mm
ZK1-1-1 ZK1-1-2 ZK1-1-3 ZK1-1-4 板状吸声体 ZK1-1-5 ZK1-1-6 ZK1-1-7 ZK1-1-8	2000×1000×80 2000×500×80 1000×500×80 1000×500×50 2000×500×50 2000×1000×50 1000×1000×50 1000×1000×80	KX-B2	600×900×50 600×900×80 600×900×100
		KX-B3	600×1200×50 600×1200×80 600×1200×100
ZK1-2-1 双层玻璃 ZK1-2-2 布吸声体	1000×1000×80 1000×1000×50	KX-B4	900×900×50 900×900×80 900×900×100
ZK1-3 矩形吸声体	1000×1000×50	KX-B5	900×1200×50 900×1200×80 900×1200×100
ZK1-4 齿条形吸声体	1000×1000×50		
ZK1-5 尖劈板吸声体	1000×1000×50	KX-B6	900×1500×50 900×1500×80 900×1500×100
ZK1-6 菱形吸声体	1000×1000×50		
KX-B1	600×600×50 600×600×80 600×600×100	KX-B7	900×1800×50 900×1800×80 900×1800×100

在设计或选择各型空间吸声体时，不仅要了解单个吸声体的性能，还应掌握悬挂要领，只有正确悬挂，才能得到高吸收、低成本、经济实用的效果。实践和经验表明，面积比和悬挂高度是影响空间吸声体吸声性能的两个主要因素。悬挂空间吸声体应遵循以下原则。

① 吸声体的面积与室内所需降噪的面积之比一般取 40% 左右，或取整个室内总表面积的 15% 左右，即可达到整个平顶都粘贴吸声材料时的降噪效果。若再增大面积比，降噪量提高很少。

② 如条件允许，吸声体的悬挂位置应尽量靠近声源，在面积比相同的条件下，吸声体垂直悬挂和水平悬挂的吸声特性基本相同。当房间高度<6m 时，水平悬挂吸声体，吸声体离顶棚高度可取房间净高的 1/5～1/7 为宜，也可取距顶棚高度 750mm 左右，吸声体以条形排列为佳。当房间高度>6m 时，则可将吸声体垂直悬挂在靠近发声设备一侧的墙面上。

③ 吸声体分散悬挂优于集中悬挂，特别对中高频声的吸声效果可提高 40%～50%。如在两相对墙面上吊挂吸声体，吊挂面积应尽量接近。垂直悬挂时，各排间距控制在 600～1800mm。

④ 吸声体悬挂后应不妨碍采光、照明、起重运输、设备检修、清洁等，并做到美观、大方、色彩协调。

（3）吸声尖劈及其设计

吸声尖劈是一种楔子形空间吸声体，在金属网架内填充多孔吸声材料，是常用于消声室或强吸声场所的一种特殊吸声结构（见图 12-4）。尖劈的吸声原理是：利用特性阻抗逐渐变化，即从尖劈端面特性阻抗接近于空气的特性阻抗，逐渐过渡到吸声材料的特性阻抗，这样吸声系数最高。该吸声结构低频特性极好，当吸声尖劈的长度大约等于所

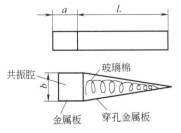

图 12-4　吸声尖劈的结构

需吸收声波最低频率波长的一半时，其吸声系数可达 0.99。

吸声尖劈的形状有等腰劈状、直角劈状、阶梯状、无规状等。尖劈劈部顶端一般为尖头状，若要求不高可适当缩短，即去掉尖部的 10%～20%，对吸声性能影响不太大。吸声尖劈底部宽度取 20cm 左右，尖劈长度取 80～100cm，最低截止频率可达 70～100Hz。吸声尖劈内部装填多空吸声材料，外部罩以塑料窗纱、玻璃布或麻布。吸声尖劈的骨架由 $\phi 4 \sim \phi 6mm$ 铅丝焊接而成。在实际安装时，吸声尖劈底板的后面设有穿孔共振器，或留有空气间隔层，同时应交错排列，避免方向一致，以提高吸声性能，吸声尖劈的安装如图 12-5 所示。

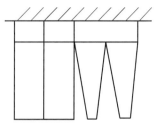

图 12-5　吸声尖劈的安装

二、共振吸声结构

多孔材料的高频吸声效果较好，而低频吸声性能很差，若用加厚材料或增加空气层等措施则既不经济，又多占空间。为改善低频吸声性能，利用共振吸声原理研制了各种吸声结构。常用的有薄板共振吸声结构、薄膜共振吸声结构、穿孔板共振吸声结构等。

1. 薄板共振吸声结构

将板材（胶合板、薄木板、硬质纤维板、石膏板、石棉水泥板、金属板等）周边固定在框架上，板后留有一定厚度的空气层，就构成了薄板共振吸声结构。当声波入射到薄板上时，将激起板面振动，使声能转变为机械能，并由于摩擦而转化为热能。当入射声波的频率与结构的固有频率一致时，产生共振，此时消耗的声能最大。薄板共振结构的固有频率一般较低，能有效地吸收低频声。其固有频率可由下式计算。

$$f_0 = \frac{60}{\sqrt{mD}} \tag{12-1}$$

式中　f_0——固有频率，Hz；

　　　m——薄板的面密度，kg/m^2；

　　　D——空气层的厚度，m。

增加薄板的面密度或空气层的厚度，可使薄板振动结构的固有频率降低，反之则提高。常用木质薄板共振吸收结构的板厚取 3～6mm，空气层厚度取 30～100mm，共振频率约为 100～300Hz，其吸声系数一般为 0.2～0.5。若在薄板结构的边缘放置一些柔软材料（如橡皮条、海绵条、毛毡等），以及在空气层中沿龙骨四周适当填放一些多孔吸声材料，则可明显提高其吸声性能。

常用薄板、薄膜共振吸声结构的吸声系数见表 12-4。

表 12-4　常用薄板、薄膜共振吸声结构的吸声系数（α_T）

材料 （板厚）/cm	构造/cm	各频率下的吸声系数					
		125Hz	250Hz	500Hz	1000Hz	2000Hz	4000Hz
三合板	空气层厚 5,木框架间距 45×45	0.21	0.73	0.21	0.19	0.08	0.12
三合板	空气层厚 10,木框架间距 45×45	0.59	0.38	0.18	0.05	0.04	0.08
五合板	空气层厚 5,木框架间距 45×45	0.08	0.52	0.17	0.06	0.10	0.12
五合板	空气层厚 10,木框架间距 45×45	0.41	0.30	0.14	0.05	0.10	0.16
木丝板（3）	空气层厚 5,木框架间距 45×45	0.05	0.30	0.81	0.63	0.70	0.91
木丝板（3）	空气层厚 10,木框架间距 45×45	0.09	0.36	0.62	0.53	0.71	0.89

材料 （板厚）/cm	构造/cm	各频率下的吸声系数					
		125Hz	250Hz	500Hz	1000Hz	2000Hz	4000Hz
草纸板(2)	空气层厚5,木框架间距45×45	0.15	0.49	0.41	0.38	0.51	0.64
草纸板(2)	空气层厚10,木框架间距45×45	0.50	0.48	0.34	0.32	0.49	0.60
刨花压轧板(1.5)	空气层厚5,木框架间距45×45	0.37	0.27	0.20	0.15	0.25	0.39
刨花压轧板(1.5)	空气层厚10,木框架间距45×45	0.28	0.28	0.17	0.10	0.23	0.34
七合板	空气层厚25	0.37	0.13	0.10	0.05	0.05	0.10
胶合板	空气层厚5	0.28	0.22	0.17	0.09	0.10	0.11
胶合板	空气层厚10	0.34	0.19	0.10	0.09	0.12	0.11
木板(1.3)	空气层厚2.5	0.30	0.30	0.15	0.10	0.10	0.10
硬质纤维板	空气层厚10	0.25	0.20	0.14	0.08	0.06	0.04
帆布	空气层厚4.5	0.05	0.10	0.40	0.25	0.25	0.20
帆布	空气层厚2+矿渣棉2.5	0.20	0.50	0.65	0.50	0.32	0.20
聚乙烯薄膜	玻璃棉5	0.25	0.70	0.90	0.90	0.60	0.50
人造革	玻璃棉2.5	0.20	0.70	0.90	0.55	0.33	0.20

2. 薄膜共振吸声结构

用刚度很小的弹性材料（如聚乙烯薄膜、漆布、不透气的帆布以及人造革等），在其后设置空气层，就构成薄膜共振吸声结构。薄膜结构与薄板结构的吸声机理基本相同，薄板结构固有频率的计算公式同样适用于薄膜结构。一般在膜后填充多孔吸声材料可改善低频吸声性能。膜的面密度比较小，故其共振频率向高频移动。通常薄膜结构的共振频率为200～1000Hz，最大吸声系数为0.3～0.4。

3. 穿孔板共振吸声结构

将钢板、铝板或者其他非金属的木板、硬质纤维板、胶合板、塑料板、石棉水泥板等，以一定的孔径和穿孔率打上孔，并在板后留有一定厚度的空气层，就构成穿孔板共振吸声结构。穿孔板上每一个孔后都有对应的空腔，相当于许多并联的亥姆霍兹共振腔。穿孔板孔颈中的空气柱受声波激发产生振动，由于摩擦和阻尼作用而消耗掉一部分声能量。当入射声波的频率与结构的固有频率一致时将产生共振，空气柱往复振动的速度、幅值最大，此时消耗的声能量最多，吸声最强。共振频率的计算公式如下。

$$f_0 = \frac{c}{2\pi}\sqrt{\frac{p}{L_k D}} \tag{12-2}$$

式中　f_0——共振频率，Hz；

　　　c——声速，m/s；

　　　p——穿孔率，即板上穿孔面积占板总面积的百分比，%；

　　　D——穿孔板后空气层的厚度，m；

　　　L_k——孔颈的有效长度，m；

当孔径 d 大于板厚 t 时，$L_k = t + 0.8d$；当空腔内贴多孔材料时，$L_k = t + 1.2d$。

穿孔板上的穿孔排列方式一般有正方形和三角形两种。穿孔率越高，每个共振腔所占的体积越小，共振频率就越高。可通过改变穿孔率来控制共振频率。穿孔率应小于20%，否则会大大降低其吸声性能。在工程设计中通常要求共振频率在100～4000Hz，板厚一般取1.5～13mm，孔径ϕ2～ϕ15mm，孔心距为10～100mm，穿孔率为0.5%～5%，甚至可达15%，空腔深为50～300mm。穿孔板吸声结构具有较强的频率选择性，仅在共振频率附近才有最佳吸声性能，偏离共振频率，吸声效果明显下降。为增加吸声频带宽度，可在穿孔板背后贴一层纱布或玻璃布，也可在空腔内填装多孔性吸声材料。常用穿孔板共振吸声结构的吸声系数见表 12-5，常用组合共振吸声结构的吸声系数见表 12-6。

表 12-5　常用穿孔板共振吸声结构的吸声系数

材料	结构尺寸/mm	各频率下的吸声系数					
		125Hz	250Hz	500Hz	1000Hz	2000Hz	4000Hz
三合板	孔径 $\phi5$,孔距 40,空气层厚 100	0.37	0.54	0.30	0.08	0.11	0.19
	孔径 $\phi5$,孔距 40,空气层厚 100,板内贴一层玻璃布	0.28	0.70	0.51	0.20	0.16	0.23
	孔径 $\phi5$,孔距 40,空气层厚 100,内填矿渣棉（25kg/m³）	0.69	0.73	0.51	0.28	0.19	0.17
五合板	孔径 $\phi5$,孔距 25,空气层厚 50	0.01	0.25	0.54	0.30	0.16	0.19
	孔径 $\phi5$,孔距 25,空气层厚 50,内填矿渣棉（25kg/m³）	0.23	0.60	0.86	0.47	0.26	0.27
	孔径 $\phi5$,孔距 25,空气层厚 100	0.09	0.45	0.48	0.18	0.19	0.25
	孔径 $\phi5$,孔距 25,空气层厚 100,内填矿渣棉（8kg/m³）	0.20	0.99	0.61	0.32	0.23	0.59
硬纤维板	孔径 $\phi4$,孔距 24,空气层厚 75	0.10	0.24	0.50	0.10	0.66	0.08
胶合板	孔径 $\phi10$,孔距 45,空气层厚 40	0.38	0.32	0.28	0.25	0.23	0.14
	孔径 $\phi6$,孔距 40,空气层厚 50	0.36	0.59	0.49	0.62	0.52	0.38
钢板	孔径 $\phi5$,板厚 1,穿孔率 2%,空气层厚 150,内填超细玻璃棉（25kg/m³）	0.85	0.70	0.60	0.41	0.25	0.25
	孔径 $\phi9$,板厚 1,穿孔率 10%,空气层厚 60,内填玻璃棉（30kg/m³）	0.38	0.63	0.60	0.60	0.54	0.44
	孔径 $\phi5$,板厚 1,穿孔率 5%,空气层厚 150,内填玻璃棉（25kg/m³）	0.60	0.65	0.60	0.55	0.40	0.30
	孔径 $\phi9$,板厚 1,穿孔率 20%,空气层厚 60,内填玻璃棉（30kg/m³）	0.13	0.63	0.60	0.66	0.69	0.67
	孔径 $\phi5$,板厚 1.5,穿孔率 1%,空气层厚 150	0.58	0.65	0.07	0.06	0.06	—
铝板	孔径 $\phi3$,孔距 15,空气层厚 75	0.13	0.37	0.67	0.56	0.32	0.21

表 12-6　常用组合共振吸声结构的吸声系数

种类	吸声结构		各频率下的吸声系数					
	护面结构 ϕ—孔径,mm；t—板厚,mm；p—穿孔率,%	吸声层厚 /cm	125Hz	250Hz	500Hz	1000Hz	2000Hz	4000Hz
穿孔板加超细玻璃棉	前置 $\phi5,t=2.5,p=5$	10	0.39	0.45	0.36	0.42	0.32	0.25
	前置 $\phi9,t=1,p=20$	6	0.13	0.63	0.60	0.66	0.69	0.67
	前置 $\phi5,t=2,p=25$	5	0.11	0.36	0.89	0.71	0.79	0.75
	前置 $\phi5,t=2.5,p=24$	10	0.13	0.77	0.78	0.70	0.90	0.95
穿孔板加聚氨酯泡沫塑料	前置 $\phi4,t=2,p=12$	4	0.10	0.22	0.58	0.99	0.99	0.65
	前置 $\phi5,t=2,p=25$	5	0.25	0.30	0.50	0.51	0.51	0.50
	前置 $\phi10,t=2,p=25$	5	0.25	0.31	0.49	0.51	0.51	0.43
穿孔板加玻璃棉再加空气层	前置 $\phi6,t=7,p=6$,空气层厚 150	2.5	0.50	0.85	0.90	0.60	0.35	0.20
	前置 $\phi5,t=1,p=10$,空气层厚 150	1.5	0.20	0.55	0.75	0.60	0.60	0.25
	前置 $\phi4,t=4,p=5$,空气层厚 180	5	0.40	0.90	0.70	0.50	0.45	0.35
	前置 $\phi4,t=5,p=5$,空气层厚 500	2.5	0.85	0.60	0.70	0.65	0.45	0.35
	前置 $\phi4,t=7,p=4$,空气层厚 300	2.5	0.70	0.80	0.60	0.55	0.35	0.25
	前置 $\phi8,t=5,p=8$,空气层厚 150	5	0.30	0.80	0.80	0.70	0.65	0.55

4. 微穿孔板吸声结构

微穿孔板吸声结构由具有一定穿孔率、孔径小于 1mm 的金属薄板与板后的空气层组成。金属板厚 t 一般取 $0.2 \sim 1 mm$，孔径 ϕ 取 $0.2 \sim 1 mm$，穿孔率 p 取 $1\% \sim 4\%$，p 取 $1\% \sim 2.5\%$ 时吸声效果最佳。微穿孔板吸声结构由于板薄、孔径小、声阻抗大、质量小，因而吸声系数和吸声频带宽度比穿孔板吸声结构要好，并具有结构简单、加工方便，特别适合于高温、高速、潮湿以及要求清洁卫生的环境下使用等优点。在实际应用中，为使吸声频带向低频方向扩展，可采用双层或多层微穿孔板吸声结构。

三、室内声场和吸声降噪量

1. 室内声场

（1）室内声场的声压级

当室内声源发出声波后，碰到室内各表面多次反射，形成混响声。室内某一点接收到的是直达声和反射声的叠加结果，图 12-6 为直达声与反射声的传播示意图。

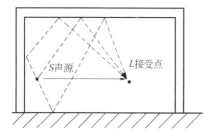

图 12-6　直达声与反射声的传播示意

壁面对声音的反射能力越大，混响声也越强，室内的噪声级就提高得越多。噪声碰到吸声材料、吸声结构、吸声体或吸声屏后，一部分声能被吸收掉，使反射声能减弱，总的噪声级就会降低。因此，吸声处理方法只能吸收反射声，也就是说只能降低室内混响声，对于直达声没有什么效果。

一个房间吸声处理后的实际吸声量，不仅与吸声系数的大小有关，而且还与使用吸声材料的面积有关。如果某房间墙面上装饰几种材料时，则该房间的总吸声量为

$$A = S_1 \alpha_1 + S_2 \alpha_2 + \cdots + S_n \alpha_n = \sum S_i \alpha_i \tag{12-3}$$

房间的平均吸声系数为

$$\bar{\alpha} = \frac{S_1 \alpha_1 + S_2 \alpha_2 + \cdots + S_n \alpha_n}{S_1 + S_2 + \cdots + S_n} = \frac{\sum S_i \alpha_i}{\sum S_i} \tag{12-4}$$

房间内某点的噪声由直达声与反射声两部分构成。

直达声的声压级 L_{pd} 为

$$L_{pd} = L_W + 10 \lg \frac{Q}{4\pi r^2} \tag{12-5}$$

反射声的声压级 L_{pr} 为

$$L_{pr} = L_W + 10 \lg \frac{4}{R} \tag{12-6}$$

房间内直达声和反射声叠加后总声压级 L_p 为

$$L_p = L_W + 10 \lg \left(\frac{Q}{4\pi r^2} + \frac{4}{R} \right) \tag{12-7}$$

式中　L_p——房间内某一接收点的声压级，dB；

　　　L_W——噪声源的声功率级，dB；

　　　$\dfrac{Q}{4\pi r^2}$——直达声场的作用；

　　　r——接收点与噪声源的距离，m；

　　　Q——声源的指向性因素，可由表 12-7 查得；

$\dfrac{4}{R}$——混响声场（反射声）的作用；

R——房间常数，$R=\dfrac{S\bar{\alpha}}{1-\bar{\alpha}}$，$\mathrm{m}^2$。

S——房间的总表面积，m^2；

$\bar{\alpha}$——平均吸声系数。

表 12-7　声源的指向性因素

声源位置	指向性因素 Q	声源位置	指向性因素 Q
室内几何中心	1	室内某一边线中心点	4
室内地面或某墙面中心	2	室内八个角处之一	8

（2）混响半径

由式（12-7）可知，在声源的声功率级为定值时，房间内的声压级由接收点到声源距离 r 和房间常数 R 决定。当接收点离声源很近时，$\dfrac{Q}{4\pi r^2}\gg\dfrac{4}{R}$，室内声场以直达声为主，混响声可以忽略；当接受点离声源很远时，$\dfrac{Q}{4\pi r^2}\ll\dfrac{4}{R}$，室内声场以混响声为主，直达声可以忽略，这时声压级 L_p 与距离无关；当 $\dfrac{Q}{4\pi r^2}=\dfrac{4}{R}$ 时，直达声与混响声的声能密度相等，这时的距离 r 称为临界半径，记作 r_c。

$$r_\mathrm{c}=\frac{1}{4}\sqrt{\frac{QR}{\pi}}=0.14\sqrt{QR} \tag{12-8}$$

当 $Q=1$ 时的临界半径又称混响半径。

由于吸声降噪是通过吸声材料将入射到房间壁面的声能吸收掉，从而降低室内噪声，因此，它只对混响声起作用，当接收点离声源的距离小于临界半径时，吸声处理对该点的降噪效果不大；反之，当接收点离声源的距离大大超过临界半径时，吸声处理才有明显的效果。

（3）室内声衰减和混响时间

当声源开始向室内辐射声能时，声波在室内空间传播，当遇到壁面时，部分声能被吸收，部分被反射；声能在声波的继续传播中多次被吸收和反射，在空间就形成了一定的声能密度分布。随着声源不断供给能量，室内声能密度将随时间增加，当单位时间内被室内吸收的声能与声源供给声能相等时，室内声能密度不再增加而处于稳定状态。一般情况下，大约仅需 1~2s 的时间，声能密度的分布即接近于稳态。

当声场处于稳态时，若声源突然停止发声，室内各点的声能并不立即消失，而要有一个过程。首先是直达声消失，反射声将继续下去。每反射一次，声能被吸收一部分，因此，室内声能密度逐渐减弱，直到完全消失。这一过程称为混响过程。在此过程中，室内声能密度随时间做指数衰减。房间的内表面积越大，吸声量也越大，衰减越快；房间的容积越大，衰减越慢。

混响时间是表征房间混响声学特性的物理量。在室内混响声场达到稳态后，立即停止发声，声能密度衰减到原来的百万分之一，即衰减 60dB 所需的时间定义为混响时间，以 T_{60} 表示。据此定义可得其计算式。

$$T_{60}=\frac{0.161V}{-S\ln(1-\bar{\alpha})+4mV} \tag{12-9}$$

空气衰减常数 m 与湿度和声波的频率有关，随频率的升高而增大。低于 2000 Hz 的声音的 m 可以忽略。室温下，$4m$ 与频率和相对湿度的关系见表 12-8。

表 12-8　$4m$ 与频率和相对湿度的关系（20℃）

频率/Hz	室内相对湿度/%			
	30	40	50	60
2000	0.012	0.010	0.010	0.009
4000	0.038	0.029	0.024	0.022
6300	0.084	0.062	0.050	0.043

当室内声音频率低于 2000Hz 时，且平均吸声系数 $\bar{\alpha} < 0.2$，$-\ln(1-\bar{\alpha}) \approx \bar{\alpha}$，式（12-9）可简化为

$$T_{60} = \frac{0.161V}{S\bar{\alpha}} \tag{12-10}$$

混响时间的长短直接影响到室内的音质，混响时间过长会使人感到声音混浊不清，过短又缺乏共鸣感。要达到良好的音质效果，可以通过调整各频率的平均吸声系数 $\bar{\alpha}$，以获得各主要频率的最佳混响时间。

2. 吸声降噪量

由式（12-7）可知，在室内空间某点确定位置，当声源声功率级 L_W 和声源指向性因子 Q 确定后，只有改变房间常数 R，才能使 L_p 值发生变化。房间常数 R 是反映房间声学特性的主要参数，与噪声源的性质无关。

假设室内吸声处理前后的声压级、房间常数和平均吸声系数分别为 L_{p1}、L_{p2}，R_1、R_2 和 $\bar{\alpha}_1$、$\bar{\alpha}_2$，则吸声处理前后距离声源 r 处相应的声压级分别为

$$L_{p1} = L_W + 10\lg\left(\frac{Q}{4\pi r^2} + \frac{4}{R_1}\right) \tag{12-11}$$

$$L_{p2} = L_W + 10\lg\left(\frac{Q}{4\pi r^2} + \frac{4}{R_2}\right) \tag{12-12}$$

吸声降噪量 ΔL_p 为

$$\Delta L_p = L_{p1} - L_{p2} = 10\lg \frac{\dfrac{Q}{4\pi r^2} + \dfrac{4}{R_1}}{\dfrac{Q}{4\pi r^2} + \dfrac{4}{R_2}}$$

在声源附近，直达声占主导地位，即 $\dfrac{Q}{4\pi r^2} \gg \dfrac{4}{R}$，略去 $\dfrac{4}{R}$ 项，则 $\Delta L_p = 0$，说明吸声处理对近声场无降噪效果；在距声源足够远处，混响声占主导地位，即 $\dfrac{Q}{4\pi r^2} \ll \dfrac{4}{R}$，略去 $\dfrac{Q}{4\pi r^2}$ 项，则

$$\Delta L_p \approx 10\lg \frac{R_2}{R_1} = 10\lg \frac{\bar{\alpha}_2(1-\bar{\alpha}_1)}{\bar{\alpha}_1(1-\bar{\alpha}_2)} \tag{12-13}$$

此式适用于远离声源处的吸声降噪量的估算。对于一般室内稳态声场，如工厂厂房，都是砖及混凝土砌墙、水泥地面与天花板，吸声系数都很小，因此有 $\bar{\alpha}_1\bar{\alpha}_2$ 远小于 $\bar{\alpha}_1$ 或 $\bar{\alpha}_2$，则式（12-13）可简化为

$$\Delta L_p = 10\lg\frac{\overline{\alpha_2}}{\overline{\alpha_1}} \tag{12-14}$$

由于 $\overline{\alpha_1}$ 和 $\overline{\alpha_2}$ 通常是按实测混响时间 T_{60} 得到的，若以 T_1 和 T_2 分别表示吸声处理前后的混响时间，利用式（12-10）和式（12-14）可得

$$\Delta L_p = 10\lg\frac{T_1}{T_2} \tag{12-15}$$

按式（12-14）和式（12-15）将室内吸声状况和相应降噪量列于表 12-9。

表 12-9　室内吸声状况和相应降噪量

$\overline{\alpha_2}/\overline{\alpha_1}$ 或 T_1/T_2	1	2	3	4	5	6	8	10	20	40
ΔL_p/dB	0	3	5	6	7	8	9	10	13	16

四、吸声降噪设计与应用

1. 吸声降噪设计与计算

（1）吸声降噪措施的应用范围

吸声处理只能降低反射声的影响，对直达声是无能为力的，不能希望通过吸声处理而降低直达声。吸声降噪的效果是有限的，其降噪量一般为 3～10dB。吸声降噪的实际效果主要取决于所用吸声材料或吸声结构的吸声性能、室内表面情况、室内容积、室内声场分布、噪声频谱以及吸声结构安装位置是否合理等因素。选用吸声降噪措施时应考虑以下因素。

① 吸声降噪效果与原房间的吸声情况关系　当原房间内壁面平均吸声系数较小时，如壁面采用吸声系数较小的坚硬而光滑的混凝土抹面，采用吸声降噪措施，才能收到良好效果；如原房间壁面及物体已具有一定的吸声量，即吸声系数较大，再采取吸声降噪措施，则效果非常有限。原则上，吸声处理后的平均吸声系数应比处理前大两倍以上，吸声降噪才有明显效果，即噪声降低 3dB 以上。

② 室内的声源情况对吸声降噪效果的影响　若室内分散布置多个噪声源（如纺织厂的织布车间），对每一噪声源进行降噪处理比较困难。因室内各处直达声都很强，吸声处理效果有限，一般吸声降噪量为 3～4dB，但由于减少了混响声能，室内工作人员主观感觉上消除了来自四面八方的噪声干扰，反应良好。吸声处理对于接近声源的接受者效果较差，对于远离声源的接受者效果较好，而对周围的环境噪声降低效果更为显著。

③ 房间的形状、大小及所用吸声材料或吸声结构的布置对吸声降噪效果的影响　在容积大的房间内，声源附近近似于自由声场，直达声占优势，吸声处理效果较差。在容积小的房间内，反射声的声能量所占比例很大，吸声处理效果就比较理想。实践经验表明，当房间容积小于 3000m³ 时，采用吸声处理效果较好。若房间虽大，但其形状向一个方向延伸，顶棚较低，长度或宽度大于其高度的 5 倍，采用吸声降噪措施，效果比同体积的立方体房间要好。拱形屋顶，有声聚焦的房间，采用吸声降噪措施效果最好。吸声材料和吸声结构应布置在噪声最强烈的地方。房间高度小于 6m 时，应将一部分或全部顶棚进行吸声处理；若房间高度大于 6m，则最好在声源附近的墙壁上进行吸声处理或在其附近设置吸声屏或吸声体。

④ 吸声材料的吸声性能及价格　选用吸声材料和吸声结构时，首先应有利于降低声源频谱的峰值频率噪声，尤其是中高频峰值频率噪声的降低，对吸声降噪效果的影响最为明显。所用吸声材料和吸声结构的吸声性能应比较稳定，价格低廉，施工方便，符合卫生要求，对人无害，应防火、美观、经久耐用。

实际工程中，对一个未经吸声处理的车间采用适当的吸声降噪措施，使车间内的噪声平均降低5~7dB是比较切实可行的。要想获得更高的减噪效果，困难会大幅度增加，往往得不偿失。吸声处理后使噪声降低5~7dB，已经可以产生良好的减噪效果，主观感觉上噪声明显变小，从而做到技术可行，经济合理。

（2）吸声降噪设计的一般步骤

对室内采取吸声降噪措施，设计工作的步骤与一般噪声控制步骤大致相同。但在具体技术细节上有其特殊性。吸声减噪设计工作步骤简述如下。

① 了解噪声源的声学特性　首先要了解噪声源的倍频程声功率级和总声功率级。可根据产品的噪声指标确定定型机电设备的声功率级，如缺乏现成的噪声资料，就应在实验室或现场预先测定。其次应了解噪声源的指向特性。在噪声控制工程中，噪声源的几何尺寸一般不大，可将其视为点声源，指向性因数值由噪声源在房间内的位置确定。

② 了解房间的几何性质及吸声处理前的声学特性　主要了解房间的容积和壁面的总面积。房间内可移动物体（如车间内的机电设备）所占的体积不必在房间总容积内扣除，其表面积也不必计算在壁面总面积内。此外，应注意房间的几何形状，特别应注意房间内是否存在凹反射面，房间的长度、宽度和高度是否可相比拟，即房间的几何形状是否能保证房间内的声场近似为完全扩散的声场。

房间的声学特性一般由壁面无规入射吸声系数 $\bar{\alpha}$ 或吸声量 A 来反映。在吸声处理前，需根据各壁面材料的吸声系数求出房间各倍频程的平均吸声系数 $\bar{\alpha}_1$，或通过现场测量相关参数（如混响时间等）求出 $\bar{\alpha}_1$ 或 A。

普通建筑材料无规入射吸声系数见表 12-10。

表 12-10　普通建筑材料无规入射吸声系数

建筑材料	各频率下的吸声系数					
	125Hz	250Hz	500Hz	1000Hz	2000Hz	4000Hz
砖墙(墙面不匀缝)	0.15	0.19	0.21	0.28	0.38	0.46
砖墙(墙面匀缝)	0.03	0.03	0.04	0.05	0.06	0.06
砖墙(墙面抹灰)	0.02	0.02	0.02	0.03	0.04	0.04
砖墙(墙面抹灰并涂油漆)	0.01	0.01	0.02	0.02	0.02	0.02
普通混凝土地面	0.01	0.02	0.02	0.02	0.04	0.04
混凝土地面(涂油漆)	0.01	0.01	0.01	0.02	0.02	0.02
水磨石地面	0.01	0.01	0.01	0.02	0.02	0.02
钢丝网抹石灰砂浆	0.04	0.05	0.06	0.08	0.04	0.06
木板条抹石灰砂浆	0.02	—	0.03	—	0.04	—
地毯(绒毛层厚 10mm)	0.10	0.10	0.30	0.30	0.27	—
地毯(绒毛层厚 9mm,铺在混凝土地面)	0.09	0.08	0.21	0.26	0.27	0.37
地毯(绒毛层厚 9mm,铺在 3mm 厚的毡垫上)	0.11	0.14	0.37	0.43	0.27	0.30
橡皮地毯(铺在混凝土地面上)	0.04	0.04	0.08	0.20	0.08	—
门窗帘(绸,重量 0.34kg/m², 无褶皱)	0.04	—	0.11	—	0.30	—
门窗帘(棉布,重量 0.5kg/m², 有褶皱)	0.07	—	0.47	—	0.66	—
门窗帘(长毛绒,重量 0.65kg/m², 有褶皱)	0.14	0.35	0.55	0.72	0.70	0.65
玻璃窗	0.30	0.20	0.15	0.10	0.06	0.04
胶合板(贴有裱糊纸)	0.12	0.12	0.06	0.08	0.09	0.12
木墙裙	0.10	0.10	0.10	0.08	0.08	0.11
木镶板	0.08	—	0.06	—	0.06	—
木地板	0.15	0.11	0.10	0.06	0.07	0.07
铺实木地板(下面为沥青层)	0.04	0.04	0.07	0.06	0.06	0.07

房间中人和家具的吸声量见表 12-11。

表 12-11　房间中人和家具的吸声量　　　　　　　　　　单位：m²

名称	各频率下的吸声系数					
	125Hz	250Hz	500Hz	1000Hz	2000Hz	4000Hz
单个的人	0.30	0.39	0.44	0.51	0.56	0.53
胶合板制椅子	0.01	0.02	0.02	0.03	0.05	0.05
做有人员的木椅	0.14	0.28	0.44	0.51	0.55	0.46
软椅（包钉布料）	0.15	0.20	0.20	0.25	0.30	0.30
半软椅	0.08	0.10	0.15	0.15	0.20	0.20
沙发	0.23	0.37	0.42	0.44	0.42	0.37
办公桌	0.09	—	0.10	—	0.11	—

③ 确定吸声处理前需进行噪声控制处的实际倍频程声压级 L_{p1i} 和 A 声级 L_{A1}。根据噪声的容许标准，确定控制处应达到的倍频程声压级 L_{p2i} 和 A 声级 L_{A2}。由实际噪声级数值与容许标准间的差值，即可确定各倍频程所需的降噪量。

④ 根据吸声处理应达到的减噪量，求出吸声处理后相应的壁面各倍频程平均吸声系数 $\overline{\alpha}_2$，确定需要增加的吸声量。

⑤ 合理选用吸声材料的种类及吸声结构的类型，确定吸声材料的厚度、容重、吸声系数，计算所需吸声材料的面积，确定安装方式。

应注意，房间内可供铺设吸声材料或吸声结构的面积有一定限制。假如做吸声处理后要求达到的平均吸声系数过大（如大于 0.5）时，那么实际上就很难实现。表明这时单纯采用吸声处理不能达到预期要求，必须另作考虑。

[例 12-1]　某车间长 16m，宽 8m，高 3m，在侧墙边有 2 台机床，其噪声波及整个车间。采用吸声降噪措施，使距机床 8m 以外处噪声降至噪声评价曲线 NR-55，试做吸声处理设计。

解：该吸声降噪设计按如下步骤进行（吸声设计数据见表 12-12）。

表 12-12　吸声设计数据

序号	项目	各倍频程中心频率下的参数						说明
		125Hz	250Hz	500Hz	1000Hz	2000Hz	4000Hz	
1	距机床 8m 处噪声声压级/dB	70	62	65	60	56	53	实测值
2	噪声容许标准/dB	70	63	58	55	52	50	NR-55 噪声评价曲线
3	所需降噪量/dB	—	—	7	5	4	3	(1)-(2)
4	处理前的平均吸声系数 $\overline{\alpha}_1$	0.06	0.08	0.08	0.09	0.11	0.11	实测或计算
5	处理后应有的平均吸声系数 $\overline{\alpha}_2$	0.06	0.08	0.40	0.30	0.34	0.35	
6	现有吸声量/m²	24	32	32	36	44	44	$A_1 = S\overline{\alpha}_1$，$S = 400 \text{m}^2$
7	应有吸声量/m²	24	32	160.4	113.8	110.5	87.8	$A_2 = A_1 10^{0.1\Delta L_p}$
8	需要增加的吸声量/m²	0	0	128.4	77.9	66.5	44	(7)-(6)
9	选用穿孔板加超细玻璃棉吸声系数 α	0.11	0.36	0.89	0.71	0.79	0.75	查表 12-6
10	所需吸声材料数量/m²	0	0	144.3	109.7	84	56	(8)÷(9)

① 在设计前现场测量距机床 8m 处噪声各倍频程声压级数值。

② 根据噪声控制目标值，查噪声评价曲线 NR-55，得出各倍频程容许的声压级数值。

③ 计算各倍频程声压级所需的降噪值。

④ 由 $\overline{\alpha}_1 = \dfrac{\sum S_i \alpha_i}{\sum S_i}$ 计算吸声处理前各倍频程的平均吸声系数或进行实际测量。

⑤ 根据所需降噪量及 $\bar{\alpha}_1$ 由式（12-14）求出处理后应有的各倍频程的平均吸声系数 $\bar{\alpha}_2$。即 $\bar{\alpha}_2 = \bar{\alpha}_1 10^{0.1\Delta L_p}$，如 500Hz 处所应有的吸声系数为

$$\bar{\alpha}_2 = 0.08 \times 10^{0.1 \times 7} = 0.4$$

⑥ 计算吸声处理前的吸声量 A_1，该房间的内表面积 $S = 400 \text{m}^2$，则 500Hz 处的吸声量为

$$A_1 = S\bar{\alpha}_1 = 400 \times 0.08 = 32 \ (\text{m}^2)$$

⑦ 计算应有吸声量。如在 500Hz 处的吸声量为

$$A_2 = A_1 10^{0.1\Delta L_p} = 32 \times 10^{0.1 \times 7} = 160.4 \ (\text{m}^2)$$

⑧ 计算所需增加的吸声量。如在 500Hz 处的吸声量为

$$A_2 - A_1 = 160.4 - 32 = 128.4 \ (\text{m}^2)$$

⑨ 选择穿孔板加超细玻璃棉吸声结构。穿孔板 $\phi 5 \text{mm}$，$p = 25\%$，$t = 2 \text{mm}$，吸声层厚 5cm。

⑩ 计算所需吸声材料的数量。如在 500Hz 处，需要吸声材料的数量为

$$128.4 \div 0.89 = 144.3 \ (\text{m}^2)$$

由计算结果可知，室内加装 144.3m^2 吸声组合结构，即可满足 NR-55 的要求。

2. 吸声降噪实例

某冷冻站车间长 60m，宽 18m，平均高 10.3m。车间内装有 22 台 25CF 螺杆式制冷机组，单机制冷量为 903767MJ/h，转速为 2950r/min，电动机功率为 500kW。由于该机房壁面为混凝土弓形屋架铺大型屋面板和砖墙结构，反射声很强，混响时间长。经现场测定，单台机组运行时，距离 1m 处的噪声级为 93～100dB（A），平均为 94dB（A），并以中频为主。22 台机组同时运行时车间内平均噪声级为 100dB（A）以上。要求采用吸声降噪措施。

针对该车间的实际情况，采用的吸声设计如下：在车间顶部悬挂 32 块空间吸声板，每块面积为 $5.2 \times 2.2 \text{m}^2$，厚 7.5cm，吸声板总面积为 366m^2，占整个顶部面积的 34%。吸声板以角钢为骨架，下方以钢板网作护面，内填容重为 20kg/m^3 的超细玻璃棉（外包一层玻璃布），每块重 270kg。冷冻站车间水平悬挂吸声体及剖面见图 12-7。

由于空间吸声板双面都起吸声作用，吸声系数较高，从而使吸声面积减少，节省投资。

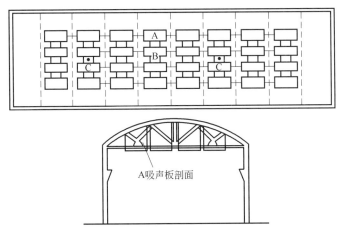

图 12-7 冷冻站车间水平悬挂吸声体及剖面
A—空间吸声板；B—声源；C—测点

吸声处理后，该冷冻站车间内实测的噪声级降到88～91dB（A），混响时间由原来的5s降到1.7s，主观感觉有明显改善，基本达到了预期效果，但并没有使车间内平均噪声级控制在噪声容许标准以内。

从该实例中可以看出，对这样的高噪声车间仅靠吸声措施很难达到噪声的允许标准。若要达到较理想的效果，就需对噪声源做隔声处理或在降低噪声源上下功夫，在噪声源附近设置隔声屏或采取个人防护措施等，才能比较经济合理地达到噪声允许标准。

第二节　隔声设备的设计与应用

一、隔声基本知识

1. 隔声的评价

（1）隔声量

1）透声系数

声波入射到构件上，假设 E_i 为入射声能量，E_a 为构件吸收的声能量，E_r 为反射声能量，E_t 为透射声能量。透射声能 E_t 与入射声能 E_i 之比称为透声系数或透射系数 τ，即

$$\tau = \frac{E_t}{E_i} \tag{12-16}$$

一般隔声结构的透声系数通常是指无规入射时各入射角透声系数的平均值。透声系数越小，表明透声性能越差，隔声性能越好。

2）隔声量

隔声量也称透声损失或传声损失，用 R 表示，单位是 dB。表达式为

$$R = 10\lg \frac{1}{\tau} \tag{12-17}$$

隔声量通常由实验室和现场测量两种方法确定。现场测量时，因为实际隔声结构传声途径较多，即受侧向传声等原因的影响，其测量值一般要比实验室测量值低。

3）平均隔声量

隔声量是频率的函数，同一隔声结构不同的频率具有不同的隔声量。在工程应用中，通常将中心频率为 $125～4000Hz$ 的 6 个倍频程或 $100～3150Hz$ 的 16 个 1/3 倍频程的隔声量进行算术平均，叫平均隔声量。平均隔声量作为一种单值评价量，在工程设计应用中，由于未考虑人耳听觉的频率特性以及隔声结构的频率特性，因此尚不能确切地反映该隔声构件的实际隔声效果。例如，两个隔声结构具有相同的平均隔声量，但对于同一噪声源可以有不同的隔声效果。

（2）隔声指数

隔声指数是国际标准化组织推荐的对隔声构件的隔声性能的一种评价方法。隔声结构的空气隔声指数按以下方法求得。隔声墙空气隔声指数参考曲线如图 12-8 所示。

先测得某隔声结构的隔声量频率特性曲线，如图 12-8 中的曲线 1 或曲线 2 分别代表两种隔声墙的隔声特性曲线；图 12-8 还绘出了一簇参考折线，每条折线右边标注的数字相对于该折线上 $500Hz$ 所对应的隔声量。把所测得的隔声曲线与一簇参考折线相比较，求出满足下列两个条件的最高一条折线，该折线所对应的数字即为空气隔声指数 I_a。

① 在任何一个 1/3 倍频程上，曲线低于参考折线的最大差值不得大于 8dB；

② 对全部 16 个 1/3 倍频程中心频率（100～3150Hz），曲线低于折线的差值之和不得大于 32dB。

用平均隔声量和隔声指数分别对图 12-8 中两条曲线的隔声性能进行评价比较。可以求出两种隔声墙的平均隔声量分别为 41.8dB 和 41.6dB，基本相同。按上述方法求得它们的隔声指数分别为 44 和 35，显然隔声墙 1 的隔声性能要优于隔声墙 2。

（3）插入损失

插入损失定义为：离声源一定距离某处测得的隔声结构设置前的声功率级 L_{W1} 和设置后的声功率级 L_{W2} 之差值，记作 IL，即

$$IL = L_{W1} - L_{W2} \qquad (12-18)$$

插入损失通常在现场用来评价隔声罩、隔声屏障等隔声结构的隔声效果。

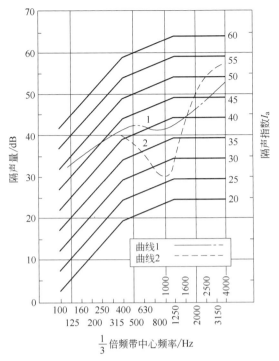

图 12-8　隔声墙空气隔声指数参考曲线

2. 单层隔声结构

单层密实均匀板材隔声结构（砖墙、混凝土墙、金属板、木板等）受到声波作用后，其隔声性能主要取决于板的面密度、板的劲度、材料的内阻尼和声波的频率。图 12-9 是单层均质结构的隔声特性曲线。按频率可分为三个区域，即劲度和阻尼控制区（Ⅰ）、质量控制区（Ⅱ）、吻合效应和质量控制延续区（Ⅲ）。

当声波频率低于结构的共振频率时，构件的振动速度反比于比值 K/f，其中 K 为构件的劲度，f 为声波频率，构件的隔声量与劲度成正比，所以这个频率范围称为劲度控制区。在此区域内，构件的隔声量随频率的增加，以 6dB/倍频程的斜率下降。

随着频率的增加，进入共振频率控制的频段，在共振频率处构件的隔声量最小，主要由阻尼控制。共振频率与构件的几何尺寸、面密度、弯曲劲度和外界条件有关。一般建筑构件（砖、钢筋混凝土等构成的墙体）的共振频率很低（低于听阈频率），可以不予考虑。对于金属板等障板，其共振频率可能分布在声频范围内，会影响隔声效果。

随着频率的继续增加，共振的影响逐渐消失，构件的振动速度开始受惯性质量（单位面积质量）的影响，即进入质量控制区。在此区域内，构件面密度越大，其惯性阻力也越大，振动速度越小，隔声量也就越大，并随频率的增加以 6dB/倍频程的斜率增大。通常采用隔声结构降低噪声的传播，就是利用这种质量控制特性。因此，单层均质隔声构件的隔声性能主要取决于构件的面密度和声波的频率，此即质量定律。其隔声量可用以下经验公式计算。

$$R = 18\lg m + 12\lg f - 25 \qquad (12-19)$$

式中　R——隔声量，dB；

　　　m——面密度，kg/m²；

　　　f——声波频率，Hz。

当频率继续上升到一定数值后，进入吻合效应和质量控制延续区，质量效应与弯曲劲度效应相抵消，隔声量下降，出现吻合效应。所谓吻合效应是指某一频率的声波以一定的角度入射到构件表面，当入射声波的波长在构件表面上的投影恰好等于板的弯曲波波长 λ_B，即 $\lambda = \lambda_B \sin\theta$ 时（见图 12-10），构件振动最大，透声也最多，隔声量显著下降而并不遵守质量定律。

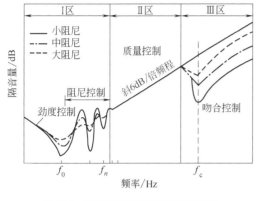

图 12-9　单层均质结构的隔声特性曲线　　　　图 12-10　构件产生吻合效应示意

产生吻合效应的入射声波频率称为吻合频率。产生吻合效应的最低频率称为临界频率。临界频率 f_c 与构件本身的固有性质有关，可用下式计算。

$$f_c = \frac{c^2}{2\pi b}\sqrt{\frac{12\rho(1-\mu^2)}{E}} \qquad (12\text{-}20)$$

式中　f_c——临界频率，Hz；

　　　c——空气中声速，m/s；

　　　b——隔声构件的厚度，m；

　　　ρ——隔声构件的密度，kg/m^3；

　　　μ——材料的泊松比，一般取 $\mu=0.3$；

　　　E——材料的弹性模量，N/m^2。

由式（12-20）可知，临界频率的大小与构件的密度、厚度、弹性模量等因素有关。一般砖墙、混凝土墙都很厚重，其临界频率多发生在低频段，即在人耳听阈范围以外，人们感受不到。而轻薄的板墙，如各种金属板和非金属板等，临界频率多发生在可听声频率范围内，所以人们感到漏声较多。因此在墙体构件设计时，应尽可能使临界频率发生在低频范围内（100Hz 以下），而对于较薄墙体的设计则应设法将临界频率推向 5000Hz 以上的高频范围。同时，要考虑所控制噪声的频率特性，合理选择隔声材料，以求在可听声频率范围内获得最佳的隔声效果。

3. 双层隔声结构

单层隔声结构的隔声量随面密度的增加而提高，但效果有限。若按质量定律，构件厚度增加一倍（即面密度增加一倍），隔声量只提高 5.4dB。在工程上单靠增加隔声构件的厚度来提高隔声量很不经济，许多情况下也不现实。采用双层或多层墙板，各层之间留有空气层，或在空气层中填充一些吸声材料，由于空气层起到一定的缓冲作用，使受声波激发振动的能量得到较大的衰减，比相同厚度的单层隔声构件具有更好的隔声性能。双层结构的隔声量可用如下经验公式计算。

一般情况下，其隔声量为

$$R = 18\lg(m_1 + m_2) + 12\lg f - 25 + \Delta R \tag{12-21}$$

当 $m_1 + m_2 \leqslant 100\text{kg/m}^2$ 时，其平均隔声量为

$$\overline{R} = 13.5\lg(m_1 + m_2) + 13 + \Delta R \tag{12-22}$$

当 $m_1 + m_2 > 100\text{kg/m}^2$ 时，其平均隔声量为

$$\overline{R} = 18\lg(m_1 + m_2) + 8 + \Delta R \tag{12-23}$$

式中　m_1，m_2——双层结构的面密度，kg/m^2；

　　　　ΔR——附加隔声量，dB。

　　附加隔声量与空气层厚度有关，图 12-11 为双层结构附加隔声量与空气层厚度的关系。在工程应用中，受空间位置的限制，空气层不可能太厚。当空气层取 20～30cm 时，附加隔声量在 15dB 左右；当空气层取 10cm 左右，附加隔声量一般为 8～12dB。

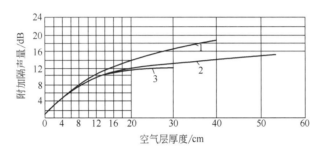

图 12-11　双层结构附加隔声量与空气层厚度的关系

1—双层加气混凝土墙（$m = 140\text{kg/m}^2$）；2—双层无纸石膏板墙（$m = 48\text{kg/m}^2$）；

3—双层面纸石膏板墙（$m = 28\text{kg/m}^2$）

　　设计双层隔声结构应注意以下几点。

　　① 双层隔声结构同样存在共振和吻合效应的不利影响。

　　双层结构发生共振，大大影响其隔声效果。双层结构的共振频率 f_0 可用下式计算。

$$f_0 = 60\sqrt{\frac{m_1 + m_2}{m_1 m_2 d}} \tag{12-24}$$

式中　m_1，m_2——双层结构的面密度，kg/m^2；

　　　　d——空气层厚度，m。

　　一般较重的砖墙、混凝土墙等双层墙体的共振频率大多在 15～20Hz，对隔声量影响不大。但对于一些轻质结构（$m < 30\text{kg/m}^2$），其共振频率一般为 100～250Hz，如产生共振，隔声效果会大大降低。可通过增加两结构层之间的距离、增加质量和涂阻尼材料等措施来弥补共振频率下的隔声不足。

　　为避免产生吻合效应，常采用面密度不同的构件或选用不同的材质，使二者的临界频率错开，提高整个结构的隔声效果。

　　② 双层结构中如有刚性连接，一层的振动能量会由刚性连接传到另一层，中间的空气层将起不到弹性作用，这种刚性连接称为声桥。声能通过声桥以振动的形式在两层之间传播，使隔声性能下降，严重时可下降 10dB。在设计和施工中，要尽量避免刚性连接。

　　③ 在双层隔声结构的空气层中可悬挂或填充吸声材料，如超细玻璃棉、矿渣棉等，既可减少共振的影响，也可避免因施工造成刚性连接，有效改善隔声性能。

4. 组合结构的隔声量

由几种隔声能力不同的材料构成的组合墙体，其隔声性能主要取决于各个组合构件的透声系数和它们所占面积的大小。计算该组合墙体的隔声量，首先应根据各构件的隔声量 R_i 求出相应的透声系数 τ_i，然后再计算组合墙体的平均透声系数 $\bar{\tau}$。

$$\bar{\tau} = \frac{\tau_1 S_1 + \tau_2 S_2 + \cdots + \tau_n S_n}{S_1 + S_2 + \cdots + S_n} = \frac{\sum \tau_i S_i}{\sum S_i} \tag{12-25}$$

式中 S_i——组合墙体各构件的面积，m^2。

组合墙体的平均隔声量 $\bar{R}$ 可用下式计算。

$$\bar{R} = 10\lg \frac{1}{\bar{\tau}} = 10\lg \frac{\sum S_i}{\sum \tau_i S_i} \tag{12-26}$$

[**例 12-2**] 一组合墙体由墙板、门和窗构成。已知墙板的隔声量 $R_1 = 50\mathrm{dB}$，面积 $S_1 = 17\mathrm{m}^2$，门的隔声量 $R_2 = 20\mathrm{dB}$，面积 $S_2 = 2\mathrm{m}^2$，窗的隔声量 $R_3 = 40\mathrm{dB}$，面积 $S_3 = 1\mathrm{m}^2$。求该组合墙体的隔声量。

解：已知 $R_1 = 50\mathrm{dB}$　　则　　$\tau_1 = 10^{-\frac{R_1}{10}} = 10^{-5}$

　　　　　　$R_2 = 20\mathrm{dB}$　　则　　$\tau_2 = 10^{-\frac{R_2}{10}} = 10^{-2}$

　　　　　　$R_3 = 40\mathrm{dB}$　　则　　$\tau_3 = 10^{-\frac{R_3}{10}} = 10^{-4}$

由公式（12-25）得　$\bar{\tau} = \dfrac{\tau_1 S_1 + \tau_2 S_2 + \tau_3 S_3}{S_1 + S_2 + S_3} = \dfrac{10^{-5} \times 17 + 10^{-2} \times 2 + 10^{-4} \times 1}{17 + 2 + 1} = 0.001$

该组合体的隔声量为　$\bar{R} = 10\lg \dfrac{1}{\bar{\tau}} = 10\lg \dfrac{1}{0.001} = 30$（dB）

由计算结果可知，该组合墙体的隔声量比墙板的隔声量小得多，主要是由于门、窗的隔声量低所致。若要提高该组合墙体的隔声能力，就必须提高门、窗的隔声量，否则，墙板的隔声量再大，总的隔声效果也不会好多少。一般墙体的隔声量要比门、窗高 10～15dB。按等透声量的原则设计隔声门、隔声窗，即要求透过墙体的声能大致与透过门窗的声能相等，用公式表示为 $\tau_1 S_1 \approx \tau_2 S_2 \approx \tau_3 S_3 \approx \cdots$，才能充分发挥各个构件的隔声能力。

5. 孔洞和缝隙对隔声的影响

组合墙体上的孔洞和缝隙对隔声性能影响很大。若声波的波长小于孔隙尺寸（高频声波），声波可全部透射过去；若波长大于孔隙尺寸（低频声波），透射声能的多少则与孔隙的形状及深度有关。在建筑组合隔声结构中，门窗的缝隙、各种管道的孔洞等，会直接引起组合结构隔声量的严重下降，且孔洞、缝隙的面积越大，对墙体的隔声量影响越大。有孔隙的组合墙体平均隔声量可用式（12-25）和式（12-26）估算。

图 12-12 为孔隙对墙体隔声量的影响。可根据某墙体的隔声量和孔隙所占墙体面积的百分数，从图中直接查出该墙体的实际隔声量。若孔隙面积占整个墙体面积的 1% 以上，则墙体的隔声量不会超过 20dB。

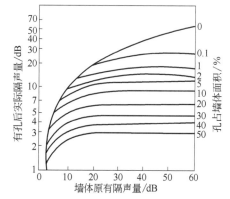

图 12-12　孔隙对墙体隔声量的影响

因此，必须对隔声结构的孔洞或缝隙进行密封处理。

二、隔声间的设计与应用

在噪声源数量多而且复杂的强噪声环境下，如空压机站、水泵站、汽轮发电机车间等，若对每台机械设备都采取噪声控制措施，不仅工作量大、技术难度高，而且投资多。对于工人不必长时间站在机器旁的这种操作岗位，建造隔声间是一种简单易行的噪声控制措施。

隔声间也称隔声室，是用隔声围护结构建造成一个较安静的房间，供工作人员使用，并具有良好的通风、采光、通行等功能。

1. 多层复合板的设计

一般轻质结构按质量定律计算，其隔声量是有限的，且它们具有较高的固有频率，很难满足隔声要求。多层复合结构采用不同材质分层交错排列，多层复合板隔声结构如图 12-13 所示。声波在不同的界面上产生反射，从而可获得比同样重的单层均质结构高得多的隔声量。如果在各层材料的结构上采取软硬相隔，即在坚硬层之间夹入疏松柔软层，或在柔软层中夹入坚硬材料，既可减弱板的共振，也可减少在吻合频率区域的声能透射。

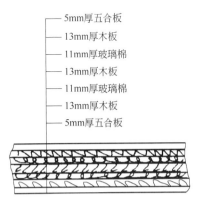

图 12-13　多层复合板隔声结构

多层结构只要面层与弹性层选用得当，在获得同样隔声量的情况下，多层结构要比单层结构轻得多，在主要频率范围内（125～4000Hz）均可超过由质量定律计算得到的隔声量，是减轻隔声构件重量和改善隔声性能的有效措施。因此一般隔声门或轻质隔声墙常采用这种多层结构。

多层复合板一般为 3～7 层，每层厚度不低于 3mm。相邻层间的材料尽量做成软硬相间的形式。如木板-玻璃纤维板-钢板-玻璃纤维板-木板。增加薄板的阻尼可以提高隔声量。在薄钢板上粘贴相当于板厚 3 倍左右的沥青玻璃纤维之类的材料，对于消除共振频率和吻合效应的影响有显著作用。

2. 隔声门的设计

隔声门常采用轻质复合结构，并在层与层之间填充吸声材料，隔声量可达 30～40dB。典型的隔声门扇构造如图 12-14 所示，其隔声性能见表 12-13。

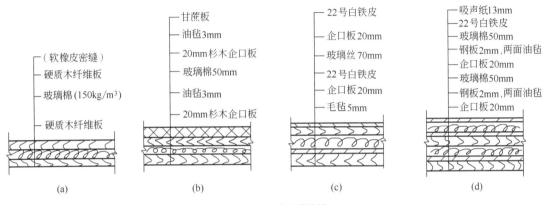

图 12-14　隔声门扇构造

表 12-13　常用门的隔声性能

| 类别 | 材料和构造/mm | 各频率下的隔声量/dB | | | | | | |
		125Hz	250Hz	500Hz	1000Hz	2000Hz	4000Hz	平均
普通门	三夹门：门扇厚45	13.5	15	15.2	19.6	20.6	24.5	16.8
	三夹门：门扇厚45，其上开小观察窗，玻璃厚3	13.6	17	17.7	21.7	22.2	27.7	18.8
	重材木板门：四周用橡皮、毛毡密封	30	30	29	25	26	—	27
	分层木门：见图12-14(a)	28	28.7	32.7	35	32.8	31	31
	分层木门：见图12-14(a)，不用软橡皮密封	25	25	29	29.5	27	26.5	27
	双层木板实拼门：板厚共100	16.4	20.8	27.1	29.4	28.9	—	29
	钢板门：钢板厚6	25.1	26.7	31.1	36.4	31.5	—	35
特制门	分层门：见图12-14(c)	29.6	29	29.6	51.5	35.3	43.3	32.6
	分层门：见图12-14(b)	24	24	26	29	36.5	39.5	29
	分层门：见图12-14(d)	41	36	38	41	53	60	43

　　隔声门的隔声性能还与门缝的密封程度有关。即使门扇设计的隔声量再大，若密封不好，其隔声效果也会下降。密封门扇的方法是把门扇与门框之间的碰头缝做成企口或阶梯状，并在接缝处嵌上软橡皮、工业毛毡或泡沫乳胶等弹性材料，以减少缝隙漏声。图 12-15 为几种常用的隔声门密封方法。为提高密封质量，门扇下还可以镶饰扫地橡皮。经以上密封方法处理，门的隔声量可提高 5～8dB。

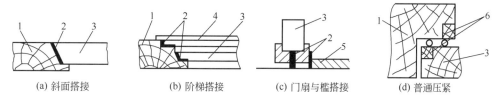

(a) 斜面搭接　　　　(b) 阶梯搭接　　　　(c) 门扇与槛搭接　　　　(d) 普通压紧

图 12-15　常用隔声门密封方法
1—门框；2—软橡皮垫；3—门扇；4—门的薄漆布；5—门槛；6—压条

　　为使隔声门关闭严密，在门上应设加压关闭装置。一般采用较简单的锁闸。门铰链应有距门边至少 50mm 的转轴，以便门扇沿着四周均匀地压紧在软橡皮垫上。门框与墙体的接缝处也应注意密封。在隔声要求很高的情况下，可采取双道隔声门及声锁的特殊处理方法。声锁也称声闸，即在两道门之间的门斗内安装吸声材料，使传入的噪声被吸收衰减。声锁示意图如图 12-16 所示，采取这种措施可使隔声能力接近两道门的隔声量之和。

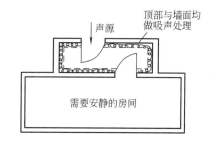

图 12-16　声锁示意

3. 隔声窗的设计

　　隔声窗同样是控制隔声结构隔声量大小的主要构件。窗的隔声性能取决于玻璃的厚度、层数、层间空气层厚度及窗扇与窗框的密封程度。通常采用双层或三层玻璃窗。玻璃越厚，隔声效果越好。一般玻璃厚度取 3～10mm。双层结构的玻璃窗，空气层在 80～120mm 之间，隔声效果较好，玻璃厚度宜选用 3mm 与 6mm 或 5mm 与 10mm 进行组合，避免两层玻璃的临界频率接近而产生吻合效应，使窗的隔声量下降。表 12-14 为几种厚度玻璃的临界频率。

表 12-14　几种厚度玻璃的临界频率

玻璃厚度/mm	3	5	6	10
临界频率/Hz	4000	2500	2000	1100

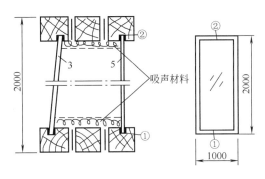

图 12-17　双层玻璃隔声窗的安装与密封方法

安装时各层玻璃最好不要相互平行，朝向声源的一层玻璃可倾斜 85°左右，以利于消除共振对隔声效果的影响。图 13-17 为双层玻璃隔声窗的安装与密封方法，其平均隔声量可达 45dB 左右。

玻璃与窗框接触处，用细毛毡、多孔橡皮垫、U 形橡皮垫等弹性材料密封。一般压紧一层玻璃，隔声量约提高 4～6dB，压紧两层玻璃则可增加 6～9dB 的隔声量。为保证窗扇达到设计的隔声量，必须使用干燥木材，窗扇要有良好的刚度，窗扇之间、窗扇与窗框之间的接触面必须严格密封。窗扇上玻璃边缘用油灰或橡皮等材料密封，以减少玻璃的共振。

工程上常用隔声窗的隔声性能见表 12-15。

表 12-15　常用隔声窗的隔声性能

类别	材料和构造/mm	各频率下的隔声量/dB						
		125Hz	250Hz	500Hz	1000Hz	2000Hz	4000Hz	平均
单层玻璃窗	玻璃厚 3～6	20.7	20	23.5	26.4	22.9	—	22±2
单层固定窗	玻璃厚 6，四周用橡皮密封	17	27	30	34	38	32	29.7
单层固定窗	玻璃厚 15，四周用腻子密封	25	28	32	37	40	50	35.5
双层固定窗	玻璃厚分别为 3、6，空气间隔层为 20	21	19	23	34	41	39	29.5
双层固定窗	其中一层玻璃倾斜 85°左右，其余同上	28	31	29	41	47	40	35.5
三层固定窗	空气间隔层上部和底部粘贴吸声材料	37	45	42	43	47	56	45

4. 隔声间的设计及应用实例

（1）隔声间的实际隔声量

隔声间的插入损失可由下式计算。

$$IL = \overline{R} + 10\lg\frac{A}{S} \tag{12-27}$$

式中　IL——隔声间的插入损失，dB；

　　　$\overline{R}$——隔声间的平均隔声量，dB；

　　　A——隔声间吸声量，m^2；

　　　S——隔声间内表面的总面积，m^2。

可见隔声间的插入损失不仅与各个构件的传声损失有关，还与整个围护结构暴露在声场的面积大小及隔声间内的吸声情况有关，即取决于修正项 $10\lg\frac{A}{S}$。

［例 12-3］　某柴油发电机房内建隔声间作控制室。隔声间总面积 $S_\text{总} = 120m^2$，与机房相邻的隔墙面积 $S_\text{墙} = 20m^2$，墙体的平均隔声量 $\overline{R} = 50dB$。求当隔声间内平均吸声系数 $\overline{\alpha}$ 分别为 0.02、0.2 和 0.4 时隔声间的插入损失。

解：当隔声间内的平均吸声系数 $\overline{\alpha} = 0.02$ 时，根据式（12-27）可得

$$IL = \overline{R} + 10\lg\frac{A}{S} = \overline{R} + 10\lg\frac{\overline{\alpha}S_{总}}{S_{墙}} = 50 + 10\lg\frac{0.02 \times 120}{20} = 40.8 \text{ (dB)}$$

当隔声间内的平均吸声系数 $\overline{\alpha} = 0.2$ 时

$$IL = 50 + 10\lg\frac{0.2 \times 120}{20} = 50.8 \text{ (dB)}$$

当隔声间内的平均吸声系数 $\overline{\alpha} = 0.4$ 时

$$IL = 50 + 10\lg\frac{0.4 \times 120}{20} = 53.8 \text{ (dB)}$$

显然，若对隔声间内表面进行必要的吸声处理，对提高隔声间插入损失有很大作用。

（2）隔声间应用实例

[例 12-4] 在某高噪声车间内建一隔声间，机房与隔声间的平面布置如图 12-18 所示。
隔声间外（点 1）实测噪声结果如表 12-16 所列。隔声间的设计要求为：在面对机器设备面积为 20m^2 的墙上开设两个窗和一个门，窗的面积为 2m^2，门的面积为 2.2m^2；隔声间的天花板面积为 22m^2，隔声间内打电话及一般谈话不受隔声间外机器噪声的干扰。

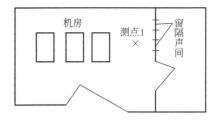

图 12-18　机房与隔声间的平面布置

解：隔声间设计步骤如下（数据列于表 12-16）。

1）确定隔声间所需要的插入损失

由隔声间外测点 1 所测的噪声值减去保证通话、交谈的噪声评价数 NR-60 所对应的噪声值，即可得隔声间所需的插入损失。

表 12-16　隔声间上隔墙的隔声量计算表

序号	项目说明	倍频程中心频率					
		125Hz	250Hz	500Hz	1000Hz	2000Hz	4000Hz
1	隔声间外声压级(测点 1)/dB	96	90	93	98	101	100
2	隔声间内允许声压级 NR-60/dB	74	68	64	60	58	56
3	实际所需插入损失/dB	22	22	29	38	47	44
4	隔声间吸声处理后的吸声系数 α	0.32	0.63	0.76	0.83	0.90	0.92
5	隔声间内吸声量 $A = \alpha S(S = 22\text{m}^2)/\text{m}^2$	7.04	13.86	16.72	18.26	19.8	20.24
6	$A/S_{墙}(S_{墙} = 20\text{m}^2$，隔声面积)	0.35	0.69	0.83	0.91	0.99	1.0
7	$10\lg(A/S_{墙})/\text{dB}$	-4.6	-1.61	-0.81	-0.41	-0.04	0
8	$R = IL - 10\lg(A/S_{墙})/\text{dB}$	26.6	23.61	29.81	38.41	47.04	44

2）确定隔声间内的吸声量

增加室内的吸声量，可以提高隔声间的隔声效果。选用矿渣棉、玻璃布、穿孔纤维板护面对隔声间的天花板做吸声处理，处理后的吸声系数如表中所列。隔声间的其他表面未做吸声处理，吸声量很小，可忽略。隔声间内的吸声量 A 就等于天花板面积乘以吸声系数。

3）计算修正项 $10\lg(A/S_{墙})$

$S_{墙}$ 是透声面积，在此着重计算面对噪声最强的隔墙，$S_{墙} = 20\text{m}^2$。

4）计算隔墙所应具有的倍频程隔声量

根据式（12-27）可得

$$R = IL - 10\lg\frac{A}{S_{墙}}$$

5）选用墙体与门窗结构

由隔墙所应具有的倍频程隔声量可计算出其平均隔声量为 35dB。据此选用相应的墙体与相应的门、窗结构，墙体的隔声量比门、窗高出 10～15dB 即可满足要求。

[例 12-5] 某动力厂一车间，有水泵、减温减压阀门、风扇磨、风机等设备十多台。车间内噪声级高达 98dB（A），值班工人 8h 暴露在这种强噪声环境下会严重影响身体健康。该车间噪声设备多且复杂，如果对每台机器设备都进行噪声治理，则工作量大，技术难度高，且要耗费大量资金。经分析研究，决定采用隔声间技术措施。限于车间布置条件，不宜采用砖木结构，而用钢板制造一台可移动的隔声间。

解：隔声间的外形尺寸为 4m×3m×2m，其上安装有门、窗，并设有带消声器的进风口和排风口。隔声间外观如图 12-19 所示。

该隔声间的壳壁采用两层 2.5mm 厚的钢板，中间填夹 30mm 厚的玻璃棉。在隔声间内表面上衬贴 50mm 厚的玻璃棉作吸声层，并用一层玻璃布和穿孔板（穿孔率为 25%）作护面。隔声间的壳壁构造如图 12-20 所示。

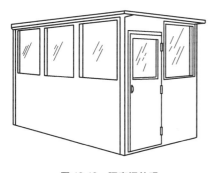

图 12-19　隔声间外观

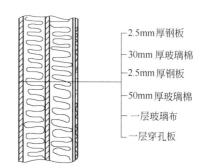

2.5mm 厚钢板
30mm 厚玻璃棉
2.5mm 厚钢板
50mm 厚玻璃棉
一层玻璃布
一层穿孔板

图 12-20　隔声间的壳壁构造

隔声间的门采用 2mm 厚的钢板做面板，中间的间隔为 68mm，填充密度为 80kg/m³ 的超细玻璃棉。为保证门扇牢固，在两头和中间用三根角铁连接，其余处采用木筋作软连接。在门扇与门框交接处，粘贴一层 15mm 厚的海绵条做压缝。

隔声间上设有观察窗，人在隔声间内的视线部位（包括坐位和站位）全部设计成窗户结构。窗户采用 6mm 和 4mm 厚的双层玻璃。

为防止夏季隔声间内闷热，在隔声间一侧的底部设有进气口以输送新鲜空气，在其顶部设有出气口。进气口和出气口均安有与隔声间的隔声量相匹配的消声器。

隔声间底部可安装 4 个转向橡胶轮，成为可移动的活动隔声间。根据工作需要，能方便地变动其位置，同时这 4 个橡胶轮对固体声的隔绝也有一定的好处。

现场实测表明，该隔声间隔声效果优良，平均隔声量可达 35dB（A）。图 12-21 为隔声间内外噪声频谱曲线对比图。

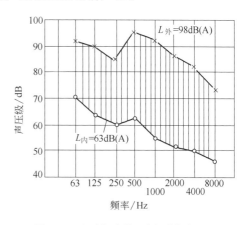

图 12-21　隔声间内外噪声频谱曲线对比

三、隔声罩的设计与应用

1. 隔声罩的结构

隔声罩是用隔声构件将噪声源封闭在一个较

小的空间内，使噪声很少传出来的一种噪声控制措施。采用隔声罩可控制其隔声量，使工作所在位置的噪声降低到所需要的程度，且技术措施简单，体积小，用料少，投资少。但将噪声源封闭在隔声罩内，需要考虑机电设备运转时的通风、散热问题；同时，安装隔声罩可能对监视、操作、检修等工作带来不便。

隔声罩的罩壁由罩板、阻尼涂料和吸声层构成。为便于拆装、搬运、操作、检修以及经济方面的因素，罩板常采用薄金属、木板、纤维板等轻质材料。当采用薄金属板作罩板时，必须涂覆相当于罩板2~4倍厚度的阻尼层，以改善共振区和吻合效应处的隔声性能。

隔声罩一般分为全封闭、局部封闭和消声箱式隔声罩。全封闭隔声罩不设开口，多用来隔绝体积小、散热要求不高的机械设备。局部封闭隔声罩设有开口或局部无罩板，罩内仍存在混响声场，一般应用于大型设备的局部发声部件或发热严重的机电设备。消声箱式隔声罩是在隔声罩的进气口、排气口安装有消声器，多用来消除发热严重的风机噪声。

2. 隔声罩的插入损失

隔声罩的声学效果通常用插入损失表示。加装封闭的隔声罩体后，声源发出的噪声在罩内多次反射，大大增加了罩内的声能密度。因此，隔声罩的插入损失要小于罩体材料的理论隔声量。隔声罩的插入损失可用下式计算。

$$IL = R + 10\lg\overline{\alpha} \tag{12-28}$$

式中　IL——隔声罩的插入损失，dB；

　　　R——罩板材料的理论隔声量，dB；

　　　$\overline{\alpha}$——隔声罩内表面的平均吸声系数。

式（12-28）适用于全封闭型隔声罩，也可近似计算局部封闭隔声罩及消声箱式隔声罩的插入损失。隔声罩内壁的吸声系数大小对隔声罩插入损失的影响极大。

[例12-6]　用2mm厚的钢板制作一隔声罩。已知钢板的隔声量为29dB，钢板的平均吸声系数$\overline{\alpha}_1 = 0.01$。为改善隔声性能，在隔声罩内壁做了吸声处理，使平均吸声系数提高到$\overline{\alpha}_2 = 0.6$。求吸声处理后，隔声罩的插入损失提高了多少？

解：罩内壁未做吸声处理时，由式（12-28）可得

$$IL_1 = R + 10\lg\overline{\alpha}_1 = 29 + 10\lg0.01 = 29 - 20 = 9 \text{（dB）}$$

罩内壁做吸声处理后

$$IL_2 = R + 10\lg\overline{\alpha}_2 = 29 + 10\lg0.6 = 29 - 2 = 27 \text{（dB）}$$

罩内壁做吸声处理后的插入损失比未做吸声处理提高的分贝数

$$IL_2 - IL_1 = 27 - 9 = 18 \text{（dB）}$$

由此可见，隔声罩内壁进行吸声处理与否对隔声罩的实际隔声量至关重要。在加衬吸声材料时，需用玻璃布、金属网或穿孔率大于20%的穿孔板作护面。实验表明，隔声罩内壁贴衬50mm厚的多孔材料（厚度不小于波长的1/4）可使500Hz以上的吸声系数大于0.7。

3. 隔声罩的设计要点

① 隔声罩的设计必须与生产工艺的要求相吻合，既不能影响机械设备的正常工作，也不能妨碍操作及维护。例如，为了散热降温，罩上要留出足够的通风换气口，口上应安装消声器，消声器的消声值要与隔声罩的隔声值相匹配；为了监视机器工作状况，需设计玻璃观察窗；为便于检修、维护，罩上需设置可开启的门或把罩设计成可拆卸的拼装结构。

② 隔声罩板要选择具有足够隔声量的材料制作，如钢板、铝板、砖和混凝土等。

③ 隔声罩内表面应进行吸声处理，否则，很难达到所要求的隔声量。

④ 防止共振和吻合效应的影响。除了在轻质材料表面涂阻尼材料外，还可在罩板上加筋板，减少振动，减少噪声向外辐射；在声源与基础之间、隔声罩与基础之间、隔声罩与声源之间加防振胶垫，断开刚性连接，减少振动的传递。合理选择罩体的形状和尺寸，一般曲面形体的刚度比较大，有利于隔声，罩体的对应壁面最好不要相互平行，以防产生驻波，使隔声量出现低谷。

⑤ 隔声罩各连接部位要密封，不留孔隙。如有管道、电缆等其他部件在罩体上穿过，要采取必要的密封及减振措施。若是拼装式隔声罩，在构件间的搭接部位应进行密封处理。

⑥ 为满足设计要求，做到经济合理，可设计几种隔声罩结构，对它们的隔声性能及技术指标进行比较，根据实际情况及加工工艺要求，最后确定一种设计方案。考虑到隔声罩工艺加工过程中不可避免地会有孔隙漏声及固体声隔绝不良等问题，设计隔声罩的实际隔声量应稍大于所要求的隔声量3~5dB。

4. 隔声罩的设计应用实例

[**例 12-7**] 某发电机的外形如图 12-22 所示。距机器表面 1m 远的噪声频谱见表 12-17 第一行所列。机器在运转中需要散热。试设计该机器的隔声罩。

解： 根据机器的外形和散热要求，设计如图 12-22 所示的隔声罩。设计说明及计算如下。

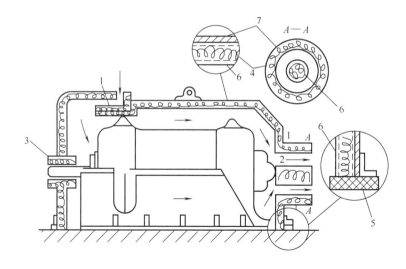

图 12-22 某发电机隔声罩的设计结构

1，2—空气热交换用消声器；3—传动轴用消声器；
4—吸声材料；5—橡胶垫；6—穿孔板或丝网；7—钢板

① 隔声罩上设计两个供空气热交换用的消声器，其消声值不低于该隔声罩的隔声量。
② 隔声罩在与机器轴相接处，用一个有吸声饰面的圆形消声器环抱起来，以防漏声。
③ 隔声罩与地面接触处，加橡胶垫或毛毡层，以便隔振和密封。
④ 隔声罩的壳壁设计计算如表 12-17 所列。

第一步，确定隔声罩所需要的实际隔声量。按我国《工业企业噪声卫生标准》规定，机器旁工人操作处为 85dB（A），即相当于噪声评价数 NR-80。用机器的噪声频谱减去 NR-80 所对应的倍频程声压级，即为隔声罩所需要的实际隔声量（如差值为负或 0，则表示可不进行隔声处理）。

表 12-17　隔声罩的设计计算

序号	项目说明	倍频程中心频率/Hz							
		63	125	250	500	1000	2000	4000	8000
1	距机器 1m 处声压级/dB	90	99	109	111	106	101	97	81
2	机器旁允许声压级（NR-80）/dB	103	96	91	88	85	83	81	80
3	隔声罩所需插入损失 IL/dB	—	3	18	23	21	18	16	1
4	罩内壁贴吸声材料后的吸声系数 $\bar{\alpha}$	0.18	0.25	0.41	0.82	0.83	0.91	0.72	0.60
5	修正项 $10\lg\bar{\alpha}$	-7.4	-6.0	-3.9	-0.86	-0.81	-0.41	-1.41	-2.22
6	罩壁板所应具有的隔声量 R/dB	7.4	9.0	21.9	23.86	21.81	18.41	17.41	3.22
7	2mm 厚钢板的隔声量/dB	18	20	24	28	32	36	35	43

　　第二步，确定隔声罩内表面所用吸声材料。隔声罩内表面吸声系数的大小，直接影响隔声罩的插入损失。因此，在隔声罩的内表面贴衬 50mm 厚的超细玻璃棉（容重为 20kg/m³），并用玻璃布和穿孔钢板作护面。

　　第三步，由式（12-28）可得 $R=IL-10\lg\bar{\alpha}$，由此可计算隔声罩罩壁所需要的隔声量。

　　第四步，根据需要的隔声量，选用 2mm 厚钢板（板背后有加强筋，筋间的方格尺寸不大于 1m×1m），即可满足该隔声罩的设计要求。

四、隔声屏的设计与应用

　　隔声屏具有隔声和吸声双重性能，是简单有效的降噪设备。隔声屏常设置在噪声源和需要进行噪声控制的区域之间，对直达声起隔声作用。因朝向声源一侧做了高效吸声处理，对降低室内混响声、改善室内声学环境能起很大作用。隔声屏具有灵活方便可拆装等特点，常常是不易安装隔声罩时的补救降噪措施。

　　声波在传播过程中具有绕射特性，因此隔声屏的降噪效果是有限的。高频噪声波长短，绕射能力差，隔声屏效果显著；低频噪声波长长，绕射能力强，所以降噪效果有限。

　　工程上采用的隔声屏种类较多，一般有用钢板、胶合板等制成的并在一面或两面衬有吸声材料的隔声屏，有用砖石砌成的隔声墙，也有用 1～3 层密实幕布围成的隔声幕等。

1. 隔声屏降噪效果的计算

　　在自由声场中，假设声源为点声源，且隔声屏为无限长。根据几何声学理论，可绘制出如图 12-23 所示的隔声屏声级衰减值计算图。该图的纵坐标为噪声衰减值 ΔL，横坐标为菲涅耳数 N。图中虚线表示目前在实用中隔声屏所能达到的衰减量限度。N 是描述声波在传播中绕射性能的一个量，它是由路径差及声波频率（或波长）来确定的。其值可根据图 12-24 用下式计算。

$$N=\frac{\delta f}{170}=\frac{2}{\lambda}\delta=\frac{2}{\lambda}(A+B-d) \qquad (12\text{-}29)$$

　　对于在室内或非点声源的情况，隔声屏对噪声的衰减量计算要复杂得多。通常由实际测量来求得隔声屏对噪声的衰减量。

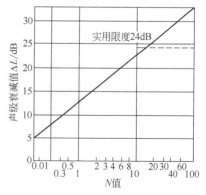

图 12-23　隔声屏声级衰减值计算

2. 隔声屏选材及设计应注意的问题

（1）隔声屏材料选择与构造

隔声屏宜选用轻质结构，便于搬运、安装。一般采用一层隔声钢板或硬质纤维板，钢板厚度为 1～2mm，在钢板上涂 2mm 的阻尼层，两面贴衬超细玻璃棉或泡沫塑料等吸声材料。两侧吸声层的厚度可根据实际要求取 20～50mm。为防止吸声材料散落，可用玻璃布和穿孔率大于 25％的穿孔板或丝网做护面，隔声屏构造如图 12-25 所示。在实际工程中需根据具体情况选择材料及构造。

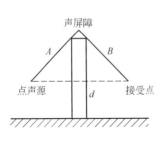

图 12-24　隔声屏示意

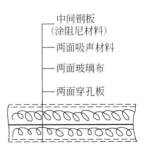

图 12-25　隔声屏构造

对于固定不动的隔声屏，为了提高其隔声性能，仍按质量定律选择材料，如砖、砌块、木板、钢板等厚重的材料。

用于隔声屏的材料多为各种型材，包括石料、混凝土砖、复合木板、聚合物、金属类等。土堤型声屏障和砌块型声屏障材料主要为石料和混凝土砖，复合板型隔声屏常用材料包括屏体外框、护面钢板、降噪材料、辅助材料等。几种典型的隔声屏材料见表 12-18。

表 12-18　几种典型的隔声屏材料

名称	材质	描述	优缺点	工程应用
轻质高强水泥吸隔声板	轻质高强水泥板	采用高强水泥板、防腐金属框架与以吸声材料作为芯材复合而成	优点：声学性能好，高强度、高硬度，耐久性好，防潮性好，绿色环保	声屏障屏体外框结构或者吸声屏体
水泥木屑复合板	水泥木屑	由木屑、水泥和化学添加剂经特殊处理而成	优点：具有良好的吸隔声性能，强度高，耐久性好，使用寿命长，形式多样	声屏障屏体外框结构或者吸声屏体
镀锌钢板	热镀锌钢板	不同厚度规格钢板	优点：较好的防锈性能和强度；缺点：吸声性能较差	声屏障屏体外框结构
铝合金板	穿孔铝合金板	穿孔铝合金板，护面，内充纤维或阻抗性复合材料	优点：耐腐防锈和质轻；缺点：吸声性能较差	吸声屏护面吸声板
泡沫铝	铝合金经特殊处理	表面为无规则三维立体孔结构	优点：具有高吸声系数，结合铝合金面板隔声效果好，不燃，耐腐防锈；缺点：可加工性较差	吸声屏体
安全夹层玻璃	钢化玻璃＋PVB 夹胶	不同规格厚度安全夹层玻璃，内夹胶 PVB	优点：隔声量高，透光性能佳、防火；缺点：质量较重、易碎	透明隔声屏体结构，采光窗
PC 耐力板	聚碳酸酯	以高性能的聚碳酸酯（PC）加工而成，不同厚度规格	优点：隔声量高，耐撞击、抗冲击；缺点：易泛黄	透明隔声屏体结构，采光窗
防紫外线亚克力板	PMMA	采用多层聚合技术，镀膜，不同厚度规格	优点：隔声量高，透光性能和强度佳，抗老化；缺点：长久使用容易碎	透明隔声屏体结构，采光窗

名称	材质	描述	优缺点	工程应用
纤维吸声材料	聚酯纤维	化学高分子纤维	优点:吸声效果好,稳定,抗冲击,易加工 缺点:防火性能一般	隔声屏吸声材料

注：PVB—聚乙烯醇缩丁醛；PMMA—聚甲基丙烯酸甲酯，别名有机玻璃。

（2）隔声屏设计应注意的问题

① 隔声屏主要用于降低直达声。对于辐射高频噪声的小型噪声源，用半封闭的隔声屏遮挡噪声可以收到比较明显的降噪效果。

② 在室内设置隔声屏必须考虑室内的吸声处理。研究表明，当室内壁面、天花板以及隔声屏表面的吸声系数趋于零时，室内形成混响声场，隔声屏的降噪量为零。因此，隔声屏一侧或两侧宜做高效吸声处理。

③ 为了形成有效的声影区，隔声屏的隔声量要比声影区所需的声级衰减量大 10dB，如要求 15dB 的声级衰减量，隔声屏本身要具有 25dB 以上的隔声量，才能排除透射声的影响。

④ 隔声屏设计要注意构造的刚度。在隔声屏底边一侧或两侧用型钢加强，若是可移动的隔声屏，可在底侧加万向橡胶轮，便于调整它与噪声源的方位，以取得最佳降噪效果。

⑤ 隔声屏要有足够的长度和高度。隔声屏的高度直接关系到隔声屏的隔声量，隔声屏越高，噪声衰减量越大。一般隔声屏的长度取高度的 3～5 倍时，就可近似看作无限长。

⑥ 根据需要也可在隔声屏上开设观察窗，观察窗的隔声量与隔声屏大体相近。

外形上，根据需要隔声屏可做成二边形、遮檐式、三边形、双重式等（见图 12-26）。

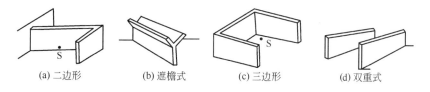

(a) 二边形　　　(b) 遮檐式　　　(c) 三边形　　　(d) 双重式

图 12-26　隔声屏的基本形式

S—声源

3. 道路声屏障结构形式

随着我国高速铁路、高速公路、城市交通干道的快速发展，道路声屏障的开发已成为一个热点。在不增加道路屏障高度的条件下，为降低顶部绕射声波的传播，提高屏障的降噪能力，一方面可在声屏障上端面安置软体或吸声材料，另一方面可改善声屏障的形状。常用的声屏障结构形式简介如下。

① 吸声型屏障　将声屏障面向道路一侧做成吸声系数大于 0.5 的吸声表面，以降低反射声及混响声。如图 12-27 所示在道路一侧几十米长厂房墙外表面布置吸声材料，从而减少该墙面对交通噪声的反射，改善了厂房对面社区声环境质量。

② 软表面结构形式屏障　声学软表面的特性阻抗远远小于空气的特性阻抗，理想的软表面声压几乎为 0。因此，在刚性声屏障边缘附着一层或一个带管状声学软表面结构，能够阻碍声屏障顶部绕射声

图 12-27　安装在厂房外墙的吸声型屏障

的传播。寻找合适软表面材料是其技术关键。

③ T型屏障　T型屏障比普通屏障具有更好的声学性能，2003 年 DefranceJ 和 JeanP 利用射线追踪及边界元法研究了一种 T 型屏障模型的声学性能（见图 12-28）。该屏障顶冠为水泥木屑板，其附加声衰减量视衍射角及声传播路径情况为 2～3dB。

④ G型屏障　声屏障顶端按一定角度折向道路内侧以改善降噪效果（见图 12-29）。

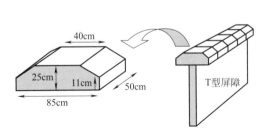

图 12-28　T型屏障的顶冠模型

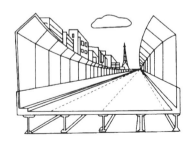

图 12-29　G型道路声屏障

⑤ 带管状顶部的屏障　在方形屏障顶部加置一个圆柱形或蘑菇形管状单元，该吸声单元可降低声屏障顶部的声压，从而减小声屏障背后衍射区 2～3dB 的声压值。因蘑菇形吸声体屏障具有更好的景观效应而成为现代声屏障建设的主流。

⑥ Y型屏障　Y型屏障不仅能提高降噪效果，而且能降低屏障高度，节省造价，同时具有良好的排水性能。ShimaH 等人在传统 Y 型屏障的基础上开发了一种声学性能更好的 Y 型屏障（见图 12-30）。他们利用实体模型、边界元对比研究此种声屏障与等高度的普通方形声屏障的插入损失，表明在 1000Hz 频段（交通噪声中心频率）前者的声衰减比后者高 10dB。

⑦ 多重边缘声屏障　在单层障板的基础上增加两道或更多道边板，边板最好置于原主障板的声源一侧，可明显增大屏障的声衰减量，一般可获得 3dB 左右的附加衰减量（高频区的附加衰减量比低频区大）。多重边缘屏障板上一般不加吸声材料。

⑧ 隧道式声屏障　城市交通干道两侧的高层建筑物，形成城市"峡谷"。此时，采用一般的声屏障来控制交通噪声向窗户处的辐射比较困难。掩蔽式声屏障则是解决问题典型方案（见图 12-31），该声屏障又称隧道式声屏障，为了采光，顶部常用透明材料或设置采光罩，造价较高。

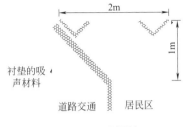

图 12-30　Y型屏障

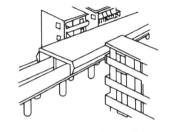

图 12-31　城市高架路隧道式声屏障

⑨ 生态型声屏障　生态型声屏障在声屏障周围及壁体上绿化种植，由绿色植物将屏障构件装饰形成植物墙（见图 12-32），不但能有效降噪，还具有美化环境的作用。

4. 隔声屏应用实例

［例 12-8］　某厂的减压站有一个减压阀门，其噪声特别强烈，尤以高频突出，严重影

响整个厂房内工人的健康和正常的通讯联系。为便于巡回检查，该厂决定采用隔声屏降噪。

解： 在辐射强噪声的减压阀附近并排设置了5块隔声屏，将阀门与工人活动的场所用隔声屏隔开。图12-33为噪声源与隔声屏的相对位置图。

图 12-32　生态型声屏障

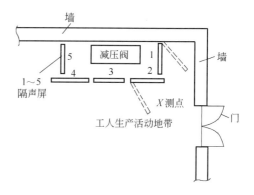

图 12-33　噪声源与隔声屏的相对位置
（虚线表示隔声屏移开位置）

该项措施实施后，在现场进行实测。测点选在距减压阀3m处工人生产活动的地方，测点距地面1.5m，分别测量放置隔声屏前后的噪声级，以二者之差作为隔声屏的降噪效果。实测表明，放置活动隔声屏可取得10dB（A）的降噪量，工人生产活动区域的噪声由93dB（A）降至83dB（A），符合国家《工业企业噪声卫生标准》的规定要求。表12-19为活动隔声屏的降噪效果。

表 12-19　活动隔声屏的降噪效果　　　　　　　　　　　　单位：dB

工况	噪声级		频谱/Hz							
	A	C	63	125	250	500	1000	2000	4000	8000
未放隔声屏	93	93	79	78	77	75	80	83	88	90
放置隔声屏	83	85	78	76	74	72	73	73	75	74
降噪效果	10	8	1	2	3	3	7	10	13	16

隔声屏在控制交通噪声方面也有不少应用。在公路、铁路上行驶的车辆噪声，常常对道路沿线的居民、医院、学校、机关及邮电系统等特定区域造成严重的干扰。对于这种复杂的室外噪声，隔声屏几乎是唯一可采取的防噪措施。

用于防治交通噪声的隔声屏，屏障表面也应加吸声材料，否则，噪声在道路两侧面对面的隔声屏表面多次反射，使隔声屏起不到应有的降噪效果。因此，在隔声屏表面进行吸声处理，尤其在面对道路的一侧是十分必要的。

第三节　消声器的设计与应用

一、消声器的种类与性能要求

1. 消声器的种类

消声器是一种让气流通过而使噪声衰减的装置，安装在气流通过的管道中或进气、排气管口，是降低空气动力性噪声的主要技术措施。按消声原理分类如表12-20所列。

表 12-20　消声器种类与适用范围

消声器类型	所包括的形式	消声频率特性	备注
阻性消声器	直管式、片式、折板式、声流式、蜂窝式、弯头式	具有中、高频消声性能	适用消除风机、燃气轮机进气噪声
抗性消声器	扩张室式、共振腔、干涉型	具有低、中频消声性能	适用消除空压机、内燃机、汽车排气噪声
阻抗复合式消声器	阻-扩型、阻-共型、阻-扩-共型	具有低、中、高频消声性能	适用消除鼓风机、大型风洞、发动机试车台噪声
微穿孔板消声器	单层微穿孔板消声器 双层微穿孔板消声器	具有宽频带消声性能	适用于高温、高湿、有油雾及要求特别清洁卫生的场合
喷注耗散型消声器	小孔喷注型 降压扩容型 多孔扩散型	具有宽频带消声性能	适于消除压力气体排放噪声，如锅炉排气、高炉放风、化工工艺气体放散等噪声
喷雾消声器		具有宽频带消声性能	用于消除高温蒸汽排放噪声
引射掺冷消声器		具有宽频带消声性能	用于消除高温高速气流噪声
电子消声器(有源消声器)		具有低频消声性能	用于消除低频噪声的一种辅助措施

2. 消声器的性能要求

一般对所设计的消声器有三个方面的基本要求。

① 消声性能　要求消声器在所需要的消声频率范围内有足够大的消声量。

② 空气动力性能　消声器对气流的阻力损失或功能损耗要小。

③ 结构性能　消声器要坚固耐用、体积小、质量轻、结构简单、易于加工。

上述三个方面的要求是互相联系、相互制约、缺一不可的。根据具体情况可有所侧重，但不能偏废。设计消声器时，首先要测定噪声源的频谱，分析某些频率范围内所需要的消声量；对不同的频率分别计算消声器所应达到的消声量，综合考虑消声器三方面的性能要求，确定消声器的结构形式，有效降低噪声。

二、阻性消声器

1. 阻性消声器消声量的计算

阻性消声器是将吸声材料安装在气流通道内，利用声波在多孔性吸声材料内因摩擦和黏滞阻力而将声能转化为热能，达到消声的目的。阻性消声器结构简单，充分利用中、高频吸声性能良好的多孔吸声材料，具有良好的中、高频消声效果。阻性消声器的消声量与消声器的结构形式、长度、通道横截面积、吸声材料的吸声性能、密度、厚度以及护面穿孔板的穿孔率等因素有关。直管式阻性消声器的消声量可用下式估算。

$$\Delta L = \psi(\alpha_0) \frac{P}{S} L \tag{12-30}$$

式中　ΔL ——消声量，dB；

$\psi(\alpha_0)$ ——与材料吸声系数 α_0 有关的消声系数，见表 12-21；

P ——消声器通道截面周长，m；

S ——消声器通道横截面面积，m^2；

L ——消声器的有效长度，m。

表 12-21　$\psi(\alpha_0)$ 与 α_0 的关系

α_0	0.10	0.20	0.30	0.40	0.50	0.6~1.0
$\psi(\alpha_0)$	0.11	0.25	0.40	0.55	0.75	1.0~1.5

由式（12-30）可以看出，阻性消声器的消声量与所用吸声材料的性能有关，即材料的吸声性能越好，消声值越高；其次，还与消声器的长度、周长成正比，与横截面面积成反比。设计消声器时，应尽可能选用吸声系数高的吸声材料，并准确计算通道各部分的尺寸。

2. 各类阻性消声器的特点

阻性消声器的种类和形式很多，把不同种类的吸声材料按不同方式固定在气流通道中，即构成各式各样的阻性消声器。按气流通道的几何形状可分为直管式、片式、折板式、声流式、蜂窝式、弯头式、迷宫式等，如图 12-34 所示。

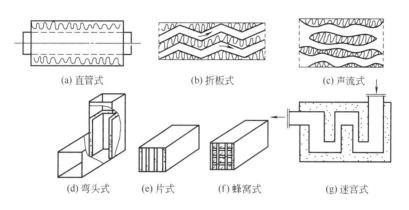

图 12-34　常见阻性消声器的形式

各类阻性消声器的特点及适用范围见表 12-22。

表 12-22　各类阻性消声器的特点及适用范围

类型	特点及适用范围
直管式	结构简单,阻力损失小,适用于小流量管道及设备的进、排气口
片式	单个通道的消声量即为整个消声器的消声量,结构不太复杂,适用于气流流量较大的场合
折板式	是片式消声器的变种,提高了高频消声性能,但阻力损失大,不适于流速较高的场合
声流式	是折板式消声器的改进型,改善了低频消声性能,阻力损失较小,但结构复杂,不易加工,造价高
蜂窝式	高频消声效果好,但阻力损失较大,构造相对复杂,适用于气流流量较大、流速不高的场合
弯头式	低频消声效果差,高频消声效果好,一般结合现场情况,在需要弯曲的管道内衬贴吸声材料构成
迷宫式	在容积较大的箱(室)内加衬吸声材料或吸声障板,具有抗性作用,消声频率范围宽,但体积庞大,阻力损失大,仅在流速很低的风道中使用

3. 高频失效及解决办法

消声器的消声量大小还与噪声的频率有关。噪声频率越高，传播的方向性越强，对一定截面的消声器来说，当声波频率高至某一频率之后，声波以窄束状从通道穿过，几乎不与吸声材料接触，造成高频消声性能显著下降。把消声量开始下降的频率称为高频失效频率，其经验计算公式为

$$f_{失} = 1.85\frac{c}{D} \tag{12-31}$$

式中　$f_{失}$——高频失效频率，Hz；

　　　c——声速，m/s；

　　　D——消声器通道的当量直径（通道截面边长的平均值，对圆截面即为直径），m。

当频率高于失效频率 $f_{失}$ 后，每增加一个倍频带，其消声量约下降 1/3，这个高于失效频率的某一频率的消声量可用下式估算。

$$\Delta L' = \frac{3-n}{3}\Delta L \qquad (12\text{-}32)$$

式中　$\Delta L'$——高于失效频率的某倍频带的消声量，dB；

ΔL——失效频率处的消声量，dB；

n——高于失效频率的倍频程带数。

由于高频失效，所以在设计消声器时，对于小风量的细管道可选择单通道直管式。而对风量较大的粗管道，必须采用多通道形式。如将消声器设计成片式、折板式、声流式、蜂窝式和迷宫式等，可显著提高高频消声效果，但低频消声效果不佳，且阻力损失增加，消声器的空气动力性能变差。因此，要根据现场使用情况来决定所采用消声器的形式。

4. 气流对阻性消声器声学性能的影响

上述消声量的计算均未考虑气流的影响。在具体考虑消声器的实际消声效果时，还必须考虑气流对消声性能的影响。气流对消声器声学性能的影响主要表现为：一是气流会引起声传播和衰减规律的变化；二是气流在消声器内产生气流再生噪声。这两方面同时起作用，但本质却不同。

只有在高速气流下（马赫数 M 接近1），气流才会引起声传播和衰减规律的显著变化。一般工业输气管道中的气流速度都不会很高，气流对消声性能的影响并不明显。

产生气流再生噪声主要有两方面的因素：一是气流经过消声器时，因结构复杂造成局部阻力或摩擦阻力而产生一系列湍流，相应地辐射一些噪声，消声器内部结构越复杂，产生的噪声也越大；二是气流激发消声器构件振动而辐射噪声。气流再生噪声的大小在很大程度上取决于气流流动速度。流速越大，气流再生噪声也越大。在直通道消声器内气流再生噪声的估算公式为

$$L'_A = (18\pm2) + 60\lg v \qquad (12\text{-}33)$$

式中　L'_A——气流再生噪声，dB；

v——消声器内气流速度，m/s。

气流再生噪声通常是低频性噪声。试验表明，随着频率的增高，声级逐渐下降，每增加一个倍频程声功率大约下降6dB，表12-23为在不同流速下试验测得的各倍频带气流再生噪声数值，供设计时参考。

由表12-23也可看出，消声器空气动力性能的好坏，很大程度上取决于消声器内的气流速度。设计消声器时，消声器通道内气流速度不宜过高。一般空调系统的消声器流速不应超过 $5\sim10$m/s；空压机和鼓风机的消声器流速不应超过 $15\sim30$m/s；内燃机、凿岩机上的消声器流速可选在 $30\sim50$m/s；大流量排气放空消声器的流速可选为 $50\sim80$m/s。

表 12-23　不同流速下各倍频带气流再生噪声数值

气流速度 /(m/s)	A声级 /[dB(A)]	各倍频程中心频率下的噪声值/dB					
		250Hz	500Hz	1000Hz	2000Hz	4000Hz	8000Hz
5	60	62	58	51	47	40	31
10	78	80	76	69	65	58	49
15	88	91	87	80	75	65	59
20	96	98	95	87	83	76	67
25	101	104	101	93	89	82	72
30	106	109	105	98	93	86	77
35	110	113	109	102	97	90	81
40	114	—	113	105	101	94	85

5. 阻性消声器的设计与应用

（1）阻性消声器的设计步骤与要求

① 合理选择消声器的结构形式　根据气体流量和消声器所控制的流速，计算所需的通流截面，合理选择消声器的结构形式。如消声器中的流速与原输气管道保持相同，则可按输气管道截面尺寸确定。一般气流通道截面当量直径小于 300mm，可采用单通道直管式。通道截面直径介于 300~500mm 之间，可在通道中加设吸声片或吸声芯，如图 12-35 所示。通道截面直径大于 500mm，则应考虑选用片式、蜂窝式或其他形式。

图 12-35　单通道消声器中加吸声片或吸声芯

② 合理选用吸声材料　阻性消声器是用吸声材料制成的，吸声材料的性能是决定消声器声学性能的重要因素。选用吸声材料时，除了考虑材料的吸声性能外，还应考虑消声器在特殊的使用环境下，如高温、潮湿和腐蚀等方面的问题。

③ 合理确定消声器的长度　增加消声器的长度可以提高消声量。消声器的长度应根据噪声源的强度和现场降噪的要求来决定。一般空气动力设备如风机、电机的消声器长度为 1~3m，特殊情况下为 4~6m。

④ 合理选择吸声材料的护面结构　阻性消声器的吸声材料是在气流中工作的，所以吸声材料必须用牢固的护面结构固定。通常采用的护面结构有玻璃布、穿孔板或铁丝网等。如护面结构不合理，吸声材料会被气流吹跑或者使护面结构产生振动，导致消声器的性能下降。护面结构的形式主要取决于消声器通道内的气流速度。

表 12-24 为不同气流速度下吸声材料的护面结构。表中"平行"表示吸声材料与气流方向平行；"垂直"表示吸声材料与气流方向垂直。

表 12-24　不同气流速度下吸声材料的护面结构

| 气流流速 | | 护面结构形式 | 气流流速 | | 护面结构形式 |
平行 /(m/s)	垂直 /(m/s)		平行 /(m/s)	垂直 /(m/s)	
10 以下	7 以下	布或金属网 / 多孔吸声材料	23~45	15~38	穿孔金属板 / 玻璃布 / 多孔吸声材料
10~23	7~15	穿孔金属板 / 多孔吸声材料	45~120		多孔吸声材料 / 钢丝棉 / 多孔吸声材料 / 多孔吸声材料

⑤ 验算高频失效和气流再生噪声的影响　验算消声效果。

（2）阻性消声器的设计应用实例

[**例 12-9**]　某厂 LGA-60/5000 型鼓风机，风量为 60m³/min，风机进气管口直径为 ϕ250mm，在进口 1.5m 处测得噪声频谱如表 12-25 所列。试设计一阻性消声器，以消除进风口的噪声。

表 12-25　LGA-60/5000 型鼓风机进气管口消声器设计一览表

序号	项目	63Hz	125Hz	250Hz	500Hz	1000Hz	2000Hz	4000Hz	8000Hz	A 声级
1	倍频程声压级/dB	108	112	110	116	108	106	100	92	117
2	噪声评价数 NR-85/dB	103	97	92	87	84	82	81	79	90
3	消声器应具有的消声量/dB	5	15	18	29	24	24	19	13	27
4	消声器周长与截面积之比 P/S	16	16	16	16	16	16	16	16	—
5	所选材料吸声系数 α_0	0.30	0.50	0.80	0.85	0.85	0.86	0.80	0.78	—
6	消声系数 $\psi(\alpha_0)$	0.4	0.7	1.2	1.3	1.3	1.3	1.2	1.1	—
7	消声器所需长度/m	0.78	1.34	0.93	1.39	1.15	1.15	0.98	0.74	—
8	气流再生噪声/L_A	—	—	—	—	—	—	—	—	83

解：① 确定所需要的消声量　根据该风机进气口测得的噪声频谱，安装消声器后，在进气口 1.5m 处噪声应控制在噪声评价数 NR-85 以内，两者之差即为所需的消声量。

② 确定消声器的形式　根据该风机的风量和管径，可选用单通道直管式阻性消声器。消声器截面周长与截面积之比取 16。

③ 选择吸声材料和设计吸声层　根据使用环境，吸声材料可选用超细玻璃棉。吸声层厚度取 150mm，填充密度为 20kg/m³。根据气流速度，吸声层护面采用一层玻璃布加一层穿孔板，板厚 2mm，孔径 6mm，孔间距 11mm。该结构的吸声系数见表 12-25，并由吸声系数查表 12-21 得消声系数。

④ 计算消声器的长度　由式（12-30）可计算各倍频带所需消声器的长度。如 125Hz 处，则

$$L_{125}=\frac{\Delta L}{\psi(\alpha_0)}\times\frac{S}{P}=\frac{15}{0.7}\times\frac{1}{16}=1.34\ (\text{m})$$

为满足各倍频带消声量的要求，消声器的设计长度取最大值 $L=1.4\text{m}$。

根据上述分析与计算，消声器的设计方案如图 12-36 所示。

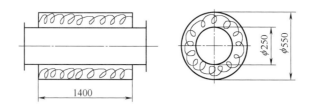

图 12-36　风机进气管口单通道直管式阻性消声器

⑤ 验算高频失效的影响　计算高频失效频率：$f_失=1.85\dfrac{c}{D}=1.85\times\dfrac{340}{0.25}=2516\ (\text{Hz})$

在中心频率 4kHz 的倍频带内，消声器对高于 2516Hz 的频率段，消声量将降低。所设计 1.4m 长的消声器在 8kHz 处的消声量为 24.6dB，考虑高频失效，按式（12-32）计算，在 8kHz 倍频带内的消声量为

$$\Delta L'=\frac{3-n}{3}\Delta L=\frac{3-1}{3}\times24.6=16.4\ (\text{dB})$$

而 8kHz 处所需的消声量为 13dB，即考虑高频失效的影响，所设计的消声器仍满足消

声量的要求。

⑥ 验算气流再生噪声

消声器通道截面积 $S=\pi d^2/4=\pi\times0.25^2/4=0.049$（$m^2$）

消声器内气流速度 $v=Q/S=(60/60)/0.049=20.4$（m/s）

由式（12-33）$L'_A=(18\pm2)+60\lg v=(18\pm2)+60\lg20.4=(18\pm2)+78=96\pm2$ [dB(A)]

将气流再生噪声近似看作点声源，则距进气管口 1.5m 处的噪声级为

$$L_A=L'_A-20\lg r-11=98-20\lg1.5-11=83[dB(A)]$$

由此计算结果可知，气流再生噪声对消声器消声性能的影响可忽略。

三、抗性消声器

抗性消声器主要是利用管道上突变的界面或旁接共振腔，使沿管道传播的某些频率的声波产生反射、干涉等现象，从而达到消声的目的。抗性消声器具有良好的中、低频消声特性，能在高温、高速、脉动气流条件下工作，适于消除汽车、拖拉机、空压机等进、排气口噪声。常见的抗性消声器主要有扩张室消声器和共振腔消声器。

1. 扩张室消声器

（1）扩张室消声器的消声性能

图 12-37 为单节扩张室消声器示意图。其消声性能主要取决于扩张比 m 和扩张室的长度 l，其消声量可用下式计算。

$$\Delta L=10\lg\left[1+\frac{1}{4}\left(m-\frac{1}{m}\right)^2\sin^2 kl\right] \quad (12\text{-}34)$$

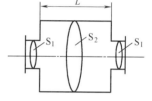

图 12-37 单节扩张室消声器

式中 ΔL——消声量，dB；

m——扩张比，$m=S_2/S_1$；

k——波数，由声波频率决定，$k=2\pi/\lambda=2\pi f/c$，m^{-1}；

l——扩张室的长度，m。

从式（12-34）可以看出，消声量 ΔL 随 kl 作周期性变化。当 $\sin^2 kl=1$ 时，消声量最大。此时 $kl=(2n+1)\pi/2$（$n=0,1,2,\cdots$），由 $k=2\pi f/c$，可计算得最大消声量的频率 f_{max} 为

$$f_{max}=(2n+1)\frac{c}{4l} \quad (n=0,1,2,3,\cdots) \quad (12\text{-}35)$$

当 $\sin^2 kl=0$ 时，消声量也等于零，表明声波可以无衰减地通过消声器，这正是单节扩张室消声器的弱点。此时 $kl=2n\pi/2$（$n=0,1,2,\cdots$），由此可计算得消声量等于零的频率 f_{min} 为

$$f_{min}=\frac{nc}{2l} \quad (n=0,1,2,3,\cdots) \quad (12\text{-}36)$$

单节扩张室消声器的最大消声量为

$$\Delta L_{max}=10\lg\left[1+\frac{1}{4}\left(m-\frac{1}{m}\right)^2\right] \quad (12\text{-}37)$$

当 $m>5$ 时，最大消声量可用下式估算。

$$\Delta L_{max}=20\lg m-6 \quad (12\text{-}38)$$

因此，扩张室消声器的消声量是由扩张比 m 决定的。在实际工程中，一般取 $9<m<$

16，最大不超过 20，最小不小于 5。

扩张室消声器的消声量随着扩张比 m 的增大而增加，但对某些频率的声波，当 m 增大到一定数值时，声波会从扩张室中央通过，类似阻性消声器的高频失效，致使消声量急剧下降。扩张室消声器的有效消声上限截止频率 $f_\text{上}$ 可用下式计算。

$$f_\text{上} = 1.22 \frac{c}{D} \tag{12-39}$$

式中　$f_\text{上}$——上限截止频率，Hz；

　　　　c——声速，m/s；

　　　　D——通道截面（扩张室部分）的当量直径，m。对圆形截面，D 为直径；对方形截面，D 为边长；对矩形截面，D 为截面积的平方根。

由式（12-39）可知，扩张室截面越大，有效消声的上限频率 $f_\text{上}$ 就越小，其消声频率范围越窄。因此，扩张比不可盲目选得太大，应使消声量与消声频率范围二者兼顾。

在低频范围内，当波长远大于扩张室的尺寸时，消声器不但不能消声，反而会对声音起放大作用。扩张室消声器的下限截止频率可用下式计算。

$$f_\text{下} = \frac{\sqrt{2}\,c}{2\pi} \sqrt{\frac{S_1}{Vl}} \tag{12-40}$$

式中　$f_\text{下}$——下限截止频率，Hz；

　　　　c——声速，m/s；

　　　　S_1——连接管的截面积，m^2；

　　　　V——扩张室的容积，m^3；

　　　　l——扩张室的长度，m。

（2）改善扩张室消声器消声频率特性的方法

单节扩张室消声器存在许多消声量为零的通过频率，为克服这一弱点，通常采用如下两种方法：一是在扩张室内插入内接管；二是将多节扩张室串联。

将扩张室进、出口的接管插入扩张室内，插入长度分别为扩张室长度的 $1/2$ 和 $1/4$，可分别消除 $\lambda/2$ 奇数倍和偶数倍所对应的通过频率。如将二者综合，使整个消声器在理论上没有通过频率，如图 12-38 所示。

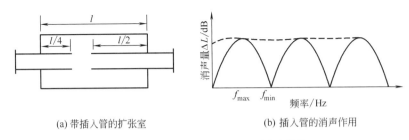

(a) 带插入管的扩张室　　　　　　　　　(b) 插入管的消声作用

图 12-38　带插入管的扩张室及其消声特性

工程上为了进一步改善扩张室消声器的消声效果，通常将几节扩张室消声器串联起来，各节扩张室的长度不相等，使各自的通过频率相互错开。因此，既可提高总的消声量，又可改善消声频率特性。图 12-39 为多节扩张室消声器串联示意图。

由于扩张室消声器通道截面急剧变化，局部阻力损失较大。用穿孔率大于 30% 的穿孔管将内接插入管连接起来，如图 12-40 所示，可改善消声器的空气动力性能，而对消声性能影响不大。

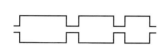

图 12-39 长度不等的多节扩张室串联

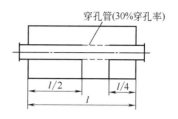

穿孔管(30%穿孔率)

图 12-40 内接穿孔管的扩张室消声器

（3）扩张室消声器的设计步骤

① 根据所需要的消声频率特性，合理地分布最大消声频率，即合理地设计各节扩张室的长度及其插入管的长度。

② 根据所需要的消声量，尽可能选取较小的扩张比 m，设计扩张室各部分截面尺寸。

③ 验算所设计的扩张室消声器的上、下限截止频率是否在所需要消声的频率范围之外。如不符合，则应重新修改设计方案。

（4）扩张室消声器的设计应用

[**例 12-10**] 某柴油机进气口管径为 $\phi 200\text{mm}$，进气噪声在 125Hz 有一峰值。试设计一扩张室消声器装在进气口上，要求在 125Hz 有 15dB 的消声量。

解：① 确定扩张室消声器的长度。主要消声频率分布在 125Hz，由式（12-35），当 $n=0$ 时，有

$$l=\frac{c}{4f_{\max}}=\frac{340}{4\times 125}=0.68\ (\text{m})$$

② 确定扩张比及扩张室的直径。根据要求的消声量，由 $\Delta L=20\lg m-6$ 可近似求得 $m=12$。已知进气管径为 $\phi 200\text{mm}$，相应的截面积 $S_1=\pi d_1^2/4=0.0314\ (\text{m}^2)$。

扩张室的截面积

$$S_2=mS_1=12\times 0.0314=0.377\ (\text{m}^2)$$

扩张室直径 $D=\sqrt{\dfrac{4S_2}{\pi}}=\sqrt{\dfrac{4\times 0.377}{\pi}}=0.693\ (\text{m})=693\ (\text{mm})$

由计算结果可确定插入管长度为 680/4、680/2，设计方案如图 12-41 所示。为减少阻力损失，改善空气动力性能，内插管的 680/4 一段穿孔，穿孔率 $p>30\%$。

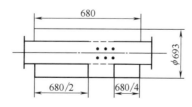

680

$\phi 693$

680/2   680/4

图 12-41 扩张室消声器的设计方案

③ 验算截止频率。由式（12-39）计算上限截止频率。

$$f_{上}=1.22\frac{c}{D}=1.22\times\frac{340}{0.693}=598.6\ (\text{Hz})$$

由式（12-40）计算下限截止频率。

$$f_\text{下}=\frac{\sqrt{2}\,c}{2\pi}\sqrt{\frac{S_1}{Vl}}=\frac{\sqrt{2}\,c}{2\pi}\sqrt{\frac{S_1}{(S_2-S_1)l^2}}=\frac{\sqrt{2}\times340}{2\pi}\sqrt{\frac{0.0314}{(0.3768-0.0314)\times0.68^2}}\approx34\ (\text{Hz})$$

所需消声的峰值频率125Hz介于截止频率 $f_\text{上}$ 与 $f_\text{下}$ 之间，因此该设计方案符合要求。

2. 共振腔消声器

（1）共振腔消声器的消声原理

共振腔消声器是由一段开有若干小孔的气流通道与管外一个密闭的空腔所组成。按几何形状可分为旁支型、同轴型和狭缝型等。小孔与空腔组成一个弹性振动系统，小孔孔颈中具有一定质量的空气柱，在声波的作用下往复运动，与孔壁产生摩擦，使声能转变成热能而消耗掉。当声波频率与消声器固有频率相等时，发生共振。在共振频率及其附近，空气振动速度最大，因此消耗的声能最多，消声量最大。

当声波的波长大于共振腔的长、宽、高（或深度）最大尺寸的3倍时，共振腔消声器的固有频率 f_0 可用下式计算。

$$f_0=\frac{c}{2\pi}\sqrt{\frac{G}{V}} \tag{12-41}$$

式中　f_0——共振腔消声器的固有频率，Hz；

　　　c——声速，m/s；

　　　V——共振腔的容积，m^3；

　　　G——传导率，m。

传导率是一个具有长度量纲的物理参量，其定义为小孔面积与孔板有效厚度之比。

$$G=\frac{n\pi d^2}{4(t+0.8d)} \tag{12-42}$$

式中　G——传导率，m；

　　　n——开孔个数，个；

　　　d——孔径，m；

　　　t——穿孔板厚度，m。

共振腔消声器对频率为 f 的声波的消声量为

$$\Delta L=10\lg\left[1+\left(\frac{K}{f/f_0-f_0/f}\right)^2\right] \tag{12-43}$$

式中　K——与共振腔消声器消声性能有关的无量纲常数；

　　　f——声波频率，Hz。

$$K=\frac{\sqrt{GV}}{2S} \tag{12-44}$$

式中　S——消声器通道横截面积，m^2。

式（12-43）是共振腔消声器单频消声量计算公式。

消声量与频率比 f/f_0、K 的关系见图12-42。

实际工程中通常需要计算某一频带的消声量，最常用的是倍频程和1/3倍频程。

对倍频带消声量

$$\Delta L=10\lg(1+2K^2) \tag{12-45}$$

对1/3倍频带消声量

$$\Delta L=10\lg(1+20K^2) \tag{12-46}$$

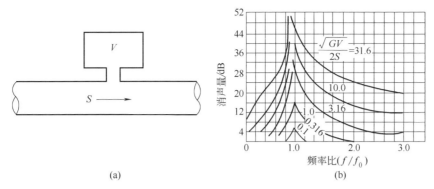

图 12-42 共振腔消声器及其消声频率特性

为便于计算，不同频带下的消声量 ΔL 与 K 值的关系列于表 12-26。

表 12-26 不同频带下的消声量 ΔL 与 K 值的关系

K 值	0.2	0.4	0.6	0.8	1.0	1.5	2	3	4	5	6	8	10	15
倍频带下的消声量/dB	1.1	1.2	2.4	3.6	4.8	7.5	9.5	12.8	15.2	17	18.6	20	23	27
1/3 倍频带下的消声量/dB	2.5	6.2	9.0	11.2	13.0	16.4	19	22.6	25.1	27	28.5	31	33	36.5

共振腔消声器的消声频率较窄，为改善其消声性能，设计时应尽可能选择较大的 K 值；在空腔内填充一些吸声材料，以增加共振腔消声器的摩擦阻尼；采用多节共振腔消声器串联，从而可在较宽的频带范围内获得较大的消声量。

（2）共振腔消声器的设计与应用

共振腔消声器的设计步骤如下。

① 首先根据降噪要求，确定共振频率及频带所需的消声量。由式（12-45）、式（12-46）或表 12-26 确定 K 值。

② K 值确定后，求出 V 和 G。

由式（12-41）及式（12-44）可得

$$K = \frac{2\pi f_0}{c} \times \frac{V}{2S}$$

所以，共振腔消声器的空腔容积为

$$V = \frac{c}{2\pi f_0} \times 2KS \tag{12-47}$$

消声器的传导率为

$$G = \left(\frac{2\pi f_0}{c}\right)^2 V \tag{12-48}$$

气流通道截面 S 是由管道中气体流量和气流速度决定的。在条件允许的情况下，应尽可能缩小通道的截面积。一般通道截面直径不应超过 $\phi 250\text{mm}$。如气流通道较大，则需采用多通道共振腔并联，每一通道宽度取 $100 \sim 200\text{mm}$，且竖直高度小于共振波长的 1/3。

③ 设计共振腔消声器的具体结构尺寸。对某一确定的空腔体积 V，可有多种共振腔形状和尺寸；对某一确定的传导率 G，也可有多种孔径、板厚和穿孔数的组合。在实际应用中，通常根据现场条件，首先确定一些量，如板厚、孔径、腔深等，然后再设计其他参数。

为了使共振腔消声器取得应有的效果，设计时应注意以下几点。

① 共振腔消声器的长、宽、高（或腔深）都应小于共振频率 f_0 时波长 λ_0 的 1/3。

② 穿孔位置应集中在共振腔消声器的中部，穿孔范围应小于 $\lambda_0/2$；穿孔也不可过密，孔心距应大于孔径的 5 倍。若不能同时满足上述要求，可将空腔分割成几段来分布穿孔位置。

③ 共振腔消声器也存在高频失效问题，其上限截止频率仍可用式（12-39）估算。

[例 12-11]　在管径为 $\phi100\text{mm}$ 的气流通道上设计一共振腔消声器，使其在 125Hz 的倍频带上有 15dB 的消声量。

解： ① 确定 K 值　由式（12-45），$\Delta L=10\lg(1+2K^2)=15$ 求得 $K=3.913\approx4$。

② 确定空腔容积 V，并求出 G　由式（12-47）及式（12-48）分别可得

$$V=\frac{c}{2\pi f_0}\times 2KS=\frac{340}{2\pi\times125}\times2\times4\times\frac{\pi}{4}\times0.1^2=0.027\ (\text{m}^3)=27000\ (\text{cm}^3)$$

$$G=\left(\frac{2\pi f_0}{c}\right)^2 V=\left(\frac{2\pi\times125}{34000}\right)^2\times27000=14.4\ (\text{cm})$$

③ 确定消声器的具体结构尺寸　设计一个与原管道同心的同轴式共振腔消声器，其内径为 $\phi100\text{mm}$，外径为 $\phi400\text{mm}$，则所需共振腔长度为

$$l=\frac{V}{\frac{\pi}{4}(d_2-d_1)^2}=\frac{27000\times4}{\pi(40-10)^2}=38\ (\text{cm})$$

选用管壁厚度 $t=2\text{mm}$，孔径为 $\phi5\text{mm}$，根据式（12-42）可求得所开孔数为

$$n=\frac{4G(t+0.8d)}{\pi d^2}=\frac{4\times14.4\times(0.2+0.8\times0.5)}{\pi\times0.5^2}=44\ (\text{个})$$

由上述计算结果可设计如图 12-43 所示的共振腔消声器。其长度为 380mm，外腔直径为 400mm，腔内径为 100mm，在气流通道的共振腔中部均匀排列 44 个孔径为 $\phi5\text{mm}$ 的孔。

④ 验算共振腔消声器的有关声学特性。

$$f_0=\frac{c}{2\pi}\sqrt{\frac{G}{V}}=\frac{34000}{2\pi}\sqrt{\frac{14.4}{27000}}=125\ (\text{Hz})$$

$$f_{\text{上}}=1.22\frac{c}{D}=1.22\times\frac{34000}{40}=1037\ (\text{Hz})$$

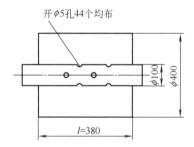

开 $\phi5$ 孔 44 个均布

$\phi100$　$\phi400$　$l=380$

图 12-43　所设计的共振腔消声器

中心频率为 125Hz 的倍频带包括 90～180Hz，在 1037Hz 以下，即在所需消声的频率范围内，不会出现高频失效问题。

共振频率的波长 $\lambda_0=c/f_0=34000/125=272$（cm）

$$\lambda_0/3=272/3\approx91\ (\text{cm})$$

所设计的共振腔消声器各部分尺寸（长、宽、腔深）都小于共振频率波长 λ_0 的 1/3，符合设计要求。

四、其他类型消声器

1. 阻抗复合式消声器

阻性消声器具有良好的中、高频消声性能，抗性消声器具有良好的低、中频消声性能。实际工程中为了在较宽频带范围内取得较好的消声效果，常常将阻性消声器与抗性消声器结合起来，构成阻抗复合式消声器。

常用的阻抗复合式消声器有扩张室-阻性复合式消声器、共振腔-阻性复合式消声器、阻性-扩张室-共振腔复合式消声器，如图 12-44 所示。

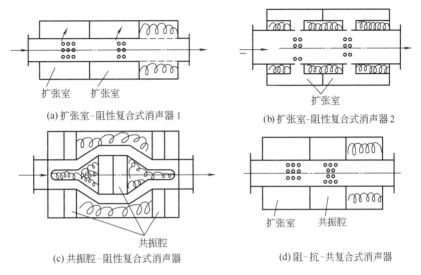

(a) 扩张室-阻性复合式消声器 1

(b) 扩张室-阻性复合式消声器 2

(c) 共振腔-阻性复合式消声器

(d) 阻-抗-共复合式消声器

图 12-44　几种阻抗复合式消声器

阻抗复合式消声器的消声量，可近似认为是阻性与抗性在同一频带的消声量的叠加。由于声波在传播过程中具有反射、绕射、折射、干涉等特性，因此，其消声量并不是简单的叠加关系。对波长较长的声波，通过阻抗复合式消声器时，存在声的耦合作用，阻-抗段的消声量及消声特性互有影响。在实际应用中，阻抗复合式消声器的消声量通常由实验或实际测量确定。

[例 12-12]　某冲天炉使用的 D36-80/1500 型罗茨鼓风机，在进气口设计一阻抗复合式消声器，如图 12-45 所示。该消声器由两部分串联而成。

第一段为阻性部分，通道周围衬有吸声材料，主要用于消除中、高频噪声。为防止高频失效，在消声器通道中间设置一阻性吸声层，并将吸声层的两端制成尖劈状，以减少阻力损失。第二段为抗性部分，由两节不同长度的扩张

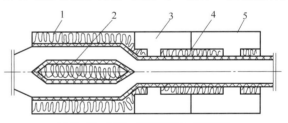

图 12-45　阻性—扩张室复合式消声器
1，2，4—玻璃棉；3，5—扩张室

室构成，主要用于消除 250Hz 和 500Hz 的低、中频峰值噪声。为改善扩张室消声器的消声性能，扩张室两端分别插入各自长度的 1/2 和 1/4 的插入管。为改善空气动力性能，用穿孔率为 30% 的穿孔管连接各自的插入管（实际做成一体），并在插入管上衬贴吸声材料，以增大消声频带的宽度。

该消声器实际安装使用时，在消声器进气口 1m 处进行测量，噪声级由 120dB（A）降低为 89dB（A），消声量为 31dB（A），总响度降低 86%。

2. 微穿孔板消声器

微穿孔板消声器是用微穿孔板制作的阻抗复合式消声器。选用穿孔板上不同穿孔率与板后不同空腔组合，可在较宽的频率范围内获得良好的消声效果。

微穿孔板消声器多采用纯金属制造，不用任何吸声材料，其吸声系数高，吸声频带宽且

易于控制。微穿孔板的板材一般用厚 0.2～1.0mm 的钢板、铝板、不锈钢板、白铁皮、塑料板、胶合板、纸板等。穿孔孔径在 0.1～1.0mm 范围内，为加宽吸声频带，孔径应尽可能小，但因受制造工艺限制以及微孔易堵塞，故常用的孔径为 0.5～1.0mm。穿孔率控制在 1%～3%范围内。为进一步提高消声频带宽度，一般选用双层或多层微穿孔板结构。微穿孔板与刚性壁之间以及穿孔板与穿孔板之间的空腔，按所需吸收的频带不同而异，频率越高，空腔越小。一般吸收低频声，空腔取 150～200mm；吸收中频声，空腔取 80～120mm；吸收高频声，空腔取 30～50mm。前后空腔的比不大于 1:3。前部接近气流的一层微穿孔板穿孔率可略高于后层。为减少轴向声波传播的影响，可每隔 500mm 设一块横向挡板。

微穿孔板消声器最简单形式是单层管式消声器，是一种共振式吸声结构。对于低频消声，当声波波长大于空腔尺寸时，其消声量的计算可用式（12-43）共振腔消声器的计算公式；对于中、高频消声，其消声量的计算可用式（12-30）阻性消声器的计算公式。对高频的实际消声性能比理论估算值要好。

微穿孔板消声器具有许多优点。阻力损失小，再生噪声低，适于高速气流（最大可达 80m/s）；没有粉尘和纤维污染，清洁卫生，适于医药、食品等行业使用；可用于高温、高湿、有粉尘与油污等场合；结构简单，造价低廉。但对穿孔工艺要求较高。

[例 12-13] 某空调系统使用的狭矩形微穿孔板消声器长度为 2m，通道尺寸为 250mm× 700mm，如图 12-46 所示。微穿孔板的规格为：前腔 $D_1=80$mm，板厚 $t=0.8$mm，孔径 $\phi=0.8$mm，穿孔率 $p_1=2.5\%$；后腔 $D_2=120$mm，板厚 $t=0.8$mm，孔径 $\phi=0.8$mm，穿孔率 $p_2=1\%$。当消声器中流速为 10～15m/s 时，其消声量的实测值见表 12-27，其阻力损失小于 9.8Pa。

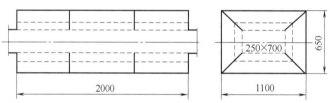

图 12-46　狭矩形微穿孔板消声器

表 12-27　狭矩形微穿孔板消声器的消声量

倍频程中心频率/Hz	63	125	250	500	1000	2000	4000	8000
消声量/dB	15	17	23	27	20	20	27	24

[例 12-14] 某柴油机排气口安装声流式微穿孔板消声器如图 12-47 所示。该消声器长为 2m，大腔设计参数为：前腔 $D_1=80$mm，板厚 $t=0.8$mm，孔径 $\phi=0.8$mm，穿孔率 $p_1=2.5\%$；后腔 $D_2=120$mm，板厚 $t=0.8$mm，孔径 $\phi=0.8$mm，穿孔率 $p_2=1\%$。小腔设计参数为：前腔 $D_1=10$mm，板厚 $t=0.8$mm，孔径 $\phi=0.8$mm，穿孔率 $p_1=3\%$；后腔 $D_2=200$mm，

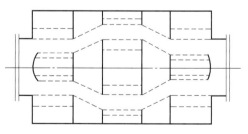

图 12-47　声流式微穿孔板消声器

板厚 $t=0.8$mm，孔径 $\phi=0.8$mm，穿孔率 $p_2=3\%$。该消声器在流速 7m/s 的条件下，阻力损失小于 5Pa；在 10m/s 的流速下，其阻力损失小于 39.2Pa。其消声性能见表 12-28。

表 12-28　声流式微穿孔板消声器的消声量

倍频程中心频率/Hz	63	125	250	500	1000	2000	4000	8000
流速为 7m/s 时的消声量/dB	16	25	29	33	23	32	41	35
流速为 10m/s 时的消声量/dB	15	23	26	29	22	30	35	34

3. 排气喷流消声器

排气喷流噪声在工业生产中普遍存在，该噪声的特点是声级高、频带宽、覆盖面积大，严重污染周围环境。排气喷流消声器是利用扩散降速、变频或改变喷注气流参数，从声源上降低噪声的。按消声原理有小孔喷注消声器、节流降压消声器、多孔扩散消声器、喷雾消声器、引射掺冷消声器等。

（1）小孔喷注消声器

小孔喷注消声器用于消除小口径高速喷流噪声。喷注噪声峰值频率与喷口直径成反比。如果喷口直径变小，喷口噪声能量将从低频移向高频，低频噪声降低，而高频噪声增高。如孔径小到一定值，喷注噪声将移到人耳不敏感的频率范围。因此，在保证相同排气量的条件下，将一个大喷口改用许多小孔来代替，便可达到降低可听声的目的。图 12-48 是小孔喷注消声器的示意图。

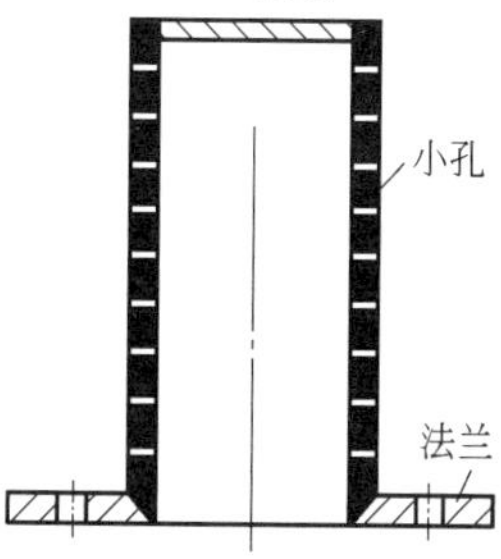

图 12-48　小孔喷注消声器

小孔喷注消声器的消声量可用下式计算。

$$\Delta L = -10\lg\left[\frac{2}{\pi}\left(\tan^{-1}X_{\mathrm{A}} - \frac{X_{\mathrm{A}}}{1+X_{\mathrm{A}}^2}\right)\right] \tag{12-49}$$

式中　X_{A}——A 声级喷流噪声的相对斯特劳哈尔数；

d——消声器末端筒体单孔直径，mm，$d_0 = 1$mm。

$$\tan^{-1}X_{\mathrm{A}} = \frac{X_{\mathrm{A}}}{1+X_{\mathrm{A}}^2}\left[1 + \frac{2}{3}\left(\frac{X_{\mathrm{A}}^2}{1+X_{\mathrm{A}}^2}\right) + \frac{2}{3}\times\frac{4}{5}\left(\frac{X_{\mathrm{A}}^2}{1+X_{\mathrm{A}}^2}\right)^2 + \cdots\right]$$

当 $d \leqslant 1$mm 时，$X_{\mathrm{A}} \ll 1$

$$\tan^{-1}X_{\mathrm{A}} = \frac{X_{\mathrm{A}}}{1+X_{\mathrm{A}}^2} + \frac{2}{3}\left(\frac{X_{\mathrm{A}}^2}{1+X_{\mathrm{A}}^2}\right)\left(\frac{X_{\mathrm{A}}}{1+X_{\mathrm{A}}^2}\right)$$

则式（12-49）可简化为

$$\Delta L = -10\lg\left(\frac{4}{3\pi}X_{\mathrm{A}}^3\right) \approx 27.5 - 30\lg d \tag{12-50}$$

由此可见，在小孔范围内，孔径减半，可使消声量提高 9dB（A）。但从实用角度考虑，孔径不能选得过小，因为过小的孔径不仅难以加工，而且容易堵塞，影响排气量，增加气流阻力。工程上采用的 ϕ1mm 小孔喷注消声器，理论消声量可达 20～26dB（A）；采用 ϕ2mm 的小孔喷注消声器的消声量可达 16～21dB（A）。因此，一般以选直径 1～3mm 的小孔较合适。

设计小孔消声器，还应注意各小孔之间的距离。如果小孔间距较小，气流经过小孔形成多个小喷注后，还会再汇合形成大的喷注，使消声效果降低。因此小孔喷注消声器必须有足够的孔心距，可用下式估算。

$$b \geqslant d + 6\sqrt{d} \tag{12-51}$$

式中　b——小孔中心距，mm；

d——小孔孔径，mm。

实际工程中，孔心距应在小孔孔径的5～10倍范围内选取。

（2）节流降压消声器

节流降压消声器是利用节流降压原理制成的。根据排气量的大小，合理设计通流截面，使高压气体通过节流孔板时，压力得到降低。如果使用多级节流孔板串联，就可以把原来高压气体直接排空的一次性大的压降，分散成若干小的压降。由于排气噪声声功率与压力降的高次方成正比，把压力突变排空改为压力渐变排空，便可取得消声效果。这种消声器通常有15～20dB（A）的消声量。

节流降压消声器的各级压力是按几何级数下降的，即

$$P_n = P_s q^n \tag{12-52}$$

式中　P_n——第 n 级节流孔板后的压力，Pa；

　　　P_s——节流孔板前的压力，Pa；

　　　n——节流孔板级数；

　　　q——压强比，即某级节流孔板后的压力 P_2 与该级节流孔板前的压力 P_1 之比，$q<1$。

各级压强比通常取相等的数值。对于高压排气的节流降压装置，通常按临界状态设计，即空气 $q=0.528$；过热蒸汽 $q=0.546$；饱和蒸汽 $q=0.577$。

节流装置的通流截面，根据气态方程、连续性方程和临界流速公式，通过简化并换算为工程上常用单位，表示为

$$S_1 = K\mu G \sqrt{\frac{V_1}{P_1}} \tag{12-53}$$

式中　S_1——节流装置通道截面积，cm^2；

　　　K——排放不同介质的修正系数，空气 $K=13.0$；过热蒸汽 $K=13.4$；饱和蒸汽 $K=14.0$；

　　　μ——保证排气量的截面修正系数，通常取 $1.2\sim2.0$；

　　　G——排放气体的重量流量，t/h；

　　　V_1——节流前的气体比容，m^3/kg；

　　　P_1——节流前的气体压力，MPa。

计算出第一级节流孔板通流面积 S_1 后，可按与比容成正比的关系近似确定其他各级通流面积。由面积确定孔径和孔心距，就可以算出节流降压消声器所需开的孔数以及孔的分布。

按临界降压设计的节流降压消声器，其消声量可用下式估算。

$$\Delta L = 10a\lg\frac{3.7(P_1-P_0)^3}{nP_1P_0^2} \tag{12-54}$$

式中　P_1——消声器入口压力，Pa；

　　　P_0——环境压力，Pa；

　　　n——节流降压层数；

　　　a——修正系数，其实验值为 0.9 ± 0.2（当压力较高时取偏低数值，如取 0.7；当压力较低时取偏高数值，如取 1.1）。

图 12-49 为高压排气中采用的一种节流降压消声器，其消声量约为 23dB（A）。

（3）多孔扩散消声器

多孔扩散消声器是利用粉末冶金、烧结塑料、多层金属网、

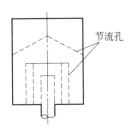

图 12-49　节流降压消声器

多孔陶瓷等材料制成的消声器。该消声器加工简单，适用于小口径高压气体排空。其消声原理与小孔喷注消声器的消声原理基本相似。多孔扩散消声器所用材料带有大量细小孔隙，可使排放气流被滤成无数个小的气流，气体的压力被降低，流速被扩散减小，辐射噪声的强度也随之大大降低。同时，这类多孔材料还具有吸声作用。

设计这种消声器与小孔喷注消声器相似，它的有效通流面积一定要大于排气管道的横截面积，如扩散的面积设计得足够大，降噪效果可达 30～50dB（A）。图 12-50 是几种多孔扩散消声器的示意图。一般可根据排气管的公称直径、适用排气量，并结合现场情况，直接选用定型产品。

在实际使用中，应定期清洗，以防尘粒堆积，增大气流阻力，堵塞气流通道。

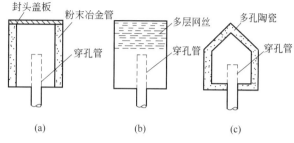

图 12-50　多孔扩散消声器

（4）喷雾消声器

对于锅炉等排放高温蒸汽流的噪声，向发出噪声的蒸汽喷口均匀地喷淋水雾，也可起到一定的消声作用，这种方法称为喷雾消声。

喷雾消声的原理是：喷淋水雾后，介质密度 ρ 和声速都发生了变化，因而引起声阻抗的变化，使声波发生反射；气液两相介质混合时，产生摩擦，消耗一部分声能。

喷雾消声器的消声效果与喷水量的多少有关。图 12-51 为常压下，对过热蒸汽淋洒不同喷水量下的消声曲线。图 12-52 为喷雾消声器示意图。

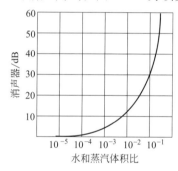

图 12-51　不同喷水量下的消声曲线

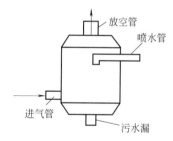

图 12-52　喷雾消声器

（5）引射掺冷消声器

对于燃气轮机、锅炉等排放高温气流的噪声源，可用引射掺入冷空气的方法来提高吸声结构的消声性能，这种消声器称为引射掺冷消声器，如图 12-53 所示。该消声器底部接排气管，周围设有微穿孔板吸声结构，在通道外壁上开有掺冷孔洞与大气相通。

引射掺冷消声器的消声原理是：热气流由排气管排出时，周围形成负压区，从而使外界冷空气经掺冷孔吸入，途经微穿孔板吸声结构的内腔，从排气管口周围掺入到排放的高温气流中去。消声器的中间通道是热气流，四周是冷气流，形成温度梯度，导致声速梯度，使声波在传播过程中向消声器设置了吸声结构的内壁弯曲，吸收声能量。

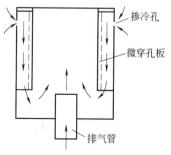

图 12-53　引射掺冷消声器

根据声线弯曲原理，可以推导出掺冷结构所需长度的计算公式。

$$L = D\left(\frac{2\sqrt{T_2}}{\sqrt{T_2}-\sqrt{T_1}}\right)^{\frac{1}{2}} \qquad (12\text{-}55)$$

式中 D——消声器的通道直径，m；

T_1——掺冷装置内四周温度，K；

T_2——掺冷装置中心温度，K。

图 12-54 所示为直径 $\phi260\text{mm}$，长度为 960mm 的单层微穿孔板吸声结构，掺冷与不掺冷的消声性能对比。从图中可看出，由于引射掺冷，显著提高了微穿孔板吸声结构的消声效果。

（6）孔群消声器

排汽喷流消声器应用最广泛的是小孔喷注消声器和节流降压消声器，约占压力管道排放噪声防治设备的90%以上。在工程应用上往往将小孔喷注消声器与节流降压消声器相组合，称为孔群消声器。孔群消声器原理遵守著名声学家马大猷教授等的小孔喷注噪声控制理论。小孔喷注噪声控制是从声源入手，利用小孔移频原理，将噪声主频从人耳敏感的频率移到人耳不敏感的超

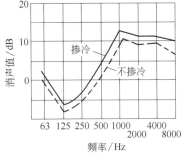

图 12-54　掺冷与不掺冷的消声性能对比

声频，总声能保持相当，而人感受声能区噪声能量大幅降低，从而达到降低可听噪声的目的。孔群消声器广泛应用于锅炉、压力容器、压力管道等承压设备排放的消声器，理论上工程应用的孔群消声器消声量可达 20~50dB（A）。

孔群消声器的消声频率受消声器工质状态参数（压力、温度、排量）、消声器结构（消声器节流孔板的层数、孔群的径厚比、孔群布置的节径比）、管道参数（阻尼系数、管径）等的影响，是不确定的。因此消声器的消声特性不以消声频率来评估或计算，而以距消声器喷口垂直方向 1m 处的空管与装备消声器前后排气噪声级的插入损失值来确定消声器的消声特性。

$$L_{a1} = 94 + 20\lg V - 20\lg D_n \qquad (12\text{-}56)$$

$$L_{a2} = 71 + \lg\frac{M_0}{M} + 10\lg\frac{(P_m-P_0)^4}{P_0^2(P_m-0.5P_0)^2} + 10\lg\left[\frac{2}{\pi}\left(\tan^{-1}X_A - \frac{X_A}{1+X_A^2}\right)\right] + 10\lg\frac{S_1P_1}{P_m}$$

$$(12\text{-}57)$$

式中 L_{a1}——空管排放噪声值，dB（A）；

L_{a2}——安装消声器后指定测点的噪声值，dB（A）；

V——排气质量流量，kg/h；

D_n——排气管末端喷口内径，mm；

M_0——空气分子量，28.8；

M——排气分子量，水为 18；

P_m——喷注前绝对压力，kgf/cm^2；

P_0——环境绝对压力，kgf/cm^2，可以取 1kgf/cm^2；

P_1——消声器末端筒体排气绝对压力，kgf/cm^2；

S_1——第一级节流孔板的通流面积，mm^2；

X_A——A声级喷流噪声的相对斯特劳哈尔数。

对于常见蒸汽排放管道的孔群消声器，其噪声特性简化如下。

$$L_{a2} = 75 + 20\lg P_m + \Delta L_a' + 10\lg \frac{S_1 P_1}{P_m} \tag{12-58}$$

$$\Delta L_a' = 10\lg \frac{4}{3\pi} X_A^3$$

$$\Delta L_a = L_{a2} - L_{a1}$$

式中　$\Delta L_a'$——与 X_A 相关的消声量，dB（A）；

　　　ΔL_a——安装消声器噪声插入损失，即消声量，dB（A）。

（7）排气喷流消声器应用实例

[例 12-15]　某电厂 220t/h 的高压锅炉，排气放空噪声达 120～130dB（A）。为控制噪声污染，设计由三级节流降压与一层 ϕ1mm 小孔喷注复合式消声器。小孔喷注 ϕ1mm 的孔数为 14820 个，孔心距为 6.5mm，消声器全长 787mm，直径 ϕ272mm，重 100kg。图 12-55 为三级节流降压与小孔喷注复合式消声器。

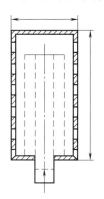

图 12-55　三级节流降压与小孔喷注复合式消声器

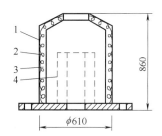

图 12-56　小孔喷注与阻性复合式消声器
1—钢板；2—吸声材料；
3—钢丝网；4—双层小孔喷注

该消声器具有体积小、重量轻、声学性能良好等优点。当锅炉排气量为 35t/h、压力为 10MPa、温度为 540℃ 的工作条件下，排气噪声达 123dB（A）。安装该消声器后，测得噪声级为 79dB（A），降噪量达 44dB（A）。

[例 12-16]　某锻造车间使用 500kg 空气锤。空气锤开动时，气流从顶盖的排气孔喷出，产生较强烈的噪声，噪声特性属中、高频，在排气口旁 0.5m 处测得噪声级为 112dB（A）。现在空气锤的后缸盖上部设计安装了双层小孔喷注与阻性复合式消声器，如图 12-56 所示。

该消声器设计参数为：总高度 860mm，外壳直径 ϕ610mm，采用钢板厚度为 3mm；双层小孔孔径 ϕ1.5mm，开孔数 18000 个；吸声层为 50mm 厚的泡沫塑料吸声材料，钢丝网护面。

双层小孔喷注消声器的有关设计参数均按小孔喷注规则设计。消声器底部开有 4 个 ϕ3mm 漏油孔，以防消声器长期使用，底部积油。该消声器安装后，取得良好的消声效果。排气口附近噪声级由 112dB（A）降到 84dB（A），尤其在 250Hz 频率以上，消声效果更佳。

[例 12-17]　镇江华东电力设备制造厂有限公司对中国出口某国 1000MW 二代半堆型核

电站主蒸汽大气释放阀消声器的选型设计。

主要工况参数：压力 8.5MPa（G）、温度 316℃、双阀排放量 945t/h；排气管 2-D219×12.7，变径 D273×12.7。噪声目标值：1m 处 90°方向不超过 115dB（A）。

解：① 按式（12-56）计算压力管道末端空管排放时名义噪声值

$$L_{a1} = 165.7\text{dB（A）}$$

② 消声器目标消声量 ΔL

$$\Delta L = 165.7 - 114 = 51.7\text{dB（A）}$$

③ 根据目前经验设计方法，一般地，高压大排量蒸汽管道消声器的孔群消声器的消声量宜取 20～30dB（A），显然，消声器设计消声量 ΔL 远大于孔群消声器的消声值。因此，采用孔群喷注消声器与阻抗吸声消声器的复合式消声器设计方案。

孔群消声器设计是根据消声器的设计工况参数，设计末端筒体压力 0.12MPa，孔群孔径 5mm，总孔数 52068 个，按式（12-57）计算安装孔群消声器时的噪声值

$$L_{a2} = 143.3\text{dB（A）}$$

孔群消声器消声量

$$\Delta L_{a1} = 165.7 - 143.3 = 22.4\text{dB（A）}$$

④ 孔群消声器后需要采用阻抗消声器进行二次消声。阻抗消声器以阻性消声器为主，在阻性前端或者末端视改善流体分布状态情况要求采用扩张空腔型的抗性消声措施。一般工程设计无须计算抗性消声段的消声量，只计算阻性消声器的消声值，按式（12-30）进行结构设计及计算消声量。设计计算结果见表 12-29。

表 12-29 阻性消声段设计计算结果

第一级阻性段截面积 S_1	3.89m²	第一级阻性段截面周长 P_1	51.84m
第一级阻性长度 L_1	1.52mm	第一级阻性段消声量 ΔL_{a2-1}	23.4dB（A）
第二级阻性段截面积 S_2	5.53m²	第二级阻性段截面周长 P_2	50.27m
第二级阻性长度 L_2	1.22mm	第二级阻性段消声量 ΔL_{a2-2}	12.7dB（A）
阻性段总消声量 $\Delta L_{a2} = \Delta L_{a2-1} + \Delta L_{a2-2}$			36.1dB（A）

⑤ 消声器总消声量

$$\Delta L_a = \Delta L_{a1} + \Delta L_{a2} = 22.4 + 36.1 = 58.5\text{dB（A）} > \Delta L \text{（消声器目标消声量）}$$

4. 干涉式消声器

（1）无源干涉式消声器

无源干涉消声器是利用声波的干涉原理设计的。在长度为 L_2 的通道上装一旁通管，把一部分声能分岔到旁通管里去，如图 12-57 所示。

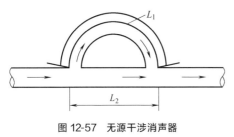

图 12-57 无源干涉消声器

旁通管的长度 L_1 比主通道管的长度 L_2 大半个波长，或半个波长的奇数倍。这样，声波沿主通道管和旁通管传播到另一结合点，由于相位相反，声波叠加后相互抵消，声能通过微观的涡旋运动转化为热能，从而达到消声的目的。

干涉消声器的消声频率可由下式计算。

$$f_n = \frac{c}{2(L_1 - L_2)} \tag{12-59}$$

$$L_1 = L_2 + (2n+1)\lambda/2 \quad (n=1,2,3,\cdots 自然数)$$

式中　c——声速，m/s；

　　L_1——旁通管的长度，m；

　　L_2——主通道管的长度，m。

干涉消声器的消声频率范围很窄，只有频率稳定的单调噪声源才能获得较好的消声效果。

（2）有源消声器

对一个待消除的声波，人为地产生一个幅值相同而相位相反的声波，使它们在某区域内相互干涉而抵消，从而达到在该区域消除噪声的目的，这种装置称为有源消声器。

电子消声器就是根据上述基本原理设计的，在噪声场中，用电子器件和电子设备，产生一个与原来噪声声压大小相等、相位相反的声波，使其在某一区域范围内与原噪声相抵消。电子消声器的工作原理如图 12-58 所示。

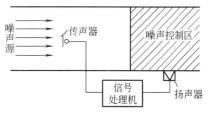

图 12-58　电子消声器工作原理

电子消声器工作原理是：由传声器接受噪声源传来的噪声，经过微处理机分析、移相和放大，调整系统的频率响应和相位，利用反馈系统产生一个与原声压大小相等、相位相反的干涉声源，达到消除某些频率的噪声的目的。

电子消声器只适用于消除低频噪声，相互抵消的消声区域也很有限。电子消声器仍处于研究阶段，随着电子计算机的发展，电子消声器在噪声控制工程中的应用必将越来越广泛。

第四节　环境工程常用设备噪声控制

一、风机噪声控制

风机噪声除空气动力性噪声外，还有机械噪声、电磁噪声、管道辐射噪声等，要使机组噪声不污染周围环境，必须对风机噪声进行综合治理。

（1）合理选择风机型式

制订风机噪声综合治理措施要结合现场实际情况，最好在风机选型、安装风机以前，就要考虑噪声控制问题。

① 对型号相同的风机，在性能允许的条件下，应尽量选用低风速风机。

② 对不同型式的风机，应选用比 A 声级 L_{SA} 小的风机。比 A 声级定义为单位风量、单位全压时的 A 声级。

$$L_{SA} = L_A - 10\lg Qp^2 + 20 \tag{12-60}$$

式中　L_A——噪声级，dB（A），指在距风机 1m 或等于该风机叶轮直径的地方测得 A 声级；

　　L_{SA}——比 A 声级，dB（A）；

　　Q——风量，m^3/min；

　　p——全压，Pa。

表 12-30 为几种风机最佳工况下的比 A 声级 L_{SA} 值。

表 12-30　几种风机最佳工况下的 L_{SA} 值

风机系列与型号	最佳工况点流量 /(m³/min)	最佳工况点静压 /Pa	比 A 声级 L_{SA} /[dB(A)]
5-48No5	61.92	823.2	21.5
6-48No5	74.37	891.8	19.5
9-19-11No6	69.96	8790	16.0
9-20-11No6	71.63	8555	16.7
8-18-10No6	57.30	8281	22.7
9-27-11No6	139.10	9084.6	20.1

③ 由于一般风机效率良好的区域其噪声也低，因此对风机的噪声及效率二者而言，都应使用性能良好的区域。

（2）对风机噪声传播途径的控制

① 风机进、出风口的空气动力性噪声比风机其他部位要高 10～20dB，控制风机的空气动力性噪声的最有效措施是在风机进、出气口安装消声器。

② 抑制机壳辐射的噪声，可在机壳上敷设阻尼层，但此法降噪效果有限，采用不多。

③ 从基座传递的风机固体声，特别是一些安装在平台、楼层或屋顶的风机，其固体声的影响很大。有效的降噪措施是在风机基座处采取隔振措施。对大型风机还应采用独立基础。

④ 采取隔声措施，一般采用隔声罩，对大型风机或多台风机可设风机房。

（3）采用地坑法消声，如图 12-59 所示。

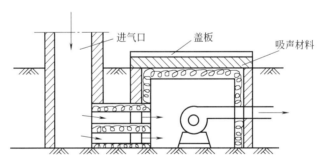

图 12-59　地坑法消声示意

二、空压机噪声控制

空气压缩机是厂、矿广泛采用的动力机械设备，可以提供压力波动不大的稳定气流，具有转动平稳、效率高的特点。但空压机运转的噪声较大，一般在 90～110dB（A），而且呈低频特性，严重危害周围环境，尤其在夜晚影响范围达数百米。

（1）空压机噪声源分析

空压机按其工作原理可分为容积式和叶片式两类。容积式压缩机又分往复式（亦称活塞式）和回转式，一般使用最为广泛的是活塞式压缩机。空压机是个综合性噪声源，它的噪声主要由进、出气口辐射的空气动力性噪声、机械运动部件产生的机械性噪声和驱动电机噪声等部分组成，尤以进、排气空气动力性噪声为最强。

1）进气与排气噪声

空压机的进气噪声是由于气流在进气管内的压力脉动而形成的。进气噪声的基频与进气管里的气体脉动频率相同，它们与空压机的转速有关。进气噪声的基频可用下式计算。

$$f_i = \frac{nZ}{60}i \tag{12-61}$$

式中　f_i——进气噪声基频，Hz；

　　　n——压缩机转速，r/min；

　　　Z——压缩机气缸数目，单缸 $Z=1$，双缸 $Z=2$；

　　　i——谐波序号，$i=1$，2，3，…。

空压机的转速较低，往复式转速为 $480\sim900$ r/min，进气噪声频谱呈典型的低频特性，其谐波频率也不高，峰值频率大部分集中在 63Hz、125Hz、250Hz。

空压机的排气噪声是由于气流在排气管内产生压力脉动所致。由于排气管端与贮气罐相连，因此，排气噪声是通过排气管壁和贮气罐向外辐射的。排气噪声较进气噪声弱，所以，空压机的空气动力性噪声一般以进气噪声为主。

2）机械性噪声

空压机的机械性噪声，一般包括构件的撞击、摩擦、活塞的振动、阀门的冲击噪声等，这些噪声带有随机性，呈宽频带特性。对这类噪声控制，在机器的设计、选材、加工工艺、平衡诸多方面就应加以考虑，也可采取阻尼减振、隔声等被动的噪声控制措施。

3）电磁噪声

空压机的电磁噪声是由电动机产生的。电机噪声与空气动力性噪声和机械性噪声相比是较弱的。但对于一些空压机由柴油机驱动时，则柴油机就成为主要噪声源，柴油机噪声呈低、中频特性。同一种空压机由柴油机驱动比电机驱动其噪声要高出 10dB（A）以上。

（2）空压机噪声控制方法

1）进气口安装消声器

在整个空压机组中进气口辐射的空气动力性噪声最强。在进气口安装消声器是解决这一噪声的最有效手段。一般可将进气口引到车间外部，然后加装消声器。

因进气噪声呈低频特性，所以，一般加装阻抗复合式消声器，如设计带插入管的多节扩张室与微穿孔板复合式消声器。微穿孔板的设置可使消声器在较宽的频带上消声，以提高其消声效果。

文氏管消声器消声效果比一般消声器要好。文氏管消声器与普通扩张室消声器基本相同，只是把插入管改成渐缩和渐扩形式的文氏管。这种消声器对低频噪声的消声效果更佳。在文氏管消声器一端加了双层微穿孔板吸声结构（或衬贴吸声材料），会使消声频带更宽。

2）空压机装隔声罩

在环境噪声标准要求较高的场合，如仅在进气口安装消声器往往不能满足降噪的要求，还必须对空压机机壳及机械构件辐射的噪声采取措施，为整个机组加装隔声罩是非常有效的措施。对隔声罩的设计要保证其密闭性，以便获得良好的隔声效果。为了便于检修和拆装，隔声罩设计成可拆式、留检修门及观察窗，同时应考虑机组的散热问题，在进、出风口安装消声器。

3）空压机管道的防振降噪

空压机的排气至贮气罐的管道，由于受排气的压力脉动作用，而产生振动并辐射噪声。它不仅会造成管道和支架的疲劳破坏，还会影响周围操作人员的身心健康。因此，对管道可采用下列方法防振降噪。

① 避开共振管长　当空压机的激发频率（空压机的基频及谐频）与管道内气柱系统的固有频率相吻合时而引起共振，此时的管道长度，称为共振管长。

对于空压机的管道，它一端与压缩机的气缸相连，另一端与贮气罐相通。由于贮气罐的容积远远大于管道的容积，所以，可将管道看成一端封闭，其声学管内的气柱固有频率可用下式计算。

$$f_i = \frac{c}{4L}i \quad (i=1,3,5,\cdots) \tag{12-62}$$

式中　f_i——气柱固有频率，Hz；

c——声速，m/s；

L——管道长度，m。

一般共振区域位于 $(0.8 \sim 1.2)f_i$ 之间。设计输气管道长度时，应尽量避开与共振频率相关的长度。

② 排气管中加装节流孔板　节流孔板相当于阻尼元件，对气流脉动起减弱作用。由于气流截面积的变化，造成声学边界条件的改变，限制管道的驻波形成，从而降低了管道的振动和噪声辐射。节流孔板一般装在容器与管道连接处附近。节流孔板的孔径 d 一般取管径 D 的 0.43～0.5 倍，孔板的厚度 t 取 3～5mm。

4）贮气罐的噪声控制

空压机不断地将压缩气体输送到贮气罐内，罐内压缩空气在气流脉动的作用下，产生激发振动，从而伴随强烈的噪声，同时激发壳体振动辐射噪声。除采取隔声方法外，也可在贮气罐内悬挂吸声体，利用吸声体的吸声作用，阻碍罐内驻波形成，从而达到吸声降噪的目的。

5）空压机站噪声的综合控制

许多工矿企业通常有多台压缩机供生产需要，因而建有压缩机站。压缩机的噪声很大，如果对每一台空压机的进气口都安装消声器，不仅工作量大，而且投资也难以接受。因而，对于一些已建的空压机站，要根据具体情况，在站内采取吸声、隔声、建隔声间等降噪措施。

隔声间是在空压机房内建造相对安静的小房子，供操作者使用。空压机站内建造的隔声间，可以将噪声控制在 60dB（A）以下。另外，在站内进行吸声处理，如顶棚和墙壁悬挂吸声体，也可使站内噪声降低 4～10dB（A）。

上述噪声控制措施一般是在已建的空压机站实施。从噪声控制的效果及投资来看，如在空压机站工艺设计、土建施工时综合考虑噪声控制措施，不仅投资少并可获得令人满意的降噪效果。

三、电动机噪声控制

（1）降低电磁噪声

① 选择合适的定子、转子槽配合　使之既符合一定的噪声要求，又兼顾电机的启动性能。因此，在选择时要从理论和实践中反复探索经过综合求取。

② 加大气隙，减少磁密　可使径向力减小、定子变形减小，从而降低噪声。但若气隙加大过度，会导致功率降低，损失增大。因此这仅在电机功率有裕量时方能采取。

③ 仔细做好转子动平衡　安装时，也要尽量减小机械偏心的影响。

（2）降低机械性噪声

① 采用适量高级润滑脂，采用高质量的轴承。

② 法兰式直接安装的电动机应注意安装正确，保证法兰面与电机轴线的垂直度。

③ 当电机构件产生共振时，应更换有关的端盖等零件、加强刚性、避开共振区，也可对电动机的底座采用弹性安装，以降低振动的传递。

（3）降低空气动力性噪声

① 改善冷却风扇的形状和尺寸。

② 加装隔声罩。这是对电机噪声过大的一种消极措施，但却是经济有效的。这种措施产生 5～10dB 的降噪效果。

四、泵噪声控制

（1）泵噪声发生机理

泵是将工作媒质（如水、油等）加压传送到一定用户的设备，其噪声级一般约在 85dB 左右，也有达 100dB 以上的。

单台泵辐射的噪声主要源于泵运行过程中由液体产生的脉动压力。而通过机械传动部件（齿轮啮合、轴承结构及驱动机构等）所产生的固体声一般是较小的。

泵噪声的频谱一般呈宽频带性质，其中还含有离散的纯音。

（2）泵的噪声控制

泵的噪声控制可以从设计和选用低噪声的泵入手，从噪声传播途径上采取的控制措施主要如下。

① 采用隔声罩、声屏障及吸声结构（主要是在泵房内）衰减及阻隔泵噪声经过空气的传播；

② 采用防震材料、减震器，挠性连接管等，阻隔从泵的底座或连接管道传递的振动和噪声；

③ 采用管路波动缓冲器、储压器及外分路管道等控制从管路内流动的流体以压力脉动形式传出的噪声。

参 考 文 献

[1] 刘宏. 环保设备——原理 设计 应用 [M]. 第 4 版. 北京：化学工业出版社，2019.

[2] 吴向阳，李潜，赵如金. 水污染控制工程及设备 [M]. 北京：中国环境出版社，2015.

[3] 刘宏，赵如金. 工业环境工程 [M]. 北京：化学工业出版社，2004.

[4] 刘宏，张冬梅. 环境物理性污染控制工程 [M]. 第二版. 武汉：华中科技大学出版社，2018.

[5] 郑铭，陈万金，等. 环保设备——原理 设计 应用 [M]. 北京：化学工业出版社，2002.

[6] 陈家庆. 环保设备原理与设计 [M]. 第 3 版. 中国石化出版社，2019.

[7] 任南琪，赵庆良. 水污染控制原理与技术 [M]. 北京：清华大学出版社，2010.

[8] 田禹，王树涛. 水污染控制工程 [M]. 北京：化学工业出版社，2011.

[9] 周迟骏. 环境工程设备设计手册 [M]. 北京：化学工业出版社，2008.

[10] 周迟骏，王连军. 实用环境工程设备设计 [M]. 北京：兵器工业出版社，1993.

[11] 周敬宣，段金明. 环保设备及应用 [M]. 第 2 版. 北京：化学工业出版社，2014.

[12] 李明俊，孙鸿燕. 环保设备与基础 [M]. 北京：中国环境科学出版社，2005.

[13] 中国环保机械行业协会. 环保机械产品手册 [M]. 北京：化学工业出版社，2003.

[14] 北京水环境技术与设备研究中心，北京市环境保护科学研究院，国家城市环境污染控制工程技术研究中心. 三废处理工程技术手册（废水卷）[M]. 北京：化学工业出版社，2000.

[15] 周律. 环境工程学 [M]. 北京：中国环境科学出版社，2001.

[16] 金兆丰. 环保设备设计基础 [M]. 北京：化学工业出版社，2005.

[17] 罗辉. 环保设备设计与应用 [M]. 北京：高等教育出版社，1997.

[18] 蒋展鹏. 环境工程学 [M]. 北京：高等教育出版社，1992.

[19] 潘涛，李安峰，杜兵. 废水污染控制技术手册 [M]. 北京：化学工业出版社，2012.

[20] 北京市市政工程设计研究总院有限公司. 给水排水设计手册. 第 5 册. 城镇排水 [M]. 第 3 版. 北京：中国建筑工业出版社，2017.

[21] 中国市政工程华北设计研究院. 给水排水设计手册. 第 12 册. 器材与装置 [M]. 北京：中国建筑工业出版社，2012.

[22] 上海市政工程设计研究总院有限公司. 给水排水设计手册. 第 9 册. 专用机械 [M]. 第 3 版. 北京：中国建筑工业出版社，2014.

[23] 高廷耀. 水污染控制工程（下册）[M]. 第 4 版. 北京：高等教育出版社，2015.

[24] 高廷耀. 水污染控制工程（下册）[M]. 北京：高等教育出版社，1989.

[25] 张自杰，环境工程手册：水污染防治卷 [M]. 北京：高等教育出版社，1996.

[26] 张自杰. 排水工程（下册）[M]. 第 4 版. 北京：中国建筑工业出版社，2000.

[27] 成官文. 水污染控制工程 [M]. 北京：化学工业出版社，2009.

[28] 王良均，吴孟周. 污水处理技术与工程实例 [M]. 北京：中国石化出版社，2006.

[29] 王湛，周翀. 膜分离技术基础 [M]. 北京：化学工业出版社，2006.

[30] 朱屯. 萃取与离子交换 [M]. 北京：冶金工业出版社，2005.

[31] 华耀祖. 超滤技术与应用 [M]. 北京：化学工业出版社，2004.

[32] 郭茂新，孙培德，楼菊青. 水污染控制工程学 [M]. 北京：中国环境科学出版社，2005.

[33] 李海. 城市污水处理技术及工程实例 [M]. 北京：化学工业出版社，2002.

[34] 杨岳平, 徐新华, 刘传富. 废水处理工程及实例分析 [M]. 北京：化学工业出版社, 2003.

[35] 李亚新. 活性污泥法理论与技术 [M]. 北京：中国建筑工业出版社, 2006.

[36] 刘雨, 赵庆良, 郑兴灿. 生物膜废水处理技术 [M]. 北京：中国建筑工业出版社, 1999.

[37] 胡纪萃. 废水厌氧生物处理理论与技术 [M]. 北京：中国建筑工业出版社, 2003.

[38] 高俊发. 污水处理厂工艺设计手册 [M]. 北京：化学工业出版社, 2003.

[39] 尹士君, 李亚峰. 水处理构筑物设计与计算. 北京：化学工业出版社, 2004.

[40] Metcalf & Eddy, Inc. 废水工程处理与回用 [M]. 第 4 版. 北京：清华大学出版社, 2003.

[41] 储金宇. 臭氧技术 [M]. 北京：化学工业出版社, 2002.

[42] 丁亚兰. 国内外废水处理工程设计实例 [M]. 北京：化学工业出版社, 2000.

[43] 金兆丰. 污水处理组合工艺及工程实例 [M]. 北京：化学工业出版社, 2003.

[44] 刘青松, 等. 水污染防治技术 [M]. 南京：江苏人民出版社, 2003.

[45] 马溪平. 厌氧微生物学与污水处理 [M]. 北京：化学工业出版社, 2005.

[46] 史惠祥. 实用环境工程手册——污水处理设备 [M]. 北京：化学工业出版社, 2002.

[47] 唐受印, 等. 废水处理工程 [M]. 第 2 版. 北京：化学工业出版社, 2004.

[48] 徐新阳, 于锋. 污水处理工程设计 [M]. 北京：高等教育出版社, 2003.

[49] 许保玖, 龙腾锐. 当代给水与废水处理原理 [M]. 北京：高等教育出版社, 2001.

[50] 张大群. 污水处理机械设备设计与应用 [M]. 北京：化学工业出版社, 2003.

[51] 时钧, 汪家鼎, 余国琮等. 化学工程手册（下卷）[M]. 第 2 版. 北京：化学工业出版社, 1996.

[52] 安树林. 膜科学技术实用教程 [M]. 北京：化学工业出版社, 2005.

[53] 高峻发, 王社平. 污水处理厂工艺设计手册 [M]. 北京：化学工业出版社, 2003.

[54] 曾科, 卜秋平, 陆少鸣. 污水处理厂设计与运行 [M]. 北京：化学工业出版社, 2001.

[55] 崔玉川, 刘振江, 张绍仪等. 城市污水厂处理设施设计计算 [M]. 北京：化学工业出版社, 2004.

[56] 赵艳, 赵英武, 李风亭. 一体化污水处理设备的应用与发展 [J]. 环境保护科学, 2004, 30 (125)：16~19.

[57] 曹姝文. 生物-化学一体化装置处理生物污水的研究 [J]. 工业水处理, 2003, 23 (6)：23~26.

[58] 陈海涛, 王燕枫. 复合式生物膜-活性污泥反应器的应用 [J]. 江苏环境科技, 2004. S1.

[59] 姜科军, 田学达. 一体化污水处理和中水制备装置设计和研究 [J]. 环境污染治理技术与设备, 2003, 4 (7)：86~88.

[60] 汪晓军, 何健聪. 活性污泥法污水处理应用亲水性填料实验研究 [J]. 工业水处理, 2004. 6.

[61] 王圣武, 马兆昆. 生物膜污水处理技术和生物膜载体 [J]. 江苏化工, 2004. 04.

[62] 许吉现, 张胜, 李思敏, 等. DAT-IAT 工艺污水处理一体化设备的应用 [J]. 中国给水排水, 2001, 17 (9)：52~53.

[63] 周增炎, 高廷耀. 传统活性污泥法污水厂增加脱氮功能的研究 [J]. 同济大学学报（自然科学版）, 2003. 10.

[64] 蔡隽璇, 姚群, 李宁. 环保工程投资计算与控制 [J]. 中国环保产业, 2004 (1)：22~24.

[65] 周兴求. 环保设备设计手册——大气污染控制设备 [M]. 北京：化学工业出版社, 2004.

[66] 郝吉明, 马广大, 等. 大气污染控制工程 [M]. 第 3 版. 北京：高等教育出版社, 2010.

[67] 吴忠标. 大气污染控制技术 [M]. 北京：化学工业出版社, 2002.

[68] 郭静等. 大气污染控制工程 [M]. 北京：化学工业出版社, 2002.

[69] 李广超. 大气污染控制技术 [M]. 北京：化学工业出版社, 2002.

[70] 马中飞，等. 工业通风与除尘 [M]. 北京：中国劳动社会保障出版社，2009.

[71] 蒲恩奇. 大气污染治理工程 [M]. 北京：高等教育出版社. 1999.

[72] 台炳华. 工业烟气净化 [M]. 第 2 版. 北京：冶金工业出版社，1999.

[73] 金国森. 除尘设备设计 [M]. 上海：上海科学技术出版社，1985.

[74] 国家环保局科技标准司. 中小型燃煤锅炉烟气除尘脱硫实用技术指南 [M]. 北京：中国环境科学出版社，1997.

[75] 国家环境保护局. 有色冶金工业废气治理. 工业污染治理技术丛书（废气卷）[M]. 北京：中国环境科学出版社，1993.

[76] 国家环境保护局. 钢铁工业废气治理. 工业污染治理技术丛书（废气卷）[M]. 北京：中国环境科学出版社，1992.

[77] 王桂茹. 催化剂与催化作用 [M]. 大连：大连理工大学出版社，2000.

[78] 陈诵英，等. 吸附与催化 [M]. 郑州：河南科学技术出版社，2001.

[79] 李守信. 挥发性有机物污染控制工程 [M]. 北京：化学工业出版社，2017.

[80] 童志权，等. 工业废气污染控制与利用 [M]. 北京：化学工业出版社，2001..

[81] 罗国民. 蓄热式高温空气燃烧技术 [M]. 北京：冶金工业出版社，2011.

[82] 姚玉英. 化工原理（新版）（下册）[M]. 天津：天津大学出版社，1999.

[83] 陈敏恒，等. 化工原理（下册）[M]. 第 2 版. 北京：化学工业出版社，1999.

[84] 傅献彩，沈文霞，姚天扬. 物理化学（下册）[M]. 第 4 版. 北京：高等教育出版社，1990.

[85] 国家自然科学基金委员会. 等离子体物理学 [M]. 北京：科学出版社，1994.

[86] 陈万金. 移动式颗粒床除尘器的除尘器机理及其影响因素 [J]. 江苏理工大学学报，1995，16（4）.

[87] 吕保和. 移动式颗粒床除尘器的除尘效率理论计算及其优化设计 [J]. 江苏理工大学学报 1998，19（6）.

[88] 沈恒根，等. 单元组合式复合多管除尘器. 中华人民共和国专利（BJ）第 1452 号，1994.

[89] 白希尧，等. 大风速电收尘技术研究 [J]. 环境工程，1995，13（1）.

[90] 白希尧，等. 应用脉冲活化分解烟气中有害气体研究 [J]. 通风除尘，1996（4）.

[91] （日）电子束排烟处理装置（EBA）技术材料. 株式会社荏原制作所，1999.

[92] 时彦芳，胡翔，王建龙. 生物流化床反应器脱氮技术的研究与应用进展 [J]. 工业水处理，2005，25（3）：9～12.

[93] 张丽，张小平，黄伟海. 生物膜法处理挥发性有机化合物技术 [J]. 化工环保，2005，25（2）：100～103.

[94] 聂丽君. 烟气干法脱硫技术. 重庆环境科学 [J]，2003，2（2）：50-52.

[95] 童永湘，等. 脉冲电晕放电等离子体烟脱硫技术研究 [J]. 工业安全与防尘，1996（2）.

[96] 依成武，等. 等离子体分解 SO_2 实验 [J]. 环境科学，1996，15（3）.

[97] 张从智，等. 高效旋风分离器分级效率理论计算的新方法 [J]. 通风除尘，1996（2）.

[98] 王纯，张殿印. 除尘设备手册 [M]. 北京：化学工业出版社，2009.

[99] 张殿印，王纯. 除尘工程设计手册 [M]. 第 2 版. 北京：化学工业出版社，2010.

[100] 威廉 L. 休曼，工业气体污染控制系统 [M]. 华译网翻译公司，译. 北京：化学工业出版社，2007.

[101] 李凤生，等. 超细粉体技术 [M]. 北京：国防工业出版社，2001.

[102] 乌索夫 B H. 工业气体净化与除尘器过滤器 [M]. 李悦，徐图，译. 哈尔滨：黑龙江科学技术出版社，1999.

[103] 张殿印，顾海根. 回流式惯性除尘器技术新进展 [J]. 环境科学与技术，2000（3）：45-48.

[104] 黄翔. 纺织空调除尘手册 [M]. 北京：中国纺织工业出版社，2003.

[105] 刘子红，肖波，相家宽. 旋风分离器两项流研究综述 [J]. 中国粉体技术，2003（3）：41-44.

[106] 高根树，张国才. 一种新型的机械除尘技术——旋流除尘离心机 [J]. 环境工程，1999（6）：31-32.

[107] 许宏庆. 旋风分离器的实验研究 [J]. 实验技术与管理，1984（1）：27-41；（2）：35-43.

[108] 付海明，沈恒根. 非稳定过滤捕集效率的理论计算研究 [J]. 中国粉体技术，2003（6）：4-7.

[109] C．N 维斯. 空气过滤 [M]. 黄日广，译. 北京：原子能出版社，1979.

[110] H．布控沃尔，YBG 瓦尔玛. 空气污染控制设备 [M]. 赵汝林，等译. 北京：机械工业出版社，1985.

[111] 张殿印，王纯. 脉冲袋式除尘器手册 [M]. 北京：化学工业出版社，2011.

[112] 显龙，等. 静电除尘器的新应用及其发展方向 [J]. 工业安全与保护，2003，11：3-5.

[113] 张殿印，王纯. 除尘器手册 [M]. 北京：化学工业出版社，2005.

[114] 陈鸿飞. 除尘与分离技术 [M]. 北京：冶金工业出版社，2007.

[115] 唐国山，唐复磊. 水泥厂电除尘器应用技术 [M]，北京：化学工业出版社，2005.

[116] 阙昶兴. FE 型电袋复合除尘器在大型燃煤机组上的应用 [J]，中国环保产业，2011（5）：50-52.

[117] 郝素菊，蒋武锋，方觉. 高炉炼铁设计原理 [M]. 北京：冶金工业出版社，2010.

[118] 胡满根，赵毅，刘忠. 除尘技术 [M]. 北京：化学工业出版社，2006.

[119] 原永涛等. 火力发电厂电除尘技术 [M]. 北京：化学工业出版社，2004.

[120] 张殿印，王纯，俞非漉. 袋式除尘技术 [M]，北京：冶金工业出版社，2008.

[121] 张殿印，申丽. 工业除尘设备设计手册 [M]，北京：化学工业出版社，2012.

[122] （日）通商产业省公安保安局. 除尘技术 [M]，李金昌，译. 北京：中国建筑工业出版社，1997.

[123] 张殿印，张学义. 除尘技术手册 [M]，北京：冶金工业出版社，2002.

[124] 姜凤有. 工业除尘设备 [M]. 北京：冶金工业出版社，2007.

[125] 刘后启. 水泥厂大气污染物排放控制技术 [M]，北京：中国建材工业出版社，2006.

[126] 江晶. 环保机械设备设计 [M]. 北京：冶金工业出版社，2009.

[127] 徐志毅. 环境保护技术与设备 [M]. 上海：上海交通大学出版社，1999.

[128] 《工业锅炉房常用设备手册》编写组，工业锅炉房常用设备手册 [M]. 北京：机械工业出版社，1995.

[129] 马大猷. 噪声与振动控制工程手册 [M]. 北京：机械工业出版社，2002.

[130] 陈亢利，钱先友，等. 环境物理性污染控制 [M]. 北京：化学工业出版社，2006.

[131] 张宝杰，乔英杰，等. 环境物理性污染控制 [M]. 北京：化学工业出版社，2003.

[132] 洪宗辉，等. 环境噪声控制工程 [M]. 北京：高等教育出版社，2002.

[133] 周新祥. 噪声控制技术及其新进展 [M]. 北京：冶金工业出版社，2007.

[134] 潘仲麟，翟国庆. 噪声控制技术 [M]. 北京：化学工业出版社，2006.

[135] 周新祥. 噪声控制及应用实例 [M]. 北京：海洋出版社，1999.

[136] 刘惠玲. 环境噪声控制 [M]. 哈尔滨：哈尔滨工业大学出版社，2002.

[137] 郑长聚，等. 环境噪声控制工程 [M]. 北京：高等教育出版社，1996.

[138] 邵汝椿，黄镇昌. 机械噪声及其控制 [M]. 广州：华南理工大学出版社，1997.

[139] 张沛商. 噪声控制工程 [M]. 北京：北京经济学院出版社，1991.

[140] 陈绎勤. 噪声与振动的控制 [M]. 第 2 版. 北京：中国铁道出版社，1985.

[141] 赵松龄. 噪声的降低与隔离 [M]. 上海：同济大学出版社，1985.

[142] 王文奇. 江珍泉. 噪声控制技术 [M]. 北京：化学工业出版社，1987.

[143] 王文奇. 噪声控制技术及其应用 [M]. 沈阳：辽宁科学技术出版社，1985.

[144] 吕玉恒，王庭佛. 噪声与振动控制设备选用手册 [M]. 北京：机械工业出版社，1988.

[145] 方丹群. 噪声控制 114 例 [M]. 北京：劳动人事出版社，1985.

[146] 陈永校. 电机噪声的分析和控制 [M]. 杭州：浙江大学出版社，1987.

[147] 陈克安. 有源噪声控制 [M]. 北京：国防工业出版社，2003.

[148] 张小平. 固体废物污染控制工程 [M]. 第 3 版. 北京：化学工业出版社，2017.

[149] 陈善平，赵爱华，等. 生活垃圾处理与处置 [M]. 郑州：河南科学技术出版社，2017.

[150] 宇鹏，赵树青，等. 固体废物处理与处置 [M]. 北京：北京大学出版社，2016.

[151] 陈昆柏，郭春霞. 危险废物处理与处置 [M]. 郑州：河南科学技术出版社，2017.

[152] 杨春平，吕黎. 工业固体废物处理与处置 [M]. 郑州：河南科学技术出版社，2017.

[153] 边炳鑫，张鸿波，等. 固体废物预处理与分选技术 [M]. 北京：化学工业出版社，2017.

[154] 赵由才. 固体废物处理与资源化技术 [M]. 上海：同济大学出版社，2015.

[155] 沈伯雄. 固体废物处理与处置 [M]. 北京：化学工业出版社，2010.

[156] 江晶. 固体废物处理处置技术与设备 [M]. 北京：冶金工业出版社，2016.

[157] 聂永丰. 固体废物处理工程技术手册 [M]. 北京：化学工业出版社，2013.

[158] 龚佰勋. 环保设备设计手册. 固体废物处理设备 [M]. 北京：化学工业出版社，2004.